세페이드
통합과학 2

세페이드 통합과학 2

단원별 **내용 구성**

총 문항 수는 814문항입니다. (개념체크 포함, 핵심요약 제외)

이론 정리, 개념 체크

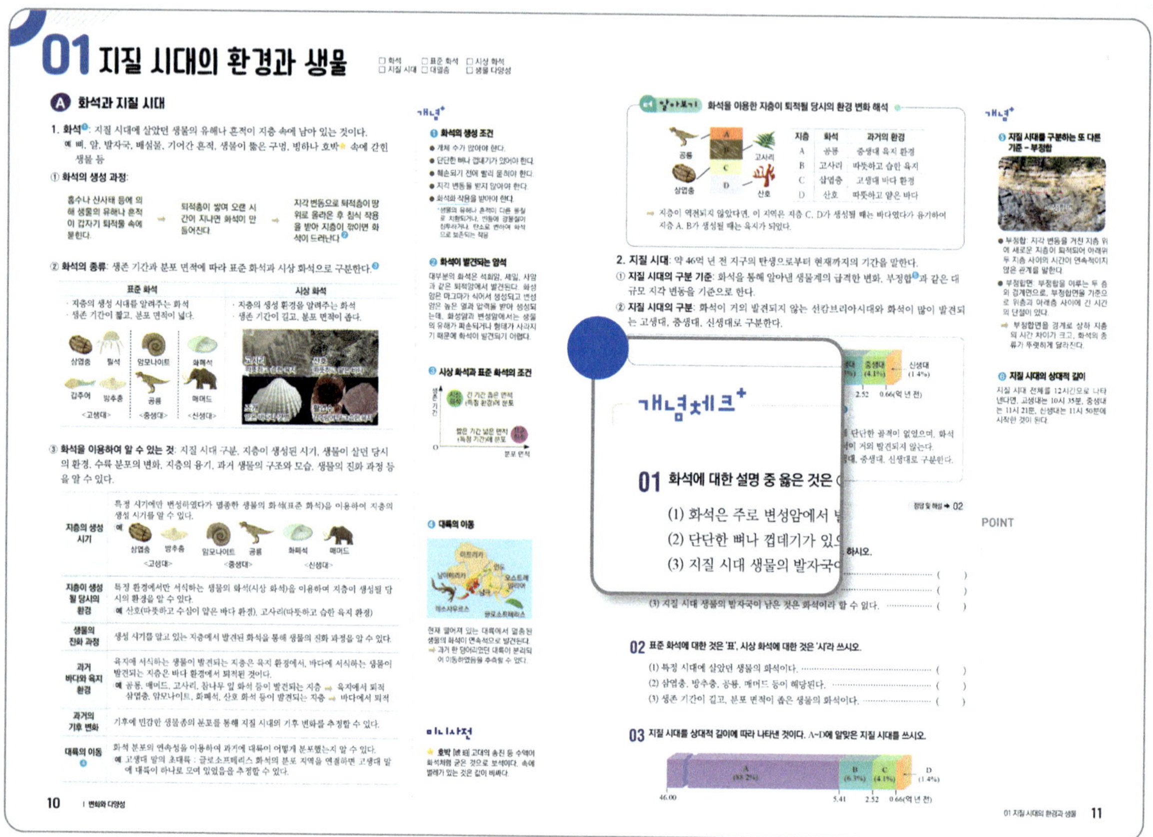

교과서의 개념을 소주제별로 정리하여 이해하기 쉽게 하였습니다.

본문의 보충과 심화 내용을 보조단에서 자세히 설명하였습니다.

● **개념체크** 문제를 통해 기본 개념을 제대로 이해하였는지 확인할 수 있습니다.

＋ 탐구 · 강의

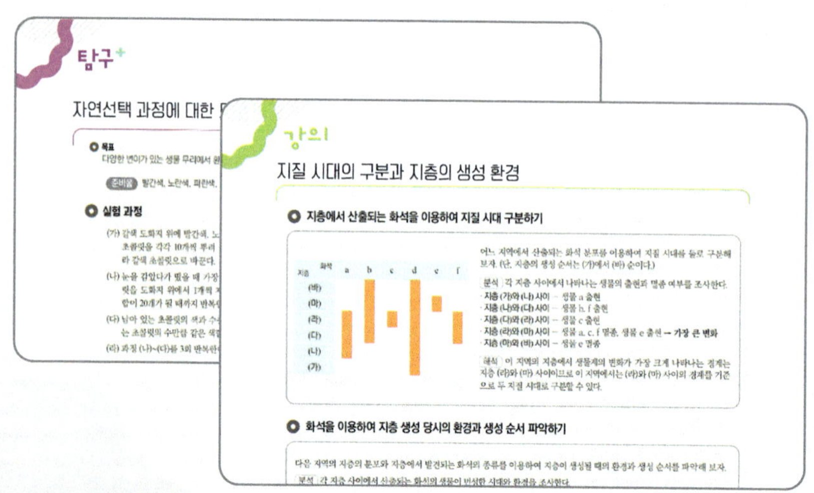

교과서에 나오는 중요한 탐구 주제를 탐구 과정-결론 도출-결과 해석의 단계를 통해 분석하여 실었습니다.

교과서 내용 중 심층 해설이 필요한 내용을 분석하여 제시하였습니다.

스스로 실력높이기

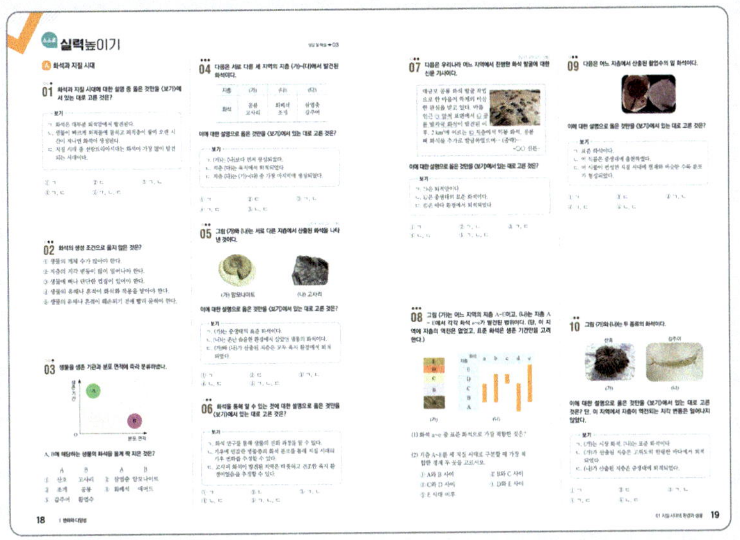

폭넓고 다양한 문제를 단계별로 구성하였습니다. 자기주도적 학습으로 문제풀이 능력을 끌어올릴 수 있을 것입니다. 기출문제를 내용에 맞게 실었습니다.

심화 실력높이기

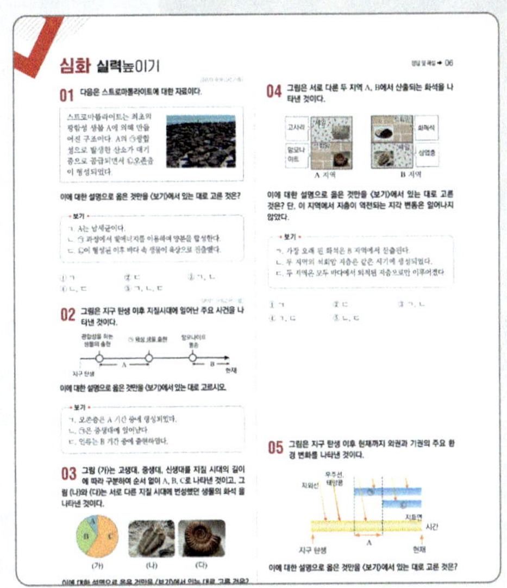

심화문제로 구성하였습니다. 실력높이기에 적합합니다. 심화 기출문제를 실었습니다.

단원 요약
단원 마무리 · 고난도 마무리

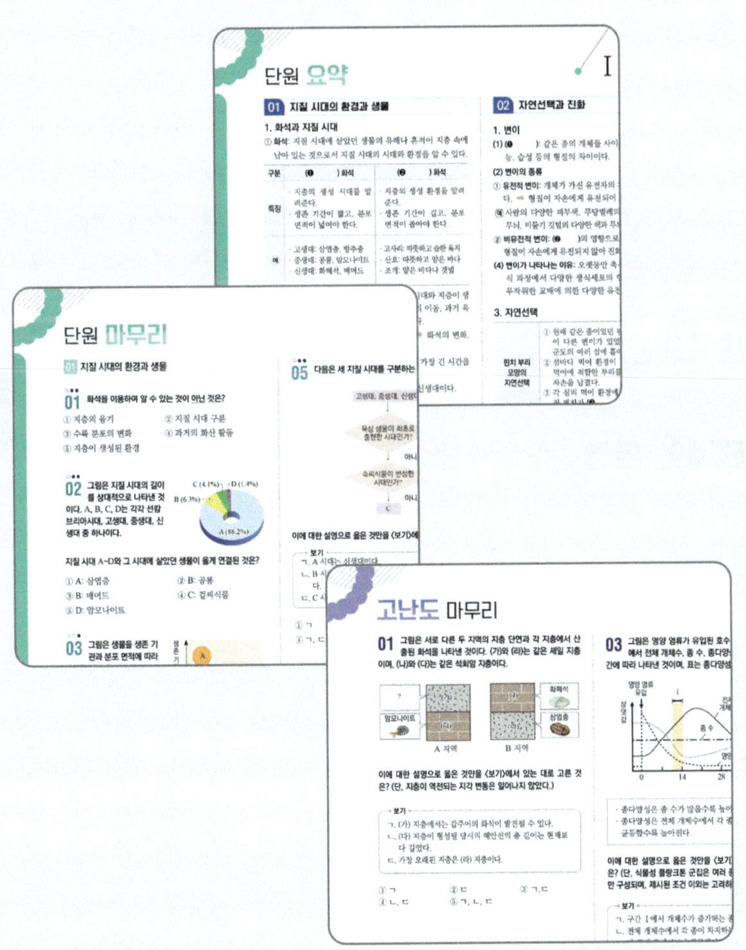

중단원을 핵심요약하였고, 빈칸채우기를 합니다. 단원마무리 문제로 다시 내용을 복습합니다. 기출문제를 내용에 맞게 실었습니다.

수능모의고사 1회 · 2회

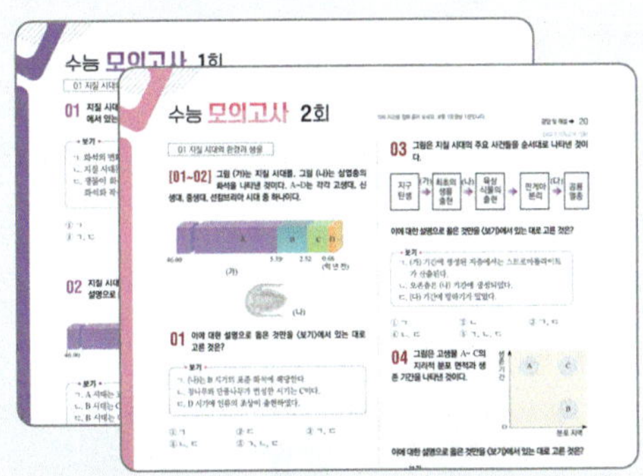

수능모의고사 2회분을 실었으니 실력을 확인하기 바랍니다. 기출문제를 내용에 맞게 실었습니다.

서술형 마무리

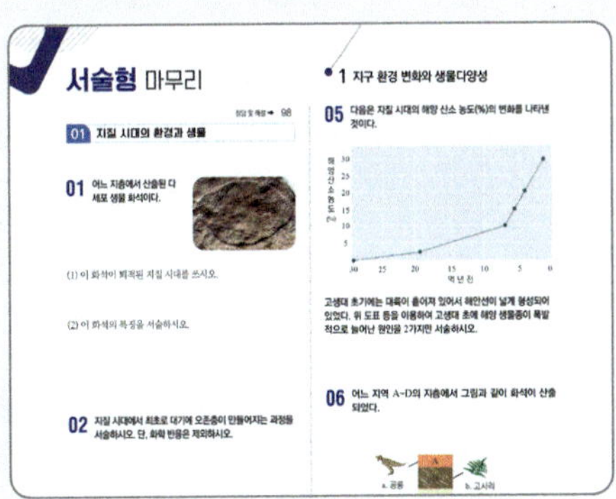

서술형 연습을 위하여 소단원별로 문제를 구성하였습니다.

Contents 차례

세페이드 통합과학2 과 내 교과서 비교하기

대단원	중단원	소단원	세페이드	동아	미래엔	비상	완자	천재교과서
I 변화와 다양성	1 지구 환경 변화와 생물 다양성	01 지질 시대의 환경과 생물	10 ~ 23	14 ~ 19	14 ~ 19	16 ~ 21	10 ~ 21	14 ~ 21
		02 변이와 자연선택에 의한 생물의 진화	24 ~ 33	20 ~ 23	20 ~ 25	22 ~ 25	22 ~ 31	22 ~ 27
		03 생물다양성	34 ~ 61	24 ~ 27	26 ~ 32	26 ~ 28	32 ~ 41	28 ~ 31
	2 화학 변화	01 산화와 환원	64 ~ 73	34 ~ 41	38 ~ 45	32 ~ 37	52 ~ 63	38 ~ 47
		02 산, 염기와 중화 반응	74 ~ 89	42 ~ 49	46 ~ 53	38 ~ 45	64 ~ 77	48 ~ 59
		03 물질변화에서 에너지의 출입	90 ~ 115	50 ~ 53	54 ~ 59	46 ~ 51	78 ~ 87	60 ~ 63
II 환경과 에너지	1 생태계와 환경 변화	01 생물과 환경	118 ~ 129	66 ~ 69	72 ~ 75	62 ~ 65	100~109	74 ~ 79
		02 생태계평형	130 ~ 139	70 ~ 77	76 ~ 81	66 ~ 71	110~119	80 ~ 85
		03 지구 환경 변화와 인간 생활	140 ~ 169	84 ~ 93	82 ~ 91	72 ~ 79	120~129	86 ~ 95
	2 에너지 전환과 활용	01 태양 에너지의 생성과 전환	172 ~ 177	100~103	98 ~101	84 ~ 87	140~145	102~103
		02 발전과 에너지원	178 ~ 187	104~109	102~109	88 ~ 95	146~155	104~111
		03 에너지 효율과 신재생 에너지	188 ~ 215	110~117	110~117	96~103	156~165	112~121
III 과학과 미래사회	1 과학과 미래사회	01 과학기술의 활용	218 ~ 221	130~137	130~137	114~123	178~185	132~143
		02 과학기술의 발전과 쟁점	222 ~ 229	138~145	144~153	126~135	186~193	144~151

세페이드 미리보기 통합과학1

I 변화와 다양성

01 지질 시대의 환경과 생물

A 화석과 지질 시대

1. 화석[1]: 지질 시대에 살았던 생물의 유해나 흔적이 지층 속에 남아 있는 것이다.
　예 뼈, 알, 발자국, 배설물, 기어간 흔적, 생물이 뚫은 구멍, 빙하나 호박⭐ 속에 갇힌 생물 등

① **화석의 생성 과정**:

| 홍수나 산사태 등에 의해 생물의 유해나 흔적이 갑자기 퇴적물 속에 묻힌다. | ⇨ | 퇴적층이 쌓여 오랜 시간이 지나면 화석이 만들어진다. | ⇨ | 지각 변동으로 퇴적층이 땅 위로 올라온 후 침식 작용을 받아 지층이 깎이면 화석이 드러난다.[2] |

② **화석의 종류**: 생존 기간과 분포 면적에 따라 표준 화석과 시상 화석으로 구분한다.[3]

표준 화석	시상 화석
· 지층의 생성 시대를 알려주는 화석 · 생존 기간이 짧고, 분포 면적이 넓다.	· 지층의 생성 환경을 알려주는 화석 · 생존 기간이 길고, 분포 면적이 좁다.

③ **화석을 이용하여 알 수 있는 것**: 지질 시대 구분, 지층이 생성된 시기, 생물이 살던 당시의 환경, 수륙 분포의 변화, 지층의 융기, 과거 생물의 구조와 모습, 생물의 진화 과정 등을 알 수 있다.

지층의 생성 시기	특정 시기에만 번성하였다가 멸종한 생물의 화석(표준 화석)을 이용하여 지층의 생성 시기를 알 수 있다. 예
지층이 생성될 당시의 환경	특정 환경에서만 서식하는 생물의 화석(시상 화석)을 이용하여 지층이 생성될 당시의 환경을 알 수 있다. 예 산호(따뜻하고 수심이 얕은 바다 환경), 고사리(따뜻하고 습한 육지 환경)
생물의 진화 과정	생성 시기를 알고 있는 지층에서 발견된 화석을 통해 생물의 진화 과정을 알 수 있다.
과거 바다와 육지 환경	육지에 서식하는 생물이 발견되는 지층은 육지 환경에서, 바다에 서식하는 생물이 발견되는 지층은 바다 환경에서 퇴적된 것이다. 예 공룡, 매머드, 고사리, 참나무 잎 화석 등이 발견되는 지층 ⇨ 육지에서 퇴적 　삼엽충, 암모나이트, 화폐석, 산호 화석 등이 발견되는 지층 ⇨ 바다에서 퇴적
과거의 기후 변화	기후에 민감한 생물종의 분포를 통해 지질 시대의 기후 변화를 추정할 수 있다.
대륙의 이동[4]	화석 분포의 연속성을 이용하여 과거에 대륙이 어떻게 분포했는지 알 수 있다. 예 고생대 말의 초대륙: 글로소프테리스 화석의 분포 지역을 연결하면 고생대 말에 대륙이 하나로 모여 있었음을 추정할 수 있다.

개념+

❶ 화석의 생성 조건
● 개체수가 많아야 한다.
● 단단한 뼈나 껍데기가 있어야 한다.
● 훼손되기 전에 빨리 묻혀야 한다.
● 지각 변동을 받지 않아야 한다.
● 화석화 작용을 받아야 한다.
　*생물의 유해나 흔적이 다른 물질로 치환되거나, 빈틈에 광물질이 침투하거나, 탄소로 변하여 화석으로 보존되는 작용

❷ 화석이 발견되는 암석
대부분의 화석은 석회암, 셰일, 사암과 같은 퇴적암에서 발견된다. 화성암은 마그마가 식어서 생성되고 변성암은 높은 열과 압력을 받아 생성되는데, 화성암과 변성암에서는 생물의 유해가 파손되거나 형태가 사라지기 때문에 화석이 발견되기 어렵다.

❸ 시상 화석과 표준 화석의 조건

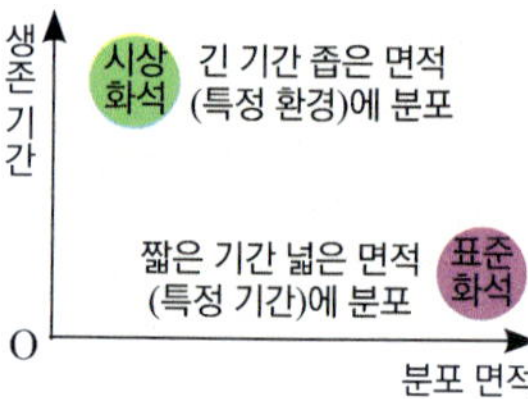

❹ 대륙의 이동

현재 떨어져 있는 대륙에서 멸종된 생물의 화석이 연속적으로 발견된다.
⇨ 과거 한 덩어리였던 대륙이 분리되어 이동하였음을 추측할 수 있다.

미니사전

⭐ **호박** [琥珀] 고대의 송진 등 수액이 화석처럼 굳은 것으로 보석이다. 속에 벌레가 있는 것은 값이 비싸다.

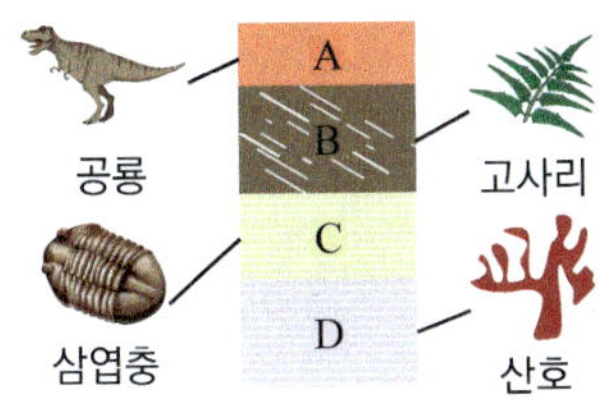

지층	화석	과거의 환경
A	공룡	중생대 육지 환경
B	고사리	따뜻하고 습한 육지
C	삼엽충	고생대 바다 환경
D	산호	따뜻하고 얕은 바다

➡ 지층이 역전되지 않았다면, 이 지역은 지층 C, D가 생성될 때는 바다였다가 융기하여 지층 A, B가 생성될 때는 육지가 되었다.

2. 지질 시대: 약 46억 년 전 지구의 탄생으로부터 현재까지의 기간을 말한다.

① **지질 시대의 구분 기준**: 화석을 통해 알아낸 생물계의 급격한 변화, 부정합[5]과 같은 대규모 지각 변동을 기준으로 한다.

② **지질 시대의 구분**: 화석이 거의 발견되지 않는 선캄브리아시대와 화석이 많이 발견되는 고생대, 중생대, 신생대로 구분한다.

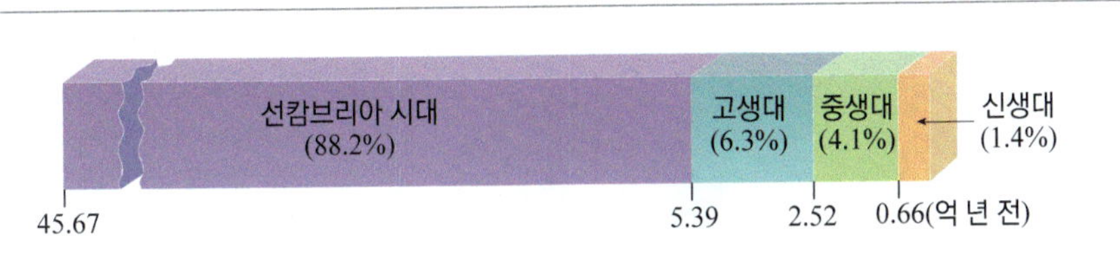

▲ 지질 시대의 구분과 상대적 길이[6]

· 선캄브리아시대는 생물의 개체수가 적었고, 대부분 생물에 단단한 골격이 없었으며, 화석이 되어도 많은 지각 변동과 풍화 작용을 받아 훼손되어 화석이 거의 발견되지 않는다.

· 화석이 많이 발견되는 시대는 생물계의 변화를 기준으로 고생대, 중생대, 신생대로 구분한다.

정답 및 해설 ➡ 02

개념＋

⑤ 지질 시대를 구분하는 또 다른 기준 – 부정합

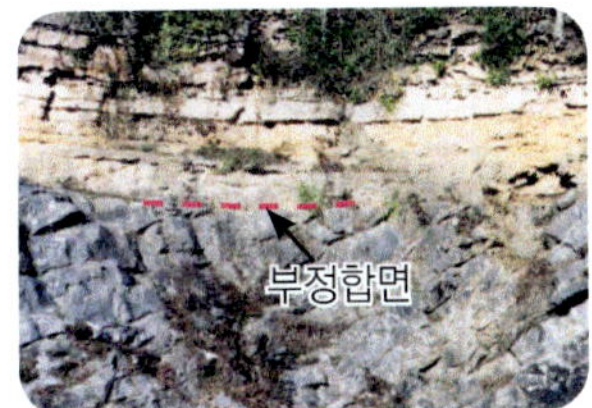

● 부정합: 지각 변동을 거친 지층 위에 새로운 지층이 퇴적되어 아래위 두 지층 사이의 시간이 연속적이지 않은 관계를 말한다.

● 부정합면: 부정합을 이루는 두 층의 경계면으로, 부정합면을 기준으로 위층과 아래층 사이에 긴 시간의 단절이 있다.

➡ 부정합면을 경계로 상하 지층의 시간 차이가 크고, 화석의 종류가 뚜렷하게 달라진다.

⑥ 지질 시대의 상대적 길이

지질 시대 전체를 12시간으로 나타낸다면, 고생대는 10시 35분, 중생대는 11시 21분, 신생대는 11시 50분에 시작한 것이 된다.

개념체크＋

POINT

01 화석에 대한 설명 중 옳은 것은 ○표, 옳지 <u>않은</u> 것은 ×표 하시오.

(1) 화석은 주로 변성암에서 발견된다. ·· (　　)

(2) 단단한 뼈나 껍데기가 있으면 화석이 되기 쉽다. ················· (　　)

(3) 지질 시대 생물의 발자국이 남은 것은 화석이라 할 수 없다. ··········· (　　)

02 표준 화석에 대한 것은 '표', 시상 화석에 대한 것은 '시'라 쓰시오.

(1) 특정 시대에 살았던 생물의 화석이다. ···································· (　　)

(2) 삼엽충, 방추충, 공룡, 매머드 등이 해당된다. ······················ (　　)

(3) 생존 기간이 길고, 분포 면적이 좁은 생물의 화석이다. ············· (　　)

03 지질 시대를 상대적 길이에 따라 나타낸 것이다. A~D에 알맞은 지질 시대를 쓰시오.

B 지질 시대의 지구 환경과 생물의 변화

1. 선캄브리아시대: 바다에서 최초의 생명체가 출현하였다.

환경	**기후** 대체로 온난하였고, 말기에 빙하기가 있었을 것으로 추정된다. **수륙 분포** 지각 변동을 많이 받았고, 화석이 드물게 발견되어 정확히 알기 어렵다. · 초기 대기에는 산소가 없고 오존층이 없어 강한 자외선이 지표에 도달하였다. ➡ 육지에서 생물이 출현하지 못함
생물	· 생물의 개체 수가 적고 생물체에 단단한 뼈나 껍데기가 없었으며, 화석이 되어도 오랜 시간 동안 지각 변동을 받아 훼손되었다. ➡ 발견되는 화석❶이 드묾 · 생물에 유해한 자외선이 바다 속에는 닿지 않았다. ➡ 바다에서 최초의 생명체인 단세포 원시 해조류 출현 · 최초의 광합성 생물인 남세균(사이아노박테리아)의 출현으로 대기 중 산소량이 증가하였다. ➡ 스트로마톨라이트 화석 산출 · 말기에 다세포 생물(녹조류 등)이 출현하고 화석화되어 에디아카라 동물군 화석이 생성되었다.

▲ 선캄브리아 시대의 복원도

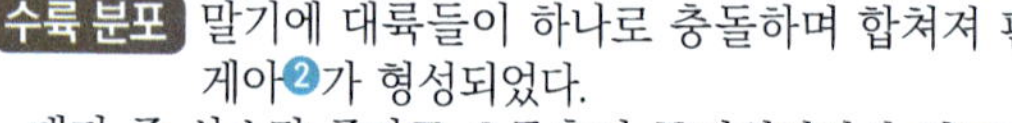
· 선캄브리아시대 말기에 형성된 오존층이 고생대에 들어와 육상 생물이 출현할 수 있을 만큼 두꺼워졌다.

2. 고생대: 해양 생물이 번성하였으며, 육상 생물이 출현하였고, 양치식물이 번성하였다.

환경	**기후** 전반적으로 온난하였고, 중기와 말기에 빙하기가 있었다. **수륙 분포** 말기에 대륙들이 하나로 충돌하며 합쳐져 판게아❷가 형성되었다. · 대기 중 산소량 증가로 오존층이 두꺼워지면서 지표에 도달하는 자외선이 차단되었다.
생물	· 초기에 해양 생물의 종과 수가 폭발적으로 증가 ➡ 바다와 대기 중 산소 농도가 높아졌기 때문❸ · 중기에 육상 생물 출현 ➡ 대기 중 형성된 오존층에 의해 지표에 도달하는 유해한 자외선이 차단되었다. · 말기에 삼엽충, 방추충 등 생물의 대멸종이 있었다. · 양치식물이 대량으로 묻혀 석탄층을 형성하였다. **바다** 무척추동물(삼엽충, 방추충, 완족류❹ 등), 최초의 척추동물인 어류(갑주어 등) 번성 **육지** 양서류, 곤충류(대형 잠자리 등), 양치식물(고사리 등), 이끼류 번성, 파충류와 겉씨식물 출현

▲ 고생대 말기 수륙 분포

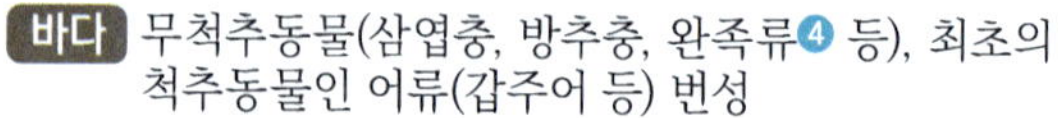

▲ 고생대의 복원도

3. 중생대: 파충류와 겉씨식물이 번성하였으며, 지각 변동이 활발하였다.

환경	**기후** 활발한 화산 활동으로 온실 기체가 증가하여 빙하기 없이 전반적으로 온난한 기후가 유지되었다. **수륙 분포** 판게아가 분리되면서 전 세계적으로 지각 변동이 활발하게 일어났고, 대륙과 해양의 분포가 다양해졌다. (인도양과 대서양 형성 시작)
생물	· 다양한 서식지가 형성되면서 고생대 말기의 대멸종 이후 생물이 다시 번성하였다. · 고생대 말에 출현한 파충류가 크게 번성하였다. · 말기에 공룡, 암모나이트 등 생물의 대멸종이 있었다. (운석 충돌, 화산 활동 등이 원인으로 추정) **바다** 암모나이트 번성 **육지** 파충류(공룡 등), 겉씨식물(소철, 은행나무, 잣나무, 소나무) 번성, 속씨식물과 작은 포유류, 조류 등의 출현

▲ 중생대 중기 수륙 분포

▲ 중생대의 복원도

개념+

❶ 선캄브리아 시대의 화석

● 스트로마톨라이트: 약 35억 년 전에 남세균이 여러 겹으로 쌓여 만들어진 퇴적 구조로, 가장 오래된 생물의 흔적이다. 고생대에서도 나타난다.

● 에디아카라 동물군: 오스트레일리아의 에디아카라 언덕에서 발견된 해파리, 해면 등 다세포 생물의 화석군이다.

▲ 스트로마톨라이트

▲ 에디아카라 동물군

❷ 판게아(Pangaea)

● 고생대 말기부터 중생대 초기까지 존재했던 초대륙을 말한다.

● 판게아 형성은 대멸종의 원인 중 하나이며, 얕은 바다의 면적이 감소했으므로 기후가 급격히 변하였고, 생물종과 개체수가 크게 감소하였다.

❸ 지질 시대의 산소 농도 변화

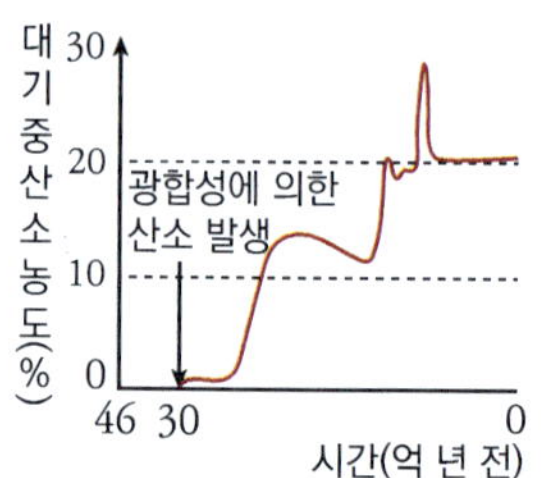

남세균의 광합성으로 산소가 바다에 포화된 후 대기로 방출되었다.

➡ 대기 중 산소 농도가 증가하면서 오존층이 형성되었고, 오존층이 두꺼워진 고생대 중기 생물의 육상 진출이 가능해졌다.

➡ 서식지가 확대되어 생물의 종 수 및 개체 수가 증가하였다.

❹ 완족류 (화석)

삼엽충, 방추충과 함께 고생대에 바다에 번성했던 무척추 동물이다.

---

4. 신생대: 포유류와 속씨식물이 번성하고 인류가 출현하였다.

환경	**기후** 전기에는 대체로 온난하지만, 후기에는 빙하기(4회)와 간빙기★(3회)가 반복되었다. **수륙 분포** 대서양과 인도양이 넓어지고, 태평양이 좁아져 현재와 비슷한 수륙 분포가 형성되었다. · 대륙판의 충돌로 히말라야산맥과 알프스산맥이 형성되었다. 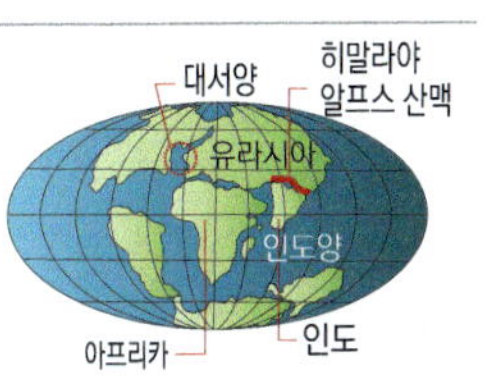 ▲ 신생대 말기 수륙 분포
생물	· 중생대 말기에 출현한 포유류는 적응력이 강하여 신생대에 다양한 종으로 진화하여 번성하였다. 생물의 종류(과의 수)가 가장 다양했던 시기였다. · 빙하기에 해수면이 낮아지면서 얕은 바다였던 곳이 육지로 드러나 넓은 초원을 이루었고, 현재와 비슷한 생물종이 여러 대륙으로 이동하였다. **바다** 화폐석(대형 유공충으로 플랑크톤의 일종) 번성 **육지** 매머드, 조류, 포유류, 속씨식물(참나무, 포플러 나무, 단풍나무 등) 번성, 후기에 인류의 조상 출현  ▲ 신생대의 복원도

C 대멸종과 생물다양성

1. 대멸종: 지구상의 많은 생물들이 한꺼번에 멸종하는 사건을 의미한다.

· 생물의 수 급증 시기: 고생대 초
· 대멸종이 일어난 횟수: 5번❺

고생대 말의 대멸종	지질 시대 동안 가장 큰 규모의 멸종이 일어나 삼엽충을 비롯한 해양 생물의 대부분이 멸종하였다.(③)
중생대 말의 대멸종	공룡과 암모나이트 등이 멸종하였다.(⑤)

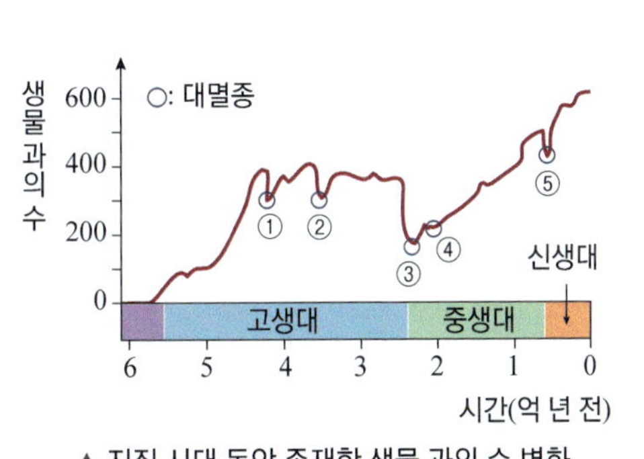

▲ 지질 시대 동안 존재한 생물 과의 수 변화

2. 대멸종의 원인: 지구 환경의 급격한 변화에 의해 일어난다.
⑩ 대륙 이동에 따른 수륙 분포 및 해수면의 변화, 운석 충돌, 화산 폭발에 따른 온실 기체 증가와 화산재의 태양빛 차단, 기후 변화, 대기와 해양의 산소량 급감 등

판게아 형성	대륙이 합쳐지면서 해류와 기후대가 단순해졌다.❻
소행성 충돌	소행성 충돌로 생긴 재와 먼지가 햇빛을 차단하여 기온이 하강하였다.
화산 폭발	· 이산화 탄소, 메테인 등이 대기로 유입되어 산성비가 내렸고, 온실 효과를 일으켜 기온이 상승하였다. (고생대 말기 시베리아) · 화산 폭발로 생긴 구름 먼지와 화산재가 햇빛을 차단하여 기온이 하강하였다. (중생대 말기)

3. 생물다양성: 급격하게 변한 지구 환경에 적응하지 못한 생물은 멸종하지만, 새로운 환경에 적응한 생물은 넓은 생태 공간을 채우며 다양한 종으로 진화하였다.
➡ 생물다양성의 증가
⑩ 중생대 말 공룡이 멸종한 후 신생대의 지구상에서 포유류가 번성하였다.

개념+

● **생물의 진화 과정**
● 척추동물 : 어류 ➡ 양서류 ➡ 파충류 ➡ 조류와 포유류
● 식물 : 해조류 ➡ 양치식물 ➡ 겉씨식물 ➡ 속씨식물

● **지질 시대의 평균 기온 변화**

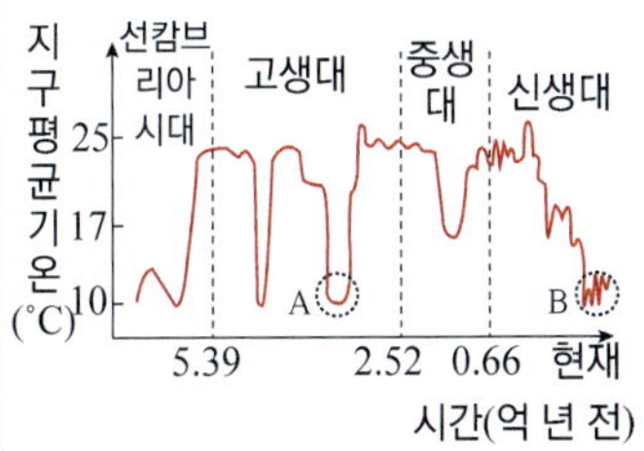

A: 고생대 말기의 빙하기
B: 신생대 말기의 4번의 빙하기와 3번의 간빙기
중생대는 평균 기온이 높아 빙하기가 없었다.
빙하기에는 해수면이 낮아지므로 중생대에는 해수면 높이가 높다.

❺ **대멸종의 원인과 생물종의 쇠락**
● 1차 대멸종(고생대 초중기): 빙하의 확장으로 인한 해수면 하강, 기온 저하 등
➡ 삼엽충, 완족류에 큰 피해
● 2차 대멸종(고생대 중기): 해양의 무산소화, 기후 냉각, 소행성 충돌 등
➡ 갑주어 멸종, 삼엽충, 완족류 쇠퇴
● 3차 대멸종(고생대 말): 대규모 화산 폭발에 의한 극단적 온난화 등
➡ 삼엽충, 방추충을 비롯한 해양 생물 대부분 멸종
● 4차 대멸종(중생대 초중기): 판게아의 분리에 따른 화산 활동, 기후 변동 등
➡ 많은 종의 파충류, 원시 포유류 멸종
● 5차 대멸종(중생대 말): 소행성 충돌(가장 유력), 대규모 화산 폭발, 기온 저하 등
➡ 공룡, 암모나이트 멸종

❻ **대륙이 이동할 때 환경 변화**
● 대륙이 합쳐질 때: 해안선의 길이가 감소 ➡ 얕은 바다의 면적이 감소하여 해양 생물의 서식지가 감소, 해류의 단순화로 인해 단순해진 기후 ➡ 생물종 수 감소
● 대륙이 분리될 때: 해안선의 길이가 증가 ➡ 얕은 바다의 면적이 증가하여 해양 생물의 서식지가 증가, 해류의 복잡화로 인해 복잡해진 기후 ➡ 생물종 수 증가

미니사전

★ **간빙기** [間 사이 氷 얼음 期 기간]
빙하기와 다음 빙하기 사이의 기간으로 전후의 빙하기에 비해서 따뜻한 시기가 비교적 오래 계속되는 시기

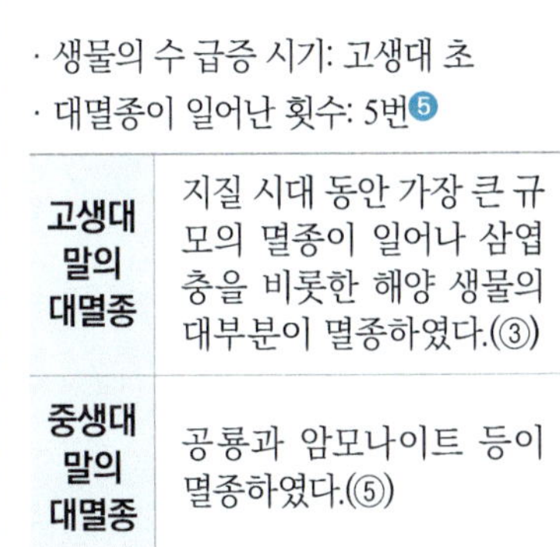

개념체크⁺

정답 및 해설 → 02 **POINT**

04 그림은 지질 시대의 상대적 길이를 나타낸 것이다.

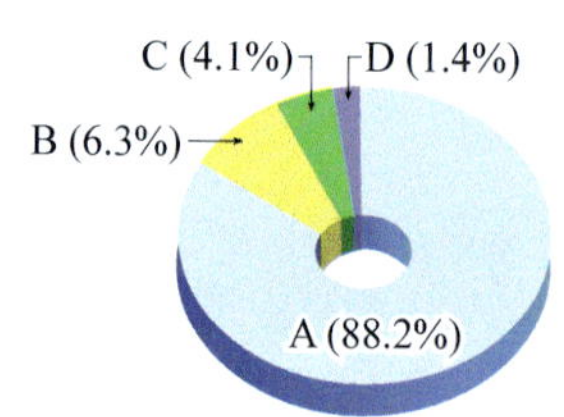

A~D에 해당하는 지질 시대에 대한 설명 중 옳은 것은 ○표, 옳지 않은 것은 ×표 하시오.

(1) A 시대에는 파충류가 번성하였다. ………………………………………… (   )
(2) B 시대에는 육상 생물이 출현하였다. ………………………………… (   )
(3) C 시대에는 판게아가 분리되면서 활발한 지각 변동이 일어났다. ………… (   )
(4) D 시대에는 온실 기체가 증가하여 빙하기 없이 온난한 기후를 유지했다. (   )

05 〈보기〉는 지질 시대에 번성했던 생물의 화석을 나타낸 것이다.

┌─ 보기 ─
ㄱ. 공룡   ㄴ. 산호   ㄷ. 방추충   ㄹ. 화폐석
ㅁ. 삼엽충   ㅂ. 고사리   ㅅ. 매머드   ㅇ. 암모나이트
└─

(1) 고생대의 표준 화석만을 있는 대로 고르시오.
(2) 중생대의 표준 화석만을 있는 대로 고르시오.
(3) 육지 환경에서 살았던 생물의 화석만을 있는 대로 고르시오.

06 지질 시대를 구분하는 기준으로 적합한 것만을 〈보기〉에서 있는 대로 고르시오.

┌─ 보기 ─
ㄱ. 수륙 분포   ㄴ. 빙하기   ㄷ. 부정합
ㄹ. 대기의 성분 변화   ㅁ. 화석의 급격한 변화   ㄹ. 대멸종
└─

07 (가)~(다)는 서로 다른 지질 시대의 수륙 분포를 나타낸 것이다.

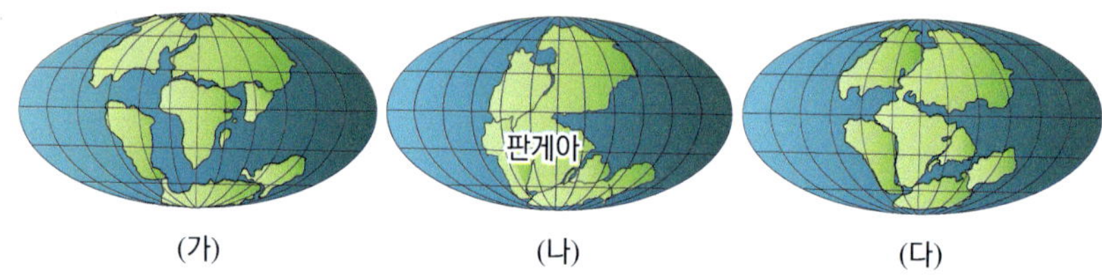

각 수륙 분포가 나타났던 지질 시대의 이름을 쓰고, 수륙 분포가 변화한 순서대로 나열하시오.

08 대멸종에 대한 설명 중 옳은 것은 ○표, 옳지 않은 것은 ×표 하시오.

(1) 대멸종 이후 생물 다양성이 감소하였다. ……………………………………… (   )
(2) 지질 시대 동안 대멸종은 여러 번 일어났다. ………………………………… (   )
(3) 화산 폭발에 의한 대멸종은 항상 기온이 하강하여 일어났다. ……………… (   )

지질 시대의 구분과 지층의 생성 환경

● 지층에서 산출되는 화석을 이용하여 지질 시대 구분하기

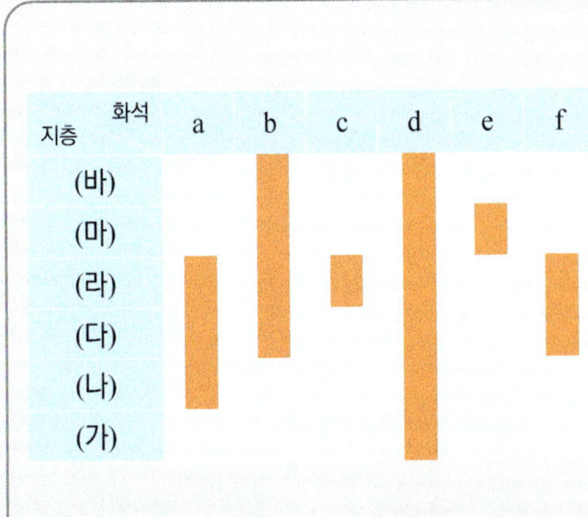

어느 지역에서 산출되는 화석 분포를 이용하여 지질 시대를 둘로 구분해 보자. (단, 지층의 생성 순서는 (가)에서 (바) 순이다.)

분석 각 지층 사이에서 나타나는 생물의 출현과 멸종 여부를 조사한다.
· 지층 (가)와 (나) 사이 − 생물 a 출현
· 지층 (나)와 (다) 사이 − 생물 b, f 출현
· 지층 (다)와 (라) 사이 − 생물 c 출현
· 지층 (라)와 (마) 사이 − 생물 a, c, f 멸종, 생물 e 출현 → **가장 큰 변화**
· 지층 (마)와 (바) 사이 − 생물 e 멸종

해설 이 지역의 지층에서 생물계의 변화가 가장 크게 나타나는 경계는 지층 (라)와 (마) 사이이므로 이 지역에서는 (라)와 (마) 사이의 경계를 기준으로 두 지질 시대로 구분할 수 있다.

● 화석을 이용하여 지층 생성 당시의 환경과 생성 순서 파악하기

다음 지역의 지층의 분포와 지층에서 발견되는 화석의 종류를 이용하여 지층이 생성될 때의 환경과 생성 순서를 파악해 보자.

분석 각 지층 사이에서 산출되는 화석의 생물이 번성한 시대와 환경을 조사한다.

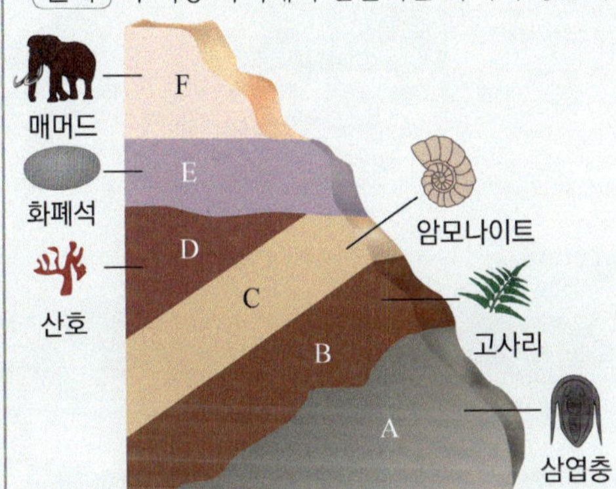

· A 층: 삼엽충 화석 산출 ➡ 고생대, 바다
· B 층: 고사리 ➡ 따뜻하고 습한 육지
· C 층: 암모나이트 ➡ 중생대, 바다
· D 층: 산호 ➡ 따뜻하고 얕은 바다
· E 층: 화폐석 ➡ 신생대, 바다
· F 층: 매머드 ➡ 신생대, 육지

해설 육지에서 퇴적된 지층: B, F   바다에서 퇴적된 지층: A, C, D, E
지층의 생성 순서: A(고생대) ➡ C(중생대) ➡ E, F(신생대)

➡ 이 지층은 고생대에서 신생대까지 퇴적되었으며, 바다였다가(A) 융기하여 육지가 되었다가(B) 다시 침강하여 얕은 바다가 되고(C, D) 신생대 때 다시 융기하여(E→F) 육지가 되었다.

정답 및 해설 ➡ 03

Q1 다음 표는 어느 지역의 지층 (가)~(바)에서 산출되는 화석 a~g의 분포를 나타낸 것이다. 이 지역의 지층을 두 지질 시대로 구분할 때 경계가 되는 위치로 가장 적절한 곳은? (단, 지층의 생성 순서는 (가)에서 (바) 순이다.)

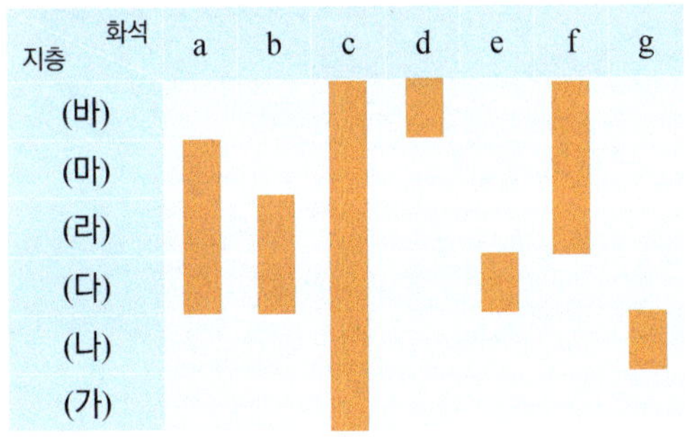

Q2 그림은 어느 지역에 퇴적된 지층 A, B와 각 지층에서 산출되는 화석을 나타낸 것이다.

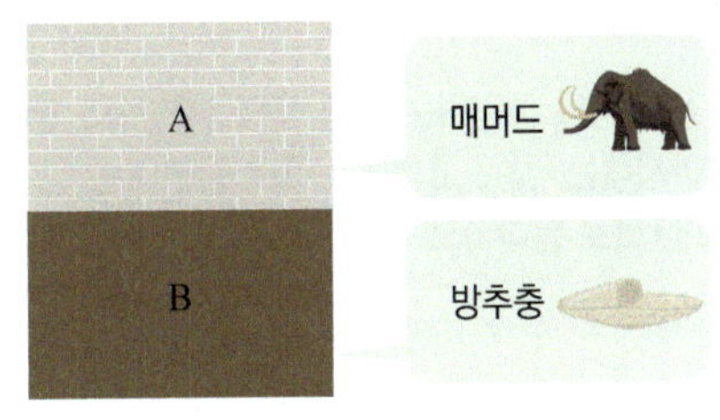

(1) A와 B 중 먼저 퇴적된 지층은?
(2) A와 B 중 육지 환경에서 퇴적된 지층은?
(3) A와 B 중 바다 환경에서 퇴적된 지층은?

지질 시대의 환경과 생물의 변화

⦿ 지질 시대 동안 수많은 생물들이 출현하여 번성하고 멸종하였다. 생물계와 환경의 변화 및 각종 사건을 시간 순으로 정리해 보자.

지질 시대 (억 년 전) 45.67	선캄브리아시대			5.39	고생대		
	단세포 생물 출현	광합성 생물 출현	진핵 생물 출현	다세포 생물 출현	해양 생물 급증, 삼엽충, 필석 번성 곤충 출현	어류, 완족류 번성, 육상 생물 출현, 양치식물 번성	양서류 번성 겉씨식물 출현 방추충 번성

생물계의 변화

남세균
최초의 광합성 생물

에디아카라 동물군
화석 형성

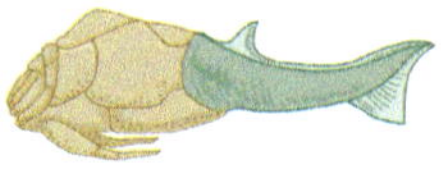

갑주어
척추동물

삼엽충

완족류

양치식물

양서류

무척추동물의 시대 → 어류의 시대 → 양서류의 시대

양치식물 번성 →

환경의 변화

대기 중의 산소 농도 증가 →
· 복잡한 다세포 생물 진화 가능
· 해양과 지각의 산화

오존층 형성 → 강한 자외선이 차단되면서 육상 생물이 출현함.

수륙 분포의 변화

지각 변동을 많이 받았고, 발견되는 화석이 드물어 수륙 분포를 정확히 알기 어렵다.

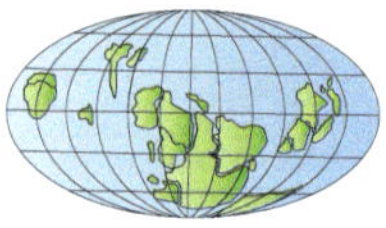

판게아

판게아 형성

대멸종

1차 대멸종
· 빙하 확장
· 기온 하강
→ 삼엽충, 완족류에 큰 피해

2차 대멸종
· 해양 무산소화
· 소행성 충돌
→ 갑주어 멸종

3차 대멸종
· 판게아 형성
· 화산 폭발
· 해양 무산소화
→ 삼엽충을 비롯한 해양 생물 대부분 멸종

Q3  다음 설명에 해당하는 지질 시대를 쓰시오. 단, 선캄브리아시대는 '캄', 고생대는 '고', 중생대는 '중', 신생대는 '신'으로 답하시오.

(1) 말기에 판게아가 형성되면서 지구 환경에 급격한 변화가 일어났다. (　　　)

(2) 최초의 광합성 생물이 출현하였다. (　　　)

(3) 대서양이 점차 넓어지고, 히말라야 산맥이 형성되면서 수륙 분포가 현재와 비슷해졌다. (　　　)

(4) 대기 중 이산화 탄소의 농도가 증가하여 온실효과가 커짐으로써 전반적으로 기후가 온난하였다. (　　　)

Q4  지질 시대와 번성했던 생물을 옳게 연결하시오.

(1) 선캄브리아시대 •

(2) 고생대 •

(3) 중생대 •

(4) 신생대 •

• ㉠ 삼엽충, 방추충

• ㉡ 에디아카라 동물군

• ㉢ 암모나이트, 공룡

• ㉣ 화폐석, 매머드

● 지질 시대 전체를 12시간으로 나타낸다면, 고생대는 10시 35분, 중생대는 11시 21분, 신생대는 11시 50분에 시작한 것이 된다. 인류의 역사는 최근 5초 정도이다.

2.52	중생대	0.66	신생대		
암모나이트 번성	공룡, 겉씨식물 번성 속씨식물 출현 작은 포유류, 조류 출현		화폐석 번성	메머드, 속씨식물 번성	인류의 조상 출현

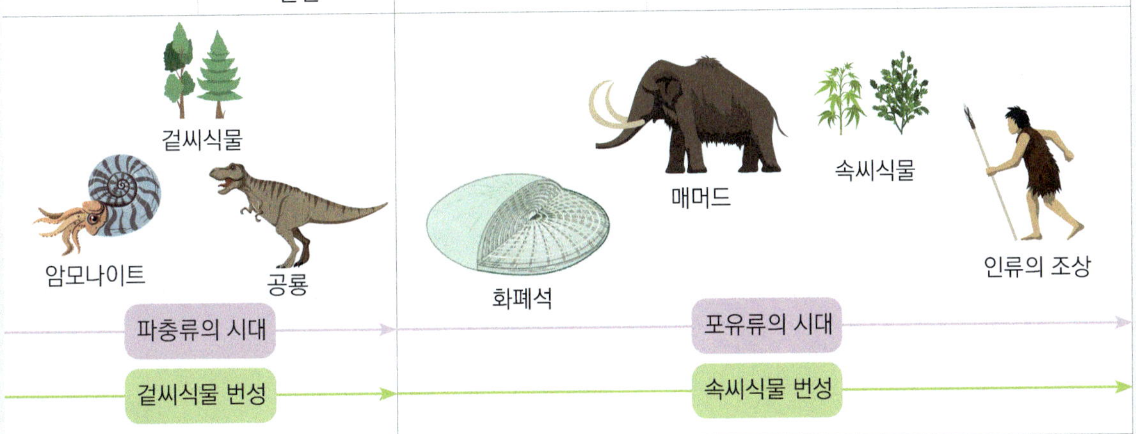

겉씨식물

암모나이트

공룡

매머드

속씨식물

화폐석

인류의 조상

파충류의 시대 → 포유류의 시대 →

겉씨식물 번성 → 속씨식물 번성 →

빙하기 없이 가장 따뜻했던 시기		말기에 4번의 빙하기와 3번의 간빙기

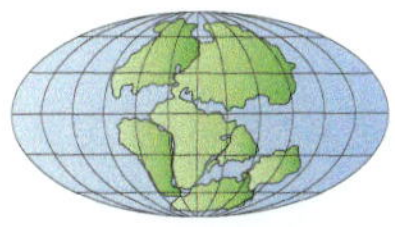

판게아가 분리되면서 화산 활동 활발
→ 온실효과 증대로 빙하기 없이 기후 온난

판게아 분리

대서양 인도양

현재와 비슷한 수륙 분포

4차 대멸종
· 대규모 화산 폭발
· 기후 변동
➡ 많은 종의 파충류, 원시 포유류 멸종

5차 대멸종
· 소행성 충돌
· 대규모 화산 폭발
➡ 공룡, 암모나이트 멸종

Q5 다음 그림 (가)~(라)는 서로 다른 지질 시대의 상상도를 나타낸 것이다.

(가)　　(나)　　(다)　　(라)

그림 (가)~(라)를 오래된 시대부터 순서대로 나열하시오.

Q6 다음 식물과 동물의 진화 순서를 오래된 것부터 차례대로 기호로 쓰시오.

(1) 식물

　㉠ 겉씨식물　㉡ 속씨식물　㉢ 양치식물

(2) 동물

　㉠ 파충류　㉡ 어류　㉢ 포유류　㉣ 양서류

정답 및 해설 ➜ 03

A 화석과 지질 시대

01 화석과 지질 시대에 대한 설명 중 옳은 것만을 〈보기〉에서 있는 대로 고른 것은?

— 보기 —
ㄱ. 화석은 대부분 퇴적암에서 발견된다.
ㄴ. 생물이 빠르게 퇴적물에 묻히고 퇴적층이 쌓여 오랜 시간이 지나면 화석이 생성된다.
ㄷ. 지질 시대 중 선캄브리아시대는 화석이 가장 많이 발견되는 시대이다.

① ㄱ　　　② ㄷ　　　③ ㄱ, ㄴ
④ ㄱ, ㄷ　　　⑤ ㄱ, ㄴ, ㄷ

02 화석의 생성 조건으로 옳지 <u>않은</u> 것은?

① 생물의 개체 수가 많아야 한다.
② 지층의 지각 변동이 많이 일어나야 한다.
③ 생물에 뼈나 단단한 껍질이 있어야 한다.
④ 생물의 유해나 흔적이 화석화 작용을 받아야 한다.
⑤ 생물의 유해나 흔적이 훼손되기 전에 빨리 묻혀야 한다.

03 생물을 생존 기간과 분포 면적에 따라 분류하였다.

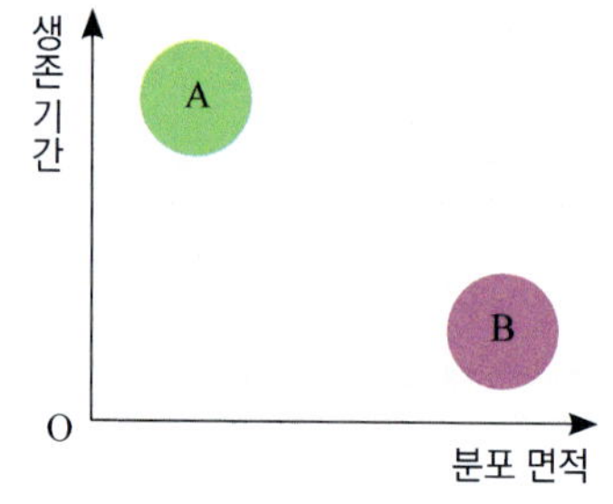

A, B에 해당하는 생물의 화석을 옳게 짝 지은 것은?

	A	B		A	B
①	산호	고사리	②	삼엽충	암모나이트
③	조개	공룡	④	화폐석	매머드
⑤	갑주어	활엽수			

04 다음은 서로 다른 세 지역의 지층 (가)~(다)에서 발견된 화석이다.

지층	(가)	(나)	(다)
화석	공룡 고사리	화폐석 조개	삼엽충 갑주어

이에 대한 설명으로 옳은 것만을 〈보기〉에서 있는 대로 고른 것은?

— 보기 —
ㄱ. (가)는 (나)보다 먼저 생성되었다.
ㄴ. 지층 (다)는 육지에서 퇴적되었다.
ㄷ. 지층 (다)는 (가)~(다) 중 가장 마지막에 생성되었다.

① ㄱ　　　② ㄷ　　　③ ㄱ, ㄴ
④ ㄱ, ㄷ　　　⑤ ㄴ, ㄷ

[2016 모의고사 기출]

05 그림 (가)와 (나)는 서로 다른 지층에서 산출된 화석을 나타낸 것이다.

(가) 암모나이트　　　(나) 고사리

이에 대한 설명으로 옳은 것만을 〈보기〉에서 있는 대로 고른 것은?

— 보기 —
ㄱ. (가)는 중생대의 표준 화석이다.
ㄴ. (나)는 온난 습윤한 환경에서 살았던 생물의 화석이다.
ㄷ. (가)와 (나)가 산출된 지층은 모두 육지 환경에서 퇴적되었다.

① ㄱ　　　② ㄷ　　　③ ㄱ, ㄴ
④ ㄴ, ㄷ　　　⑤ ㄱ, ㄴ, ㄷ

06 화석을 통해 알 수 있는 것에 대한 설명으로 옳은 것만을 〈보기〉에서 있는 대로 고른 것은?

— 보기 —
ㄱ. 화석 연구를 통해 생물의 진화 과정을 알 수 있다.
ㄴ. 기후에 민감한 생물종의 화석 분포를 통해 지질 시대의 기후 변화를 추정할 수 있다.
ㄷ. 고사리 화석이 발견된 지역은 따뜻하고 건조한 육지 환경이었음을 추정할 수 있다.

① ㄱ　　　② ㄴ　　　③ ㄱ, ㄴ
④ ㄴ, ㄷ　　　⑤ ㄱ, ㄴ, ㄷ

07 다음은 우리나라 어느 지역에서 진행한 화석 발굴에 대한 신문 기사이다.

대규모 공룡 화석 발굴 작업으로 한 마을이 학계의 비상한 관심을 받고 있다. 마을 인근 ㉠ 암석 표면에서 ㉡ 공룡 발자국 화석이 발견된 이후, 2 km²에 이르는 ㉢ 지층에서 익룡 화석, 공룡 뼈 화석을 추가로 발굴하였으며… (중략)…
-○○ 신문-

이에 대한 설명으로 옳은 것만을 〈보기〉에서 있는 대로 고른 것은?

보기

ㄱ. ㉠은 퇴적암이다.
ㄴ. ㉡은 중생대의 표준 화석이다.
ㄷ. ㉢은 바다 환경에서 퇴적되었다.

① ㄱ　　　　② ㄱ, ㄴ　　　　③ ㄱ, ㄷ
④ ㄴ, ㄷ　　　　⑤ ㄱ, ㄴ, ㄷ

08 그림 (가)는 어느 지역의 지층 A~E이고, (나)는 지층 A ~ E에서 각각 화석 a~e가 발견된 범위이다. (단, 이 지역에 지층의 역전은 없었고, 표준 화석은 생존 기간만을 고려한다.)

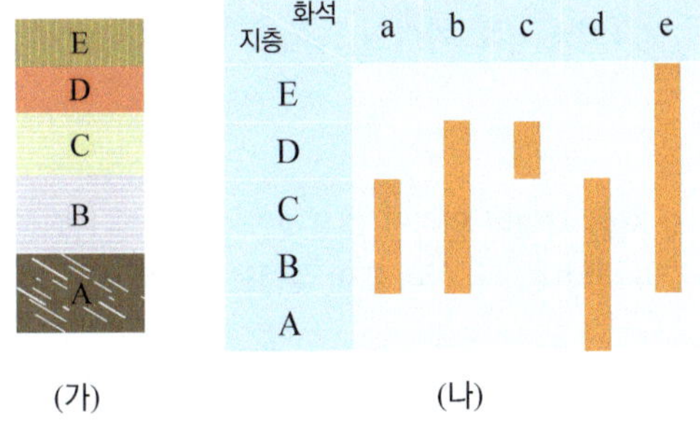

(가)　　　　(나)

(1) 화석 a~e 중 표준 화석으로 가장 적합한 것은?

(2) 지층 A~E를 세 지질 시대로 구분할 때 가장 적합한 경계 두 곳을 고르시오.

① A와 B 사이　　　　② B와 C 사이
③ C와 D 사이　　　　④ D와 E 사이
⑤ E 시대 이후

09 다음은 어느 지층에서 산출된 활엽수의 잎 화석이다.

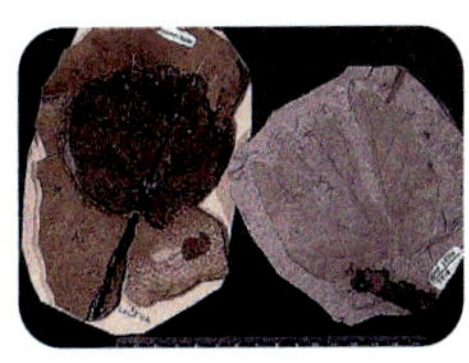

이에 대한 설명으로 옳은 것만을 〈보기〉에서 있는 대로 고른 것은?

보기

ㄱ. 표준 화석이다.
ㄴ. 이 식물은 중생대에 출현하였다.
ㄷ. 이 식물이 번성한 지질 시대에 현재와 비슷한 수륙 분포가 형성되었다.

① ㄱ　　　　② ㄷ　　　　③ ㄱ, ㄴ
④ ㄱ, ㄷ　　　　⑤ ㄴ, ㄷ

10 그림 (가)와 (나)는 두 종류의 화석이다.

(가)　　　　(나)

이에 대한 설명으로 옳은 것만을 〈보기〉에서 있는 대로 고른 것은? 단, 이 지역에서 지층이 역전되는 지각 변동은 일어나지 않았다.

보기

ㄱ. (가)는 시상 화석, (나)는 표준 화석이다.
ㄴ. (가)가 산출된 지층은 고위도의 한랭한 바다에서 퇴적되었다.
ㄷ. (나)가 산출된 지층은 중생대에 퇴적되었다.

① ㄱ　　　　② ㄷ　　　　③ ㄱ, ㄴ
④ ㄱ, ㄷ　　　　⑤ ㄴ, ㄷ

11 선캄브리아시대에 대한 설명으로 옳은 것만을 있는 대로 고르시오. (2개)

① 은행나무 등 겉씨식물이 번성하였다.
② 화석이 가장 많이 발견되는 시대이다.
③ 지질 시대 중 상대적 길이가 가장 길다.
④ 지구상에 최초의 육상 생물이 출현하였다.
⑤ 초기에는 강한 자외선이 지표에 도달하였다.

[12~13] 그림은 서로 다른 지질 시대의 복원도이다.

(가) (나)

(다) (라)

12 (가) ~ (라)를 오래된 시대부터 순서대로 나열한 것은?

① (가) → (나) → (다) → (라)
② (다) → (가) → (나) → (라)
③ (다) → (나) → (라) → (가)
④ (라) → (가) → (나) → (다)
⑤ (라) → (나) → (다) → (가)

13 지질 시대 (가)~(라)에 대한 설명으로 옳은 것만을 〈보기〉에서 있는 대로 고른 것은?

┌─ 보기 ─┐
ㄱ. (가) 시대에 육상 생물이 출현하였다.
ㄴ. (나) 시대에 양치식물이 대량으로 묻혀 석탄층을 형성하였다.
ㄷ. (다) 시대는 (라) 시대보다 상대적 길이가 길다.
└────────┘

① ㄱ   ② ㄷ   ③ ㄱ, ㄴ
④ ㄱ, ㄷ   ⑤ ㄴ, ㄷ

14 다음은 어느 지질 시대의 수륙 분포이다.

이 지질 시대에 대한 설명으로 옳은 것만을 〈보기〉에서 있는 대로 고른 것은?

┌─ 보기 ─┐
ㄱ. 대륙과 해양의 분포가 다양했다.
ㄴ. 지질 시대의 말기에 대멸종이 있었다.
ㄷ. 해양 생물이 번성하고 육상 생물이 출현하였다.
└────────┘

① ㄱ   ② ㄷ   ③ ㄱ, ㄴ
④ ㄴ, ㄷ   ⑤ ㄱ, ㄴ, ㄷ

15 그림은 어느 지질 시대에 번성했던 생물을 나타내었다.

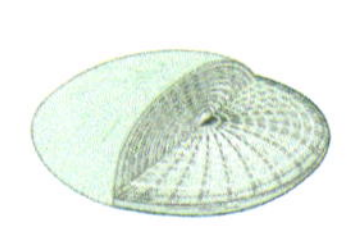 

화폐석   매머드

이 지질 시대에 대한 설명으로 옳은 것만을 있는 대로 고르시오. (2개)

① 속씨식물과 포유류가 번성하였다.
② 대표적인 화석으로는 공룡이 있다.
③ 말기에 빙하기와 간빙기가 반복되었다.
④ 파충류가 번성하였고 공룡이 출현하였다.
⑤ 오랜 지각 변동으로 화석이 드물게 발견된다.

16 각 지질 시대에 일어난 대표적인 동물계의 변화를 순서 없이 나타내었다. 이에 대한 설명으로 옳지 않은 것은?

┌──────────────────────────┐
(가) 암모나이트 번성   (나) 삼엽충 번성
(다) 남세균 출현   (라) 인류의 출현
└──────────────────────────┘

① (가) 시대에는 모든 생물이 바다에서 생활하였다.
② (나) 시대의 말기에 초대륙 판게아가 형성되었다.
③ (다) 시대의 대표적인 화석으로는 스트로마톨라이트가 있다.
④ (라) 시대의 말기에는 빙하기와 간빙기가 반복되었다.
⑤ 오래된 시대부터 순서대로 나열하면 (다)→(나)→(가)→(라)이다.

17 그림 (가)는 중생대와 지질 시대 ㉠, ㉡의 길이를, (나)는 ㉠과 ㉡ 중 한 시기에 번성했던 생물의 화석을 나타낸 것이다. ㉠과 ㉡은 고생대와 신생대를 순서 없이 나타낸 것이다.

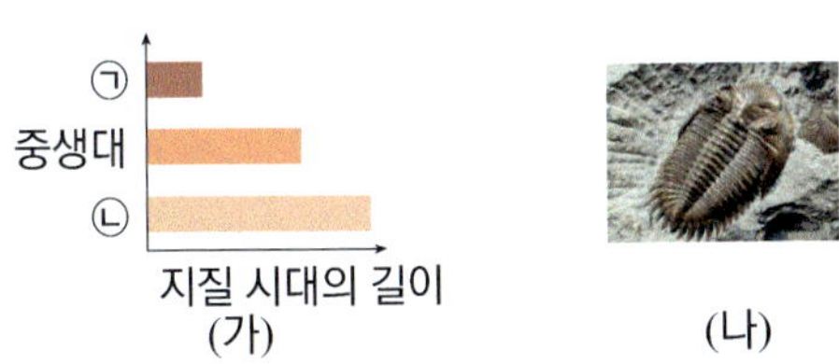

(가)　　　　　　　(나)

이에 대한 설명으로 옳은 것만을 〈보기〉에서 있는 대로 고른 것은?

> **보기**
> ㄱ. ㉠은 고생대이다
> ㄴ. 최초의 생물은 ㉡에 출연하였다.
> ㄷ. ㉡에 형성된 지층에서 (나)가 발견되었다.

① ㄱ ② ㄷ ③ ㄱ, ㄴ
④ ㄴ, ㄷ ⑤ ㄱ, ㄴ, ㄷ

18 지질 시대에 번성한 생물의 모습이다.

(가) 삼엽충　　(나) 암모나이트　　(다) 고사리

이에 대한 설명으로 옳은 것만을 〈보기〉에서 있는 대로 고른 것은?

> **보기**
> ㄱ. (가)는 고생대에 번성하였다.
> ㄴ. (다)는 따뜻하고 얕은 바다에서 서식하였다.
> ㄷ. (나)는 (가)보다 나중에 생성된 지층에서 발견된다.

① ㄱ ② ㄱ, ㄴ ③ ㄱ, ㄷ
④ ㄴ, ㄷ ⑤ ㄱ, ㄴ, ㄷ

19 다음 그림은 시간에 따른 생물의 변화를 나타낸 것이다.

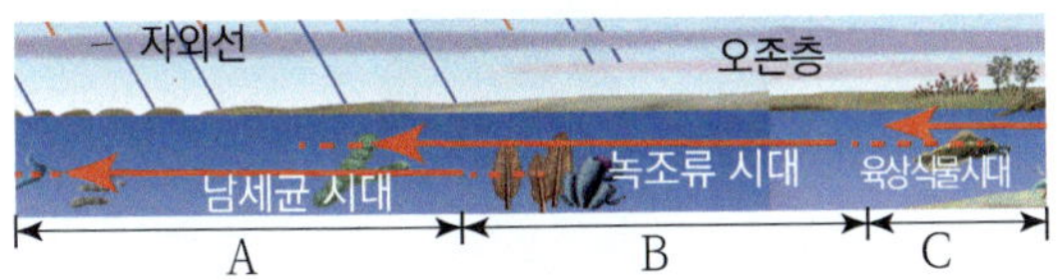

이에 대한 설명으로 옳은 것만을 〈보기〉에서 있는 대로 고른 것은?

> **보기**
> ㄱ. A 시기에 형성된 지층에서 스트로마톨라이트 화석이 산출될 수 있다.
> ㄴ. B 시기보다 C 시기에 대기 중 산소의 농도가 높다.
> ㄷ. C 시기는 중생대부터 시작되었다.

① ㄱ ② ㄷ ③ ㄱ, ㄷ
④ ㄱ, ㄷ ⑤ ㄴ, ㄷ

20 다음은 지질 시대 기간의 평균 기온 변화이다.

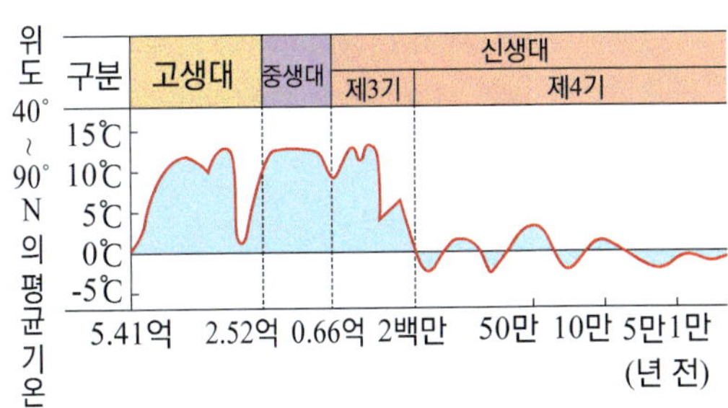

이에 대한 설명으로 옳은 것만을 〈보기〉에서 있는 대로 고른 것은?

> **보기**
> ㄱ. 중생대 말기에 빙하기가 있었다.
> ㄴ. 고생대에는 빙하기 없이 전반적으로 온난한 기후가 유지되었다.
> ㄷ. 신생대 전기에는 대체로 온난했으나 후기에 빙하기와 간빙기가 반복되었다.

① ㄴ ② ㄷ ③ ㄱ, ㄴ
④ ㄴ, ㄷ ⑤ ㄱ, ㄷ

21 표는 지질 시대에 있었던 주요 지질학적 사건을 시간 순서 없이 나타낸 것이고, 그림 (가)~(다)는 지질 시대 동안 수륙 분포의 변화를 시간 순으로 나타낸 것으로, (나)는 판게아가 형성된 후 대륙이 분리되기 시작한 시기의 모습이다.

사건	내용
A	삼엽충 대멸종
B	히말라야산맥 형성
C	최초의 육상 식물 출현

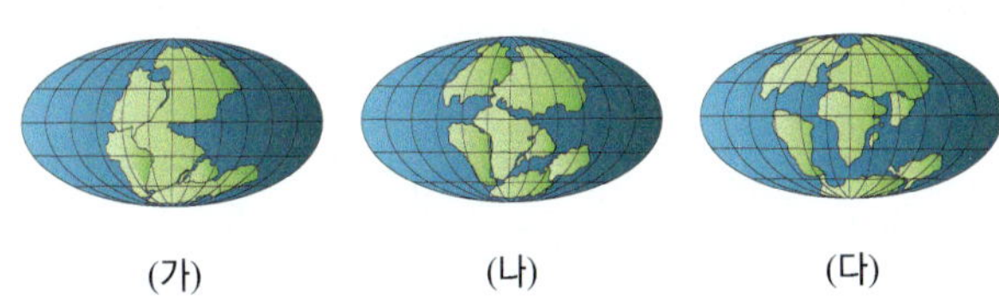

(가)　　　　　(나)　　　　　(다)

이에 대한 설명으로 옳은 것만을 〈보기〉에서 있는 대로 고른 것은?

> **보기**
> ㄱ. A→C→B 순으로 사건이 일어났다.
> ㄴ. B는 (가)와 (나) 시기 사이에 일어났다.
> ㄷ. C는 오존층의 형성으로 유해한 자외선이 차단되는 환경이 조성됨에 따라 일어났다.
> ㄹ. C는 (나) 시기 이전에 일어났다.

① ㄱ, ㄴ ② ㄷ, ㄹ ③ ㄱ, ㄷ
④ ㄱ, ㄴ, ㄷ ⑤ ㄴ, ㄷ, ㄹ

22 그림은 고생대에서 신생대까지의 지질 시대 동안 해양 동물군과 육상 식물군의 수 변화이다.

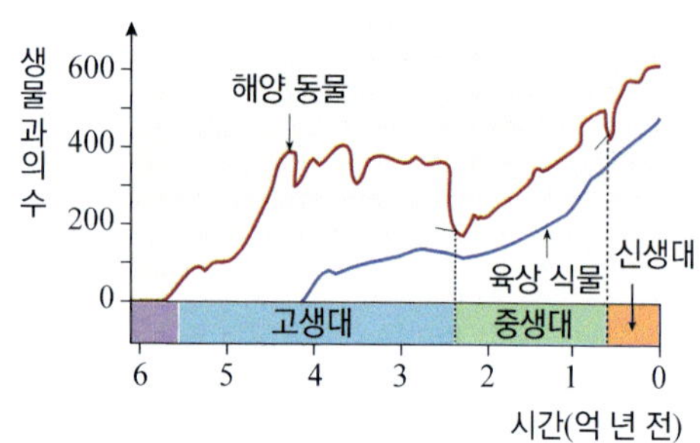

이에 대한 설명으로 옳은 것만을 〈보기〉에서 있는 대로 고른 것은?

> **보기**
> ㄱ. 가장 큰 대멸종은 중생대 말기에 일어났다.
> ㄴ. 생물의 종류가 가장 다양한 시대는 신생대이다.
> ㄷ. 지질 시대를 구분하는 데에는 해양 동물이 육상 식물보다 더 유용하다.

① ㄱ   ② ㄴ   ③ ㄱ, ㄷ
④ ㄴ, ㄷ   ⑤ ㄱ, ㄴ, ㄷ

23 그림은 지질 시대 동안 해양 생물의 수를 나타낸 것이다.

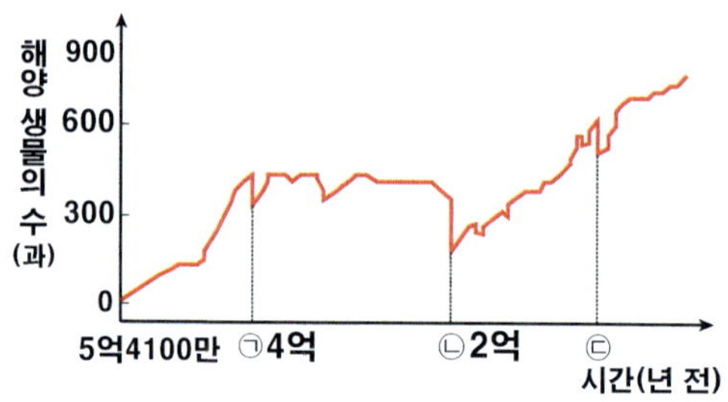

이에 대한 설명으로 옳은 것만을 2개 고르면?

① ㉠ 시기에 화폐석이 멸종하였다.
② ㉡ 시기에 판게아가 형성되었다.
③ ㉢ 시기를 경계로 고생대와 중생대가 구분된다.
④ ㉠과 ㉡ 시기 사이에 양치식물이 크게 번성한 시기가 있었다.
⑤ ㉡과 ㉢ 시기 사이에 빙하기와 간빙기가 반복하여 나타났다.

24 지질 시대의 대멸종에 대한 설명으로 옳지 <u>않은</u> 것은?

① 지질 시대 중 대멸종은 5번 일어났다.
② 대멸종은 수만 년에서 수백만 년에 걸쳐 일어났다.
③ 가장 큰 대멸종은 고생대 말기에 일어났다.
④ 대멸종 이후 생물다양성은 회복되지 않았다.
⑤ 대멸종이 일어나면 생물 과의 수는 대폭 감소한다.

25 그림은 지질 시대의 대멸종 시기 ㉠~㉤을 나타낸 것이다.

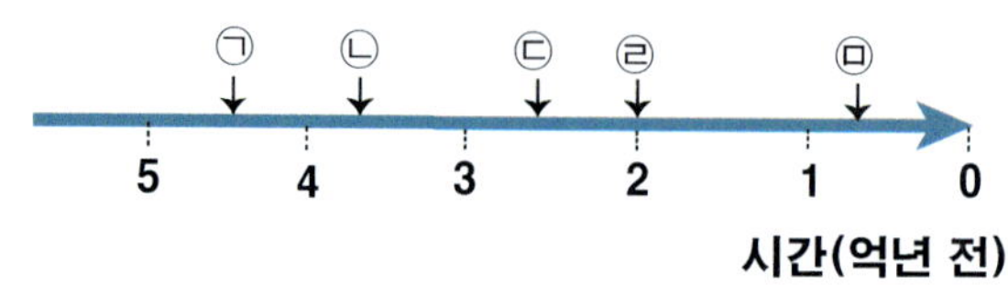

이에 대한 설명으로 옳은 것만을 〈보기〉에서 있는 대로 고른 것은?

> **보기**
> ㄱ. ㉠ 시기에는 주로 해양 생물이 멸종하였다.
> ㄴ. ㉡~㉢ 시기에는 삼엽충, 양서류 등이 번성하였다.
> ㄷ. ㉣~㉤ 시기에는 매머드, 속씨식물이 번성하였다.

① ㄱ   ② ㄴ   ③ ㄱ, ㄴ
④ ㄴ, ㄷ   ⑤ ㄱ, ㄴ, ㄷ

26 그림 (가)는 지질 시대의 지구 평균 기온 변화를, (나)는 삼엽충 화석을 나타낸 것이다.

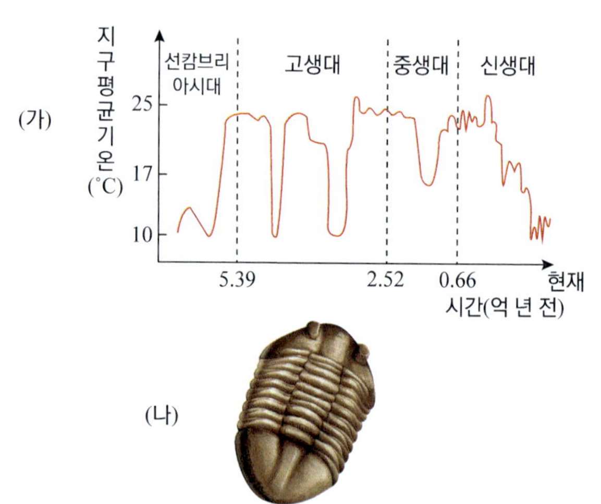

이에 대한 설명으로 옳은 것만을 〈보기〉에서 있는 대로 고른 것은?

> **보기**
> ㄱ. (나)의 생물은 고생대에 번성하였다.
> ㄴ. 지구 평균 기온이 가장 낮은 지질 시대는 중생대이다.
> ㄷ. 신생대 말기에는 빙하기와 간빙기가 반복되었다.

① ㄴ   ② ㄷ   ③ ㄱ, ㄴ
④ ㄱ, ㄷ   ⑤ ㄱ, ㄴ, ㄷ

심화 실력높이기

01 다음은 스트로마톨라이트에 대한 자료이다.

스트로마톨라이트는 최초의 광합성 생물 A에 의해 만들어진 구조이다. A의 ㉠광합성으로 발생한 산소가 대기 중으로 공급되면서 ㉡오존층이 형성되었다.

이에 대한 설명으로 옳은 것만을 〈보기〉에서 있는 대로 고른 것은?

보기

ㄱ. A는 남세균이다.
ㄴ. ㉠ 과정에서 빛에너지를 이용하여 양분을 합성한다.
ㄷ. ㉡이 형성된 이후 바다 속 생물이 육상으로 진출했다.

① ㄱ　　　　② ㄷ　　　　③ ㄱ, ㄴ
④ ㄴ, ㄷ　　　⑤ ㄱ, ㄴ, ㄷ

02 그림은 지구 탄생 이후 지질시대에 일어난 주요 사건을 나타낸 것이다.

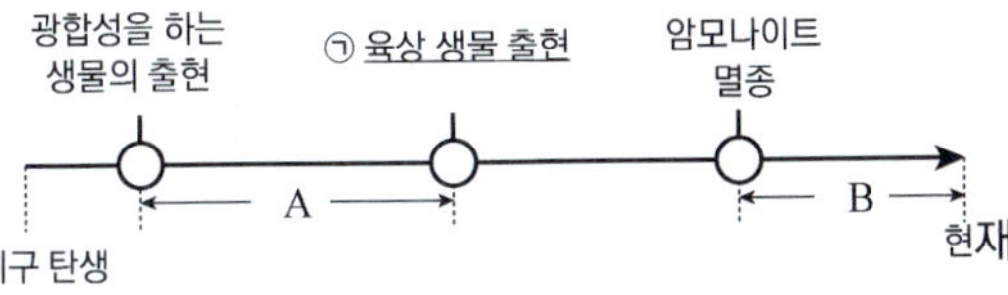

이에 대한 설명으로 옳은 것만을 〈보기〉에서 있는 대로 고르시오.

보기

ㄱ. 오존층은 A 기간 중에 형성되었다.
ㄴ. ㉠은 중생대에 일어났다.
ㄷ. 인류는 B 기간 중에 출현하였다.

03 그림 (가)는 고생대, 중생대, 신생대를 지질 시대의 길이에 따라 구분하여 순서 없이 A, B, C로 나타낸 것이고, 그림 (나)와 (다)는 서로 다른 지질 시대에 번성했던 생물의 화석을 나타낸 것이다.

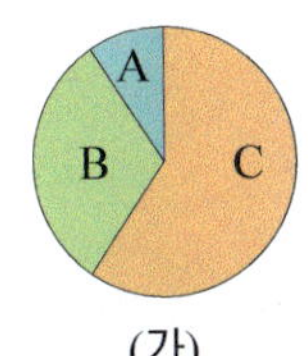

(가)　　　　(나)　　　　(다)

이에 대한 설명으로 옳은 것만을 〈보기〉에서 있는 대로 고른 것은?

보기

ㄱ. A는 중생대이다.
ㄴ. (나)는 (다)보다 먼저 생성된 화석이다.
ㄷ. (다)는 B 시기에 바다에서 번성한 생물의 화석이다.

① ㄱ　　　　② ㄴ　　　　③ ㄱ, ㄷ
④ ㄴ, ㄷ　　　⑤ ㄱ, ㄴ, ㄷ

04 그림은 서로 다른 두 지역 A, B에서 산출되는 화석을 나타낸 것이다.

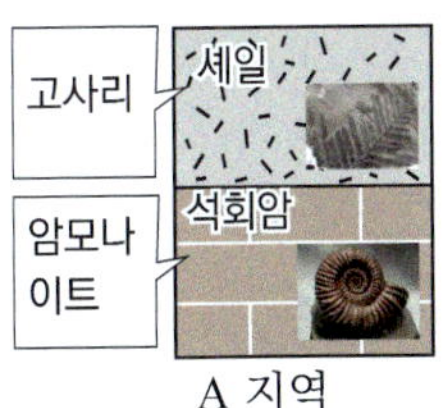

이에 대한 설명으로 옳은 것만을 〈보기〉에서 있는 대로 고른 것은? 단, 이 지역에서 지층이 역전되는 지각 변동은 일어나지 않았다.

보기

ㄱ. 가장 오래 된 화석은 B 지역에서 산출된다.
ㄴ. 두 지역의 석회암 지층은 같은 시기에 생성되었다.
ㄷ. 두 지역은 모두 바다에서 퇴적된 지층으로만 이루어졌다.

① ㄱ　　　　② ㄷ　　　　③ ㄱ, ㄴ
④ ㄱ, ㄷ　　　⑤ ㄴ, ㄷ

05 그림은 지구 탄생 이후 현재까지 외권과 기권의 주요 환경 변화를 나타낸 것이다.

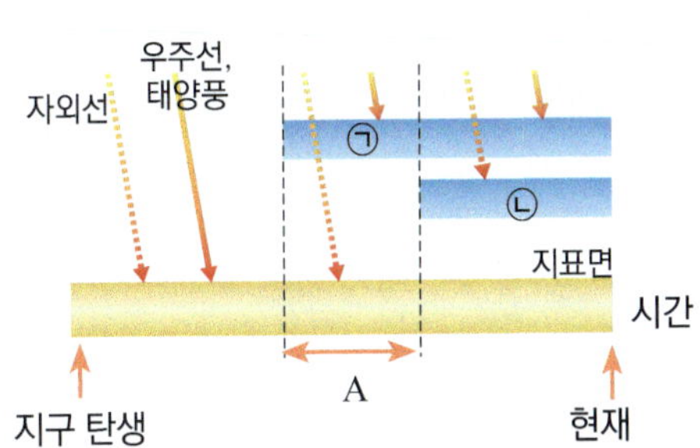

이에 대한 설명으로 옳은 것만을 〈보기〉에서 있는 대로 고른 것은?

보기

ㄱ. ㉠은 지구 자기장에 의한 영향을 나타낸 것이다.
ㄴ. ㉡으로 인해 고생대 초기 해양 생물이 폭발적으로 증가하였다.
ㄷ. A 시기의 바다에는 암모나이트가 번성하였다.

① ㄱ　　　　② ㄴ　　　　③ ㄱ, ㄷ
④ ㄴ, ㄷ　　　⑤ ㄱ, ㄴ, ㄷ

 자연선택과 진화

A 변이

1. 변이: 같은 생물종⭐의 개체 간에 나타나는 형질의 차이이다.

① 진화를 설명하는 변이는 일반적으로 유전적 변이❶를 의미한다.

② 유전적 변이는 개체가 가진 유전자의 차이로 인해 나타난다. ➡ 형질이 자손에게 유전되며, 진화의 원동력이 된다.

③ **변이❷의 예**

· 사람의 피부색　　　　· 무당벌레의 딱지날개 색과 무늬　　· 비둘기 깃털의 색과 무늬

▲ 사람의
　다양한 피부색

▲ 무당벌레의
　다양한 딱지날개 색과 무늬

▲ 비둘기 깃털의
　다양한 색과 무늬

2. 유전적 변이를 일으키는 요인: 오랫동안 축적된 돌연변이와 유성생식❸ 과정에서 일어나는 생식세포의 다양한 조합으로 발생한다.

구분	돌연변이	유성생식
개념	DNA의 유전정보에 변화가 일어나는 현상	암수 생식세포의 수정으로 자손이 만들어지는 생식 방법
특징	기존에 없던 새로운 유전자가 나타나 새로운 형질을 가진 자손이 나타날 수 있음	유전자 조합이 다양한 생식세포를 형성하고, 암수 생식세포가 무작위로 수정하여 유전적으로 다양한 자손이 형성된다.
변이가 나타나는 과정	붉은색 딱정벌레 무리의 자손 중에 초록색 딱정벌레가 나타났다.	흰색 털을 가진 개와 갈색 털을 가진 개가 교배하여 얼룩무늬 털을 가진 강아지가 태어났다.

B 자연선택

1. 자연선택: 자연 상태에서는 개체마다 환경에 다르게 적응한다. 환경에 적응하기 유리한 형질을 가진 개체는 그렇지 않은 개체보다 더 잘 살아남아 자손을 많이 남긴다.

〈자연선택이 일어나는 과정〉

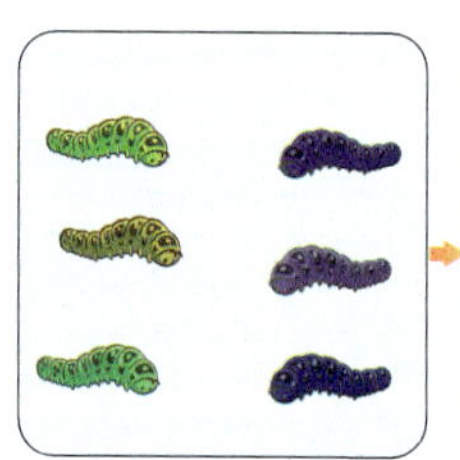

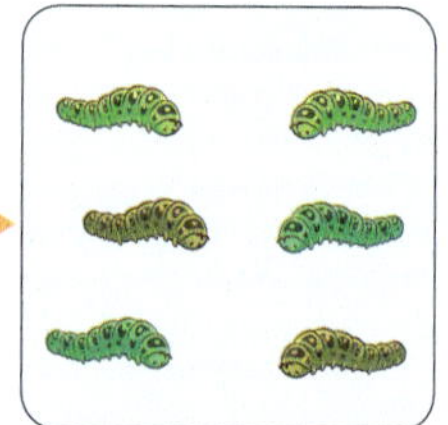

같은 종의 생물 무리에 다양한 형질을 가진 개체들이 존재한다.

자연 상태에서 포식자❹의 눈에 더 잘 띄는 피식자 개체가 더 높은 비율로 잡아먹힌다.

시간이 지남에 따라 포식자 눈에 덜 띄는 피식자 개체가 살아남는다.

살아남은 개체의 형질이 자손에게 전달되어 그 형질을 가진 개체의 비율이 증가한다.

개념➕

❶ 비유전적 변이

유전적 변이와 달리 환경의 영향으로 나타나는 변이로, 형질이 자손에게 유전되지 않는다.

㉔ 훈련으로 단련된 사람은 근육이 발달하지만, 이 형질은 자녀에게 유전되지 않는다.

▲ 비유전적 변이 : 어릴 적부터 여러 개의 링을 목에 걸고 생활하여 비유전적 변이로 인해 목이 점점 길어진 카렌 족 여인

❷ 변이가 나타나는 과정

개체가 가진 유전자에 차이가 있어 합성되는 단백질의 종류와 양이 달라지고, 그에 따라 형질의 차이(변이)가 나타난다.

❸ 유성생식

암수 생식세포가 수정하여 새로운 개체를 만드는 생식 방법이다. 생식세포분열을 통해 부모로부터 각각 절반씩 물려받은 염색체를 가진 암수 생식세포가 형성되고, 이들의 수정을 통해 자손이 만들어진다. 이 과정에서 부모와 다른 형질을 가진 자손이 태어날 수 있다.

❹ 포식자와 피식자

서로 다른 종 사이의 먹고 먹히는 관계에서 잡아먹는 생물은 포식자이고, 먹이가 되는 생물을 피식자라고 한다.

미니사전

⭐ **종** [種 씨] 생물 분류의 기초 단위로, 생식을 통해 자손을 남길 수 있는 개체들의 모임이다.

---

2. 자연선택의 예

① **항생제 내성 세균의 자연선택**: 항생제를 지속적으로 사용하는 환경에서 항생제 내성 세균이 자연선택이 되어 비율이 점차 높아진다. ⑤

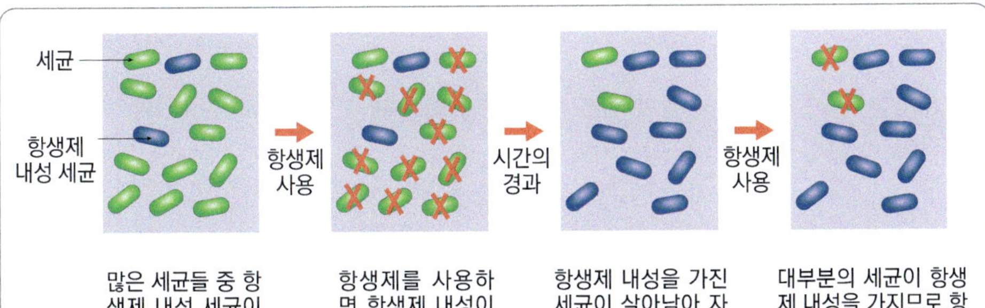

많은 세균들 중 항생제 내성 세균이 돌연변이에 의해 일부 존재한다.

항생제를 사용하면 항생제 내성이 없는 세균들이 대부분 죽는다.

항생제 내성을 가진 세균이 살아남아 자손을 남겨 항생제 세균이 점점 증가한다.

대부분의 세균이 항생제 내성을 가지므로 항생제를 사용해도 세균이 줄어들지 않는다.

⇒ 항생제를 지속적으로 사용하게 되면 항생제 내성 세균이 자연선택되어 항생제 내성 세균 집단이 형성될 수 있다.

⇒ 세균은 세대 교체 및 유전자 전달이 빠르므로 짧은 시간 내에 자연선택이 일어나는 대표적인 사례이다.

② **딱정벌레 집단의 자연선택**: 산불로 인해 토양, 나무가 검게 변한 환경에서 어두운 몸 색깔의 딱정벌레가 자연선택되어 집단 내에서 그 비율이 점차 높아진다.

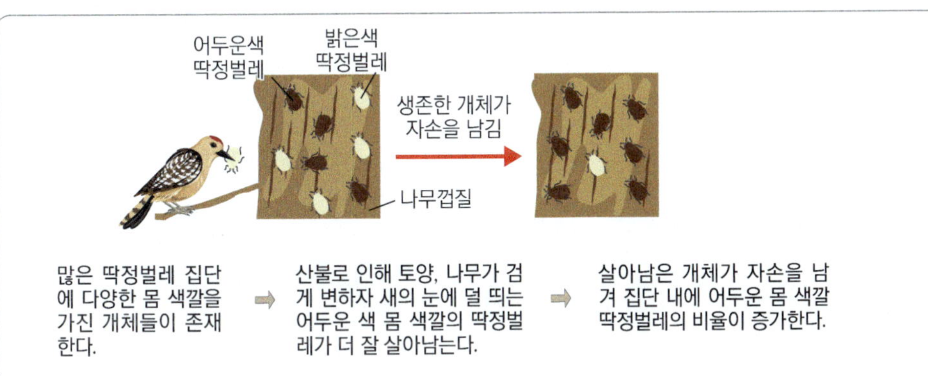

많은 딱정벌레 집단에 다양한 몸 색깔을 가진 개체들이 존재한다.

산불로 인해 토양, 나무가 검게 변하자 새의 눈에 덜 띄는 어두운 색 몸 색깔의 딱정벌레가 더 잘 살아남는다.

살아남은 개체가 자손을 남겨 집단 내에 어두운 몸 색깔 딱정벌레의 비율이 증가한다.

③ **낫모양적혈구의 자연선택**: 말라리아⑥가 많이 발생하는 곳에서는 낫모양적혈구⑦ 유전자를 가진 사람의 비율이 다른 곳에 비해 높다.

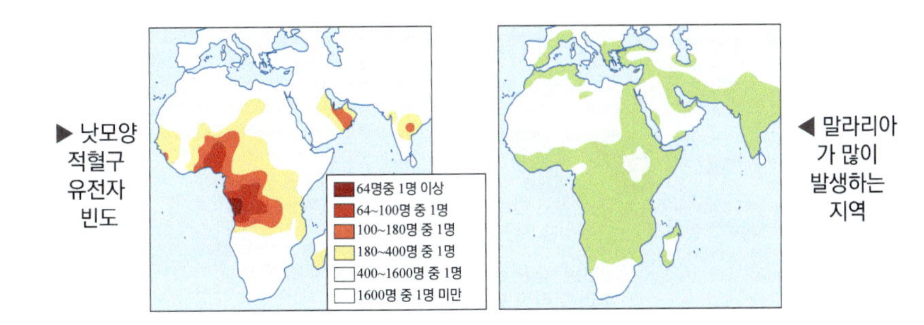

· 헤모글로빈 유전자의 돌연변이로 나타나는 낫모양적혈구는 생존에 불리하므로 일반적으로 드물게 발견된다.

· 말라리아를 일으키는 말라리아원충은 적혈구에 기생하는데, 낫모양적혈구에서는 증식하기 어려워 낫모양적혈구를 가진 사람은 말라리아에 잘 감염되지 않는다.

· 말라리아가 자주 발생하는 지역에서는 낫모양적혈구 유전자를 가진 사람들이 생존에 유리하다.

⇒ 낫모양적혈구 유전자가 생존에 유리한 형질이 되므로 이 지역에는 다른 지역보다 낫모양적혈구 유전자의 빈도가 높다.

⑤ 슈퍼박테리아의 출현

항생제 내성 세균의 자연선택으로 인해 갈수록 더 강력한 항생제를 사용해야 세균성 질병을 치료할 수 있게 되는 문제가 발생한다.

여러 가지의 항생제에 내성을 가진 세균을 '슈퍼박테리아'라고 부른다. 슈퍼박테리아의 출현 과정도 자연선택의 예라고 할 수 있다.

● 후추나방의 자연선택

나무줄기가 밝은 색의 지의류로 덮여있을 때에는 흰색후추나방이 검은색후추나방보다 천적의 눈에 잘 띄지 않아 흰색후추나방이 더 많이 살아남는다. 그러나 지의류가 사라져 나무줄기가 어두워지면 검은색후추나방이 더 많이 살아남아 개체수가 많아진다.

⑥ 말라리아

말라리아 원충에 감염되어 나타나는 질병으로, 모기에 의해서 전파되며 발열, 오한, 구토, 혈소판 감소 등의 증세를 보인다. 한국에서는 학질이라고 불렸으며, 원충의 종류에 따라 치사율이 다른데 특히 열대 지방의 원충이 치사율이 매우 높다.

⑦ 정상 적혈구와 낫모양적혈구의 모양

낫모양적혈구는 돌연변이가 일어난 헤모글로빈이 산소와 결합하지 않은 상태에서 서로 달라붙어 긴 바늘 모양의 구조를 형성하기 때문에 적혈구의 모양이 길게 찌그러진 낫 모양으로 바뀐다.

미니사전

☆ **항생제** [antibiotics] 세균 등의 미생물을 죽이거나 생장을 막는 물질

☆ **지의류** [地 땅, 衣 옷, 類 종류] 나뭇가지나 벽, 바위 등에 붙어서 자라며, 조류와 균류가 공생하는 복합유기체로 잘 죽지않으며 흰색을 띤다.

C 변이와 자연선택에 의한 생물의 진화

1. **진화**: 생물 집단의 특성이 오랜 세월 동안 여러 세대를 거치면서 변화하는 과정이다. 진화는 환경에 적응하는 방향으로 이루어져 왔으며, 진화의 결과 지구상의 생물종이 다양해졌다.

2. **환경에 따른 자연선택**: 변이가 다양한 생물 집단에서 환경에 적합한 형질을 가진 개체는 다른 개체들에 비해 더 잘 살아남아 자손을 더 많이 남긴다.

3. **자연선택설**: 다원❶의 진화론❷으로, 다양한 변이를 가진 개체 중에서 환경에 잘 적응한 개체가 자연선택되며, 이 과정이 반복되어 생물이 진화한다는 이론이다.

① **자연선택설에 의한 진화 과정❸**

	과잉 생산과 변이 ⇨ 생존경쟁 ⇨ 자연선택 ⇨ 유전과 진화

과잉 생산과 변이	생물은 주어진 환경에서 살아남을 수 있는 것보다 더 많은 수의 자손을 낳는다. 이때 같은 종의 개체들 사이에 형태, 습성, 기능 등에 다양한 변이가 나타나고 환경에 따른 적응력도 각기 달라진다.
생존경쟁	개체들 사이에 먹이와 서식지, 배우자 등을 두고 생존경쟁을 한다.
자연선택	생존에 유리한 변이를 가진 개체는 그렇지 않은 개체에 비해 살아남아 자손을 더 많이 남길 확률이 크다. (적자생존)
유전과 진화	자연선택이 반복되면서 생존에 유리한 변이를 가진 개체의 비율이 높아지며, 오랜 시간 동안 누적되어 생물의 진화가 일어난다.

② **자연선택설로 설명한 진화 과정(또 다른 자연선택의 예)**
〈목이 긴 기린의 진화 과정〉

다양한 길이의 목을 가진 많은 수의 기린들이 살고 있었다.
➡ 과잉 생산과 변이

목이 짧은 기린은 높은 곳의 잎을 먹기 불리하여 죽었고, 목이 긴 기린만 살아남았다.
➡ 생존경쟁, 자연선택

살아남은 목이 긴 기린이 자손을 남겼고, 이 과정이 반복되어 현재의 목이 긴 기린으로 진화하였다.
➡ 유전과 진화

〈갈라파고스 군도의 핀치의 진화〉 같은 종이라도 환경에 따라 다르게 자연선택된다.

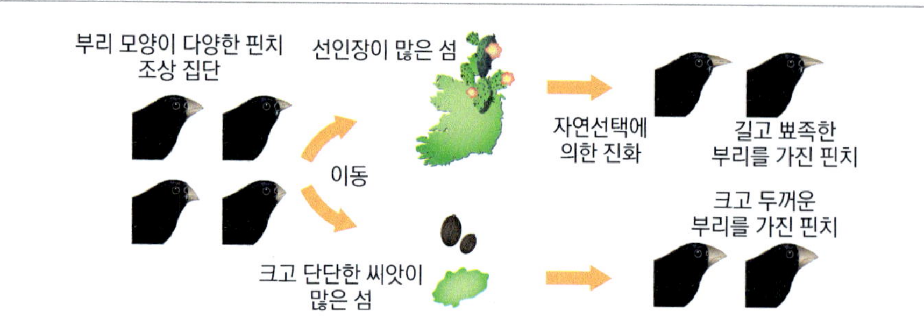

남아메리카 핀치가 갈라파고스 제도로 건너와 각 섬에서 부리 모양이 다양한 많은 수의 핀치가 태어났다.(**과잉 생산과 변이**) ⇨ 핀치들은 먹이와 서식지를 두고 서로 경쟁하였다.(**생존경쟁**) ⇨ 각 섬의 먹이 환경에 적합한 부리를 가진 핀치가 자연선택되었다.(**자연선택**) ⇨ 각 섬의 먹이 환경에 적합한 부리를 가진 핀치가 자손을 남겨 그 비율이 높아져 다른 종의 핀치로 진화하였다.(**유전과 진화**) ⇨ 그 결과 생물종이 다양해졌다.(**생물다양성 증가**)

---

❶ **다원(Darwin C. R, 1809 ~ 1882)**

영국의 생물학자로, 1859년에 저서 '종의 기원'을 발표하여 자연선택을 바탕으로 하는 진화론을 주장하였다.

❷ **다원 이전의 진화설**

다원 이전에 라마르크는 '사용하는 기관은 발달하고 사용하지 않는 기관은 퇴화한다.'는 용불용설을 주장하였으나 환경에 의한 후천적 형질은 유전되지 않아 틀린 것으로 밝혀졌다. 단, 환경이 생물의 진화에 영향을 끼칠 수 있다는 것을 제안하였다는 데에 의의가 있다.

▲ 라마르크의 용불용설

❸ **자연선택설의 한계**

다원의 시대에는 유전자의 개념이 성립되지 못한 시기였기 때문에 한계가 있었다.
- 개체 간의 변이가 나타나는 원인을 제대로 설명하지 못하였다.
- 부모의 형질이 자손에게로 전달되는 과정을 설명하지 못하였다.

01 다음은 변이의 원인에 대한 설명이다. 빈칸에 알맞은 말을 차례대로 쓰시오.

> (　　　　　　)은/는 암수 생식세포의 결합으로 자손이 만들어지는 생식 방법이다. 이 방법에 의해 부모의 유전자가 다양하게 조합되어 자손에게 전달되므로 부모와 자손의 (　　　　)이/가 달라져 변이가 나타난다.

02 그림은 자주색과 흰색 완두 꽃의 형질이 발현되는 과정이다.

이에 대한 설명 중 옳은 것은 ○표, 옳지 않은 것은 ×표 하시오.

(1) 자주색 꽃의 형질은 자손에게 전달된다. ···································· (　　　)

(2) 흰색 완두꽃도 자주색 완두꽃과 같은 유전자를 가지고 있다. ·············· (　　　)

(3) 앵무의 깃털 색이 개체마다 다른 것과 같은 변이의 예이다. ·················· (　　　)

03 다윈의 자연선택설에 따른 진화 과정이다. 빈칸에 알맞은 말을 쓰시오.

과잉 생산과 변이 ⇒ (　　　　　) ⇒ 자연선택 ⇒ 종의 분화

04 생물의 진화 원리에 대한 설명 중 옳은 것은 ○표, 옳지 않은 것은 ×표 하시오.

(1) 다른 생물종 간에 나타나는 형질의 차이를 변이라 한다. ····················· (　　　)

(2) 유성 생식은 부모에게 없던 새로운 유전자를 만들어낸다. ···················· (　　　)

(3) 훈련으로 단련된 운동 선수의 근육은 자손에게 전달되지 않는다. ·········· (　　　)

05 다음에서 자연선택설의 과정을 찾아 순서대로 나열하시오.

> (가) 목 길이가 다양한 많은 수의 기린이 태어났다.
> (나) 높은 곳의 나뭇잎을 먹기 위해 목을 길게 늘리는 노력이 지속되었다.
> (다) 목이 긴 기린이 자손을 남기는 것이 반복되면서 기린의 목이 지금처럼 길어졌다.
> (라) 목이 긴 기린이 높은 곳의 나뭇잎을 먹는 데 유리하여 살아남았다.

06 자연선택의 사례에 대한 설명 중 옳은 것은 ○표, 옳지 않은 것은 ×표 하시오.

(1) 핀치의 부리 진화는 환경의 변화와 상관없이 이루어졌다. ·················· (　　　)

(2) 낫모양적혈구 유전자는 말라리아가 많이 발생하는 지역에서 생존에 유리하다.
··· (　　　)

(3) 항생제를 한번도 사용하지 않은 환경에서 항생제 내성 세균이 더 많다. ··· (　　　)

자연선택 과정에 대한 모의실험

● 목표
다양한 변이가 있는 생물 무리에서 환경 변화에 따라 자연선택이 일어나는 과정을 설명할 수 있다.

준비물 빨간색, 노란색, 파란색, 초록색, 갈색 구슬, 갈색 도화지

● 실험 과정

(가) 갈색 도화지 위에 빨간색, 노란색, 파란색, 초록색 초콜릿을 각각 10개씩 뿌려 놓고, 이 중 4개를 골라 갈색 초콜릿으로 바꾼다.

(나) 눈을 감았다가 떴을 때 가장 먼저 눈에 띄는 초콜릿을 도화지 위에서 1개씩 제거하되 전체 개수의 합이 20개가 될 때까지 반복한다.

(다) 남아 있는 초콜릿의 색과 수를 확인한 후, 남아 있는 초콜릿의 수만큼 같은 색깔의 초콜릿을 추가한다.

(라) 과정 (나)~(다)를 3회 반복한다.

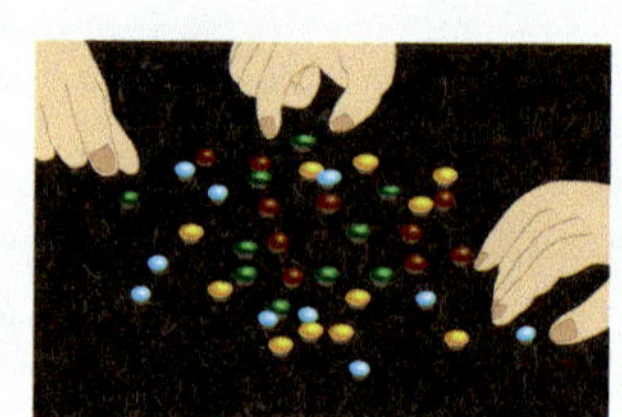

● 탐구 결과

구분	(빨강, 노랑, 파랑, 초록) 초콜릿의 총 개수	갈색 초콜릿의 개수
처음	36개	4개
1회	32개 (남은 것 16개 + 추가 16개)	8개 (남은 것 4개 + 추가 4개)
2회	24개 (남은 것 12개 + 추가 12개)	16개 (남은 것 8개 + 추가 8개)
3회	8개 (남은 것 4개 + 추가 4개)	32개 (남은 것 16개 + 추가 16개)

● 해석 및 정리

① 갈색 초콜릿은 돌연변이에 의한 새로운 형질을 가진 개체에 해당한다.

② 실험을 반복할수록 도화지와 색깔이 같은 갈색 초콜릿의 비율이 점점 증가한다. ➡ 세대를 거듭하면서 새로운 환경(갈색 도화지)에서 생존에 유리한 개체가 자연선택되어 개체수 비율이 점점 증가한다.

!주의

[탐구 결과]

<1회> (갈색은 눈에 잘 띄지 않으므로 다른 색깔 구슬을 집어낸다.)

(가) (빨, 노, 파, 초) 합 36개, 갈색 4개
(나) (빨, 노, 파, 초) 합 16개, 갈색 4개
(다) (빨, 노, 파, 초) 합 32개, 갈색 8개

<2회> (갈색은 눈에 띄지 않는다.)

(나) (빨, 노, 파, 초) 합 12개, 갈색 8개
(다) (빨, 노, 파, 초) 합 24개, 갈색 16개

<3회> (갈색은 눈에 띄지 않는다.)

(나) (빨, 노, 파, 초) 합 4개, 갈색 16개
(다) (빨, 노, 파, 초) 합 8개, 갈색 32개

[결과 해석 및 정리]

- 과정 (가)의 빨간색, 노란색, 파란색, 초록색 초콜릿은 생물종 내의 변이를 뜻한다.

- 과정 (가)에서 기존의 초콜릿을 새로운 갈색 초콜릿으로 바꾸는 것은 돌연변이에 의해 새로운 형질을 가진 개체가 출현하는 현상을 나타낸 것이다.

- 과정 (나)는 새로운 환경에서 생존에 불리한 일부 개체가 자연도태되는 과정이다.

- 과정 (다)는 각 개체가 번식하여 자손을 남기는 과정이다.

- 과정 (라)는 세대를 거듭하면서 새로운 환경(갈색 도화지)에 유리한 개체가 자연선택되어 그 비율이 점점 증가하는 과정이다.

정답 및 해설 ➡ 07

탐구문제 1 위의 실험 과정을 항생제 내성 세균의 자연선택과 비교할 때 (가)~(라) 중 아래 질문에 해당하는 실험 과정을 골라 기호를 쓰시오.

(1) 항생제 사용에 해당하는 실험 과정은? ·· (   )
(2) 세균의 증식이 일어나는 실험 과정은? ·· (   )
(3) 돌연변이의 출현에 해당하는 실험 과정은? ·· (   )

탐구문제 2 과정 (다)에서 남아 있는 초콜릿의 수만큼 같은 색깔의 초콜릿을 추가하는 것은 다음 중 어떤 생명 현상에 해당하는가?

① 진화   ② 생식   ③ 생장   ④ 유전적 변이   ⑤ 비유전적 변이

탐구문제 3 과정 (라) 이후 도화지를 노란색으로 바꾸어 (가)~(다)를 반복하면 어떤 결과가 나타날지 서술하고 이에 해당하는 진화 과정을 쓰시오.

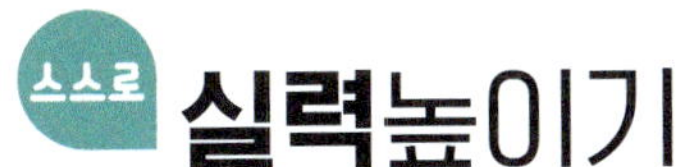 스스로 실력높이기

A 변이

[01~02] 다음은 여러 생물에서 관찰되는 사례 (가)~(다)이다.

(가) 앵무의 깃털 색은 개체마다 차이가 있다.
(나) 무당벌레는 개체마다 딱지날개의 색과 무늬에 차이가 있다.
(다) 카렌족의 여성은 어려서부터 여러 개의 링을 목에 걸고 생활하여 목이 길어졌다.

01 이에 대한 설명 중 빈칸에 알맞은 말을 쓰시오.

(가)~(다)는 같은 생물 종의 개체 간에 나타나는 형질의 차이인 (   )의 예시이다.

02 (가)~(다)에 대한 설명으로 옳은 것만을 〈보기〉에서 있는 대로 고른 것은?

┌─ 보기 ─
ㄱ. (가)는 유전자의 차이로 인한 것이다.
ㄴ. (나)에서의 차이는 자손에게 전달되지 않는다.
ㄷ. (다)에서의 차이는 진화에 영향을 미친다.

① ㄱ　　　　② ㄴ　　　　③ ㄷ
④ ㄱ, ㄴ　　　⑤ ㄱ, ㄷ

03 같은 종의 딱정벌레 무리에서 나타나는 형질에 대한 설명이다.

붉은색 유전자만 가지고 있던 딱정벌레 무리에서 존재하지 않던 초록색 유전자가 만들어져 자손 중에 초록색 딱정벌레가 나타났다.

이에 대한 설명으로 옳은 것만을 〈보기〉에서 있는 대로 고른 것은?

┌─ 보기 ─
ㄱ. 초록색 형질은 자손에게 전달된다.
ㄴ. 초록색 유전자는 환경의 변화에 의해 나타났다.
ㄷ. 초록색 형질이 생존에 유리할 경우 초록색 딱정벌레의 수가 늘어날 수 있다.

① ㄱ　　　　② ㄱ, ㄴ　　　　③ ㄱ, ㄷ
④ ㄴ, ㄷ　　　⑤ ㄱ, ㄴ, ㄷ

04 다음은 유전적 변이를 일으키는 2가지 원인의 예이다. (가)와 (나)는 각각 유성 생식과 돌연 변이 중 하나이다.

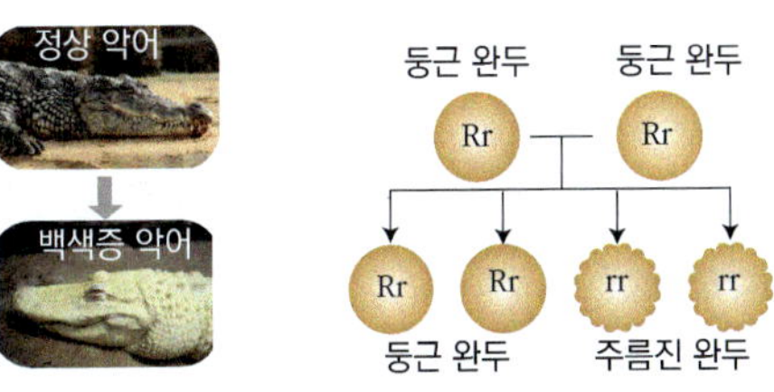

(가) 정상인 개체만 있는 악어 무리에서 백색증을 나타내는 악어가 태어났다.

(나) 둥근 완두(Rr)를 자가수분한 결과 주름진 완두(rr)가 나타났다.

이에 대한 설명으로 옳은 것만을 〈보기〉에서 있는 대로 고른 것은?

┌─ 보기 ─
ㄱ. (가)는 돌연변이의 예이다.
ㄴ. (가)의 변이는 자손에게 전달되지 않는다.
ㄷ. (나)에서 부모의 유전자가 다양하게 조합되어 자손에게 전달된다.

① ㄱ　　　　② ㄴ　　　　③ ㄱ, ㄴ
④ ㄱ, ㄷ　　　⑤ ㄱ, ㄴ, ㄷ

05 다음은 딱정벌레와 개의 변이에 대해 각각 설명한 것이다.

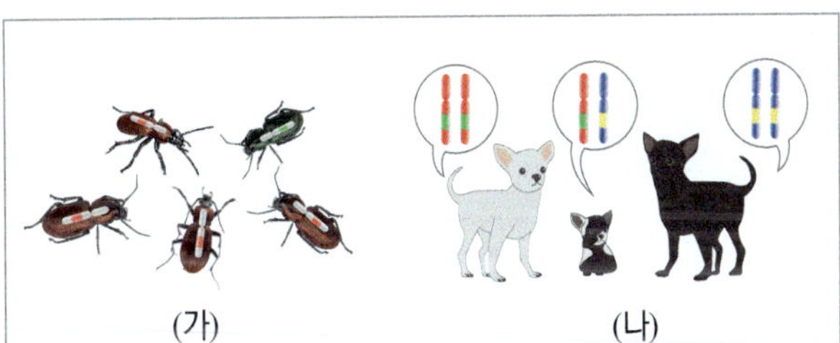

(가)　　　　　　　(나)

(가) 붉은색 유전자를 가진 딱정벌레 무리에서 초록색 유전자를 가진 딱정벌레가 나타나 붉은색 딱정벌레와 교배하여 자손을 남겼다.
(나) 털색이 흰 개와 검은 개 사이에서 얼룩무늬를 가진 강아지들이 태어났다.

이에 대한 설명으로 옳은 것만을 〈보기〉에서 있는 대로 고른 것은?

┌─ 보기 ─
ㄱ. (가)에서 초록색 형질은 자손에게 전달된다.
ㄴ. (나)는 부모에게 없던 새로운 유전자가 나타난 것이다.
ㄷ. (가)에서 초록색 딱정벌레와 붉은색 딱정벌레는 다른 종이다.
ㄹ. (나)에서 흰 개와 검은 개 사이에 태어나는 강아지들의 털색은 모두 다르게 나타날 수 있다.

① ㄱ, ㄴ　　　　② ㄴ, ㄷ　　　　③ ㄱ, ㄹ
④ ㄱ, ㄴ, ㄷ　　　⑤ ㄴ, ㄷ, ㄹ

06 영국 지역에 서식하는 후추나방에 대한 자료이다.

영국의 공업 도시 근처의 숲에는 주로 검은색 후추나방이, 농촌 숲에는 주로 흰색 후추나방이 많이 분포한다.

이에 대한 설명으로 옳은 것만을 〈보기〉에서 있는 대로 고른 것은?

──── 보기 ────
ㄱ. 자연선택에 의한 변화이다.
ㄴ. 공업 도시 근처의 숲은 농촌 숲보다 색이 어두울 것이다.
ㄷ. 공업 도시에 공장이 세워지기 전에도 공업 도시 근처의 숲에는 검은색 후추나방이 주로 분포했을 것이다.

① ㄱ   ② ㄱ, ㄴ   ③ ㄱ, ㄷ
④ ㄴ, ㄷ   ⑤ ㄱ, ㄴ, ㄷ

07 다음은 항생제 내성 세균의 출현과 진화 과정을 나타낸 것이다.

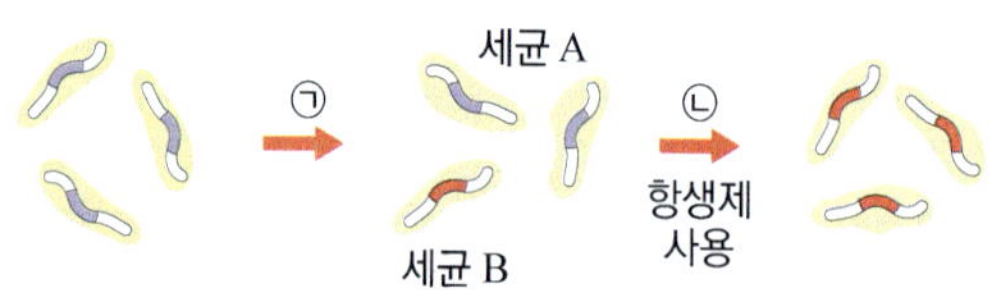

이에 대한 설명으로 옳은 것만을 〈보기〉에서 있는 대로 고른 것은?(단, 세균 A와 B는 각각 항생제 내성 여부에 관련된 형질이 다르다.)

──── 보기 ────
ㄱ. 세균 A는 항생제에 내성이 있는 세균이다.
ㄴ. ㉠에서 유성 생식에 의해 항생제 저항성 유전자가 나타났다.
ㄷ. ㉡ 이후의 세균 집단은 ㉠ 이전 세균 집단에 비해 특정 유전자의 비율이 달라졌다.

① ㄱ   ② ㄷ   ③ ㄱ, ㄴ
④ ㄴ, ㄷ   ⑤ ㄱ, ㄴ, ㄷ

08 그림은 모든 세균이 항생제에 대한 내성이 없는 어떤 세균 군에서 일어난 진화 과정을 나타낸 것이다. 붉은 동그라미는 항생제에 대한 내성이 없는 세균을, 검은 동그라미는 항생제에 대한 내성을 갖는 세균을 나타낸다. 과정 ㉠에서 항생제 내성 세균이 나타났으며, 과정 ㉡에서 항생제가 계속 사용되었다.

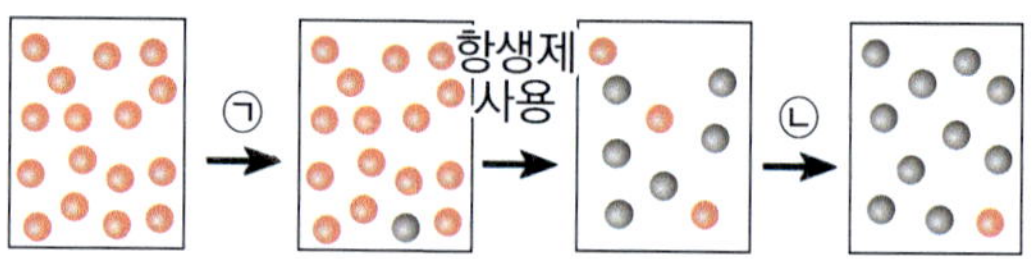

이에 대한 설명으로 옳은 것만을 〈보기〉에서 있는 대로 고른 것은? (단, 외부와의 개체 출입은 없다.)

──── 보기 ────
ㄱ. 과정 ㉠에서 돌연변이가 일어났다.
ㄴ. 항생제 저항성 유전자의 유무는 세균의 변이 중 하나이다.
ㄷ. 항생제가 없는 환경에서도 항생제에 대한 내성을 갖는 세균의 비율은 증가한다.

① ㄱ   ② ㄷ   ③ ㄱ, ㄴ
④ ㄴ, ㄷ   ⑤ ㄱ, ㄴ, ㄷ

[2020 모의고사 기출]

09 그림은 한 종의 딱정벌레 집단의 진화 과정을 나타낸 것이다. 어두운색 딱정벌레는 나무껍질과 몸 색깔이 비슷하여 밝은색 딱정벌레에 비해 포식자인 새의 눈에 잘 띄지 않는다.

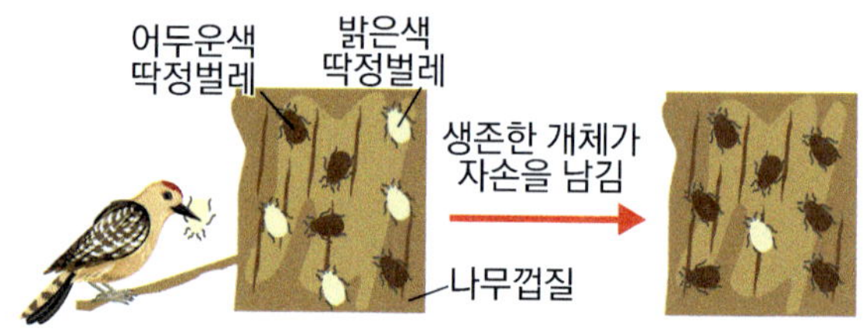

이에 대한 설명으로 옳은 것만을 〈보기〉에서 있는 대로 고른 것은? (단, 제시된 조건 이외는 고려하지 않는다.)

──── 보기 ────
ㄱ. 딱정벌레의 몸 색깔에는 변이가 있다.
ㄴ. 밝은색 딱정벌레가 어두운색 딱정벌레보다 생존에 유리하다.
ㄷ. 딱정벌레 집단의 진화 과정에서 자연선택이 일어났다.

① ㄱ   ② ㄴ   ③ ㄱ, ㄷ
④ ㄴ, ㄷ   ⑤ ㄱ, ㄴ, ㄷ

10 (가)는 아프리카에서 낫모양적혈구 빈혈증 발생 지역과 빈도를, (나)는 말라리아가 많이 발생하는 지역을 조사한 것이다.

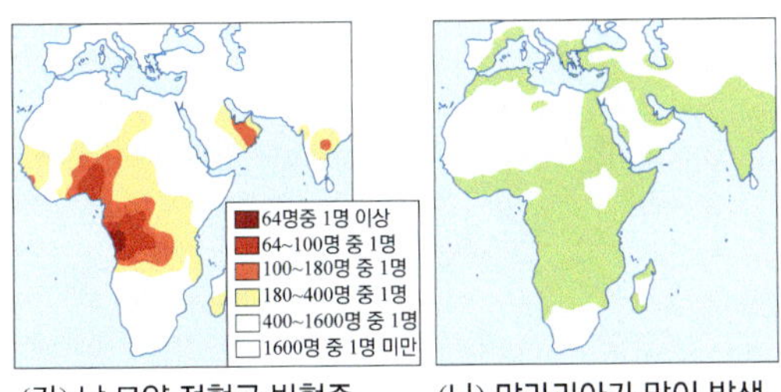

(가) 낫 모양 적혈구 빈혈증 발생 지역과 빈도

(나) 말라리아가 많이 발생하는 지역

이에 대한 설명으로 옳은 것만을 〈보기〉에서 있는 대로 고른 것은?

> **보기**
> ㄱ. 이 자료에서 자연선택은 생존에 불리한 방향으로 이루어졌다.
> ㄴ. 낫모양적혈구 빈혈증 환자는 말라리아에 걸릴 확률이 더 낮다.
> ㄷ. 말라리아는 낫모양적혈구 빈혈증 환자의 자연선택에 유리하게 작용한다.

① ㄱ   ② ㄴ   ③ ㄱ, ㄴ
④ ㄱ, ㄷ   ⑤ ㄴ, ㄷ

B 변이와 자연선택에 의한 생물의 진화

11 자연선택설에 의한 진화 과정을 설명한 글이다.

생물들이 자손들을 ⓐ ─────하더라도 집단 크기는 비교적 일정하게 유지된다.
과잉 생산된 같은 종의 자손들에게는 형태, 습성, 기능 등 형질이 조금씩 다른 ⓑ ─────가 나타나고, 식량, 생활공간, 배우자를 차지하기 위한 ⓒ ─────에서 부적당한 생물은 죽게 되고 적당한 생물만 살아남는다.
그 결과 환경에 유리한 형질이 ⓓ ─────되어 대를 이어 내려옴으로서 진화가 일어난다.

ⓐ~ⓓ에 알맞는 말을 옳게 짝지은 것은?

	ⓐ	ⓑ	ⓒ	ⓓ
①	생존경쟁	변이	과잉 생산	자연선택
②	생존경쟁	변이	자연선택	과잉 생산
③	자연선택	변이	생존경쟁	과잉 생산
④	과잉 생산	변이	자연선택	생존경쟁
⑤	과잉 생산	변이	생존경쟁	자연선택

---

12 다음은 다윈의 자연선택설을 나타낸 것이다.

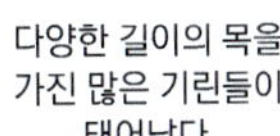

다양한 길이의 목을 가진 많은 기린들이 태어났다.

목이 길어 높은 곳의 잎을 먹을 수 있는 기린만 살아남아 자손을 남겼다.

목이 긴 기린이 자손을 남기는 과정이 반복되어 기린의 목이 길어졌다.

이에 대한 설명으로 옳은 것만을 〈보기〉에서 있는 대로 고른 것은?

> **보기**
> ㄱ. 진화의 주된 원인은 돌연변이이다.
> ㄴ. 기린의 목 길이는 생존에 영향을 미쳤다.
> ㄷ. 기린이 높은 곳의 나뭇잎을 먹기 위해 목을 길게 뺀 것이 자손에게 전달되었다.

① ㄱ   ② ㄴ   ③ ㄱ, ㄴ
④ ㄱ, ㄷ   ⑤ ㄴ, ㄷ

---

13 자연선택설과 관련된 내용으로 옳지 <u>않은</u> 것을 있는 대로 고르시오.(2개)

① 생물은 생존 가능한 것보다 더 많은 자손을 생산한다.
② 생물이 낳은 개체들 사이에는 변이가 존재한다.
③ 개체 간에 유전자가 다르므로 변이가 나타난다.
④ 개체들은 먹이나 서식지를 두고 경쟁하며, 유리한 개체만 살아남는다.
⑤ 부모의 형질이 유전자를 통해 자손에게로 전달된다.

---

14 갈라파고스 제도의 섬에 살고 있는 서로 다른 종의 핀치 A, B의 진화 과정이다.

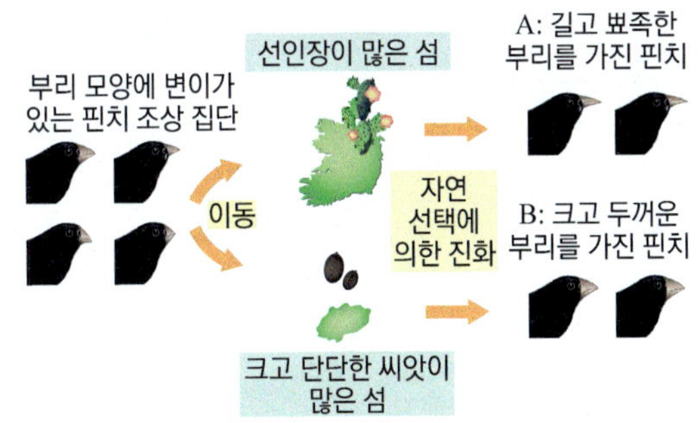

이에 대한 설명으로 옳은 것만을 〈보기〉에서 있는 대로 고른 것은?

> **보기**
> ㄱ. A와 B는 환경 조건이 동일하다.
> ㄴ. A와 B 모두 용불용설에 의해 진화했다.
> ㄷ. A와 B 핀치는 부리 모양에 대한 유전자 구성이 서로 다르다.

① ㄱ   ② ㄴ   ③ ㄷ
④ ㄱ, ㄴ   ⑤ ㄱ, ㄷ

15 어떤 생물 개체군에서 여러 세대를 거치는 동안 일어난 몸 색깔의 변화를 나타내었다.

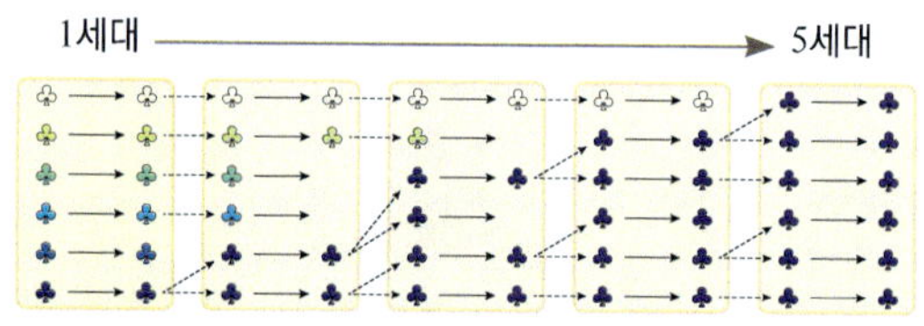

이에 대한 설명으로 옳은 것만을 〈보기〉에서 있는 대로 고른 것은?

> 보기
> ㄱ. 몸 색깔이 진한 개체가 자연선택되었다.
> ㄴ. 세대가 지날수록 개체군 내의 몸 색깔 변이가 다양해진다.
> ㄷ. 몸 색깔이 연한 개체가 진한 개체보다 환경에 더 잘 적응하였다.

① ㄱ   ② ㄱ, ㄴ   ③ ㄱ, ㄷ
④ ㄴ, ㄷ   ⑤ ㄱ, ㄴ, ㄷ

16 다음은 갈라파고스 제도에서 일어난 핀치의 종 분화 과정에 대한 자료이다.

(가) 갈라파고스 각 섬에 많은 수의 핀치가 태어났으며, 다양한 (㉠)(을)를 가진 자손들은 먹이와 서식지를 차지하기 위해 경쟁하였다.
(나) 남아메리카 대륙에서 다양한 씨앗을 먹는 핀치 중 일부가 갈라파고스 제도로 날아들었다.
(다) 여러 세대가 지난 후 선인장이 잘 자라는 섬에는 길고 뾰족한 부리를 가진 핀치가 번성하였고, 크고 단단한 씨앗을 만드는 식물이 잘 자라는 섬에는 크고 두꺼운 부리를 가진 핀치가 번성하였다.
(라) 선인장이 잘 자라는 섬에서는 길고 뾰족한 부리를 가진 핀치가 살아남아 더 많은 자손을 남겼고, 크고 단단한 씨앗을 만드는 식물이 잘 자라는 섬에서는 크고 두꺼운 부리를 가진 핀치가 살아남아 더 많은 자손을 남겼다.

이에 대한 설명으로 옳은 것만을 〈보기〉에서 있는 대로 고른 것은?

> 보기
> ㄱ. '변이'는 ㉠에 해당한다.
> ㄴ. 핀치의 종 분화와 가장 관련 있는 요인은 서식지에 사는 천적의 종류이다.
> ㄷ. 진화의 과정은 (나)-(가)-(라)-(다)이다.

① ㄱ   ② ㄴ   ③ ㄷ
④ ㄱ, ㄷ   ⑤ ㄱ, ㄴ, ㄷ

17 그림은 바다가 형성되어 분리된 두 나비 집단의 진화 과정을 나타낸 것이다. A~C는 서로 다른 날개 형질을 가진 집단이며, (가)와 (나)는 각각 자연선택과 돌연변이 중 하나이다.

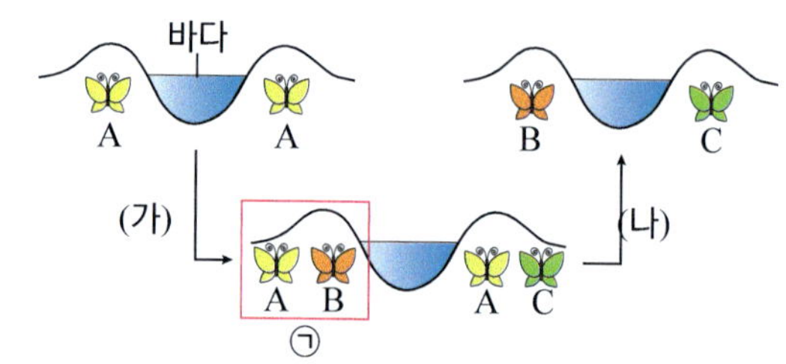

이에 대한 설명으로 옳은 것만을 〈보기〉에서 있는 대로 고른 것은? (단, 나비의 날개 형질만을 고려한다.)

> 보기
> ㄱ. (가)는 자연선택에 해당한다.
> ㄴ. 바다의 형성으로 분리된 두 나비 집단에서 서로 다른 형질을 유발하는 돌연변이가 발생하였다.
> ㄷ. (나)에서 ㉠의 A가 B보다 많은 수의 자손을 생산한다.

① ㄱ   ② ㄴ   ③ ㄱ, ㄷ
④ ㄴ, ㄷ   ⑤ ㄱ, ㄴ, ㄷ

18 생물의 진화에 대한 학생들의 설명이다.

무한 : 같은 종일지라도 환경이 서로 다른 곳에서 오래 생활하면 서로 다른 형질을 가지게 되지.
상상 : 생물이 서로 다른 환경에 적응하며 변화가 쌓이면서 진화가 일어나지.
알탐 : 서로 다른 형질을 가지게 되면 새로운 종이 출현하게 되는 것이므로 생물다양성이 증가하는 것이지.

옳게 설명한 학생을 있는 대로 고른 것은?

① 무한   ② 상상   ③ 무한, 상상
④ 상상, 알탐   ⑤ 무한, 상상, 알탐

19 진화에 대한 설명으로 옳은 것만을 〈보기〉에서 있는대로 고른 것은?

> 보기
> ㄱ. 자연선택은 집단 내에 새로운 유전자를 제공한다.
> ㄴ. 진화는 오랜 기간 동안 여러 세대를 거쳐 이루어진 생물의 변화 과정이다.
> ㄷ. 여러 지층에서 발견된 화석을 통해 지질 시대 동안 일어난 진화의 과정을 알 수 있다.

① ㄱ   ② ㄴ   ③ ㄷ
④ ㄴ, ㄷ   ⑤ ㄱ, ㄴ, ㄷ

심화 실력높이기

01 어떤 핀치 집단의 부리 크기 변화에 대한 자료이다.

(가) 가뭄 전에는 핀치가 먹기 좋은 작고 연한 씨가 풍부했다.
(나) 심한 가뭄이 들면서 씨앗의 총 수는 감소하였고, 상대적으로 크고 딱딱한 씨가 많아졌다.
(다) 작은 부리를 가진 핀치는 크고 딱딱한 씨를 먹지 못해 살아남기 어려웠다.
(라) 그래프는 가뭄 전과 가뭄 후 핀치의 부리 크기에 따른 개체수를 나타낸 것이다.

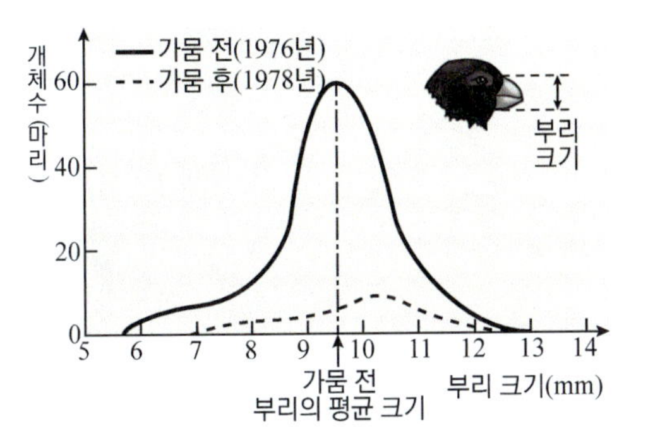

이에 대한 설명으로 옳은 것만을 〈보기〉에서 있는 대로 고른 것은?

보기
ㄱ. 가뭄 전에는 핀치의 부리가 모두 작았다.
ㄴ. 가뭄 전보다 가뭄 후에 부리의 평균 크기가 커졌다.
ㄷ. 가뭄 후에는 부리가 큰 핀치가 생존 경쟁에 불리하다.

① ㄱ　　　② ㄴ　　　③ ㄱ, ㄴ
④ ㄱ, ㄷ　　　⑤ ㄴ, ㄷ

[2014 모의고사 기출]

02 그림은 어떤 지역에서 일어나는 종 A의 진화 과정에서 털 색에 따른 개체수 비율 변화를 나타낸 것이다.

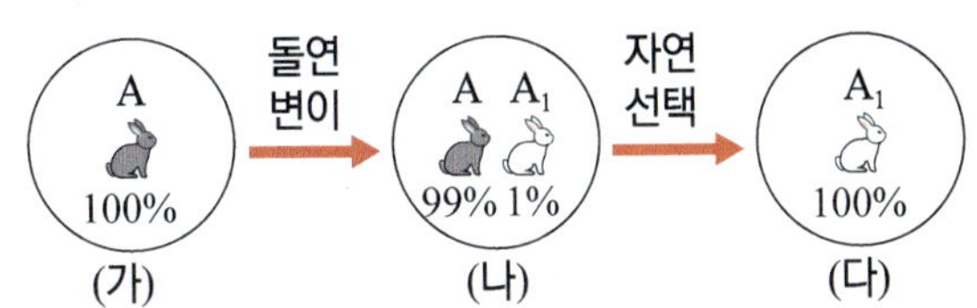

이에 대한 설명으로 옳은 것만을 〈보기〉에서 있는 대로 고른 것은? (단, 이 지역에서 외부와의 개체 출입은 없다.)

보기
ㄱ. 돌연변이에 의해 새로운 형질이 나타난다.
ㄴ. (나)→(다) 과정에서 A₁보다 A가 생존에 유리하다.
ㄷ. (가)와 (다)의 유전자 구성은 서로 같다.

① ㄱ　　　② ㄴ　　　③ ㄱ, ㄴ
④ ㄱ, ㄷ　　　⑤ ㄴ, ㄷ

03 표는 변이를 일으키는 요인 (가)와 (나)의 특징을 나타낸 것이다. (가)와 (나)는 각각 유성생식과 돌연변이를 순서 없이 나타낸 것이다.

요인	특징
(가)	붉은색만 있는 곤충 A 개체군 내에서 ①분홍색 곤충이 나타났다.
(나)	곤충 B 개체군 내에 있던 붉은색과 흰색 부모 사이에서 ⓒ분홍색 곤충이 태어났다.

이에 대한 설명으로 옳은 것만을 〈보기〉에서 있는 대로고른 것은?

보기
ㄱ. (가)는 곤충 A 개체군의 유전적 다양성을 낮추는 요인이다.
ㄴ. (나)는 돌연변이이다.
ㄷ. ①과 ⓒ에게 나타난 변이는 모두 다음 세대로 전달될 수 있다.

① ㄱ　　　② ㄷ　　　③ ㄱ, ㄴ
④ ㄴ, ㄷ　　　⑤ ㄱ, ㄴ, ㄷ

04 항생제 내성 세균의 출현과 관련된 모의실험 과정이다.

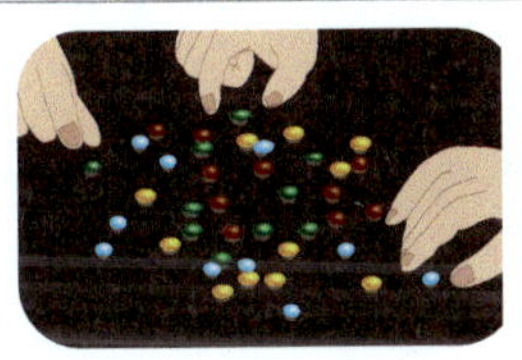

(가) 갈색 도화지 위에 초록색, 빨간색, 파란색 초콜릿을 각각 10개씩 뿌리고, 이 중 4개를 갈색 초콜릿으로 바꾼다.
(나) 눈을 감았다가 떴을 때 제일 먼저 눈에 띄는 초콜릿 1개씩을 제거하되, 남은 전체 초콜릿 개수가 20개가 될 때까지 반복한다.
(다) 도화지 위에 남은 초콜릿의 수만큼 같은 색의 초콜릿을 추가한다.
(라) 과정 (나)~(다)를 3회 반복한다.

이에 대한 설명으로 옳은 것만을 〈보기〉에서 있는 대로 고른 것은?

보기
ㄱ. 빨간색 초콜릿이 항생제 내성 세균을 의미한다.
ㄴ. 이 모의실험에서 돌연변이와 생식이 표현되었다.
ㄷ. (라) 과정이 끝난 후 갈색 초콜릿의 비율이 처음보다 늘어났을 것이다.

① ㄱ　　　② ㄱ, ㄴ　　　③ ㄱ, ㄷ
④ ㄴ, ㄷ　　　⑤ ㄱ, ㄴ, ㄷ

A 생물다양성

1. 생물다양성: 일정한 지역에 사는 생물의 다양한 정도를 의미하며, 유전적 다양성, 종다양성, 생태계다양성을 모두 포함한다.[1]

▲ 생물다양성의 구성 요소

유전적 다양성	· 같은 생물종 내에서 서로 다른 유전자를 가지고 있어 다양한 형질이 나타나는 것을 의미한다. · 자연선택에 의한 진화의 원동력으로 작용하여 종다양성을 증가시킨다. · 환경이 급격하게 변하거나 전염병 등이 발생했을 때 유전자가 다양하지 못하면 적응하지 못하고 멸종할 가능성이 높다.[2] 예 아시아무당벌레의 다양한 딱지날개 색과 반점 무늬, 채프먼얼룩말의 서로 다른 줄무늬, 토끼의 다양한 털색 등

▲ 무당벌레의 무늬 다양성

▲ 달팽이 껍질의 다양성

▲ 얼룩말의 무늬 다양성

종다양성	· 한 생태계에 서식하는 생물종의 다양함을 의미한다. · 생태계에 생물종이 많고, 그 생물종의 분포 비율이 각각 균등할 때 종다양성이 높은 생태계이다.[3] · 지역에 따라 차이가 나며, 종다양성이 높을수록 생태계가 안정적으로 유지된다. 예 숲에는 곰, 여우, 토끼 등의 동물과 다양한 종류의 식물, 버섯 등이 서식한다.

더 알아보기　종다양성 비교하기

다음은 어떤 두 지역 (가)와 (나)에 서식하는 식물종과 그 개체수를 그림과 표로 나타낸 것이다.

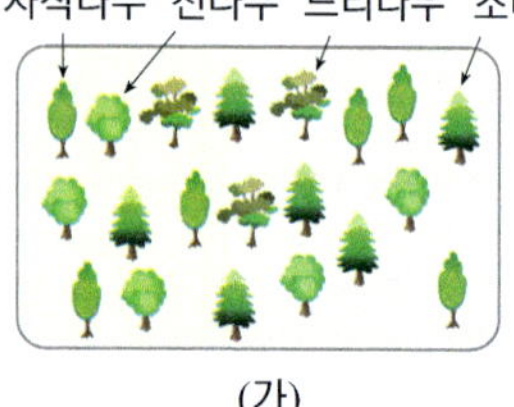

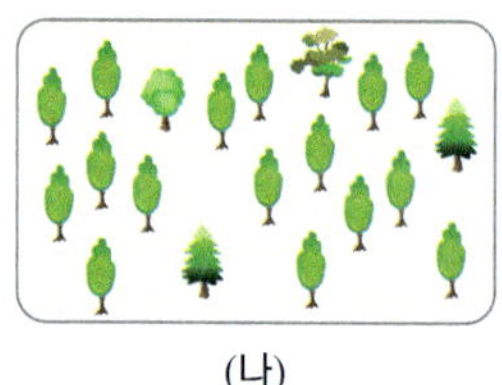

구분	(가)	(나)
전나무	5	1
소나무	6	2
자작나무	6	16
느티나무	3	1

➡ (가)와 (나)에 서식하는 식물종 4종과 총 개체수는 20개체로 같으나, (가)가 (나)보다 각 식물종의 개체수가 균등하여 (가)가 (나)보다 종다양성이 높다.

개념+

❶ 생물다양성

생물이 최초의 생명체로부터 다양한 환경에 적응하여 진화한 결과, 현재 지구에는 알려진 생물종만 약 200만 종에 이른다. 보고되지 않은 종까지 고려하면 지구에 약 1000만 종 이상이 존재할 것으로 추정된다. 지금까지 발견된 생물종은 곤충이 가장 많다.

❷ 멸종 위기의 바나나

구분	씨가 없는 식용 바나나	씨가 있는 야생 바나나
번식 방법	무성생식★ (뿌리를 잘라 옮겨 심음)	유성생식 (암수 생식세포의 수정)
유전적 다양성	낮다	높다
변이	적다	많다

➡ 급격한 환경 변화가 일어났을 때 씨가 없는 식용 바나나는 유전적 다양성이 낮아 멸종될 가능성이 높다.

▲ 씨가 있는 야생 바나나
: 유성생식을 하여 유전적 다양성이 높다.

❸ 개체수가 균등할 때 종다양성이 높은 이유

① 특정 종의 개체수가 너무 많으면 다른 종의 생존을 위협할 수 있다.

② 개체수가 한 종에 집중되면 먹이, 공간, 빛, 수분 등의 자원을 독점적으로 과도하게 소비할 수 있다.

③ 개체수가 균등하면 다양한 종이 각각의 역할을 수행하며 생태계 기능을 유지할 수 있다. 예를 들어 분해자, 초식동물, 포식자 등이 균형을 이루어야 건강한 생태계가 유지된다.

미니사전

★ **무성생식** [無 없다 性 성~] 암수 생식세포의결합 없이 한 개체가 단독으로 새로운 개체를 형성하는 생식 방법

| 생태계
다양성 | · 한 지역에 존재하는 생태계의 다양함을 말한다.
· 지구에는 대륙과 해양의 분포, 위도, 기온, 강수량, 계절 등의 환경 차이로 인한 다양한 생태계가 존재한다.
· 사막, 습지대, 삼림지, 산, 호수, 강 및 농경지 등 생태계가 다양할수록 다양한 종류의 생물이 서식하고 진화할 수 있다. ❹
(예) 우리나라에는 숲, 산, 강, 바다, 호수, 늪, 갯벌 등 다양한 생태계가 존재한다. |

개념⁺

❹ 생태계와 종다양성

종다양성은 생태계에 따라 차이가 있다.

● 열대 우림은 강수량이 2000 mm 이상으로 많고 연중 기온이 높아 생물들이 서식하기 유리한 환경으로, 전 세계 생물종의 절반 이상이 열대 우림에 서식하는 것으로 여겨진다.

● 갯벌과 습지는 육상 생태계와 수상 생태계를 이어 주는 완충 지역으로, 두 생태계의 자원을 모두 이용하는 생물들이 공존하기 때문에 종 다양성이 상대적으로 높다.

2. 생물다양성의 요소와 기능: 유전적 다양성, 종다양성, 생태계다양성은 서로 밀접하게 연결되어 있으며, 모두 생물다양성 유지에 중요한 역할을 하는 요소이다.

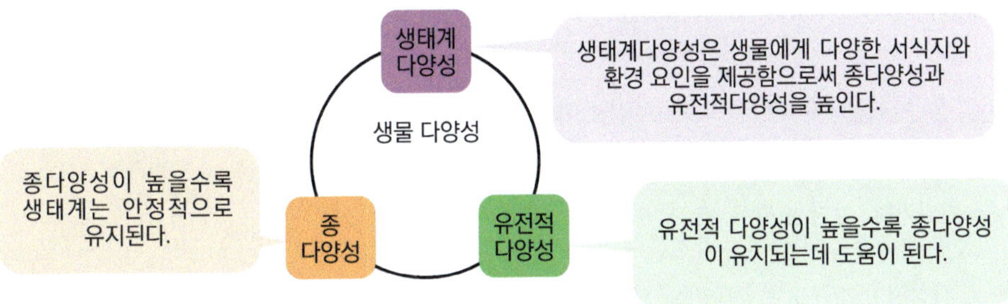

개념체크⁺

정답 및 해설 ➜ 10

POINT

01 다음 설명에 해당하는 생물다양성의 요소를 각각 쓰시오.

> (가) 어떤 생태계 내에 존재하는 생물종이 다양한 정도를 말한다.
> (나) 동일한 생물종이라도 색, 모양, 크기 등의 형질이 다양하게 나타난다.
> (다) 대륙과 해양의 분포, 기온, 강수량 등의 환경 차이로 인해 사막, 습지대, 산, 호수 등 다양한 생태계가 형성된다.

02 생물다양성에 대한 설명 중 옳은 것은 ○표, 옳지 <u>않은</u> 것은 ×표 하시오.

(1) 사람들의 피부색이 다양한 것은 생태계다양성에 해당한다. ······················ (   )
(2) 유전적 다양성이 낮은 종은 환경의 급격한 변화에도 살아남을 가능성이 높다.
······················ (   )
(3) 두 지역에 같은 식물종이 분포한다면 개체수가 균등한 쪽이 종다양성이 높다.
······················ (   )

03 생물다양성의 구성과 기능에 대한 설명 중 옳은 것은 ○표, 옳지 않은 것은 ×표 하시오.

(1) 종다양성이 높으면 생태계의 안정성이 높아진다. ·················· (   )
(2) 유전적 다양성은 생물다양성을 유지하는 것과 관련이 없다. ·················· (   )
(3) 생태계다양성이 높아져도 종다양성에는 영향을 주지 않는다. ············· (   )

B 생물다양성 보전

1. 생물다양성 보전의 필요성
① **생태계의 안정적 유지**: 생물다양성이 높을수록 생태계가 안정적으로 유지된다.
② **생물자원 활용**: 생물자원은 인간의 생활과 생산 활동에 이용되는 모든 생물적 자원으로 생물다양성이 높을수록 생물자원이 풍부해진다.

의식주	인간의 삶에 반드시 필요한 식량, 의복, 주택의 자원을 제공한다. (예) 식량(쌀, 콩, 소, 돼지 등), 의복 재료(목화, 누에, 마 등), 주택 재료(나무 등)
의약품	다양한 생물로부터 의약품의 원료를 얻거나, 생물을 이용하여 의약품을 만들어낸다. (예) 해열진통제 원료(버드나무), 해열진통제 원료(조팝나무❶), 항생제 원료(푸른곰팡이), 심장병 치료제 원료(디기탈리스❷) 등
에너지 생산 및 산업용 재료	오래전에 살았던 생물의 유해로부터 석탄, 석유, 천연 가스 등의 화석 연료를, 식물과 미세 조류 등으로부터 바이오연료를 얻는다.
사회적 · 심미적 가치	다양한 생태계는 인간에게 휴식과 여가 활동 및 생태 관광 장소 등을 제공한다.

2. 생물다양성 감소 원인: 지구의 생물다양성은 최근 매우 빠른 속도로 감소하고 있는데, 주요 원인은 인간의 활동이다.

서식지 파괴	생물다양성 감소의 가장 큰 원인이다. 삼림의 벌채, 습지의 매립 등 서식지가 직접적으로 파괴되어 면적이 줄어들면 생물종 수가 급격히 감소한다.
서식지 단편화	도로 건설, 택지 개발 등으로 서식지가 소규모로 분할되는 것이다. 서식지가 분할되면 서식지의 전체 면적이 감소할 뿐만 아니라 생물종의 이동이 제한되어 고립되므로 생물다양성이 감소한다.❸
불법 포획★과 남획★	야생 생물을 불법으로 포획하거나 남획하면 먹이 관계와 생물 사이의 상호작용이 영향을 받아 생물다양성이 감소한다. (예) 우리나라 삼림에 서식하던 호랑이, 곰, 여우 등의 포유류는 무분별한 사냥으로 일부는 이미 멸종하였고, 나머지도 멸종 위기에 처해졌다.
외래종★ 유입	외래종이 새로운 환경에 적응하여 대량으로 번식하면 토종 생물의 서식지를 차지하여 생존을 위협하고 먹이 관계의 변화를 일으켜 생태계평형을 깨뜨린다. (예) 뉴트리아, 블루길, 가시박, 돼지풀 등
환경 오염	대기 오염으로 인해 생성된 산성비는 토양, 하천, 호수 등을 산성화시키고, 강이나 바다에 유입된 화학 물질과 중금속은 수중 생물에게 피해를 준다.

3. 생물다양성 보전을 위한 노력

개인적 노력	· 에너지 절약, 자원 재활용, 친환경 제품을 사용한다. · 생물다양성의 중요성을 알리기 위한 여러 활동을 한다.
사회적 · 국가적 노력	· 야생 생물 보호에 관한 법률을 제정하여 야생 생물과 그 서식지를 보호한다. · 생물다양성에 대한 법률을 제정하고, 생물다양성이 높은 지역은 국립 공원으로 지정하여 관리한다. · 생태통로를 설치하여 도로 건설 등으로 단편화된 서식지를 연결해준다. · 종자은행 등을 설립하여 멸종 위기에 처한 종을 복원하고 관리한다. · 외래종의 불법 유입을 막고, 외래생물이 기존 생태계에 주는 영향을 검증한 후 외래 생물을 도입한다. · 환경 오염 방지 대책 및 기후 변화 해결 방안을 마련하여 시행한다.
국제적 노력	국제협약 체결을 통해 국가 간 의견을 조율하고, 생물다양성을 보전하기 위해 함께 협조한다. (예) 물새 서식지인 습지 생태계보전을 위한 람사르 협약, 생물다양성 협약, 멸종 위기에 처한 야생 동식물의 국제 거래에 관한 협약❹ 등

---

❶ 해열진통제의 원료가 되는 조팝나무

❷ 심장병 치료제의 원료가 되는 디기탈리스

❸ 서식지단편화의 영향
- 서식지단편화가 발생하면 서식지의 총 면적은 감소한다.
- 서식지단편화가 발생하면 가장자리의 면적은 넓어지고, 중앙의 면적은 좁아진다.
  ⇒ 서식지 가장자리보다 중앙에 사는 생물종이 더 큰 영향을 받는다.
- 서식지가 단절되면 생물종의 이동이 제한되어 고립되므로 개체수가 감소하여 멸종으로 이어질 수 있다.

▲ 서식지단편화는 생물의 다양성을 감소시킨다.

❹ 멸종 위기에 처한 야생 동물을 보호하기 위한 협약

남획 및 국제 거래로 위협받는 멸종 위기에 처한 야생 동물을 보호하기 위해 '야생 동식물의 국제 거래에 관한 협약'을 채택하여 국제적 거래를 규제하고 있다.

미니사전

★ **포획** [捕 잡다, 獲 얻다] 짐승이나 물고기를 잡다.
★ **남획** [濫 넘치다, 獲 얻다] 짐승이나 물고기를 마구 잡다.
★ **외래종** [外 밖, 來 오다, 種 종] 다른 나라에서 들여온 씨나 품종

개념체크⁺

04 생물다양성의 중요성에 대한 설명에서 알맞은 말을 고르시오.

(1) 유전적 다양성이 (높을수록 , 낮을수록) 환경 변화에 대한 적응력이 높다.

(2) 종다양성이 높을수록 먹이 관계가 (복잡하고 , 단순하고), 생태계가 안정적으로 유지된다.

05 생물자원에 대한 설명으로 옳지 <u>않은</u> 것은?

① 생태 관광 장소를 제공한다.
② 홍수나 산사태 예방에 도움을 준다.
③ 버드나무 껍질을 이용하여 해열 진통제를 만든다.
④ 새로운 형질을 갖는 생물을 만드는 데 필요한 유전자 자원을 제공한다.
⑤ 생물자원은 의식주에 주로 이용되며 에너지 자원으로는 거의 쓰이지 않는다.

06 생물다양성의 감소 원인에 대한 설명 중 옳은 것은 ○표, 옳지 않은 것은 ×표 하시오.

(1) 환경 오염으로 인해 생물체 내에 화학 물질이나 중금속이 농축된다. ······ (　　　)
(2) 생물다양성 감소의 가장 큰 원인은 생물종의 불법 포획 및 남획이다. ······ (　　　)
(3) 서식지를 가로지르는 도로 건설은 생물을 고립시켜 멸종 위험을 높인다. (　　　)

07 낙동강 일대에 서식하는 뉴트리아는 남미 지역이 원산지로, 1987년 식용과 모피를 판매할 목적으로 수입되었다가 수요 부족으로 야생에 방사되었다. 이와 같이 원래 살고 있던 서식지가 아닌 다른 지역으로 이동한 생물을 무엇이라고 하는가?

08 생물자원의 활용에 대한 설명으로 옳지 <u>않은</u> 것은?

① 콩은 식량으로 이용된다.
② 푸른곰팡이에서 해열 진통제를 얻는다.
③ 순천만의 자연생태공원은 관광 자원으로 활용된다.
④ 울창하게 잘 조성된 숲은 비가 많이 내릴 때 홍수를 막아준다.
⑤ 오래 전에 살았던 생물의 유해로부터 석탄, 석유, 천연 가스 등의 연료를 얻는다.

09 생물다양성을 보전하기 위한 대책으로 옳은 것만을 있는 대로 고르시오. (2개)

① 서식지를 단편화시켜 국립 공원으로 지정한다.
② 오염 물질 배출을 줄이는 설비의 설치를 의무화한다.
③ 멸종 위기의 생물종을 모두 포획하여 동물원에서 번식시킨다.
④ 여러 종이 함께 사는 서식지보다는 한 종만 사는 서식지를 보호 구역으로 지정한다.
⑤ 국제협약 체결을 통해 국가 간 의견을 조율하고, 생물다양성을 보전하기 위해 범국가적으로 협조한다.

A 생물다양성

01 생물다양성의 세 가지 요소를 나타내었다.

이에 대한 설명으로 옳은 것만을 〈보기〉에서 있는 대로 고른 것은?

┌─ 보기 ─
ㄱ. (가)는 유전적 다양성을 의미한다.
ㄴ. 무당벌레 딱지날개 무늬가 개체마다 다른 것은 (나)의 예이다.
ㄷ. (다)는 일정 지역에 존재하는 생태계가 다양한 정도를 의미한다.
└─

① ㄱ   ② ㄷ   ③ ㄱ, ㄴ
④ ㄱ, ㄷ   ⑤ ㄴ, ㄷ

02 생물다양성에 대한 학생들의 대화이다.

┌─
학생 A : 생태계다양성이 높을수록 유전적 다양성도 높아져.
학생 B : 달팽이 개체마다 껍질 색과 모양이 다른 것은 유전적 다양성에 해당해.
학생 C : 종다양성이 높을수록 먹이 관계가 복잡해서 생태계가 안정적으로 유지될 수 있어.
└─

생물다양성에 대해 옳게 말한 학생만을 있는 대로 고른 것은?

① A   ② A, B   ③ A, C
④ B, C   ⑤ A, B, C

03 생물다양성에 대한 설명으로 옳지 않은 것은?

① 생물다양성은 생물권 내의 모든 생물에 해당한다.
② 한 생태계에서 관찰되는 생물의 다양한 정도를 뜻한다.
③ 어떤 지역에 서식하는 생물종이 다양할수록 생물다양성이 높다.
④ 어떤 지역에 서식하는 생물의 개체수가 많을수록 생물다양성이 높다.
⑤ 어떤 지역에 존재하는 생태계가 다양할수록 생물다양성이 높다.

04 그림은 위도에 따라 서식하는 생물종의 수를 나타낸 것이다.

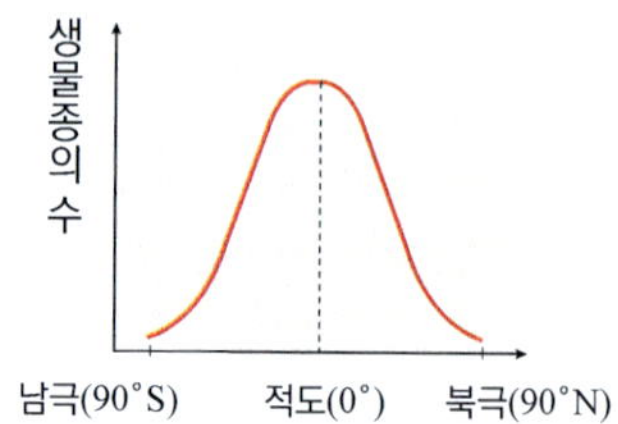

이에 대한 설명으로 옳은 것만을 〈보기〉에서 있는 대로 고른 것은?

┌─ 보기 ─
ㄱ. 적도와 남극의 생물다양성은 동일하다.
ㄴ. 남극에서 적도로 갈수록 종다양성이 감소한다.
ㄷ. 남극보다 적도의 생태계가 더 안정적으로 유지된다.
└─

① ㄱ   ② ㄷ   ③ ㄱ, ㄴ
④ ㄱ, ㄷ   ⑤ ㄴ, ㄷ

05 다음은 감자를 재배하는 경작지 (가)와 (나)에서 감자마름병이라는 전염병이 유행했을 때의 결과를 나타낸 것이다.

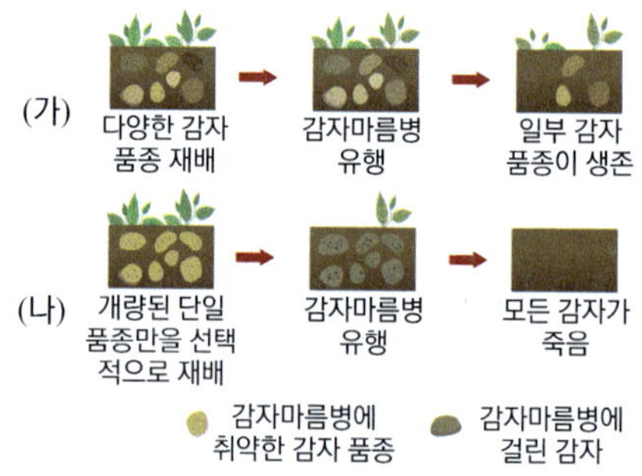

이에 대한 설명으로 옳은 것만을 〈보기〉에서 있는 대로 고른 것은?

┌─ 보기 ─
ㄱ. (가)는 (나)보다 유전적 다양성이 높다.
ㄴ. 유전적 다양성이 낮으면 짧은 시간 내에 멸종할 수 있다.
ㄷ. 단일 품종만을 재배하는 경우 유전적 다양성이 높아진다.
└─

① ㄱ   ② ㄷ   ③ ㄱ, ㄴ
④ ㄱ, ㄷ   ⑤ ㄴ, ㄷ

06 다음은 (가)와 (나) 두 지역에 서식하는 식물종과 개체수이다.

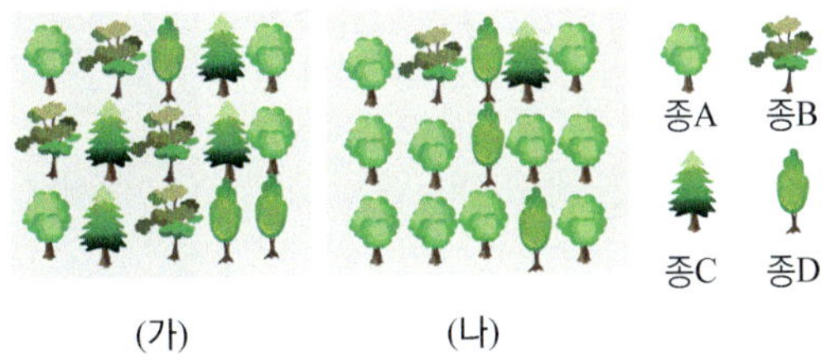

이에 대한 설명으로 옳은 것만을 〈보기〉에서 있는 대로 고른 것은?

> **보기**
> ㄱ. (가)와 (나) 지역에 서식하는 식물종 수는 같다.
> ㄴ. (가) 지역이 (나) 지역보다 종다양성이 더 높다.
> ㄷ. 종 A의 유전적 다양성은 (나)보다 (가)에서 더 높게 나타난다.

① ㄱ ② ㄴ ③ ㄱ, ㄴ
④ ㄱ, ㄷ ⑤ ㄴ, ㄷ

[2014 모의고사 기출]

07 표는 생물 다양성의 3가지 의미 A~C를 나타낸 것이고, 자료는 바나나에 대한 설명이다.

구분	의미
A	초원, 삼림, 강, 습지 등의 다양함을 의미한다.
B	동일한 종에서 개체 간의 형질이 다르게 나타남을 의미한다.
C	어떤 생태계 내에 존재하는 생물의 다양한 정도를 의미한다.

바나나 야생종은 그림과 같이 씨가 있어 ㉠ 씨를 통해 번식하지만, 우리가 먹는 바나나는 씨가 없다. 이는 야생종을 개량하여 씨 없는 바나나 ㉡ 줄기의 일부를 잘라 옮겨 심어 번식시켰기 때문이다.

이에 대한 설명으로 옳은 것만을 〈보기〉에서 있는 대로 고른 것은?

> **보기**
> ㄱ. A는 생물적 요소와 비생물적 요소를 모두 포함한다.
> ㄴ. ㉠보다 ㉡이 B를 높인다.
> ㄷ. C는 종다양성이다.

① ㄱ ② ㄴ ③ ㄱ, ㄷ
④ ㄴ, ㄷ ⑤ ㄱ, ㄴ, ㄷ

08 다음은 생물다양성보전에 대한 학생 A~C의 발표 내용이다.

제시한 내용이 옳은 학생만을 있는 대로 고른 것은?

① A ② B ③ A, C
④ B, C ⑤ A, B, C

09 서로 다른 생태계 (가)와 (나)에서 생물 사이의 먹이 관계이다.

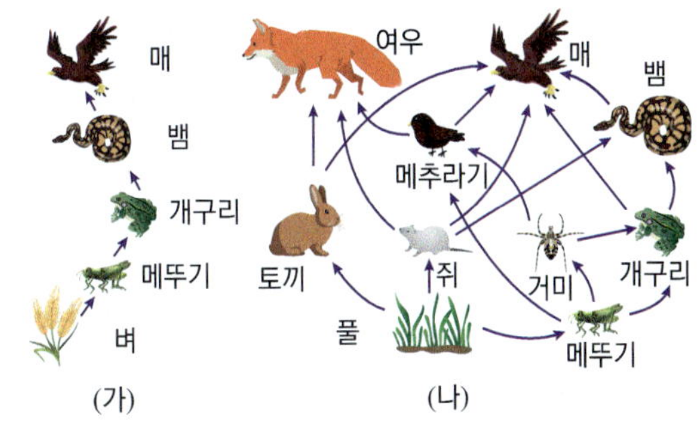

이에 대한 설명으로 옳은 것만을 〈보기〉에서 있는 대로 고른 것은?

> **보기**
> ㄱ. (가)보다 (나)가 더 안정한 생태계이다.
> ㄴ. 개구리가 사라질 경우 (가)에서 뱀이 사라질 것이다.
> ㄷ. (가)와 (나)에 살충제를 사용한다면 (가)는 (나)보다 더 쉽게 다시 안정될 수 있다.

① ㄱ ② ㄱ, ㄴ ③ ㄱ, ㄷ
④ ㄴ, ㄷ ⑤ ㄱ, ㄴ, ㄷ

10 다음 사례들은 생물다양성의 감소 원인 중 무엇에 해당하는지 〈보기〉에서 각각 고르시오.

> **보기**
> ㄱ. 불법 포획 ㄴ. 환경 오염
> ㄷ. 외래종 도입 ㄹ. 서식지단편화

(1) 산 사이를 깎아내고 도로를 건설했다. (   )

(2) 가축 분뇨가 강물에 버려져 부영양화가 일어났다. (   )

(3) 웅담을 얻기 위해 반달가슴곰을 밀렵했다. (   )

(4) 방생용으로 미시시피에서 붉은귀거북을 들여와 하천에 방류하였다. (   )

11 다음은 생물다양성에 대한 자료이다.

- 생물다양성이 (㉠) 생태계가 더 안정적으로 유지된다.
- 생물다양성은 다양한 ㉡생물자원을 제공한다.
- (㉢)은 대기 중의 이산화 탄소 농도가 증가하는 것을 막아 기후를 조절한다.

이에 대한 설명으로 옳은 것만을 〈보기〉에서 있는 대로 고른 것은?

─ 보기 ─
ㄱ. '낮을수록'은 ㉠에 해당한다.
ㄴ. ㉡에 식량 자원, 의약품 자원, 유용한 유전자 자원 등이 있다.
ㄷ. '동물'은 ㉢에 해당한다.

① ㄱ　　　　② ㄴ　　　　③ ㄷ
④ ㄴ, ㄷ　　　⑤ ㄱ, ㄴ, ㄷ

12 어떤 서식지가 도로와 철도에 의해 분할되었을 때의 변화이다.

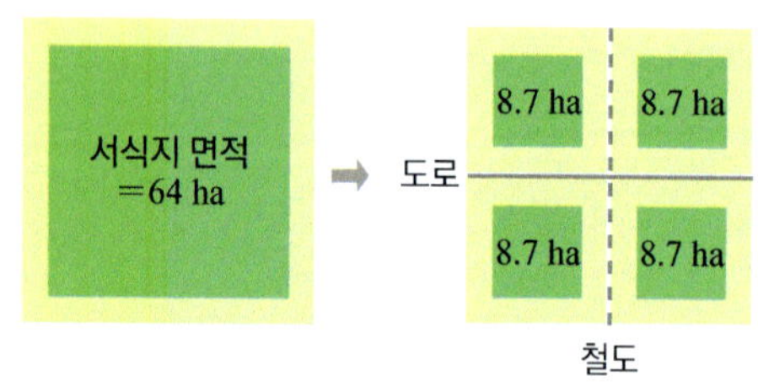

이와 같은 서식지의 변화가 일어났을 때 나타나는 현상으로 옳은 것만을 〈보기〉에서 있는 대로 고른 것은?

─ 보기 ─
ㄱ. 생물의 서식지 면적은 변하지 않는다.
ㄴ. 생태계가 다양해져서 생물 다양성이 높아진다.
ㄷ. 서식지 중심부에 살던 생물이 가장자리에 살던 생물보다 피해가 크다.

① ㄱ　　　　② ㄷ　　　　③ ㄱ, ㄴ
④ ㄱ, ㄷ　　　⑤ ㄴ, ㄷ

13 그림은 생물다양성보전 방안에 대한 학생 A ~ C의 대화이다.

국립생물자원관은 △△군 일대를 조사한 결과, 그간 문헌으로만 전해지던 괭이눈의 국내 서식지를 처음으로 확인했다고 밝혔다. 괭이눈은 1913년 한 생물학자가 제주도에 분포한다고 보고한 이래 지난 100여 년 동안 우리나라에서 발견된 일이 없었다. 이번에 확인된 괭이눈은 안정적인 군락을 형성하고 있는 것으로 조사되었다.

괭이눈

적절한 방안을 제시한 학생만을 있는 대로 고른 것은?

① A　　　　② C　　　　③ A, B
④ B, C　　　⑤ A, B, C

14 생물다양성보전을 위한 국제적 협약에 대한 설명으로 옳은 것만을 〈보기〉에서 있는 대로 고른 것은?

─ 보기 ─
ㄱ. 람사르 협약은 물새 서식지인 습지를 보전하기 위한 조약이다.
ㄴ. 생물다양성 협약은 생물종을 보전하기 위해 채택한 국제협약이다.
ㄷ. 멸종 위기에 처한 야생 동물을 보호하기 위해 협약을 통해 국제적 거래를 권장하고 있다.

① ㄱ　　　　② ㄷ　　　　③ ㄱ, ㄴ
④ ㄱ, ㄷ　　　⑤ ㄴ, ㄷ

심화 실력높이기

01 그림 (가)는 생물다양성을 이루는 세 가지 요소를 모식도로 표현한 것이며, 그림 (나)는 ㉠의 예를 나타낸 것이다.

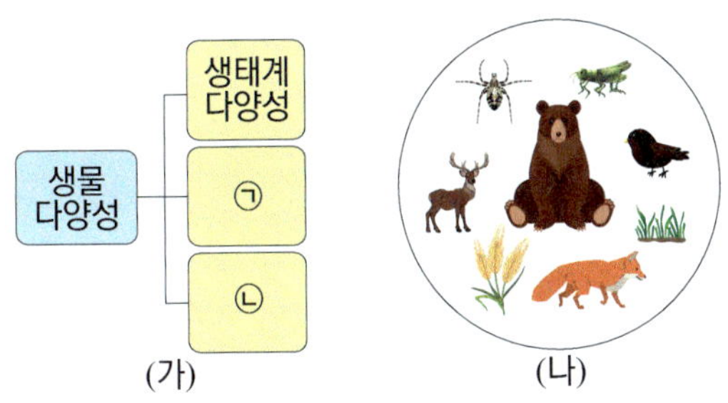

이에 대한 설명으로 옳은 것만을 〈보기〉에서 있는 대로 고른 것은?

> **보기**
> ㄱ. 생태계다양성이 높을수록 ㉠이 높게 나타난다.
> ㄴ. ㉡은 서로 다른 종의 개체들 사이에서 나타나는 유전적 차이의 다양함을 뜻한다.
> ㄷ. ㉡은 자연선택에 의한 진화의 원동력으로 작용하여 ㉠을 증가시킨다.

① ㄱ
② ㄴ
③ ㄱ, ㄴ
④ ㄱ, ㄷ
⑤ ㄱ, ㄴ, ㄷ

02 다음은 서식지의 보존되는 면적과 살아남은 생물종의 비율 관계이다.

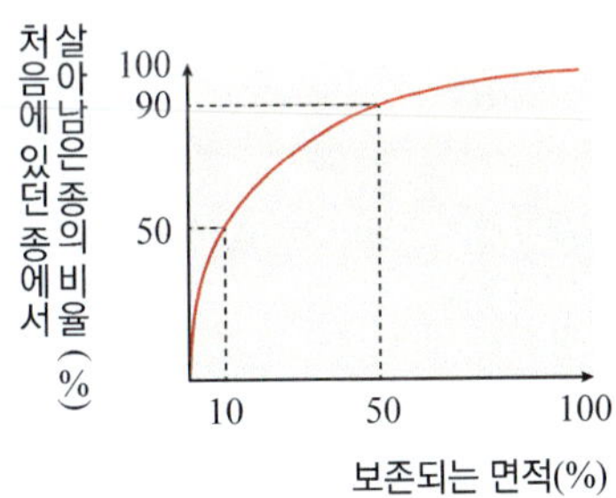

이에 대한 설명으로 옳은 것만을 〈보기〉에서 있는 대로 고른 것은?

> **보기**
> ㄱ. 서식지 면적이 감소하면 그 지역의 생물다양성이 감소한다.
> ㄴ. 서식지 감소 면적이 커질수록 줄어드는 종의 비율이 작아진다.
> ㄷ. 서식지 면적이 절반으로 줄어들면 그 지역에서 살아가는 생물종의 수도 절반으로 줄어든다.

① ㄱ
② ㄴ
③ ㄷ
④ ㄴ, ㄷ
⑤ ㄱ, ㄴ, ㄷ

03 그림은 어느 지역의 생태계 (가)와 생태계 (나)의 먹이 그물을 나타낸 것이다.

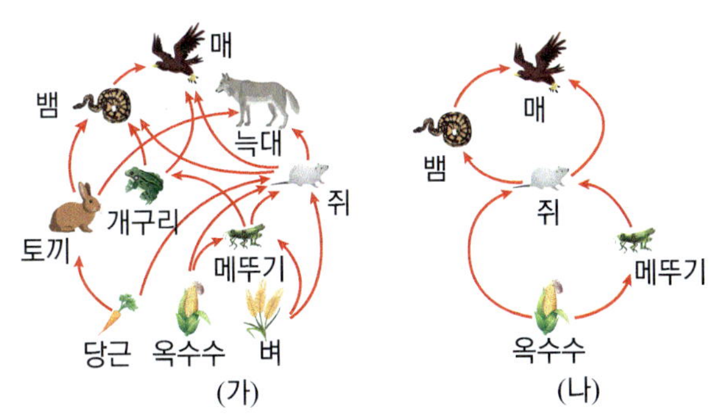

이에 대한 설명으로 옳은 것만을 〈보기〉에서 있는 대로 고른 것은? (단, 제시된 생물만 고려한다.)

> **보기**
> ㄱ. 생물다양성은 생태계 (가)가 생태계 (나)보다 높다.
> ㄴ. (가)와 (나)에서 각각 쥐가 사라진다면, 뱀도 사라질 것이다.
> ㄷ. (가)에서 당근과 벼에서 각각 나타나는 크기와 모양의 차이는 변이에 해당한다.

① ㄱ
② ㄴ
③ ㄱ, ㄷ
④ ㄴ, ㄷ
⑤ ㄱ, ㄴ, ㄷ

04 그림은 어느 지역의 생태계 (가)와 생태계 (나)의 먹이 그물을 나타낸 것이다. 서식지가 분할되었을 때 나타나는 생물종 A~E의 분포와 분할 전 후 A~E의 총 개체수이다.

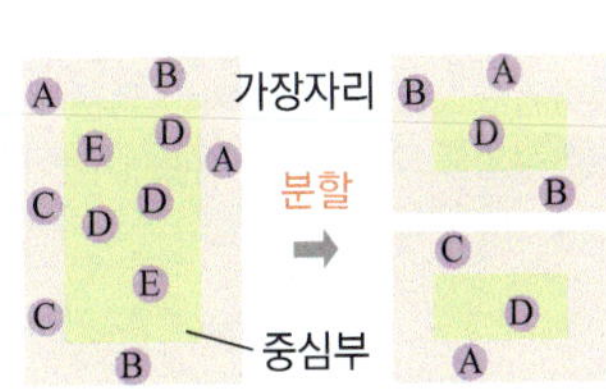

구분	분할 전	분할 후
A	200	200
B	200	180
C	160	120
D	80	40
E	40	0

이에 대한 설명으로 옳은 것만을 〈보기〉에서 있는 대로 고른 것은? (단, 제시된 생물종만 고려하며, A~E의 위치는 생물의 분포 지역을 나타낸 것이다.)

> **보기**
> ㄱ. 종다양성이 이전보다 낮아졌다.
> ㄴ. 중심부에 살던 종이 가장자리에 살던 종보다 더 피해를 입었다.
> ㄷ. 생물다양성을 보전하기 위해서는 생물의 서식지를 소규모로 분할시켜야 한다.

① ㄱ
② ㄱ, ㄴ
③ ㄱ, ㄷ
④ ㄴ, ㄷ
⑤ ㄱ, ㄴ, ㄷ

01 지질 시대의 환경과 생물

1. 화석과 지질 시대

① **화석**: 지질 시대에 살았던 생물의 유해나 흔적이 지층 속에 남아 있는 것으로서 지질 시대의 시대와 환경을 알 수 있다.

구분	(❶) 화석	(❷) 화석
특징	· 지층의 생성 시대를 알려준다. · 생존 기간이 짧고, 분포 면적이 넓어야 한다.	· 지층의 생성 환경을 알려준다. · 생존 기간이 길고, 분포 면적이 좁아야 한다.
(예)	· 고생대: 삼엽충, 방추충 · 중생대: 공룡, 암모나이트 · 신생대: 화폐석, 매머드	· 고사리: 따뜻하고 습한 육지 · 산호: 따뜻하고 얕은 바다 · 조개: 얕은 바다나 갯벌

② **화석을 이용한 과거의 해석**: 지층이 생성된 시대와 지층이 생성될 당시의 환경, 생물의 진화 과정, 대륙의 이동, 과거 육지와 바다 환경, 지층의 융기 등을 알 수 있다.

③ **지질 시대의 구분 기준**: 생물계의 큰 변화 ➡ 화석의 변화, 대규모 지각 변동 ➡ 부정합

· **화석이 거의 발견되지 않은 시대**: 지질 시대 중 가장 긴 시간을 차지하는 선캄브리아시대이다.

· **화석이 많이 발견되는 시대**: 고생대, 중생대, 신생대이다.

2. 지질 시대의 지구 환경과 생물의 변화

(❸)	· 발견되는 화석이 드물다. ➡ 스트로마톨라이트, 에디아카라 동물군 화석이 발견되었다. · 광합성을 하는 남세균이 출현하였다.
고생대	· 초기에 해양 생물이 폭발적으로 증가하였고, 말기에 생물의 (❹)이 있었다. · 오존층이 형성되었고, 오존층이 자외선을 차단하여 중기에 최초의 육상 생물이 출현하였다. · 말기에 빙하기가 있었고, 판게아가 형성되었다. · 무척추동물(삼엽충, 방추충), 어류(갑주어), 곤충류, 양서류, 양치식물 등이 번성하였다.
중생대	· 대체로 온난하였고, 지각 변동이 활발하였고, 말기에 생물의 대멸종이 있었다. · (❺)가 분리되면서 대서양과 인도양이 형성되었다. · 암모나이트, 파충류(공룡), 겉씨식물 등이 번성하였다.
신생대	· 알프스 산맥과 히말라야 산맥이 형성되었다. · 후기에 여러 번의 빙하기와 간빙기가 반복되었고, 현재와 비슷한 수륙 분포가 형성되었다. · 인류가 출현하였고, 화폐석, 포유류(매머드), 조류, 속씨식물 등이 번성하였다.

3. 대멸종과 생물다양성

지질 시대에 5차례의 대멸종(고생대 말의 대멸종이 가장 대규모)이 있었고, 이를 계기로 생물다양성이 증가하였다. ➡ 생물다양성 증가는 지질 시대를 통해 끊임없이 반복되어 왔다.

02 자연선택과 진화

1. 변이

(1) (❶   ): 같은 종의 개체들 사이에서 나타나는 형태, 기능, 습성 등의 형질의 차이이다.

(2) 변이의 종류

① **유전적 변이**: 개체가 가진 유전자의 차이로 나타나는 변이이다. ➡ 형질이 자손에게 유전되어 진화의 원동력이 된다.

(예) 사람의 다양한 피부색, 무당벌레의 다양한 딱지날개 색과 무늬, 비둘기 깃털의 다양한 색과 무늬

② **비유전적 변이**: (❷   )의 영향으로 나타나는 변이이다. ➡ 형질이 자손에게 유전되지 않아 진화에 영향을 주지 않는다.

(4) 변이가 나타나는 이유: 오랫동안 축적된 돌연변이와 유성생식 과정에서 다양한 생식세포의 형성과 암수 생식세포의 무작위한 교배에 의한 다양한 유전자 조합으로 발생한다.

3. 자연선택

핀치 부리 모양의 자연선택	① 원래 같은 종이었던 핀치 사이에는 부리 모양이 다른 변이가 있었고, 이들은 갈라파고스 군도의 여러 섬에 흩어져 살게 되었다. ② 섬마다 먹이 환경이 달라서 각 섬에 풍부한 먹이에 적합한 부리를 가진 핀치가 살아남아 자손을 남겼다. ③ 각 섬의 먹이 환경에 적합한 부리 모양을 가진 핀치가 (❸)됨에 따라 오늘날 부리 모양이 다른 여러 종의 핀치로 진화되었다.
낫모양 적혈구 유전자의 자연선택	① 낫모양적혈구 유전자를 가진 사람은 생존에는 불리하지만 말라리아에 저항성이 있다. ② 말라리아가 자주 발생하는 지역에서는 낫모양적혈구 유전자를 가진 사람이 생존에 유리하여 자연선택되었다. ③ 다른 지역에 비해 말라리아가 자주 발생하는 지역에서는 낫모양적혈구를 가진 사람의 빈도가 (❹).
항생제 내성 세균의 자연선택	① 세균 집단 내에 일부는 항생제 내성이 있다. ② 항생제를 지속적으로 사용하는 환경에서는 항생제 내성 세균이 자연선택되어 그 비율이 점점 높아졌다. ③ 항생제 내성 세균 집단이 형성되었다.

2. 다윈의 자연선택설

다윈은 생물의 진화에 대한 과학적 이론의 핵심 원리인 자연 선택을 제안하였다.

과잉 생산 및 변이	· 과잉 생산: 생물은 주어진 환경에서 살아남을 수 있는 것보다 많은 수의 자손을 낳는다. · 변이: 같은 종의 개체들 사이에는 형태, 습성, 기능 등 형질이 조금씩 다른 변이가 존재한다.
생존경쟁	과잉 생산된 개체들 사이에는 먹이, 서식지 등을 두고 생존경쟁이 일어난다.
(❺)	환경에 적응하기 유리한 변이를 가진 개체가 더 많이 살아남아 더 많은 자손을 남긴다.

유전과 진화	생존경쟁에서 살아남은 개체는 자신의 변이를 자손에게 물려주며, 이와 같은 자연선택 과정이 누적되어 진화가 일어난다.

다양한 길이의 목을 가진 기린들이 많은 수가 태어났다.(과잉 생산 및 변이) / 목이 길어 높은 곳의 잎을 먹을 수 있는 기린만 살아남아 자손을 남겼다.(생존경쟁, 자연선택) / 목이 긴 기린이 자손을 남기는 과정이 반복되어 기린의 목이 길어졌다.(유전과 진화)

(1) 자연선택설의 한계점: 다윈의 자연선택설을 발표하던 당시에는 유전자에 의한 유전의 원리가 알려지지 않았기 때문에 변이가 나타나는 원인과 부모의 형질이 자손에게 유전되는 원리를 명확하게 설명하지 못하였다.

(2) 다윈 이전의 진화설: 다윈 이전에 라마르크는 '사용하는 기관은 발달하고 사용하지 않는 기관은 퇴화한다.'는 용불용설을 주장하였으나 환경에 의한 후천적 형질은 유전되지 않아 틀린 것으로 밝혀졌다. 단, 환경이 생물의 진화에 영향을 끼칠 수 있다는 것을 제안하였다는 데에 의의가 있다.

03 생물다양성

1. 생물다양성: 일정한 지역에 존재하는 생물의 다양한 정도이다.

유전적 다양성	· 같은 종의 개체라도 서로 다른 유전자를 가지고 있어 다양한 형질을 나타내는 것을 의미한다. · 유전적 다양성이 높으면 변이가 다양하여 급격한 환경 변화에도 살아남는 개체가 존재할 가능성이 높다. 예 아시아무당벌레의 딱지날개의 색과 반점 무늬가 개체마다 다르다.
(❶) 다양성	· 일정한 지역에 얼마나 많은 생물종이 고르게 분포하며 살고 있는지를 의미한다. · 생물종이 많을수록, 각 종이 균등하게 분포할수록 종다양성이 높다. · 종다양성이 (❷)수록 생태계가 안정적으로 유지된다.
생태계 다양성	· 열대 우림, 하천, 갯벌, 사막, 초원, 농경지 등 생물 서식지(생태계)의 다양한 정도를 의미한다. · 생태계에 따라 환경 요인과 서식하는 생물종이 다르다. · 생태계다양성이 높을수록 종다양성과 유전적 다양성이 높아진다.

2. 생물다양성의 중요성

(1) 생태계의 안정적 유지: 생물다양성이 높으면 (❸)가 안정적으로 유지된다.

(2) (❹): 인간의 생활과 생산 활동에 이용되는 모든 생물을 의미한다.

➡ 생물다양성이 높을수록 생물자원이 풍부해진다.

의복	목화, 누에고치, 양 등을 의복 재료로 사용한다.
식량	벼, 밀, 옥수수, 콩, 감자 등을 식량으로 섭취한다.
주택	나무, 풀 등을 주택 재료로 사용한다.
의약품	· 푸른곰팡이에서 페니실린(항생제)을 얻는다. · 조팝나무로부터 해열진통제의 원료를 얻는다. · 디기탈리스에서 심장병 치료제의 원료를 얻는다. · 버드나무 껍질에서 아스피린의 원료를 얻는다.
에너지 생산 및 산업용 재료	오래전에 살았던 생물의 유해로부터 석탄, 석유, 천연 가스 등의 화석 연료를, 식물과 미세 조류 등으로부터 바이오 연료를 얻는다.
사회적 · 심미적 가치	생태계는 휴식 장소, 여가 활동 공간, 생태 관광 등의 장소를 제공한다.

3. 생물다양성보전

(1) 생물다양성 감소 원인

서식지파괴 및 (❺)	· 서식지파괴: 살림의 벌채, 습지 매립 등으로 생물의 서식지 면적이 감소한다. · 서식지(❺): 도로나 댐 건설 등으로 서식지가 소규모로 분할되는 것이다. ➡ 생물종의 이동을 제한하고 고립시켜 멸종 위험이 높아진다.
불법 남획과 포획	남획과 불법 포획은 생물종의 멸종 위험을 높인다. ➡ 특정 생물종의 멸종으로 인해 생태계의 먹이 관계에 영향을 주어 생물다양성을 감소시킨다.
외래종 유입	새로운 환경에 적응한 일부 외래종은 천적이 없어 대량으로 번식하여 고유종의 서식지를 차지하고 생존을 위협한다. ➡ 생태계 안정을 유지하기 어렵다.
환경 오염	· 대기 오염으로 인한 산성비는 하천과 토양 등을 산성화시킨다. · 강이나 바다로 유입된 화학 물질 등 폐수 배출은 수중 생물에게 피해를 입힌다.

(2) 생물다양성보전을 위한 노력

개인적 노력	쓰레기 분리 배출, 자원 재활용, 에너지 절약 등
사회적 · 국가적 노력	보호 구역 지정(국립 공원 지정), 생태통로 설치, 관련 법률 제정, 멸종 위기 생물 보호 및 복원 사업 등
국제적 노력	생물다양성에 관한 국제 (❻)을 체결한다. 예 생물다양성 협약, 람사르 협약, 이동성야생 동물 종보전에 관한 협약, 멸종 위기에 처한 야생 동식물의 국제 거래에 관한 협약 등

단원 마무리

01 지질 시대의 환경과 생물

01 화석을 이용하여 알 수 있는 것이 <u>아닌</u> 것은?

① 지층의 융기
② 지질 시대 구분
③ 수륙 분포의 변화
④ 과거의 화산 활동
⑤ 지층이 생성된 환경

02 그림은 지질 시대의 길이를 상대적으로 나타낸 것이다. A, B, C, D는 각각 선캄브리아시대, 고생대, 중생대, 신생대 중 하나이다.

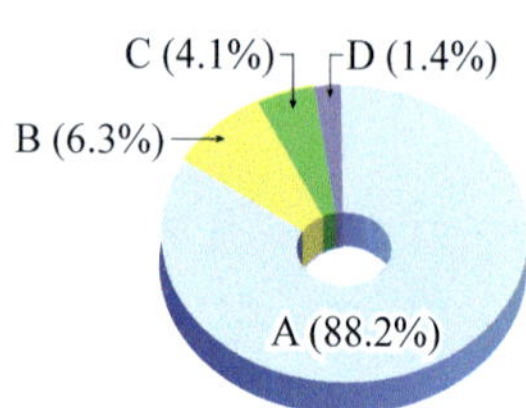

지질 시대 A~D와 그 시대에 살았던 생물이 옳게 연결된 것은?

① A: 삼엽충
② B: 공룡
③ B: 매머드
④ C: 겉씨식물
⑤ D: 암모나이트

03 그림은 생물을 생존 기간과 분포 면적에 따라 분류한 것이다.

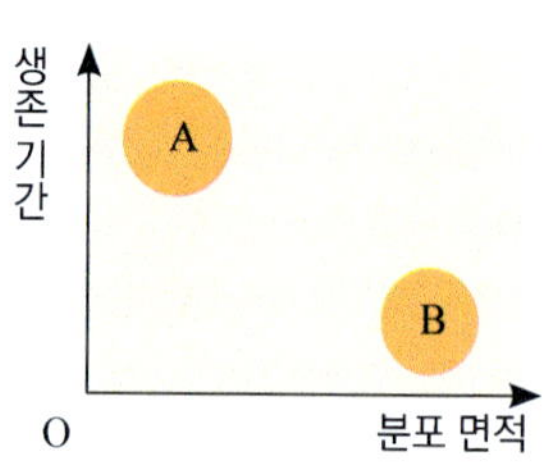

A, B에 해당하는 생물의 화석을 옳게 짝 지은 것은?

	A	B		A	B
①	필석	암모나이트	②	산호	활엽수
③	조개	고사리	④	화폐석	매머드
⑤	산호	갑주어			

04 그림은 지질 시대 동안 일어난 주요 사건을 나타낸 것이다.

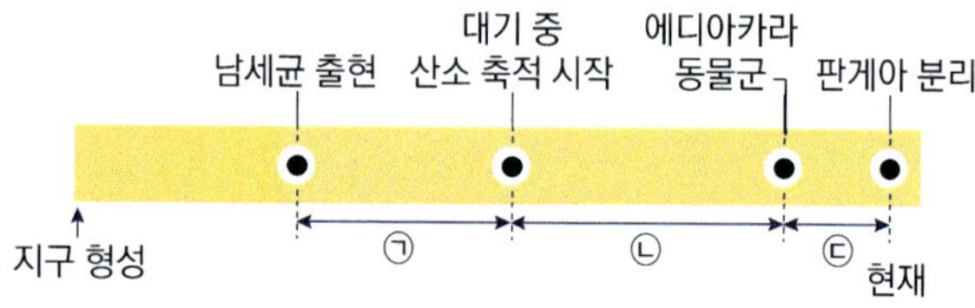

이에 대한 설명으로 옳은 것을 **2개** 고르면?

① ㉠ 시기의 생명체의 활동으로 스트로마톨라이트가 형성되었다.
② 생물의 광합성은 ㉡ 시기에 최초로 일어났다.
③ ㉡ 시기 말기에 초대륙 판게아가 형성되었다.
④ 최초의 육상 식물이 출현한 것은 ㉢ 시기이다.
⑤ ㉢ 시기에는 빙하기가 없었다.

05 다음은 세 지질 시대를 구분하는 과정을 나타낸 것이다.

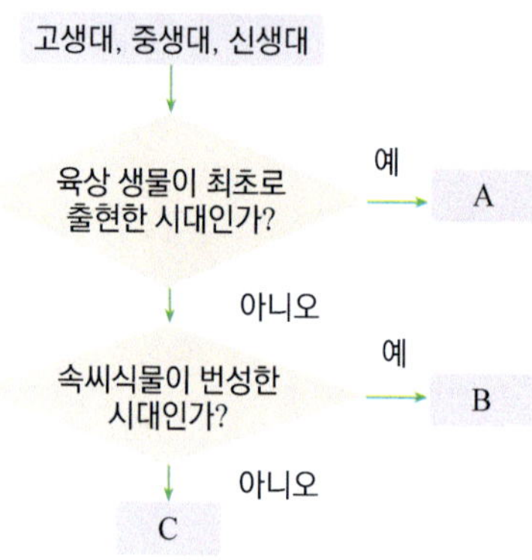

이에 대한 설명으로 옳은 것만을 〈보기〉에서 있는 대로 고른 것은?

> **보기**
> ㄱ. A 시대는 신생대이다.
> ㄴ. B 시대에는 대륙판의 충돌로 히말라야 산맥이 형성되었다.
> ㄷ. C 시대에서는 겉씨식물이 번성하였다.

① ㄱ
② ㄷ
③ ㄱ, ㄴ
④ ㄱ, ㄷ
⑤ ㄴ, ㄷ

06 다음은 지질 시대 동안 지구 대기 중 산소 농도 변화를 나타낸 것이다.

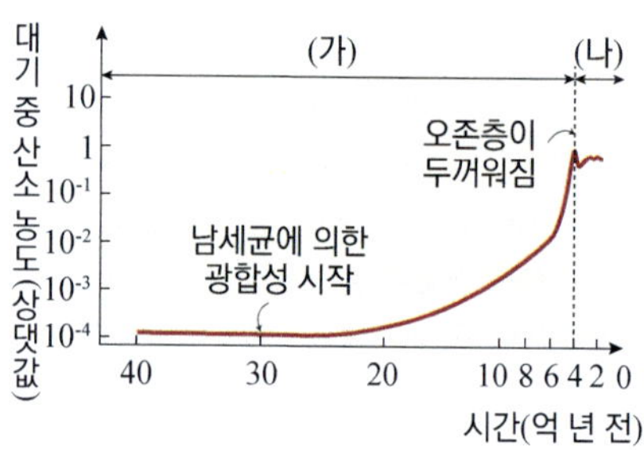

이에 대한 설명으로 옳은 것만을 〈보기〉에서 있는 대로 고른 것은?

> **보기**
> ㄱ. (가) 시기보다 (나) 시기에 생물의 수가 더 많이 증가하였다.
> ㄴ. 남세균에 의해 생성된 산소는 대기에 포화된 후 바다로 방출되었다.
> ㄷ. 육지에 도달하는 자외선의 양은 (나) 시기보다 (가) 시기에서 더 많았다.

① ㄱ
② ㄷ
③ ㄱ, ㄴ
④ ㄱ, ㄷ
⑤ ㄱ, ㄴ, ㄷ

16 그림은 갈라파고스 제도의 서로 다른 섬에 서식하는 핀치의 먹이에 따른 부리 모양을 나타낸 것이다.

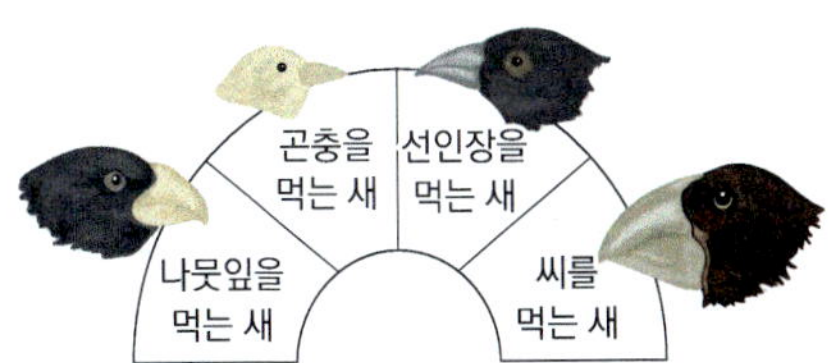

이에 대한 설명으로 옳은 것만을 〈보기〉에서 있는 대로 고른 것은?

보기

ㄱ. 각 섬의 먹이 환경에 적합한 부리를 가진 핀치가 자연선택되었다.
ㄴ. 각 섬에 서식하는 핀치의 부리 모양이 다른 이유는 서로 같은 환경에서 적응하면서 진화한 결과이다.
ㄷ. 곤충을 먹는 핀치와 씨를 먹는 핀치의 부리 모양에 관한 유전정보는 서로 같다.

① ㄱ 　② ㄷ 　③ ㄱ, ㄴ
④ ㄴ, ㄷ 　⑤ ㄱ, ㄴ, ㄷ

17 다음은 후추나방 개체수의 변화에 대한 연구이다.

(가) 후추나방이 서식하지 않는 지역에서 오염되지 않은 숲과 매연으로 검게 오염된 숲에 같은 개체수의 흰색 후추나방과 검은색 후추나방을 놓아주었다.
(나) 여러 세대가 지난 후 후추나방 개체수의 비율을 조사하였다.

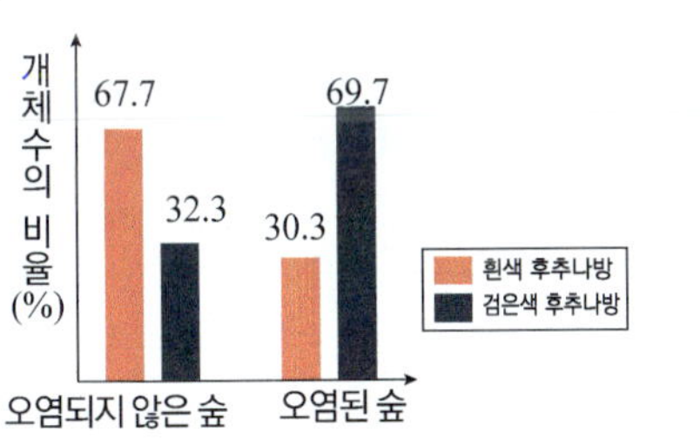

이 자료에 대한 설명으로 옳은 것만을 〈보기〉에서 있는 대로 고른 것은? (단, 후추나방은 개체수가 충분히 많고, 외부와의 출입이 없다.)

보기

ㄱ. 진화의 요인 중 자연선택이 작용하였다.
ㄴ. 두 숲에서 후추나방 집단의 유전자 비율이 변화되었다.
ㄷ. 오염되지 않은 숲에서 흰색 나방이 검은색 나방보다 포식자에게 발견되기 쉽다.

① ㄱ 　② ㄷ 　③ ㄱ, ㄴ
④ ㄴ, ㄷ 　⑤ ㄱ, ㄴ, ㄷ

18 그림은 기린의 목이 길어진 진화 과정을 자연선택설로 나타낸 것이다.

이에 대한 설명으로 옳은 것만을 〈보기〉에서 있는 대로 고른 것은?

보기

ㄱ. A에서 기린의 목 길이는 다양하다.
ㄴ. (가) 과정에서 생존경쟁이 일어난다.
ㄷ. 자연선택설은 라마르크가 주장한 진화설이다.

① ㄱ 　② ㄷ 　③ ㄱ, ㄴ
④ ㄴ, ㄷ 　⑤ ㄱ, ㄴ, ㄷ

19 다음은 낫모양적혈구 빈혈증에 대한 설명이다.

낫모양적혈구는 헤모글로빈 유전자에 이상이 생겨 나타난다. 낫모양적혈구는 산소 운반 능력이 정상 적혈구에 비해 떨어지며, 모세 혈관을 막아 혈관의 흐름을 늦추어 악성 빈혈을 유발하여 사망률이 높다. 그러나 낫모양적혈구를 가진 사람은 말라리아에 저항성을 가지기 때문에 말라리아가 자주 발생하는 지역에서는 다른 지역보다 낫모양적혈구를 가진 사람의 비율이 높다.

이에 대한 설명으로 옳은 것만을 〈보기〉에서 있는 대로 고른 것은?

보기

ㄱ. 돌연변이를 통해 유전적 변이가 증가했다.
ㄴ. 낫모양적혈구 유전자는 자손에게 유전된다.
ㄷ. 낫모양적혈구 유전자는 말라리아가 없는 환경에서 유리한 형질이다.

① ㄱ 　② ㄱ, ㄴ 　③ ㄱ, ㄷ
④ ㄴ, ㄷ 　⑤ ㄱ, ㄴ, ㄷ

20 그림은 어떤 애벌레 무리에서 일어난 현상을 나타낸다.
A 과정에서 여러 세대가 지났다.

이에 대한 설명으로 옳은 것만을 〈보기〉에서 있는 대로 고른 것은?

─ 보기 ─
ㄱ. (가)에서 개체마다 몸 색깔이 다른 것은 변이에 해당한다.
ㄴ. ㉠과 ㉡이 가진 몸 색깔에 대한 유전정보는 같다.
ㄷ. ㉠~㉢ 중 ㉠의 형질이 자손에게 전달될 확률이 가장 높다.

① ㄱ　　　　② ㄷ　　　　③ ㄱ, ㄴ
④ ㄱ, ㄷ　　　⑤ ㄴ, ㄷ

21 그림은 어떤 지역에서 일어나는 식물의 종 분화 과정을 나타낸 것이다.

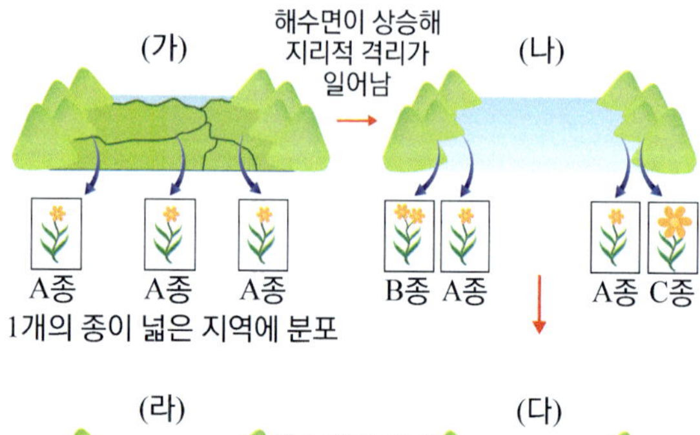

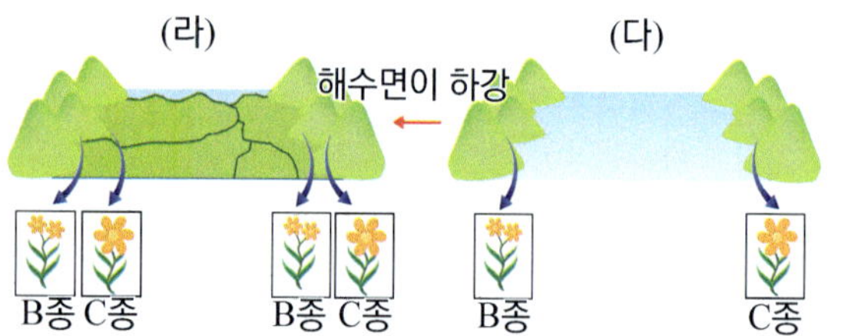

이에 대한 설명으로 옳은 것만을 〈보기〉에서 있는 대로 고른 것은?
(단, 이입과 이출은 없고, A ~ C 이외의 다른 종은 고려하지 않는다.)

─ 보기 ─
ㄱ. 이 과정에서 자연선택이 일어났다.
ㄴ. A 종과 B 종은 유전자 구성이 다르다.
ㄷ. (가)보다 (라)에서 종다양성이 크다.

① ㄱ　　　　② ㄴ　　　　③ ㄱ, ㄷ
④ ㄴ, ㄷ　　　⑤ ㄱ, ㄴ, ㄷ

22 다음은 슈퍼박테리아에 대한 신문 기사이다.

항생제는 전염병과 같은 감염증을 치료할 수 있는 약물로, 너무 많이 사용하다 보면 병원균 스스로 항생제에 저항할 수 있는 힘을 길러주게 된다. 따라서 ㉠더욱 강력한 항생제를 사용하는 과정을 반복하면서, 결국 어떤 항생제에도 저항할 수 있는 '슈퍼박테리아'가 탄생하게 된다.
항생제를 투여할 경우 박테리아 내에서 유전적으로 항생제에 대항할 수 있는 돌연변이 현상이 일어나는데, 이 돌연변이 박테리아들은 항생제 공격에서 살아남아 번식을 계속하기 때문에 약한 박테리아는 소멸되고, 강한 박테리아만 살아남게 된다.

이에 대한 설명으로 옳은 것만을 〈보기〉에서 있는 대로 고른 것은?

─ 보기 ─
ㄱ. ㉠의 환경에서 항생제 내성은 유리한 형질이다.
ㄴ. 슈퍼박테리아의 출현은 자연선택의 결과이다.
ㄷ. 항생제 내성 유전자는 항생제를 사용하기 전부터 박테리아에 포함되어 있었다.

① ㄱ　　　　② ㄷ　　　　③ ㄱ, ㄴ
④ ㄱ, ㄷ　　　⑤ ㄴ, ㄷ

23 어떤 생물 개체군에서 여러 세대를 거치는 동안 일어난 몸 색깔의 변화이다.

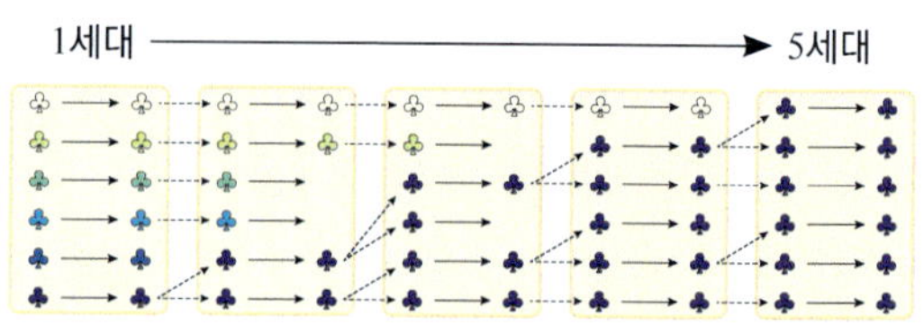

이에 대한 설명으로 옳은 것만을 〈보기〉에서 있는 대로 고른 것은?

─ 보기 ─
ㄱ. 몸 색깔이 진한 개체가 자연선택되었다.
ㄴ. 세대가 지날수록 개체군 내의 몸 색깔 변이가 다양해진다.
ㄷ. 몸 색깔이 연한 개체가 진한 개체보다 환경에 더 잘 적응하였다.

① ㄱ　　　　② ㄱ, ㄴ　　　③ ㄱ, ㄷ
④ ㄴ, ㄷ　　　⑤ ㄱ, ㄴ, ㄷ

03 생물다양성과 보전

24 다음은 생물다양성의 세 가지 의미를 나타낸 것이다.

(가)   (나)   (다)

이에 대한 설명으로 옳은 것만을 〈보기〉에서 있는 대로 고른 것은?

> **보기**
> ㄱ. (가)는 유전적 다양성을 의미한다.
> ㄴ. (나)의 예로는 얼룩말의 개체마다 다른 털 줄무늬가 있다.
> ㄷ. (다)는 일정한 생태계 안에 존재하는 생물종의 다양한 정도를 나타낸다.

① ㄱ   ② ㄷ   ③ ㄱ, ㄴ
④ ㄱ, ㄷ   ⑤ ㄴ, ㄷ

25 다음 설명에 해당하는 생물다양성의 감소 원인은 무엇인지 쓰시오.

> 원래 살고 있던 서식지가 아닌 다른 지역으로 생물을 이동시키는 것으로, 새로운 서식지 환경에 적응하는 경우 이 생물의 천적이 없어 대량으로 번식함으로써 서식지의 생물다양성을 감소시킨다. 황소개구리, 블루길, 큰입배스 등이 있다.

26 다음은 어떤 종의 개체수에 따른 유전자 변이의 수이다.

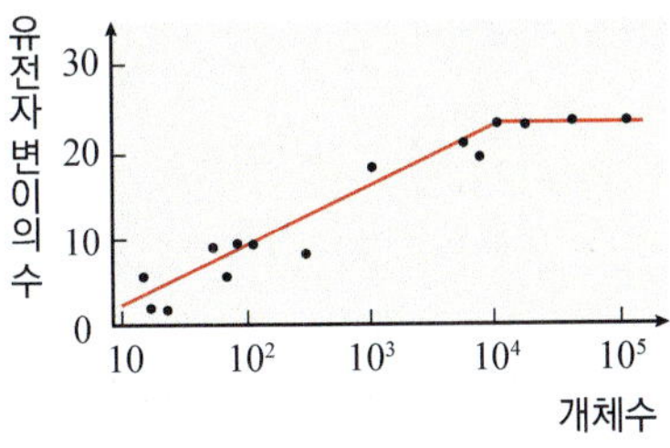

이에 대한 설명으로 옳은 것만을 〈보기〉에서 있는 대로 고른 것은?

> **보기**
> ㄱ. 생물다양성 중 유전적 다양성에 해당한다.
> ㄴ. 개체수가 많아질수록 유전자 변이는 계속해서 증가한다.
> ㄷ. 개체수가 10^3보다 10^5일 때 환경 변화에 대한 적응력이 더 높다.

① ㄱ   ② ㄷ   ③ ㄱ, ㄴ
④ ㄱ, ㄷ   ⑤ ㄴ, ㄷ

27 다음은 생물다양성에 대한 학생 A ~ C의 발표 내용이다.

제시한 내용이 옳은 학생만을 있는 대로 고른 것은?

① A   ② C   ③ A, B
④ B, C   ⑤ A, B, C

28 그림은 어떤 지역에서 일어나는 종의 분화 과정에서 종 A ~ C의 개체수 비율 변화를 나타낸 것이다.

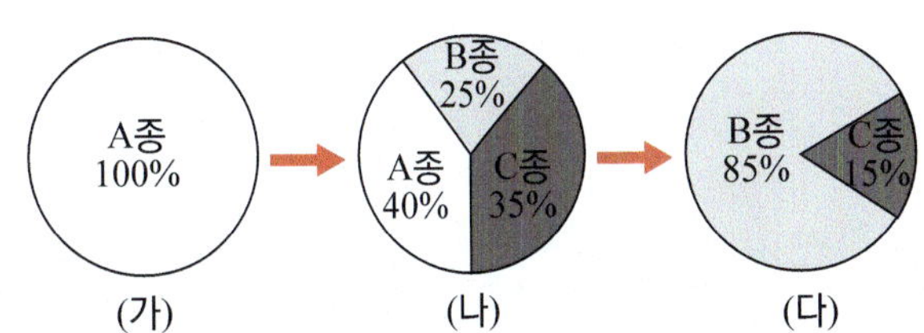

이에 대한 설명으로 옳은 것만을 〈보기〉에서 있는 대로 고른 것은? (단, 이 지역에서 외부와의 개체 출입은 없고, 종 A~C 이 외의 다른 종은 고려하지 않는다.)

> **보기**
> ㄱ. 종다양성은 (가)에서보다 (나)에서가 크다.
> ㄴ. (나)→(다) 과정에서 A종보다 B종이 생존에 유리하다.
> ㄷ. (다)에서 B종과 C종의 유전적 다양성은 서로 같다.

① ㄱ   ② ㄷ   ③ ㄱ, ㄴ
④ ㄴ, ㄷ   ⑤ ㄱ, ㄴ, ㄷ

29 환경 오염이 생물다양성에 미치는 영향으로 옳은 것만을 〈보기〉에서 있는 대로 고른 것은?

> **보기**
> ㄱ. 오염에 민감한 생물이 더 쉽게 멸종할 수 있다.
> ㄴ. 토양, 호수 등이 산성화되어 생물의 생존 능력을 감소시킨다.
> ㄷ. 중금속이나 화학 물질이 생물체 내에 쌓이는 생물농축이 일어나면 생물다양성이 증가한다.

① ㄱ   ② ㄷ   ③ ㄱ, ㄴ
④ ㄱ, ㄷ   ⑤ ㄴ, ㄷ

30 그림은 생물다양성보전 방안에 대한 학생 A~C의 대화를 나타낸 것이다.

적절한 방안을 제시한 학생만을 있는 대로 고른 것은?

① A   ② C   ③ A, B
④ B, C   ⑤ A, B, C

31 다음은 바위 위에서 자라는 이끼를 그림과 같이 나눈 다음 6개월 후에 이끼 밑에서 서식하는 소형 동물의 종 수 변화를 조사한 결과이다.

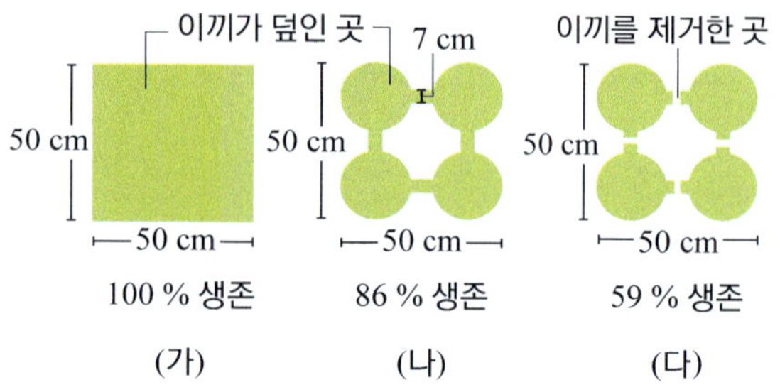

이에 대한 설명으로 옳은 것만을 〈보기〉에서 있는 대로 고른 것은?

> **보기**
> ㄱ. (다)는 서식지가 단편화된 결과이다.
> ㄴ. (가)에서 동일한 생물종끼리만 서식하도록 공간을 분리하면 종다양성이 증가할 것이다.
> ㄷ. (나)를 보았을 때 도로, 철도 등을 건설할 때 생태 통로를 설치하면 종다양성을 보전할 수 있다.

① ㄱ   ② ㄷ   ③ ㄱ, ㄴ
④ ㄱ, ㄷ   ⑤ ㄴ, ㄷ

32 생물 자원이 지닌 가치에 대한 설명으로 옳은 것만을 〈보기〉에서 있는 대로 고른 것은?

> **보기**
> ㄱ. 질병을 치료할 수 있는 의약품의 재료를 제공한다.
> ㄴ. 휴식 장소를 제공하고 생태 관광 자원으로 활용한다.
> ㄷ. 새로운 농작물 개발에 필요한 유전자 자원을 제공한다.

① ㄱ   ② ㄴ   ③ ㄱ, ㄷ
④ ㄴ, ㄷ   ⑤ ㄱ, ㄴ, ㄷ

33 자료는 바나나에 대한 설명이고, 표는 A~C의 예를 나타낸 것이다. A~C는 각각 종 다양성, 유전적 다양성, 생태계 다양성 중 하나이다.

> 씨를 통해 번식하는 ㉠야생 바나나와 달리 우리가 흔히 먹는 ㉡씨 없는 바나나는 뿌리나 줄기의 일부를 잘라 옮겨심어서 번식시키기 때문에 품종이 단 하나뿐이다. 이러한 단일 품종 바나나는 곰팡이가 일으키는 질병 때문에 멸종될 위기에 처해 있다.

구분	예
A	같은 종의 달팽이에서 껍데기의 무늬와 색깔이 다양하게 나타난다.
B	어느 지역에 숲, 갯벌, 강 등이 다양하게 나타난다.
C	논에 개구리, 물풀, 우렁이 등이 서식한다.

이에 대한 설명으로 옳은 것만을 〈보기〉에서 있는 대로 고른 것은?

> **보기**
> ㄱ. ㉠은 ㉡보다 A가 높다.
> ㄴ. B가 높을수록 C도 높게 나타난다.
> ㄷ. C는 종다양성이다.

① ㄱ   ② ㄷ   ③ ㄱ, ㄴ
④ ㄴ, ㄷ   ⑤ ㄱ, ㄴ, ㄷ

34 다음은 생물다양성보전을 위한 실천 방안 (가)~(다)를 나타낸 것이다. (가)~(다)는 각각 국가적, 개인적, 국제적 수준에서의 실천 방안 중 하나이다.

구분	실천 방안 예시
(가)	에너지 절약, 친환경 제품 사용
(나)	생물다양성 협약의 체결
(다)	멸종 위기종 복원, ㉠생물의 유전자 관리

이에 대한 설명으로 옳은 것만을 〈보기〉에서 있는 대로 고른 것은?

> **보기**
> ㄱ. ㉠의 예시로는 종자은행이 있다.
> ㄴ. (가)는 개인적 수준에서의 실천 방안이다.
> ㄷ. 국립 공원 지정은 (나)의 예시에 해당한다.
> ㄹ. 천적이 없는 외래종의 도입은 (나)에 해당한다.

① ㄱ   ② ㄱ, ㄴ   ③ ㄷ, ㄹ
④ ㄱ, ㄴ, ㄷ   ⑤ ㄴ, ㄷ, ㄹ

고난도 마무리

[2019 모의고사 기출]

01 그림은 서로 다른 두 지역의 지층 단면과 각 지층에서 산출된 화석을 나타낸 것이다. (가)와 (라)는 같은 셰일 지층이며, (나)와 (다)는 같은 석회암 지층이다.

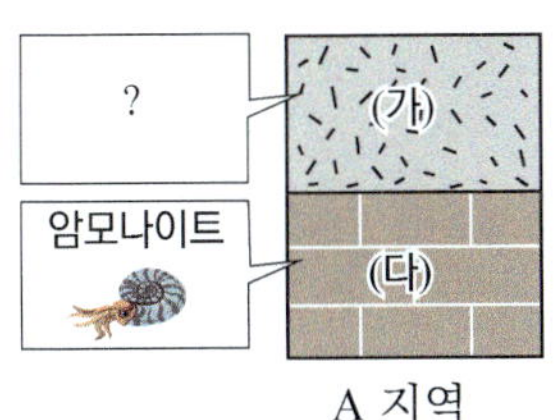

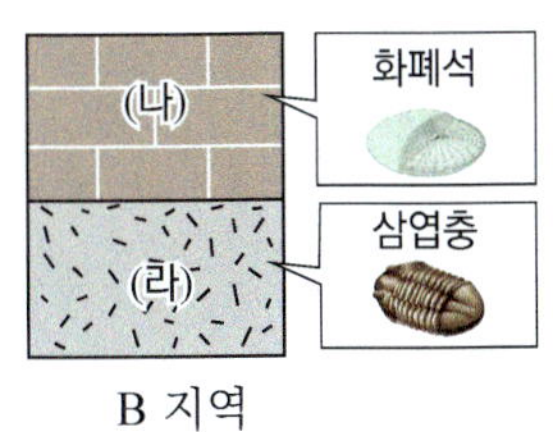

이에 대한 설명으로 옳은 것만을 〈보기〉에서 있는 대로 고른 것은? (단, 지층이 역전되는 지각 변동은 일어나지 않았다.)

· 보기 ·
ㄱ. (가) 지층에서는 갑주어의 화석이 발견될 수 있다.
ㄴ. (다) 지층이 형성될 당시의 해안선의 총 길이는 현재보다 길었다.
ㄷ. 가장 오래된 지층은 (라) 지층이다.

① ㄱ ② ㄷ ③ ㄱ, ㄷ
④ ㄴ, ㄷ ⑤ ㄱ, ㄴ, ㄷ

02 그림은 고생대부터 현재까지 대기 중 이산화 탄소 농도 변화와 생물계의 변화를 나타낸 것이다.

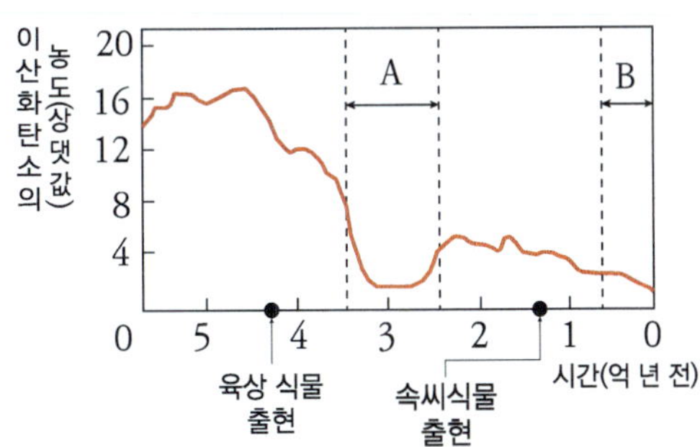

이에 대한 설명으로 옳은 것만을 〈보기〉에서 있는 대로 고른 것은?

· 보기 ·
ㄱ. A 기간에 양치식물이 크게 번성하였다.
ㄴ. 지질 시대 중 B 기간에 종다양성이 최대이다.
ㄷ. B 기간에는 지구의 연평균 기온이 대체로 상승하였다.

① ㄱ ② ㄷ ③ ㄱ, ㄴ
④ ㄱ, ㄷ ⑤ ㄴ, ㄷ

03 그림은 영양 염류가 유입된 호수의 식물성 플랑크톤 군집에서 전체 개체수, 종 수, 종다양성과 영양 염류 농도를 시간에 따라 나타낸 것이며, 표는 종다양성에 대한 자료이다.

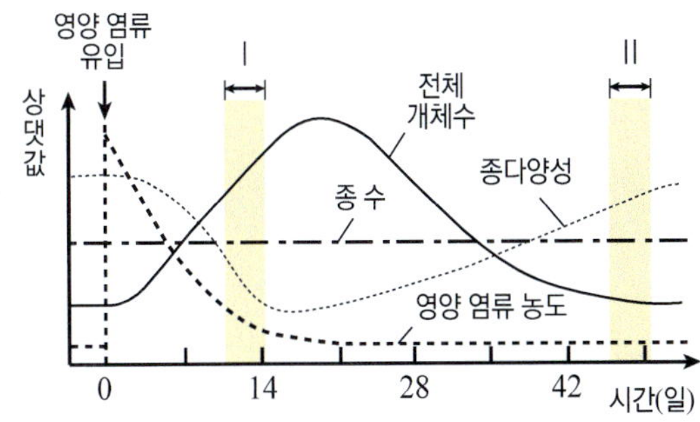

· 종다양성은 종 수가 많을수록 높아진다.
· 종다양성은 전체 개체수에서 각 종이 차지하는 비율이 균등할수록 높아진다.

이에 대한 설명으로 옳은 것만을 〈보기〉에서 있는 대로 고른 것은? (단, 식물성 플랑크톤 군집은 여러 종의 식물성 플랑크톤으로만 구성되며, 제시된 조건 이외는 고려하지 않는다.)

· 보기 ·
ㄱ. 구간 I에서 개체수가 증가하는 종이 있다.
ㄴ. 전체 개체수에서 각 종이 차지하는 비율은 구간 I에서가 구간 II에서보다 균등하다.
ㄷ. 종다양성은 동일한 생물 종이라도 형질이 각 개체 간에 다르게 나타나는 것을 의미한다.

① ㄱ ② ㄴ ③ ㄷ
④ ㄱ, ㄴ ⑤ ㄱ, ㄷ

[2022 모의고사 기출]

04 그림은 자연선택에 의해서 새로운 생물종이 출현한 과정을 나타낸 것이다. A와 B는 서로 다른 종이다.

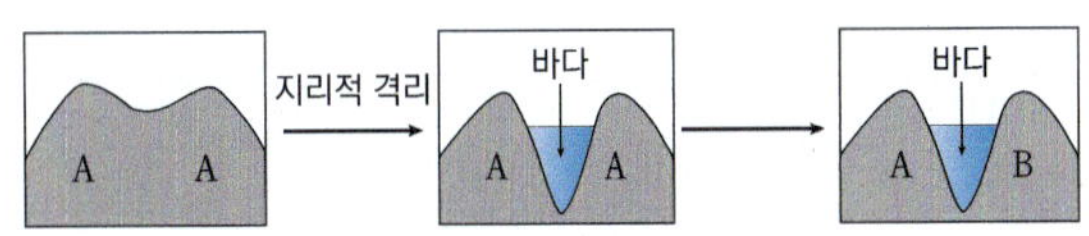

이에 대한 설명으로 옳은 것만을 〈보기〉에서 있는 대로 고른 것은? (단, 생물은 다른 지역으로 이동하지 않는다.)

· 보기 ·
ㄱ. A와 B의 유전정보는 같다.
ㄴ. 진화가 일어남에 따라 이 지역의 생물다양성은 증가한다.
ㄷ. 격리에 의한 진화이므로 A와 B에 있어 생존경쟁은 나타나지 않는다.

① ㄱ ② ㄴ ③ ㄱ, ㄴ
④ ㄴ, ㄷ ⑤ ㄱ, ㄴ, ㄷ

각자 시간을 정해 풀어 보세요. 보통 1문항당 1분입니다.

정답 및 해설 ➡ 18

01 지질 시대의 환경과 생물

01 지질 시대와 화석에 대한 설명 중 옳은 것만을 〈보기〉에서 있는 대로 고른 것은?

• 보기 •
ㄱ. 화석의 변화는 지질 시대를 구분하는 중요한 기준이다.
ㄴ. 지질 시대는 인류의 역사가 시작된 시점부터 시작된다.
ㄷ. 생물이 화석으로 남으려면 생물의 유해 또는 흔적이 화석화 작용을 받아야 한다.

① ㄱ   ② ㄴ   ③ ㄷ
④ ㄱ, ㄷ   ⑤ ㄴ, ㄷ

02 지질 시대를 상대적 길이에 따라 구분하였다. 이에 대한 설명으로 옳은 것만을 〈보기〉에서 있는 대로 고른 것은?

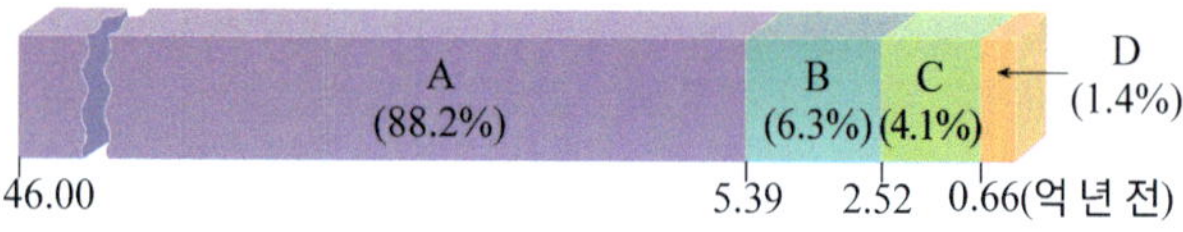

• 보기 •
ㄱ. A 시대는 고생대이다.
ㄴ. B 시대는 C 시대보다 오래 지속되었다.
ㄷ. B 시대는 다른 A, C, D 시대에 비해 화석이 가장 적게 발견된다.

① ㄱ   ② ㄴ   ③ ㄷ
④ ㄱ, ㄷ   ⑤ ㄱ, ㄴ, ㄷ

03 그림은 지구에서 일어난 주요 사건을 시간순으로 나타 낸 것이다.

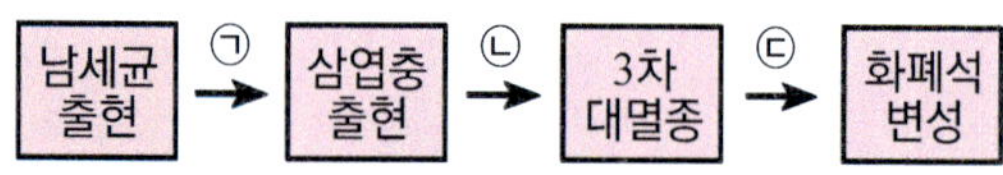

ㄱ, ㄴ, ㄷ 기간에 대한 설명으로 옳은 것만을 〈보기〉에서 있는 대로 고른 것은? (단, 3차 대멸종은 고생대 이후 일어난 5차례의 생물 대멸종 중 세 번째 멸종이다.)

• 보기 •
ㄱ. 겉씨식물은 ㉠ 기간에 번성하였다.
ㄴ. 중생대는 ㉢ 기간에 포함된다.
ㄷ. ㉡ 기간은 ㉢ 기간보다 짧다

① ㄴ   ② ㄷ   ③ ㄱ, ㄴ
④ ㄴ, ㄷ   ⑤ ㄱ, ㄴ, ㄷ

04 그림 (가), (나)는 서로 다른 지질 시대의 환경을 복원한 모습을 순서 없이 나타낸 것이다.

(가)   (나)

이에 대한 설명으로 옳은 것만을 〈보기〉에서 있는 대로 고른 것은?

• 보기 •
ㄱ. (가)는 (나)보다 오래된 지질 시대이다.
ㄴ. (가) 시대에 산소 농도가 높아지면서 생물 수가 폭발적으로 증가하였다.
ㄷ. (나) 시기는 온실 기체가 증가하여 빙하기 없이 전반적으로 온난한 기후가 유지되었다.

① ㄱ   ② ㄷ   ③ ㄱ, ㄴ
④ ㄱ, ㄷ   ⑤ ㄴ, ㄷ

[2016 모의고사 기출]

05 그림 (가)는 어느 지질 지대의 표준 화석을, (나)는 지질 시대의 평균 기온 변화를 나타낸 것이다.

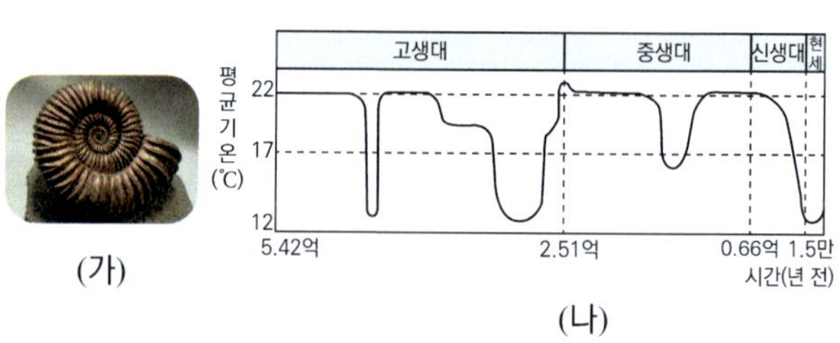

(가)   (나)

이에 대한 설명으로 옳은 것만을 〈보기〉에서 있는 대로 고른 것은?

• 보기 •
ㄱ. (가)가 발견된 지층은 육지에서 형성되었다.
ㄴ. (가)가 번성하던 시대는 현재보다 온난하였다.
ㄷ. 평균 기온의 변화는 고생대 말이 중생대 말보다 적다.

① ㄱ   ② ㄴ   ③ ㄱ, ㄷ
④ ㄴ, ㄷ   ⑤ ㄱ, ㄴ, ㄷ

06 그림 (가)는 지질 시대에서 선캄브리아시대, 고생대, 중생대, 신생대가 각각 차지하는 비율을, (나)와 (다)는 서로 다른 지층에서 산출된 화석을 나타낸 것이다.

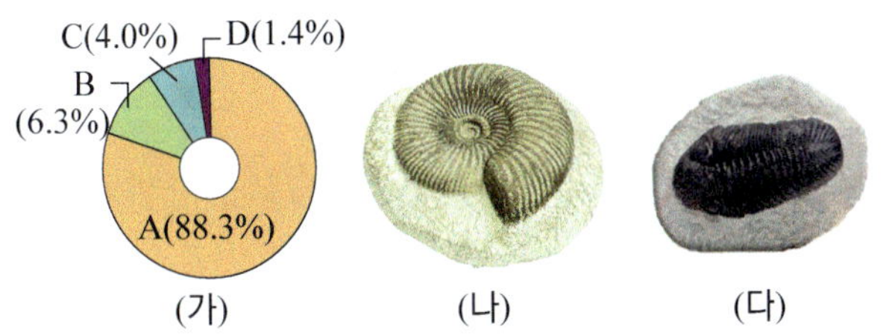

이에 대한 설명으로 옳은 것만을 〈보기〉에서 있는 대로 고른 것은?

> • 보기 •
>
> ㄱ. 가장 최근의 지질 시대는 D이다.
> ㄴ. (나)가 번성했던 지질 시대는 A이다.
> ㄷ. (다)가 산출된 지층은 육지 환경에서 퇴적되었다.

① ㄱ ② ㄷ ③ ㄱ, ㄴ
④ ㄱ, ㄷ ⑤ ㄴ, ㄷ

---

07 고생대에서 신생대까지의 지질 시대 동안 해양 동물군과 육상 식물군의 과의 수 변화이다. '과'는 생물 분류 단계 중 하나이다.

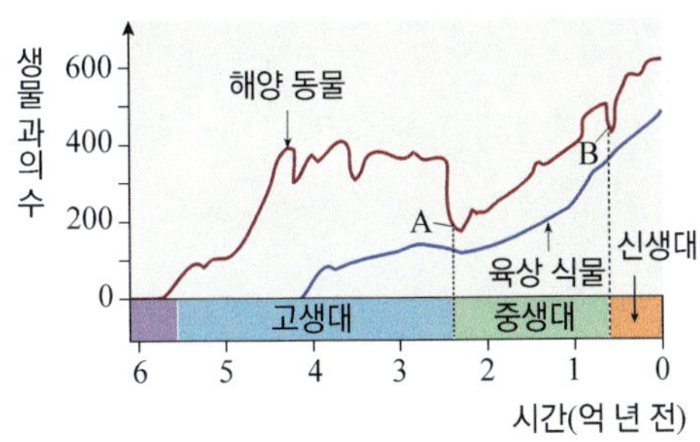

이에 대한 설명으로 옳은 것만을 〈보기〉에서 있는 대로 고른 것은?

> • 보기 •
>
> ㄱ. A 시기에 가장 큰 규모의 대멸종이 일어났다.
> ㄴ. B 시기에 일어난 멸종의 원인은 대륙의 이동이다.
> ㄷ. 고생대가 끝날 무렵 최초의 육상 식물이 출현하였다.

① ㄱ ② ㄴ ③ ㄱ, ㄷ
④ ㄴ, ㄷ ⑤ ㄱ, ㄴ, ㄷ

---

08 그림은 부모 개 (가), (다)와 그 사이에서 태어난 강아지 (나)의 털색 유전자의 구성을 각각 나타낸 것이다.

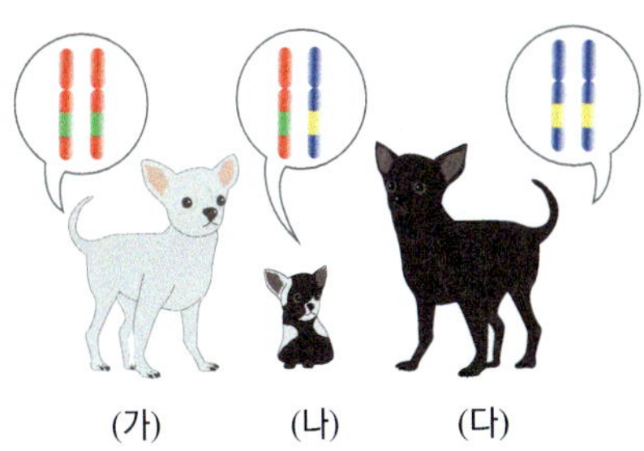

이에 대한 설명으로 옳은 것만을 〈보기〉에서 있는 대로 고른 것은?

> • 보기 •
>
> ㄱ. (가), (나), (다) 사이에는 변이가 있다.
> ㄴ. (나)는 돌연변이에 의한 형질을 가지고 있다.
> ㄷ. (나)는 유성생식에 의해 유전자 조합이 부모와 다르다.

① ㄱ ② ㄴ ③ ㄷ
④ ㄱ, ㄴ ⑤ ㄱ, ㄷ

---

09 그림은 살충제 살포에 의한 어떤 해충 집단의 진화 과정을 나타낸 것이다.

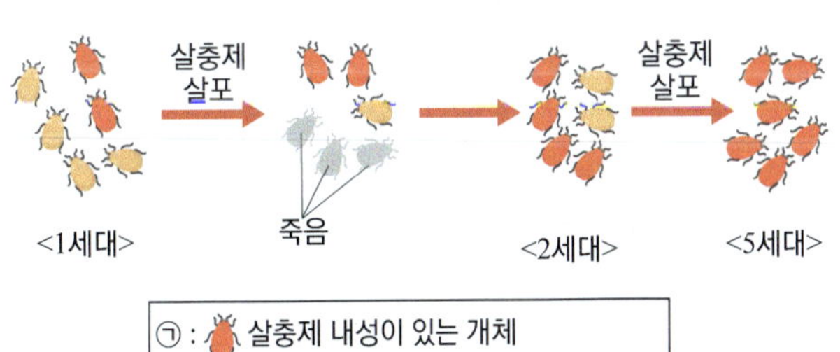

이에 대한 설명으로 옳은 것만을 〈보기〉에서 있는 대로 고른 것은? (단, 살충제 살포 이외의 다른 진화 요인은 고려 하지 않으며, 유전자풀은 집단 내에 존재하는 모든 유전자의 집합을 의미한다.)

> • 보기 •
>
> ㄱ. ㉠과 ㉡은 유전적 차이가 존재한다.
> ㄴ. 해충 집단에서 세대에 따른 ㉠의 비율 변화는 자연선택의 결과이다.
> ㄷ. 살충제 살포는 해충 집단의 유전자풀을 변화시키는 요인이다.

① ㄱ ② ㄷ ③ ㄱ, ㄴ
④ ㄴ, ㄷ ⑤ ㄱ, ㄴ, ㄷ

10 그림 (가)는 아프리카에서 낫모양적혈구 빈혈증 발생 지역과 빈도를, (나)는 말라리아가 많이 발생하는 지역을 조사한 것이다.

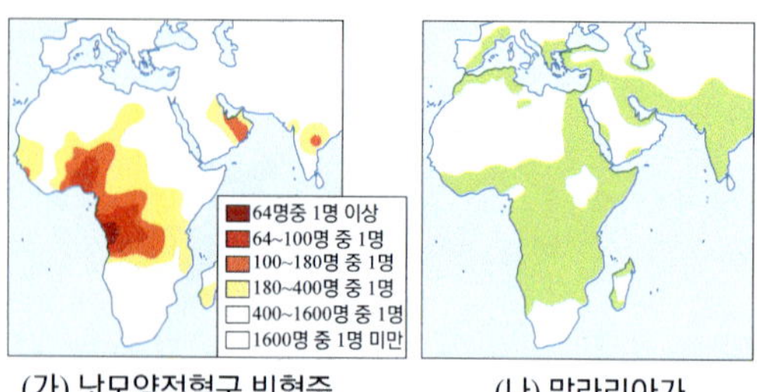

(가) 낫모양적혈구 빈혈증
발생 지역과 빈도

(나) 말라리아가
많이 발생하는 지역

이에 대한 설명 중 옳은 것은 ○표, 옳지 않은 것은 ×표 하시오.

● 보기 ●

ㄱ. 낫모양적혈구 빈혈증 환자는 보통 사람보다 말라리아에 걸릴 확률이 더 낮다.

ㄴ. 이 자료에서 자연선택은 생존에 유리한 방향으로 이루어졌다.

ㄷ. 말라리아는 낫모양적혈구 빈혈증 환자의 자연선택에 불리하게 작용한다.

① ㄱ ② ㄴ ③ ㄱ, ㄴ
④ ㄱ, ㄷ ⑤ ㄴ, ㄷ

11 다음은 여러 생물에서 관찰되는 특징 (가)~(다)를 나타낸 것이다.

(가) 낙타는 30일 정도 물을 마시지 않고도 살 수 있다.

(나) 남극에 사는 펭귄은 추위를 견디기 쉽게 두꺼운 지방층을 가지고 있다.

(다) 치타는 순간적으로 최대 120 km/h의 속력을 낼 수 있는 신체 구조를 가지고 있다.

이에 대한 설명으로 옳은 것만을 〈보기〉에서 있는 대로 고른 것은?

● 보기 ●

ㄱ. (가)~(다)는 모두 자연 선택의 사례이다.

ㄴ. (가)는 물이 적은 사막에 적응하는 과정에서 가지게 된 형질이다.

ㄷ. (나)는 지방층이 두껍지 않은 펭귄이 많이 살아남아 자손을 남긴 결과이다.

① ㄱ ② ㄱ, ㄴ ③ ㄱ, ㄷ
④ ㄴ, ㄷ ⑤ ㄱ, ㄴ, ㄷ

12 그림은 카렌족 여인의 사진이다. 카렌족은 어려서부터 여러 개의 링을 목에 걸고 생활하여 목이 점점 길어졌다.

이 사례와 변이의 요인이 같은 사례만을 〈보기〉에서 있는 대로 고른 것은?

● 보기 ●

ㄱ. 사람의 눈동자 색은 각각 다르다.

ㄴ. 운동 선수는 오랜 훈련으로 인해 몸에 근육량이 매우 많다.

ㄷ. 야생의 호랑이는 동물원에서 자란 호랑이보다 사냥을 더 잘한다.

① ㄱ ② ㄴ ③ ㄷ
④ ㄱ, ㄴ ⑤ ㄴ, ㄷ

13 다음은 영국 지역에 서식하는 후추나방에 대한 자료이다.

영국의 공업 도시 근처의 숲에는 주로 검은색 후추나방이, 농촌 숲에는 주로 흰색 후추나방이 많이 분포한다.

이에 대한 설명 중 옳은 것만을 〈보기〉에서 있는 대로 고른 것은?

● 보기 ●

ㄱ. 자연선택에 의한 변화이다.

ㄴ. 농촌 숲의 색은 공업 도시 근처의 숲보다 색이 어두울 것이다.

ㄷ. 공업 도시에 공장이 세워지기 전에도 공업 도시 근처의 숲에는 검은색 후추나방이 주로 분포했을 것이다.

① ㄱ ② ㄴ ③ ㄷ
④ ㄱ, ㄴ ⑤ ㄴ, ㄷ

14 그림은 생물 다양성의 세 가지 요소를 나타낸 것이다.

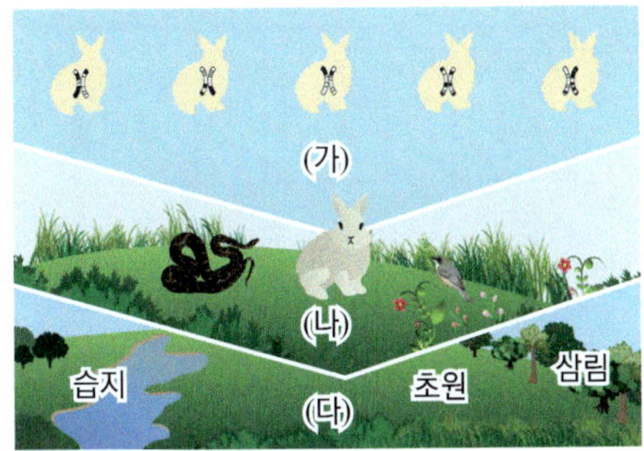

이에 대한 설명으로 옳은 것만을 〈보기〉에서 있는 대로 고른 것은?

• 보기 •
ㄱ. 얼룩말의 무늬가 개체마다 다른 것은 (가)의 예이다.
ㄴ. 각 종이 균등하게 분포할수록 종다양성이 높아지는 것은 (나)의 예이다.
ㄷ. (다)의 다양성이 높을수록 (가)와 (나)의 다양성은 낮아진다.

① ㄱ ② ㄴ ③ ㄷ
④ ㄱ, ㄴ ⑤ ㄴ, ㄷ

16 표는 생물다양성의 세 가지 의미를, 그림은 같은 종의 쥐 집단에서 나타나는 서로 다른 얼룩무늬를 나타낸 것이다. (가)와 (나)는 각각 종다양성과 유전적 다양성 중 하나이다.

구분	의미
(가)	한 생태계에 존재하는 생물 종의 다양한 정도를 의미한다.
(나)	동일한 생물 종이라도 각 개체 간에 형질이 다르게 나타나는 것을 의미한다.
생태계 다양성	㉠

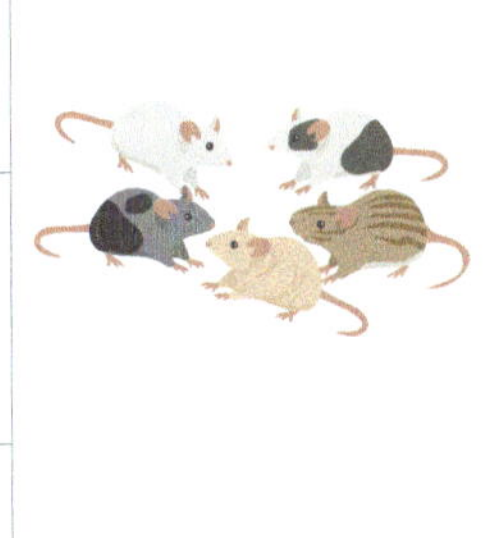

이에 대한 설명으로 옳은 것만을 〈보기〉에서 있는 대로 고른 것은?

• 보기 •
ㄱ. 그림은 (가)에 해당한다.
ㄴ. (나)는 유전적 다양성이다.
ㄷ. '강, 삼림, 습지, 초원 등 생태계가 다양하게 형성되는 것을 의미한다.' 는 ㉠에 해당한다.

① ㄱ ② ㄷ ③ ㄱ, ㄴ
④ ㄴ, ㄷ ⑤ ㄱ, ㄴ, ㄷ

15 그림은 서로 다른 생태계 A와 B에서의 생물들 사이의 먹이 관계이다.

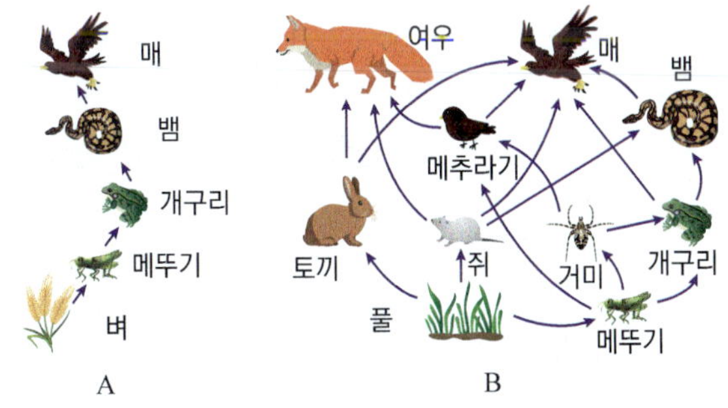

이에 대한 설명으로 옳은 것만을 〈보기〉에서 있는 대로 고른 것은?

• 보기 •
ㄱ. 생태계 A가 생태계 B보다 종다양성이 높다.
ㄴ. 생태계 A가 생태계 B보다 더 불안정하다.
ㄷ. 개구리가 멸종할 경우 두 생태계 모두 뱀이 멸종할 것이다.

① ㄱ ② ㄴ ③ ㄱ, ㄷ
④ ㄴ, ㄷ ⑤ ㄱ, ㄴ, ㄷ

17 그림 (가)는 어떤 숲에 사는 새 5종 ㉠~㉤이 서식하는 높이 범위를, (나)는 숲을 이루는 나무 높이의 다양성에 따른 새의 종다양성을 나타낸 것이다. 나무 높이의 다양성은 숲을 이루는 나무의 높이가 다양할수록, 각 높이의 나무가 차지하는 비율이 균등할수록 늘어난다.

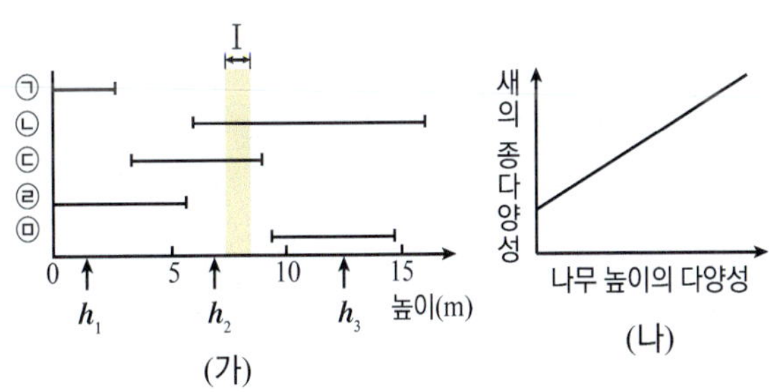

이 자료에 대한 설명으로 옳은 것만을 〈보기〉에서 있는 대로 고른 것은?

• 보기 •
ㄱ. ㉠이 서식하는 높이는 ㉤이 서식하는 높이보다 낮다.
ㄴ. 구간 Ⅰ에서 ㉡은 ㉢과 한 개체군을 이루어 서식한다.
ㄷ. 새의 종다양성은 높이가 h_3인 나무만 있는 숲에서가 높이가 h_1, h_2, h_3인 나무가 고르게 분포하는 숲에서보다 높다.

① ㄱ ② ㄴ ③ ㄷ
④ ㄱ, ㄴ ⑤ ㄴ, ㄷ

각자 시간을 정해 풀어 보세요. 보통 1문항당 1분입니다.

[2022 모의고사 기출]

---

01 지질 시대의 환경과 생물

[01~02] 그림 (가)는 지질 시대를, 그림 (나)는 삼엽충의 화석을 나타낸 것이다. A~D는 각각 고생대, 신생대, 중생대, 선캄브리아시대 중 하나이다.

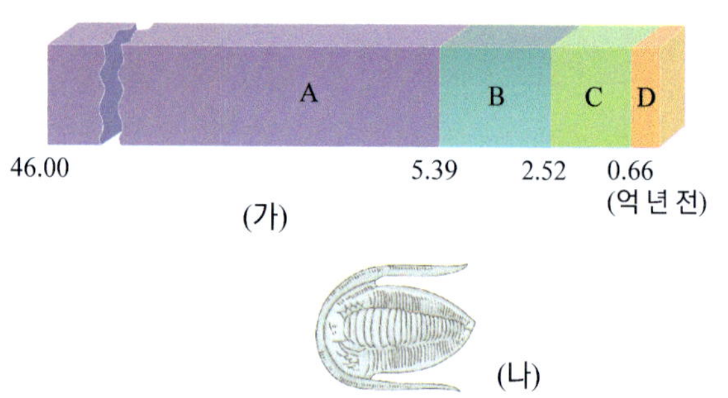

(가)

(나)

01 이에 대한 설명으로 옳은 것만을 〈보기〉에서 있는 대로 고른 것은?

▸ 보기 ◂
ㄱ. (나)는 B 시기의 표준 화석에 해당한다.
ㄴ. 참나무와 단풍나무가 번성한 시기는 C이다.
ㄷ. D 시기에 인류의 조상이 출현하였다.

① ㄱ　　　② ㄷ　　　③ ㄱ, ㄷ
④ ㄴ, ㄷ　　　⑤ ㄱ, ㄴ, ㄷ

02 다음은 스트로마톨라이트에 대한 설명이다.

스트로마톨라이트는 A 시기의 주요 화석으로, 생물 X에 의해 만들어지는 퇴적 구조이다. 생물 X의 물질대사로 발생한 산소가 대기 중으로 공급되면서 ㉠오존층이 형성되었다.

이에 대한 설명으로 옳은 것만을 〈보기〉에서 있는 대로 고른 것은?

▸ 보기 ◂
ㄱ. A 시기의 생물은 대부분 단단한 껍데기나 뼈가 없다.
ㄴ. 생물 X는 남세균으로, 동화 작용에 관여하는 효소를 가진다.
ㄷ. ㉠이 형성된 이후 생물이 육지로 진출하였다.

① ㄴ　　　② ㄷ　　　③ ㄱ, ㄷ
④ ㄴ, ㄷ　　　⑤ ㄱ, ㄴ, ㄷ

---

03 그림은 지질 시대의 주요 사건들을 순서대로 나타낸 것이다.

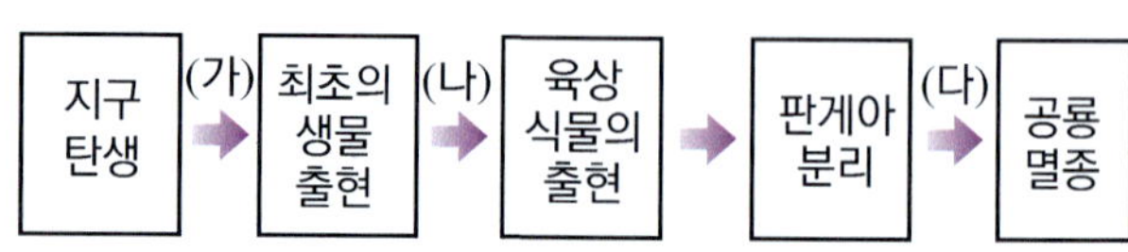

이에 대한 설명으로 옳은 것만을 〈보기〉에서 있는 대로 고른 것은?

▸ 보기 ◂
ㄱ. (가) 기간에 생성된 지층에서는 스트로마톨라이트가 산출된다.
ㄴ. 오존층은 (나) 기간에 생성되었다.
ㄷ. (다) 기간에 빙하기가 있었다.

① ㄱ　　　② ㄴ　　　③ ㄱ, ㄷ
④ ㄴ, ㄷ　　　⑤ ㄱ, ㄴ, ㄷ

04 그림은 고생물 A~C의 지리적 분포 면적과 생존 기간을 나타낸 것이다.

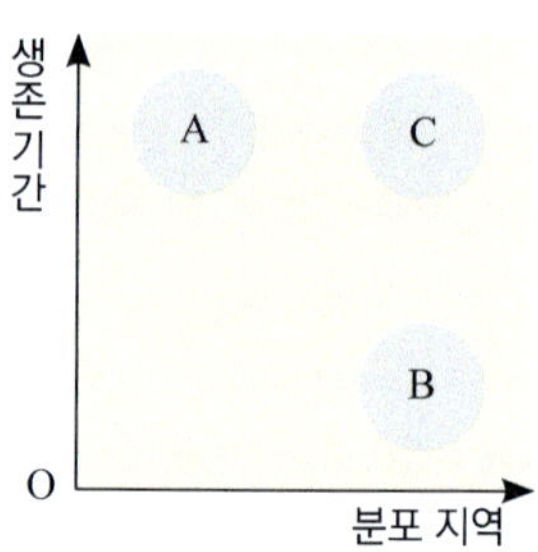

이에 대한 설명으로 옳은 것만을 〈보기〉에서 있는 대로 고른 것은?

▸ 보기 ◂
ㄱ. 고사리는 A에 해당한다.
ㄴ. 지질 시대를 구분하는 데 가장 유용한 것은 B이다.
ㄷ. C는 지층의 생성 환경을 알아내는 데 가장 유용하다.

① ㄱ　　　② ㄱ, ㄴ　　　③ ㄱ, ㄷ
④ ㄴ, ㄷ　　　⑤ ㄱ, ㄴ, ㄷ

05 그림 (가)~(다)는 서로 다른 지질 시대의 수륙 분포를 나타낸 것이다.

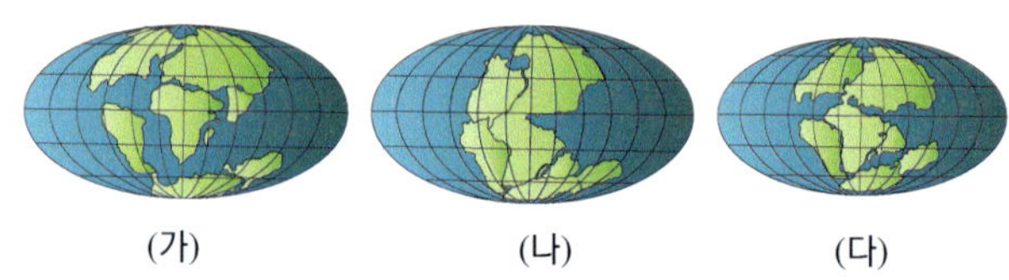

(가)　　　(나)　　　(다)

이에 대한 설명으로 옳은 것만을 〈보기〉에서 있는 대로 고른 것은?

▸ 보기 ◂
ㄱ. 암모나이트는 (가) 시기의 표준 화석이다.
ㄴ. (나) 시기에 양치식물이 대량으로 묻혀 석탄층을 형성하였다.
ㄷ. (다) 시기에 겉씨식물이 번성하였다.

① ㄱ　　　② ㄷ　　　③ ㄱ, ㄴ
④ ㄴ, ㄷ　　　⑤ ㄱ, ㄴ, ㄷ

---

06 표는 지질 시대 A~C에 번성했던 생물의 예를, 그림은 A에 번성했던 생물의 화석을 나타낸 것이다. A~C는 고생대, 신생대, 중생대를 순서 없이 나타낸 것이다.

지질 시대	생물의 예
A	?
B	공룡
C	㉠

이에 대한 설명으로 옳은 것만을 〈보기〉에서 있는 대로 고른 것은?

ㄱ. A는 고생대이다.
ㄴ. B에 인류가 출현하였다.
ㄷ. 암모나이트는 ㉠에 해당한다.

① ㄱ   ② ㄴ   ③ ㄱ, ㄷ
④ ㄴ, ㄷ   ⑤ ㄱ, ㄴ, ㄷ

08 그림은 지구 대기의 산소 농도 변화를 나타낸 것이다.

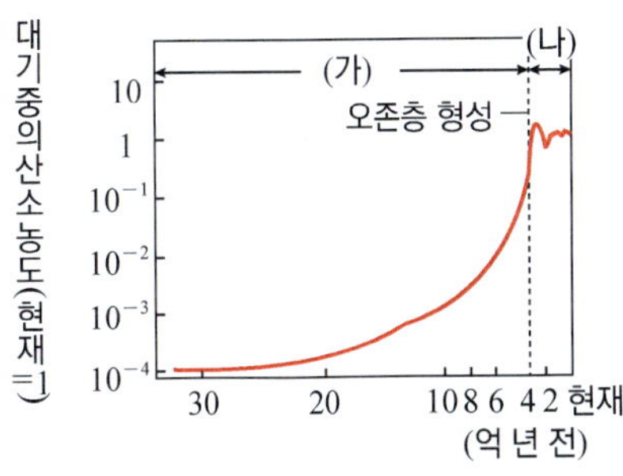

이에 대한 설명으로 옳은 것만을 〈보기〉에서 있는 대로 고른 것은?

ㄱ. (가) 시기의 산소 농도 증가는 광합성 때문이다.
ㄴ. 오존층 형성 이후 육상 생물의 수가 크게 증가하였다.
ㄷ. 지표에 도달하는 자외선의 양은 (가)>(나)이다.

① ㄱ   ② ㄷ   ③ ㄱ, ㄴ
④ ㄴ, ㄷ   ⑤ ㄱ, ㄴ, ㄷ

07 그림은 지질 시대에 일어난 해양 생물 과의 수 변화를 나타낸 것이다. Ⅰ~Ⅲ은 각각 신생대, 중생대, 고생대 중 하나이다.

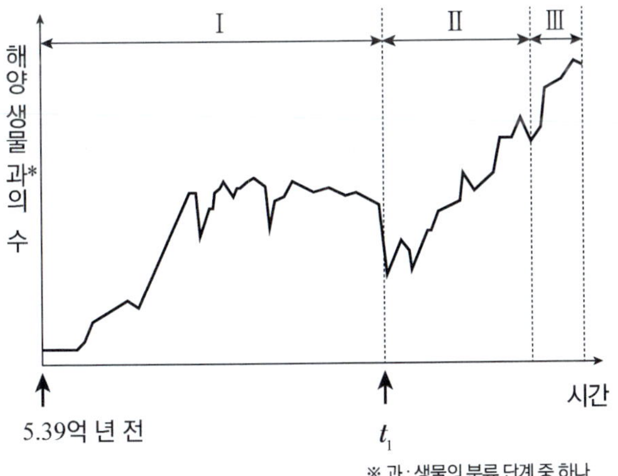

이에 대한 설명으로 옳은 것만을 〈보기〉에서 있는 대로 고른 것은?

ㄱ. Ⅰ은 고생대이다.
ㄴ. Ⅲ 시기에 공룡이 번성하였다.
ㄷ. t_1일 때 대멸종이 일어났다.

① ㄱ   ② ㄴ   ③ ㄱ, ㄴ
④ ㄱ, ㄷ   ⑤ ㄴ, ㄷ

09 그림은 고생대 이후 해양 생물 과의 수와 생물 과의 멸종 비율을 나타낸 것이다. A~E는 다섯 번의 대멸종을 나타낸 것이다.

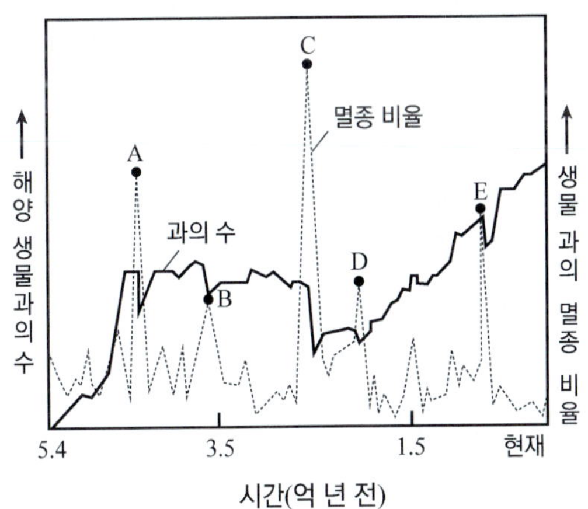

이에 대한 설명으로 옳은 것만을 〈보기〉에서 있는 대로 고른 것은?

ㄱ. 고생대가 끝나는 무렵에 발생한 대멸종은 C이다.
ㄴ. 해양 생물 과의 수는 1.5억 년 전이 현재보다 많다.
ㄷ. B에서 생물 과의 멸종 비율은 E에서의 생물 과의 멸종 비율보다 높다.

① ㄱ   ② ㄷ   ③ ㄱ, ㄴ
④ ㄴ, ㄷ   ⑤ ㄱ, ㄴ, ㄷ

10 그림은 어떤 달팽이 개체군의 껍질 색과 무늬의 변이를 나타낸 것이다. 이에 대한 설명으로 옳은 것은?

① 생물의 진화에 영향을 주지 않는다.
② 개체가 환경에 적응하는 능력과는 상관없다.
③ 주로 환경의 변화로 인해 발생하는 차이이다.
④ 서로 다른 종 사이에 나타나는 형질의 차이이다.
⑤ 기존과 다른 색깔의 유전적 형질을 가진 개체가 나타났을 경우, 이 형질은 자손에게 전달될 수 있다.

11 다윈의 자연선택설에 대한 설명으로 옳은 것만을 있는 대로 고르시오.

① 진화의 원리는 환경에 의한 후천적 형질 변화이다.
② 개체 간의 변이가 나타나는 원인을 명확하게 해명하지 못했다.
③ 환경에 적응하기 불리한 변이를 가진 개체가 자손을 더 많이 남긴다.
④ 생물은 유전자를 자손 세대로 전달함으로써 자손 세대에서도 부모의 형질이 나타날 수 있다.
⑤ 생명 과학 분야에서는 생물 사이의 동일성과 다양성을 설명하여 진화적으로 분류할 수 있게 하였으나, 사회적으로는 큰 영향을 끼치지 못했다.

12 다음은 어떤 생물 개체군에서 여러 세대를 거치는 동안 일어난 몸 색깔의 변화를 나타낸 것이다.

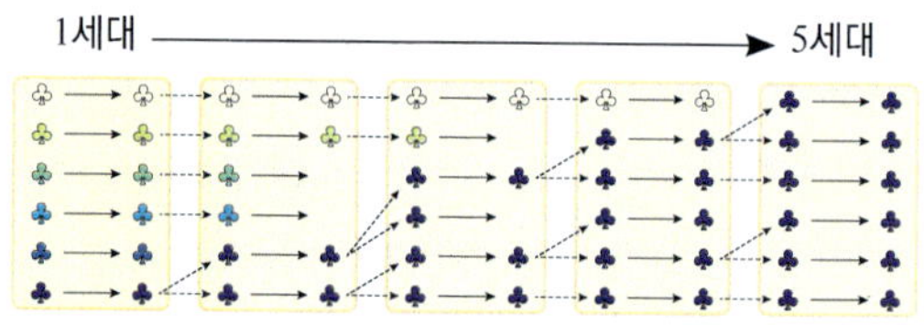

이에 대한 설명으로 옳은 것만을 〈보기〉에서 있는 대로 고른 것은?

• 보기 •

ㄱ. 몸 색깔이 진한 개체가 자연선택되었다.
ㄴ. 세대가 지날수록 개체군 내의 몸 색깔 변이가 다양해진다.
ㄷ. 몸 색깔이 진한 개체가 연한 개체보다 환경에 더 잘 적응하였다.

---

① ㄱ   ② ㄴ   ③ ㄷ
④ ㄱ, ㄴ   ⑤ ㄱ, ㄷ

13 그림은 갈라파고스 제도의 섬에 살고 있는 서로 다른 종의 핀치 A, B의 진화 과정이다.

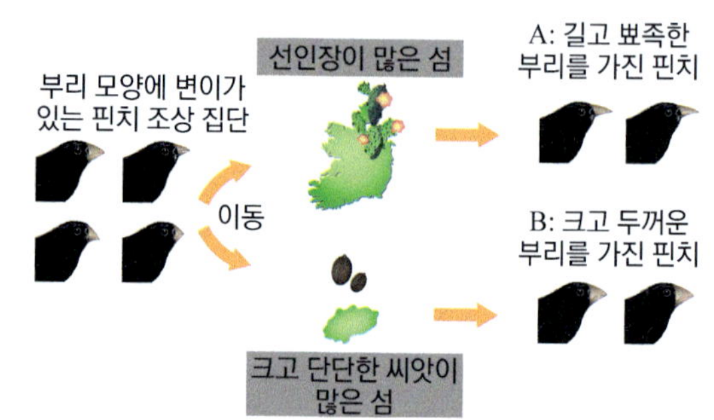

이에 대한 설명으로 옳은 것만을 〈보기〉에서 있는 대로 고른 것은?

• 보기 •

ㄱ. A와 B 모두 용불용설에 의해 진화했다.
ㄴ. A와 B의 핀치는 서로 다른 환경에서 자연선택되었다.
ㄷ. A와 B는 서로 같은 유전자를 가지고 있어서 진화할 수 있었다.

---

① ㄱ   ② ㄴ   ③ ㄷ
④ ㄱ, ㄴ   ⑤ ㄱ, ㄷ

[2016 모의고사 기출]

14 그림은 어떤 지역에서 나비 집단의 진화 과정을 나타낸 것이다. (가)와 (나)는 각각 돌연변이와 자연선택 중 하나이다.

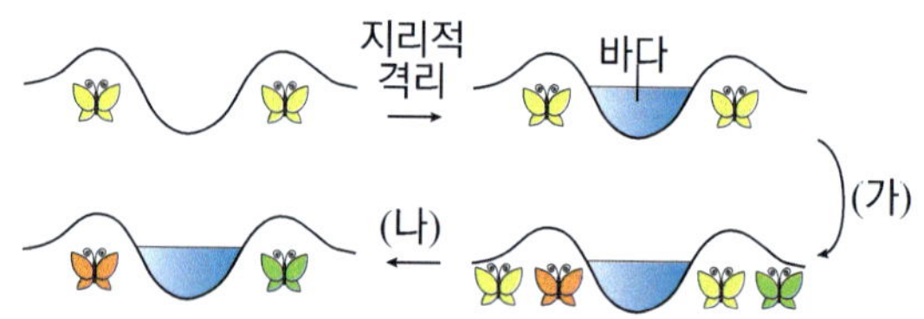

이에 대한 설명으로 옳은 것만을 〈보기〉에서 있는 대로 고른 것은?(단, 유전자풀은 집단에 속한 개체가 가진 유전자의 총합을 의미하며, 이 나비 집단의 개체수는 충분히 많으며, 외부와의 개체 출입은 없다.)

• 보기 •

ㄱ. (가)에 의해 새로운 형질을 가진 개체가 나타났다.
ㄴ. (나)는 돌연변이이다.
ㄷ. (가)와 (나)를 거치면서 이 나비 집단의 유전자풀이 달라졌다.

---

① ㄱ   ② ㄴ   ③ ㄷ
④ ㄱ, ㄷ   ⑤ ㄱ, ㄴ, ㄷ

15 다음은 항생제 내성 세균에 대한 모의실험이다.

[실험 과정]
(가) 항생제 역할을 하는 벨크로테이프와 세균 모형 A, B를 준비한다. A와 B 중 하나는 벨크로테이프에 붙는 세균 모형이고, 다른 하나는 벨크로 테이프에 붙지 않는 세균 모형이다.

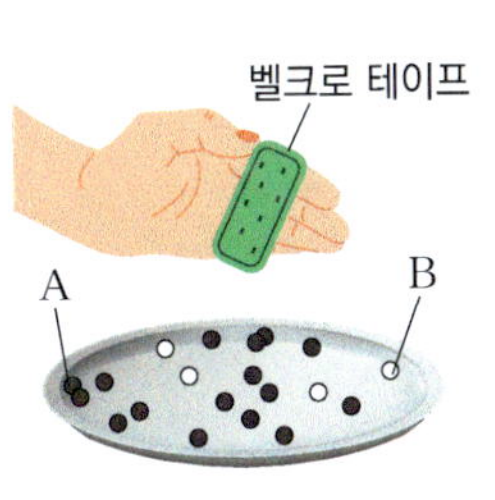

(나) 쟁반에 A를 36개, B를 4개 넣어 1세대를 만든다.
(다) 벨크로테이프로 세균 모형을 찍어 내어 20개를 제거한다.
(라) 쟁반에 남은 것과 같은 종류의 모형을 ⊙ 각각의 수만큼 더해 2세대를 만든다.
(마) 과정 (다)~(라)를 반복하여 3세대와 4세대를 만든다.

[실험 결과]
각 세대에서 세균 모형 A와 B의 개수는 표와 같다.

구분	1세대	2세대	3세대	4세대
A	36	32	24	8
B	4	8	16	32

이에 대한 설명으로 옳은 것만을 〈보기〉에서 있는 대로 고른 것은?

┌─ 보기 ─
ㄱ. A는 항생제 내성 세균 모형이다.
ㄴ. ⊙은 과정 (다)에서 생존한 세균의 증식을 의미한다.
ㄷ. 세대가 거듭될수록 항생제 내성 세균 모형의 비율이 감소한다.
└

① ㄴ
② ㄷ
③ ㄱ, ㄴ
④ ㄱ, ㄷ
⑤ ㄱ, ㄴ, ㄷ

16 다음 중 생물의 진화 및 다윈의 진화론에 대한 설명으로 옳은 것만을 〈보기〉에서 있는 대로 모두 고를 때, 그 개수는?

┌─ 보기 ─
(가) 오랜 기간 동안 여러 세대를 거쳐 이루어진 생물의 변화 과정을 진화라고 한다.
(나) 유전정보의 변화로 유전형질이 달라지는 현상을 변이라고 하며, 이러한 변이는 진화를 일으키는 요인으로 작용한다.
(다) 진화는 우수한 형질을 가진 생물이 선택되는 과정으로 설명할 수 있다.
(라) 특정 생물과 다른 생물 사이의 상호작용이 진화에 영향을 미칠 수 있다.
(마) 진화는 특정한 목적성을 가진다.
└

① 1개
② 2개
③ 3개
④ 4개
⑤ 5개

17 다음은 어느 과학자가 주장한 진화설을 기반으로 기린의 진화 과정을 설명한 것이다. 옳은 것을 고르시오.

다양한 길이의 목을 가진 많은 기린들이 태어났다.
(가)

목이 길어 높은 곳의 잎을 먹을 수 있는 기린만 살아남아 자손을 남겼다.
(나)

목이 긴 기린이 자손을 남기는 과정이 반복되어 기린의 목이 길어졌다.
(다)

① 라마르크가 주장한 진화설이다.
② (가)에서 기린은 주어진 환경에서 모두 살아남을 수 있는 만큼의 자손을 낳았다.
③ (나)의 기린은 높은 곳의 나뭇잎을 먹기 위해 목을 빼면서 점점 목이 길어졌다.
④ (다) 이후의 기린은 (가) 이전의 기린보다 목이 긴 기린의 비율이 매우 높아졌다.
⑤ 이 진화설은 자연 과학 분야에서는 큰 영향을 끼쳤지만 사회적으로는 크게 주목받지 못했다.

18 그림은 어떤 세균 집단의 진화 과정을 나타낸 것이다. 세균 ⊙과 ⓒ은 각각 항생제 A에 내성이 없는 세균과 항생제 A에 내성이 있는 세균 중 하나이다.

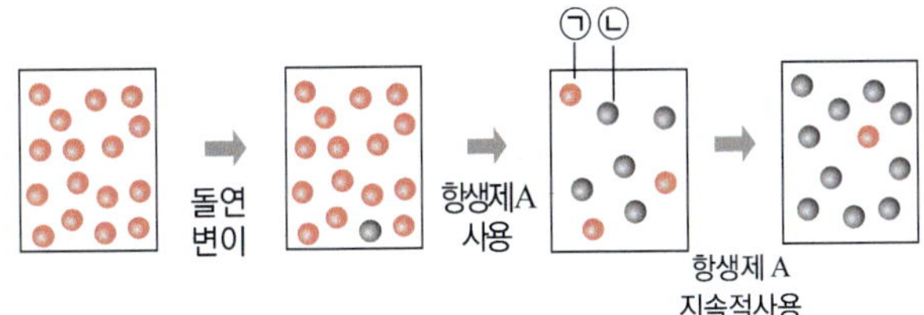

이에 대한 설명으로 옳은 것만을 〈보기〉에서 있는 대로 고른 것은? (단, 외부와의 개체 출입은 없으며 다른 조건은 고려하지 않는다.)

┌─ 보기 ─
ㄱ. 세균 ⊙은 항생제 A에 내성이 없는 세균이다.
ㄴ. 집단 내에서 세균 ⓒ은 항생제가 있는 환경에 비해 항생제가 없는 환경에서 낮은 비율로 존재한다.
ㄷ. 위 집단의 진화 과정은 환경의 급격한 변화가 일어나 짧은 시간에 자연선택이 일어난 사례이다.
└

① ㄱ
② ㄴ
③ ㄱ, ㄴ
④ ㄴ, ㄷ
⑤ ㄱ, ㄴ, ㄷ

19 그림은 생물다양성을 이루는 세 가지 요소를 나타낸 것이며, 종다양성은 (가)와 (나) 중 하나이다.

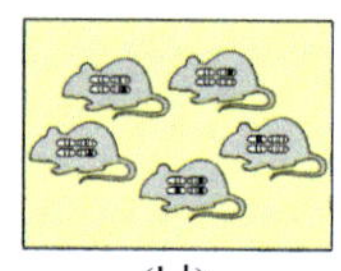

(가)　　　　(나)　　　　(다)

이에 대한 설명으로 옳은 것만을 〈보기〉에서 있는 대로 고른 것은?

> **• 보기 •**
> ㄱ. 사람마다 눈동자 색이 다른 것은 (가)의 예시이다.
> ㄴ. 돌연변이는 (나)를 변화시키는 요인 중 하나이다.
> ㄷ. (다)는 환경 요인과 생물들이 영향을 주고받으며 살아가는 다양한 서식지가 존재하는 것을 의미한다.

① ㄱ　　　　② ㄷ　　　　③ ㄱ, ㄴ
④ ㄴ, ㄷ　　　　⑤ ㄱ, ㄴ, ㄷ

---

20 표는 생물다양성의 3가지 요소 (가)~(다)를 나타낸 것이고, 자료는 바나나에 대한 설명이다.

요소	내용
(가)	초원, ⓐ삼림, 강, 습지 등의 다양함을 의미한다.
(나)	동일한 종에서 개체 간의 형질이 다르게 나타남을 의미한다.
(다)	일정한 지역 내에 존재하는 생물종의 다양한 정도를 의미한다.

야생종 바나나는 그림과 같이 씨가 있어 ㉠씨를 통해 번식하지만, 우리가 먹는 바나나는 씨가 없다. 이는 야생종을 개량하여 개발한 씨 없는 바나나 ㉡뿌리의 일부를 잘라 옮겨 심어 번식시켰기 때문이다.

이에 대한 설명으로 옳은 것만을 〈보기〉에서 있는 대로 고른 것은?

> **• 보기 •**
> ㄱ. ⓐ는 생물적 요소와 비생물적 요소를 모두 포함한다.
> ㄴ. ㉠이 ㉡보다 (나)를 높인다.
> ㄷ. (가)가 높을수록 (다)가 높다.

① ㄱ　　　　② ㄷ　　　　③ ㄱ, ㄴ
④ ㄴ, ㄷ　　　　⑤ ㄱ, ㄴ, ㄷ

[2018 모의고사 기출]

21 다음은 생물다양성에 대한 세 학생의 의견을 나타낸 것이다.

옳은 의견을 제시한 학생만을 있는 대로 고른 것은?

① A　　　　② C　　　　③ A, B
④ B, C　　　　⑤ A, B, C

[2013 모의고사 기출]

22 그림 (가)는 생물다양성의 세 가지 의미를, (나)는 같은 종의 종자의 모양과 색깔이 다른 것을 나타낸것이다.

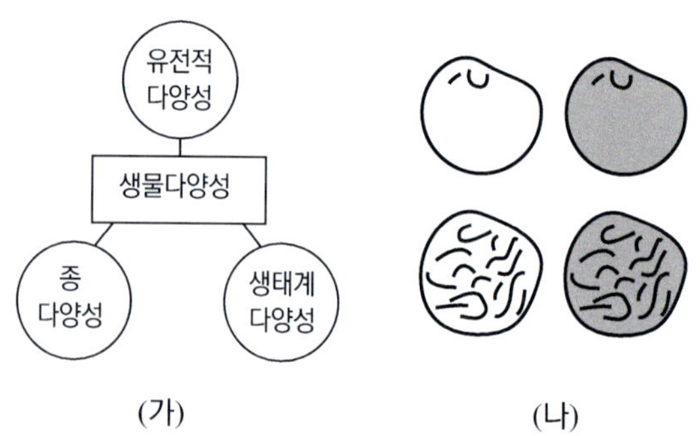

이에 대한 설명으로 옳은 것만을 〈보기〉에서 있는 대로 고른 것은?

> **• 보기 •**
> ㄱ. (나)는 유전적 다양성에 해당한다.
> ㄴ. 한 생태계 내에서 생물 종의 다양한 정도는 생태계다양성이다.
> ㄷ. 종자은행은 생물다양성을 보존하는 역할을 한다.

① ㄱ　　　　② ㄴ　　　　③ ㄱ, ㄷ
④ ㄴ, ㄷ　　　　⑤ ㄱ, ㄴ, ㄷ

---

23 그림 (가)와 (나)는 종다양성과 유전적 다양성을 순서 없이 나타낸 것이다.

 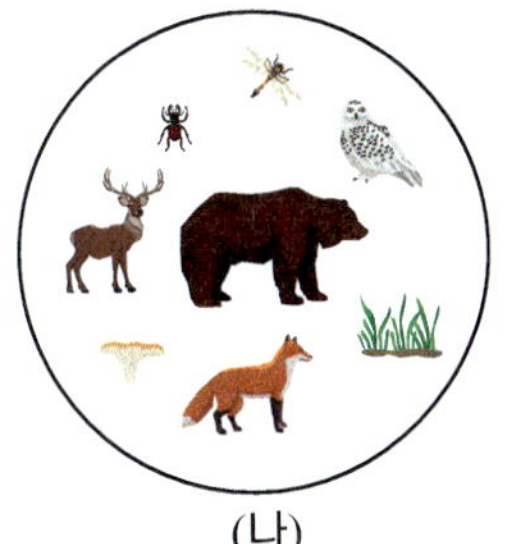

(가)　　　　　　　(나)

이에 대한 설명으로 옳은 것만을 〈보기〉에서 있는 대로 고른 것은?

┌─ 보기 ─
ㄱ. (가)가 높을수록 환경이 급격히 변했을 때 멸종이 일어날 가능성이 높다.
ㄴ. (나)는 종다양성이다.
ㄷ. 같은 종의 무당벌레에서 날개의 무늬가 다양한 것은 (나)의 예이다.
└─

① ㄱ　　　　　② ㄴ　　　　　③ ㄱ, ㄷ
④ ㄴ, ㄷ　　　　⑤ ㄱ, ㄴ, ㄷ

24 바위 위에서 자라는 이끼를 그림과 같이 나눈 다음 6개월 후에 이끼 밑에서 서식하는 소형 동물의 종 수 변화를 조사한 결과이다.

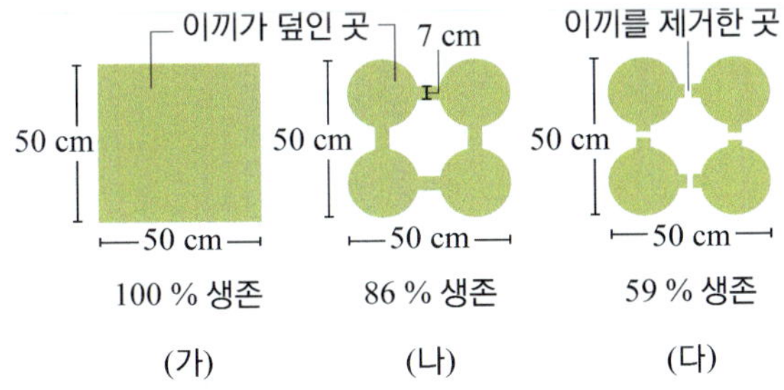

이에 대한 설명으로 옳은 것만을 〈보기〉에서 있는 대로 고른 것은?

┌─ 보기 ─
ㄱ. (다)는 서식지가 단편화된 결과이다.
ㄴ. (가)→(다)로 분리하면 가운데 살던 생물보다 가장자리에 살던 생물의 피해가 커진다.
ㄷ. (나)와 (다)를 보았을 때 도로, 철도 등을 건설할 때 생태 통로를 설치하면 종다양성을 보전할 수 있다.
└─

① ㄱ　　　　　② ㄷ　　　　　③ ㄱ, ㄴ
④ ㄱ, ㄷ　　　　⑤ ㄴ, ㄷ

25 (가)와 (나) 두 지역에 서식하는 식물 종과 개체수를 나타낸 것이다.

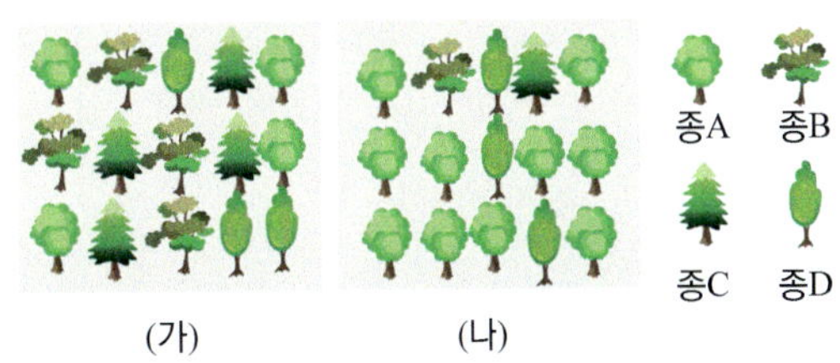

이에 대한 설명으로 옳은 것만을 〈보기〉에서 있는 대로 고른 것은?

┌─ 보기 ─
ㄱ. (가)와 (나) 지역에 서식하는 식물종 수는 같다.
ㄴ. (나) 지역이 (가) 지역보다 종다양성이 더 높다.
ㄷ. 종 A의 유전적 다양성은 (가)보다 (나)에서 더 높게 나타난다.
└─

① ㄱ　　　　　② ㄴ　　　　　③ ㄱ, ㄴ
④ ㄱ, ㄷ　　　　⑤ ㄴ, ㄷ

26 그림 (가)는 생물다양성의 세 가지 의미를, (나)는 반점 무늬를 갖는 무당벌레 집단 A와 B를 나타낸 것이다.

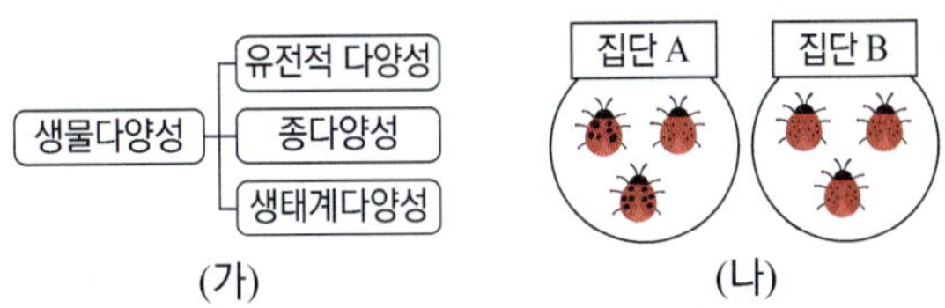

이에 대한 설명으로 옳은 것만을 〈보기〉에서 있는 대로 고른 것은? (단, 집단 A와 B의 무당벌레는 모두 같은 종이다.)

┌─ 보기 ─
ㄱ. 유전적 다양성은 집단 A에서보다 집단 B에서가 크다.
ㄴ. 종다양성이 증가하면 생태계의 안정성은 증가한다.
ㄷ. 생물다양성을 유지하기 위해 자연 환경을 보존해야 한다.
└─

① ㄱ　　　　　② ㄷ　　　　　③ ㄱ, ㄴ
④ ㄴ, ㄷ　　　　⑤ ㄱ, ㄴ, ㄷ

27 환경 오염이 생물다양성에 미치는 영향으로 옳은 것만을 〈보기〉에서 있는 대로 고른 것은?

┌─ 보기 ─
ㄱ. 가축 배설물 등은 강이나 바다의 부영양화를 일으켜 생물다양성을 감소시킨다.
ㄴ. 산성비로 인해 토양, 호수 등이 산성화되어 생물다양성을 감소시킨다.
ㄷ. 중금속이나 화학 물질이 생물체 내에 쌓이는 생물농축이 일어나면 생물다양성이 감소한다.
└─

① ㄱ　　　　　② ㄷ　　　　　③ ㄱ, ㄴ
④ ㄱ, ㄷ　　　　⑤ ㄱ, ㄴ, ㄷ

I 변화와 다양성

01 산화와 환원

A 산화·환원 반응

1. 산소[1]의 이동과 산화 환원 반응: 물질이 산소와 결합하면 산화되고, 산소를 잃으면 환원된다.

산화	물질이 산소를 얻는 반응
환원	물질이 산소를 잃는 반응

(예)
$$2CuO + C \xrightarrow{\text{산화 / 환원}} 2Cu + CO_2$$
산화 구리(II) 탄소   구리   이산화 탄소

(예) **구리의 산화 환원 반응**: 붉은색의 구리를 알코올램프의 겉불꽃[2]에 넣으면 산화 구리(II)가 되면서 검은색으로 변하고, 검은색 산화 구리(II)를 속불꽃[2]에 넣으면 다시 붉은색으로 변한다.

겉불꽃 속 반응	속불꽃 속 반응
검은색	붉은색
구리판을 알코올램프의 겉불꽃에 넣고 가열하면 붉은색 구리판이 검은색으로 변한다.	검은색으로 변한 부분을 알코올램프의 속불꽃에 넣고 가열하면 검은색 구리판이 다시 붉은색으로 변한다.
⇒ 구리(붉은색)를 가열하면 공기 중의 산소와 반응하여(산화되어) 산화 구리(II)(검은색)가 되기 때문이다.	⇒ 산화 구리(II)(검은색)가 C, CO에 의해 산소를 잃고(환원) 다시 구리(붉은색)가 되기 때문이다.

산소 얻음(산화)
$$2Cu(\text{붉은색}) + O_2 \longrightarrow 2CuO(\text{검은색})$$
구리   산소   산화 구리(II)

산소 잃음(환원)
$$2CuO(\text{검은색}) + C \longrightarrow 2Cu(\text{붉은색}) + CO_2$$
산화 구리(II)   탄소   구리   이산화 탄소

잠깐 탐구 산화 구리(II)와 탄소의 산화 환원 반응

그림과 같이 시험관에 검은색 산화 구리(II)와 탄소 가루를 넣고 충분히 가열하면서 관찰하였더니 석회수가 뿌옇게 흐려지면서 시험관 속에 붉은색 가루가 생성되었다.

· 석회수가 뿌옇게 흐려지는 이유: 산화 구리(II)와 탄소가 반응하여 생성된 이산화 탄소가 석회수와 반응하기 때문이다.[3]
· 시험관 속에 붉은색 가루가 생성되는 이유: 구리가 생성되었기 때문이다.

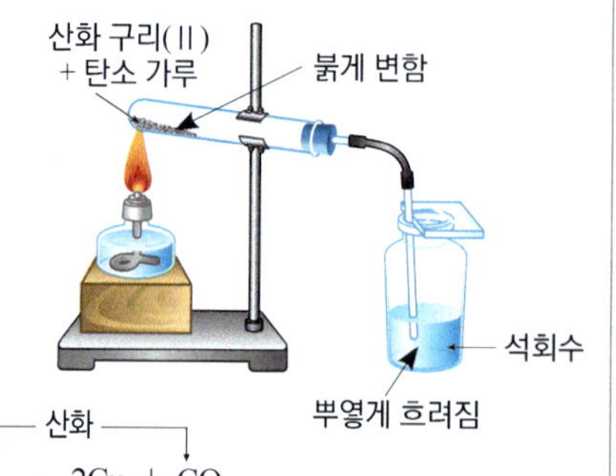

$$2CuO + C \xrightarrow{\text{산화 / 환원}} 2Cu + CO_2$$
산화 구리(II) 탄소   구리 이산화 탄소

---

2. 전자의 이동과 산화 환원 반응[4]: 물질이 전자를 잃으면 산화되고, 전자를 얻으면 환원된다.

산화	전자를 잃는 반응 $Mg \longrightarrow Mg^{2+} + 2e^-$
환원	전자를 얻는 반응 $Cu^{2+} + 2e^- \longrightarrow Cu$

(예)
$$Mg + Cu^{2+} \xrightarrow{\text{산화 / 환원}} Mg^{2+} + Cu$$
마그네슘 구리 이온   마그네슘 이온   구리

개념+

❶ 산소의 반응성

산소는 반응성이 커서 다른 물질과 쉽게 반응하므로 지구계에서 일어나는 많은 산화 환원 반응에 관여하였다.

❷ 겉불꽃과 속불꽃

알코올램프의 겉불꽃은 산소가 많이 공급되어 온도가 높다. 속불꽃은 겉불꽃보다 산소가 충분히 공급되지 않아 에탄올의 불완전 연소가 일어나므로 탄소(C)또는 일산화 탄소(CO)가 존재하여 속불꽃 속 물질을 환원시키는 역할을 한다.

❸ 석회수를 이용한 이산화 탄소 기체 검출

석회수($Ca(OH)_2$)와 이산화 탄소(CO_2)가 반응하면 흰색 앙금인 탄산 칼슘($CaCO_3$)이 생성되어 석회수가 뿌옇게 흐려진다. 이를 통해 이산화 탄소 기체의 발생 여부를 확인할 수 있다.
$$Ca(OH)_2 + CO_2 \rightarrow CaCO_3 + H_2O$$

예 **질산 은 수용액과 구리의 반응**: 질산 은 수용액에 금속 구리를 넣으면 구리는 구리 이온이 되어 수용액이 푸른색으로 변하고, 은 이온은 석출[*] 되어 금속 은이 된다.

> **[질산 은 수용액과 구리의 반응]**
>
> · 구리가 전자를 잃고 구리 이온으로 용액에 녹아 들어가므로 용액이 푸른색으로 변한다.
>
> $\Rightarrow$ $Cu \longrightarrow Cu^{2+} + 2e^-$ … (구리의 산화)
>
> · 은 이온이 전자를 얻어 구리선 표면에 금속 은으로 석출된다.
>
> $\Rightarrow$ $Ag^+ + e^- \longrightarrow Ag$ … (은의 환원)
>
> · 수용액 속의 전체 이온 수 변화: 구리 이온의 수는 증가하고 은 이온의 수는 감소하며 질산 이온(NO_3^-)의 수는 일정하다. 구리 이온 1개가 생성될 때마다 은 이온 2개가 감소하므로 전체 이온 수는 감소한다.

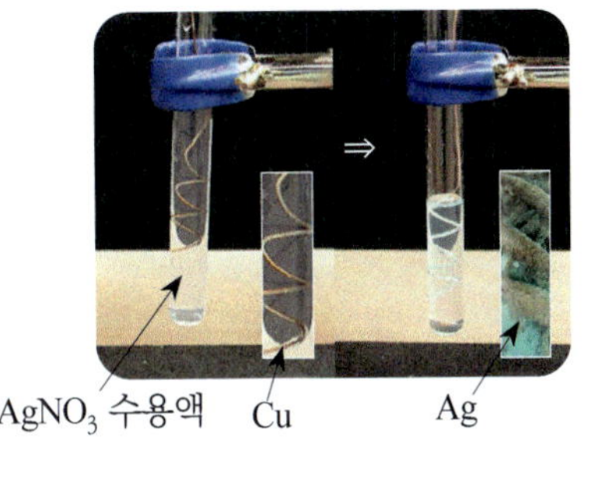

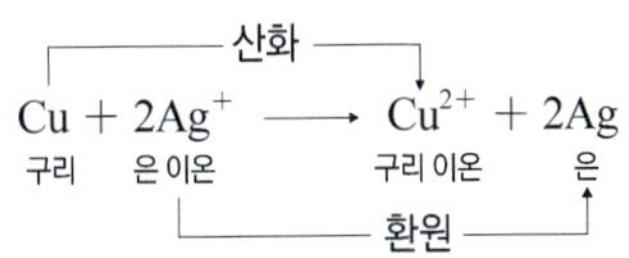

예 **묽은 염산과 아연의 반응**: 묽은 염산에 금속 아연(Zn)을 넣으면 아연은 아연 이온(Zn^{2+})이 되어 수용액 속에 존재하고, 수소 이온(H^+)은 수소 기체(H_2)로 발생된다.

> **[묽은 염산과 아연의 반응]**
>
> · 묽은 염산에 아연판을 넣으면 아연은 전자를 잃어 아연 이온이 되고, 수소 이온은 전자를 얻어 수소로 환원된다.
>
> 산화
> $Zn + 2H^+ \longrightarrow Zn^{2+} + H_2 \uparrow$
> 환원

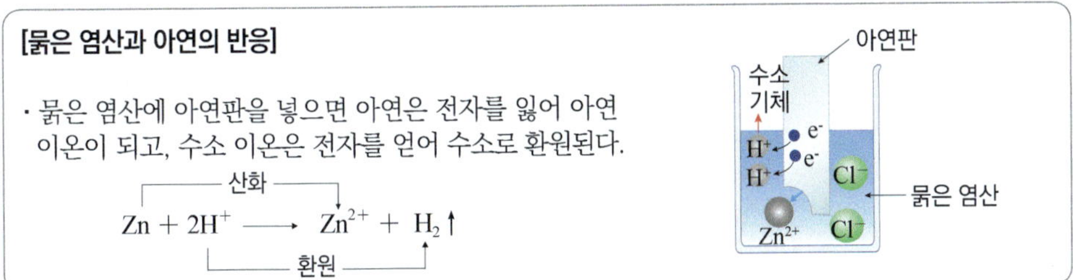

3. 산화 환원 반응의 동시성: 어떤 물질이 산소를 얻거나 전자를 잃고 산화되면 다른 물질은 산소를 잃거나 전자를 얻어 환원된다. 즉, 산화와 환원은 항상 동시에 일어난다.

B 우리 주변의 산화 환원 반응

1. 광합성과 세포호흡

① 광합성과 세포호흡

광합성	세포호흡
식물의 엽록체에서 일어나며 빛에너지를 이용해서 이산화 탄소와 물로 포도당과 산소를 만든다.	마이토콘드리아에서 일어나며, 포도당과 산소가 반응하여 이산화 탄소와 물이 생성되고 에너지가 발생한다.

광합성:
산화 / 빛에너지
$6CO_2 + 6H_2O \longrightarrow C_6H_{12}O_6 + 6O_2$
이산화 탄소 물 포도당 산소
환원

세포호흡:
산화
$C_6H_{12}O_6 + 6O_2 \longrightarrow 6CO_2 + 6H_2O + 에너지$
포도당 산소 이산화 탄소 물
환원

② 광합성이 자연과 인류의 역사에 가져온 변화: 원시 바다에서 남세균이 최초로 광합성을 하면서 대기 중 산소의 농도가 증가하였고, 산소 호흡으로 에너지를 얻는 생물이 출현하였다. 대기에 오존층이 생겨서 자외선을 차단하여 육상 생물이 출현하였다.

2. 화석 연료의 연소

① 화석 연료의 연소[*][❶]: 화석 연료❶가 공기 중의 산소와 반응하여 이산화 탄소와 물이 생성되고 많은 열이 방출되는 반응이다.

---

❹ 전자 이동과 산화 환원

어떤 물질이 산소와 결합하는 것은 산소에게 전자를 빼앗겨 물질이 전자를 잃는 것과 같으므로 산화 반응이다. 즉, 산소의 이동에 의한 산화 환원 반응을 전자의 이동으로 설명할 수 있다.

예 마그네슘의 연소

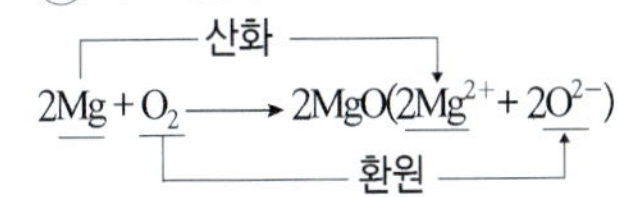

산화
$2Mg + O_2 \longrightarrow 2MgO(2Mg^{2+} + 2O^{2-})$
환원

$\Rightarrow$ 마그네슘은 전자를 잃어 산화되고, 산소는 전자를 얻어 환원된다.

$\Rightarrow$ 마그네슘은 산소와 결합하여(연소되어) 이온 결합 화합물인 산화 마그네슘이 된다.

● **마그네슘과 드라이아이스의 반응**

2족 금속인 마그네슘(Mg)은 산소, 물, 이산화 탄소와 잘 반응한다. 마그네슘 가루를 드라이아이스(고체 이산화 탄소) 통에 넣고 불을 붙인 후 뚜껑을 덮어두면 검은 탄소 가루가 생성된다.

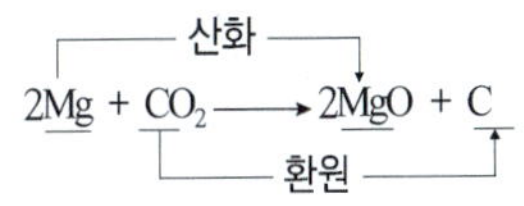

산화
$2Mg + CO_2 \longrightarrow 2MgO + C$
환원

❶ 화석 연료

주로 탄소(C)와 수소(H)로 이루어져 있으며, 지질 시대 생물이 땅속에 묻혀 화석화되어 생성되었다.

예 석탄, 석유, 천연가스 등

⭐ **석출** [析 쪼개다, 出 나오다] 결정형 고체가 녹은 용액에서 결정이 만들어지는 것

⭐ **연소**[燃 타다, 燒 타다] 어떤 물질이 빛과 열을 내면서 산소와 빠르게 결합하는 반응

㉠ **메테인의 연소**: 도시가스의 주성분인 메테인이 공기 중에서 연소할 때에는 산소와 반응하여 이산화 탄소와 물이 생성된다.

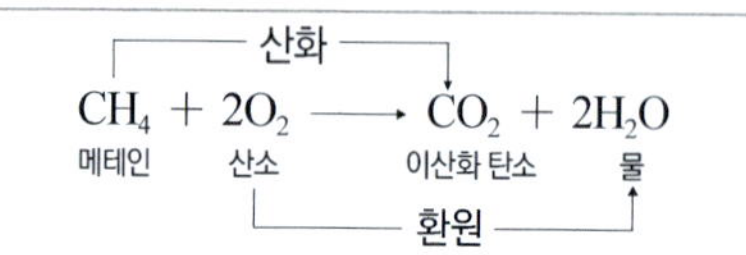

② **화석 연료가 자연과 인류의 역사에 가져온 변화**: 화석 연료인 석탄을 에너지원으로 하는 증기기관의 발명은 산업 혁명이 일어나는데 큰 영향을 주었다.

3. 철의 제련

① **철의 제련**★: 산화 철(Ⅲ)에서 산소를 제거하여 순수한 철을 얻는 과정이다.

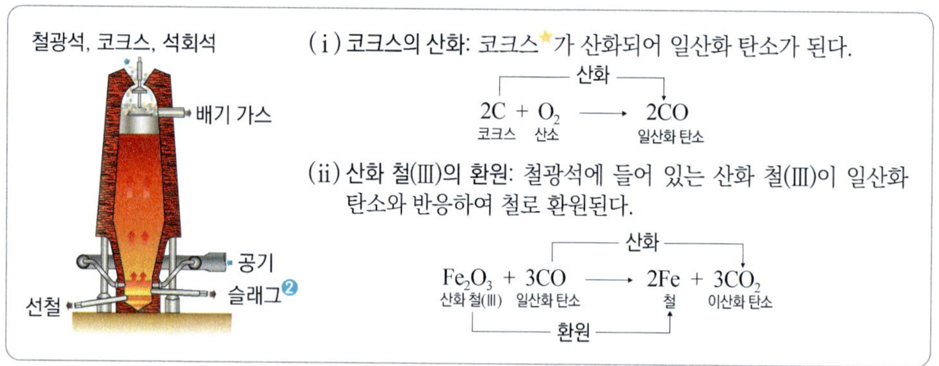

② **철의 제련이 자연과 인류의 역사에 가져온 변화**: 인류는 철광석으로부터 철을 얻어서 도구을 만들어 사용하면서 철을 이용하는 철기시대를 열었고, 인류 문명이 발달하였다.

4. 수소연료전지

① **수소연료전지**: 수소(H_2)와 산소(O_2)가 반응하여 물이 만들어지는 과정에서 화학 에너지를 전기 에너지로 전환한다. 에너지 효율이 높다.

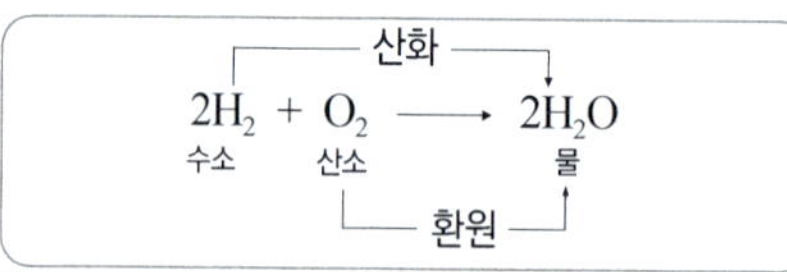

② **수소연료전지의 이용**: 수소연료전지 자동차, 우주선

5. 그 외의 산화 환원 반응

· **철의 부식**❸: 철이 산소와 화합하여 산화된다.
· **사과의 갈변**: 사과를 깎아 공기 중에 두면 산화되어 갈색으로 변한다.
· **음식물의 부패**: 오래된 음식물이 산화되어 썩는다.
· **반딧불이의 불빛**: 반딧불이 몸속에서 루시페린이라는 물질이 산화될 때 불빛이 난다.
· **섬유 표백**: 섬유의 얼룩을 표백제로 세탁하면 산화 환원 반응이 일어나 하얗게 된다.
· **머리카락 염색**: 염색약에 들어 있는 과산화 수소가 머리카락의 멜라닌 색소를 산화시켜 없어지게 하고, 염료는 색을 물들인다.

개념+

❷ 슬래그

철광석에서 철을 분리하고 남은 찌꺼기로 도로포장재, 건축재 등으로 유용하게 사용된다.
석회석($CaCO_3$)이 용광로에서 열분해되어 산화 칼슘(CaO)이 생성된다.

$CaO + SiO_2$(철광석 불순물)
$\longrightarrow CaSiO_3$(슬래그)

❸ 철의 부식(산화)

철을 공기 중에 노출시킬 경우 철이 산화되어 철 표면에 붉은 녹이 슨다. 붉은 녹의 주성분은 산화 철(Ⅲ)(Fe_2O_3)이다.

산화
$4Fe + 3O_2 \longrightarrow 2Fe_2O_3$
환원

● 철의 부식(산화) 방지

페인트를 칠하거나 기름을 칠하는 방법 등으로 철이 공기 중의 산소나 수분과 접촉하는 것을 막으면 철 표면이 녹스는 것을 방지할 수 있다.

미니사전

★ **제련** [製 짓다, 鍊 단련하다] 열이나 화학적, 전기적 방법으로 광석으로부터 금속을 추출하는 방법
★ **코크스** (cokes) 석탄을 높은 온도에서 오랫동안 구운 것으로 주성분은 탄소(C)이다.

POINT

01 산화 환원 반응에 대한 설명으로 옳은 것은 ○표, 옳지 <u>않은</u> 것은 ×표 하시오.

(1) 전자를 얻는 반응은 산화이고, 전자를 잃는 반응은 환원이다. ············· (　　　)
(2) 광합성은 포도당이 산소와 반응하여 물과 이산화 탄소로 분해되는 반응이다.(　　　)
(3) 철의 제련 과정에서 산화 철(Ⅲ)을 환원시켜 순수한 철을 얻는다. ··········· (　　　)
(4) 산화와 환원은 항상 동시에 일어난다. ······································· (　　　)

02 화학 반응식의 (　　　) 안에 산화 또는 환원을 써서 답하시오.

(1)
$$Fe_2O_3 \ + \ 3CO \ \longrightarrow \ 2Fe \ + \ 3CO_2$$
산화 철(Ⅲ)　일산화 탄소　　　철　　이산화 탄소
(㉠) / (㉡)

(2)
$$Cu^{2+} \ + \ Zn \ \longrightarrow \ Cu \ + \ Zn^{2+}$$
(㉠) / (㉡)

(3)
$$2H^+ \ + \ Zn \ \longrightarrow \ H_2 \ + \ Zn^{2+}$$
(㉠) / (㉡)

(4)
$$2AgNO_3 \ + \ Cu \ \longrightarrow \ 2Ag \ + \ Cu(NO_3)_2$$
(㉠) / (㉡)

(5)
$$6CO_2 \ + \ 6H_2O \ \longrightarrow \ C_6H_{12}O_6 \ + \ 6O_2$$
(㉠) / (㉡)

03 자연과 인류의 역사를 바꾼 광합성, 화석 연료의 연소, 철의 제련 등의 화학 반응에 공통으로 관여하는 <u>원소</u>를 쓰시오.

04 철광석으로부터 순수한 철을 얻는 제련 과정에 대한 설명이다. (　　　) 안에 들어갈 알맞은 말을 쓰시오.

> 철의 제련 과정에서 철광석의 주성분인 산화 철(Ⅲ)이 일산화 탄소와 반응하면 산화 철(Ⅲ)은
> (　　　)되어 철이 되고, 일산화 탄소는 (　　　)되어 이산화 탄소가 된다.

05 우리 주변에서 일어나는 반응에 대한 설명으로 옳은 것은 ○ 표, 틀린 것은 × 표 하시오.

(1) 철로 된 파이프는 공기 중의 산소와 반응하여 붉게 녹슨다. ··············· (　　　)
(2) 반딧불이가 빛을 내는 반응은 연소 반응이다. ··························· (　　　)
(3) 사과를 깎아 공기 중에 두면 산화·환원 반응이 일어나 갈색으로 변한다. (　　　)
(4) 도시가스의 주성분인 메테인이 연소할 때 산소와 물을 생성한다. ·········· (　　　)
(5) 불꽃놀이는 철이 산화할 때 나타나는 불꽃색을 이용한 것이다. ············· (　　　)
(6) 수소연료전지에서는 수소가 산화되면서 전기 에너지가 발생한다. ········ (　　　)

황산 구리(Ⅱ) 수용액과 아연의 반응

◯ 목표

황산 구리(Ⅱ) 수용액과 아연이 반응할 때 전자의 이동에 따른 산화 환원 반응을 알아본다.

준비물 비커, 황산 구리(Ⅱ) 수용액, 금속 아연

◯ 실험 과정 및 결과

· 푸른색 황산 구리(Ⅱ)($CuSO_4$) 수용액에 금속 아연(Zn)판을 넣었더니 시간이 지난 후 황산 구리(Ⅱ) 수용액의 푸른색이 점점 옅어지고, 아연판에 붉은색 구리가 석출되었다.

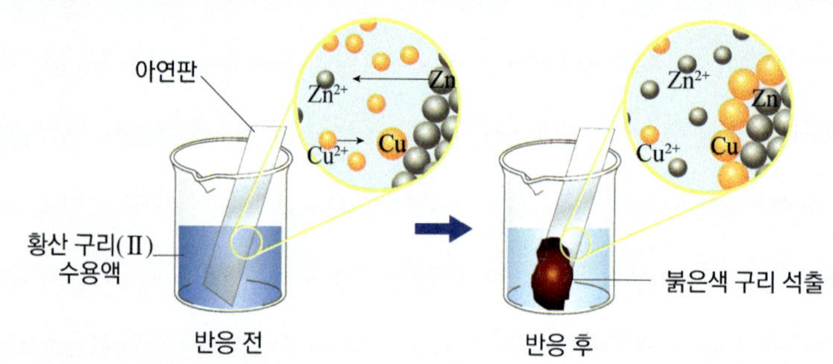

◯ 정리 및 해석

구분	반응 전	반응 후
수용액의 색	구리 이온(Cu^{2+})에 의해 푸른색을 띤다.	구리 이온(Cu^{2+})의 수가 감소하여 푸른색이 옅어진다.
금속 표면 상태	아연(Zn) 고유의 은백색 광택을 띤다.	아연(Zn)판에 붉은색 구리가 석출되어 달라붙는다.

· 구리 이온(Cu^{2+})이 전자를 2개 얻어 구리(Cu)가 되므로 구리 이온(Cu^{2+})은 환원된다.
· 아연(Zn)이 전자를 2개 잃어 아연 이온(Zn^{2+})이 되므로 아연(Zn)은 산화된다.
· 산화 환원 반응은 항상 동시에 일어나고, 산화된 물질의 잃은 전자 수와 환원된 물질의 얻은 전자 수가 같다. 따라서 1개의 Cu와 Zn^{2+}이 생성될 때 이동한 전자 수는 2개이고, 반응식은 다음과 같다.

$$Cu^{2+} + Zn \longrightarrow Cu + Zn^{2+}$$

● 전자를 잃기 쉬운 금속일수록 반응성이 커서 이온으로 되기 쉬우며, 산화가 잘 된다. 전자를 잃기 쉬운 금속부터 전자를 잃기 어려운 금속 순서는 다음과 같다. H_2(수소)는 비교를 위해 넣었다.

(K, Ca, Na) > Mg > (Al, Zn, Fe) > (H, Cu) > Ag

예를 들어, 아연을 구리 이온과 반응시키면 아연(Zn)은 구리보다 전자를 잃기 쉬워 아연 이온(Zn^{2+})으로 되고(녹고), 구리 이온(Cu^{2+})은 전자를 얻어 구리(Cu)로 석출된다. 반면에 구리를 아연 이온과 반응시키면 아무런 반응이 일어나지 않는다.

$Zn + Cu^{2+} \rightarrow Zn^{2+} + Cu$

$Cu + Zn^{2+} \rightarrow$ 변화 없음

마찬가지로 구리(Cu)를 은 이온(Ag^+)과 반응시키면 구리는 은보다 전자를 잃기 쉬워 구리 이온(Cu^{2+})으로 되고(녹고), 은 이온(Ag^+)은 전자를 얻어 은(Ag)으로 석출된다. 반면에 은(Ag)을 구리 이온(Cu^{2+})과 반응시키면 아무런 반응이 일어나지 않는다.

$Cu + 2Ag^+ \rightarrow Cu^{2+} + 2Ag$

$2Ag + Cu^{2+} \rightarrow$ 변화 없음

질산 은($AgNO_3$) 수용액에 금속 구리(Cu)판을 넣고 두었더니 용액이 푸른색을 띠고, 구리판 표면에 은백색 금속이 석출되었다. 이에 대한 설명으로 옳은 것은?

정답 및 해설 ➡ 24

① 수용액 속 은 이온(Ag^+)의 수는 증가한다.
② 수용액 속 구리 이온(Cu^{2+})의 수는 감소한다.
③ 은 이온(Ag^+)은 산화된다.
④ 구리 원자 1개와 반응한 은 이온의 수는 1개이다.
⑤ 이 반응의 반응식은 $2Ag^+ + Cu \longrightarrow 2Ag + Cu^{2+}$ 이다.

1 산화 환원 반응

01 다음은 구리를 이용한 실험이다.

[실험]
(가) 붉은색 구리판을 알코올램프의 겉불꽃에 넣고 가열하였더니 검은색으로 변하였다.
(나) (가)에서 검은색으로 변한 부분을 속불꽃에 넣고 가열하였더니 다시 붉은색으로 변하였다.

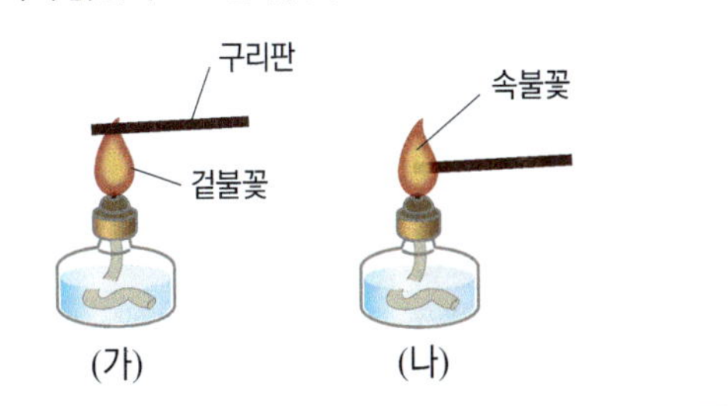

이에 대한 설명으로 옳은 것만을 〈보기〉에서 있는 대로 고른 것은?

보기
ㄱ. (가)에서 구리는 산화되었다.
ㄴ. (나)에서 산화 구리는 환원되었다.
ㄷ. (나)에서 알코올램프의 속불꽃에는 탄소(C)가 존재한다

① ㄱ ② ㄴ ③ ㄱ, ㄷ
④ ㄴ, ㄷ ⑤ ㄱ, ㄴ, ㄷ

02 다음과 같이 드라이아이스에 마그네슘 가루를 넣고 연소시키는 실험과 이때 일어나는 반응을 화학 반응식으로 나타내었다.

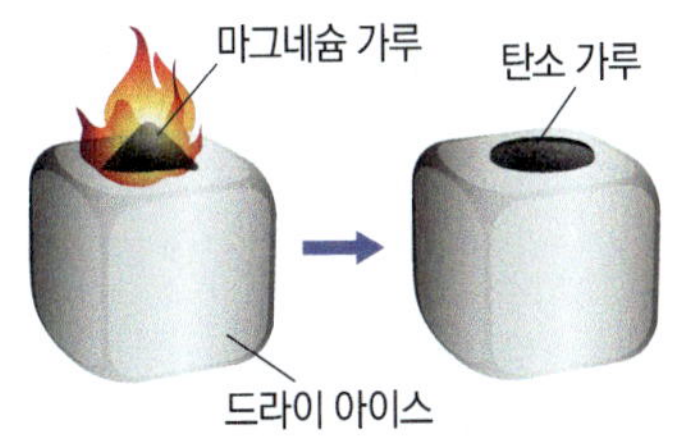

$$2Mg + CO_2 \longrightarrow 2MgO + C$$

이에 대한 설명으로 옳은 것은?

① 산화되는 물질은 이산화 탄소이다.
② 물질 사이에 산소가 이동한다.
③ 환원되는 물질은 마그네슘이다.
④ 산화만 일어나고 환원은 일어나지 않는다.
⑤ 마그네슘은 전자를 얻는다.

03 질산 은($AgNO_3$) 수용액에 구리(Cu) 선을 넣어 주었더니 일정 시간이 지난 후 수용액은 푸른색을 띠고, 구리 선 표면에 금속이 석출되었다.

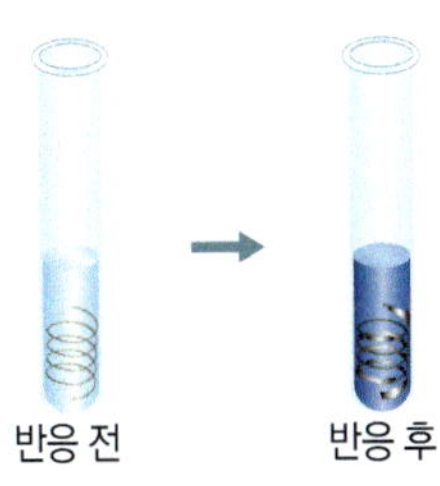

이에 대한 설명으로 옳은 것만을 〈보기〉에서 있는 대로 고른 것은?

보기
ㄱ. 석출된 금속은 은(Ag)이다.
ㄴ. 반응 후 수용액 속에는 구리 이온(Cu^{2+})이 존재한다.
ㄷ. 전자는 은 이온에서 구리로 이동한다.

① ㄱ ② ㄷ ③ ㄱ, ㄴ
④ ㄴ, ㄷ ⑤ ㄱ, ㄴ, ㄷ

04 황산 구리(Ⅱ) 수용액에 아연판을 넣었더니 아연판 표면에 구리가 석출되었다.

이에 대한 설명으로 옳은 것만을 〈보기〉에서 있는 대로 고른 것은?

보기
ㄱ. 아연은 전자를 잃고 산화된다.
ㄴ. 수용액 속 구리 이온의 수는 반응 후가 반응 전보다 많다.
ㄷ. 산소의 이동이 없으므로 산화 환원 반응이 아니다.

① ㄱ ② ㄴ ③ ㄱ, ㄷ
④ ㄴ, ㄷ ⑤ ㄱ, ㄴ, ㄷ

05 다음은 구리(Cu)와 관련된 3가지 화학 반응식이다.

> (가) $2Cu + O_2 \longrightarrow 2CuO$
> (나) $CuO + H_2 \longrightarrow Cu + H_2O$
> (다) $Cu + 2AgNO_3 \longrightarrow Cu(NO_3)_2 + 2Ag$

위 반응에서 환원되는 물질을 옳게 짝지은 것은?

	(가)	(나)	(다)
①	Cu	H_2	Cu
②	Cu	CuO	$AgNO_3$
③	O_2	CuO	$AgNO_3$
④	O_2	CuO	Cu
⑤	O_2	H_2	Cu

06 표는 3가지 금속판과 금속 이온이 포함된 수용액을 반응 시켰을 때 나타난 실험 결과를 정리한 것이다. ○는 변화 있음, ×는 변화 없음이다.

금속판 \ 금속 수용액	Cu^{2+}	Al^{3+}	Ag^+
Cu	×	×	○
Al	○	×	(나)
Ag	×	(가)	×

이에 대한 설명으로 옳은 것만을 〈보기〉에서 있는 대로 고른 것은?

> **보기**
> ㄱ. (가)와 (나)는 모두 ×이다.
> ㄴ. 금속의 반응성은 Al > Cu > Ag 이다.
> ㄷ. Cu^{2+}가 포함된 수용액에 Al 금속판을 넣으면 용액의 이온 수는 증가한다.

① ㄱ ② ㄴ ③ ㄱ, ㄷ
④ ㄴ, ㄷ ⑤ ㄱ, ㄴ, ㄷ

07 그림은 아연판을 묽은 염산에 넣었을 때 일어나는 반응이다.

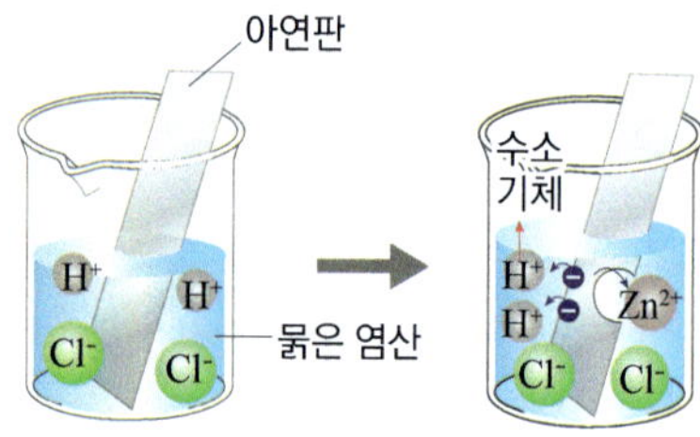

이에 대한 설명으로 옳지 <u>않은</u> 것은?

① 아연은 산화된다.
② 수소 이온은 환원된다.
③ 아연판의 질량은 점점 증가한다.
④ 염화 이온의 수는 변하지 않는다.
⑤ 수용액의 양이온 수는 점점 감소한다.

08 그림은 질산 은 수용액에 철판을 넣었을 때 반응 전의 모습과 반응 후의 모습이다.

이때 반응 전후에 일어나는 화학 반응식은 다음과 같다.

$$2Ag^+ + Fe \longrightarrow 2Ag + Fe^{2+}$$

이에 대한 설명으로 옳은 것만을 〈보기〉에서 있는 대로 고른 것은? (단, 원자량은 은이 철보다 크다.)

> **보기**
> ㄱ. 질산 이온은 환원된다.
> ㄴ. 철판의 질량은 증가한다.
> ㄷ. 수용액의 전체 이온 수는 감소한다

① ㄱ ② ㄴ ③ ㄱ, ㄷ
④ ㄴ, ㄷ ⑤ ㄱ, ㄴ, ㄷ

09 표는 변색 렌즈에서 나타날 수 있는 화학 반응에 대한 자료이다. 변색 렌즈에는 염화 구리(Ⅰ)(CuCl)와 염화 은(AgCl) 결정이 골고루 포함되어 있다.

반응	화학 반응식
(가)	$Ag^+ + Cl^- \rightarrow Ag + Cl$
(나)	$Cu^+ + Cl \rightarrow Cu^{2+} + Cl^-$ $Cu^{2+} + Ag \rightarrow Cu^+ + Ag^+$

이에 대한 설명으로 옳은 것만을 〈보기〉에서 있는 대로 고른 것은? (단, 변색 렌즈는 금속 은(Ag)이 렌즈에 미세하게 분산되면 렌즈가 어두워진다.)

> **보기**
> ㄱ. (가)에서 렌즈는 투명해진다.
> ㄴ. (나)에서 환원된 물질은 Cl와 Cu^{2+}이다.
> ㄷ. (가)에서 전자는 Ag^+에서 Cl^-로 이동하였다.

① ㄱ ② ㄴ ③ ㄷ
④ ㄴ, ㄷ ⑤ ㄱ, ㄴ, ㄷ

10 다음은 금속 A~C의 산화 환원 반응 실험이다.

[실험 과정]
· (가) 비커 I에 A^{2+}이 들어 있는 수용액을, II에 B^{b+}이 들어 있는 수용액을 각각 넣는다.
· (나) (가)의 비커에 각각 금속 C를 넣고 모두 반응시킨다.

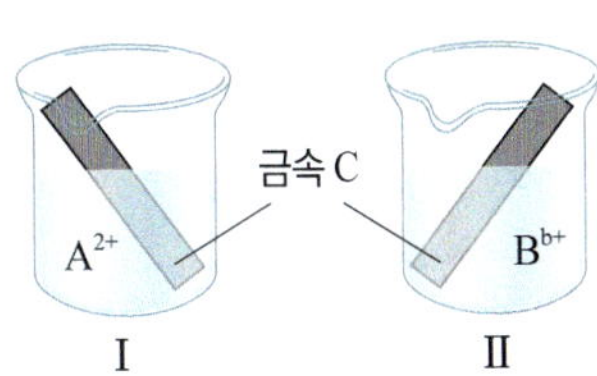

[실험 결과]
· I, II에서 각각 금속 A, B가 석출되었다.
· 과정 (나) 이후 수용액에 대한 자료

비커	존재하는 양이온	양이온 수 변화
I	C^{2+}	㉠
II	C^{2+}	반응 전보다 감소함

이에 대한 설명으로 옳은 것만을 〈보기〉에서 있는 대로 고른 것은? (단, 물, 음이온은 반응에 참여하지 않는다.)

┌─ 보기 ─
ㄱ. (나)의 I 에서 전자는 A^{2+}에서 C로 이동한다.
ㄴ. '변화 없음'은 ㉠으로 적절하다.
ㄷ. $b > 2$ 이다.
└

① ㄱ 　　② ㄴ 　　③ ㄱ, ㄷ
④ ㄴ, ㄷ 　　⑤ ㄱ, ㄴ, ㄷ

11 학생 A가 산화 환원 반응에 대한 통합과학 온라인 수업을 듣고 정리한 노트이다. 다음 중 옳지 <u>않은</u> 내용은?

· 산소와 전자의 이동에 의한 산화의 정의

	산소	전자
산화	① 얻음	② 잃음

※ ③ 산화 환원은 항상 동시에 일어난다.
예시) $2Mg + CO_2 \longrightarrow 2MgO + C$
위 반응에서 ④ 마그네슘은 산소와 분리되었으며,
⑤ 이산화탄소는 환원 되었다.

2 우리 주변의 산화 환원 반응

12 그림은 지구와 생명체에서 발생하는 화학 반응이 인류와 자연에 미친 영향에 대한 학생들의 대화이다.

제시한 내용이 옳은 학생만을 있는 대로 고른 것은?

① A 　　② C 　　③ A, B
④ B, C 　　⑤ A, B, C

13 다음은 생명체에서 일어나는 2가지 반응을 화학 반응식으로 나타내었다.

(가) $6CO_2 + 6H_2O \longrightarrow C_6H_{12}O_6 + 6O_2$
(나) $C_6H_{12}O_6 + 6O_2 \longrightarrow 6CO_2 + 6H_2O$

이에 대한 설명으로 옳은 것만을 〈보기〉에서 있는 대로 고른 것은?

┌─ 보기 ─
ㄱ. (가)에서 이산화 탄소는 환원된다.
ㄴ. (나)에서 포도당은 산화된다.
ㄷ. (나)에서는 에너지가 발생한다.
└

① ㄱ 　　② ㄴ 　　③ ㄱ, ㄷ
④ ㄴ, ㄷ 　　⑤ ㄱ, ㄴ, ㄷ

14 산화 환원 반응이 일어나는 예로 옳지 <u>않은</u> 것은?

① 오래된 음식물이 썩는다.
② 생선에 레몬즙을 뿌려 비린내를 제거한다.
③ 누런 옷을 표백제로 세탁하면 하얗게 된다.
④ 도시가스를 연소시켜 난방을 한다.
⑤ 철 가루가 들어 있는 손난로를 흔들면 따뜻해진다.

15 용광로의 단면도와 철의 제련 과정에서 일어나는 화학 반응의 일부를 화학 반응식으로 나타내었다.

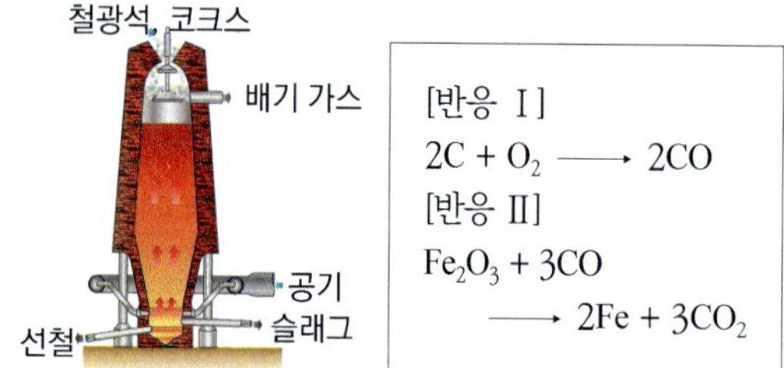

이에 대한 설명으로 옳은 것만을 〈보기〉에서 있는 대로 고른 것은?

보기

ㄱ. 반응 I에서 코크스(C)는 산화되어 일산화 탄소(CO)가 된다.
ㄴ. 반응 II에서 산화 철(III)(Fe_2O_3)은 환원되어 철(Fe)이 된다.
ㄷ. 반응 II에서 일산화 탄소(CO)는 환원되어 이산화 탄소(CO_2)가 된다.

① ㄱ ② ㄴ ③ ㄷ
④ ㄱ, ㄴ ⑤ ㄴ, ㄷ

16 지구와 생명의 역사를 바꾼 물질 (가)에 대한 설명이다.

 (가) 은/는 지질 시대의 생물이 땅속에 묻혀 생성된 것으로, ㉠연소 과정에서 물과 (나) 이/가 생성되며 이때 많은 열이 방출된다. 산업 혁명 이후 현재까지 난방과 운송 수단의 연료로 사용되고 있다.

이에 대한 설명으로 옳은 것만을 〈보기〉에서 있는 대로 고른 것은?

보기

ㄱ. (가)에는 석탄, 석유 등이 있다.
ㄴ. ㉠에서 (가)는 환원된다.
ㄷ. (나)는 산소이다.

① ㄱ ② ㄴ ③ ㄱ, ㄷ
④ ㄴ, ㄷ ⑤ ㄱ, ㄴ, ㄷ

17 다음은 메테인(CH_4)이 연소되는 반응의 화학 반응식이다.

$$CH_4 + 2O_2 \longrightarrow \boxed{\text{(가)}} + 2H_2O$$

이에 대한 설명으로 옳지 <u>않은</u> 것은?

① 메테인은 산화된다.
② 빛과 열이 발생한다.
③ 메테인은 산소와 느리게 결합한다.
④ (가)는 이산화 탄소(CO_2)이다.
⑤ 메테인은 도시가스의 주성분이다.

18 그림은 식물에서 일어나는 화학 반응 (가)와 (나)를 나타낸 것이다. (가)와 (나)는 각각 광합성과 세포 호흡 중 하나이다.

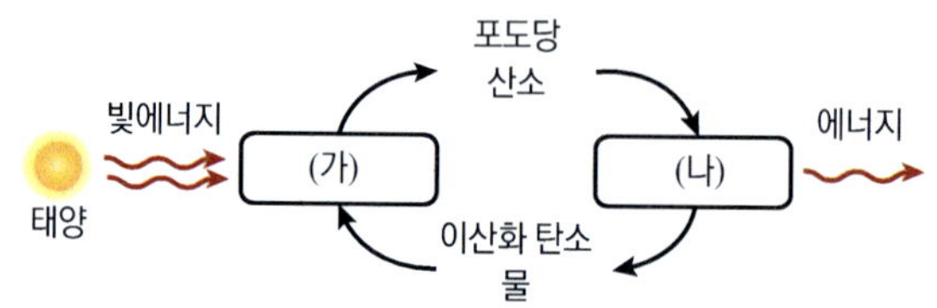

이에 대한 설명으로 옳은 것만을 〈보기〉에서 있는 대로 고른 것은?

보기

ㄱ. (가)는 마이토콘드리아에서 일어난다.
ㄴ. (나)는 세포호흡이다.
ㄷ. (나)의 결과 포도당이 산화된다.

① ㄱ ② ㄴ ③ ㄱ, ㄷ
④ ㄴ, ㄷ ⑤ ㄱ, ㄴ, ㄷ

19 (가) ~ (다)는 우리 주변에서 일어나는 산화 환원 반응이다.

(가) 반딧불이 몸속에 있는 루시페린과 (㉠)가(이) 반응하여 빛이 발생한다.
(나) ㉡나트륨 금속을 자르면 공기 중의 (㉠)과(와) 반응하면서 금속의 광택이 사라진다.
(다) 손난로 부직포 속 ㉢철이 공기 중의 (㉠)과(와) 반응하면서 열이 발생한다.

이에 대한 설명으로 옳은 것만을 〈보기〉에서 있는 대로 고른 것은?

보기

ㄱ. ㉠은 산소(O_2)이다.
ㄴ. ㉡과 ㉢은 모두 환원되었다.
ㄷ. (다)의 반응은 (가)의 반응보다 빠르게 일어난다.

① ㄱ ② ㄴ ③ ㄱ, ㄷ
④ ㄴ, ㄷ ⑤ ㄱ, ㄴ, ㄷ

심화 실력높이기

01

그림은 Cu^{2+} 수용액 100 mL에 금속 A 와 B^{b+} 수용액 100 mL를 차례로 넣는 과정에서 수용액 (가) ~ (라) 속에 존재하는 금속과 양이온의 종류를 나타낸 것이다. 실험에서는 금속과 금속 이온의 반응만 나타난다.

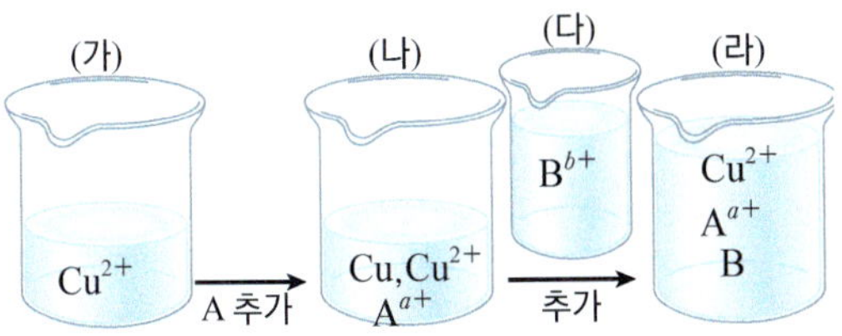

이에 대한 설명으로 옳은 것만을 〈보기〉에서 있는 대로 고른 것은? (단, A , B는 임의의 원소 기호이며, A^{a+}, B^{b+}, 음이온은 수용액에서 무색을 띤다.)

─• 보기 •─
ㄱ. (가)→(나)에서 용액의 푸른색은 점점 진해진다.
ㄴ. 금속의 반응성은 A > Cu > B이다.
ㄷ. B^{b+} 수용액에 금속 A를 넣으면 금속 B가 석출된다.

① ㄱ   ② ㄴ   ③ ㄱ, ㄷ
④ ㄴ, ㄷ   ⑤ ㄱ, ㄴ, ㄷ

02

다음은 금속 A~C의 산화 환원 반응 실험이다.

[실험 과정]
(가) 비커 Ⅰ에 A^{a+}이 들어 있는 수용액을, 비커 Ⅱ에 B^+이 들어있는 수용액을 각각 넣는다.
(나) (가)의 비커에 각각 금속 C를 넣고 모두 반응시킨다.

[실험 결과]
· Ⅰ, Ⅱ에서 각각 금속 A, B가 석출되었다.
· 과정 (나) 이후 수용액에 대한 자료

비커	존재하는 양이온	양이온 수 변화
Ⅰ	C^+	반응 전보다 증가한다.
Ⅱ	C^+	㉮

이에 대한 설명으로 옳은 것만을 〈보기〉에서 있는 대로 고른 것은? (단, A~C는 임의의 원소 기호이고, 물과 음이온은 반응에 참여하지 않으며, 원자량은 B<C이다.)

─• 보기 •─
ㄱ. $a>1$이다.
ㄴ. ㉮는 '반응 전과 동일하다.'가 적절하다.
ㄷ. 비커 Ⅱ에서 $\dfrac{\text{감소한 C의 질량}}{\text{석출된 B의 질량}} > 1$이다.

① ㄱ   ② ㄷ   ③ ㄱ, ㄴ
④ ㄴ, ㄷ   ⑤ ㄱ, ㄴ, ㄷ

03

다음은 물의 분해와 관련된 두 가지 실험이다.

[실험 과정]
· 실험 Ⅰ: 뜨거운 주철관에 물을 부은 후 변화를 관찰한다.
· 실험 Ⅱ: 소량의 황산 나트륨을 넣은 증류수에 전류를 흘려준 후 변화를 관찰한다.

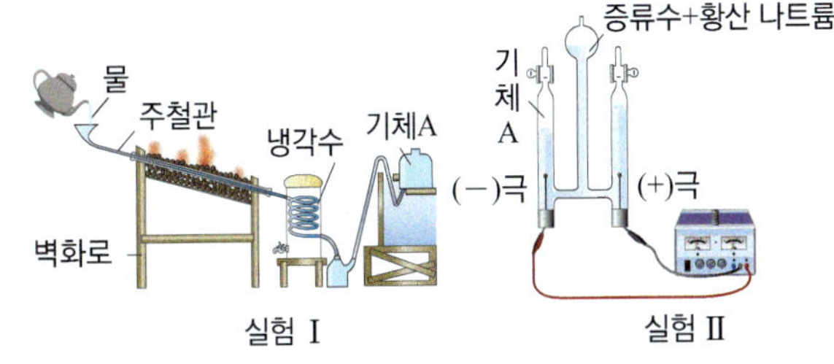

[실험 결과]
· 실험 Ⅰ: 주철관의 질량은 증가하였고, 기체 A가 발생하였다.
· 실험 Ⅱ: 기체 A가 (−)극에서 발생하였다.

이에 대한 설명으로 옳은 것만을 〈보기〉에서 있는 대로 고른 것은?

─• 보기 •─
ㄱ. 기체 A는 수소이다.
ㄴ. 주철관은 산소와 결합하여 질량이 증가하였다.
ㄷ. 두 실험의 결과로 물이 원소가 아니라는 것을 설명할 수 있다.

① ㄱ   ② ㄴ   ③ ㄱ, ㄷ
④ ㄴ, ㄷ   ⑤ ㄱ, ㄴ, ㄷ

04

다음은 두 가지 화학 반응에 대한 설명이다.

A. 식물은 빛에너지를 이용하여 물과 (㉠)로부터 포도당과 (㉡)를 만드는 광합성을 한다.
B. 천연가스를 연소시키면 (㉠)와 물이 생성된다.

이에 대한 설명으로 옳은 것만을 〈보기〉에서 있는 대로 고른 것은?

─• 보기 •─
ㄱ. ㉠은 이산화 탄소, ㉡은 산소이다.
ㄴ. A 는 발열 반응이다.
ㄷ. A와 B는 모두 산화 환원 반응이다.

① ㄱ   ② ㄴ   ③ ㄱ, ㄷ
④ ㄴ, ㄷ   ⑤ ㄱ, ㄴ, ㄷ

02 산, 염기와 중화 반응

A 산과 염기의 성질

1. 산: 물에 녹아 수소 이온(H^+)을 내놓는 물질이다.

⑩ 염산(HCl), 황산(H_2SO_4), 아세트산(CH_3COOH), 탄산(H_2CO_3), 질산(HNO_3) 등 ❶

(1) 산의 이온화★: 산은 물에 녹아 수소 이온(H^+)과 음이온(A^-)으로 나뉘어진다.

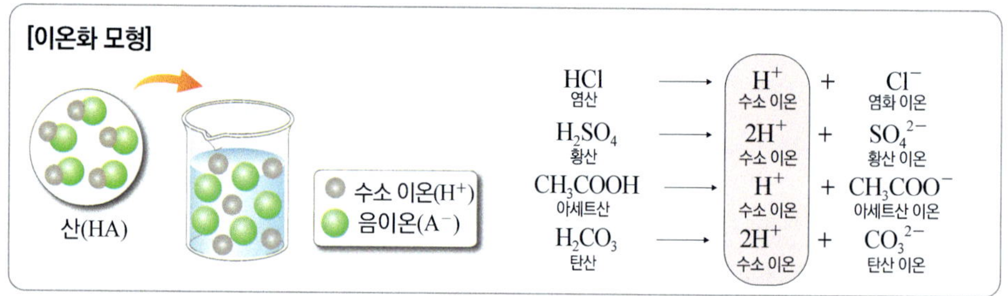

(2) 산성: 산이 가지는 공통적인 성질로 수소 이온(H^+) 때문에 나타난다.

① 대부분 신맛이 난다.

② 물에 녹아 이온화하므로 수용액에서 전류가 흐른다.

③ 금속과 반응하여 수소 기체를 발생시킨다. ❷ ⑩ $Mg + 2HCl \longrightarrow MgCl_2 + H_2$

④ 달걀 껍데기(탄산 칼슘)와 반응하여 이산화 탄소 기체를 발생시킨다.

⑩ $CaCO_3 + 2HCl \longrightarrow CaCl_2 + H_2O + CO_2$

⑤ 지시약의 색 변화가 다음과 같다.

지시약	푸른색 리트머스 종이	페놀프탈레인 용액	메틸 오렌지 용액	BTB 용액
색	붉은색	무색	붉은색	노란색

[산성을 나타내는 이온의 확인]

· 그림과 같이 장치하고 전류를 흘려 주면 푸른색 리트머스 종이가 실에서부터 (−)극 쪽으로 붉게 변해간다. ❸

➡ H^+이 (−)극으로 이동하면서 리트머스 종이의 색깔이 변한다.

· 다른 산 수용액을 이용하여 실험해도 같은 결과가 나타난다.

➡ 산성은 산에 공통으로 들어있는 수소 이온(H^+) 때문에 나타난다. ❺

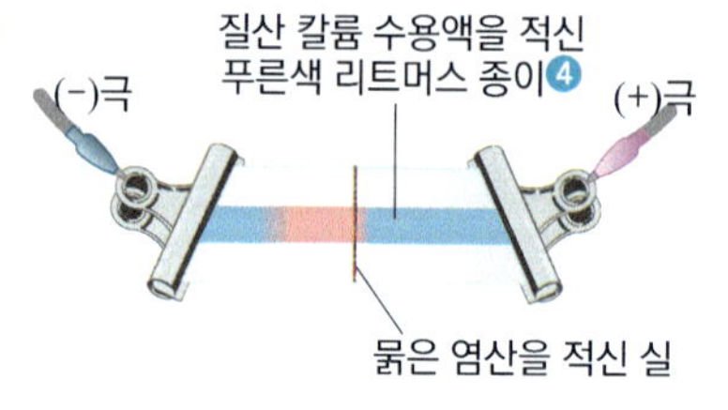

2. 염기: 물에 녹아 수산화 이온(OH^-)을 내놓는 물질이다.

⑩ 수산화 나트륨(NaOH), 수산화 칼륨(KOH), 수산화 칼슘($Ca(OH)_2$), 암모니아(NH_3)❻, 수산화 바륨($Ba(OH)_2$), 수산화 마그네슘($Mg(OH)_2$) 등

(1) 염기의 이온화: 염기가 물에 녹아 양이온(B^+)과 수산화 이온(OH^-)으로 나뉘어진다.

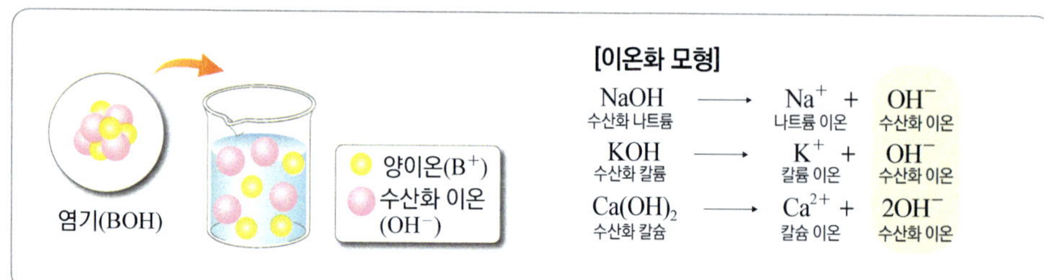

(2) 염기성: 염기가 가지는 공통적인 성질로 수산화 이온(OH^-) 때문에 나타난다. ❼ ❽ ❾

① 대부분 쓴맛이 난다.

② 수용액에서 전류가 흐른다.

③ 금속이나 달걀 껍데기(탄산 칼슘)과 반응하지 않는다.

개념⁺

❶ 우리 주변의 산성 물질과 포함된 산

산성 물질	포함된 산
식초	아세트산
레몬	시트르산
사과	말산
탄산 음료	탄산
개미, 벌의 분비물	폼산
김치	젖산
유산균 음료	
진통제	아세틸 살리실산
해열제	

❷ 산과 금속의 반응

묽은 산은 마그네슘(Mg), 철(Fe)과 같은 금속과 반응하여 수소 기체를 발생시킨다. 하지만 금이나 은과 같은 금속과는 반응하지 않는다. 즉, 산이 모든 금속과 반응하는 것은 아니다.

❸ 전극에서 이온의 이동 방향

수소 이온(H^+) 외에 다른 이온들도 이동한다. 이때 Cl^-, NO_3^-은 (+)극 쪽으로 이동하고, K^+은 (−)극 쪽으로 이동한다. 그러나 이들 이온은 리트머스 종이의 색을 변화시키지 않으므로 이온의 이동을 눈으로 확인할 수 없다.

❹ 리트머스 종이를 질산 칼륨 수용액에 적시는 이유

질산 칼륨(KNO_3)은 이온 결합 물질로 수용액에서 K^+, NO_3^- 으로 이온화되어 전기를 잘 통하게 하기 때문이다.

❺ 메테인과 에탄올이 산이 아닌 이유

메테인(CH_4)은 물에 녹아 H^+를 내놓지 않으므로 산이 아니다.
에탄올((C_2H_5OH)은 수용액에서 이온화되지 않으므로 중성 물질이다.

❻ 암모니아가 염기인 이유

암모니아는 물에 녹아 OH^-을 생성한다.
$NH_3 + H_2O \longrightarrow NH_4^+ + OH^-$

미니사전

★ **이온화** 어떤 물질이 이온으로 나누어지는 현상

④ 단백질을 녹이는 성질이 있어 손으로 만지면 미끈거린다.
⑤ 지시약의 색 변화는 다음과 같다.

지시약	붉은색 리트머스 종이	페놀프탈레인 용액	메틸 오렌지 용액	BTB 용액
색	푸른색	붉은색	노란색	파란색

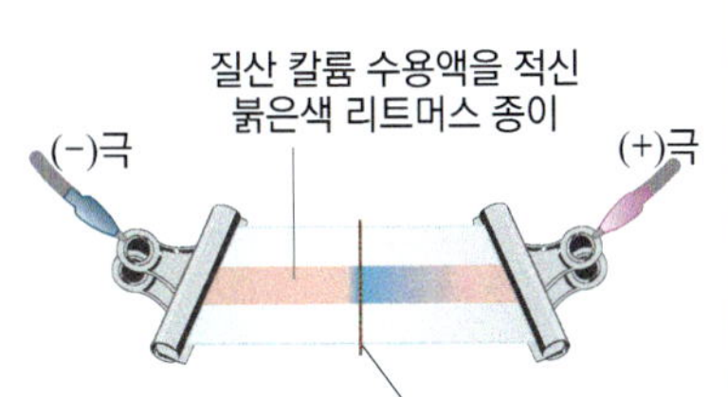

[염기성을 나타내는 이온의 확인]
· 그림과 같이 장치하고 전류를 흘려 주면 붉은색 리트머스 종이가 실에서부터 (+)극 쪽으로 푸르게 변해간다.
➡ OH^-이 (+)극으로 이동하면서 리트머스 종이의 색깔이 변한다.
· 다른 염기 수용액을 이용하여 실험해도 같은 결과가 나타난다.
➡ 염기성은 염기에 공통으로 들어 있는 수산화 이온(OH^-) 때문에 나타난다.

3. **지시약**: 용액의 액성을 구별하기 위해 사용하는 물질로 액성★에 따라 색이 변한다.

[액성에 따른 지시약의 색 변화]

지시약	리트머스 종이	페놀프탈레인 용액	메틸 오렌지 용액	BTB 용액
산성	푸른색 → 붉은색	무색	붉은색	노란색
중성	-	무색	노란색 (주황색이라고도 함)	초록색
염기성	붉은색 → 푸른색	붉은색	노란색	파란색

정답 및 해설 ➡ 28

개념체크+

01 다음 물질의 수용액이 산성, 염기성, 중성을 띨 경우 각각 '산', '염', '중'으로 답하시오.

(1) KOH （　　　）   (2) H_2SO_4 （　　　）
(3) NaOH （　　　）   (4) H_2CO_3 （　　　）
(5) $Ca(OH)_2$ （　　　）   (6) CH_3COOH （　　　）

02 산과 염기의 성질에 대한 설명으로 옳은 것은 ○표, 옳지 않은 것은 ×표 하시오.

(1) 산과 염기는 수용액에서 이온화한다. ……………………… （　　　）
(2) 산은 페놀프탈레인 용액을 붉게 변화시킨다. …………… （　　　）
(3) 염기는 푸른색 리트머스 종이를 붉게 변화시킨다. …… （　　　）
(4) 산은 단백질을 녹이는 성질이 있다. ……………………… （　　　）
(5) 산은 금속과 반응하여 수소 기체(H_2)를 발생시킨다. …… （　　　）

개념+

❼ **우리 주변의 염기성 물질과 포함된 염기**

염기성 물질	포함된 염기
비누	수산화 나트륨
하수구 세정제	수산화 나트륨
제산제	수산화 마그네슘
베이킹 소다	탄산 수소 나트륨
전지, 비누	수산화 칼륨
석회수	수산화 칼슘

❽ **알코올은 염기일까?**

메탄올(CH_3OH), 에탄올(C_2H_5OH)은 분자에 OH가 있지만 물에 녹아 OH^- 이온을 내놓지 못하므로 염기가 아니다.

❾ **산과 염기가 각각 독특한 성질을 가지는 이유**

산의 경우 음이온이 각각 다르고, 염기의 경우 양이온이 각각 다르기 때문에 산과 염기는 종류에 따라 성질이 다르다.

● **pH**

수용액에 들어있는 수소 이온(H^+)의 농도를 숫자로 나타낸 것이다. 0~14 사이의 값을 가지며, pH가 작을수록 산성이 강하고, pH가 클수록 염기성이 강하다.

산성	중성	염기성
pH<7	pH=7	pH>7

미니사전

★ **액성** [液 액체, 性 성질] 용액의 성질로 산성, 중성, 염기성으로 구분함

POINT

03 다음 이온화 반응식을 완성하시오.

(1) $HCl \longrightarrow$ (   ) $+ Cl^-$

(2) $NaOH \longrightarrow Na^+ +$ (   )

(3) $H_2SO_4 \longrightarrow$ (   ) $+ SO_4^{2-}$

(4) (   ) $\longrightarrow 2H^+ + CO_3^{2-}$

(5) $CH_3COOH \longrightarrow$ (   ) $+ H^+$

04 다음은 3가지 물질의 화학식이다.

$HCl \qquad H_2SO_4 \qquad CH_3COOH$

3가지 물질의 공통점으로 옳은 것만을 〈보기〉에서 있는 대로 고르시오.

┌─ **보기** ─

ㄱ. 수용액에서 양이온과 음이온으로 이온화된다.
ㄴ. 아연과 반응하여 수소 기체를 발생한다.
ㄷ. BTB 용액을 떨어뜨리면 노란색으로 변한다.

05 지시약과 pH에 대한 설명으로 옳은 것은 ○표, 옳지 않은 것은 ×표 하시오.

(1) 산성 용액과 중성 용액은 페놀프탈레인 용액으로 구별할 수 있다. ………… (   )
(2) pH가 7보다 작은 용액의 액성은 산성이다. …………………………………… (   )
(3) pH가 7보다 큰 용액은 붉은색 리트머스 종이를 푸르게 변화시킨다. ……… (   )
(4) 붉은색 양배추에서 추출한 용액을 지시약으로 사용할 수 있다. …………… (   )
(5) 레몬즙과 비눗물에 BTB 용액을 떨어뜨리면 같은 색을 띤다. ……………… (   )

06 다음은 아세트산(CH_3COOH), 질산(HNO_3), 수산화 칼륨(KOH)의 이온화식이다.

· $CH_3COOH \longrightarrow$ ㉠ $+$ ㉡ $\qquad$ · $HNO_3 \longrightarrow$ ㉠ $+ NO_3^-$ · $KOH \longrightarrow K^+ +$ ㉢

이에 대한 설명으로 옳은 것만을 〈보기〉에서 있는 대로 고르시오.

┌─ **보기** ─

ㄱ. 산의 신 맛은 ㉠ 때문에 나타난다.
ㄴ. BTB 용액을 노란색으로 변화시키는 물질은 ㉡이다.
ㄷ. ㉢은 푸른색 리트머스 종이를 붉게 변화시킨다.

07 다음 몇 가지 물질과 BTB 용액을 떨어뜨렸을 때 나타나는 색을 옳게 연결하시오.

(1) 베이킹 파우더 · · ㉠ 노란색

(2) 증류수 · · ㉡ 초록색

(3) 식초 · · ㉢ 파란색

08 생명체의 호흡이나 화석 연료의 연소 과정에서 발생하며, 바닷물에 녹아 수소 이온(H^+)의 농도를 증가시켜 지구 환경에 영향을 미치는 물질을 쓰시오.

B 중화 반응

1. 중화 반응: 산과 염기가 반응하여 물이 생성되는 반응이다. ❶

① 중화★ 반응에서는 산의 수소 이온(H^+)과 염기의 수산화 이온(OH^-)이 1 : 1의 개수비로 반응하여 물(H_2O)이 생성된다. 이것을 중화 반응의 알짜 이온 반응식이라고 한다. ❷

> 중화 반응의 알짜 이온 반응식: $H^+ + OH^- \longrightarrow H_2O$

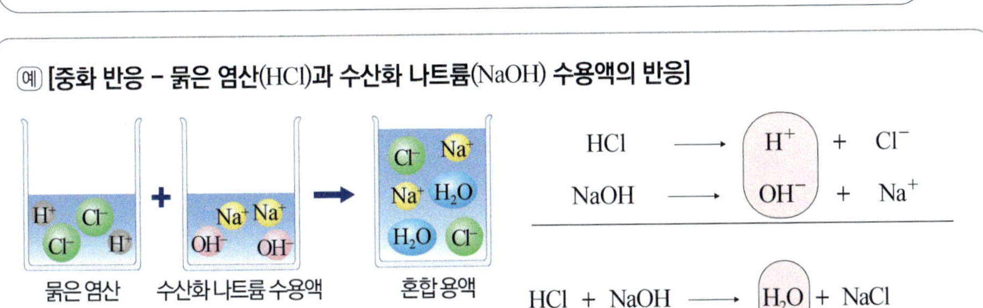

② **혼합 용액의 액성**: 혼합하는 수용액 속 수소 이온(H^+)과 수산화 이온(OH^-)의 수가 같으면 중화 반응이 일어나 혼합 용액의 액성은 중성이 된다. ❸

2. 중화 반응에서의 변화

① **중화점**: 산의 수소 이온(H^+)과 염기의 수산화 이온(OH^-)이 모두 반응하여 중화 반응이 완결된 지점이다.

② **이온 수와 액성, 지시약을 넣은 수용액의 색 변화**

[일정량의 묽은 염산(HCl)에 수산화 나트륨(NaOH) 수용액을 조금씩 넣을 때의 변화] ❹❺

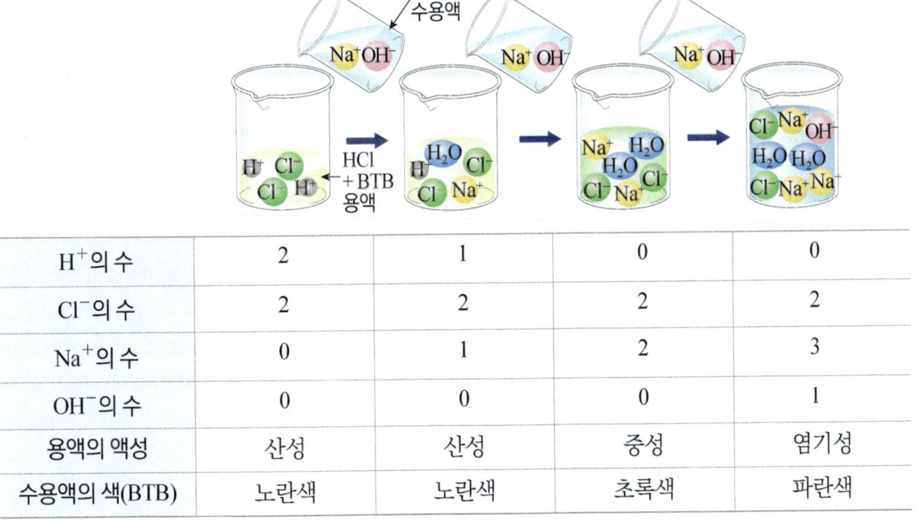

H^+의 수	2	1	0	0
Cl^-의 수	2	2	2	2
Na^+의 수	0	1	2	3
OH^-의 수	0	0	0	1
용액의 액성	산성	산성	중성	염기성
수용액의 색(BTB)	노란색	노란색	초록색	파란색

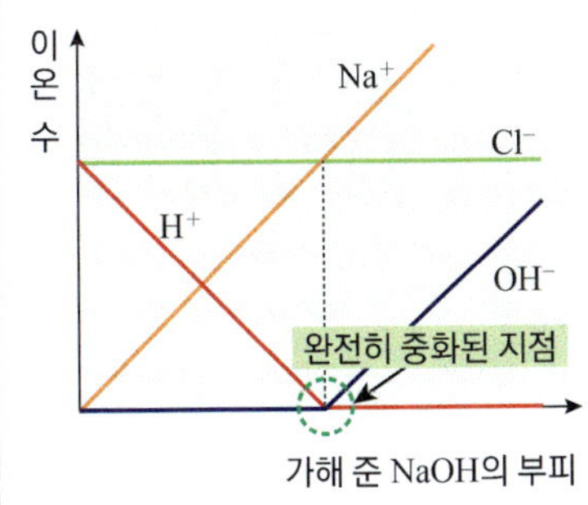

[이온 수 변화 그래프]
묽은 염산(HCl)에 수산화 나트륨(NaOH) 수용액을 가할 때 각 이온 수의 변화를 나타낸 것이다.

- H^+: OH^-과 반응하여 감소하다가 중화 반응이 완결된 이후에는 존재하지 않는다.
- OH^-: H^+과 반응하므로 처음에는 모두 반응하여 이온이 존재하지 않으나, 중화 반응이 완결된 이후에는 점점 증가한다.
- Na^+: 반응에 참여하지 않으므로 NaOH 수용액을 넣는대로 이온 수가 증가한다.
- Cl^-: 반응에 참여하지 않으므로 이온 수가 일정하다.

❶ **염**

중화 반응에서 물과 함께 생성되는 물질로, 산의 음이온과 염기의 양이온이 결합하여 생성된다.
묽은 염산과 수산화 나트륨 수용액의 중화 반응에서 염화 이온과 나트륨 이온은 반응에 참여하지 않고 용액에 그대로 남아 있는데 이 용액을 가열하여 물을 증발시키면 염화 나트륨을 얻을 수 있다. 이 물질을 염이라고 한다.

$$산 + 염기 \longrightarrow 물 + 염$$

❷ **구경꾼 이온**

묽은 염산과 수산화 나트륨 수용액의 중화 반응에서 염화 이온(Cl^-)과 나트륨 이온(Na^+)은 반응에 참여하지 않고 용액에 그대로 남아 있는데, 이 두 이온을 구경꾼 이온이라고 한다.

❸ **중화 반응에서 혼합 용액의 액성**

수용액 속 이온 개수	수용액의 액성
$H^+ > OH^-$	산성
$H^+ = OH^-$	중성
$H^+ < OH^-$	염기성

❹ **생성된 물 분자 수 변화**

중화 반응에서 생성된 물 분자 수는 중화점에서 최대이며, 중화점 이후에는 더 이상 중화 반응이 일어나지 않으므로 물이 생성되지 않는다.

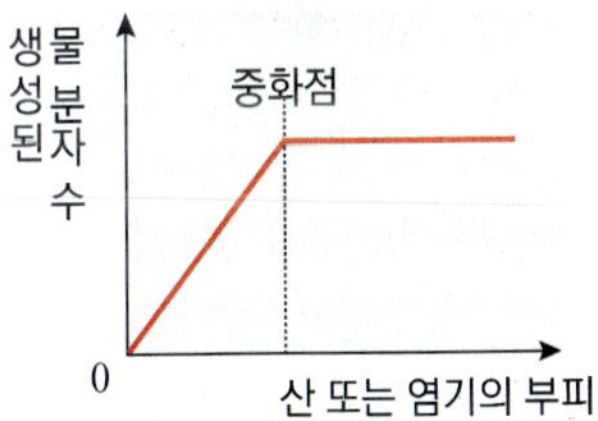

❺ **전체 이온 수 변화**

H^+과 OH^-이 1 : 1로 반응하고, Na^+과 Cl^-은 반응하지 않고 용액에 남아 있기 때문에 중화점까지의 전체 이온 수는 같다. 중화점 이후에는 넣어주는 용액의 이온 수 만큼 증가한다.

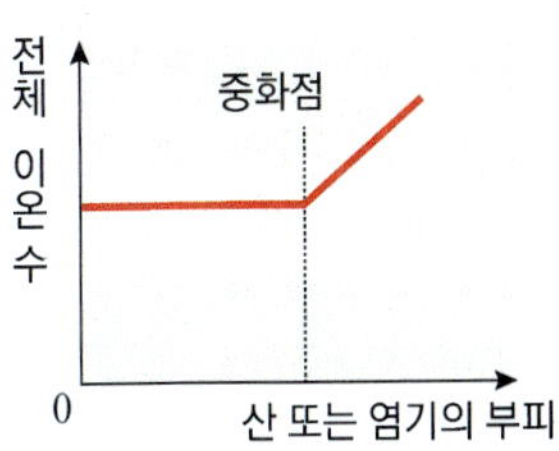

미니사전

★ **중화**[中 가운데 和 화하다] 산과 염기가 반응하여 산과 염기로서의 성질을 잃는 현상이다.

③ 혼합 용액의 온도 변화

· 중화열: 중화 반응이 일어날 때 발생하는 열이다.

· 혼합 용액의 온도: 반응하는 수소 이온(H^+)과 수산화 이온(OH^-)이 많을수록 중화열이 많이 발생하므로 완전히 중화되었을 때 혼합 용액의 온도가 가장 높다. ❻

잠깐 탐구 — 중화 반응과 온도 변화

다음은 묽은 염산(HCl)과 수산화 나트륨(NaOH) 수용액의 부피를 달리하여 섞은 후 혼합 용액의 최고 온도를 측정하고, BTB 용액을 떨어뜨려 색 변화를 관찰한 결과이다. (단, 각 용액의 처음 온도와 농도는 같다.)

구분	A	B	C	D	E
HCl의 부피(mL)	2	4	6	8	10
NaOH 수용액의 부피(mL)	10	8	6	4	2
최고 온도(℃)	25	27	29	27	25
BTB 용액의 색	파란색	파란색	초록색	노란색	노란색
용액의 액성	염기성	염기성	중성	산성	산성
용액에 존재하는 이온	Cl^- Na^+ OH^-	Cl^- Na^+ OH^-	Cl^- Na^+	H^+ Cl^- Na^+	H^+ Cl^- Na^+

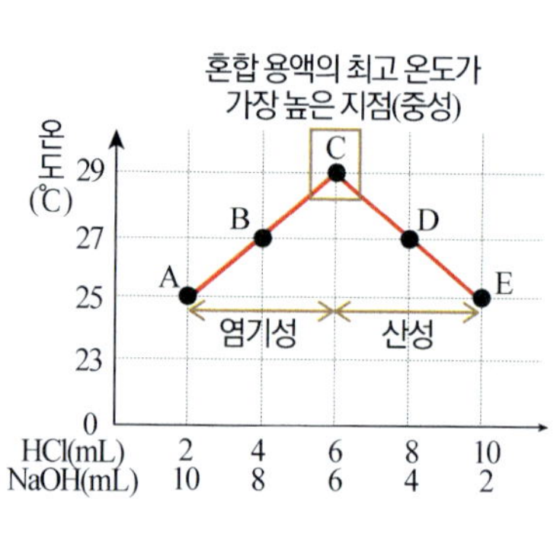

· 온도가 가장 높은 지점 C: 완전히 중화된 지점으로 생성된 물의 양이 가장 많다. ❼
  H^+과 OH^-이 많이 반응할수록 생성된 물의 양이 가장 많고, 발생하는 중화열이 가장 많다.

· A와 B: 같은 농도의 산과 염기 수용액은 1 : 1의 부피비로 반응하므로 A와 B 지점에는 반응하지 않은 OH^-이 존재한다.

· D와 E: 같은 농도의 산과 염기 수용액은 1 : 1의 부피비로 반응하므로 D와 E 지점에는 반응하지 않은 H^+이 존재한다.

3. 중화 반응의 이용

제산제	생선 비린내 제거	산성화된 토양
속이 쓰릴 때 약한 염기성인 제산제를 복용하면 강산인 위산을 중화시킨다.	생선 비린내의 원인인 염기성 물질을 산성인 레몬즙으로 중화시킨다.	산성비에 의해 산성화된 토양은 석회 가루(산화 칼슘)를 뿌려 중화시킨다.
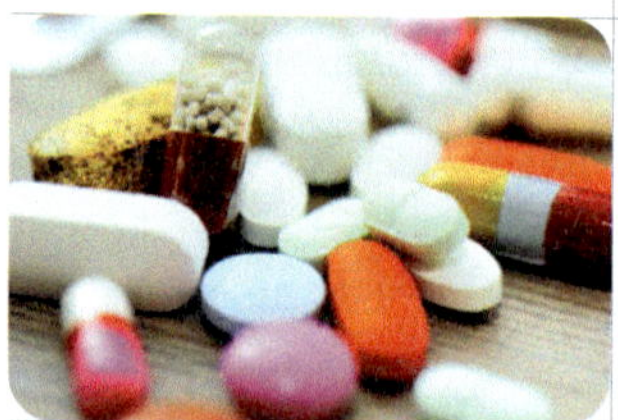		
벌이나 개미에 물렸을 때	**치약**	**뿌리혹박테리아**
벌에 쏘이거나 개미에 물리면 폼산이라는 산성 물질 때문에 통증이 생긴다. 이때 염기성 물질인 암모니아수를 발라 중화시킨다.	입속의 산성 물질이 염기성 물질이 들어 있는 치약에 의해 중화된다.	콩의 뿌리에 사는 뿌리혹박테리아는 염기성을 띤 질소 화합물을 합성하여 산성화된 토양을 중화시킨다.
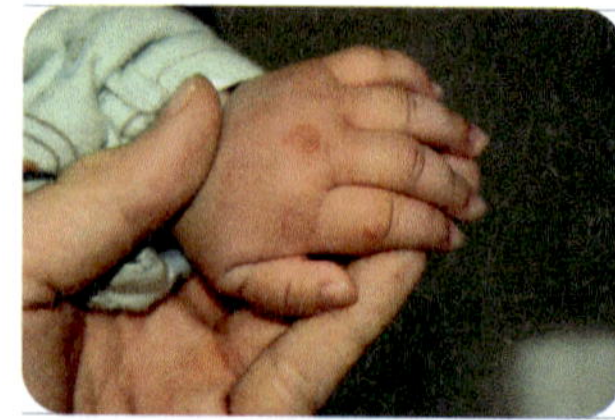		

개념+

❻ 중화점 이후 혼합 용액의 온도가 낮아지는 이유

산과 염기가 완전히 중화된 이후에는 중화 반응이 더 이상 일어나지 않으므로 중화열도 더 이상 발생하지 않는다. 하지만 처음과 같은 온도의 수용액을 계속 가하므로 혼합 용액의 온도는 점점 낮아진다.

❼ 산과 염기의 반응에서 완전히 중화된 지점 찾기

일정량의 산(염기) 수용액을 염기(산) 수용액으로 중화시킬 때 완전히 중화된 지점(중화점)을 찾는 방법은 다음과 같다.

● 지시약의 색 변화: 지시약이 중성에서 띠는 색으로 변하는 지점을 찾는다.

● 온도 변화: 온도가 가장 높은 지점을 찾는다.

● 중화 반응 이용의 다른 예

● 산이 포함된 종이는 누렇게 변하면서 부서지는데, 종이를 만들 때 탄산수소 칼슘($Ca(HCO_3)_2$) 등으로 중화시켜 만들면 종이를 오래 사용할 수 있다.

● 공장에서 배출하는 산성비의 원인 물질인 이산화 황(SO_2)은 산화 칼슘(CaO)으로 중화하여 제거한다.

SO_2(이산화 황) + H_2O(물)
$\longrightarrow H_2SO_3$(아황산)
CaO(산화 칼슘) + H_2O(물)
$\longrightarrow Ca(OH)_2$(수산화 칼슘)

● 하수 처리장에서 나는 악취의 원인 중 하나는 황화 수소이므로 염기인 수산화 나트륨으로 중화시킨다.

● 김치의 신맛을 줄이기 위해 달걀 껍데기를 씻어서 넣어준다.

● 수영장의 물은 염소로 소독한 수돗물인데, 산성을 띠므로 염기성 물질을 넣어 중화시킨다.

---

01 중화 반응에 대한 설명으로 옳은 것은 ○표, 옳지 <u>않은</u> 것은 ×표 하시오.

(1) 산과 염기가 완전히 중화된 지점에서는 혼합 용액 속에 이온이 존재하지 않는다.
.... (　　　)

(2) 중화 반응에서 산의 H^+과 염기의 OH^-은 항상 1 : 1의 개수비로 반응한다. … (　　　)

(3) 염은 산의 양이온과 염기의 음이온이 결합한 물질이다. .... (　　　)

(4) 중화점에 도달한 용액에 BTB 용액을 넣으면 노란색을 띤다. .... (　　　)

(5) 공장에서 이산화 황을 배출하기 전에 산화 칼슘으로 제거한다. .... (　　　)

02 그림은 어떤 산과 염기의 혼합 용액을 모형으로 나타낸 것이다.

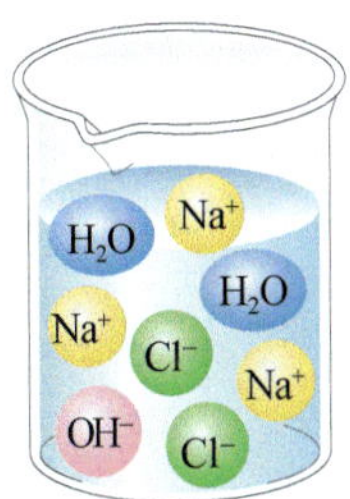

(1) 혼합 용액의 액성을 쓰시오.

(2) 혼합 용액에 BTB 용액을 떨어뜨리면 어떤 색깔을 나타내는지 쓰시오.

03 H^+의 수가 18개인 산성 용액과 OH^-의 수가 11개인 염기성 용액을 혼합하였을 때 이 혼합 용액의 액성을 쓰시오.

04 중화 반응에서 산의 H^+과 염기의 OH^-이 모두 반응하여 중화가 완결되는 지점을 무엇이라고 하는지 쓰시오.

05 그림은 일정량의 묽은 염산에 같은 온도의 수산화나트륨 수용액을 넣을 때 각 수용액에 존재하는 입자를 모형으로 나타낸 것이다.

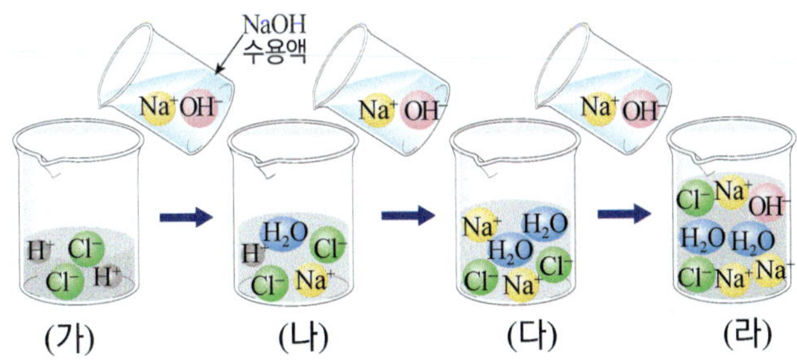

(1) (가)~(라) 중 용액의 최고 온도가 가장 높은 것은 무엇인가?

(2) (가)~(라)에 BTB 용액을 떨어뜨리면 어떤 색깔을 나타내는지 각각 쓰시오.

06 다음 〈보기〉에서 중화 반응의 예로 옳은 것만을 있는 대로 고르시오.

> **보기**
> ㄱ. 속이 쓰릴 때 제산제를 복용한다.
> ㄴ. 하수구가 머리카락으로 막혔을 때 하수구 세정제를 사용하여 제거한다.
> ㄷ. 벌에 쏘였을 때 암모니아수를 바른다.
> ㄹ. 욕실에 둔 철로 된 면도기가 녹슨다.

산과 염기의 공통적인 성질

◉ **목표** 산성과 염기성을 확인하는 실험을 통해 산과 염기의 공통적인 성질을 알 수 있다.

12홈판, 묽은 염산, 아세트산 수용액, 수산화 나트륨 수용액, 석회수, 간이 전도계, BTB 용액, 마그네슘 조각

· 아세트산(CH_3COOH)은 식초의 주성분으로 수용액에서 다음과 같이 이온화한다.

$$CH_3COOH \longrightarrow H^+ + CH_3COO^-$$

· 석회수는 석회가 녹아 있는 물을 말하며, 석회는 칼슘(Ca)이 들어있는 무기 화합물을 뜻한다. 석회수는 수산화 칼슘 ($Ca(OH)_2$) 수용액이며 다음과 같이 이온화한다.

$$Ca(OH)_2 \longrightarrow Ca^{2+} + 2OH^-$$

◉ **실험 과정**

① 12홈판 ① 줄에 묽은 염산, 아세트산 수용액, 수산화 나트륨 수용액, 석회수를 순서대로 그림과 같이 넣는다. ②, ③ 줄에도 같은 방법으로 용액을 채운다.
② ① 줄에 간이 전도계를 이용해 각 용액의 전기 전도성을 측정한다.
③ ② 줄에 BTB 용액을 떨어뜨리고 색 변화를 관찰한다.
④ ③ 줄에 마그네슘 조각을 넣고 변화를 관찰한다.

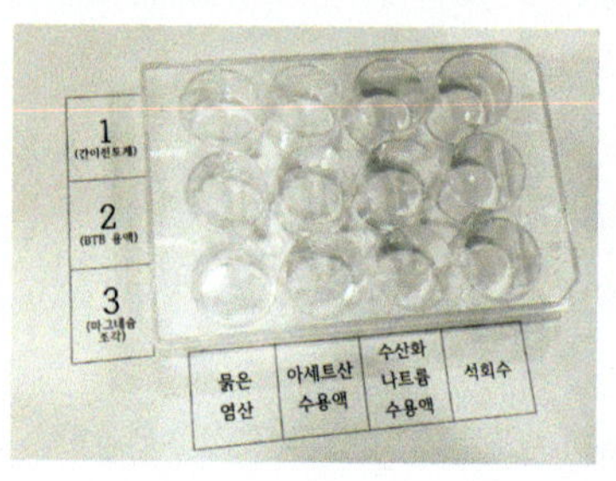

◉ **실험 결과**

구분	묽은 염산	아세트산 수용액	수산화 나트륨 수용액	석회수
① 전기 전도성	○	○	○	○
② BTB 용액의 색 변화	무색 → 노란색	무색 → 노란색	무색 → 파란색	무색 → 파란색
③ 마그네슘 조각과의 반응	기체 발생	기체 발생	변화 없음	변화 없음

◉ **정리 및 해석**

· 산과 염기의 수용액에서 모두 이온화하므로 모두 전기 전도성이 있다.
· BTB 용액의 색은 산성에서 노란색, 염기성에서는 파란색을 띤다.
➔ 묽은 염산과 아세트산 수용액은 산성, 수산화 나트륨 수용액과 석회수는 염기성이다.
· 마그네슘 금속은 산과 반응하여 수소 기체를 발생시키지만 염기와는 반응하지 않는다.

정답 및 해설 ➔ 29

어떤 수용액에 간이 전도계를 넣었더니 전기 전도성이 있고, 마그네슘 조각을 넣었더니 수소 기체가 발생하였다. 또한 BTB 용액을 넣었더니 용액의 색이 노란색으로 변하였다. 미지의 수용액으로 예상되는 물질을 〈보기〉에서 있는 대로 고르시오.

┌─ **보기** ─
ㄱ. 식초　　　　　　　　ㄴ. 비눗물　　　　　　　　ㄷ. 레몬즙
ㄹ. 탄산음료　　　　　　ㅁ. 유리 세정제　　　　　　ㅂ. 유산균 음료

산과 염기의 성질에 대한 설명으로 옳은 것은 ○표, 옳지 <u>않은</u> 것은 ×표 하시오.

(1) 수산화 나트륨 수용액은 전류가 흐른다. ··· (　　　)
(2) 석회수에 마그네슘 조각을 넣으면 기체가 발생한다. ··· (　　　)
(3) 묽은 염산과 아세트산 수용액에 들어 있는 양이온의 종류는 같다. ······················ (　　　)

농도가 다른 산과 염기의 중화 반응에서 생성된 물 분자 수 구하기

농도가 다른 묽은 염산(HCl)과 수산화 나트륨(NaOH) 수용액의 부피를 다르게 하여 잘 섞은 혼합 용액의 최고 온도를 측정하였다.

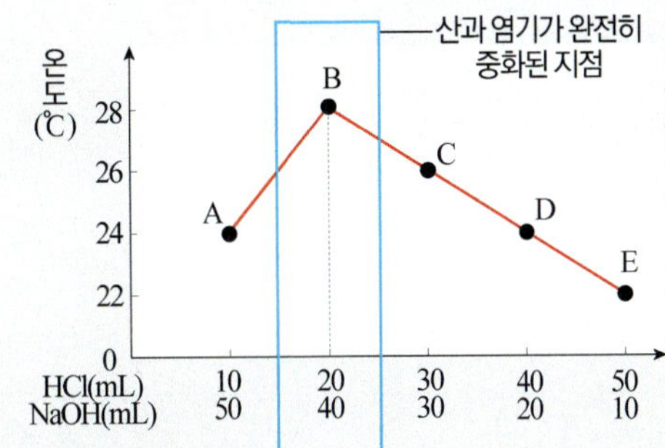

● STEP 1. 중화점 찾기

혼합 용액의 온도가 가장 높은 지점이 중화점이다.
⇒ 점 B가 중화점이다.

● STEP 2. 반응 전 용액에 들어 있는 이온 수 파악하기

수소 이온(H^+)과 수산화 이온(OH^-)은 1 : 1의 개수비로 반응한다. 중화점에서 묽은 염산(HCl) 20 mL와 수산화 나트륨(NaOH) 수용액 40 mL가 반응하였다.

⇒ 묽은 염산(HCl) 20 mL 에 들어 있는 H^+과 Cl^-의 수를 각각 2N이라고 가정하면 수산화 나트륨(NaOH) 수용액 40 mL 에 들어 있는 Na^+과 OH^-의 수도 각각 2N이다.

⇒ 따라서, 수산화 나트륨(NaOH) 수용액 20 mL 에 들어 있는 Na^+과 OH^-의 수는 각각 N이다.

● STEP 3. 반응 전 용액에 들어 있는 이온 수 파악하기

A ~ C에서 반응 전 용액에 들어 있는 H^+ 과 OH^-의 수, 반응 후 생성된 물 분자 수는 다음과 같다.

→ 중화점에서 H^+과 OH^-의 수는 같으므로 묽은 염산 20 mL 와 수산화 나트륨 수용액 40 mL 에 들어 있는 H^+과 OH^-의 수는 같다.

구분	H^+ 수	OH^- 수	반응 후 생성된 물 분자수
A	N	2.5N	N
B	2N	2N	2N
C	3N	1.5N	1.5N
D	4N	N	N
E	5N	0.5N	0.5N

정답 및 해설 ➡ 29

위 그림에 대한 설명으로 옳은 것만을 〈보기〉에서 있는 대로 고르시오.

> **보기**
>
> ㄱ. 같은 부피에 들어 있는 이온 수는 묽은 염산이 수산화 나트륨 수용액의 2배이다.
> ㄴ. B 점에서 혼합 용액에 들어 있는 이온의 종류는 2가지이다.
> ㄷ. C 점에 페놀프탈레인 용액을 떨어뜨리면 붉은색으로 변한다.

점 A ~ E 중 탄산 칼슘을 넣었을 때 기체가 발생하는 지점만을 있는 대로 고르시오.

스스로 실력높이기

1 산과 염기의 성질

01 산의 공통적인 성질에 해당하는 것으로 옳은 것은?

① 손으로 만져보면 미끈거린다.
② 묽힌 용액의 맛을 보면 쓴맛이 난다.
③ 붉은색 리트머스 종이를 푸르게 변화시킨다.
④ 수용액에 달걀 껍데기를 넣어주면 기체가 발생한다.
⑤ 페놀프탈레인 용액을 떨어뜨리면 붉은색을 나타낸다.

02 다음 산과 염기에 대한 설명 중 옳지 <u>않은</u> 것은?

① 산은 신맛이 난다.
② 염기 수용액에 들어 있는 음이온의 종류는 염기의 종류에 따라 다르다.
③ 산 수용액은 알루미늄과 반응한다.
④ 염기 수용액은 붉은색 리트머스 종이를 푸르게 변화시킨다.
⑤ 산 수용액과 염기 수용액은 모두 전기 전도성이 있다.

03 그림은 비커 A, B, C에 사이다(탄산음료), 암모니아수, 식초가 아무런 표시 없이 각각 한 가지씩 들어 있을 때, 이 세 가지 용액을 구분하는 실험 과정 및 결과를 순서도로 나타낸 것이다.

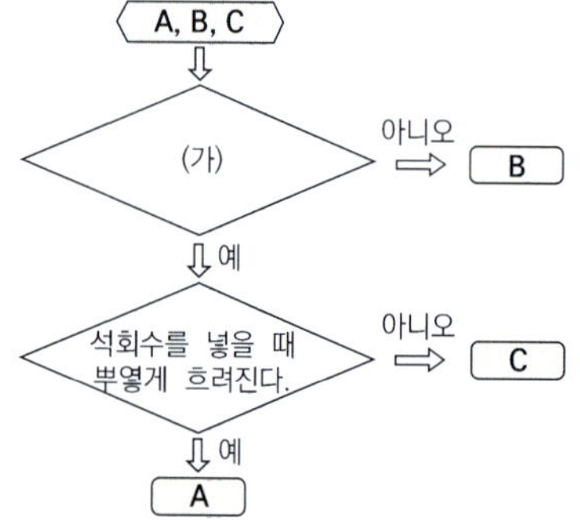

위 실험에 대한 설명으로 옳은 것만을 있는 대로 고른 것은?

보기

ㄱ. A는 사이다이다.
ㄴ. '페놀프탈레인 용액 몇 방울을 떨어뜨리면 붉게 변한다.'는 (가)의 실험 과정으로 적합하다.
ㄷ. 마그네슘 조각을 떨어뜨릴 때 수소 기체가 발생하는 것은 B와 C이다.

① ㄱ   ② ㄴ   ③ ㄱ, ㄴ
④ ㄴ, ㄷ   ⑤ ㄱ, ㄴ, ㄷ

04 몇 가지 물질을 기준 (가)에 따라 분류하였다.

기준	(	(가)	)
구분	예		아니요
물질	HCl, HNO_3		KOH, $Mg(OH)_2$

기준 (가)로 적절한 것만을 〈보기〉에서 있는 대로 고르시오.

보기

ㄱ. 수용액에서 전류가 흐르는가?
ㄴ. 수용액에서 탄산 칼슘을 넣으면 기체가 발생하는가?
ㄷ. 수용액에서 페놀프탈레인 용액을 넣으면 붉게 변하는가?
ㄹ. 수용액에서 수소 이온(H^+)을 내놓는가?

05 수용액에서 산과 염기의 이온화식으로 옳지 <u>않은</u> 것은?

① $HCl \longrightarrow H^+ + Cl^-$
② $H_2CO_3 \longrightarrow 2H^+ + CO_3^{2-}$
③ $NaOH \longrightarrow Na^+ + OH^-$
④ $Ca(OH)_2 \longrightarrow Ca^{2+} + OH^{2-}$
⑤ $CH_3COOH \longrightarrow H^+ + CH_3COO^-$

[2019 모의고사 기출]

06 그림은 산 또는 염기의 수용액 (가)~(다)에 들어 있는 이온을 모형으로 나타낸 것이다.

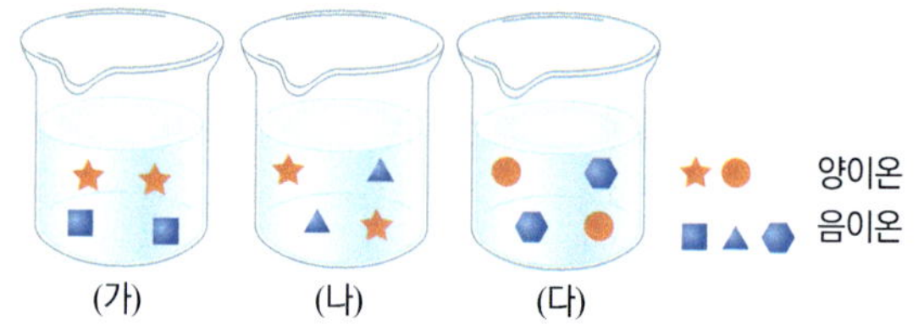

이에 대한 설명으로 옳은 것만을 〈보기〉에서 있는 대로 고른 것은?

보기

ㄱ. ★은 수소 이온(H^+)이다.
ㄴ. (나)에 탄산 칼슘($CaCO_3$)을 넣으면 기체가 발생한다.
ㄷ. (다)에 BTB 용액을 넣으면 수용액은 노란색으로 변한다.

① ㄱ   ② ㄷ   ③ ㄱ, ㄴ
④ ㄴ, ㄷ   ⑤ ㄱ, ㄴ, ㄷ

07 질산 칼륨(KNO_3) 수용액을 적신 붉은색 리트머스 종이 위에 수산화 나트륨($NaOH$) 수용액에 적신 실을 올려놓고 전류를 흘려 주었더니 실의 오른쪽으로 색 변화가 나타났다.

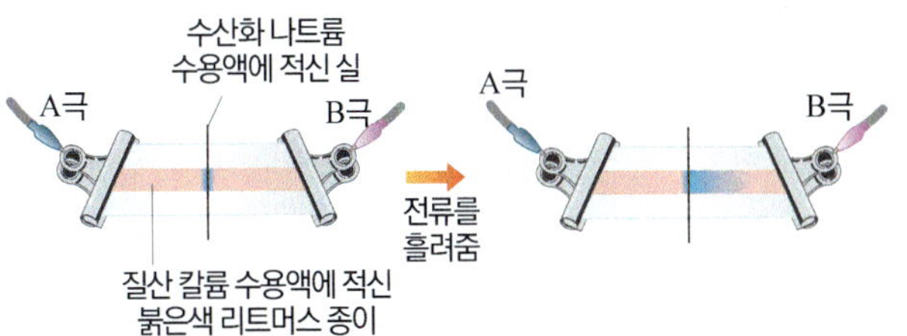

이에 대한 설명으로 옳은 것은?

① 푸른색으로 변하는 것은 Na^+ 때문이다.
② A극 쪽으로는 NO_3^-이 이동한다.
③ A극과 B극을 서로 바꾸어 연결하면 실의 왼쪽으로 색 변화가 일어난다.
④ 푸른색 리트머스 종이로 실험하면 A극 쪽으로 색 변화가 일어난다.
⑤ 수산화 나트륨 대신 아세트산으로 실험해도 같은 결과가 나타난다.

08 다음은 산과 염기의 여러 가지 성질이다.

(가) 수용액에서 양이온과 음이온으로 이온화한다.
(나) 수용액에 아연 조각을 넣으면 산화 환원 반응이 일어난다.
(다) 수용액에 BTB 용액을 넣으면 파란색이 된다.
(라) 수용액에 달걀 껍질을 넣으면 녹는다.

위 성질을 A와 B로 분류하여 다음과 같이 도표로 나타내었다. 이때 A는 묽은 염산이 가지는 성질이고, 겹친 곳은 A와 B의 공통 성질이다.

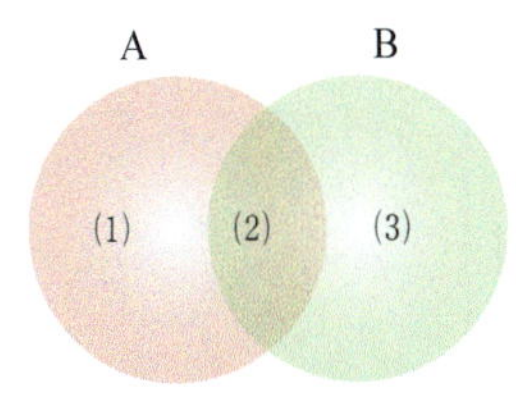

(1) ~ (3) 영역에 해당하는 성질을 바르게 짝지은 것은?

	(1) 영역	(2) 영역	(3) 영역
①	(가)	(나),(라)	(다)
②	(나),(라)	(다)	(가)
③	(다)	(가)	(나),(라)
④	(나)	(가),(라)	(다)
⑤	(나),(라)	(가)	(다)

09 다음은 탄소 화합물 (가)와 (나)에 대한 세 학생의 대화이다.

(가) CH_3COOH (나) C_2H_5OH

제시한 내용이 옳은 학생만을 있는 대로 고른 것은?

① A   ② B   ③ C
④ A, B   ⑤ B, C

10 달걀 껍데기와 묽은 염산을 반응시켰을 때 발생하는 기체를 석회수에 통과시키는 실험이다.

이에 대한 설명으로 옳은 것만을 〈보기〉에서 있는 대로 고른 것은?

┌ 보기 ┐

ㄱ. 석회수가 뿌옇게 흐려진다.
ㄴ. 발생하는 기체는 이산화 탄소 기체이다.
ㄷ. 달걀 껍데기의 성분 원소 중에는 C와 O가 포함되어 있다.

① ㄱ   ② ㄷ   ③ ㄱ, ㄴ
④ ㄴ, ㄷ   ⑤ ㄱ, ㄴ, ㄷ

11 우리 주변의 산과 염기에 대한 설명으로 옳지 <u>않은</u> 것은?

① 식초는 4 ~ 6 % 아세트산 수용액으로 신맛이 난다.
② 탄산 음료에는 이산화 탄소를 물에 녹인 탄산이 들어 있다.
③ 제산제에는 염기성 물질인 수산화 마그네슘이 들어 있다.
④ 베이킹 소다의 주성분인 탄산수소 나트륨은 염기성 물질로 쓴맛이 난다.
⑤ 개미, 벌과 같은 곤충에 물리면 통증을 느끼는 이유는 분비물에 염기성 물질이 있기 때문이다.

○○●
12 일상생활에서 쓰이는 물질 중 메틸 오렌지 용액을 떨어 뜨릴 때 붉은색으로 변하는 것만을 〈보기〉에서 있는 대로 고른 것은?

┌─ 보기 ─────────────────────────┐
│ ㄱ. 식초   ㄴ. 제산제   │
│ ㄷ. 탄산음료   ㄹ. 하수구 세정제   │
└──────────────────────────────┘

① ㄱ   ② ㄱ, ㄷ   ③ ㄱ, ㄹ
④ ㄱ, ㄴ, ㄷ   ⑤ ㄴ, ㄷ, ㄹ

[2023 모의고사 기출]

○○●●
13 그림은 수액 (가)~(다)를 이온 모형으로 나타낸 것이다. (가) ~(다)는 각각 묽은 염산(HCl), 수산화 나트륨(NaOH) 수용액, 염화 나트륨(NaCl) 수용액 중 하나이고, ■는 음이온이다.

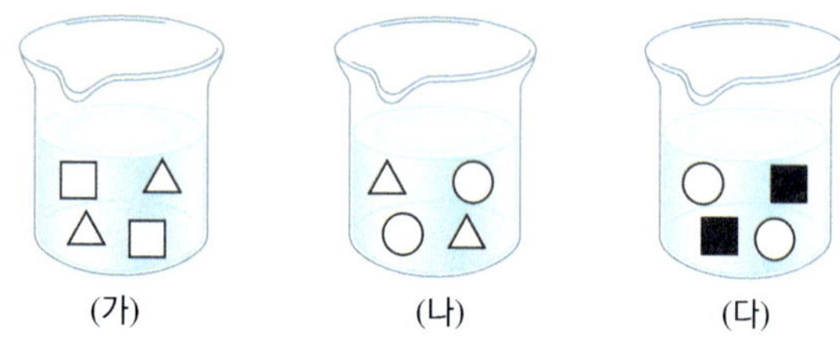
(가)   (나)   (다)

이에 대한 설명으로 옳은 것만을 〈보기〉에서 있는 대로 고른 것은?

┌─ 보기 ─────────────────────────┐
│ ㄱ. △는 Cl⁻이다.   │
│ ㄴ. (가)에 금속 아연(Zn)을 넣으면 기체가 발생한다. │
│ ㄷ. (나)와 (다)를 혼합하면 물이 생성된다.   │
└──────────────────────────────┘

① ㄱ   ② ㄷ   ③ ㄱ, ㄴ
④ ㄴ, ㄷ   ⑤ ㄱ, ㄴ, ㄷ

○○○●
14 몇 가지 물질에 들어 있는 주성분 물질을 이온화식으로 나타내었다.

┌──────────────────────────────────────┐
│ · 비누: $NaOH \longrightarrow Na^+ + OH^-$ │
│ · 식초: $CH_3COOH \longrightarrow H^+ + CH_3COO^-$ │
│ · 탄산음료: $H_2CO_3 \longrightarrow 2H^+ + CO_3^{2-}$ │
└──────────────────────────────────────┘

이에 대한 설명으로 옳은 것만을 〈보기〉에서 있는 대로 고른 것은?

┌─ 보기 ─────────────────────────┐
│ ㄱ. 비누의 pH는 7보다 크다.   │
│ ㄴ. 식초는 탄산 칼슘과 반응하지 않는다.   │
│ ㄷ. 비누와 탄산음료는 모두 푸른색 리트머스 종이를 붉 │
│   게 변화시킨다.   │
└──────────────────────────────┘

① ㄱ   ② ㄴ   ③ ㄱ, ㄷ
④ ㄴ, ㄷ   ⑤ ㄱ, ㄴ, ㄷ

B 중화 반응

○○●
15 중화 반응에 대한 설명으로 옳지 <u>않은</u> 것은?

① 산과 염기가 반응하여 물이 생성된다.
② 중화 반응이 일어날 때 열이 발생한다.
③ 중화 반응이 완결된 지점을 중화점이라고 한다.
④ 반응하는 산과 염기의 종류가 달라도 생성되는 염의 종류는 같다.
⑤ 염은 산의 음이온과 염기의 양이온이 결합한 물질이다.

○○●●
16 그림은 묽은 황산 (가)와 수산화 칼륨 수용액 (나)의 반응을 입자 모형으로 나타낸 것이다.

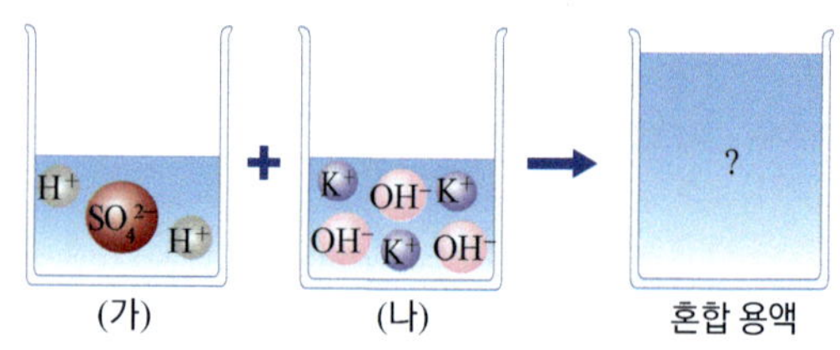
(가)   (나)   혼합 용액

이에 대한 설명으로 옳은 것만을 〈보기〉에서 있는 대로 고른 것은? (단, 혼합 전 두 수용액의 온도는 같다.)

┌─ 보기 ─────────────────────────────┐
│ ㄱ. 혼합 용액의 pH는 7보다 크다.   │
│ ㄴ. 혼합 용액에 들어 있는 이온의 종류는 2 가지이다.   │
│ ㄷ. 혼합 후 생성된 물 분자 수는 (나)에 들어 있는 K^+의 수 │
│   와 같다.   │
└──────────────────────────────────┘

① ㄱ   ② ㄷ   ③ ㄱ, ㄴ
④ ㄴ, ㄷ   ⑤ ㄱ, ㄴ, ㄷ

○○●●
17 그림은 일정량의 수산화 나트륨 수용액에 묽은 염산을 조금씩 넣어 줄 때, 혼합 용액에 들어 있는 이온 수 변화를 나타낸 것이다.

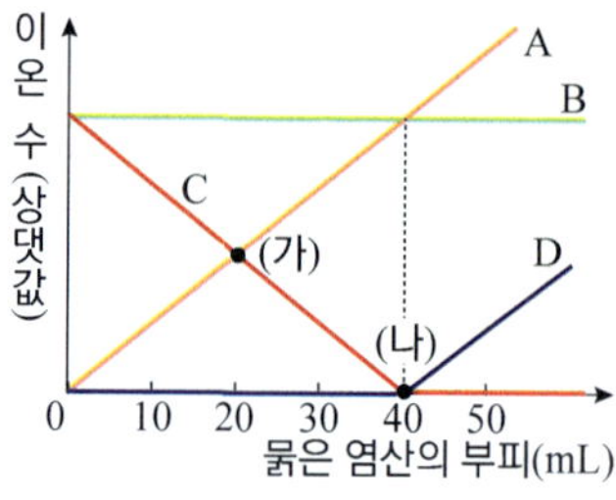

이에 대한 설명으로 옳지 <u>않은</u> 것은?

① A와 B는 반응에 참여하지 않는다.
② C와 D는 1 : 1의 개수비로 중화 반응한다.
③ 용액 (가)는 염기성이다.
④ 혼합 용액의 최고 온도는 (나)가 (가)보다 높다.
⑤ 용액 속 Na^+의 수는 (가)가 (나)보다 많다.

18 그림은 수산화 나트륨 (NaOH) 수용액에 묽은 염산(HCl)을 일정량씩 가할 때 일어나는 반응을 이온 모형으로 나타낸 것이다.

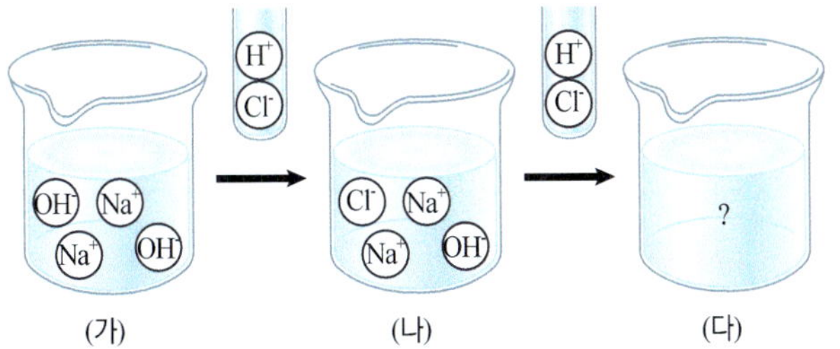

이에 대한 설명으로 옳은 것만을 〈보기〉에서 있는 대로 고른 것은?

─ 보기 ─

ㄱ. (가)와 (나)는 염기성이다.

ㄴ. (다)의 이온 모형은 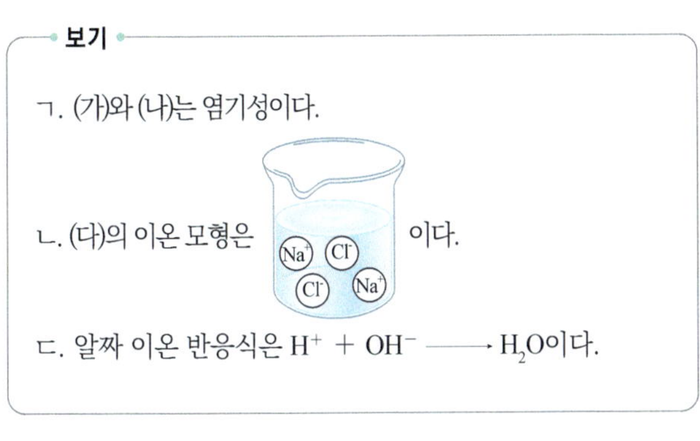 이다.

ㄷ. 알짜 이온 반응식은 $H^+ + OH^- \longrightarrow H_2O$이다.

① ㄱ ② ㄷ ③ ㄱ, ㄴ
④ ㄴ, ㄷ ⑤ ㄱ, ㄴ, ㄷ

19 일정량의 묽은 염산에 수산화 나트륨 수용액을 조금씩 추가로 넣을 때 용액에 들어 있는 입자의 변화를 모형으로 나타내었다.

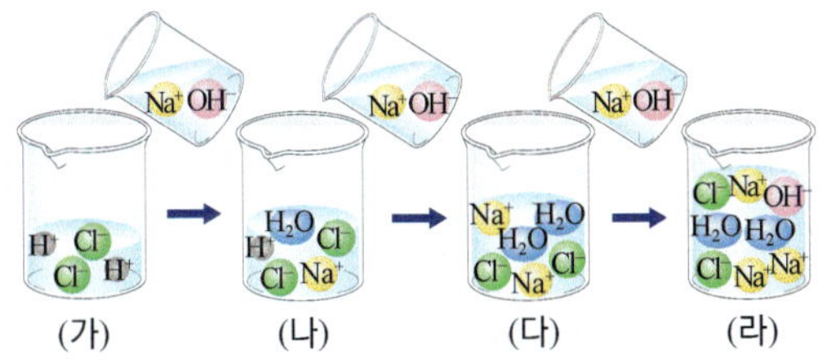

이에 대한 설명으로 옳은 것만을 〈보기〉에서 있는 대로 고른 것은?

─ 보기 ─

ㄱ. pH가 가장 작은 용액은 (가)이다.

ㄴ. (나)와 (라)를 혼합한 용액에 BTB 용액을 떨어뜨리면 초록색을 띤다.

ㄷ. (라)에 수산화 칼륨 수용액을 넣으면 물이 생성된다.

① ㄱ ② ㄴ ③ ㄷ
④ ㄱ, ㄴ ⑤ ㄴ, ㄷ

20 같은 농도의 묽은 염산과 수산화 나트륨 수용액을 다른 부피로 혼합하였을 때의 자료이다.

구분	(가)	(나)	(다)	(라)
묽은 염산의 부피(mL)	10	20	30	40
수산화 나트륨 수용액의 부피(mL)	50	40	30	20

이에 대한 설명으로 옳은 것만을 〈보기〉에서 있는 대로 고른 것은? (단, 혼합 전 두 수용액의 온도는 같다.)

─ 보기 ─

ㄱ. 용액의 최고 온도는 (가)가 가장 높다.

ㄴ. 생성된 물의 양은 (다)가 (나)보다 많다.

ㄷ. H^+은 (다)보다 (라)에 많이 존재한다.

① ㄱ ② ㄷ ③ ㄱ, ㄴ
④ ㄴ, ㄷ ⑤ ㄱ, ㄴ, ㄷ

21 그림은 온도와 부피가 같은 서로 다른 두 가지 물질의 수용액 (가)와 (나)에 들어 있는 이온을 모형으로 나타낸 것이다. (가)와 (나)에 각각 BTB 용액을 한두 방울 떨어뜨렸을 때, (가)는 파란색, (나)는 노란색으로 변했다.

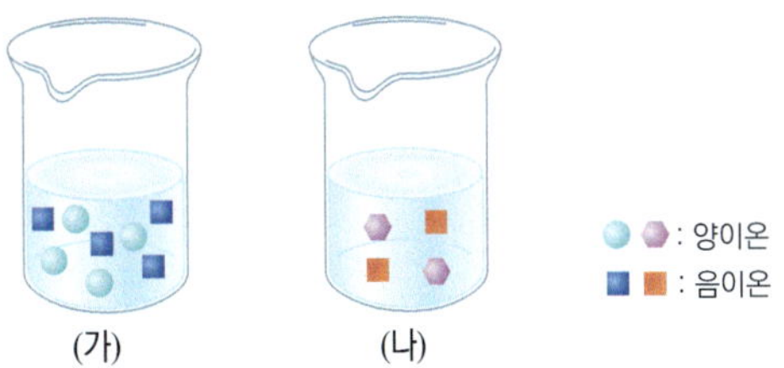

이에 대한 설명으로 옳은 것만을 있는 대로 고른 것은?

─ 보기 ─

ㄱ. (가)에서 ● 은 수소 이온이다.

ㄴ. (나)에서 BTB 용액의 색을 변화시키는 것은 ● 이다.

ㄷ. (가)와 (나)를 혼합한 용액에 페놀프탈레인 용액을 떨어뜨리면 색의 변화가 일어나지 않는다.

① ㄱ ② ㄴ ③ ㄱ, ㄴ
④ ㄴ, ㄷ ⑤ ㄱ, ㄴ, ㄷ

22 일정량의 묽은 염산(HCl)에 수산화 칼륨(KOH) 수용액을 조금씩 넣을 때 용액에 들어 있는 이온 수를 나타내었다.

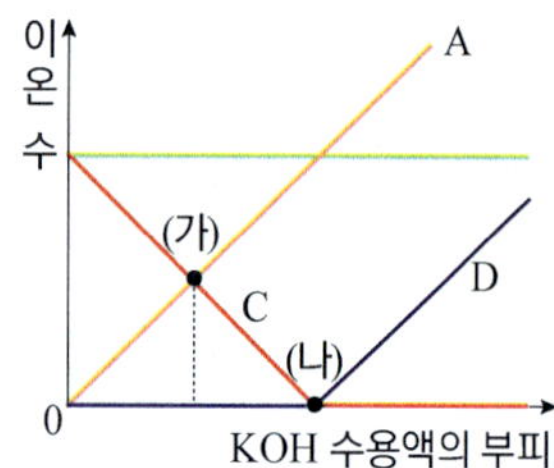

이에 대한 설명으로 옳은 것만을 〈보기〉에서 있는 대로 고른 것은?

┌─ 보기 ─────────────────────────┐
ㄱ. (가) 용액에는 H^+이 존재한다.
ㄴ. 생성된 물의 양은 (나)가 (가)보다 크다.
ㄷ. 용액의 pH는 (나)가 (가)보다 크다.
└────────────────────────────────┘

① ㄱ   ② ㄷ   ③ ㄱ, ㄴ
④ ㄴ, ㄷ   ⑤ ㄱ, ㄴ, ㄷ

23 온도와 농도가 같은 묽은 염산(HCl)과 수산화 칼륨(KOH) 수용액의 부피를 달리하여 혼합하는 과정에서 용액의 최고 온도를 측정하여 나타내었다.

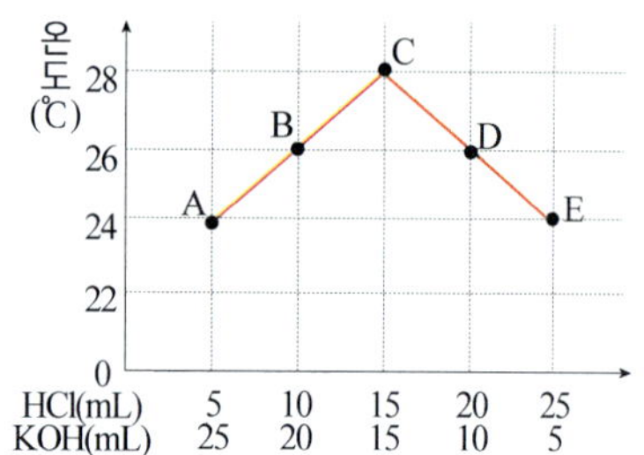

이에 대한 설명으로 옳은 것은?

① A와 B의 액성은 산성이다.
② C는 중화 반응이 완결된 상태이다.
③ C와 D에서 생성된 물의 양은 같다.
④ E에 E와 온도가 같은 수산화 나트륨 수용액을 넣으면 용액의 온도가 낮아진다.
⑤ D와 E에 페놀프탈레인 용액을 떨어뜨리면 모두 붉은색을 띤다.

24 묽은 염산(HCl) 10 mL 에 온도가 같은 수산화 나트륨(NaOH) 수용액 5 mL 를 넣어주었을 때 혼합 용액에 들어 있는 이온의 모형을 나타낸 것이다. 혼합 용액에 대한 설명으로 옳은 것만을 〈보기〉에서 있는 대로 고른 것은?

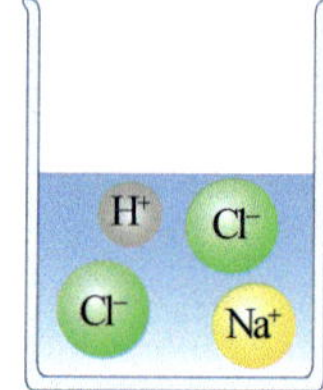

┌─ 보기 ─────────────────────────┐
ㄱ. 반응 전 묽은 염산(HCl)의 온도보다 높다.
ㄴ. 탄산 칼슘을 넣어주면 기체가 발생한다.
ㄷ. 수산화 나트륨(NaOH) 수용액 5 mL를 더 넣어 주면 용액의 액성은 중성이 된다.
└────────────────────────────────┘

① ㄱ   ② ㄷ   ③ ㄱ, ㄴ ④ ㄴ, ㄷ
⑤ ㄱ, ㄴ, ㄷ

25 그래프는 농도와 온도가 같은 묽은 염산과 수산화 나트륨수용액의 부피를 다르게 하여 혼합한 후, 각 용액의 최고 온도를 측정한 결과를 나타낸 것이다.

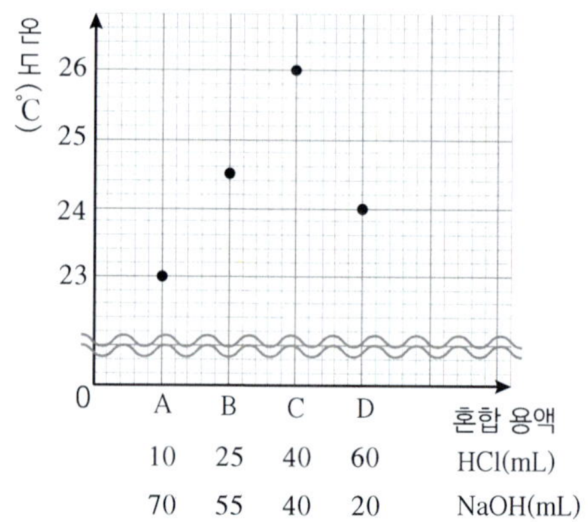

용액 A~D를 설명한 내용으로 옳은 것만을 〈보기〉에서 있는 대로 고른 것은?

┌─ 보기 ─────────────────────────┐
ㄱ. B에는 OH^-이 Cl^-보다 적게 들어 있다.
ㄴ. 중화 반응으로 생성된 물의 양은 D가 A의 2배이다.
ㄷ. A~D 중 혼합 용액 속에 들어 있는 이온의 수가 가장 적은 것은 A이다.
└────────────────────────────────┘

① ㄱ   ② ㄴ   ③ ㄱ, ㄴ
④ ㄴ, ㄷ   ⑤ ㄱ, ㄴ, ㄷ

26 그림은 묽은 염산(HCl) 20 mL에 수산화 나트륨(NaOH)수용액을 가할 때 생성된 물(H$_2$O) 분자 수를 나타낸 것이다.

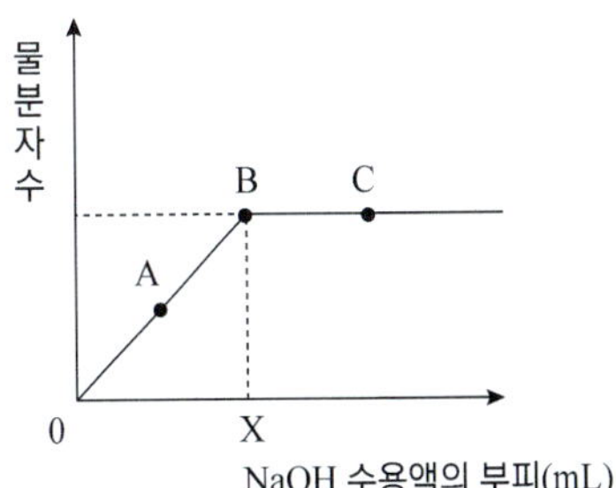

이에 대한 설명으로 옳은 것만을 〈보기〉에서 있는 대로 고른 것은? (단, 묽은 염산(HCl)과 수산화 나트륨(NaOH) 수용액의 온도와 농도는 모두 같다.)

─● 보기 ●─
ㄱ. x＝20이다.
ㄴ. B점에서 용액의 온도가 가장 높다.
ㄷ. A점과 C점에서 용액에 존재하는 이온의 종류는 동일하다.

① ㄱ ② ㄷ ③ ㄱ, ㄴ
④ ㄴ, ㄷ ⑤ ㄱ, ㄴ, ㄷ

[2017 모의고사 기출]

27 표는 묽은 염산(HCl)과 수산화 나트륨(NaOH) 수용액을 서로 다른 부피로 혼합한 용액에 대한 자료이고, 그림은 (가)에 들어 있는 이온을 모형으로 나타낸 것이다.

혼합 용액	HCl 부피 (mL)	NaOH 부피 (mL)
(가)	5	15
(나)	10	10
(다)	15	5

○ Na$^+$　● OH$^-$　■ OH$^-$　○ Cl$^-$
(가)

이에 대한 설명으로 옳은 것만을 〈보기〉에서 있는 대로 고른 것은? (단, 혼합 전 용액의 온도는 서로 같다.)

─● 보기 ●─
ㄱ. (나)는 중성이다.
ㄴ. 혼합 용액의 최고 온도는 (나)가 (다)보다 높다.
ㄷ. (가)와 (다)를 혼합했을 때 H$^+$과 Na$^+$의 수는 같다.

① ㄱ ② ㄴ ③ ㄱ, ㄷ
④ ㄴ, ㄷ ⑤ ㄱ, ㄴ, ㄷ

28 그림은 수산화 나트륨 (NaOH) 수용액 20 mL에 묽은 염산(HCl)을 10 mL 씩 넣을 때 용액에 들어 있는 음이온을 모형으로 나타낸 것이다.

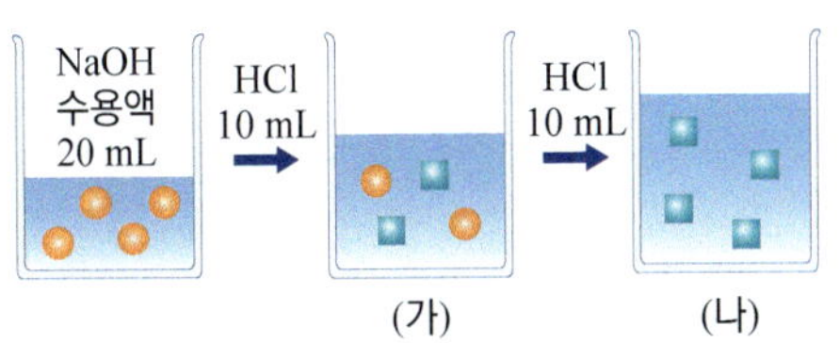

이에 대한 설명으로 옳은 것만을 〈보기〉에서 있는 대로 고른 것은? (단, 혼합 전 두 수용액의 온도는 같다.)

─● 보기 ●─
ㄱ. ■은 Cl$^-$이다.
ㄴ. 용액의 최고 온도는 (나)가 (가)보다 높다.
ㄷ. 혼합 전 단위 부피당 전체 이온 수는 수산화 나트륨 수용액과 묽은 염산이 같다.

① ㄱ ② ㄷ ③ ㄱ, ㄴ
④ ㄴ, ㄷ ⑤ ㄱ, ㄴ, ㄷ

[2023 모의고사 기출]

29 표는 농도가 같은 HCl 수용액과 NaOH 수용액의 부피를 달리하여 중화 반응시켰을 때, 실험 (가)와 (나)에서 혼합 용액에 존재하는 양이온을 모형으로 나타낸 것이다. △, ■는 H$^+$, Na$^+$을 순서 없이 나타낸 것이다.

실험		(가)	(나)
혼합 전 수용액의 부피(mL)	HCl	30	20
	NaOH	10	20
혼합 용액에 존재하는 양이온 모형		△ ■ ■	△ △

이에 대한 설명으로 옳은 것만을 〈보기〉에서 있는 대로 고른 것은?

─● 보기 ●─
ㄱ. ■는 Na$^+$이다.
ㄴ. (가)의 혼합 용액은 산성이다.
ㄷ. 생성된 물 분자의 수는 (가)에서가 (나)에서보다 크다.

① ㄱ ② ㄴ ③ ㄱ, ㄷ
④ ㄴ, ㄷ ⑤ ㄱ, ㄴ, ㄷ

30 묽은 염산(HCl)과 수산화 나트륨(NaOH) 수용액의 부피를 다르게 하여 혼합하는 과정에서 용액의 최고 온도를 나타내었다.

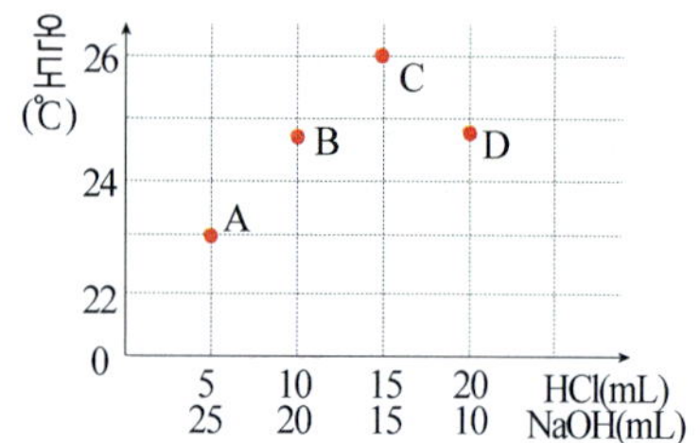

혼합 용액 A ~ D에 대한 설명으로 옳지 <u>않은</u> 것은?

① A는 염기성 용액이다.
② B에 BTB 용액을 떨어뜨리면 파란색을 나타낸다.
③ C는 전류가 흐르지 않는다.
④ D에 Mg을 넣으면 기체가 발생한다.
⑤ Na^+의 수는 C가 D보다 많다.

31 그림 (가)는 산 수용액 10 mL에 염기 수용액을 넣어가면서 혼합 용액의 온도 변화를 나타낸 것이고, (나)는 b에서 혼합 용액에 존재하는 이온을 입자 모형으로 나타낸 것이다.

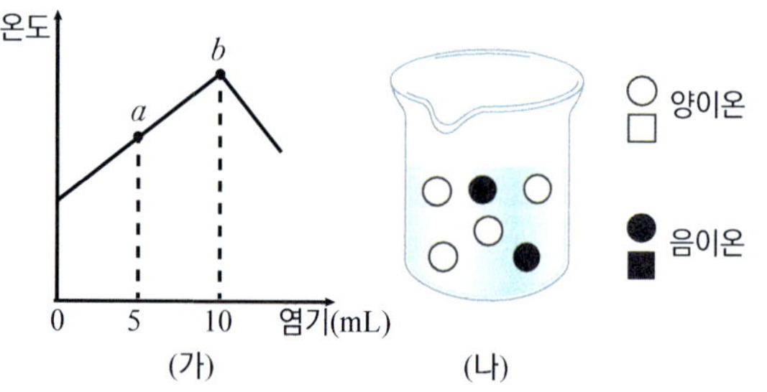

a에서 혼합 용액에 존재하는 이온의 입자 모형으로 가장 적절한 것은? (단, 산과 염기는 수용액에서 완전히 이온화 되고, 앙금은 생성되지 않는다.)

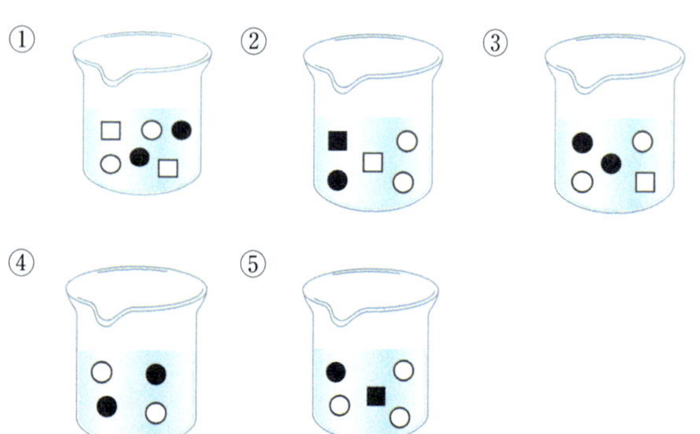

32 그림은 묽은 염산(HCl) 10 mL에 수산화 나트륨(NaOH) 수용액을 10 mL씩 넣었을 때, 수용액에 들어 있는 이온을 모형으로 나타낸 것이다. (가)에 들어 있는 이온은 나타내지 않았다.

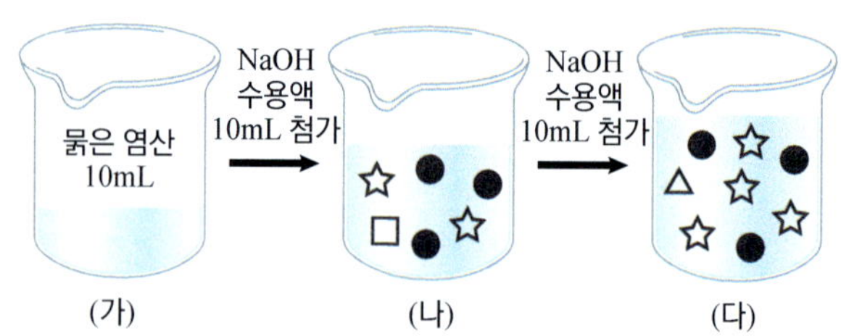

이에 대한 설명으로 옳은 것만을 〈보기〉에서 있는 대로 고른 것은?

보기

ㄱ. ●는 양이온이다.
ㄴ. (나)에 금속 마그네슘(Mg)을 넣으면 기체가 발생한다.
ㄷ. 묽은 염산 200mL와 수산화 나트륨 수용액 300mL를 혼합한 용액은 중성이다.

① ㄱ   ② ㄴ   ③ ㄱ, ㄷ
④ ㄴ, ㄷ   ⑤ ㄱ, ㄴ, ㄷ

33 다음 중 일상생활 속에서 일어나는 중화 반응의 예로 적절한 것만을 있는 대로 고르시오.

① 생선회를 먹을 때 레몬즙을 뿌린다.
② 오래된 자전거의 체인에 녹이 슨다.
③ 속이 쓰린 경우에 제산제를 복용한다.
④ 철 가루가 든 손난로를 흔들면 열이 발생한다.
⑤ 반딧불이 몸속 루시페린이 산소와 반응하여 빛이 발생한다.

34 다음은 일상생활 속 중화 반응의 예를 나타낸 것이다.

· 충치를 예방하기 위하여 ㉠치약으로 양치질한다.
· ㉡생선 비린내를 없애기 위해 ㉢레몬즙을 뿌린다.
· 공장 배기가스에 포함된 ㉣이산화 황을 ㉤산화 칼슘을 이용하여 제거한다.

이에 대한 설명으로 옳은 것만을 있는 대로 고른 것은?

보기

ㄱ. ㉠~㉤ 중 염기성 물질은 2가지이다.
ㄴ. ㉠에 ㉢을 혼합하면 중화 반응이 일어난다.
ㄷ. ㉣을 물에 녹인 후 BTB 용액을 떨어뜨리면 노란색으로 변한다.

① ㄱ   ② ㄴ   ③ ㄱ, ㄴ
④ ㄴ, ㄷ   ⑤ ㄱ, ㄴ, ㄷ

01 그림은 우리 주변의 4가지 액체를 기준 (가)에 따라 분류한 것이다. A~D는 각각 암모니아수, 식초, NaOH 수용액, 석회수 중 하나이다.

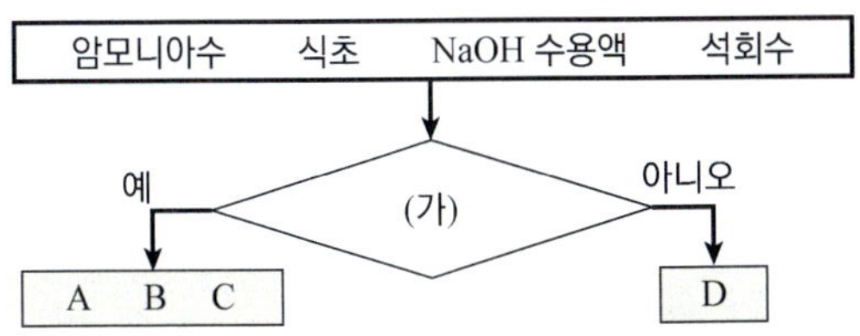

(가)로 적절하지 않은 것은?

① BTB 용액을 떨어뜨렸을 때 파란색을 띠는가?
② 마그네슘 리본을 넣었을 때 수소 기체가 발생하는가?
③ 페놀프탈레인 용액을 떨어뜨렸을 때 붉은색을 띠는가?
④ 메틸오렌지 용액을 떨어뜨렸을 때 노란색을 띠는가?
⑤ 붉은색 리트머스 종이에 적셨을 때 종이가 푸르게 변하는가?

[2022 모의고사 기출]

02 표는 NaOH 수용액과 HCl 수용액을 부피를 달리하여 혼합한 용액 (가)~(다)에 대한 자료이다. ㉠과 ㉡은 각각 H^+, Na^+, Cl^-, OH^- 중 하나이고, (가)에서 $\dfrac{OH^- \text{의 수}}{Na^+ \text{의 수}} = \dfrac{1}{2}$ 이다.

혼합 용액	수용액의 부피 (mL)		혼합 용액 속 $\dfrac{㉠ \text{의 수}}{㉡ \text{의 수}}$
	NaOH 수용액	HCl 수용액	
(가)	10	5	
(나)	10	15	$\dfrac{1}{2}$
(다)	10	30	x

이에 대한 설명으로 옳은 것만을 〈보기〉에서 있는 대로 고른 것은?

- 보기 -
ㄱ. ㉠은 H^+이다.
ㄴ. $x=1$이다.
ㄷ. 생성된 H_2O 분자 수는 (나)에서가 (가)에서의 2배이다.

① ㄱ   ② ㄷ   ③ ㄱ, ㄴ
④ ㄱ, ㄷ   ⑤ ㄴ, ㄷ

[2019 모의고사 기출]

03 표는 묽은 염산(HCl)과 수산화 나트륨(NaOH) 수용액을 혼합한 용액 (가), (나)에 대한 자료이다.

혼합 용액		(가)	(나)
혼합 전 부피 (mL)	묽은 염산	a	$2a$
	수산화 나트륨 용액	$3b$	b
혼합 용액에 들어 있는 양이온 모형			

묽은 염산 $3a$ (mL)와 수산화 나트륨 x (mL)를 혼합한 용액이 중성일 때, x는?

① $2b$ ② $3b$ ③ $4b$
④ $6b$ ⑤ $9b$

04 표는 수용액 A~C 중 2가지 수용액을 각각 5 mL씩 혼합한 용액 (가)~(다)에 대한 자료이다. A~C는 각각 HCl 수용액, NaOH 수용액, $Ba(OH)_2$ 수용액 중 하나이다.

혼합 용액	(가)	(나)	(다)
혼합 전 수용액	A, B	B, C	A, C
혼합 용액에 들어 있는 이온 모형			ⓐ

이에 대한 설명으로 옳은 것만을 〈보기〉에서 있는 대로 고른 것은? (단, 온도는 일정하다.)

- 보기 -
ㄱ. ○는 Ba^{2+}이다.
ㄴ. ⓐ에는 세 종류의 이온이 존재한다.
ㄷ. 생성된 H_2O 분자 수는 (가)가 (나)보다 많다

① ㄱ   ② ㄴ   ③ ㄱ, ㄷ
④ ㄴ, ㄷ   ⑤ ㄱ, ㄴ, ㄷ

03 물질 변화에서 에너지의 출입

A 물질 변화와 에너지의 출입

1. 물리 변화와 에너지의 출입

① **물리 변화**: 아이스크림이 녹거나 물질이 깨지는 것처럼 물질을 이루는 입자의 종류는 변하지 않고 물질의 성질은 그대로 유지되면서 상태나 모양이 변하는 현상이다.

② **열에너지를 방출하는 상태 변화[1]**: 응고, 액화, 승화(기체→고체)가 일어날 때 열에너지를 방출하며, 주위[2]의 온도는 높아진다.

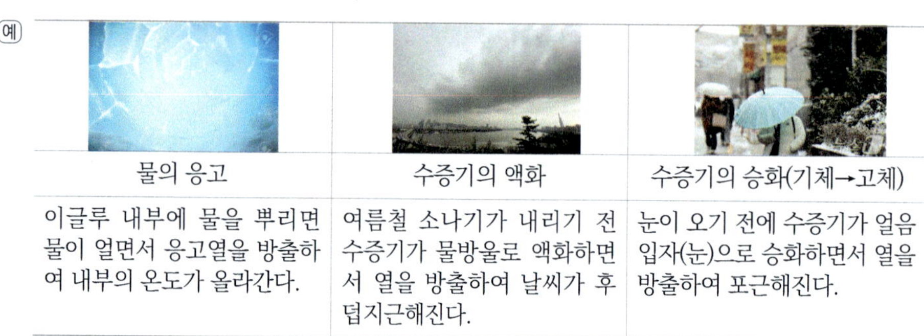

물의 응고	수증기의 액화	수증기의 승화(기체→고체)
이글루 내부에 물을 뿌리면 물이 얼면서 응고열을 방출하여 내부의 온도가 올라간다.	여름철 소나기가 내리기 전 수증기가 물방울로 액화하면서 열을 방출하여 날씨가 후덥지근해진다.	눈이 오기 전에 수증기가 얼음 입자(눈)으로 승화하면서 열을 방출하여 포근해진다.

③ **열에너지를 흡수하는 상태 변화[3]**: 융해, 기화, 승화(고체→기체)가 일어날 때 열에너지를 흡수하며, 주위의 온도는 낮아진다.

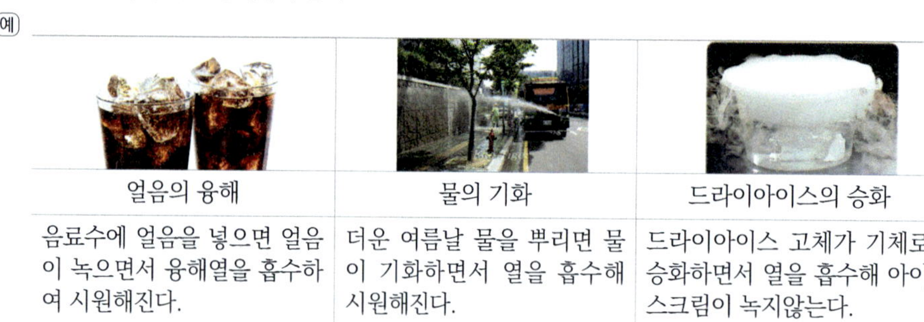

얼음의 융해	물의 기화	드라이아이스의 승화
음료수에 얼음을 넣으면 얼음이 녹으면서 융해열을 흡수하여 시원해진다.	더운 여름날 물을 뿌리면 물이 기화하면서 열을 흡수해 시원해진다.	드라이아이스 고체가 기체로 승화하면서 열을 흡수해 아이스크림이 녹지않는다.

2. 화학 변화와 에너지의 출입

① **화학 변화**: 양초가 타거나 철이 녹스는 것처럼 물질을 이루는 원자들이 재배열되어 새로운 물질이 만들어지는 변화이며, 물질의 성질이 변한다.

② **발열 반응**: 화학 반응이 일어날 때 주위로 에너지를 방출하는 반응이다.

➡ 반응물에서 생성물로 에너지가 변할 때 에너지가 감소하면서 그 차이만큼의 에너지가 방출되므로 주위의 온도가 높아진다.

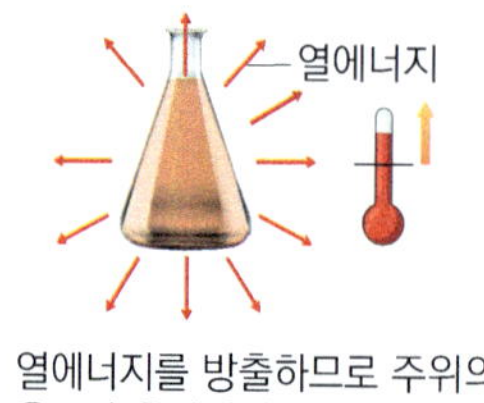
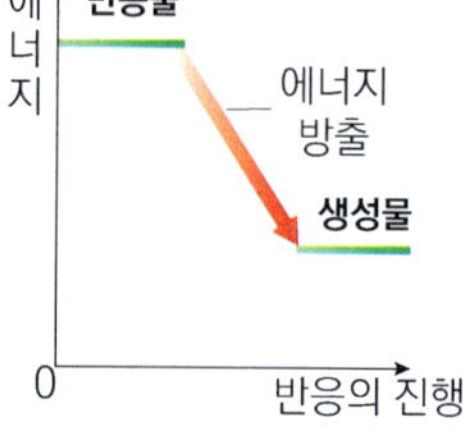

⑩ **[염화 칼슘[4]의 용해 반응]** 간이 열량계[5]에 물 100 g을 넣고 온도를 측정하였더니 27 ℃였다. 여기에 염화칼슘($CaCl_2$) 10 g을 넣어서 젓개로 저어 녹이면서 최고 온도를 측정하였더니 36 ℃였다.

➡ 염화 칼슘이 용해될 때 방출하는 열을 물이 흡수하여 물의 온도가 높아진다.

⑩ **[진한 황산 묽히기]** 진한 황산(H_2SO_4)을 묽은 황산으로 만드는 과정에서 매우 많은 열에너지가 발생하여 물이 뜨거워지므로 증류수에 진한 황산을 조금씩 넣어가며 묽혀야 한다.

➡ 진한 황산이 물에 용해되는 반응은 에너지를 방출하는 발열 반응이다.

❶ 상태 변화에서 열이 방출되는 또 다른 예

● 과수원에서 냉해를 예방하기 위해 물을 뿌리면 얼면서 열이 방출된다.
● 공기 중 수증기가 승화하면서 열을 방출하고 풀잎이나 유리창 등에 붙어 서리나 성에가 된다.

❷ 주위(주변)

화학 반응이 일어나는 계를 둘러싼 외부 환경을 말한다. 화학 반응 계에서 열이 방출되면 주위의 온도는 올라가고, 화학 반응 계에서 열이 흡수되면 주위의 온도는 내려간다.

❸ 상태 변화에서 열이 흡수되는 또 다른 예

● 알코올을 손에 바르면 알코올이 기화하면서 열이 흡수되어 손이 시원해진다.
● 운동 중 땀이 나면 땀이 기화하면서 열이 흡수되어 몸이 시원해진다.
● 냉장고, 에어컨의 냉매는 기화하면서 열을 흡수해 냉방을 한다.

❹ 염화 칼슘($CaCl_2$)

염화 칼슘은 스스로 무게의 14배 이상의 물을 흡수하며 열을 발생시킨다. 제설제, 제습제 등으로 이용된다.

❺ 간이 열량계

단열 용기와 온도계 및 젓개 등으로 구성되며 열량을 측정하는 장치이다.

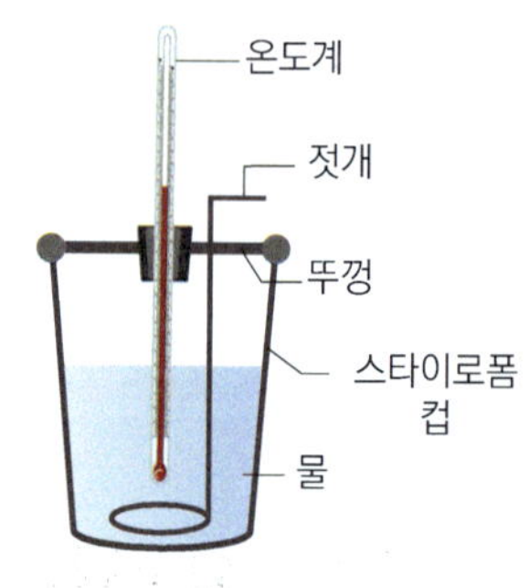

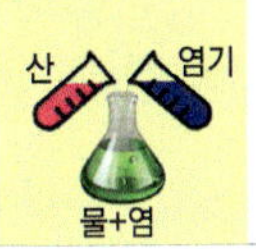

연소 반응	철이 녹스는 반응	중화 반응 ❻
나무, 알코올, 메테인 등이 연소할 때 열에너지를 방출한다.	철이 산화하여 녹슬면서 열에너지를 방출한다.	산과 염기가 만나 중화 반응을 할 때 중화열을 방출한다.

③ **흡열 반응**: 화학 반응이 일어날 때 주위로부터 에너지를 흡수하는 반응이다.
➡ 반응물에서 생성물로 에너지가 변할 때 에너지가 증가하면서 그 차이만큼의 에너지가 흡수되므로 주위의 온도가 낮아진다.

㉖ **[수산화 바륨과 질산 암모늄의 반응 ❼]** 나무판의 중앙에 물을 조금 떨어뜨리고, 그 위에 삼각플라스크를 놓고, 삼각플라스크에 수산화 바륨($Ba(OH)_2$)과 질산 암모늄(NH_4NO_3)을 넣고 유리막대로 저어준다. 잠시 후 삼각플라스크를 들어올리면 나무판이 달라붙어 함께 들어올려진다.

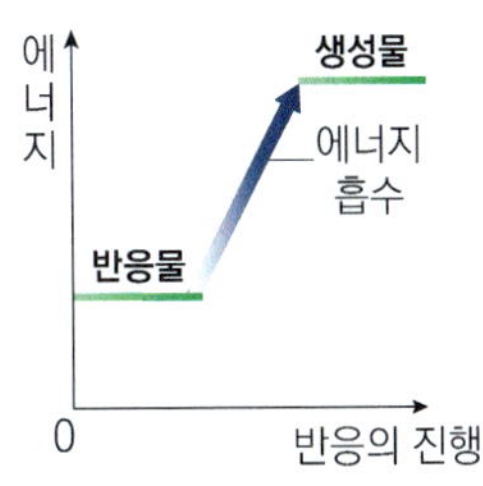

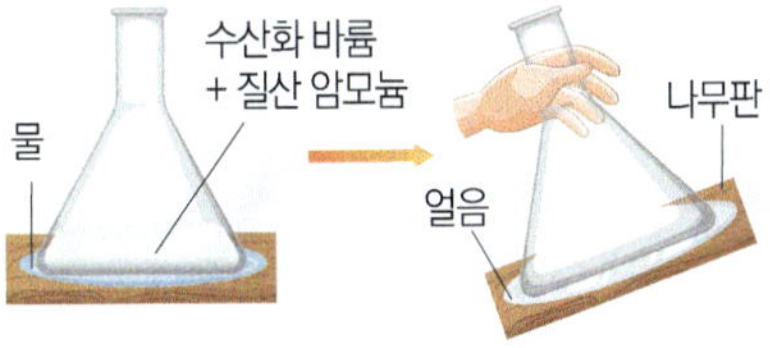

➡ 삼각플라스크 안에서 흡열 반응이 일어나 물이 열을 빼앗겨 얼었기 때문이다.
➡ 수산화 바륨과 질산 암모늄의 반응은 에너지를 흡수하는 흡열 반응이다.
㉖ **[탄산수소 나트륨의 열분해 반응 ❽]** 탄산수소 나트륨을 시험관에 넣고 가열하면 탄산수소 나트륨이 열에너지를 흡수하여 분해되면서 이산화 탄소가 생성된다.
㉖ **[물의 전기 분해 반응 ❾]** 물을 전기 분해할 때 물이 전기 에너지를 흡수하여 수소 기체와 산소 기체로 분해된다.

Ⓑ 물질 변화에서 출입하는 에너지의 이용

1. 발열 반응과 흡열 반응의 이용

발열 반응	· 손난로를 흔들면 철 가루가 산화하면서 열에너지가 방출되어 따뜻해진다. · 발열 용기에서는 물과 산화 칼슘❶이 반응하면서 열에너지를 방출하므로 음식을 조리할 수 있다. · 우리몸이 신체활동을 하면 세포호흡 과정에서 지방이 산화되면서 열에너지를 방출한다. · 금속이 산과 반응할 때, 열에너지를 방출하며 금속이 녹아 수소를 생성한다. · 반딧불이의 몸에서 빛에너지가 방출된다.
흡열 반응	· 식물은 광합성 과정에서 빛에너지를 흡수하여 포도당을 합성한다. · 불이 났을 때 탄산수소 나트륨 분말을 뿌리면 열에너지를 흡수하여 불이 꺼진다. · 냉장고나 에어컨에서는 냉매가 기화하면서 열에너지를 흡수하여 시원해진다. · 냉각팩 속 질산 암모늄❷이 물에 용해될 때 열에너지를 흡수하여 냉각팩이 시원해진다.

2. 생명 현상과 지구 현상에서 에너지의 출입

광합성	식물은 빛에너지를 흡수하여 광합성을 한다.
세포호흡	생명체는 세포호흡 과정에서 열에너지를 방출하며 그 일부를 생명활동에 이용한다.
물의 순환	물은 열에너지를 흡수하여 공기 중의 수증기로 기화하며, 공기 중의 수증기는 열에너지를 방출하면서 액화하여 구름을 이루고 비로 내려서 서로 순환한다.
태풍	바다에서 태양 에너지를 흡수하여 증발한 수증기가 물로 응결되는 과정에서 방출한 열에너지가 태풍의 에너지가 된다.

❻ **중화 반응의 예**
대표적인 중화 반응은 묽은 염산(HCl)과 수산화 나트륨($NaOH$) 수용액의 반응이다.
$$HCl + NaOH \longrightarrow NaCl + H_2O + 열에너지$$

❼ **수산화 바륨과 질산 암모늄 반응의 화학 반응식**
$$Ba(OH)_2 + 2NH_4NO_3 + 열에너지 \longrightarrow Ba(NO_3)_2 + 2NH_3 + 2H_2O$$
➡ 질산 암모늄 대신 염화 암모늄(NH_4Cl)을 사용하기도 한다.

❽ **탄산수소 나트륨의 열분해 반응식**
$$2NaHCO_3 + 열에너지 \longrightarrow Na_2CO_3 + H_2O + CO_2$$
(이때 발생하는 CO_2가 석회수를 통과하면 뿌옇게 흐려진다.-기체 확인 실험)

❾ **물의 전기 분해 반응**
$$2H_2O + 전기 에너지 \longrightarrow 2H_2 + O_2$$

❶ **물과 산화 칼슘 반응**
물과 산화 칼슘(CaO)이 반응하여 수산화 칼슘($Ca(OH)_2$)이 생성되면서 열에너지가 방출되는 반응이다.
$$CaO + H_2O \longrightarrow Ca(OH)_2 + 열$$
이때 발생하는 열로 음식을 조리하기도 하고, 가축의 방역에 이용하기도 한다.
산화 칼슘이 물에 녹아 염기성인 수산화 칼슘($Ca(OH)_2$)이 생성되므로, 산성화된 논이나 밭을 중화시킬 때 산화 칼슘이 포함된 석회 비료를 사용한다.

❷ **질산 암모늄의 용해**
질산 암모늄(NH_4NO_3)이 물에 용해되면 암모늄 이온(NH_4^+)과 질산 이온(NO_3^-)으로 이온화되면서 주위로부터 열에너지를 흡수한다.

● **소금의 용해**
소금($NaCl$)이 물에 용해될 때 열에너지를 흡수한다. 소금을 뿌린 얼음물에 음료를 넣으면 얼음물만 사용할 때보다 더 시원하게 보관할 수 있다.

개념체크⁺

정답 및 해설 → 36

POINT

01 발열 반응과 흡열 반응에 대한 설명으로 옳은 것은 ○표, 옳지 않은 것은 ×표 하시오.

(1) 발열 반응은 화학 반응에서 주위로 에너지를 방출하는 반응이다. ………… (　　　)
(2) 흡열 반응은 화학 반응에서 주위로부터 에너지를 흡수하는 반응이다. …… (　　　)
(3) 발열 반응은 반응물의 에너지가 생성물의 에너지보다 작다. ……………… (　　　)
(4) 흡열 반응은 생성물의 에너지가 반응물의 에너지보다 작다. ……………… (　　　)
(5) 발열 반응이 일어나면 주위의 온도가 높아진다. ………………………… (　　　)
(6) 흡열 반응이 일어나면 주위의 온도가 낮아진다. ………………………… (　　　)

02 다음 중 흡열 반응는 '흡', 발열 반응은 '발'이라고 쓰시오.

(1) 산과 염기의 중화 반응　　(　　　) (2) 화석 연료의 연소 반응　　　(　　　)
(3) 철이 녹스는 반응　　　　(　　　) (4) 염화 칼슘의 용해 반응　　　(　　　)
(5) 광합성　　　　　　　　(　　　) (6) 물과 질산 암모늄의 반응　　(　　　)

03 다음 현상에서 물질 변화가 일어날 때 에너지를 방출하면 '방' 에너지를 흡수하면 '흡'이라고 쓰시오.

(1) 피부에 알코올을 바르면 시원해진다. ………………………………(　　　)
(2) 물에 진한 황산을 녹여 묽은 황산을 만든다. ……………………………(　　　)
(3) 여름철 소나기가 내리기 전 날씨가 후덥지근하다. ………………………(　　　)
(4) 탄산수소 나트륨을 가열하면 열분해되어 이산화 탄소가 발생한다. …………(　　　)
(5) 묽은 염산과 수산화 나트륨 수용액이 반응하면 물과 염이 발생한다. ………(　　　)
(6) 아이스크림을 포장할 때 드라이아이스를 넣는다. ………………………(　　　)
(7) 물을 전기분해하여 수소와 산소를 얻는다. ………………………………(　　　)
(8) 수산화 바륨과 염화 암모늄을 반응시킨다. ………………………………(　　　)

04 물질 변화에서 에너지가 출입하는 현상과 그 이용에 대한 설명으로 옳은 것은 ○표, 옳지 않은 것은 ×표 하시오.

(1) 과수원에서는 개화 시기에 물을 뿌리면 물이 기화하면서 열에너지를 흡수하므로 냉해를 예방할 수 있다. ………………………………………………………(　　　)
(2) 산화 칼슘을 물에 녹여 발생한 열로 음식을 조리한다. ……………………(　　　)
(3) 냉찜질 팩에서는 질산 암모늄이 물에 녹으면서 열에너지를 흡수한다. ………(　　　)
(4) 자동차는 화석 연료가 연소하면서 발생하는 열에너지를 이용한다. …………(　　　)
(5) 식물은 광합성 시 열에너지를 방출한다. …………………………………(　　　)
(6) 눈에 염화 칼슘을 뿌리면 열을 흡수하여 제설 작용을 할 수 있다. …………(　　　)
(7) 음료수에 얼음을 넣으면 열을 방출하여 시원하게 유지할 수 있다. …………(　　　)
(8) 이글루 내부에서 물을 뿌리면 물이 응고하며 에너지를 흡수해 이글루 내부의 온도가 올라간다. ……………………………………………………………(　　　)

스스로 실력높이기

A 물질 변화와 에너지의 출입

01 그림은 어떤 반응에서 반응의 진행에 따른 에너지 변화를 나타낸 것이다. 이와 같은 반응에 대한 설명으로 옳은 것만을 〈보기〉에서 있는 대로 고른 것은?

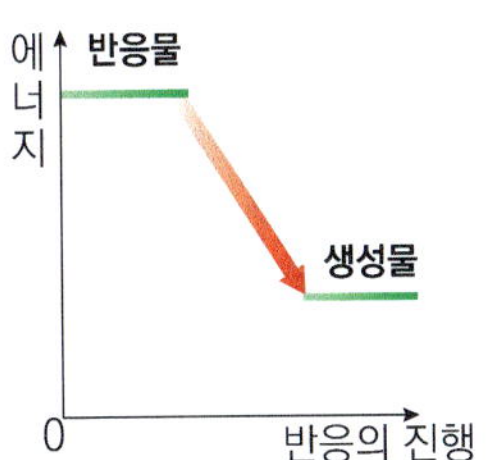

보기
ㄱ. 흡열 반응이다.
ㄴ. 반응이 일어나면 주위의 온도는 높아진다.
ㄷ. 드라이아이스가 승화하는 것은 이 반응의 예이다.

① ㄱ ② ㄴ ③ ㄱ, ㄴ
④ ㄱ, ㄷ ⑤ ㄱ, ㄴ, ㄷ

02 물질 변화와 에너지 출입에 대한 설명으로 옳지 <u>않은</u> 것은?

① 상태 변화가 일어날 때는 항상 에너지가 출입한다.
② 발열 반응이 일어나면 주위의 온도가 올라간다.
③ 흡열 반응이 일어나면 생성물의 에너지가 반응물의 에너지보다 커진다.
④ 화학 변화가 일어날 때는 항상 에너지를 방출한다.
⑤ 응고, 액화, 승화(기체→고체)가 일어날 때는 열에너지를 방출한다.

03 그림은 어떤 화학 반응이 일어날 때 에너지의 변화를 나타낸 것이다. 이와 같은 반응에 대한 설명으로 옳은 것만을 〈보기〉에서 있는 대로 고른 것은?

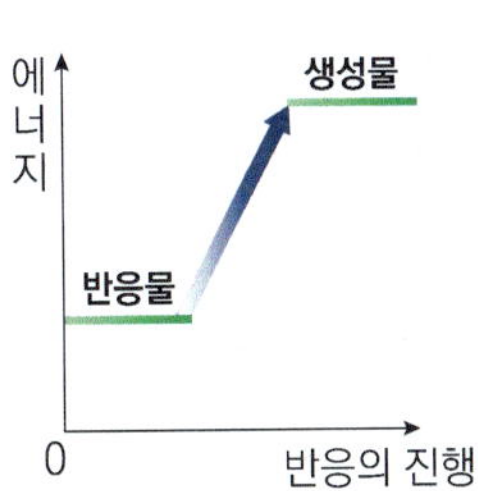

보기
ㄱ. 반응이 일어날 때 에너지를 방출한다.
ㄴ. 반응이 일어날 때 주변의 온도가 낮아진다.
ㄷ. 냉찜질 팩에서는 이 반응이 일어난다.

① ㄱ ② ㄷ ③ ㄱ, ㄴ
④ ㄴ, ㄷ ⑤ ㄱ, ㄴ, ㄷ

04 다음은 우리 주변에서 볼 수 있는 현상을 설명한 것이다.

  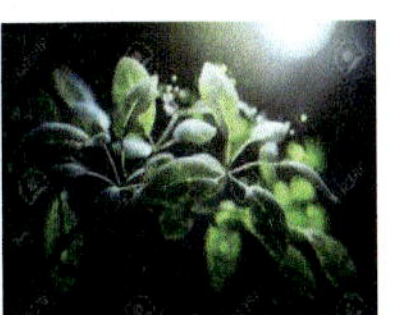

(가) 화석 연료의 연소 (나) 철의 산화 (다) 식물의 광합성

이에 대한 설명으로 옳은 것만을 〈보기〉에서 있는 대로 고른 것은?

보기
ㄱ. (가)는 발열 반응이다.
ㄴ. (나) 반응이 일어나면 주위의 온도는 낮아진다.
ㄷ. (다)는 에너지를 흡수하는 반응이다.

① ㄱ ② ㄴ ③ ㄱ, ㄴ
④ ㄱ, ㄷ ⑤ ㄴ, ㄷ

05 다음은 에너지의 출입을 확인하는 실험이다.

[실험 과정]
(가) 비커 A에 디지털 온도계를 넣은 후 염화 암모늄과 수산화 바륨을 넣고 유리 막대로 저어주면서 반응 전후의 온도를 측정해 기록한다.
(나) 비커 B에 물을 넣고 디지털 온도계를 넣은 후 염화 칼슘을 녹이면서 반응 전후의 온도를 측정해 기록한다.
(다) 비커 C에 디지털 온도계를 넣고, 묽은 염산과 수산화 나트륨 수용액을 섞으면서 반응 전후의 온도를 측정해 기록한다.

[실험 결과]

	비커 A	비커 B	비커 C
반응 전 온도(℃)	25	25	25
반응 후 온도(℃)	20	28	?

이에 대한 설명으로 옳은 것만을 〈보기〉에서 있는 대로 고른 것은?

보기
ㄱ. 비커 A에서는 발열 반응이 일어났다.
ㄴ. 비커 B에서 물의 온도가 높아졌으므로 주위의 열을 흡수하는 흡열 반응이 일어났다.
ㄷ. 비커 C에서는 발열 반응이 일어나므로 ?는 25보다 크다.

① ㄱ ② ㄴ ③ ㄷ
④ ㄱ, ㄷ ⑤ ㄴ, ㄷ

 다음은 두 가지 물질 변화의 예이다.

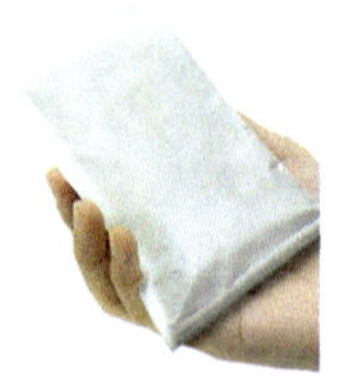

(가) 손난로를 흔들
면 따뜻해진다.

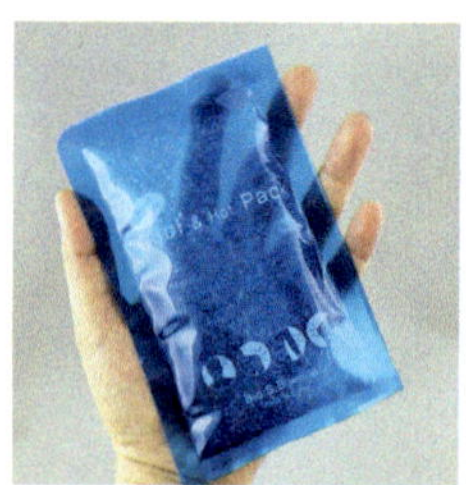

(나) 냉찜질 팩을 주무르
면 차가워진다.

이와 같은 반응에 대한 설명으로 옳은 것만을 〈보기〉에서 있는
대로 고른 것은?

> 보기

ㄱ. (가)에서는 에너지를 방출한다.
ㄴ. (나)는 흡열 반응이다.
ㄷ. (가)의 에너지 출입은 염화 칼슘의 용해 반응과 같다.

① ㄱ   ② ㄷ   ③ ㄱ, ㄴ
④ ㄴ, ㄷ   ⑤ ㄱ, ㄴ, ㄷ

07 다음의 물질 변화가 일어날 때 주위의 온도가 높아지는
경우(A)와 낮아지는 경우(B)를 〈보기〉에서 각각 골라
옳게 짝지은 것은?

> 보기

ㄱ. 얼음의 융해B
ㄴ. 물의 응고A
ㄷ. 금속과 산의 반응A
ㄹ. 진한 황산과 물을 섞어서 묽은 황산을 만듦A
ㅁ. 드라이아이스의 승화B
ㅂ. 수산화 바륨과 염화 암모늄의 반응B

	A	B
①	ㄱ, ㄷ, ㄹ	ㄴ, ㅁ, ㅂ
②	ㄴ, ㄹ, ㅁ	ㄱ, ㄷ, ㅂ
③	ㄴ, ㄷ, ㅂ	ㄱ, ㄹ, ㅁ
④	ㄴ, ㄷ, ㄹ	ㄱ, ㅁ, ㅂ
⑤	ㄱ, ㅁ, ㄹ	ㄴ, ㄷ, ㅂ

08 다음은 에탄올의 변화와 관련된 반응이다.

(가) 알코올램프에 불을 붙이면 에탄올이 연소한다.
(나) 에탄올을 비커에 담아 두면 시간이 지남에 따라 양이 감
소한다.

이에 대한 설명으로 옳은 것만을 〈보기〉에서 있는 대로 고른 것은?

> 보기

ㄱ. (가)에서 발열 반응이 일어난다.
ㄴ. (나)에서 주위의 온도는 상승한다.
ㄷ. (가)와 (나)에서 각각 기체 상태의 에탄올이 생성된다.

① ㄱ   ② ㄴ   ③ ㄷ
④ ㄱ, ㄷ   ⑤ ㄴ, ㄷ

09 다음은 상온에서 고체 A~C를 각각 물에 녹일 때 온도
변화를 알아보는 실험이다.

[실험 과정]
20 ℃의 물이 담긴 간이 열량계 (가)
~(다)에 A, B, C를 각각 10 g씩 넣
고 녹인 후 수용액의 최종 온도인
가장 높거나 낮은 온도를 측정한다.

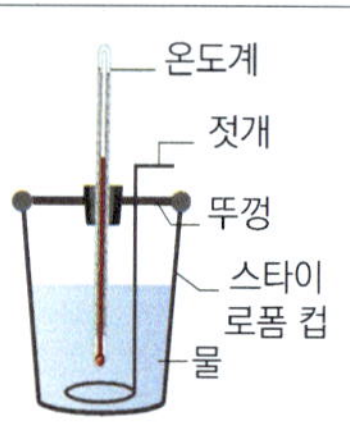

[실험 결과]

	열량계 (가)	열량계 (나)	열량계 (다)
반응 전 온도(℃)	20	20	20
반응 후 온도(℃)	14	25	32

이에 대한 설명으로 옳은 것만을 〈보기〉에서 있는 대로 고른 것은?

> 보기

ㄱ. 열량계 (가)에서는 흡열 반응이 일어났다.
ㄴ. 열량계 (나)에서와 소금이 물에 녹는 과정에서의 열의 출
입 방향은 같다.
ㄷ. 냉찜질 팩에 사용할 수 있는 가장 적절한 물질은 고체
C이다.

① ㄱ   ② ㄴ   ③ ㄷ
④ ㄱ, ㄷ   ⑤ ㄴ, ㄷ

10 그림과 같이 묽은 염산이 들어있는 비커 2개에 각각 칼륨 조각과 수산화 나트륨 수용액을 넣었다.

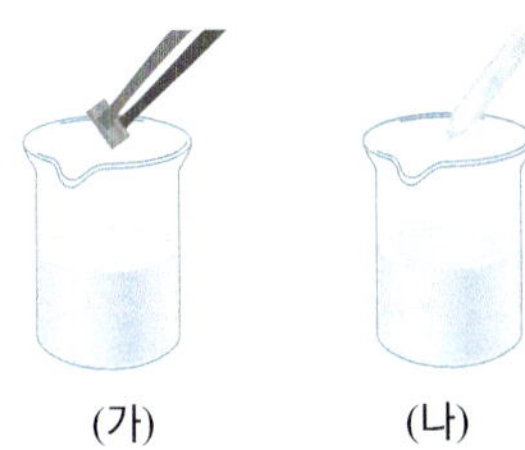

(가)   (나)

이에 대한 설명으로 옳은 것만을 〈보기〉에서 있는 대로 고른 것은?

보기
ㄱ. (가)는 발열 반응을 한다.
ㄴ. (나)는 흡열 반응을 한다.
ㄷ. (가)와 (나)에서 모두 용액의 온도가 높아진다.

① ㄱ   ② ㄷ   ③ ㄱ, ㄷ
④ ㄴ, ㄷ   ⑤ ㄱ, ㄴ, ㄷ

11 다음은 수산화 바륨과 염화 암모늄의 반응에 대한 실험이다.

[실험 과정]
(가) 물을 뿌린 나무판의 가운데에 삼각플라스크를 올려놓는다.
(나) 삼각플라스크에 수산화 바륨과 염화 암모늄을 같이 넣고 유리 막대로 젓는다.
(다) 시간이 지난 후 삼각플라스크를 들어 올린다.

[실험 결과]
삼각플라스크와 나무판 사이의 물이 얼어서 붙은 채로 같이 들어 올려진다.

이에 대한 설명으로 옳은 것만을 〈보기〉에서 있는 대로 고른 것은?

보기
ㄱ. 삼각플라스크 내부에서는 흡열 반응이 일어난다.
ㄴ. 반응이 일어날 때 주위의 온도가 낮아진다.
ㄷ. (나)의 반응에서 물질의 에너지는 반응물이 생성물보다 크다.

① ㄱ   ② ㄷ   ③ ㄱ, ㄴ
④ ㄴ, ㄷ   ⑤ ㄱ, ㄴ, ㄷ

12 다음은 에너지가 출입하는 3가지 반응이다.

(가) 에탄올을 공기 중에서 연소시켰다.
(나) 묽은 염산이 들어있는 시험관에 수산화 나트륨 수용액을 조금씩 넣어 주었다.
(다) 냉각 팩 속에서 질산 암모늄이 물에 용해되었다.

(가)~(다) 중 주위의 온도가 낮아지는 반응만을 있는 대로 고른 것은?

① (가)   ② (나)   ③ (다)
④ (가), (나)   ⑤ (나), (다)

13 다음은 물질 변화의 예이다.

(가) 철로 만들어진 장난감이 녹이 슬었다.
(나) 탄산수소 나트륨을 시험관에 넣고 가열하였더니 기체가 발생하였다.
(다) 산화 칼슘을 물에 녹였다.

이에 대한 설명으로 옳은 것만을 〈보기〉에서 있는 대로 고른 것은?

보기
ㄱ. (가)에서 에너지는 방출된다.
ㄴ. (나)에서 에너지는 방출된다.
ㄷ. (나)와 (다)에서 에너지의 출입 방향은 서로 같다.

① ㄱ   ② ㄷ   ③ ㄱ, ㄷ
④ ㄴ, ㄷ   ⑤ ㄱ, ㄴ, ㄷ

14 다음은 네 가지 물질 변화의 예이다.

(가) 물을 전기 분해한다.
(나) 반딧불이가 빛을 낸다.
(다) 염화 칼슘이 물에 녹는다.
(라) 우리 몸이 신체활동을 하면 지방이 산화된다.

(가)~(라) 중 에너지를 흡수하는 것만을 있는 대로 고른 것은?

① (가)   ② (다)   ③ (나), (라)
④ (가), (다)   ⑤ (나), (다), (라)

15 다음은 발열 용기와 냉찜질 팩에 대한 자료이다.

(가) 발열 용기의 발열 팩에 들어있는 산화 칼슘과 물이 반응하여 음식을 데운다. 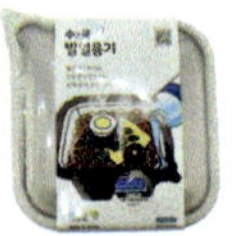

(나) 냉찜질 팩을 주무르면 분리막이 터지면서 질산 암모늄이 물과 반응하여 차가워진다. 

이에 대한 설명으로 옳은 것만을 〈보기〉에서 있는 대로 고른 것은?

> **보기**
>
> ㄱ. 산화 칼슘과 물의 반응은 발열 반응이다.
> ㄴ. 질산 암모늄과 물이 반응하면 주위의 온도가 올라간다.
> ㄷ. (가)에서의 열의 출입은 염화 칼슘이 용해할 때와 같다.

① ㄱ   ② ㄷ   ③ ㄱ, ㄷ
④ ㄴ, ㄷ   ⑤ ㄱ, ㄴ, ㄷ

16 다음은 물질 변화에서 열에너지가 출입하는 현상을 이용하는 네 가지 예이다.

> (가) 드라이아이스를 이용해 신선식품을 보존한다.
> (나) 철가루의 산화 반응을 이용해 손난로를 제작한다.
> (다) 식물은 빛에너지를 이용하여 광합성을 한다.
> (라) 탄산수소 나트륨을 이용해 빵을 만든다.

이에 대한 설명으로 옳은 것만을 〈보기〉에서 있는 대로 고른 것은?

> **보기**
>
> ㄱ. (가)와 (다)는 흡열 반응을 이용한다.
> ㄴ. (나)와 (라)는 발열 반응을 이용한다.
> ㄷ. (가)~(라) 중 흡열 반응을 이용한 예는 모두 3가지이다.

① ㄱ   ② ㄷ   ③ ㄱ, ㄴ
④ ㄱ, ㄷ   ⑤ ㄱ, ㄴ, ㄷ

17 다음을 읽고 물음에 답하시오.

> 메테인(CH_4)이 주성분인 ㉠천연가스를 연소시켜 물을 가열하면 ㉡물이 끓어 수증기가 된다.

이에 대한 설명으로 옳은 것만을 〈보기〉에서 있는 대로 고른 것은?

> **보기**
>
> ㄱ. ㉠은 이산화 탄소와 물이 생성되는 발열 반응이다.
> ㄴ. ㉡이 일어나면 주위의 온도가 올라간다.
> ㄷ. ㉡은 흡열 반응이다.

① ㄱ   ② ㄷ   ③ ㄱ, ㄷ
④ ㄴ, ㄷ   ⑤ ㄱ, ㄴ, ㄷ

18 물질 변화가 일어날 때 에너지가 출입하는 현상에 대한 설명으로 옳지 않은 것은?

① 식물은 광합성을 할 때 빛에너지를 흡수한다.
② 물은 태양 에너지를 흡수하여 수증기가 되고, 수증기가 응결하여 구름이 될 때 열에너지를 방출한다.
③ 생명체는 세포호흡을 할 때 에너지를 방출한다.
④ 에어컨의 냉매가 기화하면서 열을 흡수하므로 냉방을 할 수가 있다.
⑤ 산화 칼슘을 물에 용해시키면 열이 흡수되어 그 열로 계란을 삶을 수 있다.

19 다음은 지구의 자연 현상과 생명 현상에서 일어나는 에너지 출입에 대한 설명이다.

> (가) 바다의 물이 태양 에너지로 인해 수증기가 되고, 대기 중 수증기는 구름이 되는 과정에서 에너지를 (㉠) 하고 눈이나 비로 내리게 된다.
> (나) 식물은 빛에너지를 (㉡)하여 광합성을 하며, 이때 만들어진 포도당을 분해하여 생명활동에 필요한 에너지를 만든다.

이에 대한 설명으로 옳은 것만을 〈보기〉에서 있는 대로 고른 것은?

> **보기**
>
> ㄱ. ㉠은 방출, ㉡은 흡수이다.
> ㄴ. ㉠이 일어나는 과정에서 주위의 온도는 올라가서 후텁지근해진다.
> ㄷ. ㉡이 일어나면서 생성물의 에너지가 반응물보다 커진다.

① ㄱ   ② ㄴ   ③ ㄱ, ㄴ
④ ㄴ, ㄷ   ⑤ ㄱ, ㄴ, ㄷ

심화 실력높이기

01 다음을 읽고 물음에 답하시오.

> (가) 우리 몸은 신체활동을 하면 내부에서 ㉠호흡 활동이 활발해진다.
>
> (나) 식물은 빛에너지를 흡수하여 ㉡광합성 을 한다.

이에 대한 설명으로 옳은 것만을 〈보기〉에서 있는 대로 고른 것은?

> **보기**
> ㄱ. ㉠은 에너지를 방출하는 반응이다.
> ㄴ. ㉡은 반응물의 에너지의 합이 생성물의 에너지의 합보 다 작다.
> ㄷ. ㉠의 에너지 출입은 소금의 용해 반응과 같다.

① ㄱ   ② ㄷ   ③ ㄱ, ㄴ
④ ㄴ, ㄷ   ⑤ ㄱ, ㄴ, ㄷ

02 다음은 산화 칼슘에 대한 설명이다.

> ㉠산화 칼슘(CaO)과 물이 반응 하면 상온에서는 80~90 ℃, 밀폐 된 용기에서는 약 300 ℃의 열을 낼 수 있다. 산화 칼슘은 ㉡석회석 ($CaCO_3$)을 고온으로 가열하여 제 조한다.

〈산화 칼슘 분말〉

이에 대한 설명으로 옳은 것만을 〈보기〉에서 있는 대로 고른 것은?

> **보기**
> ㄱ. ㉠에서는 주위의 온도가 올라간다.
> ㄴ. ㉠에서 수용액은 산성을 띤다.
> ㄷ. ㉡ 반응은 발열 반응이다.

① ㄱ   ② ㄷ   ③ ㄱ, ㄷ
④ ㄴ, ㄷ   ⑤ ㄱ, ㄴ, ㄷ

03 그림은 질산 암모늄(NH_4NO_3)을 상온의 물에 용해시킬 때 수용액의 온도가 낮아지면서 비커 표면에 물방울이 응결되는 모습을 나타낸 것이다.

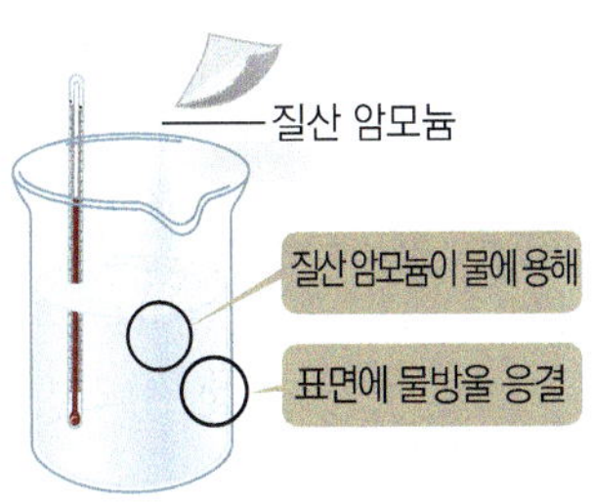

이에 대한 설명으로 옳은 것만을 〈보기〉에서 있는 대로 고른 것은?

> **보기**
> ㄱ. 질산 암모늄이 물에 녹을 때에는 열이 흡수된다.
> ㄴ. 비커 표면에 물방울이 응결될 때에는 열이 방출된다.
> ㄷ. 질산 암모늄은 냉찜질 팩을 제작할 때 사용 가능하다.

① ㄱ   ② ㄷ   ③ ㄱ, ㄷ
④ ㄴ, ㄷ   ⑤ ㄱ, ㄴ, ㄷ

04 다음은 두 가지 물질 변화이다.

> (가) 소금을 물에 용해시켰다.
> (나) 아세트산 수용액에 암모니아수를 넣었다.

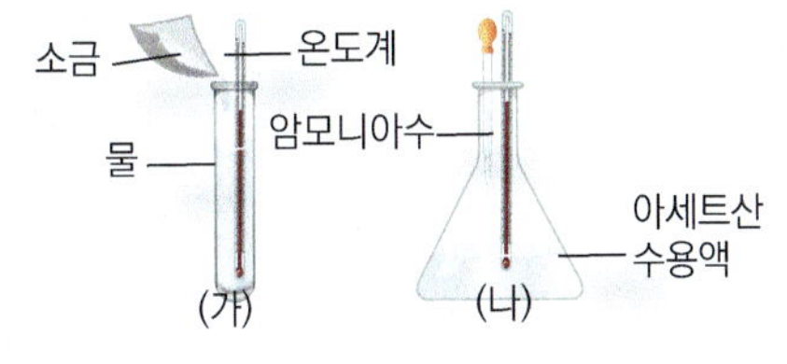

이에 대한 설명으로 옳은 것만을 〈보기〉에서 있는 대로 고른 것은?

> **보기**
> ㄱ. (가)의 반응은 흡열 반응이다.
> ㄴ. (나)의 반응이 일어날 때 반응물의 에너지 합이 생성물의 에너지 합보다 작다.
> ㄷ. (나)의 반응이 일어날 때 수소가 발생한다.

① ㄱ   ② ㄷ   ③ ㄱ, ㄴ
④ ㄴ, ㄷ   ⑤ ㄱ, ㄴ, ㄷ

단원 요약

01 산화와 환원

1. 산화 환원 반응

구분	산화	환원
산소의 이동	산소를 (❶) 반응	산소를 (❷) 반응
	[산화 구리(II)와 탄소의 반응] $$2CuO + C \longrightarrow 2Cu + CO_2$$ 산화 구리(II) 탄소　　구리 이산화 탄소 (산화 / 환원)	
전자의 이동	전자를 (❸) 반응	전자를 (❹) 반응
	[마그네슘과 구리 이온의 반응] $$Mg + Cu^{2+} \longrightarrow Mg^{2+} + Cu$$ 마그네슘 구리 이온　마그네슘 이온 구리 (산화 / 환원)	
동시성	어떤 물질이 산소를 얻거나 전자를 잃고 산화되면 다른 물질은 산소를 잃거나 전자를 얻어 환원된다. 즉, 산화와 환원은 항상 동시에 일어난다.	

2. 우리 주변의 산화 환원 반응

(❺)	식물의 엽록체에서 빛에너지를 흡수하여 이산화 탄소와 물로부터 포도당과 산소를 만드는 반응 $$6CO_2 + 6H_2O \xrightarrow{\text{빛에너지}} C_6H_{12}O_6 + 6O_2$$ 이산화 탄소　물　　　포도당　산소 (산화 / 환원)
호흡	미토콘드리아에서 세포 호흡이 일어나면 포도당이 산소와 반응하여 물과 이산화 탄소로 분해되고 에너지가 발생하는 반응 $$C_6H_{12}O_6 + 6O_2 \longrightarrow 6CO_2 + 6H_2O + \text{에너지}$$ 포도당　　산소　　　이산화 탄소　물 (❻) (❼)
메테인의 연소	도시가스의 주성분인 메테인이 공기 중에서 연소할 때 산소와 반응하여 이산화 탄소와 물이 생성되는 반응 $$CH_4 + 2O_2 \longrightarrow CO_2 + 2H_2O$$ 메테인　산소　　　이산화 탄소　물 (❽) (❾)
철의 (❿)	철광석과 코크스를 넣고 용광로에 가열하여 순수한 철을 얻는 반응 $$2C + O_2 \longrightarrow 2CO$$ 코크스　산소　　일산화 탄소 (산화 / 환원) $$Fe_2O_3 + 3CO \longrightarrow 2Fe + 3CO_2$$ 산화 철(III) 일산화 탄소　철　이산화 탄소 (산화 / 환원)

02 산, 염기와 중화 반응

1. 산과 염기

구분	산	염기
정의	물에 녹아 (❶)을 내놓는 물질	물에 녹아 (❷)을 내놓는 물질
예	염산, 아세트산, 황산, 질산 등	수산화 나트륨, 수산화 칼륨, 암모니아 등
성질	· 대부분 신맛이 나고, 수용액에서 전류가 흐른다. · 금속과 반응하여 (❸)를 발생시킨다. · 달걀 껍데기(탄산 칼슘)와 반응하여 (❹)를 발생시킨다.	· 대부분 쓴맛이 나고, 수용액에서 전류가 흐른다. · (❺)을 녹이는 성질이 있어 손으로 만지면 미끈거린다.

2. 산성과 염기성을 나타내는 이온의 확인

산성을 나타내는 이온의 확인	염기성을 나타내는 이온의 확인
산성(H^+)은 푸른색 리트머스 종이를 (❻) 변화시킨다.	염기성(OH^-)은 붉은색 리트머스 종이를 (❼) 변화시킨다.

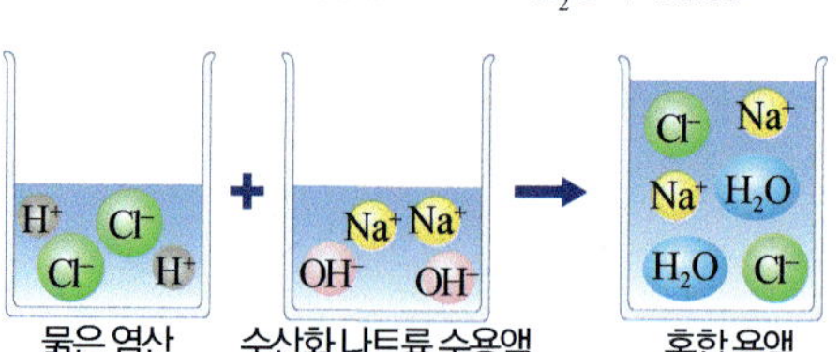

3. 지시약: 용액의 액성을 확인하기 위해 사용하는 물질

구분	산성	중성	염기성
페놀프탈레인 용액	무색	무색	붉은색
메틸 오렌지 용액	(❽)	노란색	노란색
BTB 용액	(❾)	(❿)	파란색

4. 중화 반응: 산과 염기가 반응하여 (⓫   )과 염이 생성되는 반응

$$\rightarrow HCl + NaOH \longrightarrow H_2O + NaCl$$

(2) 중화 반응에서의 변화

중화점	산의 수소 이온과 염기의 수산화 이온이 모두 반응하여 중화 반응이 완결된 지점 　　　　→ H^+ + OH^- ⟶ H_2O 수소 이온과 수산화 이온이 (⓬　　　)의 개수 비로 반응하여 물을 생성
이온 수 변화	[일정량의 묽은 염산에 수산화 나트륨 수용액을 넣을 때] 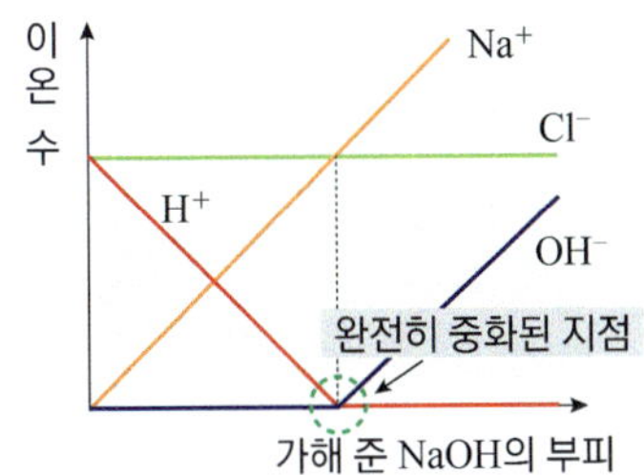 · (⓭　　): OH^-과 반응하여 감소하다가 중화 반응이 완결된 이후에는 존재하지 않는다. · (⓮　　): H^+과 반응하므로 처음에는 모두 반응하고, 중화 반응이 완결된 이후에는 점점 증가한다. · (⓯　　): 반응에 참여하지 않으므로 NaOH 수용액을 넣는 대로 이온 수가 증가한다. · (⓰　　): 반응에 참여하지 않으므로 이온 수가 일정하다.
온도 변화	중화 반응이 일어나면 (⓱　　)이 발생하므로 혼합 용액의 온도가 높아진다. 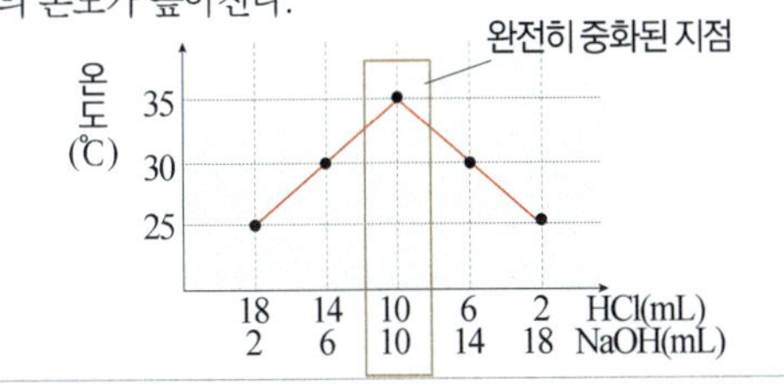
지시약의 색 변화	[일정량의 묽은 염산에 BTB 용액을 떨어뜨린 후 수산화 나트륨 수용액을 넣을 때] 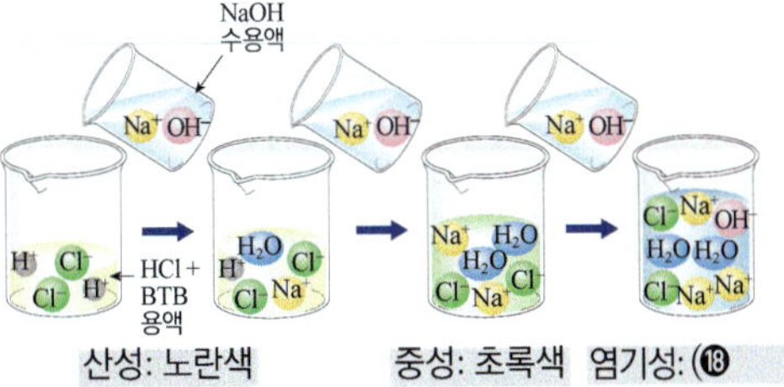

(3) 생활 속 중화 반응

· 벌이나 개미에 물렸을 때 염기성 물질인 암모니아수를 바른다.

· 속이 쓰릴 때 (⓳　　　)를 복용한다.

· 생선 비린내를 없애기 위해 레몬즙을 뿌린다.

· 산성화된 토양을 중화시키기 위해 (⓴　　　)를 뿌린다.

· 입속의 산성 물질이 염기성의 치약에 의해 중화된다.

· 김치의 신맛을 줄이기 위해 달걀 껍데기를 넣어준다.

· 하수처리장의 악취를 없애기 위해 황화 수소를 중화시킬 수 있는 수산화 나트륨을 넣어준다.

· 종이가 누렇게 변하는 것은 산이 포함되었기 때문인데, 제조 과정에서 탄산 수소 칼슘을 넣어 중화시킨다.

· 뿌리혹박테리아는 염기성 물질인 질소 화합물을 합성하여 산성화된 토양을 중화시킨다.

· 수돗물에 염기성 물질을 넣어 중화시킨다.

03 물질 변화에서 에너지의 출입

1. 물질 변화와 에너지의 출입

(1) 물리 변화와 에너지의 출입

① **열에너지를 방출하는 상태 변화**: 응고, 액화, 승화(기체 → 고체 ➡ 주위의 온도 (❶　　))

② **열에너지를 흡수하는 상태 변화**: 융해, 기화, 승화(고체 → 기체 ➡ 주위의 온도 (❷　　))

(2) 화학 변화와 에너지의 출입

① **열에너지 방출(발열 반응)** 예 염화 칼슘 용해 반응, 진한 황산 묽히기, 연소 반응, 철이 녹스는 반응, 중화 반응, 산화 칼슘 용해 반응

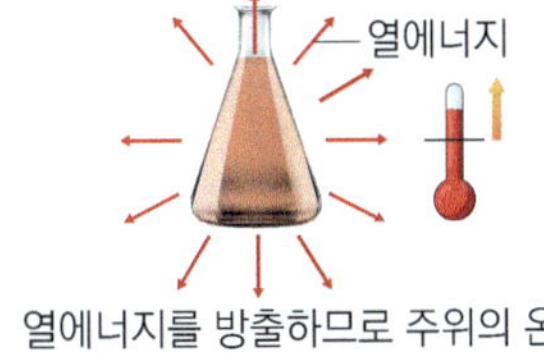

열에너지를 방출하므로 주위의 온도가 올라간다.

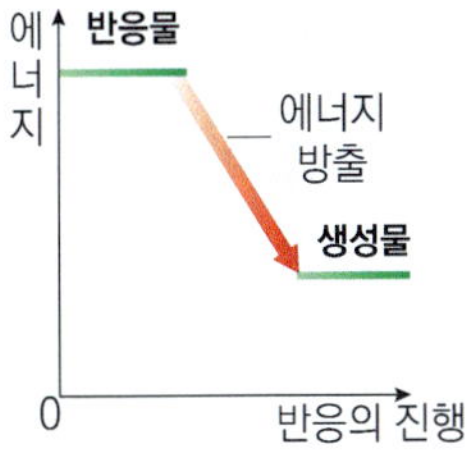

② **열에너지 흡수(흡열 반응)** 예 수산화 바륨과 염화 암모늄의 반응, 탄산수소 나트륨의 열분해 반응, 물의 전기 분해 반응, 질산 암모늄의 용해 반응, 소금의 용해 반응,

열에너지를 흡수하므로 주위의 온도가 내려간다.

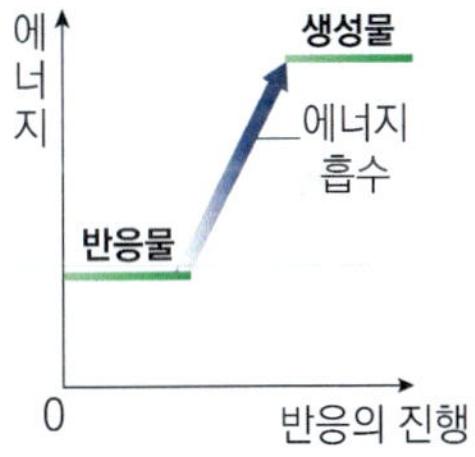

2. 물질 변화에서 출입하는 에너지의 이용

(1) 발열 반응의 이용

· 손난로를 흔들면 내부의 철가루가 (❸　　　)하면서 열에너지를 방출한다.

· 발열 용기에서는 물과 (❹　　　)이 반응하면서 열에너지를 방출한다.

(2) 흡열 반응의 이용

· 냉장고나 에어컨에서는 냉매가 (❺　　　)하면서 열에너지를 흡수하여 시원해진다.

· (❻　　　) 속 질산 암모늄이 물에 용해될 때 열에너지를 흡수하여 시원해진다.

(3) 생명 현상과 지구 현상에서 에너지의 출입

· 광합성: 빛에너지 (❼　　), 세포호흡: 열에너지 (❽　　)

· 물의 순환: 물은 에너지를 흡수하여 수증기가 되고, 수증기는 열에너지를 (❾　　)하여 구름과 비가 된다.

단원 마무리

01 산화와 환원

01 다음은 3가지 반응의 화학 반응식에 대한 학생 A~ C의 대화이다.

(가) $CH_4 + 2O_2 \longrightarrow CO_2 + 2H_2O$
(나) $6H_2O + 6CO_2 \longrightarrow C_6H_{12}O_6 + 6O_2$
(다) $Cu + 2Ag^+ \longrightarrow Cu^{2+} + 2Ag$

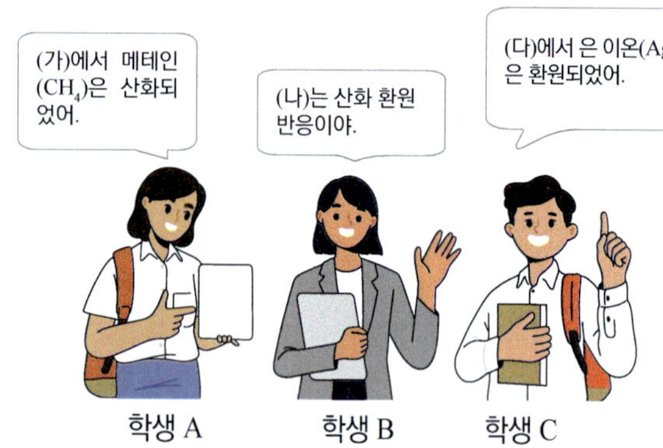

제시한 내용이 옳은 학생만을 있는 대로 고른 것은?

① A
② B
③ A, C
④ B, C
⑤ A, B, C

02 다음은 지구와 생명의 역사에 큰 변화를 가져온 반응의 화학 반응식이다.

(가) 이산화 탄소 + 물 $\longrightarrow$ 포도당 + (   )
(나) 화석 연료 + (   ) $\longrightarrow$ 물 + 이산화 탄소
(다) 산화 철 + 일산화 탄소 $\longrightarrow$ 철 + 이산화 탄소

이에 대한 설명으로 옳은 것만을 〈보기〉에서 있는 대로 고른 것은?

보기
ㄱ. (가)는 호흡 반응이다.
ㄴ. (가) ~ (다)는 모두 산소가 관여하는 반응이다.
ㄷ. (   ) 안에 공통으로 들어갈 물질은 산소이다.

① ㄱ
② ㄷ
③ ㄱ, ㄴ
④ ㄴ, ㄷ
⑤ ㄱ, ㄴ, ㄷ

03 다음은 구리를 이용한 실험이다.

[실험]
(가) 도가니에 구리 가루 3 g을 넣고 공기 중에서 충분히 가열하였더니 검은색으로 변하였다.
(나) (가)에서 생성된 검은색 물질을 잘 부수어 탄소 가루와 함께 시험관에 넣은 뒤 가열하면서 생성된 기체를 석회수에 통과시켰더니 석회수가 뿌옇게 흐려졌다.

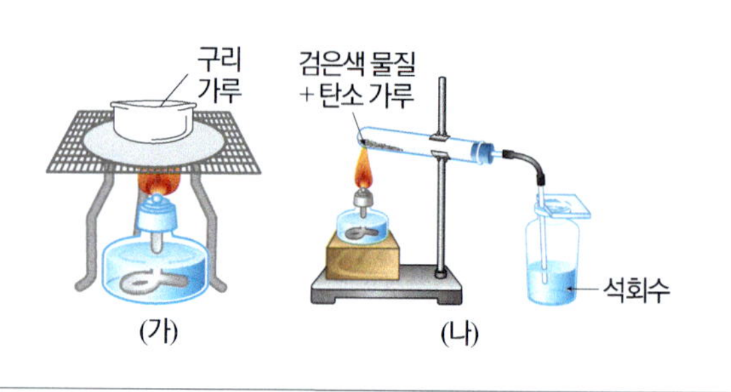

이에 대한 설명으로 옳은 것만을 〈보기〉에서 있는 대로 고른 것은?

보기
ㄱ. (가)에서 구리는 산화되어 산화 구리(CuO)가 된다.
ㄴ. (나)에서 탄소는 환원된다.
ㄷ. (나)에서 생성된 기체는 이산화 탄소이다.

① ㄱ
② ㄴ
③ ㄱ, ㄷ
④ ㄴ, ㄷ
⑤ ㄱ, ㄴ, ㄷ

04 금속과 관련된 3가지 화학 반응을 화학 반응식으로 나타내었다.

(가) $2Ca + CO_2 \longrightarrow 2CaO + C$
(나) $2Na + Cl_2 \longrightarrow 2NaCl$
(다) $2CuO + C \longrightarrow 2Cu + CO_2$

이에 대한 설명으로 옳은 것만을 〈보기〉에서 있는 대로 고른 것은?

보기
ㄱ. (가)에서 C는 환원된다.
ㄴ. (나)에서 Na는 산화된다.
ㄷ. (가)~(다) 중 산화 환원 반응은 2가지이다.

① ㄱ
② ㄷ
③ ㄱ, ㄴ
④ ㄴ, ㄷ
⑤ ㄱ, ㄴ, ㄷ

05 황산 구리(Ⅱ)($CuSO_4$) 수용액에 알루미늄판을 넣었을 때의 모형과 이때의 화학 반응식을 나타내었다. 이때 알루미늄판 표면에 구리가 석출되었다.

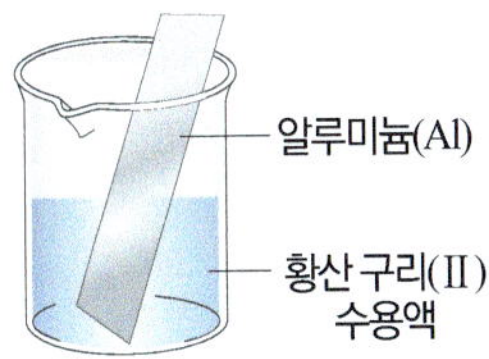

$$2Al + 3Cu^{2+} \longrightarrow 2Al^{3+} + 3Cu$$

위 실험에 대한 설명으로 옳지 않은 것은?

① 수용액의 푸른색이 옅어진다.
② 수용액에서 알루미늄 이온의 수는 증가한다.
③ 수용액에서 황산 이온(SO_4^{2-})의 수는 일정하다.
④ 알루미늄은 산화된다.
⑤ 수용액의 전체 이온 수는 증가한다.

06 그림은 코크스(C)나 철(Fe)을 이용하여 수증기(H_2O)로부터 수소(H_2)를 얻는 과정 (가)와 (나)를 나타낸 것이다.

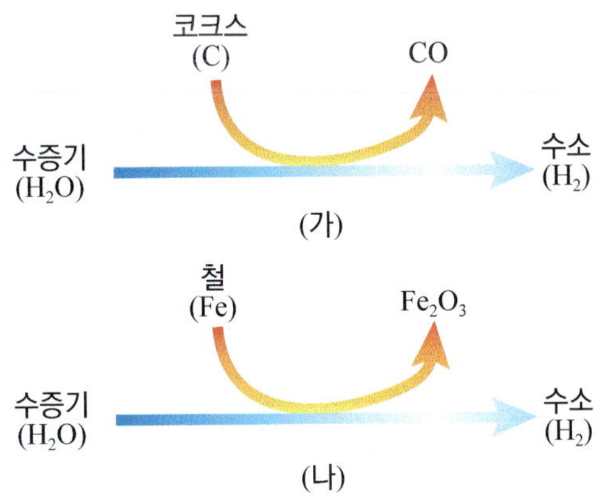

이에 대한 설명으로 옳은 것만을 〈보기〉에서 있는 대로 고른 것은?

┌─ 보기 ─
ㄱ. (가)에서 코크스(C)는 산화된다.
ㄴ. (나)에서 철(Fe)은 환원된다.
ㄷ. (가)와 (나)에서 수증기는 모두 산화된다.
└─

① ㄱ　　　② ㄴ　　　③ ㄱ, ㄷ
④ ㄴ, ㄷ　　　⑤ ㄱ, ㄴ, ㄷ

07 다음은 일회용 손난로와 산소 흡수제에 대한 자료와 이에 대한 학생들의 대화이다.

일회용 손난로는 제품의 포장지를 벗겨 흔들면 열이 발생하여 추운 겨울에 외부 활동 시 몸을 따뜻하게 해준다. 산소 흡수제는 소시지나 어묵 등의 식품과 함께 포장되어 식품의 변질을 막아준다. 다른 용도로 쓰이는 두 제품은 모두 철이 산소와 결합하는 반응을 이용한 것이다.

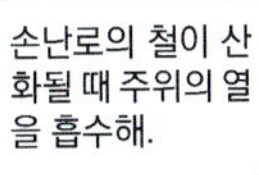

이에 대한 설명으로 옳은 것만을 〈보기〉에서 있는 대로 고른 것은?

① X　　　② Z　　　③ X, Y
④ Y, Z　　　⑤ X, Y, Z

08 그림 (가), (나)는 금속 양이온이 든 수용액에 금속을 넣어 반응시켰을 때, 반응 전과 후의 수용액에 들어 있는 금속 양이온을 모형으로 나타낸 것이다. 금속 A~C의 양이온은 각각 A^{a+}, B^{b+}, C^{c+} 이다.

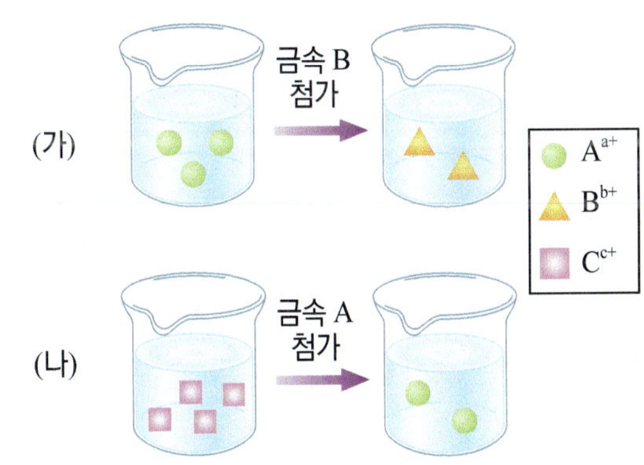

이에 대한 설명으로 옳은 것만을 〈보기〉에서 있는 대로 고른 것은? (단, A~C는 임의의 원소 기호이며, 음이온과 물은 금속 및 금속 양이온과 반응하지 않는다.)

┌─ 보기 ─
ㄱ. $a < b$이다.
ㄴ. C^{c+} 수용액에 B를 넣으면 C가 석출된다.
ㄷ. 각 반응에서 이동한 전자수의 비는 (가) : (나) $= 3 : 2$이다.
└─

① ㄱ　　　② ㄷ　　　③ ㄱ, ㄴ
④ ㄴ, ㄷ　　　⑤ ㄱ, ㄴ, ㄷ

09 그림은 3 가지 수용액에 들어 있는 음이온과 BTB 용액을 떨어뜨렸을 때의 색을 나타낸 것이다.

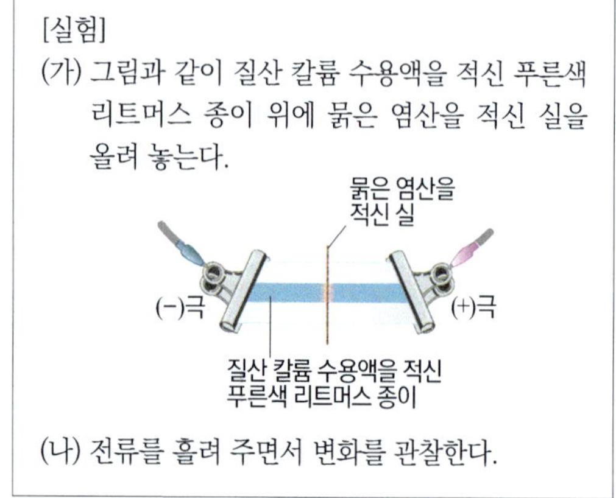

구분	(가)	(나)	(다)
음이온 모형	Cl⁻ Cl⁻	OH⁻ OH⁻	Cl⁻ Cl⁻
BTB 용액	초록색	파란색	노란색

이에 대한 설명으로 옳은 것만을 〈보기〉에서 있는 대로 고른 것은? (단, (가)~(다)는 각각 묽은 염산, 염화 나트륨 수용액, 수산화 나트륨 수용액 중 하나이다.)

─ 보기 ─
ㄱ. (가)에 마그네슘 조각을 넣으면 기체가 발생한다.
ㄴ. (가)와 (나)에는 같은 종류의 양이온이 들어 있다.
ㄷ. (나)와 (다)를 혼합하면 물과 염이 생성된다.

① ㄱ　　　② ㄴ　　　③ ㄷ
④ ㄱ, ㄴ　　　⑤ ㄴ, ㄷ

10 그림은 산성을 나타내는 이온을 확인하기 위한 실험이다.

[실험]
(가) 그림과 같이 질산 칼륨 수용액을 적신 푸른색 리트머스 종이 위에 묽은 염산을 적신 실을 올려 놓는다.

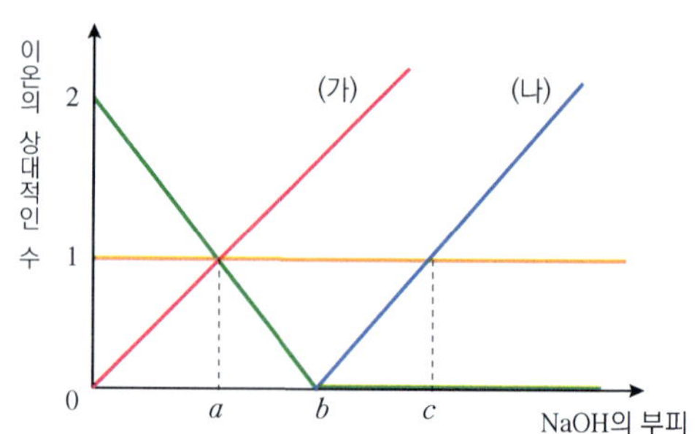

(나) 전류를 흘려 주면서 변화를 관찰한다.

이에 대한 설명으로 옳은 것만을 〈보기〉에서 있는 대로 고른 것은?

─ 보기 ─
ㄱ. 푸른색 리트머스 종이를 붉게 변화시키는 것은 NO_3^-이다.
ㄴ. (나)에서 리트머스 종이의 색이 (-)극 쪽으로 붉게 변해간다.
ㄷ. 묽은 염산 대신 암모니아수로 실험해도 색의 이동 방향은 같다.

① ㄱ　　　② ㄱ, ㄴ　　　③ ㄱ, ㄷ
④ ㄴ, ㄷ　　　⑤ ㄱ, ㄴ, ㄷ

11 다음은 같은 농도의 묽은 염산과 수산화 나트륨 수용액의 부피를 달리하여 혼합한 후 각 용액의 최고 온도를 측정한 결과이다.

구분	(가)	(나)	(다)	(라)
묽은 염산의 부피(mL)	10	20	40	60
수산화 나트륨 수용액의 부피(mL)	70	60	40	20
혼합 용액의 최고 온도(℃)	24	25	27	㉠

이에 대한 설명으로 옳은 것만을 〈보기〉에서 있는 대로 고른 것은?

─ 보기 ─
ㄱ. 수산화 이온의 수가 가장 많은 것은 (가)이다.
ㄴ. ㉠은 27보다 작다.
ㄷ. (라)에 메틸 오렌지 용액을 떨어뜨리면 붉은색으로 변한다.

① ㄴ　　　② ㄷ　　　③ ㄱ, ㄴ
④ ㄱ, ㄷ　　　⑤ ㄱ, ㄴ, ㄷ

12 그래프는 어떤 산 X 수용액에 같은 온도와 농도의 NaOH 수용액을 첨가할 때, NaOH 수용액의 부피에 따른 여러 가지 이온의 상대적 수를 나타낸 것이다.

이에 대한 설명으로 옳은 것만을 〈보기〉에서 있는 대로 고른 것은?

─ 보기 ─
ㄱ. HNO_3는 산 X로 적합하다.
ㄴ. (가)는 수소 이온, (나)는 수산화 이온이다.
ㄷ. 혼합 용액의 온도는 첨가한 NaOH 수용액의 부피가 b일 때 가장 높다.

① ㄱ　　　② ㄴ　　　③ ㄷ
④ ㄴ, ㄷ　　　⑤ ㄱ, ㄴ, ㄷ

13 그림은 염산(HCl) 30 mL에 수산화 나트륨(NaOH)수용액을 차례로 5 mL , 5 mL , 10 mL씩 추가하는 과정을 나타낸 것이다. 수용액 (가)~(라) 중 (가), (다)에만 수용액 속에 존재하는 이온을 모형으로 나타내었다.

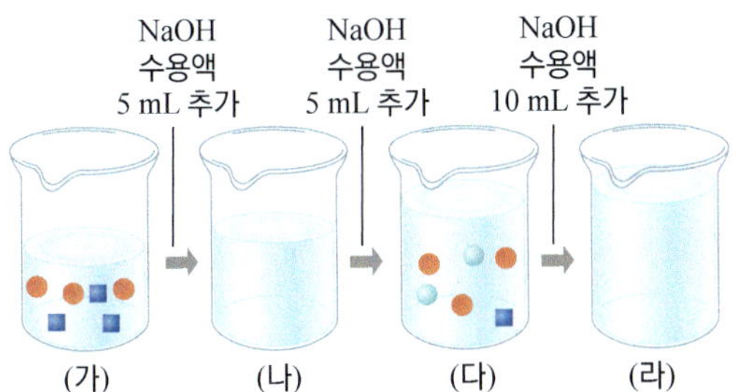

이에 대한 설명으로 옳은 것만을 〈보기〉에서 있는 대로 고른 것은?

┌─ 보기 ────────────────────────
ㄱ. (다)에서 ◯ 는 수산화 이온(OH^-)이다.
ㄴ. (나)와 (라)를 혼합하면 산성 용액이 된다.
ㄷ. (가) → (나) 과정에서 생성된 물 분자 수는 (다) → (라) 과정에서 생성된 물 분자 수와 같다.
└──────────────────────────────

① ㄱ   ② ㄴ   ③ ㄱ, ㄷ
④ ㄴ, ㄷ   ⑤ ㄱ, ㄴ, ㄷ

[2024 모의고사 기출]

14 그림은 수산화 칼륨(KOH) 수용액 10 mL에 묽은 염산(HCl)을 10 mL씩 넣었을 때, 수용액 (가)~(다)에 들어있는 양이온을 모형으로 나타낸 것이다.

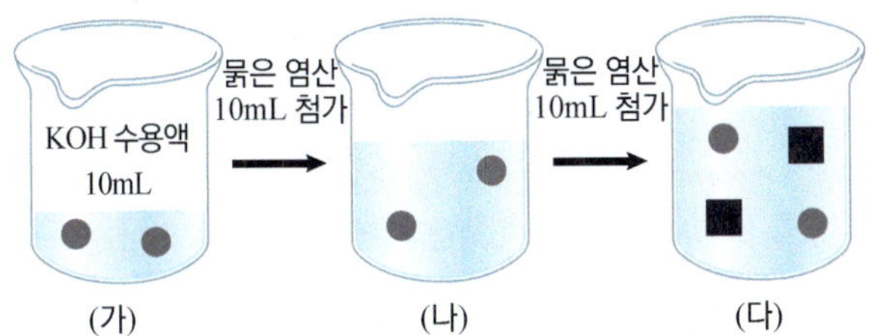

이에 대한 설명으로 옳은 것만을 〈보기〉에서 있는 대로 고른 것은?

┌─ 보기 ────────────────────────
ㄱ. ■ 는 H^+이다.
ㄴ. (나)는 염기성이다.
ㄷ. 수용액에 들어 있는 전체 이온의 수는 (나) > (가) 이다.
└──────────────────────────────

① ㄱ   ② ㄴ   ③ ㄱ, ㄷ
④ ㄴ, ㄷ   ⑤ ㄱ, ㄴ, ㄷ

15 그림은 수용액 (가)~(라)에 존재하는 용질을 모형으로 나타낸 것이다. (가)~(라)는 각각 HCOOH 수용액, C_2H_5OH 수용액, NH_4OH 수용액, $Mg(OH)_2$ 수용액 중 하나이다.

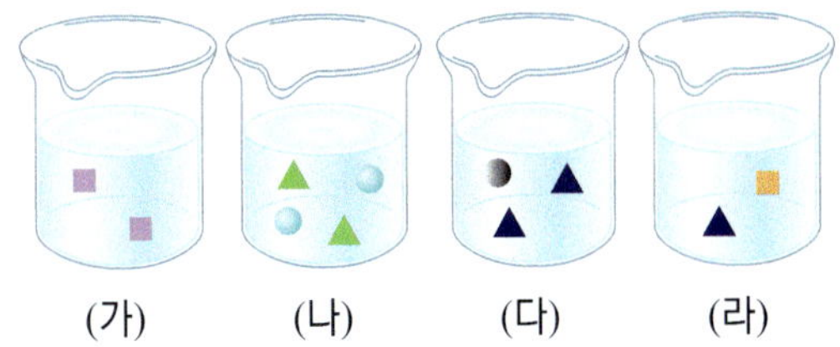

이에 대한 설명으로 옳은 것만을 〈보기〉에서 있는 대로 고른 것은? (단, 산 또는 염기는 수용액에서 모두 이온화한다.)

┌─ 보기 ────────────────────────
ㄱ. ◓ 는 양이온이다.
ㄴ. (가)~(라)는 모두 전기전도성이 있다.
ㄷ. (나)와 (다)를 혼합한 용액의 액성은 중성이다.
└──────────────────────────────

① ㄱ   ② ㄴ   ③ ㄱ, ㄷ
④ ㄴ, ㄷ   ⑤ ㄱ, ㄴ, ㄷ

16 표는 물질 (가)~(다)를 물에 녹였을 때 생성되는 이온을 나타낸 것이다.

물질	(가)	(나)	(다)
양이온	K^+	H^+	Ca^{2+}
음이온	OH^-	Cl^-	OH^-

(가)~(다)에 대한 설명으로 옳은 것만을 있는 대로 고른 것은?

┌─ 보기 ────────────────────────
ㄱ. (가)와 (나)는 산이고, (다)는 염기이다.
ㄴ. (다)에서 양이온과 음이온 수의 비는 1 : 2 이다.
ㄷ. (다)의 수용액에 달걀 껍데기를 넣으면 이산화 탄소 기체가 발생한다.
└──────────────────────────────

① ㄱ   ② ㄴ   ③ ㄱ, ㄴ
④ ㄱ, ㄷ   ⑤ ㄴ, ㄷ

17 우리 주변의 물질에 대한 설명으로 옳은 것만을 〈보기〉에서 있는 대로 고른 것은?

┌─ 보기 ────────────────────────
ㄱ. 수산화 마그네슘은 제산제로 쓰인다.
ㄴ. 마그네슘에 아세트산을 떨어뜨리면 산소 기체가 발생한다.
ㄷ. 달걀 껍데기에 에탄올을 떨어뜨리면 이산화 탄소 기체가 발생한다.
└──────────────────────────────

① ㄱ   ② ㄴ   ③ ㄱ, ㄷ
④ ㄴ, ㄷ   ⑤ ㄱ, ㄴ, ㄷ

18 다음과 같이 물질 변화를 설명하였다.

메테인(CH_4)이 주성분인 ⓐ천연가스를 연소시켜 물을 가열하였더니 ⓑ물이 끓어서 수증기가 되었다.

이에 대한 설명으로 옳은 것만을 〈보기〉에서 있는 대로 고른 것은?

보기

ㄱ. ⓐ은 발열 반응이다.
ㄴ. ⓑ에서는 주위의 온도가 낮아진다.
ㄷ. ⓐ에서 이산화 탄소와 물이 생성된다.

① ㄴ 　② ㄷ 　③ ㄱ, ㄴ
④ ㄱ, ㄷ 　⑤ ㄱ, ㄴ, ㄷ

19 다음은 수산화 바륨과 염화 암모늄의 반응 실험이다.

[실험 과정]
(1) 얇은 나무판의 가운데에 물을 적시고 수산화 바륨이 담긴 삼각 플라스크를 올려놓는다.
(2) 삼각 플라스크에 염화 암모늄을 넣고 유리 막대로 잘 저어준다.
(3) 얼마 후 삼각 플라스크를 들어 올려본다.

[실험 결과]
삼각 플라스크에 나무판이 붙어서 같이 들어 올려졌다.

삼각 플라스크 속에서 일어나는 반응에 대한 설명으로 옳은 것만을 〈보기〉에서 있는 대로 고른 것은?

보기

ㄱ. 흡열 반응이다.
ㄴ. 주위의 온도가 낮아진다.
ㄷ. 반응물 에너지의 합이 생성물 에너지의 합보다 크다.

① ㄴ 　② ㄷ 　③ ㄱ, ㄴ
④ ㄱ, ㄷ 　⑤ ㄱ, ㄴ, ㄷ

20 다음은 빵을 구울 때 일어나는 반응에 대한 설명이다.

빵을 구울 때는 빵을 부풀어 오르게 하기 위해서 밀가루와 베이킹 소다(탄산수소 나트륨)을 섞어서 반죽한다. 빵 반죽을 구우면 다음과 같은 반응이 일어난다.

$$2NaHCO_3 \longrightarrow Na_2CO_3 + H_2O + \boxed{ⓐ}$$

이에 대한 설명으로 옳은 것만을 〈보기〉에서 있는 대로 고른 것은?

보기

ㄱ. ⓐ은 H_2이다.
ㄴ. 탄산수소 나트륨이 분해될 때 열에너지를 흡수한다.
ㄷ. 탄산수소 나트륨이 분해되는 반응과 물의 전기분해 과정에서 일어나는 열의 출입은 같은 방향이다.

① ㄱ 　② ㄴ 　③ ㄱ, ㄴ
④ ㄴ, ㄷ 　⑤ ㄱ, ㄴ, ㄷ

21 다음은 우리 주변에서 물질 변화 과정에서 에너지 출입을 이용하는 예이다.

ㄱ. 뷰테인을 연소시켜서 음식을 조리한다.
ㄴ. 산화 칼슘을 이용한 발열 용기로 음식을 데운다.
ㄷ. 질산 암모늄을 이용한 냉찜질 팩으로 찜질을 한다.
ㄹ. 에어컨의 냉매를 기화시켜 실내를 시원하게 한다.

이때 열에너지를 방출하는 것을 이용한 예(A)와 흡수하는 것을 이용한 예(B)를 옳게 짝 지은 것은?

	A	B
①	ㄱ, ㄴ	ㄷ, ㄹ
②	ㄱ, ㄷ	ㄴ, ㄹ
③	ㄴ, ㄷ	ㄱ, ㄹ
④	ㄱ, ㄹ	ㄴ, ㄷ
⑤	ㄷ, ㄹ	ㄱ, ㄴ

[2010 모의고사 기출]

01 다음은 금속의 반응성을 알아보기 위한 실험이다.

(가) $A(NO_3)_2$ 수용액에 금속 B와 C를 넣었더니, 수용액의 밀도가 증가하였다.

(나) 물에 적신 거름종이 위에 금속 A와 C를 포개어 올려 놓았더니, 금속 A만 부식되었다.

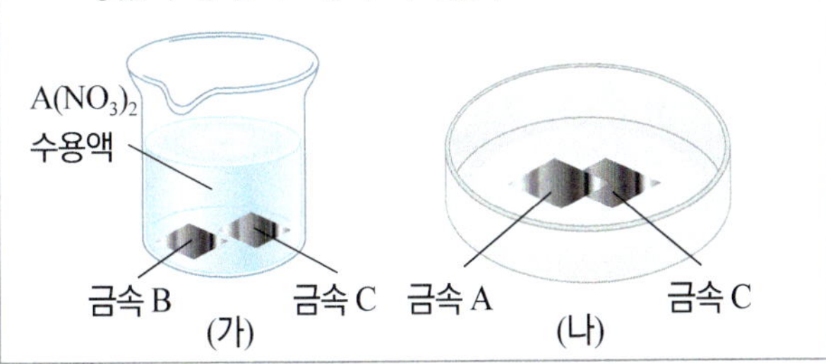

이에 대한 설명으로 옳은 것만을 〈보기〉에서 있는 대로 고른 것은?

보기

ㄱ. (가)에서 금속 B의 표면에서만 금속이 석출된다.
ㄴ. (나)에서 금속 A는 산화되고 C는 환원된다.
ㄷ. 금속 C에 B를 도선으로 연결하면 C의 부식이 방지된다.

① ㄱ　　　　② ㄴ　　　　③ ㄱ, ㄷ
④ ㄴ, ㄷ　　　⑤ ㄱ, ㄴ, ㄷ

[2018 모의고사 기출]

02 다음은 기체 X와 관련된 실험이다.

[실험 과정 및 결과]

(가) 그림과 같이 암모니아와 산소를 반응시켰더니 기체 X와 수증기가 생성되었다.(g: 기체(gas))

$$4NH_3(g) + 7O_2(g) \longrightarrow 4\boxed{X}(g) + 6H_2O(g)$$

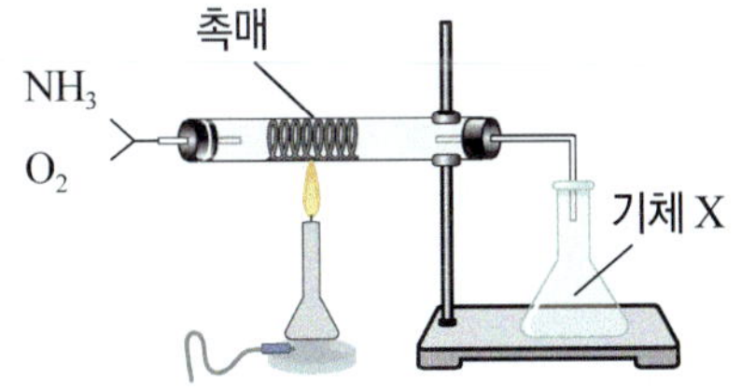

(나) (가)의 기체 X와 물을 반응시켰더니 질산과 일산화질소가 생성되었다.

$$3\boxed{X} + H_2O \longrightarrow 2HNO_3 + NO$$

이에 대한 설명으로 옳은 것만을 〈보기〉에서 있는 대로 고른 것은?

보기

ㄱ. X는 NO_2이다.
ㄴ. (가)의 반응에서 NH_3는 환원된다.
ㄷ. (나)의 반응은 산화 환원 반응이다.

① ㄱ　　　　② ㄴ　　　　③ ㄱ, ㄷ
④ ㄴ, ㄷ　　　⑤ ㄱ, ㄴ, ㄷ

03 그림은 묽은 염산(HCl) 10 mL에 수산화 나트륨 (NaOH) 수용액을 조금씩 가할 때 수용액 속 이온 X, Y의 단위 부피 당 이온 수 변화를 그래프로 나타낸 것이다.(?)

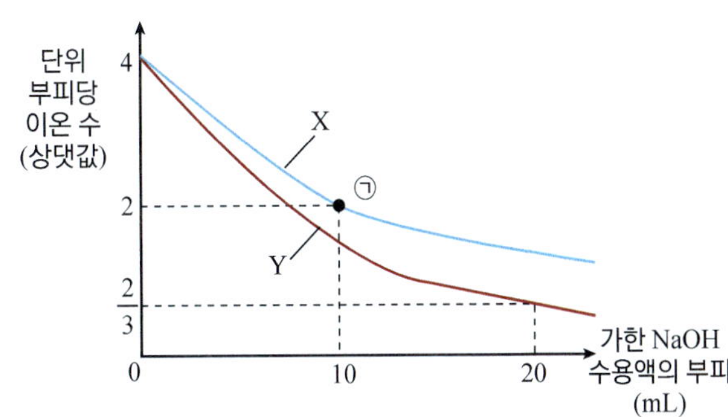

이에 대한 설명으로 옳은 것만을 〈보기〉에서 있는 대로 고른 것은?

보기

ㄱ. ㉠에서 혼합 용액의 부피는 20 mL이다.
ㄴ. X는 수소 이온(H^+)이다.
ㄷ. 묽은 염산 5 mL를 완전히 중화시키기 위해 필요한 수산화 나트륨 수용액의 부피는 20 mL이다.

① ㄱ　　　　② ㄴ　　　　③ ㄱ, ㄴ
④ ㄱ, ㄷ　　　⑤ ㄴ, ㄷ

04 다음은 자연과 인류의 역사에 큰 변화를 가져온 세 가지 반응의 화학 반응식이다.

(가) $C_6H_{12}O_6 + 6O_2 \longrightarrow 6(\quad ㉠ \quad) + 6H_2O$
(나) $Fe_2O_3 + 3CO \longrightarrow 2Fe + 3(\quad ㉡ \quad)$
(다) $CH_4 + 2O_2 \longrightarrow (\quad ㉢ \quad) + 2H_2O$

이에 대한 설명으로 옳은 것만을 〈보기〉에서 있는 대로 고른 것은?

보기

ㄱ. ㉠~㉢은 각각 같은 물질이다.
ㄴ. (가)와 (나) 반응은 모두 주위의 온도가 낮아지는 반응이다.
ㄷ. (가)와 (다)에서 환원되는 물질은 각각 같다.

① ㄴ　　　　② ㄷ　　　　③ ㄱ, ㄴ
④ ㄱ, ㄷ　　　⑤ ㄱ, ㄴ, ㄷ

---

01. 산화와 환원

01 다음은 화학 반응 (가)~(다)를 화학 반응식으로 나타낸 것이다. (가)~(다)는 각각 광합성, 호흡, 화석 연료의 연소 중 하나이다.

> (가) $6CO_2 + 6H_2O \longrightarrow C_6H_{12}O_6 + 6O_2$
> (나) $C_6H_{12}O_6 + 6O_2 \longrightarrow 6(\, \unicode{x3annn}\,) + 6H_2O$
> (다) $CH_4 + 2O_2 \longrightarrow (\, \unicode{x3annn}\,) + 2H_2O$

이에 대한 설명으로 옳은 것만을 〈보기〉에서 있는 대로 고른 것은? (단, x, y, z는 계수이다.)

> **• 보기 •**
> ㄱ. ㉠은 CO_2이다.
> ㄴ. (가)는 주위의 온도가 높아지는 반응이다.
> ㄷ. (나)와 (다)에서 산화되는 물질은 같다.

① ㄱ ② ㄷ ③ ㄱ, ㄴ
④ ㄴ, ㄷ ⑤ ㄱ, ㄴ, ㄷ

03 다음은 철의 제련 과정에서 일어나는 반응의 일부와 철이 산화될 때 일어나는 반응을 나타낸 것이다.

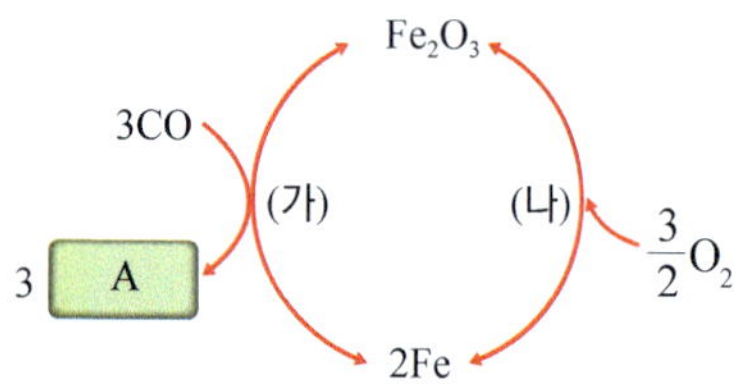

이에 대한 설명으로 옳은 것만을 〈보기〉에서 있는 대로 고른 것은?

> **• 보기 •**
> ㄱ. A는 이산화 탄소이다.
> ㄴ. (가)에서 산화 철(Ⅲ)은 환원된다.
> ㄷ. (나)에서 철은 산화된다.

① ㄱ ② ㄷ ③ ㄱ, ㄴ
④ ㄴ, ㄷ ⑤ ㄱ, ㄴ, ㄷ

03 다음은 A^+이 들어 있는 수용액에 금속 B를 넣었을 때의 실험 결과이다.

> · 금속 B판의 표면에 금속 A가 석출된다.
> · 수용액 속의 이온 수는 감소한다.

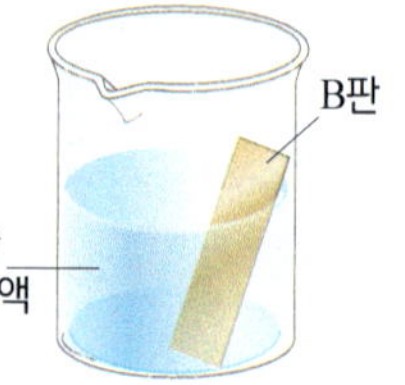

이에 대한 설명으로 옳은 것만을 〈보기〉에서 있는 대로 고른 것은? (단, 원자량은 A 〉 B이다.)

> **• 보기 •**
> ㄱ. 금속 B는 산화된다.
> ㄴ. 금속판의 질량은 감소한다.
> ㄷ. 이온 1개의 전하량은 B가 A보다 크다.

① ㄱ ② ㄴ ③ ㄱ, ㄷ
④ ㄴ, ㄷ ⑤ ㄱ, ㄴ, ㄷ

04 다음은 나트륨(Na)과 관련된 2가지 화학 반응이다.

> (가) $4Na + O_2 \longrightarrow 2Na_2O$
> (나) $2Na + Cl_2 \longrightarrow 2NaCl$

이에 대한 설명으로 옳은 것만을 〈보기〉에서 있는 대로 고른 것은?

> **• 보기 •**
> ㄱ. (가)에서 Na은 산화된다.
> ㄴ. (나)에서 Cl_2는 전자를 잃는다.
> ㄷ. (가)와 (나)는 산화 환원 반응이다.

① ㄱ ② ㄴ ③ ㄱ, ㄷ
④ ㄴ, ㄷ ⑤ ㄱ, ㄴ, ㄷ

05 다음은 광합성을 화학 반응식으로 나타낸 것이다.

> $6CO_2 + 6H_2O \longrightarrow C_6H_{12}O_6 + 6O_2$

이에 대한 설명으로 옳은 것만을 〈보기〉에서 있는 대로 고른 것은?

> **• 보기 •**
> ㄱ. 에너지가 발생하는 반응이다.
> ㄴ. 산소가 이동하는 산화 환원 반응이다.
> ㄷ. 이산화 탄소는 산화되었다.

① ㄱ ② ㄴ ③ ㄷ
④ ㄴ, ㄷ ⑤ ㄱ, ㄴ, ㄷ

06 다음은 구리를 이용한 실험이다.

[실험 과정 및 결과]

(가) 그림 A와 같이 붉은색 구리 가루 5 g을 도가니에 넣고 충분히 가열하였더니 가루가 검게 변하였다.

(나) (가)에서의 검은 색 가루에 충분한 양의 탄소 가루를 섞어서 시험관에 넣고 그림 B와 같이 가열하였더니 시험관에 연결된 석회수가 뿌옇게 흐려졌다.

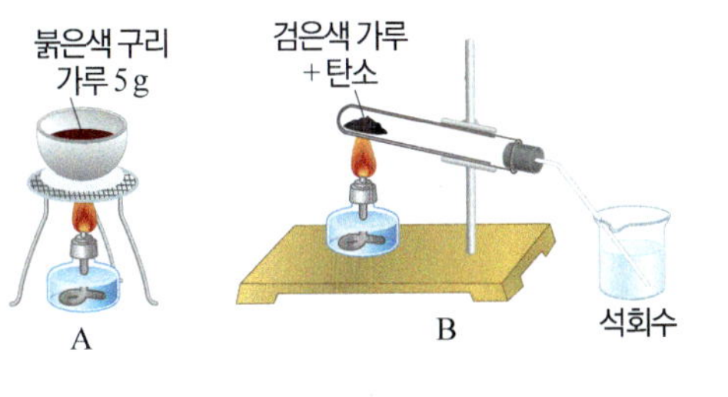

이에 대한 설명으로 옳은 것만을 〈보기〉에서 있는 대로 고른 것은?

• 보기 •

ㄱ. (가)에서 생성된 검은색 가루의 질량은 5 g보다 크다.
ㄴ. (나)에서 탄소는 산화되었다.
ㄷ. (나)에서 생성된 기체는 수증기이다.

① ㄱ   ② ㄴ   ③ ㄱ, ㄴ
④ ㄴ, ㄷ   ⑤ ㄱ, ㄴ, ㄷ

[2023 모의고사 기출]

07 그림 (가)는 금속 X를 YSO_4 수용액에 넣은 것을, (나)는 금속 Y를 ZNO_3 수용액에 넣은 것을 나타낸 것이다. 충분한 시간이 지난 후 (가)와 (나)에서 각각 Y, Z가 석출되었다.

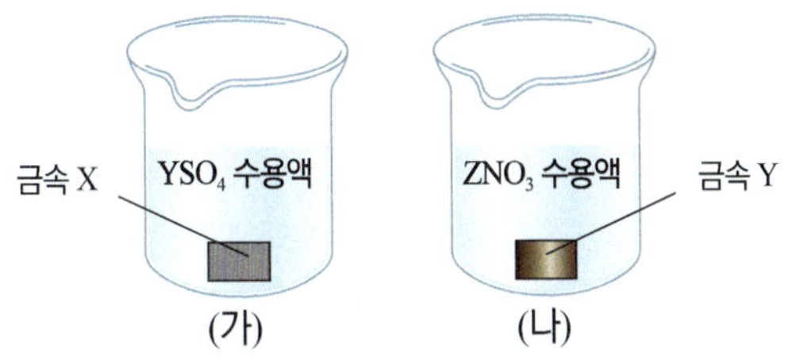

(가)와 (나)에서 반응이 진행될 때, 이에 대한 옳은 설명만을 〈보기〉에서 있는 대로 고른 것은? (단, X~Z는 임의의 원소 기호이고, 물과 음이온은 반응에 참여하지 않는다.)

• 보기 •

ㄱ. (가)에서 X는 환원된다.
ㄴ. (나)에서 전자는 Y에서 Z^+으로 이동한다.
ㄷ. (나)에서 수용액에 들어 있는 양이온 수는 증가한다.

① ㄱ   ② ㄴ   ③ ㄷ
④ ㄱ, ㄴ   ⑤ ㄴ, ㄷ

---

02. 산, 염기와 중화 반응

08 그림과 같이 장치한 후 A, B 중 한쪽에는 묽은 염산을, 다른 한쪽에는 수산화 나트륨 수용액을 같은 양씩 떨어뜨렸더니 한쪽에만 붉은색을 띠었다. 이 거름종이에 전류를 흘려 주었더니 붉은색이 거름종이의 가운데로 이동하였다.

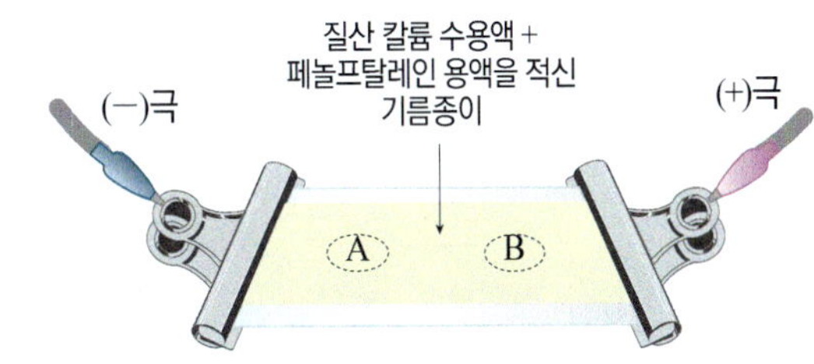

이에 대한 설명으로 옳은 것만을 〈보기〉에서 있는 대로 고른 것은?

• 보기 •

ㄱ. A에는 수산화 나트륨 수용액을 떨어뜨렸다.
ㄴ. 가운데로 이동한 붉은색은 무색으로 변한다.
ㄷ. 붉은색을 띠게 하는 것은 수산화 이온이다.

① ㄱ   ② ㄴ   ③ ㄱ, ㄷ
④ ㄴ, ㄷ   ⑤ ㄱ, ㄴ, ㄷ

09 다음은 산, 염기의 여러 가지 성질이다.

㉠ 단백질을 녹이는 성질이 있어 만지면 미끈거린다.
㉡ BTB 용액을 노랗게 변화시킨다.
㉢ 메틸 오렌지 용액을 붉게 변화시킨다.
㉣ 수용액에서 양이온과 음이온으로 나누어진다.
㉤ 아연 조각을 넣으면 산화 환원 반응이 일어난다.

㉠~㉤를 (가) 황산 수용액이 가지는 성질과 (나) 암모니아수가 가지는 성질로 구분하려고 한다. 아래 그림의 Ⅰ, Ⅱ, Ⅲ 영역에 해당하는 성질로 옳게 분류된 것은?

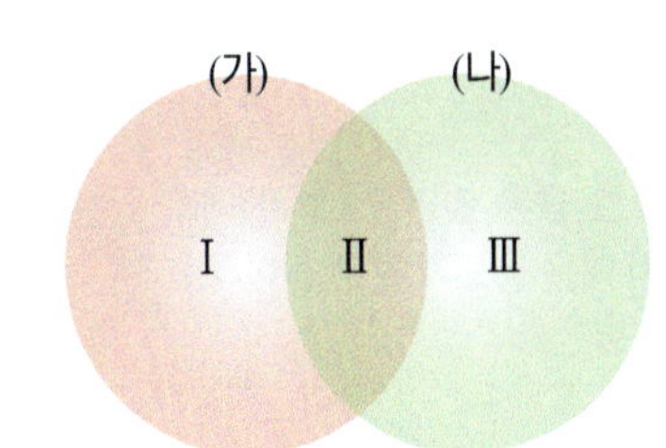

	Ⅰ 영역	Ⅱ 영역	Ⅲ 영역
①	㉤	㉢㉣	㉠㉡
②	㉢㉤	㉣㉠	㉡
③	㉠㉡㉢	㉣	㉤
④	㉡㉤	㉢㉣	㉠
⑤	㉡㉢㉤	㉣	㉠

10 다음은 여러 가지 물질의 성질을 확인하는 실험 과정 및 결과이다.

[실험 과정]
1. 비커 4개에 각각 묽은 염산, 비눗물, 제산제, 증류수를 넣는다.
2. 과정 1.의 각 비커에 달걀 껍데기를 넣고 변화를 관찰한다.
3. 새로운 비커 4개에 묽은 염산, 비눗물, 제산제, 증류수를 넣고, 각 비커에 페놀프탈레인 용액을 2~3방울 떨어뜨린다.

[실험 결과]

물질	묽은 염산	비눗물	제산제	증류수
달걀 껍데기를 넣었을 때 변화	⊙기체 발생	변화 없음		변화 없음
페놀프탈레인 용액을 떨어뜨렸을 때 변화	변화 없음	붉은색으로 변함	ⓛ	ⓒ

이에 대한 설명으로 옳은 것만을 〈보기〉에서 있는 대로 고른 것은?

• 보기 •

ㄱ. 제시된 4가지 물질 중 산은 1가지이다.
ㄴ. ⓛ과 ⓒ은 모두 '붉은색으로 변함'이다.
ㄷ. 묽은 염산에 달걀 껍데기대신 마그네슘 리본을 넣어도 ⊙과 같은 종류의 기체를 얻을 수 있다.

① ㄱ ② ㄴ ③ ㄱ, ㄷ
④ ㄴ, ㄷ ⑤ ㄱ, ㄴ, ㄷ

[2010 모의고사 기출]

11 두 개의 Y자관에 일정량의 A, B 수용액과 같은 길이의 마그네슘 리본을 각각 넣은 후 고무풍선을 씌워 동시에 기울였더니 잠시 후 그림과 같이 되었다.

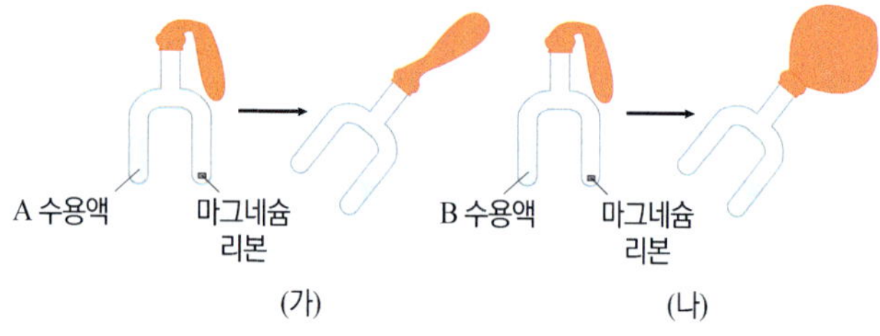

이에 대한 설명으로 옳은 것만을 〈보기〉에서 있는 대로 고른 것은? (단, A,B 수용액은 농도가 같은 산이다.)

• 보기 •

ㄱ. 산의 세기는 A 수용액 < B 수용액이다.
ㄴ. (가)와 (나)에서 다른 종류의 기체가 발생한다.
ㄷ. 반응이 끝난 후 이온의 전하량 총합은 (가) < (나)이다.

① ㄱ ② ㄴ ③ ㄱ, ㄷ
④ ㄴ, ㄷ ⑤ ㄱ, ㄴ, ㄷ

12 그림은 사이다와 식초를 구분하는 실험 방법에 대한 학생들의 대화이다.

제시한 내용이 옳은 학생만을 있는 대로 고른 것은?

① A ② C ③ A, B
④ B, C ⑤ A, B, C

13 묽은 염산(HCl)과 수산화 나트륨(NaOH) 수용액의 부피를 다르게 하여 혼합한 용액의 온도 변화를 나타낸 것이다.

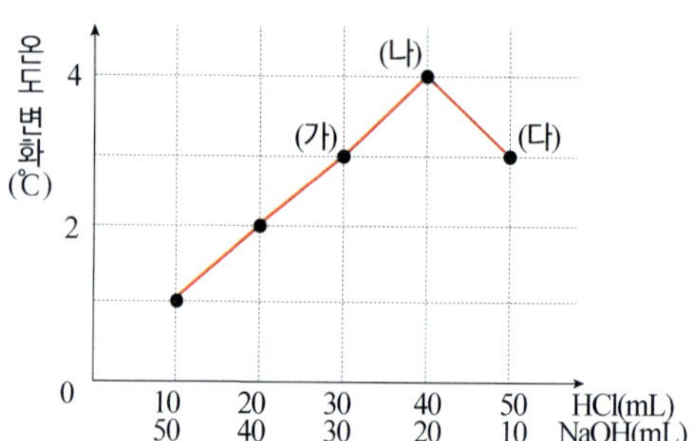

이에 대한 설명으로 옳은 것만을 〈보기〉에서 있는 대로 고른 것은? (단, 혼합 전 두 수용액의 온도는 같다.)

• 보기 •

ㄱ. (가)는 염기성 용액이다.
ㄴ. 생성된 물 분자 수는 (나)가 (다)의 2배이다.
ㄷ. (가)와 (다)를 혼합하면 물이 생성된다.

① ㄱ ② ㄴ ③ ㄱ, ㄷ
④ ㄴ, ㄷ ⑤ ㄱ, ㄴ, ㄷ

14 일정량의 수산화 칼륨(KOH) 수용액에 묽은 질산(HNO_3)을 조금씩 넣어줄 때 혼합 용액의 X 의 수을 측정하여 나타낸 것이다.

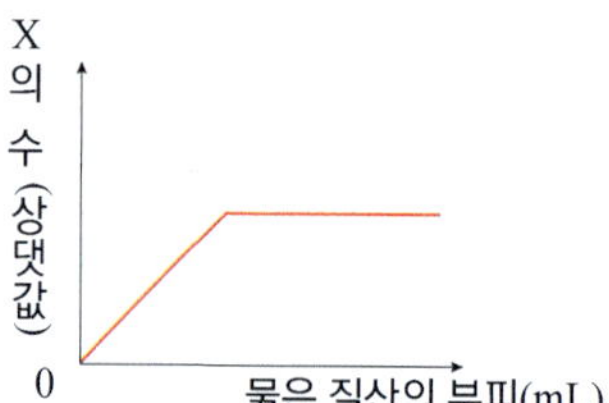

X로 적절한 것은 무엇인가?

① H^+ ② H_2O ③ K^+
④ NO_3^- ⑤ OH^-

15 그림은 일정량의 수산화 칼륨 수용액에 묽은 염산을 조금씩 넣어 줄 때 혼합 용액의 이온 수 변화이다.

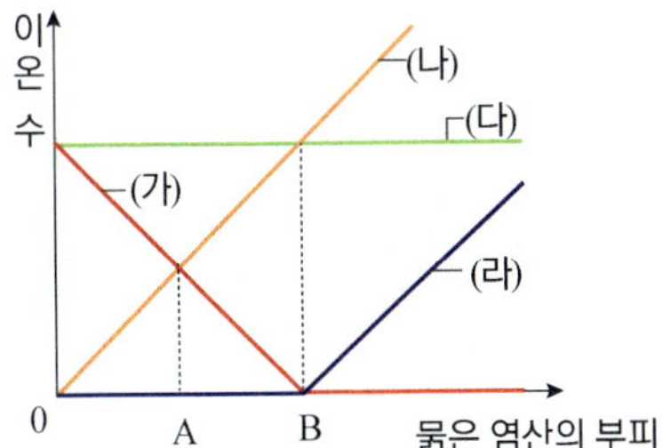

이에 대한 설명으로 옳은 것만을 〈보기〉에서 있는 대로 고른 것은?

• 보기 •
ㄱ. 생성된 물의 양은 A보다 B가 많다.
ㄴ. (나)와 (다)는 음전하를 띤다.
ㄷ. B는 중화점이며 수용액에 전류가 흐르지 않는다.

① ㄱ   ② ㄷ   ③ ㄱ, ㄴ
④ ㄴ, ㄷ   ⑤ ㄱ, ㄴ, ㄷ

[2019 모의고사 기출]

16 표는 25 °C HCl 수용액과 25 °C NaOH 수용액을 여러 부피비로 혼합한 용액 (가)~(다)에 대한 자료이다.

혼합 용액	수용액의 부피 (mL)		이온의 종류	최고 온도 (°C)
	HCl	NaOH		
(가)	10	5	H^+, Na^+, Cl^-	t_1
(나)	10	10	Na^+, Cl^-	t_2
(다)	10	20	OH^-, Na^+, Cl^-	t_3

이에 대한 설명으로 옳은 것만을 〈보기〉에서 있는 대로 고른 것은? (단, 혼합 전 수용액의 농도는 모두 같다.)

• 보기 •
ㄱ. t_2는 t_1 보다 크다.
ㄴ. (가)에 마그네슘 (Mg) 조각을 넣으면 수소 기체가 발생한다.
ㄷ. (다)는 산성이다.

① ㄱ   ② ㄷ   ③ ㄱ, ㄴ
④ ㄴ, ㄷ   ⑤ ㄱ, ㄴ, ㄷ

---

17 그림은 고체 아이오딘(I_2)이 들어있는 비커 위에 얼음이 들어있는 둥근바닥 플라스크를 올려놓고 비커를 가열하는 모습이다.

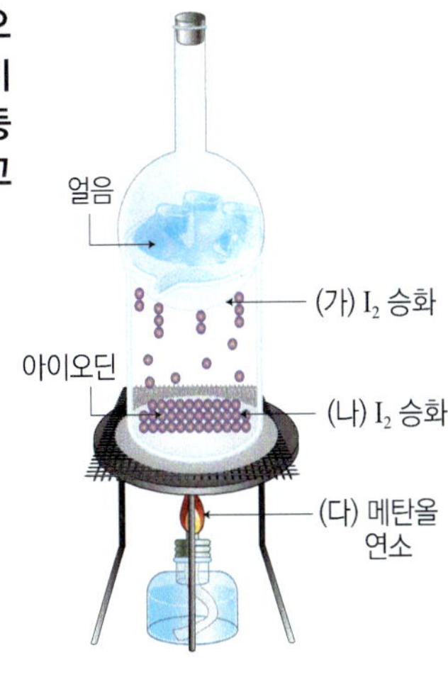

이에 대한 설명으로 옳은 것만을 〈보기〉에서 있는 대로 고른 것은?

• 보기 •
ㄱ. (가)는 흡열 반응이다.
ㄴ. (나)는 발열 반응이다.
ㄷ. (다)는 산화 환원 반응이다.

① ㄱ   ② ㄷ   ③ ㄱ, ㄴ
④ ㄴ, ㄷ   ⑤ ㄱ, ㄴ, ㄷ

18 다음은 수소(H_2)와 메테인(CH_4)의 연소 반응이다.

(가)	$2H_2 + O_2 \longrightarrow 2H_2O$
(나)	$CH_4 + 2O_2 \longrightarrow CO_2 + 2H_2O$

(가)와 (나)의 공통점으로 옳은 것만을 〈보기〉에서 있는 대로 고른 것은?

• 보기 •
ㄱ. 발열 반응이다.
ㄴ. 산화 환원 반응이다.
ㄷ. 철이 녹스는 반응과 같은 열의 출입이 일어난다.

① ㄱ   ② ㄴ   ③ ㄱ, ㄷ
④ ㄴ, ㄷ   ⑤ ㄱ, ㄴ, ㄷ

19 물질 변화가 일어날 때 에너지를 흡수하는 것만을 〈보기〉에서 있는 대로 고른 것은?

• 보기 •
ㄱ. 식물이 광합성을 한다.
ㄴ. 눈 오는 날 제설제를 뿌린다.
ㄷ. 과수원에서 물을 뿌려 냉해를 방지한다.
ㄹ. 냉찜질 팩을 주무르면 냉찜질 팩이 시원해진다.

① ㄱ, ㄹ   ② ㄴ, ㄹ   ③ ㄱ, ㄷ, ㄹ
④ ㄴ, ㄷ   ⑤ ㄱ, ㄴ, ㄹ

수능 모의고사 2회

> 01. 산화와 환원

01 다음은 산화 환원에 대한 세 학생의 대화이다.

제시한 의견이 옳은 학생만을 있는 대로 고른 것은?

① A 　② B 　③ A, B
④ B, C 　⑤ A, B, C

02 철의 제련 과정에서 일어나는 반응의 화학 반응식이다.

$$
\begin{aligned}
&(가)\ 2C + O_2 \longrightarrow 2\,\boxed{X} \\
&(나)\ Fe_2O_3 + a\,\boxed{X} \longrightarrow bFe + 3CO_2
\end{aligned}
$$

이에 대한 설명으로 옳은 것만을 〈보기〉에서 있는 대로 고른 것은?

> **보기**
> ㄱ. X는 CO이다.
> ㄴ. b는 a보다 크다.
> ㄷ. (나)에서 X는 환원된다.

① ㄱ 　② ㄴ 　③ ㄱ, ㄷ
④ ㄴ, ㄷ 　⑤ ㄱ, ㄴ, ㄷ

03 그림 (가), (나)는 염소(Cl_2) 기체와 나트륨(Na), 염소 기체와 마그네슘(Mg)의 반응에서 발생하는 전자의 이동을 나타낸 것이다.

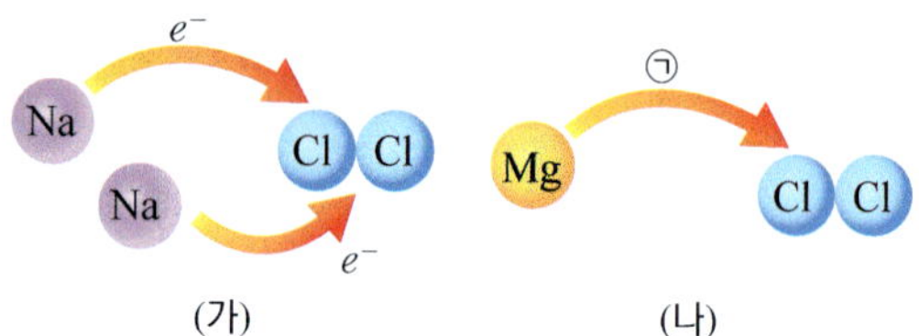

이에 대한 설명으로 옳은 것만을 〈보기〉에서 있는 대로 고른 것은?

> **보기**
> ㄱ. (가)에서 Cl_2는 환원된다.
> ㄴ. (나)에서 ㉠은 $2e^-$이다.
> ㄷ. (가)와 (나)에서 각각 생성된 양이온 1개의 전하량 비는(가) : (나)=1 : 2이다.

① ㄱ 　② ㄴ 　③ ㄱ, ㄷ
④ ㄴ, ㄷ 　⑤ ㄱ, ㄴ, ㄷ

04 다음은 지질 시대 초기의 2가지 광합성 생물에 의한 광합성을 설명한 자료이다.

> · 황세균은 황화 수소(H_2S)로부터 ㉠ 을/를 얻어 광합성을 하였고, 그 화학 반응식은 다음과 같다.
> $$6CO_2 + 12H_2S \longrightarrow C_6H_{12}O_6 + 12S + 6H_2O$$
> · 남세균은 물(H_2O)로부터 ㉠ 을/를 얻어 광합성을 하였고, 그 화학 반응식은 다음과 같다.
> $$6CO_2 + 6H_2O \longrightarrow C_6H_{12}O_6 + 6O_2$$

이에 대한 설명으로 옳은 것만을 〈보기〉에서 있는 대로 고른 것은?

> **보기**
> ㄱ. ㉠은 수소이다.
> ㄴ. 황세균에 의한 광합성으로 CO_2는 환원된다.
> ㄷ. 남세균 출현 후 대기 중의 산소가 증가하였다.

① ㄴ 　② ㄷ 　③ ㄱ, ㄴ
④ ㄱ, ㄷ 　⑤ ㄱ, ㄴ, ㄷ

05 그림은 코크스(C)나 철(Fe)을 이용하여 수증기(H_2O)로부터 수소(H_2)를 얻는 과정 (가)와 (나)를 나타낸 것이다.

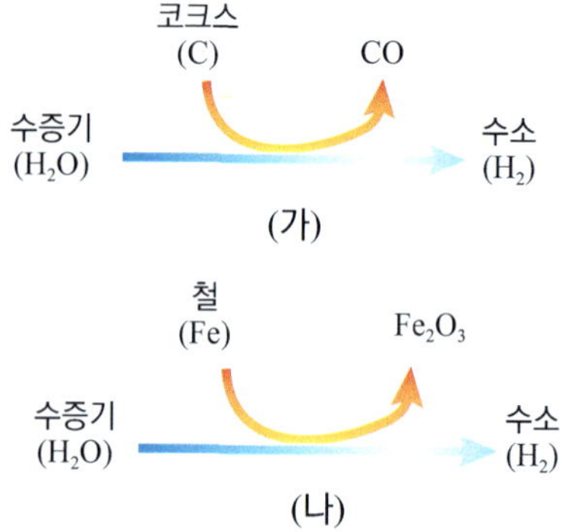

이에 대한 설명으로 옳은 것만을 〈보기〉에서 있는 대로 고른 것은?

> **보기**
> ㄱ. (가)에서 코크스(C)는 산화된다.
> ㄴ. (나)에서 철(Fe)은 환원된다.
> ㄷ. (가)와 (나)에서 수증기는 모두 산화된다.

① ㄱ 　② ㄴ 　③ ㄱ, ㄷ
④ ㄴ, ㄷ 　⑤ ㄱ, ㄴ, ㄷ

06 다음은 마그네슘을 이용한 실험이다.

[실험 과정 및 결과]

(가) 그림 A와 같이 마그네슘 리본에 불을 붙였더니 밝은 빛을 내며 연소하여 연소 생성물이 생겼다.

(나) 그림 B와 같이 마그네슘 가루를 드라이아이스로 만든 통 속에 넣고 불을 붙인 후 뚜껑을 덮어 불이 꺼진 후 뚜껑을 열어보니 검은색 가루가 생성되었다.

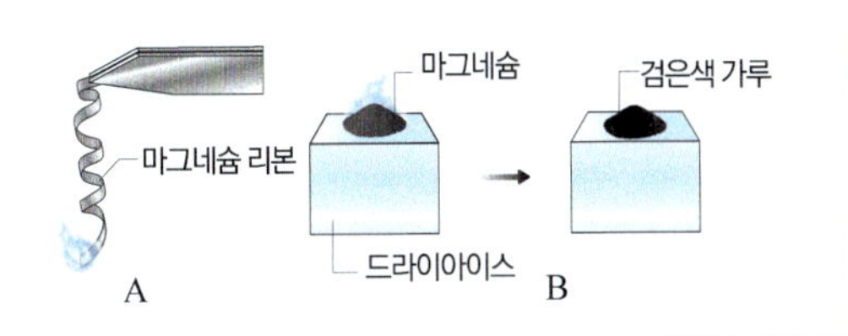

이에 대한 설명으로 옳은 것만을 〈보기〉에서 있는 대로 고른 것은?

보기

ㄱ. (가)에서 마그네슘은 산화되었다.
ㄴ. (나)에서 마그네슘은 환원되었다.
ㄷ. (나)의 반응식은 $2Mg + CO_2 \rightarrow 2MgO + C$ 이다.

① ㄱ   ② ㄴ   ③ ㄱ, ㄴ
④ ㄱ, ㄷ   ⑤ ㄱ, ㄴ, ㄷ

---

07 표는 황산 구리 ($CuSO_4$) 수용액에 고체 아연 (Zn) 조각을 넣어 반응시켰을 때, 반응 전과 후의 수용액에 대한 자료이다.

	반응 전	반응 후
수용액에 들어 있는 이온의 모형	Cu^{2+} SO_4^{2-} SO_4^{2-} Cu^{2+}	SO_4^{2-} Zn^{2+} Zn^{2+} SO_4^{2-}
수용액의 색	푸른색	무색

이에 대한 설명으로 옳은 것만을 〈보기〉에서 있는 대로 고른 것은?

보기

ㄱ. 이 반응에서 Zn은 전자를 잃는다.
ㄴ. $CuSO_4$ 수용액의 색이 푸른색을 띠는 이유는 Cu^{2+} 때문이다.
ㄷ. 반응이 일어나는 동안 수용액 속 SO_4^{2-}의 수는 변하지 않는다.

① ㄱ   ② ㄷ   ③ ㄱ, ㄴ
④ ㄴ, ㄷ   ⑤ ㄱ, ㄴ, ㄷ

---

08 그림은 질산 은($AgNO_3$) 수용액에 구리(Cu) 조각을 넣어 반응시켰을 때, 반응 전과 후의 수용액에 들어 있는 금속 양이온을 모형으로 나타낸 것이다. ▲와 ●는 각각 구리 이온 (Cu^{2+}), 은 이온(Ag^+) 중 하나이다.

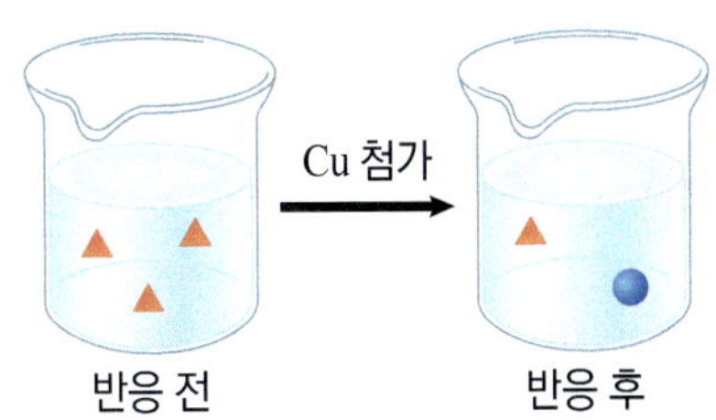

이에 대한 설명으로 옳은 것만을 〈보기〉에서 있는 대로 고른 것은?

보기

ㄱ. ●는 Cu^{2+}이다.
ㄴ. 이 반응이 일어날 때 전자의 이동이 일어난다.
ㄷ. 이 반응에서 ▲는 산화된다.

① ㄱ   ② ㄷ   ③ ㄱ, ㄴ
④ ㄴ, ㄷ   ⑤ ㄱ, ㄴ, ㄷ

---

09 그림 (가), (나)와 같이 금속 막대 A를 각각 B, C 이온 수용액에 넣었더니 (가)에서 금속 막대 A의 질량은 증가하였으나 (나)에서는 금속 막대 A의 질량이 감소하였다.

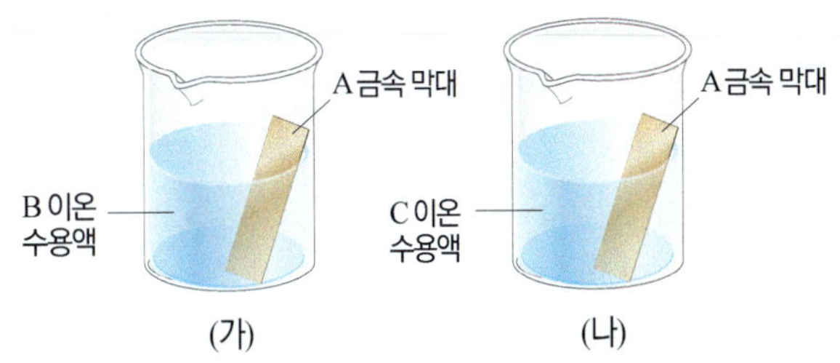

이에 대한 설명으로 옳은 것만을 〈보기〉에서 있는 대로 고른 것은? (단, A~C는 임의의 금속 원소 기호이고, 수용액에서 모두 +2가 이온으로 존재한다.)

보기

ㄱ. 금속의 원자량은 B > A > C이다.
ㄴ. 금속의 반응성은 A > B > C이다.
ㄷ. (가)와 (나)의 수용액 속 양이온 수는 반응 전후 동일하다.

① ㄱ   ② ㄴ   ③ ㄱ, ㄷ
④ ㄴ, ㄷ   ⑤ ㄱ, ㄴ, ㄷ

10 다음은 A 기체와 관련된 반응에 대한 실험이다.

> [실험 I]
> · A 기체가 천천히 발생하고 있는 과산화 수소수에 감자
> 즙을 넣었더니 A 기체가 빠르게 발생하였다.
>
> $$2H_2O_2 \longrightarrow 2H_2O + \boxed{A}$$
>
> [실험 II]
> · 나트륨을 칼로 잘랐더니 공기 중의 A 기체와 반응하면
> 서 단면의 은백색 광택이 서서히 사라졌다.
>
> $$4Na + \boxed{A} \longrightarrow 2Na_2O$$

이에 대한 설명으로 옳은 것만을 〈보기〉에서 있는 대로 고른 것은?

> **• 보기 •**
> ㄱ. A는 O_2이다.
> ㄴ. I에서 감자즙에는 촉매로 작용하는 물질이었다.
> ㄷ. II에서 Na은 산화된다.

① ㄱ   ② ㄷ   ③ ㄱ, ㄴ
④ ㄴ, ㄷ   ⑤ ㄱ, ㄴ, ㄷ

11 그림은 금속 A를 BNO_3 수용액에 넣은 것을 나타낸 것이다. 반응이 진행될 때 금속 B가 석출되고 A^{2+}이 생성된다.

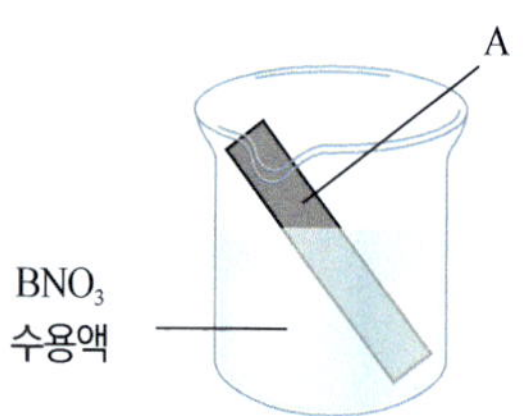

반응이 진행될 때, 이에 대한 옳은 설명만을 〈보기〉에서 있는 대로 고른 것은? (단, A와 B는 임의의 원소 기호이고, A와 B의 원자량은 각각 207, 108이다.)

> **• 보기 •**
> ㄱ. 전자는 A에서 B^+로 이동한다.
> ㄴ. 수용액 속 양이온 수는 증가한다.
> ㄷ. $\dfrac{\text{감소한 A의 질량}}{\text{석출된 B의 질량}} > 1$ 이다.

① ㄱ   ② ㄴ   ③ ㄱ, ㄷ
④ ㄴ, ㄷ   ⑤ ㄱ, ㄴ, ㄷ

12 다음은 금속 A ~ C의 산화 환원 반응 실험이다.

> [실험 과정]
> · 비커 I과 II에 각각 A^{2+}이 들어 있는 수용액과 B^{2+}이 들
> 어 있는 수용액을 넣고 I에는 금속 B를, II에는 금속 C를
> 넣어 반응시킨다.
>
> 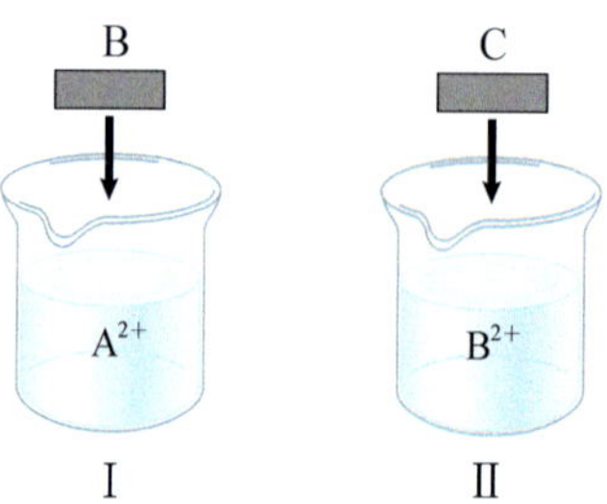
>
>
> [실험 결과]
> · 반응 후 각 비커의 수용액에 들어 있는 양이온의 종류
>
> | 비커 | I | II |
> |---|---|---|
> | 양이온의 종류 | B^{2+} | C^{3+} |

이에 대한 설명으로 옳은 것만을 〈보기〉에서 있는 대로 고른 것은? (단, A ~ C는 임의의 원소 기호이고, 물과 음이온은 반응에 참여하지 않는다.)

> **• 보기 •**
> ㄱ. I에서 B는 산화된다.
> ㄴ. II에서 전자는 B^{2+}에서 C로 이동한다.
> ㄷ. II에서 수용액에 들어있는 양이온 수는 증가한다.

① ㄱ   ② ㄴ   ③ ㄱ, ㄷ
④ ㄴ, ㄷ   ⑤ ㄱ, ㄴ, ㄷ

13 다음은 우리 주변의 화학 반응이다.

> (가) 오래된 음식물이 썩는다.
> (나) 폭죽이 폭발하여 빛을 낸다.
> (다) 반딧불이가 불을 내며 반짝거린다.

이에 대한 설명으로 옳은 것만을 〈보기〉에서 있는 대로 고른 것은?

> **• 보기 •**
> ㄱ. (가)에서 곰팡이나 세균에 의해 당분이 분해된다.
> ㄴ. (나)와 (다)는 빠른 산화 환원 반응이다.
> ㄷ. (나)와 (다)는 산소가 관여하는 반응이다.

① ㄱ   ② ㄷ   ③ ㄱ, ㄴ
④ ㄴ, ㄷ   ⑤ ㄱ, ㄴ, ㄷ

14 그림은 같은 온도, 같은 부피의 수용액 (가)와 (나)에 들어있는 이온을 모식적으로 나타낸 것이다.

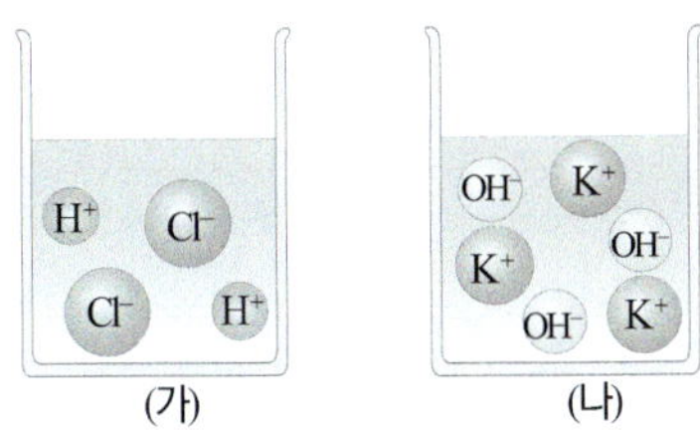

이에 대한 설명으로 옳은 것만을 〈보기〉에서 있는 대로 고른 것은?

• 보기 •
ㄱ. (가)는 BTB 용액을 파랗게 변화시킨다.
ㄴ. (나)는 단백질을 녹이는 성질이 있다.
ㄷ. (가)와 (나)는 전기 전도도를 측정하여 구별할 수 있다.

① ㄱ ② ㄴ ③ ㄱ, ㄴ
④ ㄴ, ㄷ ⑤ ㄱ, ㄴ, ㄷ

15 표는 4가지 수용액의 성질을 나타낸 것이다. A~D는 각각 염산 수용액, 수산화 나트륨 수용액, 탄산 수용액, 소금 수용액 중 하나이다.

구분	A	B	C	D
페놀프탈레인 용액을 넣음	무색	무색	(가)	붉은색
아연 조각을 넣음	(나)	변화 없음	기체 발생	(다)

이에 대한 설명으로 옳은 것만을 〈보기〉에서 있는 대로 고른 것은?

• 보기 •
ㄱ. (가)는 무색이다
ㄴ. (나)는 기체 발생이며, (다)는 변화 없음이다.
ㄷ. C와 D를 혼합하면 온도가 높아진다.

① ㄱ ② ㄴ ③ ㄱ, ㄷ
④ ㄴ, ㄷ ⑤ ㄱ, ㄴ, ㄷ

16 다음은 일상생활 속 중화 반응의 예를 나타낸 것이다.

ㄱ. 산성화된 토양에 콩을 심는다.
ㄴ. 속이 쓰린 경우 제산제를 복용한다.
ㄷ. 오래된 자전거의 체인에 녹이 슨다.
ㄹ. 깎아놓은 사과의 표면이 갈색으로 변한다.

중화 반응과 관련된 사례만을 있는 대로 고른 것은?

① ㄱ, ㄴ ② ㄱ, ㄷ ③ ㄴ, ㄷ
④ ㄷ, ㄹ ⑤ ㄱ, ㄴ, ㄹ

17 표는 물질 (가)~(다)의 수용액에 존재하는 음이온의 종류를 정리한 것이다. (가)~(다)는 각각 KOH, CH_3COOH, C_2H_5OH 중 하나이다.

물질	(가)	(나)	(다)
수용액 속 음이온의 종류	㉠	없음	OH⁻

이에 대한 설명으로 옳은 것만을 〈보기〉에서 있는 대로 고른 것은?

• 보기 •
ㄱ. 산성은 ㉠ 때문에 나타난다.
ㄴ. (가) 수용액에 달걀 껍데기를 넣으면 CO_2 기체가 발생한다.
ㄷ. (가)~(다) 수용액은 모두 전기 전도성이 있다.

① ㄴ ② ㄷ ③ ㄱ, ㄴ
④ ㄴ, ㄷ ⑤ ㄱ, ㄴ, ㄷ

18 그림은 서로 다른 2가지 물질의 수용액 (가)와 (나)에 들어 있는 이온을 모형으로 나타낸 것이다. 메틸오렌지 용액을 떨어뜨렸을 때 (가)는 붉은색, (나)는 노란색을 나타내었다.

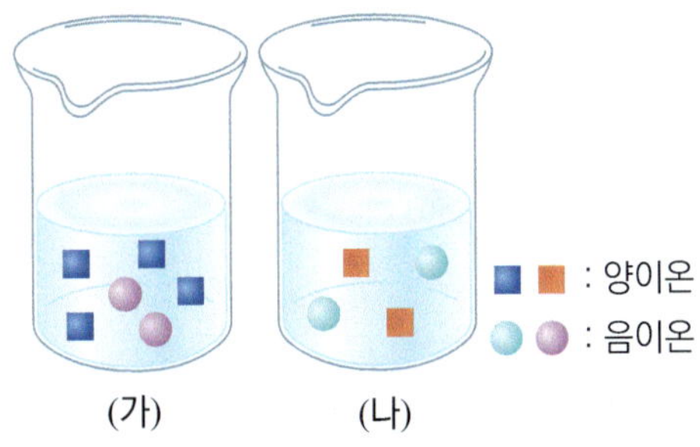

이에 대한 설명으로 옳은 것만을 〈보기〉에서 있는 대로 고른 것은?

• 보기 •
ㄱ. (가)의 ■은 수소 이온이다.
ㄴ. (나) 용액을 아연과 반응시키면 수소 기체가 발생한다.
ㄷ. (나) 용액에 BTB 용액을 떨어뜨리면 파란색을 나타낸다.

① ㄱ ② ㄴ ③ ㄱ, ㄷ
④ ㄴ, ㄷ ⑤ ㄱ, ㄴ, ㄷ

19 다음은 몇 가지 물질에 들어 있는 주성분 물질을 이온화식으로 나타낸 것이다.

> · 비누: $NaOH \longrightarrow Na^+ + OH^-$
> · 식초: $CH_3COOH \longrightarrow H^+ + CH_3COO^-$
> · 탄산음료: $H_2CO_3 \longrightarrow 2H^+ + CO_3^{2-}$

이에 대한 설명으로 옳은 것만을 〈보기〉에서 있는 대로 고른 것은?

> ─ 보기 ─
> ㄱ. 비누의 pH는 7보다 작다.
> ㄴ. 식초는 탄산 칼슘과 반응하여 이산화 탄소를 낸다.
> ㄷ. 비누와 탄산음료는 모두 푸른색 리트머스 종이를 붉게 변화시킨다.

① ㄱ ② ㄴ ③ ㄱ, ㄷ
④ ㄴ, ㄷ ⑤ ㄱ, ㄴ, ㄷ

20 다음은 산과 염기의 이온화 반응식을 나타낸 것이다.

> $HCl \longrightarrow \boxed{(가)} + Cl^-$
> $NaOH \longrightarrow Na^+ + \boxed{(나)}$

이에 대한 설명으로 옳은 것만을 〈보기〉에서 있는 대로 고른 것은?

> ─ 보기 ─
> ㄱ. 산과 염기의 공통적인 성질은 각각 (가)와 (나) 때문이다.
> ㄴ. (가) 때문에 산과 금속이 반응할 때 기체가 발생한다.
> ㄷ. 대리석과 (나)가 반응하면 기체가 발생한다.

① ㄱ ② ㄷ ③ ㄱ, ㄴ
④ ㄴ, ㄷ ⑤ ㄱ, ㄴ, ㄷ

21 다음은 산의 정의에 대한 설명이다.

> 산은 수용액에서 $\boxed{㉠}$ 을/를 내놓는 물질을 말한다. 예를 들어 레몬에 들어 있는 시트르산($C_6H_8O_7$) 한 분자는 수용액에서 $\boxed{㉠}$ 을/를 3개까지 내놓을 수 있으므로 산이다. 시트르산의 이온화를 화학 반응식으로 표현하면 다음과 같다.
> $C_6H_8O_7 \longrightarrow 3\boxed{㉠} + \boxed{㉡}$

㉠과 ㉡으로 옳은 것은?

	㉠	㉡
①	H^+	$C_6H_7O_7^-$
②	H^+	$C_6H_5O_7^{3-}$
③	H	$C_6H_5O_7$
④	OH^-	$C_6H_7O_6^+$
⑤	OH^-	$C_6H_5O_4^{3+}$

22 그림은 수산화 칼륨(KOH) 수용액 10 mL에 묽은 염산(HCl)을 가할 때 이온 수의 변화를 나타낸 그래프이다.

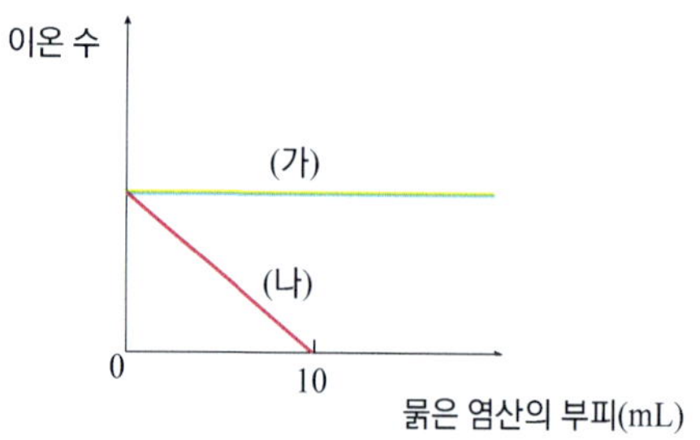

이에 대한 설명으로 옳은 것만을 〈보기〉에서 있는 대로 고른 것은? (단, 수산화 칼륨(KOH) 수용액과 묽은 염산(HCl)의 농도는 같다.)

> ─ 보기 ─
> ㄱ. (가)는 Cl^-의 그래프이다.
> ㄴ. 묽은 염산(HCl) 10 mL를 가했을 때 전류의 세기는 가장 낮다.
> ㄷ. (나)는 중화 반응에서 물을 생성하는데 참여하는 이온의 그래프이다.

① ㄱ ② ㄴ ③ ㄱ, ㄴ
④ ㄴ, ㄷ ⑤ ㄱ, ㄴ, ㄷ

23 그림은 묽은 염산과 수산화 나트륨 수용액을 서로 다른 부피로 혼합한 (가)~(다) 세 혼합 용액에 들어 있는 이온을 모형으로 나타낸 것이다.

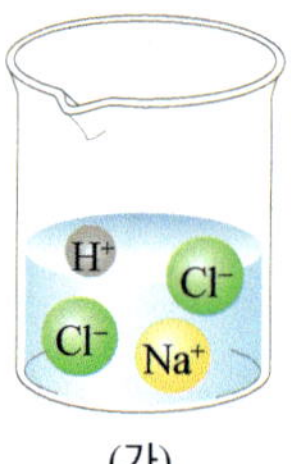

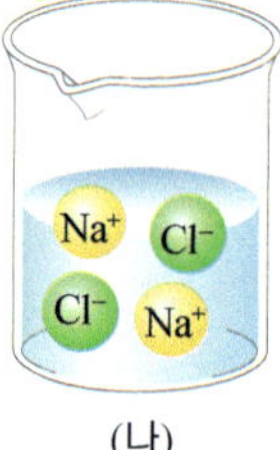

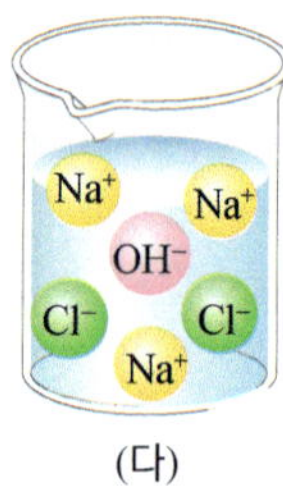

이에 대한 설명으로 옳은 것만을 〈보기〉에서 있는 대로 고른 것은?

> ─ 보기 ─
> ㄱ. 생성된 물 분자 수가 가장 적은 용액은 (가)이다.
> ㄴ. (가)와 (나)에 페놀프탈레인 용액을 떨어뜨려도 색 변화가 없다.
> ㄷ. (다)의 pH는 7보다 크다.

① ㄱ ② ㄷ ③ ㄱ, ㄴ
④ ㄴ, ㄷ ⑤ ㄱ, ㄴ, ㄷ

24 그림은 NaOH 10 mL 수용액에 HCl 수용액을 첨가할 때 첨가한 HCl 수용액의 부피에 따른 이온 수를 나타낸 것이다. A~D는 각각 H^+, Cl^-, Na^+, OH^- 중 하나이다.

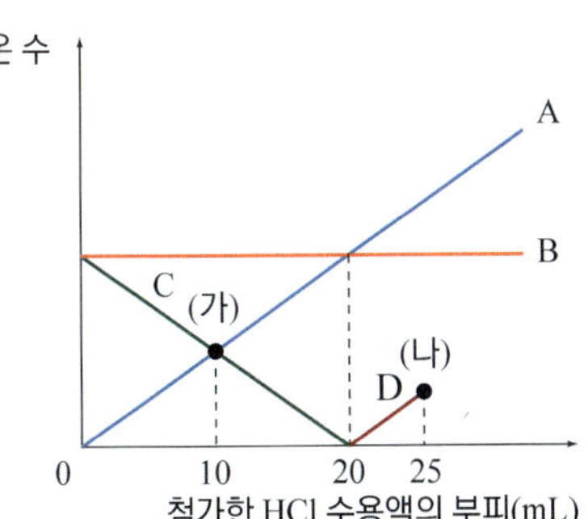

이에 대한 설명으로 옳은 것만을 〈보기〉에서 있는 대로 고른 것은? (단, 온도는 일정하며, 혼합 용액의 부피는 혼합 전 각 용액의 부피의 합과 같다.)

• 보기 •
ㄱ. A는 염화 이온, B는 나트륨 이온이다.
ㄴ. 같은 부피에 들어 있는 전체 이온의 수는 (가) > (나)이다.
ㄷ. HCl 수용액 10 mL와 NaOH 수용액 10 mL에 들어 있는 전체 이온의 수는 동일하다.

① ㄱ　　　　　② ㄴ　　　　　③ ㄱ, ㄴ
④ ㄱ, ㄷ　　　　⑤ ㄱ, ㄴ, ㄷ

25 그림은 HCl 수용액과 KOH 수용액의 부피를 달리하여 반응시켰을 때 혼합 용액의 최고 온도를 나타낸 것이다.

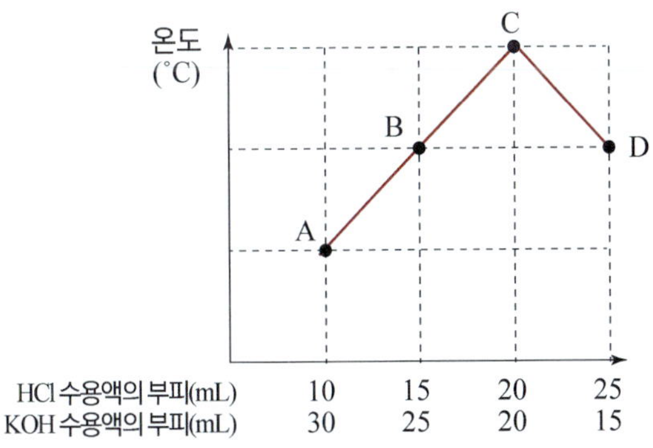

이에 대한 설명으로 옳은 것만을 〈보기〉에서 있는 대로 고른 것은? (단, 온도는 일정하다.)

• 보기 •
ㄱ. 전류의 세기는 C가 가장 낮다
ㄴ. 용액 A에 BTB를 떨어뜨리면 파란색이 된다.
ㄷ. B와 D에서 생성된 H_2O 분자 수는 동일하다.

① ㄱ　　　　　② ㄴ　　　　　③ ㄱ, ㄷ
④ ㄴ, ㄷ　　　　⑤ ㄱ, ㄴ, ㄷ

26 다음은 산화 칼슘(CaO)를 이용한 열출입 확인 실험이다.

[실험 과정]
1. 현재 온도를 25 ℃로 유지하고 비커 A, B, C 3개에 각각 산화 칼슘 20 g, 30 g, 40 g을 넣는다.
2. 각 비커에 5 ℃의 물을 200 g씩 넣고 저어주며 디지털 온도계로 수용액의 최고 온도를 측정하여 기록한다.

[실험 결과]

비커	비커 A	비커 B	비커 C
최고 온도(℃)	51	60	68

이에 대한 설명으로 옳은 것만을 〈보기〉에서 있는 대로 고른 것은?

• 보기 •
ㄱ. 각 비커의 수용액의 액성은 모두 염기성이다.
ㄴ. 산화 칼슘이 물에 용해되는 반응은 발열 반응이다.
ㄷ. 산화 칼슘과 물의 반응은 소금이 물에 용해되는 반응과 에너지 출입 방향이 같다.

① ㄱ　　　　　② ㄴ　　　　　③ ㄱ, ㄴ
④ ㄴ, ㄷ　　　　⑤ ㄱ, ㄴ, ㄷ

27 다음은 빵을 만들 때 일어나는 반응에 대한 설명이다.

빵을 만들기 위하여 밀가루 반죽에 각종 재료를 섞어서 구워야 한다. 이때 밀가루 반죽에 탄산수소 나트륨을 섞어서 반죽을 해야 빵이 부풀어 오를 수 있다. 탄산수소 나트륨은 다음과 같은 반응을 한다. 

$$2NaHCO_3 \longrightarrow Na_2CO_3 + H_2O + \boxed{(가)}$$

이에 대한 설명으로 옳은 것만을 〈보기〉에서 있는 대로 고른 것은?

• 보기 •
ㄱ. 탄산수소 나트륨은 분해될 때 열에너지를 방출한다.
ㄴ. (가)는 이산화 탄소이다.
ㄷ. 탄산수소 나트륨이 분해되는 반응과 염화 칼슘이 물에 용해되는 반응은 열에너지의 출입 방향이 같다.

① ㄱ　　　　　② ㄴ　　　　　③ ㄱ, ㄷ
④ ㄴ, ㄷ　　　　⑤ ㄱ, ㄴ, ㄷ

II 환경과 에너지

01 생물과 환경

Ⓐ 생태계 구성 요소

1. **생태계**[1] : 생물이 일정한 지역에서 다른 생물 및 환경과 서로 밀접한 관계를 맺으며 영향을 주고 받아 이룬 하나의 커다란 시스템으로 개체 ➡ 개체군 ➡ 군집 ➡ 생태계 순으로 점점 규모가 커지는 위계적인 구조를 이루고 있다.
　　　　　　　　　　　•계층 따위의 등급

① **개체**: 하나의 독립된 생명체이다.

② **개체군**: 일정한 지역에서 함께 사는 같은 종의 개체들 무리이다.

③ **군집**: 일정한 지역에서 함께 사는 여러 개체군의 집합이다.

④ **생태계**: 생물이 다른 생물 및 환경과 영향을 주고받는 시스템이다.[2]

▲ 생태계의 위계적인 구조

2. **생태계의 종류**: 열대 우림, 삼림, 초원, 갯벌, 사막, 연못, 저수지, 공원, 어항 등이 있다.

① 어항과 같은 작은 생태계부터 바다와 같은 큰 생태계까지 다양하다.

② 초원, 사막, 갯벌 등 자연적으로 형성된 생태계도 있으며, 공원, 저수지, 텃밭 등 인위적으로 만들어진 생태계도 있다.

3. **생태계를 구성하는 요소**: 생태계는 생물요소와 비생물요소로 구성된다.

(1) **생물요소**[3] : 생태계에 존재하는 모든 생물 군집으로서 생태계에서의 역할에 따라 생산자, 소비자, 분해자로 구분한다.[4]

생산자	소비자	분해자
빛에너지, 이산화 탄소, 물을 이용하여 광합성을 함으로써 생명 활동에 필요한 영양분(유기물)을 스스로 생산할 수 있는 생물이다. ➡ 독립 영양 생물	스스로 양분을 만들지 못하고 다른 생물을 섭취하여 영양분(유기물)을 얻는 생물이다. ➡ 종속 영양 생물	다른 생물의 사체나 배설물에 포함된 유기물을 무기물로 분해하여 영양분을 얻는 생물이다.
(예) 식물, 조류, 식물 플랑크톤[5]	(예) 인간, 동물, 동물 플랑크톤[5]	(예) 세균, 곰팡이, 버섯, 이끼 등
▲ 민들레	▲ 사슴	▲ 버섯

① **소비자의 구분**: 먹이 관계에 따라 1차, 2차, 3차 소비자로 구분한다.

· 1차 소비자: 생산자를 먹이로 하는 소비자 ➡ 초식 동물

· 2차 소비자: 1차 소비자를 먹이로 하는 소비자 ➡ 육식 동물

· 3차 소비자: 2차 소비자를 먹이로 하는 소비자 ➡ 육식 동물

② **분해자와 물질 순환**: 분해자가 분해한 물질은 비생물적 환경으로 돌아가 생물이 다시 이용할 수 있게 된다.
　　➡ 분해자는 생태계에서 물질을 순환시키는 역할을 담당한다.

(2) **비생물요소**

① 생물을 둘러싸고 있는 모든 무기 환경요인으로서 생물에게 필요한 물질을 제공하는 등 생물에게 영향을 주는 빛, 온도, 물, 공기, 토양, 무기염류 등이 있다.

② 생물이 살아가는 터전을 제공하여 생태계를 안정적으로 유지시킨다.

개념+

❶ 생태계와 시스템

생태계는 생물들이 환경(비생물적 요인)으로부터 생존에 필요한 에너지와 물질을 얻으며 다른 생물과 상호작용하면서 살아가는 터전이 되는 하나의 시스템이다.

❷ 생태계와 생물다양성

개체군 내에서는 유전적 다양성이 나타나고, 군집 내에서는 종다양성이 나타난다.

❸ 생물요소의 구분

● 생명체는 유기물의 에너지를 이용하여 살아가며, 생태계의 생물적 요인은 양분을 얻는 방법에 따라 구분한다.

● 생물요소에는 양분을 생산하는 생산자, 양분을 소비하는 소비자, 유기물을 분해하는 분해자가 있다.

❹ 생산자, 소비자, 분해자 사이의 유기물의 이동

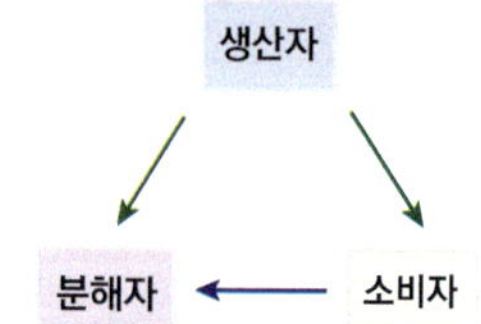

생산자는 광합성을 통해 유기물을 만들고, 이것이 소비자로 이동한다. 분해자는 생산자와 소비자의 사체나 배설물로부터 유기물을 얻는다.

❺ 플랑크톤

● 물에 서식하는 생물의 일종이며, 스스로 운동할 수 있는 능력이 거의 없어 물에 떠다니므로 부유 생물이라고도 한다.

● 영양분을 생산, 섭취하는 방식에 따라 식물 플랑크톤(생산)과 동물 플랑크톤(식물 플랑크톤 섭취)으로 구분된다.

---

4. 생태계구성요소 간의 관계: 생태계는 생물요소와 비생물요소 사이의 상호 관계로 유지된다. ⑥

① **비생물요소가 생물요소에 영향을 주는 것**
  예 햇빛이 잘 들고 토양에 양분이 풍부하면 식물이 잘 자란다. 가을에 기온이 낮아지면 은행나무 잎이 노랗게 변한다.

② **생물요소가 비생물요소에 영향을 주는 것** ⑦
  예 낙엽이 쌓여 분해되면 토양이 비옥해진다. 식물의 광합성으로 공기의 기체 성분이 변한다. 지렁이는 흙 속을 이리저리 돌아다니며 토양의 통기성을 높인다. 식물의 증산 작용으로 인해 숲은 다른 곳보다 시원하다.

③ **생물요소끼리 서로 영향을 주고 받는 것**
  예 동물은 배설물을 통해 식물의 씨를 퍼뜨린다. 풀이 무성해지자 토끼의 개체 수가 증가하였다. 과일박쥐는 식물의 열매와 씨를 먹고 산다. 개구리가 증가하자 메뚜기의 수가 감소하였다.

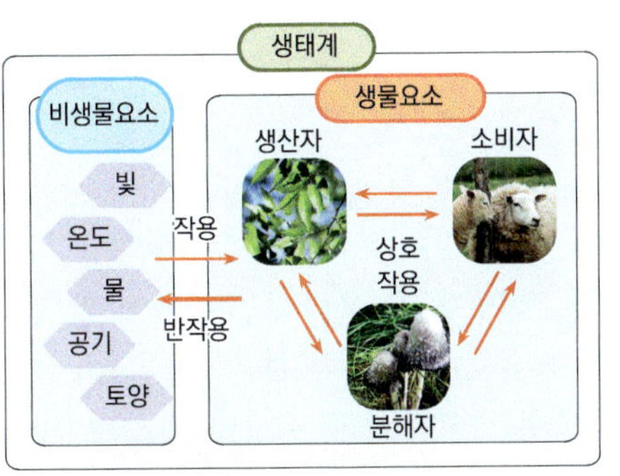

▲ 생태계 구성 요소 간의 관계

개념+

⑥ **생물요소와 비생물요소의 관계**
● 생물요소는 비생물요소의 구성이나 성분에 영향을 준다.
● 비생물요소는 생물요소의 생활 방식, 번식 방법, 분포 등에 영향을 준다.

⑦ **생물요소가 비생물요소에 영향을 주는 또다른 예**
● 식물이 광합성을 활발히 하면 공기 중 산소 농도가 높아진다.
● 지렁이는 낙엽이나 썩은 뿌리 등을 분해함으로써 토양에 양분을 공급해 토양을 비옥하게 만든다.

개념체크+

정답 및 해설 ➡ 49

POINT

01 일정한 지역에서 같이 사는 여러 개체군의 무리를 무엇이라 하는가?　(　　　　　)

02 생태계를 구성하는 각 요소에 해당하는 예를 〈보기〉에서 있는 대로 고르시오.

> **보기**
> ㄱ. 보리　　ㄴ. 물　　ㄷ. 곰팡이　　ㄹ. 공기　　ㅁ. 세균
> ㅂ. 빛　　ㅅ. 사자　　ㅇ. 연꽃　　ㅈ. 버섯　　ㅊ. 뱀
> ㅋ. 참새　　ㅌ. 토양　　ㅍ. 메뚜기

(1) 생산자 ······························(　　　　　)
(2) 소비자 ······························(　　　　　)
(3) 분해자 ······························(　　　　　)
(4) 비생물요소　·······················(　　　　　)

03 그림은 생태계구성요소 사이의 관계이다. 다음 현상은 (가)~(다) 중 어느 것에 해당하는지 쓰시오.

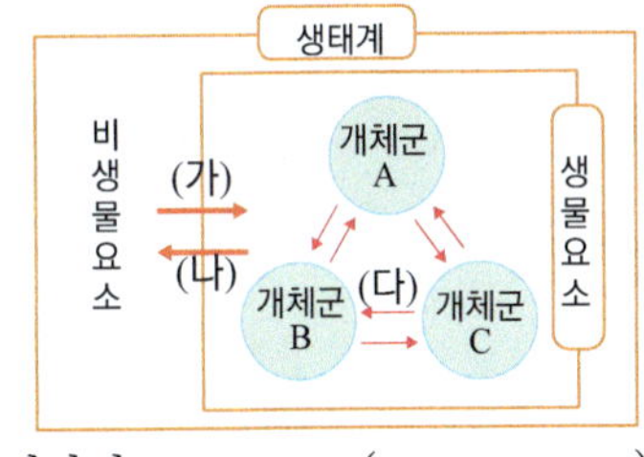

(1) 일조량이 많을수록 식물의 광합성이 활발하게 일어난다. ··············(　　　　　)
(2) 생물의 호흡과 광합성으로 공기의 성분이 변한다. ·····················(　　　　　)
(3) 풀이 무성해지자 토끼의 개체 수가 증가하였다. ······················(　　　　　)
(4) 외래종과 고유종이 먹이나 서식지를 두고 경쟁한다. ··················(　　　　　)

Ⓑ 생물과 환경의 상호 작용

1. 빛과 생물: 빛의 세기, 일조 시간 등은 생물의 몸의 형태나 생활 방식에 영향을 준다.

(1) 빛의 세기와 생물❶

① 숲의 위쪽에는 강한 빛에 적응한 식물이, 숲의 아래쪽에는 약한 빛에 적응한 식물이 잘 자란다.
  ➡ 강한 빛에 잘 자라는 식물에는 소철, 소나무, 자작나무 등이 있으며, 약한 빛에 잘 자라는 식물에는 산세베리아❷ 고사리 등이 있다.

② 빛의 세기가 강한 곳에 서식하는 식물의 잎은 두껍고, 빛의 세기가 약한 곳에 서식하는 식물의 잎은 얇고 넓어서 빛을 효율적으로 흡수할 수 있다.

③ 한 식물체 내에서도 강한 빛을 받는 잎(양엽)은 울타리 조직❸이 발달하기 때문에 약한 빛을 받는 잎(음엽)보다 두껍다.

▲ 소철 강한 빛에서 잘 자란다.

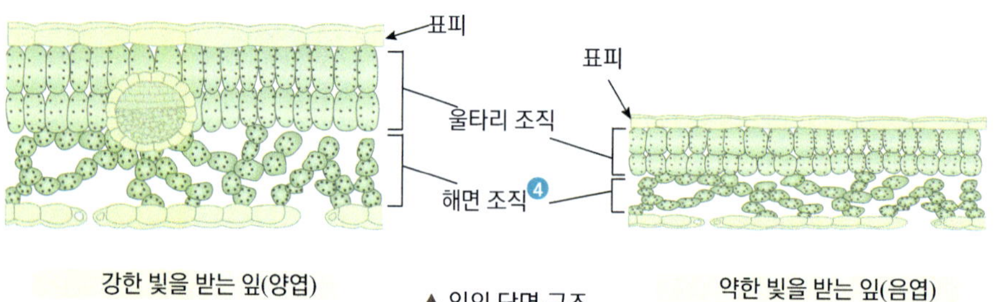

▲ 잎의 단면 구조

(3) 일조 시간과 생물: 하루 중 구름이나 안개 등에 가려지지 않고 햇빛이 실제로 내리쬐는 시간으로서 동물의 생식주기나 행동, 식물의 개화 시기에 영향을 준다.

① **일조 시간에 따른 동물의 행동과 번식**: 온대 지역의 곤충은 늦여름과 가을에 낮의 길이가 짧아지면 겨울잠을 자고, 이른 봄에 낮의 길이가 길어지면 활동을 시작하며 번식한다.

일조 시간에 따른 번식 시기 일조 시간이 성호르몬 분비에 영향을 주기 때문에 일조 시간에 따라 동물의 번식 시기가 다르다.	⑩
일조 시간이 길어지는 봄	종달새, 꾀꼬리 등 대부분의 새
일조 시간이 짧아지는 가을	노루, 송어 등

② **일조 시간에 따른 식물의 개화**: 시금치, 상추, 붓꽃은 일조★ 시간이 길어지는 봄과 초여름에 꽃이 피고, 코스모스, 나팔꽃, 국화 는 일조 시간이 짧아지는 가을에 꽃이 핀다.

더 알아보기 일조 시간과 식물의 개화

장일 식물	단일 식물
일조 시간이 길어지는 봄과 초여름에 꽃이 피는 식물	일조 시간이 짧은 가을에 꽃이 피는 식물
⑩ 시금치, 붓꽃, 유채, 수선화, 보리, 상추 등	⑩ 코스모스, 나팔꽃, 국화 등

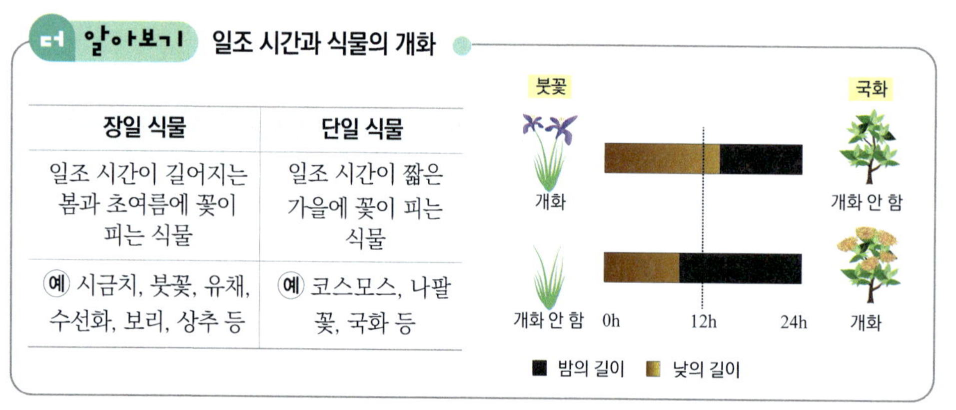

❶ 빛의 세기와 식물

● 식물은 빛에너지를 이용하여 양분을 합성하기 때문에 빛의 영향을 많이 받는다.

● 강한 빛에 적응하여 잘 자라는 식물을 양지식물이라 하며, 약한 빛에 적응하여 잘 자라는 식물을 음지식물이라고 한다.

❷ 산세베리아(sansevieria)

생명력이 강하고 약한 빛에서 잘 자라므로 실내에서 관상용으로 많이 키운다.

❸ 울타리 조직

잎의 표피 밑에 있는 조직으로서 엽록체가 있는 세포가 밀집해 있어 광합성이 활발하게 일어난다.
→ 책상 조직이라고도 한다.

❹ 해면 조직

식물 잎에서 울타리 조직 아래쪽에 위치한 조직으로 울타리 조직에 비해 광합성이 덜 일어난다.

미니사전

★ 일조 [日해 照 비추다] 햇빛이 실제로 내리쬠

2. **온도와 생물**: 온도는 생명체에서 일어나는 물질대사 과정에 영향을 주므로 생물의 생명활동은 온도의 영향을 받는다. ❼

➡ 동물과 식물은 주변 온도에 따라 다양한 적응 현상을 나타낸다.

(1) 동물의 온도 적응 현상

변온 동물 체온 조절 능력이 없어 주변 온도에 따라 체온이 변하는 동물로서 어류, 양서류, 파충류 등이 있다.	· 개구리와 같은 양서류는 기온이 내려가는 겨울에 물질대사가 잘 일어나지 않으므로 땅속에서 겨울잠을 잔다. · 카멜레온은 온도가 높을 때 몸 색이 밝아져 열을 방출하고, 온도가 낮을 때에는 몸 색이 어두워져 열을 흡수한다.
정온 동물 체온 조절 능력이 있어 주변 온도에 관계없이 체온이 항상 일정한 동물로서 조류, 포유류가 있다.	· 철새의 이동: 기러기와 같은 철새는 계절에 따라 적합한 온도의 장소로 이동한다. · 곰, 박쥐, 다람쥐와 같은 포유류는 먹이가 부족한 겨울에 에너지를 줄이려고 겨울잠을 잔다. · 펭귄은 겨울이 오기 전에 털갈이를 하여 털이 더 두껍고 촘촘하게 자라게 한다. · 추운 지방에 사는 조류와 포유류는 몸집이 크고 귀, 코, 입 등 몸의 말단부가 작으며, 깃털이나 털이 발달하고 피하 지방층이 두껍다. ➡ 열 방출량이 줄어들어 체온 유지에 효율적이다. (예) 사막 여우는 몸집이 작고 몸의 말단부가 커서 열을 잘 방출하지만, 북극 여우는 몸집이 크고 몸의 말단부가 작아 열이 방출되는 것을 막는다.

▲ 북극여우

▲ 온대여우

▲ 사막여우

(예) 호랑나비는 계절에 따라 몸의 크기, 형태, 색이 달라지며, 일반적으로 여름에 태어난 호랑나비가 봄에 태어난 호랑나비보다 더 크고 화려한 무늬를 지닌다. 

(2) 식물의 온도 적응 현상

① 기온이 매우 낮은 툰드라에 사는 털송이풀은 잎이나 꽃에 털이 나 있어 체온이 낮아지는 것을 막는다.

② 단풍과 낙엽: 온대 지방의 낙엽수는 기온이 낮아지면 단풍이 들고 잎을 떨어뜨리지만, 동백나무와 같은 상록수는 잎의 큐티클층⑨이 두꺼워 잎을 떨어뜨리지 않고 겨울을 난다.

▲ 단풍나무(낙엽수)⑩ 잎을 떨어뜨린다.

▲ 소나무(상록수)⑩ 잎을 떨어뜨리지 않는다.

3. **물과 생물**: 물은 생명체를 구성하는 성분 중 가장 많으며 체온 유지, 화학 반응의 용매로서 중요한 기능을 담당하는 등 생명 유지에 반드시 필요하므로 생물은 주변 환경에 따라 체내 수분을 적절하게 보존하기 위해 다양한 방법으로 적응하였다.

❼ 생물이 온도에 따라 다양한 적응 현상을 나타내는 까닭

생물의 물질대사에는 효소가 관여하는데, 효소의 작용은 일정 온도 범위에서 일어난다. 따라서 온도 변화는 물질대사에 영향을 주므로 생물의 생명 활동은 온도의 영향을 많이 받는다.

❽ 계절에 따른 호랑나비 모양

▲ 겨울철 호랑나비

▲ 여름철 호랑나비

여름에 태어난 호랑나비가 봄에 태어난 호랑나비보다 더 크고 화려한 무늬를 지닌다.

❾ 식물의 큐티클층

● 식물의 줄기나 잎, 특히 잎의 표피 조직 표면을 싸고 있는 투명하고 얇은 막으로서 식물체 안의 수분이 빠져나가는 것을 막고, 외부로부터 식물체를 보호한다.

● 고무나무, 사철나무처럼 큐티클층이 두껍게 발달된 잎은 표면이 단단하고 윤이 난다.

❿ 낙엽수와 상록수

● 낙엽수: 가을이나 겨울에 기온이 낮아지면 초록색의 엽록소가 파괴되어 황색이나 붉은색을 띠는 색소가 드러나 노란색이나 붉은색의 단풍이 들어 잎이 떨어졌다가 봄에 새 잎이 나는 나무이다.

● 상록수: 사계절 내내 잎이 푸른 나무이다.

(1) 동물의 적응: 육상에 사는 동물은 몸속의 수분 증발을 막고, 수분 손실을 최소화하는 방법으로 적응하였다.

수분 증발 방지	· 육상에 사는 곤충은 몸 표면이 키틴질❶로 되어 있고, 키틴질 바깥에는 큐티클층도 있다. · 사막의 파충류는 몸 표면이 비늘로 덮여 있다. (예) 도마뱀, 이구아나 등 · 조류와 파충류의 알은 단단한 껍데기로 싸여 있다. 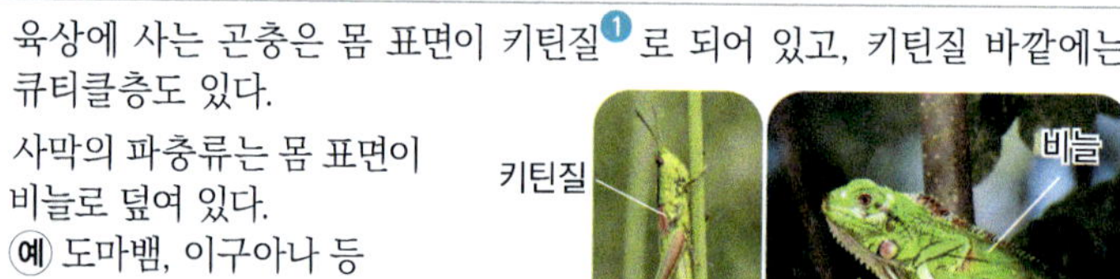 ▲ 메뚜기　　▲ 이구아나
수분 손실 억제	· 사막의 낙타는 땀을 잘 흘리지 않음으로서 몸에서 빠져나가는 수분의 양을 줄인다. · 사막에 사는 포유류는 농도가 진한 오줌을 소량 배출함으로서 몸에서 빠져나가는 수분의 양을 최소화 한다.

(2) 식물의 적응: 식물은 서식하는 곳에 따라 몸의 구조가 다르게 적응하였다.

육상에 서식하는 식물	· 대부분의 육상 식물은 뿌리, 줄기, 잎이 잘 발달되어 있다. (예) 은행나무, 민들레, 소나무 등
물에 서식하는 식물	· 물이 풍부한 환경에 서식하는 수생식물은 관다발이나 뿌리가 잘 발달해 있지 않다. · 통기 조직❷이 발달하여 물 위에 떠서 살 수 있다. (예) 연꽃, 생이가래, 수련 등
건조한 곳에 서식하는 식물	· 건조한 지역에 서식하는 건생식물은 물을 저장하는 저수 조직이 발달해 있고, 뿌리가 발달해 있다. 　● 물을 저장하는 조직 · 선인장과 같은 일부 식물은 잎이 가시로 변해 수분 증발을 막는다. (예) 각종 선인장, 알로에 등

▲ 소나무　육상에 서식하는 식물

▲ 연꽃　물에 서식하는 식물

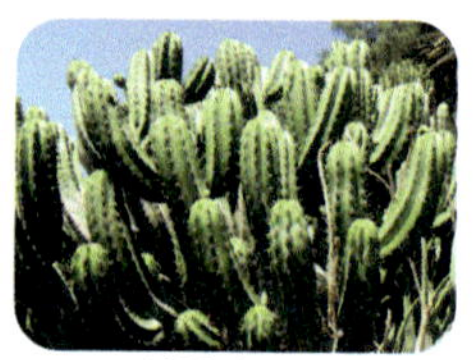

▲ 선인장　건조한 곳에 서식하는 식물

4. 토양과 생물
: 수많은 생물이 살아가는 터전을 제공하는 토양은 토양 속 무기염류, 공기, 수분 함량 등을 통해 생물의 생활에 영향을 준다.

(1) 생물의 적응 ❸

① 바닷가에 사는 함초❹는 고농도의 염분을 저장하는 조직이 발달해 수분을 잘 흡수한다.

② 토양 속 공기의 양은 깊이에 따라 다르므로 분포하는 세균의 서식에 영향을 준다.

· 공기를 비교적 많이 포함하고 있는 토양의 표면에는 산소세균이 살기 적합하다.

· 공기를 적게 포함하고 있는 토양의 깊은 곳은 무산소세균❺이 살기 적합하다.

(2) 생물과 토양의 상호 작용

① 두더지와 지렁이 등 생물은 토양을 돌아다니며 양분을 얻고, 토양의 통기성을 높여주므로 산소가 필요한 식물과 미생물들이 살아가기 좋은 환경을 만든다.

② 지렁이의 배설물은 영양물질이 많아 지렁이가 사는 곳은 토양 성분이 변한다.

③ 흰개미는 침과 배설물을 섞어 집을 지으므로 흰개미 집 주변은 토양 성분이 변한다.

④ 미생물은 토양에서 동식물의 사체나 배설물을 분해하여 다른 생물에게 양분을 제공하거나, 비생물요소인 환경으로 돌려보내므로 생태계에서 물질이 순환하는 데 중요한 역할을 한다.

개념＋

❶ 키틴질

곤충류나 갑각류의 외골격을 이루고 있는 물질로서 내부의 연한 살을 보호하고 수분이 증발되는 것을 막는다.

❷ 통기 조직의 기능

● 식물에서 세포 사이의 공간이 그물이나 관 모양으로 연결되어 공기의 이동 및 저장을 담당하는 조직이다.

● 공기가 부족한 물속에서 광합성과 호흡에 필요한 기체를 공급하고, 물에 뜨게 하는 역할을 한다.

❸ 파리지옥

파리지옥은 질소가 부족한 토양에 적응하였고, 곤충을 잡아먹어 질소를 보충하는 식물이다.

❹ 함초

❺ 산소세균과 무산소세균

● 산소세균: 산소를 이용해 유기물을 분해하여 에너지를 얻은 세균
● 무산소세균: 산소 없이 유기물을 분해하여 에너지를 얻는 세균

5. 공기와 생물: 공기는 생물의 생활에 영향을 준다.

① 나무는 자신을 보호하는 살균 물질❻을 분비한다. ➡ 주변 공기의 성분이 변한다.

② 공기 중의 산소는 생물의 호흡에 이용되며, 이산화 탄소는 식물의 광합성에 이용된다.
➡ 호흡과 광합성으로 공기의 성분이 변한다

③ 공기가 희박한 고산 지대에 사는 사람들은 평지에 사는 사람들에 비해 혈액 속 적혈구의 수가 많아 산소를 효율적으로 운반한다. ➡ 산소가 부족한 환경에 적응하였다.

폐에서 흡수된 산소는 적혈구에 있는 헤모글로빈에 의해 조직 세포로 운반된다.

개념체크⁺

정답 및 해설 ➡ 49

POINT

04 각 생명 현상 (1)~(3)이 어떤 비생물요소(A)~(C)의 영향으로 나타나는 것인지 각각 바르게 연결하시오.

(1) 바다 깊이에 따라 서로 다른 해조류가 분포한다.   ·   ·(A) 빛의 세기

(2) 수선화는 낮의 길이가 긴 봄과 초여름에 꽃을 피운다. ·   ·(B) 일조 시간

(3) 식물체 내에서 잎이 달린 위치에 따라 잎의 두께가 다르다.·   ·(C) 빛의 파장

05 생명의 적응 현상과 관련이 깊은 비생물적요소에 대한 설명 중 옳은 것은 ○표, 옳지 **않은** 것은 ×표 하시오.

(1) 붓꽃이 봄과 초여름에 피는 것은 물과 관련이 있다. ···························· (   )

(2) 사막여우와 북극여우의 생김새가 다른 것은 온도와 관련이 있다. ········ (   )

(3) 고산 지대 사람들의 적혈구가 평지의 사람들보다 많은 것은 빛과 관련이 있다.
··· (   )

(4) 선인장은 잎이 가시로 변해 있고, 저수 조직이 발달해 있는 것은 공기와 관련이 있다.
··· (   )

06 인간과 생태계에 대한 설명이다. 빈칸에 알맞은 말을 쓰시오.

인간은 생태계의 구성원으로서 다양한 생물로부터 생물 자원을 얻으며 환경과 (㉠   ) 을 하며 살아가므로, 인간이 생태계를 (㉡   )하는 것은 인간의 생존을 위해, 인간의 생활 환경을 쾌적하게 유지하기 위해 필요하다.

07 다음과 같이 생물과 환경 사이의 상호 작용이 일어난다.

A. 생물요소가 비생물요소에 영향을 주는 경우
B. 비생물요소가 생물요소에 영향을 주는 경우

다음 현상에 해당하는 상호 작용을 A 또는 B로 답하시오.

(1) 붓꽃은 봄과 초여름에 꽃이 피고, 나팔꽃은 가을에 꽃이 핀다. ················ (   )

(2) 식물의 증산작용으로 인해 숲은 다른 곳보다 시원하다. ····················· (   )

(3) 숲의 나무는 하천의 수량에 영향을 준다. ································· (   )

(4) 가을에 기온이 낮아지면 은행나무 잎이 노랗게 변한다. ·················· (   )

생태계구성요소 간의 관계

◉ **생태계는 생물요소와 비생물요소로 구성되어 있으며, 생물요소와 비생물요소는 서로 영향을 주고 받으며 살아간다.**

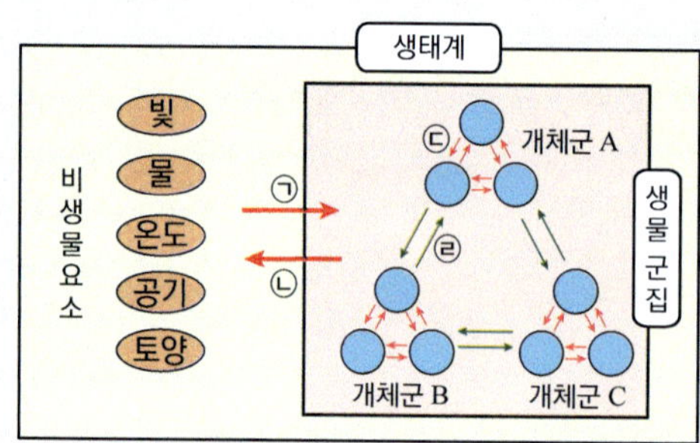

① ㉠: 비생물요소(환경)에 의해 생물요소(생명체)가 영향을 받는 것으로서 생명체가 환경에 적응하는 것은 모두 작용에 해당한다.

② ㉡: 생물요소(생명체)에 의해 비생물요소(환경)가 영향을 받는 것으로서 생물요소에 해당하는 생산자, 소비자, 분해자는 각각 다양한 방법으로 환경에 영향을 준다.

③ ㉢, ㉣: 생물요소인 생물체 간에 서로 영향을 주고 받는 것으로서 개체들끼리의 생존경쟁과 같이 같은 종 개체 간에 영향을 주고 받는 것(㉢)과 포식자와 피식자의 먹이 관계와 같이 서로 다른 종 개체 간에 영향을 주고 받는 것(㉣)이 있다.

생태계구성요소 간의 관계	예
비생물요소가 생물요소에 영향을 주는 것(작용 ㉠)	· 강수량이 적으면 옥수수의 생장이 저하된다. · 깊이에 따라 도달하는 빛의 파장에 따라 해조류의 분포가 달라진다. · 일조량이 많을수록 식물의 광합성이 활발하게 일어난다. · 무기염류가 풍부하고 수온이 높으면 돌말 개체 수가 크게 증가한다. · 위도에 따라 온도와 강수량이 달라져 식물 군집의 분포가 달라진다. · 토양의 얕은 곳에는 호기성 세균이 살고, 깊은 곳에는 혐기성 세균이 산다.
생물요소가 비생물요소에 영향을 주는 것(반작용 ㉡)	· 숲의 나무는 하천의 수량에 영향을 준다. · 지의류에 의해 바위의 토양화가 촉진된다. · 생물의 호흡과 광합성으로 공기의 성분이 변한다. · 토양 속 질소고정세균에 의해 토양이 비옥해진다. · 탈질소세균에 의해 질산 이온이 질소 기체로 된다.
같은 종 개체 간의 상호작용 (㉢)	· 일본원숭이는 힘의 세기로 순위를 정한다. · 개미는 여왕개미, 병정개미, 일개미로 역할을 나눈다. · 코끼리는 나이와 경험이 많은 리더가 집단을 통솔한다. · 수사자는 암사자 몇 마리와 새끼를 함께 돌보며 무리 지어 생활한다. · 얼룩말은 일정한 공간을 차지하고 다른 얼룩말이 침입하는 것을 막는다.
다른 종 개체 간의 상호작용 (㉣)	· 스라소니가 눈신토끼를 잡아먹는다. · 외래종과 고유종이 먹이나 서식지를 두고 경쟁한다. · 풀의 생산량이 감소하면 사슴의 개체 수도 감소한다. · 진딧물은 개미에게 먹이를 주고, 개미는 진딧물을 지켜준다. · 가시박은 다른 식물을 감고 올라가서 그 식물의 광합성을 방해한다.

정답 및 해설 ➡ 49

Q1 피라미는 은어가 있으면 먹이와 서식 공간을 바꾸는데, 이는 생태계구성요소 간의 관계 중 어느 것에 해당하는가?

(   )

Q2 낙엽이 지속적으로 쌓여 토양의 성분이 점차 변하는 것은 생태계구성요소 간의 관계 중 어느 것에 해당하는가?

(   )

스스로 실력높이기

A 생태계 구성 요소

01 생태계구성요소 중 생물요소에 대한 설명이다. 빈칸에 알맞은 말을 쓰시오.

생태계의 생물요소는 영양분을 얻는 방법에 따라 광합성을 하는 (㉠), 다른 생물을 잡아먹는 (㉡), 생물의 사체와 배설물에 포함된 유기물을 분해하는 (㉢)로 구분한다.

㉠: (   ) ㉡ : (   ) ㉢ : (   )

02 생태계에 대한 설명으로 옳은 것만을 있는 대로 고르시오.

① 하나의 개체군으로 구성된다.
② 한 생태계는 하나의 군집으로 구성된다.
③ 생물요소와 비생물요소로 구성된다.
④ 일정 지역에서 같이 사는 같은 종의 개체들을 군집이라고 한다.
⑤ 생물과 환경이 서로 영향을 주고받으며 이룬 하나의 커다란 시스템이다.

[2019 모의고사 기출]

03 그림은 어떤 지역에서 생태계구성요소의 일부를 나타낸 것이다. (가)~(다)는 개체, 군집, 개체군을 순서 없이 나타낸 것이다.

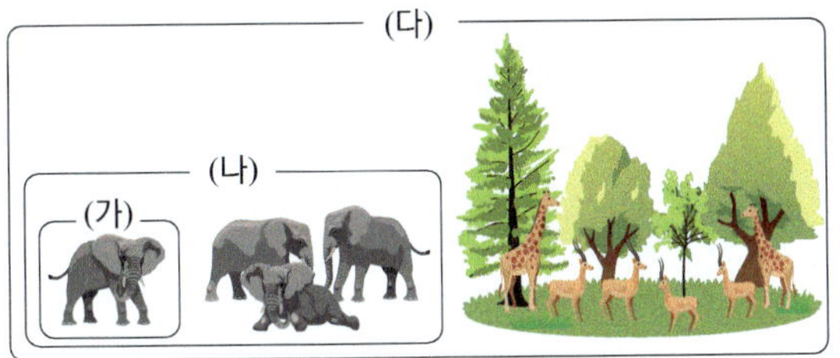

이에 대한 설명으로 옳은 것만을 〈보기〉에서 있는 대로 고른 것은?

┌ 보기 ┐
ㄱ. (가)는 개체이다.
ㄴ. (나)는 동일한 종으로 구성된다.
ㄷ. (다)는 한 지역에서 서식하는 여러 개체군의 모임이다.

① ㄱ   ② ㄴ   ③ ㄱ, ㄷ
④ ㄴ, ㄷ   ⑤ ㄱ, ㄴ, ㄷ

04 다음은 생태계를 구성하는 생물요소과 비생물요소 사이의 관계를 나타낸 그림이다.

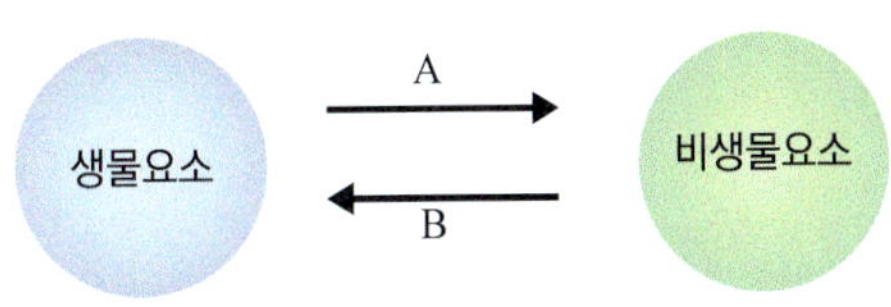

이에 대한 설명으로 옳은 것만을 〈보기〉에서 있는 대로 고른 것은?

┌ 보기 ┐
ㄱ. 생물의 호흡과 광합성에 의해 공기의 성분이 변하는 것은 A에 해당한다.
ㄴ. 사막에 사는 선인장에 가시와 저수 조직이 발달해 있는 것은 A에 해당한다.
ㄷ. 산소가 부족한 고산 지대에 사는 사람은 평지에 사는 사람보다 적혈구 수가 많은 것은 B에 해당한다.

① ㄱ   ② ㄴ   ③ ㄱ, ㄷ
④ ㄴ, ㄷ   ⑤ ㄱ, ㄴ, ㄷ

05 생태계구성요소가 종류별로 모두 포함된 것은?

① 빛, 벼, 개구리, 멸치
② 메뚜기, 버섯, 민들레, 물
③ 토양, 메뚜기, 참새, 곰팡이
④ 뱀, 동물 플랑크톤, 세균, 나무
⑤ 식물 플랑크톤, 버섯, 온도, 공기

06 다음은 생태계를 구성하는 생물요소 간의 상호 관계를 나타낸 것이다.

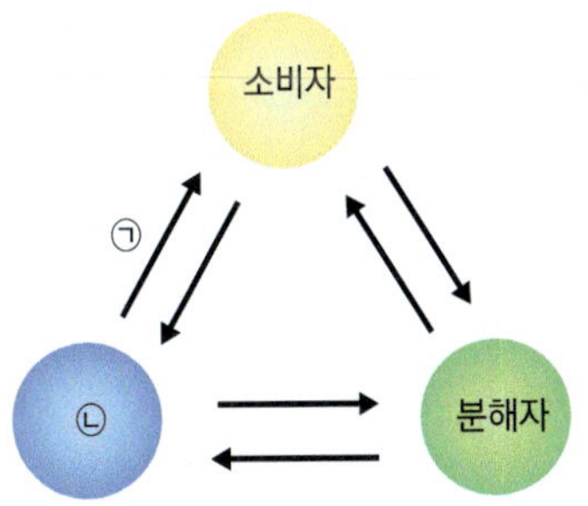

이에 대한 설명으로 옳은 것만을 〈보기〉에서 있는 대로 고른 것은?

┌ 보기 ┐
ㄱ. 버섯은 ㉡에 해당한다.
ㄴ. 분해자는 생태계 내의 물질 순환에 관여한다.
ㄷ. 풀의 생산이 감소하면 사슴의 개체 수도 감소하는 것은 ㉠의 예이다.

① ㄱ   ② ㄴ   ③ ㄱ, ㄴ
④ ㄴ, ㄷ   ⑤ ㄱ, ㄴ, ㄷ

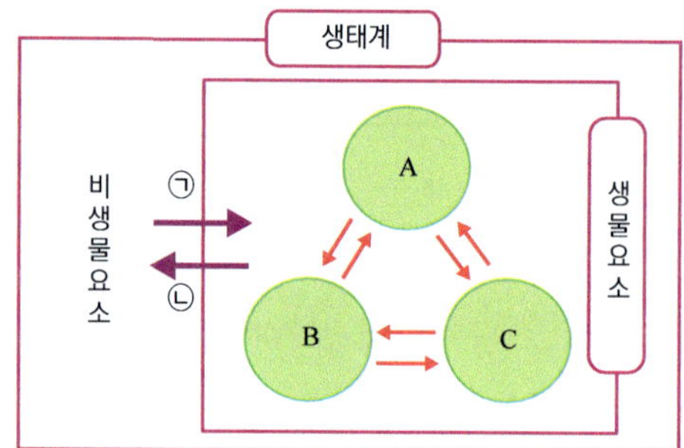

이에 대한 설명으로 옳은 것만을 〈보기〉에서 있는 대로 고른 것은?

보기

ㄱ. A~C는 생산자, 소비자, 분해자에 해당한다.
ㄴ. 가을에 낙엽이 지고 단풍이 드는 것은 ㉡에 해당한다.
ㄷ. ㉠은 비생물요소가 생물요소에 영향을 주는 것이다.
ㄹ. 식물의 광합성에 의해 숲의 공기 성분이 달라지는 것은 ㉠에 해당한다.

① ㄱ, ㄷ   ② ㄴ, ㄷ   ③ ㄷ, ㄹ
④ ㄱ, ㄴ, ㄷ   ⑤ ㄴ, ㄷ, ㄹ

[2019 모의고사 기출]

08 그림은 생태계를 구성하는 요소 사이의 관계를, 표는 생명 현상 (가)와 (나)를 나타낸 것이다.

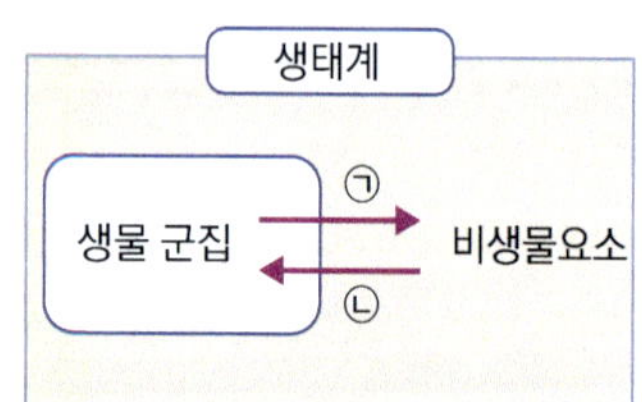

구분	생명 현상
(가)	지렁이는 영양물질이 많은 배설물을 생성하여 토양을 비옥하게 만든다.
(나)	산소가 희박한 고산 지대 사람들은 적혈구의 수가 평지 사람보다 많다.

이에 대한 설명으로 옳은 것만을 〈보기〉에서 있는 대로 고른 것은?

보기

ㄱ. (가)는 ㉠의 예이다.
ㄴ. (나)와 가장 관련이 깊은 비생물요소는 토양이다.
ㄷ. 추운 겨울에 개구리가 겨울잠을 자는 것은 ㉡의 예이다.

① ㄱ   ② ㄴ   ③ ㄱ, ㄷ
④ ㄴ, ㄷ   ⑤ ㄱ, ㄴ, ㄷ

09 다음은 생태계구성요소와 그 특징이다.

구성요소	특징
(가)	생물을 둘러싸고 있는 모든 무기 환경요인이다.
(나)	생산자 또는 다른 소비자를 먹이로 하는 생물이다.
(다)	빛에너지를 이용하여 생명 활동에 필요한 영양분을 스스로 생산하는 생물이다.
(라)	죽은 생물 또는 다른 생물의 배설물을 분해하여 영양분을 얻는 생물이다.

이에 대한 설명으로 옳은 것만을 〈보기〉에서 있는 대로 고른 것은?

보기

ㄱ. 빛의 세기, 토양은 (가)에 속한다.
ㄴ. (나)는 먹이 관계에 따라 구분된다.
ㄷ. (다)는 생산자, (라)는 분해자이다.

① ㄱ   ② ㄴ   ③ ㄱ, ㄷ
④ ㄴ, ㄷ   ⑤ ㄱ, ㄴ, ㄷ

10 다음은 생태계에 대한 학생들의 설명이다.

학생 A: 생태계를 구성하는 생물요소에는 생산자, 분해자, 소비자가 있어.
학생 B: 생태계는 생물로만 구성된 역동적인 커다란 시스템이지.
학생 C: 생태계는 인간의 개입으로 유지될 수 있지.

옳게 설명한 학생만을 있는 대로 고른 것은?

① A   ② B   ③ C
④ A, B   ⑤ B, C

11 다음은 식물의 생태에 관한 설명이다.

식물이 광합성을 활발히 하면 공기 중 산소 농도가 높아진다.

이 자료에 나타난 생태계구성요소 간의 관계에 해당하는 사례로 옳은 것만을 〈보기〉에서 있는 대로 고른 것은?

보기

ㄱ. 도토리가 많이 열리면 다람쥐가 늘어난다.
ㄴ. 건조한 환경에 사는 선인장은 잎이 가시로 변하였다.
ㄷ. 지의류는 산성 물질을 분비하여 암석의 풍화를 촉진시킨다.

① ㄴ   ② ㄷ   ③ ㄱ, ㄷ
④ ㄴ, ㄷ   ⑤ ㄱ, ㄴ, ㄷ

12 그림은 생태계를 구성하는 요소들 사이의 관계를 나타낸 것이다.

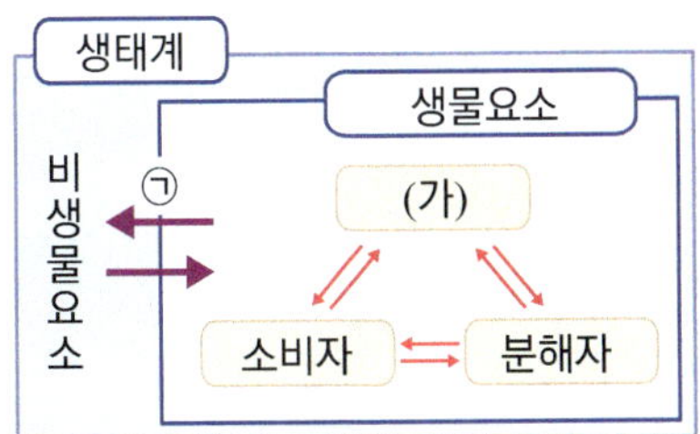

이에 대한 설명으로 옳은 것만을 〈보기〉에서 있는 대로 고른 것은?

보기

ㄱ. 버섯은 (가)에 해당한다.
ㄴ. 세균은 비생물요소에 해당한다.
ㄷ. 지렁이에 의해 토양의 통기성이 증가하는 것은 ㉠에 해당한다.

① ㄴ　　　　② ㄷ　　　　③ ㄱ, ㄴ
④ ㄱ, ㄷ　　　⑤ ㄱ, ㄴ, ㄷ

---

13 다음은 안정된 생태계를 구성하고 있는 여러 요소들 간의 관계를 나타낸 모식도이다.

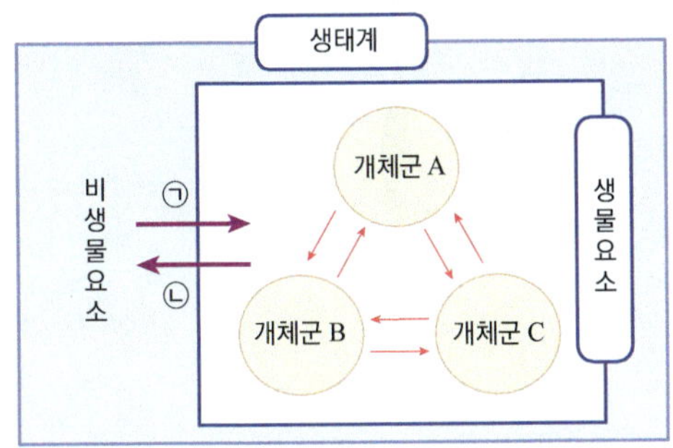

이에 대한 설명으로 옳은 것만을 있는 대로 고르시오.

① 개체군 A와 C는 서로 다른 종으로 구성되어 있다.
② 개체군 A~C는 모두 동물 또는 식물로만 구성되어 있다.
③ 위도에 따라 식물의 분포가 달라지는 현상은 ㉡에 해당한다.
④ 개체군 A~C는 서로 영향을 주고 받는다.
⑤ '지렁이는 낙엽 등을 분해하여 토양을 비옥하게 한다.'는 ㉠에 해당한다.

---

14 그림 (가), (나)는 하나의 식물체에서 서로 다른 곳에 달린 잎의 단면 구조이다.

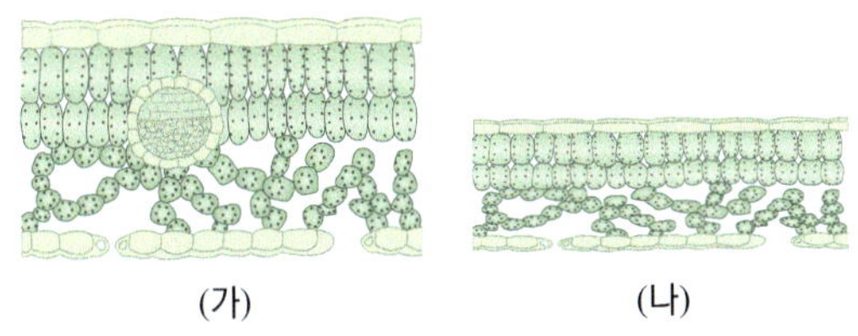

(가)　　　　　　　(나)

이에 대한 설명으로 옳은 것만을 〈보기〉에서 있는 대로 고른 것은?

보기

ㄱ. (가)는 (나)보다 약한 빛을 받는다.
ㄴ. (가)는 (나)보다 광합성이 활발하게 일어난다.
ㄷ. (나)는 (가)보다 울타리 조직이 더 발달하였다.

① ㄱ　　　　② ㄴ　　　　③ ㄱ, ㄷ
④ ㄴ, ㄷ　　　⑤ ㄱ, ㄴ, ㄷ

---

15 그림 A~C는 위도가 서로 다른 지역에 서식하는 여우의 모습이다.

(A)　　　　　　　(B)　　　　　　　(C)

(A) → (B) → (C)로 가면서 나타나는 현상으로 옳은 것만을 〈보기〉에서 있는 대로 고른 것은?

보기

ㄱ. 몸의 말단부가 작아진다.
ㄴ. 서식지의 온도가 낮아진다.
ㄷ. 몸의 말단부를 통한 열 방출량이 많아진다.

① ㄱ　　　　② ㄴ　　　　③ ㄷ
④ ㄱ, ㄴ　　　⑤ ㄴ, ㄷ

16 다음은 환경에 대한 여러 가지 생물의 적응 현상이다.

> (가) 조류의 알은 단단한 껍데기로 싸여 있다.
> (나) 꾀꼬리는 봄에 번식하고 노루는 가을에 번식한다.
> (다) 고산 지대에 사는 사람들은 평지에 사는 사람들보다 혈액 속에 적혈구가 많다.

(가)~(다)의 현상에 주로 영향을 주는 비생물요소를 옳게 짝지은 것은?

	(가)	(나)	(다)
①	물	일조 시간	공기
②	토양	온도	물
③	빛	온도	물
④	물	일조 시간	온도
⑤	일조 시간	빛의 세기	온도

17 다음은 낮과 밤의 길이에 따른 식물 A, B의 개화 여부를 나타낸 것이다.

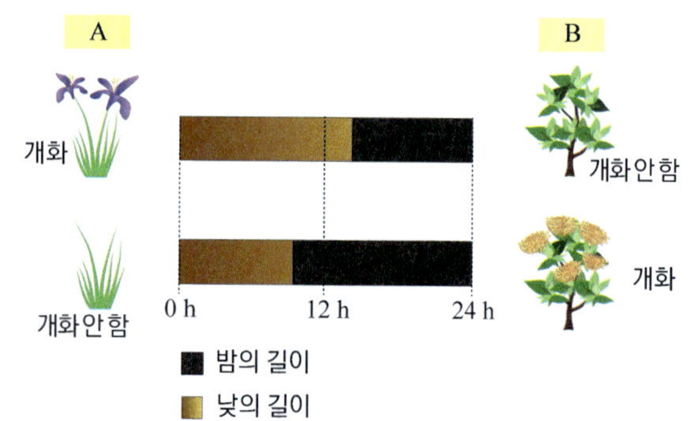

이에 대한 설명으로 옳은 것만을 〈보기〉에서 있는 대로 고른 것은?

> **보기**
> ㄱ. A의 개화는 일조 시간에 영향을 받는다.
> ㄴ. B의 개화는 일조 시간에 영향을 받지 않는다.
> ㄷ. 동물의 경우 일조 시간은 번식에 영향을 준다.
> ㄹ. 붓꽃, 유채의 개화는 A와 같은 조건에 해당한다.

① ㄱ, ㄴ ② ㄱ, ㄷ ③ ㄴ, ㄹ
④ ㄱ, ㄴ, ㄷ ⑤ ㄱ, ㄷ, ㄹ

18 다음 생물과 환경의 상호작용에 대한 설명으로 옳은 것만을 〈보기〉에서 있는 대로 고른 것은?

> **보기**
> ㄱ. 건생식물은 저수 조직은 잘 발달하였으나 뿌리가 발달해 있지 않다.
> ㄴ. 음지에서 잘 사는 식물의 잎은 양지에서 잘 사는 식물의 잎보다 더 두껍다.
> ㄷ. 개구리는 겨울이 오면 겨울잠을 잔다.

① ㄱ ② ㄷ ③ ㄱ, ㄴ
④ ㄱ, ㄷ ⑤ ㄱ, ㄴ, ㄷ

19 생물이 환경에 적응한 현상에 대한 설명 중 옳은 것만을 〈보기〉에서 있는 대로 고른 것은?

> **보기**
> ㄱ. 파충류의 몸 표면이 비늘로 덮여 있는 것은 체내 물 조절에 적응한 현상이다.
> ㄴ. 북극여우의 몸집이 사막여우보다 큰 것은 빛의 세기에 적응한 현상이다.
> ㄷ. 바다 수심에 따라 분포하는 해조류가 다른 것은 온도에 적응한 현상이다.

① ㄱ ② ㄷ ③ ㄱ, ㄴ
④ ㄱ, ㄷ ⑤ ㄴ, ㄷ

20 그림은 위도에 따라 다르게 분포하는 펭귄의 크기와 무게를 나타낸 것이다.

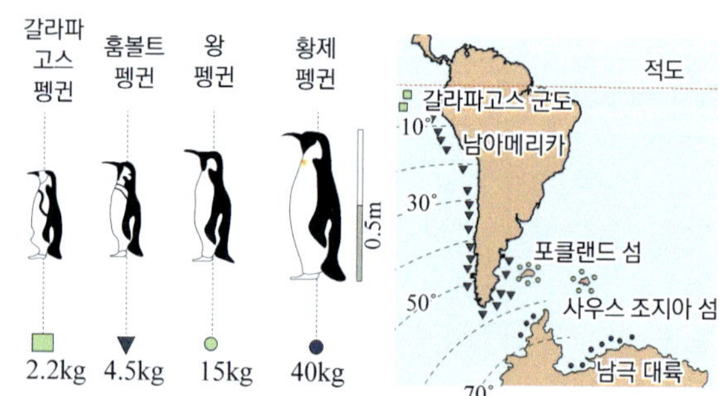

이에 대한 설명으로 옳은 것만을 〈보기〉에서 있는 대로 고른 것은?

> **보기**
> ㄱ. 펭귄의 크기 차이는 온도에 대한 적응 결과이다.
> ㄴ. 훔볼트 펭귄은 황제 펭귄보다 열 방출량이 많다.
> ㄷ. 갈라파고스 군도에 사는 펭귄은 사우스조지아 섬에 사는 펭귄보다 크다.

① ㄱ ② ㄴ ③ ㄱ, ㄴ
④ ㄴ, ㄷ ⑤ ㄱ, ㄴ, ㄷ

심화 실력높이기

01 표는 학교 주변 생태계에서 생물요소를 관찰한 후 영양분을 얻는 방법에 따라 해당 생물을 분류한 것이다.

영양분을 얻는 방법	해당하는 생물
(가)	목련, 감나무, 장미
(나)	개미, 비둘기, 고양이
사체나 배설물을 분해한다.	㉠

이에 대한 설명으로 옳은 것만을 〈보기〉에서 있는 대로 고른 것은?

> **보기**
> ㄱ. '광합성을 통해 스스로 만든다.'는 (가)에 해당한다.
> ㄴ. 세균은 ㉠에 해당한다.
> ㄷ. (나)에 해당하는 생물은 영양 단계에 따라 1차, 2차 소비자 등으로 구분한다.

① ㄱ   ② ㄴ   ③ ㄱ, ㄷ
④ ㄴ, ㄷ   ⑤ ㄱ, ㄴ, ㄷ

02 그림은 생태계구성요소 사이의 상호 관계와 물질 이동의 일부를 나타낸 것이다. A와 B는 소비자와 생산자를 순서 없이 나타낸 것이다.

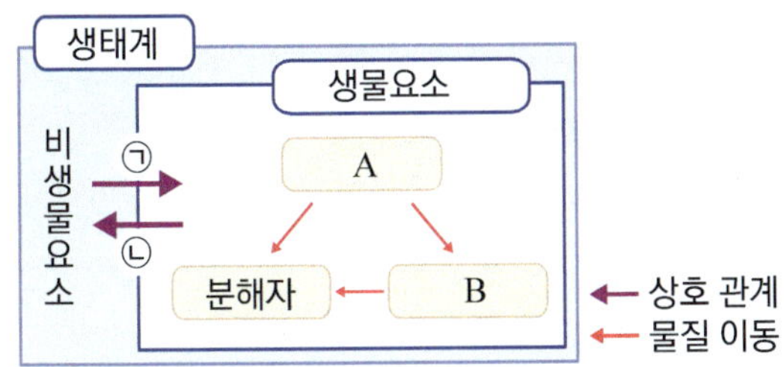

이에 대한 옳은 설명만을 〈보기〉에서 있는 대로 고른 것은?

> **보기**
> ㄱ. 버섯은 A에 속한다.
> ㄴ. A를 구성하는 유기물의 일부가 B로 이동한다.
> ㄷ. 숲이 우거질수록 지표면에 도달하는 빛의 양이 적어지는 것은 ㉡의 예에 해당한다.

① ㄱ   ② ㄴ   ③ ㄷ
④ ㄴ, ㄷ   ⑤ ㄱ, ㄴ, ㄷ

03 표는 (가)~(다)의 특징을 나타낸 것이며, (가)~(다)는 각각 군집, 개체군, 생태계 중 하나이다.

구분	특징
(가)	㉠ 여러 종의 개체들이 상호 작용한다.
(나)	?
(다)	생물요소와 비생물요소를 모두 포함한다.

이에 대한 설명으로 옳은 것만을 〈보기〉에서 있는 대로 고른 것은?

> **보기**
> ㄱ. (나)에서 상호작용하는 것은 한 종의 개체이다.
> ㄴ. ㉠은 모두 생물요소에 속한다.
> ㄷ. (다)에서는 비생물요소의 역할이 더 크다.

① ㄱ   ② ㄴ   ③ ㄷ
④ ㄱ, ㄴ   ⑤ ㄴ, ㄷ

04 그림 (가)는 수심에 따른 해조류의 분포와 수심에 따라 도달하는 빛의 파장을 나타낸 것이고, (나)는 생태계구성요소 사이에 영향을 주고받는 관계를 나타낸 것이다.

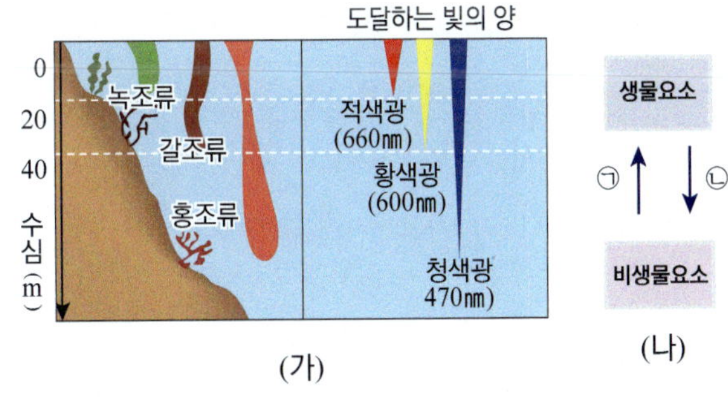

이에 대한 설명으로 옳은 것만을 〈보기〉에서 있는 대로 고른 것은?

> **보기**
> ㄱ. 녹조류는 광합성에 주로 적색광을 이용한다.
> ㄴ. 빛의 파장이 길수록 깊은 수심까지 도달하는 빛의 양이 많다.
> ㄷ. (가)는 (나)의 ㉡에 해당한다.

① ㄱ   ② ㄴ   ③ ㄱ, ㄷ
④ ㄴ, ㄷ   ⑤ ㄱ, ㄴ, ㄷ

02 생태계평형

A 먹이 관계와 생태피라미드

1. 생태계에서의 먹이 관계[1]: 생태계의 생물들은 먹고 먹히는 관계로 얽혀 있다.

① **먹이사슬[2]**: 생태계를 구성하는 생물들 사이의 먹고 먹히는 관계를 생산자에서부터 최종 소비자에 이르기까지 영양단계를 사슬 모양으로 나타낸 것이다.

　• 생태계의 먹이 관계에서 더 이상 다른 생물에게 잡아먹히지 않는 최상위 단계의 포식자

생산자 ⇨ 1차 소비자 ⇨ 2차 소비자 ⇨ 3차 소비자 …… ⇨ 최종 소비자

② **먹이그물[2]**: 여러 생물의 먹이사슬이 복잡하게 얽혀 그물 모양을 이루는 것이다.

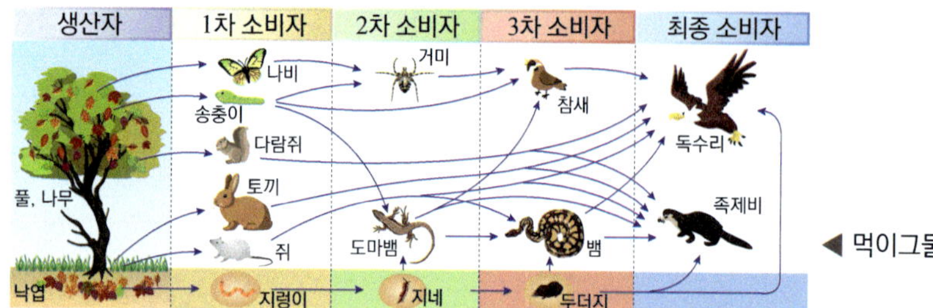

2. 먹이사슬과 에너지 흐름 [3]

① 생태계에서 에너지는 먹이 관계를 통해 유기물의 형태로 상위 영양단계★[4] 로 이동한다.
→ 에너지는 생산자로부터 영양단계를 거쳐 최종 소비자로 이동한다.

② 생산자가 광합성을 하여 유기물에 저장한 에너지는 각 영양단계에 속한 생물의 생명 활동을 하는 데 쓰이거나 세포 호흡을 통해 열에너지로 방출되며, 남은 것은 상위 영양단계로 이동한다. → 상위 영양단계로 갈수록 총 에너지양은 감소한다.

📕 더 알아보기 | 생태계에서 물질 순환과 에너지 이동 과정(흐름)

- 생태계의 모든 에너지의 근원은 태양 에너지이며, 생산자는 이 태양 에너지를 이용하여 광합성을 한다. → 세포호흡으로 방출된 열에너지는 생물이 다시 이용하지 못하므로 생태계가 유지되기 위해서는 태양의 빛에너지가 계속 공급되어야 한다.

- 생산자의 광합성 결과 빛에너지가 화학 에너지로 전환되고, 이 화학 에너지는 유기물의 형태로 저장된다.

- 생산자는 저장된 유기물을 통해 생명 활동에 필요한 에너지를 얻고, 이 과정에서 세포호흡을 통해 에너지의 일부가 손실된다. → 생태계에서 물질은 순환하지만, 에너지는 순환하지 않는다.

- 생산자의 에너지가 1차 소비자에게 전달될 때 세포 호흡, 고사★ 등에 의한 손실 에너지만큼은 제외되어 전달된다. ⇨ 상위 영양단계로 갈수록 이동하는 에너지의 양은 감소한다.

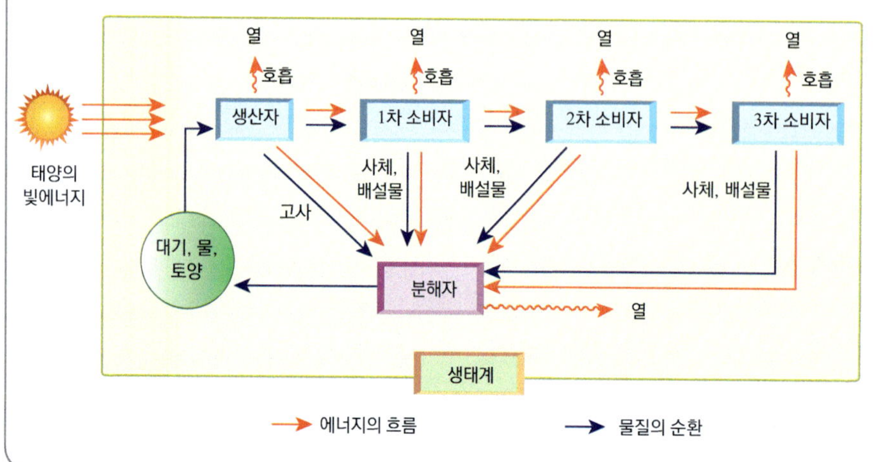

3. 생태피라미드

(1) 생태피라미드: 먹이사슬에서 각 영양단계에 속하는 생물의 개체수, 생체량, 에너지양[5]을 하위 영양단계부터 상위 영양단계로 차례로 쌓아올린 것이다. 일반적으로 안정된 생태계에서는 개체수, 생물량, 에너지양이 상위 영양단계로 갈수록 줄어들어 피라미드 형태로 나타난다.

(2) 생태피라미드의 종류

① **개체수피라미드**: 개체수는 일정한 공간에 서식하는 생물의 개체수로서 일반적으로 하위 영양단계의 생물일수록 개체수가 많다. → 먹히는 생물의 개체수가 먹는 생물의 개체 수보다 많아야 생태계가 유지될 수 있다.

② **생체량피라미드**: 생체량(생물량)은 일정한 공간에 서식하는 생물 전체의 무게이며, 일반적으로 상위 영양단계로 갈수록 생체량은 감소한다

③ **에너지피라미드**: 먹이사슬을 통해 하위 영양단계에서 상위 영양단계로 에너지가 전달되는데, 하위 영양단계가 가지고 있던 에너지는 그 생물의 생명활동에 쓰이거나 배설물 등으로 배출되고, 남은 일부만이 상위 영양단계로 전달된다.[6]

→ 각 영양단계에 속한 생물의 생명 활동을 통해 방출된 에너지는 다음 영양단계로 전달되지 않는다. 즉, 에너지양은 상위 영양단계로 갈수록 감소한다.

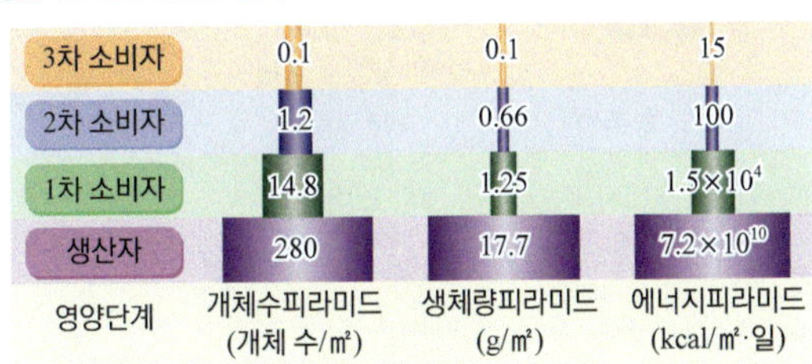

▲ 생태피라미드

B 생태계평형

1. 생태계평형: 생태계를 구성하는 생물의 종류와 개체수, 물질의 양, 에너지의 흐름 등이 안정된 상태를 유지하는 것이다.

① 생태계평형은 기본적으로 먹이 관계에 의해 유지되므로 생물종이 다양하여 먹이 그물이 복잡할수록 생태계평형이 잘 유지된다.

② 생태계평형이 유지되는 안정된 생태계에서 개체수, 생물량, 에너지양은 위로 갈수록 줄어드는 피라미드 형태를 나타낸다. 생태피라미드가 역전되지 않고 안정적으로 유지되는 상태를 생태계평형이라고 한다.

2. 생태계평형에 영향을 주는 요인

① **먹이 관계**: 생물이 살아가는 데 필요한 에너지는 먹이 관계를 통해 전달되므로 생태계평형은 먹이 관계에 의해 유지된다.

② **생물 군집**: 생물 군집은 생태계를 구성하는 요소이므로 생태계가 평형을 유지하기 위해서는 생물 군집이 안정적으로 유지되어야 한다.

③ **비생물요소**[7] : 빛, 온도, 물, 공기, 서식 공간 등의 비생물요소에 의해서 생태계 평형이 유지되기도 한다.

개념⁺

[5] 에너지의 근원

생명체가 살아가는 데 필요한 에너지의 근원은 태양의 빛에너지이며, 빛에너지는 생산자의 광합성에 의해 화학에너지로 전환되어 유기물에 저장된다. 생태계가 유지되려면 끊임없이 태양 에너지가 유입되어야 한다.

[6] 에너지효율

● 생태계의 한 영양단계에 대한 다음 영양단계로 이동하는 에너지의 비율이다.

● 일반적으로 에너지효율은 상위 영양 단계로 갈수록 높아진다.

● 에너지효율(%)
$$= \frac{\text{현 영양단계의 에너지양}}{\text{전 영양단계의 에너지양}} \times 100$$

[7] 비생물요소의 예

남극펭귄의 개체수 조절 : 남극과 같이 매우 추운 환경에서 서식하는 펭귄 개체군은 먹이가 풍부하더라도 개체수가 계속 증가하지 않고 일정한 수준을 유지한다.

더 알아보기 종다양성과 생태계평형

○ **자료 분석**

① 생태계 A는 하나의 먹이사슬로 이루어진 생태계로서 개구리가 사라질 경우 뱀은 먹이가 없어 사라진다.

② 생태계 B는 여러 개의 먹이사슬이 복잡하게 얽힌 생태계로서 개구리가 사라질 경우 뱀은 토끼나 들쥐를 먹으며 살아갈 수 있다.

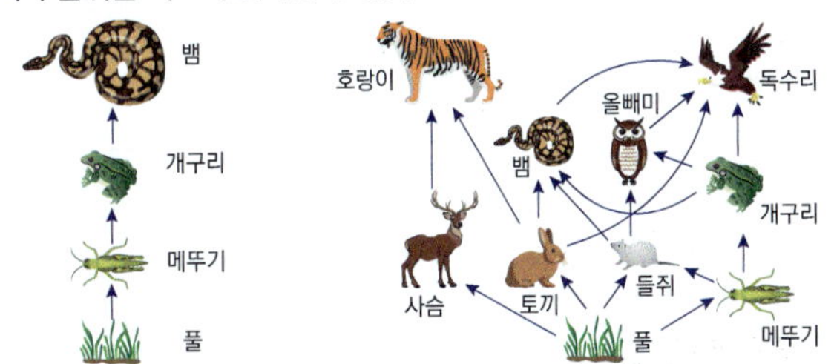

▲ 생물종이 적은 생태계 A   ▲ 생물종이 다양한 생태계 B

○ **정리**

· 생태계 A의 어느 한 생물종이 사라지면 그 생물종과 먹고 먹히는 관계를 맺는 생물종이 직접 영향을 받는다. → 생태계평형이 쉽게 깨진다.

· 생태계 B의 어느 한 생물종이 사라져도 대체할 수 있는 생물종이 있다. → 생태계평형이 잘 깨지지 않는다.

○ **결론** 생물종이 다양하고 먹이사슬이 복잡할수록 생태계평형이 잘 유지된다.

3. 생태계평형 유지 원리

(1) 안정된 생태계는 어떤 요인에 의해 일시적으로 생태계평형이 깨지더라도 시간이 지나면 먹이사슬에 의해 대부분 생태계평형이 회복된다. • ─ 한 개체군의 개체수가 변하면 먹이 관계로 연결된 다른 개체군의 개체수도 연쇄적으로 변하여 평형 상태를 회복한다.

(2) 생태계평형이 회복되는 과정 ❽

① 안정된 생태계에서 1차 소비자의 개체수가 일시적으로 증가하여 생태계평형이 깨진다.

② 1차 소비자의 증가에 따라 생산자의 개체수는 감소하고, 2차 소비자의 개체수가 증가한다.

③ 2차 소비자가 증가함에 따라 먹이 부족, 천적 증가로 1차 소비자의 개체수가 감소한다.

④ 생산자의 개체수가 증가하고, 2차 소비자의 개체수는 감소하여 다시 생태계평형이 회복된다.

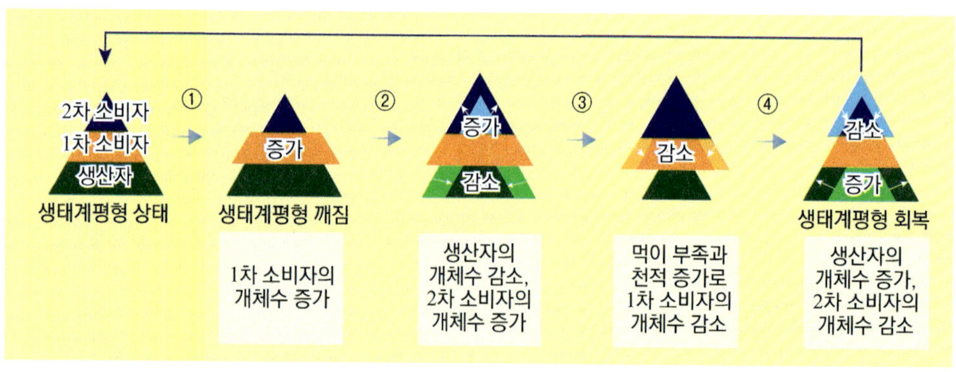

▲ 생태계평형의 회복 과정

더 알아보기 · 카이바브 고원의 생태계 변화

1905년 미국 카이바브 고원에서 사슴을 보호하기 위해 늑대 사냥을 허가한 이후 사슴과 늑대의 개체수, 초원의 생산량 변화

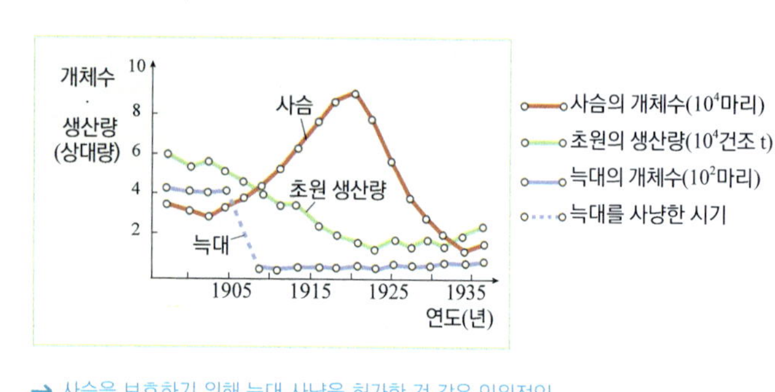

→ 사슴을 보호하기 위해 늑대 사냥을 허가한 것 같은 인위적인 인간의 간섭은 일시적으로 생태계평형을 파괴할 수 있다.

· 1905년 이후: 사슴(1차 소비자)의 포식자인 늑대(2차 소비자)의 개체수가 줄어들었기 때문에 사슴의 개체수가 크게 증가하였다.

· 1920년 이후: 늘어난 사슴에 의해 초원의 풀(생산자)이 감소하여 사슴의 먹이가 부족해졌기 때문에 사슴의 개체수가 급격하게 감소하였다.

· 1935년 이후: 초원의 생산량이 증가하면서 사슴의 개체수는 다시 증가하였고, 늑대의 개체수도 증가하는 과정을 거쳐 생태계는 평형을 회복하게 되었다.

C 환경 변화와 생태계

1. 환경 변화와 생태계: 안정된 생태계에서는 환경 변화가 일어나 일시적으로 생물의 종류와 개체수가 변하더라도 대부분 생태계평형을 회복할 수 있지만, 인간의 활동을 비롯한 여러 요인으로 인해 그 한계를 넘어서는 환경 변화가 일어나면 생태계평형은 깨질 수 있다.

2. 생태계평형이 깨지는 요인

① **자연재해에 의한 생태계 파괴**: 가뭄, 홍수, 산사태, 산불, 화산 폭발❶ 등에 의해 숲이 파괴되거나 토양이 유실되면, 생물의 서식지가 사라져 생물다양성이 낮아지고❷ 생태계의 먹이그물에 변화가 일어나 생태계평형이 깨진다.

개념+

❽ 스라소니와 눈신토끼의 개체수 변동

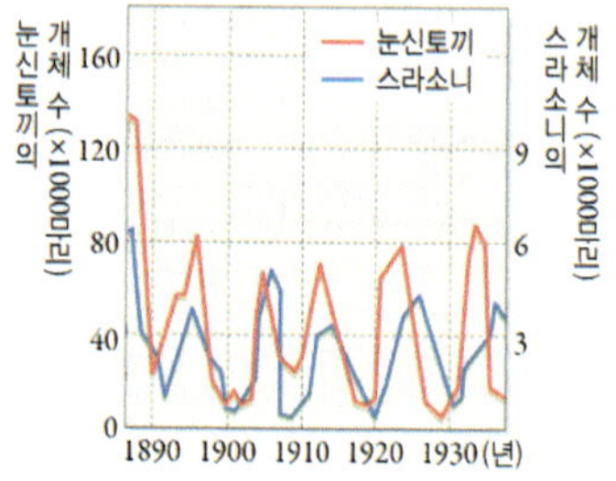

포식자인 스라소니와 피식자인 눈신토끼의 개체수 변동은 약 10년을 주기로 반복되고 있다.

눈신토끼의 개체수가 증가하면 포식자인 스라소니의 개체수가 증가하고, 스라소니의 개체수가 증가하면 피식자인 눈신토끼의 개체수가 감소하며, 그에 따라 먹이가 부족해져 스라소니의 개체수가 감소하게 된다.

❶ 화산 폭발로 생태계평형이 깨진 예

1883년 크라카타우라는 인도네시아의 작은 섬에서 거대한 화산 폭발이 일어났다. 그로 인해 섬 면적의 $\frac{2}{3}$가 사라졌으며, 매우 큰 해일로 인해 대부분의 생물이 사라졌다.

❷ 생물다양성의 감소 원인

서식지 파괴와 단편화, 외래종의 도입 등과 같은 생물다양성의 감소 원인은 생태계의 먹이 관계에 영향을 미쳐 생태계평형을 깨뜨리는 원인이 되기도 한다.

② 인간의 활동에 의한 생태계 파괴

무분별한 벌채★와 남획★	· 목재를 얻고 도로, 도시, 댐 등을 건설하기 위해 숲의 나무를 무분별하게 벌목하고 훼손하며, 야생 동물을 포획·채집한다. ➡ 숲의 생태계가 파괴되고, 삼림의 토양이 쉽게 침식된다.
경작지 개발	· 인구의 증가로 식량을 대량 생산하기 위해 대평원을 경작지로 개발한다. ➡ 생물의 서식지가 파괴되어 생태계가 불안정해지고 단순해진다.
무질서한 대규모 건설 사업	· 무질서하게 세워진 도시의 건물 때문에 공기 순환이 원활하지 못해 오염 물질이 쌓이게 되고, 기온이 높아져 열섬현상❸이 나타난다.
인구의 도시 집중과 산업화에 따른 기후 변화	· 인구의 도시 집중과 산업화에 따른 화석 연료 사용 증가로 대기 중 이산화 탄소의 농도 증가에 의한 지구 온난화가 심화되어 지구 전체의 기후가 변한다. ➡ 기후 변화❹로 생물의 서식지가 변하거나 파괴되어 생물종이 멸종되기도 한다.
수질 오염	· 공장 폐수, 생활 하수, 축산 폐수에 의한 수질 오염은 하천 생태계 생물의 생존을 위협한다. ➡ 공장 폐수: 강한 산성 물질이나 중금속을 함유하고 있어 물속에 사는 생물의 생존율과 번식률을 감소시킨다. ➡ 생활 하수, 축산 폐수: 유기물을 많이 함유하고 있어 하천이나 해양의 플랑크톤 증식에 영향을 미친다.
토양 오염	· 농약이나 비료 등을 과다 살포하면 토양이 오염되고 작물로 흡수되어 작물을 먹는 조류, 포유류 등에게도 영향을 미친다.
대기 오염	· 자동차 배기가스와 산업 현장에서 발생하는 분진 등이 대기를 오염❺시킨다.

3. **생태계보전을 위한 노력**: 한번 파괴된 생태계와 생물다양성을 회복하기 위해서는 많은 비용과 노력이 필요하므로 생태계를 보전하고 생물다양성을 유지하기 위해 노력해야 한다.

① 생물의 서식지를 보호하고 훼손된 서식지를 복원한다. ⑩ 자연형 하천 복원❻
② 멸종 위기에 처한 생물을 천연기념물★로 지정하여 보호한다.
③ 도로, 댐의 건설 등으로 단편화된 서식지를 연결하는 생태 통로를 설치한다.
④ 생물다양성이 풍부하여 생태적으로 보전 가치가 있는 곳을 국립공원으로 지정한다.
⑤ 도시 열섬현상을 완화하기 위해 옥상 정원을 가꾸고, 도시 중심부에 숲이나 공원을 지정한다.
⑥ 환경을 파괴할 수 있는 사업을 시작할 때 환경영향평가를 실시한다.
⑦ 자연환경을 보전하기 위한 특별법을 만들어 시행한다.
⑧ 각 국가는 생태계보전을 위한 법을 제정하거나 국제 협약을 맺는다.

▲ 복원된 완주군 생태 하천

▲ 생태 통로

▲ 옥상 정원

(출처 : 환경부 자연보전국 국토환경평가과 보도 자료)

개념체크⁺

정답 및 해설 → 52

POINT

01 생태계에서의 먹이 관계와 에너지 흐름, 생태피라미드에 대한 설명 중 옳은 것은 ○표, 옳지 <u>않은</u> 것은 ×표 하시오.

(1) 여러 개의 먹이사슬이 서로 얽혀 그물처럼 복잡하게 형성되는 것을 먹이그물이라고 한다. .... (   )

(2) 유기물에 저장된 에너지는 하위 영양단계에서 상위 영양단계로 이동한다. ...... (   )

(3) 먹이사슬을 통해 이동하는 에너지양은 상위 영양단계로 갈수록 증가한다. ...... (   )

(4) 토끼풀 → 토끼 → 뱀의 먹이 관계에서 뱀은 3차 소비자이며, 최종 소비자에 해당한다. .... (   )

(5) 생태피라미드에서 생물의 개체수, 생체량, 에너지양은 상위 단계로 올라갈수록 감소한다. .... (   )

(6) 군집을 구성하는 개체군 사이의 먹이 관계는 각 개체군의 개체수에 영향을 미친다. .... (   )

(7) 먹이 관계가 단순할수록 생태계평형이 잘 유지된다. .... (   )

02 그림은 어떤 생태계의 먹이사슬이다. 뱀은 이 먹이사슬의 영양단계 중 어느 단계에 해당하는가?

(   )

03 그림처럼 어떤 안정된 생태계에서 1차 소비자의 개체수가 일시적으로 증가하였을 때 그 다음 단계에서 2차 소비자의 개체수는 ㉠(감소 , 증가)하고, 생산자의 개체 수는 ㉡(감소 , 증가)한다.

04 환경 변화와 생태계에 대한 설명 중 옳은 것은 ○표, 옳지 않은 것은 ×표 하시오.

(1) 자연재해는 생태계평형에 영향을 주지 않는다. .... (   )

(2) 무질서하게 세워진 도시의 건물은 주변 온도를 낮추는 역할을 한다. ...... (   )

(3) 기후 변화로 생물의 서식지가 변하거나 파괴되어 생물종이 멸종되기도 한다. (   )

(4) 경작지 개발, 무분별한 벌목, 생태 통로 설치 등으로 인해 생물의 서식지가 사라진다. .... (   )

(5) 홍수, 가뭄, 산불 등 자연재해는 생태계평형을 깨뜨리지 않는 한계 내에서만 일어난다. .... (   )

05 생태계평형을 깨뜨리는 환경 변화 요인으로 옳은 것만을 〈보기〉에서 있는 대로 고르시오.

> **보기**
> ㄱ. 경작지 개발　　　ㄴ. 환경 오염　　　ㄷ. 화산 폭발
> ㄹ. 옥상 공원 조성　　ㅁ. 하천 복원 사업　　ㅂ. 무분별한 벌목

영양단계와 에너지효율

생태계에서 물질은 순환하지만 에너지는 순환하지 않고 한 방향으로 흐른다. 태양의 빛에너지는 생산자의 광합성에 의해 유기물의 화학 에너지로 전환되고, 유기물에 저장된 에너지는 먹이사슬을 따라 상위 영양단계로 이동한다. 각 영양단계에서 생산자와 소비자는 호흡을 통해 열에너지를 방출하고 낙엽이나 사체, 배설물로 에너지를 배출한 다음, 남은 에너지를 상위 영양단계로 전달한다. 이때 에너지효율은 한 영양단계에서 다음 영양단계로 전달되는 에너지의 비율이다.

$$\text{에너지효율(\%)} = \frac{\text{현 영양단계의 에너지양}}{\text{전 영양단계의 에너지양}} \times 100$$

그림은 어떤 안정된 생태계의 에너지 흐름을 나타낸 것이다. A, B는 생물요소이고, ㉠은 에너지양이다. 에너지양은 상댓값이다.

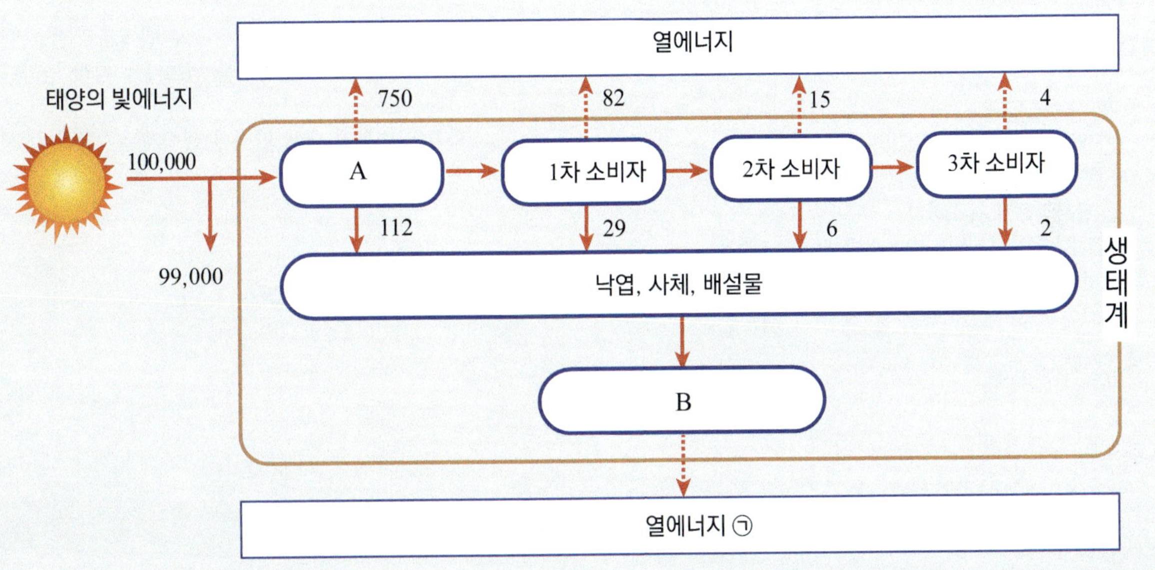

정답 및 해설 ➡ 53

Q1 생태계에서의 영양단계 중 A와 B는 각각 무엇인가?

Q2 B가 방출하는 열에너지 ㉠은 얼마인가?

Q3 각 영양단계(생산자, 소비자)의 에너지양을 구하고, 특징을 서술하시오.

Q4 다음 영양단계의 에너지효율을 구하고, 그 특징을 서술하시오.

① 1차 소비자:

② 2차 소비자:

③ 3차 소비자:

④ 영양단계 에너지효율의 특징:

A 먹이 관계와 생태피라미드

[2011 모의고사 기출]

01 그림은 두 종류의 안정된 생태계 (가), (나)에서의 먹이 사슬을 각각 나타낸 것이다.

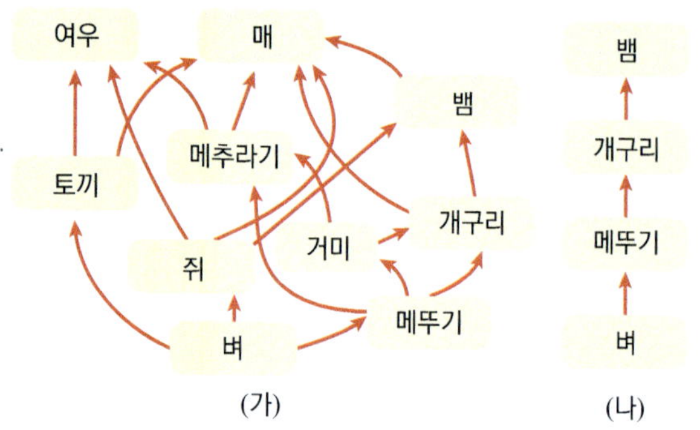

이에 대한 설명으로 옳은 것만을 〈보기〉에서 있는 대로 고른 것은?

┌─ 보기 ─────────────────────────────┐
ㄱ. (가)와 (나)에 생산자와 소비자가 존재한다.
ㄴ. (나)에서 개구리의 개체수가 감소하면 메뚜기의 개체수
　 는 일시적으로 감소한다.
ㄷ. (나)가 (가)보다 더 안정된 생태계이다.
└──────────────────────────────────┘

① ㄱ　　　　　② ㄷ　　　　　③ ㄱ, ㄴ
④ ㄴ, ㄷ　　　　⑤ ㄱ, ㄴ, ㄷ

02 그림은 평형을 이룬 어떤 생태계에서 영양단계(A~D) 에 따른 생태피라미드를 나타낸 것이다.

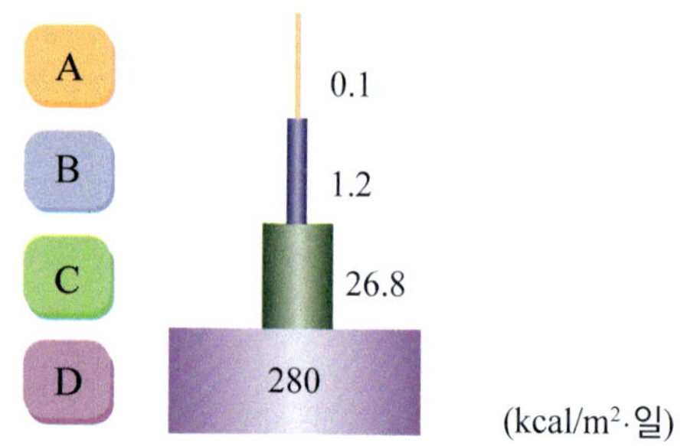

이에 대한 설명으로 옳은 것만을 〈보기〉에서 있는 대로 고른 것은?

┌─ 보기 ─────────────────────────────┐
ㄱ. A에서 B로 에너지가 이동할 수 있다.
ㄴ. C는 D를 먹는다.
ㄷ. 상위 영양단계로 갈수록 에너지양은 감소한다.
└──────────────────────────────────┘

① ㄱ　　　　　② ㄴ　　　　　③ ㄷ
④ ㄴ, ㄷ　　　　⑤ ㄱ, ㄴ, ㄷ

03 다음은 생태계 (가)와 (나)에서의 먹이 관계이다.

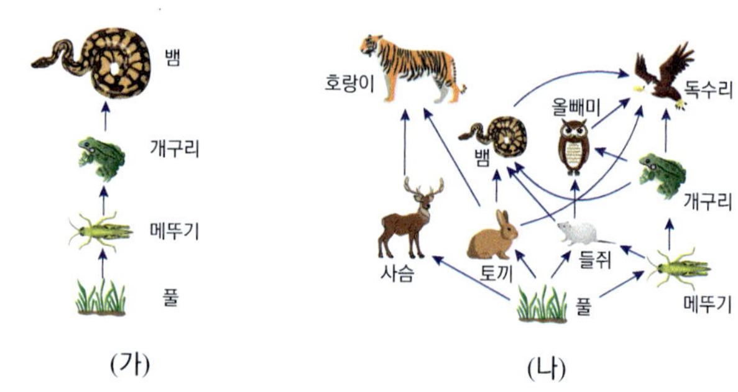

이에 대한 설명으로 옳은 것만을 〈보기〉에서 있는 대로 고른 것은? (단, 제시된 먹이 관계만 고려한다.)

┌─ 보기 ─────────────────────────────┐
ㄱ. (가)에서 개구리의 에너지는 모두 뱀에게로 전달된다.
ㄴ. (나)에서 뱀은 어떤 먹이를 먹느냐에 따라 영양단계가
　 달라진다.
ㄷ. 환경의 변화에 대해 안정된 생태계는 (가)이며, 생물다
　 양성은 (나)가 높다.
└──────────────────────────────────┘

① ㄱ　　　　　　　② ㄴ　　　　　　　③ ㄱ, ㄷ
④ ㄴ, ㄷ　　　　　⑤ ㄱ, ㄴ, ㄷ

[2020 모의고사 기출]

04 그림은 어떤 생태계에서 A~D의 에너지양을 상댓값으로 나타낸 생태피라미드이다. A~D는 각각 생산자, 1차 소비자, 2차 소비자, 3차 소비자 중 하나이다.

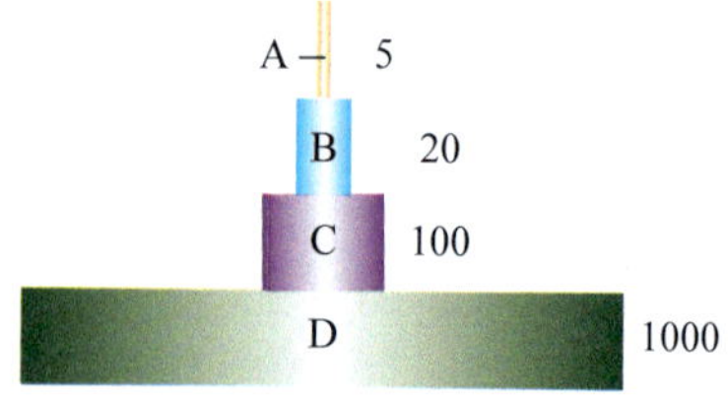

이에 대한 설명으로 옳은 것만을 〈보기〉에서 있는 대로 고른 것은?

┌─ 보기 ─────────────────────────────┐
ㄱ. A는 3차 소비자이다.
ㄴ. D의 에너지는 모두 D의 생명활동에 이용된다.
ㄷ. C에서 B로 이동하는 에너지양은 B에서 A로 이동하는
　 에너지양보다 적다.
└──────────────────────────────────┘

① ㄱ　　　　　② ㄴ　　　　　③ ㄱ, ㄷ
④ ㄴ, ㄷ　　　　⑤ ㄱ, ㄴ, ㄷ

05 그림은 생태계에서 측정된 물리량을 하위 영양단계부터 상위 영양단계까지 차례로 쌓아 올린 것이다.

안정적인 생태계에서 이와 같은 형태로 나타내는 물리량만을 〈보기〉에서 있는 대로 고른 것은?

> **보기**
> ㄱ. 개체 수　　ㄴ. 개체의 무게　　ㄷ. 생체량
> ㄹ. 에너지양　　ㅁ. 에너지효율

① ㄱ, ㄷ　　　　② ㄴ, ㄹ　　　　③ ㄷ, ㅁ
④ ㄱ, ㄷ, ㄹ　　⑤ ㄴ, ㄹ, ㅁ

[2020 모의고사 기출]

06 그림은 생태계 (가)와 (나)의 먹이 관계를 나타낸 것이다. A~ H는 서로 다른 생물종이며, 이 중 2종은 생산자이다. 종 다양성은 (나)가 (가)보다 높다.

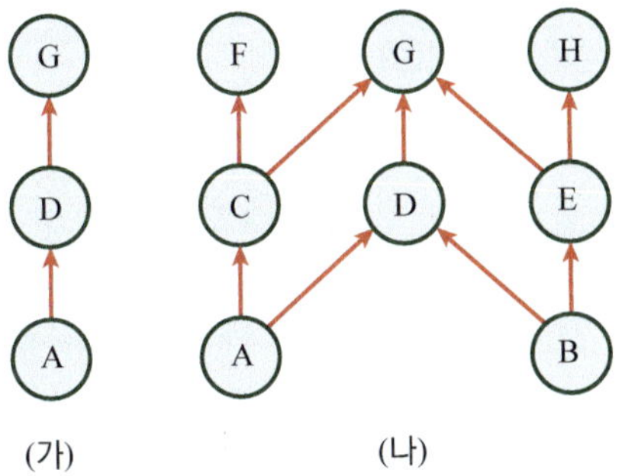

이에 대한 설명으로 옳은 것만을 〈보기〉에서 있는 대로 고른 것은?

> **보기**
> ㄱ. A와 B는 모두 생산자이다.
> ㄴ. (가)에서 D가 사라지면 G가 사라진다.
> ㄷ. 생태계평형은 (가)가 (나)보다 안정적으로 유지된다.

① ㄱ　　　　　② ㄷ　　　　　③ ㄱ, ㄴ
④ ㄱ, ㄷ　　　⑤ ㄴ, ㄷ

07 생태계 (가)~(마)에서 각 영양단계의 개체수를 상댓값으로 나타내었다.

구분	(가)	(나)	(다)	(라)	(마)
생산자	30	1	55	1000	20
1차 소비자	25	5	55	260	50
2차 소비자	1	13	10	13	70
3차 소비자	15	100	50	2	5

가장 안정된 생태계는 어느 것인가?

① (가)　② (나)　③ (다)　④ (라)　⑤ (마)

08 다음은 생태계평형에 대한 학생 A~C의 대화 내용이다.

> 학생 A : 생물다양성은 생태계평형과 관련이 없어.
> 학생 B : 환경 변화에도 생물의 종류와 개체수가 변하지 않는 것을 말해.
> 학생 C : 평형을 이룬 생태계에서는 에너지 흐름이 급격하게 변하지 않아.

옳은 말을 한 학생만을 있는 대로 고른 것은?

① A　　　　　② C　　　　　③ A, C
④ B, C　　　⑤ A, B, C

09 어떤 안정된 생태계에 환경 변화가 발생하여 생태계의 평형이 일시적으로 깨진 후 다시 평형상태로 회복하기까지의 과정에서의 개체수 피라미드의 변화이다.

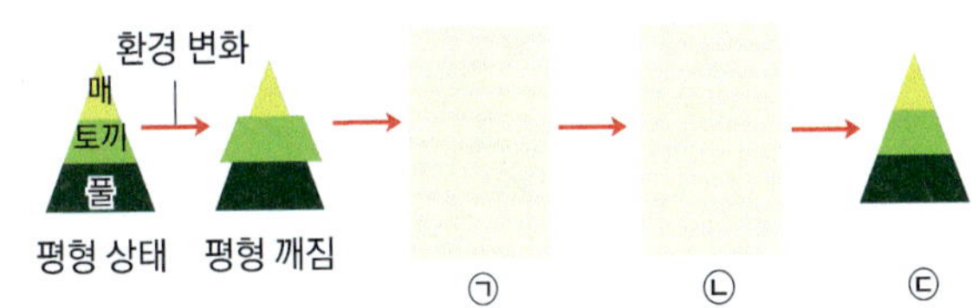

이에 대한 설명으로 옳은 것만을 〈보기〉에서 있는 대로 고른 것은?

> **보기**
> ㄱ. ㉠에서 생산자의 개체 수는 증가한다.
> ㄴ. 1차 소비자의 개체 수는 ㉡보다 ㉠에서 더 많다.
> ㄷ. ㉢에서 각 영양단계 생물의 개체 수는 생태계평형이 파괴되기 이전과 같다.

① ㄱ　　　　　② ㄴ　　　　　③ ㄱ, ㄴ
④ ㄴ, ㄷ　　　⑤ ㄱ, ㄴ, ㄷ

10 어떤 생태계의 먹이 관계이다.

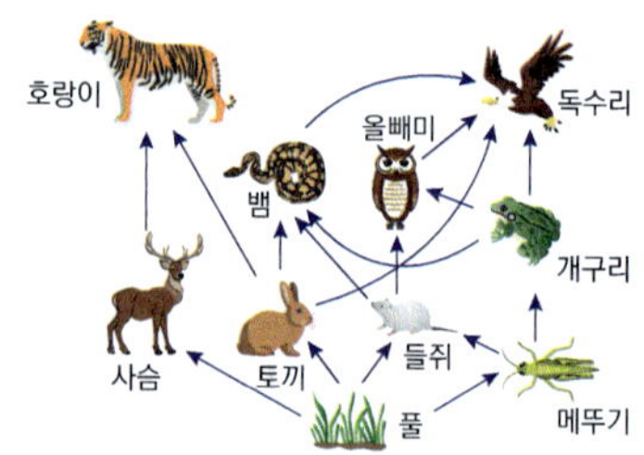

이에 대한 설명으로 옳은 것만을 〈보기〉에서 있는 대로 고른 것은?

보기

ㄱ. 올빼미는 2차 소비자이면서 3차 소비자이다.
ㄴ. 토끼의 개체수가 증가하면 사슴의 개체수도 증가한다.
ㄷ. 생태계에서 생물들은 여러 개의 먹이사슬에 동시에 연결된다.

① ㄱ   ② ㄴ   ③ ㄱ, ㄷ
④ ㄴ, ㄷ   ⑤ ㄱ, ㄴ, ㄷ

11 미국 카이바브 고원에서 사슴 개체군을 보호하기 위해 1905년에 늑대의 사냥을 허용하기 전과 후에 사슴과 늑대의 개체수 및 초원의 생산량 변화이다.

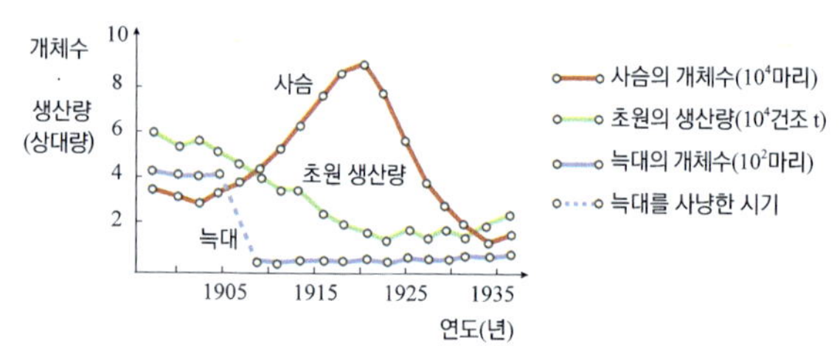

이에 대한 설명으로 옳은 것만을 〈보기〉에서 있는 대로 고른 것은?

보기

ㄱ. 이 지역의 먹이 사슬은 풀 → 사슴 → 늑대이다.
ㄴ. 인위적으로 포식자를 제거하면 생태계의 안정성이 높아진다.
ㄷ. 1920년대 이후 사슴 개체수가 감소한 것은 사람들이 사슴을 사냥하였기 때문이다.

① ㄱ   ② ㄷ   ③ ㄱ, ㄴ
④ ㄴ, ㄷ   ⑤ ㄱ, ㄴ, ㄷ

12 다음은 생태계평형에 대한 세 학생의 대화 내용이다.

제시한 내용이 옳은 학생만을 있는 대로 고른 것은?

① A   ② B   ③ C
④ A, C   ⑤ A, B, C

13 생태계 보전을 위한 노력으로 옳은 것만을 〈보기〉에서 있는 대로 고른 것은?

보기

ㄱ. 멸종 위기에 처한 생물을 천연기념물로 지정한다.
ㄴ. 산을 깎아 도로를 건설할 때 생태 통로를 설치한다.
ㄷ. 간척 사업을 활발하게 하여 갯벌을 경작지로만든다.

① ㄱ   ② ㄴ   ③ ㄱ, ㄴ
④ ㄴ, ㄷ   ⑤ ㄱ, ㄴ, ㄷ

14 사진은 생태계의 보전을 위한 인간의 활동 중 하나를 나타낸 것이다.

이에 대한 설명으로 옳은 것만을 〈보기〉에서 있는 대로 고른 것은?

보기

ㄱ. 멸종 위기종을 복원하기 위한 것이다.
ㄴ. 서식지가 단절된 생물들의 서식지를 복원하기 위한 것이다.
ㄷ. 생물의 먹이 관계를 단순화시켜 생태계의 평형 유지 능력을 높이기 위한 것이다.

① ㄱ   ② ㄴ   ③ ㄱ, ㄴ
④ ㄴ, ㄷ   ⑤ ㄱ, ㄴ, ㄷ

심화 실력높이기

01 그림은 생태계를 구성하는 생물요소와 비생물요소 및 생물요소 간 상호작용을 나타낸 것이고, 표는 뿌리혹박테리아에 대한 설명이다.

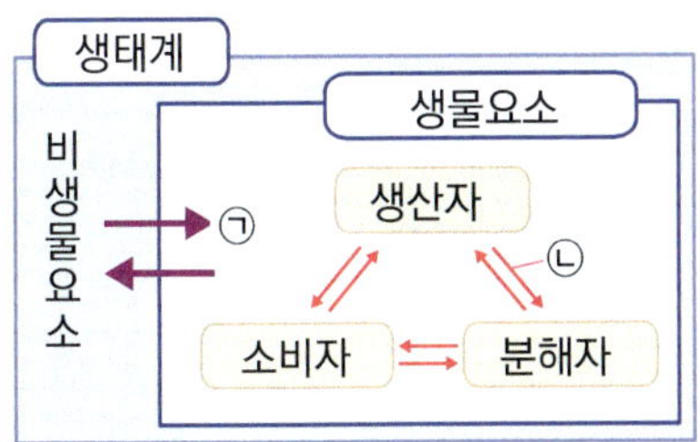

> 뿌리혹박테리아는 토양세균이다. ⓐ 뿌리혹박테리아는 주로 아카시아와 같은 식물의 뿌리에 살면서 식물과 공생한다.

이에 대한 설명으로 옳은 것만을 〈보기〉에서 있는 대로 고른 것은?

> **보기**
> ㄱ. ⓐ는 생물요소 사이의 상호작용에 대한 예시이다.
> ㄴ. 검정말의 광합성에 의해 물속의 이산화탄소 농도가 감소하는 것은 ⊙의 예시이다.
> ㄷ. 사람이 버섯을 섭취해 영양분을 얻는 것은 ⓒ의 예시이다.

① ㄱ   ② ㄴ   ③ ㄱ, ㄴ
④ ㄱ, ㄷ   ⑤ ㄱ, ㄴ, ㄷ

02 다음은 멸치 해부를 통해 해양 생태계의 먹이 관계를 추론하는 실험을 나타낸 것이다. 그림 (가)~(다)는 실험 과정을 순서 없이 나타낸 것이며, 표는 각 그림에 해당하는 실험 과정을 설명한 것이다.

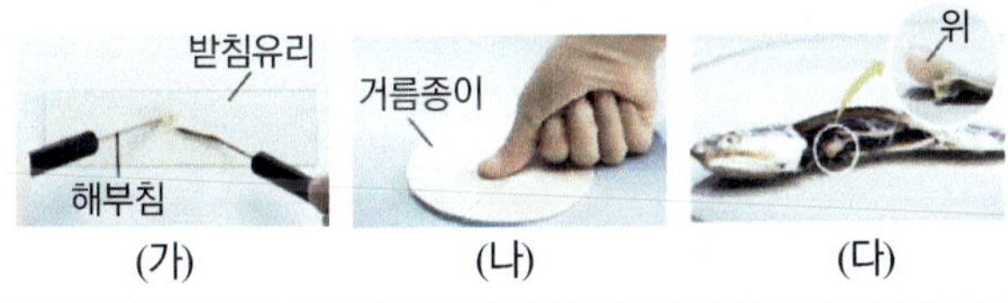

> (가) 받침 유리에 분리한 멸치의 위를 올려놓고 내용물을 꺼낸 후 물을 한 방울 떨어뜨린다.
> (나) 덮개 유리를 덮은 후 거름종이로 물기를 제거하고 현미경으로 표본을 관찰한다.
> (다) 뜨거운 물에 불린 멸치의 몸통을 해부하여 위를 찾는다.

이에 대한 설명으로 옳은 것만을 〈보기〉에서 있는 대로 고른 것은?

> **보기**
> ㄱ. 실험 과정은 (다) → (가) → (나) 순서로 진행한다.
> ㄴ. 과정 (나)에서 멸치의 먹이를 관찰하면 멸치의 상위 영양단계 생물을 알 수 있다.
> ㄷ. 실험 결과 식물성 플랑크톤이 발견되었다면, 해당 멸치는 1차 소비자라고 할 수 있다.

① ㄱ   ② ㄴ   ③ ㄱ, ㄴ
④ ㄱ, ㄷ   ⑤ ㄱ, ㄴ, ㄷ

[2014 모의고사 기출]

03 그림은 어떤 생태계의 에너지 흐름을 나타낸 것이다. A~D는 생물적 요소이다.

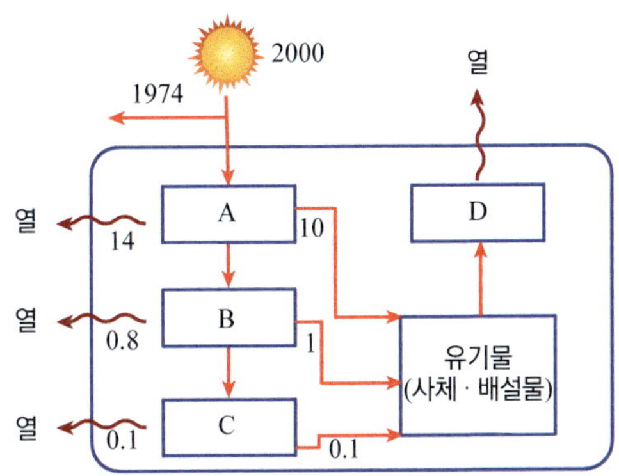

이에 대한 설명으로 옳은 것만을 〈보기〉에서 있는 대로 고른 것은? (단, 에너지양은 상댓값으로 나타낸 것이다.)

> **보기**
> ㄱ. 각 영양단계의 에너지양은 A>B>C이다.
> ㄴ. 에너지효율은 1차 소비자보다 2차 소비자가 높다.
> ㄷ. D에서 방출되는 열의 양은 11.1 이다.

① ㄱ   ② ㄷ   ③ ㄱ, ㄴ
④ ㄴ, ㄷ   ⑤ ㄱ, ㄴ, ㄷ

[2020 모의고사 기출]

04 그림은 어떤 생태계에서 생산자와 A~C의 에너지양을 나타낸 생태피라미드이고, 표는 이 생태계를 구성하는 영양단계에서 에너지양과 에너지효율을 나타낸 것이다. A ~ C는 각각 1차 소비자, 2차 소비자, 3차 소비자 중 하나이고, Ⅰ~Ⅲ은 A~C를 순서 없이 나타낸 것이다. 에너지효율은 C가 A의 2배이다.

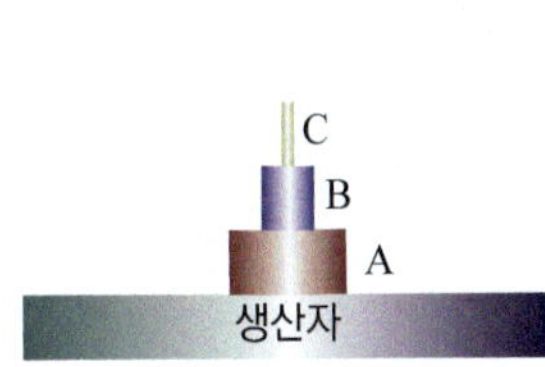

영양단계	에너지양 (상댓값)	에너지효율(%)
Ⅰ	3	?
Ⅱ	?	10
Ⅲ	⊙	15
생산자	1000	?

이에 대한 설명으로 옳은 것만을 〈보기〉에서 있는 대로 고른 것은?

> **보기**
> ㄱ. Ⅱ는 A이다.
> ㄴ. ⊙은 150이다.
> ㄷ. C의 에너지 효율은 30 %이다.

① ㄱ   ② ㄴ   ③ ㄷ
④ ㄱ, ㄷ   ⑤ ㄴ, ㄷ

03 지구 환경 변화와 인간 생활

A 지구 온난화

1. 지구 열수지

① **복사 평형**: 물체가 외부로부터 복사 에너지를 흡수하고, 흡수한 만큼 복사 에너지를 외부로 방출하여 에너지 평형을 이루는 상태를 말한다.

② **지구의 복사 평형**: 지구는 태양 복사 에너지[1]량과 같은 양의 지구 복사 에너지[1]를 방출하면서 에너지 평형을 이룬다. ➡ 따라서 지구의 연평균 기온이 일정하게 유지된다.

③ **온실효과**: 대기 중 온실기체는 태양 복사 에너지는 대부분 통과시키지만 지구 복사 에너지는 흡수했다가 지표로 다시 방출하여 지구 표면의 온도를 높인다. 따라서 지구의 평균 기온은 대기가 없을 때보다 있을 때 높게 유지되는데 이를 온실효과라고 한다.
➡ 온실기체[2]로는 수증기, 이산화 탄소, 메테인, 산화 이질소, 오존 등이 있다.

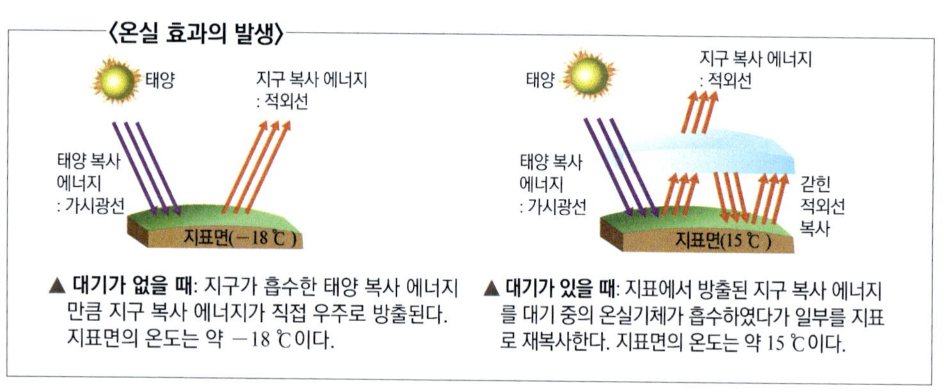

1 태양 복사 에너지와 지구 복사 에너지

- 태양 복사 에너지: 태양이 외부로 방출하는 에너지이다. 그 중 지구가 흡수하는 에너지는 주로 파장이 짧은 가시광선 형태이며, 지구의 대기를 잘 통과한다.
- 지구 복사 에너지: 지구가 바깥으로 방출하는 에너지로 주로 파장이 긴 적외선 영역이며, 대기의 온실기체에 잘 흡수되어 온실 효과를 일으킨다.

2 온실기체 배출량

온실기체 중 대기로 배출되는 양이 가장 많은 기체는 이산화 탄소이다. 인간의 활동에 의해 온실효과에 기여하는 정도는 이산화 탄소가 가장 크다.

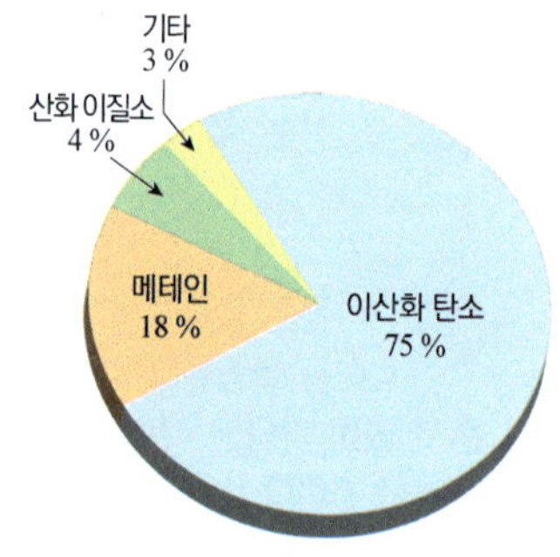

④ **지구 열수지**: 지구가 복사 평형 상태에 있을 때, 지구의 지표, 대기, 우주(지구 바깥) 간에 나타나는 열출입 관계이다. 지구가 받는 태양 복사 에너지를 100 %라고 했을 때, 지구는 태양 복사 에너지의 30 %는 반사하고 70 %는 흡수했다가 흡수한 만큼 지구 복사 에너지 형태로 방출한다.

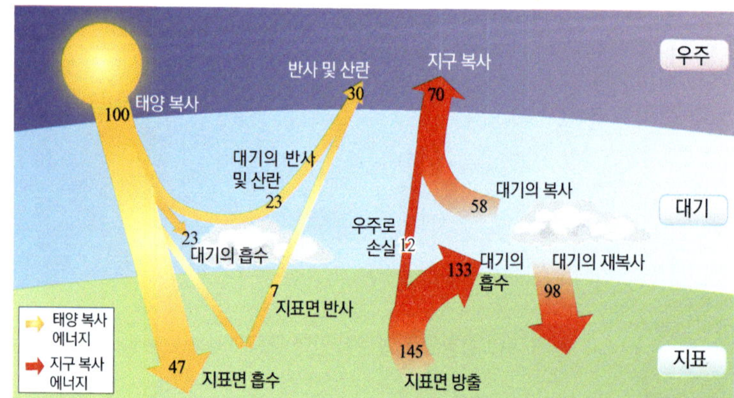

구분	흡수량	방출량
대기	태양 복사 에너지 흡수(23)+지표 복사 에너지 흡수(133)=156	우주로 방출(58)+지표로 방출(98)=156
지표	태양으로부터 흡수(47)+대기로부터 흡수(98)=145	우주로 방출(12)+대기로 방출(133)=145

2. 지구 온난화

① **지구 온난화**: 대기 중 온실기체의 양이 증가하면서 지구의 평균 기온이 계속 상승하는 현상이다.

② **지구 온난화에 따른 지구 열수지 변동**: 대기 중 온실기체의 양이 증가하면 온실효과가 강화되어 지구 열수지 변동이 일어나고, 지구 온난화가 심해진다.

③ **지구 온난화[3]의 원인**: 화석 연료의 사용량 증가, 과도한 삼림 벌채, 과도한 가축 사육 등으로 인한 대기 중 이산화 탄소 농도 증가 ➡ 화석 연료의 사용량 증가가 주요 원인

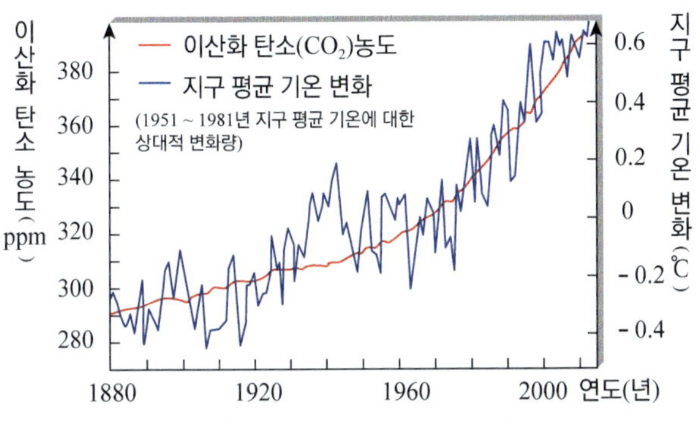

▲ 대기 중 이산화 탄소 농도와 평균 기온 변화

● 1960년대 이후 지구의 평균 기온은 대체로 상승하는 추세이다.

● 대기 중 이산화 탄소의 농도는 계속 상승하고 있다.

➡ 대기 중 이산화 탄소의 농도 증가로 인한 온실효과가 심해지고 있다.

④ **지구 온난화의 영향과 대책[4][5]**

영향	· 빙하의 융해와 해수의 열팽창이 일어나 해수면 상승 ➡ 빙하 면적 감소(반사율 감소), 해안 저지대가 침수되어 육지 면적과 곡물 생산량 감소 · 강수량과 증발량이 변하여 집중 호우와 홍수, 가뭄 등 이상 이변이 발생 · 멸종 위기 생물종의 증가로 생물다양성이 낮아질 수 있고, 육지와 해양 생태계가 변함 · 말라리아나 뎅기열과 같은 질병의 발생 지역이 고위도 지역으로 확대된다.
대책	· 화석 연료의 사용 억제, 숲의 면적 늘리기, 국제 협약 가입 등 온실 기체의 배출량을 줄이기 위한 노력이 요구됨

개념+

❸ 지구 온난화의 메커니즘

대기 중 온실기체 농도 증가
➡ 지표 방출 복사 에너지의 대기 흡수량 증가
➡ 대기에서 지표로 재복사하는 에너지량 증가
➡ 지표면은 더 높은 온도에서 복사 평형이 일어남
(지표면의 평균 기온 상승이 일어나고 지구 온난화가 심해짐)

❹ 기후 변화의 다양한 원인

● 화산 분출물 중 화산재는 빛을 차단하여 기온을 낮추고, 수증기나 이산화 탄소는 온실효과로 기온을 높인다.

● 숲이 줄어들면 지표면의 반사율이 증가하여 기온을 낮추며, 광합성량이 감소하여 기온을 높인다.

❺ 한반도의 온난화

한반도는 지구 온난화로 온대 기후에서 아열대 기후로 변하면서 개화 시기 변화, 동식물의 서식지 변화 등 생태계에 급격한 변화가 일어나고 있다.

정답 및 해설 ➡ 55

개념체크+

POINT

01 온실효과와 지구 열수지에 대한 설명 중 옳은 것은 ○표, 옳지 <u>않은</u> 것은 ×표 하시오.

(1) 지구로 들어오는 태양 복사 에너지는 주로 가시광선 영역이다. ················· (   )

(2) 지구에서 방출하는 지구 복사 에너지는 주로 자외선 영역이다. ················· (   )

(3) 지구는 흡수하는 태양 복사 에너지량과 방출하는 지구 복사 에너지량이 같아 균형을 이룬다. ··· (   )

(4) 지구 열수지가 변동되더라도 지구의 평균 기온은 일정하게 유지된다. ········· (   )

02 지구 온난화의 원인이 <u>아닌</u> 것은?

① 해수면 상승 　② 과도한 삼림 벌채 　③ 화석 연료 사용
④ 과도한 가축 사육 　⑤ 이산화 탄소 농도의 증가

03 지구 온난화에 대한 설명 중 옳은 것은 ○표, 옳지 <u>않은</u> 것은 ×표 하시오.

(1) 최근 지구 온난화의 원인은 화석 연료의 사용량 증가와 숲의 면적 감소, 과잉 방목 등이다. ··· (   )

(2) 지구 온난화의 영향으로 해수면 상승, 육지 면적 증가 등이 나타난다. ········· (   )

(3) 대기 중 이산화 탄소의 농도가 증가하면 해양 산성화 현상이 나타난다. ······ (   )

B 엘니뇨와 사막화

1. 대기 대순환과 해수의 표층 순환

① **대기 대순환**: 위도에 따른 에너지 불균형❶과 지구 자전에 의해 지구 전체 규모로 3개의 순환이 나타난다. 그 때문에 지표면 부근에서는 저위도 지역(적도~위도 30°)에서는 무역풍이 불고, 중위도 지역(위도 30°~60°)에서는 편서풍이 불며, 고위도 지역(위도 60°~극지방)에서는 극동풍이 분다.

② **해수의 표층 순환**: 대기 대순환의 바람이 해수면 위에서 지속적으로 불기 때문에 표층 해수가 일정한 방향으로 흐르는 표층 해류가 발생하며 대륙의 영향으로 적도를 경계로 남반구와 북반구에 대칭적으로 순환하며 흐른다.

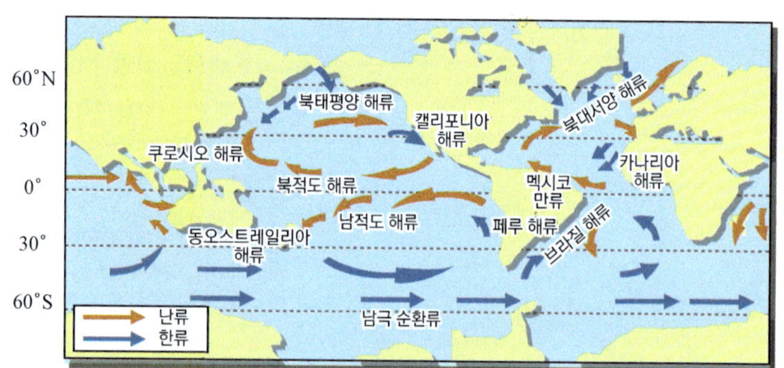

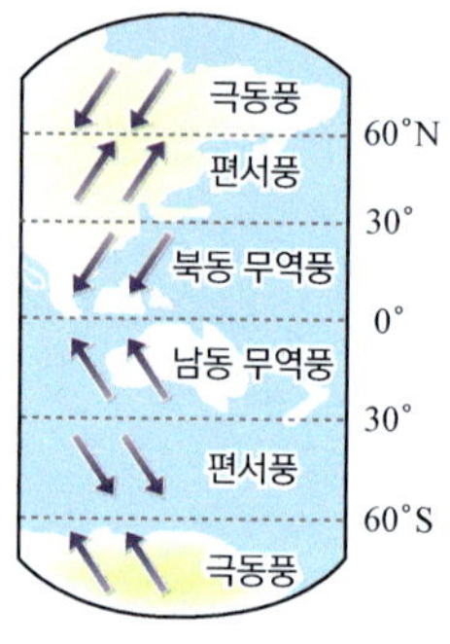

▲ 대기 대순환과 해수의 표층 순환

2. 엘니뇨
엘니뇨: 적도 부근 동태평양 해역의 표층 수온이 평년보다 높은 상태로 지속되는 현상이다.

① **발생 원인**: 무역풍의 약화로 인한 표층 해수의 흐름(동→서)이 둔해져 발생한다.❷

② **평상시와 엘니뇨 발생 시의 기후 비교**

구분	평상시	엘니뇨 발생 시
대기와 해수의 흐름 모식도		
대기 순환과 해수 이동	· 무역풍이 적도 부근의 따뜻한 표층 해수를 서쪽으로 운반한다.	· 무역풍이 약해질 때, 적도 부근의 따뜻한 표층 해수가 동쪽으로 이동한다. 저기압이 발생하는 위치가 동쪽으로 이동한다.
동태평양의 기후	· 따뜻한 해수가 서쪽으로 이동하고 차가운 해수가 용승❸하여 표층 수온이 낮다. · 고기압이 분포하고, 하강 기류가 발달한다. ➡ 맑고 건조하다.	· 차가운 해수의 용승 약화로 평상시보다 표층 수온이 높아진다. · 해수의 증발이 활발하고, 기압이 낮아져 상승 기류가 발달한다. ➡ 강수량이 증가하여 홍수와 폭우가 발생한다.
서태평양의 기후	· 따뜻한 해수가 이동하여 표층 수온이 높다. · 해수의 증발이 활발하고, 저기압이 분포하며 상승 기류가 발달한다. ➡ 비가 많이 내린다.	· 평상시보다 표층 수온이 낮아진다. · 해수의 증발이 감소하고, 기압이 높아져 하강 기류가 발달한다. ➡ 강수량이 감소하여 가뭄이 심해지고, 대규모 산불이 발생한다.

개념+

❶ 위도별 복사 에너지량 분포

● 적도~위도 약 38°
  : 태양 복사 에너지 흡수량 > 지구 복사 에너지 방출량
  → 에너지 과잉

● 위도 약 38°~ 극지방
  : 태양 복사 에너지 흡수량 < 지구 복사 에너지 방출량
  → 에너지 부족

● 위도별 에너지 불균형을 해소하기 위해 대기와 해수의 순환이 일어난다.

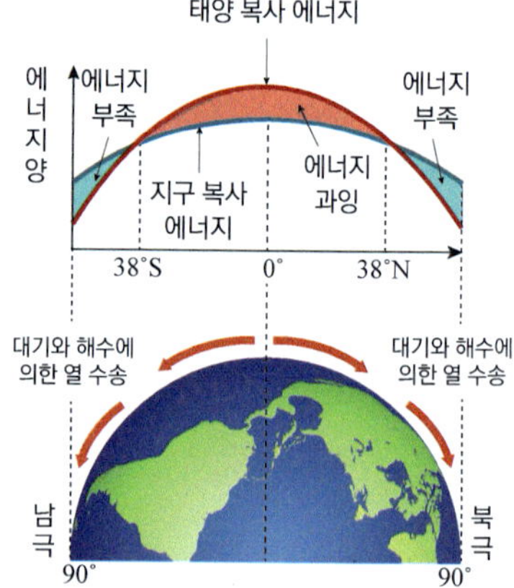

▲ 위도별 복사 에너지 수지

❷ 라니냐 발생 시

엘니뇨와 반대로 무역풍이 평상시보다 강해져서 적도 부근 동태평양 해역의 표층 수온이 평년보다 낮은 상태가 지속되는 현상이다.

● 동태평양은 강수량이 감소하여 가뭄과 산불이 발생한다.

● 서태평양은 강수량이 증가하여 홍수와 폭우가 발생한다.

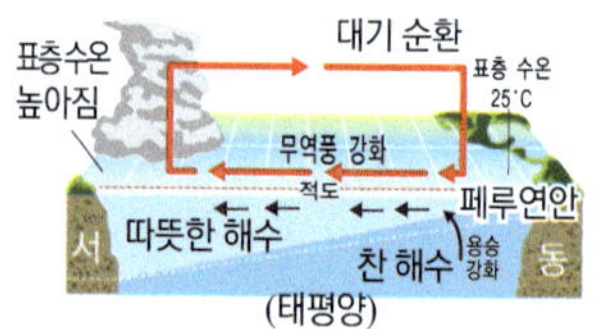

❸ 용승[湧 샘솟다, 流 오르다]

● 연안 지역에서 바람이 한 방향으로 계속 불면서 표층의 해수가 먼 바다 쪽으로 이동할 때 심층의 찬 해수가 솟아오르는 현상이다.

● 용승이 일어나는 해역은 영양 염류가 풍부하고, 용존 산소량이 많아 플랑크톤이 풍부하므로 좋은 어장이 형성된다.

③ **엘니뇨의 영향**
· 엘니뇨의 규모가 커지면서 그 영향이 전세계적으로 확대되어 세계 곳곳에서 기상 이변이 발생하고 있다. 예 아시아의 가뭄, 유럽의 이상 고온, 남미의 홍수, 호주의 산불
· 엘니뇨는 가뭄, 산불, 홍수 등 지구 환경의 변화를 일으켜 농작물의 재배지와 수확량 변화, 생물의 개체수와 서식지 변화를 초래한다.

3. 사막화: 강수량 감소로 토지가 황폐해지면서 사막으로 변해가는 현상이다.

① **사막 지역**: 고압대가 형성되는 위도 30°부근에 주로 분포한다. ❹ ➡ 하강 기류가 발달하므로 날씨가 맑아 강수량이 적고, 증발량이 많기 때문이다.

② **사막화 지역**: 사막 주변에 분포하며, 사막화가 진행되면 건조 지역이 확대되면서 사막이 넓어진다.

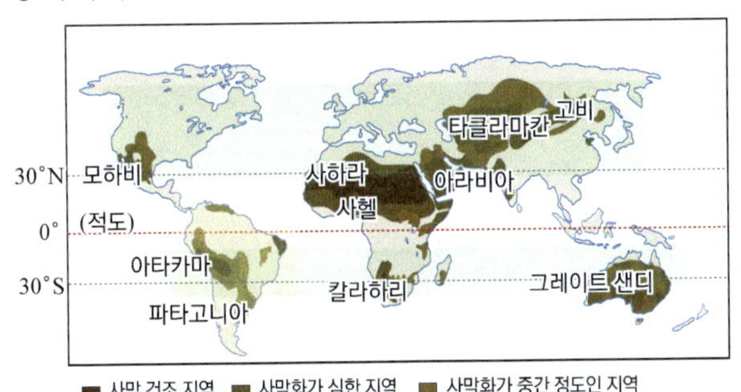

▲ 사막과 사막화 지역

③ **사막화의 발생 원인과 피해, 대책**

발생 원인	· 자연적인 원인: 대기 대순환의 변화에 따른 지속적인 가뭄으로 강수량이 감소하고 증발량이 증가할 때 · 인위적인 원인: 과잉 방목, 과도한 경작, 무분별한 삼림 벌채 등
피해	· 식량 부족, 물 부족 심화, 황사 발생 빈도 증가, 토양 침식 증가 · 거주지 감소, 생물의 서식지 변화로 생태계 파괴, 생물다양성 감소
대책	삼림 벌채 및 가축의 과잉 방목 줄이기, 숲 면적 늘리기, 사막화 방지 협약 준수 등

Ⓒ 지구의 미래 환경 변화와 대처 방안

1. 기후 변화 시나리오를 통한 미래 기후 예측: 기후 변화 시나리오❺에 의하면 온실 기체의 배출량이 많을수록 지구 온난화로 인한 기후 변화, 환경 변화가 더 크게 나타날 것으로 예측된다.

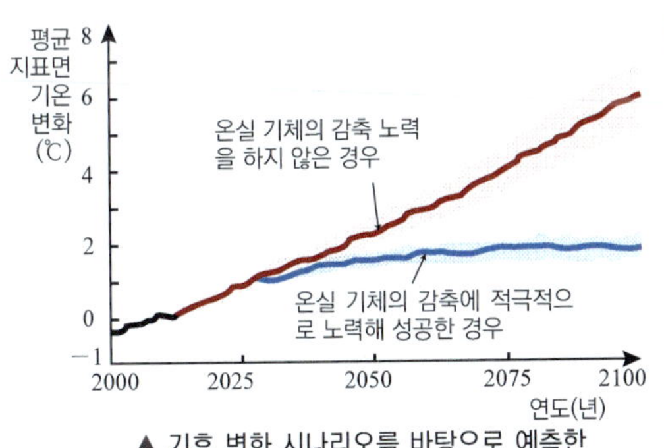

▲ 기후 변화 시나리오를 바탕으로 예측한 지구의 지표면 평균 기온 변화

● 온실 기체의 감축에 적극적으로 노력하지않아 화석 연료 사용이 증가한다면 2100년 경에는 지구의 지표 기온이 현재보다 약 6 ℃ 상승할 것으로 예측된다.

● 온실 기체의 감축에 적극적으로 노력해 성공한 경우라면 지구의 지표면 기온은 현재보다 약 1.7 ℃ 상승에 그칠 것으로 예측된다.

2. 기후 변화로 예상되는 지구 환경 변화: 온실 기체의 배출량이 계속 증가한다면 지구 온난화로 인해 생물다양성이 감소하고, 물 부족을 비롯한 식량난, 기상 재해, 감염병의 확산 등 다양한 피해가 현재보다 더 심하게 나타날 것이다. ❻

3. 기후 변화로 인한 지구 환경 변화의 대처 방안

온실 기체 배출량을 줄이기 위한 노력	· 화석 연료 사용 억제, 대중 교통 이용하기, 적절한 냉·난방 온도 유지하기, 일회용품 사용 줄이기, 친환경 제품 구입하기
사회·국가적 노력	· 화석 연료 대체하는 지속가능한 에너지(태양 전지, 태양열, 지열, 풍력) 사용 기술 개발, 에너지 효율을 높이는 기술 개발, 대규모 삼림 조성 · 기후 변화에 대비하는 국제 협약(유엔 기후 변화 협약❼ 등) 가입

❹ 사막과 사막화 지역이 위도 30° 지역에 주로 분포하는 이유

대기 대순환의 영향으로 위도 30° 지역 부근에서는 증발량이 강수량보다 크게 나타나기 때문이다.

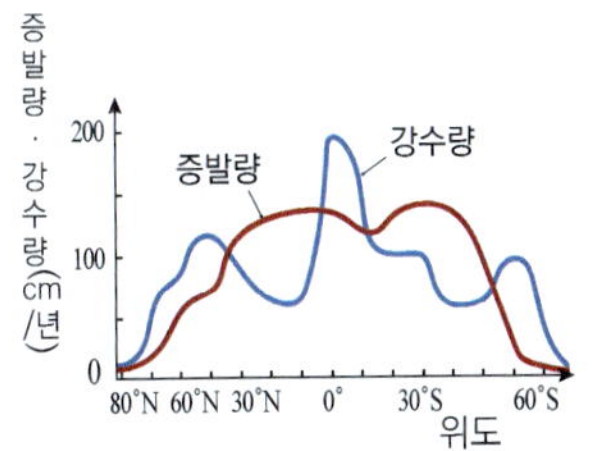

▲ 위도별 증발량과 강수량 분포

❺ 기후 변화 시나리오

온실 기체, 에어로졸 등 인위적인 원인으로 발생한 기후 변화를 전망하기 위해 온실 기체의 농도, 기후 변화 수치 모델을 이용하여 산출한 미래 기후 전망 정보 예 SSP 시나리오

❻ 지구 온난화에 의한 빙하의 면적 감소

온실 기체의 배출량이 계속 증가한다면 빙하의 면적 감소, 영구 동토층의 해빙으로 인한 해수면 상승, 태양 에너지 반사율 감소 등의 현상이 수반된다.

❼ 유엔 기후 변화 협약

정식 명칭은 '기후 변화에 관한 국제 연합 기본 협약(UNFCCC)'로 온실 기체의 배출을 제한하여 지구 온난화를 방지하고자 하는 협약이다. 교토 의정서, 파리 협정, 글래스고 기후 합의 등이 있다.

개념체크⁺

정답 및 해설 ➡ 55   **POINT**

04 다음 (   )에 알맞은 말을 쓰시오.

> 지구에서 방출되는 지구 복사 에너지를 특정 기체가 흡수하였다가 그 일부를 지표로 복사하면서 지구 평균 기온이 높게 유지되는 것을 (   )라고 한다.

05 지구 열수지에 대한 설명으로 옳은 것은 ○표, 옳지 <u>않은</u> 것은 ×표 하시오.

(1) 현재 지구의 반사율은 약 30 %이다. ······································· (   )
(2) 지구 대기에서 방출된 지구 복사 에너지는 우주 공간으로만 빠져나간다. (   )
(3) 지구 대기와 지표에서 각각 흡수하는 에너지량과 방출되는 에너지량은 같다. (   )
(4) 지구로 들어오는 태양 복사 에너지는 지표면에서 모두 흡수된다. ··········· (   )

06 대기 대순환에 대한 설명 중 옳은 것은 ○표, 옳지 않은 것은 ×표 하시오.

(1) 위도에 따른 에너지 불균형과 지구 자전으로 인해 발생한다. ··············· (   )
(2) 표층 해수를 일정한 방향으로 흐르게 한다. ····························· (   )
(3) 적도~위도 30° 지역에서는 편서풍이 분다. ··························· (   )
(4) 위도 60°~90° 지역에서는 무역풍이 분다. ··························· (   )

07 엘리뇨에 대한 설명이다. (   )에서 알맞은 말을 고르시오.

(1) 엘리뇨는 무역풍이 (강해질 때, 약해질 때) 발생한다.
(2) 엘리뇨가 발생하면 동태평양 지역의 표층 수온은 평상시보다 (높아진다, 낮아진다.)
(3) 엘리뇨가 발생하면 서태평양 지역의 기압은 평상시보다 (높아진다, 낮아진다)
(4) 엘리뇨가 발생하면 적도 부근의 따뜻한 해수가 (동쪽으로, 서쪽으로) 이동한다.

08 사막화 현상에 대한 설명으로 옳은 것은 ○표, 옳지 않은 것은 ×표 하시오.

(1) 사막 지역은 저압대가 형성되는 위도 30° 부근에 주로 분포한다. ··········· (   )
(2) 사막 지역은 상승 기류가 발달한다. ································· (   )
(3) 사막 지역은 증발량이 강수량보다 많다. ····························· (   )
(4) 지구 온난화가 심해지면 사막이 넓어진다. ···························· (   )

09 사막화의 원인이 <u>아닌</u> 것은?

① 과도한 방목   ② 무분별한 삼림 벌채   ③ 대기 대순환의 변화
④ 황사 발생 빈도 증가   ⑤ 지속적인 가뭄

10 기후 변화로 인한 지구 환경 변화에 대처하는 방안으로 옳지 <u>않은</u> 것은?

① 친환경 제품 구입하기   ② 일회용품 사용하기   ③ 대중교통 이용하기
④ 화석 연료 사용 억제하기   ⑤ 태양 전지 사용량 늘리기

지구 온난화에 따른 열수지 변동

● **목표** : 온실효과가 증가하여 지구 온난화가 나타나고 그에 따른 지구 열수지 변동을 설명할 수 있다.

준비물 빈 페트병 2개, 물, 발포 바이타민, 파라필름, 스탠드 전등, 디지털 탐침 온도계 2개

● 실험 과정

① 물을 절반 정도씩 넣은 페트병 A, B 2개를 준비한다.

② 페트병 B에만 발포 바이타민을 넣는다.

③ 페트병 A, B에 디지털 탐침 온도계를 그림처럼 설치하고 파라필름으로 감싸 입구에서 기체가 새어나오지 않도록 밀봉한다.

④ 페트병 A, B를 스탠드 전등에서 20 cm 떨어진 곳에 나란히 놓은 다음 전등을 켠다.

⑤ 1분 간격으로 페트병 A, B의 온도를 10분 동안 측정하여 기록한다.

⑥ 페트병 B에 넣은 발포 바이타민의 양을 증가시키면서 위 ③~⑤ 과정을 반복한다.

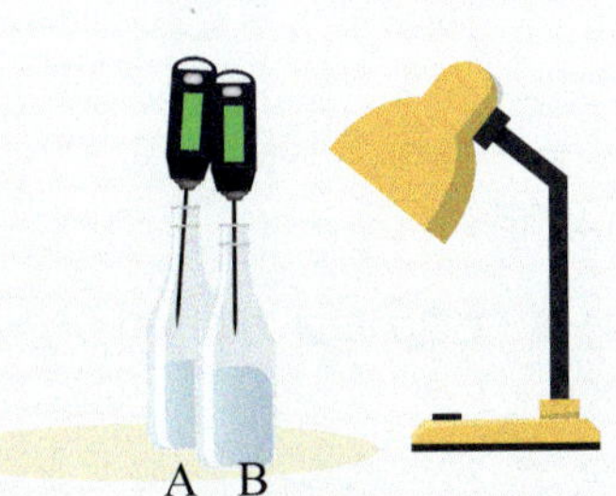

★ **발포 바이타민**
발포 바이타민에는 탄산수소 나트륨($NaHCO_3$)이 포함되어 있어서 물과 반응하여 CO_2 기체를 기포 형태로 낸다.

★ **파라필름**
파라핀으로 만든 필름으로서, 신축성이 좋아 울퉁불퉁한 표면이나 불규칙한 표면을 원하는 형태로 변형시켜 밀봉하는데 사용한다.

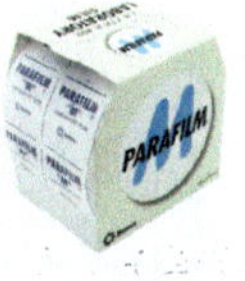

★ **디지털 탐침 온도계**
탐침으로 접촉시켜 온도를 측정하며 온도는 화면으로 나타난다.

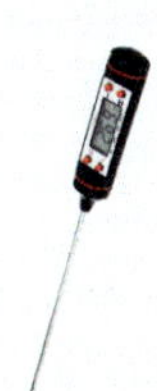

● 탐구 결과

① 페트병 A보다 페트병 B의 온도 변화가 더 크다.

② 발포 바이타민의 양이 많을수록 페트병 A보다 페트병 B의 온도 변화가 더 커진다.

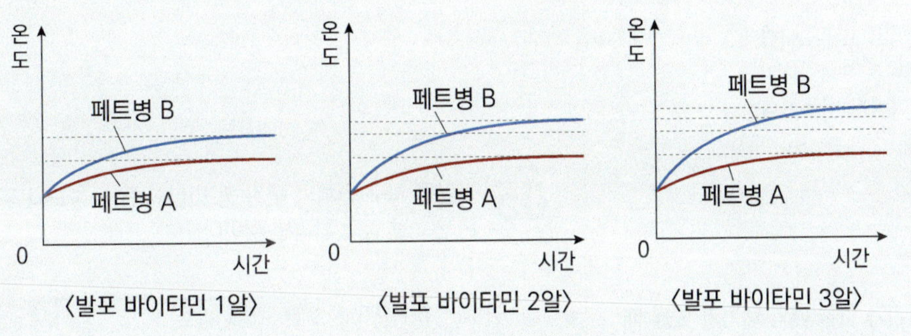

● 결과 해석

정답 및 해설 ➜ 56

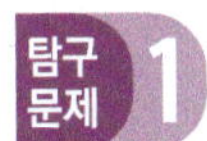
탐구 문제 1 페트병 A보다 페트병 B의 온도 변화가 더 큰 이유는 무엇인가?

탐구 문제 2 발포 바이타민의 양에 따른 온도 변화의 차이로 알 수 있는 것은 무엇인가?

탐구 문제 3 온실기체의 농도를 높게 변화시키면 지구의 열수지 변동은 어떻게 되겠는가?

탐구 문제 4 지구 온난화와 열수지 변동의 관계에 대해서 써 보시오.

스스로 실력높이기

A 지구 온난화

01 온실기체에 대한 설명으로 옳지 <u>않은</u> 것은?

① 온실기체로는 이산화 탄소, 오존, 산화 이질소 등이 있다.
② 온실기체는 태양 복사 에너지를 잘 흡수한다.
③ 최근 온실기체 중 대기 중으로 배출량이 가장 큰 것은 이산화 탄소이다.
④ 대기 중에서 온실기체의 농도가 증가하면서 온실효과가 강화되면 지구 온난화가 나타난다.
⑤ 산업혁명 이후 온실기체의 배출량은 계속 증가하고 있고, 지구 평균 온도도 계속 상승하고 있다.

02 다음은 위도에 따른 태양 복사 에너지 입사량과 지구 복사 에너지 방출량의 분포이다.

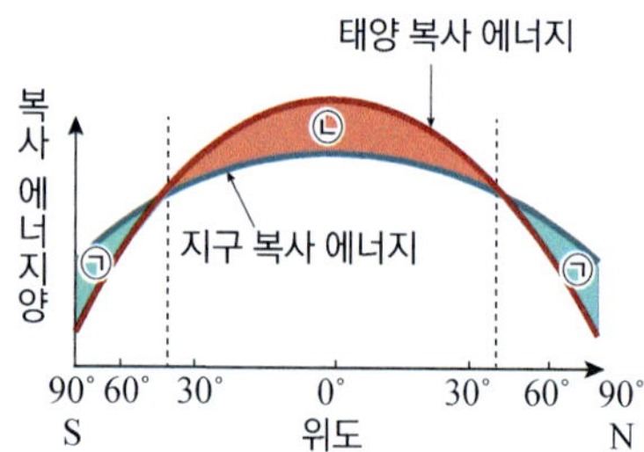

이에 대한 설명으로 옳은 것만을 〈보기〉에서 있는 대로 고른 것은?

보기
ㄱ. 에너지 이동 방향은 저위도에서 고위도이다.
ㄴ. ⓐ은 에너지 과잉량, ⓒ은 에너지 부족량이다.
ㄷ. 대기와 해수의 순환으로 에너지가 이동한다.

① ㄱ　　　② ㄴ　　　③ ㄱ, ㄷ
④ ㄴ, ㄷ　　　⑤ ㄱ, ㄴ, ㄷ

03 그림 (가)와 (나)는 각각 대기가 없을 때와 대기가 있을 때의 지구의 복사 평형을 나타낸 것이다.

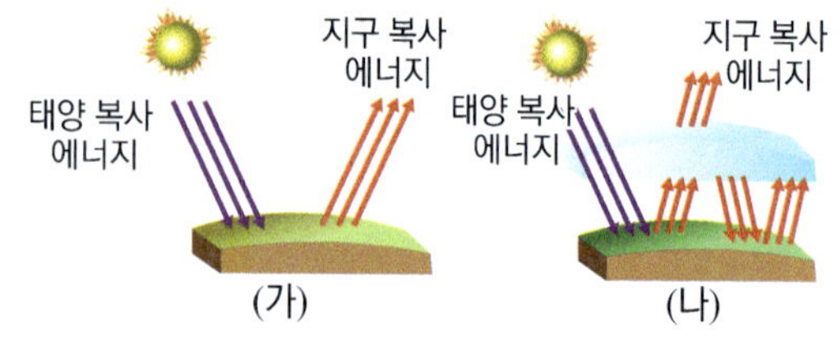

이에 대한 설명으로 옳은 것만을 〈보기〉에서 있는 대로 고른 것은?

보기
ㄱ. 지표면의 온도는 (나)가 (가)보다 더 높다.
ㄴ. (나)에서 대기는 적외선보다 가시광선을 잘 흡수한다.
ㄷ. (나)에서 온실기체의 농도가 증가하면 우주로 방출하는 지구 복사 에너지량이 증가한다.

① ㄱ　　　② ㄴ　　　③ ㄱ, ㄷ
④ ㄴ, ㄷ　　　⑤ ㄱ, ㄴ, ㄷ

04 그림은 지구에 입사되는 태양 복사 에너지량을 100 이라고 했을 때의 지구 열수지를 나타낸 것이다.

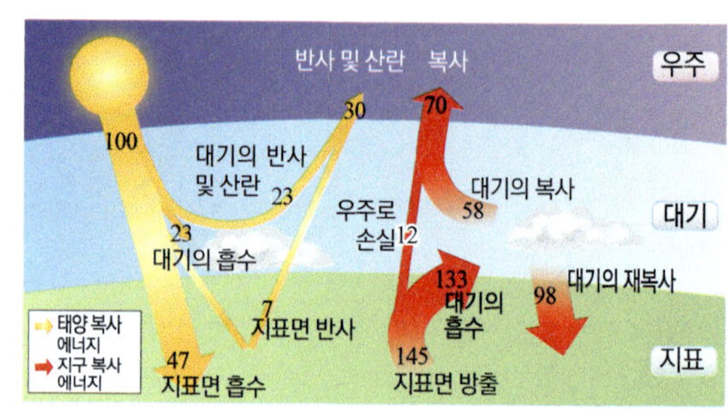

이에 대한 설명으로 옳지 <u>않은</u> 것은?

① 대기의 반사 및 산란(23)과 지표면 반사(7)가 지구의 반사율이다.
② 태양 복사 에너지의 흡수량 (대기의 흡수(23)＋지표면 흡수(47))＝우주로 방출하는 지구 복사 에너지(70)이므로 지구의 복사 평형이 이루어진다.
③ 대기 전체의 흡수량과 방출량은 11만큼 차이가 난다.
④ 지표 전체의 흡수량과 방출량은 서로 같다.
⑤ 대기 중 온실기체의 농도가 증가하면 대기에서 지표로 재복사하는 에너지의 양이 증가한다.

05 그림은 지구 전체의 대기 중 이산화 탄소 농도와 평균 기온 변화를 각각 나타낸 것이다.

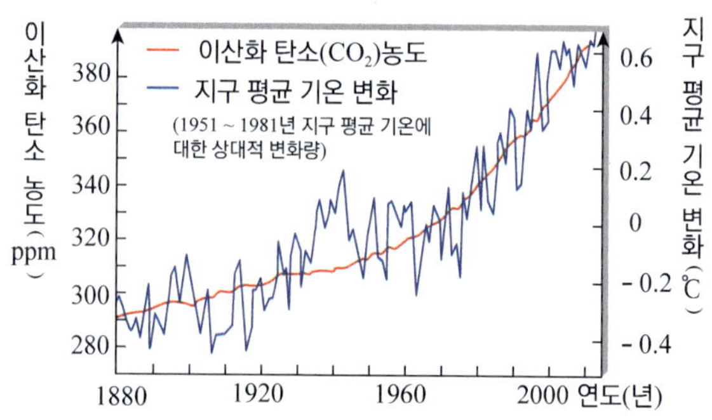

이에 대한 설명으로 옳은 것만을 〈보기〉에서 있는 대로 고른 것은?

보기
ㄱ. 지구 평균 기온 변화와 이산화 탄소의 농도 변화는 대체로 비례한다.
ㄴ. 평균 기온 증가율은 1920년대보다 2000년대에 더 작다.
ㄷ. 1880년부터 2010년까지 지구 열수지의 변동이 있었다.

① ㄱ　　　② ㄴ　　　③ ㄱ, ㄷ
④ ㄴ, ㄷ　　　⑤ ㄱ, ㄴ, ㄷ

06

그림은 1950년부터 2010년까지 대기 중 이산화 탄소 평균 농도 변화와 여름철 북극 얼음 면적 변화에 대한 자료를 보며 나눈 세 학생의 대화를 나타낸 것이다.

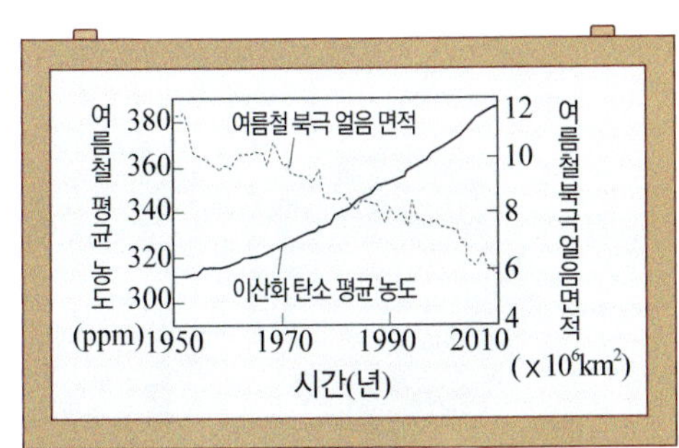

제시한 내용이 옳은 학생만을 있는 대로 고른 것은?

① A   ② B   ③ A, C
④ B, C   ⑤ A, B, C

07

지구의 복사 평형에 관한 〈보기〉의 설명 중 옳은 것만을 있는 대로 고른 것은?

보기
ㄱ. 지구로 들어오는 태양 복사 에너지량과 지구에서 방출하는 지구 복사 에너지량은 같다.
ㄴ. 지구의 연평균 기온은 일정하게 유지된다.
ㄷ. 지구 대기가 없다면 복사 평형은 일어나지 않는다.

① ㄱ   ② ㄷ   ③ ㄱ, ㄴ
④ ㄴ, ㄷ   ⑤ ㄱ, ㄴ, ㄷ

08

지구 온난화의 원인과 영향을 나타낸 모식도이다.

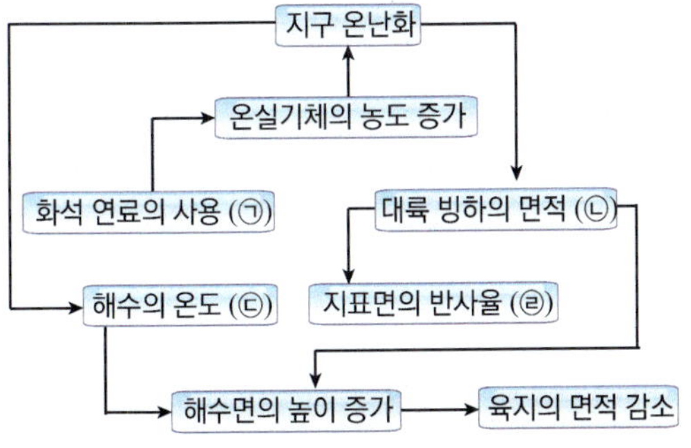

㉠ ~ ㉣ 중 값이 감소하는 것만을 있는 대로 고른 것은?

① ㉠, ㉡   ② ㉠, ㉢   ③ ㉡, ㉢
④ ㉡, ㉣   ⑤ ㉢, ㉣

B 엘리뇨와 사막화

09

그림은 북반구의 대기 대순환을 나타낸 것이다.

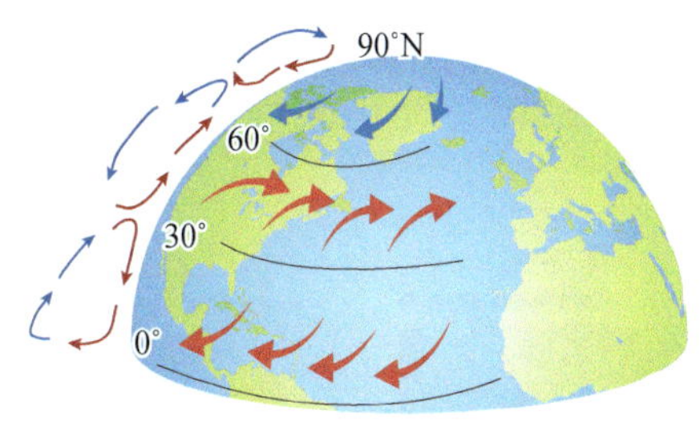

이에 대한 설명으로 옳은 것만을 〈보기〉에서 있는 대로 고른 것은?

보기
ㄱ. 위도 0°~30° 사이에서는 무역풍이 분다.
ㄴ. 위도 30° 부근에서는 상승 기류가 나타난다.
ㄷ. 대기 대순환은 저위도와 고위도의 에너지 불균형을 해소하는데 기여한다.

① ㄱ   ② ㄴ   ③ ㄱ, ㄷ
④ ㄴ, ㄷ   ⑤ ㄱ, ㄴ, ㄷ

⑤ (나) 엘니뇨 시기에는 용승이 약해져 따뜻한 해수가 동쪽으로 이동하여 평상시보다 남아메리카 연안은 표층 수온이 높아지므로 따뜻한 해수의 두께가 평상시보다 두꺼워진다.

10

그림(가)와 (나)는 태평양 적도 부근 해역에서 평상시와 엘니뇨가 나타났을 때의 모습을 순서 없이 나타낸 것이다.

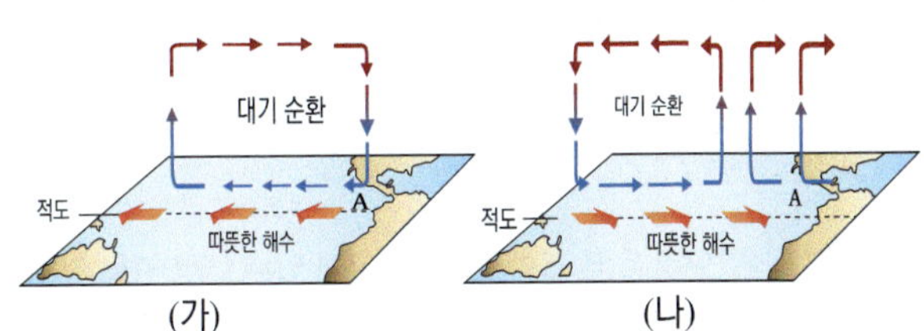

이에 대한 설명으로 옳지 않은 것은?

① (가)는 평상시의 모습이다.
② (가)에서는 동태평양에서의 용승이 원활하다.
③ 남아메리카 연안의 표층 수온은 (가)보다 (나)일 때 높다.
④ 인도네시아 연안에서 홍수가 발생할 확률은 (나)보다 (가)일 때 높다.
⑤ 남아메리카 연안의 따뜻한 해수층의 두께는 (가)보다 (나)일 때 얇아진다.

11

그림 (가)와 (나)는 서로 다른 두 시기에 태평양 적도 부근 해역의 표층 수온 분포를 나타낸 것이다. (가)와 (나)는 각각 평상시와 엘니뇨 시기 중 하나이다. (희게 나타난 부분은 육지이다.)

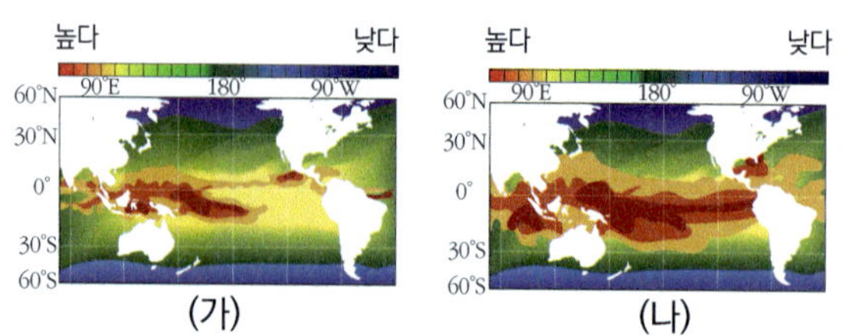

이에 대한 설명으로 옳은 것만을 〈보기〉에서 있는 대로 고른 것은?

보기
ㄱ. (가)는 엘니뇨 시기를 나타낸 것이다.
ㄴ. (가)보다 (나)일 때 무역풍이 더 세게 분다.
ㄷ. 동태평양 적도 부근에 홍수가 발생할 확률은 (가)보다 (나)가 크다.

① ㄱ　　　　② ㄷ　　　　③ ㄱ, ㄴ
④ ㄱ, ㄷ　　　⑤ ㄱ, ㄴ, ㄷ

12 그림은 엘리뇨로 인해 나타나는 북반구의 겨울철 이상 기후를 나타낸 것이다.

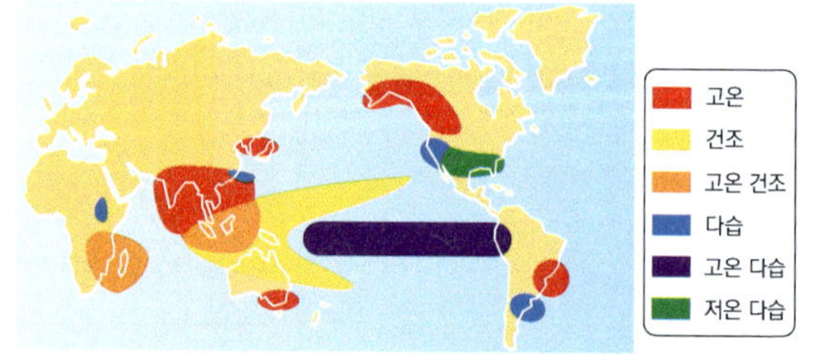

이에 대한 설명으로 옳은 것만을 〈보기〉에서 있는 대로 고른 것은?

보기
ㄱ. 인도네시아 해역에서는 동풍 계열의 바람이 평상시보다 강하다.
ㄴ. 우리나라에서는 평년보다 강한 한파가 자주 나타난다.
ㄷ. 동태평양 적도 부근 해역은 평상시보다 강수량이 증가한다.

① ㄱ　　　　② ㄴ　　　　③ ㄷ
④ ㄴ, ㄷ　　　⑤ ㄱ, ㄴ, ㄷ

13 그림은 엘니뇨 또는 라니냐가 발생한 어느 시기에 A 해역에서 측정한 해수면의 높이 편차를 나타낸 것이다. 편차는 (관측값−평년값)이다.

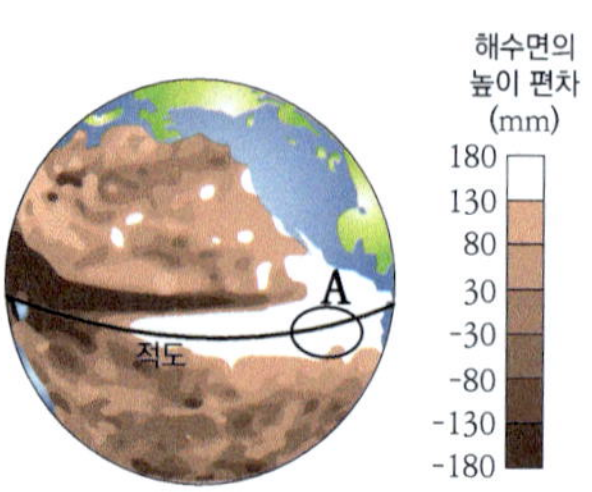

평상시와 비교한 A 해역의 특징으로 이에 옳은 것만을 〈보기〉에서 있는 대로 고른 것은?

보기
ㄱ. 해수의 증발이 활발하다.
ㄴ. 상승 기류가 발달한다.
ㄷ. 차가운 해수의 용승이 약화된다.

① ㄱ　　　　② ㄴ　　　　③ ㄷ
④ ㄴ, ㄷ　　　⑤ ㄱ, ㄴ, ㄷ

14 다음은 사막과 사막화 지역의 분포를 나타낸 것이다.

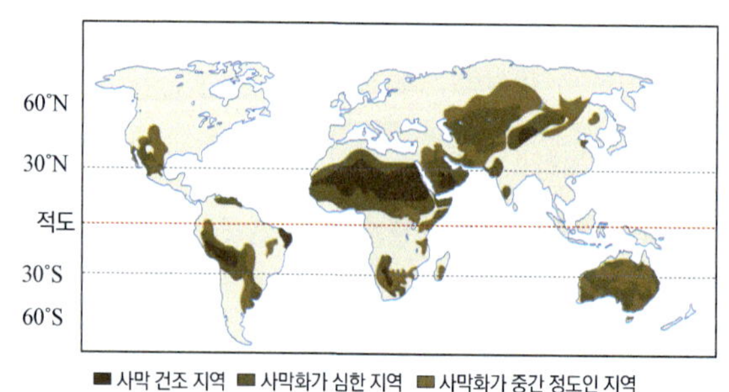

이에 대한 설명으로 옳은 것만을 〈보기〉에서 있는 대로 고른 것은?

보기
ㄱ. 사막은 주로 적도와 고위도 지역에 분포한다.
ㄴ. 대기 대순환의 변화는 사막화 현상의 원인이 될 수 있다.
ㄷ. 사막은 대기 대순환에서 공기가 하강하는 지역에 잘 발달한다.

① ㄱ　　　　② ㄴ　　　　③ ㄱ, ㄷ
④ ㄴ, ㄷ　　　⑤ ㄱ, ㄴ, ㄷ

심화 실력높이기

01
그림은 복사 평형을 이루고 있는 지구의 에너지 수지를 나타낸 모식도이다.

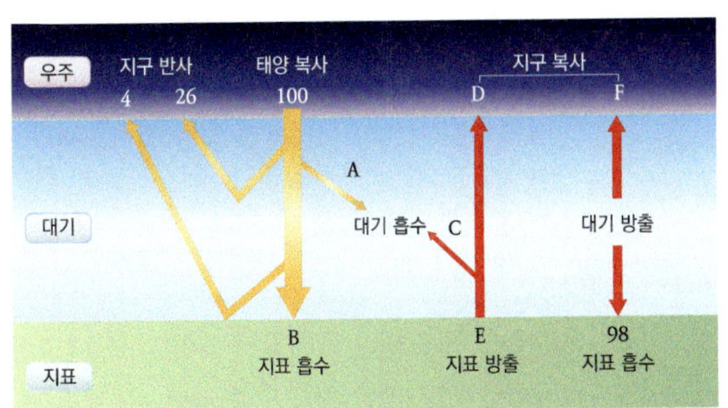

이에 대한 설명으로 옳은 것만을 〈보기〉에서 있는 대로 고른 것은?

> **• 보기 •**
> ㄱ. A+B=D+F 이다.
> ㄴ. 지구 온난화가 진행되면 E가 증가한다.
> ㄷ. C는 D보다 작다.

① ㄱ　　　　② ㄱ, ㄴ　　　　③ ㄱ, ㄷ
④ ㄴ, ㄷ　　　　⑤ ㄱ, ㄴ, ㄷ

ㄴ. 지표에서 방출되는 에너지(E)거의 대부분 대기에 흡수되며(C) 우주로 직접 나가는 양(D)는 매우 적다.

02
1980년부터 2017년까지 적도 부근의 동태평양에서 관측한 해수면의 수온 편차(관측 수온−평균 수온)를 나타낸 것이다.

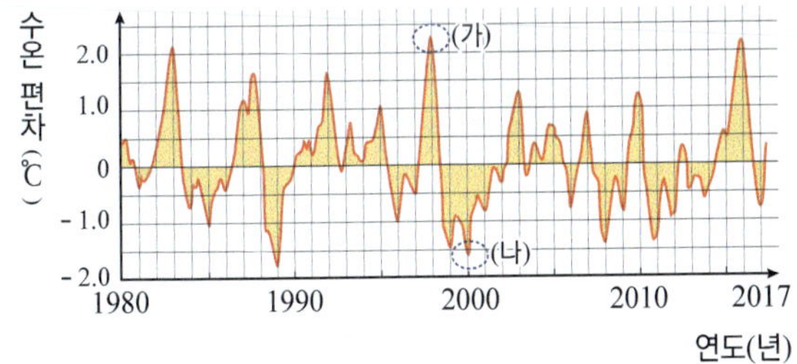

(가), (나) 시기에 대한 설명으로 옳은 것만을 〈보기〉에서 있는 대로 고른 것은?

> **• 보기 •**
> ㄱ. (가)는 라니냐, (나)는 엘니뇨가 발생한 것이다.
> ㄴ. 동태평양 적도 해역의 강수량은 (나)보다 (가) 시기에 많다.
> ㄷ. 태평양 남적도 해류의 유속은 (가) 시기가 (나) 시기보다 강하다.

① ㄴ　　　　② ㄷ　　　　③ ㄱ, ㄷ
④ ㄴ, ㄷ　　　　⑤ ㄱ, ㄴ, ㄷ

03
그림은 사막과 사막화 지역을 위도에 따른 강수량, 증발량과 함께 나타낸 것이다.

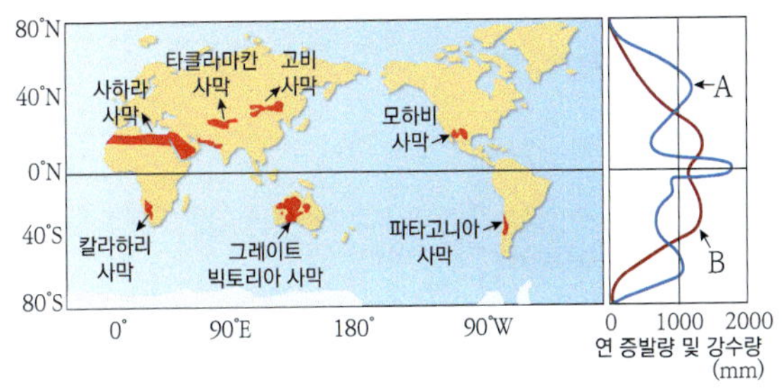

이에 대한 설명으로 옳은 것만을 〈보기〉에서 있는 대로 고른 것은?

> **• 보기 •**
> ㄱ. A는 증발량, B는 강수량이다.
> ㄴ. 위도 30° 부근에는 저압대가 발달한다.
> ㄷ. (B−A)의 값이 클수록 기후가 건조해진다.

① ㄱ　　　　② ㄴ　　　　③ ㄷ
④ ㄴ, ㄷ　　　　⑤ ㄱ, ㄴ, ㄷ

04
그림은 엘니뇨 시기에 관측한 태평양 적도 부근 해역의 연직 수온 분포를 나타낸 것이다.

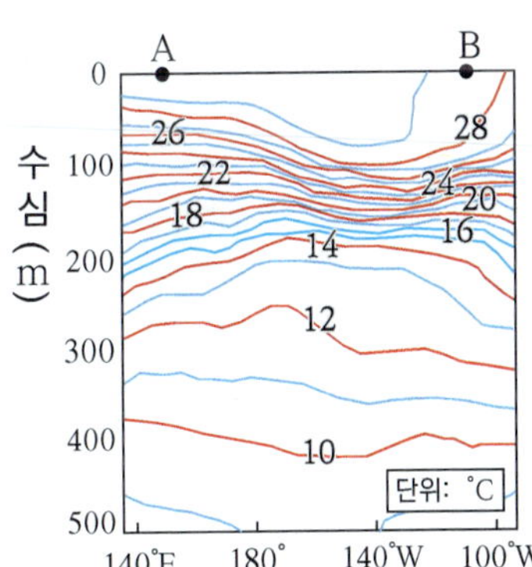

이에 대한 설명으로 옳은 것만을 〈보기〉에서 있는 대로 고른 것은?

> **• 보기 •**
> ㄱ. A 해역의 해수면 높이는 평상시보다 낮아진다.
> ㄴ. 평상시보다 A 해역과 B 해역의 표층 수온차가 줄어든다.
> ㄷ. B 해역의 200 m 깊이의 수온은 낮아진다.

① ㄱ　　　　② ㄱ, ㄴ　　　　③ ㄱ, ㄷ
④ ㄴ, ㄷ　　　　⑤ ㄱ, ㄴ, ㄷ

01 생물과 환경

1. 생태계의 구성
(1) 생태계의 구성

개체	하나의 생명체를 의미한다.
개체군	일정한 지역에서 함께 사는 같은 종의 개체들로 이루어진 무리이다.
(❶)	일정한 지역에서 서로 관계를 맺고 살아가는 여러 개체군 집단이다.
생태계	일정한 공간에서 자연 환경과 생물이 일정한 관계를 맺으며 서로 영향을 주고 받는 체계이다.

(2) 생태계구성요소

생물 요소	생산자	광합성을 통해 스스로 영양분을 생산하는 생물이다.	예 식물, 식물 플랑크톤, 해조류 등
	소비자	생산자나 다른 동물을 섭취하여 영양분을 얻는 생물이다.	예 초식·육식 동물, 동물 플랑크톤 등
	(❷)	생산자와 소비자의 사체나 배설물을 분해하여 영양분을 얻는 생물이다.	예 버섯, 곰팡이, 세균 등
비생물요소		빛, 온도, 물, 토양, 공기 등 자연 환경이다.	

(3) 생태계구성요소 간의 관계: 생태계는 비생물요소와 생물요소의 상호작용으로 유지된다.

① 비생물요소가 생물요소에 영향을 준다.

② 생물요소가 비생물요소에 영향을 준다.

③ (❸) 간에 서로 영향을 주고 받는다.

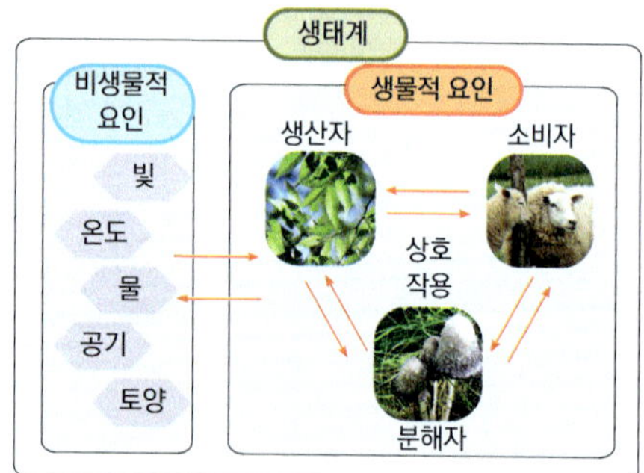

▲ 생태계구성요소 간의 관계

2. 생물과 환경의 상호 관계
(1) 빛과 생물

(❹)	· 숲의 위쪽에는 강한 빛에 적응한 식물이, 아래쪽에는 약한 빛에 적응한 식물이 잘 자란다. · 한 식물에서도 강한 빛을 받는 쪽의 잎은 약한 빛을 받는 쪽의 잎보다 두껍다.
빛의 파장	바다의 깊이에 따라 도달하는 빛의 파장과 양이 달라 수심에 따른 해조류 분포가 다르다.
일조 시간	일조 시간에 따라 동물의 생식 시기와 식물의 개화 시기가 다르다.

(2) (❺)와 생물

동물의 적응	· 북극여우는 사막여우보다 몸집이 크고, 귀와 같은 말단 부위가 작다. · 개구리, 곰, 박쥐 등은 겨울에 겨울잠을 잔다.
식물의 적응	· 낙엽수는 기온이 내려가면 잎을 떨어뜨린다. · 상록수는 잎의 큐티클층이 두꺼워 잎을 떨어뜨리지 않고 겨울을 날 수 있다.

(3) 물과 생물

동물의 적응	· 곤충의 몸 표면은 키틴질로 되어 있고, 파충류의 몸 표면은 비늘로 덮여 있다. · 조류와 파충류의 알은 단단한 껍데기로 싸여 있다.
식물의 적응	· 알로에는 물을 저장하는 (❻)조직이 발달해 있다. · 선인장은 잎이 가시로 변해 수분의 증발을 줄인다.

(4) 토양과 생물: 토양의 깊이에 따라 공기 함량이 달라 분포하는 세균의 종류가 달라진다.

(5) 공기와 생물: 공기가 희박한 고산 지대에 사는 사람은 평지에 사는 사람보다 혈액에 (❼) 수가 많아 산소를 효율적으로 운반할 수 있다.

02 생태계평형

1. 먹이 관계와 생태피라미드

(1) 생태계에서의 먹이 관계: 생태계의 생물들은 먹고 먹히는 관계로 얽혀 먹이사슬과 (❶)을 이룬다.

(2) 생태계에서 에너지 흐름

① 생태계에서 에너지는 먹이사슬(생산자 → 1차 소비자 → 2차 소비자 → ⋯⋯ → 최종 소비자)을 통해 상위 (❷)로 이동한다.

② 유기물에 저장된 에너지는 각 영양단계를 이동할 때마다 생물의 생명 활동을 통해 열에너지로 방출되고 남은 에너지가 다음 영양단계로 이동한다. ➡ 상위 영양단계로 갈수록 에너지양은 (❸)한다.

(3) (❹): 안정된 생태계에서 각 영양단계의 에너지양, 생체량, 개체 수를 하위 영양단계에서 상위 영양단계로 차례로 쌓아 피라미드 형태로 나타낸 것이다.

2. 생태계평형

(1) 생태계평형: 생태계를 구성하는 생물의 종류와 개체 수, 에너지 흐름, 물질의 양 등이 급격히 변하지 않아 생태계가 안정적으로 유지되는 상태이다.

➡ 먹이그물이 (❺)할수록 생태계평형이 잘 유지된다.

(2) 생태계평형 유지 원리: 안정된 생태계에서는 어떤 요인에 의해 한 영양단계의 개체수가 일시적으로 깨지더라도 먹이 관계에 의해 다른 영양단계의 개체수가 변함으로써 다시 평형을 (❻)할 수 있다.

3. 환경 변화와 생태계

(1) 생태계평형의 파괴 요인: 생태계평형을 유지할 수 있는 한계를 넘는 환경 변화가 일어나면 생태계평형이 깨질 수 있다.

① **자연재해**: 홍수, 산사태, 지진, 화산 폭발 등 자연재해에 의해 생물의 서식지가 사라지고, 생태계가 파괴된다.

② **인간 활동**: 자동차 배기가스, 무분별한 벌목, 경작지 개발 등 인간의 활동에 의해 환경 오염을 유발하여 생태계가 파괴된다.

(2) 생태계보전을 위한 노력

① 무분별한 환경 개발을 제도적으로 규제한다.

② 옥상 정원을 가꾸고, 도시에 숲이나 공원을 조성한다.

③ 도로나 댐 등을 건설할 때 (**❼**   )을/를 설치한다.

④ 생태계 기능을 잃은 하천을 복원하여 평형이 깨진 생태계를 되살린다.

⑤ 생태적 가치가 높은 구역을 국립 공원으로 지정한다.

⑥ 멸종 위기에 처한 생물을 (**❽**   )로 지정하여 보호한다.

---

03 지구 환경 변화와 인간 생활

1. 지구 온난화

(1) 지구 열수지

① (**❶**   ): 물체가 흡수한 만큼 에너지를 방출하여 에너지 평형을 이루는 상태

② **지구의 복사 평형**: 지구는 흡수한 태양 복사 에너지량과 같은 양의 지구 복사 에너지를 방출한다.

③ (**❷**   ): 대기 중 온실기체가 지구 복사 에너지를 흡수하였다가 지표로 다시 방출하여 지구 표면의 온도를 높이는 현상

④ **지구 열수지**: 지구가 열평형 상태에 있을 때, 지구의 지표, 대기, 우주는 모두 열수지 평형을 이룬다.

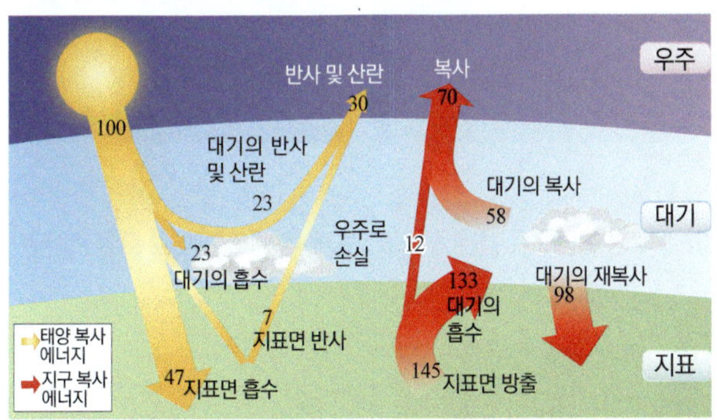

구분	흡수량	방출량
대기	태양 복사 흡수(23)+지표 복사 흡수(133)=156	우주로 방출(58)+지표로 방출(98)=156
지표	태양 복사 흡수(47)+대기로부터 흡수(98)=145	우주로 방출(12)+대기로 방출(133)=145

(2) 지구 온난화

① **정의**: 대기 중 (**❸**   )의 양이 증가하면서 지구의 평균 기온이 상승하는 현상이다.

② **영향**: 빙하의 용해와 해수의 (**❹**   )으로 인해 해수면의 높이 (**❺**   ), 기상 이변, 생태계 변화 등이 나타난다.

③ **해결을 위한 노력**: 화석 연료 사용 억제, 신재생 에너지 개발, 국제 협약 가입 등이 있다.

2. 엘리뇨와 사막화

(1) 대기 대순환과 해수의 표층 순환

구분	대기 대순환	해수의 표층 순환
원인	위도별 에너지 불균형, 지구 자전	지속적인 바람
특징	지구의 자전의 영향으로 적도에서 극까지 (**❻**)개의 순환이 일어난다. · 적도~위도 30°: 무역풍 · 위도 30°~60°: 편서풍 · 위도 60°~90°: 극동풍	· 바람과 해류의 방향이 일치한다. · 북반구와 남반구의 아열대 순환의 모습은 (**❼**)을 이룬다. · 대양의 서쪽에는 난류, 동쪽에는 한류가 흐른다.
역할	(**❽**) 지방에서 (**❾**) 지방으로 열에너지를 수송한다.	

(2) 엘리뇨: 적도 부근 동태평양의 표층 수온이 평년보다 높은 상태로 지속되는 현상이다.

구분	평상시	엘리뇨 발생 시
해수의 흐름	무역풍에 의해 따뜻한 표층 해수가 서쪽으로 이동한다.	무역풍이 (**❿**)되어 따뜻한 표층 해수가 동쪽으로 이동한다.
(**⓫**)의 기후	수온 낮음, 강수량 적음	수온 상승, 어획량 감소, 강수량 증가, 홍수 발생
(**⓬**)의 기후	수온 높음, 강수량 많음	수온 하강, 강수량 감소, 가뭄 발생

(3) (⓭   )

① **정의**: 사막 주변 지역의 토지가 황폐해져 사막 지역이 넓어지는 현상으로서 위도 30° 부근에 주로 분포한다.

② **발생 원인**: 대기 대순환의 변화에 따른 지속적인 가뭄과 과잉 방목, 과잉 경작, 무분별한 삼림 벌채로 인해 토양이 황폐화된다.

③ **대책**: 가축의 방목 줄이기, 삼림 벌채 줄이기, 숲의 면적 늘리기, 사막화 관련 국제 협약 준수하기 등이 있다.

3. 미래의 지구 환경 변화 대처 방안

① 기후 변화 시나리오에 의하면 미래에는 온실기체에 의한 지구 온난화로 인한 기후 변화, 환경 변화가 더 크게 나타날 것으로 예측된다.

② 미래에는 온실기체에 의한 지구 온난화로 인해 생물다양성이 감소하고, 물 부족을 비롯한 식량난, 기상 재해, 감염병의 확산 등 다양한 피해가 현재보다 더 심하게 나타날 것이다.

③ **대처 방안**: 이산화 탄소 등 온실 기체 배출량을 줄이기 위한 개인적인 노력과 지속가능한 에너지 개발, 대규모 삼림 조성 등의 국가적 노력, 기후 변화에 대비하는 국제 협약에 가입하는 적극적 자세가 필요하다.

단원 마무리

01 생물과 환경

01 생태계를 구성하는 생물요소에 대한 설명으로 옳지 않은 것은?

① 여우 한 마리는 개체이다.
② 생태계에는 여러 군집이 서식한다.
③ 개체군은 일정한 지역에서 함께 사는 같은 종의 무리이다.
④ 생태계의 규모는 개체<군집<개체군으로 나타낼 수 있다.
⑤ 군집은 일정한 지역에서 같이 사는 서로 다른 종 개체군들의 집합이다.

02 다음 중 생태계 및 생태계를 이루는 생물과 구성 단계에 대한 설명으로 옳은 것만을 〈보기〉에서 있는 대로 고를 때, 그 개수는?

> (가) 군집을 이루는 각각의 개체군이 환경 및 다른 개체군과 영향을 주고받으며 살아가는 체계를 생태계라고 한다.
> (나) 생태계 내에서 여러 종의 생물 개체로 이루어진 집단을 개체군이라고 한다.
> (다) 생태계 내에서 일정한 지역에 같은 종의 개체가 무리 지어 사는 것을 군집이라고 한다.
> (라) 생태계에서 물질은 순환하지만 에너지는 순환하지 않고 한 방향으로만 흐른다.

① 1개   ② 2개   ③ 3개
④ 4개   ⑤ 5개

03 그림은 생태계구성요소 사이의 관계를 나타낸 것이다.

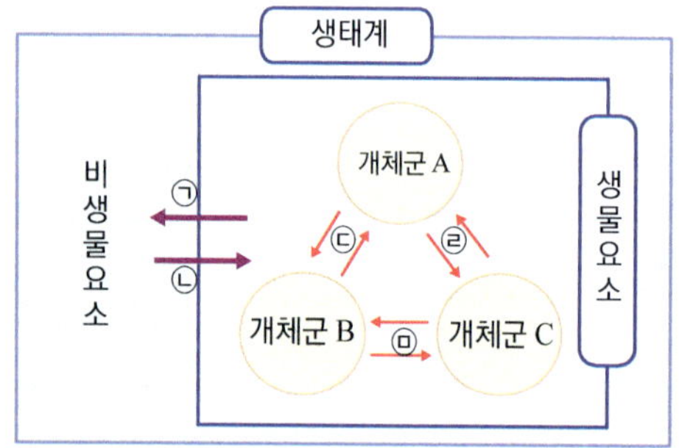

이에 대한 설명으로 옳은 것만을 〈보기〉에서 있는 대로 고른 것은?

> **보기**
> ㄱ. 개체군에는 서로 다른 종들이 포함된다.
> ㄴ. '지렁이는 흙 속을 이리저리 돌아다니며 토양의 통기성을 높인다.'는 ㉠에 해당한다.
> ㄷ. ㉢~㉤은 개체군 사이의 상호작용을 나타낸 것이다.
> ㄹ. 위도에 따라 식물의 분포가 달라지는 현상은 ㉡에 해당한다.

① ㄱ, ㄷ   ② ㄴ, ㄷ   ③ ㄷ, ㄹ
④ ㄱ, ㄴ, ㄷ   ⑤ ㄴ, ㄷ, ㄹ

04 생태계의 구성 요소와 그 예이다.

구성 요소	예
(가)	두더지, 사슴, 호랑이 지렁이
(나)	버섯, 세균, 곰팡이
(다)	물, 공기, 일조 시간, 온도, 토양
(라)	붓꽃, 소나무, 녹조류, 식물 플랑크톤

이에 대한 설명으로 옳은 것만을 〈보기〉에서 있는 대로 고른 것은?

> **보기**
> ㄱ. (나)는 생산자이다.
> ㄴ. '풀의 생산량이 감소하면 사슴의 개체수도 감소한다.'는 (다)가 (가)에 영향을 준 것이다.
> ㄷ. '공기를 비교적 많이 포함하고 있는 토양의 표면에는 산소세균이 살기 적합하다.'는 (다)가 (나)에 영향을 준 것이다.

① ㄱ   ② ㄴ   ③ ㄷ
④ ㄱ, ㄴ   ⑤ ㄴ, ㄷ

05 다음 A와 B는 생물과 환경의 상호 관계를 나타낸 것이며, (가), (나)는 어떤 환경에 적응한 생물을 각각 나타낸 것이다.

> A. 지렁이는 낙엽이나 썩은 뿌리 등을 분해한다.
> B. 건조한 지역에 사는 식물에는 저수 조직이 발달해 있다.

(가)

(나)

이에 대한 설명으로 옳은 것만을 〈보기〉에서 있는 대로 고른 것은?

> **보기**
> ㄱ. A와 관련된 환경요인은 토양이다.
> ㄴ. B와 관련된 환경요인은 물이다.
> ㄷ. (가)와 (나)는 B와 같은 환경요인에 의해 적응하였다.

① ㄱ   ② ㄴ   ③ ㄱ, ㄴ
④ ㄴ, ㄷ   ⑤ ㄱ, ㄴ, ㄷ

06 (가), (나)는 하나의 식물체에서 서로 다른 곳에 달린 잎의 단면 구조이다.

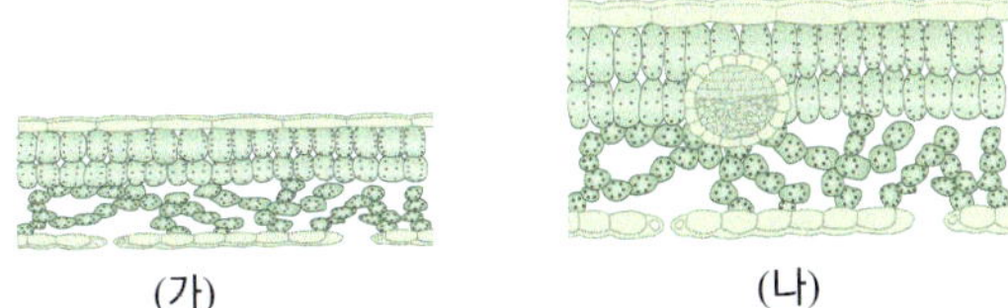

(가)   (나)

이에 대한 설명으로 옳은 것만을 〈보기〉에서 있는 대로 고른 것은?

보기
ㄱ. 빛의 파장에 식물이 적응한 결과이다.
ㄴ. (가)는 빛을 많이 받는 잎, (나)는 빛을 적게 받는 잎이다.
ㄷ. (가)와 (나)의 잎의 두께 차이는 빛의 세기와 관련이 있다.

① ㄱ   ② ㄷ   ③ ㄱ, ㄴ
④ ㄴ, ㄷ   ⑤ ㄱ, ㄴ, ㄷ

07 그림은 생태계를 구성하는 생물요소 사이에서 유기물이 이동하는 방향을 나타낸 것이다. (가)~(다)는 생산자, 소비자, 분해자를 순서 없이 나타낸 것이다. 이에 대한 설명 중 옳은 것만을 〈보기〉에서 있는 대로 고른 것은?

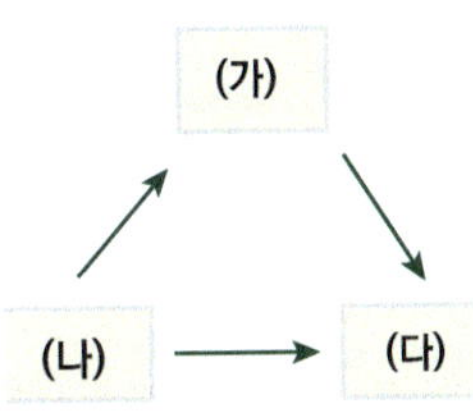

보기
ㄱ. (가)는 소비자이다.
ㄴ. 버섯은 (나)에 해당한다.
ㄷ. (다)는 광합성을 통해 유기물을 생산한다.

① ㄱ   ② ㄴ   ③ ㄷ
④ ㄱ, ㄷ   ⑤ ㄴ, ㄷ

08 서로 다른 지역에 서식하는 여우의 모습이다.

(A)   (B)   (C)

이에 대한 설명으로 옳은 것만을 〈보기〉에서 있는 대로 고른 것은?

보기
ㄱ. 사막여우는 북극여우에 비해 체외로 방출되는 열의 양이 많다.
ㄴ. 추운 지역일수록 몸집이 크고, 더운 지역일수록 몸의 말단부가 크다.
ㄷ. 이와 같은 예로는 봄에 태어난 나비와 여름에 태어난 나비의 생김새가 서로 다른 것이 있다.

① ㄱ   ② ㄴ   ③ ㄱ, ㄴ
④ ㄴ, ㄷ   ⑤ ㄱ, ㄴ, ㄷ

02 생태계평형

09 그림은 어떤 안정된 생태계를 나타낸 것이다. 이 생태계에서 고등어는 주로 멸치를, 멸치는 주로 식물성 플랑크톤을 먹는다.

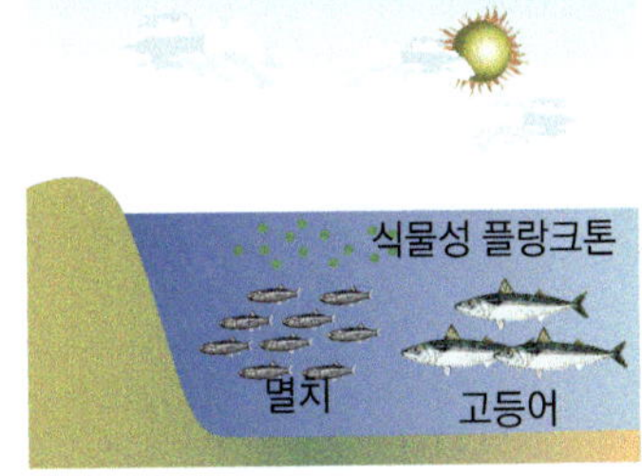

이에 대한 설명으로 옳은 것만을 〈보기〉에서 있는 대로 고른 것은? (단, 제시된 조건과 생물만 고려한다.)

보기
ㄱ. 식물성 플랑크톤은 소비자에 해당한다.
ㄴ. 이 생태계에서 멸치의 개체수가 감소하면 식물성 플랑크톤의 개체 수도 감소한다.
ㄷ. 이 생태계에서 멸치의 개체수가 증가하여 생태계평형이 일시적으로 깨지더라도 먹이 관계를 통해 다시 생태계평형을 회복할 수 있다.

① ㄱ   ② ㄴ   ③ ㄷ
④ ㄱ, ㄷ   ⑤ ㄴ, ㄷ

10 어떤 지역에서 사슴을 보호하기 위해 늑대 사냥을 허용한 이후 약 30년 동안 사슴과 늑대의 개체 수 및 초원 생산량이 어떻게 변화했는지를 조사한 결과이다.

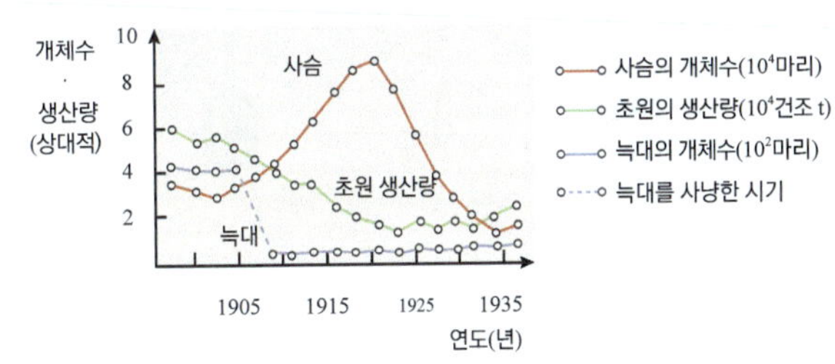

이에 대한 설명으로 옳은 것만을 〈보기〉에서 있는 대로 고른 것은?

보기
ㄱ. 이 생태계에서 늑대는 1차 소비자, 사슴은 2차 소비자이다.
ㄴ. 1930년대 초반까지 초원 생산량이 감소한 것은 늑대 사냥과 관련이 없다.
ㄷ. 이 자료를 통해 인간의 개입은 생태계평형을 깨뜨릴 수 있다는 것을 알 수 있다.

① ㄴ   ② ㄷ   ③ ㄱ, ㄷ
④ ㄴ, ㄷ   ⑤ ㄱ, ㄴ, ㄷ

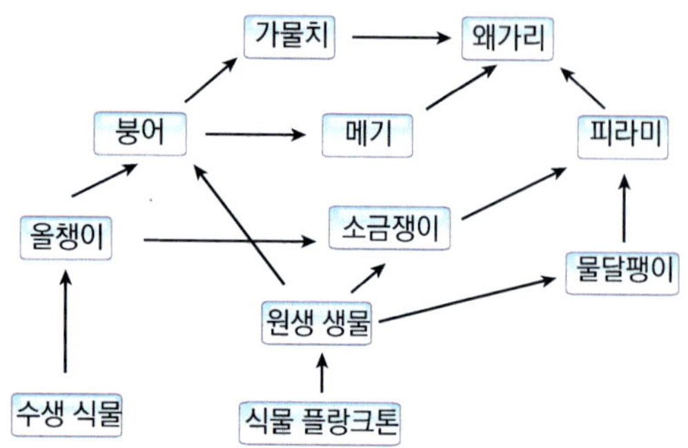

이에 대한 설명으로 옳은 것만을 〈보기〉에서 있는 대로 고른 것은?

보기

ㄱ. 피라미의 개체수가 증가하면 원생 생물의 개체수도 증가할 것이다.
ㄴ. 생산자는 수생 식물과 식물 플랑크톤이며, 왜가리는 4차 소비자이다.
ㄷ. 개체군에 저장된 에너지양은 '원생 생물 > 붕어+소금쟁이+물달팽이'로 나타낼 수 있다.

① ㄱ   ② ㄷ   ③ ㄱ, ㄴ
④ ㄴ, ㄷ   ⑤ ㄱ, ㄴ, ㄷ

12 그림 (가)와 (나)는 어떤 안정된 생태계에서 영양 단계에 따른 특정 수치를 상댓값으로 나타낸 것으로, 각각 에너지 피라미드와 생체량피라미드 중 하나이다. A~C는 각각 1차 소비자, 2차 소비자, 생산자 중 하나이며, 이 생태계에서 각 개체의 건조질량은 생산자 < 1차 소비자 < 2차 소비자이다.

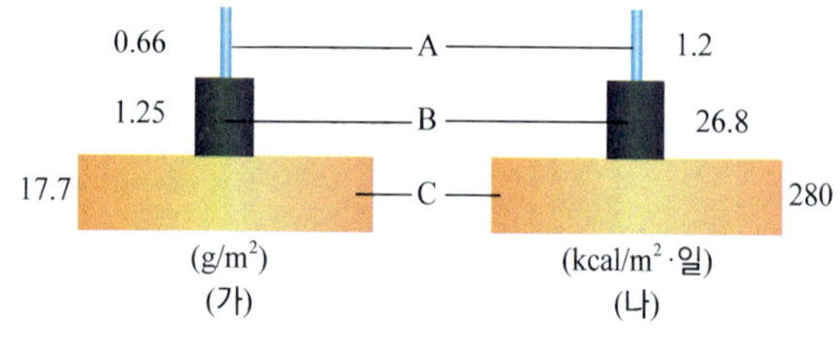

이에 대한 설명으로 옳은 것만을 〈보기〉에서 있는 대로 고른 것은?

보기

ㄱ. 에너지피라미드는 (가)이다.
ㄴ. 위 생태계의 생산자는 C로, 태양의 빛에너지를 이용해 유기물을 합성한다.
ㄷ. 위 생태계에서 생체량이 피라미드 형태로 나타나는 이유는 상위 영양단계보다 하위 영양단계의 생물 개체수가 많기 때문이다.

① ㄱ   ② ㄴ   ③ ㄱ, ㄴ
④ ㄴ, ㄷ   ⑤ ㄱ, ㄴ, ㄷ

13 초원 생태계, 삼림 생태계, 해양 생태계의 에너지피라미드이다.

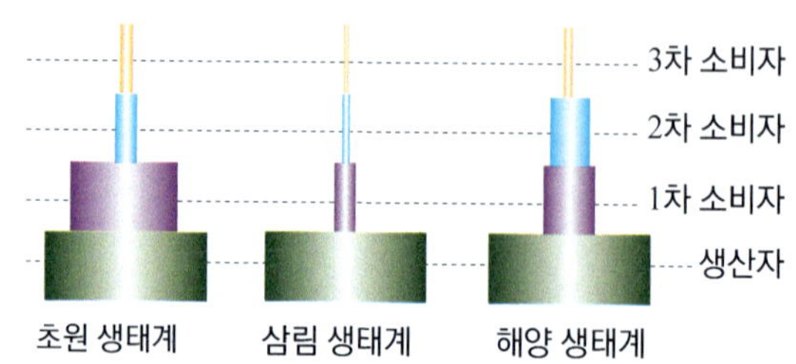

생태계에서 일어나는 에너지 흐름에 대한 설명으로 옳은 것만을 〈보기〉에서 있는 대로 고른 것은? (단, 에너지 피라미드에서 각 영양단계의 에너지양은 상대적으로 나타낸 것이며, 생산자의 에너지는 모든 생태계에서 동일하게 나타난다.)

보기

ㄱ. 1차 소비자의 에너지 효율은 초원 생태계가 가장 높다.
ㄴ. 삼림 생태계는 불안정한 에너지 피라미드를 나타낸다.
ㄷ. 삼림 생태계는 에너지의 대부분이 생산자에 저장되어 있다.
ㄹ. 1차 소비자가 생산자로부터 가장 많은 에너지를 얻는 생태계는 해양 생태계이다.

① ㄱ, ㄴ   ② ㄱ, ㄷ   ③ ㄴ, ㄷ
④ ㄱ, ㄴ, ㄹ   ⑤ ㄴ, ㄷ, ㄹ

14 다음은 환경 변화에 의해 안정된 생태계의 평형이 일시적으로 깨진 것을 나타내었다.

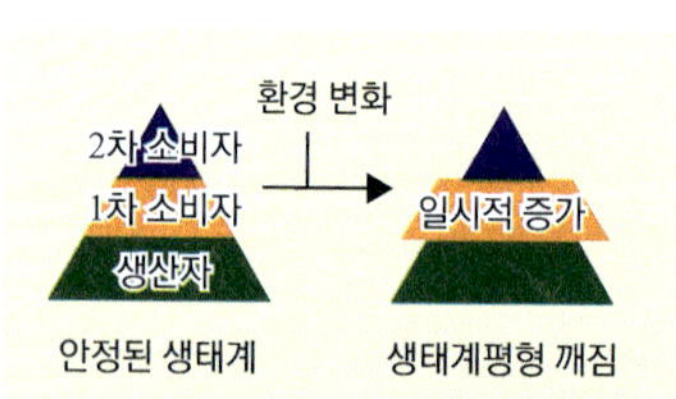

이 생태계가 다시 평형을 회복하는 과정을 〈보기〉에서 골라 순서대로 옳게 나열한 것은?

보기

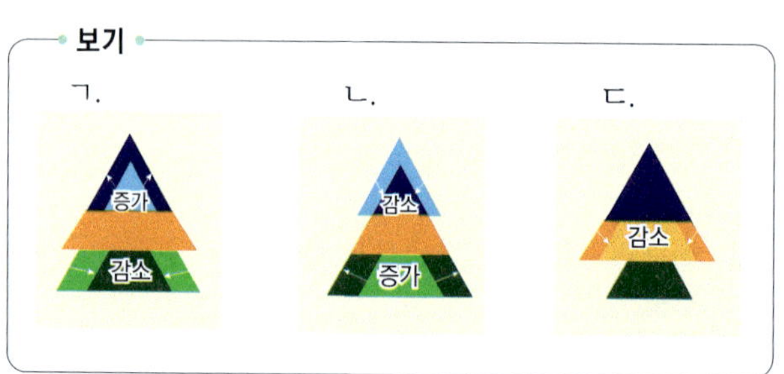

① ㄱ → ㄴ → ㄷ   ② ㄱ → ㄷ → ㄴ
③ ㄴ → ㄱ → ㄷ   ④ ㄷ → ㄱ → ㄴ
⑤ ㄷ → ㄴ → ㄱ

15 그림은 어떤 안정된 생태계의 에너지 흐름을 나타낸 것이다. A ~ D는 생물요소이고, ㉠은 에너지양이다.

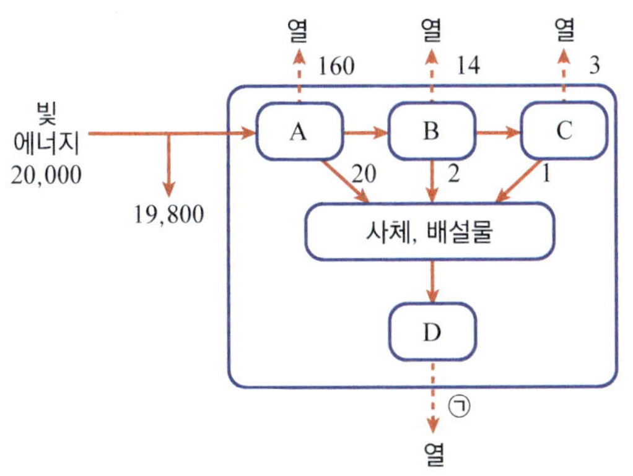

이에 대한 설명으로 옳은 것만을 〈보기〉에서 있는 대로 고른 것은? (단, 에너지양은 상댓값으로 나타낸 것이다.)

- 보기 -
ㄱ. A는 생산자이다.
ㄴ. 에너지 효율은 B보다 C가 높다.
ㄷ. ㉠은 23이다.

① ㄱ 　　　② ㄴ 　　　③ ㄱ, ㄷ
④ ㄴ, ㄷ 　　⑤ ㄱ, ㄴ, ㄷ

16 그림은 외부 생태계에서 유입된 큰입배스, 블루길, 뉴트리아이다.

큰입배스 　　　블루길 　　　뉴트리아

이에 대한 설명으로 옳은 것만을 〈보기〉에서 있는 대로 고른 것은?

- 보기 -
ㄱ. 토착 생태계에서 적응하기 어렵다.
ㄴ. 토착 생태계의 생물다양성을 감소시킨다.
ㄷ. 천적이 없기 때문에 기존 생태계의 먹이 관계에 피해를 입히지는 않는다.

① ㄱ 　　　② ㄴ 　　　③ ㄱ, ㄴ
④ ㄴ, ㄷ 　　⑤ ㄱ, ㄴ, ㄷ

17 다음 중 생태계보전을 위한 노력으로 옳지 <u>않은</u> 것은?

① 삼림의 훼손을 제도적으로 규제한다.
② 산을 깎아 도로를 건설할 때 생태 통로를 설치한다.
③ 도시 중심에 숲을 조성하고 건물 옥상에 정원을 설치한다.
④ 하천에 콘크리트 제방을 쌓고 물길을 직선화하여 하천을 만든다.
⑤ 생물 다양성이 풍부하여 생태적 가치가 높은 지역을 국립 공원으로 지정한다.

---

03 지구 환경 변화와 인간 생활

18 온실 기체에 대한 설명으로 옳지 <u>않은</u> 것은?

① 지구의 온실효과를 일으키는 기체이다.
② 수증기, 이산화 탄소, 메테인, 오존 등이 있다.
③ 지구 온난화를 일으키는 주요 원인 물질이다.
④ 태양 복사 에너지는 잘 흡수하나 지구 복사 에너지는 잘 통과시키는 물질이다.
⑤ 최근 들어 온실기체가 증가하는 주요 원인은 화석 연료의 사용량 증가이다.

19 그림은 화석 연료의 사용량 증가에 따른 지구 환경 변화를 나타낸 것이다.

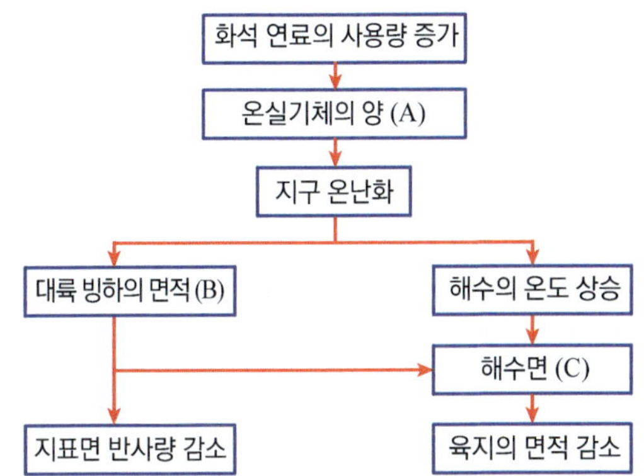

A, B, C에 들어갈 내용으로 옳은 것은?

	A	B	C		A	B	C
①	증가	증가	상승	②	증가	감소	하강
③	증가	감소	상승	④	감소	증가	상승
⑤	감소	감소	하강				

20 그림은 남반구의 대기 대순환과 남태평양의 표층 순환을 나타낸 것이다.

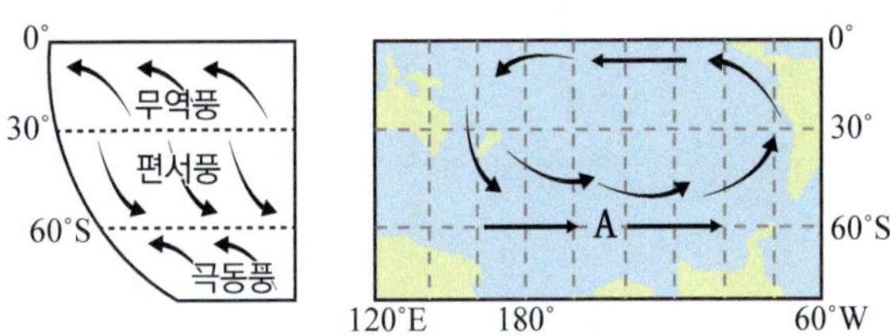

이에 대한 설명으로 옳은 것만을 〈보기〉에서 있는 대로 고른 것은?

- 보기 -
ㄱ. 30°S 지역은 대체로 증발량이 강수량보다 많다.
ㄴ. 해류 A는 극동풍에 의해 형성된다.
ㄷ. 대기 대순환과 해수의 표층 순환에 의해 저위도에서 고위도로 에너지가 이동한다.

① ㄴ 　　　② ㄷ 　　　③ ㄱ, ㄴ
④ ㄱ, ㄷ 　　⑤ ㄱ, ㄴ, ㄷ

21 그림 (가)와 (나)는 평상시와 엘니뇨 발생 시 태평양 적도 부근의 대기 순환을 순서 없이 나타낸 것이다.

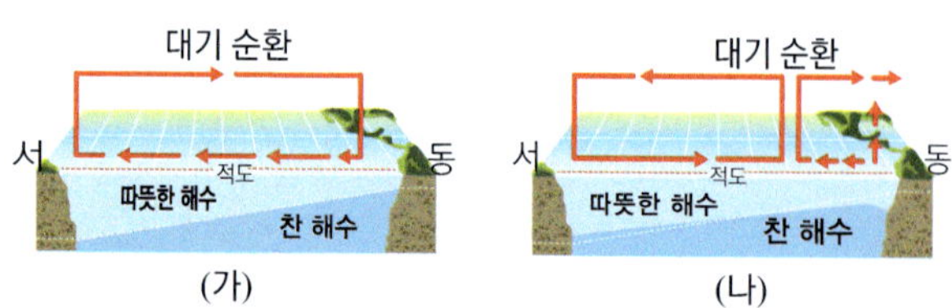

이에 대한 설명으로 옳은 것만을 〈보기〉에서 있는 대로 고른 것은?

───── 보기 ─────

ㄱ. 무역풍은 (가)가 (나)보다 강하다.

ㄴ. 동태평양과 서태평양의 표층 수온 차이는 (나)가 (가)보다 크다.

ㄷ. (가)는 엘니뇨 발생 시, (나)는 평상시이다.

① ㄱ   ② ㄷ   ③ ㄱ, ㄴ
④ ㄴ, ㄷ   ⑤ ㄱ, ㄴ, ㄷ

22 그림은 1912년부터 2019년까지 전 지구와 우리나라의 연평균 기온 변화 및 전 지구의 대기 중 이산화탄소 농도 변화를 나타낸 것이다.

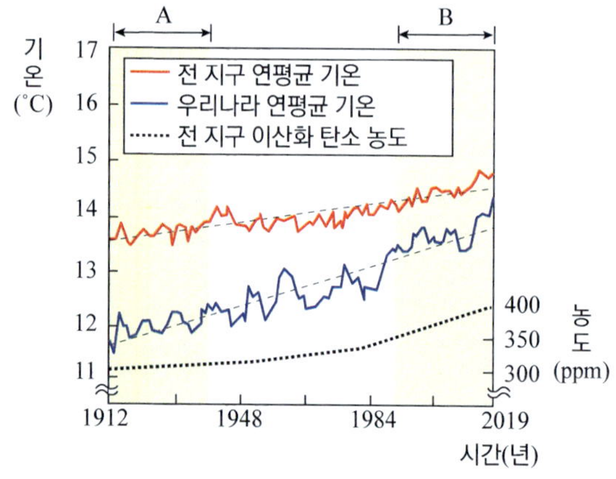

이에 대한 설명으로 옳은 것만을 〈보기〉에서 있는 대로 고른 것은?

───── 보기 ─────

ㄱ. 우리나라의 평균 기온은 A 기간이 B 기간보다 높다.

ㄴ. 1912년부터 2019년까지 연평균 기온의 평균 증가율은 우리나라가 전 지구보다 크다.

ㄷ. 이산화 탄소 농도의 증가는 전 지구 연평균 기온의 상승에 영향을 줄 수 있다.

① ㄱ   ② ㄴ   ③ ㄱ, ㄷ
④ ㄴ, ㄷ   ⑤ ㄱ, ㄴ, ㄷ

23 그림은 기후 변화 시나리오 A, B에 따른 전 지구 평균 지표면 기온 변화를 나타낸 것이다. 기후 변화 시나리오 A, B는 각각 온실 기체의 감축 노력을 하는 경우와 하지 않는 경우 중 하나이다.

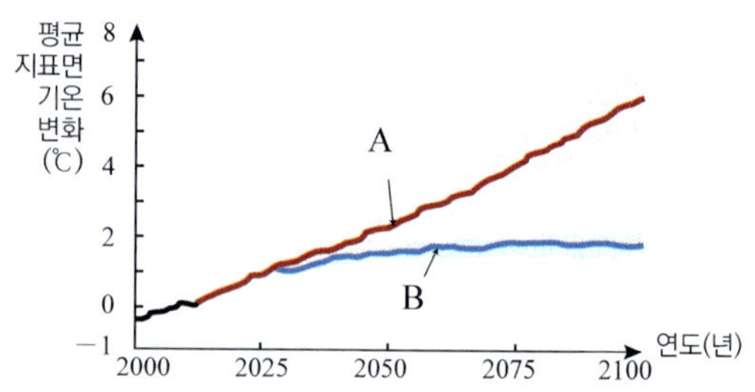

이에 대한 설명으로 옳은 것만을 〈보기〉에서 있는 대로 고른 것은?

───── 보기 ─────

ㄱ. 전 지구 평균 강수량 변화는 A보다 B가 작을 것이다.

ㄴ. 이산화 탄소 배출량은 A보다 B가 더 적을 것이다.

ㄷ. 전 지구 평균 증발량은 A보다 B에서 적을 것이다.

① ㄱ   ② ㄴ   ③ ㄱ, ㄴ
④ ㄴ, ㄷ   ⑤ ㄱ, ㄴ, ㄷ

24 그림과 같이 온실효과에 관한 실험을 실시하였다.

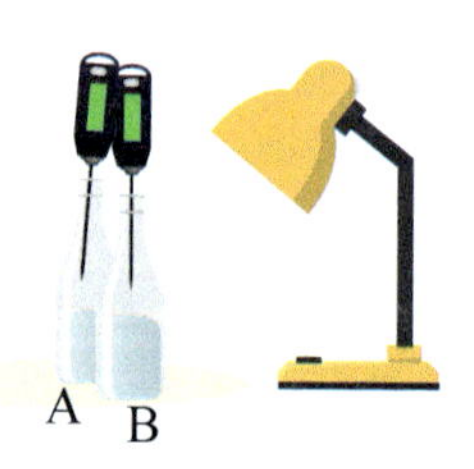

① 물을 절반 정도씩 넣은 페트병 A, B 2개를 준비하고 페트병 B에만 발포 바이타민을 넣는다.

③ 페트병 A, B에 디지털 탐침 온도계를 설치하고 입구에서 기체가 새어나오지 않도록 밀봉한다.

④ 페트병 A, B를 스탠드 전등에서 20 cm 떨어진 곳에 나란히 놓은 다음 전등을 켠다.

⑤ 1분 간격으로 페트병 A, B의 온도를 10분 동안 측정하여 기록한다.

이에 대한 설명으로 옳은 것만을 〈보기〉에서 있는 대로 고른 것은?

───── 보기 ─────

ㄱ. 페트병 B의 온도가 더 높게 측정된다.

ㄴ. 전등의 열은 태양 복사 에너지를 의미한다.

ㄷ. 페트병의 물은 지구 대기를 의미한다.

① ㄱ   ② ㄷ   ③ ㄱ, ㄴ
④ ㄱ, ㄷ   ⑤ ㄱ, ㄴ, ㄷ

[2023 모의고사 기출]

01 그림은 어떤 생태계에서 생태계구성요소 사이의 관계를, 표는 생태계의 모든 생물을 나타낸 것이다.

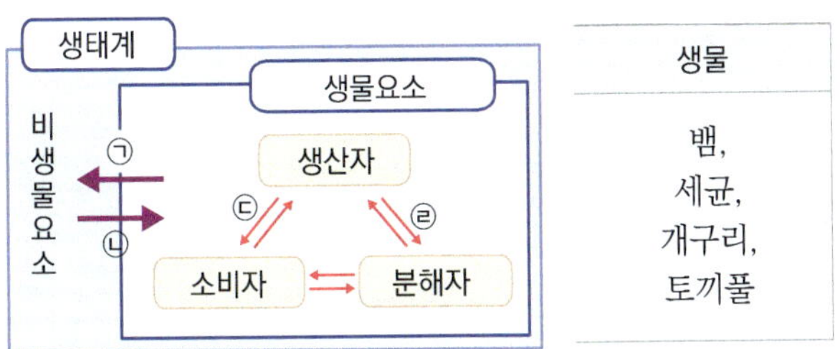

이에 대한 설명으로 옳은 것만을 〈보기〉에서 있는 대로 고른 것은?

> **보기**
> ㄱ. 소비자는 두 개체군으로 이루어져 있다.
> ㄴ. 뱀이 겨울잠을 자는 것은 ㉡에 해당한다.
> ㄷ. 뱀이 개구리를 잡아먹는 것은 ㉢에 해당한다.
> ㄹ. 뱀의 사체가 분해되어 토끼풀의 생장에 도움을 주는 것은 ㉣에 해당한다.

① ㄱ, ㄴ ② ㄱ, ㄹ ③ ㄴ, ㄷ
④ ㄴ, ㄹ ⑤ ㄴ, ㄷ, ㄹ

02 그림 (가)는 태평양 적도 해역의 평상시 표층 수온을, (나)는 엘니뇨와 라니냐 중 한 시기에 동일 해역에서 측정한 표층의 수온 편차(관측값−30년 평균값)를 나타낸 것이다.

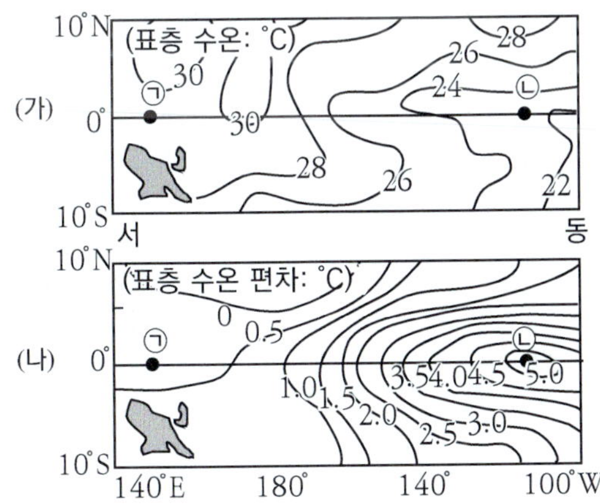

이에 대한 설명으로 옳은 것만을 〈보기〉에서 있는 대로 고른 것은?

> **보기**
> ㄱ. ㉠의 해수면 기압은 (가)보다 (나)에서 높다.
> ㄴ. ㉡에서의 용승은 (가)보다 (나)에서 잘 일어난다.
> ㄷ. (나)에서 표층 수온은 ㉡이 ㉠보다 높다.

① ㄱ ② ㄴ ③ ㄱ, ㄷ
④ ㄴ, ㄷ ⑤ ㄱ, ㄴ, ㄷ

03 그림 (가)는 A와 B일 때의 태평양 적도 부근의 대기 순환을, (나)는 A와 B일 때 관측한 물리량을 X와 Y로 순서 없이 나타낸 것이다. A와 B는 각각 엘니뇨 시기와 평상시 중 하나이다.

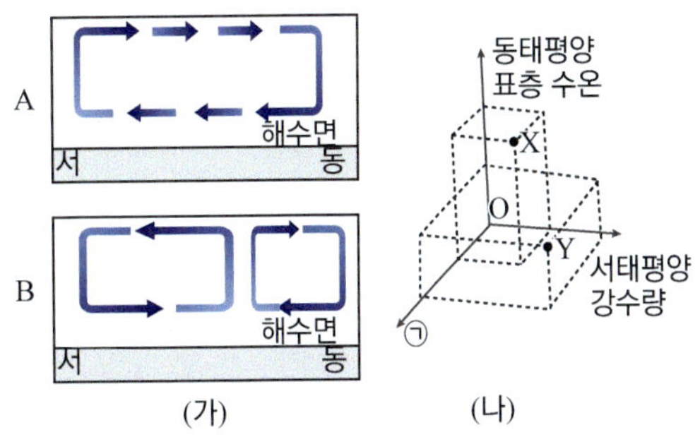

이에 대한 설명으로 옳은 것만을 〈보기〉에서 있는 대로 고른 것은?

> **보기**
> ㄱ. A는 평상시이다.
> ㄴ. X는 B일 때 관측한 값이다.
> ㄷ. '무역풍의 평균 풍속'은 ㉠에 해당한다.

① ㄱ ② ㄴ ③ ㄱ, ㄷ
④ ㄴ, ㄷ ⑤ ㄱ, ㄴ, ㄷ

04 그림은 어떤 안정된 생태계에서 이동하는 에너지양을 상댓값으로 나타낸 것이다. A~C는 1차 소비자, 2차 소비자, 분해자를 순서 없이 나타낸 것이며, ㉠은 에너지양이다. (단, 제시된 조건 이외의 것은 고려하지 않는다.)

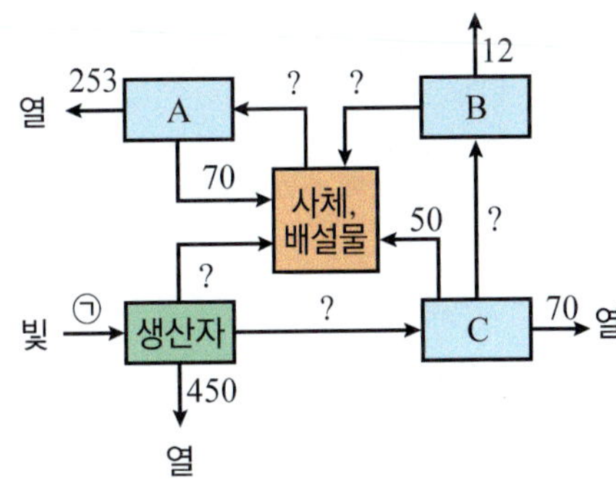

이에 대한 설명으로 옳은 것만을 〈보기〉에서 있는 대로 고른 것은?

> **보기**
> ㄱ. A는 1차 소비자이다.
> ㄴ. ㉠은 785이다.
> ㄷ. C보다 B의 방출 에너지가 작은 것은 생체량과 관련 있다.

① ㄱ ② ㄴ ③ ㄱ, ㄷ
④ ㄴ, ㄷ ⑤ ㄱ, ㄴ, ㄷ

01 생물과 환경

01 생태계를 구성하는 생물적 요인에 대한 설명으로 옳은 것만을 〈보기〉에서 있는 대로 고른 것은?

• 보기 •
ㄱ. 버섯은 생산자에 속하는 생물이다.
ㄴ. 소비자는 생산자 또는 다른 소비자를 섭취하여 영양분을 얻는 생물이다.
ㄷ. 분해자는 사체나 배설물에 포함된 무기물을 분해하여 영양분을 얻는 생물이다.

① ㄱ ② ㄴ ③ ㄱ, ㄴ
④ ㄴ, ㄷ ⑤ ㄱ, ㄴ, ㄷ

02 그림 (가), (나)는 서로 다른 식물의 잎의 단면 구조를 나타낸 것이다.

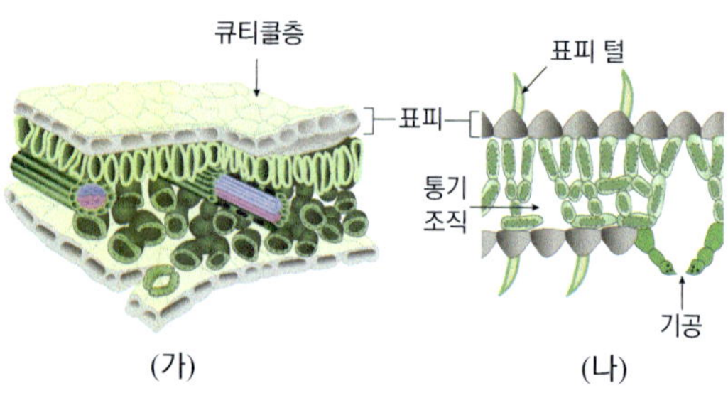

이에 대한 설명으로 옳은 것만을 〈보기〉에서 있는 대로 고른 것은? (단, (가)와 (나)는 각각 물에 사는 식물과 건조한 환경에서 사는 식물 중 하나이다.)

• 보기 •
ㄱ. (가)는 (나)보다 뿌리가 잘 발달하였다.
ㄴ. (나)는 물이 풍부한 환경에서 서식한다.
ㄷ. (가)와 (나)는 생물이 온도에 적응한 결과이다.

① ㄴ ② ㄴ ③ ㄱ, ㄴ
④ ㄴ, ㄷ ⑤ ㄱ, ㄴ, ㄷ

03 다음은 식물의 생태에 관한 설명이다.

지렁이는 흙 속을 이동하면서 토양의 통기성을 높인다.

이 설명에 나타난 생태계구성요소 간의 관계에 해당하는 사례로 옳은 것만을 〈보기〉에서 있는 대로 고른 것은?

• 보기 •
ㄱ. 강수량이 적으면 옥수수의 생장이 저하된다.
ㄴ. 식물의 증산 작용으로 인해 숲의 온도가 낮아진다.
ㄷ. 생물의 호흡과 광합성으로 공기의 성분이 변한다.
ㄹ. 토양의 얕은 곳에는 호기성 세균이 살고, 깊은 곳에는 혐기성 세균이 산다.

① ㄱ, ㄹ ② ㄴ, ㄷ ③ ㄷ, ㄹ
④ ㄱ, ㄴ, ㄷ ⑤ ㄴ, ㄷ, ㄹ

[2019 모의고사 기출]

04 그림은 어떤 생태계를 나타낸 것이다.

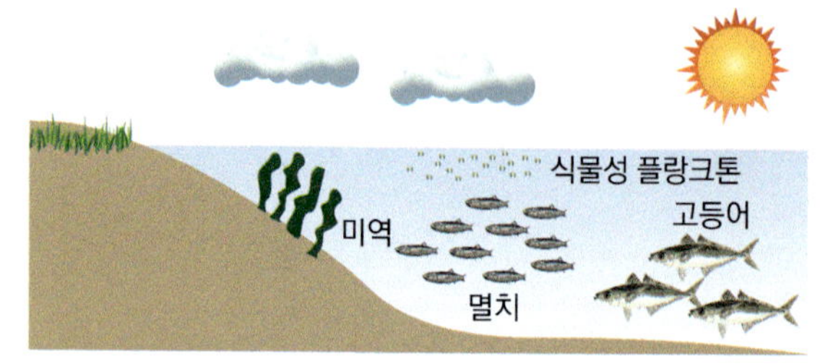

이에 대한 설명으로 옳은 것만을 〈보기〉에서 있는 대로 고른 것은?

• 보기 •
ㄱ. 식물성 플랑크톤은 생산자이다.
ㄴ. 미역은 비생물요소에 해당한다.
ㄷ. 멸치와 고등어는 동일한 개체군에 속한다.

① ㄱ ② ㄴ ③ ㄱ, ㄷ
④ ㄴ, ㄷ ⑤ ㄱ, ㄴ, ㄷ

[2018 모의고사 기출]

05 그림은 생태계구성요소 사이의 상호 관계를 나타낸 것이다.

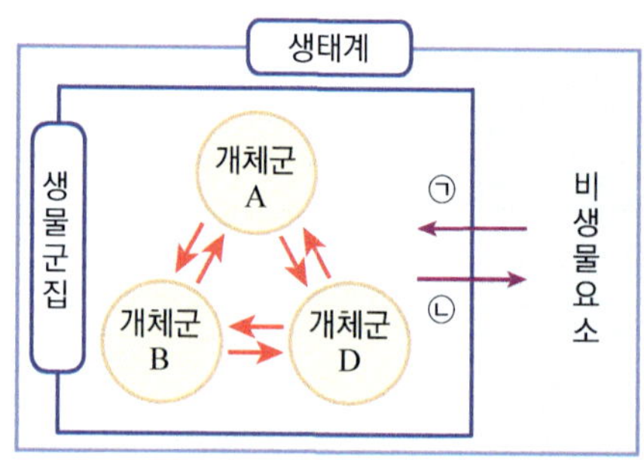

이에 대한 설명으로 옳은 것만을 〈보기〉에서 있는 대로 고른 것은?

• 보기 •
ㄱ. 일조 시간이 식물의 개화에 영향을 주는 것은 ㉠에 해당한다.
ㄴ. 분해자는 비생물요소에 해당한다.
ㄷ. 개체군 A는 여러 종의 생물로 구성되어 있다.

① ㄱ ② ㄴ ③ ㄷ
④ ㄱ, ㄴ ⑤ ㄱ, ㄷ

06 그림 (가)는 민들레, (나)는 선인장, (다)는 연꽃을 나타낸 것이다.

(가)   (나)   (다)

이에 대한 설명으로 옳은 것만을 〈보기〉에서 있는 대로 고른 것은?

① ㄱ   ② ㄴ   ③ ㄱ, ㄷ
④ ㄴ, ㄷ   ⑤ ㄱ, ㄴ, ㄷ

[2021 모의고사 기출]

07 그림은 생태계를 구성하는 요소 사이의 상호 관계를, 표는 상호 관계 (가)와 (나)의 예를 나타낸 것이다. (가)와 (나)는 ㉠과 ㉡을 순서 없이 나타낸 것이다.

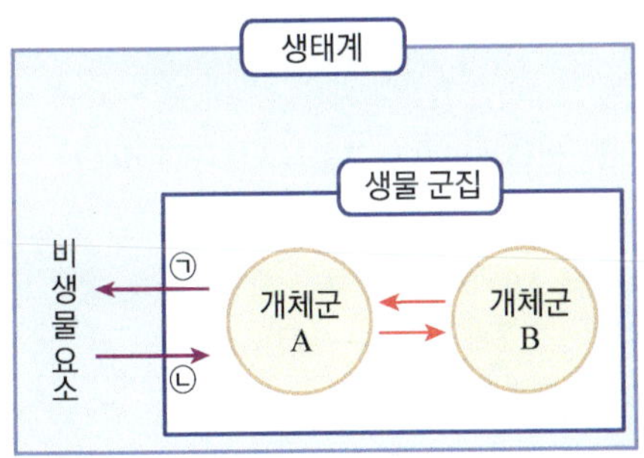

상호 관계	예
(가)	낙엽수는 가을이 되면 단풍이 들고 잎을 떨어뜨린다.
(나)	?

이에 대한 설명으로 옳은 것만을 〈보기〉에서 있는 대로 고른 것은?

① ㄱ   ② ㄴ   ③ ㄱ, ㄷ
④ ㄴ, ㄷ   ⑤ ㄱ, ㄴ, ㄷ

08 생태계의 구성 요소와 특징을 나타낸 것이다.

구성 요소	특징
(가)	생물을 둘러싸고 있는 모든 무기 환경 요인이다.
(나)	생산자 또는 다른 소비자를 먹이로 하는 생물이다.
(다)	빛에너지를 이용하여 생명 활동에 필요한 영양분을 스스로 생산하는 생물이다.
(라)	죽은 생물 또는 다른 생물의 배설물을 분해하여 영양분을 얻는 생물이다.

이에 대한 설명으로 옳은 것만을 〈보기〉에서 있는 대로 고른 것은?

① ㄱ   ② ㄴ   ③ ㄱ, ㄷ
④ ㄴ, ㄷ   ⑤ ㄱ, ㄴ, ㄷ

09 환경에 대한 여러 가지 생물의 적응 현상이다.

(가)~(다)의 현상에 주로 영향을 주는 비생물요소를 옳게 짝지은 것은?

	(가)	(나)	(다)
①	물	일조 시간	공기
②	토양	온도	물
③	빛	온도	물
④	물	일조 시간	온도
⑤	일조 시간	빛의 세기	온도

10 어떤 안정된 생태계에서 영양 단계 (가)~(라)의 에너지양을 상댓값으로 나타낸 것이다. (가)~(라)는 각각 생산자, 1차 소비자, 2차 소비자, 3차 소비자 중 하나이며, 에너지양과 개체수는 모두 상위 영양단계로 갈수록 감소한다.

영양 단계	(가)	(나)	(다)	(라)
에너지양	1	0.1	20	100

이에 대한 설명으로 옳은 것만을 〈보기〉에서 있는 대로 고른 것은?

• 보기 •

ㄱ. (나)는 2차 소비자이다.
ㄴ. (다)에서 (가)로 에너지가 전달된다.
ㄷ. (다)의 개체 수가 일시적으로 증가하면 (나)의 개체 수는 감소한다.

① ㄱ ② ㄴ ③ ㄱ, ㄷ
④ ㄴ, ㄷ ⑤ ㄱ, ㄴ, ㄷ

11 다음은 어떤 지역에서 일정 기간 동안 매년 가을에 목본식물, 눈신토끼, 스라소니 개체군의 생체량을 조사하여 나타낸 것이다.

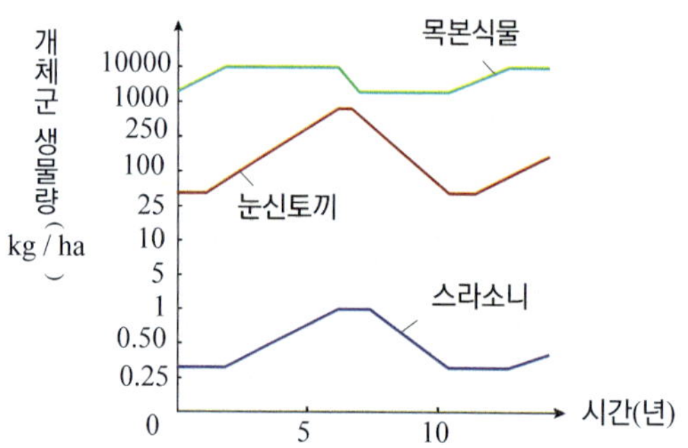

이에 대한 설명으로 옳은 것만을 〈보기〉에서 있는 대로 고른 것은? (단, 3종류의 개체군은 먹이사슬을 이룬다.)

• 보기 •

ㄱ. 목본식물의 모든 에너지는 눈신토끼에 전달된다.
ㄴ. 먹이사슬의 상위 영양단계로 갈수록 생체량은 감소한다.
ㄷ. 스라소니가 사라지면 일시적으로 눈신토끼의 개체수가 증가할 것이다.

① ㄱ ② ㄴ ③ ㄱ, ㄴ
④ ㄴ, ㄷ ⑤ ㄱ, ㄴ, ㄷ

12 그림은 해양 생태계의 먹이 관계를 나타낸 것이다.

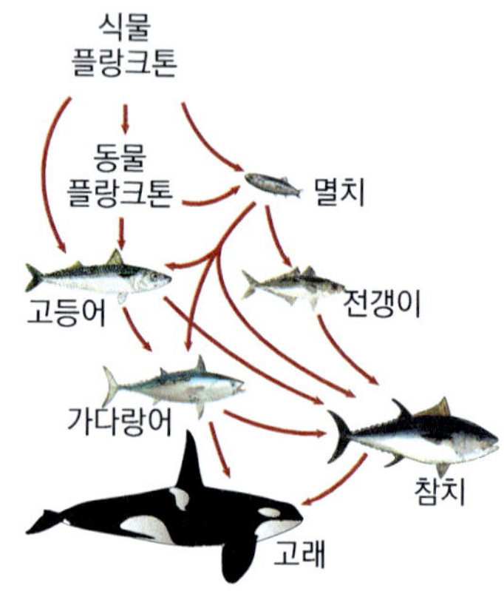

이에 대한 설명으로 옳은 것만을 〈보기〉에서 있는 대로 고른 것은?

• 보기 •

ㄱ. 참치는 최종 소비자이다.
ㄴ. 전갱이는 2차 소비자이면서 3차 소비자이다.
ㄷ. 식물 플랑크톤과 동물 플랑크톤은 생산자이다.

① ㄱ ② ㄴ ③ ㄱ, ㄴ
④ ㄴ, ㄷ ⑤ ㄱ, ㄴ, ㄷ

13 어떤 생태계의 먹이그물을 나타낸 것이다.

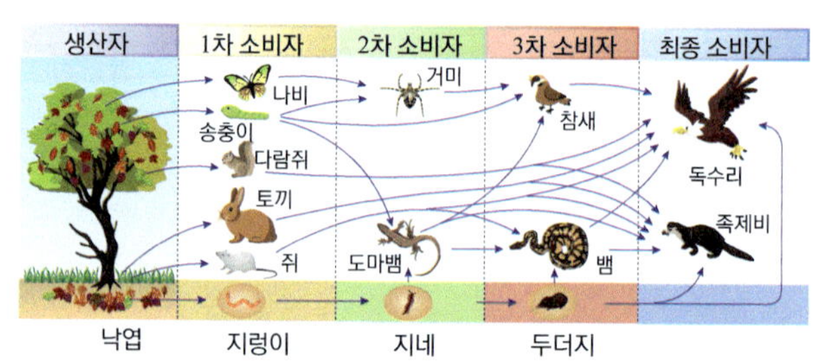

이에 대한 설명으로 옳은 것만을 〈보기〉에서 있는 대로 고른 것은?

• 보기 •

ㄱ. 도마뱀은 어느 먹이사슬로 가더라도 2차 소비자이다.
ㄴ. 이 먹이 그물에서 지렁이가 사라지면 두더지도 사라진다.
ㄷ. 족제비의 영양 단계는 2차, 3차, 4차, 5차 소비자에 모두 해당한다.

① ㄱ ② ㄴ ③ ㄱ, ㄴ
④ ㄴ, ㄷ ⑤ ㄱ, ㄴ, ㄷ

14

그림은 어떤 생태계에서 A~D의 에너지양을 상댓값으로 나타낸 생태피라미드이다. A~D는 각각 생산자, 1차 소비자, 2차 소비자, 3차 소비자 중 하나이며, 2차 소비자의 에너지효율은 15 %이다.

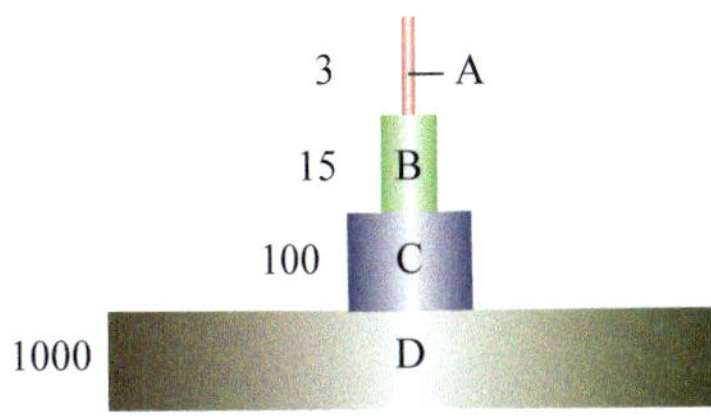

이 자료에 대한 설명으로 옳은 것만을 〈보기〉에서 있는 대로 고른 것은? (단, 에너지효율은 전 영양단계의 에너지양에 대한 현 영양단계의 에너지양을 백분율로 나타낸 것이다.)

• 보기 •
ㄱ. C는 2차 소비자이다.
ㄴ. 에너지효율은 A가 C의 3배이다.
ㄷ. 상위 영양단계로 갈수록 에너지양은 감소한다.

① ㄱ　　　　② ㄷ　　　　③ ㄱ, ㄴ
④ ㄱ, ㄷ　　　⑤ ㄴ, ㄷ

15

그림은 어떤 두 생태계 (가)와 (나)를 각각 구성하는 생물 사이의 먹이 관계를 나타낸 것이다.

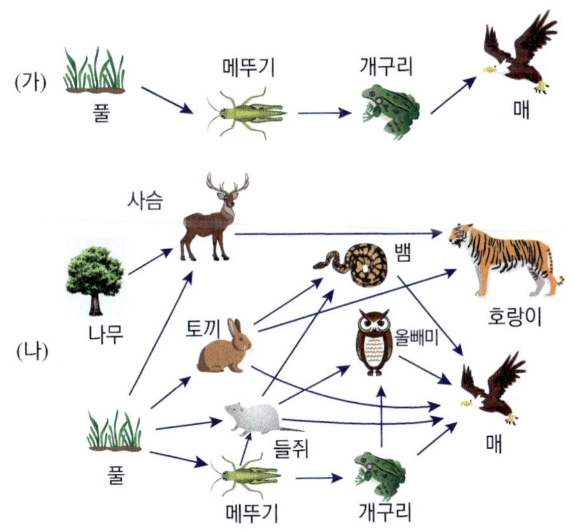

이에 대한 설명으로 옳은 것만을 〈보기〉에서 있는 대로 고른 것은?

• 보기 •
ㄱ. 생물 다양성은 (가)가 (나)보다 높다.
ㄴ. (나)에서 매는 2차 소비자이면서 3차 소비자이다.
ㄷ. (가)에서 메뚜기 개체군이 갖는 에너지는 모두 개구리 개체군에 전달된다.

① ㄱ　　　　② ㄴ　　　　③ ㄷ
④ ㄴ, ㄷ　　　⑤ ㄱ, ㄴ, ㄷ

16

지구 온난화의 원인과 영향을 나타낸 모식도이다.

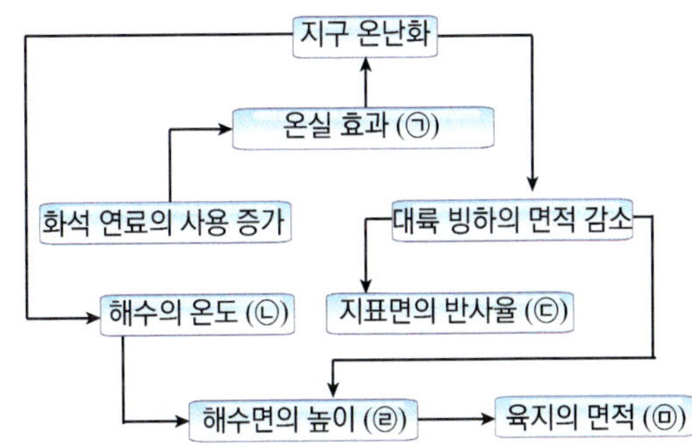

㉠~㉤ 중 값이 증가하는 것만을 있는 대로 고른 것은?

① ㉠, ㉡　　　② ㉡, ㉣　　　③ ㉢, ㉤
④ ㉠, ㉡, ㉣　　⑤ ㉠, ㉢, ㉤

17

온실 기체에 대한 설명으로 옳은 것만을 〈보기〉에서 있는 대로 고른 것은?

• 보기 •
ㄱ. 수증기는 온실 기체가 아니다.
ㄴ. 화산 활동 시 온실 기체가 발생한다.
ㄷ. 온실기체는 태양 복사 에너지보다 지구 복사 에너지를 잘 흡수한다.

① ㄴ　　　　② ㄷ　　　　③ ㄱ, ㄷ
④ ㄴ, ㄷ　　　⑤ ㄱ, ㄴ, ㄷ

18

그림은 북반구의 북태평양의 표층 해류 분포를 나타낸 것이다.

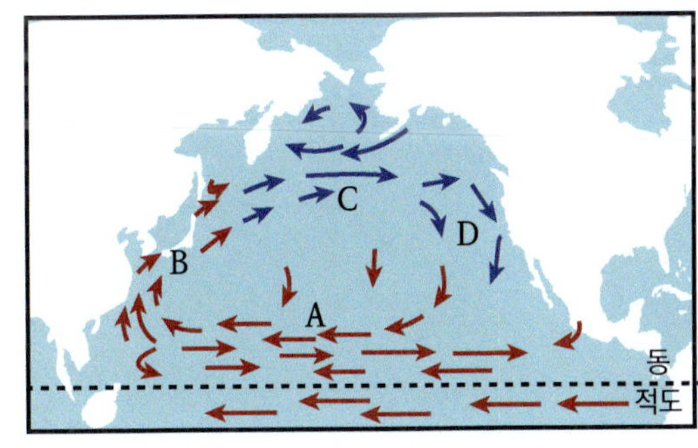

이에 대한 설명으로 옳은 것만을 〈보기〉에서 있는 대로 고른 것은?

• 보기 •
ㄱ. 북적도 해류(A)와 북태평양 해류(C)는 무역풍에 의해 형성된다.
ㄴ. 해류는 북반구에서는 시계 방향으로, 남반구에서는 반시계 방향으로 흐른다.
ㄷ. 쿠로시오 난류(B)는 고위도에서 저위도로 흐른다.

① ㄴ　　　　② ㄷ　　　　③ ㄱ, ㄴ
④ ㄱ, ㄷ　　　⑤ ㄱ, ㄴ, ㄷ

19 그림은 태양 복사 에너지량을 100 단위로 했을 때 복사 평형 상태에 있는 지구의 열수지를 나타낸 것이다.

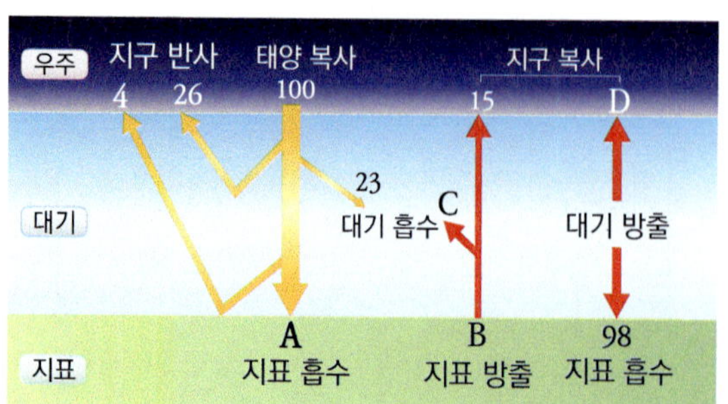

이에 대한 설명으로 옳은 것만을 〈보기〉에서 있는 대로 고른 것은?

• 보기 •

ㄱ. B는 145단위이다.

ㄴ. A>D 이다.

ㄷ. 대기 중 이산화 탄소 농도가 증가하면 D는 감소한다.

① ㄱ   ② ㄴ   ③ ㄱ, ㄷ
④ ㄴ, ㄷ   ⑤ ㄱ, ㄴ, ㄷ

20 그림은 북반구에서 일어나는 대기 대순환을 나타낸 것이다.

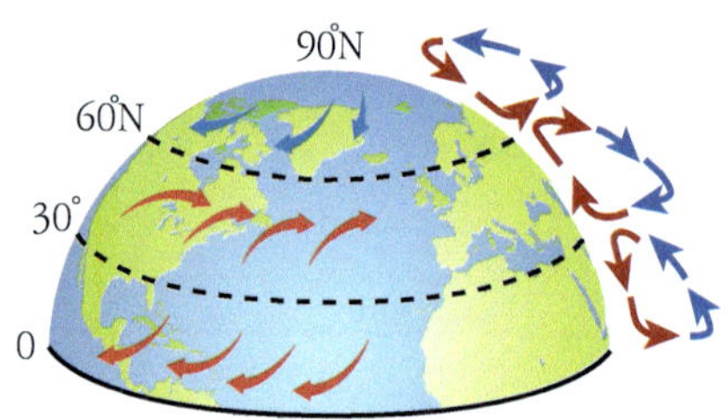

이에 대한 설명으로 옳은 것만을 〈보기〉에서 있는 대로 고른 것은?

• 보기 •

ㄱ. 적도 지방에는 고압대가 발달한다.

ㄴ. 사막은 적도 지방보다는 주로 위도 30° 지방에 분포한다.

ㄷ. 위도 30°~ 60°의 지상에는 편서풍이 분다.

ㄹ. 위도별 에너지 불균형과 지구 자전으로 생기는 순환이다.

① ㄱ, ㄴ   ② ㄱ, ㄹ   ③ ㄴ, ㄷ
④ ㄱ, ㄷ, ㄹ   ⑤ ㄴ, ㄷ, ㄹ

21 그림 (가)와 (나)는 각각 평상시와 엘니뇨 발생 시에 태평양 적도 부근 해역에서 일어나는 대기 순환을 나타낸 것이다.

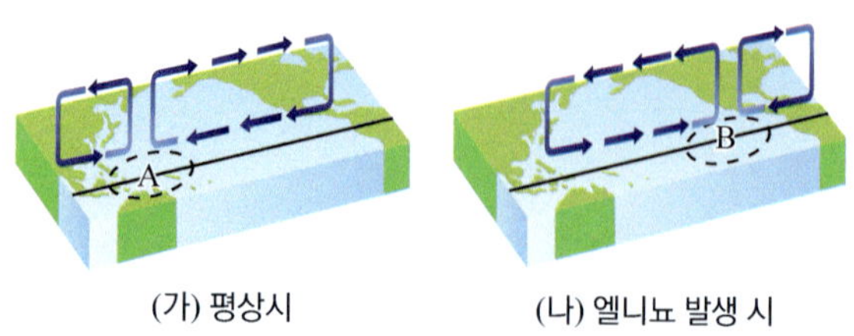

이에 대한 설명으로 옳은 것만을 〈보기〉에서 있는 대로 고른 것은?

• 보기 •

ㄱ. A 해역의 강수량은 (가)보다 (나)일 때 많다.

ㄴ. B해역의 표층 수온은 (가)보다 (나)일 때 높다.

ㄷ. 무역풍의 세기는 (가)보다 (나)일 때 강하다.

① ㄱ   ② ㄴ   ③ ㄱ, ㄷ
④ ㄴ, ㄷ   ⑤ ㄱ, ㄴ, ㄷ

22 그림은 위도별 지구 복사 에너지양과 태양 복사 에너지양을 나타낸 것이다.

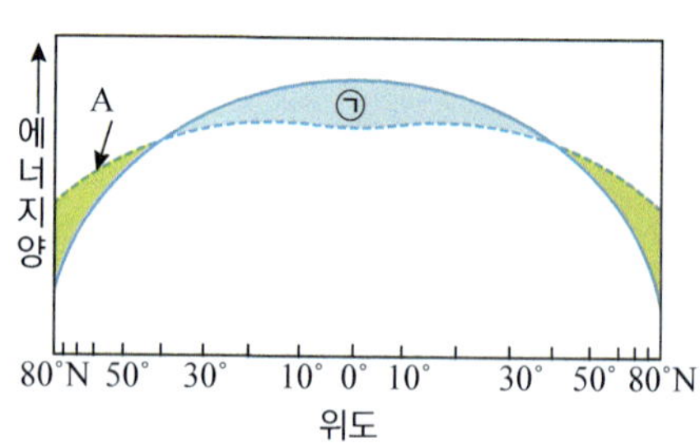

이에 대한 설명으로 옳은 것만을 〈보기〉에서 있는 대로 고른 것은?

• 보기 •

ㄱ. A는 태양 복사 에너지양이다.

ㄴ. ㉠은 에너지 과잉량이다.

ㄷ. 대기와 해수의 순환에 의하여 고위도와 저위도 사이의 에너지 불균형이 해소된다.

① ㄱ   ② ㄴ   ③ ㄱ, ㄷ
④ ㄴ, ㄷ   ⑤ ㄱ, ㄴ, ㄷ

23 그림은 사막과 사막화 지역의 일부를 대기 대순환과 함께 나타낸 것이다.

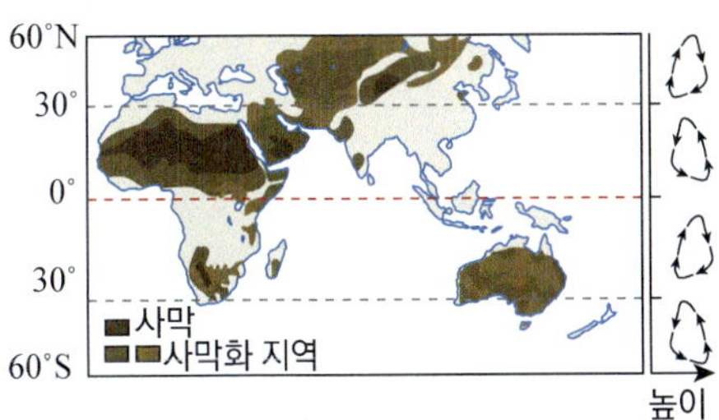

이에 대한 설명으로 옳은 것만을 〈보기〉에서 있는 대로 고른 것은?

• 보기 •
ㄱ. 사막은 주로 대기 대순환의 상승 기류가 나타나는 위도에 분포한다.
ㄴ. 과잉 경작이나 벌목은 사막화를 가속하는 원인이다.
ㄷ. 중국과 몽골의 사막화는 우리나라의 황사 발생 일수를 증가시킬 수 있다.

① ㄱ　　　　② ㄷ　　　　③ ㄱ, ㄴ
④ ㄴ, ㄷ　　　⑤ ㄱ, ㄴ, ㄷ

24 그림은 1990년부터 2015년까지의 겨울철 북극 기온과 북극해 얼음 면적을 나타낸 것이다.

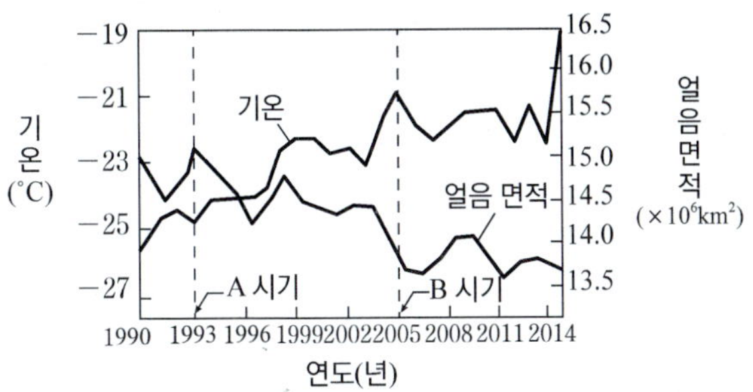

이에 대한 해석으로 옳은 것만을 〈보기〉에서 있는 대로 고른 것은?

• 보기 •
ㄱ. 겨울철 북극 기온은 대체로 상승했다.
ㄴ. 이 기간 중 북극해의 반사율은 A시기에 가장 작다.
ㄷ. 북극해의 평균 해수면 높이는 A보다 B시기에 낮다.

① ㄱ　　　　② ㄴ　　　　③ ㄱ, ㄷ
④ ㄴ, ㄷ　　　⑤ ㄱ, ㄴ, ㄷ

25 그림 (가)는 지구 전체의 기온 편차와 우리나라의 기온 편차를, (나)는 지구 전체의 대기 중 이산화 탄소 농도를 나타낸 것이다. 기온 편차는 (관측값 − 평균값)이다.

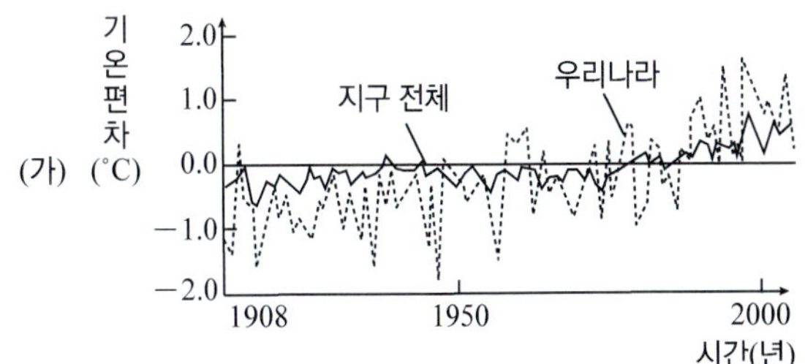

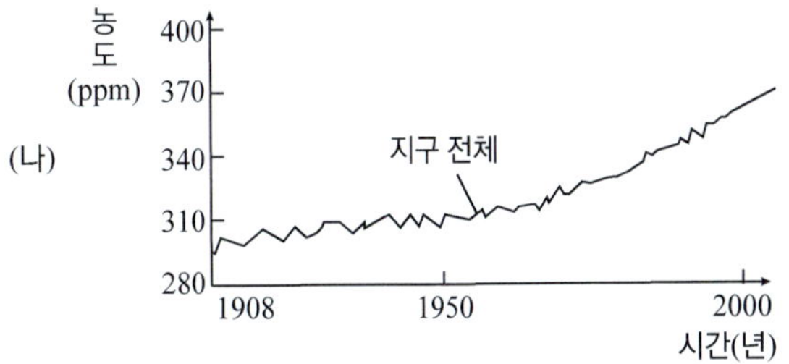

이에 대한 설명으로 옳은 것만을 〈보기〉에서 있는 대로 고른 것은?

• 보기 •
ㄱ. (가)에서 우리나라의 기온은 지구 전체의 기온보다 느리게 상승하는 추세이다.
ㄴ. (나)에서 이산화 탄소 농도 증가는 지구 전체의 기온 상승에 영향을 주었다.
ㄷ. 이 기간 중 지구 전체의 평균 해수면은 낮아졌을 것이다.

① ㄱ　　　　② ㄴ　　　　③ ㄱ, ㄷ
④ ㄴ, ㄷ　　　⑤ ㄱ, ㄴ, ㄷ

26 1980년부터 2017년까지 적도 부근의 동태평양에서 관측한 해수면의 수온 편차(관측 수온−평균 수온)를 나타낸 것이다.

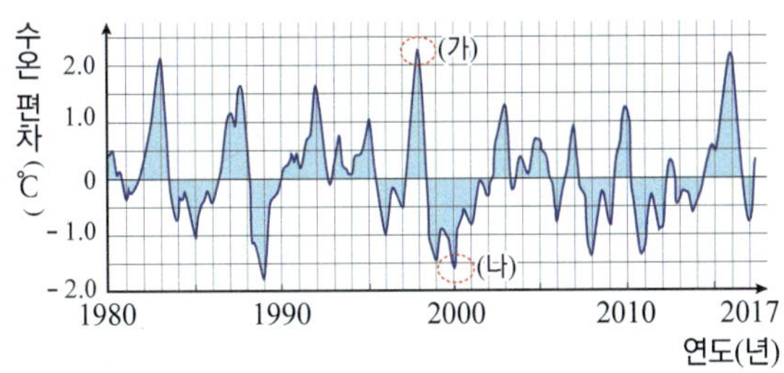

(가), (나) 시기에 대한 설명으로 옳은 것만을 〈보기〉에서 있는 대로 고른 것은?

• 보기 •
ㄱ. 무역풍은 (가)보다 (나) 시기에 약하다.
ㄴ. 동태평양의 용승은 (가)보다 (나) 시기에 강하다.
ㄷ. (나) 시기에 동태평양에서는 가뭄이 발생할 가능성이 높다.

① ㄴ　　　　② ㄷ　　　　③ ㄱ, ㄷ
④ ㄴ, ㄷ　　　⑤ ㄱ, ㄴ, ㄷ

수능 **모의고사** 2회

01. 생물과 환경

[2021 모의고사 기출]

01 그림은 어떤 생태계를 나타낸 것이다.

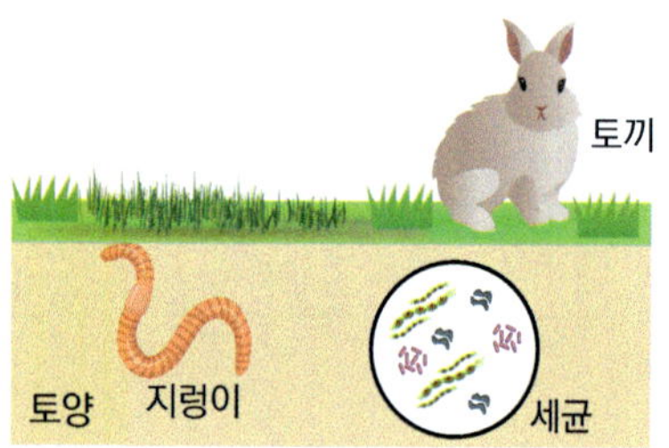

이에 대한 설명으로 옳은 것만을 〈보기〉에서 있는 대로 고른 것은?

〈보기〉

ㄱ. 토끼는 생산자에 해당한다.
ㄴ. 토양 속 세균은 비생물요소에 해당한다.
ㄷ. 지렁이가 토양의 통기성을 높이는 것은 생물요소가 비생물요소에 영향을 주는 예이다.

① ㄱ 　　　② ㄷ 　　　③ ㄱ, ㄴ
④ ㄴ, ㄷ 　　　⑤ ㄱ, ㄴ, ㄷ

02 다음은 생태계구성요소 사이의 관계를 나타낸 것이다.

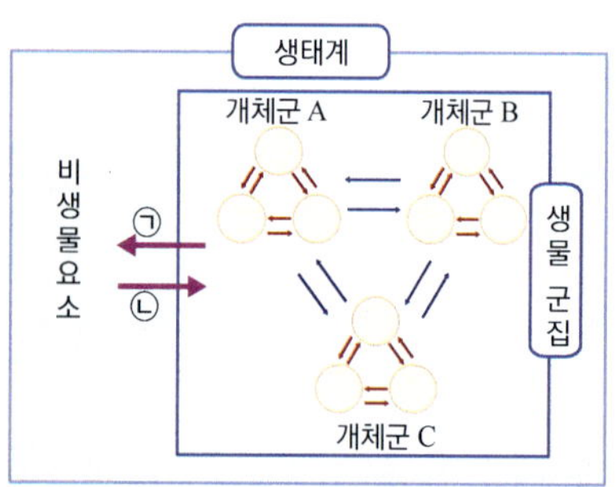

이에 대한 설명으로 옳은 것만을 〈보기〉에서 있는 대로 고른 것은?

〈보기〉

ㄱ. 개체군 A는 먹이를 두고 서로 경쟁하지 않는다.
ㄴ. 개체군 B, C는 각각 같은 종의 개체로 구성되어 있다.
ㄷ. 지의류에 의해 바위의 토양화가 촉진되는 것은 ㉠에 해당한다.
ㄹ. 강수량이 감소하여 옥수수가 잘 생장하지 못하는 것은 ㉡에 해당한다.

① ㄱ, ㄷ 　　　② ㄴ, ㄷ 　　　③ ㄷ, ㄹ
④ ㄱ, ㄴ, ㄷ 　　　⑤ ㄴ, ㄷ, ㄹ

03 그림은 식물 A의 환경 요인 X에 따른 개화 정도를 나타낸 것이다.

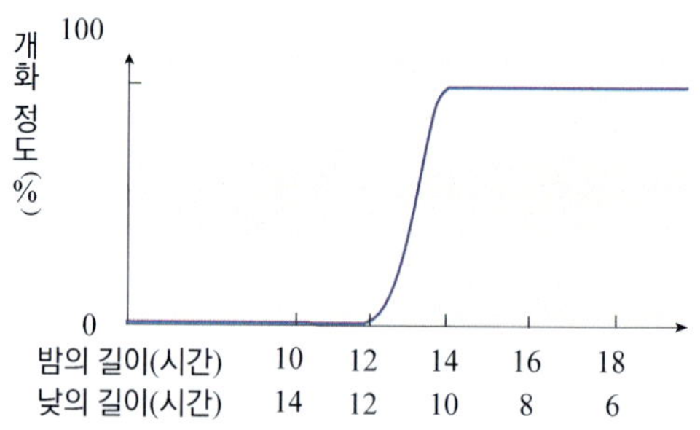

이에 대한 설명으로 옳은 것만을 〈보기〉에서 있는 대로 고른 것은?

〈보기〉

ㄱ. 식물 A는 장일식물이다.
ㄴ. X는 빛의 세기이다.
ㄷ. X는 꾀꼬리가 봄에 번식하고, 송어가 가을에 번식하는 데 영향을 미치는 환경요인이다.

① ㄱ 　　　② ㄷ 　　　③ ㄱ, ㄷ
④ ㄴ, ㄷ 　　　⑤ ㄱ, ㄴ, ㄷ

04 다음은 남아메리카의 다양한 펭귄의 크기와 무게, 서식 분포도를 나타낸 것이다.

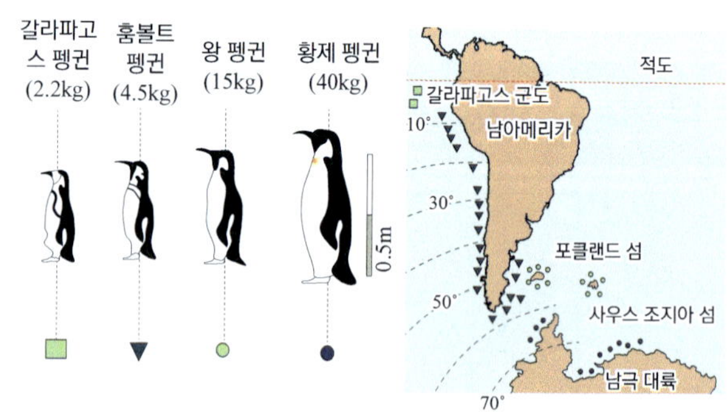

이에 대한 설명으로 옳은 것만을 〈보기〉에서 있는 대로 고른 것은?

〈보기〉

ㄱ. 몸집이 커질수록 열 방출량이 많다.
ㄴ. 부피에 대한 표면적의 비가 작을수록 추위에 유리하다.
ㄷ. 낙엽수가 낙엽을 떨어뜨리는 것은 위와 같은 환경요인에 적응한 결과이다.

① ㄱ 　　　② ㄴ 　　　③ ㄱ, ㄴ
④ ㄴ, ㄷ 　　　⑤ ㄱ, ㄴ, ㄷ

05 그림은 생물요소와 비생물요소 사이의 관계를 나타낸 것이다.

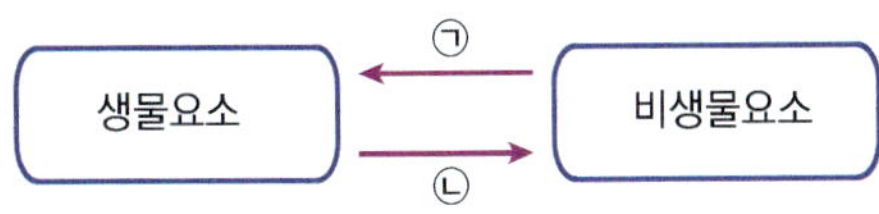

이에 대한 설명으로 옳은 것만을 〈보기〉에서 있는 대로 고른 것은?

• 보기 •
ㄱ. 사막여우가 북극여우보다 귀가 크고 몸집이 작은 것은 ㉠에 해당한다.
ㄴ. 지렁이에 의해 토양의 통기성이 증가하는 것은 ㉡에 해당한다.
ㄷ. 물은 선인장의 잎이 가시 형태로 변한 것과 관련이 깊은 비생물요소이다.

① ㄱ ② ㄷ ③ ㄱ, ㄴ
④ ㄱ, ㄷ ⑤ ㄴ, ㄷ

06 그림은 생태계를 구성하는 요소 사이의 상호 관계를 나타낸 것이다.

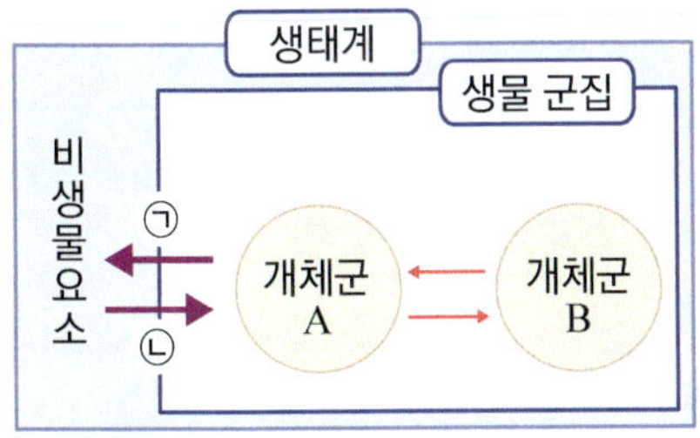

이에 대한 설명으로 옳은 것만을 〈보기〉에서 있는 대로 고른 것은?

• 보기 •
ㄱ. 개체군 A는 서로 같은 종으로 구성된다.
ㄴ. 토양에 질소가 부족해서 파리지옥이 곤충을 잡아먹는 것은 ㉠에 해당한다.
ㄷ. 식물의 광합성으로 공기 중 산소의 양이 증가하는 것은 ㉡에 해당한다.

① ㄱ ② ㄴ ③ ㄷ
④ ㄴ, ㄷ ⑤ ㄱ, ㄴ, ㄷ

07 그림은 생태계를 구성하는 요소 사이의 상호 관계를 나타낸 것이다.

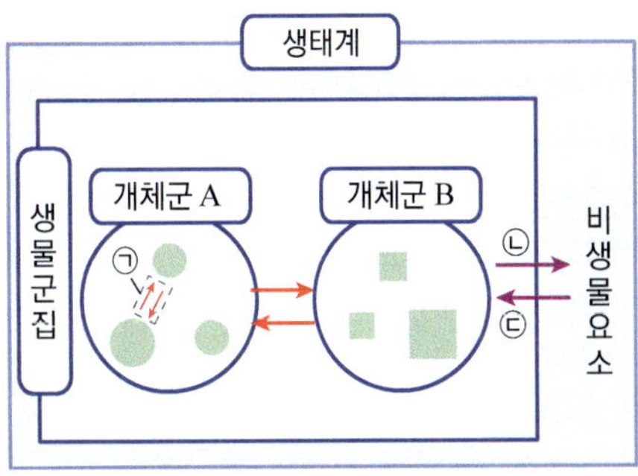

이에 대한 설명으로 옳은 것만을 〈보기〉에서 있는 대로 고른 것은?

• 보기 •
ㄱ. 분해자는 비생물요소에 해당한다.
ㄴ. 스라소니가 눈신토끼를 잡아먹는 것은 ㉠에 해당한다.
ㄷ. 빛의 파장에 따라 바다 깊이에 따라 해조류의 분포가 달라지는 것은 ㉢에 해당한다.

① ㄱ ② ㄷ ③ ㄱ, ㄷ
④ ㄴ, ㄷ ⑤ ㄱ, ㄴ, ㄷ

08 그림은 생태계 구성 요소 간의 관계를 나타낸 것이고, 자료는 강의 녹조 현상에 대해 조사하여 요약한 내용이다. (가)와 (나)는 각각 생산자와 분해자 중 하나이다.

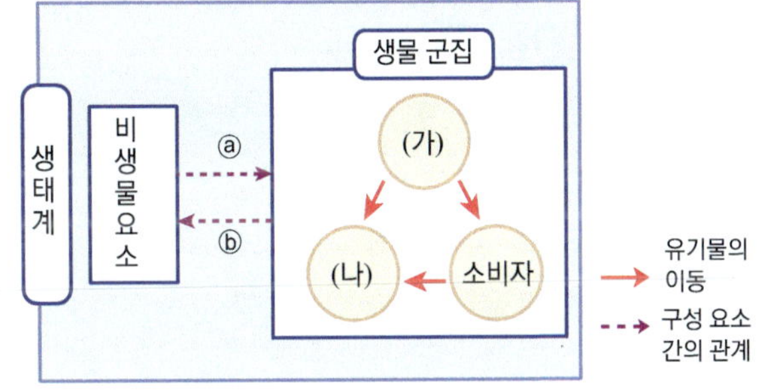

• 원인: 영양 염류 증가, 수온 상승, 강수량 감소
• 영향: 남세균 과다 증식, 물이 녹색으로 변함, 물고기 떼죽음, ㉠ 강의 종다양성 감소
• 특징: ㉡ 유속이 빨라지면 남세균의 증식이 억제되어 녹조 현상이 완화됨
  * 남세균(남조류): 빛을 흡수하여 광합성을 함

이에 대한 설명으로 옳은 것만을 〈보기〉에서 있는 대로 고른 것은?

• 보기 •
ㄱ. 남세균은 (가)에 해당한다.
ㄴ. ㉠에 의해 강의 생태계가 안정적으로 유지된다.
ㄷ. ㉡은 ⓐ에 해당한다.

① ㄴ ② ㄷ ③ ㄱ, ㄴ
④ ㄱ, ㄷ ⑤ ㄱ, ㄴ, ㄷ

09 그림은 어떤 생태계의 생물 군집 내에서 유기물의 이동을 나타낸 것이다.

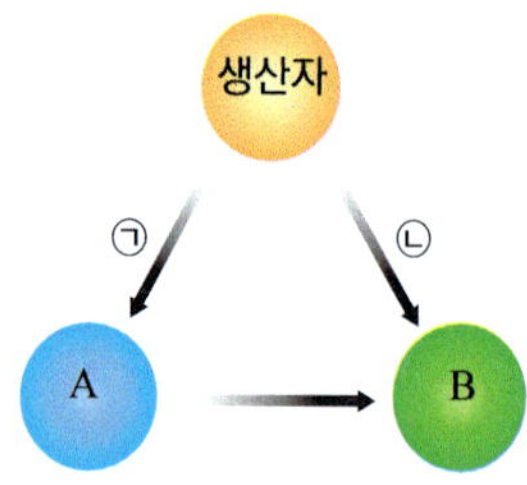

이에 대한 설명으로 옳은 것만을 〈보기〉에서 있는 대로 고른 것은? (단, A와 B는 각각 소비자와 분해자 중 하나이며, A의 예로는 사슴이 있다.)

보기
ㄱ. A는 소비자이며, B는 분해자이다.
ㄴ. ㉠에서 유기물은 먹이사슬을 통해 상위 영양단계로 이동한다.
ㄷ. ㉡에서 유기물은 주로 생물의 사체 형태로 이동한다.

① ㄱ   ② ㄷ   ③ ㄱ, ㄷ
④ ㄴ, ㄷ   ⑤ ㄱ, ㄴ, ㄷ

10 그림은 어떤 안정된 생태계의 먹이그물을 나타낸 것이고, 표는 이 생태계에 어떤 생물 X가 도입된 후 (나), (바), (아), (타)의 개체수 변화를 나타낸 것이다.

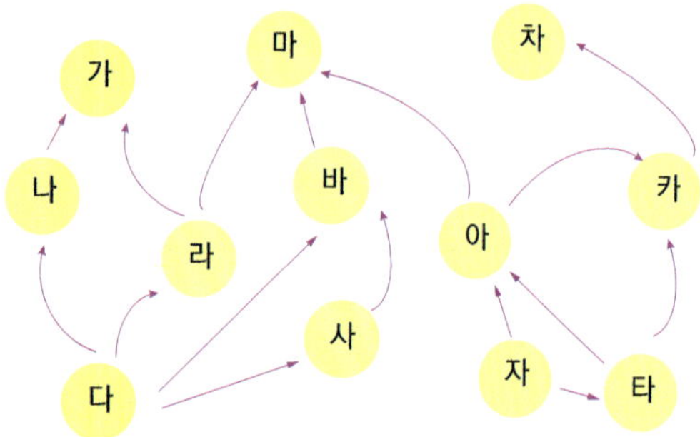

생물	(나)	(바)	(아)	(타)
X 도입 전 개체 수	34	52	29	37
X 도입 후 개체 수	15	22	17	31

이에 대한 설명으로 옳은 것만을 〈보기〉에서 있는 대로 고른 것은?

보기
ㄱ. (다)와 (타)는 생산자이다.
ㄴ. (아)는 (자)가 멸종되면 함께 멸종된다.
ㄷ. X가 도입된 후 (사)의 개체수는 일시적으로 증가한다.

① ㄱ   ② ㄴ   ③ ㄱ, ㄴ
④ ㄴ, ㄷ   ⑤ ㄱ, ㄴ, ㄷ

11 생태계의 평형, 생태계에서의 먹이 관계와 그에 따른 에너지 흐름에 대한 설명으로 옳은 것만을 〈보기〉에서 있는 대로 고른 것은?

보기
ㄱ. 1차 소비자의 생명활동에 사용된 에너지는 2차 소비자로 이동하지 않는다.
ㄴ. 한 영양단계가 감소하거나 증가하면 다른 영양단계도 따라서 감소하거나 증가하여 평형상태를 회복한다.
ㄷ. 3차 소비자는 2차 소비자를 잡아먹으며 영양분을 섭취하는 생물로서 모든 생태계의 먹이 관계에서 최종 소비자에 해당한다.

① ㄴ   ② ㄷ   ③ ㄱ, ㄴ
④ ㄴ, ㄷ   ⑤ ㄱ, ㄴ, ㄷ

12 어떤 생태계에서 생산자와 소비자의 에너지양을 상댓값으로 나타낸 생태피라미드이다.

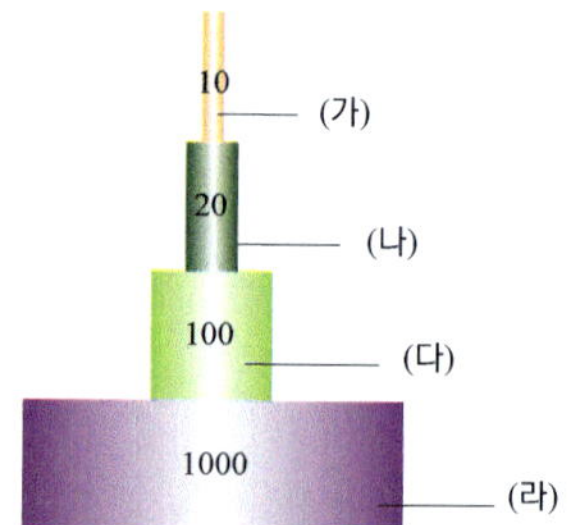

이에 대한 설명으로 옳은 것만을 〈보기〉에서 있는 대로 고른 것은?

보기
ㄱ. (가)는 생산자, (라)는 3차 소비자이다.
ㄴ. 2차 소비자의 에너지양은 1차 소비자의 20 %이다.
ㄷ. 상위 영양단계로 갈수록 에너지효율은 증가하였다.

① ㄴ   ② ㄷ   ③ ㄱ, ㄴ
④ ㄴ, ㄷ   ⑤ ㄱ, ㄴ, ㄷ

13 어떤 안정된 생태계에서 환경 변화 X가 발생하여 메뚜기의 개체수가 일시적으로 감소한 후 평형상태로 회복하기까지의 과정을 순서 없이 나타낸 것이다.

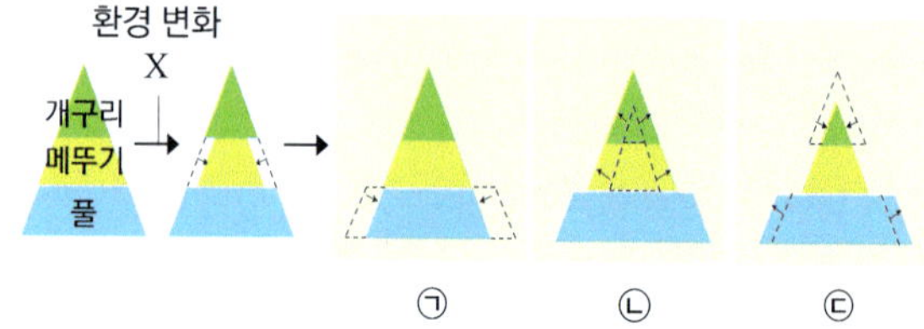

이에 대한 설명으로 옳은 것만을 〈보기〉에서 있는 대로 고른 것은?

보기
ㄱ. X의 예로 제초제의 살포가 있다.
ㄴ. 생태계평형이 회복되는 과정은 ㉢ → ㉡ → ㉠순이다.
ㄷ. 생태계평형은 주로 비생물요소에 의해 유지된다.

① ㄱ   ② ㄴ   ③ ㄱ, ㄴ
④ ㄴ, ㄷ   ⑤ ㄱ, ㄴ, ㄷ

14

그림은 동일한 면적의 안정된 생태계 (가)와 (나)에서 먹이 관계를 나타낸 것이다

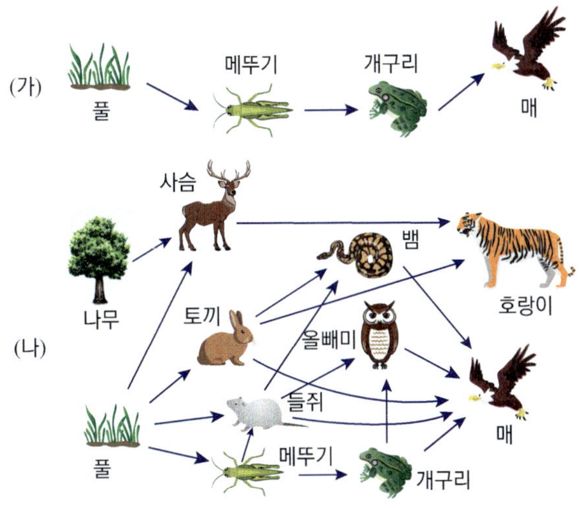

이에 대한 설명으로 옳은 것만을 〈보기〉에서 있는 대로 고른 것은? (단, 제시된 먹이 관계 이외에는 고려하지 않 는다.)

보기
ㄱ. (가)와 (나)에서 모두 개구리가 사라지면 매도 사라진다.
ㄴ. (가)에서 1차 소비자가 가지고 있는 에너지의 일부는 세포호흡을 통해 열로 방출된다.
ㄷ. (나)에서 개구리는 2차 소비자에 속한다.

① ㄱ   ② ㄷ   ③ ㄱ, ㄴ
④ ㄴ, ㄷ   ⑤ ㄱ, ㄴ, ㄷ

[2020 모의고사 기출]

15

그림 (가)와 (나)는 각각 서로 다른 생태계에서 생산자, 1차 소비자, 2차 소비자, 3차 소비자의 에너지양을 상댓값으로 나타낸 생태피라미드이다. (가)에서 2차 소비자의 에너지효율은 15 %이고, (나)에서 1차 소비자의 에너지효율은 10 %이다.

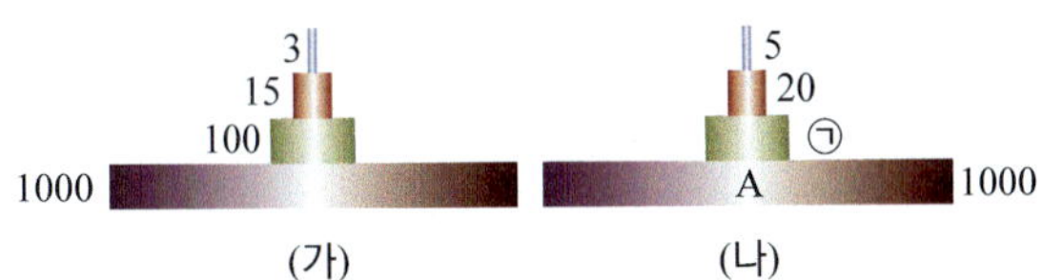

이 자료에 대한 설명으로 옳은 것만을 〈보기〉에서 있는 대로 고른 것은? (단, 에너지효율은 전 영양단계의 에너지 양에 대한 현 영양단계의 에너지양을 백분율로 나타낸 것이다.)

보기
ㄱ. A는 3차 소비자이다.
ㄴ. ㉠은 100이다.
ㄷ. (가)에서 에너지효율은 상위 영양단계로 갈수록 증가한다.

① ㄱ   ② ㄷ   ③ ㄱ, ㄴ
④ ㄴ, ㄷ   ⑤ ㄱ, ㄴ, ㄷ

16

다음은 어느 해 수증기를 제외한 온실기체에 대한 자료이다.

구분	방출량 (×10⁶톤/년)	온실효과율 (1 ppm 당)	온실효과 기여도(%)
CO_2	27000	1	65
CH_4	6400	21	16
N_2O	3300	310	6
CFC	500	10900	1

이에 대한 설명으로 옳은 것만을 〈보기〉에서 있는 대로 고른 것은?

보기
ㄱ. 온실기체는 주로 태양 복사 에너지를 흡수한다.
ㄴ. 대기 중 농도는 CO_2가 CFC보다 높다.
ㄷ. CO_2의 온실효과 기여도가 가장 큰 이유는 같은 양이 있을 때 온실효과를 가장 많이 일으키기 때문이다.

① ㄱ   ② ㄴ   ③ ㄱ, ㄷ
④ ㄴ, ㄷ   ⑤ ㄱ, ㄴ, ㄷ

17

위도에 따른 태양 복사 에너지와 지구 복사 에너지의 분포를 나타낸 것이다.

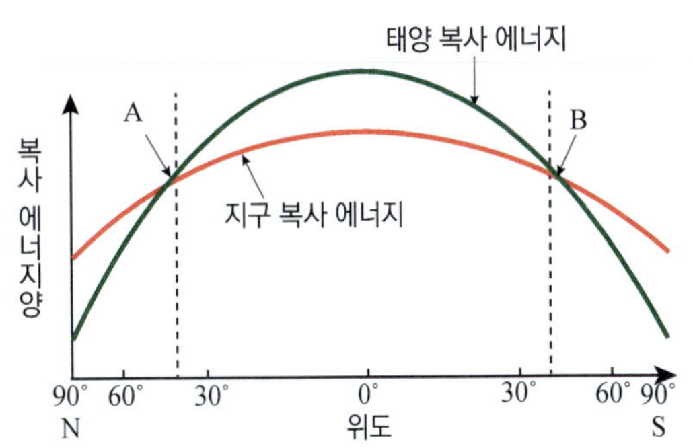

이에 대한 설명으로 옳은 것만을 〈보기〉에서 있는 대로 고른 것은?

보기
ㄱ. 에너지 이동은 A, B 지역에서 가장 활발하다.
ㄴ. 지구가 내보내는 에너지는 저위도보다 고위도에서 적다.
ㄷ. 위도별 에너지 불균형은 해수와 대기의 순환 때문에 발생한다.

① ㄱ   ② ㄴ   ③ ㄱ, ㄴ
④ ㄴ, ㄷ   ⑤ ㄱ, ㄴ, ㄷ

18 그림은 북반구의 대기의 연직 대순환 (가)~(다)를 나타낸 것이다.

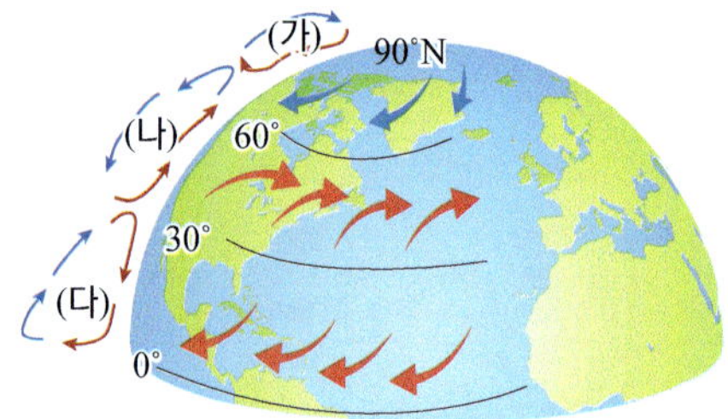

이에 대한 설명으로 옳은 것만을 〈보기〉에서 있는 대로 고른 것은?

• 보기 •
ㄱ. (가)~(다) 순환이 나타나는 것은 태양 복사 에너지의 위도별 불균형 때문이다.
ㄴ. 엘니뇨 현상에 직접적으로 관련있는 것은 (다) 순환의 지표면에서 발생하는 바람이다.
ㄷ. 위도 30° 부근 지역은 하강 기류가 형성된다.

① ㄱ   ② ㄴ   ③ ㄱ, ㄷ
④ ㄴ, ㄷ   ⑤ ㄱ, ㄴ, ㄷ

19 그림 (가)와 (나)는 엘니뇨와 라니냐가 발생할 때의 모습을 순서 없이 나타낸 것이다.

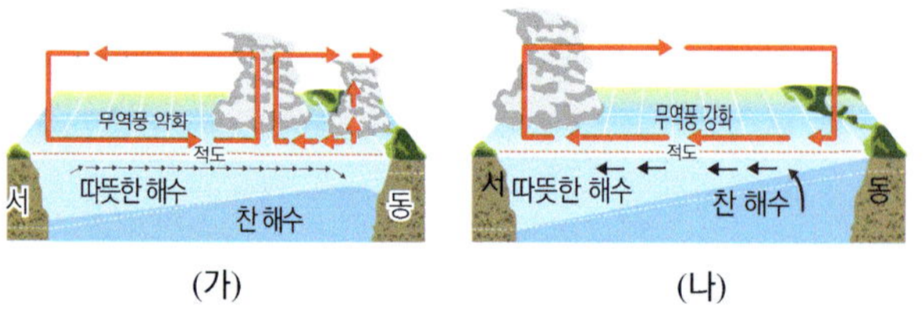

이에 대한 설명으로 옳은 것만을 〈보기〉에서 있는 대로 고른 것은?

• 보기 •
ㄱ. (가)는 엘니뇨, (나)는 라니냐이다.
ㄴ. 엘니뇨가 발생하면 동태평양 지역의 기압이 상승한다.
ㄷ. 라니냐가 발생하면 서태평양 해수면의 높이가 높아진다.

① ㄱ   ② ㄴ   ③ ㄱ, ㄷ
④ ㄴ, ㄷ   ⑤ ㄱ, ㄴ, ㄷ

20 그림은 (가)와 (나) 두 기간의 평균 벚꽃 개화 시기를 예측하여 나타낸 것이다.

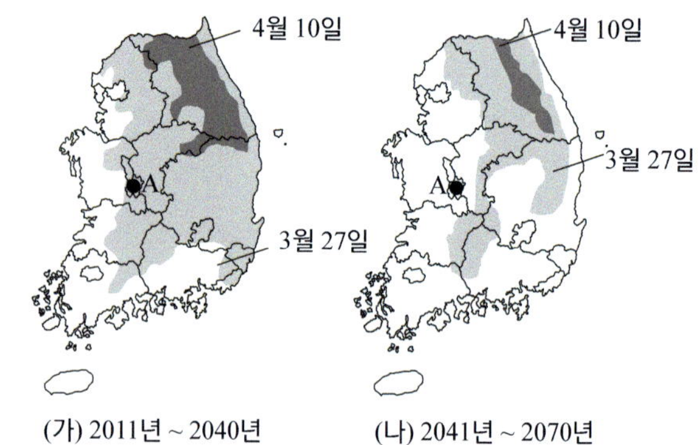

(가)에서 (나)로 변할 때 나타날 것으로 예상되는 현상에 대한 옳은 설명만을 〈보기〉에서 있는 대로 고른 것은?

• 보기 •
ㄱ. A에서 벚꽃의 개화 시기가 빨라진다.
ㄴ. 우리나라의 평균 기온이 높아진다.
ㄷ. 우리나라 주변 해역에서 평균 해수면의 높이가 높아진다.

① ㄱ   ② ㄴ   ③ ㄱ, ㄷ
④ ㄴ, ㄷ   ⑤ ㄱ, ㄴ, ㄷ

21 그림은 1920년부터 2015년까지 북반구의 평균 지표면 기온 편차(관측값−평균값)을 나타낸 것이다.

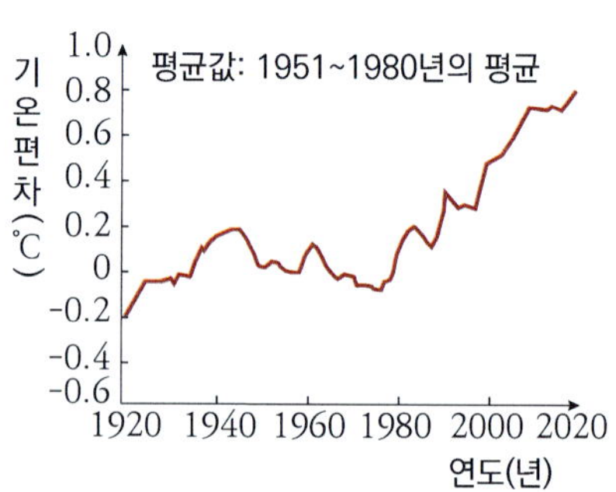

이에 대한 설명으로 옳은 것만을 〈보기〉에서 있는 대로 고른 것은?

• 보기 •
ㄱ. 이 기간 동안 북반구의 기온은 대체로 상승하였다.
ㄴ. 이 기간 동안 북극의 반사율은 증가하였을 것이다.
ㄷ. 이 기간 동안 대기 중 이산화 탄소의 농도가 지속적으로 증가하였을 것이다.

① ㄱ   ② ㄴ   ③ ㄱ, ㄷ
④ ㄴ, ㄷ   ⑤ ㄱ, ㄴ, ㄷ

22 그림은 2009년부터 2011년까지 동태평양과 서태평양의
적도 해역에서 관측한 해수면 높이를 나타낸 것이다. (가), (나)는 각각 엘니뇨 시기와 평상시 중 하나이다.

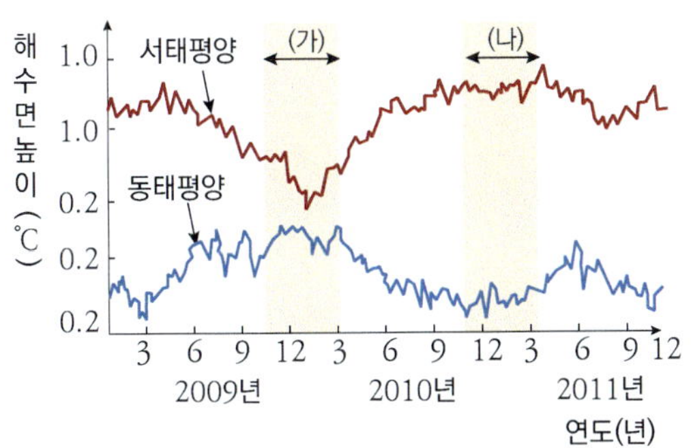

이에 대한 설명으로 옳은 것만을 〈보기〉에서 있는 대로 고른 것은?

● 보기 ●

ㄱ. (가) 시기는 평상시를 나타낸 것이다.
ㄴ. (나) 시기는 동태평양 적도 해역에서 폭우와 홍수가 발생한다.
ㄷ. (가) 시기의 해수면 높이 변동은 무역풍의 약화에 의한 것이다.

① ㄱ   ② ㄴ   ③ ㄷ
④ ㄴ, ㄷ   ⑤ ㄱ, ㄴ, ㄷ

23 그림은 복사 평형을 이루고 있는 지구 열수지를 나타낸 것이다.

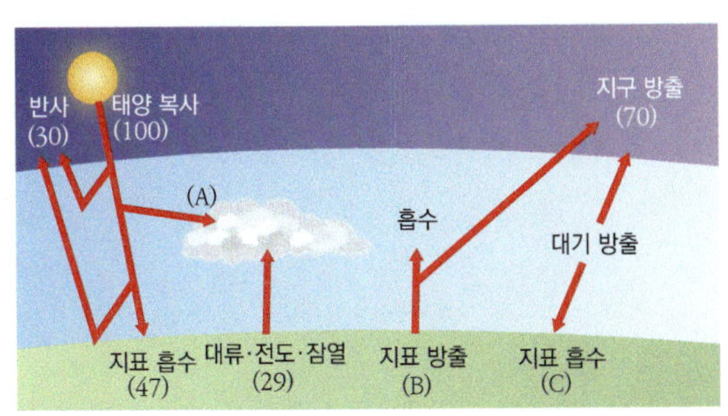

이에 대한 설명으로 옳은 것만을 〈보기〉에서 있는 대로 고른 것은?

● 보기 ●

ㄱ. B−C=18이다.
ㄴ. 지구 온난화가 진행되면 A와 B가 증가한다.
ㄷ. 대기가 있으면 대기가 없을 때보다 B와 C가 커진다.

① ㄱ   ② ㄴ   ③ ㄷ
④ ㄱ, ㄷ   ⑤ ㄱ, ㄴ, ㄷ

24 그림은 각각 다른 시기에 태평양의 표층 수온 분포를 나타낸 것이다. (가), (나)는 각각 엘니뇨 시기와 평상시 중 하나이다.

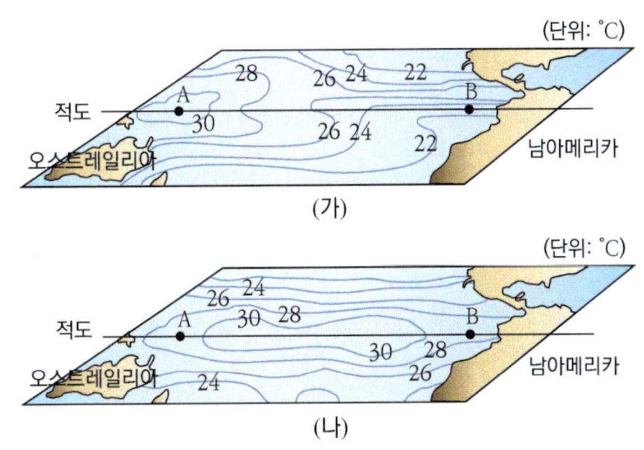

이에 대한 설명으로 옳은 것만을 〈보기〉에서 있는 대로 고른 것은?

● 보기 ●

ㄱ. (가) 시기는 평상시를 나타낸 것이다.
ㄴ. (나) 시기는 동태평양 적도 해역에 고기압이 나타난다.
ㄷ. (가) 시기는 (나) 시기에 비해 서태평양 적도 해역의 평균 해수면 높이가 낮아진다.

① ㄱ   ② ㄴ   ③ ㄷ
④ ㄴ, ㄷ   ⑤ ㄱ, ㄴ, ㄷ

25 그림은 1900년~2000년 동안 지구의 평균 기온과 이산화 탄소의 평균 농도의 변화를 나타낸 것이다.

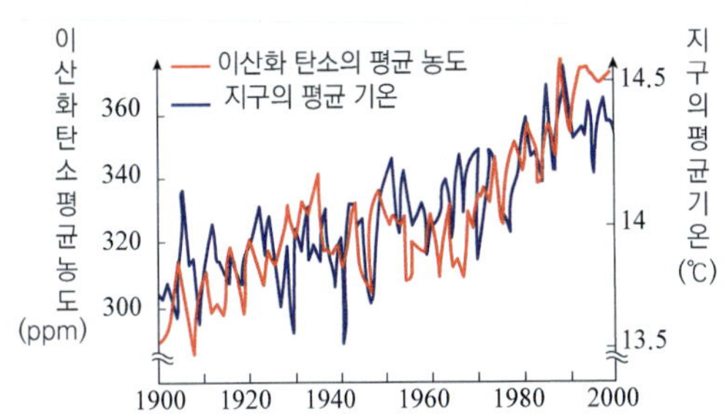

이에 대한 설명으로 옳은 것만을 〈보기〉에서 있는 대로 고른 것은?

● 보기 ●

ㄱ. 이산화 탄소의 평균 농도가 증가하면 지구의 평균 기온도가 상승하는 추세를 보인다.
ㄴ. 이 기간 동안 해수면은 상승하였을 것이다.
ㄷ. 이 기간 동안 극지방의 반사율이 점점 증가하였을 것이다.

① ㄱ   ② ㄴ   ③ ㄱ, ㄴ
④ ㄱ, ㄷ   ⑤ ㄱ, ㄴ, ㄷ

Ⅱ 환경과 에너지

01 태양 에너지의 생성과 전환

A 태양 에너지의 생성

☐ 태양 에너지의 생성 ☐ 수소 핵융합 반응
☐ 태양 에너지의 전환과 흐름

1. 태양

① **태양**: 태양계에서 유일하게 스스로 에너지를 생성하는 항성이다. 태양의 질량은 태양계 전체 질량의 약 99.8 %를 차지한다.

② **태양의 내부 구조**: 주로 수소와 헬륨이 주성분인 태양은 핵, 복사층, 대류층으로 이루어지며 중심부는 핵으로 약 1500만 K의 초고온 상태이다.

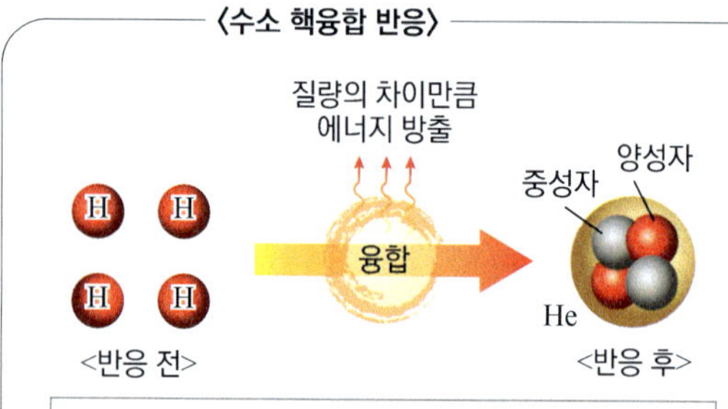

2. 태양 에너지의 생성

① **태양 에너지**[1][2] : 태양으로부터 오는 열에너지와 빛에너지로, 지구상에서 일어나는 대부분의 자연 현상을 일으키고, 생명체가 생명활동을 유지하는 에너지의 근원이 된다.

② **태양 에너지의 생성**: 태양 에너지는 태양의 중심부(핵)에서 일어나는 수소 핵융합 반응에 의해 생성된다.

〈수소 핵융합 반응〉

수소 원자핵 4개 질량 > 헬륨 원자핵 1개 질량

4개의 수소 원자핵이 융합하여 1개의 헬륨 원자핵이 만들어지면서 에너지가 방출된다.[3]

➡ 반응 후 헬륨 원자핵 1개의 질량이 반응 전 수소 원자핵 4개의 질량보다 작다. 이때 질량이 감소한 만큼 에너지를 방출하며, 이 에너지가 태양 에너지이다.

B 태양 에너지의 전환과 흐름

1. 지구에서 태양 에너지의 전환
태양 에너지는 지구에서 직접 다른 에너지로 전환[4]되기도 하고, 전환되어 축적된 후 다른 에너지로 전환되기도 한다.

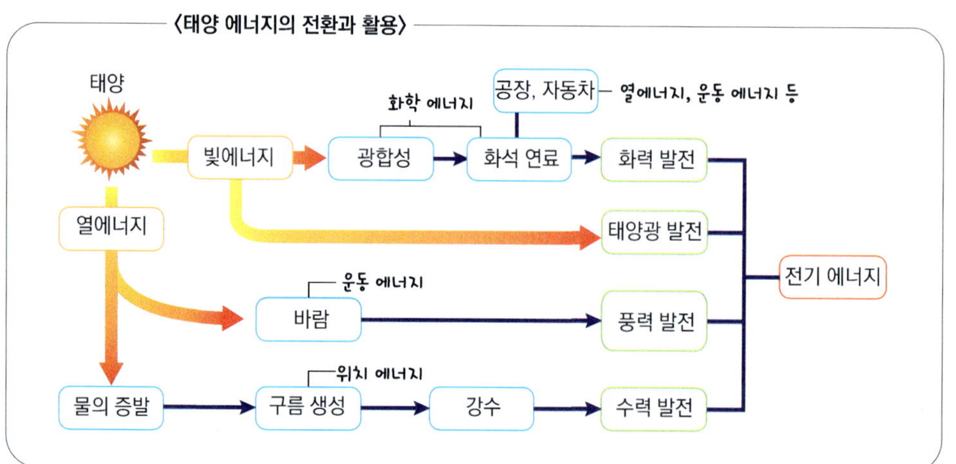
〈태양 에너지의 전환과 활용〉

광합성	태양의 빛에너지는 광합성을 통해 화학 에너지 형태로 식물의 내부에 저장된다. (빛에너지 ➡ 화학 에너지)
화석 연료	동식물이 죽어 땅속에 묻히면, 오랜 시간 동안 열과 압력을 받아 분해되어 화석 연료가 된다.(태양 에너지 ➡ 화학 에너지)

개념+

❶ 지구에 도달하는 태양 에너지

지구에 도달하는 태양 에너지의 양은 태양이 우주 공간으로 방출하는 전체 에너지의 약 $\frac{1}{20억}$ 에 불과하다.

❷ 태양 에너지가 근원이 아닌 에너지

· **핵에너지**: 핵이 가지는 에너지로 우라늄 등의 핵분열 시 방출된다.

· **지구 내부 에너지**: 지진이나 화산, 판 이동의 원인이 되는 에너지로 지구 내부 방사능 물질의 핵분열 시 발생한다.

· **조석 에너지**: 지구와 달, 지구와 태양의 인력으로 발생하는 에너지로 밀물과 썰물의 원인이 된다.

❸ 핵융합 반응과 질량결손

양성자 2개와 중성자 2개가 핵융합 반응을 통해 융합하여 헬륨 원자핵 1개를 만든다.

구분	질량(u)
양성자	1.0073
중성자	1.0087

① 양성자 2개＋중성자 2개
 ＝ 4.0320u
② 헬륨 원자핵의 질량＝4.0015u
 ①－②＝0.0305>0

➡ 헬륨 원자핵의 질량은 이를 구성하는 양성자와 중성자의 질량의 합보다 작다.(질량결손)

❹ 발전 방식과 에너지 전환

화력 발전	화석 연료의 화학 에너지 → 전기 에너지
수력 발전	물의 위치 에너지 → 전기 에너지
풍력 발전	바람의 운동 에너지 → 전기 에너지
태양광 발전	태양의 빛에너지 → 전기 에너지

➡ 다양한 발전 방식의 에너지 근원은 태양 에너지이다.

바람	태양의 열에너지는 대기에 흡수되어 바람을 일으킨다. (열에너지 ➡ 운동 에너지)
태양광발전	태양의 빛에너지는 태양 전지를 통하여 직접 전기 에너지로 전환된다. (빛에너지 ➡ 전기 에너지)

2. 태양 에너지의 흐름: 태양 에너지는 지구에서 물이나 탄소를 순환시켜 에너지의 연속적인 흐름을 일으킨다.

<table>
<tr><th>물의 순환 시 에너지 흐름❺</th><th>탄소의 순환 시 에너지 흐름❺</th></tr>
<tr><td colspan="2">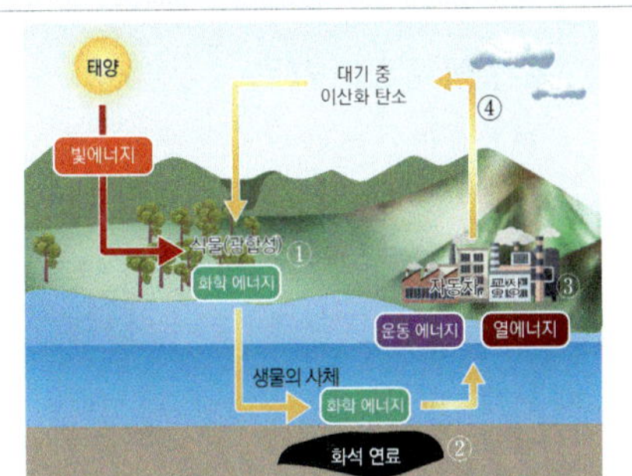</td></tr>
<tr><td>
① 태양의 열에너지에 의해 물 증발 ➡ 구름
② 구름 ➡ 비와 눈으로 지표에 내리면서 기상 현상 발생
③ 비와 눈 ➡ 위치 에너지 형태로 강의 상류에서 흐르거나 댐에 저장됨
④ 물 ➡ 흐르면서 운동 에너지 형태로 수력 발전을 하여 전기 에너지로 전환됨
⑤ 물 ➡ 운동, 위치 에너지 형태로 강, 바다로 흘러들어 감
</td><td>
① 대기 중 이산화 탄소 ➡ 광합성을 통해 화학 에너지 형태로 식물체에 저장됨
② 생명체의 사체 ➡ 땅속에 묻혀 화석 연료가 됨
③ 화석 연료의 화학 에너지 ➡ 자동차나 공장에서 연소하면서 운동 에너지, 열에너지로 전환
④ 기권으로 이동한 탄소 ➡ 다시 광합성을 통해 생물권으로 이동
</td></tr>
</table>

개념⁺

❺ **물과 탄소의 순환에서 에너지 전환**

● 물의 순환
① 물이 증발한 후 냉각되어 구름이 됨 (열에너지 → 위치 에너지)
② 구름이 비나 눈이 되어 내림 (위치 에너지 → 비, 눈 등의 역학적 에너지)
③ 강의 상류, 댐에 저장된 물의 위치 에너지
④ 떨어지는 물의 운동 에너지
⑤ 수력 발전을 통한 전기 에너지

● 탄소의 순환
① 태양의 빛에너지가 광합성을 통해 식물 양분의 화학 에너지가 된다.
② 생명체의 사체의 화학 에너지가 땅속에 묻혀 화석 연료의 화학 에너지로 보존된다.
③ 화석 연료를 채취하여 자동차나 공장에서 연소시켜 열에너지나 운동 에너지를 얻는다.
④ 연소 결과 탄소를 포함한 이산화 탄소는 대기 중으로 방출되어 다시 광합성에 사용된다.

개념체크⁺

정답 및 해설 ➡ 71

01 다음은 태양 에너지의 생성에 대한 설명이다. (   )안에 알맞은 말을 쓰시오.

POINT

> 태양 에너지는 태양의 중심부에서 일어나는 (①)반응에 의해 생성되며, 4개의 (②) 원자핵이 융합하여 1개의 (③) 원자핵이 만들어지면서 줄어든 (④) 만큼 태양 에너지가 생성된다.

02 태양 에너지에 대한 설명 중 옳은 것은 ○표, 옳지 않은 것은 ×표 하시오.

(1) 지구에 있는 거의 모든 에너지와 생명의 근원이 된다. ····························· (   )

(2) 태양이 우주 공간으로 방출한 에너지는 모두 지구에 도달한다. ················· (   )

03 다음 (   )안에 알맞은 말을 쓰시오.

(1) 식물의 광합성을 통해 태양 에너지는 포도당 속의 (   ) 에너지 형태로 저장된다.

(2) 태양 에너지에 의해 물이 순환하는 과정에서 구름이 생성되어 비가 내릴 때 구름 속 물의 (   ) 에너지가 비의 (   ) 에너지로 전환된다.

(3) 지구에 도달한 태양 에너지는 (   ) 에너지 형태로 기권과 수권에 흡수되어 다양한 기상 현상을 일으킨다.

04 다음에 해당하는 발전 방식을 각각 쓰시오.

(1) 태양에서 방출되는 빛에너지를 직접 전기 에너지로 전환한다. ······ (   )

(2) 바람의 운동 에너지를 이용하여 발전기와 연결된 날개를 돌려 전기 에너지를 생산한다. ·· (   )

A 태양 에너지의 생성

[01~02] 그림은 태양의 내부 구조이다.

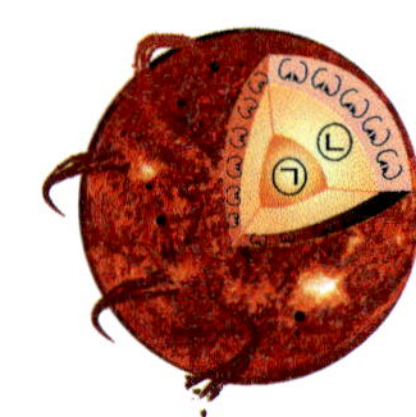

01 이에 대한 설명으로 옳은 것만을 〈보기〉에서 있는 대로 고른 것은?

─ 보기 ─
ㄱ. ㉠에서 태양 에너지가 생성된다.
ㄴ. ㉡에서 수소 핵융합 반응이 일어난다.
ㄷ. 핵융합 반응 과정에서 질량결손이 일어난다.

① ㄱ ② ㄴ ③ ㄷ
④ ㄱ, ㄷ ⑤ ㄱ, ㄴ, ㄷ

02 다음은 ㉠에서 일어나는 반응을 나타낸 것이다.

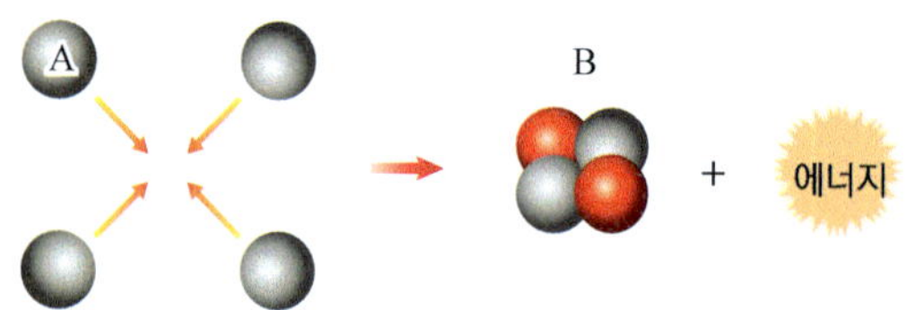

(1) A, B는 각각 무엇인가?

A (   ), B (   )

(2) 빈칸에 알맞은 말을 각각 고르시오.

태양의 중심부에서 일어나는 (㉠ 핵분열 ㉡ 핵융합) 반응에서 반응 전 질량의 합은 반응 후 질량의 합보다 (㉠ 크며 ㉡ 작으며) 이 차이만큼 에너지가 발생한다.

03 태양 에너지에 대한 설명으로 옳은 것만을 〈보기〉에서 있는 대로 고른 것은?

─ 보기 ─
ㄱ. 대기와 해수의 순환을 일으킨다.
ㄴ. 태양의 대류층에서 핵융합 반응에 의해 발생한다.
ㄷ. 지구의 적도에서 극지방으로 갈수록 단위 면적당 지표면이 받는 태양 에너지의 양은 감소한다.

① ㄱ ② ㄴ ③ ㄱ, ㄷ
④ ㄴ, ㄷ ⑤ ㄱ, ㄴ, ㄷ

04 태양에서 수소 원자핵이 헬륨 원자핵으로 바뀌는 수소 핵융합 반응에 대한 설명으로 옳지 <u>않은</u> 것은?

① 태양의 중심부 핵에서 일어나는 반응이다.
② 4개의 수소 원자핵이 융합하여 1개의 헬륨 원자핵을 만든다.
③ 생성 물질의 총 질량수와 반응 물질의 총 질량수는 다르다.
④ 감소한 질량은 에너지로 방출된다.
⑤ 발생한 에너지는 지구에 도달한 후 에너지 전환과 순환을 일으킨다.

05 다음 중 질량과 에너지의 관계에 대한 설명으로 옳은 것만을 〈보기〉에서 있는 대로 고른 것은?

─ 보기 ─
ㄱ. 질량과 에너지는 서로 변환될 수 있다.
ㄴ. 핵반응에서 질량은 보존된다.
ㄷ. 핵반응에서 감소한 질량이 클수록 에너지가 많이 발생한다.

① ㄱ ② ㄴ ③ ㄷ
④ ㄱ, ㄷ ⑤ ㄱ, ㄴ, ㄷ

B 태양 에너지의 전환과 흐름

06 다음 중 태양 에너지가 전환되면서 일어나는 현상으로 옳은 것만을 있는 대로 고르시오.

①

밀물과 썰물

②

지진

③

태풍

④

화산

⑤

화석 연료 생성

 태양 에너지에 대한 설명으로 옳은 것만을 〈보기〉에서 있는 대로 고른 것은?

보기
ㄱ. 태양에서 방출된 에너지는 모두 지구에 도달한다.
ㄴ. 태양 에너지는 광합성 시 화학 에너지로 전환된다.
ㄷ. 태양 에너지는 지구에서 물이나 탄소를 순환시켜 에너지의 연속적인 흐름을 일으킨다.

① ㄴ
② ㄷ
③ ㄱ, ㄴ
④ ㄴ, ㄷ
⑤ ㄱ, ㄴ, ㄷ

08 지구에 도달한 태양 에너지가 전환되면서 생기는 현상으로 옳지 <u>않은</u> 것은?

① 지진이 일어난다.
② 흐린 날 바람이 분다.
③ 대기와 해수가 운동하게 한다.
④ 물을 증발시켜 구름을 만든다.
⑤ 생물체가 호흡하고 성장하게 한다.

09 그림 (가)는 광합성을 하는 식물의 잎을, (나)는 천연가스가 타고 있는 모습이다.

(가) 광합성   (나) 천연가스 연소

이에 대한 설명으로 옳은 것만을 〈보기〉에서 있는 대로 고른 것은?

보기
ㄱ. (가)에서는 빛에너지가 화학 에너지로 전환된다.
ㄴ. (나)에서는 태양 에너지가 역학적 에너지로 전환된다.
ㄷ. (가)의 과정과 (나)의 과정에서 탄소는 서로 반대 권역으로 이동한다.

① ㄱ
② ㄴ
③ ㄷ
④ ㄱ, ㄷ
⑤ ㄱ, ㄴ, ㄷ

10 그림 (가)는 바람이 부는 모습을, (나)는 광합성을 나타낸 것이다.

이에 대한 설명으로 옳은 것만을 〈보기〉에서 있는 대로 고른 것은?

보기
ㄱ. (가)에서는 태양 에너지가 운동 에너지로 전환된다.
ㄴ. (나)에서는 빛에너지가 위치 에너지로 전환된다.
ㄷ. (가)와 (나) 현상의 근원이 되는 에너지는 모두 태양 에너지이다.

① ㄱ
② ㄴ
③ ㄷ
④ ㄱ, ㄷ
⑤ ㄱ, ㄴ, ㄷ

11 다음은 태양 에너지가 ㉠~㉢을 포함한 다양한 형태의 에너지로 전환되었다가 다시 전기 에너지로 전환되는 과정을 나타낸 것이다.

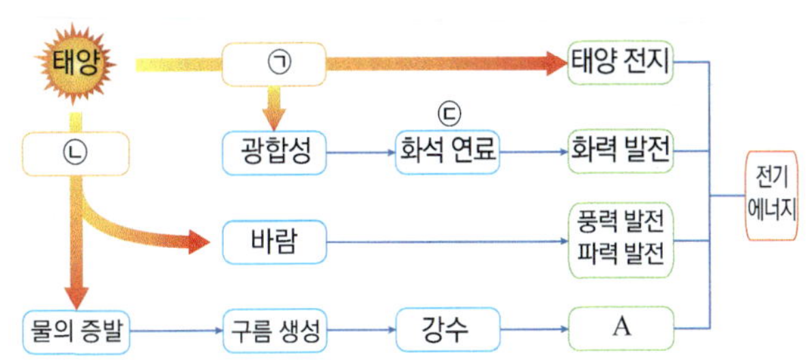

이에 대한 설명으로 옳은 것만을 〈보기〉에서 있는 대로 고른 것은?

보기
ㄱ. ㉠은 빛에너지, ㉡은 열에너지이다.
ㄴ. 광합성 과정을 통해 ㉠이 ㉢으로 전환되어 식물에 저장된다.
ㄷ. 화석 연료의 ㉢는 핵발전의 에너지원이다.
ㄹ. A는 수력발전이다.

① ㄱ, ㄴ
② ㄱ, ㄴ, ㄷ
③ ㄴ, ㄹ
④ ㄱ, ㄹ
⑤ ㄱ, ㄴ, ㄹ

그림은 지구에서 물이 순환하며 비와 눈과 같은 기상 현상을 일으키는 과정을 나타낸 것이다.

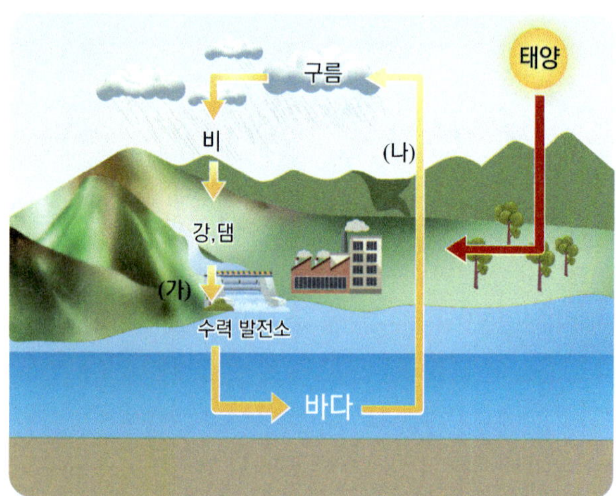

이에 대한 설명으로 옳은 것만을 〈보기〉에서 있는 대로 고른 것은?

보기
ㄱ. 물의 순환 과정에서 다양한 에너지의 전환과 흐름이 나타난다.
ㄴ. (가) 과정을 거치며 물의 역학적 에너지가 전기 에너지로 전환된다.
ㄷ. (나) 과정은 열에너지가 구름의 퍼텐셜 에너지로 전환된다.

① ㄴ   ② ㄷ   ③ ㄱ, ㄴ
④ ㄴ, ㄷ   ⑤ ㄱ, ㄴ, ㄷ

13
그림은 태양 에너지가 전환되어 전기 에너지를 얻는 여러 경로를 나타낸 것이다.

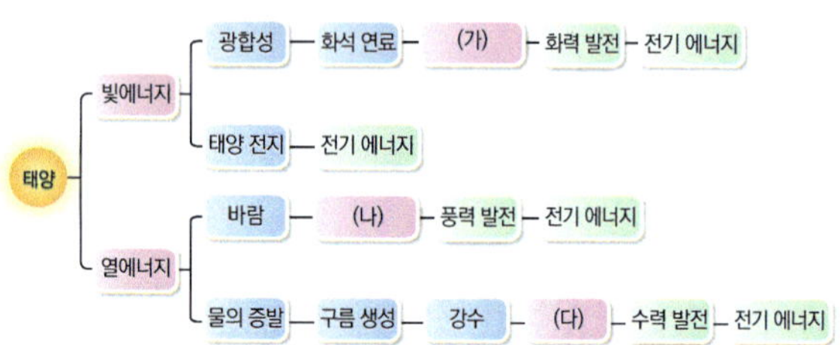

(가)~(다)에 들어갈 에너지를 옳게 짝지은 것은?

	(가)	(나)	(다)
①	열에너지	운동 에너지	위치 에너지
②	위치 에너지	화학 에너지	운동 에너지
③	화학 에너지	위치 에너지	운동 에너지
④	위치 에너지	운동 에너지	화학 에너지
⑤	화학 에너지	운동 에너지	위치 에너지

14
다음은 지구에서 일어나는 어느 순환 과정이다.

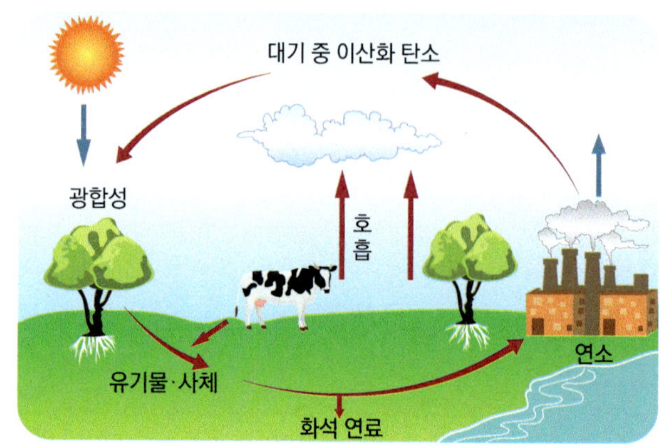

이에 대한 설명으로 옳은 것만을 〈보기〉에서 있는 대로 고른 것은?

보기
ㄱ. 화석 연료는 지구 내부 에너지가 화학 에너지로 저장된 것이다.
ㄴ. 식물의 광합성 과정에서 이산화 탄소와 태양 에너지는 유기물의 화학 에너지로 저장된다.
ㄷ. 생명체의 호흡과 화석 연료의 연소로 탄소는 기권으로 이동한다.

① ㄴ   ② ㄷ   ③ ㄱ, ㄴ
④ ㄴ, ㄷ   ⑤ ㄱ, ㄴ, ㄷ

15
그림은 지구에서 일어나는 물의 순환을 나타낸 것이다.

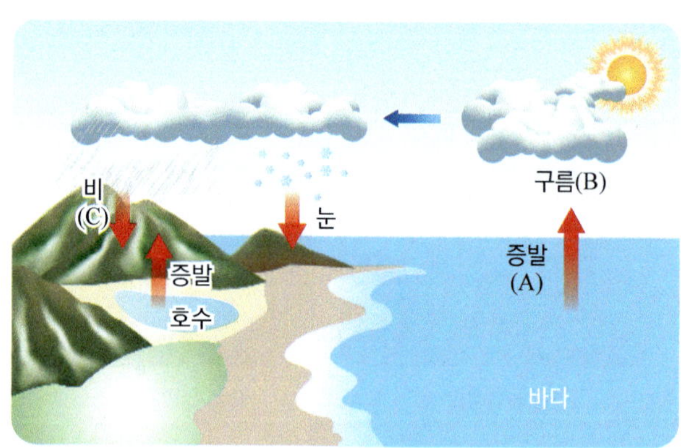

이에 대한 설명으로 옳은 것만을 〈보기〉에서 있는 대로 고른 것은?

보기
ㄱ. A는 태양 에너지를 흡수하여 일어난다.
ㄴ. B가 생성되는 과정에서 열에너지가 흡수된다.
ㄷ. B→C 과정에서 빗방울의 위치 에너지는 감소한다.

① ㄴ   ② ㄷ   ③ ㄱ, ㄴ
④ ㄱ, ㄷ   ⑤ ㄱ, ㄴ, ㄷ

심화 실력높이기

01 그림은 태양에서 4개의 수소 원자핵이 1개의 헬륨 원자핵이 되는 핵반응 과정을 나타낸 것이다.

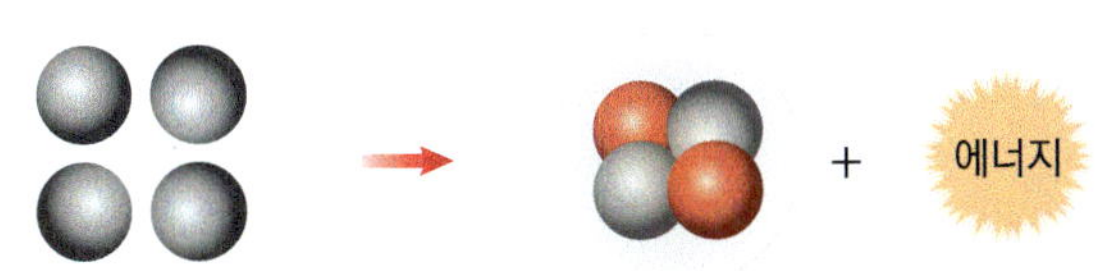

이에 대한 설명으로 옳은 것만을 〈보기〉에서 있는 대로 고른 것은?

• 보기 •
ㄱ. 태양의 표면에서 일어나는 핵융합 반응이다.
ㄴ. 태양의 에너지는 질량결손에 의한 에너지이다.
ㄷ. 시간이 지남에 따라 태양의 질량은 감소할 것이다.

① ㄴ 　② ㄷ 　③ ㄱ, ㄴ
④ ㄴ, ㄷ 　⑤ ㄱ, ㄴ, ㄷ

02 다음 A~C는 태양 에너지에 의해 일어나는 현상이다.

A. 광합성 과정에서 이산화 탄소와 물이 반응하여 포도당과 산소가 생성된다.
B. 생명체의 유해가 땅속에 묻혀 화석 연료가 된다.
C. 수증기가 구름이 되고, 비나 눈과 같은 기상 현상을 일으킨다.

이에 대한 설명으로 옳은 것만을 〈보기〉에서 있는 대로 고른 것은?

• 보기 •
ㄱ. A에서는 이산화 탄소의 화학 에너지가 포도당의 화학 에너지로 저장되는 것이다.
ㄴ. B에서는 생명체의 화학 에너지가 지구 내부 에너지로 전환되는 것이다.
ㄷ. C에는 열에너지가 위치 에너지로 전환되는 과정이 포함된다.

① ㄴ 　② ㄷ 　③ ㄱ, ㄴ
④ ㄴ, ㄷ 　⑤ ㄱ, ㄴ, ㄷ

03 다음은 헬륨 원자핵이 생성되는 두 가지 핵반응식을 나타낸 것이다. (MeV는 에너지의 단위이다.)

$$(가)\ 4\,{}_{1}^{1}H \longrightarrow {}_{2}^{4}He + 26\ MeV$$
$$(나)\ 2\,{}_{1}^{2}H \longrightarrow {}_{2}^{4}He + 24\ MeV$$

이에 대한 설명으로 옳은 것만을 〈보기〉에서 있는 대로 고른 것은?

• 보기 •
ㄱ. 수소 원자핵(${}_{1}^{1}H$) 4개의 질량은 헬륨 원자핵(${}_{2}^{4}He$) 1개의 질량과 같다.
ㄴ. 중수소 원자핵(${}_{1}^{2}H$) 2개의 질량은 헬륨 원자핵 1개의 질량 보다 작다.
ㄷ. 질량결손은 (가)가 (나)보다 크다.

① ㄴ 　② ㄷ 　③ ㄱ, ㄴ
④ ㄴ, ㄷ 　⑤ ㄱ, ㄴ, ㄷ

04 다음은 태양 에너지가 전기 에너지로 전환되는 과정을 나타낸 것이다.

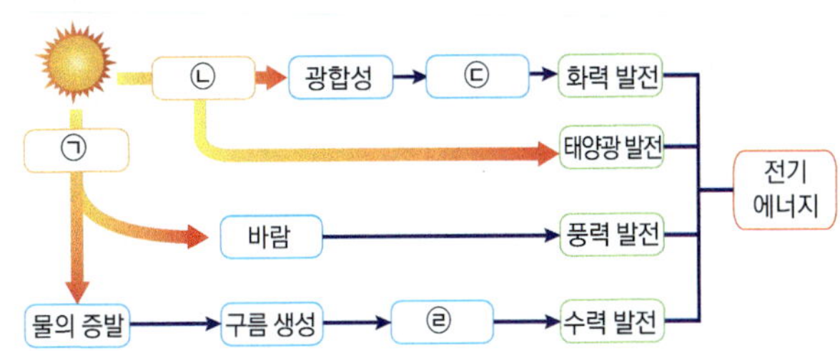

이에 대한 설명으로 옳은 것만을 〈보기〉에서 있는 대로 고른 것은?

• 보기 •
ㄱ. ㉠은 열에너지, ㉡은 빛에너지이다.
ㄴ. 자동차에서 ㉢은 운동 에너지와 열에너지, 진동 에너지 등으로 전환된다.
ㄷ. ㉣은 시간이 지남에 따라 위치 에너지가 점차 증가한다.

① ㄴ 　② ㄷ 　③ ㄱ, ㄴ
④ ㄴ, ㄷ 　⑤ ㄱ, ㄴ, ㄷ

02 발전과 에너지원

A 전자기 유도

1. 전자기 유도: 코일 A 주위에서 자석이나 전류가 흐르는 코일 B를 움직일 때 코일 A 내부를 지나는 자기장[1]이 변하면서 코일 A에 전류(유도 전류)가 흐르는 현상이다.

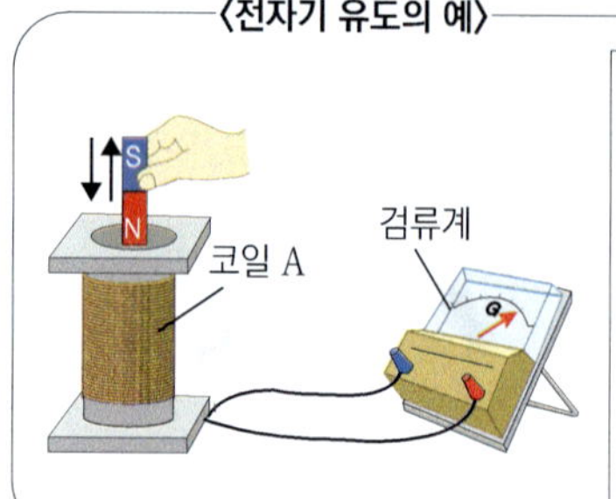

〈전자기 유도의 예〉

① 코일 A 내부에서 자석을 움직이면 검류계(G)의 바늘이 움직인다.
 ➡ 코일 A에 유도 전류가 흐른다.

② 코일 A 내부에서 자석을 정지시키면 검류계(G)의 바늘은 0을 가리킨다.
 ➡ 코일 A에 유도 전류가 흐르지 않는다.

③ 자석을 아래로 움직일 때와 위로 움직일 때 검류계(G) 바늘이 움직이는 방향이 반대이다. ➡ 자석을 위로 움직일 때와 아래로 움직일 때 코일 A에 발생하는 유도 전류의 방향은 반대이다.

2. 유도 전류: 전자기 유도에 의해 코일에 흐르는 전류이다.

① **유도 전류의 세기**: 자석의 세기가 셀수록, 자석이나 코일을 빠르게 움직일수록, 코일의 감은 수가 많을수록 유도 전류가 많이 흐른다.

② **유도 전류의 방향**[2]: 코일 내부를 통과하는 자기장의 변화를 방해하는 방향으로 흐른다.

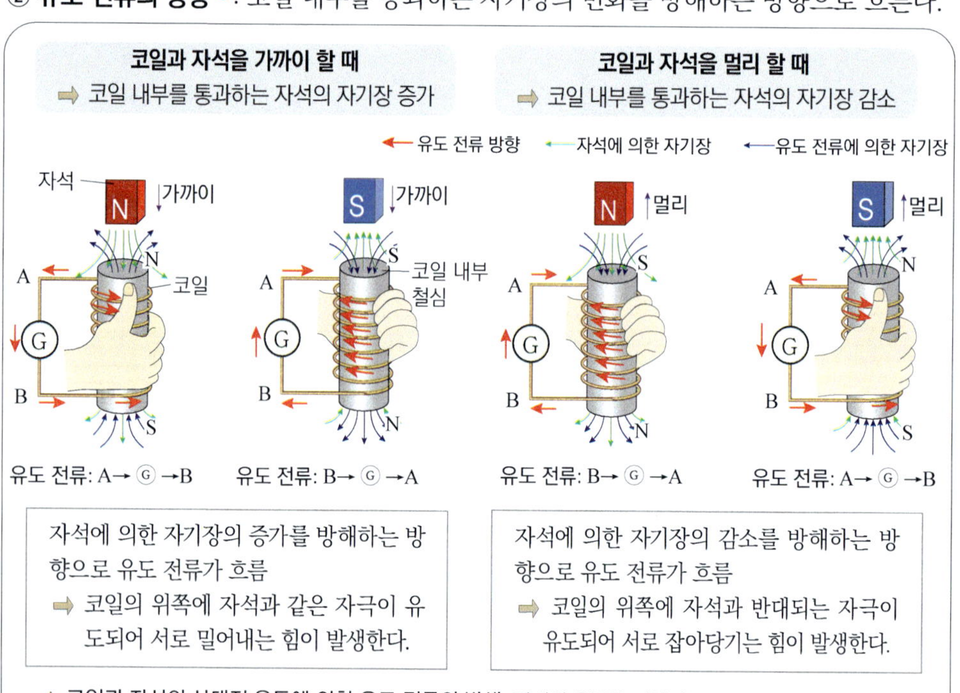

자석에 의한 자기장의 증가를 방해하는 방향으로 유도 전류가 흐름
 ➡ 코일의 위쪽에 자석과 같은 자극이 유도되어 서로 밀어내는 힘이 발생한다.

자석에 의한 자기장의 감소를 방해하는 방향으로 유도 전류가 흐름
 ➡ 코일의 위쪽에 자석과 반대되는 자극이 유도되어 서로 잡아당기는 힘이 발생한다.

▲ 코일과 자석의 상대적 운동에 의한 유도 전류의 발생: 자석의 운동을 방해하는 유도 자기장이 발생한다.

③ **유도 기전력**: 코일에 전류가 흐르는 것은 코일 양단에 전압이 발생하였기 때문이다. 이처럼 전자기 유도에 의해 코일에 생기는 전압을 유도 기전력이라고 한다.
 ➡ 유도 기전력(전압)이 클수록 유도 전류가 많이 흐른다.

3. 전자기 유도 현상에서 에너지 전환: 자석과 코일의 운동 에너지가 전기 에너지로 전환된다.

자석과 코일을 가까이 한다.
 ➡ 자석이나 코일의 운동 에너지
→ 자기장이 상호 작용하며 변한다.
→ 코일에 유도 전류가 발생한다.
 ➡ 전기 에너지

개념+

[1] 자석, 전류가 흐르는 코일의 자기장과 자기력선

자석이나 전류가 흐르는 코일 주위에는 자기장이 형성되며 방향은 주위에 놓인 자침의 N극 방향이다. 자기장의 방향을 선으로 나타내면 자기력선이 된다. 전류가 흐르는 코일은 자석과 같은 자기장을 만든다.

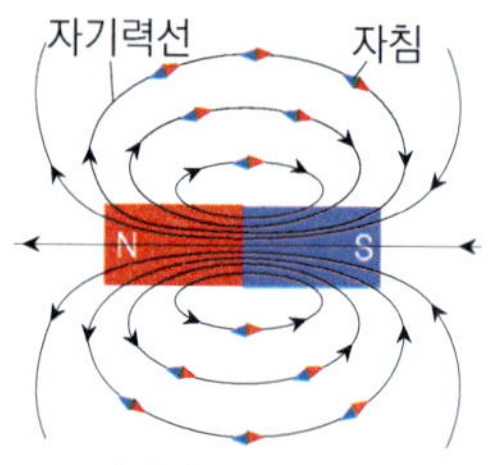

▲ 자석과 자석 내부 자기장

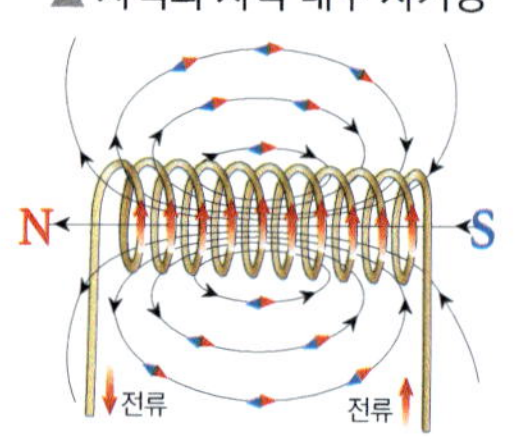

▲ 전류가 흐르는 코일의 자기장

[2] 유도 전류의 방향

코일에 유도된 자기장의 방향(N극) 쪽으로 엄지 손가락을 향하고, 나머지 네 손가락으로 코일을 감아쥐었을 때, 감아쥐는 방향이 코일에 흐르는 유도 전류의 방향이다.

발전기에서 전기 에너지 생성

1. 발전기: 전자기 유도를 이용하여 전기 에너지를 생산하는 장치이다.

① **발전기 구조**: 자석과 자석 사이에 회전하는 코일이 장치되어 있다.

② **발전기 원리**: 코일을 회전시키면 코일의 단면을 수직으로 통과하는 자석의 자기장이 시간에 따라 변하고, 전자기 유도에 의해 유도 전류(교류)가 발생한다.

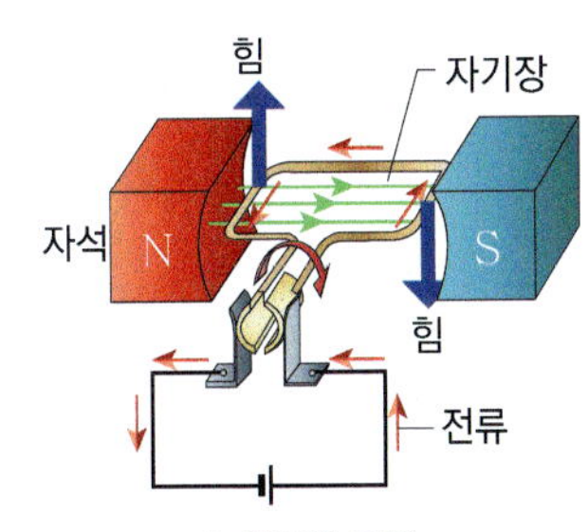

90° 회전하는 순간 유도 전류(발전 전류) 방향이 바뀜
: 발전 전류의 방향이 매 주기마다 반대로 바뀌는 교류이다.

처음 상태	45° 회전했을 때	90° 회전했을 때	135° 회전했을 때	180° 회전했을 때

코일의 단면적을 통과하는 자기력선이 증가 ⇨ 유도 전류(+방향) 발생	코일의 단면적을 통과하는 자기력선이 감소 ⇨ 유도 전류(−방향) 발생

· 자석의 자기력이 셀수록, 자석 사이의 코일이 빠르게 회전할수록 유도 전류가 커진다.

③ **발전기에서 에너지 전환**: 코일의 운동 에너지 ⇨ 전기 에너지

2. 발전기를 이용한 여러 가지 발전 방식 ❶: 발전기에 연결된 터빈 ❷ 을 회전시키는 에너지원에 따라 구분된다. 터빈이 돌아갈 때 발전기 내부의 자석이 회전하면서 전자기 유도에 의해 전기 에너지가 생산된다.

(1) 화력발전

① **에너지원과 원리**: 석유나 석탄과 같은 화석 연료가 연소될 때 발생하는 열에너지로 물을 끓이고, 이때 발생하는 고온·고압의 수증기로 터빈을 돌린다.

② **에너지 전환**: 화학 에너지 → 열에너지 → 운동 에너지 → 전기 에너지

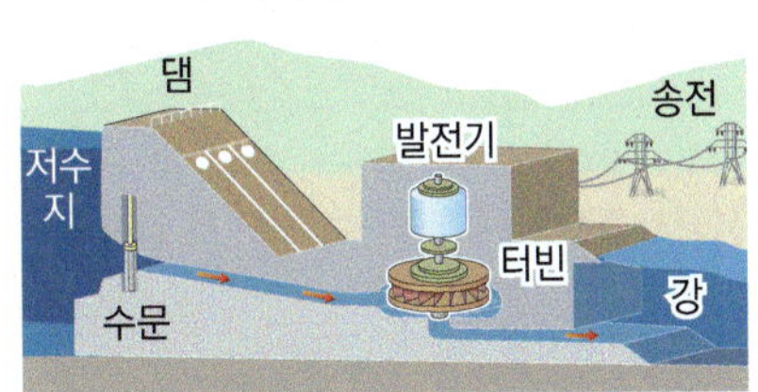

▲ 화력 발전소의 구조

(2) 수력발전

① **에너지원과 원리**: 높은 곳에 있는 물이 낮은 곳으로 흘러내리면서 터빈을 돌린다.

② **에너지 전환**: 위치 에너지 → 운동 에너지 → 전기 에너지

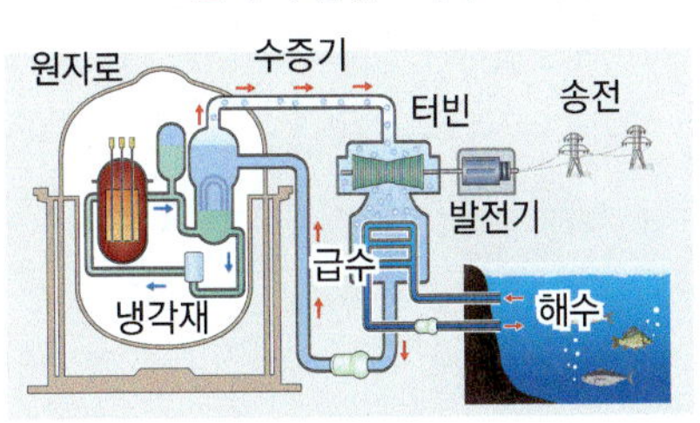

▲ 수력 발전소의 구조

(3) 핵발전

① **에너지원과 원리**: 우라늄과 같은 핵연료가 핵분열할 때 발생하는 에너지로 물을 끓이고, 이때 발생하는 고온·고압의 수증기로 터빈을 돌린다. (원자력 발전)

② **에너지 전환**: 핵에너지 → 열에너지 → 운동 에너지 → 전기 에너지

▲ 핵발전소의 구조

● **전동기**

▲ 전동기 구조

코일에 전류가 흐르면 코일이 자석의 자기장으로부터 힘을 받아 회전하여 날개가 돌아간다. ⇨ 자기장 속에서 전류가 흐르는 도선이 받는 힘을 이용 ⇨ 회전 모터 등에 이용함.

전동기는 발전기와 구조가 유사하지만 전기 에너지 ⇨ 운동 에너지로 전환되므로 에너지 전환 과정은 서로 반대이다.

❶ **화력, 수력, 핵발전의 공통점**

화력, 수력, 핵발전은 터빈을 돌리는 에너지원은 서로 다르지만 터빈과 연결된 발전기에서 일어나는 전자기 유도 현상을 이용하여 전기 에너지를 생산한다는 공통점이 있다.

❷ **터빈**

높은 압력의 기체나 액체가 가지는 에너지를 이용하여 수많은 날개가 달린 회전체를 회전시키는 장치이다.

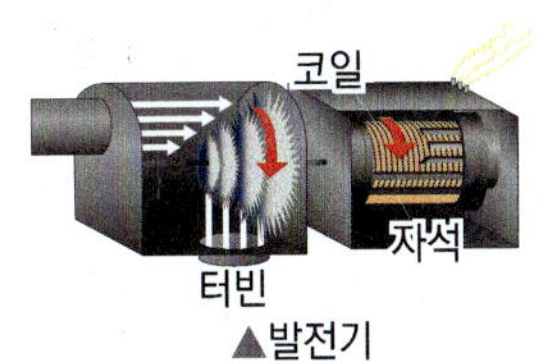

발전소에서는 터빈을 이용하여 발전기의 자석을 회전시킨다.

▲ 발전기

3. 각 발전 방식의 장단점

구분	화력발전	수력발전	핵발전
장점	·건설 비용이 적다 ·화석 연료를 사용하므로 에너지 공급이 안정하다. ·전력 수요에 빠르게 대처할 수 있다.	·발전 과정에서 온실가스가 배출되지 않는다. ·자원고갈의 우려가 없다.	·발전단가가 낮고 발전량이 많다. ·발전 과정에서 온실가스가 배출되지 않는다.
단점	·발전 과정에서 온실가스가 배출된다. ·화석 연료 고갈의 우려가 있다.	·발전량이 적다. ·건설할 수 있는 장소가 제한적이다. ·건설 과정에서 생태계가 파괴될 수 있다.	·자원매장량에 한계가 있다. ·건설할 수 있는 장소가 제한적이다. ·발전 과정에서 방사성 폐기물이 발생한다.

4. 발전과 인간 생활: 현대 문명에서 인간이 생활을 영위하기 위해 전기는 필수적이므로 발전소를 이용해 전기 에너지를 생산한다는 것은 매우 중요하다.❸

발전소 건설에 있어 환경 오염이나 기후 변화에 따른 생태계 파괴의 위험이 증가하는 문제가 발생한다. 고갈될 염려가 없고 지구 온난화와 환경 오염이 없는 친환경적인 새로운 에너지 자원을 개발하여야 한다.

개념체크⁺

정답 및 해설 ➜ 74

01 코일에 검류계 ⑤ 를 연결한 후, 막대 자석의 S극을 코일에 가까이 가져갔다.

(1) 코일의 ㉠ 부분에 유도되는 극을 쓰시오. ··············(   )
(2) 코일에 흐르는 유도 전류의 방향을 A, B 중 고르시오. ·(   )

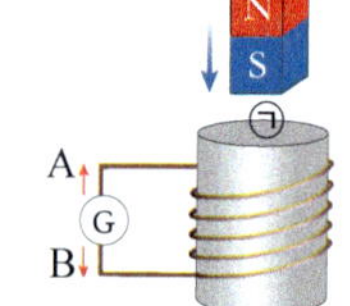

02 전자기 유도에 대한 설명 중 옳은 것은 ○표, 옳지 <u>않은</u> 것은 ×표 하시오.

(1) 코일을 통과하는 자기장의 변화를 방해하는 방향으로 유도 전류가 흐른다. ··· (   )
(2) 코일에 막대자석의 N극이 가까워질 때와 S극이 가까워질 때 각각 유도되는 전류의 방향은 같다.··· (   )
(3) 자석 근처에서 코일이 빠르게 움직일수록 코일에 발생하는 유도 전류가 크다.······(   )

03 발전기에 대한 설명이다. 빈칸에 알맞은 말을 각각 쓰시오.

발전기란 (㉠   ) 를 이용하여 전기 에너지를 생산하는 장치로, 발전기에 연결된 터빈이 돌아갈 때 터빈의 (㉡   ) 에너지가 (㉢   ) 에너지로 전환된다.

04 각 발전 방식의 에너지 전환 과정에서 해당하는 것을 〈보기〉에서 골라 각각 기호로 쓰시오.

> **보기**
>
> ㄱ. 열에너지   ㄴ. 운동 에너지   ㄷ. 전기 에너지
> ㄹ. 핵에너지   ㅁ. 위치 에너지   ㅂ. 화학 에너지

(1) 화력발전: (   ) → (   ) → 운동 에너지 → 전기 에너지
(2) 수력발전: (   ) → 운동 에너지 → (   )
(3) 핵발전: (   ) → 열에너지 → (   ) → 전기 에너지

개념⁺

❸ 일상생활에서 이용되는 간이 발전기

·**자전거 발전기**: 바퀴를 돌리면 간이 발전기의 코일 내부에서 자석이 회전하여 전조등에 불이 켜진다.

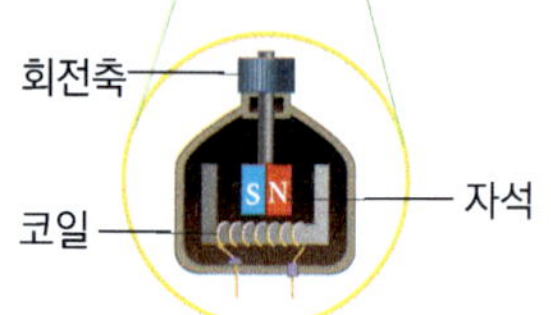

·**흔들이 손전등**: 손전등을 흔들면 코일과 자석이 상대적으로 운동하여 불이 켜진다.

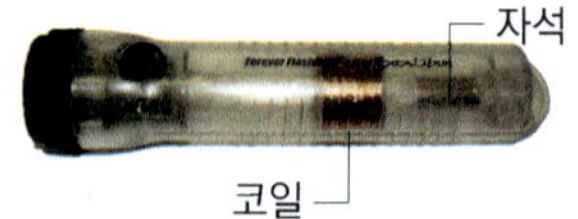

POINT

전자기 유도 실험

목표
자석 주위에서 코일이 움직이거나 코일 주위에서 자석이 움직일 때 전류가 유도되는 것을 확인할 수 있다.

실험 과정

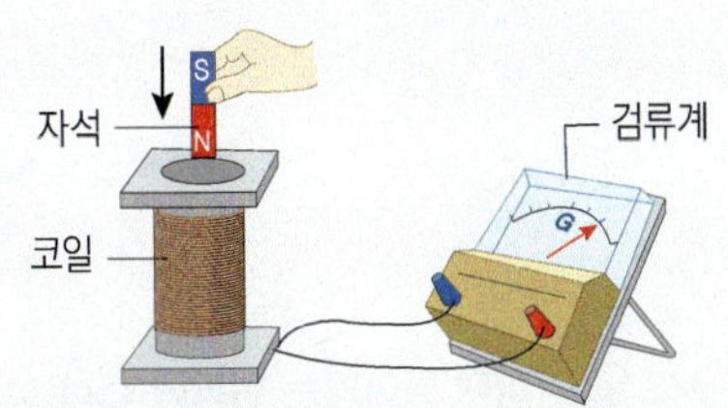

① 원통형 코일과 검류계를 집게 전선으로 연결한다.
② 코일 속에 막대자석의 N극을 넣을 때와 뺄 때 검류계 바늘의 움직임을 비교한다.
③ 코일 속에 막대자석의 S극을 넣을 때와 뺄 때 검류계 바늘의 움직임을 비교한다.
④ 막대자석을 빠르게 움직이면서 검류계 바늘의 움직임을 관찰한다.
⑤ 코일 속에 막대자석을 넣은 채로 가만히 있을 때 검류계 바늘의 움직임을 관찰한다.

탐구 결과

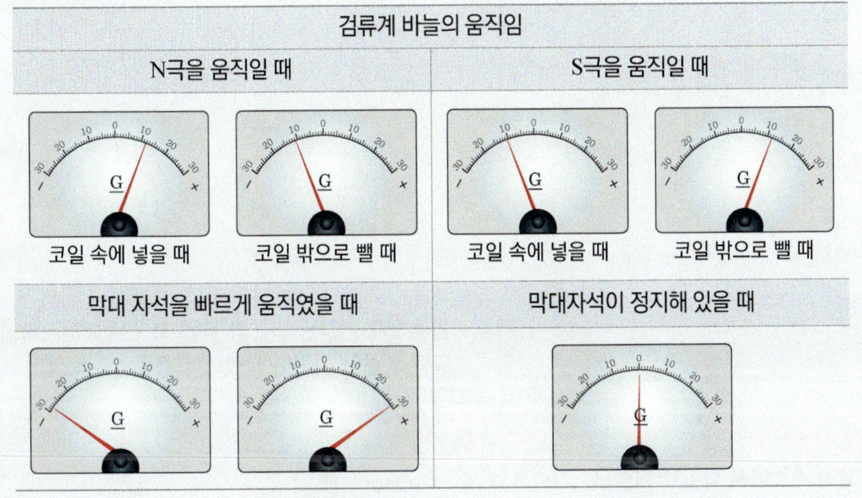

검류계 바늘의 움직임			
N극을 움직일 때		S극을 움직일 때	
코일 속에 넣을 때	코일 밖으로 뺄 때	코일 속에 넣을 때	코일 밖으로 뺄 때
막대 자석을 빠르게 움직였을 때		막대자석이 정지해 있을 때	

!주의

검류계는 약한 전류가 흐를 때 전류를 측정하는 실험 기구이다.

자석을 고정하고 코일을 움직이면 어떤 현상이 발생할까?

→ 자석 대신 코일을 움직이더라도 유도 전류가 흐르면서 검류계의 바늘이 움직인다.

정답 및 해설 → 74

결과 해석

탐구 문제 1 막대자석의 N극을 움직일 때와 S극을 움직일 때 검류계의 바늘이 반대로 움직인 이유는 무엇인가?

탐구 문제 2 막대자석을 빠르게 움직일 때 검류계의 바늘이 더 많이 움직인 이유는 무엇인가?

탐구 문제 3 막대자석이 정지해 있을 때 검류계의 바늘이 움직이지 않은 이유는 무엇인가?

A 전자기 유도

01 전자기 유도에 의해 코일에 전류가 흐르는 경우만을 〈보기〉에서 있는 대로 고른 것은?

> **보기**
>
> ㄱ. 자석의 S극을 코일에 가까이 가져간다.
> ㄴ. 코일 속에 자석을 넣고 가만히 있는다.
> ㄷ. 코일을 정지해 있는 자석 가까이 가져간다.

① ㄱ ② ㄴ ③ ㄱ, ㄴ
④ ㄱ, ㄷ ⑤ ㄴ, ㄷ

02 철심에 코일을 감고 전류를 흘려 주었더니 자석의 성질을 띠었다. 각 그림의 ⓐ와 ⓑ 부분은 각각 무슨 극을 띠는가?

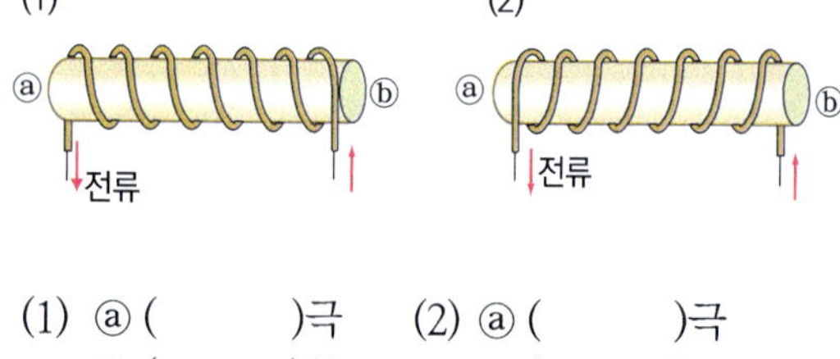

(1) ⓐ (   )극 (2) ⓐ (   )극
    ⓑ (   )극   ⓑ (   )극

03 〈보기〉는 검류계가 연결된 코일 주위에서 화살표 방향으로 자석을 움직이는 것을 각각 나타낸 것이다.

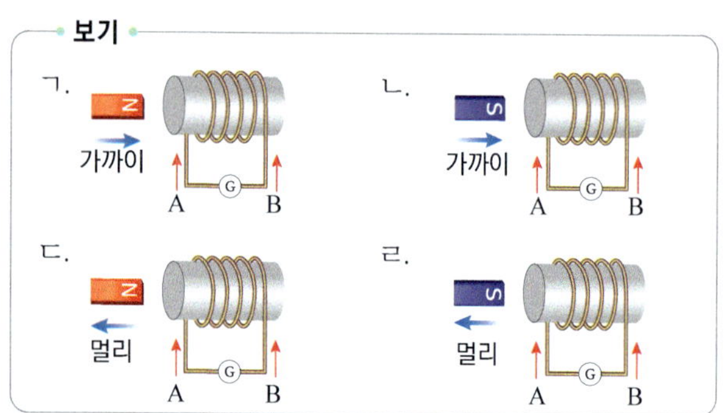

(1) 코일에 유도된 전류의 방향이 A로 같은 것을 있는 대로 고르시오. (   )

(2) 코일과 자석 사이에 서로 밀어내는 자기력이 작용하는 경우를 있는 대로 고르시오. (   )

04 그림과 같이 코일로부터 자석의 N극이 멀어지도록 운동시켰다.

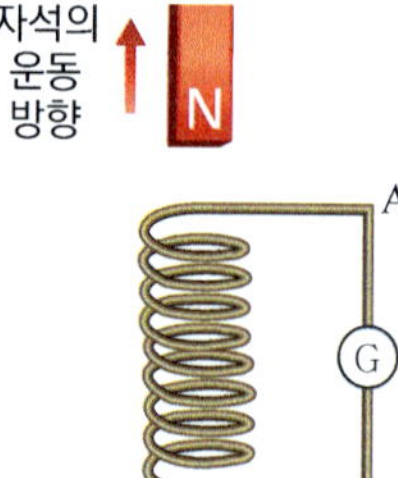

이때 일어나는 현상에 대한 설명으로 옳은 것만을 〈보기〉에서 있는 대로 고른 것은?

> **보기**
>
> ㄱ. 코일에 유도되는 전류의 방향은 A → Ⓖ → B이다.
> ㄴ. 자석과 코일 사이에는 서로 잡아당기는 힘이 작용한다.
> ㄷ. 코일 내부를 통과하는 자기장의 세기는 감소한다.

① ㄱ ② ㄴ ③ ㄷ
④ ㄱ, ㄷ ⑤ ㄱ, ㄴ, ㄷ

05 검류계가 연결된 원통형 코일 쪽으로 막대자석의 N극을 그림과 같이 가까이 하였더니 검류계의 바늘이 B 방향으로 움직였다.

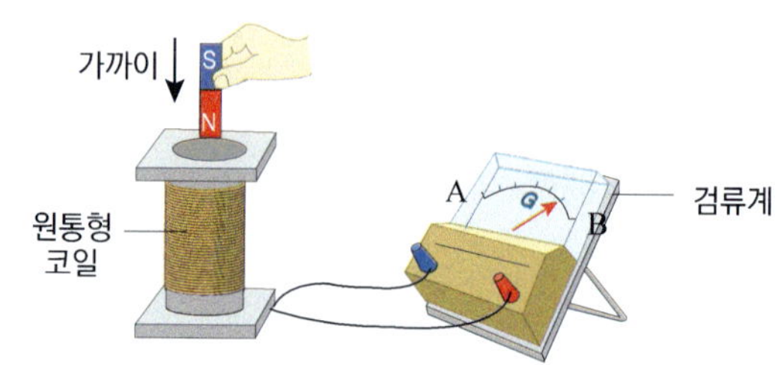

이에 대한 설명으로 옳은 것만을 〈보기〉에서 있는 대로 고른 것은?

> **보기**
>
> ㄱ. 자석을 빠르게 움직일수록 검류계 바늘이 크게 움직인다.
> ㄴ. 막대자석의 S극을 코일 쪽으로 가까이 하면 검류계의 바늘은 A쪽으로 움직인다.
> ㄷ. 감은 수가 더 많은 코일을 사용하면 검류계 바늘은 양쪽으로 진동한다.

① ㄱ ② ㄴ ③ ㄱ, ㄴ
④ ㄴ, ㄷ ⑤ ㄱ, ㄴ, ㄷ

06 코일에 자석의 S극을 가까이 가져갔다. Ⓖ 는 검류계이다.

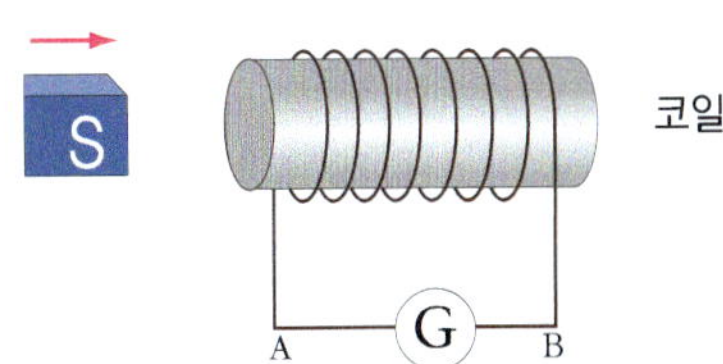

이에 대한 설명으로 옳은 것만을 〈보기〉에서 있는 대로 고른 것은?

─ 보기 ─
ㄱ. 코일과 자석 사이에는 밀어내는 힘이 작용한다.
ㄴ. 코일을 통과하는 자기장의 세기가 증가한다.
ㄷ. 코일에 흐르는 유도 전류의 방향은 A→ Ⓖ → B 방향이다.

① ㄱ   ② ㄷ   ③ ㄱ, ㄴ
④ ㄱ, ㄷ   ⑤ ㄱ, ㄴ, ㄷ

07 그림 (가)처럼 자석의 N극을 코일에 접근시킬 때 검류계에 그림 A 처럼 전류가 흘렀다. 그림 B는 그림 (가)에서 자석의 극을 바꾸거나 자석의 운동을 달리할 때의 검류계의 모습이다.

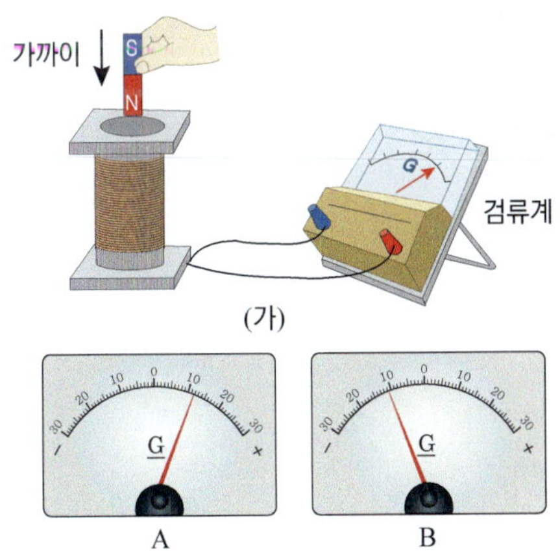

B와 같은 결과가 나올 수 있는 자석의 극과 운동으로 옳은 것만을 〈보기〉에서 있는 대로 고른 것은?

─ 보기 ─
ㄱ. S극을 코일에 가까이 한다.
ㄴ. N극을 코일에서 멀리 한다.
ㄷ. S극을 코일에서 멀리 한다.

① ㄱ   ② ㄷ   ③ ㄱ, ㄴ
④ ㄱ, ㄷ   ⑤ ㄱ, ㄴ, ㄷ

08 그림 (가)는 막대자석을 중심축을 따라 원형 도선에 접근시키는 모습을 나타낸 것이고, 그림 (나)는 동일한 자석을 같은 극끼리 겹쳐서 (가)와 같은 속력으로 접근시키는 모습을 나타낸 것이다.

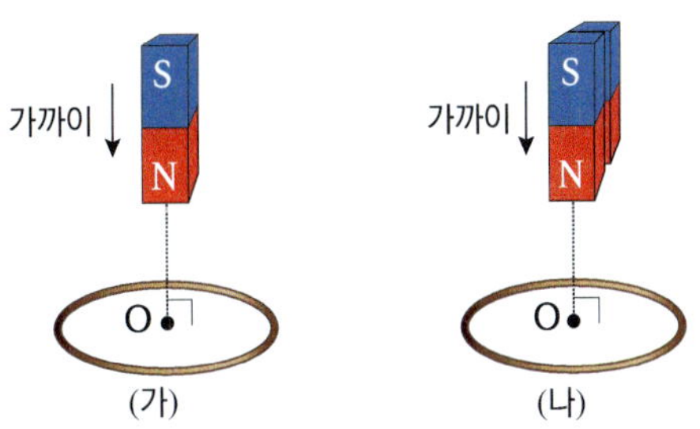

원형 도선에서 일어나는 현상을 비교한 것으로 옳은 것만을 〈보기〉에서 있는 대로 고른 것은?

─ 보기 ─
ㄱ. (가)와 (나) 모두 원형 도선에 가까이 할수록 원형 도선을 통과하는 자기장의 세기는 감소한다.
ㄴ. (가)와 (나) 모두 막대자석에 작용하는 자기력의 방향과 중력의 방향은 서로 반대이다.
ㄷ. (가)와 (나)에 있어 원형 도선에 발생하는 유도 전류의 방향은 서로 반대이다.

① ㄱ   ② ㄴ   ③ ㄱ, ㄴ
④ ㄴ, ㄷ   ⑤ ㄱ, ㄷ

09 그림 (가), (나)는 동일한 자석이 서로 극을 달리하여 코일 A, B의 중심축을 따라 각각 같은 속력으로 접근하는 모습을 나타낸 것이다. 코일의 감은 수는 B가 A보다 많고, A와 B에 연결된 저항의 저항값은 서로 같다.

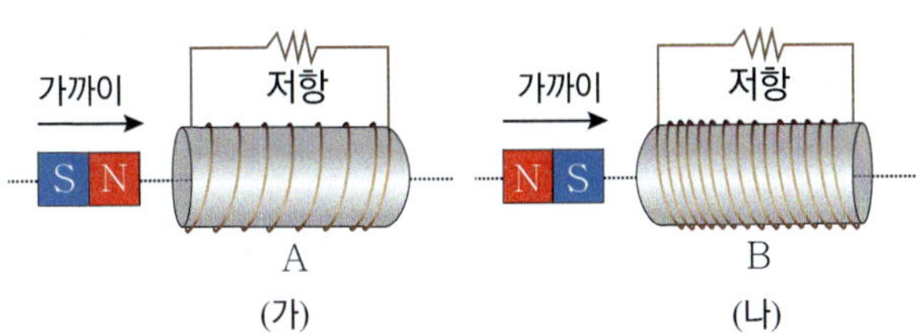

이에 대한 설명으로 옳은 것만을 〈보기〉에서 있는 대로 고른 것은?

─ 보기 ─
ㄱ. 자석에 작용하는 자기력의 방향은 (가)와 (나)에서 서로 반대이다.
ㄴ. 저항에 흐르는 유도 전류의 방향은 (가)와 (나)에서 서로 같다.
ㄷ. 저항에 흐르는 유도 전류의 세기는 (가)에서보다 (나)에서 더 크다.

① ㄱ   ② ㄴ   ③ ㄱ, ㄴ
④ ㄴ, ㄷ   ⑤ ㄱ, ㄴ, ㄷ

10
자석 속 코일이 회전할 때 전구에 불이 켜지는 발전기의 기본 구조를 나타낸 것이다.

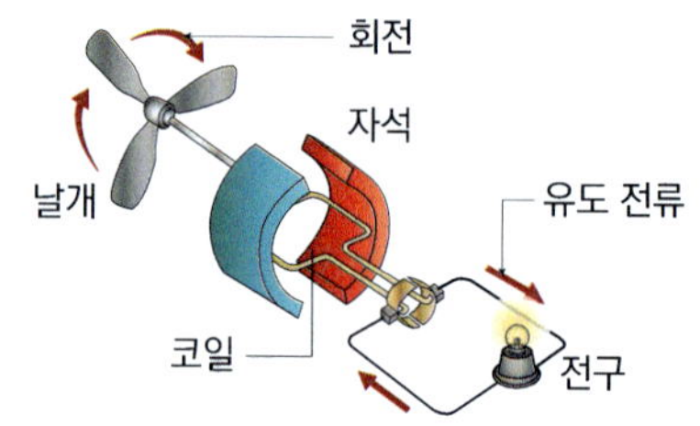

이에 대한 설명으로 옳은 것만을 〈보기〉에서 있는 대로 고른 것은?

보기
ㄱ. 전자기 유도에 의해 전구에 불이 켜진다.
ㄴ. 전기 에너지가 코일의 운동 에너지로 전환된다.
ㄷ. 코일이 회전할 때 코일의 단면을 통과하는 자기장의 세기가 시간에 따라 변한다.

① ㄱ   ② ㄴ   ③ ㄷ
④ ㄱ, ㄷ   ⑤ ㄱ, ㄴ, ㄷ

11
다음은 간이 발전기를 제작하는 실험이다.

[실험 과정]
① 그림처럼 코일 위에서 원형 자석을 회전시킬 수 있게 하고 코일은 검류계에 연결한다.
② 자석을 회전시키면서 검류계의 바늘이 움직이는지 관찰한다.

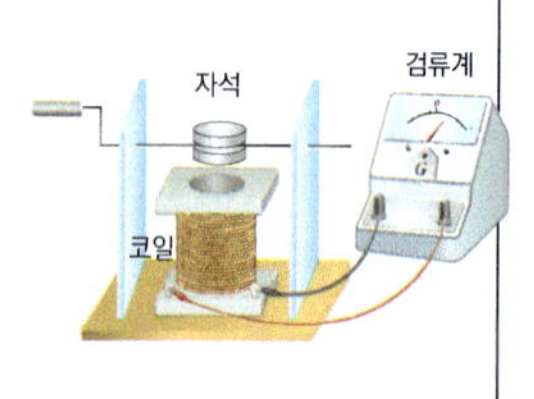

이에 대한 설명으로 옳은 것만을 〈보기〉에서 있는 대로 고른 것은?

보기
ㄱ. 자석을 회전시키면 검류계의 바늘이 0을 중심으로 양쪽으로 움직인다.
ㄴ. 자석을 더 빠르게 회전시키면 검류계의 바늘이 0을 중심으로 더 큰 진폭으로 양쪽으로 움직인다.
ㄷ. 자석이 회전할 때 코일을 통과하는 자기장의 세기는 변하지 않는다.

① ㄱ   ② ㄴ   ③ ㄷ
④ ㄱ, ㄴ   ⑤ ㄱ, ㄴ, ㄷ

12
그림은 자전거의 전조등을 켤 때 사용되는 간이 발전기의 모습을 나타낸 것이다. 자전거의 바퀴가 돌아가면 발전기 내부의 영구 자석이 회전하면서 전조등에 불이 켜진다.

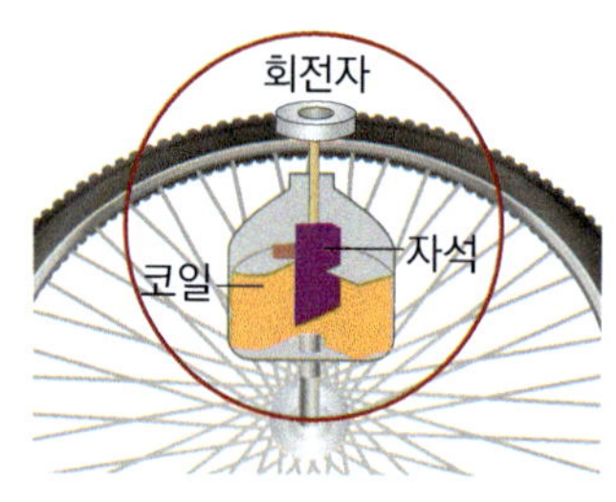

이에 대한 설명으로 옳은 것만을 〈보기〉에서 있는 대로 고른 것은?

보기
ㄱ. 자석과 코일 사이의 전자기 유도 현상을 이용한 것이다.
ㄴ. 전조등에 흐르는 전류의 방향은 일정하다.
ㄷ. 영구 자석의 운동 에너지가 전기 에너지로 전환된다.

① ㄱ   ② ㄴ   ③ ㄷ
④ ㄱ, ㄷ   ⑤ ㄱ, ㄴ, ㄷ

13
그림은 각각의 발전소에서 전기를 생산하는 과정을 모식적으로 나타낸 것이다.

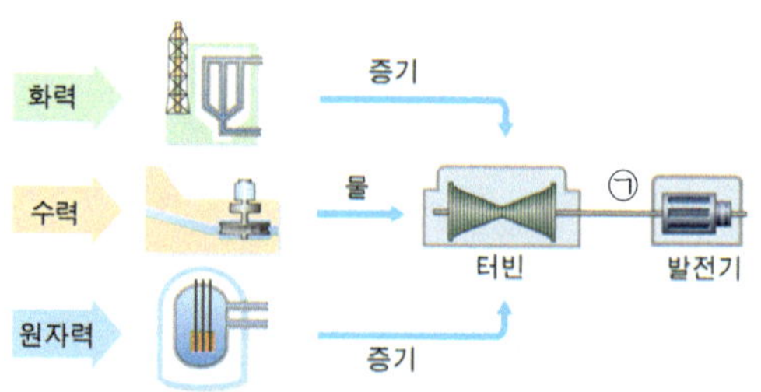

이에 대한 설명으로 옳은 것만을 〈보기〉에서 있는 대로 고른 것은?

보기
ㄱ. 모두 전자기 유도 현상을 이용하여 전기를 생산한다.
ㄴ. ㉠에서는 운동 에너지가 전기 에너지로 전환된다.
ㄷ. 화력발전, 수력발전, 핵발전은 에너지원의 종류에 따라 구분한 것이다.

① ㄱ   ② ㄴ   ③ ㄷ
④ ㄱ, ㄴ   ⑤ ㄱ, ㄴ, ㄷ

(가)와 (나)는 핵발전소와 화력발전소의 발전 과정을 각각 나타낸 것이다.

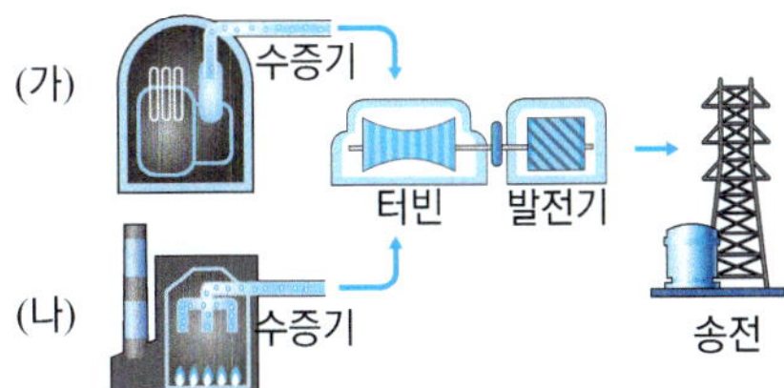

이에 대한 설명으로 옳은 것만을 〈보기〉에서 있는 대로 고른 것은?

보기

ㄱ. (가)에서는 핵융합할 때 발생하는 에너지로 증기를 발생시킨다.
ㄴ. (나)에서는 화석 연료의 화학 에너지가 열에너지로 전환된다.
ㄷ. (가)와 (나)의 발전 과정에서 터빈의 운동 에너지가 전기 에너지로 전환된다.

① ㄴ   ② ㄷ   ③ ㄱ, ㄷ
④ ㄴ, ㄷ   ⑤ ㄱ, ㄴ, ㄷ

○●●
15 자전거 바퀴가 회전할 때 불이 켜지는 발광 바퀴의 구조를 나타낸 것이다. 이에 대한 설명으로 옳은 것만을 〈보기〉에서 있는 대로 고른 것은?

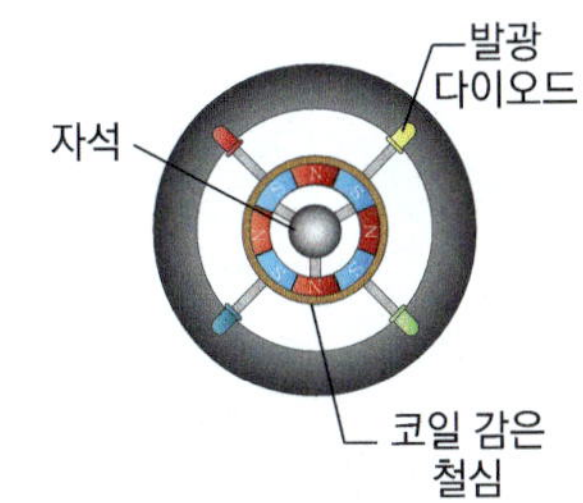

보기

ㄱ. 전자기 유도 현상을 이용한 기구이다.
ㄴ. 바퀴가 회전할 때 코일에 유도 전류가 흐른다.
ㄷ. 바퀴의 회전이 빠를수록 발광 다이오드는 더 밝게 빛난다.

① ㄱ   ② ㄴ   ③ ㄱ, ㄷ
④ ㄴ, ㄷ   ⑤ ㄱ, ㄴ, ㄷ

○○●
16 그림은 수력발전소의 구조를 나타낸 것이다.

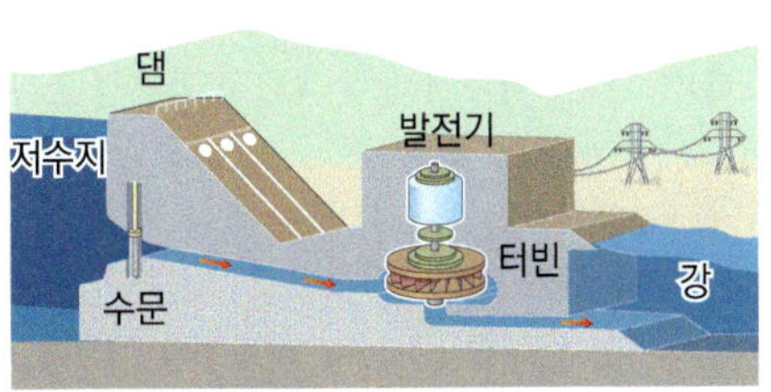

이에 대한 설명으로 옳은 것만을 〈보기〉에서 있는 대로 고른 것은?

보기

ㄱ. 전자기 유도 현상을 이용하여 전기 에너지를 얻는다.
ㄴ. 고온·고압의 수증기로 터빈을 회전시킨다.
ㄷ. 위치 에너지 → 운동 에너지 → 전기 에너지로 전환되는 과정을 거친다.

① ㄱ   ② ㄴ   ③ ㄷ
④ ㄱ, ㄷ   ⑤ ㄱ, ㄴ, ㄷ

○●●
17 다음은 서로 다른 에너지원을 이용하여 전기 에너지를 생산하는 과정이다.

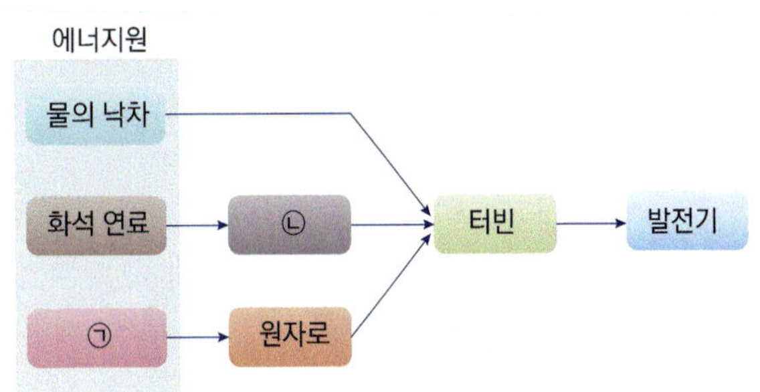

이에 대한 설명으로 옳은 것만을 〈보기〉에서 있는 대로 고른 것은?

보기

ㄱ. ㉠은 우라늄과 같은 핵연료이다.
ㄴ. ㉡에서 화학 에너지가 열에너지로 전환된다.
ㄷ. 물의 낙차를 이용하는 발전 방식에서는 수증기를 이용하지 않는다.

① ㄱ   ② ㄴ   ③ ㄷ
④ ㄱ, ㄴ   ⑤ ㄱ, ㄴ, ㄷ

18 다음은 휴대 전화를 무선 충전하는 원리에 대한 설명이다.

· 무선 충전기에서 시간에 따라 크기와 방향이 변하는 자기장이 발생하면, ⊙휴대 전화 내부 코일에 유도 전류가 흘러 휴대 전화가 충전된다.

· 그림과 같이 어느 순간 무선 충전기에서 발생한 자기장이 윗방향이고 자기장이 증가하고 있으면, 휴대 전화 내부 코일에 흐르는 유도 전류의 방향은 (ⓛ   )이다.

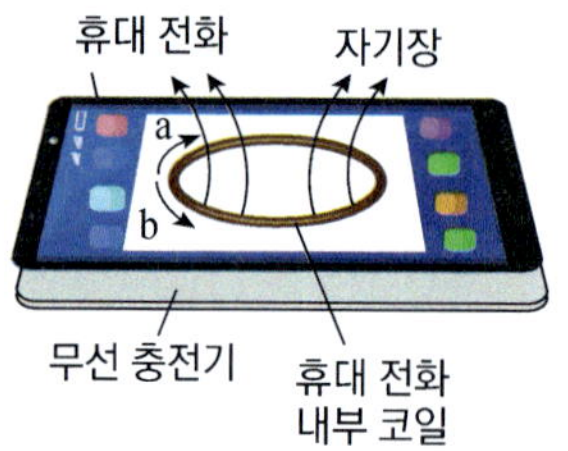

이에 대한 설명으로 옳은 것만을 〈보기〉에서 있는 대로 고른 것은?

― 보기 ―
ㄱ. ⊙에는 유도 기전력이 발생한다.
ㄴ. ⓛ은 b방향이다.
ㄷ. 휴대 전화 무선 충전은 전자기 유도 현상을 이용한다.

① ㄱ   ② ㄴ   ③ ㄷ
④ ㄱ, ㄷ   ⑤ ㄴ, ㄷ

19 그림은 코일을 감은 통 속에 자석을 넣고 자석을 통 속에서 왕복운동시킬 때 발광 다이오드에 불이 들어오는 간이 발전기를 나타낸 것이다.

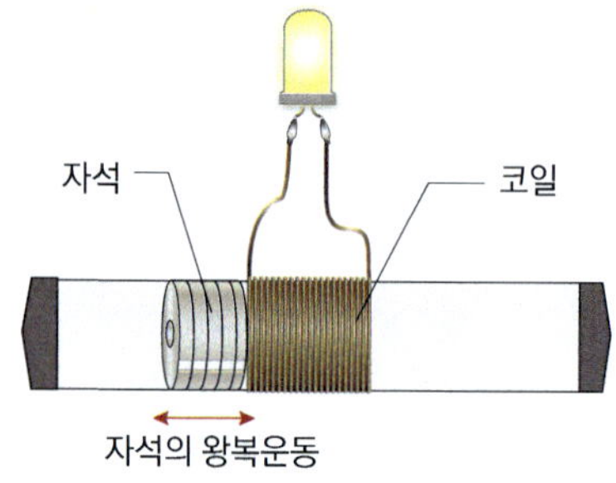

이에 대한 설명으로 옳은 것만을 〈보기〉에서 있는 대로 고른 것은?

― 보기 ―
ㄱ. 세게 흔들면 LED 전구가 밝아진다.
ㄴ. 강한 자석을 이용하면 LED 전구가 밝아진다.
ㄷ. 코일을 적게 감을수록 LED 전구가 밝아진다.

① ㄱ   ② ㄴ   ③ ㄱ, ㄴ
④ ㄱ, ㄷ   ⑤ ㄱ, ㄴ, ㄷ

20 그림은 지표면에 고정된 금속 고리에 막대자석을 가까이 하는 모습을 나타낸 것이다.

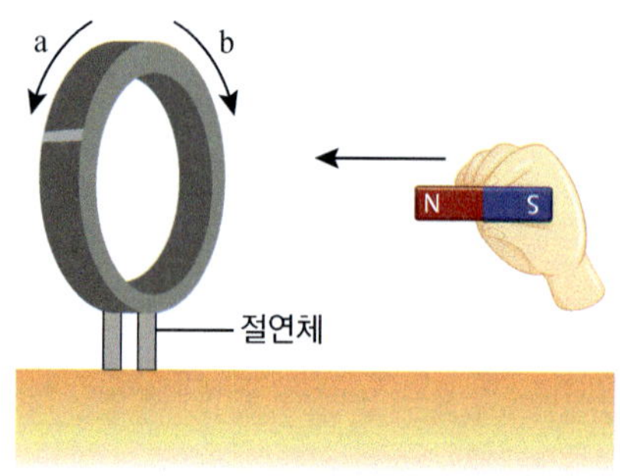

이에 대한 설명으로 옳은 것만을 〈보기〉에서 있는 대로 고른 것은? (단, 자석은 금속 고리의 중심축 상에서 운동한다.)

― 보기 ―
ㄱ. 금속 고리에 유도되는 전류의 방향은 a이다.
ㄴ. 금속 고리와 자석 사이에는 인력이 작용한다.
ㄷ. 자석을 더 빠르게 움직이면 유도 전류의 세기는 증가한다.

① ㄱ   ② ㄴ   ③ ㄱ, ㄴ
④ ㄱ, ㄷ   ⑤ ㄴ, ㄷ

21 그림은 서로 다른 에너지원을 이용하여 전기 에너지를 생산하는 과정이다.

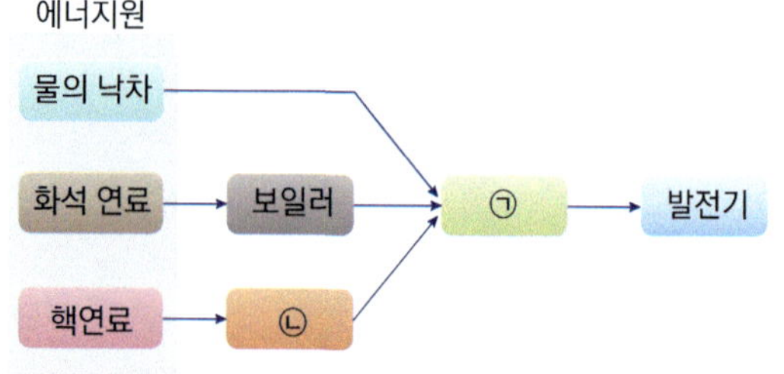

이에 대한 설명으로 옳은 것만을 〈보기〉에서 있는 대로 고른 것은?

― 보기 ―
ㄱ. ⊙은 수증기 발생 장치이다.
ㄴ. ⓛ에서 화학 에너지가 열에너지로 전환된다.
ㄷ. 물의 낙차를 이용하는 발전 방식에서는 수증기를 이용하지 않는다.

① ㄱ   ② ㄴ   ③ ㄷ
④ ㄱ, ㄴ   ⑤ ㄱ, ㄴ, ㄷ

심화 실력높이기

01 원형 구리선을 실로 매달아 놓고 (가)에서는 자석을 원형 구리선에서 멀리하고, (나)에서는 가까이 접근시켰다. 그림 (가)의 구리선은 끊어진 곳이 없고, 그림 (나)의 구리선은 한 부분이 끊어진 상태이다.

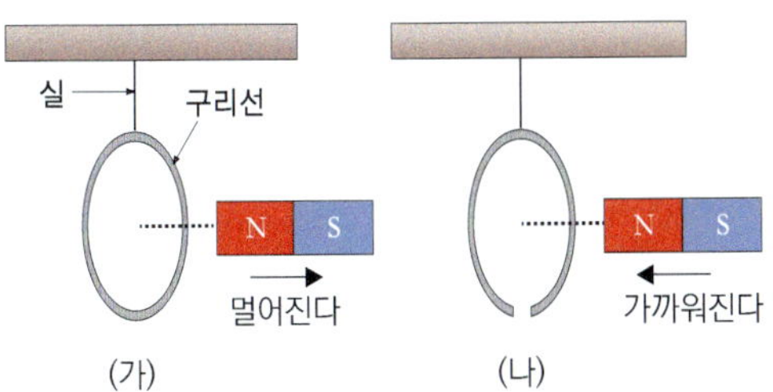

이에 대한 설명으로 옳은 것만을 〈보기〉에서 있는 대로 고른 것은?

보기
ㄱ. (가)에서는 유도 전류가 발생하나 (나)에서는 발생하지 않는다.
ㄴ. (가)에서는 자석이 구리선을 미는 힘이 발생하나 (나)에서는 잡아당기는 힘이 발생한다.
ㄷ. (가)에서 S극을 가까이하면 구리선과 자석 사이에는 당기는 힘이 발생한다.

① ㄱ　　　　② ㄴ　　　　③ ㄷ
④ ㄱ, ㄴ　　⑤ ㄱ, ㄷ

02 그림은 고정된 코일의 중심축을 따라 막대자석이 일정한 속력으로 코일을 통과하여 운동하는 모습을 나타낸 것이다. 점 p, q는 중심축 상에 있으며, 자석이 점 p를 지날 때 전류는 b→저항→a 방향으로 흐른다.

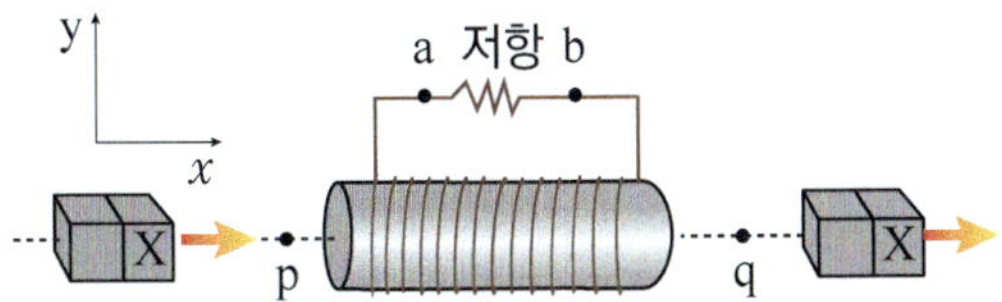

이에 대한 설명으로 옳은 것만을 〈보기〉에서 있는 대로 고른 것은? (단, 막대자석의 크기는 무시한다.)

보기
ㄱ. X는 S극이다.
ㄴ. 자석이 점 p를 지날 때 유도 전류에 의한 자기장의 방향은 $-x$ 방향이다.
ㄷ. 자석이 점 q를 지날 때 전류는 a→저항→b 방향으로 흐른다.

① ㄱ　　　　② ㄴ　　　　③ ㄱ, ㄴ
④ ㄱ, ㄷ　　⑤ ㄱ, ㄴ, ㄷ

03 그림 (가)와 (나)는 자석 사이의 코일을 외부에서 회전시켜 유도 전류가 발생하는 과정을 차례대로 나타낸 것이다.

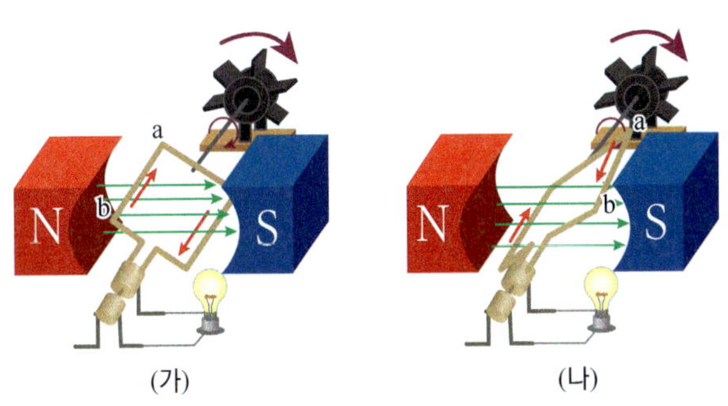

이에 대한 설명으로 옳은 것만을 〈보기〉에서 있는 대로 고른 것은?

보기
ㄱ. (가)에서 코일면을 통과하는 자기장의 세기가 증가한다.
ㄴ. 코일의 ab 부분에 흐르는 유도 전류의 방향은 (가)와 (나)에서 서로 같다.
ㄷ. 코일에 흐르는 유도 전류는 코일의 회전을 방해한다.

① ㄱ　　　　② ㄴ　　　　③ ㄱ, ㄷ
④ ㄴ, ㄷ　　⑤ ㄱ, ㄴ, ㄷ

[2021 모의고사 기출]

04 그림 (가)는 핵발전소의 모습을, (나)는 손잡이를 돌려 발전하는 간이 발전기의 모습을 나타낸 것이다.

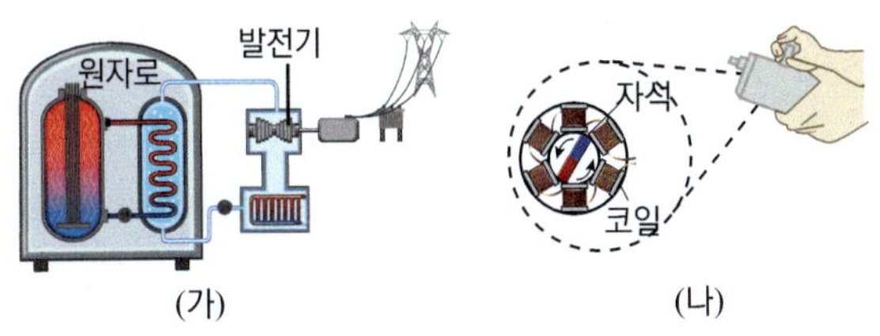

(가), (나)의 발전 과정에 대한 설명으로 옳은 것만을 〈보기〉에서 있는 대로 고른 것은?

보기
ㄱ. (가)에서는 방사성 폐기물이 발생한다.
ㄴ. (가)의 원자로에서는 핵융합 반응이 일어난다.
ㄷ. (가)와 (나)에서 '운동 에너지 → 전기 에너지'의 전환이 공통으로 나타난다.

① ㄱ　　　　② ㄷ　　　　③ ㄱ, ㄴ
④ ㄱ, ㄷ　　⑤ ㄴ, ㄷ

03 에너지효율과 신재생에너지

A 에너지 전환과 보존

1. 에너지

① **에너지**[1] : 일을 할 수 있는 능력을 말한다. 단위는 J(줄)이다.

② **에너지의 종류**

역학적 에너지	운동 에너지 + 위치 에너지 (운동 에너지: 운동하는 물체가 가지는 에너지, 위치 에너지: 물체의 위치에 따라 달리 가지는 에너지)
열에너지	물체를 이루는 원자나 분자의 운동에 의한 에너지이다. 원자나 분자의 운동이 활발해지면 물체가 가지는 열에너지가 증가하고 온도가 올라간다.
화학 에너지	화학 결합에 의해 물질 속에 저장되어 있는 에너지
전기 에너지	전하의 이동에 의해 발생하는 에너지
빛에너지	빛이 가지는 에너지
소리 에너지	공기 등의 물질의 진동에 의해 전달되는 에너지

2. 에너지 전환[2] : 에너지는 사용되는 동안 다른 형태의 에너지로 전환되기도 한다.

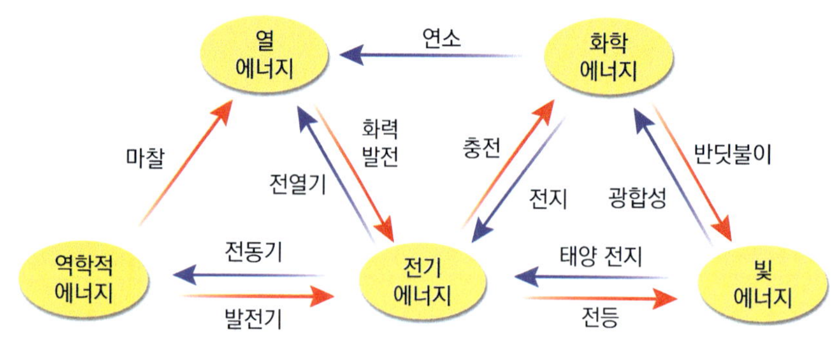

⟨스마트 기기에서 일어나는 에너지 전환⟩

스마트 기기를 충전할 때 전기 에너지는 배터리의 화학 에너지로 저장되며, 다시 전기 에너지로 전환되어 다양한 장치에서 열에너지, 운동 에너지, 소리 에너지, 빛에너지로 전환된다.

3. 에너지 보존[3] 법칙: 에너지는 여러 가지 형태로 전환될 수 있지만 에너지의 총량은 일정하게 유지된다. 에너지가 전환되는 과정에서 에너지가 소멸되거나 새롭게 생겨나지 않는다.

개념＋

❶ 에너지와 일

에너지를 가진 물체는 일을 할 수 있고, 물체가 외부에 해준 일의 양 만큼 물체의 에너지는 감소한다.

❷ 에너지 전환의 예

광합성: 빛에너지 → 화학 에너지
번개: 전기 에너지 → 빛에너지
반딧불이: 화학 에너지 → 빛에너지
TV: 전기 에너지 → 빛, 열, 소리 에너지
조명기구: 전기 에너지 → 빛에너지
가스레인지: 화학 에너지 → 열에너지
인덕션: 전기 에너지 → 열에너지
음식물 섭취: 화학 에너지 → 열, 운동 에너지

❸ 에너지 보존 법칙과 역학적 에너지 보존

바닥에서 튀는 공은 튀어오르는 높이가 점점 낮아져 역학적 에너지(운동 에너지＋위치 에너지)가 점점 감소하는데, 이는 에너지가 사라지는 것이 아니라 열에너지나 소리 에너지 등으로 전환되는 것이다. 따라서 전체 에너지는 일정하게 보존된다.

➡ **역학적 에너지 보존**: 마찰이나 공기 저항이 없을 때, 역학적 에너지 총량은 일정하게 유지된다.

1. 에너지효율: 공급한 에너지 중에서 유용하게 사용된 에너지의 비율이다.

$$에너지효율(\%) = \frac{유용하게\ 사용된\ 에너지}{공급한\ 에너지} \times 100$$

➡ 에너지가 전환되는 과정에서 버려지는 열에너지[4]가 항상 존재하므로 에너지효율은 항상 100 %보다 작다.

2. 자동차에서의 에너지효율: 공급된 연료의 에너지 중에서 자동차의 운동 에너지(유용한 에너지)의 비(%)이다.

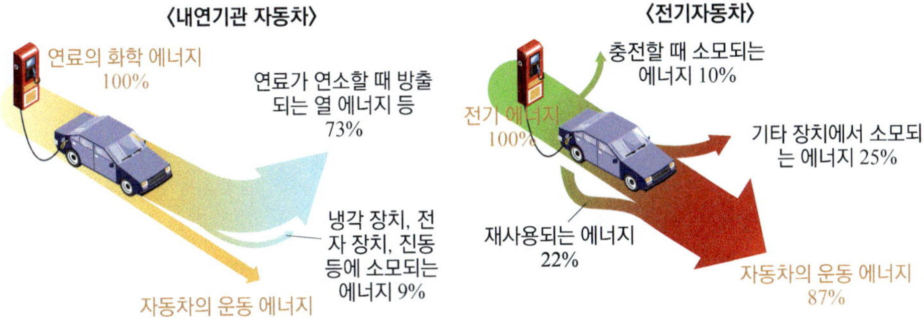

- 연료의 화학 에너지 100 %, 자동차의 운동 에너지(유용한 에너지) 18 %
➡ 자동차(화석 연료 사용)의 에너지 효율=18 %

- 전기 에너지 100 %, 자동차의 운동 에너지(유용한 에너지) 87 %
➡ 전기 자동차의 에너지 효율=87 %

3. 에너지 절약과 효율적 이용

① **에너지를 절약해야 하는 이유**: 에너지를 사용하거나 전환하는 과정에서 일부가 다시 사용할 수 없는 형태의 열에너지로 전환되어 버려진다. 그 결과 우리가 사용할 수 있는 유용한 형태의 에너지가 점점 줄어들기 때문에 에너지를 절약하고 효율적으로 사용해야 한다.

② **에너지 절약 방법**: 에너지효율이 높은 제품 사용

에너지소비효율등급[5] 고려		LED 전구 사용	하이브리드 자동차
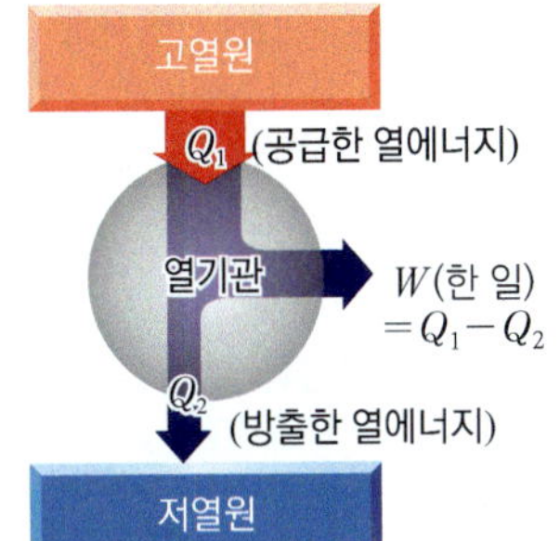	전기 제품을 구입할 때 1등급에 가까운 제품을 선택한다.	백열전구, 형광등보다 수명이 길고, 효율도 높은 LED 전구를 사용한다.	운행 중 버려지는 에너지를 전기 에너지로 전환하여 다시 사용하므로 에너지효율이 일반 자동차보다 높다.

③ **에너지효율을 높이는 기술 개발**: 하이브리드 자동차나 전기자동차를 개발하여 화석 연료 사용을 줄이고 에너지효율을 높인다. 열병합발전 기술을 개발하여 발전 시 방출되는 열에너지를 재사용하여 에너지효율을 높인다.

※ **화력발전과 열병합발전의 에너지 흐름**: 화력발전 과정에서는 화석 연료의 약 50 % 정도만 전기 에너지로 전환되고 나머지는 열에너지로 버려진다. 열병합발전은 화력발전 과정에서 발생하는 열로 물을 가열하여 난방이나 온수를 생산하는 데 재활용하여 에너지효율을 높인다.

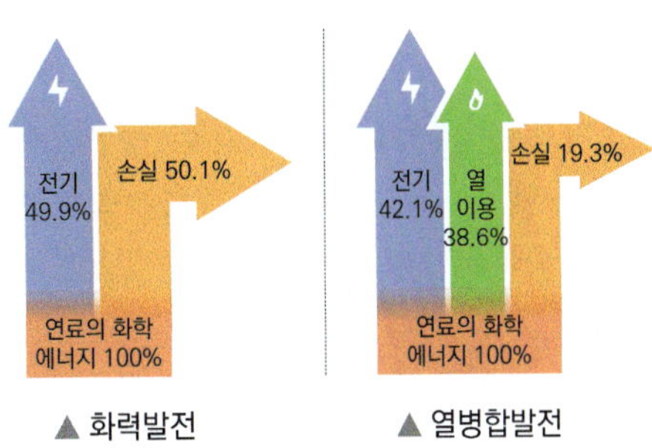

개념체크+

정답 및 해설 ➡ 78 **POINT**

01 다음 〈보기〉는 여러 가지 에너지를 나열한 것이다.

> **보기**
> ㄱ. 운동 에너지 ㄴ. 열에너지 ㄷ. 전기 에너지
> ㄹ. 화학 에너지 ㅁ. 핵에너지 ㅂ. 위치 에너지

(1) 다음 설명에 해당하는 에너지를 <보기>에서 골라 각각 기호로 쓰시오.

　① 화학 결합에 의해 물질 속에 저장되어 있는 에너지 ……………………………(　　)
　② 물체의 온도와 상태를 변화시키는 에너지 …………………………………(　　)
　③ 원자핵이 분열하거나 융합할 때 방출하는 에너지 ………………………(　　)

(2) 다음은 에너지 전환 과정을 나타낸 것이다. 빈칸에 알맞은 에너지 형태를 <보기>에서 골라 각각 기호로 쓰시오.

　① 폭포: (　　) → 운동 에너지　　② 광합성: 빛에너지 → (　　)
　③ 전기 난로: (　　) → 열에너지　　④ 휴대 전화 충전: 전기 에너지 → (　　)

02 그림과 같이 고열원에서 250 J의 열에너지를 공급받은 열기관이, 외부에 100 J의 일을 하고 나머지 열에너지는 저열원으로 방출하였다.

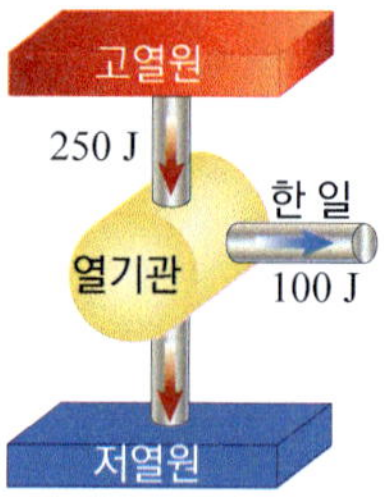

(1) 열기관에서 저열원으로 방출한 열에너지는 몇 J 인가?

　　　　　　　　　　　　　　　(　　) J

(2) 열기관의 열효율은 몇 % 인가?　　(　　) %

$$열효율(\%) = \frac{W}{Q_1} \times 100$$
$$= \frac{Q_1 - Q_2}{Q_1} \times 100$$
$$= \left(1 - \frac{Q_2}{Q_1}\right) \times 100$$

03 (　　)에 알맞은 말을 넣으시오.

> 에너지의 총량은 보존되지만 에너지를 사용하거나 전환하는 과정에서 에너지가 사용할 수 없는 (　　) 형태로 전환되어 버려지므로, 우리가 사용할 수 있는 (　　) 형태의 에너지가 줄어들기 때문에 에너지를 절약하고 효율적으로 사용해야 한다.

04 에너지효율에 대한 설명 중 옳은 것은 ○표, 옳지 <u>않은</u> 것은 ×표 하시오.

(1) 휴대폰을 사용할 때 발생하는 열에너지는 다시 사용할 수 있다. …………………(　　)
(2) 공급한 에너지의 양이 같을 때, 에너지효율이 높을수록 버려지는 열에너지양이 많다.
　……………………………………………………………………………(　　)
(3) 에너지효율은 100 %가 될 수 없다. …………………………………………(　　)

05 에너지의 효율적 이용에 대한 설명 중 옳은 것은 ○표, 옳지 <u>않은</u> 것은 ×표 하시오.

(1) 에너지 소비 효율 등급이 1등급에 가까운 제품일수록 에너지 절약형 제품이다. ····(　　)
(2) 에너지 보존 법칙에 의해 사용 가능한 에너지의 양은 항상 일정하게 보존된다. ····(　　)
(3) 전기 에너지를 효율적으로 이용하면 화석 연료의 사용을 줄일 수 있으므로 지구 온난화 현상도 줄일 수 있다. ……………………………………………………(　　)

ⓒ 신재생에너지의 활용

1. 신재생에너지: 신에너지와 재생에너지의 합성어로, 기존의 화석 연료를 변환하여 이용하거나, 햇빛, 지열, 바람 등의 재생 가능한 에너지를 변환하여 이용하는 에너지이다.
➡ 지속적인 에너지 공급이 가능한 에너지를 통칭한다.

	신에너지	재생에너지
정의	기존에 사용하지 않았던 새로운 형태의 에너지 예 수소 에너지, 연료전지, 석탄의 액화 및 가스화	고갈의 위험이 없고 계속해서 재생하여 사용할 수 있는 에너지 예 태양광, 태양열 ❷, 수력, 풍력, 지열 ❸, 바이오, 폐기물, 해양
장점	· 화석 연료와 같이 자원 고갈의 위험이 없다. · 이산화 탄소와 같은 온실기체의 배출이 적은 친환경적인 에너지이다. · 지속적인 에너지 공급이 가능하여 지속가능한 발전을 할 수 있다.	
단점	· 기존 에너지원에 비해 초기 투자 비용이 많이 들고, 발전 효율이 낮다.	

2. 신재생에너지의 종류와 발전 방식

신 에 너 지	수소 에너지	수소를 연소시켜 발생하는 에너지를 이용하거나, 연료전지로 전기 에너지를 만들어낸다.
	연료전지	연료가 가진 화학 에너지를 화학 반응을 통해 전기 에너지로 전환한다.
	석탄의 액화 및 가스화	석탄을 액체나 가스 형태로 전환하여 사용한다.
재 생 에 너 지	태양광 에너지	빛을 받으면 전류가 흐르는 원리를 이용하여 태양전지에 빛을 비춰 전기 에너지를 생산한다.
	태양열 에너지	태양의 열에너지를 반사판을 사용하여 모아 물을 끓이고, 이때의 수증기로 터빈을 돌려 전기 에너지를 생산한다.
	풍력 에너지	바람의 운동 에너지를 이용하여 발전기와 연결된 날개를 돌려 전기 에너지를 생산한다.
	수력 에너지	높은 곳에 있는 물의 위치 에너지를 이용하여 물을 낮은 곳으로 흘려 터빈을 돌려 전기 에너지를 생산한다.
	해양 에너지 — 조력 에너지	밀물 때 바닷물이 들어오면서 생기는 물의 운동 에너지로 터빈을 돌려 전기 에너지를 생산한다. ❹
	해양 에너지 — 파력 에너지	파도가 칠 때 해수면이 상승하거나 하강하여 생기는 공기의 흐름을 이용하여 전기 에너지를 생산한다.
	지열 에너지	지구 내부 열에너지에 의해 만들어진 지하의 뜨거운 물과 수증기로 터빈을 돌려 전기 에너지를 생산한다.
	바이오 에너지	연료를 발효시키거나, 연소시켜 발생하는 가스로 터빈을 돌려 전기 에너지를 생산한다.
	폐기물 에너지	폐기물을 소각할 때 발생하는 열에너지로 수증기를 만들고, 이 수증기로 터빈을 돌려 전기 에너지를 생산한다.

3. 신재생에너지 활용의 필요성: 우리나라는 화력발전과 원자력발전(핵발전)의 의존도가 크다. 그러나 연료의 매장량이 한정되어 있고, 지구 온난화와 핵 폐기물 문제가 발생한다. 따라서 지속가능한 발전과 환경 문제 해결을 위해 신재생에너지를 활용하는 방안이 시급하다.

개념➕

❷ 태양열발전의 원리

집열판으로 모은 태양 열에너지로 만든 고온, 고압의 수증기로 터빈을 돌려 전기 에너지를 생산한다.

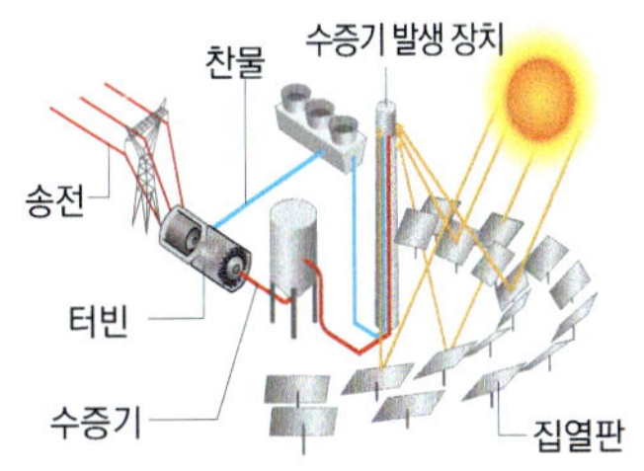

❸ 지열발전

● 구조 및 원리: 지구 내부의 열에너지에 의해 가열된 뜨거운 지하수나 수증기로 터빈을 돌려 전기 에너지를 생산한다.

● 특징: 화산 지역에만 설치가 가능하고, 발전과 난방 효과를 동시에 얻을 수 있다.

❹ 조력발전

밀물 시 해수면의 높이 상승 ➡ 바다 쪽에서 호수 쪽으로 바닷물이 이동하면서 터빈을 돌림 ➡ 발전

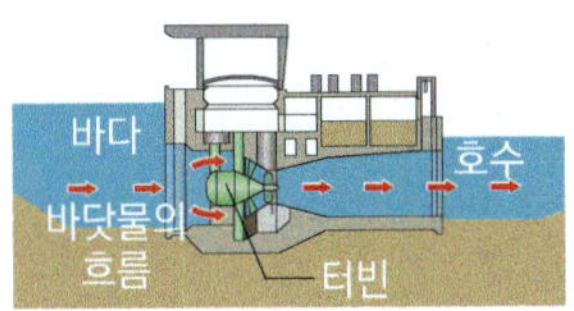

▲ 조력발전소의 구조

4. 신재생에너지를 이용한 발전의 장단점

연료 전지	장점	· 화학 반응을 통해 전기 에너지를 직접 생산하므로 화력발전보다 효율이 높다. · 물이 유일한 생성물이므로 환경 오염 문제가 없다.
	단점	· 수소는 폭발의 위험이 있고, 생산 및 저장, 운반 비용이 많이 든다.
태양광 발전	장점	· 태양 에너지의 자원고갈 우려가 없다. · 유지와 보수가 간편하다.
	단점	· 계절에 따라 입지에 따라 일조량이 변하여 발전 시간이 제한적이다. · 넓은 설치 공간이 필요하고, 초기 설치 비용이 많이 든다.
풍력 발전	장점	· 전력 생산단가가 저렴하고, 발전 과정에서 온실기체나 오염물질을 배출하지 않는다. · 설비기간이 짧고 설치가 비교적 간단하다.
	단점	· 설치 공간이 제한적이고 바람의 세기와 방향이 계속 변하므로 발전량 예측이 어렵다. · 날개의 소음이 있다.
조력 발전	장점	· 전기를 대량생산할 수 있고, 조석이 일정하므로 발전량을 예측하기 쉽다.
	단점	· 설치 시 갯벌이 파괴되어 해양 생태계에 혼란을 줄 수 있다.
바이오 가스 발전	장점	· 화석 연료보다 이산화 탄소 배출량이 적고 저렴하다.
	단점	· 원료가 되는 식물 재배에 넓은 면적의 토지가 필요하고, 재배에 시간이 걸린다.

5. 에너지 문제를 해결하기 위한 노력

① **친환경에너지도시 ❻ 건설**: 지역 환경에 맞는 신재생에너지를 활용하여 에너지 문제와 환경 문제를 함께 해결할 수 있는 도시인 친환경 에너지 도시를 건설한다.

㉠ 영국의 베드제드 마을, 독일의 프라이부르크, 아랍에미리트의 마스다르, 우리나라의 삼척시 도계읍 무지개마을

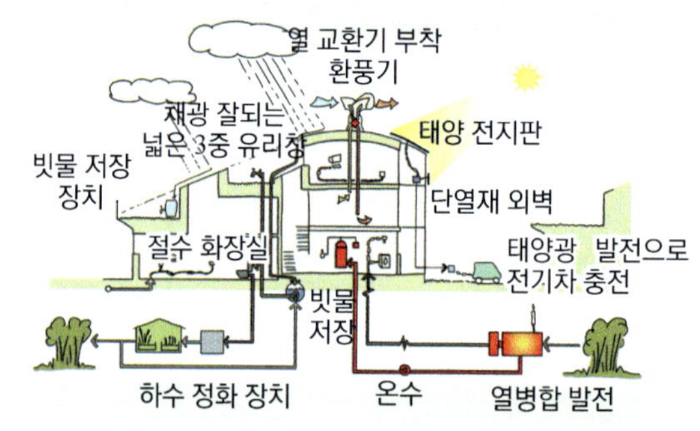

▲ 친환경에너지도시의 예 ─ 영국의 베드제드(BdeZED)

② **핵융합 연구**: 수소 원자핵이 융합하여 헬륨 원자핵이 되는 반응에서 줄어든 질량이 에너지로 변환되는 것을 이용하는 연구로 우리나라에서는 초전도 핵융합 연구가 진행되고 있다. ⇨ 우리나라에서는 독자적으로 '한국 차세대 초전도 토카막 연구'를 진행하여 한국형핵융합연구장치(KSTAR)를 개발하였다.

③ **스마트그리드, 가상 발전소 기술 개발**

〈 스마트 그리드, 가상 발전소 기술〉

① 스마트그리드(지능형전력망): 전력을 공급하는 시설과 소비자 사이에서 정보를 실시간으로 주고받아 수요량에 맞춰 전력을 공급하는 전력망이다. 소비자의 전력 사용량과 소비 패턴을 분석하는 스마트 계량기와 에너지 저장 시스템(ESS)를 사용한다.

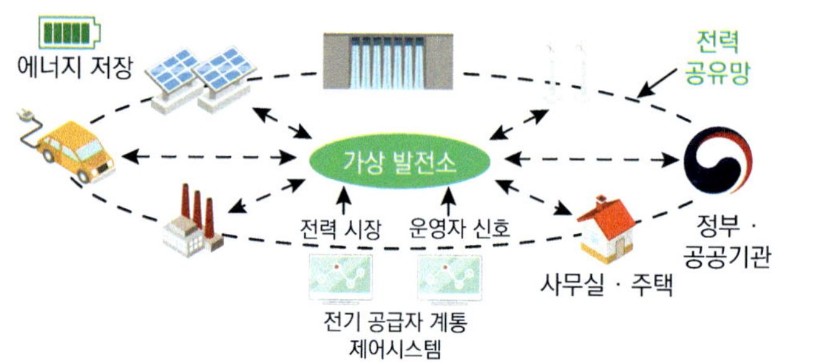

② 가상 발전소(VPP)기술: ESS와 신재생에너지 발전소 등 여러 가지 전원을 연결해 하나의 발전소처럼 운영한다.

---

❹ 연료전지

수소와 산소의 화학 반응을 통해 물을 생성하는 과정에서 전기를 생산한다.

$$2H_2 + O_2 \longrightarrow 2H_2O(생성물)$$

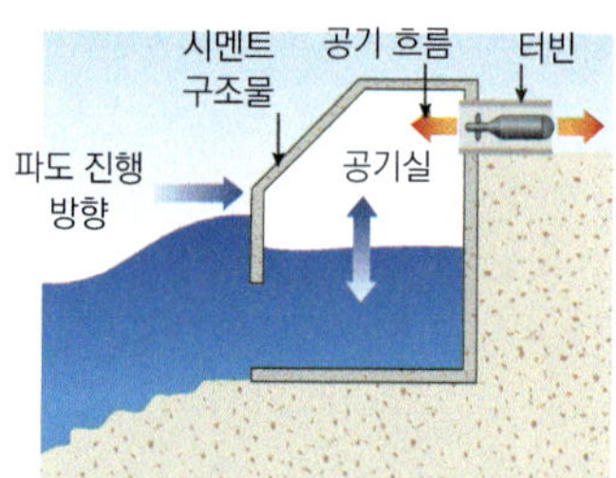

▲ 연료 전지 구조

❺ 파력발전

● 파도의 힘으로 직접 터빈을 돌리는 방식이다.

● 파도에 의한 해수면의 높이 차이로 공기를 압축하여 터빈을 돌리는 방식이다.

▲ 파력 발전소의 구조

❸ 우리나라의 친환경에너지도시

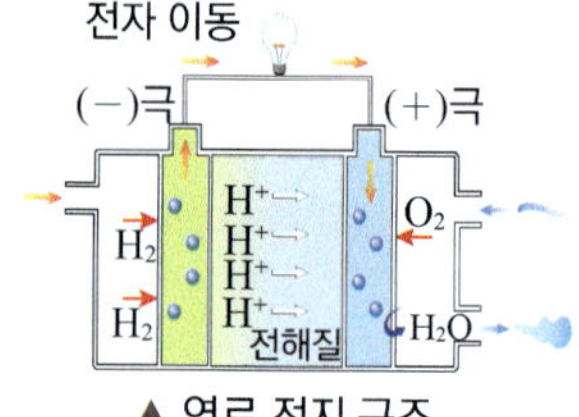

▲ 삼척시 도계읍 무지개마을

❻ 친환경에너지도시에 적용 가능한 기술

● 에너지 공급 기술

① 태양광, 풍력발전을 이용하여 전기 에너지를 생산한다.

② 열병합 발전소★를 이용한다.

● 에너지 절약 기술

① 환풍구를 지붕에 설치하여 건물 내 공기를 순환시켜 적정 온도를 유지한다.

② 빗물을 저장하고, 오수를 정화하여 활용한다.

③ 고효율 단열재와 채광이 잘되는 3중 유리창을 사용한다.

★ **열병합발전소** 전력 생산 과정에서 버려지는 폐열을 모아 난방이나 온수 등으로 활용하는 발전 방식

정답 및 해설 ➜ 78

POINT

06 신재생에너지에 대한 설명으로 옳은 것은 ○표, 옳지 않은 것은 ×표 하시오.

(1) 에너지자원이 고갈될 염려가 적다. ……………………………………… (　　　　)
(2) 화석 연료보다 전력 공급이 안정적이다. ……………………………… (　　　　)
(3) 지구 환경 문제 해결에 도움이 된다. ………………………………… (　　　　)

07 다음에 해당하는 발전 방식을 각각 쓰시오.

(1) 파도의 역학적 에너지를 이용하여 전기 에너지를 생산한다. ………… (　　　　)
(2) 조석 간만의 차를 이용하여 전기 에너지를 생산한다. ……………… (　　　　)
(3) 거울과 같은 반사판으로 태양의 열에너지를 모아 전기 에너지를 생산한다.
　　……………………………………………………………………… (　　　　)
(4) 연료를 발효 또는 연소시켜 발생하는 가스로 전기 에너지를 생산한다.
　　……………………………………………………………………… (　　　　)
(5) 바람의 운동 에너지를 이용하여 날개를 돌려 전기 에너지를 생산한다.
　　……………………………………………………………………… (　　　　)

08 다음은 신재생에너지에 대한 설명이다. (　　　　)에 알맞은 말로 답하거나 채우시오.

(1) 기존에 사용하지 않았던 새로운 에너지 ……………………………… (　　　　)
(2) 계속해서 재생하여 다시 사용할 수 있는 에너지 …………………… (　　　　)
(3) 신재생에너지는 기존의 (　　　　　　)를 변환시켜 사용하거나 햇빛, 물, 지열, 풍력
　　등 (　　　　　)가능한 에너지를 변환시켜 이용하는 에너지이다.

09 다음에 해당하는 발전 방식을 〈보기〉에서 있는 대로 골라 기호로 답하시오.

> **보기**
>
> ㄱ. 풍력발전　　ㄴ. 태양열발전　　ㄷ. 태양광발전　　ㄹ. 조력발전　　ㅁ. 연료전지

(1) 발전기를 이용해 전기을 생산하는 발전 방식 …………………………(　　　　)
(2) 발전기 없이 직접 전기를 생산하는 발전 방식 …………………………(　　　　)

10 친환경에너지도시에 대한 설명 중 옳은 것은 ○표, 옳지 않은 것은 ×표 하시오.

(1) 신재생에너지를 이용하여 에너지 문제를 해결한다. ……………… (　　　　)
(2) 그 지역의 기후 및 지역 조건의 특성을 이용하여 설계한다. ……… (　　　　)

11 친환경에너지도시를 설계할 때 적용할 수 있는 기술로 옳은 것은 ○표, 옳지 않은 것은 ×표 하시오.

(1) 열교환기가 부착된 환풍기를 설치한다. ………………………………… (　　　　)
(2) 고효율 단열재와 채광이 잘되는 3중 유리창을 설치한다. ………………(　　　　)
(3) 빗물과 오수는 신속하게 건물 밖으로 배출한다. ……………………… (　　　　)

스스로 실력높이기

A 에너지 전환과 보존

01 그림 (가), (나), (다)의 설명에서 공통적으로 나타나는 에너지의 형태에 대한 설명으로 옳은 것은?

(가) 반딧불이는 배에 있는 화학 물질이 산소와 반응하여 빛을 낸다.
(나) 식물은 광합성을 통해 포도당을 합성하고, 산소를 대기 중에 방출한다.
(다) 사람은 음식물을 섭취하여 얻은 에너지로 호흡 등 여러 가지 활동을 한다.

① 운동하는 물체가 가지는 에너지이다.
② 전하의 이동에 의해 발생하는 에너지이다.
③ 화학 결합을 통하여 물질에 저장된 에너지이다.
④ 가시광선이나 자외선 등의 형태로 전달되는 에너지이다.
⑤ 온도가 높은 물체에서 낮은 물체로 이동하는 에너지이다.

[2015 모의고사 기출]

02 다음은 철수가 에너지 전환을 알아보기 위해 실험한 것이다.

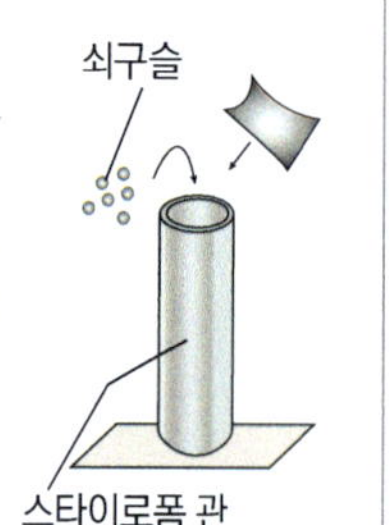

[실험 과정]
1. 스타이로폼 관의 아래를 종이로 막는다.
2. 관 속에 쇠구슬을 넣고 종이로 덮는다.
3. 관을 거꾸로 뒤집어 쇠구슬을 떨어뜨린다.
4. 1분 동안 3의 과정을 빠르게 반복한다.
5. 추를 꺼내어 손바닥 위에 올려본다.

[실험 결과]
· 추가 뜨거워져 있다.

이에 대한 설명으로 옳은 것만을 〈보기〉에서 있는 대로 고른 것은?

보기
ㄱ. 철수가 한 일이 열에너지로 전환된다.
ㄴ. 단열 효과를 위해 스타이로폼 관을 사용한다.
ㄷ. 추가 낙하할 때 위치 에너지가 운동 에너지로 전환된다.

① ㄱ ② ㄴ ③ ㄱ, ㄷ
④ ㄴ, ㄷ ⑤ ㄱ, ㄴ, ㄷ

03 그림은 여러 가지 에너지 전환을 나타낸 것이다. (가), (나), (다)의 예로 알맞은 것을 바르게 짝지은 것은?

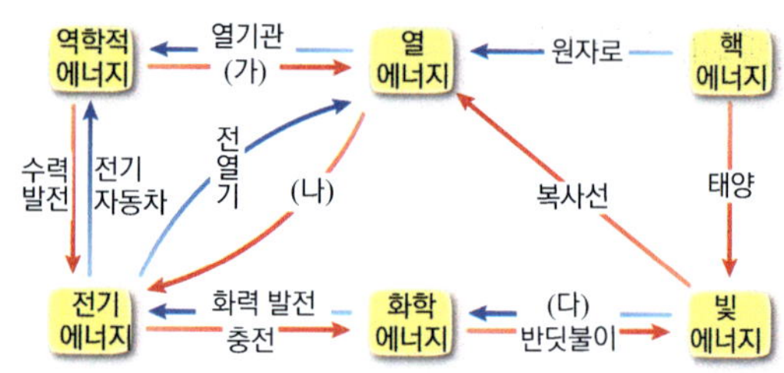

	(가)	(나)	(다)
①	열기관	수력발전	충전
②	전열기	태양전지	광합성
③	열기관	태양열발전	전지
④	마찰	태양열발전	광합성
⑤	마찰	태양전지	호흡

04 다음은 에너지가 전환되는 예를 나타낸 것이다. 전환 과정이 옳지 않은 것은?

① 헤어드라이어: 전기 에너지 → 열에너지
② 노트북: 전기 에너지 → 빛, 소리 에너지
③ 휴대 전화의 진동: 전기 에너지 → 운동 에너지
④ 가스 레인지로 물 끓이기: 열에너지 → 운동 에너지
⑤ 화산: 지구 내부의 열에너지 → 화산 분출물의 역학적 에너지

05 그림은 스마트 기기를 사용할 때의 여러 현상들이다.

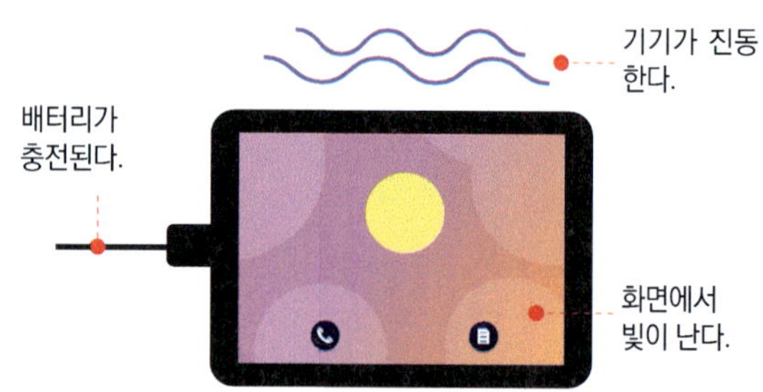

이에 대한 설명으로 옳은 것만을 〈보기〉에서 있는 대로 고른 것은?

보기
ㄱ. 배터리가 충전될 때 화학 에너지가 전기 에너지로 전환된다.
ㄴ. 스마트 기기가 진동할 때에는 전기 에너지가 운동 에너지로 전환된다.
ㄷ. 화면에서는 전기 에너지가 빛에너지로 전환된다.

① ㄱ ② ㄷ ③ ㄱ, ㄴ
④ ㄴ, ㄷ ⑤ ㄱ, ㄴ, ㄷ

06 다음은 LED 전구 (가), (나)에 공급된 에너지가 빛에너지로 전환될 때 각각의 에너지효율을 나타낸 것이다.

구분	LED 전구 (가)	LED 전구 (나)
공급된 전기 에너지	$4E_0$	$3E_0$
빛에너지	$3E$	$2E$
에너지효율(%)	63	㉠

이에 대한 설명으로 옳은 것만을 〈보기〉에서 있는 대로 고른 것은?

┌─ 보기 ─
ㄱ. ㉠은 56이다.
ㄴ. LED 전구 (가)가 (나)보다 더 밝다.
ㄷ. LED 전구에 공급된 전기 에너지가 같다고 할 때 빛에너지로 전환되는 비율이 작을수록 에너지효율이 크다.
└─

① ㄱ   ② ㄷ   ③ ㄱ, ㄴ
④ ㄱ, ㄷ   ⑤ ㄱ, ㄴ, ㄷ

[2012 모의고사 기출]

07 그림 (가)는 공급한 에너지로 일을 하고 에너지를 방출하는 열기관을 모식적으로 나타낸 것이고, (나)는 열기관 A, B의 에너지소비효율등급 표시를 나타낸 것이다. A, B에 공급한 에너지가 같을 때, 한 일은 A가 B보다 크다.

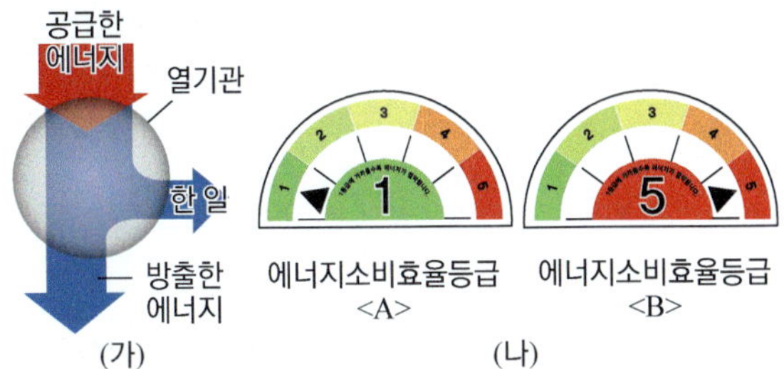

이에 대한 설명으로 옳은 것만을 〈보기〉에서 있는 대로 고른 것은?

┌─ 보기 ─
ㄱ. A가 한 일은 A에 공급한 에너지양과 같다.
ㄴ. A, B에 공급한 에너지가 같을 때, 방출한 에너지는 A가 B보다 크다.
ㄷ. 열효율은 A가 B보다 크다.
└─

① ㄱ   ② ㄴ   ③ ㄷ
④ ㄱ, ㄷ   ⑤ ㄴ, ㄷ

08 고열원에서 Q_1의 열에너지가 공급되어 외부에 18 J의 일을 하고, 저열원으로 Q_2의 열에너지를 방출하는 열기관이다. 열기관의 열효율이 20 %일 때, Q_1과 Q_2를 바르게 짝지은 것은?

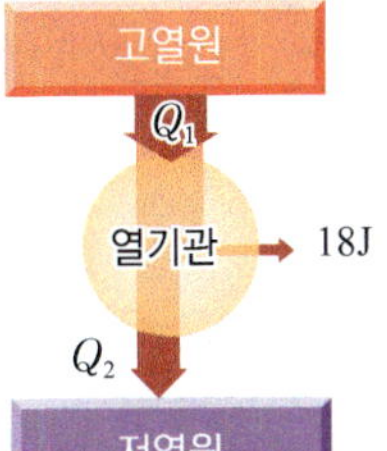

	Q_1	Q_2		Q_1	Q_2
①	90 J	54 J	②	90 J	72 J
③	108 J	90 J	④	108 J	72 J
⑤	162 J	90 J			

09 그림은 어떤 내연기관 자동차에 공급한 에너지가 8500 kJ일 때 에너지의 전환과 이용을 나타낸 것이다.

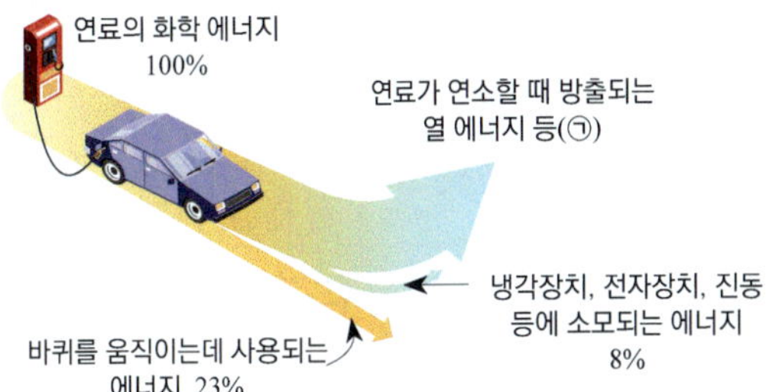

이에 대한 설명으로 옳은 것만을 〈보기〉에서 있는 대로 고른 것은?

┌─ 보기 ─
ㄱ. ㉠은 69 %이다.
ㄴ. 공급받은 에너지 중에서 바퀴를 움직이는데 사용되는 에너지는 2300 kJ이다.
ㄷ. 자동차의 에너지 효율은 23 %이다.
└─

① ㄱ   ② ㄴ   ③ ㄱ, ㄴ
④ ㄱ, ㄷ   ⑤ ㄱ, ㄴ, ㄷ

10 그림 (가)와 (나)는 각각 대표적인 열기관인 자동차 엔진과 화력발전소의 발전기이다.

(가)   (나)

각각의 열기관에 동일한 액체 화석 연료를 1 L 씩 넣어서 가동시키면 자동차 엔진에서는 27,000 kJ , 발전기에서는 18,000 kJ 의 열이 각각 발생한다. (단, 액체 화석 연료 1 L를 태울 때 발생하는 총 열에너지는 36,000 kJ 이다.) 자동차 엔진과 화력 발전소 발전기의 열효율을 옳게 짝지은 것은?

	자동차 엔진	발전기		자동차 엔진	발전기
①	0.25	0.5	②	0.5	0.25
③	0.75	0.5	④	0.5	0.75
⑤	0.25	0.75			

11 신재생에너지에 대한 설명으로 옳지 <u>않은</u> 것은?

① 친환경적인 에너지이다.
② 자원고갈의 위험이 없다.
③ 지속적인 발전이 가능한 에너지이다.
④ 기존의 화석 연료를 변환하는 방식도 포함된다.
⑤ 기존의 에너지원에 비해 초기 투자 비용이 적게 든다.

[2015 모의고사 기출]

12 그림은 태양 에너지와 지열 에너지를 사용하는 어떤 건물을 나타낸 것이다.

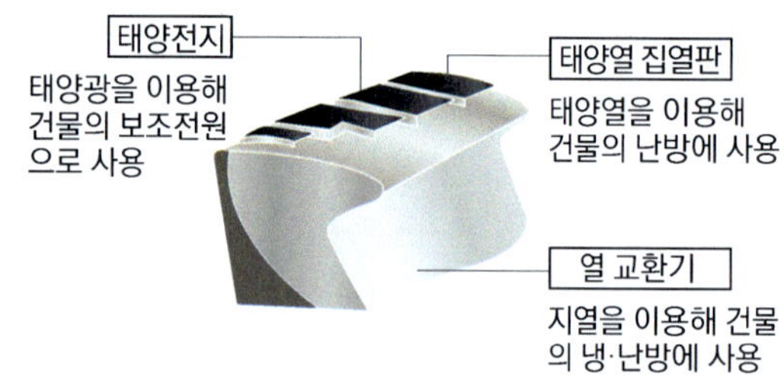

이에 대한 설명으로 옳은 것만을 〈보기〉에서 있는 대로 고른 것은?

> 보기
> ㄱ. 태양전지로 전기 에너지를 생산할 때 온실가스가 발생하지 않는다.
> ㄴ. 태양 에너지와 지열 에너지는 모두 자원고갈의 염려가 없다.
> ㄷ. 태양 에너지와 지열 에너지는 모두 날씨의 영향을 크게 받는다.

① ㄱ   ② ㄴ   ③ ㄷ
④ ㄱ, ㄴ   ⑤ ㄴ, ㄷ

[2018 모의고사 기출]

13 그림 (가)는 연료전지를, (나)는 태양광발전을 나타낸 것이다.

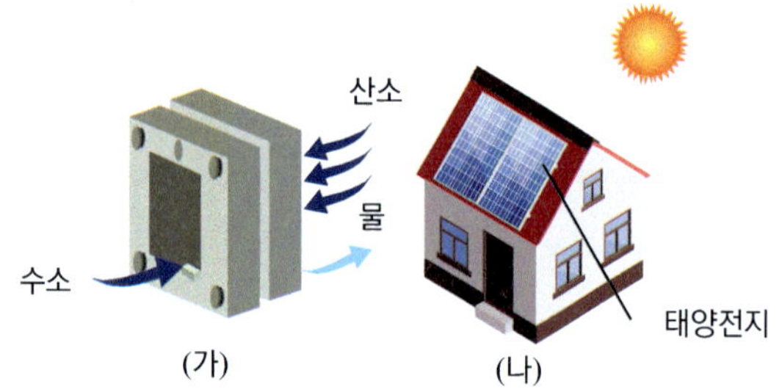

이에 대한 설명으로 옳은 것만을 〈보기〉에서 있는 대로 고른 것은?

> 보기
> ㄱ. (가)는 화학 에너지를 전기 에너지로 전환한다.
> ㄴ. (나)는 전자기 유도 현상을 이용하여 전기 에너지를 생산한다.
> ㄷ. (가)와 (나)는 모두 신재생에너지이다.

① ㄱ   ② ㄴ   ③ ㄱ, ㄷ
④ ㄴ, ㄷ   ⑤ ㄱ, ㄴ, ㄷ

14 그림 (가)는 태양열발전, 그림 (나)는 지열발전을 각각 나타낸 것이다.

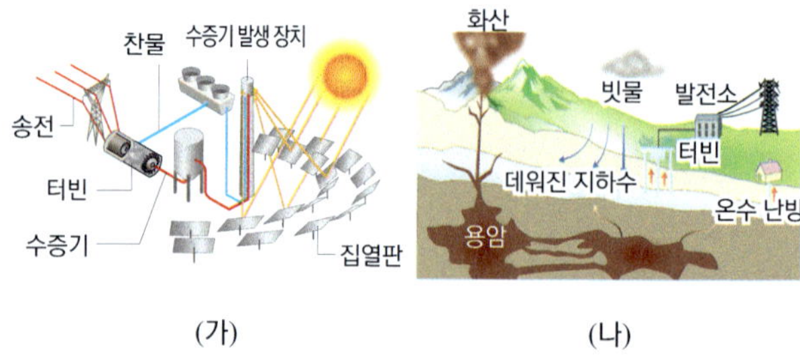

이에 대한 설명으로 옳은 것만을 〈보기〉에서 있는 대로 고른 것은?

> 보기
> ㄱ. (가)는 넓은 설치 면적이 필요하다.
> ㄴ. (나)는 우리나라에 적합한 발전 방식이다.
> ㄷ. (가)와 (나)의 근원 에너지는 태양 에너지이다.
> ㄹ. (가)와 (나)는 재생에너지를 이용한 발전 방식이다.

① ㄱ, ㄷ   ② ㄱ, ㄹ   ③ ㄴ, ㄷ
④ ㄱ, ㄴ, ㄷ   ⑤ ㄱ, ㄷ, ㄹ

15 다음은 에너지제로하우스의 구조를 개략적으로 나타낸 것이다.

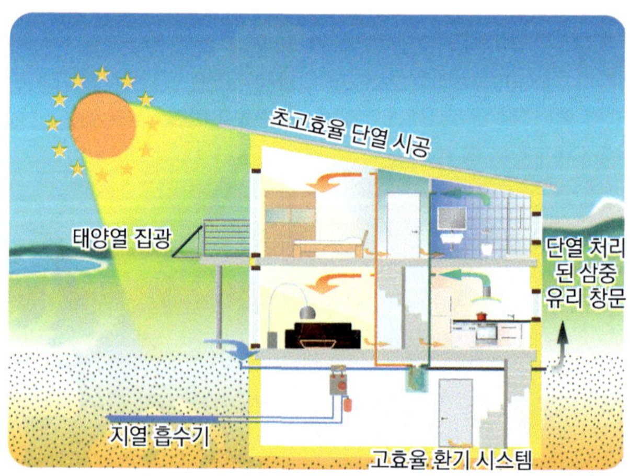

이에 대한 설명으로 옳은 것만을 〈보기〉에서 있는 대로 고른 것은?

> 보기
> ㄱ. 필요한 에너지는 대부분 화석 연료에 의존한다.
> ㄴ. 태양열 집광기로 얻은 열은 난방이나 온수에 사용된다.
> ㄷ. 성능이 좋은 단열재와 환기 시스템으로 낭비되는 에너지를 줄인다.

① ㄴ   ② ㄷ   ③ ㄱ, ㄴ
④ ㄴ, ㄷ   ⑤ ㄱ, ㄴ, ㄷ

심화 실력높이기

01 다음은 드론에 대한 설명이다.

드론은 조종사가 탑승하지 않고 무선전파유도에 의해 비행과 조종이 가능한 비행기나 헬리콥터 모양의 무인기를 뜻한다.

드론은 ⓐ충전 가능한 ⓑ배터리로 날개를 회전시켜 공중에 떠서 비행하며, 야간에 드론의 위치를 파악하도록 ⓒLED 램프를 장착하였다. 그 외에 고공영상·사진 촬영과 배달, 기상정보 수집, 농약 살포 등 다양한 분야에서 활용되고 있다.

ⓐ~ⓒ에서 일어나는 에너지 전환에 대한 설명으로 옳은 것만을 〈보기〉에서 있는 대로 고른 것은?

> **보기**
> ㄱ. ⓐ는 전기 에너지가 화학 에너지로 전환된다.
> ㄴ. ⓑ의 에너지 전환 과정에는 열에너지가 포함된다.
> ㄷ. ⓒ에서 화학 에너지가 빛에너지로 전환된다.

① ㄱ　　　　② ㄴ　　　　③ ㄷ
④ ㄱ, ㄴ　　　⑤ ㄴ, ㄷ

02 그림은 연료전지를 나타낸 것이다. 연료전지는 수소를 산화시켜 전기 에너지를 생성시킨다.

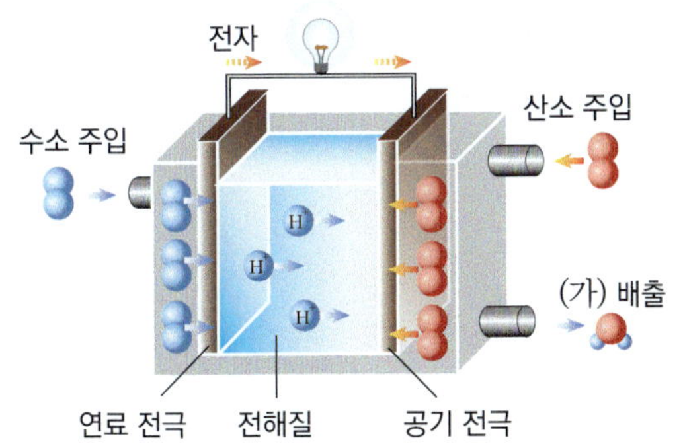

이에 대한 설명으로 옳지 <u>않은</u> 것은?

① (가)는 H_2O이다
② 연료 전극은 (−)극 역할을 한다.
③ 수소가 산화되고 산소는 환원된다.
④ 화학반응식은 "$2H_2+O_2 \rightarrow 2H_2O+$에너지"이다.
⑤ 에너지효율은 화력발전보다 상대적으로 낮은 편이다.

03 표는 백열등, 형광등, LED 전등에서의 에너지 사용을 각각 나타낸 것이다.

전등	사용한 전기 에너지 (J)/초	발생한에너지 (J)/초		
		빛	열	기타
백열등	30	1.5	28.2	0.3
형광등	25	5	19.4	0.6
LED	17	10.2	6.3	0.5

이에 대한 설명으로 옳은 것만을 〈보기〉에서 있는 대로 고른 것은?

> **보기**
> ㄱ. 열에너지로의 전환 비율은 백열등이 가장 크다.
> ㄴ. LED 전등을 조명으로 사용할 때 에너지효율은 60 %이다.
> ㄷ. 형광등에서 발생한 열에너지의 대부분은 다시 사용되지 못하고 버려진다.

① ㄱ　　　　② ㄷ　　　　③ ㄱ, ㄷ
④ ㄴ, ㄷ　　　⑤ ㄱ, ㄴ, ㄷ

[2019 모의고사 기출]

04 그림은 발전기에 공급된 화학 에너지의 에너지 전환 과정을 나타낸 것이다. 발전기는 화학 에너지를 모두 전기 에너지와 ㉠으로, 조명장치는 전기 에너지를 모두 빛에너지와 ㉡으로 전환한다.

이에 대한 설명으로 옳은 것만을 〈보기〉에서 있는 대로 고른 것은?

> **보기**
> ㄱ. 조명 장치의 에너지효율은 0.1이다.
> ㄴ. ㉠과 ㉡에는 모두 열에너지가 포함된다.
> ㄷ. ㉠과 ㉡의 합은 500 J이다.

① ㄱ　　　　② ㄴ　　　　③ ㄱ, ㄷ
④ ㄴ, ㄷ　　　⑤ ㄱ, ㄴ, ㄷ

01 태양 에너지의 생성과 전환

1. 태양 에너지의 생성

생성되는 곳	태양의 중심부인 (❶)에서 일어나는 (❷) 반응에 의해 생성
생성 과정	4개의 수소 원자핵이 융합하여 1개의 헬륨 원자핵이 만들어지면서 에너지가 방출 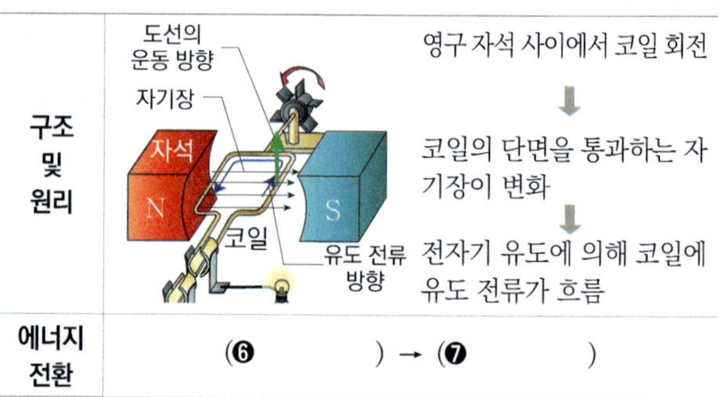
핵융합 반응과 질량 결손	반응 전 (수소) 원자핵 4개의 질량 > 반응 후 (헬륨) 원자핵 1개의 질량 ➡ 감소한 질량(질량결손)만큼 에너지 방출

2. 태양 에너지의 전환과 순환

(1) **태양 에너지의 전환**

① 태양의 열에너지 → 바람의 운동 에너지 → 대기와 해수의 운동 에너지 (파도)

② 태양의 열에너지 → 구름의 (❸)에너지 → 물의 운동 에너지(구름의 생성, 비나 눈)

③ 태양의 빛에너지 → 식물의 (❹)에너지 → 화석 연료의 화학 에너지(광합성, 화석 연료의 생성)

④ 태양의 빛에너지 → 전기 에너지(태양광 발전)

(2) **태양 에너지의 흐름**

① **물의 순환:** 태양의 열에너지→ 구름의 위치 에너지→ 비, 눈의 역학적 에너지→ 강의 상류나 댐에 있는 물의 역학적 에너지 → 흐르는 물의 운동 에너지→ 수력 발전(전기 에너지)→ 바다

② **탄소의 순환:** 태양의 빛에너지→ 식물의 화학 에너지(광합성)→ 화석 연료의 (❺)→ 자동차, 공장의 운동 에너지, 열에너지(이산화 탄소 배출→ 대기)

02 발전과 에너지원

1. 전자기 유도

(1) (❶): 코일 주위에서 자석이 움직이거나 자석 주위에서 코일이 움직일 때 코일 내부를 지나는 자기장이 변하면서 코일에 전류가 흐르는 현상

(2) **유도 전류:** 전자기 유도에 의해 코일에 흐르는 전류

	N극을 가까이 할 때	N극을 멀리 할 때
방향	→ 코일 위쪽이 (❷)극이 되도록 유도 전류가 흐름	→ 코일 위쪽이 (❸)극이 되도록 유도 전류가 흐름

세기	자석의 세기가 셀수록, 자석이나 코일을 빠르게 움직일수록, 코일의 감은 수가 많을수록 유도 전류가 (❹) 발생한다.

2. 전기 에너지의 생산(발전)

(1) **발전기:** (❺)를 이용하여 전기 에너지를 생산하는 장치

구조 및 원리	영구 자석 사이에서 코일 회전 ⬇ 코일의 단면을 통과하는 자기장이 변화 ⬇ 전자기 유도에 의해 코일에 유도 전류가 흐름
에너지 전환	(❻) → (❼)

(2) **발전기를 이용한 여러 가지 발전 방식:** 발전기에 연결된 터빈을 회전시키는 에너지원에 따라 구분된다.

	화력발전	핵발전	수력발전
에너지원	화석 연료	핵연료	물의 위치 에너지
터빈을 돌리는 물질	고온·고압의 수증기		높은 곳의 물
에너지 전환	화학 에너지 →(❽) → 운동 에너지 → 전기 에너지	핵에너지 →(❾) → 운동 에너지 → 전기 에너지	위치 에너지 → 운동 에너지 → 전기 에너지

(3) **발전 방식의 장단점**

구분	화력발전	핵발전
장점	·화석 연료를 사용하므로 에너지 공급이 안정하다. ·전력 수요에 빠르게 대처할 수 있다.	·발전 단가가 낮고 발전량이 많다. ·발전 과정에서 온실 가스가 배출되지 않는다.
단점	·(❿) 배출 ·화석 연료 고갈의 우려	·자원 매장량 한계 ·방사성 폐기물이 발생

3. 발전과 인간 생활: 고갈될 염려가 없고, 지구 온난화와 환경 오염이 없는 친환경적인 새로운 에너지 자원을 개발하여야 한다.

03 에너지효율과 신재생에너지

1. 에너지 전환과 보존

(1) **에너지:** 일을 할 수 있는 능력. 단위는 J(줄)

역학적 에너지	운동 에너지＋위치 에너지
열에너지	원자나 분자의 운동에 의한 에너지
화학 에너지	화학 결합에 의한 에너지

전기 에너지	전하의 이동에 의해 발생하는 에너지
빛에너지	빛이 가지는 에너지
소리 에너지	물질의 (❶)에 의한 에너지

(2) 에너지의 전환

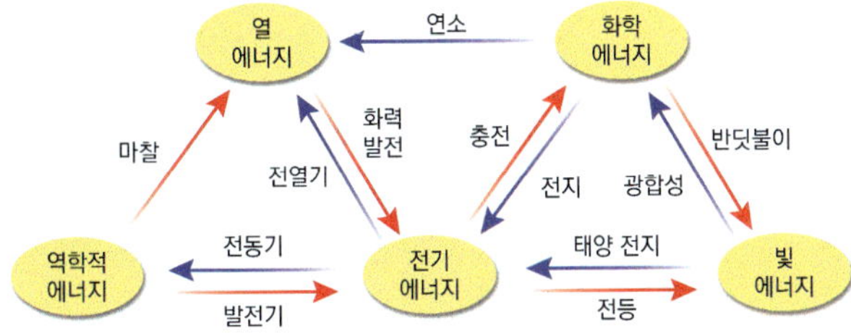

(3) 에너지 보존 법칙: 에너지는 소멸되거나 새롭게 생기지 않으며 에너지의 (❷   )은 일정하게 유지된다.

2. 에너지의 효율적 이용

(1) 에너지효율

$$\text{에너지효율}(\%) = \frac{\text{유용하게 사용된 에너지}}{\text{공급한 에너지}} \times 100$$

(2) 에너지를 절약해야 하는 이유: 에너지를 사용할수록 다시 사용할 수 없는 형태의 (❸   )로 전환되어 버려지는 에너지가 많아지기 때문이다.

(3) 에너지 절약 방법

① 에너지효율이 높은 제품 사용: 에너지소비효율표시제도를 고려하고, 기존 전구 대신 효율이 높은 LED 전구를 사용한다.

② 에너지효율을 높이는 기술 개발: 효율이 좋은 하이브리드 자동차나 전기자동차를 개발하고, 열병합발전 기술을 개발하여 발전 효율을 높인다.

3. 신재생에너지: 신에너지와 재생에너지의 합성어

(❹)	(❺)
기존에 사용하지 않았던 새로운 에너지	고갈의 위험이 없고 계속해서 재생하여 사용할 수 있는 에너지

장점	지속적인 에너지 공급 가능, 자원고갈의 염려가 적음, 온실기체 배출이 적어서 환경 오염 우려가 거의 없다.
단점	초기 설치 비용이 많이 들고, 발전 효율이 낮다.

(1) 신에너지

수소 에너지	수소를 연소시킬 때 발생하는 에너지 이용
(❻)	화학 반응을 통한 연료의 화학 에너지 이용
석탄의 액화 가스화	효율을 높이기 위해 석탄을 액체나 가스 상태로 전환하여 사용

(2) 재생에너지와 발전 방식

태양광 발전	태양 에너지를 직접 전기 에너지로 바꾸는 태양전지를 이용해 직접 전기 에너지를 생산한다.
(❼) 발전	반사판으로 태양의 열에너지를 한 곳에 모아 물을 끓이고 수증기로 터빈을 돌려 전기 에너지를 생산한다.
풍력 발전	바람의 운동 에너지를 이용하여 발전기와 연결된 회전 날개를 돌려 전기 에너지를 생산한다.
수력 발전	높은 곳에 있는 물의 위치 에너지를 이용하여 터빈을 돌려 전기 에너지를 생산한다.
조력 발전	밀물 때 들어오는 바닷물로 터빈을 돌려 전기 에너지를 생산한다.
파력 발전	파도가 칠 때 해수면의 오르내림을 이용하여 통 안의 공기의 출입으로 터빈을 돌려 전기 에너지를 생산한다.
(❽) 발전	지하에 있는 뜨거운 물과 수증기의 열에너지를 이용하여 전기 에너지를 생산한다.
(❾) 에너지	농작물, 목재, 해조류 등 살아있는 생명체의 화학 에너지, 매립지의 가스를 원료로 이용하는 에너지이다.
폐기물 에너지	산업체와 가정에서 생기는 가연성 폐기물을 소각할 때 발생하는 열에너지이다.

3. 에너지 문제를 해결하기 위한 노력

(1) 친환경에너지도시 건설: 지역 환경에 맞는 신재생에너지를 활용하여 에너지 문제와 환경 문제를 함께 해결할 수 있는 도시 건설 ⓔ 영국의 베드제드, 우리나라의 삼척시 도계읍 무지개마을

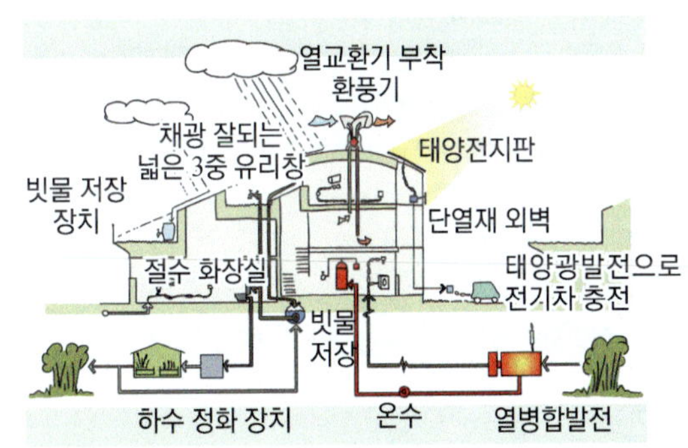

▲ 친환경에너지도시의 예 - 영국의 베드제드(BdeZED)

(2) (❿   ) 연구: 수소 원자핵이 융합하여 헬륨 원자핵이 되는 반응에서 줄어든 질량이 에너지로 변환되는 것을 이용하는 연구 ➡ 우리나라에서는 독자적으로 '한국 차세대 초전도 토카막 연구'를 진행하여 한국형 핵융합 연구 장치(KSTAR)를 개발

(3) 스마트그리드, 가상 발전소 기술 개발

① 스마트그리드(지능형 전력망): 전력을 공급하는 시설과 소비자 사이에서 정보를 실시간으로 주고 받아 수요량에 맞춰 전력을 공급하는 전력망이다.

② 가상 발전소(VPP) 기술: 에너지저장시스템과 신재생에너지 발전소 등 여러 가지 전원을 연결해 하나의 발전소처럼 운영한다.

단원 마무리

01 태양 에너지의 생성과 전환

01 태양이 에너지를 방출할 때 일어나는 반응에 대해 대화하는 모습을 나타낸 것이다.

옳게 말한 사람만을 있는 대로 고른 것은?

① 알탐
② 상상
③ 알탐, 무한
④ 알탐, 상상
⑤ 알탐, 무한, 상상

[2024 모의고사 기출]

02 다음은 에너지 전환에 대해 학생과 교사가 나눈 대화이다.

> 학생　우리 몸은 생명활동에 필요한 에너지를 어디에서 얻나요?
>
> 교사　주로 음식물에 저장된 화학 에너지로부터 필요한 에너지를 얻어요.
>
> 학생　음식물 속 화학 에너지는 어떻게 만들어지나요?
>
> 교사　태양 에너지 중 빛에너지가 식물의 　㉠　에 의해 화학 에너지로 전환되지요.
>
> 학생　그럼 태양 에너지는 어떻게 만들어지나요?
>
> 교사　태양에서 　㉡　의 일부가 에너지로 전환되는 수소 핵융합 반응으로 만들어져요.

이에 대한 설명으로 옳은 것만을 〈보기〉에서 있는 대로 고른 것은?

> **보기**
> ㄱ. '호흡'은 ㉠으로 적절하다.
> ㄴ. '질량'은 ㉡으로 적절하다.
> ㄷ. 태양 에너지는 우리 몸의 생명활동에 필요한 에너지의 근원이다.

① ㄱ
② ㄷ
③ ㄱ, ㄴ
④ ㄴ, ㄷ
⑤ ㄱ, ㄴ, ㄷ

03 태양 에너지로 인해 일어나는 현상으로 옳지 <u>않은</u> 것은?

① 대기와 해수가 순환한다.
② 우라늄의 핵에너지로 전환된다.
③ 가열된 공기가 움직이면서 바람이 분다.
④ 식물이 광합성을 통해 포도당을 만든다.
⑤ 강물이나 바닷물이 증발하여 구름이 된다.

04 그림은 태양 에너지가 생성되는 핵반응을 나타낸 것이다.

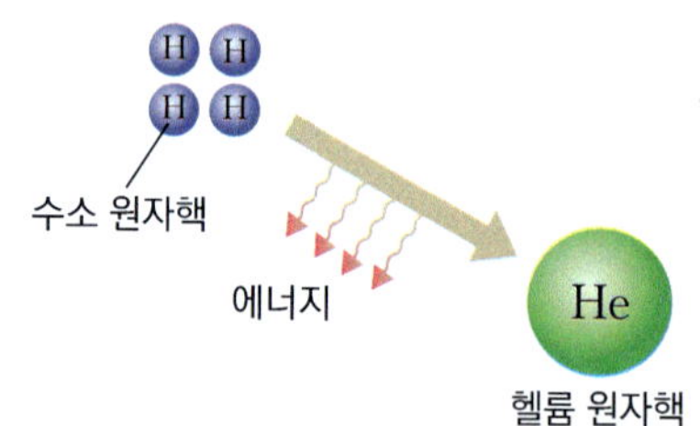

이에 대한 설명으로 옳은 것만을 〈보기〉에서 있는 대로 고른 것은?

> **보기**
> ㄱ. 태양 에너지는 지구에서 일어나는 에너지 순환의 원동력이 된다.
> ㄴ. 이 반응은 핵분열 반응이다.
> ㄷ. 수소 원자핵 4개의 질량은 헬륨 원자핵 1개의 질량과 같다.

① ㄱ
② ㄴ
③ ㄱ, ㄴ
④ ㄱ, ㄷ
⑤ ㄱ, ㄴ, ㄷ

05 다음은 지구에서 일어나는 탄소 순환 과정을 나타낸 것이다.

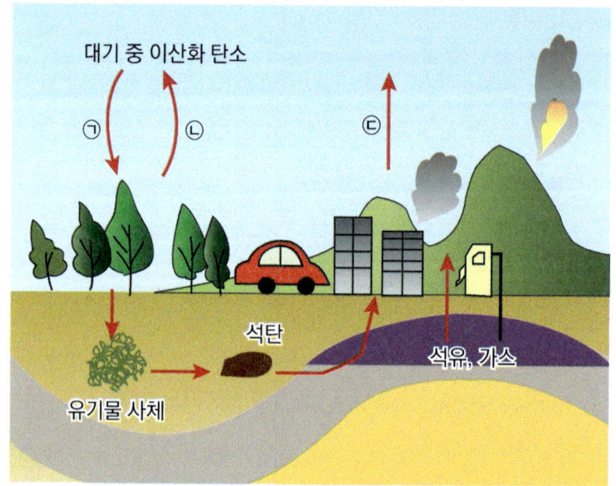

이에 대한 설명으로 옳은 것만을 〈보기〉에서 있는 대로 고른 것은?

> **보기**
> ㄱ. ㉠을 통해 태양의 빛에너지는 화학 에너지 형태로 저장된다.
> ㄴ. ㉢을 통해 배출되는 이산화 탄소는 환경오염을 일으킨다.
> ㄷ. 태양 에너지가 탄소를 매개로 하여 일으키는 에너지 순환 과정이다.

① ㄱ
② ㄴ
③ ㄷ
④ ㄱ, ㄷ
⑤ ㄱ, ㄴ, ㄷ

06 다음은 태양 에너지에 의해 지구상의 물이 순환하는 과정을 나타낸 것이다.

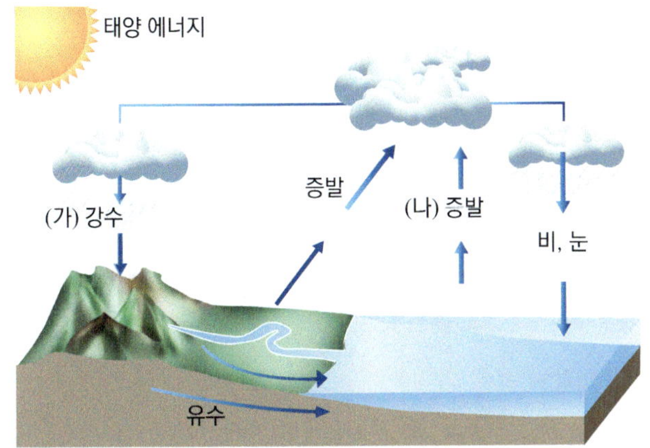

이에 대한 설명으로 옳은 것만을 〈보기〉에서 있는 대로 고른 것은?

> **보기**
> ㄱ. (가)에서 구름의 위치 에너지가 비의 운동 에너지로 전환된다.
> ㄴ. (나)에서 파도의 운동 에너지가 열에너지로 전환된다.
> ㄷ. 태양 에너지가 일으키는 에너지 전환과 흐름의 과정이다.

① ㄱ   ② ㄴ   ③ ㄱ, ㄴ
④ ㄱ, ㄷ   ⑤ ㄱ, ㄴ, ㄷ

07 그림 (가)는 태양 에너지가 생성되는 반응, (나)는 원자로에서 일어나는 반응을 나타낸 것이다.

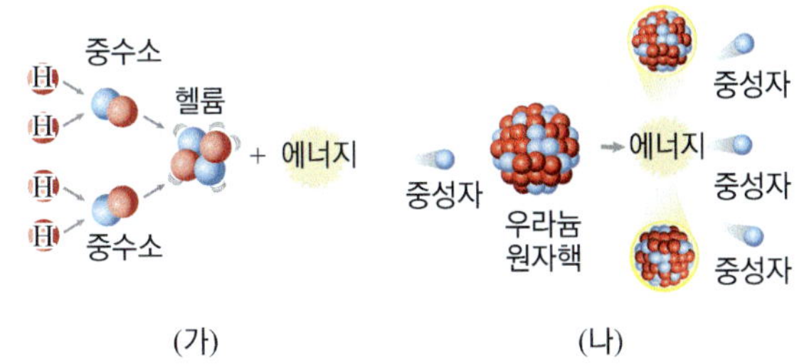

이에 대한 설명으로 옳은 것만을 〈보기〉에서 있는 대로 고른 것은?

> **보기**
> ㄱ. (가)는 핵융합 반응이다.
> ㄴ. (나)의 반응은 핵발전소에서 일어나는 반응이다.
> ㄷ. (가)와 (나)의 반응 과정에서 발생하는 에너지는 반응 전, 후의 질량 차이에 의한 것이다.

① ㄱ   ② ㄴ   ③ ㄱ, ㄴ
④ ㄱ, ㄷ   ⑤ ㄱ, ㄴ, ㄷ

[2018 모의고사 기출]

08 그림은 막대자석의 P면이 코일를 향해 다가갈 때 코일에 흐르는 유도 전류에 의한 자기장이 발생하는 모습을 나타낸 것이다.

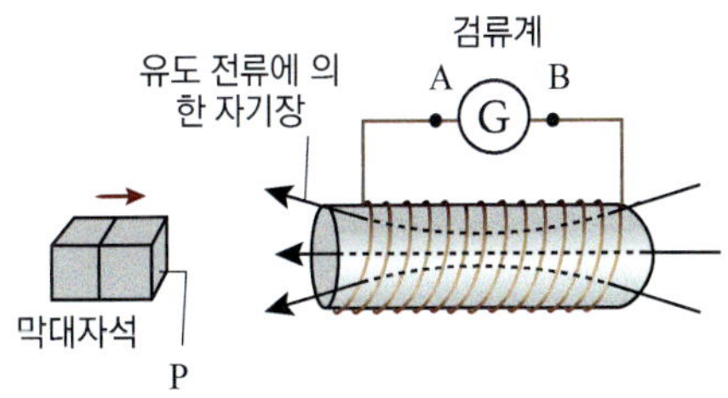

이에 대한 설명으로 옳은 것만을 〈보기〉에서 있는 대로 고른 것은?

> **보기**
> ㄱ. P는 S극이다.
> ㄴ. 유도 전류의 방향은 B → G → A이다.
> ㄷ. 자석과 코일 사이에는 인력이 작용한다.

① ㄱ   ② ㄴ   ③ ㄱ, ㄷ
④ ㄴ, ㄷ   ⑤ ㄱ, ㄴ, ㄷ

[2023 모의고사 기출]

09 다음은 전자기 유도 실험이다.

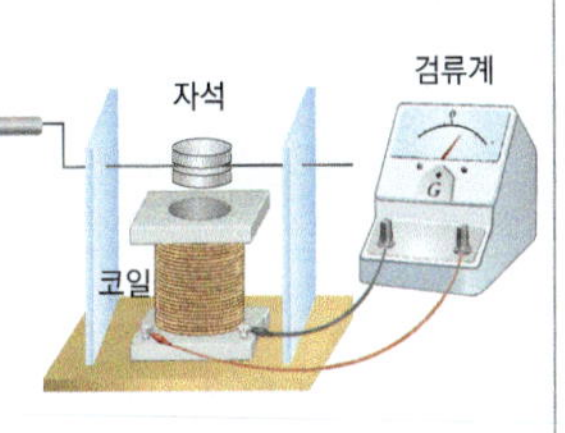

[실험 방법]
(가) 코일에 검류계를 연결하고 코일 위에 자석을 회전시키는 장치를 설치한다.
(나) 자석을 1초에 1회전 하도록 일정하게 돌리면서 검류계를 관찰한다.
(다) 자석을 1초에 2회전 하도록 일정하게 돌리면서 검류계를 관찰한다.
(라) (가)에서 [㉠] 후, (나)를 반복한다.

[실험 결과]
· (나)에서 검류계에 흐르는 전류의 방향은 [㉡].
· 전류의 최댓값은 (다)에서가 (나)에서보다 [㉢].
· 전류의 최댓값은 (라)에서가 (나)에서보다 크다.

이에 대한 설명으로 옳은 것만을 〈보기〉에서 있는 대로 고른 것은?

> **보기**
> ㄱ. '코일의 감은 수만을 증가시킨'은 ㉠으로 적절하다.
> ㄴ. '일정하다'는 ㉡으로 적절하다.
> ㄷ. '크다'는 ㉢으로 적절하다.

① ㄱ   ② ㄴ   ③ ㄱ, ㄷ
④ ㄴ, ㄷ   ⑤ ㄱ, ㄴ, ㄷ

10 그림 (가)~(다)는 고정된 코일에 동일한 자석을 코일에 가까이 하는 모습을 나타낸 것이다. 자석의 접근 속력은 각각 같고, 코일의 감은 수는 (가)~(다)의 경우 각각 10회, 20회, 20회이다.

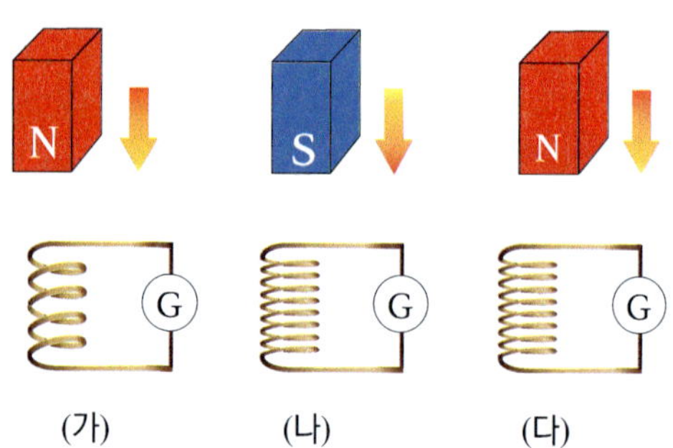

(가)　　　　(나)　　　　(다)

이에 대한 설명으로 옳은 것만을 〈보기〉에서 있는 대로 고른 것은?

ㄱ. 자석에 작용하는 자기력의 방향은 (가)와 (나)가 서로 반대이다.
ㄴ. 자석에 작용하는 자기력의 크기는 (나)에서가 (다)에서보다 더 크다.
ㄷ. 검류계에 흐르는 유도 전류의 방향은 (가)와 (나)에서 서로 반대이다.

① ㄱ　　　　② ㄴ　　　　③ ㄷ
④ ㄱ, ㄷ　　　　⑤ ㄱ, ㄴ, ㄷ

11 그림과 같이 고정된 코일에 검류계가 장치되어 있고, 자석이 고정된 수레를 수평면에서 코일 쪽으로 민 후 자유롭게 운동하게 하였다. 단, 모든 마찰은 무시한다.

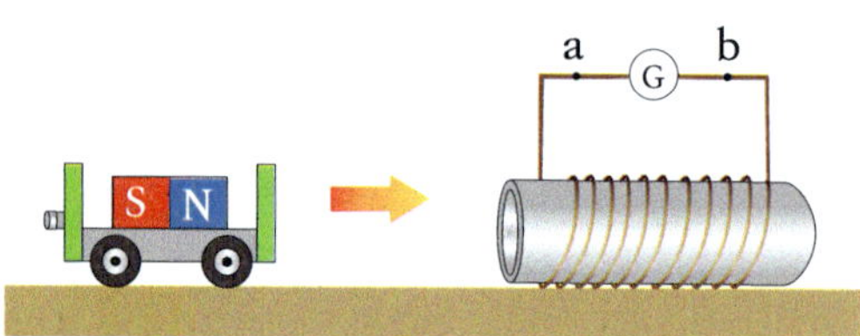

이에 대한 설명으로 옳은 것만을 〈보기〉에서 있는 대로 고른 것은?

ㄱ. 수레의 속력은 점점 빨라진다.
ㄴ. 코일을 통과하는 자기장의 세기는 증가한다.
ㄷ. 코일에 발생하는 유도 전류의 방향은 a→ G →b 이다.

① ㄱ　　　　② ㄴ　　　　③ ㄱ, ㄴ
④ ㄱ, ㄷ　　　　⑤ ㄱ, ㄴ, ㄷ

12 그림은 자석 사이에 코일을 넣고 코일을 화살표(시계) 방향으로 회전시키는 모습을 나타낸 것이다.

이에 대한 설명으로 옳은 것만을 〈보기〉에서 있는 대로 고른 것은?

ㄱ. 전자기 유도 현상을 이용한 발전기의 구조이다.
ㄴ. 코일에는 직류 전류가 흐른다.
ㄷ. 코일을 회전시키기 위해서는 외부 에너지가 필요하다.

① ㄱ　　　　② ㄱ, ㄴ　　　　③ ㄱ, ㄷ
④ ㄴ, ㄷ　　　　⑤ ㄱ, ㄴ, ㄷ

[2020 모의고사 기출]

13 다음은 자가발전 손전등에 대한 설명이다.

· 자가발전 손전등은 자석의 운동에 의해 코일에 유도 전류가 발생하여 전구에서 불이 켜지는 장치이다.
· 그림에서 자석이 코일에 가까워지면 자석에 의해 코일을 통과하는 자기장이 증가하고, 코일에는 (가) 방향으로 유도 전류가 흐른다.

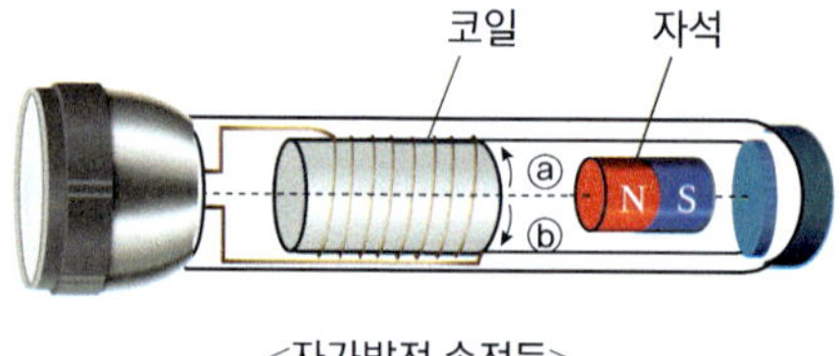

〈자가발전 손전등〉

이에 대한 설명으로 옳은 것만을 〈보기〉에서 있는 대로 고른 것은?

ㄱ. 자가발전 손전등은 전자기 유도 현상을 이용한다.
ㄴ. (가)는 ⓐ이다.
ㄷ. 자석이 코일에 가까워지면 자석과 코일 사이에는 서로 당기는 자기력이 작용한다.

① ㄱ　　　　② ㄴ　　　　③ ㄱ, ㄷ
④ ㄴ, ㄷ　　　　⑤ ㄱ, ㄴ, ㄷ

14 에너지 전환에 대한 설명으로 옳은 것만을 〈보기〉에서 있는 대로 고른 것은?

─ 보기 ─
ㄱ. 에너지는 전환 과정에서 새로 생기거나 소멸되지 않는다.
ㄴ. 에너지가 전환될 때마다 에너지의 총량은 감소한다.
ㄷ. 에너지는 전환될 때마다 에너지의 일부가 다시 사용하기 어려운 형태의 열에너지로 전환된다.

① ㄱ   ② ㄴ   ③ ㄷ
④ ㄱ, ㄷ   ⑤ ㄱ, ㄴ, ㄷ

15 다음은 우리 생활에서 볼 수 있는 여러 가지 에너지와 에너지 전환 과정을 나타낸 것이다.

㉠ ~ ㉤에 해당하는 예를 옳게 짝지은 것은?

① ㉠ - 광합성   ② ㉡ - 반딧불이
③ ㉢ - 발광 다이오드(LED)   ④ ㉣ - 건전지
⑤ ㉤ - 열기관

[2021 모의고사 기출]

16 그림 (가), (나)는 각각 우리나라의 조력 발전소와 파력 발전소를 나타낸 것이다.

(가)
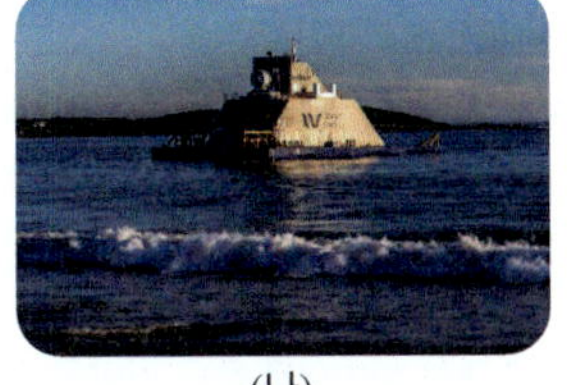
(나)

이에 대한 설명으로 옳은 것은?

① (가)는 설치 장소의 제한이 없다.
② (가)는 재생가능한 에너지를 이용한다.
③ (나)는 화학 에너지를 전기 에너지로 전환한다.
④ (나)는 파도의 상황에 관계없이 발전량이 일정하다.
⑤ (가)와 (나)는 우리나라 전력의 대부분을 생산한다.

17 다음 표는 같은 크기이지만 에너지효율이 서로 다른 선풍기 A, B가 각각 세기가 I_1, I_2, I_3인 바람이 불도록 할 때의 소비 전력(W; 와트)을 나타낸 것이다. A, B 각각의 에너지효율은 일정한 값이다.

구분	I_1	I_2	I_3
A	30 W	40 W	50 W
B	35 W	50 W	70 W

A   B

이에 대한 설명으로 옳은 것만을 〈보기〉에서 있는 대로 고른 것은?

─ 보기 ─
ㄱ. 같은 양의 에너지로 낼 수 있는 바람의 세기는 A가 B보다 크다.
ㄴ. 같은 바람의 세기를 내기 위해 필요한 에너지는 B가 A보다 많다.
ㄷ. 에너지효율은 B가 A보다 크다.

① ㄱ   ② ㄴ   ③ ㄷ
④ ㄱ, ㄴ   ⑤ ㄱ, ㄴ, ㄷ

18 그림은 무한이가 무선 청소기로 청소를 하는 모습이다. 청소기는 20,000 J의 전기 에너지가 충전되어 있었고, 전기 에너지가 다 소모될 때까지 청소를 하였다. 표와 같이 청소 과정에서 에너지 전환이 일어났다.

에너지 종류	에너지 양(J)
소리 에너지	4500
열에너지	㉠
모터의 운동 에너지	9000

㉠의 값과 무선 청소기의 에너지효율(%)을 옳게 짝지은 것은?

	㉠	에너지 효율(%)
①	4500	40
②	5500	40
③	5500	45
④	6500	45
⑤	6500	55

19 다음은 발전 방식 A, B, C를 두 가지 기준 Ⅰ, Ⅱ에 따라 분류한 것을 나타낸 것이다. A, B, C는 각각 풍력발전, 조력발전, 핵발전 중 하나이다.

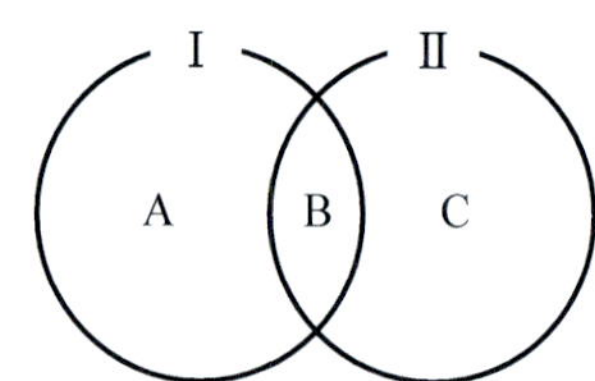

분류 기준
Ⅰ. 기체의 흐름을 이용하여 발전한다.
Ⅱ. 에너지원이 고갈되지 않는다.

이에 대한 설명으로 옳은 것만을 〈보기〉에서 있는 대로 고른 것은?

> **보기**
>
> ㄱ. A는 발전 과정에서 방사성 폐기물이 발생한다.
> ㄴ. B는 발전량을 정확히 예측할 수 있다.
> ㄷ. C는 파도의 운동 에너지를 이용한다.

① ㄱ ② ㄷ ③ ㄱ, ㄴ
④ ㄱ, ㄷ ⑤ ㄴ, ㄷ

20 다음은 수소 버스에 대한 신문 기사 중 일부이다.

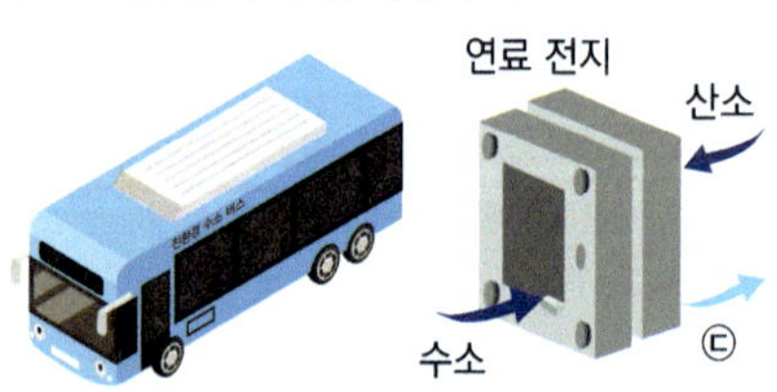

2021년 ○월 ○일 ○○신문

○○시는 2025년까지 친환경 수소버스 1000대를 보급하고 수소 충전소 11곳을 구축할 예정이다.

㉠ 연료전지를 사용한 수소버스는 기존의 화석 연료를 이용한 버스보다 에너지효율이 ⓛ , 주행할 때 버스의 연료전지 내부에서 수소와 산소가 결합하여 생성물로 ⓒ 만 배출하므로 친환경적이다.

이에 대한 설명으로 옳은 것만을 〈보기〉에서 있는 대로 고른 것은?

> **보기**
>
> ㄱ. ㉠은 화학 에너지를 전기 에너지로 전환한다.
> ㄴ. '낮고'는 ⓛ으로 적절하다.
> ㄷ. ⓒ은 물이다.

① ㄴ ② ㄷ ③ ㄱ, ㄴ
④ ㄱ, ㄷ ⑤ ㄱ, ㄴ, ㄷ

21 그림 (가)와 (나)는 해양 에너지를 이용한 발전 방식이다.

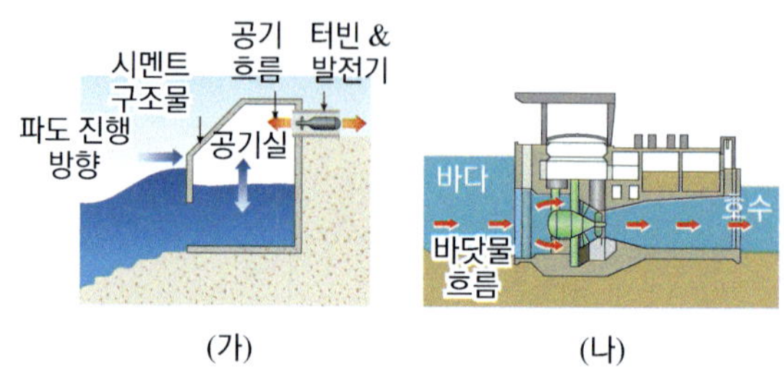

(가)와 (나)의 공통점에 대한 설명으로 옳은 것만을 〈보기〉에서 있는 대로 고른 것은?

> **보기**
>
> ㄱ. 설치 장소가 제한적이다.
> ㄴ. 역학적 에너지가 전기 에너지로 전환된다.
> ㄷ. 발전소 건설 비용이 많이 든다.

① ㄱ ② ㄴ ③ ㄱ, ㄴ
④ ㄱ, ㄷ ⑤ ㄱ, ㄴ, ㄷ

22 다음은 에너지 제로 하우스에 설치된 열회수 환기 장치에 대한 설명이다.

그림 (가)와 같이 겨울철에 환기를 위해 창문을 열면 실외의 찬 공기가 그대로 실내로 들어와서 실내 온도가 크게 내려간다. 하지만 그림 (나)와 같이 창문 대신 열회수 환기 장치로 환기하면 ㉠나가는 실내 공기와 들어오는 실외 공기 사이에 열이 이동하기 때문에 창문으로 환기할 때보다 ⓛ 가 실내로 들어온다. 따라서 열회수 환기 장치를 사용하면 실내 공기를 가열하는 데 필요한 에너지가 창문으로 환기할 때보다 ⓒ .

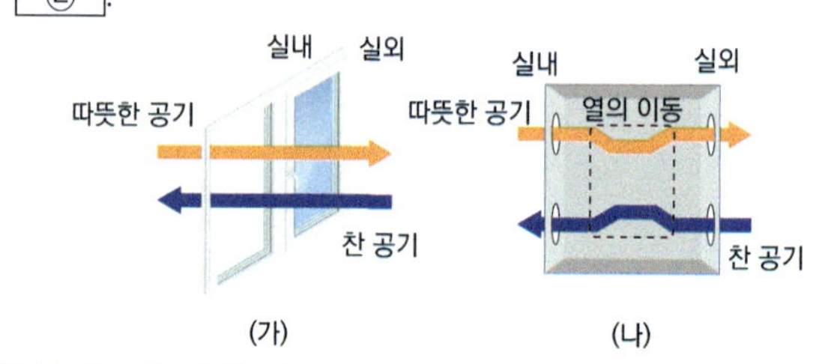

이에 대한 설명으로 옳은 것만을 〈보기〉에서 있는 대로 고른 것은?

> **보기**
>
> ㄱ. ㉠에서 열은 나가는 공기에서 들어오는 공기로 이동한다.
> ㄴ. '찬 공기'는 ⓛ으로 적절하다.
> ㄷ. '적다'는 ⓒ으로 적절하다.

① ㄴ ② ㄷ ③ ㄱ, ㄴ
④ ㄱ, ㄷ ⑤ ㄱ, ㄴ, ㄷ

[2015 모의고사 기출]

01 다음은 LED 전구 A, B의 에너지효율을 나타낸 것이다.

	LED 전구 A	LED 전구 B
에너지효율	50 %	60 %

이에 대한 설명으로 옳은 것만을 〈보기〉에서 있는 대로 고른 것은?

ㄱ. 같은 전지에 연결하면 B가 A보다 밝다.
ㄴ. 같은 양의 에너지를 공급하면 A가 B보다 더 많은 일을 한다.
ㄷ. 같은 전지에 연결하였을 때 버려지는 에너지는 A가 B보다 많다.

① ㄱ　　　　② ㄷ　　　　③ ㄱ, ㄴ
④ ㄱ, ㄷ　　　⑤ ㄱ, ㄴ, ㄷ

[2015 모의고사 기출]

02 그림과 같이 위로 던져진 자석이 고정된 원형 도선 A를 통과한 후 다시 A를 통과해 내려온다. 자석이 점 p를 지날 때의 속력은 올라갈 때가 내려올 때보다 크다. 이에 대한 설명으로 옳은 것만을 〈보기〉에서 있는 대로 고른 것은? (단, 자석은 회전하지 않으며, 공기 저항, 자석의 크기는 무시한다.)

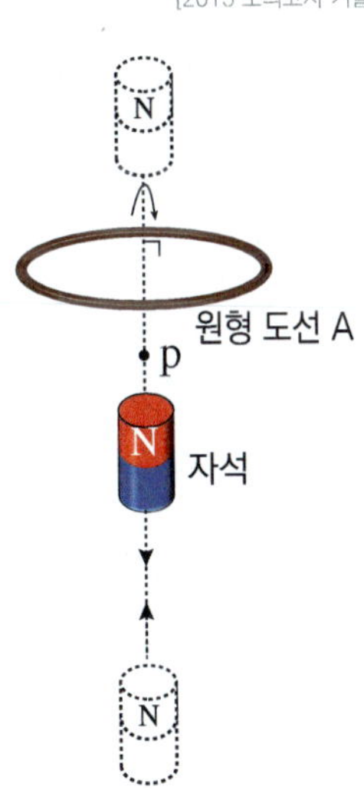

ㄱ. A에 흐르는 유도 전류의 세기는 p에서 자석이 올라갈 때가 내려올 때보다 크다.
ㄴ. A에 흐르는 유도 전류의 방향은 p에서 자석이 올라갈 때와 내려올 때가 같다.
ㄷ. 자석이 A로부터 받는 힘의 방향은 p에서 자석이 올라갈 때와 내려올 때가 같다.

① ㄱ　　　　② ㄷ　　　　③ ㄱ, ㄴ
④ ㄴ, ㄷ　　　⑤ ㄱ, ㄴ, ㄷ

03 그림은 일정량의 석유가 가진 에너지 E가 각각 내연기관 자동차 A와 전기 자동차 B의 운동 에너지로 전환되는 과정을 나타낸 것이다.

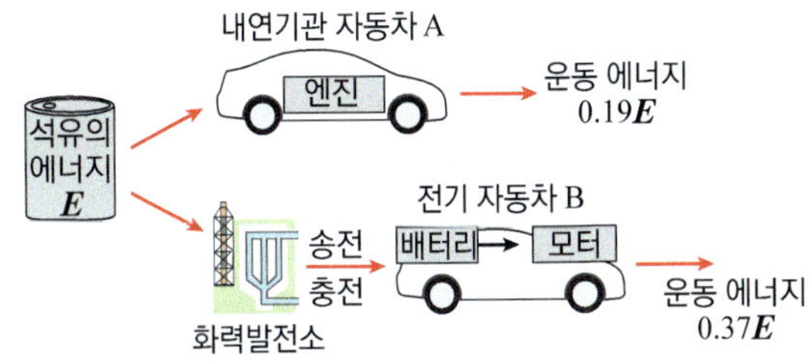

이에 대한 설명으로 옳은 것만을 〈보기〉에서 있는 대로 고른 것은?

ㄱ. A의 엔진에서 에너지가 전환될 때 열이 발생한다.
ㄴ. B의 배터리를 충전할 때 전기 에너지가 화학 에너지로 전환된다.
ㄷ. 석유의 에너지가 자동차의 운동 에너지로 전환되는 과정에서의 효율은 B가 A보다 크다.

① ㄱ　　　　② ㄴ　　　　③ ㄱ, ㄷ
④ ㄴ, ㄷ　　　⑤ ㄱ, ㄴ, ㄷ

04 그림은 고열원에서 Q_1의 에너지를 흡수하여 외부에 W의 일을 하고 저열원으로 Q_2의 에너지를 방출하는 열기관의 모습을 나타낸 것이다. (단, Q_2는 $2W$이다.)

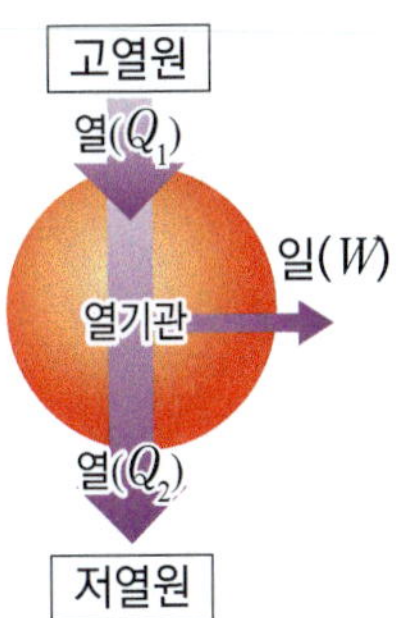

이에 대한 설명으로 옳은 것만을 〈보기〉에서 있는 대로 고른 것은?

ㄱ. $Q_1 = W$이다.
ㄴ. 열기관의 열효율은 0.2이다.
ㄷ. Q_1이 일정할 때, 외부에 한 일을 W에서 $2W$로 증가시키면 열효율이 더 커진다.

① ㄱ　　　　② ㄴ　　　　③ ㄷ
④ ㄴ, ㄷ　　　⑤ ㄱ, ㄴ, ㄷ

수능 모의고사 1회

[2022 모의고사 기출]

01 그림은 태양 에너지에 대해 학생 A, B, C가 대화하는 모습을 나타낸 것이다.

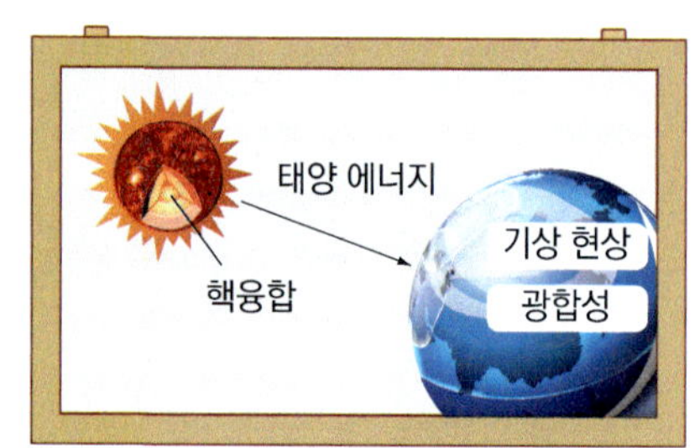

제시한 내용이 옳은 학생만을 있는 대로 고른 것은?

① A   ② B   ③ A, C
④ B, C   ⑤ A, B, C

02 그림은 태양 에너지가 발생하는 과정을 모식적으로 나타낸 것이다.

이에 대한 설명으로 옳은 것만을 〈보기〉에서 있는 대로 고른 것은?

— 보기 —
ㄱ. 태양의 중심부에서 일어나는 반응이다.
ㄴ. 수소 원자핵 4개가 융합하여 1개의 헬륨 원자핵이 되는 과정에서 에너지가 생성된다.
ㄷ. 수소 원자핵 4개의 질량의 합은 헬륨 원자핵 1개의 질량보다 크다.

① ㄱ   ② ㄴ   ③ ㄱ, ㄴ
④ ㄱ, ㄷ   ⑤ ㄱ, ㄴ, ㄷ

03 그림 (가)는 식물의 광합성을, (나)는 바람이 부는 모습을 나타낸 것이다.

 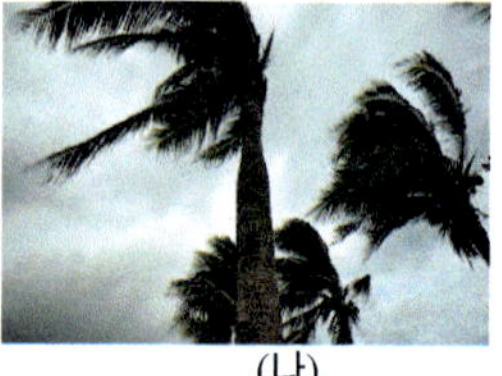

(가)   (나)

이에 대한 설명으로 옳은 것만을 〈보기〉에서 있는 대로 고른 것은?

— 보기 —
ㄱ. (가)의 과정에서 태양 에너지가 식물의 위치 에너지로 저장된다.
ㄴ. (나)는 태양 에너지가 바람의 운동 에너지로 전환된다.
ㄷ. (가), (나) 모두 근원 에너지는 태양 에너지이다.

① ㄱ   ② ㄴ   ③ ㄱ, ㄴ
④ ㄴ, ㄷ   ⑤ ㄱ, ㄴ, ㄷ

04 그림은 지구상에서 물이 순환하는 모습을 나타낸 것이다.

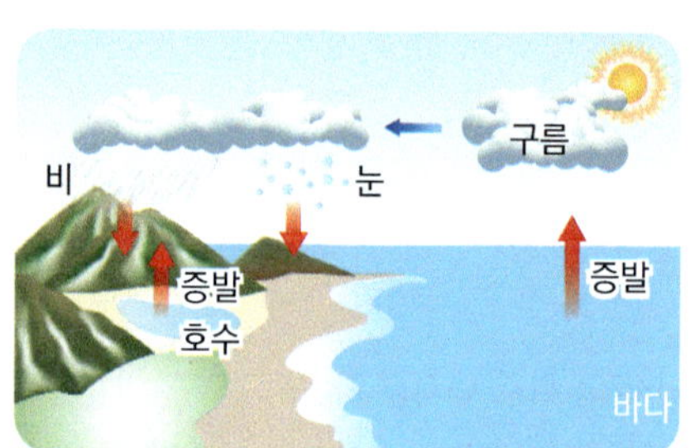

이에 대한 설명으로 옳은 것만을 〈보기〉에서 있는 대로 고른 것은?

— 보기 —
ㄱ. 구름이 비나 눈이 되어 떨어지는 과정에서 일어나는 에너지 전환은 열에너지 → 운동 에너지이다.
ㄴ. 물이 증발하여 구름이 될 때 일어나는 에너지 전환은 열에너지 → 위치 에너지이다.
ㄷ. 지구상에서 물의 순환을 일으키는 에너지의 근원은 태양 에너지이다.

① ㄱ   ② ㄴ   ③ ㄱ, ㄴ
④ ㄴ, ㄷ   ⑤ ㄱ, ㄴ, ㄷ

05 근원 에너지가 태양 에너지인 발전 방식만을 〈보기〉에서 있는 대로 고른 것은?

— 보기 —
ㄱ. 풍력발전   ㄴ. 태양광발전
ㄷ. 파력발전   ㄹ. 원자력발전

① ㄴ   ② ㄱ, ㄹ   ③ ㄷ, ㄹ
④ ㄱ, ㄴ, ㄷ   ⑤ ㄴ, ㄷ, ㄹ

06 그림은 검류계가 연결된 코일에 S극을 가까이 하는 것과 멀리 하는 것을 나타낸 것이다.

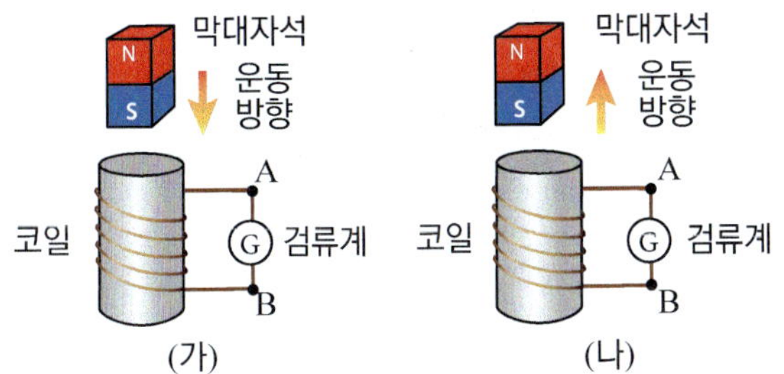

이에 대한 설명으로 옳은 것만을 〈보기〉에서 있는 대로 고른 것은?

> **보기**
> ㄱ. (가)에서 자석과 코일 사이에는 인력이 작용한다.
> ㄴ. (나)에서 유도 전류의 방향은 B → G → A이다.
> ㄷ. (가)와 (나)에서 검류계에 흐르는 전류의 방향이 반대이다.
> ㄹ. 유도 전류의 세기는 코일의 단면을 수직으로 지나는 자기장의 시간적 변화율에 반비례한다.

① ㄱ, ㄴ 　② ㄱ, ㄹ 　③ ㄴ, ㄷ
④ ㄱ, ㄷ, ㄹ 　⑤ ㄴ, ㄷ, ㄹ

07 그림은 자석 사이에서 코일이 회전하고 있는 발전기의 구조를 나타낸 것이다.

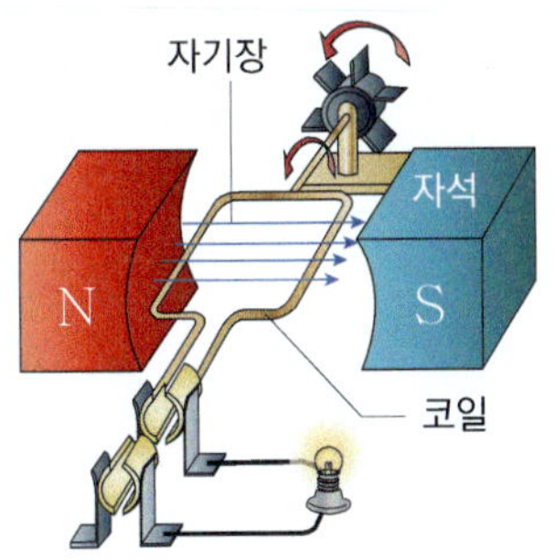

이에 대한 설명으로 옳은 것만을 〈보기〉에서 있는 대로 고른 것은?

> **보기**
> ㄱ. 전자기 유도에 의해 코일에 전류가 흐른다.
> ㄴ. 발전기는 전기 에너지를 빛에너지로 전환한다.
> ㄷ. 코일에 흐르는 전류의 세기와 방향은 일정하다.
> ㄹ. 코일이 빨리 회전할수록 전구의 불이 더 밝아진다.

① ㄱ 　② ㄷ 　③ ㄱ, ㄴ
④ ㄱ, ㄹ 　⑤ ㄷ, ㄹ

08 그림은 마찰이 없는 수평면에 수직으로 설치되어 있는 원형 도선 (가), (나)의 중심축을 따라 막대자석이 일정한 속력으로 미끄러져 운동하는 것을 나타낸 것이다. P, Q는 중심축 상의 점이다.

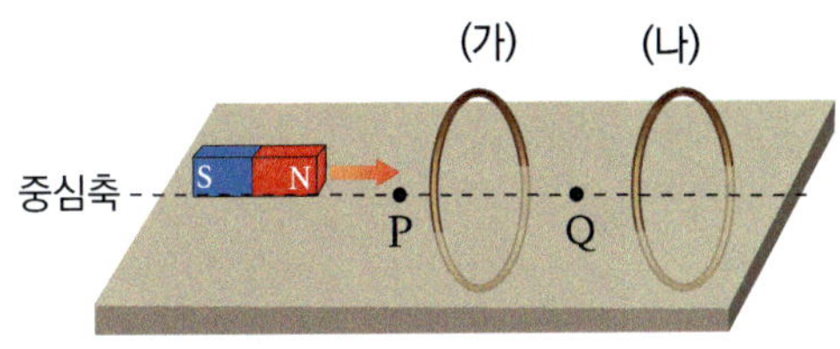

이에 대한 설명으로 옳은 것만을 〈보기〉에서 있는 대로 고른 것은?

> **보기**
> ㄱ. 자석이 P 점을 지날 때 (가)와 (나)로부터 받는 자기력의 방향은 서로 같다.
> ㄴ. 자석이 Q 점을 지날 때 (가)와 (나)에 발생하는 유도 전류의 방향은 서로 반대이다.
> ㄷ. 자석이 Q 점을 지날 때 (가)와 (나)로부터 받는 자기력의 방향은 서로 반대이다.

① ㄱ 　② ㄴ 　③ ㄱ, ㄴ
④ ㄴ, ㄷ 　⑤ ㄱ, ㄴ, ㄷ

[2017 모의고사 기출]

09 그림과 같이 자석, 검류계에 연결된 코일을 각각 잡고 있다. 자석의 N극을 중심축을 따라 코일에서 멀어지게 할 때 검류계의 바늘이 ㉠ 방향으로 움직였다. 검류계의 바늘이 ㉠ 방향으로 움직이는 경우만을 〈보기〉에서 있는 대로 고른 것은?

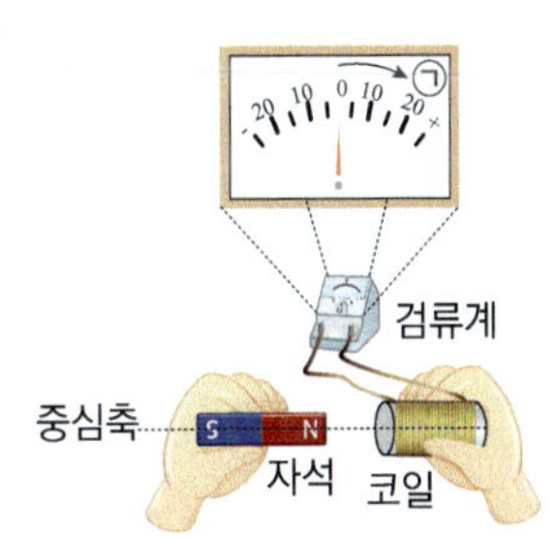

> **보기**

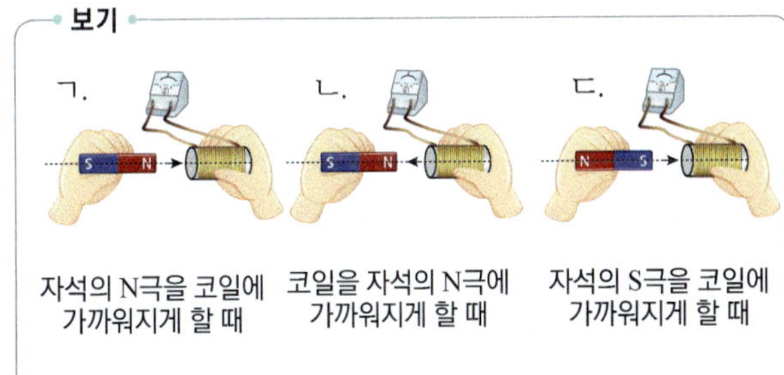

① ㄱ 　② ㄴ 　③ ㄷ
④ ㄱ, ㄴ 　⑤ ㄴ, ㄷ

10 그림과 같이 자전거 발전기로 충전 중인 휴대 전화의 스피커에서 음악이 나오고 있다. 페달이 돌아갈 때 발전기의 자석이 회전하면서 코일에 전류가 흐른다.

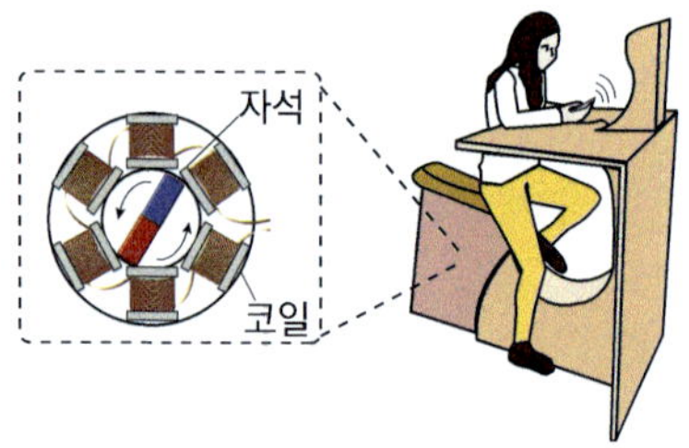

이에 대한 설명으로 옳은 것만을 〈보기〉에서 있는 대로 고른 것은?

보기
ㄱ. 발전기는 전자기 유도 현상을 이용한다.
ㄴ. 발전기는 전기 에너지를 운동 에너지로 전환한다.
ㄷ. 스피커는 소리 에너지를 전기 에너지로 전환한다.

① ㄱ ② ㄷ ③ ㄱ, ㄴ
④ ㄴ, ㄷ ⑤ ㄱ, ㄴ, ㄷ

11 그림은 화력발전과 핵발전의 구조를 개략적으로 나타낸 것이다.

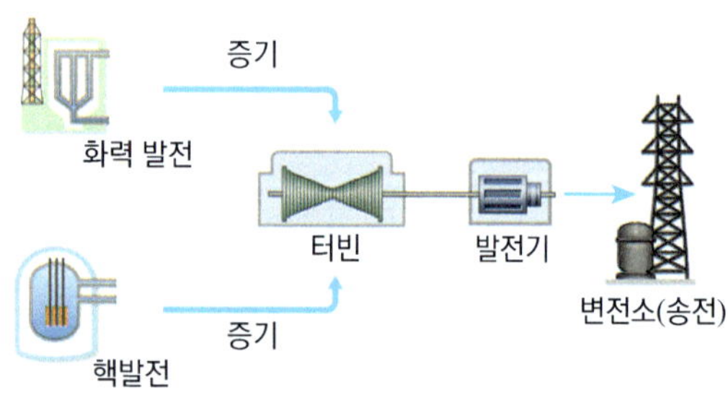

이에 대한 설명으로 옳은 것만을 〈보기〉에서 있는 대로 고른 것은?

보기
ㄱ. 핵발전은 핵융합을 이용한다.
ㄴ. 화력발전은 석탄, 석유, 천연가스 등 화석 연료를 사용한다.
ㄷ. 화력발전은 화학 에너지→ 열에너지→ 운동 에너지 →전기 에너지로 에너지가 전환된다.
ㄹ. 화력발전과 핵발전 모두 전자기 유도 현상을 이용하여 전기 에너지를 생산한다.

① ㄱ, ㄴ ② ㄱ, ㄹ ③ ㄷ, ㄹ
④ ㄱ, ㄴ, ㄷ ⑤ ㄴ, ㄷ, ㄹ

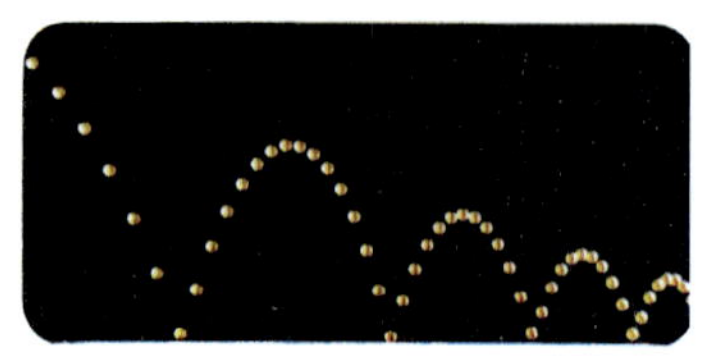

12 일정한 높이에서 공을 떨어뜨리면 공이 튀어오르는 높이가 점점 감소하다가 멈추게 된다.

이에 대한 설명으로 옳은 것만을 〈보기〉에서 있는 대로 고른 것은?

보기
ㄱ. 공의 역학적 에너지는 보존된다.
ㄴ. 공이 운동하는 동안 에너지의 총량은 점점 감소한다.
ㄷ. 공의 역학적 에너지 일부가 열, 소리 에너지로 전환된다.

① ㄱ ② ㄴ ③ ㄷ
④ ㄱ, ㄴ ⑤ ㄴ, ㄷ

13 다음은 전기 에너지를 이용해 음식을 조리하는 기구에 대한 설명이다.

전원을 연결하고 조리 온도를 설정하면 기구의 위쪽 (가) 화면에서 빛이 나와 온도가 표시된다. 조리가 시작되면 기구 내부의 (나) 전열선에서 열이 발생되고 위쪽에 달린 (다) 전동기에 의해 팬이 회전한다.

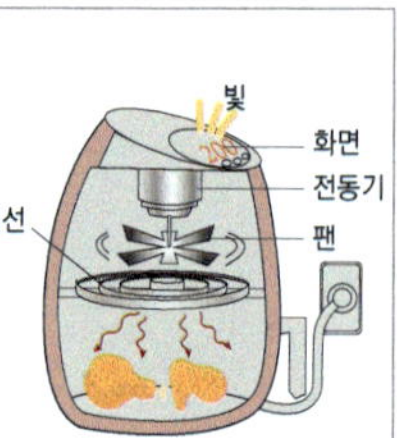

(가), (나), (다) 중에서 전기 에너지가 운동 에너지로 전환되는 경우만을 있는 대로 고른 것은?

① (나) ② (다) ③ (가), (나)
④ (가), (다) ⑤ (나), (다)

14 다음은 자동차 (가)와 (나)의 에너지 소비 효율 등급을 나타낸 것이다.

(가) (나)

이에 대한 설명으로 옳은 것만을 〈보기〉에서 있는 대로 고른 것은?

보기
ㄱ. 에너지효율은 (가)가 (나)보다 크다.
ㄴ. (가) 자동차의 운동 에너지는 최종적으로 열에너지로 전환된다.
ㄷ. 공급한 에너지가 같을 때, 저열원으로 방출된 에너지는 (가)가 (나)보다 많다.

① ㄱ ② ㄱ, ㄴ ③ ㄱ, ㄷ
④ ㄴ, ㄷ ⑤ ㄱ, ㄴ, ㄷ

15 다음은 고열원으로부터 열에너지 Q_1을 공급 받아서 저열원으로 열에너지 Q_2를 방출할 때, W만큼 일을 하는 열기관을 나타낸 것이다.

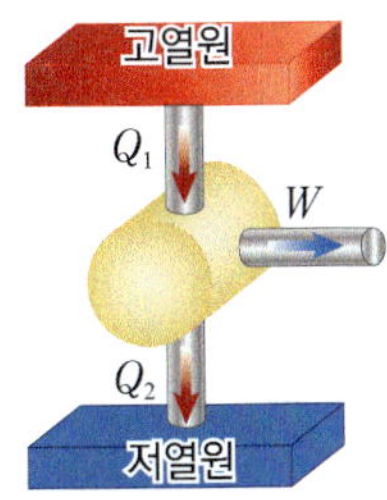

이에 대한 설명으로 옳은 것만을 〈보기〉에서 있는 대로 고른 것은?

─ 보기 ─

ㄱ. $Q_2=0$인 열기관은 만들 수 없다.
ㄴ. 열기관이 한 일은 Q_1-Q_2이다.
ㄷ. Q_2가 일정할 때, Q_1이 커질수록 열기관의 열효율은 커진다.

① ㄱ 　② ㄴ 　③ ㄷ
④ ㄱ, ㄴ 　⑤ ㄱ, ㄴ, ㄷ

16 신재생에너지에 해당하는 것을 있는 대로 고르시오.(3개)

① 천연가스 　② 태양 에너지
③ 수소 에너지 　④ 해양 에너지
⑤ 우라늄의 핵에너지

17 자동차가 운행하는 동안 연료로부터 공급된 에너지가 사용되는 비율을 각각 나타낸 것이다.

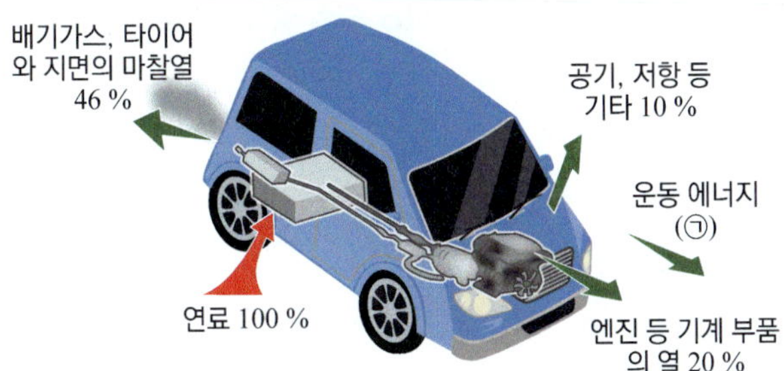

이에 대한 설명으로 옳은 것만을 〈보기〉에서 있는 대로 고른 것은?

─ 보기 ─

ㄱ. 자동차의 에너지 효율은 24 %이다.
ㄴ. 연료의 화학 에너지의 일부는 소멸되고, 나머지는 열에너지와 운동 에너지 등으로 전환된다.
ㄷ. 연료에서 발생한 에너지는 최종적으로 열에너지로 전환된다.

① ㄱ 　② ㄴ 　③ ㄷ
④ ㄱ, ㄷ 　⑤ ㄱ, ㄴ, ㄷ

18 그림 (가)와 (나)는 신재생에너지를 이용한 발전 방식을 각각 나타낸 것이다.

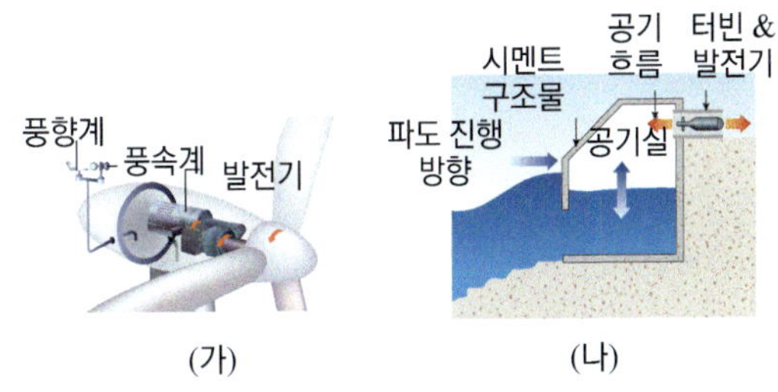

(가)와 (나)의 공통점에 대한 설명으로 옳은 것만을 〈보기〉에서 있는 대로 고른 것은?

─ 보기 ─

ㄱ. 바람과 관련 있는 발전 방식이다.
ㄴ. 자원 고갈 우려가 없는 에너지원을 이용한 발전 방식이다.
ㄷ. 내구성이 강하여 영구적으로 사용할 수 있다.

① ㄱ 　② ㄱ, ㄴ 　③ ㄱ, ㄷ
④ ㄴ, ㄷ 　⑤ ㄱ, ㄴ, ㄷ

19 태양광발전과 풍력발전의 공통점으로 옳은 것만을 〈보기〉에서 있는 대로 고른 것은?

─ 보기 ─

ㄱ. 자연에서 얻을 수 있는 에너지를 이용한 발전 방식이다.
ㄴ. 운동 에너지가 전기 에너지로 전환된다.
ㄷ. 발전 과정에서 대기오염 물질을 거의 방출하지 않는다.

① ㄱ 　② ㄴ 　③ ㄱ, ㄷ
④ ㄴ, ㄷ 　⑤ ㄱ, ㄴ, ㄷ

[2023 모의고사 기출]

20 그림은 고열원에서 열량 Q_1을 흡수하여 외부에 W의 일을 하고 저열원으로 열량 Q_2를 방출하는 열기관의 에너지 흐름을 나타낸 것이다. 표는 열기관 A, B의 Q_1, W, Q_2를 나타낸 것이다. A, B의 열효율은 같다.

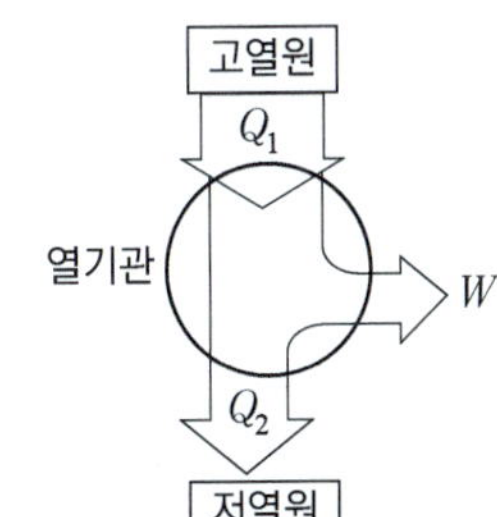

열기관	A	B
Q_1	$20E_0$	$16E_0$
W	$5E_0$	?
Q_2	?	㉠

㉠은?

① E_0 　② $5E_0$ 　③ $10E_0$
④ $12E_0$ 　⑤ $15E_0$

01 태양 에너지의 생성과 전환

[2021 모의고사 기출]

01 다음은 학생이 태양 에너지에 대해 조사한 자료이다.

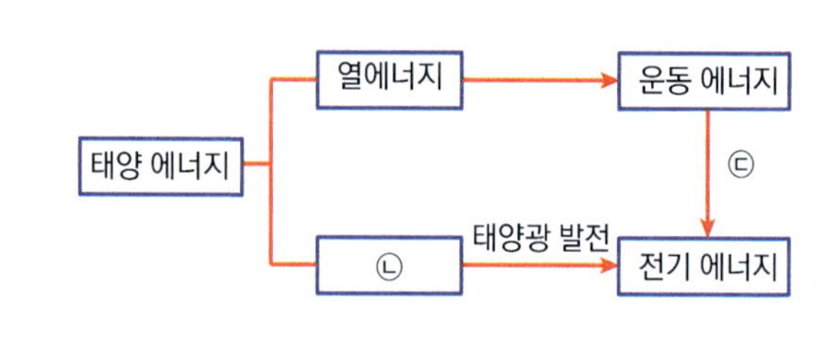

이에 대한 설명으로 옳은 것만을 〈보기〉에서 있는 대로 고른 것은?

보기
ㄱ. ㉠은 핵융합 반응이다.
ㄴ. ㉡은 빛에너지이다.
ㄷ. 풍력 발전은 ㉢으로 적절하다.

① ㄴ　　　　② ㄷ　　　　③ ㄱ, ㄴ
④ ㄱ, ㄷ　　　⑤ ㄱ, ㄴ, ㄷ

02 그림은 태양 에너지가 ㉠~㉺의 다양한 형태의 에너지로 전환되는 과정을 나타낸 것이다.

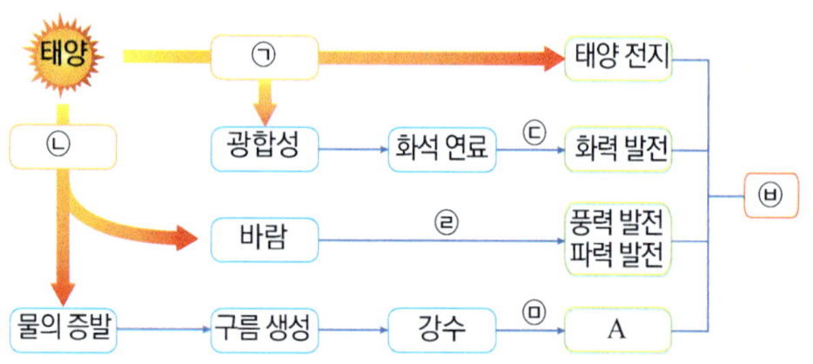

이에 대한 설명으로 옳은 것만을 〈보기〉에서 있는 대로 고른 것은?

보기
ㄱ. ㉠은 열에너지, ㉡은 빛에너지이다.
ㄴ. 광합성 과정을 통해 ㉠이 ㉢으로 전환되어 식물에 저장된다.
ㄷ. 화석 연료의 ㉢는 핵발전의 에너지원이다.
ㄹ. A는 수력 발전이다.

① ㄱ, ㄴ　　　② ㄷ, ㄹ　　　③ ㄱ, ㄷ
④ ㄴ, ㄹ　　　⑤ ㄴ, ㄷ, ㄹ

03 그림은 태양에서 일어나는 수소 핵융합 반응을 나타낸 것이다.

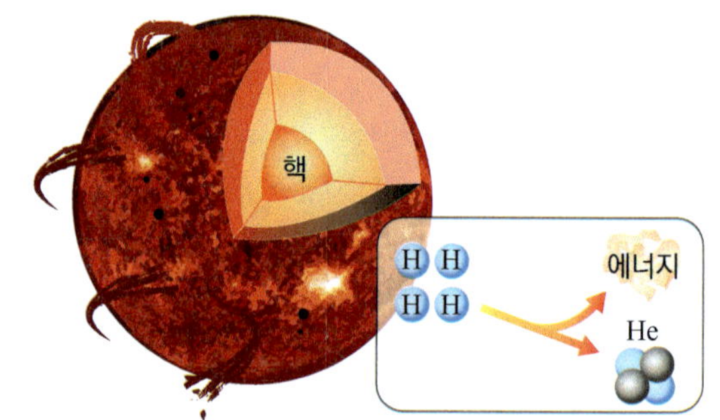

이에 대한 설명으로 옳은 것만을 〈보기〉에서 있는 대로 고른 것은?

보기
ㄱ. 태양의 표면에서 활발하게 일어난다.
ㄴ. 수소 원자핵 4개는 헬륨 원자핵 1개보다 질량이 크다.
ㄷ. 핵융합을 하는 동안 태양의 질량은 점차 증가한다.

① ㄱ　　　　② ㄴ　　　　③ ㄷ
④ ㄱ, ㄴ　　　⑤ ㄴ, ㄷ

04 그림은 태양에서 일어나는 수소 핵융합 반응을 나타낸것이다.

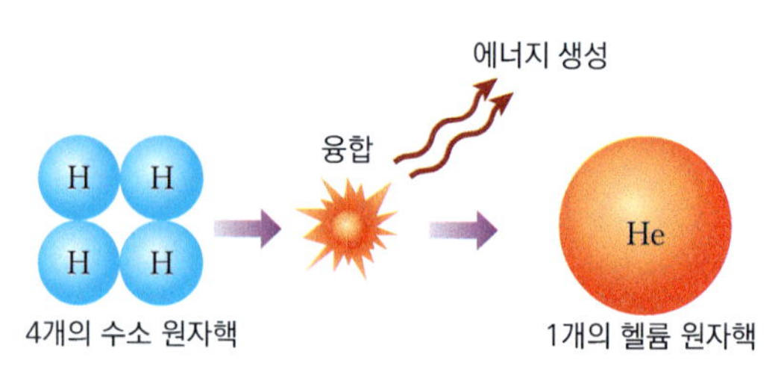

이에 대한 설명으로 옳은 것만을 〈보기〉에서 있는 대로 고른 것은?

보기
ㄱ. 5800 K에서 일어나는 반응이다.
ㄴ. 태양 전체에서 고르게 일어난다.
ㄷ. 핵융합 과정에서 감소한 질량이 에너지로 전환된다.

① ㄱ　　　　② ㄴ　　　　③ ㄷ
④ ㄱ, ㄷ　　　⑤ ㄴ, ㄷ

05 그림은 지구에서 일어나는 어느 순환 과정이다.

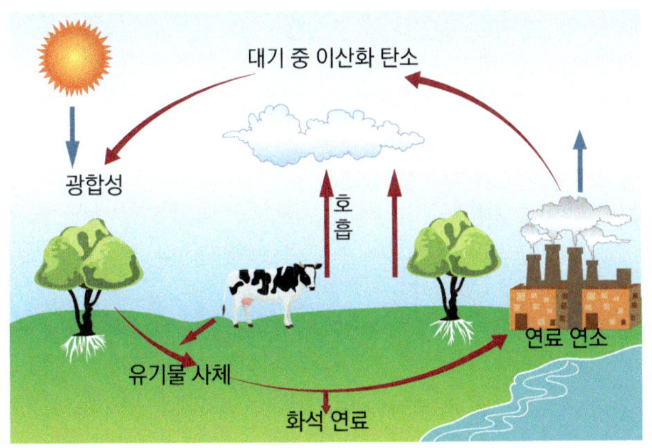

이에 대한 설명으로 옳은 것만을 〈보기〉에서 있는 대로 고른 것은?

─ 보기 ─
ㄱ. 생명체의 호흡과 화석 연료의 연소로 탄소는 지권으로 이동한다.
ㄴ. 식물의 광합성 과정에서 탄소는 기권에서 생물권으로 이동한다.
ㄷ. 화석 연료는 지구 내부 에너지가 화학 에너지로 전환되어 저장된 것이다.

① ㄴ   ② ㄷ   ③ ㄱ, ㄴ
④ ㄴ, ㄷ   ⑤ ㄱ, ㄴ, ㄷ

06 (가)는 풍력발전, (나)는 태양광발전을 나타낸 것이다. 두 발전 방식의 공통점으로 옳은 것만을 〈보기〉에서 있는 대로 고른 것은?

(가)

(나)

─ 보기 ─
ㄱ. 화력발전 방식에 비해 발전효율이 높다.
ㄴ. 발전 과정에서 환경 오염 물질을 거의 배출하지 않는다.
ㄷ. 발전량이 안정적이지 못하다.

① ㄴ   ② ㄷ   ③ ㄱ, ㄴ
④ ㄴ, ㄷ   ⑤ ㄱ, ㄴ, ㄷ

07 다음은 코일과 검류계를 연결하고 코일에 자석을 넣거나 빼면서 전류를 검류계로 확인하는 실험을 나타낸 것이다.

[실험 과정]
(가) 검류계를 코일과 연결하고 자석의 N극을 코일 속에 넣었다가 빼면서 검류계 바늘의 움직임을 관찰한다.
(나) 자석의 N극을 더욱 빠르게 움직여 과정 (가)를 반복한다.
(다) 자석을 S극으로 바꿔 과정 (가), (나)를 반복한다.
(라) 자석 2개를 같은 극끼리 겹쳐서 과정 (가)와 (나)를 반복한다.

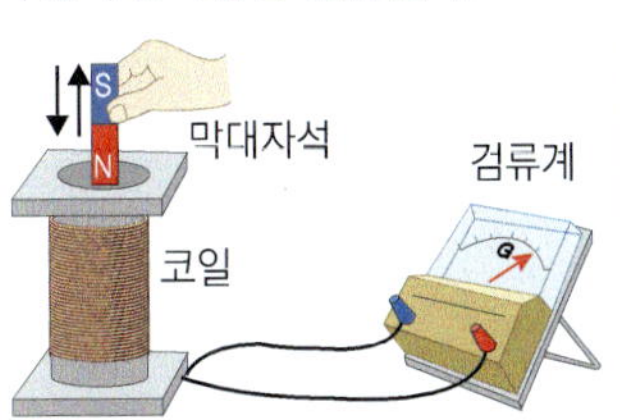

[실험 결과]

과정 (가)	자석을 넣을 때는 검류계 바늘이 오른쪽으로 움직이고, 뺄 때는 왼쪽으로 움직인다.
과정 (나)	㉠
과정 (다)	㉡
과정 (라)	㉢

㉠~㉢에 들어갈 수 있는 내용으로 옳은 것만을 〈보기〉에서 있는 대로 고른 것은?

─ 보기 ─
ㄱ. ㉠ - 과정 (가)의 결과와 움직이는 방향은 같으나 움직이는 진폭이 커졌다.
ㄴ. ㉡ - 검류계 바늘이 자석을 넣을 때는 왼쪽으로, 뺄 때는 오른쪽으로 움직인다.
ㄷ. ㉢ - 과정 (가)의 실험에서보다 검류계 바늘이 움직이는 진폭이 작아진다.

① ㄱ   ② ㄴ   ③ ㄷ
④ ㄱ, ㄴ   ⑤ ㄱ, ㄴ, ㄷ

[2018 모의고사 기출]

08 그림 (가)는 막대자석이 원형 도선 내부에 정지해 있는 모습을, (나), (다)는 막대자석이 원형 도선에 각각 가까이 가고 있는 모습을 나타낸 것이다.

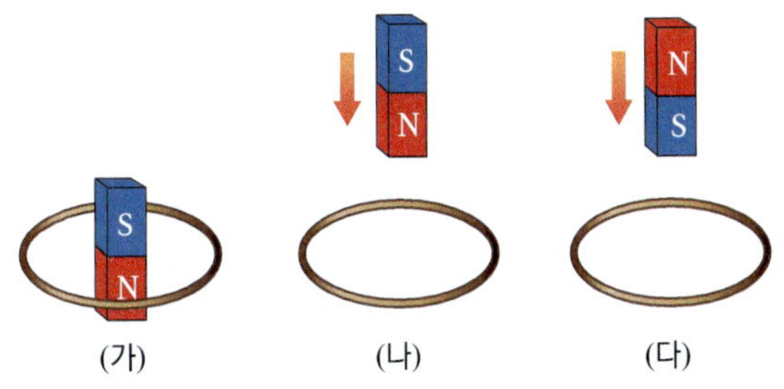

원형 도선에 유도 전류가 흐르는 경우만을 있는 대로 고른것은?

① (가)   ② (다)   ③ (가), (나)
④ (나), (다)   ⑤ (가), (나), (다)

09 그림은 원형 도선의 중심부에 자석의 N 극을 가까이 하는 모습을 나타낸 것이다. 이에 대한 설명으로 옳은 것만을 〈보기〉에서 있는 대로 고른 것은?

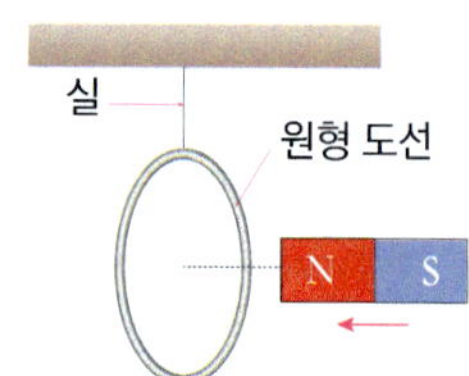

ㄱ. 원형 도선에 전류가 흐른다.
ㄴ. 원형 도선은 자석 쪽으로 끌려간다.
ㄷ. 원형 도선에 흐르는 전류는 자석 쪽에서 보면 시계 방향으로 흐른다.

① ㄱ   ② ㄴ   ③ ㄷ
④ ㄱ, ㄴ   ⑤ ㄱ, ㄴ, ㄷ

[10~11] 여러 발전 방식에서의 에너지 전환 과정을 모식적으로 나타낸 것이다. .

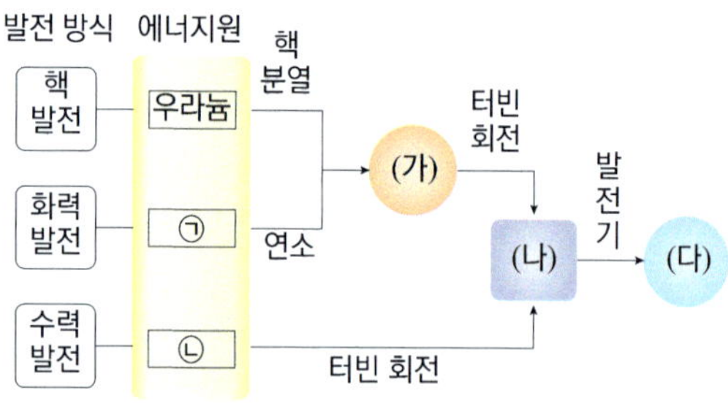

10 이에 대한 설명으로 옳은 것만을 〈보기〉에서 있는 대로 고른 것은?

ㄱ. ㉠은 석유, 천연가스, ㉡은 물의 낙차이다.
ㄴ. 세 가지 발전 방식은 전자기 유도의 이용 여부에 따라 구분한다.
ㄷ. 세 가지 발전 방식은 모두 고온·고압의 수증기로 터빈을 돌린다.

① ㄱ   ② ㄴ   ③ ㄱ, ㄴ
④ ㄱ, ㄷ   ⑤ ㄱ, ㄴ, ㄷ

11 (가)~(다)에 들어갈 에너지 종류를 옳게 짝지은 것은?

	(가)	(나)	(다)
①	열에너지	전기 에너지	운동 에너지
②	열에너지	운동 에너지	전기 에너지
③	위치 에너지	열에너지	운동 에너지
④	화학 에너지	운동 에너지	전기 에너지
⑤	운동 에너지	화학 에너지	전기 에너지

12 그림과 같이 막대자석이 금속 고리의 중심축을 통과하며 낙하하고 있다. 점 P, Q는 중심축 상의 점이다. 막대자석이 P점을 지나는 순간 금속 고리에 유도되는 전류의 방향은 ㉠이었다. 이에 대한 설명으로 옳은 것만을 〈보기〉에서 있는 대로 고른 것은?

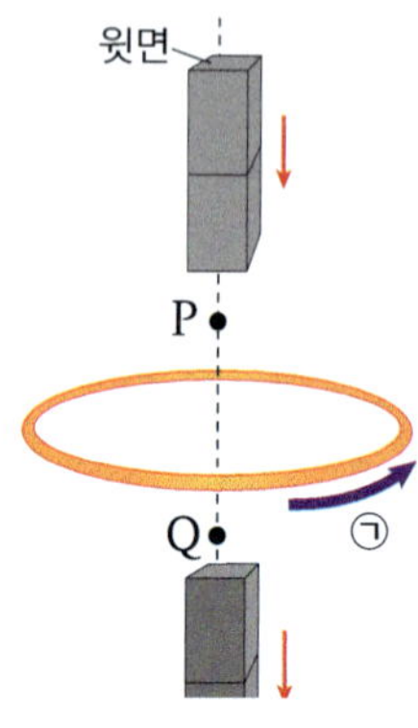

ㄱ. 막대자석의 윗면은 N극이다.
ㄴ. 막대자석이 P점을 지날 때 막대자석과 금속 고리 사이에는 서로 미는 힘(척력)이 작용한다.
ㄷ. 막대자석이 Q점을 지나는 순간 금속 고리에 유도되는 전류의 방향은 ㉠과 반대 방향이다.

① ㄱ   ② ㄴ   ③ ㄷ
④ ㄱ, ㄴ   ⑤ ㄴ, ㄷ

13 그림은 자석 사이에서 코일을 회전시켜 전기를 발생시키는 발전기의 구조를 나타낸 것이다.

이에 대한 설명으로 옳지 않은 것은?

① 전자기 유도 현상이 일어난다.
② 자석 사이에서 코일을 회전시킨다.
③ 코일에 흐르는 전류의 세기는 일정하다.
④ 운동 에너지가 전기 에너지로 전환된다.
⑤ 코일의 회전을 방해하는 방향으로 코일에 전류가 흐른다.

14 다음은 교통 카드의 작동 원리에 대한 설명이다.

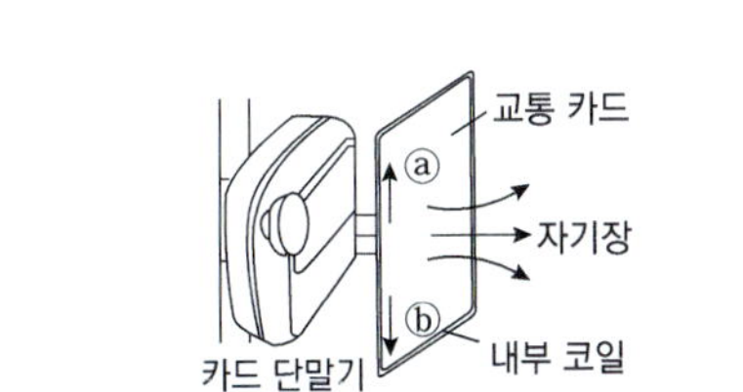

그림과 같이 세기가 증가하는 자기장을 발생시키는 카드 단말기 앞에 교통 카드가 정지해 있다. 이때, 카드 단말기에서 발생하는 자기장에 의해 카드의 내부 코일을 통과하는 자기장의 세기는 (가) 하고, 카드의 내부 코일에 흐르는 유도 전류는 (나) 방향으로 흐른다.

(가), (나)에 들어갈 내용으로 옳은 것은?

	(가)	(나)		(가)	(나)
①	증가	ⓐ	②	증가	ⓑ
③	일정	ⓑ	④	감소	ⓐ
⑤	감소	ⓑ			

15 그림 (가), (나)는 코일을 감은 **투명한 관**을 좌우로 흔들었을 때, 관 내부에서 각각 자석의 N극과 S극이 코일로부터 같은 거리에서 같은 속력으로 코일에 가까이 가는 순간의 모습을 나타낸 것이다. (가)에서 LED(발광 다이오드)에 불이 켜졌다.

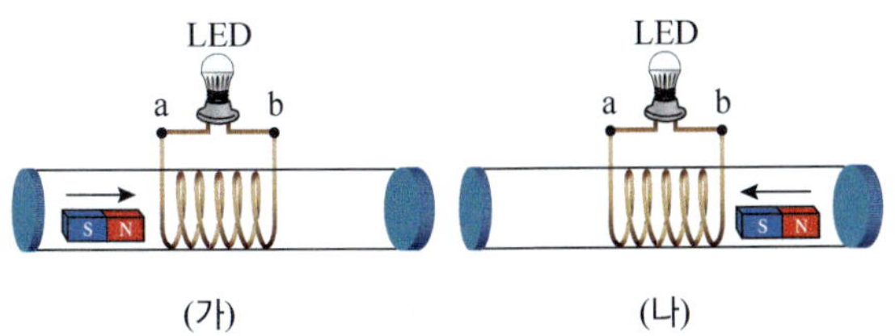

이에 대한 설명으로 옳은 것만을 〈보기〉에서 있는 대로 고른 것은?

보기
ㄱ. (가)에서 전류의 방향은 b→LED→a이다.
ㄴ. (가)에서 자석이 받는 자기력의 방향은 왼쪽이다.
ㄷ. (나)에서 LED에 불이 켜졌다.

① ㄱ   ② ㄴ   ③ ㄱ, ㄷ
④ ㄴ, ㄷ   ⑤ ㄱ, ㄴ, ㄷ

16 그림은 태양전지에 연결된 전동기로 작동하는 장난감 자동차에 대해 학생 A, B, C가 대화하는 모습을 나타낸 것이다.

제시한 내용이 옳은 학생만을 있는 대로 고른 것은?

① A   ② B   ③ A, B
④ A, C   ⑤ B, C

17 그림은 자석이 솔레노이드 위에서 점 a와 b를 지나는 직선을 따라 화살표 방향으로 등속도 운동하는 모습을 나타낸 것이다. 자석이 a를 지날 때 솔레노이드에 연결된 저항에는 ㉠ 방향으로 유도 전류가 흐른다. a와 b는 솔레노이드로부터 같은 거리만큼 떨어져 있다.

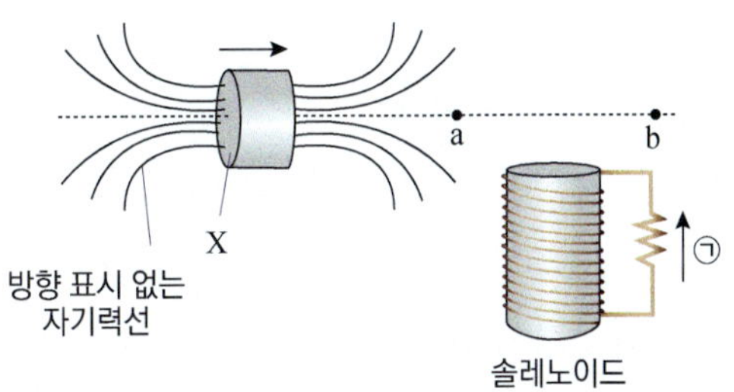

이에 대한 설명으로 옳은 것만을 〈보기〉에서 있는 대로 고른 것은? (단, 자석은 회전하지 않는다.)

보기
ㄱ. X는 S극이다.
ㄴ. 자석이 a를 지날 때 자석과 솔레노이드 사이에 인력이 작용한다.
ㄷ. 자석이 b를 지날 때 유도 전류의 방향은 ㉠이다.

① ㄱ   ② ㄷ   ③ ㄱ, ㄷ
④ ㄴ, ㄷ   ⑤ ㄱ, ㄴ, ㄷ

[2022 모의고사 기출]

18 다음은 퀴즈 대회에서 출연자가 단계별로 공개되는 도움말을 통해 정답을 말하는 모습을 나타낸 것이다.

이것은 어떤 발전 방식일까요?

1단계	자원고갈의 염려가 없다.
2단계	발전 과정에서 터빈을 돌린다.
3단계	시화호에 건설되어 있다.
4단계	밀물과 썰물로 생기는 바닷물의 높이차를 이용한다.
5단계	

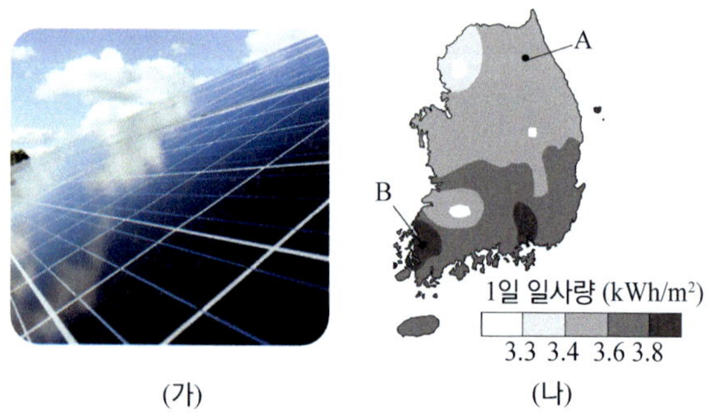

⊙에 들어갈 말로 옳은 것은?

① 파력발전　　② 조력발전　　③ 태양광 발전
④ 핵발전　　⑤ 화력 발전

[2019 모의고사 기출]

19 그림 (가)는 태양광발전 방식을 나타낸 것이고, (나)는 우리나라의 연평균 1일 일사량 분포도이다.

(가)　　　　　　　(나)

이에 대한 설명으로 옳은 것만을 〈보기〉에서 있는 대로 고른 것은?

보기
ㄱ. (가)에서 빛에너지가 전기 에너지로 전환된다.
ㄴ. (가)의 발전량은 하루 종일 일정하다.
ㄷ. 1년 동안의 태양광 발전 가능량은 A보다 B에서 많다.

① ㄱ　　　　② ㄴ　　　　③ ㄱ, ㄷ
④ ㄴ, ㄷ　　⑤ ㄱ, ㄴ, ㄷ

20 그림은 휴대 전화를 충전 중인 모습이다. 휴대 전화에 전원을 연결하였더니 진동 벨이 울리면서 화면이 켜졌다.

이에 대한 설명으로 옳은 것만을 〈보기〉에서 있는 대로 고른 것은?

보기
ㄱ. 화면에서 전기 에너지가 빛에너지로 전환된다.
ㄴ. 전원 플러그를 꽂으면 전기 에너지가 휴대 전화의 운동 에너지로 전환된다.
ㄷ. 휴대 전화가 진동하는 과정에서 전기 에너지가 위치 에너지로 전환된다.

① ㄱ　　　　② ㄴ　　　　③ ㄱ, ㄴ
④ ㄱ, ㄷ　　⑤ ㄱ, ㄴ, ㄷ

21 엔진, 배터리, 전기 모터를 함께 사용하는 자동차를 나타낸 것이다.

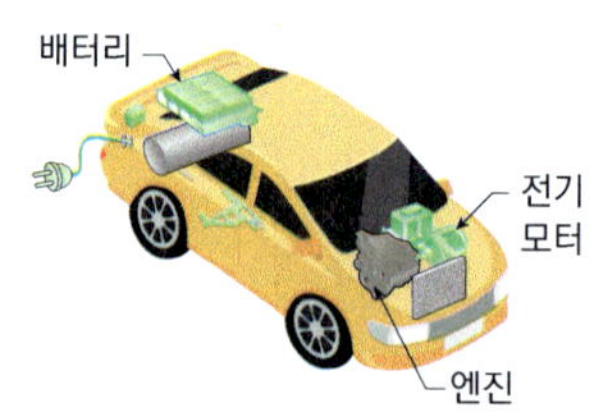

이에 대한 설명으로 옳은 것만을 〈보기〉에서 있는 대로 고른 것은?

보기
ㄱ. 엔진만 사용하는 자동차보다 에너지효율이 높다.
ㄴ. 엔진에서 발생하는 열에너지를 전기 에너지로 전환하여 다시 사용한다.
ㄷ. 엔진과 전기 모터가 동시에 작동할 때는 열에너지와 전기 에너지가 각각 역학적 에너지로 전환된다.

① ㄱ　　　　② ㄷ　　　　③ ㄱ, ㄴ
④ ㄱ, ㄷ　　⑤ ㄱ, ㄴ, ㄷ

22 그림 (가)는 열기관에 300 J의 열을 공급하였더니 W_A의 일을 하고, 180 J의 열을 방출하는 모습을, 그림 (나)는 열기관에 Q_B의 열을 공급하였더니 80 J의 일을 하고, 160 J의 열을 방출하는 모습을 나타낸 것이다.

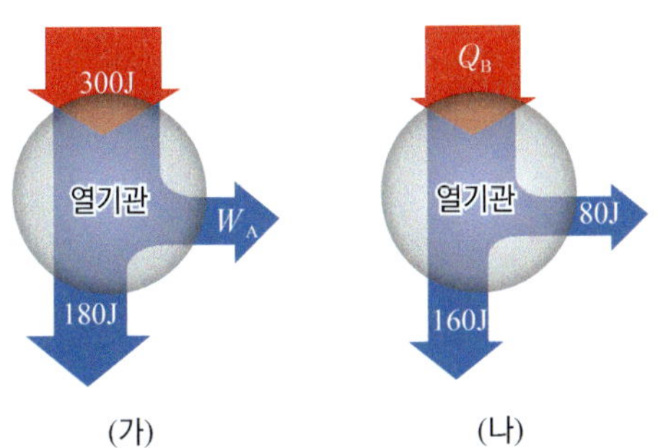

이에 대한 설명으로 옳은 것만을 〈보기〉에서 있는 대로 고른 것은?

───── 보기 ─────

ㄱ. $2W_A = Q_B$이다.
ㄴ. (가)의 열기관에 250 J의 열을 공급하면, 방출하는 열은 160 J보다 적다.
ㄷ. 같은 양의 일을 할 때 같은 시간 동안 연료를 소비하는 양은 (가)가 (나)보다 많다.

① ㄱ   ② ㄴ   ③ ㄱ, ㄴ
④ ㄱ, ㄷ   ⑤ ㄱ, ㄴ, ㄷ

23 (가)는 과거에 주로 사용했던 조명 기구인 백열등, (나)는 현재 많이 사용하고 있는 조명 기구인 LED 등과 각각의 에너지효율을 나타낸 것이다.

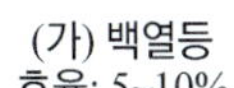

이에 대한 설명으로 옳은 것만을 〈보기〉에서 있는 대로 고른 것은?

───── 보기 ─────

ㄱ. 같은 양의 전기 에너지를 공급하면, (가)가 (나)보다 더 많은 열에너지를 발생시킨다.
ㄴ. 같은 양의 전기 에너지를 공급하면, (가)가 (나)보다 더 밝다.
ㄷ. 같은 밝기라면 같은 시간 동안 소비하는 전기에너지는 (가)가 (나)보다 많다.

① ㄱ   ② ㄴ   ③ ㄷ
④ ㄱ, ㄷ   ⑤ ㄱ, ㄴ, ㄷ

24 그림은 물체의 온도를 시각적으로 보여주는 열화상 카메라로, 사용 중인 휴대전화를 촬영하는 모습을 나타낸 것이다. 휴대 전화의 에너지 전환에 대한 옳은 설명만을 〈보기〉에서 있는 대로 고른 것은?

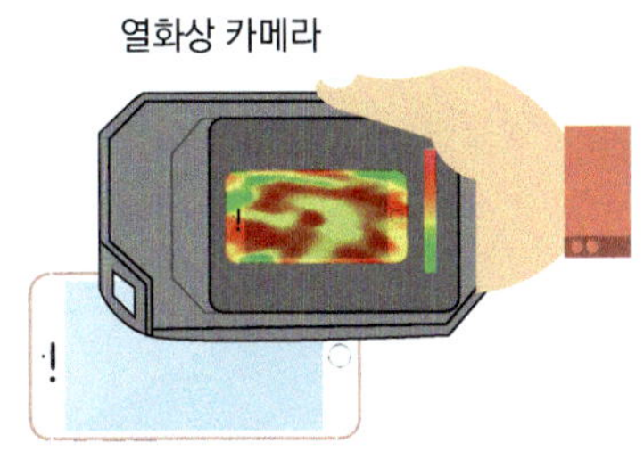

───── 보기 ─────

ㄱ. 배터리에서는 화학 에너지가 전기 에너지로 전환된다.
ㄴ. 전기 에너지의 일부가 열에너지로 전환된다.
ㄷ. 전환된 열에너지의 총량은 배터리에서 감소한 화학 에너지보다 많다.

① ㄱ   ② ㄷ   ③ ㄱ, ㄴ
④ ㄴ, ㄷ   ⑤ ㄱ, ㄴ, ㄷ

25 그림은 태양 에너지를 이용하는 방법 중 하나를 나타낸 것이다.

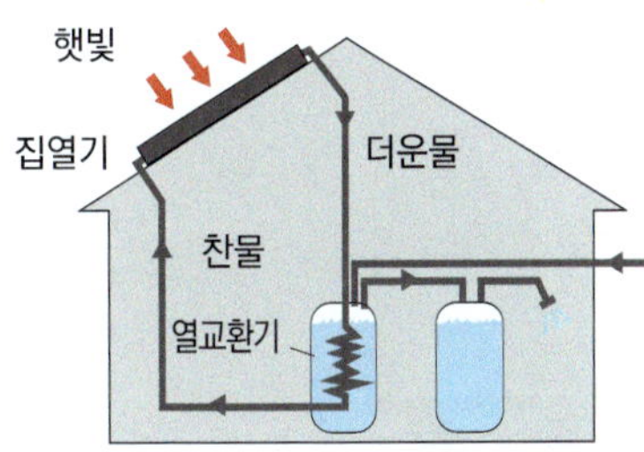

이에 대한 설명으로 옳은 것만을 〈보기〉에서 있는 대로 고른 것은?

───── 보기 ─────

ㄱ. 시간과 계절에 따른 제약이 있다.
ㄴ. 화석 연료를 사용하지 않는 친환경적인 방법이다.
ㄷ. 태양전지를 이용하여 햇빛으로부터 에너지를 얻는다.

① ㄱ   ② ㄴ   ③ ㄱ, ㄴ
④ ㄱ, ㄷ   ⑤ ㄴ, ㄷ

III 과학과 미래사회

01 과학기술의 활용

A 과학의 유용성과 필요성

1. 감염병진단
① **감염병**: 바이러스, 세균, 곰팡이, 기생충 등의 병원체에 감염❶되어 발생하는 질병
　㉠ 감기, 결핵, 폐렴, 독감, 콜레라, 장티푸스, 무좀 등
② **감염병의 진단**: 감염으로 인한 증상이 나타나는 사람에게서 검체❷를 채취한 후 검사를 통해 병원체의 존재 여부를 확인한다.
③ **감염병진단검사(바이러스❸ 감염병인 경우)**

구분	신속항원검사	유전자증폭검사(PCR)
원리	채취한 검체에 바이러스를 구성하는 단백질이 있는지를 항원-항체 반응❹으로 확인	채취한 검체에 들어있는 매우 적은 양의 핵산을 복제하여 증폭한 다음 병원체 감염 여부를 정밀하게 분석
특징	신속항원키트❺를 사용하여 간편하고 신속하게 진단 가능하다	병원체의 양이 매우 적을 때에도 진단 가능하다. 정확도가 매우 높지만 검사 시간이 길다.

④ **최신 감염병진단기술**

나노바이오센서	생물정보학
바이오센서에 나노기술을 결합시켜 성능을 향상시킨 것으로 아주 적은 양의 병원체도 찾아낼 수 있다.	빅데이터 기술과 인공지능(AI) 기술을 이용한다.

2. 과학기술을 활용한 감염병의 추적관리
① **감염병의 추적**: 스마트기기에 내장된 위성 위치 확인 시스템(GPS), 와이파이(WiFi), 블루투스❻, 센서 등을 활용하여 감염원 및 감염병 환자의 규모를 파악하고 감염병 환자의 감염경로와 동선을 추적관리한다.
② **감염병의 관리**: 감염병의 특성을 파악하고 확산을 예측하기 위해 빅데이터 기술과 인공지능 기술을 활용하고, 방역로봇과 같은 인공지능 로봇을 활용하기도 한다.

3. 과학과 미래사회의 문제해결
① **미래사회의 문제**: 감염병 대유행, 초연결사회로 인한 사생활침해 및 보안, 저성장, 고용불안, 산업구조의 양극화, 저출산, 초고령화, 사회불평등, 다문화 확산, 학력중심의 경쟁적 교육, 난치병 극복, 식량안보, 에너지 및 자원고갈, 기후변화 및 자연재해, 원자력안전, 생물다양성의 위기 등의 다양한 문제가 나타날 것으로 예측되고 있다.
② **미래사회의 문제해결을 위한 과학기술**: 빅데이터 기술, 생체인증 기술, 배터리 기술, 지속가능한 농업 기술, 인공지능기술, 생명공학기술, 나노기술, 로봇공학기술 등

B 과학기술사회에서 빅데이터 활용

1. 실시간 생활 데이터 측정
① **실시간 생활데이터 측정**: 각종 센서를 부착한 스마트기기를 이용한 측정을 통해 일상생활에서 다양한 데이터를 얻을 수 있다.
　㉠ · 스마트워치로 심박수, 혈압, 걸음수를 실시간으로 측정하여 건강 상태를 확인한다.
　　 · 미세먼지 측정기를 연결하여 실시간 미세먼지 농도를 확인한다.
　　 · 오존, 황사를 포함한 날씨정보를 실시간 확인한다.
② **데이터의 수집과 저장**: 현대사회에서는 다양하고 많은 양의 데이터가 생성되고 실시간으로 빠르게 수집되어 저장되고 있다.

개념⁺

❶ 병원체 감염 경로
- **직접감염**: 감염자와 직접 접촉, 감염자의 체액이나 분비물을 통해 감염
　㉠ 감기, 결핵, 성병
- **간접감염**: 병원체가 물, 공기, 먼지, 음식, 물건 등을 통해 감염
　㉠ 콜레라, 장티푸스, 말라리아

❷ 검체
사람이나 동물로부터 채취한 타액이나 혈액, 소변 등을 말한다.

❸ 바이러스
단백질과 핵산(DNA, RNA)으로 이루어진 생물과 무생물의 중간 형태의 미생물

❹ 항원-항체 반응
- **항원**: 질병을 일으키는 병원체의 특정 단백질
- **항체**: 항원을 무력하시키기 위해 인체에서 생성되는 단백질
- **항원-항체 반응**: 항체가 특정 항원과 특이적결합을 하는 반응

❺ 신속항원키트

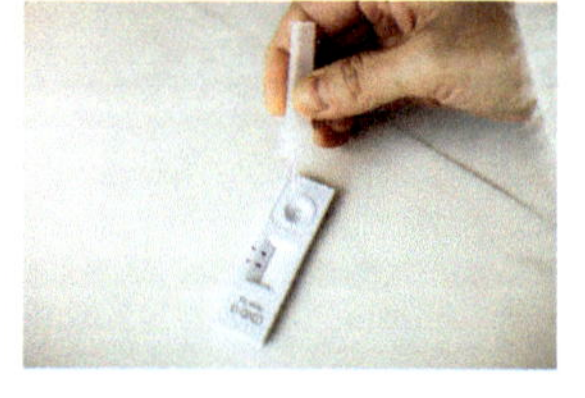

❻ 블루투스
개인 휴대 단말기 등의 무선 통신 기기와 전자 제품 사이에서 데이터를 근거리에서 무선으로 주고받을 수 있는 무선통신기술

▲ 스마트워치

---

2. 빅데이터

① **빅데이터**: 기존의 방법이나 도구로 수집, 저장, 분석하기 어려운 방대하고 복잡한 데이터의 집합으로 디지털 센서 도구의 발달로 그 양이 방대해졌다.

② **빅데이터의 처리와 활용**: 빅데이터를 효과적으로 처리하는 기술도 함께 발전하고 있으며, 빅데이터를 분석하여 가치있는 정보를 추출하고, 변화를 예측하는 방향으로 활용범위[7]가 넓어지고 있다.

③ **과학기술 사회에서 빅데이터의 활용**

과학실험	신약 개발	기상관측	의료
글로벌하게 행해지는 각종 과학실험의 빅데이터를 활용하여 개별 연구자가 수행하기 어려웠던 탐구를 수행할 수 있게 되었다.	이미 빅데이터로 정리되어 있는 수많은 질병과 관련된 자료를 분석하여 특정 질병을 치료할 수 있는 물질을 개발할 수 있게 되었다.	관측소와 인공위성으로 수집된 기상 관련 빅데이터를 분석하여 일기 예보의 정확도를 높이고 기후변화를 연구할 수 있게 되었다.	유전체와 관련된 빅데이터를 분석하여 개인에게 발생 가능한 질병을 예측하고, 유전적 특성에 맞는 치료를 받을 수 있게 되었다.

④ **빅데이터를 활용한 의사결정**: 빅데이터를 활용하면 정부의 정책결정 과정이나 교육, 의료 등 우리 생활의 다양한 분야에서 합리적인 의사결정을 할 수 있다.

예 · 범죄 데이터를 분석하여 범죄 패턴을 예측하여 비용을 절감하고 범죄율을 줄인다.
 · 영상 시청자의 빅데이터를 활용하여 추천 알고리즘★을 만들어 최적화된 서비스를 제공한다.

3. 빅데이터 활용에 있어서의 문제점과 활용 방법

① **문제점**: 빅데이터 수집과정에서 사생활침해[8] 가능성이 있고, 충분히 검증되지 않은 데이터를 수집할 수 있다. 지나치게 빅데이터에 의존한 편협한 의사결정을 할 수 있다.

② **빅데이터의 바람직한 활용 방법**: 다양한 문제점이 발생할 수 있다는 것을 염두에 두고, 필요한 정보를 선별하여 사용하고, 비판적으로 데이터를 평가하도록 해야 한다.

❼ 빅데이터 활용 분야

금융, 의료, 교육, 과학 등의 분야에서 빅데이터가 사용목적에 맞게 분석되어 활용되고 있다.

❽ 개인정보 유출

빅데이터를 수집, 분석, 관리하는 과정에서 문자 송수신 기록, 음성 데이터, 인터넷 검색기록, 신용카드 사용기록 등 개인정보 유출 등의 문제가 발생할 수 있다. 개인정보를 수집할 때에는 반드시 동의를 얻어야 하며, 공개용 데이터에서는 개인정보를 삭제해야 한다.

★ **알고리즘 (algorithm)** 어떠한 문제를 해결하기 위한 단계적 규칙과 절차

---

01 감염병 진단에 대한 설명으로 옳은 것은 ○표, 옳지 <u>않은</u> 것은 ×표 하시오.

(1) 세균이나 바이러스와 같은 병원체에 의해 생기는 질병을 감염병이라고 한다. ·················· ( )

(2) 병원체에 감염되었는지를 판별하기 위해 증상이 있는 사람에게서 검체를 채취해 검사한다. ·················· ( )

(3) 신속항원검사는 검체에 바이러스를 구성하는 핵산이 존재하는지를 확인하는 검사 방법이다. ·················· ( )

(4) 유전자증폭검사는 채취한 검체에 들어 있는 매우 작은 양의 단백질을 복제하여 양을 증폭시켜 검사하는 방법이다. ··· ( )

02 감염병에 대한 설명으로 옳은 것만을 〈보기〉에서 있는 대로 고르시오.

보기
ㄱ. 병원체에 의해 생기는 질병이다.
ㄴ. 다른 사람에게 전파되지 않는다.
ㄷ. 공기, 오염된 물과 음식물, 접촉, 수혈 등의 경로를 통해 감염된다.

03 빅데이터에 관한 〈보기〉의 설명 중 옳은 것만을 있는 대로 고르시오.

보기
ㄱ. 유전자 빅데이터나 임상시험 빅데이터를 이용하여 기후 변화를 연구한다.
ㄴ. 빅데이터를 이용한 의사결정은 항상 옳은 방향으로 이루어진다.
ㄷ. 빅데이터 수집 시 과도한 개인정보를 수집하지 않도록 유의해야 한다.

04 다음 설명의 ( ) 안에 알맞은 말을 쓰시오.

(1) 과학기술을 활용한 GPS, WiFi, 블루투스, 센서 등을 활용하여 감염병 및 감염병 환자를 관리할 수 있는 감염병 ( ) 시스템이 필요하다.

(2) 기존의 데이터 관리 및 처리 도구로는 다루기 어려운 방대한 양의 데이터를 ( )라고 한다.

(3) 영상을 시청하는 사용자들의 빅데이터를 분석하여 영상 ( ) 알고리즘을 만들어 사용자가 선택할 수 있는 최적화된 서비스를 개발할 수 있다.

스스로 실력높이기

A 과학의 유용성과 필요성

01 그림은 감염병의 검사방법 중 하나를 나타낸 것이다. 이에 대한 설명으로 옳은 것만을 〈보기〉에서 있는 대로 고른 것은?

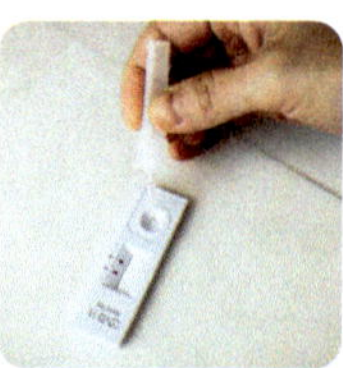

― 보기 ―
ㄱ. 병원체의 단백질을 확인하는 검사이다.
ㄴ. 병원체의 핵산을 증폭시켜 검사한다.
ㄷ. 인체의 방어작용과 관련된 과학 원리가 적용되었다.

① ㄱ   ② ㄴ   ③ ㄱ, ㄴ
④ ㄱ, ㄷ   ⑤ ㄱ, ㄴ, ㄷ

02 감염병관리에 대한 설명으로 옳은 것만을 〈보기〉에서 있는 대로 고른 것은?

― 보기 ―
ㄱ. 감염병진단은 채취한 검체에 병원체가 존재하는지를 확인하는 방법을 사용한다.
ㄴ. 환자의 감염경로와 동선을 파악하기 위해 역학 조사관이 환자의 동선을 면밀하게 추적한다.
ㄷ. 감염병의 특징을 파악하고 확산을 예측하기 위해 빅데이터기술과 인공지능기술이 활용된다.

① ㄱ   ② ㄷ   ③ ㄱ, ㄷ
④ ㄴ, ㄷ   ⑤ ㄱ, ㄴ, ㄷ

03 미래사회에 일어날 문제를 해결하기 위해 과학기술을 활용하는 사례에 대해 옳은 것만을 〈보기〉에서 있는 대로 고른 것은?

― 보기 ―
ㄱ. 식량부족문제를 해결하기 위해 지속가능한 농업 기술을 개발한다.
ㄴ. 에너지부족문제를 해결하기 위해 재생에너지 효율을 높이는 기술을 개발한다.
ㄷ. 지구온난화로 인한 기후변화문제를 해결하기 위해 탄소 저감 기술을 개발한다.

① ㄱ   ② ㄷ   ③ ㄱ, ㄴ
④ ㄴ, ㄷ   ⑤ ㄱ, ㄴ, ㄷ

B 과학기술사회에서 빅데이터 활용

04 스마트워치를 이용한 생활 데이터 측정에 대한 설명으로 옳은 것만을 〈보기〉에서 있는 대로 고른 것은?

― 보기 ―
ㄱ. 인터넷에 연결된 많은 장치가 정보를 검색한다.
ㄴ. 심박수, 걸음수 등을 실시간으로 측정할 수 있다.
ㄷ. 스마트 워치에 부착된 센서를 통해 생활데이터를 측정한다.

① ㄱ   ② ㄱ, ㄴ   ③ ㄴ, ㄷ
④ ㄱ, ㄷ   ⑤ ㄱ, ㄴ, ㄷ

05 빅데이터에 대한 설명으로 옳은 것만을 〈보기〉에서 있는 대로 고른 것은?

― 보기 ―
ㄱ. 인터넷에 연결된 전자기기를 사용하여 수집할 수 있는 방대한 양의 데이터이다.
ㄴ. 빅데이터를 분석하여 가치있는 정보를 추출하고, 변화를 예측하는 방향으로 활용된다.
ㄷ. 빅데이터를 수집하는 과정에서 보안과 사생활은 거의 완벽하게 보장된다.

① ㄱ   ② ㄷ   ③ ㄱ, ㄴ
④ ㄴ, ㄷ   ⑤ ㄱ, ㄴ, ㄷ

06 다음 〈보기〉 중 빅데이터의 장점만을 있는 대로 고른 것은?

― 보기 ―
ㄱ. 현상을 빠르게 이해하고 정확하게 예측하는 데 유용하게 이용될 수 있다.
ㄴ. 빅데이터의 분석 방법에 따라 잘못된 결과가 도출된 가능성은 거의 없다.
ㄷ. 정부의 정책결정 과정이나 교육, 의료 등 우리 생활의 다양한 분야에서 합리적인 의사결정을 할 수 있다.

① ㄱ   ② ㄷ   ③ ㄱ, ㄴ
④ ㄱ, ㄷ   ⑤ ㄱ, ㄴ, ㄷ

심화 실력높이기

01
다음은 예측모델을 적용하여 코로나19 감염증 환자 수를 추정한 것이다.

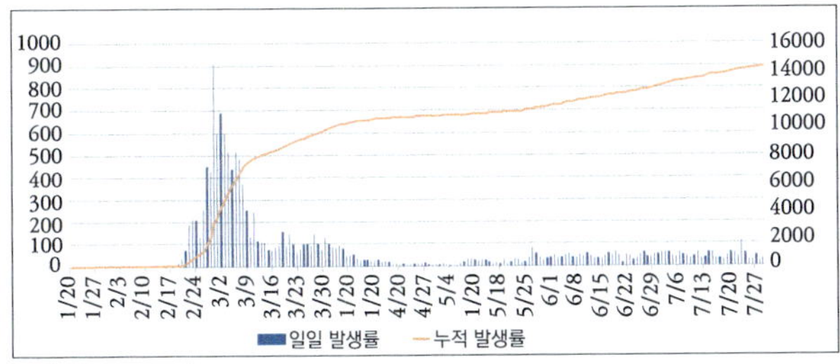

이에 대한 설명으로 옳은 것만을 〈보기〉에서 있는 대로 고른 것은?

〈보기〉
ㄱ. 빅데이터와 인공지능기술을 활용한 것이다.
ㄴ. GPS와 스마트기기로 환자의 감염경로를 추적관리할 수 있다.
ㄷ. 위 자료는 코로나19의 피해를 최소화하기 위해 필요한 자원을 적절히 분배하는데 활용될 수 있다.

① ㄱ   ② ㄴ   ③ ㄱ, ㄷ
④ ㄴ, ㄷ   ⑤ ㄱ, ㄴ, ㄷ

02
다음은 바이러스에 의한 감염병진단검사 방법 (가), (나)의 장단점을 비교한 표이다.

구분	(가)	(나)
장점	간편하고 신속하게 진단 가능하다.	감염 여부에 대한 정밀한 판단을 할 수 있다.
단점	검체의 양이 적을 경우 검사가 안될 수도 있다.	시간과 비용이 많이 든다.

이에 대한 설명으로 옳은 것만을 〈보기〉에서 있는 대로 고른 것은?

〈보기〉
ㄱ. (가)는 항원-항체 반응을 이용하는 검사법이다.
ㄴ. (나)는 검체에 포함된 매우 적은 양의 핵산을 복제하여 검사한다.
ㄷ. (가)는 유전자증폭검사이다.

① ㄱ   ② ㄴ   ③ ㄱ, ㄴ
④ ㄴ, ㄷ   ⑤ ㄱ, ㄴ, ㄷ

03
그림은 관악산 기상관측소이다. 여기서는 기상레이더가 수평회전을 하며 전파를 발사하여 강수구름의 위치나 범위, 강수량 등을 관측한다.

이에 대한 설명으로 옳은 것만을 〈보기〉에서 있는 대로 고른 것은?

〈보기〉
ㄱ. 수집된 자료는 네트워크로 연결하여 기상 관련 빅데이터를 생성하게 된다.
ㄴ. 관측자료가 다양할수록 기상예보가 더 정확해진다.
ㄷ. 수집된 자료는 보안을 위해 일정 기간 동안 기상청으로 보내지 않고 관측소 자체적으로 축적하여 보관한다.

① ㄱ   ② ㄴ   ③ ㄷ
④ ㄱ, ㄴ   ⑤ ㄱ, ㄴ, ㄷ

04
다음 (가), (나), (다)는 빅데이터로 분석한 결과를 일상생활에 적용하는 예를 나타낸 것이다.

- 교육과 학습 – 각 학생의 장점, 단점, 학습스타일에 따른 교육 프로그램의 맞춤화
- 농업 및 축산 – 작물의 성장패턴을 예측하고, 병충해 발생을 미리 감지하여 예방조치를 취한다.
- 엔터테인먼트 및 미디어 – 사용자의 취향과 습관에 따른 콘텐츠 추천

이에 대한 설명으로 옳은 것만을 〈보기〉에서 있는 대로 고른 것은?

〈보기〉
ㄱ. (가)는 중퇴위험이 있는 학생을 파악하고 그들에게 추가 지원을 제공하는 데 사용된다.
ㄴ. (나)는 물과 비료 등의 자원사용을 최적화하여 비용을 절감하는 데 사용된다.
ㄷ. (다)는 건물과 공공장소의 에너지소비를 최적화하여 비용과 이산화 탄소 배출량을 줄이는데 사용된다.

① ㄱ   ② ㄱ, ㄴ   ③ ㄱ, ㄷ
④ ㄴ, ㄷ   ⑤ ㄱ, ㄴ, ㄷ

02 과학기술의 발전과 쟁점

A 과학기술과 미래사회

1. 지능정보화시대

① **사물인터넷(IoT)**★: 각종 센서, 통신 기능, 소프트웨어 등을 내장한 전자기기가 인터넷에 접속하여 다른 사물과 또는 사물과 사람끼리 데이터를 실시간으로 주고받으며 작업을 수행하는 기술❶

② **인공지능**★**로봇**: 센서를 통해 주변 상황을 인식하고 데이터를 수집하여 상황을 스스로 판단하고 자율적으로 움직이는 로봇

③ **지능정보화시대의 과학기술**

· 데이터화 : 사람 간의 관계와 지식, 기술에 관한 데이터는 주로 사물 인터넷(IoT) 기술과 누리소통망을 통해 수집되어 빅데이터 형태로 인터넷의 클라우드에 축적된다.

· 정보화: 빅데이터에서 현상의 규칙성과 경향성을 분석하여 가치있는 정보를 얻어낸다.

· 지능화: 빅데이터에서 얻은 정보를 인공지능(AI) 기술에 활용한다.

2. 사물인터넷(IoT) 기술

① 사용자가 원격으로 사물★의 상태를 확인하고 제어할 수 있고, 사람이 일일이 개입하지 않아도 스스로 제어가 가능하다.

② 인공지능 기술 개발에 필요한 기초 기술로, 다양한 분야에서 인간의 삶과 생활을 개선하는데 활용되고 있다.

3. 인공지능로봇

① **인공지능(AI)**: 인간의 학습능력, 추론능력, 지각능력을 모방하는 컴퓨터시스템의 기능으로, 빅데이터를 학습하고 분석하는 기술을 바탕으로 구현된다.❷

② **인공지능로봇**: 각종 센서로 주변 상황을 인식하고 인공지능기술을 접합시켜 스스로 판단하여 작업을 수행한다.

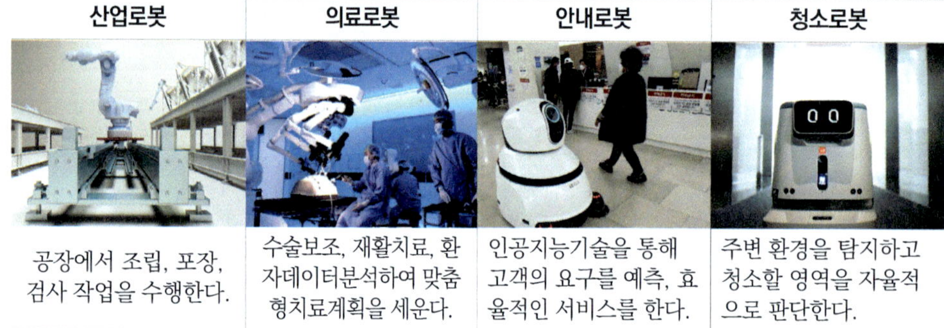

산업로봇	의료로봇	안내로봇	청소로봇
공장에서 조립, 포장, 검사 작업을 수행한다.	수술보조, 재활치료, 환자데이터분석하여 맞춤형치료계획을 세운다.	인공지능기술을 통해 고객의 요구를 예측, 효율적인 서비스를 한다.	주변 환경을 탐지하고 청소할 영역을 자율적으로 판단한다.

4. 과학기술의 유용성과 한계

① **과학기술 발전의 유용성**: 사물인터넷, 빅데이터, 인공지능, 로봇, 가상현실 등의 과학기술은 미래사회의 다양한 분야와 접목하여 인간 삶의 질을 향상시키고, 미래사회의 환경을 개선할 것이다.❸

② **과학기술 발전의 한계**: 과학기술의 발전은 미래사회에서 해결해야 할 문제를 발생시킨다.

· 인공지능: 인간 역량 개발이 방해받고, 일자리가 줄어든다.

· 사물인터넷: 해킹의 위험성이 크다.

· 인터넷과 누리통신망: 익명성을 악용한 허위사실유포와 사이버언어폭력의 위험이 있다.

· 매체 기술의 발전: 문화가 빨리 바뀌어 세대 간 정보격차와 소통의 문제를 일으킨다.

B 과학관련 사회적 쟁점과 과학 윤리

1. 과학관련 사회적 쟁점 (Socio-Scientific Issues; SSI)

① 과학기술의 발전은 인간의 삶을 편리하고 풍요롭게 만들어 주기도 하지만 이와 동시에 사회, 윤리, 경제, 환경, 문화 등 다양한 측면에서 사회적 쟁점★이 발생하기도 한다.

② 과학관련 사회적 쟁점의 예❹

분야	사회적 쟁점의 예
에너지	원자력발전소, 방사성 폐기물, 신재생에너지 사용, 해양자원 이용 등
생명 윤리	안락사, 동물실험, 배아연구, 맞춤아기, 인간복제, 유전자변형생물❺ 등
건강	식품첨가물, 가습기 살균제, 항생제 남용, 비만과 다이어트 등
환경 및 생태계	미세먼지, 화학물질, 간척사업, 지구온난화, 미세플라스틱 등
첨단 과학	자율주행 기술, 우주개발 등

2. 과학 윤리의 중요성

① **과학 윤리**: 과학기술을 개발, 이용하는 과정에서 가져야 하는 올바른 생각과 태도

② **과학 윤리의 중요성**: 과학기술을 올바르게 이용해야 문제가 발생하지 않고, 장기적으로 과학 연구의 신뢰성을 확보할 수 있고, 지속가능한 생태계를 유지할 수 있다.

3. 과학관련 사회적 쟁점의 수용과 과학 윤리에 대한 태도

① **과학적인 근거와 타당성이 있는 논리**: 자신의 입장을 과학적 근거를 들어 논리적으로 설명하고, 상대방 입장의 논리성과 타당성을 검토하면서 의견을 경청한다.

② **과학 윤리에 대한 태도**: 개인적 측면, 사회적 측면 등 다양한 관점을 고려하여 합리적이고 사회적으로 책임감 있는 의사결정을 해야 하며, 과학기술이 긍정적인 방향으로 발전할 수 있도록 노력해야 한다.

정답 및 해설 ➜ 94

개념체크+

01 사물인터넷(IoT)에 대한 설명으로 옳은 것은 ○표, 옳지 <u>않은</u> 것은 ×표 하시오.

(1) 각종 센서, 통신 기능 등이 내장된 전자기기를 사용한다.
.... (   )

(2) 전자기기와 사물이 동시에 인터넷에 연결된다. ...... (   )

(3) 매 상황마다 사람이 명령을 내려야 사물이 스스로 작동한다.
.... (   )

02 지능정보화 시대에 대한 설명으로 옳은 것은 ○표, 옳지 <u>않은</u> 것은 ×표 하시오.

(1) 지능정보화 시대에는 빅데이터의 분석이 필요없다. ·· (   )

(2) 지능정보화 시대는 사람에 의한 지적 노동의 영역이 점차 넓어진다. .... (   )

(3) 지능정보화 시대는 데이터와 지식이 자본이나 자원보다 더 중요해진다. .... (   )

03 다음 (   ) 안에 알맞은 말을 넣으시오.

> (   ) 기술은 인간의 학습 능력, 추론 능력, 지각 능력을 모방하는 컴퓨터 시스템의 기능으로, 빅데이터를 학습하고 분석하는 기술을 바탕으로 구현된다.

04 과학기술 발전의 유용성에 관한 설명으로 옳은 것만을 〈보기〉에서 있는 대로 고르시오.

> **보기**
> ㄱ. 인공지능 로봇의 발전은 기업의 생산성을 증가시킨다.
> ㄴ. 사물 인터넷의 발전은 사람에게 시간적 여유를 제공하지만 여러 전자기기를 제어해야 하므로 편의성이 낮아진다.
> ㄷ. 인공지능 로봇이 사람을 대체하면서 일자리가 늘어난다.

05 신재생에너지 사용에 대한 사회적 쟁점(SSI) 대한 설명으로 옳은 것만을 〈보기〉에서 있는 대로 고르시오.

> **보기**
> ㄱ. 신재생에너지는 필요하지만 초기 설치 비용이 너무 높은 경우가 발생한다.
> ㄴ. 풍력발전은 청정에너지이나 야생조류와 생태계에 영향을 줄 수 있다.
> ㄷ. 태양광발전은 청정에너지이나 설치지역의 경관훼손, 환경오염, 불안정한 전기공급 문제가 발생한다.

스스로 실력높이기

A 과학기술과 미래사회

01 인공지능로봇에 대한 설명으로 옳은 것만을 〈보기〉에서 있는 대로 고른 것은?

보기

ㄱ. 각종 센서로 주변 상황을 인식한다.
ㄴ. 인공지능기술이 결합되어 스스로 판단하여 작업을 수행한다.
ㄷ. 수행하는 작업목표가 달라져도 크기와 형태가 같은 로봇이 같은 작동방식으로 작업을 수행할 수 있다.

① ㄱ   ② ㄴ   ③ ㄱ, ㄴ
④ ㄴ, ㄷ   ⑤ ㄱ, ㄴ, ㄷ

02 그림은 사물인터넷이 적용된 스마트팜을 나타낸 것이다.

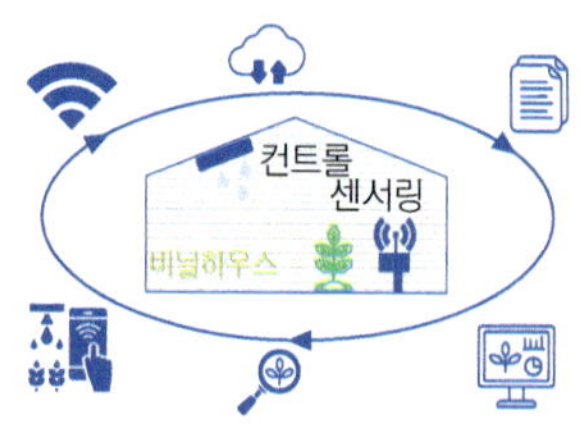

이에 대한 설명으로 옳은 것만을 〈보기〉에서 있는 대로 고른 것은?

보기

ㄱ. 사물인터넷기술이 적용된 전자기기는 사용자의 조작을 통해서만 작동될 수 있다.
ㄴ. 사물인터넷기술이 적용된 전자기기는 센서, 통신 기능, 필요한 소프트웨어가 내장되어 있다.
ㄷ. 인터넷에 연결된 사물들은 온도, 습도, 토양 상태, 작물의 성장 등을 실시간으로 파악하여 데이터를 서로 주고 받는다.

① ㄱ   ② ㄴ   ③ ㄱ, ㄴ
④ ㄴ, ㄷ   ⑤ ㄱ, ㄴ, ㄷ

03 미래사회에서 과학기술 발전의 한계와 가장 거리가 <u>먼</u> 것은?

① 인공지능기술은 많이 발전했으므로 미래에는 그 성능향상이 매우 느려질 수 있다.
② 개인정보 및 보안에 관한 문제가 발생할 수 있다.
③ 기술격차에 따른 사회불평등 문제가 심해질 수 있다.
④ 미래사회의 환경에서 오염과 폐기물 문제가 발생할 수 있다.
⑤ 디지털중독에 따른 인간의 삶에 필수적인 능력이 약해질 수 있다.

B 과학관련 사회적 쟁점과 과학 윤리

04 다음은 과학기술의 발달에 따라 발생할 수 있는 과학관련 사회적 쟁점(SSI)에 대한 설명으로 옳은 것만을 있는 대로 고른 것은?

보기

ㄱ. 과학기술을 올바르게 사용하기 위한 것이다.
ㄴ. 과학기술의 발전은 긍정적인 면과 부정적인 면이 동시에 존재한다.
ㄷ. 과학기술이 부정적인 면으로 발전하는 것은 어쩔 수 없는 일이다.

① ㄱ   ② ㄴ   ③ ㄱ, ㄴ
④ ㄴ, ㄷ   ⑤ ㄱ, ㄴ, ㄷ

05 다음은 과학관련 사회적 쟁점의 사례들을 나타낸 것이다.

A. 유전자변형농산물 사용
B. 우주개발
C. 신재생에너지 사용
D. 자율주행자동차 이용

이에 대한 설명으로 옳지 <u>않은</u> 것은?

① A를 반대하는 입장은 식량이 충분하므로 굳이 유전자변형농산물을 사용할 필요가 없다는 것이다.
② B를 반대하는 입장은 우주쓰레기의 문제를 근거로 제시한다.
③ C를 반대하는 입장은 환경의 영향으로 안정적인 전기의 공급이 확보되지 않음을 근거로 제시한다.
④ D를 반대하는 입장은 사고가 났을 때 책임소재에 관한 불확실성을 근거로 제시한다.
⑤ A~D는 과학기술의 발전과 같이 나타난, 이전에 없었던 사회문화적 쟁점들이다.

06 과학관련 사회적 쟁범을 해결하기 위한 올바른 태도에 대한 설명으로 옳은 것만을 〈보기〉에서 있는 대로 고른 것은?

보기

ㄱ. 개인적 측면, 사회적 측면등 다양한 관점을 고려해야 한다.
ㄴ. 자신의 입장을 과학적 근거를 들어 논리적으로 설명한다.
ㄷ. 과학기술이 긍정적인 방향으로 발전할 수 있도록 노력해야 한다.

① ㄱ   ② ㄱ, ㄴ   ③ ㄴ, ㄷ
④ ㄱ, ㄷ   ⑤ ㄱ, ㄴ, ㄷ

심화 실력높이기

01 과학기술의 발전이 미래사회에 미치는 유용성에 대한 〈보기〉의 설명으로 옳은 것만을 있는 대로 고른 것은?

> **• 보기 •**
> ㄱ. 인공지능과 로봇기술을 활용한 우주탐사로 달과 화성에서 자원을 개발한다.
> ㄴ. 인공지능과 가상현실 기능을 활용하여 교육활동을 혁신한다.
> ㄷ. 인공지능과 로봇기술을 활용한 드론택시의 등장은 사고 발생 위험을 높였다.

① ㄱ　　　　② ㄴ　　　　③ ㄱ, ㄴ
④ ㄴ, ㄷ　　　⑤ ㄱ, ㄴ, ㄷ

02 사물인터넷기술의 활용 분야에 대한 설명으로 옳지 <u>않은</u> 것은?

① 스마트팜에서는 농작물에 자동으로 물과 영양분을 공급한다.
② 스마트홈에서는 집 안의 온도, 조명, 보안장치 등을 실시간으로 관리하고 제어한다.
③ 스마트도시에서는 신재생에너지를 활용하고, 에너지사용이나 공기의 질 등을 실시간으로 관리한다.
④ 스마트공장에서는 생산기계를 실시간으로 관리하고, 재고물량을 바탕으로 제품을 생산하여 생산과정의 효율을 높인다.
⑤ 스마트헬스케어시스템에서는 자동으로 심박수나 혈압을 측정하고 원격으로 모니터링하므로 전문가의 진단이 크게 중요하지 않다.

03 다음 중 인공지능과 사물인터넷이 사회에 미치는 긍정적인 영향이라고 볼 수 없는 것은?

① 교통흐름 분석을 통해서 교통체증을 줄인다.
② 공장에서 생산성을 높이고 비용을 절감할 수 있다.
③ 원격의료서비스가 확대되어 의료접근성이 향상된다.
④ 도시의 에너지소비를 최적화하고 환경보호에 기여한다.
⑤ 자동화가 확산되면 일부 직업이 사라지면서 전문적이고 창의적인 직업이 중요한 역할을 하게 된다.

04 다음은 자율주행자동차 관련 문제를 해결하기 위해서 인공지능(AI)를 활용하는 순서를 나타낸 것이다.

> 1. 자율주행자동차에 관한 정보를 수집하여 정리하게 한다.
> 2. 자율주행자동차의 개발에 관한 정보를 수집하여 정리하게 한다.
> 3. 자율주행자동차 개발 추세와 패턴을 수집하여 정리하게 한다.
> 4. 자율주행자동차 개발에 있어 문제점을 분석하게 한다.
> 5. 그 문제점을 해결하기 위한 방안을 물어본다.

이에 대한 설명으로 옳은 것만을 〈보기〉에서 있는 대로 고른 것은?

> **• 보기 •**
> ㄱ. 인공지능을 사용하려는 목표를 명확하게 설정해야 한다.
> ㄴ. 일반적인 질문보다 더 상세한 설명을 포함하면 인공지능에게 더 정확한 답을 얻을 수 있다.
> ㄷ. AI의 답변은 넓은 지식을 기반으로 한 것이므로 검토하거나 수정하지 않고 그대로 문제해결에 활용한다.

① ㄱ　　　　② ㄴ　　　　③ ㄱ, ㄴ
④ ㄴ, ㄷ　　　⑤ ㄱ, ㄴ, ㄷ

05 다음은 유전체 분석 기술에 대한 설명이다.

> 유전체 분석 기술이란 DNA를 분석하여 해당 생명체의 유전적 특징을 분석하는 기술이다. 인간의 유전체 분석 (인간지놈프로젝트)은 1990년에 시작하여 2003년에 완성되었고, 이후 유전자 분석 기술은 매우 빠른 속도로 성장하여 현재의 유전체 분석은 훨씬 저렴하고 빠른 속도로 확인 가능하다.

이에 대한 설명으로 옳은 것만을 〈보기〉에서 있는 대로 고른 것은?

> **• 보기 •**
> ㄱ. 유전체 분석을 통해 본인에게 발생할 위험이 높은 질병을 예측하고 맞춤치료를 할 수 있다.
> ㄴ. 개인의 유전정보가 무단으로 유출되면 개인에 대한 인권 침해 문제가 발생할 수 있다.
> ㄷ. 유전정보의 잘못된 사용은 사회적 불안을 초래할 수 있으며, 특정 집단에 대한 차별이나 편견이 나타날 수 있다.

① ㄱ　　　　② ㄴ　　　　③ ㄱ, ㄴ
④ ㄴ, ㄷ　　　⑤ ㄱ, ㄴ, ㄷ

01 과학기술의 활용

1. 과학의 유용성과 필요성

(1) **감염병**: 바이러스, 세균, 곰팡이, 기생충 등의 병원체에 감염되어 발생하는 질병

(2) **감염병의 진단**: 검체를 채취한 후 검사를 통해 병원체의 존재 여부를 확인한다.

(3) **감염병진단검사(바이러스감염병인 경우)**

신속항원검사	유전자증폭검사(PCR)
바이러스를 구성하는 (❶)이 있는지를 확인	적은 양의 (❷)을 복제하여 분석
간편신속진단 가능	정확도가 매우 높다.

(4) **최신 감염병진단기술**

나노바이오센서	생물정보학
아주 적은 양의 병원체도 찾아냄	빅데이터기술과 인공지능(AI)기술 이용

(5) **감염병의 추적관리**: 감염병의 진단 및 추적관리에 (❸) 기술과 (❹) 기술을 유용하게 활용한다.

(6) **미래사회의 문제와 해결 방안**: 기후변화, 에너지고갈, 자연재해, 원자력안전 등 여러 문제가 발생할 것이고, 이러한 문제 해결에 (❺)을 적극 활용한다.

2. 과학기술 사회에서 빅데이터 활용

(1) **실시간 생활 데이터 측정과 저장**: 각종 (❻)를 부착한 스마트기기를 이용하여 일상생활에서 다양한 데이터를 측정하고 실시간으로 저장되고 있다.

(2) **빅데이터의 활용과 문제점**

① **빅데이터**: 기존의 방법이나 도구로 수집, 저장, 분석하기 어려운 방대하고 복잡한 데이터의 집합이다.

② **빅데이터의 처리와 활용**: 빅데이터를 효과적으로 처리하는 기술도 함께 발전하고 있으며, 빅데이터를 분석하여 가치있는 정보를 추출하고, 변화를 예측하는 방향으로 활용범위가 넓어지고 있다.

③ **과학기술 사회에서 빅데이터의 활용**: 과학실험, 신약 개발, 기상관측, 의료 분야에서 빅데이터를 이용해 각종 결과를 업그레이드하고 있다.

④ **빅데이터를 활용한 의사결정**: 빅데이터를 활용하면 우리 생활의 다양한 분야에서 합리적인 의사결정을 할 수 있다.

⑤ **빅데이터 활용의 문제점**: 빅데이터 수집 과정에서 사생활침해와, 충분히 검증되지 않은 데이터를 수집할 수 있고, 지나치게 빅데이터에 의존하여 편협한 의사결정을 내릴 수 있다.

02 과학기술의 발전과 쟁점

1. 과학기술과 미래사회

(1) (❼)**시대**: 인공지능로봇과 사물인터넷 기술로 새로운 가치가 창출되고 발전하는 사회이다.

(2) **지능정보화시대의 과학기술**

① **데이터화**: 사람 간의 관계와 지식, 기술에 관한 데이터가 수집되어 빅데이터 형태로 축적된다.

② **정보화**: 빅데이터에서 가치있는 정보를 얻어낸다.

③ **지능화**: 정보를 인공지능(AI)기술에 활용한다.

(3) (❽) **기술**

① 사용자가 원격으로 사물을 제어할 수 있고, 사람이 일일이 개입하지 않아도 스스로 제어가 가능하다.

② 인공지능기술 개발에 필요한 기초 기술로, 인간의 삶과 생활을 개선하는데 활용되고 있다.

(4) **인공지능로봇**

① (❾): 인간의 학습 능력, 추론 능력, 지각 능력을 모방하는 컴퓨터 시스템의 기능이다.

② **인공지능로봇**: 각종 센서로 주변 상황을 인식하고 인공지능 기술을 접합시켜 스스로 판단한다.

(4) **과학기술 발전의 유용성**: 사물인터넷, 빅데이터, 인공지능, 로봇, 가상현실 등의 과학기술은 인간 삶의 질을 향상시키고 미래 사회의 환경을 개선할 것이다.

(5) **과학기술 발전의 한계**

① **인공지능**: 인간 역량 개발의 방해, 일자리가 줄어듦

② **사물인터넷**: 해킹의 위험성

③ **인터넷과 누리통신망**: 익명성을 악용한 허위사실유포, 사이버언어폭력

④ **매체기술의 발전**: 문화가 빨리 바뀌어 세대 간 정보격차와 소통의 문제

2. 과학관련 (❿)과 과학 윤리

(1) **과학관련 사회적 쟁점**: 과학기술의 발전과정에서 발생하는 사회, 윤리적 문제

(2) **과학관련 사회적 쟁점의 예**: 유전자변형농산물 사용, 우주개발, 신재생에너지 사용, 자율주행자동차 허용, 동물실험, 원자력발전소 건립, 플라스틱 사용 등

(3) **과학 윤리의 중요성**

① **과학 윤리**: 과학기술을 개발 과정의 바른 생각과 태도

② **과학 윤리의 중요성**: 과학기술을 올바르게 이용해야 신뢰성을 유지하며, 지속가능한 생태계를 유지할 수 있다.

③ **과학 윤리에 대한 태도**: 합리적이고 사회적으로 책임감 있는 의사결정을 해야 하며, 과학기술이 긍정적인 방향으로 발전할 수 있도록 노력해야 한다.

단원 **마무리**

01 다음은 감염병에 대한 설명이다.

감염병은 세균이나 바이러스, 곰팡이와 같은 병원체에 감염되어 발생하는 질병이다. 바이러스에 의한 감염병의 경우 신속하게 감염여부를 진단하는 (㉠   )는 채취한 검체에 바이러스를 구성하는 (㉡   )이 존재하는 지를 검사하는 것이고, 정확도가 매우 높은(㉢   )는 채취한 검체에 들어 있는 매우 적은 양의 (㉣   )을 복제하여 검사한다.

이에 대한 설명으로 옳은 것만을 〈보기〉에서 있는 대로 고른 것은?

보기

ㄱ. ㉠은 '신속항원검사'이고 ㉢은 '유전자증폭검사'이다
ㄴ. ㉡은 '핵산', ㉣은 '단백질'이다.
ㄷ. 항원-항체 반응을 이용하는 것은 ㉢이다.

① ㄱ ② ㄷ ③ ㄱ, ㄷ
④ ㄴ, ㄷ ⑤ ㄱ, ㄴ, ㄷ

02 다음은 감염병에 대응하는 과학기술에 대한 설명이다.

(가) 스마트기기에 내장된 프로그램 등을 활용하여 감염병 환자의 감염경로, 감염자수 등 다양한 정보를 수집한다.
(나) 스마트기기의 네트워크 기술을 이용하여 수집한 정보를 실시간으로 전달 및 공유한다.
(다) 인공지능을 이용하여 빅데이터를 처리하고 분석한다.

감염병에 대응하는 과학기술의 역할에 대한 설명으로 옳은 것만을 〈보기〉에서 있는 대로 고른 것은?

보기

ㄱ. 감염경로를 공개하여 감염병의 확산을 막는다.
ㄴ. 너무 빠른 대응은 오류가 나므로 역학조사관의 직접 조사와 비슷한 속도로 대응한다.
ㄷ. 감염자수와 분포에 대한 정보를 빠르게 수집하고 정리하여 시민들에게 정보를 공개한다.

① ㄱ ② ㄴ ③ ㄱ, ㄷ
④ ㄴ, ㄷ ⑤ ㄱ, ㄴ, ㄷ

03 다음은 과학연구에 대한 설명이다.

과학연구에서 과학적 결론은 데이터분석을 통해 생성되며, 연구목적에 따라 다양한 (   )을/를 활용한다. 예를 들면, 초기 인간 유전자 연구에서는 몇몇 사람의 DNA를 사용했지만, 지금은 유전체 (   ) 분석을 통해 수만 명의 유전자 데이터를 분석함으로써 연구 결과를 더 정확하게 생성할 수 있다.

(   ) 안에 들어갈 말로 가장 알맞은 것은?

① 인공지능 ② 인공지능로봇 ③ 빅데이터
④ 사물인터넷 ⑤ 누리통신망

04 미래사회의 문제와 과학의 역할에 대한 설명으로 옳은 것만을 〈보기〉에서 있는 대로 고른 것은?

보기

ㄱ. 미래사회에서는 방사성 폐기물 문제, 신재생에너지 사용 문제, 기후변화 문제 등 다양한 문제가 나타날 것이 예측된다.
ㄴ. 미래사회는 지능화된 기계를 통한 자동화가 지적노동 영역까지 확장되는 등 경제, 사회 전반에 혁신적인 변화가 발생할 것이다.
ㄷ. 미래사회는 인간 중심의 가치와 윤리가 확립되어 사회적인 평등 구조가 확립될 것이다.

① ㄱ ② ㄷ ③ ㄱ, ㄴ
④ ㄴ, ㄷ ⑤ ㄱ, ㄴ, ㄷ

05 다음 중 과학관련 사회적 쟁점이라고 볼 수 있는 것만을 있는 대로 고른 것은?

㉠ 멸종위기종 보호 ㉡ 미세플라스틱
㉢ 간척사업 ㉣ 습지 보전
㉤ 맞춤아기 ㉥ 자연보호

① ㉡, ㉢, ㉤ ② ㉠, ㉡, ㉢, ㉣ ③ ㉠, ㉡, ㉢, ㉤
④ ㉣, ㉤, ㉥ ⑤ ㉡, ㉢, ㉣, ㉤

06 빅데이터에 대한 설명으로 옳은 것만을 〈보기〉에서 있는 대로 고른 것은?

> **보기**
> ㄱ. 기존의 처리도구로도 관리하거나 분석할 수 있는 디지털 형태의 매우 크고 복잡한 데이터 세트이다.
> ㄴ. 다변화된 현대 사회의 여러 분야에서 정확한 예측모델을 제시하여 효율적으로 작동시킨다.
> ㄷ. 사생활침해와 보안이 문제점이 될 수 있다.

① ㄱ   ② ㄴ   ③ ㄷ
④ ㄱ, ㄷ   ⑤ ㄴ, ㄷ

07 그림 (가), (나), (다)는 빅데이터를 분석한 결과를 일상생활에 적용하는 예를 나타낸 것이다.

(가) 재난·재해 정보   (나) 맞춤형 상품 추천   (다) 외국어 번역

이에 대한 설명으로 옳은 것만을 〈보기〉에서 있는 대로 고른 것은?

> **보기**
> ㄱ. (가)에서는 검증된 데이터를 선별해서 분석한다.
> ㄴ. (나)에서는 상품의 정보와 함께 수집된 개인정보를 최대한 공개한다.
> ㄷ. (다)에서는 각국 언어의 빅데이터를 인공지능 기술로 분석하는 과정이 포함된다.

① ㄱ   ② ㄴ   ③ ㄱ, ㄴ
④ ㄱ, ㄷ   ⑤ ㄱ, ㄴ, ㄷ

08 과학실험, 신약개발, 기상관측, 유전체 분석 등의 분야에서 빅데이터를 활용할 때의 장점에 대한 설명으로 옳지 <u>않</u>은 것은?

① 개발 중인 신약의 부작용은 조절할 수 없다.
② 과학실험의 결론이 합리적으로 도출된다.
③ 기상 현상 예측이 이전보다 정확해진다.
④ 나의 유전적 특성에 맞는 맞춤형 치료를 받을 수 있다.
⑤ 개인에 대한 특정 약물의 반응 정도를 예측할 수 있다.

09 그림은 일상생활에서 활용되는 여러 인공지능로봇을 나타낸 것이다.

산업로봇   안내로봇   청소로봇

이에 대한 설명으로 옳은 것만을 〈보기〉에서 있는 대로 고른 것은?

> **보기**
> ㄱ. 센서를 통해 주변 상황을 인식하고 자율적으로 움직인다.
> ㄴ. 기계학습을 통해 작업 능력을 점진적으로 향상시킬 수 있다.
> ㄷ. 음성인식 기능, 자율주행 기능 등이 필수적이다.

① ㄱ   ② ㄴ   ③ ㄱ, ㄴ
④ ㄱ, ㄷ   ⑤ ㄴ, ㄷ

10 다음 (가)~(다)는 과학관련 사회적 쟁점이다.

> (가) 동물실험   (나) 비만   (다) 화학물질 사용

이에 대한 설명으로 옳은 것만을 〈보기〉에서 있는 대로 고른 것은?

> **보기**
> ㄱ. (가)는 신약개발 등에는 필수적이라는 입장과 동물의 권리를 존중해야 한다는 입장이 있다.
> ㄴ. (나)는 전적으로 개인의 문제라고 하는 입장과 패스트푸드 접근성이 높은 사회의 문제라는 입장이 있다.
> ㄷ. (다)는 의약품, 생활용품 등에 필수적이라는 입장과 일부 화학물질은 발암물질로 작용할 수 있다는 입장이 있다.

① ㄱ   ② ㄷ   ③ ㄱ, ㄷ
④ ㄴ, ㄷ   ⑤ ㄱ, ㄴ, ㄷ

수능 유형문제

01 다음은 감염병을 진단하는 검사 방법에 대한 설명이다.

> 최근에 활용되는 바이러스감염병진단검사 방법은 두 가지가 있다. ㉠ 하나는 비용이 저렴하고 빠른 결과를 얻을 수 있는 방법이고, 다른 하나는 ㉡ 시간이 많이 걸리고 비용이 많이 발생하지만 정확도가 높은 검사방법이다.

이에 대한 설명으로 옳은 것만을 〈보기〉에서 있는 대로 고른 것은?

> **보기**
> ㄱ. ㉠은 바이러스를 구성하는 단백질을 이용한다.
> ㄴ. ㉡은 바이러스를 구성하는 핵산을 이용한다.
> ㄷ. ㉠에서 검체에 들어 있는 병원체의 양이 적을 경우 병원체가 검출되지 않을 수도 있다.

① ㄱ   ② ㄴ   ③ ㄷ
④ ㄱ, ㄴ   ⑤ ㄱ, ㄴ, ㄷ

02 다음은 보건의료 빅데이터 사업에 대한 설명이다.

> 보건의료 빅데이터 관련 사업은 최근 세계적으로 각광을 받고 있다. 한국 정부도 학계와 병원, 산업계 등의 요구를 받아들여 다양한 보건의료 빅데이터 사업을 적극적으로 벌이고 있다.
> 건강보험공단, 건강보험심사평가원, 국립암센터, 질병관리본부 등에 산재해 있는 보건의료 빅데이터를 정보 주체의 동의 없이 연계하여 활용할 수 있도록 하는 ㉠ '보건의료 빅데이터 플랫폼' 시범사업이 진행 중이다. 더불어 국민 100만 명의 생체 정보 및 건강 정보를 모아 분석하려는 ㉡ '100만 국가 바이오 빅데이터' 사업도 추진되고 있다. 단일 병원 차원에서 의료 빅데이터 플랫폼을 구축하려는 ㉢ '데이터중심병원' 사업도 추진 중이다.

이에 대한 설명으로 옳은 것만을 〈보기〉에서 있는 대로 고른 것은? 단, ICT는 정보 기술(IT)과 통신 기술(CT)의 합성어이다.

> **보기**
> ㄱ. ㉠의 구축은 ICT로 가능하다.
> ㄴ. ㉡의 구축 과정에서 개인정보 보안에 유의해야 한다.
> ㄷ. ㉢은 지역 병원의 데이터 활용 기반을 넓히는 사업으로 지역 병원은 독립적으로 운영되기는 어렵다.

① ㄱ   ② ㄴ   ③ ㄷ
④ ㄱ, ㄴ   ⑤ ㄴ, ㄷ

03 다음은 의료용로봇 개발과정에 대한 설명이다.

> 의료용로봇의 핵심기술은 크게 로봇의 설계 및 평가기술, 로봇 및 통합시스템 제어 기술, 센서 응용 및 의료영상 처리기술, 시뮬레이터의 제작 및 운용기술과 인허가를 위한 임상시험 계획기술, 인허가 획득기술 등이 있다.
> 여기서 메커니즘 설계기술, 제어 및 운용기술 등의 의료용로봇 전반에 걸친 공통기반기술과 제품별로 특화된 제품특화기술로 구분한다.
> 의료용 로봇은 고도의 기술이 집약되고, 엄격한 인증 및 허가절차를 거치며 상당수의 임상시험을 통과해 그 유효성이 명백하게 입증되어야 비로소 제품으로 사용할 수 있게 되므로 세계시장에서 경쟁력 있는 제품으로 평가받기 위해서는 의료용로봇의 개발에 필요한 요소기술 확보에 보다 많은 투자가 이루어져야 한다.

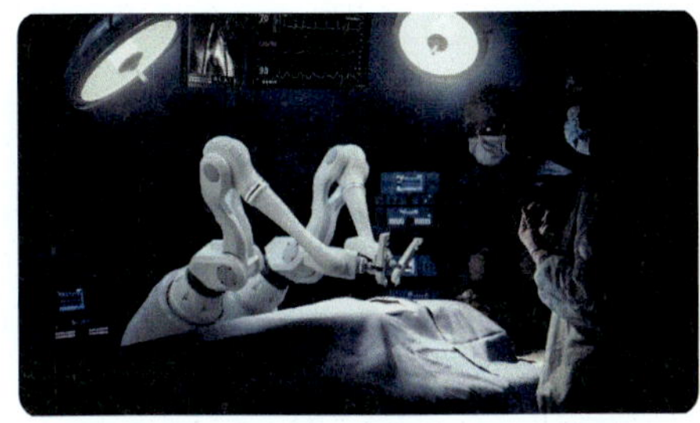

▲ 의료용로봇을 이용해 수술하는 장면

이에 대한 설명으로 옳은 것만을 〈보기〉에서 있는 대로 고른 것은?

> **보기**
> ㄱ. 의료용로봇의 작동은 인공지능을 이용한 빅데이터 기반이다.
> ㄴ. 인공지능 기반 빅데이터를 이용하므로 의료용로봇 사용에 있어 보완할 점은 거의 없다.
> ㄷ. 의료용로봇을 활용하는 단계에서 의료사고가 일어날 경우 누가 책임을 지어야 하는지에 대한 문제가 있다.

① ㄱ   ② ㄴ   ③ ㄷ
④ ㄱ, ㄷ   ⑤ ㄱ, ㄴ, ㄷ

서술형 마무리

서술형 마무리

정답 및 해설 ➡ 98

01 지질 시대의 환경과 생물

01 어느 지층에서 산출된 다세포 생물 화석이다.

(1) 이 화석이 퇴적된 지질 시대를 쓰시오.

(2) 이 화석의 특징을 서술하시오.

02 지질 시대에서 최초로 대기에 오존층이 만들어지는 과정을 서술하시오. 단, 화학 반응은 제외하시오.

03 지질 시대의 대멸종은 오히려 생물다양성을 증가시켰다. 그 이유를 서술하시오.

04 중생대에는 빙하기가 없이 기후가 대체로 온난하였다. 그 이유를 기권의 성분 변화와 관련하여 서술하시오.

● 1 지구 환경 변화와 생물다양성

05 다음은 지질 시대의 해양 산소 농도(%)의 변화를 나타낸 것이다.

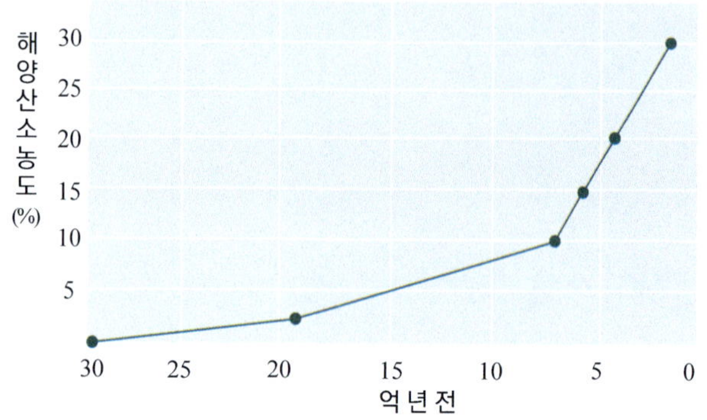

고생대 초기에는 대륙이 흩어져 있어서 해안선이 넓게 형성되어 있었다. 위 도표 등을 이용하여 고생대 초에 해양 생물종이 폭발적으로 늘어난 원인을 2가지만 서술하시오.

06 어느 지역 A~D의 지층에서 그림과 같이 화석이 산출되었다.

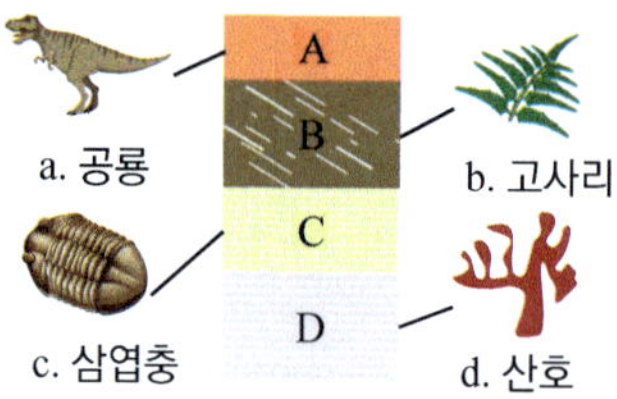

(1) a~d를 표준 화석과 시상 화석으로 구분하시오.

(2) 이 지역의 지각변동을 환경과 지질 시대를 구분하여 서술하시오.

07 중생대 말에 5차 대멸종이 일어났다.

(1) 원인이 무엇인지 현재 가장 유력한 가설로 설명하시오.

(2) 이때 멸종된 생물종 두 가지를 쓰시오.

정답 및 해설 ➜ 98

02 자연선택과 진화

08 유전적 변이를 일으키는 두 가지 요인을 쓰고 각각의 특징을 간단하게 서술하시오.

09 항생제를 지속적으로 사용했을 때 항생제에 내성이 있는 세균 집단이 출현하게 되는 과정을 '돌연변이', '자연선택' 두 단어를 포함시켜 서술하시오.

10 그림은 어떤 무당벌레 개체군의 딱지날개 색과 무늬의 변이를 나타낸 것이다.

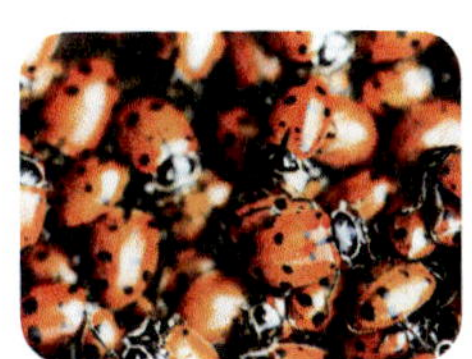

이와 같이 무당벌레 개체들의 다양한 색과 무늬를 가진 딱지날개의 변이가 나타나는 원리를 유성생식을 이용하여 설명하시오.

11 그림 (가)는 아프리카에서 낫모양적혈구 빈혈증 발생 지역과 빈도를, (나)는 말라리아가 많이 발생하는 지역을 조사한 것이다.

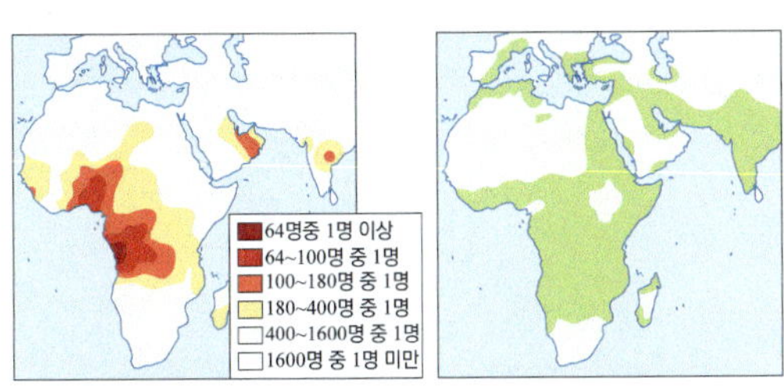

(1) 말라리아가 발생하지 않는 보통 환경에서 낫모양적혈구 빈혈증은 생존에 유리한가? 아니면 불리한가?

(2) 위 그림 (가)와 (나)의 분포가 비슷한 이유를 서술하시오.

1 지구 환경 변화와 생물다양성

12 그림은 기린의 목이 길어진 원인을 라마르크의 용불용설로 설명한 것이다.

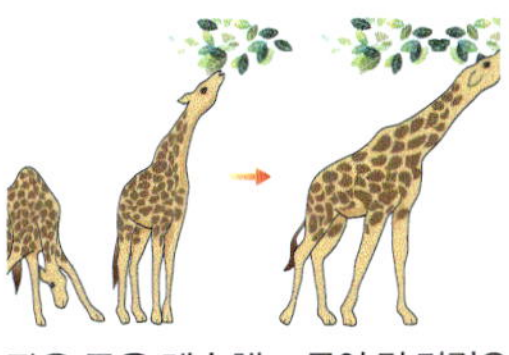

(1) 용불용설이 왜 틀렸는지 설명하시오.

(2) 기린의 목이 길어진 과정을 '변이', '생존경쟁'. '자연선택'의 단어를 모두 포함하여 설명하시오.

13 다음은 항생제 내성 세균의 출현과 관련된 모의 실험 과정이다.

(가) 갈색 도화지 위에 초록색, 빨간색, 파란색 초콜릿을 각각 10개씩 뿌리고, 이 중 4개를 갈색 초콜릿으로 바꾼다.

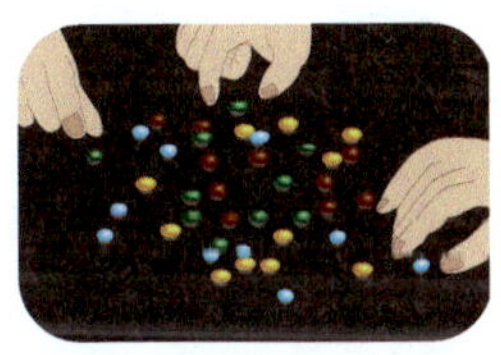

(나) 눈을 감았다가 떴을 때 제일 먼저 눈에 띄는 초콜릿 1개씩을 제거하되, 남은 전체 초콜릿 개수가 20개가 될 때까지 반복한다.
(다) 도화지 위에 남은 초콜릿의 수만큼 같은 색의 초콜릿을 추가한다.
(라) 과정 (나)~(다)를 3회 반복한다.

(1) (가)에서 4개를 갈색 초콜릿으로 바꾸는 것은 무엇을 의미하는가?

(2) (나)에서 초콜릿 1개씩을 제거하는 것은 무엇을 의미하는가?

(3) (라) 과정이 수행되었을 때 초콜릿의 개수 변화와 자연선택을 비교 서술하시오.

03 생물다양성

14 생물다양성 관점에서 사람의 피부색을 설명하시오.

15 다음은 생물다양성의 중요성을 보여 주는 사례이다.

> 씨가 있는 야생 바나나와 달리, 상업적으로 대량 재배되는 씨없는바나나는 단일품종이다. 현재 이 바나나 품종은 특정 곰팡이에 의한 질병으로 멸종 위기에 처해 있다.

(1) 이 사례와 가장 관련이 깊은 생물다양성의 요소를 쓰시오.

(2) 씨없는 바나나 품종이 멸종 위기에 처한 이유를 서술하시오.

16 그림은 면적이 같은 서로 다른 지역 (가)와 (나)에 서식하는 식물종과 그 개체수를 나타낸 것이다. 생물다양성을 이루는 세 가지 요소 중 X는 일정한 지역에 사는 생물종의 다양한 정도를 의미한다. (단, 제시된 생물만 고려한다.)

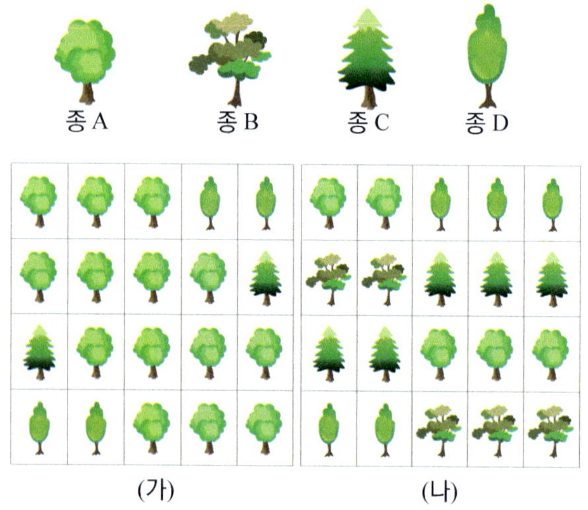

(1) 생물 다양성의 세 가지 요소 중 X의 명칭을 쓰시오.

(2) 지역 (가)와 (나) 중 X가 높은 곳을 고르시오.

(3) 선택한 지역의 X가 높은 이유를 2가지 측면에서 두 지역을 비교하여 서술하시오.

1 지구 환경 변화와 생물다양성

17 갯벌 생태계가 종다양성이 높은 이유를 2가지만 서술하시오.

18 그림 (가)는 생물다양성의 세 가지 요소를, (나)는 반점 무늬를 갖는 무당벌레 집단 A와 B를 나타낸 것이다.

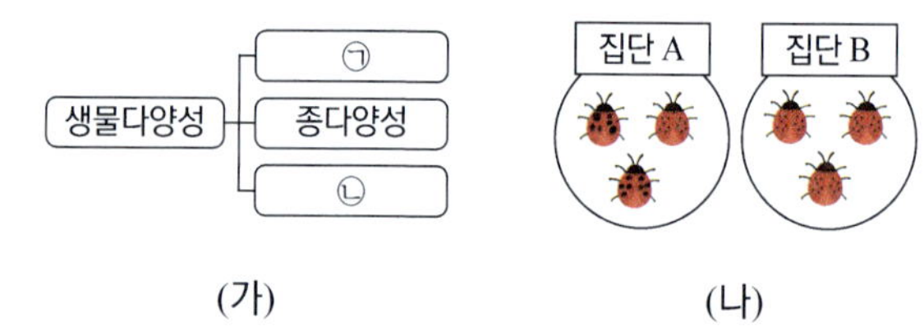

(1) ㉠과 ㉡이 무엇인지 각각 쓰시오.

(2) 생물다양성 측면에서 A와 B는 어떤 차이가 있는지 서술하시오.

19 서식지단편화가 일어났을 때 가장자리에 서식하는 생물보다 중앙에 서식하는 생물의 피해가 더 큰 이유를 서술하시오.

20 지구의 생물다양성은 최근 매우 빠른 속도로 감소하고 있다. 그 원인을 두 가지만 쓰고 설명하시오.

● **2** 화학 변화

01 산화와 환원

01 다음은 광합성과 세포호흡에 대한 자료이다.

식물은 아래 화학 반응식과 같이 광합성을 한다.

$$6CO_2 + 6H_2O \longrightarrow C_6H_{12}O_6 + 6O_2$$

생물은 식물이 광합성으로 생산한 포도당을 섭취하고 대기 중의 산소를 들이마신다. 생물 세포 내 마이토콘드리아에서는 포도당과 산소를 이용하여 ㉠세포호흡이 일어나며, 생물은 이 반응을 통해 생명현상 유지에 필요한 에너지를 얻을 수 있다.

(1) ㉠의 화학 반응식을 작성하시오.

(2) 광합성 반응에서 환원된 물질을 쓰고, 그 이유를 환원된 물질의 산소 원자 수 변화를 이용하여 설명하시오.

02 그림은 철제 다리의 녹슨 모습이다. 다리의 부식을 방지할 수 있는 방법을 철의 산화와 관련지어 1가지만 서술하시오.

03 다음은 철(Fe) 못을 질산 은(AgNO₃) 수용액에 넣었을 때 반응 결과와 화학 반응식을 나타낸 것이다.

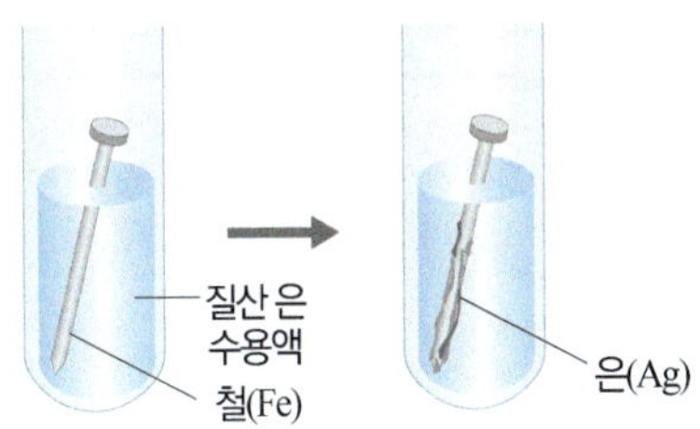

$$2Ag^+ + Fe \longrightarrow 2Ag + Fe^{2+}$$

이 반응을 산화 환원 반응으로 설명하고, 반응 전후의 수용액 속의 총 이온 수를 비교하시오.

---

2 화학 변화

04 다음은 구리(Cu)를 알코올램프의 겉불꽃과 속불꽃에 넣어 가열하는 실험 과정과 결과이다.

[실험 과정]
1. 사포로 문지른 구리 금속판을 알코올램프의 겉불꽃에 넣고 가열한 다음 판의 색깔을 관찰한다.
2. 판의 가열된 부분을 알코올램프의 속불꽃에 넣은 채 판의 색깔을 관찰한다.
3. 속불꽃에서 구리판을 꺼낸 후 판의 색을 관찰한다.

[실험 결과]

	과정 1	과정 2	과정 3
판의 색	검은색	붉은색	검은색

(1) 과정 1에서 산화된 물질을 쓰고, 이 물질의 산화 반응을 전자를 포함한 화학 반응식으로 표현하시오.

(2) 과정 2에서 판의 색이 다시 붉은색으로 바뀌는 반응의 화학 반응식을 쓰시오.

(3) 과정 3에서 일어난 화학 반응의 반응물과 생성물을 이용하여 판의 색이 검은색으로 변한 까닭을 설명하시오.

05 2 가지 화학 반응식이다.

$$\cdot\ 2HCl + Ca(OH)_2 \longrightarrow 2\ \boxed{㉠} + CaCl_2$$
$$\cdot\ HNO_3 + KOH \longrightarrow \boxed{㉠} + KNO_3$$

㉠에 해당하는 물질의 화학식을 쓰시오.

06 지구 환경에 영향을 주는 물질 X에 대한 자료이다.

· 생명체가 호흡하거나 화석 연료의 연소에 의해 발생한 X는 바닷물에 녹아 (가) 의 농도를 증가시킨다.
· 바닷물 속 (가) 농도의 증가는 산호나 조개류의 개체 수를 (나) 시킨다.

다음 물음에 답하시오.

(1) X는 무엇인가?

(2) (가), (나)에 들어갈 말을 쓰시오.

02 산, 염기와 중화 반응

07 그림은 같은 부피의 산 A 수용액과 산 B 수용액에 수산화 나트륨(NaOH) 수용액을 각각 같은 부피로 넣었을 때, 수산화 나트륨(NaOH) 수용액과 혼합 용액 (가)와 (나)에 들어 있는 음이온만을 모형으로 나타낸 것이다. 단, 혼합 전 모든 수용액의 온도는 같다.

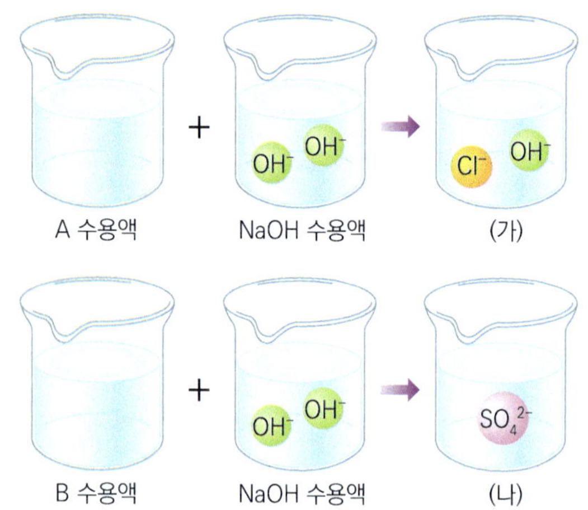

(1) 산 A와 B의 화학식을 각각 쓰시오.

(2) (가)와 (나)의 최고 온도를 비교하고, 그 까닭을 설명하시오.

08 묽은 염산에 몇 가지 지시약을 떨어뜨렸을 때의 결과이다.

지시약	메틸 오렌지 용액	페놀프탈레인 용액	BTB 용액
색	㉠	㉡	㉢

㉠~㉢에 들어갈 용액의 색을 쓰시오.

(㉠   )
(㉡   )
(㉢   )

09 산성화된 토양을 중화시킬 수 있는 방법을 1가지 서술하시오.

10 수산화 나트륨 수용액 10 mL에 묽은 염산을 조금씩 넣어줄 때 혼합 용액의 온도를 나타내었다.

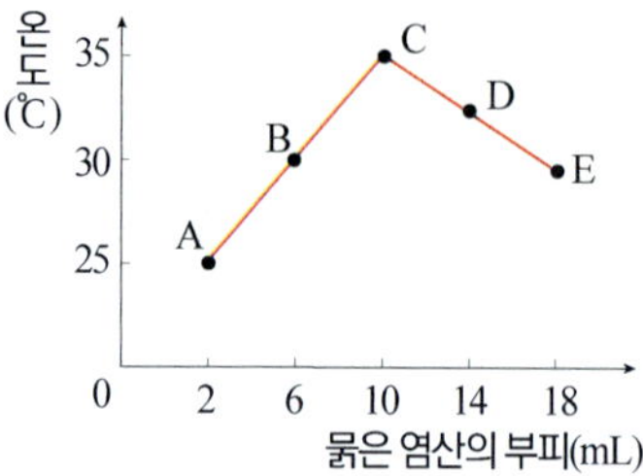

용액 A~E 중 중화 반응이 완결된 용액을 그 이유와 함께 설명하시오.

11 일정량의 묽은 염산에 수산화 나트륨 수용액을 조금씩 넣어 줄 때, 넣어 준 수산화 나트륨 수용액의 부피에 따라 혼합 용액 속에 들어 있는 이온 A와 B의 이온 수 변화를 나타낸 것이다.

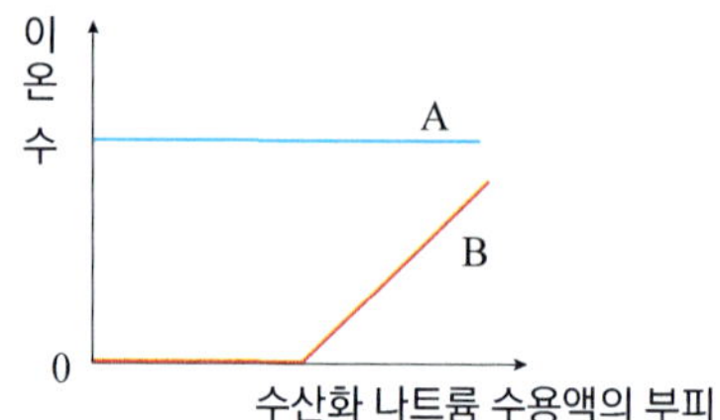

A와 B에 해당하는 이온을 쓰고, 그 이유를 설명하시오.

12 그림은 같은 농도의 염산과 수산화 나트륨 수용액의 부피를 달리하여 혼합한 후, 각 용액의 최고 온도를 측정한 결과를 나타낸 것이다. 물음에 답하시오.

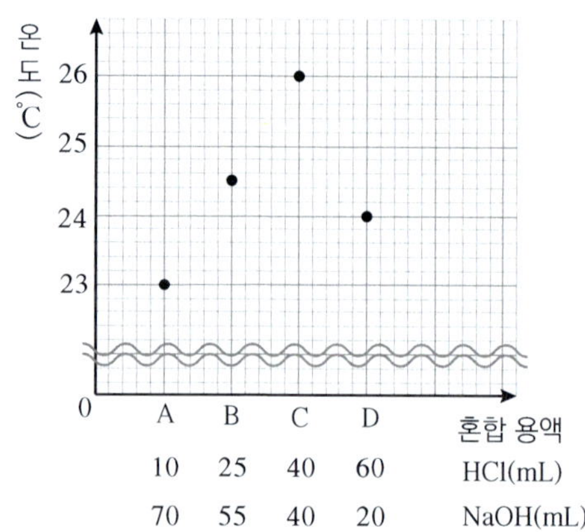

(1) 혼합 용액 A와 B에 BTB 용액을 떨어뜨렸을 때 나타나는 색깔을 비교하고 그 이유를 혼합 용액의 액성을 이용하여 설명하시오.

(2) 혼합 용액 C, D에 각각 같은 건전지를 이용하여 전류를 흘렸을 때 각 혼합 용액에 흐르는 전류의 세기를 비교하고, 그 이유를 혼합 용액의 부피와 이온 수를 이용하여 설명하시오.

13 그림은 산 수용액 (가) 20 mL와 염기 수용액 (나) 10 mL가 반응하여 완전히 중화된 상태(다)를 나타낸 이온 모형이다. (단, 혼합 용액의 부피는 혼합 전 각 용액의 부피의 합과 같다.)

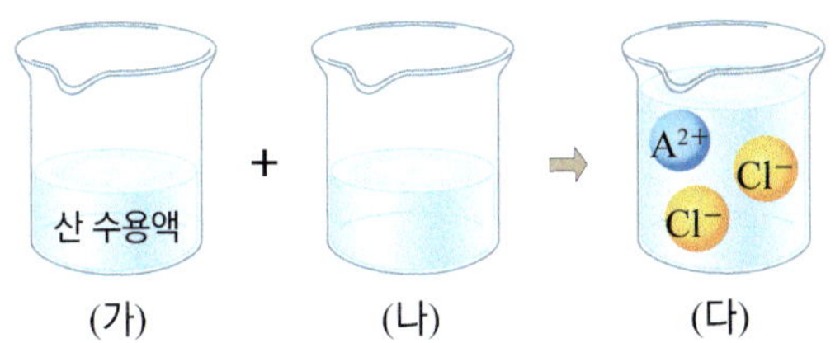

(1) 이 반응의 전체 화학 반응식을 쓰시오. (단, 주어진 자료를 바탕으로 산과 염기 수용액을 화학식으로 표현하시오.)

(2) (가)~(다) 용액의 단위 부피 속에 존재하는 총 이온수를 부등호로 비교하고, 풀이 과정을 서술하시오. (단, 수용액에서 산, 염기는 모두 이온화한다.)

14 그림은 ANO_3 수용액에 금속 B를 넣은 것을 나타낸 것이다.

반응이 진행될 때 금속 A가 석출되고 B^{2+}이 생성된다. (단, A와 B는 임의의 원소 기호이며, 물과 음이온은 반응에 참여하지 않는다.)

(1) A 이온과 금속 B에서 일어나는 ①산화 환원 반응을 각각 전자가 포함된 반응식으로 표현하고, ②금속 A와 B의 반응성을 비교하시오.

(2) 반응이 진행될 때 수용액 속 양이온 수의 변화를 쓰고, 그 이유를 화학 반응식으로 설명하시오.

15 표는 HCl 수용액과 NaOH 수용액을 부피를 달리하여 혼합한 용액 (가)~(다)에 대한 자료이다. ⓐ와 ⓑ는 각각 H^+, Cl^-, Na^+, OH^- 중 하나이고, (가)에서 $\frac{H^+}{Cl^-} = \frac{1}{2}$ 이다. (단, 온도는 일정하다.)

혼합 용액	혼합 전 수용액의 부피(mL)		혼합 용액 속 $\frac{ⓑ의 수}{ⓐ의 수}$
	HCl 수용액	NaOH 수용액	
(가)	10	5	
(나)	10	15	$\frac{1}{2}$
(다)	20	30	x

(1) ⓐ, ⓑ는 각각 무엇인가?

(2) x를 구하되 풀이 과정을 포함하시오.

16 일정량의 묽은 염산(HCl)에 같은 온도의 수산화 나트륨(NaOH) 수용액을 조금씩 넣어 줄 때, 넣어 준 수산화 나트륨 수용액의 부피에 따라 생성된 물 분자 수를 나타내었다.

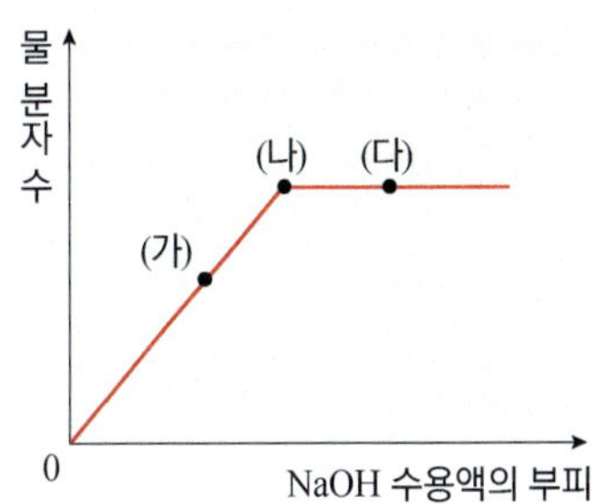

(1) (가)~(다)의 액성을 각각 쓰시오.

(2) (가) ~ (다) 중 온도가 가장 높은 것을 고르고, 그 이유를 서술하시오.

17 일정량의 수산화 칼륨 수용액에 묽은 염산을 조금씩 넣어 줄 때 혼합 용액의 이온 수 변화이다.

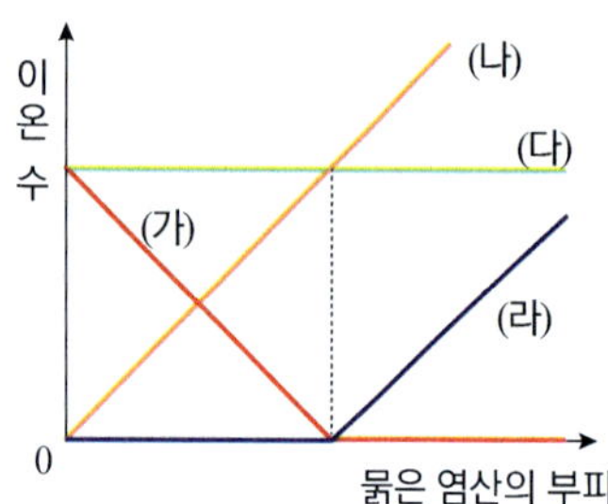

(가)~(라)에 해당하는 이온의 이온식을 각각 쓰시오.

18 (가)~(다)는 일정량의 수산화 나트륨 수용액에 묽은 질산(HNO_3)을 조금씩 넣어 반응시킨 혼합 용액을 시간 순서 없이 모형으로 나타낸 것이다.

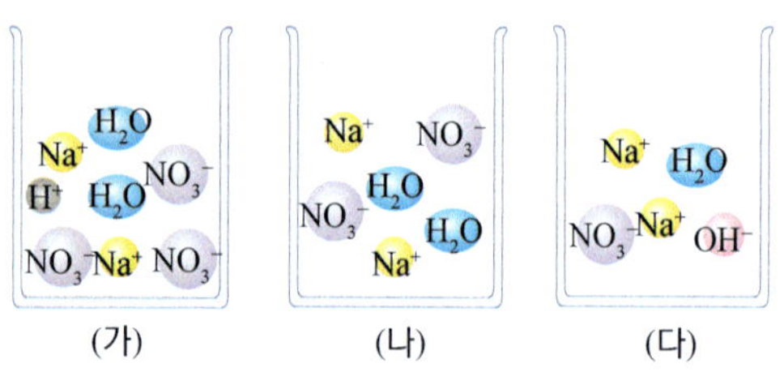

(가)~(다)를 묽은 질산을 넣어 준 시간 순서대로 쓰고, 그 이유를 서술하시오. (단, 모형에서 수용액의 양은 나타내지 않았다.)

19 에탄올의 화학식은 C_2H_5OH이지만 에탄올은 염기성 물질이 아니다. 에탄올이 수산화 나트륨($NaOH$)과 같은 염기의 성질을 가지지 않는 이유를 쓰시오.

20 벌의 침 속에는 산성 물질이 포함되어 있다. 다음 중 벌의 침에 쏘였을 때 가라앉히기 위해 바르기 적당한 물질을 있는 대로 고르고, 그 이유를 서술하시오.

레몬즙	소금물	치약	암모니아수

2 화학 변화

03 물질 변화에서 에너지의 출입

21 그림은 반응의 진행에 따른 에너지의 변화를 나타낸 것이다.

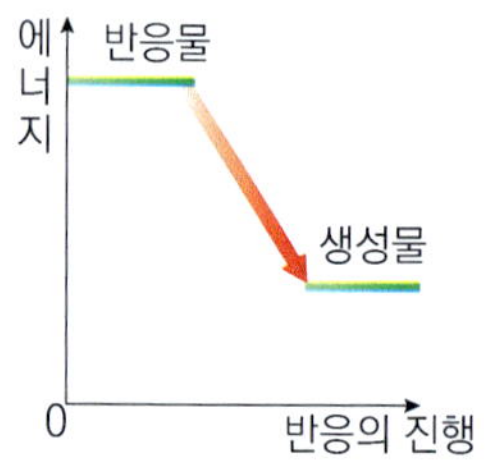

(1) 이 반응은 발열 반응인지 흡열 반응인지 쓰시오.

(1) 이 반응이 일어나면 주위의 온도는 어떻게 되는지 서술하시오.

22 추운 겨울날 유리창에는 성에가 생긴다. 성에가 생기는 상태 변화 과정과 열의 출입에 대해 설명하시오.

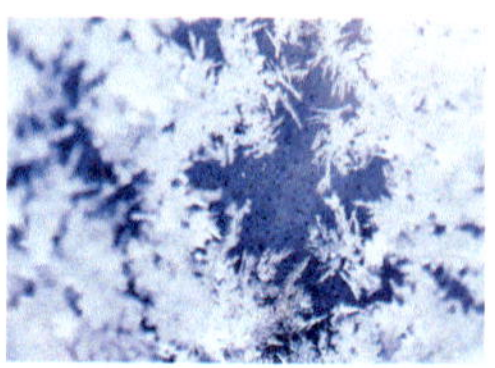

23 불을 끄기 위해서는 온도를 내리거나 산소 공급을 차단해야 한다. 불이 났을 때 탄산수소 나트륨 분말을 소화기로 뿌리면 불이 쉽게 꺼지는데 그 원리를 설명하시오.

24 소금을 뿌린 얼음물에 음료수 병을 넣으면 소금을 뿌리지 않은 얼음물에 넣었을 때보다 더 시원하게 보관할 수 있다. 그 이유를 열에너지 출입과 관련하여 서술하시오.

25 산성화된 토양에 석회(CaO)를 뿌리면 토양이 중화되어 다시 곡식이 잘 자란다. 이때의 중화 과정을 화학 반응식을 사용하여 서술하시오.

01 생물과 환경

정답 및 해설 ➜ 103

01 다음 표는 어떤 생태계를 구성하는 요소를 (가)와 (나)로 구분한 것이다.(단, 주어진 자료 이외는 고려하지 않는다.)

구분	생태계구성요소
(가)	사슴, 개미, 미역, 바다곰팡이, 식물 플랑크톤
(나)	빛, 물, 공기, 온도, 토양

(1) (가)와 (나)는 어떻게 구분되는지 서술하시오.

(2) 이 생태계에서 분해자에 해당하는 것을 있는 대로 쓰시오.

(3) 이 생태계에서 빛에너지를 이용하여 유기물을 만드는 생물을 있는 대로 쓰시오.

02 다음은 곤충과 수련에 대한 설명이다.

> (가) 곤충은 몸 표면이 딱딱한 키틴질로 되어 있다.
> (나) 수련은 관다발이나 뿌리가 잘 발달해 있지 않고 ㉠통기 조직이 발달하였다.

(가) (나)

(1) (가), (나)에 공통적으로 관련된 비생물요소를 쓰시오.

(2) 수련이 ㉠으로 인해 얻는 이점은 무엇인지 설명하시오.

03 그림 (가)는 생태계구성요소 사이의 상호 관계를, (나)는 잎이 가시로 변한 선인장을 나타낸 것이다. A~C는 군집, 개체군, 생태계 중 하나이다.

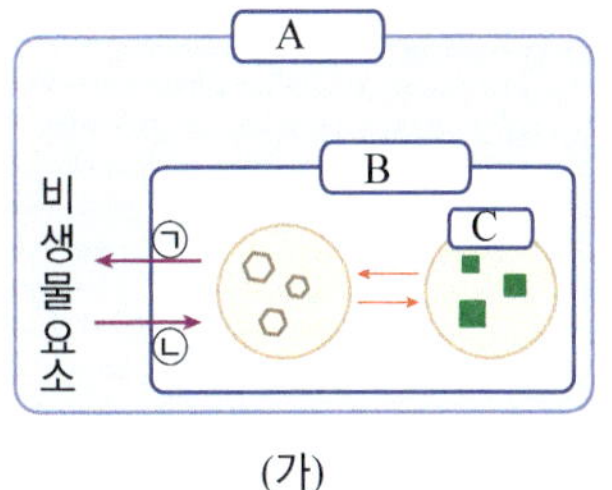

(가) (나)

(1) A~C는 각각 무엇인가?

(2) (나)는 ㉠과 ㉡ 중 무엇의 사례에 해당하는가? 설명도 같이 쓰시오.

04 다음은 식물의 광합성에 관련된 설명이다.

> 일조량이 많을수록 식물의 광합성이 활발하게 일어난다.

(1) 서로 영향을 주고받는 비생물요소와 생물요소를 각각 쓰시오.

(2) 비생물요소와 생물요소는 어떻게 영향을 주고받는지 서술하시오.

05 잠자리는 여름에 햇볕이 뜨거워지면 풀잎에 앉아 꼬리를 쳐들고 물구나무를 선다.

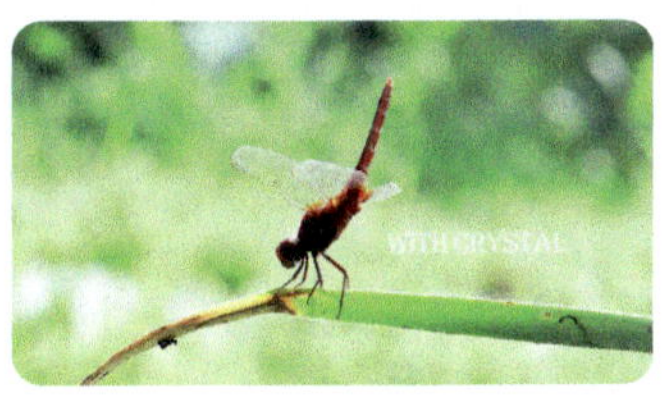

(1) 서로 영향을 주고받는 비생물요소와 생물요소를 각각 쓰시오.

(2) 비생물요소와 생물요소는 어떻게 영향을 주고받는지 서술하시오.

정답 및 해설 ➔103

02 생태계평형

06 A는 사람이 고구마를 식량으로 하였을 때, B는 같은 양의 고구마로 돼지를 키워 돼지고기를 식량으로 하였을 때의 에너지피라미드이다.

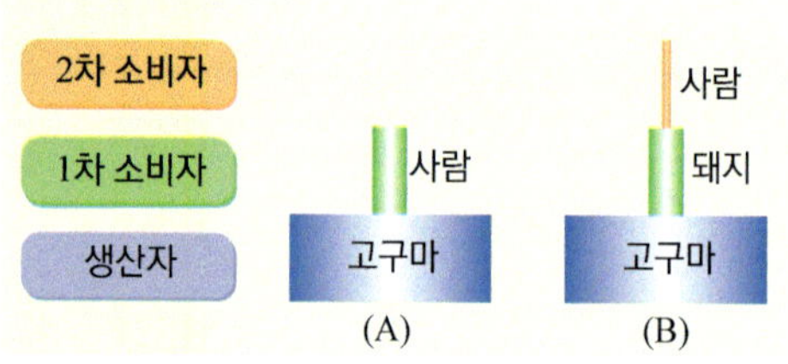

(1) A와 B 중 같은 양의 고구마로 더 많은 사람을 부양할 수 있는 방법은 무엇인가?

(2) (1)의 방법을 선택한 근거를 서술하시오.

07 표는 녹조류와 서로 다른 생물종 A, B, C가 먹이사슬을 이루고 있는 어떤 생태계에서 생물종 A 개체수가 감소했을 때 나머지 생물종에서 일시적으로 일어난 개체수 변화를 나타낸 것이다. A~C는 1차, 2차, 3차 소비자를 순서 없이 나타낸 것이다.

생물종	녹조류	B	C
개체수 변화	감소	증가	감소

(1) A, B, C는 각각 무엇에 해당하는지 쓰시오.

(2) B의 개체수가 일시적으로 감소하면 A의 개체수가 일시적으로 어떻게 변할지 서술하시오.

1 생태계와 환경 변화

08 어떤 초원 생태계에서 사슴 개체군을 보호하기 위해 1905년에 늑대의 사냥을 허용한 후 사슴과 늑대의 개체 수 및 초원의 생산량 변화이다.

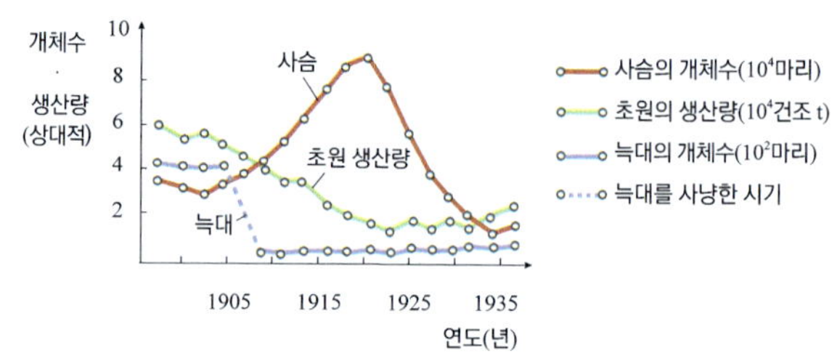

(1) 1905년 늑대의 사냥을 허용한 이후 사슴의 개체수가 늘다가 1920년 경에 다시 줄기 시작했는데, 그 이유를 설명하시오.

(2) 초원과 사슴, 늑대의 에너지양을 1905년 이전과 1935년 이후로 나누어 비교해 보시오.

09 인구의 증가와 인공시설물의 증가로 인해 도시 중심부의 기온이 높게 나타나는 현상은 무엇인지 쓰고, 이를 해결할 수 있는 방법을 서술하시오.

10 생태계평형 유지를 위한 노력에 대한 설명이다.

> 도로, 댐 건설 등으로 인해 생물의 서식지가 단절되거나 훼손 또는 파괴되는 것을 방지하고, 생물의 이동 등 생태계의 연속성 유지를 위하여 인공 구조물을 설치한다.

(1) 인공구조물이 무엇인지 쓰시오.

(2) 이 인공구조물의 역할을 영양단계와 관련지어 서술하시오.

11 생태계평형에 대한 설명이다. ㉠~㉢에 알맞은 말을 쓰시오.

> 생태계에서 생물이 살아가는데 필요한 에너지는 (㉠   )의 형태로 (㉡   )를 통해 하위 영양단계에서 상위 영양단계로 전달되므로 (㉢   )은 (㉡   )에 의해 유지된다.

12 그림은 어떤 지역에서 늑대의 개체수를 인위적으로 감소시켰을 때 늑대, 사슴의 개체수와 식물 군집의 생체량 변화를 나타낸 것이다. Ⅰ시기와 Ⅱ시기에 사슴 개체군과 식물 군집 사이의 상호작용에 대해 식물 군집의 생체량, 사슴의 개체수 변화로 설명하시오.

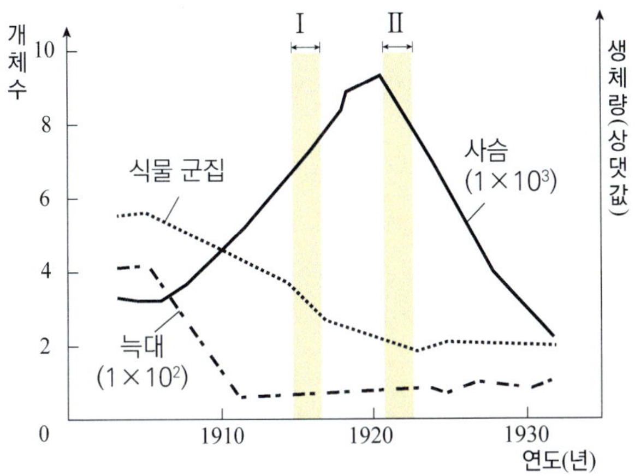

(1) Ⅰ시기에는 _________________________________

(2) Ⅱ시기에는 _________________________________

13 표는 어떤 안정된 생태계에서 영양단계 A~D의 생체량, 에너지양, 에너지효율을 나타낸 것이다. A~D는 각각 생산자, 1차 소비자, 2차 소비자, 3차 소비자를 순서 없이 나타낸 것이다.

영양단계	생체량 (상댓값)	에너지양 (상댓값)	에너지효율 (%)
A	22	30	15
B	74	㉠	5
C	3	6	㉡
D	1618	4000	0.5

(단, 에너지효율은 전 영양단계의 에너지양에 대한 현 영양단계의 에너지양을 백분율로 나타낸 것이다.)

(1) A~D는 생산자, 1~3차 소비자 중 각각 무엇인가?

(2) ㉠과 ㉡을 각각 구하시오.

(3) 상위 영양단계로 갈수록 에너지효율은 어떻게 되는지 설명하시오.

14 다음은 생태계의 평형에 대한 문제이다.

(1) 그림은 안정된 생태계에서 일시적으로 1차 소비자의 개체수가 증가한 후 다시 원래의 평형상태로 회복되는 과정을 나타낸 것이고, 표는 (가), (나), (다)에서 이 생태계를 구성하는 생물요소의 개체수 변화를 나타낸 것이다. ㉠~㉤에 들어갈 단어를 '감소'와 '증가' 중에 골라 ㉠~㉤의 순서대로 쓰시오.

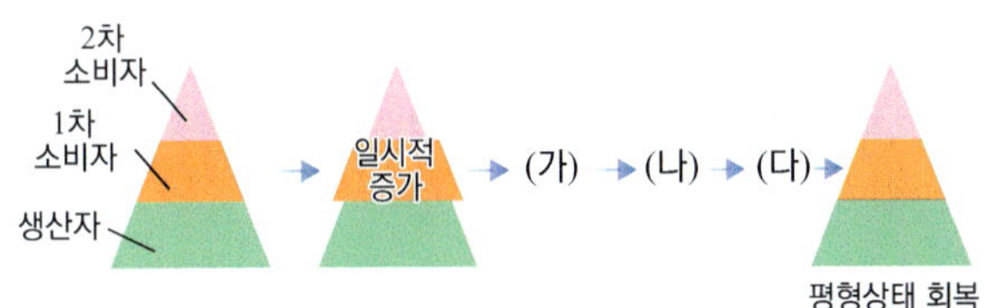

구분	개체수 변화		
	(가)	(나)	(다)
생산자	㉠	변화 없음	㉣
1차 소비자	변화 없음	㉢	변화 없음
2차 소비자	㉡	변화 없음	㉤

(2) 그림은 어떤 안정된 생태계에서 생산자와 A~C의 에너지양을 상댓값으로 나타낸 생태피라미드이다. A~C는 각각 1차 소비자, 2차 소비자, 3차 소비자 중 하나이며, A의 에너지효율은 30 %이다. ⓐ와 2차 소비자의 에너지효율(%)을 구하는 과정을 모두 서술하시오.

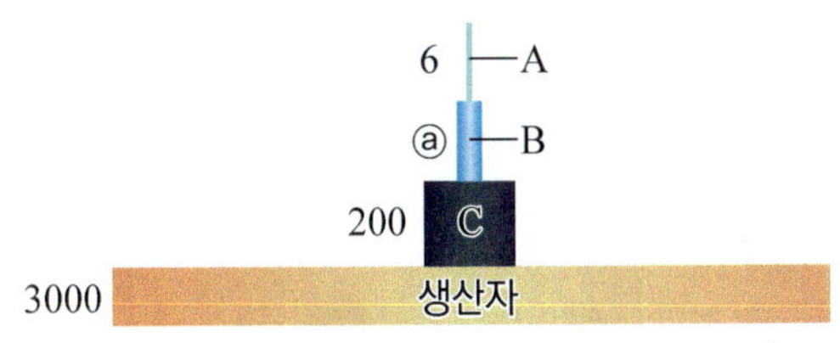

15 저위도 지방이 흡수하는 태양 복사 에너지양은 방출하는 지구 복사 에너지양보다 많다. 하지만 온도가 계속해서 상승하지는 않고 평균 온도가 거의 일정하게 유지된다. 그 이유를 서술하시오.

16 다음 단어를 모두 사용하여 지구 온난화의 발생 과정에 대해 서술하시오.

·이산화 탄소   ·온실효과   ·화석 연료   ·평균 기온

17 다음은 지권의 변화에 의한 영향을 설명한 것이다.

(1) 그림은 필리핀 피나투보 화산의 분출 전후 지구 평균 기온 편차(관측값−평균값)를 나타낸 것이다.

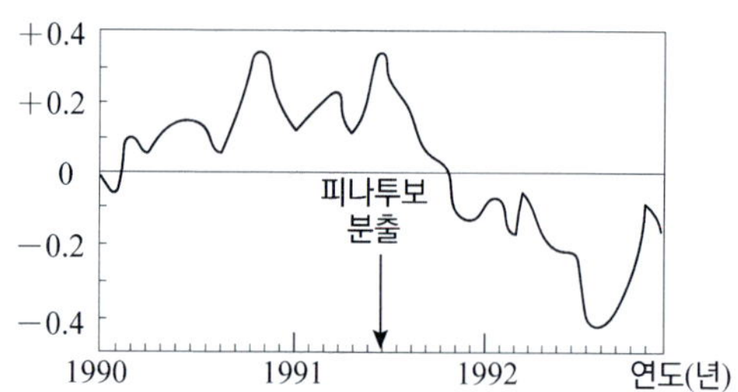

화산 분출 후 약 1년간 지구 기온 변화의 원인을 학생들이 다음과 같이 주장하였다.

옳은 학생을 A, B 중에 고르고(①), 선택한 학생의 주장을 바탕으로 지구 기온 변화 과정 및 결과를 서술하시오(②).

(2) 지진이나 화산 활동을 일으키는 에너지원이 무엇인지 쓰고(①), 지진파를 분석하여 지구 내부에 대해 알아낼 수 있는 유용한 점 한 가지를 서술하시오(②).

1 생태계와 환경 변화

18 다음은 표층해류와 대기대순환을 나타낸 그림이다. 물음에 답하고, (   )에서 적당한 말을 차례로 쓰시오. 단, 방향은 시계와 반시계로 쓰시오.

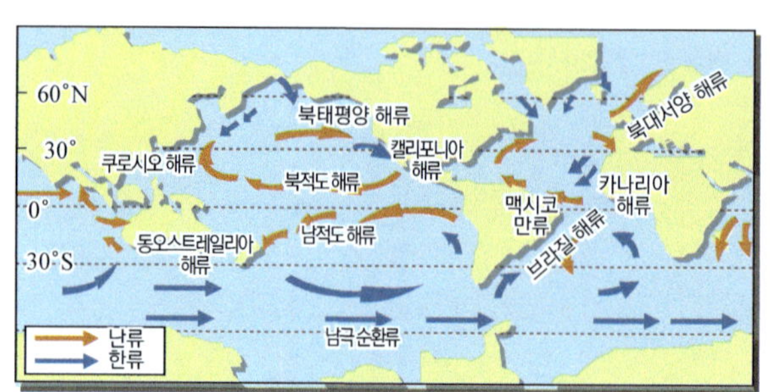

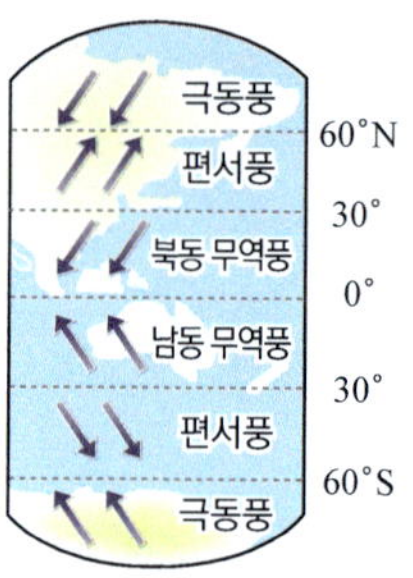

(1) 무역풍에 의해 발생하는 표층해류를 있는 대로 쓰시오.

(2) 아열대 해역에서 북반구의 표층해류는 (   ) 방향으로, 남반구의 표층해류는 (   ) 방향으로 순환하여 (   )(을/를) 경계로 (   )을 이룬다.

19 그림은 Y년부터 3년간 태평양 적도 해역에서 무역풍의 동서 방향 풍속 편차(관측값−30년 평균값)를 나타낸 것이다.(단, 무역풍이 서쪽으로 향하는 방향을 양(+)으로 한다.)

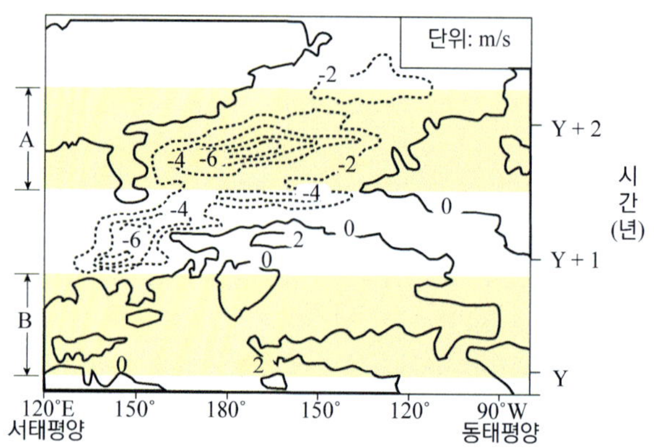

(1) A 시기가 엘니뇨인지 라니냐인지 쓰시오.

(2) (1)의 이유를 쓰시오.

01 태양 에너지의 생성과 전환

01 그림은 태양의 구조를 나타낸 것이다.

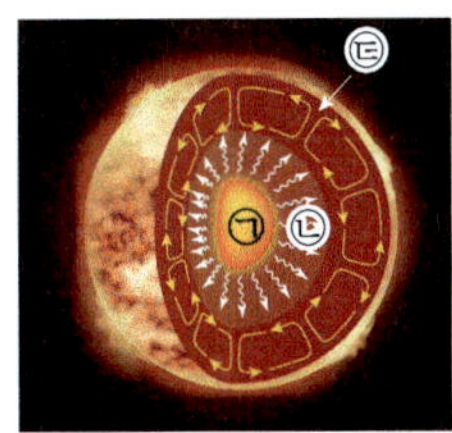

(1) 다음 설명에 해당하는 부분의 기호와 명칭을 쓰시오.

> 온도가 약 1,500만 K인 초고온 상태로 수소와 헬륨의 원자핵과 전자가 분리된 플라스마 상태로 존재한다.

(2) 태양 에너지가 생성되는 과정을 화학식을 사용하여 설명하시오.

02 화력발전에서의 에너지 전환 과정을 서술하시오.

03 물의 순환 과정에서 태양 에너지를 받아 구름이 생성될 때까지의 에너지 전환 과정을 서술하시오.

04 화석 연료의 생성과 연소 과정에서 탄소의 이동 과정을 서술하시오.

02 발전과 에너지원

05 그림처럼 막대자석의 S극을 코일 쪽으로 가까이 가져갔더니 코일에 유도 전류가 발생하였다.

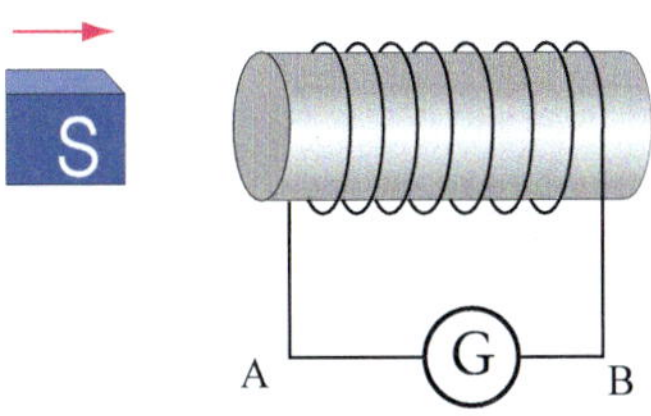

(1) 코일에 생기는 유도 전류의 방향에 대해 서술하시오.

(2) 자석과 코일 사이에 작용하는 힘에 대해 서술하시오.

06 그림처럼 자석 사이에서 코일을 외부에서 화살표 방향으로 돌리고 있다. 이때 코일에 흐르는 유도 전류의 방향이 a→b일지 b→a일지 선택하고, 그 이유를 서술하시오.

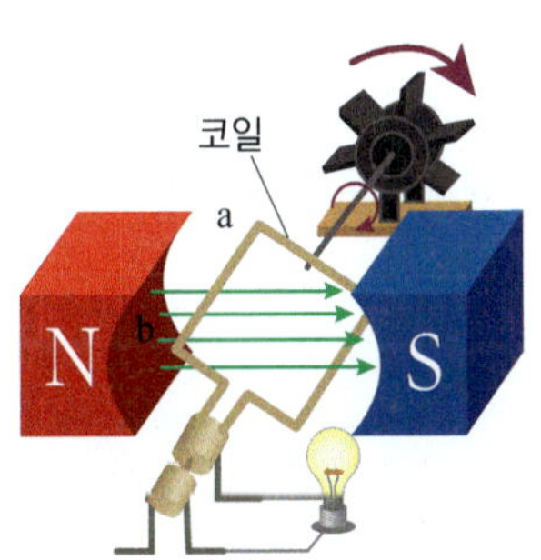

07 구리 막대와 플라스틱 막대를 세워놓고 원형 고리자석을 떨어뜨리면 어느 것이 먼저 떨어지겠는지 서술하시오.

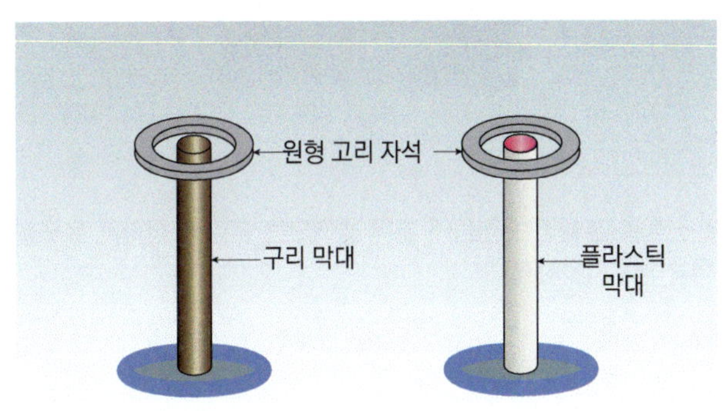

08 코일과 검류계를 연결한 회로를 만들고, 자석을 코일에 접근시키는 방법으로 전자기 유도 실험을 하였을 때 검류계에 흐르는 유도 전류를 강하게 하는 세 가지 방법을 쓰시오.

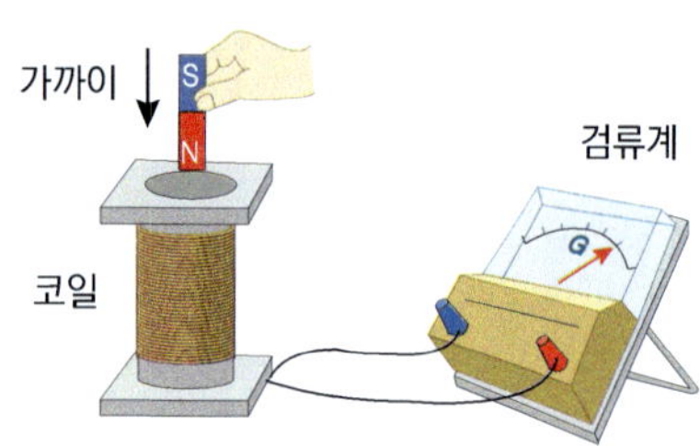

정답 및 해설 ➜ 106

11 다음은 여러 가지 발전방식을 분류한 것이다.

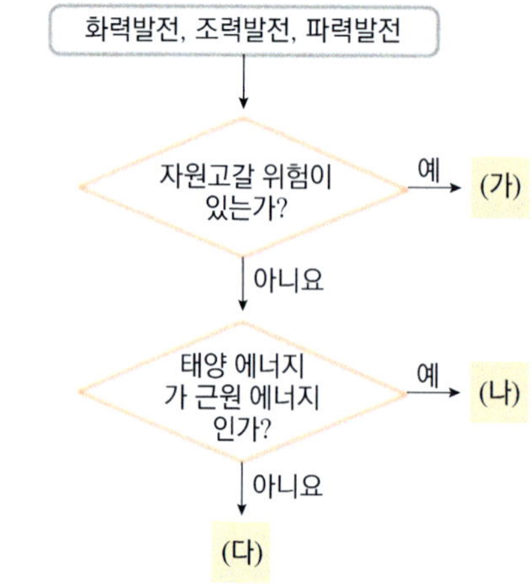

(1) (가)~(다)에 해당하는 발전방식을 각각 쓰시오.

(2) (다)에서 에너지의 전환 과정을 간단히 서술하시오.

09 그림 (가)~(다)는 화력 발전소, 수력 발전소, 핵발전소를 나타낸 것이다.

(가)　　　　(나)　　　　(다)

화력 발전소, 수력 발전소, 핵발전소의 공통점을 한 가지 쓰시오.

12 다음은 에너지가 전환되는 예를 나타낸 것이다.

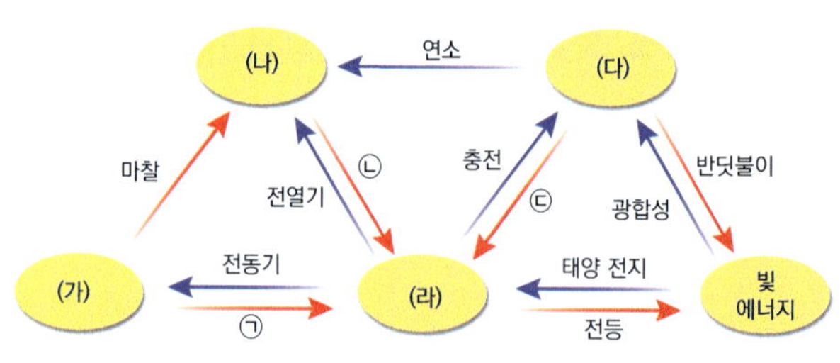

(1) (가)~(라)에 알맞은 에너지의 형태를 각각 쓰시오.

(가) (　　　　　　), (나) (　　　　　　)
(다) (　　　　　　), (라) (　　　　　　)

(2) ㉠, ㉡, ㉢에 해당하는 발전방식을 쓰시오.

10 그림은 전지 없이 불을 켤 수 있는 자가발전 손전등을 나타낸 것이다.

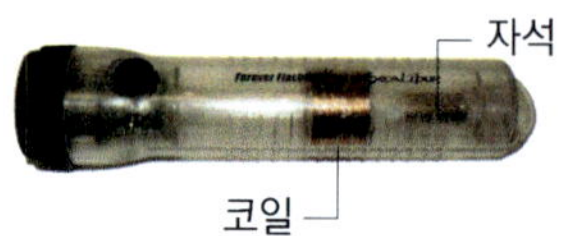

손전등을 흔들면 손전등에 불이 들어오는 원리를 전자기 유도를 이용하여 서술하시오.

13 다음은 신재생에너지와 신재생에너지를 이용한 발전방식에 대한 내용이다.

(1) 신재생에너지의 이름을 ㉠~㉢의 순서대로 쓰고 신재생에너지의 장점을 2가지 쓰시오.

> **보기**
> ㉠. 해수면의 높이 차, 파도, 해수의 흐름 등을 이용하여 전기 에너지를 생산한다.
> ㉡. 농작물, 나무, 음식물, 쓰레기 등을 태우거나 가스, 고체 연료 등의 형태로 얻는다.
> ㉢. 땅속 고온의 지하수나 수증기를 이용하여 난방을 하거나 전기 에너지를 생산한다.

(2) 해양에서 전기 에너지를 생산하는 발전 방식의 이름을 ㉣, ㉤의 순서대로 쓰고, 이 발전의 공통점을 2가지 쓰시오

> **보기**
> ㉣ 조수간만의 차가 큰 곳에 제방을 설치하고 밀물과 썰물 시 발생하는 물의 높이 차를 이용한다.
> ㉤ 바람에 의해 생기는 파도의 운동 에너지를 이용한다.

14 에너지 보존 법칙에 따르면 에너지는 사라지지 않고 총량이 항상 일정하게 보존되지만 우리는 에너지를 절약해야 한다. 그 이유를 다음의 단어를 넣어 서술하시오. (에너지 전환, 열에너지)

15 그림은 열효율이 0.25인 열기관이 고열원에서 50 kJ의 열을 흡수하여 일(W)을 하고 저열원으로 Q의 열을 방출하는 것을 나타낸 것이다.

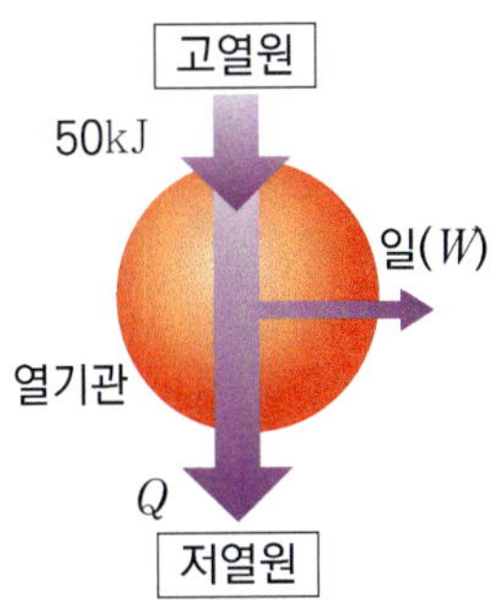

(1) W가 몇 kJ인지 구하시오. (단, 열효율 공식을 이용하여 풀이 과정을 반드시 서술하시오.)

(2) Q가 몇 kJ인지 구하시오.

16 우리 주변에서 볼 수 있는 여러 가지 에너지 전환과 이용 형태를 나타낸 것이다.

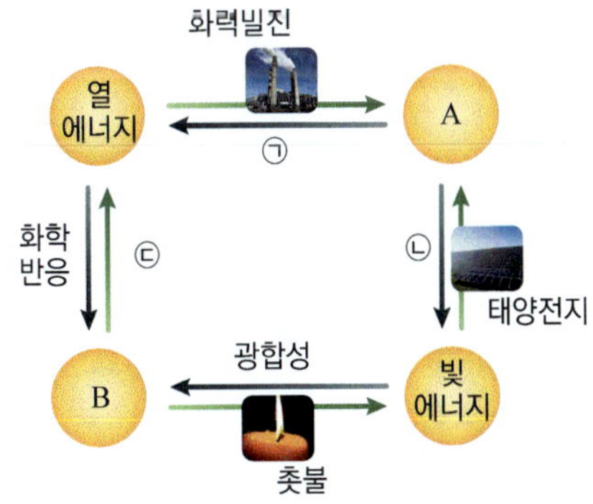

(1) A, B에 알맞은 에너지의 형태를 각각 쓰시오.

A (   ), B (   )

(2) 에너지 전환이 ㉠, ㉡, ㉢과 같은 과정으로 일어나는 예를 각각 한 가지 이상 쓰시오.

㉠ (   ), ㉡ (   ), ㉢ (   )

17 열기관은 열을 일로 바꾸는 기관이다. 고열원에서 열기관에 열을 공급하는데, 공급한 열량에 비해 못쓰게 되어 저열원으로 빠져나간 열량의 비율이 클수록 열기관의 효율은 작아진다. 아래의 각 물음에 단위를 포함시켜 답하시오.

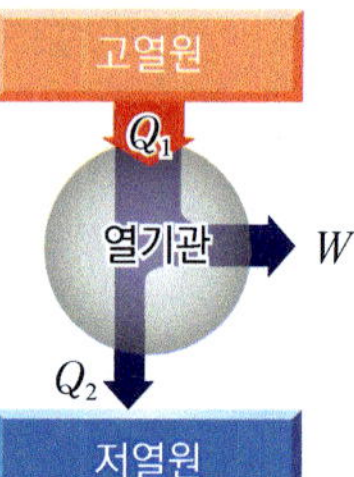

(1) 어떤 열기관에 열을 공급하였더니 열기관이 외부에 210 J의 일을 한 후, 90 J의 열을 방출하였다. 열기관의 열효율은?

(   )

(2) 400 J의 열을 열기관에 공급하였더니 열기관이 외부에 일을 한 후, 300 J의 열을 방출하였다. 열기관의 열효율은?

(   )

(3) 열효율이 0.3인 열기관에 500 J의 열을 공급하였을 때, 열기관이 방출하는 열에너지는?

(   )

(4) 열효율이 0.2인 열기관에 열을 공급하였더니 200 J의 열을 방출하였다. 열기관에 공급된 열에너지는?

(   )

18 그림은 수소 연료전지의 모식도이다.

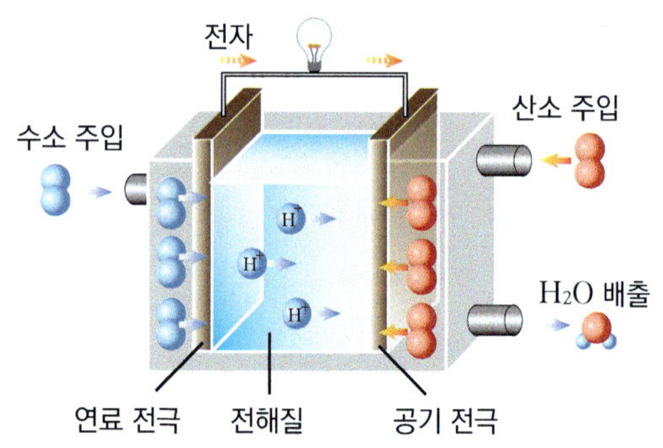

(1) 연료전지에서 일어나는 반응을 화학 반응식으로 쓰시오.

(2) 연료전지의 장점을 3가지 쓰시오.

19 그림 (가)는 태양광 발전소, (나)는 조력 발전소, (다)는 파력 발전소를 각각 나타낸 것이다.

(가)   (나)

(다)

각 발전에 사용된 에너지의 공통점을 두 가지 이상 서술하시오.

20 두 자동차 A, B 에 공급하는 에너지와 각 부분에서 소비하는 에너지의 양을 나타낸 것이다.

	A	B
연료의 화학 에너지(kJ) (공급하는 에너지)	100	150
마찰이나 저항에 의한 열에너지(kJ)	34	68
대기로 방출되는 열에너지(kJ)	30	30
주행하는 데 사용된 에너지(kJ)	21	39
기타(진동, 소리 등)(kJ)	15	13

같은 양의 연료를 주입하였을 때, 주행거리가 더 긴 자동차를 고르고, 그 이유를 열효율을 이용하여 서술하시오.

21 에너지효율은 항상 1(= 100 %)보다 작다. 그 이유를 서술하시오.

https://sangsangedu.ac

누구나 마음속에
고래 한 마리가 살지

가끔은
마음 속에 살고 있는 고래를 위해서
밤 하늘의 별들을 바라보렴-

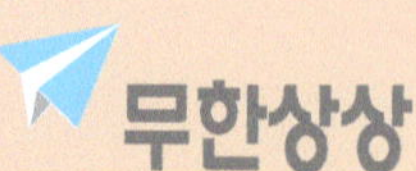

세페이드 2
통합과학
정답 및 해설

세페이드
통합과학 2
정답 및 해설

1 지구 환경 변화와 생물다양성

01 지질 시대의 환경과 생물

개념체크   11 ~ 14 쪽

01 (1) × (2) O (3) ×   **02** (1) 표 (2) 표 (3) 시
03 A 선캄브리아 시대 B 고생대 C 중생대 D 신생대
04 (1) × (2) O (3) O (4) ×
05 (1) ㄷ, ㅁ (2) ㄱ, ㅇ (3) ㄱ, ㅂ, ㅅ
06 ㄷ, ㅁ
07 (나) 고생대 → (다) 중생대 → (가) 신생대
08 (1)× (2) O (3)×

01 (2) 생물의 연약한 조직은 곧 부패해버리기 때문에 잘 부패하지 않을 수 있는 단단한 뼈나 껍질이 있는 생물이 더 화석이 되기 쉽다.

[바른 풀이] (1) 대부분의 화석은 석회암, 셰일, 사암과 같은 퇴적암에서 발견된다. 화성암은 마그마가 식어서 생성되고 변성암은 기존의 화석이 높은 열과 압력을 받아 성질이 변하여 생성되는데, 화성암과 변성암에서는 생물의 유해가 훼손되거나 형태가 사라지기 때문에 화석을 발견하기 어렵다.
(3) 지질 시대 생물의 유해 뿐만 아니라 알, 발자국, 배설물, 기어간 흔적, 생물이 뚫은 구멍, 빙하나 호박 속에 갇힌 생물 등도 화석에 해당한다.

02 (1) 특정 시대에 살았던 생물의 화석으로, 지층의 생성 시대를 알려주는 화석은 표준 화석이다.
(2) 삼엽충과 방추충은 고생대에 살았던 생물이고, 공룡은 중생대, 매머드는 신생대에 살았던 생물로 이들의 화석이 발견된 지층의 생성 시대를 알 수 있다. 따라서 표준 화석에 해당한다.
(3) 생존 기간이 길고, 분포 면적이 좁은 생물의 화석은 시상 화석으로, 발견된 지층의 생성 당시의 환경을 알려주는 화석이다. 조개, 고사리, 산호 등이 있다.

03

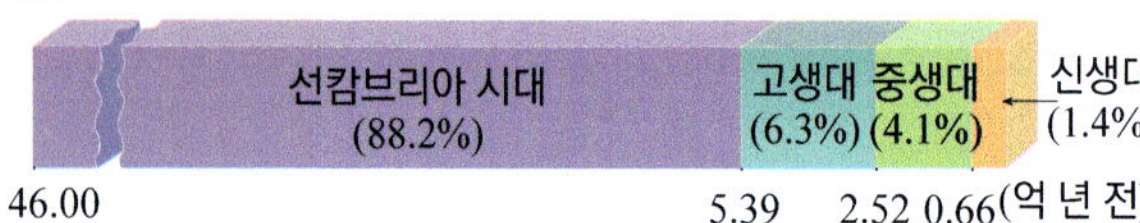

지질 시대를 상대적 길이에 따라 나타냈을 때, 가장 긴 A 시대는 선캄브리아 시대(88.2 %)이고, 그 다음 긴 순서대로 B 시대는 고생대(6.3 %), C 시대는 중생대(4.1 %), D 시대는 신생대(1.4 %)가 된다.

04 (1) 상대적 길이가 가장 긴 지질 시대 A는 선캄브리아 시대이다. A 시대에는 최초의 생명체가 출현한 시기로, 말기에 다세포 생물이 출현하였으므로 파충류는 번성하지 않았다.

(2) 상대적 길이가 두번째로 긴 지질 시대 B는 고생대이다. B 시대에는 남세균의 광합성 활동에 의해 대기에 산소량이 많아지고 오존층이 두꺼워지면서 지표에 도달하는 자외선이 차단되어 육상 생물이 출현하였다.
(3) 상대적 길이가 세번째로 긴 지질 시대 C는 중생대이다. C 시대에는 파충류와 겉씨식물이 번성하였으며, 판게아가 분리되는 과정에서 활발한 지각 변동이 일어났다.
(4) 상대적 길이가 가장 짧은 지질 시대 D는 신생대이다. D 시대에는 포유류가 번성하고 인류가 출현하였는데, 전기에는 기후가 대체로 온난하였지만 후기에는 빙하기와 간빙기가 반복되었다.

05 (1) 고생대의 표준 화석은 고생대에서 살았던 생물의 화석으로, 삼엽충, 갑주어, 방추충, 필석 등이 있다.
(2) 중생대의 표준 화석은 중생대에서 살았던 생물의 화석으로, 암모나이트, 공룡 등이 있다.
(3) 육지에서 살았던 생물의 화석으로는 공룡, 고사리, 매머드가 있다. 이 중 공룡과 매머드는 생존 기간이 짧고 분포 면적이 넓어 표준 화석으로 분류되지만, 고사리는 생존 기간이 길고 특정 환경에서만 생존하므로 시상 화석으로 분류된다.

06 지질 시대를 구분하는 기준은 부정합 등의 대규모 지각 변동과 표준 화석 등을 통해 알아낸 생물계의 급격한 변화이다.

07

(나) 고생대 말기에 대륙들이 하나로 합쳐져 판게아가 형성되었다. → (다) 중생대에 판게아가 분리되면서 전 세계적으로 지각 변동이 활발하게 일어났고, 인도양과 대서양이 형성되기 시작하는 등 대륙과 해양의 분포가 다양해졌다. → (가) 신생대에 인도양과 대서양이 넓어지고 태평양이 좁아지면서 현재와 비슷한 수륙 분포가 형성되었으며 대륙판의 충돌로 히말라야 산맥과 알프스 산맥이 형성되었다.

08 (2) 지질 시대 동안 대멸종은 5번 일어났고, 그 중 고생대 말의 대멸종이 가장 규모가 컸다.

[바른 풀이] (1) 대멸종 직후에는 생물종 수가 줄어들었지만, 새로운 환경에 적응한 생물은 넓게 빈 생태 공간을 채우며 다양한 종으로 진화하여 생물다양성이 증가하였다.
(3) 화산 폭발에 의한 대멸종에는 화산 폭발로 생긴 구름 먼지와 화산재가 햇빛을 차단하여 기온이 하강하여 일어난 대멸종도 있지만 이산화 탄소, 메테인 등이 대기로 유입되고 온실효과를 일으켜 기온이 상승하여 일어난 대멸종도 있었다.

＋강의

Q1 **답** (나)와 (다) 사이 경계

지질 시대를 구분하는 기준은 생물계의 급격한 변화를 나타내는 화석의 변화 정도이다. 즉 화석을 통해 찾아낸 생물이 새로 출현하거나 멸종하는 변화가 가장 큰 곳을 기준으로 지질 시대를 구분할 수 있다.

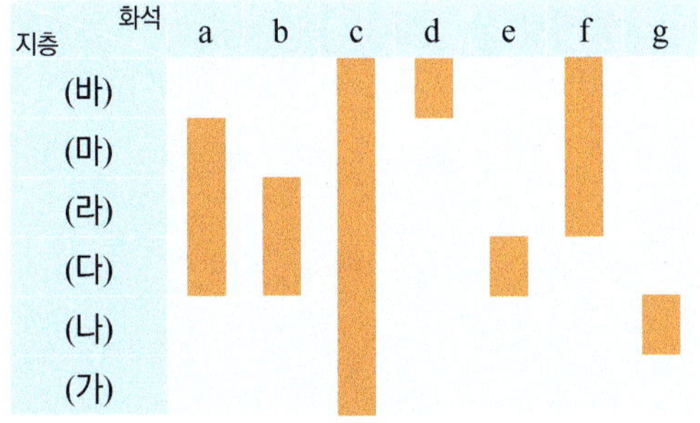

· 지층 (가)와 (나) 사이: 생물 g 출현
· 지층 (나)와 (다) 사이: 생물 a, b, e 출현, 생물 g 멸종
　→ **가장 큰 변화**
· 지층 (다)와 (라) 사이: 생물 f 출현, 생물 e 멸종
· 지층 (라)와 (마) 사이: 생물 b 멸종
· 지층 (마)와 (바) 사이: 생물 a 멸종, 생물 d 출현

따라서 이 지역에서는 지층 (나)와 (다) 사이를 기준으로 지질 시대를 둘로 나눌 수 있다.

Q2 **답** (1) B (2) A (2) B

매머드 화석이 산출된 지층 A는 신생대에 생성되었으며, 매머드가 육지에 서식했으므로 지층이 생성될 때 육지였음을 알 수 있다. 또한 방추충 화석이 산출된 지층 B는 고생대에 생성되었으며, 방추충이 바다에 서식했으므로 지층이 생성될 때 바다였음을 알 수 있다.

(1) 지층 A는 신생대, 지층 B는 고생대에 생성되었으므로 B가 먼저 퇴적되었다.
(2) 매머드와 방추충 중 육지 환경에서 서식한 생물은 매머드이므로 지층 A가 육지 환경에서 퇴적된 지층이다.
(3) 매머드와 방추충 중 바다 환경에서 서식한 생물은 방추충이므로 지층 B가 바다 환경에서 퇴적된 지층이다.

Q3 **답** (1) 고 (2) 선 (3) 신 (4) 중

(1) 고생대 말기에 판게아가 형성되면서 지구 환경에 급격한 변화가 일어났다.
(2) 선캄브리아 시대에 최초의 광합성 생물인 남세균이 출현하였다.
(3) 신생대에 들어 수륙 분포가 현재와 비슷해졌다.
(4) 중생대에는 전반적으로 기후가 온난하였다.

Q4 **답** (1) ㉡ (2) ㉠ (3) ㉢ (4) ㉣

선캄브리아 시대에 스트로마톨라이트, 에디아카라 동물군의 화석, 고생대에 삼엽충, 방추충의 화석, 중생대에 암모나이트, 공룡의 화석, 신생대에 화폐석, 매머드의 화석이 나타난다.

Q5 **답** (라)-(다)-(나)-(가)

(라) 선캄브리아시대, (다) 고생대, (나) 중생대, (가) 신생대이다.

Q6 **답** (1) ㉢-㉠-㉡ (2) ㉡-㉣-㉠-㉢

번성한 순으로 쓰면 다음과 같다.
(1) 식물: ㉢ 양치식물(고생대)-㉠ 겉씨식물(중생대)-㉡ 속씨식물(신생대)
(2) 동물: ㉡ 어류(고생대 초중기)-㉣ 양서류(고생대 말기)-㉠ 파충류(중생대)-㉢ 포유류(신생대)

스스로 실력높이기

01 ③	**02** ②	**03** ③	**04** ①	**05** ③	**06** ③
07 ②	**08** (1) c (2) ①,③	**09** ⑤	**10** ①		
11 ③,⑤	**12** ④	**13** ④	**14** ④	**15** ①,③	**16** ①
17 ②	**18** ③	**19** ④	**20** ②	**21** ②	**22** ④
23 ②,④	**24** ④	**25** ③	**26** ④		

01 (1) 화석은 암석의 생성 과정에서 열과 압력에 의해 생물의 유해나 흔적이 훼손되지 않는 퇴적암에서 대부분 발견된다.

(2) 생물이 훼손되기 전에 빠르게 묻히고 퇴적층이 쌓인 후 오랜 시간에 걸쳐 화석화 작용을 받아서 화석이 생성된다.

바른 풀이 (3) 지질 시대 중 선캄브리아시대는 생물의 개체수가 적고 생물체에 단단한 뼈나 껍질이 없었으며 오랜 세월 동안 지각 변동을 받아 훼손되었기 때문에 화석이 가장 적게 발견되는 시대이다.

02 ① 생물의 개체수가 많아야 화석이 생성될 가능성이 높다.
③ 생물에 뼈나 단단한 껍질이 있으면 땅 속에 묻혔을 때 화석으로 남을 가능성이 높다.
④ 생물의 유해나 흔적이 다른 물질로 치환되거나 탄소로 변하여 화석으로 보존되는 화석화 작용을 받아서 화석이 된다.
⑤ 생물의 유해나 흔적이 기후 변화나 침식 등의 원인으로 훼손되기 전에 빨리 묻혀야 화석으로 남을 가능성이 높다.

바른 풀이 ② 지층에 지각 변동이 많이 일어나면 생물의 유해나 흔적이 훼손될 가능성이 높기 때문에 화석이 남아 있기 어렵다.

03 생존 기간이 길고 분포 면적이 좁은 A는 시상 화석이고, 생존 기간이 짧으며 분포 면적이 넓은 B는 표준 화석이다.
시상 화석의 예로는 따뜻하고 습한 육지에 서식했던 고사리, 따뜻하고 얕은 바다에 서식했던 산호, 얕은 바다나 갯벌에 서식했던 조개, 강수량이 많고 습한 육지에 서식했던 참나무 등의 활엽수가 있고, 표준 화석의 예로는 고생대에 서식했던 삼엽충, 갑주어, 중생대에 서식했던 암모나이트, 공룡, 신생대에 서식했던 화폐석, 매머드 등이 있다.

04 지층 (가)는 공룡의 화석이 있으므로 중생대에 생성되었으며, 고사리 화석이 있으므로 따뜻하고 습한 육지 환경에서 생성되었다. 지층 (나)는 화폐석의 화석이 있으므로 신생대에 생성되었으며, 조개 화석이 있으므로 얕은 바다나 갯벌에서 생성되었다. 지

층 (다)는 삼엽충과 갑주어의 화석이 있으므로 고생대에 생성되었다.

ㄱ. (가)는 중생대에 생성되었고 (나)는 신생대에 생성되었으므로 (가)가 (나)보다 먼저 생성되었다.

[바른 풀이] ㄴ. 지층 (다)의 화석인 삼엽충과 갑주어는 물속에서 서식한 수중 동물이므로 육지에서 퇴적되지 않았다.

ㄷ. 지층 (다)는 고생대에 생성된 것으로 지층 (가)~(다) 중 가장 먼저 생성되었다.

05 ㄱ. 암모나이트는 중생대 해양에서 번성했던 생물이다.

ㄴ. 고사리는 중생대에 출현하였고, 온난 습윤한 육지 환경에서 번성하였다.

[바른 풀이] ㄷ. (가)는 해양 환경, (나)는 육지 환경에서 퇴적된 지층에서 산출된다.

06 ㄱ. 화석 연구를 통해 생물의 진화 과정을 알 수 있다.

ㄴ. 지질 시대의 기후 변화를 추정하기 위해서는 시상 화석이 중요한 단서가 된다. 시상 화석은 특정한 환경 조건에서만 잘 살아남는 생물의 화석으로 기후에 민감한 생물종의 화석이다.

[바른 풀이] ㄷ. 고사리 화석이 발견된 지역은 따뜻하고 습윤한 육지 환경이었음이 추정된다.

07 화석은 주로 퇴적암 층에서 발견되며, 공룡 발자국 화석은 중생대의 표준 화석이다.

ㄱ. ㉠ 암석은 화석이 발견되는 퇴적암이다.

ㄴ. ㉡ 공룡 발자국 화석은 중생대의 표준 화석이다.

[바른 풀이] ㄷ. 익룡과 공룡은 육지 환경에서 살았다.

08 지층의 역전이 없었으므로 (가)에서 가장 오래된 지층은 A이며 가장 최근의 지층은 E이다.

(1) 표준 화석은 생존 기간이 짧고 분포 면적이 넓은 생물의 화석이 적합하다. 생존 기간만을 고려한다고 했으므로 a~e 중 표준 화석으로 가장 적합한 것은 가장 생존 기간이 짧고 현재는 멸종한 상태인 c이다.

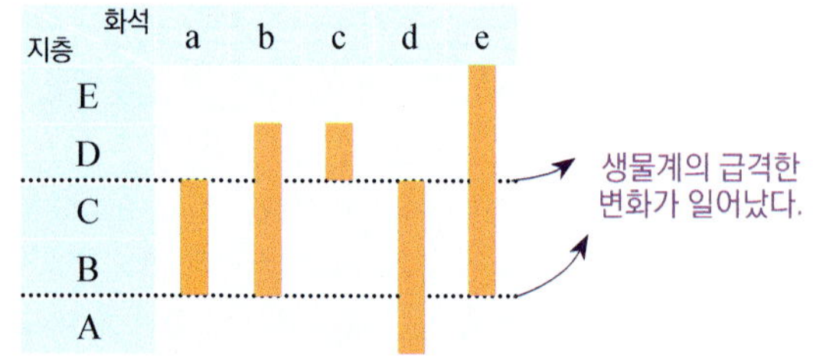

(2) 지질 시대를 구분하는 기준은 생물계의 급격한 변화로, 화석의 변화가 가장 많이 일어나는 경계를 기준으로 지질 시대를 구분한다.
· 지층 A와 B 사이: 생물 a, b, e 출현 → 가장 큰 변화
· 지층 B와 C 사이: 변화 없음
· 지층 C와 D 사이: 생물 c 출현, 생물 a, d 멸종 → 가장 큰 변화
· 지층 D와 E 사이: 생물 b, c 멸종
따라서 이 지역에서는 지층 A와 B 사이, C와 D 사이를 기준으로 지질 시대를 셋으로 나눌 수 있다.

09 ㄴ. 활엽수는 넓은잎 식물로 속씨식물에 속하므로 중생대말에 출현하여 신생대에 번성하였다.

ㄷ. 활엽수가 번성한 신생대에 대서양과 인도양이 넓어지고 태평양이 좁아져 현재와 같은 수륙 분포를 이루게 되었다.

[바른 풀이] ㄱ. 활엽수는 강수량이 많고 습한 육지에서 번성하는 식물로 퇴적 당시의 환경이 강수량이 많고, 습한 환경이라는 것을 알 수 있는 시상 화석이다.

10 ㄱ. (가) 산호 화석은 지층의 생성 환경이 따뜻하고 얕은 바다였다는 것을 알려주는 시상 화석이고 (나) 갑주어는 고생대에만 발견되는 어류로, 갑주어 화석은 고생대의 표준 화석이다.

[바른 풀이] ㄴ. (가)가 산출된 지층은 따뜻하고 얕은 바다에서 퇴적되었다.

ㄷ. (나)는 고생대에 퇴적된 지층에서 발견된다.

11 ③ 화석이 거의 발견되지 않는 선캄브리아시대는 지질 시대 중 상대적 길이가 가장 긴 시대이다.

⑤ 선캄브리아시대의 초기에는 대기에 산소가 없어서 오존층이 만들어지지 않았으므로, 강한 자외선이 지표면에 도달하였기 때문에 육지에서 생물이 출현하지 못했다.

[바른 풀이] ① 은행나무 등의 겉씨식물이 번성한 시대는 중생대이다.
② 선캄브리아 시대는 화석이 거의 발견되지 않는 시대이다.
④ 지구상에 최초의 육상 생물이 출현한 시대는 고생대이다.

12 (가)는 삼엽충이 있으므로 고생대, (나)는 공룡이 있으므로 중생대, (다)는 매머드가 있으므로 신생대, (라)는 스트로마톨라이트가 있는 바다이므로 선캄브리아 시대이다. 따라서 오래된 순서대로 나열하면 (라) 선캄브리아 시대 → (가) 고생대 → (나) 중생대 → (다) 신생대가 된다.

13 ㄱ. (가) 고생대에 육상 생물이 출현하였다.

[바른 풀이] ㄴ. (나) 중생대에는 겉씨식물이 번성하였다. 양치식물이 번성하였다가 생물의 대멸종으로 인해 대량으로 묻혀 석탄층을 형성한 시기는 (가) 고생대이다.

ㄷ. (다) 신생대는 지질 시대 중 상대적 길이가 가장 짧은 시대이고, (라) 선캄브리아시대는 지질 시대 중 상대적 길이가 가장 긴 시대이다. 따라서 (다) 시대는 (라) 시대보다 상대적 길이가 짧다.

14 그림은 초대륙 판게아를 나타낸 것이고, 판게아가 형성된 시기는 고생대이다.

ㄴ. 고생대 말기에 삼엽충과 방추충 등 많은 해양 생물이 멸종하였다.

ㄷ. 고생대에는 삼엽충, 방추충 등의 무척추동물과 갑주어 등의 어류 등 해양 생물이 번성하였고, 육상 생물이 출현하여 양서류, 곤충류, 양치식물 등이 번성하였다.

[바른 풀이] ㄱ. 판게아의 형성으로 대륙이 한덩어리로 뭉쳐 있어서 대륙과 해양의 분포가 다양하지 않았다.

15 화폐석과 매머드는 신생대의 표준 화석이다.

① 신생대에서는 속씨식물과 포유류가 번성하였다.
③ 신생대의 초기에는 대체로 온난했지만, 말기에는 빙하기(4회)와

간빙기(3회)가 반복되었다.

[바른 풀이] ② 공룡은 중생대의 대표적인 표준 화석이다.
④ 파충류가 번성하고 공룡이 출현한 시대는 중생대이다.
⑤ 오랜 지각 변동으로 화석이 드물게 발견되는 시대는 선캄브리아시대이다.

16 (가)는 중생대, (나)는 고생대, (다)는 선캄브리아시대, (라)는 신생대에서 일어난 동물계의 변화이다.
② (나) 삼엽충 번성은 고생대의 사건으로 고생대 말기에 대륙들이 하나로 합쳐져 초대륙 판게아가 형성되었다.
③ (다) 남세균 출현은 선캄브리아 시대의 사건으로, 선캄브리아 시대의 대표적인 화석으로는 남세균의 흔적 화석인 스트로마톨라이트가 있다.
④ (라) 인류의 출현은 신생대의 사건으로 신생대 말기에는 빙하기와 간빙기가 반복되었다.
⑤ 오래된 시대부터 순서대로 나열하면 (다) 선캄브리아시대→(나) 고생대→(가) 중생대→(라) 신생대이다.

[바른 풀이] ① (가) 중생대에는 공룡 등의 육상 생물이 존재하였다.

17 ㄷ. ㉡은 고생대로 지층에서 (나) 삼엽충이 발견된다.

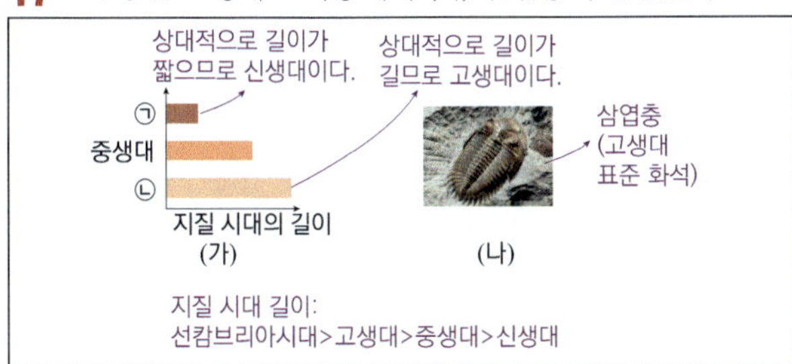

ㄱ. ㉠은 중생대보다 상대적으로 길이가 짧은 신생대이다.
ㄴ. 최초의 생물은 선캄브리아시대 바다에서 단세포 원핵생물의 출현이다.

18 (가) 삼엽충은 고생대에 번성한 생물이다. (나) 암모나이트는 중생대에 번성한 생물이다. (다) 고사리는 따뜻하고 습한 육지에서 서식한 생물이다.
ㄱ. (가) 삼엽충은 고생대에 번성하였다.
ㄷ. (가) 삼엽충은 고생대에, (나) 암모나이트는 중생대에 번성한 생물이므로 (나)는 (가)보다 나중에 생성된 지층에서 발견된다.

[바른 풀이] ㄴ. (다) 고사리는 따뜻하고 습한 육지에서 서식한 생물이다.

19 A와 B(다세포 광합성 생물)는 선캄브리아시대에 나타났으며, 광합성으로 산소를 배출하였다. 대기 중 산소의 농도가 점점 높아짐에 따라 오존층이 형성되어 자외선을 차단하였고, C 육상 식물이 고생대에 출현하였다.
ㄱ. 선캄브리아시대에 광합성을 하는 남세균이 바다에서 출현하여 스트로마톨라이트 화석을 생성하였다.
ㄴ. B 시기에 대기로 산소를 방출하였으므로 대기 중 산소의 농도가 증가하였다. 대기 중 산소가 충분하여 오존층이 만들어지면서 육상 식물이 출현하게 되었다.

[바른 풀이] ㄷ. C 육상 생물이 출현하는 시기는 고생대이다.

20 ㄷ. 신생대 전기에는 대체로 온난했으나 후기에 빙하기(4회)와 간빙기(3회)가 반복되었다.

[바른 풀이] ㄱ. 중생대에는 활발한 화산 활동으로 온실 기체가 증가하여 빙하기 없이 전반적으로 온화한 기후가 유지되었다.
ㄴ. 고생대는 전반적으로 기후가 온난하였으나 중기와 말기에 빙하기가 있었다.

21 A 삼엽충 대멸종은 고생대 말기 대륙이 합쳐지면서 일어난 사건이고, B 히말라야산맥 형성은 신생대 말기 대륙끼리 충돌하면서 일어났으며, C 최초의 육상 식물 출현은 고생대 중기에 대기에 오존층이 형성되면서 일어난 사건이다.
ㄷ. C 최초의 육상 식물은 고생대 중기 오존층의 형성으로 유해한 자외선이 차단되는 환경이 조성됨에 따라 출현했다.
ㄹ. C는 (나) 중생대 중기 이전에 일어났다.

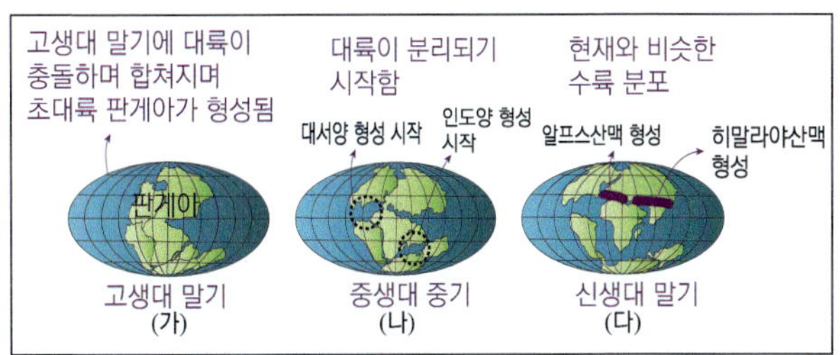

ㄱ. C(고생대 중기)→A(고생대 말기)→B(신생대 중기) 순으로 사건이 일어났다.
ㄴ. B는 신생대에 일어난 사건으로 (가) 고생대 말기와 (나) 중생대 중기 사이에 일어난 사건이 아니다.

22 ㄴ. 생물의 종류가 가장 다양한 시대는 생물군의 수가 가장 많은 신생대이다.
ㄷ. 육상 생물군보다 해양 생물군의 수가 뚜렷하게 변하므로 해양 생물이 육상 생물보다 지질 시대 구분에 더 유용하다.

[바른 풀이] ㄱ. 가장 큰 대멸종은 고생대 말기에 일어난 것으로, 삼엽충을 비롯한 해양 생물의 대부분이 멸종하였다.

23 ㉠은 고생대 초중기로 해양 생물 과의 수가 폭발적으로 증가한 이후 기온 하강 등으로 1차 멸종이 일어날 때이다.
㉡은 고생대 말 판게아 형성과 화산 폭발, 소행성 충돌 등으로 삼엽충, 방추충 등 대부분의 해양 생물이 멸종될 때이다.
㉢은 중생대 말 소행성 충돌, 화산 폭발로 공룡과 암모나이트가 멸종될 때이다.

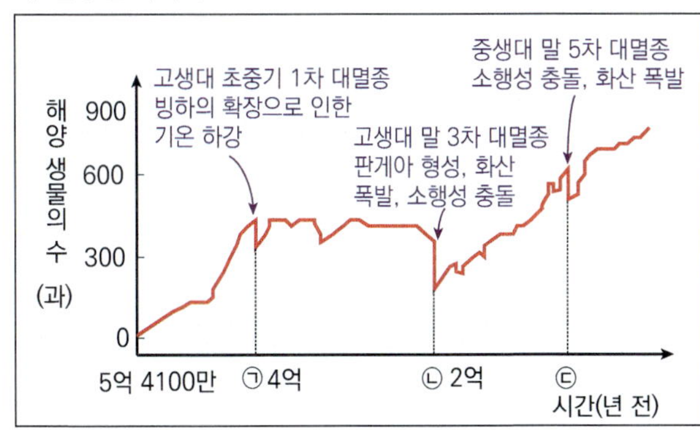

② ㉡ 시기에 판게아가 형성되었다.

④ ㉠은 고생대 초중기이고, 이후 생물종이 증가하여 양치식물
이 크게 번성하게 되며, 고생대 말 ㉡의 대멸종이 일어난다.

[바른 풀이] ① ㉠ 시기는 고생대 초중기이며, 화폐석은 신생대
에 바다에서 번성하였다.
③ ㉢ 시기는 중생대 말이며 중생대와 신생대가 구분되는 경계
이다.
⑤ ㉡과 ㉢ 사이는 중생대로 온난한 기후가 유지되었으며 빙하
기는 나타나지 않는다. 빙하기와 간빙기가 반복하여 나타나는
시대는 신생대이다.

24 ① 지질 시대에 대멸종은 5번 일어난다.
② 대멸종이 지속되는 기간은 수만 년에서 수백만 년이다.
③ 가장 큰 대멸종은 고생대 말에 일어난 3차 대멸종으로 삼엽
충, 방추충 등이 멸종되었다.
⑤ 대멸종이 일어나면 생물 과의 수는 대폭 감소한다.

[바른 풀이] ④ 대멸종 이후 생물 과는 더욱 다양하게 분화되어
생물다양성이 회복되고, 생물 과의 수는 증가하게 된다.

25 ㄱ. ㉠은 해양 생물 과의 수가 급격히 늘어난 고생대 초중
기에 일어난 1차 대멸종으로 주로 해양 생물이 멸종하였다.
ㄴ. ㉡~㉢ 시기는 고생대 중~후반으로 해양에서 삼엽충, 양서
류 등이 번성한 시기이다.

[바른 풀이] ㄷ. ㉣~㉤ 시기는 중생대 중~후반 시기로 공룡(육
지), 암모나이트(바다) 등이 번성하였다.

26 ㄱ. (나) 삼엽충은 고생대에 번성한 해양 생물로 고생대 표
준 화석으로 산출된다.
ㄷ. 신생대 말기에는 빙하기 4회와 간빙기 3회가 반복되었다.

[바른 풀이] ㄴ. 중생대는 전반적으로 온화한 기후가 지속되었
고, 빙하기가 나타나지 않는다.

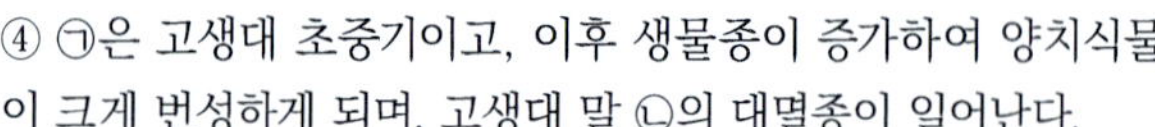

심화 실력높이기

01 ⑤　　**02** ㄱ, ㄷ　**03** ④　　**04** ①　　**05** ①

01 선캄브리아시대는 오존층이 존재하지 않았으므로 모든 생
물은 바다에서 생활하였다. 바닷속에서 최초의 광합성 생물인
A 남세균이 출현하여 ㉠ 광합성으로 양분을 만들고 발생한 산
소가 대기 중으로 공급되면서 ㉡ 오존층이 형성되었다.
ㄱ. A는 원핵생물인 남세균(사이아노박테리아)이다.
ㄴ. ㉠ 광합성 과정은 빛에너지를 이용해 양분을 합성한다.
ㄷ. ㉡ 오존층이 형성된 이후 햇빛의 강한 자외선을 막았기 때
문에 고생대 중기에 해양 생물이 육상으로 진출할 수 있었다.

02 ㄱ. 광합성을 하는 생물인 남세균의 출현으로 산소가 대기

중으로 공급되면서 오존층이 만들어졌다.
ㄷ. 암모나이트 멸종은 중생대 말이며, B 기간은 신생대이다.
인류는 신생대 말에 출현했으므로 B 기간 중에 출현하였다.

[바른 풀이] ㄴ. ㉠ 육상 생물 출현은 고생대 중기에 발생하였다.

03 고생대, 중생대, 신생대를 지질 시대 길이에 따라 구분하
면 고생대>중생대>신생대이므로 A는 신생대, B는 중생대, C는
고생대이다. (나)는 삼엽충, (다)는 암모나이트의 화석이다.
ㄴ. (나) 삼엽충은 고생대, (다)는 중생대 화석이므로 (나)가
(다)보다 먼저 생성되었다.
ㄷ. (다)는 중생대 화석인 암모나이트이므로 B 시기 바다에서
번성한 생물이다.

[바른 풀이] ㄱ. A는 가장 기간이 짧은 신생대이다.

04 지층이 역전되지 않았으므로 A 지역은 고사리 화석이 산출
되는 셰일 지층이 암모나이트 화석이 산출되는 석회암 지층보다
최근 지층이다. B 지역은 삼엽충이 산출되는 셰일 지층이 화폐석
이 산출되는 석회암 지층보다 오래 되었다.
ㄱ. A 지역의 고사리 지층은 암모나이트 지층(중생대) 이후에 퇴
적된 지층에서 발견되므로 중생대 이후의 지층이며, B 지역의 삼
엽충 지층은 고생대 지층, 화폐석 지층은 신생대 지층이므로 B 지
역의 삼엽충이 산출되는 지층이 가장 오래되었다.

[바른 풀이] ㄴ. A지역의 석회암 지층은 중생대이거나 그 이후에
만들어진 것이고, B 지역의 석회암 지층은 신생대 지층이므로 반
드시 같은 시기라고 할 수 없다.
ㄷ. 고사리는 따뜻하고 습한 육지에서 번성한 식물이므로 A 지역
의 셰일 지층은 육지 환경에서 퇴적된 것이다.

05 ㄱ. ㉠은 우주선, 태양풍을 막고 있으므로 지구 자기장에
의한 영향이다.

[바른 풀이] ㄴ. ㉡은 자외선을 막고 있으므로 성층권에 형성된
오존층이다. 오존층에 의해서 유해한 자외선이 차단되었으므로
고생대 중기에 육상 생물이 출현할 수 있었다.
ㄷ. A 시기는 오존층이 만들어지기 이전이므로 고생대 초기 이
전이다. 암모나이트는 중생대에 바다에서 번성했던 생물이다.

02 자연선택과 진화

개념체크

27 쪽

01 유성생식, 형질 **02** (1) ○ (2) × (3) ○

03 생존경쟁 **04** (1) × (2) × (3) ○

05 (가)→(라)→(다) **06** (1) × (2) ○ (3) ×

01 유성생식은 암수 생식세포의 결합으로 자손이 만들어지는 생식 방법이다. 이 방법에 의해 부모의 유전자가 다양하게 조합되어 자손에게 전달되므로 부모와 자손의 형질이 달라져 변이가 나타난다.

02 (1) 자주색 꽃의 형질은 유전자에 의해 나타나는 것이므로 자손에게 전달된다.
(3) 앵무의 깃털 색이 개체마다 다른 것도 유전적 변이이므로 완두꽃의 자주색 형질과 같은 변이의 예이다.
[바른 풀이] (2) 흰색 완두꽃은 흰색 형질을 가진 유전자를 가졌으므로 자주색 형질을 가진 완두꽃과 다른 유전자를 가지고 있다.

03 다윈의 자연선택설에서 주어진 환경에서 살아남을 수 있는 것보다 더 많은 수의 개체가 생산되면 형태, 습성, 기능 등의 형질이 조금씩 다른 개체들이 먹이와 서식지 등을 두고 생존경쟁을 벌인다. 이때 생존에 유리한 변이를 가진 개체가 그렇지 않은 개체에 비해 잘 살아남아 자손을 더 많이 남기는 자연 선택이 일어난다.

04 (3) 훈련으로 단련된 운동 선수의 근육은 비유전적 변이로 자손에게 전달되지 않는다.
[바른 풀이] (1) 변이는 같은 생물종 간에 나타나는 형질의 차이이다.
(2) 유성생식 과정에서 부모의 생식세포가 다양하게 조합되어 자손이 다른 형질을 나타낼 수 있지만, 돌연변이가 나타나지 않는다면 기존에 부모가 가지지 않은 형질을 새롭게 만들어 낼 수는 없다.

05 (가) 목 길이가 다양한 많은 수의 기린이 태어나는 것은 과잉 생산과 변이에 해당한다.
→ (라) 목이 짧은 기린은 높은 곳의 나뭇잎을 먹는데 불리하여 죽게 되고, 목이 긴 기린이 살아남는 것을 생존경쟁과 자연선택에 해당한다.
→ (다) 목이 긴 기린이 자손을 남기는 과정이 반복되면서 기린의 목이 지금처럼 길어지게 된 것을 종의 분화, 또는 진화라고 한다.
[바른 풀이] (나)에서 개체가 목을 길게 늘리는 노력을 하는 것은 비유전적인 변이로 자손에게 전달되지 않는다.

06 (2) 낫모양적혈구 유전자는 일반적으로는 생존에 불리한 형질이지만, 말라리아에 저항성이 있기 때문에 말라리아가 많이 발생하는 지역에서는 생존에 유리한 형질이 된다.
[바른 풀이] (1) 핀치의 부리 진화는 섬의 다른 환경에 적응하면서 다른 먹이를 먹게 되었기 때문에 나타난 것이다.
(3) 항생제를 한번도 사용하지 않은 환경에서는 항생제 내성 형질이 생존에 유리한 형질이 아니므로 항생제 내성 세균이 적다.

+ 탐구

[탐구문제 **1**] [답] (1) (나) (2) (다) (3) (가)
(1) 도화지 위라는 환경에서 개체(세균)를 제거하는 (나) 과정이 항생제 사용에 해당한다. 항생제를 사용하면 개체수(빨간색, 노란색, 파란색, 초록색 초콜릿의 수)는 감소하지만 항생제 내성 세균(갈색 초콜릿)의 개체수는 변동없이 유지된다.
(2) (다) 과정은 모든 색의 초콜릿을 추가하므로 세균(항생제 내성 세균 포함)의 증식 과정이다.
(3) 기존의 초콜릿 중 4개를 존재하지 않던 갈색 초콜릿으로 바꾸는 (가) 과정이 돌연변이의 출현에 해당한다.

[탐구문제 **2**] [답] ②
남아 있는 초콜릿의 수만큼 같은 색깔의 초콜릿을 추가하는 것은 생물이 자손을 만들어 자신과 같은 형질을 전달하는 생식에 해당한다.

[탐구문제 **3**] [답] 환경에 해당하는 도화지가 노란색으로 바뀌었으므로, 생존에 유리한 형질을 가진 개체는 노란색 초콜릿이 되었다. 따라서 (가)~(다) 과정을 반복하면 노란색 초콜릿의 비율이 높아질 것이다. 이에 해당하는 진화 과정은 자연선택이다.
[해설] 환경의 변화에 따라 생존에 유리한 형질은 변할 수 있다. 환경에 유리한 형질을 가진 개체가 더 많이 살아남아 자손에게 생존에 유리한 형질을 전달하는 진화 과정을 자연선택이라 한다.

스스로 실력높이기

29 ~ 32 쪽

01 변이 **02** ① **03** ③ **04** ④ **05** ③ **06** ②
07 ② **08** ③ **09** ③ **10** ④ **11** ⑤ **12** ②
13 ③,⑤ **14** ③ **15** ① **16** ④ **17** ② **18** ⑤
19 ④

01 같은 생물 종의 개체 간에 나타나는 형질의 차이를 변이라 한다. 변이는 유전적 변이((가), (나))와 환경적 변이(다)가 있는데, 보통 진화를 설명할 때에는 유전적 변이만을 말한다.

02 ㄱ. (가)의 앵무의 깃털 색 차이는 유전자의 차이로 인한 변이이다.
[바른 풀이] ㄴ. (나)의 무당벌레 겉껍질의 색과 무늬 차이는 유전자의 차이로 인한 변이이므로 자손에게 전달된다.
ㄷ. (다)의 카렌족 여성의 긴 목은 환경의 차이로 인한 변이이므로 자손에게 전달되지 못해 진화에 영향을 미치지 않는다.

03 ㄱ. 돌연변이로 인해 초록색 유전자가 새롭게 나타난 것이므로 초록색 형질이 자손에게 전달된다.
ㄷ. 초록색 형질이 생존에 유리한 형질이라면 자연선택으로 인해 초록색 딱정벌레가 더 많이 살아남아 자손을 남김으로써 수가 늘어날 수 있다.

숫하여 흰색 딱정벌레보다 생존에 더 유리하다.

10 ㄴ. 낫모양적혈구 유전자는 말라리아에 저항성이 있어 낫모양 적혈구 빈혈증 환자는 말라리아에 걸릴 확률이 더 낮다.
ㄷ. 말라리아가 있는 환경에서 낫모양적혈구 유전자는 말라리아에 저항성이 있기 때문에 말라리아는 낫모양적혈구 빈혈증 환자의 자연선택에 유리하게 작용한다.
바른 풀이 ㄱ. 자료에서 자연선택은 주어진 환경 내에서 생존에 더 유리한 방향으로 이루어졌다.

11 ㉠ - 과잉 생산: 생물은 주어진 환경에서 살아남을 수 있는 것보다 더 많은 수의 자손을 낳는다.
㉡ - 변이: 개체들은 형태, 습성, 기능 등이 약간씩 다르다.
㉢ - 생존경쟁: 개체들은 살아남기 위해 생존경쟁을 벌인다.
㉣ - 자연선택: 환경에 유리한 형질을 가진 개체가 자연선택된다.

12 ㄴ. 목이 긴 기린은 높은 곳의 나뭇잎을 먹을 수 있었으므로 생존에 유리한 영향을 미쳤다.
바른 풀이 ㄱ. 진화의 주된 원인은 자연선택이다. 돌연변이로 인해 새로운 변이를 만들어낼 수는 있지만, 그것이 생존에 유리한 형질이냐 아니냐에 따라 영향력이 달라진다.
ㄷ. 기린이 높은 곳의 나뭇잎을 먹기 위해 목을 길게 뺐을 때 목이 길어졌다면 환경에 의한 비유전적 변이이므로 자손에게 전달되지 않는다.

13 ① 생물은 생존 가능한 것보다 더 많은 자손을 생산한다. → 자연선택 원리 중 '과잉 생산'에 해당한다.
② 생물이 낳은 개체들 사이에는 변이가 존재한다. → 변이가 있어야 자연선택이 가능하다.
④ 개체들은 먹이나 서식지를 두고 경쟁하며, 유리한 개체만 살아남는다. → '적자생존'에 해당함.
바른 풀이 ③ 개체 간에 유전자가 다르므로 변이가 나타난다. → 변이의 원인인 '유전자 차이'를 설명하고 있다. 자연선택과는 직접적인 관련이 없다.
⑤ 부모의 형질이 유전자를 통해 자손에게로 전달된다. → 유전 원리를 설명하는 것으로, 자연선택의 과정이라기보다는 유전학적 사실이다.

14 ㄷ. A와 B의 핀치는 부리 모양에 대해 다른 환경 조건에 의한 자연선택을 받아 유전되었으므로 부리 모양에 대한 유전자 구성이 서로 다르다.
바른 풀이 ㄱ. A 핀치는 선인장을 주식으로 한 환경 조건, B 핀치는 크고 단단한 씨앗을 주식으로 한 환경 조건이므로 환경 조건이 서로 다르다.
ㄴ. A와 B 모두 자연선택설에 의해 진화했다.

15 ㄱ. 세대를 거칠수록 몸 색깔이 진한 개체의 비율이 늘어나므로 몸 색깔이 진한 개체가 자연선택되었다.
바른 풀이 ㄴ. 세대가 지날수록 몸 색깔이 분홍색, 연두색, 초록

바른 풀이 ㄴ. 초록색 유전자는 돌연변이에 의해 나타난 것으로 환경의 변화에 의한 변이가 아니다.

04 ㄱ. (가)는 개체의 DNA에 변화가 일어나 부모에 없던 새로운 형질이 나타나는 돌연변이이다.
ㄷ. (나)는 암수 생식세포의 수정으로 자손이 다양하게 만들어지는 유성생식의 예이다. 부모의 유전자는 다양하게 조합되어 자손에게 전달되어 부모와 다른 형질을 가진 주름진 완두(rr)가 나타난다.
바른 풀이 ㄴ. (가) 돌연변이는 DNA의 유전자에 변화가 나타나는 것으로 자손에게 전달된다.

05 ㄱ. (가)에서 초록색 유전자가 돌연변이로 인해 나타났으므로 초록색 형질은 자손에게 전달된다.
ㄹ. 흰 개와 검은 개 사이에서 유성생식이 일어나면 다양한 유전자 조합이 가능하므로 태어나는 강아지들의 털색은 모두 다르게 나타날 수 있다.
바른 풀이 ㄴ. (나)는 부모가 가지고 있던 유전자가 유성생식을 통해 새롭게 조합된 것으로 새로운 유전자가 나타난 것은 아니다.
ㄷ. (가)에서 초록색 딱정벌레는 붉은색 딱정벌레와 교배하여 자손을 낳았으므로 같은 종이다.

06 ㄱ. 각각의 색을 가진 후추나방이 천적에 의해 포식되지 않는 자연선택이 일어났다.
ㄴ. 공업 도시 근처의 숲은 농촌 숲보다 색이 어두워 검은색 날개는 공업 도시 근처의 숲에서, 흰색 날개는 농촌 숲에서 천적을 피해 숨기에 유리한 형질이 된다.
바른 풀이 ㄷ. 공업 도시에 공장이 세워지기 전의 공업 도시 근처의 숲은 농촌의 숲과 환경이 비슷했을 것이므로 흰색 후추나방이 주로 분포했을 것이다.

07 ㄷ. ㉡ 이후의 세균 집단은 ㉠ 이전의 세균 집단에 비해 항생제 내성 유전자의 비율이 높아졌다.
바른 풀이 ㄱ. A는 항생제를 사용하였을 때 살아남지 못하였으므로 항생제에 내성이 없는 세균이다.
ㄴ. ㉠에서 부모의 유전자의 조합으로는 세균 B가 나타날 수 없고, 돌연변이에 의해 항생제 내성 유전자가 나타났다.

08 ㄱ. ㉠ 과정에서 집단에 없던 항생제 내성 유전자를 가진 세균이 나타났으므로 돌연변이가 일어난 것이다.
ㄴ. 같은 세균 종에서 개체 사이에서 형질의 차이가 나타났으므로 항생제 저항성 유전자는 세균의 변이 중 하나이다.
바른 풀이 ㄷ. ㉠ 과정에서와 같이 항생제가 없는 환경에서는 항생제 내성이 있는 세균의 비율은 증가하지 않고 돌연변이로 나타난다. ㉡ 과정에서와 같이 항생제가 있는 환경에서 항생제 내성 세균의 비율은 증가한다.

09 ㄱ. 딱정벌레 몸 색깔이 어두운색, 흰색이 존재하므로 변이가 있다.
ㄷ. 몸 색깔이 어두운 딱정벌레가 생존에 더 유리하여 생존하므로 자연선택되었다.
바른 풀이 ㄴ. 어두운색 딱정벌레가 나무껍질과 몸색깔이 비

색, 파란색 개체는 줄어들고 색깔이 진한 파랑 개체의 비율만 늘어
나므로 몸 색깔 변이의 다양성이 줄어든다.
ㄷ. 몸 색깔이 진한 개체가 연한 개체보다 환경에 더 잘 적응하여
자손을 많이 남겨서 자연선택되었다.

16 ㄱ. ㉠은 '변이'에 해당되며 자연선택이 작동되기 위한 전
제 조건이다.
ㄷ. (나) 종의 이주 - (가) 과잉 생산 및 변이, 생존 경쟁 - (라) 자
연선택 - (다) 진화와 종 분화
[바른 풀이] ㄴ. 핀치의 종 분화와 가장 관련 있는 요인은 먹이
(씨앗)의 형태이다.

17 바다에 의해 분리된 두 나비 집단 A에서 돌연변이가 각
각 발생하여 B, C 집단이 나타났고, B, C 집단이 각각 자연선
택된다.

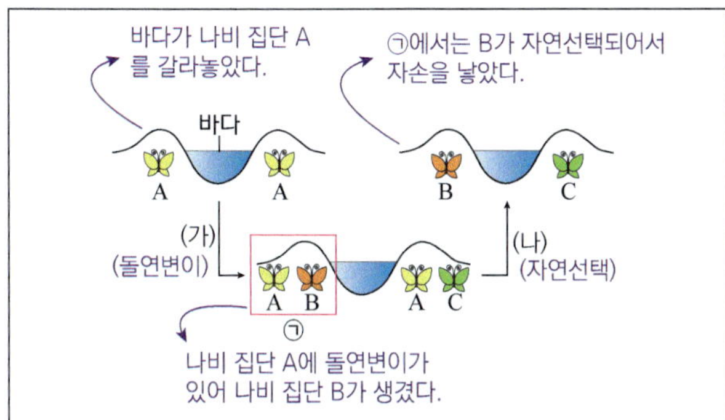

ㄴ. 바다의 형성으로 분리된 두 나비 집단에서 서로 다른 형질
을 유발하는 돌연변이 B, C가 각각 발생하였다.
[바른 풀이] ㄱ. (가) 는 돌연변이에 해당된다.
ㄷ. (나)에서 ㉠의 B가 자연선택되어 A보다 많은 수의 자손을
생산한다.

18 무한: 같은 종일지라도 변이가 존재하며, 서로 다른 환경에
서 오래 생활하는 경우 각각의 자연선택에 의해 집단의 형질이 달
라진다.
상상: 새로운 환경에 적응하며 자연선택에 의해 변화가 쌓이면서
처음과 형질이 달라지고 조상과 다른 새로운 종이 출현하는 진화
가 일어난다.
알탐: 자연선택의 결과 종이 서로 다른 형질을 가지게 되면 새로운
종이 출현하는 것이므로 생물다양성(종다양성)이 증가하게 된다.

19 ㄴ. 진화는 세대를 거듭하며 집단의 유전자 구성이 변하는
과정으로, 장기간에 걸쳐 일어난다.
ㄷ. 화석 기록은 진화의 증거로 활용되며, 지질 시대별 생물
변화를 보여준다.
[바른 풀이] ㄱ. 자연선택은 새로운 유전자를 만들어내는 과정
이 아니라, 이미 존재하는 변이(유전자 차이) 중에서 환경에 유
리한 형질을 가진 개체가 더 잘 살아남고 번식하게 하는 과정이
다. 자연선택 자체가 새로운 유전자를 제공하지는 않는다.

01 ㄴ. 가뭄이 심해지면서 씨앗의 총 수가 감소하고 상대적으로
크고 딱딱한 씨가 많아졌으므로 부리가 큰 형질이 부리가 작은 형
질보다 생존에 유리하여 자연 선택이 일어났다. 따라서 가뭄 후에
는 가뭄 전에 비해 핀치의 평균 부리 크기가 커졌다.
[바른 풀이] ㄱ. 가뭄 전에는 핀치가 먹기 좋은 작고 연한 씨가 풍
부하였으므로 부리의 크기가 작은 핀치와 큰 핀치 모두 존재하는
다양한 변이를 가지고 있었다.
ㄷ. 가뭄 후에는 부리가 큰 핀치가 생존경쟁에 유리해져서 개체수
가 많아졌다.

02 ㄱ. (가)→(나) 과정에서 돌연변이에 의해 갈색 털의 개체 A
와 다른 유전자 구성을 가지는 흰색 털의 개체 A_1이 태어났다.
[바른 풀이] ㄴ. (나)→(다) 과정에서 A보다 A_1이 생존에 더 유리
했으므로 A_1이 자연선택되어 생존했다.
ㄷ. 자연선택은 유리한 형질을 가진 개체들이 더 많이 살아남아
번식하게 되고, 집단 내 유전자 빈도가 달라진다. 결과적으로 A
와 A_1은 유전자 구성이 서로 달라지게 된다.

03 (가)는 기존에 없던 새로운 변이가 나타난 것으로 돌연변
이이며, (나)는 유성생식에 의해 자손이 부모와 다른 유전적 구
성을 가지게 되는 과정이다.
ㄷ. ㉠과 ㉡은 모두 분홍색의 유전자 구성을 가진 것이므로 다
음 세대로 전달될 수 있다.
[바른 풀이] ㄱ. (가) 돌연변이는 DNA 서열에 변화가 생기는 현
상이고, 이 변화는 기존 유전자를 바꿔서 개체군 내에 새로운
변이를 추가하므로 유전적 다양성을 높인다.
ㄴ. (나)는 유성생식에 의한 현상으로 암수 생식세포가 수정하여
유전적으로 다양한 자손이 형성되는 과정이다.

04 ㄴ. (가)의 초록색 초콜릿 4개가 갈색 초콜릿으로 바뀐 것은
기존에 존재하지 않던 형질이 나타나는 돌연변이를, (다)의 도화지
위에 남은 초콜릿의 수만큼 같은 색의 초콜릿을 추가한 것은 각 개
체의 생식을 표현한 것이다.
ㄷ. 갈색 초콜릿은 갈색 도화지라는 환경에서 생존에 유리한 형질
이므로 자연선택된다. (라) 과정이 끝난 후 갈색 초콜릿의 비율은
처음보다 늘어났을 것이다.
[바른 풀이] ㄱ. 갈색 도화지라는 환경에서 눈에 잘 띄지 않는 갈
색 초콜릿이 항생제를 투여하는 과정에서 살아남을 수 있는 항생
제 내성 세균을 의미한다.

03 생물다양성

01 (가) 종다양성 (나) 유전적 다양성
(다) 생태계다양성
02 (1) × (2) × (3) ○   **03** (1) ○ (2) × (3) ×
04 (1) 높을수록 (2) 복잡하고   **05** ⑤
06 (1) ○ (2) × (3) ○   **07** 외래종
08 ②   **09** ②, ⑤

01 (가) 어떤 생태계 내에 존재하는 생물종이 다양한 정도는 종다양성이다. 많은 종의 생물들이 균등하게 분포되어 있을수록 종다양성이 높으며, 생태계가 안정적으로 유지된다.
(나) 동일한 생물종 내에서 색, 모양, 크기 등의 형질이 개체마다 다르게 나타나는 것은 유전적 다양성이다. 유전적 다양성이 높으면 전염병 등의 급격한 환경 변화에도 종이 살아남을 가능성이 높아진다.
(다) 대륙과 해양의 분포, 기온, 강수량 등의 환경 차이로 인해 다양한 생태계가 형성되는 것은 생태계다양성이다. 생태계가 다양할수록 다양한 종류의 생물들이 서식하고 진화할 수 있다.

02 (3) 종다양성은 많은 종의 생물들이 균등하게 분포되어 있을수록 높으므로, 두 지역에 같은 식물종이 분포한다면 개체수가 균등한 쪽이 종다양성이 높다.
(바른 풀이) (1) 사람들의 피부색이 다양한 것은 유전적 다양성에 해당한다.
(2) 유전적 다양성이 낮은 종은 형질이 다양하지 않기 때문에 전염병 등의 급격한 환경 변화에 적응하지 못하고 멸종할 가능성이 높다.

03 (1) 종다양성이 높을수록 먹이 관계가 복잡해져 생태계의 안정성이 높아진다.
(바른 풀이) (2) 유전적 다양성, 종다양성, 생태계다양성 모두 생물다양성 유지에 중요하게 연관되어 있다.
(3) 생태계가 다양할수록 환경이 다양하게 달라지므로, 환경과 상호작용을 하며 서식하는 생물종도 다양해진다. 따라서 생태계다양성이 높으면 종다양성도 높아진다.

04 (1) 유전적 다양성이 높으면 종 내에 다양한 변이가 나타나므로 환경이 급격하게 변했을 때 적응하여 살아남는 개체가 있을 가능성이 높다.
(2) 종다양성이 높을수록 먹이 관계가 복잡하고, 먹이 관계가 복잡하면 한 종이 멸종하더라도 그 포식자가 다른 종을 먹이로 하여 살아남을 가능성이 높아지므로 생태계가 더 안정적으로 유지된다.

05 ① 생태 관광 장소를 제공하여 인간에게 사회적, 심미적 가치를 제공한다.
② 잘 조성된 숲은 뿌리로 물을 흡수하고 땅을 강하게 지지하기 때문에 홍수나 산사태 예방에 도움을 준다.

③ 버드나무 껍질을 이용하여 해열진통제 아스피린을 만들 수 있는 등 다양한 생물로부터 의약품의 원료를 얻거나, 생물을 이용하여 의약품을 만들어낸다.
④ 새로운 형질을 갖는 생물을 만드는 데 필요한 유전자 자원을 제공한다.
(바른 풀이) ⑤ 생물자원은 의식주로도 많이 이용되지만 석유, 석탄 등의 화석 에너지와 식물, 미세 조류 등으로부터 얻는 바이오 에너지 등 에너지 자원으로도 많이 이용된다.

06 (1) 인간의 활동으로 인해 화학 물질이나 중금속 등의 유해 물질이 환경에 유입되어 생물체 내에 쌓이는 생물농축이 일어나 생물 다양성에 피해를 입힌다.
(3) 서식지를 가로지르는 도로 건설은 서식지를 단편화시켜 생물종의 이동을 제한하여 고립시키며, 이로 인해 생물의 멸종 위험이 높아진다.
(바른 풀이) (2) 생물다양성 감소의 가장 큰 원인은 서식지파괴이다.

07 외부에서 도입된 외래종은 천적이나 생존에 위협을 줄 질병 등이 없기 때문에 새로운 환경에 적응하면 대량으로 번식하여 고유종의 서식지를 차지하고 먹이 관계를 변화시켜 생태계의 안정을 깨뜨린다.

08 ① 콩은 인간의 식량자원으로 이용된다.
③ 순천만의 자연생태공원은 관광 자원 등으로 활용되어 인간에게 사회적, 심미적 가치를 제공한다.
④ 울창하게 잘 조성된 숲은 비가 많이 내릴 때 물을 흡수하여 홍수를 막아주고, 뿌리가 땅을 단단하게 잡아줌으로써 산사태도 막아준다.
⑤ 오래 전에 살았던 생물의 유해가 땅에 묻힌 후 석탄, 석유, 천연가스 등의 화석 연료가 되어 에너지 자원으로 이용된다.
(바른 풀이) ② 푸른곰팡이에서 얻을 수 있는 페니실린은 항생제로 이용된다.

09 ② 인간의 활동으로 인해 발생하는 오염 물질의 배출을 줄이는 설비를 의무적으로 설치하여 생태계의 파괴를 줄임으로써 생물다양성을 보전한다.
⑤ 생물다양성의 보전은 중요한 과제이므로 국제 협약 체결을 통해 국가 간 의견을 조율하는 등의 범국가적인 협조가 필요하다.
(바른 풀이) ① 서식지를 단편화하면 서식지의 전체 면적도 감소하지만 생물종의 이동을 제한하여 고립시킴으로써 멸종 위험을 높이고 생물다양성을 감소시킨다.
③ 멸종 위기의 생물종을 보호해야 하는 이유는 자연의 종다양성을 유지시키기 위해서이다. 그런데 모두 포획하여 동물원에서 번식시키는 것은 오히려 자연의 종다양성을 감소시키는 행위이다.
④ 종이 다양할 때 더 생태계가 안정하므로 여러 종이 함께 사는 서식지를 보호하는 것이 생물다양성을 보존하는 데에 더 효과적이다.

01 ④	**02** ⑤	**03** ②	**04** ②	**05** ③	**06** ③
07 ③	**08** ②	**09** ②			
10 (1) ㄹ (2) ㄴ (3) ㄱ (4) ㄷ				**11** ②	**12** ②
13 ④	**14** ③				

01 ㄱ. (가)는 같은 토끼 종 내에서 서로 다른 유전자를 가짐으로써 개체마다 다양한 형질이 나타나는 것을 의미하므로 유전적 다양성이다
ㄷ. (다)는 일정 지역 내에 존재하는 생태계의 다양한 정도를 의미하는 생태계다양성이다.

바른 풀이 ㄴ. (나)는 같은 생태계 내에 여러 종이 서식하는 것을 나타낸 것으로 종다양성이며, 같은 종인 무당벌레 내에서 딱지날개 무늬가 개체마다 다르게 나타나는 것은 유전적 다양성을 의미하므로 (나)의 예가 될 수 없다.

02 학생 A: 생태계다양성이 높아 다양한 환경에 생물이 노출되면 환경에 적응하기 위한 생물의 유전적 다양성도 높아진다.
학생 B: 같은 종인 달팽이의 개체마다 껍질 색과 모양이 다른 것은 유전적 다양성에 해당된다.
학생 C: 종다양성이 높을수록 먹이 관계가 복잡해서 한 종이 멸종하더라도 그 포식자가 다른 종을 먹이로 하여 살아갈 수 있으므로 생태계가 안정적으로 유지될 수 있다. 먹이 관계가 단순하면 한 종이 멸종했을 때 그 종을 먹이로 하는 포식자도 같이 멸종한다.

03 ① 생물다양성은 생물권 내의 식물, 동물, 세균, 곰팡이 등 모든 생물에 해당한다.
③ 생물종이 다양할수록 종다양성이 높고 생물다양성이 높다.
④ 서식하는 생물의 개체수가 많으면 종다양성 또는 유전적 다양성이 높은 것이므로 생물다양성이 높다.
⑤ 생태계가 다양하면 생태계다양성이 높으므로 생물다양성이 높다.

바른 풀이 ② 생물다양성은 생태계다양성, 종다양성, 유전적 다양성을 모두 포함한다. 한 지역의 여러 생태계에서 관찰되는 생물의 다양한 정도이다.

04

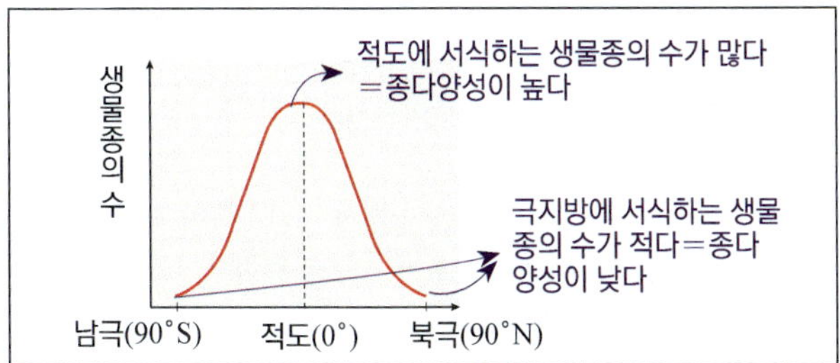

ㄷ. 남극보다 적도의 종다양성이 더 높으므로 먹이 관계가 더 복잡하고, 따라서 적도의 생태계가 더 안정적으로 유지된다.

바른 풀이 ㄱ. 남극의 생물종의 수보다 적도의 생물종의 수가 훨씬 많으므로, 적도와 남극의 생물다양성은 다르다.
ㄴ. 남극에서 적도로 갈수록 생물종 수가 증가하므로 종다양성이 높아진다.

05 ㄱ. 다양한 감자 품종을 재배하는 (가)는 단일 품종만을 재배하는 (나)보다 유전적 다양성이 높다.
ㄴ. (나)와 같이 단일 품종만을 선택적으로 재배하여 유전적 다양성이 낮아지면 감자마름병과 같은 질병이 출현했을 때 이 질병에 취약한 경우 모든 감자가 죽어 감자 재배가 불가능해진다. 이와 같이 유전적 다양성이 낮으면 짧은 시간 내에도 그 종이 멸종할 수 있다.

바른 풀이 ㄷ. 단일 품종만을 재배하는 것보다 다양한 품종의 감자를 재배할 때 유전적 다양성이 높아져 멸종의 위험이 낮아진다.

06 ㄱ. (가)와 (나) 지역에 서식하는 식물종 수는 둘 다 A~D의 4종류로 같다.
ㄴ. (가)와 (나)의 식물종 수와 개체수는 같지만, 종 A가 10그루로 절반을 차지하는 (나)와 달리 A~D의 식물종이 더 균등하게 서식하는 (가)가 종다양성이 더 높다.

바른 풀이 ㄷ. 종 A는 (가)보다 (나)에서 더 개체수가 많고, 개체수가 많을수록 유전적 다양성이 높아지므로 종 A의 유전적 다양성은 (가)보다 (나)에서 더 높게 나타난다.

07 A는 초원, 강, 습지 등의 생태계다양성, B는 개체 간의 변이가 있어 형질이 다르게 나타나는 유전적 다양성, C는 한 생태계에 있어 생물종이 다양한 정도인 종다양성이다.
자료에서 ㉠ 씨를 통해 번식하는 것은 유성생식이고, ㉡ 줄기의 일부를 잘라 옮겨 심어 번식시키는 것은 무성생식을 뜻한다. 유성생식이 다양한 유전자 조합이 나타나므로 무성생식보다 유전적 다양성을 증가시킨다.
ㄱ. A 생태계다양성은 생물종 사이의 상호작용인 생물적 요소와 온도, 토양, 햇빛 등의 비생물적 요소를 모두 포함한다.
ㄷ. C는 생물종의 다양한 정도인 종다양성이다.

바른 풀이 ㄴ. ㉠ 씨를 통해 번식하는 유성생식이 ㉡ 줄기의 일부를 잘라 옮겨 심어 번식시키는 무성생식보다 B 유전적 다양성을 높인다.

08 학생 B: 국립 공원 지정은 국가 수준의 생물다양성보전 활동이다.

바른 풀이 학생 A: 모든 지역의 생물다양성 수준과 보존의 필요성이 균등하게 유지해야 한다. - 사회·국가적 수준의 보전 방안에 해당한다.
학생 C: 멸종 위기종의 유전자를 관리하기 위해서는, 사회 전체가 제도와 기술을 동원해 종의 유전적 자원을 장기적으로 관리하기 때문에 사회적 수준의 보전 방안이다.

09 ㄱ. (가)보다 (나)의 생태계가 먹이 관계가 더 복잡하므로 (나)가 더 안정한 생태계이다.
ㄴ. (가)에서는 뱀의 먹이는 개구리 뿐이므로 개구리가 사라질 경우 뱀도 사라질 것이다.

바른 풀이 ㄷ. (가)와 (나)에 살충제를 사용하여 메뚜기가 죽는다면 (가)에서는 메뚜기를 먹이로 삼는 개구리, 개구리를 먹이로 삼는 뱀까지 먹이가 없어 큰 피해를 입겠지만 (나)에서는 뱀이 개구리 말고도 들쥐, 토끼 등 다양한 생물종을 먹이로 할 수 있으므로 (나)가 (가)보다 더 쉽게 다시 안정될 수 있다.

10 (1) 산 사이를 깎아내고 도로를 건설하여 생물들의 서식지를 분할하는 것은 'ㄹ. 서식지단편화'이다.

(2) 가축 분뇨의 유기물이 대량으로 강물에 버려져 부영양화가 일어나는 것은 'ㄴ. 환경 오염'이다.

(3) 웅담을 얻기 위해 멸종 위기종인 반달가슴곰을 밀렵하여 개체 수를 줄이는 것은 'ㄱ. 불법 포획'이다.

(4) 방생용, 혹은 애완용으로 미시시피에서 붉은귀거북을 들여와 하천에 방류하는 것은 'ㄷ. 외래종 도입'으로, 이때 천적이 없는 붉은귀거북이 생태계의 먹이 관계를 망가뜨린다.

11 · 생물다양성이 (㉠ 높을수록) 생태계가 더 안정적으로 유지된다.

· (㉢ 식물)은 광합성 등으로 대기 중의 이산화 탄소 농도가 증가하는 것을 막아 기후를 조절한다.

ㄴ. ㉡ 생물자원에는 식량 자원, 의약품 자원, 유전자 자원 등 다양한 자원이 있다.

[바른 풀이] ㄱ. ㉠은 '높을수록'이다.

ㄷ. ㉢은 식물에 해당한다.

12 ㄷ. 서식지단편화가 일어나면 서식지 가장자리의 면적은 넓어지는 반면 중심부의 면적은 줄어드는데, 이로 인해 서식지 가장자리에 살던 생물보다 가운데에 살던 생물이 더 피해가 크다.

[바른 풀이] ㄱ. 원래 서식지의 면적은 64 ha였으나, 철도와 도로가 건설된 후에는 8.7 ha짜리 서식지가 4개가 생겼으므로 총 34.8 ha의 서식지가 남았다. 따라서 생물의 서식 면적은 줄어들었다.

ㄴ. 서식지단편화가 진행되면 서식지가 단절되어 생물종의 이동이 제한되고 고립된다. 이로 인해 개체수가 줄어들고 멸종의 위험성도 높아지므로 생물다양성이 낮아진다.

13 학생 B: 새로운 종의 발견은 생물다양성이 높아지는 것이며, 생물다양성이 높아지면 미래에 사용할 수 있는 유전자 자원을 증가시킬 수 있다.

학생 C: 생물다양성보전을 위한 노력 중 하나는 각 생물종을 서식지파괴와 서식지단편화가 일어나지 않도록 보호하는 것이다.

[바른 풀이] 학생 A: 팽이눈이 의약품으로 사용될 수 없어도 생물자원으로서의 가치가 있다.

14 ㄱ. 람사르 협약은 물새 서식지로 중요한 습지를 보전하기 위해 1971년에 채택한 조약이다.

ㄴ. 생물 다양성 협약은 생물종을 보전하기 위한 목적으로 UN환경 개발 회의에서 1992년에 채택한 조약이다.

[바른 풀이] ㄷ. 남획 및 국제 거래로 위협받는 멸종 위기에 처한 야생 동물을 보호하기 위해 야생 동물의 국제 거래에 관한 협약을 채택하여 국제적 거래를 규제하고 있다.

심화 실력 높이기

41쪽

| 01 ④ | 02 ① | 03 ③ | 04 ② |

01 그림 (나)는 서로 다른 종을 의미하며, ㉠ 종다양성의 예이다. 따라서 ㉡은 유전적 다양성이다.

ㄱ. 생태계다양성이 높을수록 상호작용하는 종이 다양해지므로 ㉠ 종다양성이 높아진다.

ㄷ. 같은 종의 개체 사이에 나타나는 유전적 변이를 비롯한 ㉡ 유전적 다양성이 높을수록 급격한 환경 변화에 잘 적응할 수 있으므로 생존경쟁에서 유리하여 자연선택된다. 이것은 진화의 원동력으로 작용하여 ㉠ 종다양성을 증가시킨다.

[바른 풀이] ㄴ. ㉡ 유전적 다양성은 같은 종의 개체들 사이에서 나타나는 유전적 차이의 다양함을 뜻한다.

02 그래프는 서식지 면적이 감소할 때 살아남은 생물종의 비율이 감소하는 그래프이다.

ㄱ. 서식지 면적이 감소하면 살아남은 생물종의 수가 줄기 때문에 생물다양성(종다양성)이 감소한다.

[바른 풀이] ㄴ. 서식지 감소 면적이 커질수록(보존되는 면적이 줄어들수록) 줄어드는 종의 비율이 커진다.

ㄷ. 서식지 면적이 절반으로 줄어들었을 때 그 지역에서 살아가는 생물종의 수는 90 % 정도 남아 있다가 서식지 면적이 계속해서 줄어들면 생물종의 수 점점 더 빠르게 줄어든다.

03 ㄱ. 생태계가 복잡하고 먹이그물이 복잡할수록 생물다양성이 높은 것이므로 생태계 (가)가 생태계 (나)보다 생물다양성이 높다.

ㄷ. 당근과 벼에서 각각 나타나는 크기와 모양의 차이는 변이이며, 진화의 원동력이다.

[바른 풀이] ㄴ. (가)에서는 쥐가 사라져도 뱀은 토끼와 개구리를 먹이로 해서 살아남지만 (나)에서는 쥐가 사라지면 뱀도 먹이가 없으므로 사라진다.

04

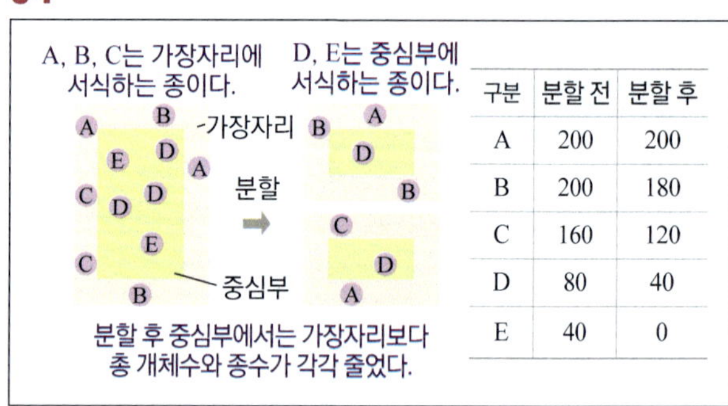

구분	분할 전	분할 후
A	200	200
B	200	180
C	160	120
D	80	40
E	40	0

ㄱ. 분할 이전에는 A~E의 5종이 서식했으나, 분할 후에는 A~D의 4종이 서식하여 생물종 수가 줄어들었으므로 종다양성이 이전보다 낮아졌다.

ㄴ. 가장자리에 살던 A, B, C 종의 개체수 감소폭이 작고, 중심부에 살던 D, E 종의 개체수 감소폭이 크므로 중심부에 살던 종이 가장자리에 살던 종보다 더 피해를 입었다.

[바른 풀이] ㄷ. 서식지가 단편화되면 생물다양성이 보전되지 않는다. 따라서 생물다양성을 보전하기 위해서는 생물의 서식지가 소규모로 분할되는 서식지단편화가 일어나지 않도록 해야 한다.

단원 요약   1 지구 환경 변화와 생물다양성

01 지질 시대와 생물다양성

❶ 표준   ❷ 시상   ❸ 선캄브리아시대
❹ 대멸종   ❺ 판게아

02 자연선택과 진화

❶ 변이   ❷ 환경   ❸ 자연선택   ❹ 높다
❺ 자연선택

03 생물다양성

❶ 종   ❷ 높을   ❸ 생태계   ❹ 생물자원
❺ 단편화   ❻ 협약

단원 마무리

01 ④	02 ④	03 ⑤	04 ①,④	05 ⑤	06 ④
07 ④	08 (1) 중 (2) 고 (3) 신 (4) 선				09 ②
10 ②	11 ②	12 ⑤	13 ⑤	14 ②	15 ②
16 ①	17 ②	18 ③	19 ②	20 ④	21 ⑤
22 ③	23 ①	24 ①	25 외래종 유입		26 ④
27 ②	28 ③	29 ③	30 ⑤	31 ⑤	32 ④
33 ⑤	34 ②				

01 ① 바다에 살았던 생물의 화석이 육지에서 발견되는 것은 지층이 과거에 바다 밑에서 퇴적한 후 융기했음을 의미하는 것이다.
② 특정 시기에만 번성하였다가 멸종한 생물의 화석, 즉 표준 화석을 이용하여 지층의 생성 시기를 알 수 있다.
③ 화석 분포의 연속성을 이용하여 과거에 대륙이 어떻게 분포하였는지를 알 수 있다.
⑤ 특정 환경에서만 서식하는 생물의 화석, 즉 시상 화석을 이용하여 지층이 생성될 당시의 환경을 알 수 있다. 예를 들어 산호 화석이 발견된 지층은 생성될 당시 따뜻하고 수심이 얕은 바다 환경이었다.

[바른 풀이] ④ 화석은 주로 퇴적암에서 발견되고 화성암에서는 화석이 훼손되어 잘 발견되지 않기 때문에 화석을 이용하여 과거의 화산 활동을 알기는 어렵다.

02 A는 선캄브리아시대, B는 고생대, C는 중생대, D는 신생대이다.
④ 겉씨식물은 C 중생대에 번성했던 생물이다.

[바른 풀이] ① 삼엽충은 B 고생대에 살았던 생물이다.
② 공룡은 C 중생대에 살았던 생물이다.
③ 매머드는 D 신생대에 살았던 생물이다.
⑤ 암모나이트는 C 중생대에 살았던 해양 생물이다.

03 A는 분포 면적이 좁고 생존 기간이 긴 시상 화석으로 특정 환경에 분포하였고, B는 분포 면적이 넓고 생존 기간이 짧은 표준 화석으로 특정 기간에 분포하였다. 시상 화석으로는 조개, 고사리, 활엽수, 산호 등이 있고, 표준 화석으로는 고생대 : 필석, 삼엽충, 갑주어, 방추충 중생대 : 암모나이트, 공룡 신생대 : 화폐석, 매머드 등이 있다.

04 ① 스트로마톨라이트는 남세균에 의해 생성된 퇴적 구조이며, ㉠ 시기에 남세균의 활동으로 형성되었다.
④ ㉢ 시기는 에디아카라 동물군 출현 이후이므로 선캄브리아시대 말기~ 현재이다. 최초의 육상 식물은 ㉢ 시기 중 고생대 중기에 출현하였다.

[바른 풀이] ② 남세균(사이아노박테리아)은 최초로 광합성을 했던 생물이다. 따라서 생물의 광합성은 ㉠ 시기에 최초로 일어났다.
③ 초대륙 판게아는 고생대 말기에 형성되었다. 따라서 ㉡ 시기이다.
⑤ ㉢ 시기는 고생대~신생대를 포함한다. 중생대에는 빙하기가 없었으나 고생대, 신생대에는 빙하기가 나타난다.

05 육상 생물이 최초로 출현한 A 시대는 고생대(중기)이고, 속씨식물이 번성한 B 시대는 신생대이다. 따라서 C 시대는 중생대이다.
ㄴ. B 신생대에는 대서양과 인도양이 넓어지고, 태평양이 좁아져 현재와 비슷한 수륙 분포가 형성되었다. 또한 대륙판의 충돌로 히말라야 산맥과 알프스 산맥이 형성되었다.
ㄷ. C 중생대에는 겉씨식물이 번성하였다.

[바른 풀이] ㄱ. 육상 식물이 최초로 출현한 A 시대는 고생대이다.

06 (가) 시기에 남세균에 의해 산소가 생성되어 대기와 바다의 산소 농도가 증가하였고, 대기에는 오존층이 형성되기 시작하였다. 고생대 이후인 (나) 시기에 오존층이 충분히 두꺼워져 자외선을 차단하여 육상 생물이 출현하게 되었다.

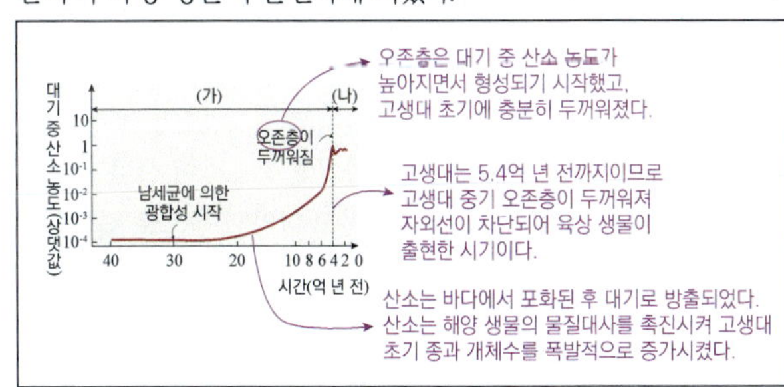

ㄱ. (나) 시기(고생대 이후)에 바다와 대기 중 산소 농도가 증가하여 고생대 초기 해양 생물의 종과 수가 폭발적으로 증가하였고, 오존층이 두꺼워져 지표에 닿는 자외선을 차단하여 고생대 중기 육상 생물이 출현하여 번성하였다.
ㄷ. (나) 시기에서는 오존층이 두꺼워져 육지에 도달하는 자외선의 대부분을 차단하였으나 (가) 시기에는 오존층이 두껍지 않아 육지에 대부분의 자외선이 도달하였다.

[바른 풀이] ㄴ. 남세균은 바다에 살고 있었으므로 바다에 산소가 먼저 포화된 후 대기로 방출되어 오존층을 형성하였다.

07 ㄱ. A 지역의 석회암층은 암모나이트 화석이 발견되므로 중생대 지층이다. 이후에 육지 식물인 고사리 지층이 생성되었다. 따라서 A 지역은 중생대 이후 바다 지층의 융기가 일어나 육지가 되었다.

ㄷ. B 지역의 지층에서는 바다 생물인 삼엽충과 화폐석이 발견되므로 지층 생성 당시 바다였다.

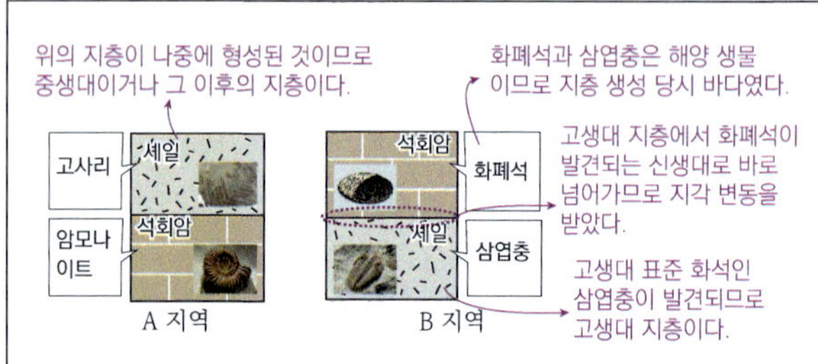

바른 풀이 ㄴ. B 지역의 셰일 지층은 삼엽충 화석이 발견되므로 고생대 지층임을 알 수 있으나, A 지역의 셰일 지층은 시상 화석인 고사리가 발견되므로 따뜻하고 습한 육지 환경이었고, 중생대이거나 그 이후의 지층이므로 A, B 지역의 셰일 지층은 같은 시기에 생성된 것이 아니다.

08 (1) 파충류와 겉씨식물이 번성한 시대는 중생대이다.
(2) 말기에 초대륙 판게아가 형성된 시대는 고생대이다.
(3) 전기에는 대체로 기후가 온난하였으나 말기에 빙하기와 간빙기가 반복된 시대는 신생대이다.
(4) 바다에서 최초의 생명체가 출현하고 말기에 다세포 생물이 출현하여 에디아카라 동물군 화석이 생성된 시대는 선캄브리아시대이다.

09 그림은 대멸종이 일어날 때 생물 과의 수가 일시적으로 감소하지만 이후 생물 과의 수는 바로 회복되고 있음을 보여 준다. 고생대 말기에 판게아의 형성으로 인해 일어났던 3차 대멸종은 규모가 커서 생물 과의 수가 회복되는 데 오랜 시간이 걸렸음을 알 수 있다.
ㄴ. 판게아의 형성으로 인해 일어난 대멸종은 고생대 말기에 일어난 것으로, 이때 해안선의 길이와 얕은 바다의 면적이 감소하여 해양 생물의 서식지가 감소하였기 때문에 해양 생물 대부분이 멸종하였다.
바른 풀이 ㄱ, ㄷ. 대멸종이 일어날 때는 일시적으로 생물 과의 수가 감소하지만 이후 변화한 자연 환경에 적응하여 살아남은 생물들이 넓은 생태 공간(서식지)을 채우고 다양한 종으로 진화함으로써 생물종의 수가 늘어나 생물다양성이 증가한다.

10 그림 (가)에서 지질 시대의 상대적 길이로 봤을 때 A는 고생대, B는 중생대, C는 신생대이다.
ㄴ. (나)는 고생대에 바다에 살았던 삼엽충이다.
바른 풀이 ㄱ. A는 고생대이다.
ㄷ. (나) 삼엽충은 A 고생대의 표준 화석이다.

11 그림 (가)의 판게아는 고생대 말에 형성되었다.
그림 (나)의 지층에서 산출된 삼엽충, 공룡, 매머드는 각각 고생대, 중생대, 신생대의 표준 화석이다.
ㄷ. (나)에 공룡 화석이 발견되는 B 지층이 중생대에 퇴적된 지층이다.
바른 풀이 ㄱ. (가)의 판게아는 C가 퇴적된 고생대 말기에 형성되었다.
ㄴ. 인류의 조상은 신생대 말기에 출현하였으므로, 신생대 지층인 A가 퇴적된 지질 시대에 출현하였다.

12 ㄴ. 운동 선수는 후천적으로 많은 운동을 통해 근육량이 많아지는 환경적 변이의 예로 카렌 족 여인의 사례와 같다.
ㄷ. 여름에 태어난 호랑나비가 봄에 태어난 호랑나비보다 큰 것은 기온 차에 의한 것으로 카렌 족 여인과 같은 환경적 변이 사례이다.
바른 풀이 ㄱ. 카렌 족 여인의 사례는 환경적 변이이므로 사람마다 피부색이 다른 유전적 변이와 다른 사례이다.

13 ㄱ. (가)는 Aa 유전자를 가지고 있는 초파리 부모 사이에서 aa 유전자로 조합된 자손이 태어난 것이므로 유성생식에 의한 유전자 조합이고, (나)는 AA 유전자만 가지고 있는 초파리 부모 사이에서 새로운 유전자인 aa를 가진 자손이 태어난 것이므로 돌연변이가 일어난 것이다. AA 유전자만 가지고 있는 초파리 부모 사이에서 유성생식에 의해서는 aa의 유전자 조합이 나타날 수 없다.
ㄴ. (가)의 유성생식에 의해 자손은 부모와 다른 다양한 유전자 조합을 가진다.
ㄷ. (나)의 돌연변이에 의해 기존의 집단에 존재하지 않던 새로운 유전자를 만들어 집단의 (유전적) 변이를 증가시킨다.

14 ㄷ. (가)와 (나)에서처럼 같은 종 내에서 개체 간의 형질이 차이가 있으면 주어진 환경에서 생존하기에 유리한 형질이냐 불리한 형질이냐에 따라 환경에 적응할 수 있는 정도가 달라진다.
바른 풀이 ㄱ. (가)의 알비노 악어와 정상 악어는 색소 유전자의 차이로 인해 형질이 달라진 것이다.
ㄴ. (나)의 봄에 태어난 호랑나비와 여름에 태어난 호랑나비는 태어나는 환경의 차이(기온, 낮의 길이)에 의해 형질이 달라진 것이다.

15

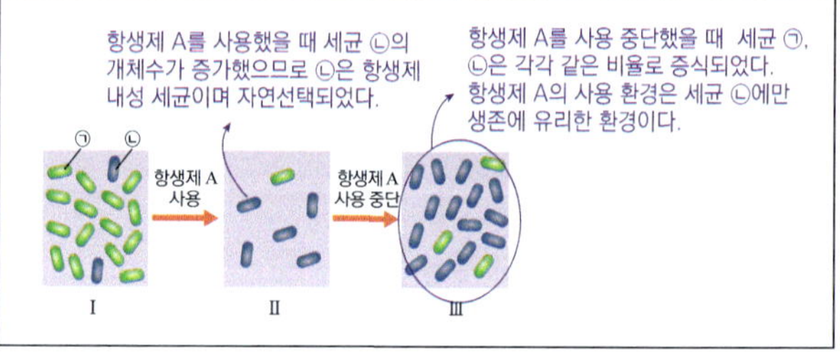

ㄴ. Ⅰ→Ⅱ 과정에서 세균 ㉡의 개체수가 늘었으므로, 항생제 사용 환경에서 세균 ㉡의 자연선택이 일어났다.
바른 풀이 ㄱ. '항생제 A에 내성이 있는 세균은 세균 ㉡이다.
ㄷ. Ⅱ→Ⅲ 과정에서 증식에 의해 ㉠과 ㉡의 수는 모두 증가했다.

16 남아메리카 핀치가 갈라파고스 제도로 건너와 각 섬에서 부리 모양이 다양한 많은 수의 핀치가 태어났다(과잉 생산과 변이) ➡ 핀치들은 먹이와 서식지를 두고 서로 경쟁하였다(생존경쟁) ➡ 각 섬의 먹이 환경에 적합한 부리를 가진 핀치가 자연선택되었다.(자연선택)
ㄱ. 각 섬의 먹이 환경에 적합한 부리를 가진 핀치가 자연선택되어 다른 종으로 분화하게 된다.
바른 풀이 ㄴ. 핀치들은 서로 다른 환경에 적응하면서 진화한다.
ㄷ. 각 섬의 먹이 환경에 적합한 부리를 가진 핀치로 진화했을 경우 서로 다른 종이 되어서 부리 모양에 대한 유전정보는 서로 달라지게 된다.

17 오염되지 않은 숲은 오염되지 않는 숲에 비해 상대적으로 밝은 환경이므로 흰색 후추나방이 자연선택되고, 오염된 숲은 상대적으로 어두운 환경이므로 검은색 후추나방이 자연선택된다.
ㄱ. 진화의 요인 중 자연선택이 작용하였다.
ㄴ. 오염된 숲에서는 검은색을 발현시키는 유전자가 늘어나고, 오염되지 않은 숲에서는 흰색을 발현시키는 유전자가 늘어나므로 두 숲에서는 후추나방 유전자 비율이 변화된다.
[바른 풀이] ㄷ. 오염되지 않은 숲은 상대적으로 밝은 환경이므로 검은색 후추나방이 흰색 후추나방보다 포식자에게 발견되기 쉽다.

18 변이는 같은 생물종 내에서 나타나는 형질의 차이이다. 그림은 다윈의 자연선택설의 과정으로 A는 기린의 목이 길어진 진화 과정 중에서 과잉 생산과 변이를 나타낸다. (가) 과정에서 기린들은 높은 곳의 나뭇잎을 서로 먹기 위한 생존경쟁이 일어나고 긴 목을 가진 기린만 자연선택되어 살아남은 목이 긴 기린이 자손을 남겼고, 이 과정이 반복되어 현재의 목이 긴 기린으로 진화하였다.
ㄱ. A에서 기린의 목 길이에 변이가 있어서 목 길이가 다양한 개체들이 존재한다.
ㄴ. (가) 과정에서 높은 곳의 나뭇잎을 먹기 위해 생존경쟁이 일어난다.
[바른 풀이] ㄷ. 자연선택설은 다윈이 주장한 진화설이다.

19 ㄱ. 낫모양적혈구 빈혈증은 헤모글로빈 유전자에 돌연변이가 생겨서 정상 적혈구와 다른 낫모양적혈구를 생산하게 되면서 나타나는 병이다. 따라서 돌연변이를 통해 기존의 유전자 집단에 없던 새로운 형질의 유전자가 나타나 변이가 증가한 것이다.
ㄴ. 낫모양적혈구 유전자는 헤모글로빈 유전자의 이상으로 나타나는 것이므로 자손에게 유전될 수 있다.
[바른 풀이] ㄷ. 낫모양적혈구 유전자는 원래는 악성 빈혈 등을 유발하여 생존에 불리한 변이이지만, 말라리아에 저항성이 있어 말라리아가 있는 환경에서는 생존에 유리한 형질이다.

20 애벌레 ㉠~㉢은 몸 색깔이 서로 다르므로 몸 색깔에 있어서 변이가 나타났다. 몸 색깔을 나타내는 유전자가 서로 다르므로 애벌레 ㉠~㉢의 몸 색깔에 대한 유전정보는 서로 다르다.

ㄱ. (가)에서 같은 종의 애벌레에서 몸 색깔이 서로 다른 것은 변이에 해당된다.
ㄷ. ㉠~㉢ 중 ㉠이 자연선택되어 형질이 자손에게 전달되어 개체수 비율이 증가한다.
[바른 풀이] ㄴ. ㉠과 ㉡은 몸 색깔이 서로 다르므로 몸 색깔을 발현시키는 유전자의 유전정보는 서로 다르다.

21 A 종이 B와 C 종으로 종 분화되는 과정이다. (가)에서 (나)가 될 때 지리적 격리가 일어난 상태에서 각각 돌연변이 등에 의한 유전자 차이가 누적되어 새로운 종인 B, C 종이 출현하고, (다) 각각에서 B, C 종이 자연선택되었다. (라) 다시 지리적 격리가 사라져도 B와 C는 서로 다른 종으로 남는다.

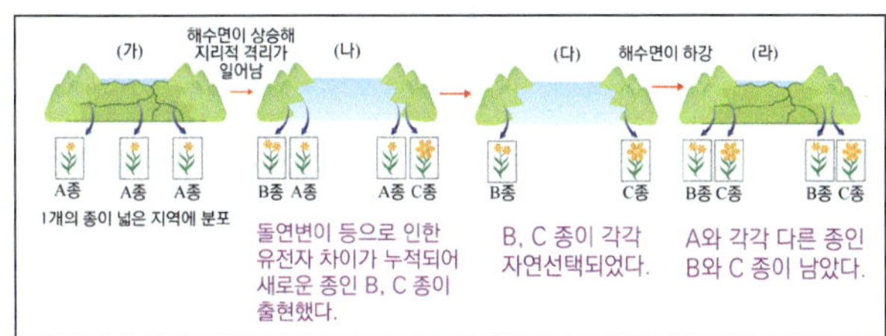

ㄱ. (나)→(다)에서 A 종은 환경에 적합하지 않으므로 도태되고, B와 C 종이 자연선택된다.
ㄴ. A 종과 B 종은 서로 다른 종이므로 유전자 구성이 다르다.
ㄷ. (가)보다 (라)에서 종의 종류가 많으므로 종다양성이 크다.

22 ㄱ. ㉠의 더욱 강력한 항생제를 지속적으로 사용하는 환경에서 항생제 내성 형질은 생존에 유리한 형질이다.
ㄴ. 슈퍼박테리아는 지속적으로 항생제를 사용하는 환경에서 일어난 자연선택의 결과이다.
[바른 풀이] ㄷ. 항생제 내성 유전자는 항생제를 투여하였을 때 박테리아 내에서 일어난 돌연변이로 인해 나타난 것으로, 항생제를 사용하기 전에는 박테리아에 포함되어 있지 않았다.

23 ㄱ. 세대를 거칠수록 몸 색깔이 진한 개체의 비율이 늘어나므로 몸 색깔이 진한 개체가 자연선택되었다.
[바른 풀이] ㄴ. 세대가 지날수록 변이가 많은 몸 색깔이 연한 개체는 줄어들고 색깔이 진한 개체의 비율이 늘어나므로 몸 색깔 변이의 다양성이 줄어든다.
ㄷ. 몸 색깔이 진한 개체가 연한 개체보다 환경에 더 잘 적응하여 자손을 많이 남김으로써 자연선택되었다.

24 ㄱ. (가)는 같은 종 내에서 개체마다 다양한 형질이 나타나는 것이므로 유전적 다양성을 의미한다.
[바른 풀이] ㄴ. (나)는 같은 생태계 내에서 다양한 종이 서식하는 모습이므로 종다양성에 해당하며, 얼룩말의 개체마다 다른 털 줄무늬는 유전적 다양성에 해당하는 예이다.
ㄷ. (다)는 강, 숲 등을 나타내고 있으므로 일정한 지역 안에 존재하는 생태계의 다양한 정도를 나타내는 생태계다양성을 의미한다.

25 일반적으로는 기존에 살던 생태계와 다른 환경에 유입되었을 때 생물이 적응하여 살아남지 못하는 경우가 많지만, 한번 적응하게 되면 그 생태계에 천적이 없는 외래종은 빠른 속도로 고유종의 먹이와 서식지를 차지하여 고유종의 생존을 위협하고 먹이 관계를 변화시킴으로써 생태계의 안정을 위협한다.

26 유전자 변이의 수가 많을수록 환경 변화에 대한 적응력이 커진다.

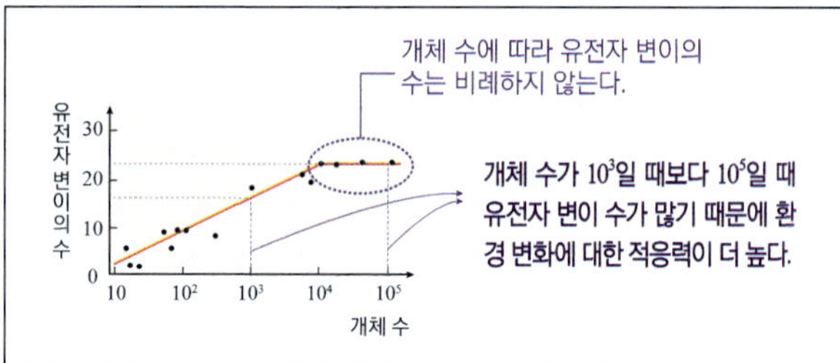

ㄱ. 어떤 종 내에서의 개체수에 따른 유전자의 변이 수를 나타낸 것이므로 유전적 다양성을 나타낸 것이다.

ㄷ. 유전자 변이의 수가 많을수록 환경 변화에 대한 적응력이 더 큰 것이므로 개체수가 10^3일 때의 유전자 변이의 수보다 개체수가 10^5일 때 유전자 변이의 수가 더 많다. 따라서 개체수가 10^3보다 10^5일 때 환경 변화에 대한 적응력이 더 높다.

[바른 풀이] ㄴ. 개체수가 10^4가 되기 전까지는 개체수가 늘어나면 유전자 변이의 수도 증가하지만 10^4를 넘어가면 개체수가 증가해도 유전자 변이의 수가 더 증가하지 않고 일정해진다.

27 유전적 다양성은 같은 생물종 개체들 사이의 유전적 변이의 다양한 정도를 말하며, 유전적 다양성이 클수록 환경이 급격히 변했을 때 종이 생존할 가능성이 커진다.
학생 C: 삼림, 초원, 사막, 습지 등의 생태계가 다양하게 나타나는 것은 생태계다양성이다.

[바른 풀이] 학생 A: 같은 종의 달팽이 껍데기의 무늬와 색깔이 다양한 것은 유전적 다양성이다.
학생 B: 유전적 다양성이 높은 종이 환경이 급격히 변했을 때 멸종될 가능성이 낮다.

28 ㄱ. 종다양성은 종이 많을수록 커지므로 (가)보다 (나)가 크다.
ㄴ. (나)→(다) 과정에서 A 종은 도태되었고, B 종은 개체수가 증가하였으므로 B 종이 환경에 더 잘 적응한 것이다. 따라서 A 종보다 B 종이 생존에 유리하다.

[바른 풀이] ㄷ. 유전적 다양성은 같은 종에서 개체마다 유전자가 달라 다양한 형질이 나타나는 것을 말한다. B 종과 C 종은 서로 다른 종이므로 유전적 다양성은 서로 다르다.

29 ㄱ. 환경 오염이 일어나는 경우 오염에 민감한 생물이 오염을 견디지 못해 더 쉽게 멸종할 수 있다.
ㄴ. 산성비에 의해 토양, 호수 등이 산성화되면서 생물의 생존 능력을 감소시킨다.

[바른 풀이] ㄷ. 중금속이나 화학 물질이 생물체 내에 쌓이는 생물농축이 일어나면 생물이 죽을 확률이 높아지므로 생물다양성이 낮아진다.

30 생물다양성보전을 위해서는 개인적 노력뿐만 아니라 국가적, 국제적 차원에서의 노력이 필요하다. 개인적으로는 에너지를 절약하고 자원을 재활용하여 환경 오염을 줄여야 하고, 국가적 차원에서는 생태통로를 설치하거나 법률을 제정하여 생물자원을 보전해야 한다. 또한 국가 간 협약을 통해 범지구적으로 생물다양성 보전을 위한 노력이 필요하다.
학생 A: 에너지 효율이 높은 제품을 사용하여 에너지를 절약해

야 합니다.(개인적 노력)
학생 B: 람사르 협약과 같은 국제 협약을 체결합니다.(국제적 노력)
학생 C: 종자은행과 같은 생물자원 관리 체계를 마련합니다.(사회·국가적 노력)

31

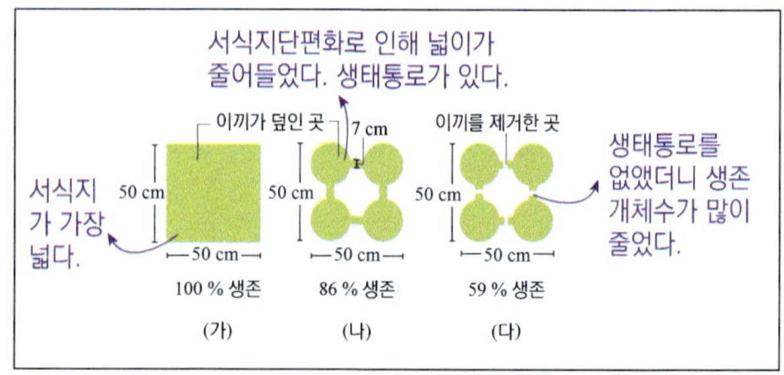

ㄱ. (다)는 서식지가 단편화되어 각각 고립된 결과로, 59 %밖에 생존하지 못했다.
ㄷ. (나)는 (다)의 서식지단편화에서 각각의 분할된 서식지를 연결하는 생태통로를 조성하였을 때를 가정한 결과로, (다)에 비해 많은 86 %의 생물이 생존하였으므로 이를 응용하여 도로, 철도 등을 건설할 때 분할된 서식지들 사이에 생태통로를 설치하면 종다양성을 보전하는 데 도움이 될 수 있다.

[바른 풀이] ㄴ. (가)는 다양한 생물이 사는 넓은 서식지를 그대로 두었을 때를 가정한 것으로, 동일한 생물종들끼리 분리하게 된다면 생물 간의 상호작용이 차단되어 종다양성이 감소한다.

32 ㄱ. 아스피린, 페니실린 등 질병을 치료할 수 있는 의약품의 재료를 제공한다.
ㄴ. 휴식 장소를 제공하고 생태 관광 자원으로 활용할 수 있다.
ㄷ. 병충해나 냉해에 강한 새로운 농작물 개발 등 생명 공학 연구에 필요한 유전자 자원을 제공하는 역할을 한다.

33 A는 같은 생물종에서 개체마다 유전자가 달라 다양한 형질이 나타나는 유전적 다양성이다.
B는 일정한 지역에 존재하는 생태계의 다양한 정도인 생태계다양성이다.
C는 일정한 지역에 서식하는 생물종의 다양한 정도로 종다양성이다.
ㄱ. 씨를 통해 번식하는(유성생식) ⊙ 야생 바나나는 무성생식에 의한 ⓒ 씨 없는 바나나보다 유전자 조합이 다양하므로 ⊙ 야생 바나나는 ⓒ 씨 없는 바나나보다 A 유전적 다양성이 높다.
ㄴ. B 생태계다양성이 높을수록 먹이그물이 복잡해지고 생물종 사이의 상호작용이 원활하여 C 종다양성이 높아진다.
ㄷ. C는 종다양성이다.

34 ㄱ. ⊙의 생물의 유전자 관리 중에는 다양한 식물종의 종자를 수집하여 보관해 두고, 자연이나 농경지에서의 환경이 바뀌어 종다양성이 낮아질 때 보관해 둔 종자를 꺼내어 생태계가 무너지는 것을 방지하는 종자은행도 포함된다.
ㄴ. (가)의 에너지 절약, 친환경 제품 사용 등은 개인적 수준에서의 실천 방안으로, 인간의 활동이 생물에게 영향을 줄 수 있다는 점을 인식하며 실천하여야 한다.

[바른 풀이] ㄷ. (나)는 국제적 수준에서의 실천 방안의 예시이고,

국립 공원 지정은 국가적 수준에서의 실천 방안의 예이다.
ㄹ. 천적이 없는 외래종의 도입은 오히려 고유종의 먹이와 서식지를
빼앗아 생존을 위협하고 종다양성을 낮출 수 있으므로 생물다양성
보전을 위한 실천 방안이라고 할 수 없다.

01 암모나이트는 바다에 살았던 중생대 표준 화석이며, 화폐석은
신생대에 바다에 서식했던 신생대 표준 화석이고, 삼엽충은 고생대
에 바다에 서식했던 고생대 표준 화석이다.

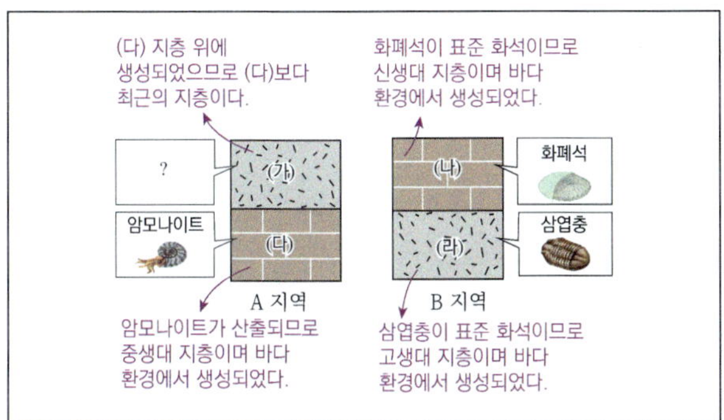

ㄷ. (다) 지층은 (가) 지층 위에 쌓여서 형성되었으므로 (다) 지층은
(가) 지층보다 오래 되었으며, 중생대 지층이다. (라) 지층은 고생대
지층이므로 가장 오래 된 지층은 (라) 지층이다.

바른 풀이 ㄱ. 갑주어는 고생대 표준 화석이므로 (다) 중생대 지
층보다 최근의 지층인 (가) 지층에서 발견될 수 없다.
ㄴ. 대륙이 많은 조각으로 나뉘어질수록 해안선의 길이가 길다. 고
생대 말의 판게아에서 중생대에서는 대륙이 나뉘기 시작했으므
로 현재보다 대륙이 많은 조각으로 나뉘어지지 않았다. 그러므로
(다) 지층이 형성될 당시인 중생대의 해안선의 총 길이는 현재보
다 짧았다.

02 이산화 탄소 농도는 지질 시대를 거치면서 점점 줄어드는 경
향을 보인다. A 시기는 고생대(5.39~2.52억 년 전) 후기이며, 양치
식물, 양서류, 삼엽충, 갑주어 등이 번성하였다가 고생대 말에 대
멸종을 당한다. B 시기는 신생대(0.66억 년 전~현재)이며, 생물종
의 수가 지질 시대 중 최대가 되었고, 후기에는 빙하기 4회, 간빙기
3회가 있었다.

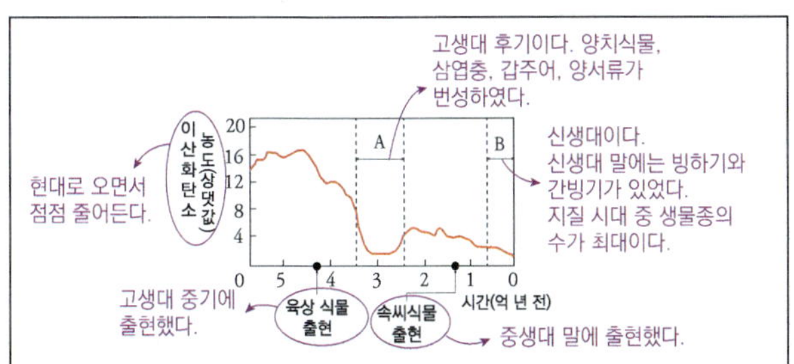

ㄱ. A 기간(고생대 후기)에 양치식물이 크게 번성하였다.
ㄴ. 지질 시대에는 대멸종이 여러 번 있었으나 그 이후에 생물종
수는 빠르게 회복되었고, 다양한 종으로 분화되었다. 지질 시대

를 거치며 생물종 수는 증가했으며, B 시대인 신생대에 가장 많
은 생물종이 생존하게 되어 종다양성이 최대가 되었다.

바른 풀이 ㄷ. B 기간인 신생대 후기에는 연평균 기온이 내려갔
고, 빙하기와 간빙기가 여러 번 있었다.

03 종다양성은 생물 종 수가 많을수록, 전체 개체수에서 각 종
이 차지하는 비율이 균등할수록 높아진다. 그림에서 영양 염류를
투입하자 Ⅰ~Ⅱ 구간 사이에서 종 수는 변동없이 식물성 플랑크톤
의 전체 개체수가 증가했다가 시간이 지나면서 영양 염류의 농도
가 줄어들면서 전체 개체수가 줄어들었지만 종다양성은 증가하는
것을 보여준다.

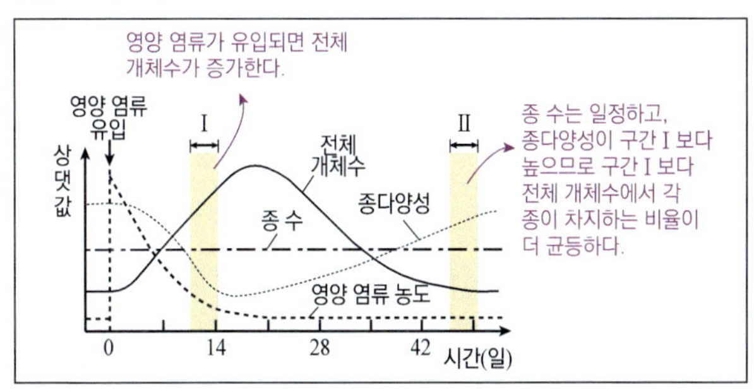

ㄱ. 구간 Ⅰ에서 종 수는 변동없이 전체 개체수가 증가하므로 개체
수가 증가하는 종이 있다.

바른 풀이 ㄴ. 종 수는 변동없이 유지되며, 종다양성이 구간 Ⅱ에
서 구간 Ⅰ보다 높으므로 구간 Ⅱ에서 구간 Ⅰ보다 전체 개체수에서
각 종이 차지하는 비율이 더 균등하다.
ㄷ. 동일한 생물 종이라도 형질이 각 개체 간에 다르게 나타나는 것
은 유전적 다양성이다.

04 A 종만 살던 서식지가 바다로 격리되어서 양쪽으로 갈라졌
다. A만 살던 한 쪽에서는 돌연변이 등 유전적 변이가 축적되어 A
와 다른 종인 B가 출현하였고, A와 B는 생존경쟁을 벌이다가 B가
자연선택되었다.

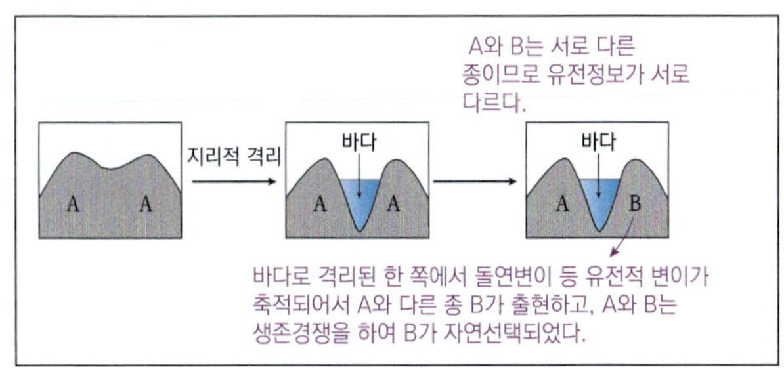

ㄴ. 진화가 일어남에 따라 새로운 생물 종 B가 나타났으므로 이 지
역의 생물다양성(종다양성)은 증가한다.

바른 풀이 ㄱ. A와 B는 서로 다른 종이므로 유전정보가 서로
다르다.
ㄷ. A와 B는 생존경쟁하여 B가 자연선택된다.

01 ④	02 ②	03 ①	04 ③	05 ②	06 ①
07 ①	08 ⑤	09 ⑤	10 ③	11 ②	12 ⑤
13 ①	14 ④	15 ②	16 ④	17 ①	

01 ㄱ. 화석의 변화는 곧 생물계의 급격한 변화를 의미하므로 화석의 변화는 지질 시대를 구분하는 중요한 기준이 된다.
ㄷ. 생물의 유해나 흔적이 화석으로 남으려면 다른 물질로 치환되거나 탄소로 변하여 화석으로 보존되는 화석화 작용을 받아야 한다.

[바른 풀이] ㄴ. 지질 시대는 지구의 탄생으로부터 현재까지의 기간을 말한다. 지질 시대의 시점은 최초의 암석이나 지층이 형성된 약 40억 년 전으로 판단한다. 인류의 역사가 시작된 시점은 신생대의 마지막 부분이며 현생 인류(호모 사피엔스)는 약 35만 년 전에 등장했다.

02 지질 시대 중 상대적 길이가 긴 순서대로 나열하면 선캄브리아시대(A) → 고생대(B) → 중생대(C) → 신생대(D) 순서이다.

ㄴ. B 고생대는 약 5억 3900만 년 전부터 약 2억 5200만 년 전까지 지속되었고, C 중생대는 약 2억 5200만 년 전부터 약 6600만 년 전까지 지속되었으므로 B 시대가 C 시대보다 오래 지속되었다.

[바른 풀이] ㄱ. A 시대는 지질 시대 중 상대적 길이가 가장 긴 선캄브리아시대이다.
ㄷ. B 시대는 고생대이다. 다른 시대에 비해 화석이 적게 발견되는 곳은 A 선캄브리아 시대로, 이때 서식하던 생물에 단단한 뼈나 껍질이 없어 화석이 많이 만들어지지 않았고 만들어진 화석도 오랜 세월을 거치면서 지각 변동으로 인해 훼손되어 다른 시대에 비해 남아있는 화석의 양이 많지 않다.

03 선캄브리아시대 남세균은 최초의 광합성 생물로 산소를 배출하였다. 삼엽충은 고생대 바다에서 번성했던 생물이다. 3차 대멸종은 고생대 말 판게아가 형성되면서 해안선이 짧아졌고, 심한 화산 활동에 의해서 일어난 것으로 규모가 가장 큰 대멸종이다. 화폐석은 신생대 바다에서 번성했던 생물이다.

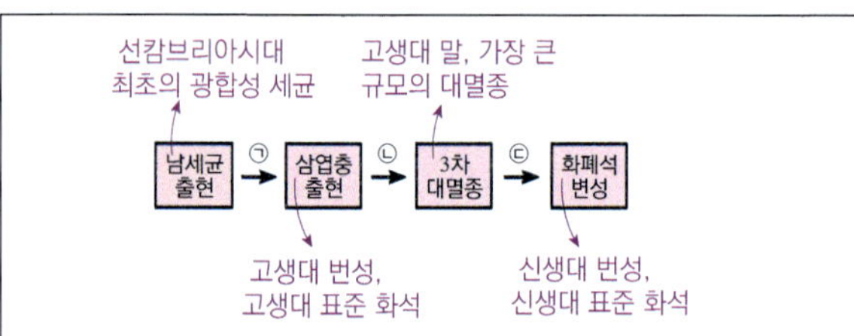

ㄴ. 중생대는 3차 대멸종 이후 신생대 사이인 ㉢ 기간에 포함된다.

[바른 풀이] ㄱ. 겉씨식물은 중생대에 번성했으므로 ㉠ 기간이 아니라 ㉢ 기간에 번성하였다.
ㄷ. 삼엽충 출현은 고생대 초이고, 화폐석의 번성 시기는 신생대 초부터 시작되므로 ㉡ 기간은 고생대 전체 기간이라고 할 수 있고 약 3억 년 정도 지속되었다. ㉢ 기간은 중생대 전체 기간 정도인데 약 2억 년 정도 지속된 것이므로 ㉡ 기간이 ㉢ 기간보다 길다.

04 (가)는 삼엽충과 육상 생물의 진출을 나타내고 있으므로 고

생대, (나)는 매머드가 있으므로 신생대의 복원도이다.

ㄱ. (가) 고생대는 (나) 신생대보다 오래된 지질 시대이다.
ㄴ. (가) 고생대에는 산소 농도가 높아지면서 오존층이 자외선을 차단할 정도로 두꺼워졌다. 이에 따라 육상 생물의 출현이 가능해지면서 생물 수가 폭발적으로 증가하였다.

[바른 풀이] ㄷ. (나) 신생대 시기는 전기에는 온난한 기후였지만 후기에 빙하기(4회)와 간빙기(3회)가 반복되었다.

05 (가)는 암모나이트이며 중생대의 표준 화석이다. 중생대에 해양에서 서식하였다.

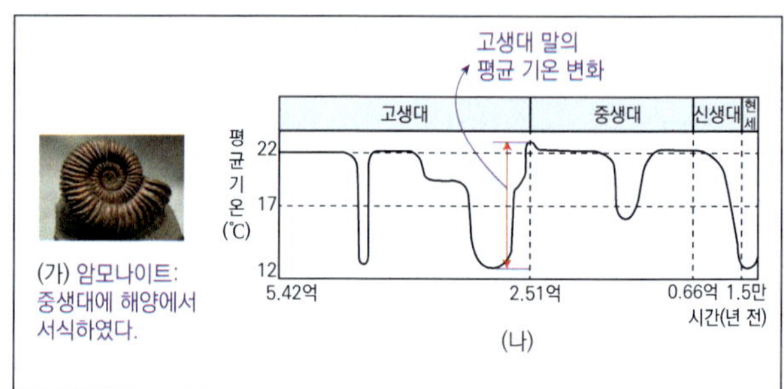

ㄴ. (가) 암모나이트가 번성하던 중생대는 평균 기온이 17 ℃ 이상이었으며, 현재는 평균 기온이 15 ℃ 이하이므로 (가) 암모나이트가 번성하던 중생대는 현재보다 온난하였다.

[바른 풀이] ㄱ. (가) 암모나이트는 해양 생물이므로 (가)가 발견된 지층은 해양에서 형성되었다.
ㄷ. 평균 기온의 변화는 고생대 말이 중생대 말보다 크다.

06 (가)에서 가장 비율을 차지하는 시대는 A 선캄브리아시대, B는 고생대, C는 중생대, D는 신생대이다.
(나)는 암모나이트로 중생대의 표준 화석이며, (다)는 삼엽충으로 고생대의 표준 화석이다. (나)와 (다)는 모두 해양 생물이다.

ㄱ. 가장 최근의 지질 시대는 D 신생대이다.

[바른 풀이] ㄴ. (나) 암모나이트가 번성했던 시대는 C 중생대이다.
ㄷ. (다) 삼엽충은 해양 생물이므로 (다)가 산출된 지층은 해양 환경에서 퇴적되었다.

07 ㄱ. A 시기는 고생대 말의 가장 큰 규모의 멸종이 일어난 시기로 판게아 형성에 따른 해안선 감소, 대규모 화산 폭발에 의한 극단적 온난화 등으로 삼엽충, 방추충을 비롯한 해양 생물 대부분이 멸종하였다.

[바른 풀이] ㄴ. B 시기는 중생대 말로 소행성 충돌, 대규모 화산 폭발에 의한 대멸종이 일어나 공룡, 암모나이트 등이 멸종하였다. 대륙의 이동에 의해 판게아가 형성됨으로써 일어난 대멸종은 A이다.
ㄷ. 고생대에 산소가 대기에 유입되고, 오존층이 형성되어 유해 산 자외선이 차단되면서 중기에 최초의 육상 식물이 출현하였다.

08 ㄱ. (가)~(다) 사이에 털색을 발현시키는 유전자의 차이가 있어 털색이 흰색, 검은색, 얼룩색으로 나타나므로 변이가 있다.

ㄷ. (나)는 유성 생식에 의해 부모 양쪽의 유전자를 받아 다양한 유전자 조합을 가지게 되므로 부모와 유전자 조합이 달라진다.

[바른 풀이] ㄴ. (나)는 (가)와 (다) 부모의 유전자가 조합된 유전자를 가지고 있으므로 돌연변이에 의한 형질을 갖는 것이 아니다.

09 ㄱ. 해충 집단에 있어서 유전적 차이에 의해서 'ⓐ 살충제 내성이 있음'과 'ⓑ 살충제 내성이 없음'의 형질이 발현된다.
ㄴ. 해충 집단에서 살충제 살포 환경에서 ⓐ 살충제 내성이 있는 해충이 생존 경쟁에 유리하여 자연선택된다.
ㄷ. 살충제를 살포하여 해충 집단의 유전자 비율이 변화하였으므로 살충제 살포는 유전자풀을 변화시키는 요인이다.

10 (가), (나)에서 낫모양적혈구 빈혈증 발생 지역과 말라리아가 많이 발생하는 지역이 겹친다. 이것은 말라리아가 많이 발생하는 환경에서 낫모양적혈구 유전자가 생존에 유리하기 때문이다.
ㄱ. 말라리아 발생 환경에서 낫모양적혈구 빈혈증 환자는 보통 사람 보다 말라리아에 걸릴 확률이 더 낮기 때문에 더 많이 생존하였다.
ㄴ. 말라리아 발생 환경에서 낫모양적혈구 빈혈증 환자가 더 많이 생존했으므로 자연선택은 생존에 유리한 방향으로 이루어졌다.
[바른 풀이] ㄷ. 말라리아 발생 환경에서 낫모양적혈구 빈혈증 환자가 생존했으므로 말라리아는 낫모양적혈구 빈혈증 환자의 자연선택에 유리하게 작용했다.

11 (가) 낙타는 30일 정도 물을 마시지 않고도 살 수 있다. ➡ 물이 없는 환경에서 오랜 기간 살 수 없는 낙타는 도태되었다.
➡ 낙타는 물이 없는 환경에 생존하기 위한 유리한 형질로 진화하였다.
(나) 남극에 사는 펭귄은 추위를 견디기 쉽게 두꺼운 지방층을 가지고 있다. ➡ 얇은 지방층을 가진 펭귄은 추위에 도태되었다.
➡ 펭귄은 추운 환경에서 생존하기 위한 유리한 형질로 진화하였다.
(다) 치타는 순간적으로 최대 120 km/h의 속력을 낼 수 있는 신체 구조를 가지고 있다. ➡ 느린 속력의 치타는 먹이를 구할 수 없으므로 도태되었다.
➡ 치타는 먹이를 구하기 위한 유리한 형질로 진화되었다.
ㄱ. (가)~(다) 모두 주어진 환경에서 생존하기 유리한 형질로 진화한 것이므로 자연선택의 사례이다.
ㄴ. (가)는 물이 적은 사막에 적응하는 과정에서 오래 물을 마시지 않아도 생존할 수 있는 유리한 형질을 가진 낙타가 자연선택되어 진화한 것이다.
[바른 풀이] ㄷ. 추위를 견디기 위해 두꺼운 지방층은 생존에 유리한 형질이다. (나)는 지방층이 두꺼운 펭귄이 많이 살아남아 자손을 남겨 진화한 결과이다.

12 훈련에 의한 변이는 유전자가 변하지 않는 환경적 변이로 유전되지 않는다.
ㄴ. 운동 선수가 오랜 훈련을 하면 근육량이 증가하게 되는데, 이것은 카렌족 여인과 같은 환경적 변이이다.
ㄷ. 야생의 호랑이는 생존을 위해서 사냥법을 터득하여 동물원 호랑이보다 사냥을 더 잘 하게 되는데, 이것은 카렌족 여인과 같은 환경적 변이이다.
[바른 풀이] ㄱ. 사람의 눈동자 색이 각각 다른 것은 부모의 유전자에 조합에 따라서 자식의 유전자 조합이 바뀌는 유전적 변이이다.

13 영국 산업혁명 시기에 나무가 석탄 그을음으로 검게 변하면서 밝은 색 나방은 포식자에게 잘 보였고, 검은색 나방은 포식자

에게 잘 보이지 않아 생존 확률이 높아져 자연선택에 의해 개체수가 증가하게 되었다.
ㄱ. 공업 도시 근처는 매연 등에 의해 어두운 색 환경이 되므로 눈에 잘 띄지 않는 검은색 후추나방에게 더 유리한 환경이고 검은색 후추나방이 자연선택된다. 농촌 숲에서는 밝는색 후추나방이 눈에 덜 띄는 환경이므로 흰색 후추나방이 자연선택된다.
[바른 풀이] ㄴ. 농촌 숲은 환경 오염이 없어 밝은 색으로 유지되었다.
ㄷ. 공업 도시에 공장이 세워지지 않았으면 환경 오염에 의한 어두운 색 환경이 만들어지지 않는다.

14 ㄱ. (가)는 유전적 다양성으로 같은 생물종 내에서도 다양한 형질이 나타나는 것이다. 얼룩말의 무늬가 개체마다 다른 것도 이것의 예이다.
ㄴ. (나)는 종다양성을 나타낸 것으로, 생태계에 서식하는 생물종이 많고, 분포 비율이 각각 균등할 때 종다양성이 높은 것이다.
[바른 풀이] ㄷ. 생태계다양성이 높을수록 더 많은 생물들이 서식할 수 있어 (나) 종다양성도 높아지며, (가) 유전적 다양성도 높아진다.

15 생물다양성은 일정한 지역에 사는 생물의 다양한 정도이므로, 먹이 관계가 복잡할수록 생물다양성이 높으며, 종이 도태될 가능성이 작아지므로 생태계가 안정적이다.
ㄴ. 생태계 B의 먹이 관계가 더 복잡하므로 생태계 B가 생태계 A보다 더 안정적이다.
[바른 풀이] ㄱ. 생태계 A보다 생태계 B의 생물종 수가 더 많으므로 생태계 B가 생태계 A보다 종다양성이 높다.
ㄷ. 개구리가 멸종할 경우 생태계 A에서는 뱀의 먹이가 개구리밖에 없으므로 뱀도 멸종할 것이지만, 생태계 B에서는 뱀이 개구리 외에도 쥐와 같이 먹이로 할 다른 종이 있으므로 멸종하지 않는다.

16 (가)는 종다양성으로 한 생태계에 존재하는 생물 종의 다양한 정도이다. (나)는 유전적 다양성으로 동일한 생물 종 사이에서 나타나는 형질의 다양한 정도이다. 그림은 같은 종의 쥐 집단에서 나타나는 털 무늬의 다양한 정도이므로 (나) 유전적 다양성을 나타내고 있다.
ㄴ. (나)는 유전적 다양성이다.
ㄷ. ⓐ은 '강, 삼림, 습지, 초원 등 생태계가 다양하게 형성됨을 의미한다.
[바른 풀이] ㄱ. 그림은 (나) 유전적 다양성에 해당한다.

17 개체군은 같은 종에 속하는 개체들이 일정한 지역에 모여 사는 집단이다.
ㄱ. ⓐ은 높이 5m 이내, ⓔ은 높이 약 10~15m에서 서식하므로 ⓐ이 서식하는 높이는 ⓔ이 서식하는 높이보다 낮다.
[바른 풀이] ㄴ. 구간 I에서는 서로 다른 종인 ⓑ, ⓒ 종이 서식하며, 각각 다른 개체군을 이루며 살고 있다. 따라서 한 개체군을 이루어 서식하고 있지 않다.
ㄷ. (나)에서 나무 높이의 다양성이 높을수록 새의 종다양성이 높게 나타난다. 나무 높이의 다양성은 나무의 높이가 다양할수록, 각 높이의 나무가 차지하는 비율이 균등할수록 늘어나므로, 높이

가 h_1, h_2, h_3인 나무가 고르게 분포하는 숲이 높이가 h_3인 나무만 있는 숲보다 높다.

따라서 새의 종다양성은 높이가 h_1, h_2, h_3인 나무가 고르게 분포하는 숲에서가 높이가 h_3인 나무만 있는 숲에서보다 높다.

01 ③	02 ⑤	03 ②	04 ②	05 ④	06 ①
07 ④	08 ⑤	09 ①	10 ⑤	11 ②,④	12 ⑤
13 ②	14 ④	15 ①	16 ③	17 ④	18 ⑤
19 ④	20 ④	21 ③	22 ④	23 ④	24 ④
25 ④	26 ④	27 ⑤			

01 A 시기는 가장 긴 선캄브리아시대, B 시기는 고생대, C 시기는 중생대, D 시기는 가장 짧은 신생대이다. (나) 삼엽충은 B 고생대의 해양 생물로 고생대 표준 화석이다. 속씨식물이자 활엽수인 참나무와 단풍나무는 C 중생대 말에 출현하여 D 신생대에 번성하였다.

ㄱ. (나) 삼엽충은 B 고생대의 표준 화석이다.

ㄷ. D 신생대 후기에 영장류가 진화하여 신생대 제4기에 인류의 조상이 출현하였다.

[바른 풀이] ㄴ. 속씨식물인 참나무와 단풍나무가 번성한 시기는 D 신생대이다.

02 스트로마톨라이트는 화석이 거의 발견되지 않는 선캄브리아시대의 주요 화석으로, 남세균(사이아노박테리아)에 의해 만들어지는 층상 구조의 퇴적물이다. 남세균은 광합성으로 산소를 발생시켰고, 이 산소로 인해 대기 중에 오존층이 형성되었다.

ㄱ. A 선캄브리아시대의 생물은 대부분 단단한 껍데기나 뼈가 없어 화석이 거의 발견되지 않는다. 발견된 화석 구조로 스트로마톨라이트는 남세균이 만든 점액질 층에 물속의 미세한 퇴적물이 달라붙어 만들어지는 특이한 구조로 시간이 지나면서 암석으로 굳어졌다.

ㄴ. 생물 X는 남세균으로 효소에 의해 광합성을 함으로써 산소를 방출하였다.

ㄷ. ㉠ 오존층이 형성되어 유해한 자외선을 차단하였으므로 생물이 육지로 진출할 수 있게 되었다.

03 고생대 말에 형성된 판게아는 중생대에 서서히 분리되어 중생대 말에는 대서양과 인도양이 형성되었다. 중생대는 비교적 온화한 기후로 빙하기가 없었다. 중생대 말 대멸종으로 공룡, 암모나이트 등이 멸종하였다.

ㄴ. 오존층은 남세균의 광합성 과정에서 방출한 산소에 의해 형성되었고 육상 식물의 출현이 가능하게 하였으므로 (나) 기간에 형성되었다.

[바른 풀이] ㄱ. 스트로마톨라이트는 남세균에 의한 화석이므로 최초의 생물 출현 이후인 (나) 시기에 산출된다.

ㄷ. (다) 기간은 중생대 기간으로 온난하여 빙하기가 없었다.

04 생존 기간이 짧고 분포 지역이 넓은 고생물 B의 화석은 표준 화석으로 구분되고, 생존 기간이 길고 분포 지역이 좁은 고생물 A의 화석은 시상 화석으로 구분된다.

ㄱ. 고사리는 생존 기간이 길고 분포 지역이 좁은 시상 화석으로 A에 해당한다.

ㄴ. 지질 시대를 구분하는 데에는 분포 면적이 넓으면서도 생존 기간이 짧은 표준 화석 B를 가장 유용하게 사용한다.

[바른 풀이] ㄷ. C는 생존 기간도 길고 분포 지역도 넓어 어디에서나 잘 살아남은 고생물이었으므로 생성 환경을 알아내는 데에 가장 유용하지는 않다. 지층의 생성 환경을 알아내는 데 가장 유용한 것은 좁은 면적에 오래 생존하는 A 시상 화석이다.

05 (나)는 판게아가 형성된 고생대 말기, (다)는 대서양과 인도양이 형성되기 시작한 중생대 중기, (가)는 대서양과 인도양이 넓어진 신생대의 수륙 분포이다.

ㄴ. (나) 고생대에 양치식물이 대량으로 묻혀 석탄층을 형성하였다.

ㄷ. (다) 중생대에 겉씨식물이 번성하였다.

[바른 풀이] ㄱ. 암모나이트는 중생대인 (다) 시기의 표준 화석이다.

06 그림은 삼엽충의 화석으로 고생대에 번성했던 해양 동물이다. 따라서 A는 고생대이다. B는 공룡이 번성했으므로 중생대이고, 따라서 C는 신생대이다.

ㄱ. A는 고생대이다.

[바른 풀이] ㄴ. 인류는 C 신생대에 출현했다.

ㄷ. 암모나이트는 B 중생대 바닷속에 살았던 동물이다.

07 Ⅰ은 신생대, 중생대, 고생대 중 가장 기간이 길었던 고생대이고 차례로 Ⅱ는 중생대, Ⅲ은 가장 기간이 짧은 신생대이다. t_1은 고생대 말의 대멸종과 중생대가 시작된 시기로 2.52억 년에 해당한다.

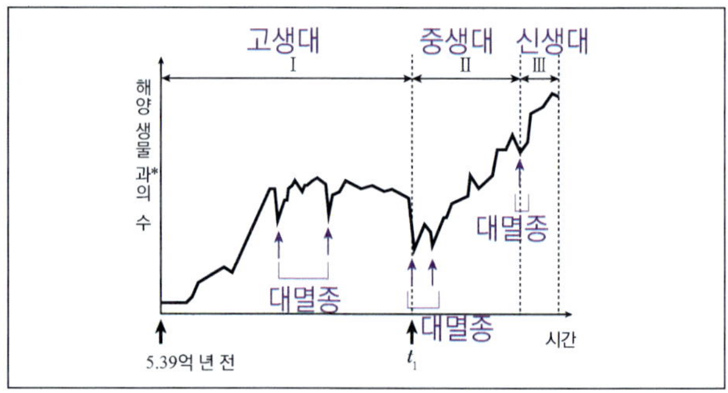

ㄱ. Ⅰ은 고생대에 해당한다.

ㄷ. t_1일 때 지질 시대 중 가장 큰 대멸종이 일어나 고생대 생물 종의 80 %가 멸종하였다.

[바른 풀이] ㄴ. Ⅲ은 신생대이다. 공룡은 Ⅱ 중생대에 번성하였다.

08 (가) 시기는 현재로부터 약 4억년 이전이므로 선캄브리아시대이며 남세균(사이아노박테리아)의 광합성 과정에서 산소가 대기로 방출되어 대기 중 산소 농도가 증가하는 구간이다. 대기 중 산소 농도는 고생대에서 최대가 되며, 이때 오존층이 만들어져 유해한 자외선을 차단했으므로 생물이 육지로 진출할 수 있었다.

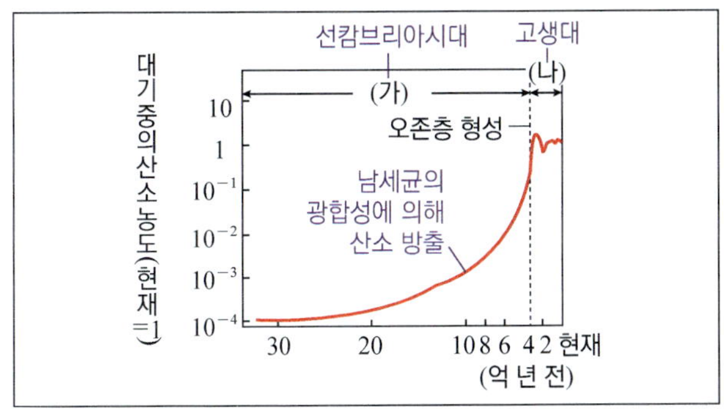

ㄱ. (가) 선캄브리아시대의 산소 농도 증가는 남세균의 광합성 과정에서 방출된 산소 때문이다.
ㄴ. 오존층 형성 이후 육상 생물이 출현했으며, 수가 크게 증가하였다.
ㄷ. 오존층 형성 이후 자외선을 차단했으므로 지표에 도달하는 지외선의 양은 (가)>(나)이다.

09 지질 시대 중 가장 큰 대멸종은 고생대 말에 일어났으며 생물 과의 수가 약 80 % 멸종했다. 멸종 이후 생물은 분화와 진화를 거쳐 생물 과의 수는 꾸준히 증가하였다.

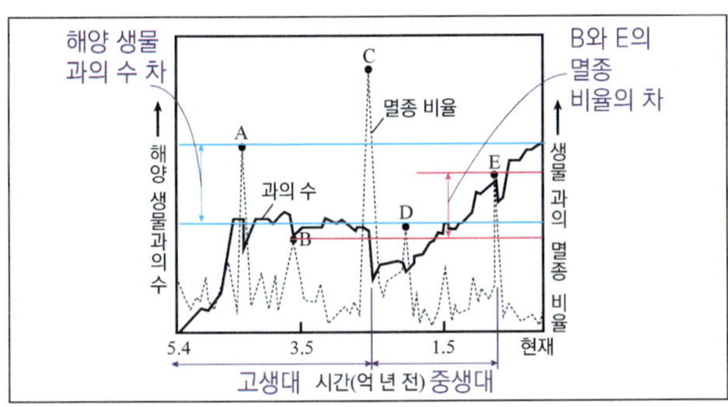

ㄱ. 고생대 말에 발생한 대멸종은 C이다.
[바른 풀이] ㄴ. 해양 생물 과의 수는 현재가 1.5억 년 전보다 많다.
ㄷ. E에서 생물 과의 멸종 비율이 B에서보다 높다.

10 ⑤ 달팽이 껍질 색과 무늬의 변이는 유전자의 차이에 의해 기존과 다른 새로운 형질이 나타난 것이므로, 자손에게 전달될 수 있다.

[바른 풀이] ① 달팽이 껍질의 변이는 유전자에 의한 변이이므로 자연선택이 일어날 때 생물의 진화에 영향을 준다.
② 달팽이 껍질의 색과 무늬의 변이는 주어진 환경에 따라 개체가 적응하는 데에 유리한 형질이 될 수 있다.
③ 달팽이 껍질의 색과 무늬는 유전자의 차이로 인해 발생하는 변이이다.
④ 변이는 서로 같은 종 사이에 나타나는 형질의 차이이다.

11 ② 개체 간의 다양한 변이 중 유리한 형질이 자연선택된다고는 했지만, 다양한 변이가 나타나는 원인을 명확하게 해명하지는 못했다.

④ 생물은 유전자를 자손 세대로 전달함으로써 자손 세대가 부모의 형질을 나타낼 수 있다.
[바른 풀이] ① 진화의 원리는 유전자에 의한 다양한 변이와 자연

선택의 과정이다. 환경에 의한 후천적 형질 변화는 자손에게 전달되지 않으므로 진화에 영향을 미치지 못한다.
③ 환경에 적응하기 유리한 변이를 가진 개체가 더 많이 살아남아 자손을 더 많이 남긴다.(자연선택)
⑤ 생명 과학 분야에서는 생물 사이의 동일성과 다양성을 설명하여 진화적 관점으로 분류할 수 있게 하였으며, 사회적으로는 자본주의와 제국주의에서 사회적 불평등 구조와 경쟁, 인종 차별, 식민 지배 등을 정당화하는 데에 이용되기도 하였다.

12 그림은 생물 개체군에서 몸 색깔이 진한 개체가 자연선택되어 개체수가 점점 증가하고 있음을 나타낸다.

ㄱ. 몸 색깔이 진한 개체가 자연선택되어 개체수가 점점 증가한다.
ㄷ. 몸 색깔이 진한 개체가 환경에 더 잘 적응하여 살아남아 개체수가 증가하는 자연선택이 이루어진 것이다.
[바른 풀이] ㄴ. 세대가 지날수록 개체군의 몸 색깔은 점점 검은색으로 되어 몸색깔 변이가 단순해진다.

13 A 길고 뾰족한 부리를 가진 핀치는 선인장이 많은 섬에서 먹이를 섭취하기가 쉬워 자연선택되어 진화한 결과이며, B 크고 두꺼운 부리를 가진 핀치는 크고 단단한 씨앗이 많은 섬에서 적응하여 살아남아 자연선택되어 진화한 결과이다.

ㄴ. A와 B는 서로 다른 환경에서 생존에 유리한 형질이 자연선택되어 진화하였다.
[바른 풀이] ㄱ. 용불용설에 의한 환경에 의한 변이는 자손에게 전달되지 않는다. A와 B는 유전적 변이의 차이가 있으며 각 환경에서 유리한 형질을 가지도록 자연선택된 것이다.
ㄷ. A와 B는 각각의 환경에서 살아남기 유리한 형질을 가진 개체들이 환경에 적응해 자연선택되어 진화할 수 있었다. 각각의 환경에서 살아남기 유리한 형질을 발현시키는 유전자는 서로 다르다.

14 그림은 나비가 지리적 격리에 의해 나누어지고, (가) 돌연변이가 나타나 유전자풀이 변하고 (나) 자연선택되는 과정을 나타낸 것이다.

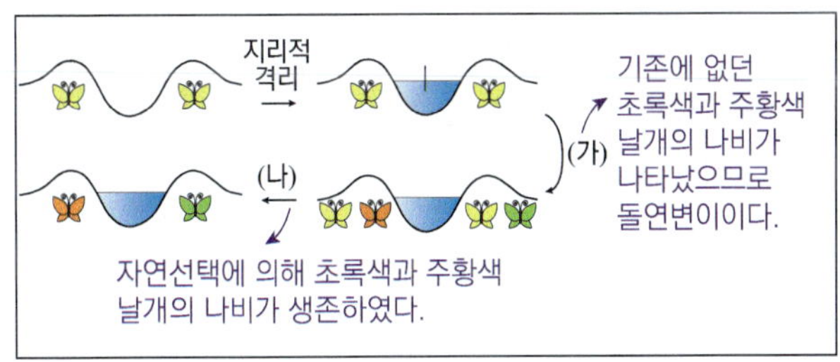

ㄱ. (가) 과정에서는 돌연변이가 일어나 새로운 형질을 가진 개체가 나타나는 과정이다.
ㄷ. (가)와 (나)를 거치면서 노란색 날개의 나비는 없어지고, 주황색과 초록색 날개의 나비가 나타났고, 유전자는 서로 다르므로 나비 집단의 유전자풀은 변하게 된다.
[바른 풀이] ㄴ. (나)는 노란색 날개의 나비가 도태되는 과정으로 생존에 유리한 주황색과 초록색 날개의 나비가 자연선택되는 과정이다.

15 A는 벨크로테이프에 붙는 모형이고, B는 벨크로테이프에 붙지 않는 모형이다. A 벨크로테이프에 붙는 모형은 항생제에 내성이 없어 도태되는 세균 모형이며, B 벨크로테이프에 붙지 않는 모

형은 항생제가 투여되는 환경에 유리한 항생제 내성 세균 모형이다.
(다) 벨크로테이프로 찍어 냈을 때 A는 20개가 제거되지만 B는 제거되지 않는다. 이것은 항생제 처리를 했을 때 A만 도태됨을 의미한다.
(라) 쟁반에 남은 것과 같은 종류의 모형을 각각의 수만큼 더해 2세대를 만드는 것은 세균 A, B가 각각 증식하는 과정을 뜻한다.
[실험 결과]

세대 모형	1세대	(처리)	2세대	(처리)	3세대	(처리)	4세대
A	36	36-20= 16	16×2= 32	32-20= 12	12×2= 24	24-20= 4	4×2= 8
B	4	4	4×2= 8	8	8×2= 16	16	16×2= 32

실험 결과에서 항생제 투여 환경에서 생존에 불리한 A는 도태되었고, 생존에 유리한 B는 자연선택되어 개체수가 증가하였다.
ㄴ. ㉠ 각각의 수만큼 더해 2세대를 만드는 것은 (다) 항생제 투여 이후 생존한 세균의 증식을 뜻한다.

 ㄱ. A는 항생제 내성이 없는 세균 모형이므로 세대를 거듭할수록 개체수가 줄어든다.
ㄷ. 세대가 거듭될수록 B 항생제 내성 세균 모형의 비율은 증가한다.

16 (가) 진화는 오랜 기간 동안 여러 세대를 거쳐 이루어진 생물의 변화과정이다.
(나) 유전자나 DNA 염기서열 등의 유전정보의 변화가 발생하여 유전형질이 달라지는 현상을 변이라고 하며, 이러한 변이는 진화를 일으키는 요인이다.
(라) 진화는 단순히 환경 요인뿐만 아니라 생물 간의 상호작용에서도 큰 영향을 받는다. 예를 들어, 포식자는 먹이를 더 잘 잡기 위해 진화하고, 피식자는 더 잘 도망치거나 위장하기 위해 진화한다.

 (다) 우수한 형질은 상대적인 표현이다. 어떤 형질이 환경에 맞을 때 선택되고, 환경이 바뀌면 다른 형질이 선택될 수 있다. 따라서 진화는 환경에 맞는 형질을 가진 생물이 선택되는 과정으로 설명할 수 있다.
(마) 진화는 목적이나 방향성을 가진 과정이 아니라, 단순히 세대를 거듭하며 나타나는 유전적 변이와 그 변이에 대한 선택의 결과이다.

17 ④ (다)목이 긴 기린이 목이 짧은 기린보다 많이 살아남아 자손을 남겼으므로 (가) 이전의 기린보다 목이 긴 기린의 비율이 높아졌다.(진화)

 ① 다윈이 주장한 진화설이다.
② (가)에서 기린은 주어진 환경에서 모두 살아남을 수 없는 만큼의 많은 자손을 낳았다.(과잉생산)
③ (나)의 기린은 높은 곳의 나뭇잎을 먹을 수 있는 목이 긴 변이를 가진 기린이 살아남았다.(적자생존)
⑤ 다윈의 자연선택설은 자연 과학 분야에서 진화적 관점의 생물 분류에 영감을 주었을 뿐만 아니라 사회의 자본주의와 시장경제, 제국주의를 정당화하는데 활용되었다.

18 진화 과정에서 세균 ㉠의 개체수는 점점 줄어들었으며, 세균 ㉡의 개체수는 점점 증가하였다. 이것은 항생제 A를 사용하였을 때 생존에 불리한 세균 ㉠은 점점 도태되며, 생존에 유리한 세균 ㉡이 자연선택됨을 의미한다. 따라서 세균 ㉠은 항생제 A에 내성이 없는 세균이며 세균 ㉡은 항생제 A에 내성이 있는 세균이다.
ㄱ. 세균 ㉠은 항생제 A에 내성이 없는 세균이다.
ㄴ. 항생제 A가 있는 환경이 세균 ㉡에게는 생존에 유리한 환경이므로 항생제 A가 있는 환경에서 항생제 A가 없을 때보다 높은 비율로 존재한다.
ㄷ. 세균의 진화 과정은 항생제 사용이라는 환경의 급격한 변화가 일어나 짧은 시간에 자연 선택이 일어난 사례이다.

 ㄱ. 수소 원자핵 반응 시에는 질량 결손에 의해 에너지가 방출된다.
ㄷ. 철 원자핵까지 만들어지는 핵융합 반응이 일어나는 진화 과정은 초거성 단계로 태양보다 10배 이상 큰 별의 진화 과정이다.

19 (가)는 어떤 생태계에 여러 종의 생물이 서식하는 것으로 종다양성을 나타내며, (나)는 같은 종인 쥐의 유전정보가 다른 것으로 유전적 다양성, (다)는 생태계다양성을 나타낸다.
ㄴ. 돌연변이는 없던 변이가 나타나는 것으로 (나) 유전적 다양성의 변화를 가져온다.
ㄷ. (다) 생태계다양성은 환경 요인과 생물들이 영향을 주고받으며 살아가는 다양한 서식지가 존재하는 것을 의미한다.

 ㄱ. 사람마다 눈동자 색에 대한 유전정보가 달라 눈동자 색이 다르게 나타나는 것은 유전적 다양성으로 (나)의 예시이다.

20 (가)는 생태계다양성으로 환경 요인과 생물들이 영향을 주고받으며 살아가는 다양한 서식지가 존재하는 것을 의미한다.
(나)는 유전적 다양성으로 같은 종에서 유전정보가 달라 개체 간의 형질이 서로 다르게 나타나는 것이다.
(다)는 종다양성으로 한 생태계 내에 존재하는 생물종이 다양하게 나타나는 것이다.
ㄱ. (가) 생태계다양성은 환경 요인과 생물들이 영향을 주고받으며 살아가는 생태계의 다양성을 의미하므로 ⓐ는 생물적 요소와 빛, 토양, 온도 등의 비생물적 요소를 모두 포함한다.
ㄴ. ㉠ 씨를 통해 번식하는 것은 유성생식으로 부모의 다양한 유전자 조합으로 다음 세대가 형성되어 (나) 유전적 다양성이 증가하지만, ㉡ 뿌리의 일부를 잘라 옮겨 심어 번식하는 것은 무성생식으로 유전자가 변하지 않으므로 (나)유전적 다양성이 변하지 않는다.
ㄷ. (가) 생태계다양성이 높을수록 다양한 생태계가 존재하므로 다양한 생물이 서식할수 있어 (다) 종다양성이 높아진다.

21 생물다양성은 종다양성, 유전적 다양성, 생태계다양성을 모두 포함한다.
학생 A: 유전자 자원을 확보하는 것은 유전적 다양성을 높이는 일이다. 생물다양성을 보전하는 일에 포함된다.
학생 B: 종자은행을 설립해서 종다양성을 높이는 일은 생물다양성 보전의 한 방법이다.

 학생 C: 생물다양성이 높을수록 생태계는 더 안정적으로 유지된다.

22 (가)는 생물다양성이 종다양성, 유전적 다양성, 생태계다양성의 요소로 이루어짐을 뜻하고, (나)는 종자의 유전정보가 달라 변이가 나타나서 모양과 색깔이 다르게 나타나는 것으로 유전적 다양성을 뜻한다.
ㄱ. (나)는 유전적 다양성을 뜻한다.
ㄷ. 종자은행은 종다양성을 높이는 역할을 함으로써 생물다양성을 보존하는 역할을 한다.

[바른 풀이] ㄴ. 한 생태계 내에서 생물 종의 다양한 정도는 종다양성을 의미한다.

23 (가)는 같은 생물종 내에서 서로 다른 유전자를 가지고 있어 다양한 형질이 나타나는 것으로 유전적 다양성을 뜻한다. (나)는 한 생태계에 서식하는 생물종의 다양함을 나타낸 것으로 종다양성을 뜻한다.
ㄴ. (나)는 종다양성이다.

[바른 풀이] ㄱ. (가) 유전적 다양성이 높을수록 환경이 급격히 변했을 때 환경에 적응할 수 있는 확률이 높아지며, 멸종이 일어날 가능성이 작아진다.
ㄷ. 같은 종의 무당벌레의 날개의 무늬가 다양한 것은 유전적 다양성에 해당되므로 (가)의 예이다.

24 ㄱ. (다)는 서식지 단편화로 단편화하기 전에 비해 생존률이 59 %로 떨어진 결과이다.

ㄷ. 생태통로를 건설하지 않은 (다)는 생존률이 59 %인데 비해, 생태통로를 건설한 (나)는 생존률이 86 %로 늘어나는 것으로 보아 도로, 철도 등을 건설할 때 생태통로를 설치하면 종다양성을 보전할 수 있다.

[바른 풀이] ㄴ. (가)→(다)로 서식지가 단편화되면 가운데의 면적은 좁아지고 가장자리의 면적은 넓어지므로 가장자리에 살던 생물보다 가운데 살던 생물의 피해가 더 크다.

25 생태계에 생물종이 많고, 그 생물종의 분포 비율이 각각 균등할 때 종다양성이 높은 생태계이다.
ㄱ. (가), (나) 지역의 식물종 수는 4종으로 서로 같다.

ㄷ. (가)보다 (나)에 종 A의 개체수가 많아 다양한 모습으로 존재하므로 종 A의 유전적 다양성은 (나)에서 더 높게 나타난다.

[바른 풀이] ㄴ. 각 종들이 균등하게 분포할수록 종다양성이 높게 나타나므로 (나)보다 (가)에서 종다양성이 더 높게 나타난다.

26 그림 (나)에서 같은 종의 무당벌레 집단 A의 반점 무늬가 각각 다른 반면에 같은 종의 무당벌레 집단 B의 반점 무늬는 모두 같다. 반점 무늬가 다른 것은 유전자의 차이에 의한 변이로 집단 A의 유전적 다양성이 집단 B의 유전적 다양성보다 크다고 할 수 있다.
ㄴ. 종다양성이 커질수록 다양한 생물이 존재하게 되어 생태계의 안정성은 증가한다.
ㄷ. 생물다양성을 유지하기 위해서는 다양한 생물이 존재해야 하고, 다양한 생태계 환경이 존재해야 하므로 자연 환경을 보존해야 한다.

[바른 풀이] 유전적 다양성은 집단 B에서보다 집단 A에서가 크다.

27 가축 배설물 등이 강이나 바다의 부영양화를 일으켜 용존산소량을 감소시켜 생물다양서을 감소시키고, 대기 오염에 의한 산성비는 토양, 호수를 산성화시켜 생물의 생존에 불리한 환경이 만들어져 생물다양성을 감소시키며, 중금속과 화학 물질의 생물농축으로 인해 생물의 생존에 불리한 환경이 만들어져 생물다양성을 감소시킨다.

01 산화와 환원

개념체크 67 쪽

01 (1) × (2) × (3) ○ (4) ○
02 (1) ㉠ 산화 ㉡ 환원 (2) ㉠ 산화 ㉡ 환원 (3) ㉠ 산화 ㉡ 환원 (4) ㉠ 산화 ㉡ 환원
03 산소 **04** 환원, 산화
05 (1) ○ (2) × (3) ○ (4) × (5) ○ (6) ○

01 (3) 철의 제련 과정은 산화 철(III)를 환원시켜(산화 철에서 산소를 제거하여) 순수한 철(Fe)을 얻는 과정이다.
(4) 반응물 한쪽에서 산소를 잃으면 다른 쪽에서는 산소를 얻으므로 산화와 환원은 항상 동시에 일어난다.
[바른 풀이] (1) 산화는 전자를 잃는 반응이고, 환원은 전자를 얻는 반응이다.
(2) 광합성은 물과 이산화탄소가 빛에너지를 이용하여 포도당으로 합성되는 반응이다.

02 (1) 산화 철(III)이 일산화 탄소와 반응하여 순수한 철과 이산화 탄소가 되는 반응에서 산화 철(III)은 산소를 잃었으므로 환원되었고 일산화 탄소는 산소를 얻었으므로 산화되었다.
(2) 구리 이온이 구리가 되고, 아연이 아연 이온이 되는 반응에서 구리 이온은 전자를 얻었으므로 환원, 아연은 전자를 잃었으므로 산화되었다.
(3) 수소 이온이 수소 기체가 되고, 아연이 아연 이온이 되는 반응에서 수소 이온은 전자를 얻었으므로 환원, 아연은 전자를 잃었으므로 산화되었다.
(4) 은 이온이 은이 되고, 구리가 구리 이온이 되는 반응에서 은 이온은 전자를 얻었으므로 환원, 구리는 전자를 잃었으므로 산화되었다.

03 지구와 생명의 역사를 바꾼 광합성, 화석 연료의 연소, 철의 제련 등의 화학 반응은 다음과 같다.
· 광합성: 이산화 탄소 + 물 $\longrightarrow$ 포도당 + 산소
· 화석 연료의 연소: 화석 연료 + 산소 $\longrightarrow$ 물 + 이산화 탄소
· 철의 제련: 산화 철 + 일산화 탄소 $\longrightarrow$ 철 + 이산화 탄소
모두 산소가 공통으로 관여하여 반응하는 산화 환원 반응이다.

04 철의 제련 과정에서 철광석의 주성분인 산화 철(III)이 일산화 탄소와 반응하면 산화 철(III)은 산소를 잃고 환원되어 철이 되고, 일산화 탄소는 산화되어 이산화 탄소가 된다.

05 (1) 철은 공기 중의 산소와 다음과 같이 반응하여 산화 철(녹)이 된다. $4Fe + 3O_2 \longrightarrow 2Fe_2O_3$(녹) 이때 철은 산화되었다.
(3) 사과를 공기 중에 두었을 때 갈변 현상이 나타나는데 이것은 사

과의 성분이 산화되어 발생한다. 산화 환원 반응이다.
(5) 불꽃놀이는 철이 산화할 때 나타나는 불꽃색을 이용한다.
(6) 수소연료전지에서는 수소와 산소가 반응하여 물이 생성되면서 전기 에너지가 발생한다. 이때 수소는 산화되고, 산소는 환원된다.
[바른 풀이] (2) 반딧불이의 루시페린이 산화되면서 빛을 내는데 이것은 산소와 반응하는 산화 환원 반응이다.
(4) 도시가스의 주성분인 메테인이 연소하면 산화 환원 반응에 의해 이산화 탄소와 물을 생성한다.

+ 탐구 68 쪽

탐구문제 1 [답] ⑤

⑤ 질산 은($AgNO_3$) 수용액에 금속 구리(Cu)를 넣었을 때 산화 환원 반응은 $2Ag^+ + Cu \longrightarrow 2Ag + Cu^{2+}$이다.
[바른 풀이] ① 은 이온(Ag^+)은 전자를 얻어(환원되어) 은(Ag)으로 석출되므로 수용액 속 은 이온의 수는 감소한다.
② 구리(Cu)가 전자를 잃어 구리 이온(Cu^{2+})으로 산화되므로 수용액 속 구리 이온의 수는 증가한다.
③ 은 이온은 전자를 얻어 환원된다.
④ 산화 환원 반응은 $2Ag^+ + Cu \longrightarrow 2Ag + Cu^{2+}$이므로 구리 원자 1개와 반응한 은 이온의 수는 2개이다.

스스로 실력높이기 69~72 쪽

01 ⑤	**02** ②	**03** ③	**04** ①	**05** ③	**06** ②
07 ⑤	**08** ④	**09** ②	**10** ②	**11** ④	**12** ⑤
13 ⑤	**14** ②	**15** ④	**16** ①	**17** ③	**18** ④
19 ①					

01 ㄱ. 겉불꽃에는 산소가 많이 공급되기 때문에 (가)에서 구리판이 산화되어 산화 구리(CuO)(검은색)가 된다.
$$2Cu + O_2 \longrightarrow 2CuO$$
ㄴ. 속불꽃에는 알코올이 연소할 때 산소가 충분하지 않아 탄소(C)나 일산화 탄소(CO)가 생성되어 다른 물질을 환원시키게 된다. (나)에서 산화 구리(CuO)가 환원되어 다시 구리(Cu)(붉은색)가 된다.
$$2CuO + C \longrightarrow CO_2 + 2Cu$$
ㄷ. (나)에서 알코올램프의 속불꽃에는 탄소가 존재한다.

02 ② 마그네슘(Mg)이 산소를 얻어 산화 마그네슘(MgO)이 되고, 이산화 탄소(CO_2)가 산소를 잃고 탄소(C)가 되었으므로 물질 사이에 산소가 이동한다.
[바른 풀이] ① 이산화 탄소는 산소를 잃고 탄소가 되었으므로 환원되는 물질이다.
③ 마그네슘은 산소를 얻어 산화 마그네슘이 되었으므로 산화되는 물질이다.
④ 산화와 환원은 항상 동시에 일어난다.
⑤ 전자의 이동에 의한 산화 환원 반응식은 다음과 같다.
$$2Mg + C^{4+} \longrightarrow 2Mg^{2+} + C$$
따라서 마그네슘은 전자를 잃는다.

03 수용액에서 질산 은은 다음과 같이 이온화된다.
$$AgNO_3 \longrightarrow Ag^+ + NO_3^-$$
Ag^+는 수용액 속의 구리(Cu)로부터 전자를 빼앗아 환원된다.

ㄱ. 수용액 속에 은 이온(Ag^+)은 전자를 얻어 환원되어 은(Ag)으로 석출된다.

ㄴ. 구리(Cu) 선은 전자를 잃고 산화되어 반응 후 수용액 속에 구리 이온(Cu^{2+})으로 존재하므로 수용액은 푸른색을 띠게 된다.

$\boxed{\text{바른 풀이}}$ ㄷ. 전자는 구리에서 은 이온으로 이동한다.
$$Cu + 2Ag^+ \longrightarrow Cu^{2+} + 2Ag$$

04 ㄱ. 아연은 전자를 잃고 산화되어 수용액 속에 이온으로 존재하고, 구리 이온은 전자를 얻어 구리로 석출된다.
$$Zn + Cu^{2+} \longrightarrow Zn^{2+} + Cu$$

$\boxed{\text{바른 풀이}}$ ㄴ. 수용액 속 구리 이온은 환원되어 구리로 석출되기 때문에 구리 이온의 수는 반응 후가 반응 전보다 적다.

ㄷ. 산소의 이동이 없더라도 전자의 이동이 있기 때문에 산화 환원 반응이다.

05 수용액 속에서 $AgNO_3 \longrightarrow Ag^+ + NO_3^-$로 이온화된 상태이며,

$Cu(NO_3)_2 \longrightarrow Cu^{2+} + 2NO_3^-$로 이온화된 상태이다.

환원 반응은 산소를 잃거나 전자를 얻는 반응이다.

(가) $2Cu + O_2 \longrightarrow 2CuO$의 반응에서 Cu가 산소를 얻으므로 산소를 잃는 물질은 O_2이고 환원되는 물질은 O_2이다.

(나) $CuO + H_2 \longrightarrow Cu + H_2O$의 반응에서 산소를 잃는 물질은 CuO이므로 환원되는 물질은 CuO이다.

(다) $Cu + 2AgNO_3 \longrightarrow Cu(NO_3)_2 + 2Ag$에서 Cu는 전자를 잃어 Cu^{2+}이 되고, Ag^+은 전자를 얻어 Ag이 되므로($AgNO_3$가 전자를 얻음), 환원되는 물질은 $AgNO_3$이다. NO_3^-는 변동없다.

06 금속과 이온이 반응할 때 반응성의 크기에 따라 반응 여부가 나타난다. 반응성이 큰 금속일수록 전자를 잃고 이온이 되기 쉽다. 각 금속의 이온식은 Al^{3+}, Cu^{2+}, Ag^+이다.

반응성은 Al>Cu>Ag 이다.

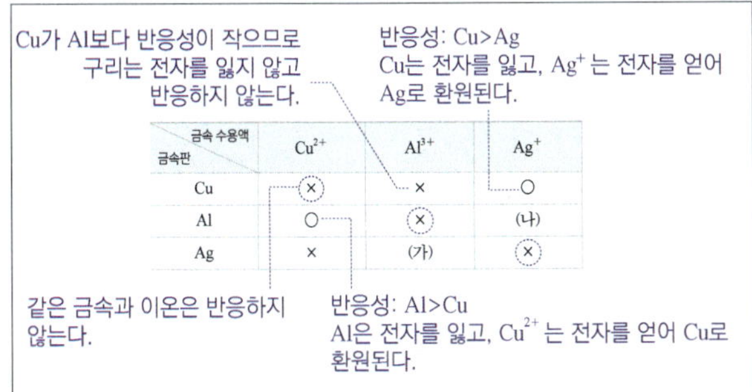

ㄴ. 금속의 반응성은 Al>Cu>Ag 이다.

$\boxed{\text{바른 풀이}}$ ㄱ. (가)는 Al의 반응성이 Ag보다 크므로 Ag는 전자를 잃지 않고 반응하지 않으므로 ×이지만, (나)는 Al이 전자를 잃고 Ag^+가 전자를 얻어 Ag로 환원되므로 ○이다.

ㄷ. Cu^{2+}가 포함된 수용액에 A금속판을 넣으면 다음과 같은 반응이 일어난다.
$$3Cu^{2+} + 2Al \longrightarrow 3Cu + 2Al^{3+}$$

이것은 Cu^{2+}이 3개 줄 때마다 Al^{3+}가 2개씩 늘어나는 것이므로 반응이 진행되면서 용액의 이온 수는 줄어든다.

07 아연(Zn)과 묽은 염산(HCl)의 반응의 화학 반응식은 다음과 같다.
$$Zn + 2HCl \longrightarrow ZnCl_2 + H_2$$
수용액에서 이온화되므로 이온식으로 쓰면
$$Zn + 2H^+ + 2Cl^- \longrightarrow Zn^{2+} + 2Cl^- + H_2$$
$$\therefore 2H^+ \longrightarrow H_2 \, (H^+는 전자를 얻어 환원된다.)$$
$$Zn \longrightarrow Zn^{2+} \, (Zn은 전자를 잃고 산화된다.)$$

① 아연(Zn)은 전자를 잃고 산화된다.

② 수소 이온(H^+)은 전자를 얻어 환원된다.

④ 수용액 속의 전하량 총합이 같아야 하고, 염화 이온(Cl^-)은 전자를 잃지도 얻지도 않으므로 염화 이온 수는 변하지 않는다.

⑤ 수용액 속의 수소 이온(H^+)은 전자를 얻어 수소 기체(H_2)가 되고, 아연은 전자를 잃어 아연 이온(Zn^{2+})이 된다. 2개의 수소 이온이 반응할 때 1개의 아연 이온이 생성되므로 수용액의 양이온 수는 점점 감소한다.
$$Zn + 2H^+ \longrightarrow Zn^{2+} + H_2$$

$\boxed{\text{바른 풀이}}$ ③ 아연(Zn)은 전자를 잃고 산화되어 수용액 속에 이온으로 녹아들어간다. 따라서 아연판의 질량은 점점 감소한다.

08 질산 은과 철의 화학 반응식은 다음과 같다.
$$2AgNO_3 + Fe \longrightarrow Fe(NO_3)_2 + 2Ag$$
철과 은의 반응만을 보면 다음과 같다.
$$2Ag^+ + Fe \longrightarrow 2Ag + Fe^{2+}$$
철은 전자를 잃고 산화되어 철 이온(Fe^{2+})이 되면서 용액에 녹아들어가고 은 이온(Ag^+)은 전자를 얻어 환원되어 금속 은(Ag)이 되어 철판에 달라붙게 된다. 질산 이온(NO_3^-)의 수는 변동 없다.

ㄴ. 철 원자 1개가 이온으로 떨어져 나가고 질량이 더 큰 물질인 은 원자(Ag) 2개가 달라붙으므로 철판의 질량은 증가한다.

ㄷ. 철 이온 1개가 용액 속으로 녹아들어가며 은 이온 2개가 철판에 달라붙으므로 수용액의 전체 이온수는 감소한다.

$\boxed{\text{바른 풀이}}$ ㄱ. 질산 이온(NO_3^-)의 수는 변동 없다.

09 변색 렌즈는 금속 은(Ag)이 렌즈에 미세하게 분산되면 렌즈가 어두워진다. 따라서 (가) 반응에서 렌즈는 어두워진다.

ㄴ. 물질이 반응 과정에서 전자를 얻으면 환원된 것이다.

(나) 반응에서 $Cu^+ + Cl \rightarrow Cu^{2+} + Cl^-$

→ Cu^+는 Cu^{2+}로 되면서 전자를 잃었으므로 산화되었고, Cl은 Cl^-로 되면서 전자를 얻었으므로 환원되었다.
$$Cu^{2+} + Ag \rightarrow Cu^+ + Ag^+$$
→ Cu^{2+}는 Cu^+로 되면서 전자를 얻었으므로 환원되었고, Ag은 Ag^+로 되면서 전자를 잃었으므로 산화되었다.

$\therefore$ (나)에서 환원된 물질은 Cl와 Cu^{2+}이다.

$\boxed{\text{바른 풀이}}$ ㄱ. 변색 렌즈는 금속 은(Ag)에 의해 어두워진다. (가) 반응은 금속 은과 염소 원자가 생성되는 반응이므로 변색 렌즈는 금속 은(Ag)에 의해 어두워진다.

ㄷ. (가)의 반응 $Ag^+ + Cl^- \rightarrow Ag + Cl$ 에서 Ag^+는 전자를 얻어 Ag가 되고 Cl^-는 전자를 잃어 Cl이 되므로 전자는 Cl^-에서 Ag^+로 이동하였다.

10 (나) 과정의 Ⅰ, Ⅱ에서 금속 C는 A^{2+}, B^{b+}에게 전자를 잃고 산화되었으며, A^{2+}, B^{b+}는 금속 C로부터 전자를 얻고 환원되어 금속 A, B로 석출되었다. 따라서 반응성이 큰 금속 C는 C^{2+}가 되어 수용액에 녹아들어간다.

ㄴ. (나)의 Ⅰ의 이온 반응식은 $A^{2+} + C \rightarrow A + C^{2+}$이며, 수용액의 양이온은 $A^{2+} \rightarrow C^{2+}$인 것이므로 양이온 수의 변화는 없다. 따라서 ㉠은 '변화 없음'이 적절하다.

〔 바른 풀이 〕 ㄱ. (나)의 Ⅰ의 이온 반응식은 $A^{2+} + C \rightarrow A + C^{2+}$이므로, 전자는 C에서 A^{2+}로 이동한다.

ㄷ. (나)의 Ⅱ에서 $b=1$이라면 $2B^+ + C \rightarrow 2B + C^{2+}$가 되어 C^{2+} 1개가 생길 때마다 B^+ 2개가 석출되므로 양이온 수는 반응 전보다 감소한다.

$b=3$이라면 $2B^{3+} + 3C \rightarrow 2B + 3C^{2+}$가 되어 C^{2+} 3개가 생길 때마다 B^{3+} 2개가 석출되므로 양이온 수는 반응 전보다 증가한다. 따라서 $b<2$일 때 수용액의 양이온 수는 반응 전보다 감소한다.

11 ①,②,③ 물질이 산소와 결합하거나 전자를 잃으면 산화되는 것이다. 산화와 환원은 항상 동시에 일어난다.

〔 바른 풀이 〕 ④ $2Mg + CO_2 \longrightarrow 2MgO + C$ 반응에서 마그네슘은 산화 마그네슘이 되었으므로 산소와 결합하였다. 이산화 탄소는 산소를 잃고 환원되었다.

12 학생 A: 인류는 화석연료를 연소(산화 환원 반응)시켜 에너지를 발생시키고 이 에너지를 이용해서 산업을 발전시켰다.

학생 B: 오래전 바닷속에서 세균에 의한 광합성(산화 환원 반응)으로 지구 대기의 산소 비율이 증가하고 자외선을 차단하여 육상 생물이 출현하였다.

학생 C: 철을 제련(산화 환원 반응)하면서부터 철기 시대가 열렸고 문명이 급속하게 발전했다.

13 ㄱ. (가)는 광합성의 화학 반응식으로 이산화 탄소는 환원되어 포도당이 되고, 물은 산화되어 산소가 된다.

ㄴ. (나)는 호흡의 화학 반응식으로 포도당은 산화되어 이산화 탄소가 되고, 산소는 환원되어 물이 된다.

ㄷ. (나) 호흡은 포도당과 산소가 반응하여 물과 이산화 탄소로 분해되는 반응으로 이때 에너지가 발생한다.

14 ① 오래된 음식물은 산화되어 부패된다.

③ 누런 옷을 표백제로 세탁하면 산화 환원 반응이 일어나 옷이 하얗게 된다.

④ 도시가스의 주성분인 메테인은 연소되어 이산화 탄소와 물이 생성된다. 이 반응은 산화 환원 반응이다.

⑤ 철 가루가 들어 있는 손난로를 흔들면 철이 산화되어 산화 철이 되면서 열이 발생한다.

〔 바른 풀이 〕 ② 생선에 레몬즙을 뿌려 비린내를 제거하는 것은 염기성인 생선에 산성인 레몬즙을 뿌려 중화시키는 것으로 중화 반응의 예이다.

15 ㄱ. 반응 Ⅰ에서 코크스(C)는 산소와 결합하여 일산화 탄소(CO)가 되므로 산화된다.

ㄴ. 반응 Ⅱ에서 산화 철(Ⅲ)(Fe_2O_3)은 산소를 잃고 철(Fe)이 되므

로 환원된다.

〔 바른 풀이 〕 ㄷ. 반응 Ⅱ에서 일산화 탄소(CO)는 산소와 결합하여 이산화 탄소(CO_2)가 되므로 산화된다.

16 지질 시대의 생물이 땅속에 묻혀 생성되었고 산업 혁명 이후 현재까지 난방과 운송 수단의 연료로 사용되는 것은 화석 연료이다.

ㄱ. (가) 화석 연료에는 석유, 석탄, 천연가스 등이 있다.

〔 바른 풀이 〕 ㄴ, ㄷ. 화석 연료 중 메테인의 연소 과정은 다음과 같다.

$$CH_4 + 2O_2 \longrightarrow CO_2 + 2H_2O$$

화석 연료의 대표적인 예인 석유, 석탄, 천연가스 또한 연소되어 물과 이산화 탄소를 생성한다. (가) 화석 연료는 ㉠ 연소 과정에서 산소와 반응하여(산화되어) (나) 이산화 탄소와 물이 되므로 산화된다.

17 ① 메테인은 산소와 결합하므로 산화된다.

② 메테인이 연소 반응할 때 빛과 열이 발생한다.

④ 메테인과 산소가 결합하면 이산화 탄소와 물이 생성된다. 따라서 (가)는 이산화 탄소(CO_2)이다.

⑤ 메테인은 가정에서 사용하는 도시가스의 주성분이다.

〔 바른 풀이 〕 ③ 연소 반응은 빛과 열을 내면서 산소와 빠르게 결합하는 반응이다.

18 (가)는 식물의 엽록체에서 일어나는 광합성으로 이산화 탄소가 환원되어 포도당이 된다.

(나)는 마이토콘드리아에서 일어나는 세포호흡으로 포도당이 산화되어 이산화 탄소가 된다.

ㄴ. (나)는 세포호흡이다.

ㄷ. (나)에서는 포도당이 산화된다.

〔 바른 풀이 〕 ㄱ. (가) 광합성은 식물의 엽록체에서 일어난다.

19 (가) 반딧불이 몸속에 있는 루시페린과 <u>산소</u>가 반응하여 빛이 발생한다. 이때 반응은 효소의 작용으로 매우 빠르게 일어난다.

(나) 나트륨 금속을 자르면 공기 중의 <u>산소</u>와 반응하여 금속의 광택이 사라진다.

(다) 손난로 부직포 속 철이 공기 중의 <u>산소</u>와 반응하면서 따뜻해진다.

ㄱ. ㉠은 산소(O_2)이다.

〔 바른 풀이 〕 ㄴ. ㉡ 나트륨과 ㉢ 철은 모두 산소와 반응하여 산화물이 생성되므로 산화되었다.

ㄷ. (가) 반딧불이의 루시페린과 산소의 반응은 매우 빨리 일어나 깜빡임을 표현할 수 있다. (다)의 반응은 그보다 더디다.

심화 실력높이기

73 쪽

01 ④　　**02** ⑤　　**03** ⑤　　**04** ③

01 반응성이 클수록 전자를 잃어 산화되기 쉽다. Cu^{2+}는 수용액이 푸른색을 띠게 한다.

(나)에서의 반응: $Cu^{2+} + A \longrightarrow Cu + A^{2+}$

(라)에서의 반응: $Cu + B^{b+} \longrightarrow Cu^{2+} + B$

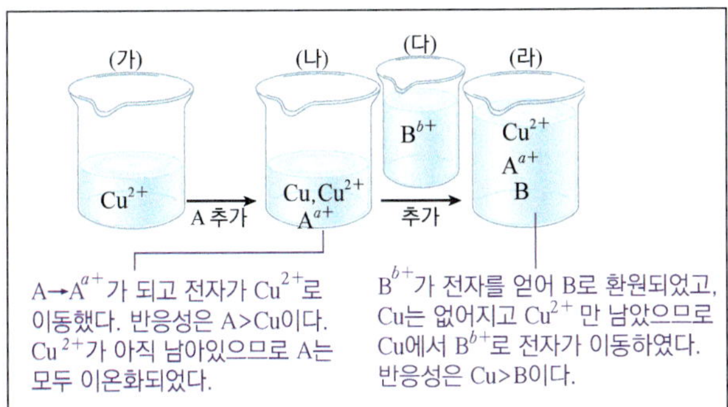

ㄴ. 반응성은 A>Cu, Cu>B이므로 A>Cu>B이다.

ㄷ. 반응성이 A>B이므로 수용액에서 A와 B^{b+}를 반응시키면 B^{b+}는 전자를 얻어 금속 B가 석출된다.

$\boxed{\text{바른 풀이}}$ ㄱ. (가)→(나)에서 A로부터 전자를 얻어 Cu^{2+}의 농도가 낮아지므로 용액의 푸른색은 점점 옅어진다.

02 C는 A와 B보다 반응성이 커서 수용액에서 전자는 C로부터 A^{a+}와 B^+로 이동하며, A와 B는 석출된다.

ㄱ. 비커 I에서 반응은 다음과 같다.
$$A^{a+} + aC \longrightarrow A + aC^+$$
$a>1$인 경우 반응 후 양이온 수가 증가한다.

ㄴ. 비커 II에서 반응은 다음과 같다.
$$B^+ + C \longrightarrow B + C^+$$
이때 사라진 B^+ 개수 만큼 C^+가 형성되므로 양이온 수는 반응 전후 동일하다.

ㄷ. 비커 II에서 반응 전후에 C는 C^+로 산화되면서 질량이 감소하고, 동시에 $B^+ \to B$로 환원되어 석출된다. 원자량은 B<C이므로
$$\frac{\text{감소한 C의 질량}}{\text{석출된 B의 질량}} > 1\text{이다.}$$

03

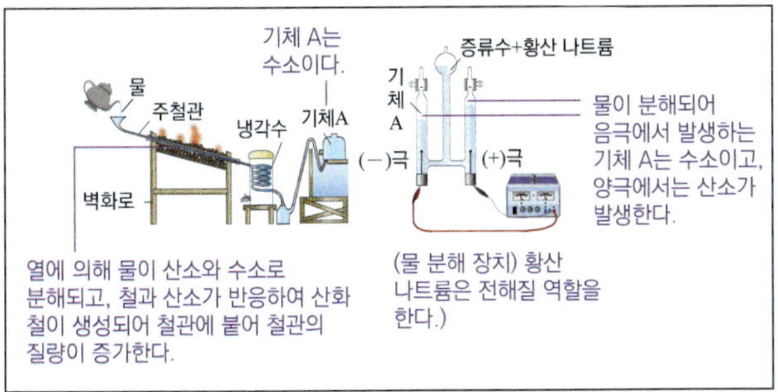

〈실험 I〉에서 물은 열에 의해 수소와 산소로 분해되고 주철관은 산소와 반응하여 철 산화물을 생성하므로 주철관의 질량은 증가한다. 기체 A는 반응하지 않은 수소(H_2)이다.

〈실험 II〉는 물 분해 장치로 음극에서는 수소 기체(H_2)가 양극에서는 산소 기체(O_2)가 발생한다. 황산 나트륨은 전해질 역할을 한다.

ㄱ. 기체 A는 물이 분해되어 생성된 수소(H_2)이다.

ㄴ. 주철관은 산소와 결합하여 산화 철을 생성한다.
$$2Fe + 3H_2O \longrightarrow Fe_2O_3 + 3H_2$$
따라서 주철관의 질량이 증가한다.

ㄷ. 물은 산소와 수소로 분해되므로 원소가 아니라는 것을 설명할 수 있다.

04 ㄱ. A. 식물의 광합성은 물과 ㉠ 이산화 탄소로부터 포도당과 ㉡ 산소를 만드는 과정이다. 이과정에서 빛이 흡수되며, 흡열 반응이다.

B. 천연가스의 주성분은 메테인(CH_4)이고 연소시키면 물과 ㉠ 이산화 탄소가 발생하고 에너지가 방출된다.
$$CH_4 + 2O_2 \longrightarrow CO_2 + 2H_2O + \text{열에너지}$$

ㄷ. 광합성 반응과 천연가스 연소 반응은 모두 산소를 주고받는 산화 환원 반응이다.

$\boxed{\text{바른 풀이}}$ ㄴ. A 광합성 반응은 빛에너지를 흡수하는 흡열 반응이다.

02 산, 염기와 중화 반응

A 산과 염기의 성질

개념체크
75 ~ 76 쪽

01 (1) 염 (2) 산 (3) 염 (4) 산 (5) 염 (6) 산
02 (1) ○ (2) × (3) × (4) × (5) ○
03 (1) H^+ (2) OH^- (3) $2H^+$ (4) H_2CO_3 (5) CH_3COO^-
04 ㄱ, ㄴ, ㄷ　　**05** (1) × (2) ○ (3) ○ (4) ○ (5) ×
06 ㄱ　　**07** (1) ㉢ (2) ㉡ (3) ㉠
08 이산화 탄소(CO_2)

---

01 산성은 물에 녹아 수소 이온(H^+)을 내놓는 물질의 공통적인 성질이고, 염기성은 물에 녹아 수산화 이온(OH^-)을 내놓는 물질의 공통적인 성질이다.
(1) $KOH \rightarrow K^+ + OH^-$ (수용액 속에서) (염기성)
(2) $H_2SO_4 \rightarrow 2H^+ + SO_4^{2-}$ (수용액 속에서) (산성)
(3) $NaOH \rightarrow Na^+ + OH^-$ (수용액 속에서) (염기성)
(4) $H_2CO_3 \rightarrow 2H^+ + CO_3^{2-}$ (수용액 속에서) (산성)
(5) $Ca(OH)_2 \rightarrow Ca^{2+} + 2OH^-$ (수용액 속에서) (염기성)
(6) $CH_3COOH \rightarrow CH_3COO^- + H^+$ (수용액 속에서) (산성)

02 (1) 산과 염기는 수용액에서 이온화하여 각각 H^+ 또는 OH^-를 내놓는다.
(5) 산은 금속과 반응하여 수소 기체(H_2)를 발생시킨다.
[바른 풀이] (2) 페놀프탈레인 용액을 산성 용액에 떨어뜨리면 색이 변하지 않는다. (무색)
(3) 염기는 붉은색 리트머스 종이를 푸르게 변화시킨다.
(4) 단백질을 녹이는 것은 염기의 성질이다.

03 (1) $HCl \rightarrow H^+ + Cl^-$ (수용액 속에서)
(2) $NaOH \rightarrow Na^+ + OH^-$ (수용액 속에서)
(3) $H_2SO_4 \rightarrow 2H^+ + SO_4^{2-}$ (수용액 속에서)
(4) $H_2CO_3 \rightarrow 2H^+ + CO_3^{2-}$ (수용액 속에서)
(5) $CH_3COOH \rightarrow H^+ + CH_3COO^-$ (수용액 속에서)

04 ㄱ. HCl, H_2SO_4, CH_3COOH은 각각 수용액에서 다음과 같이 이온화된다.

$$HCl \longrightarrow H^+ + Cl^-$$
$$H_2SO_4 \longrightarrow 2H^+ + SO_4^{2-}$$
$$CH_3COOH \longrightarrow H^+ + CH_3COO^-$$

ㄴ. 산성 용액은 아연이나 마그네슘과 같은 금속과 반응하여 수소 기체를 발생시킨다.
ㄷ. 산성 용액에 BTB 용액을 떨어뜨리면 노란색으로 변한다.

05 (2) pH가 7보다 작은 용액의 액성은 산성이다.
(3) pH가 7보다 큰 용액은 염기성 용액이므로 붉은색 리트머스 종이를 푸르게 변화시킨다.
(4) 붉은색 양배추에서 추출한 용액은 액성에 따라 색이 달라지므

로 지시약으로 사용할 수 있다 .
[바른 풀이] (1) 산성 용액과 중성 용액은 페놀프탈레인 용액을 떨어뜨려도 색이 변하지 않으므로 구별할 수 없다.
(5) 레몬즙은 산성을 띠고, 비눗물은 염기성을 띤다. 따라서 BTB 용액을 떨어뜨리면 레몬즙은 노란색, 비눗물은 파란색을 띤다.

06 ㉠은 산의 공통적인 이온으로 H^+ 이다. ㉡은 아세트산의 음이온인 CH_3COO^- 이다. ㉢은 염기의 공통적인 이온으로 OH^- 이다.
ㄱ. 산의 신 맛은 ㉠ H^+ 때문에 나타난다.
[바른 풀이] ㄴ. 산성에서 BTB 용액은 노란색을 나타내는데, H^+ 이온 때문이다. ㉡은 아세트산의 음이온인 CH_3COO^- 이다.
ㄷ. 염기의 공통적인 이온인 ㉢ OH^- 는 붉은색 리트머스 종이를 푸르게 변화시킨다.

07 (1) 베이킹 파우더는 pH가 9이므로 염기성이다. 따라서 BTB 용액을 떨어뜨리면 파란색으로 변한다.
(2) 증류수는 pH가 7이므로 중성이다. 따라서 BTB 용액을 떨어뜨리면 초록색으로 변한다.
(3) 식초는 pH가 2인 산성이다. 따라서 BTB 용액을 떨어뜨리면 노란색으로 변한다.

08 생명체의 호흡이나 화석 연료의 연소 과정에서 발생하고, 바닷물에 녹아 수소 이온(H^+) 농도를 증가시키는 물질은 이산화 탄소이다. 물과 이산화 탄소는 탄산(H_2CO_3)을 형성하고, 다음과 같이 이온화된다.
$$H_2O + CO_2 \rightarrow H_2CO_3 \rightarrow 2H^+ + CO_3^{2-}$$

B 중화 반응

개념체크
79 쪽

01 (1) × (2) ○ (3) × (4) × (5) ○
02 (1) 염기성 (2) 파란색　　**03** 산성
04 중화점
05 (1) (다) (2) (가) 노란색 (나) 노란색 (다) 초록색 (라) 파란색　　**06** ㄱ, ㄷ

---

01 (2) 중화 반응에서 H^+과 OH^-의 반응은 다음과 같다.
$$H^+ + OH^- \longrightarrow H_2O$$
따라서 H^+과 OH^-은 항상 1 : 1의 개수비로 반응한다.
(5) 이산화 황이 물에 녹으면 산성을 띠므로 이산화 황을 중화시키기 위해 물에 녹으면 염기성을 띠는 산화 칼슘을 사용한다.
$$SO_2(\text{이산화 황}) + H_2O(\text{물}) \longrightarrow H_2SO_3(\text{아황산})$$
$$CaO(\text{산화 칼슘}) + H_2O(\text{물}) \longrightarrow Ca(OH)_2(\text{수산화 칼슘})$$
[바른 풀이] (1) 산과 염기가 완전히 중화되는 지점에서 H^+과 OH^-은 모두 반응하여 존재하지 않지만 산의 음이온과 염기의 양이온

은 혼합 용액 속에 존재한다.

(3) 염은 산의 음이온과 염기의 양이온이 결합한 물질이다.

(4) 중화점에서는 H^+과 OH^-이 모두 반응하여 중성 용액이므로 BTB 용액을 넣으면 초록색을 띤다.

02 (1) 수용액에 OH^-이 존재하므로 혼합 용액의 액성은 염기성이다.

(2) 염기성인 혼합 용액에 BTB 용액을 떨어뜨리면 파란색을 띤다.

03 H^+의 수가 18개, OH^-의 수가 11개인 두 용액을 혼합하면 H^+과 OH^-은 1 : 1로 반응하기 때문에 반응 후 H^+의 수가 7개 남게 된다. 따라서 이 혼합 용액의 액성은 산성이다.

04 중화 반응에서 H^+과 OH^-이 모두 반응하여 중화가 완결되는 지점을 중화점이라고 한다. 중화점에는 H^+과 OH^-이 존재하지 않고, 혼합 용액의 최고 온도가 가장 높다.

05 (1) H^+과 OH^-이 모두 반응하여 중화 반응이 완결된 것은 (다)이므로 (다)에서 발생하는 중화열이 가장 많아 최고 온도가 가장 높다.

(2) (가)~(나)는 H^+가 존재하므로 산성, (다)는 중성, (라)는 OH^-가 존재하므로 염기성이다. BTB 용액은 산성에서 노란색, 중성에서 초록색, 염기성에서 파란색을 띤다.

06 ㄱ. 강산인 위산을 중화시키기 위해 약 염기성인 제산제를 복용한다.

ㄷ. 벌에 쏘이거나 개미에 물리면 폼산이라는 산성 물질 때문에 통증이 생기는데 이때 염기성 물질인 암모니아수로 중화시킨다.

[바른 풀이] ㄴ. 하수구가 단백질 성분의 머리카락으로 막혔을 때 염기성의 하수구 세정제를 사용하여 녹여서 제거한다. 중화 반응의 예가 아니다.

ㄹ. 욕실에 둔 철로 된 면도기가 녹스는 현상은 철과 산소가 만나 산화 철이 되는 산화 환원 반응이다.

탐구문제 1 [답] ㄱ, ㄷ, ㄹ, ㅂ

산과 염기는 모두 전기 전도성이 있다. 산성 수용액은 마그네슘 조각과 반응하여 수소 기체가 발생하고, BTB 용액을 넣었을 때 노란색으로 변한다. 식초, 레몬즙, 탄산음료, 유산균 음료는 모두 산성이고, 비눗물과 유리 세정제는 염기성이다. 따라서 미지의 수용액으로 예상되는 물질은 ㄱ, ㄷ, ㄹ, ㅂ이다.

탐구문제 2 [답] (1) O (2) X (3) O

(1) 수산화 나트륨은 물에서 이온화되기 때문에 전류가 흐른다.

(3) 묽은 염산과 아세트산 수용액은 수소 이온(H^+)을 포함하고 있는 산성 용액이다. 따라서 수용액에 들어 있는 양이온의 종류는 같다.

[바른 풀이] (2) 석회수($Ca(OH)_2$)는 염기성 수용액이므로 마그네슘 조각을 넣어도 기체가 발생하지 않는다.

Q1 [답] ㄱ, ㄴ

중화 반응에서 반응하는 수소 이온과 수산화 이온이 많을수록 물 분자 수가 많이 생성된다. 완전히 중화되었을 때 열이 가장 많이 발생하므로 온도가 가장 높다. 따라서 온도가 가장 높은 점 B가 중화점이다.

ㄱ. B 점에서 중화되므로 묽은 염산(HCl) 20 mL에 들어 있는 H^+과 Cl^-의 수를 각각 2N이라고 하면, 수산화 나트륨(NaOH) 수용액 40 mL에 들어 있는 Na^+과 OH^-의 수도 각각 2N이다. 따라서 수산화 나트륨 수용액 20 mL에 들어 있는 Na^+과 OH^-의 수는 각각 N이므로 같은 부피에 들어 있는 이온 수는 묽은 염산이 수산화 나트륨 수용액의 2배이다.

ㄴ. B 점은 중화점이므로 B 점에서 H^+와 OH^-는 반응하여 모두 물이 되었다. 따라서 들어 있는 이온의 종류는 Na^+, Cl^- 2가지이다.

[바른 풀이] ㄷ. C 점에 들어 있는 H^+이 OH^-의 수보다 많으므로 용액의 액성은 산성이다. 따라서 페놀프탈레인 용액을 떨어뜨려도 붉은색으로 변하지 않는다.

Q2 [답] C, D, E

탄산 칼슘($CaCO_3$)은 산성 수용액에서 이산화 탄소를 발생시키므로, 기체가 발생하는 용액은 산성 용액이다. H^+의 수가 OH^-의 수보다 많은 지점은 C, D, E이다.

01 ④	02 ②	03 ①	04 ㄴ, ㄹ	05 ④	06 ③
07 ③	08 ⑤	09 ④	10 ⑤	11 ⑤	12 ②
13 ③	14 ①	15 ④	16 ①	17 ⑤	18 ⑤
19 ④	20 ④	21 ②	22 ⑤	23 ②	24 ⑤
25 ②	26 ①	27 ④	28 ⑤	29 ①	30 ①
31 ①	32 ④	33 ①,③	34 ④		

01 ④ 산은 달걀 껍데기(탄산 칼슘)와 반응하여 이산화 탄소 기체를 발생시킨다.

$$CaCO_3(탄산\ 칼슘) + 2HCl(묽은염산)$$
$$\longrightarrow CaCl_2(염화\ 칼슘) + H_2O(물) + CO_2(이산화\ 탄소)$$

[바른 풀이] ① 손으로 만져서 미끈거리는 성질은 단백질을 녹이는 염기의 성질이다.

② 묽힌 용액의 맛이 염기성은 쓴맛이 나고, 산성은 신맛이 난다.

③ 붉은색 리트머스 종이를 푸르게 변화시키는 성질은 염기의 성질이고, 푸른색 리트머스 종이를 붉게 변화시키는 성질은 산성의 성질이다.

⑤ 페놀프탈레인 용액은 산성과 중성에서 무색, 염기성에서 붉은색을 나타낸다.

02 ①, ③ 산은 공통적으로 신맛이 나고 아연, 철, 알루미늄 등의 금속과 반응하여 금속을 녹이고, 수소 기체를 발생시킨다.

④ 염기 수용액은 붉은 색 리트머스 종이를 푸르게 변화시킨다.

⑤ 산과 염기는 모두 수용액에서 이온화되므로 전기 전도성이 있다.

[바른 풀이] ② 염기 수용액에 들어 있는 양이온의 종류는 염기의 종류에 따라 다르다. 예를 들어 NaOH 수용액에 들어 있는 양이온은 Na^+이고, KOH 수용액에 들어 있는 양이온은 K^+이다.

03 사이다는 탄산음료이며, 이산화 탄소가 물에 녹아 탄산(H_2CO_3)이 형성되며, 다음과 같이 이온화되어 약산성을 나타낸다.
$$H_2CO_3 \rightarrow H^+ + HCO_3^-$$
암모니아수는 암모니아(NH_3)가 물에 녹아 수산화 암모늄(NH_4OH)을 형성하며, 다음과 같이 이온화되어 염기성을 나타낸다.
$$NH_4OH \rightarrow NH_4^+ + OH^-$$
식초의 주성분은 아세트산으로 다음과 같이 이온화하여 산성을 나타낸다.
$$CH_3COOH \rightarrow H^+ + CH_3COO^-$$
(가)는 산성과 염기성을 구분하는 실험 과정이고, 석회수를 넣을 때 뿌옇게 흐려지는 것은 이산화 탄소가 녹아 있는 사이다이므로 A와 C는 산성 용액, B는 염기성 용액이다.
따라서 A는 사이다, B는 식초, C는 암모니아수이다.
ㄱ. 이산화 탄소를 석회수에 녹이면 뿌옇게 흐려지므로, 이산화 탄소가 녹아 있는 사이다에 석회수를 넣으면 뿌옇게 흐려진다.

[바른 풀이] ㄴ. A와 C는 산성, B는 염기성을 구분하므로 (가)는 산성인지를 확인하는 실험 과정이어야 한다. 예를 들어 'BTB 용액을 몇 방울 떨어뜨리면 노란색으로 변한다.' 등이다.
ㄷ. 마그네슘 조각을 떨어뜨릴 때 수소 기체가 발생하는 것은 산성 용액이므로 A와 C가 해당한다.

04 기준 (가)에 해당되는 물질 HCl(염화 수소), HNO_3(질산)은 산성이고, (가)에 해당하지 않는 물질 KOH(수산화 칼륨), $Mg(OH)_2$(수산화 마그네슘)은 염기성이다.
ㄴ. 수용액에 탄산 칼슘($CaCO_3$)을 넣을 때 기체(CO_2)가 발생하는 것은 산에만 해당하는 성질이다.
ㄹ. 수용액에서 수소 이온(H^+)을 내놓는 것은 산에만 해당한다.

[바른 풀이] ㄱ. 산성, 염기성 물질 모두 수용액에서 이온화되기 때문에 전류가 흐른다.
ㄷ. 수용액에서 페놀프탈레인 용액을 넣을 때 붉게 변하는 것은 염기에만 해당하는 성질이다.

05 ① HCl ——→ $H^+ + Cl^-$ ---(산)
② H_2CO_3 ——→ $2H^+ + CO_3^{2-}$ ---(산)
③ NaOH ——→ $Na^+ + OH^-$ ---(염기)
⑤ CH_3COOH ——→ $H^+ + CH_3COO^-$ ---(산)
[바른 풀이] 수산화 이온은 OH^-이다.
④ $Ca(OH)_2$ ——→ $Ca^{2+} + 2OH^-$ ---(염기)

06 ★은 수소 이온(H^+)이다. 따라서 (가)와 (나)는 산의 수용액, (다)는 염기의 수용액이다.

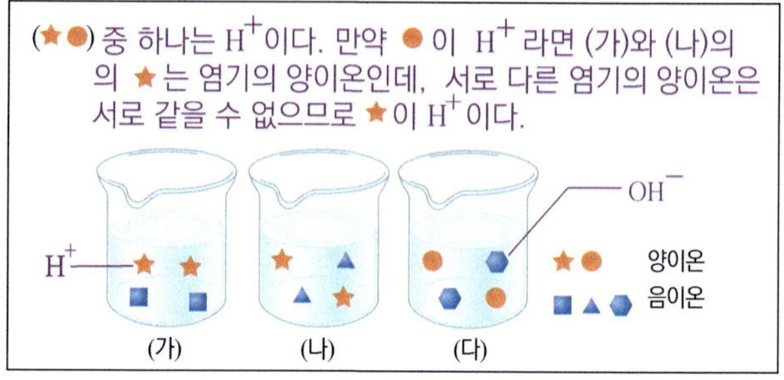

ㄱ. ★은 수소 이온(H^+)이다.
ㄴ. (나)는 산의 수용액이므로 탄산 칼슘($CaCO_3$)을 넣으면 이산화 탄소 기체(CO_2)가 발생한다.

[바른 풀이] (다)는 염기의 수용액이므로 BTB 용액을 넣으면 수용액은 파란색으로 변한다.

07 수산화 나트륨 수용액은 염기성이며, 수용액의 수산화 이온(OH^-)는 붉은색 리트머스 종이를 푸르게 변화시킨다. B극 쪽으로 붉은색 리트머스 종이가 푸르게 변하였으므로 OH^-는 B극 쪽으로 이동하고 있다. (−) 전하를 잡아당기는 B극은 (+)극, A극은 (−)극이다.

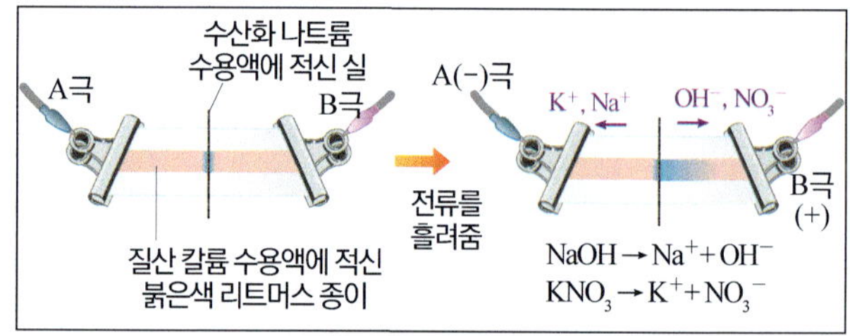

③ A극과 B극을 바꾸어 연결하면 A극이 (+)극이 되므로 OH^-는 왼쪽으로 이동하며 실의 왼쪽으로 색 변화가 일어난다.
[바른 풀이] ① 리트머스 종이가 푸른색으로 변하는 것은 염기의 성질이므로 수산화 이온(OH^-) 때문이다.
② A극은 (−)극이므로 칼륨 이온(K^+)과 나트륨 이온(Na^+)이 이동하고, 질산 이온(NO_3^-)은 (+)극인 B극 쪽으로 이동한다.
④ 푸른색 리트머스 종이는 염기에서 색 변화가 없다.
⑤ 아세트산은 산성 물질이다. 붉은색 리트머스 종이는 산에서 색 변화가 없다.

08 (1)영역은 산의 성질로 염기는 가지지 않는 성질이다.
- (나) 산 수용액은 금속과 반응하여 수소 기체를 발생시킨다.
- (라) 산 수용액은 달걀 껍질의 주성분인 탄산 칼슘을 녹인다.

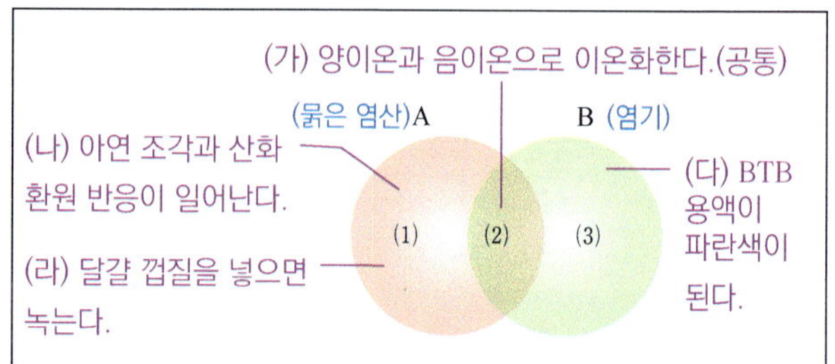

(2)영역은 산과 염기가 공통으로 가지는 성질이다.
- (가) 산과 염기는 수용액에서 모두 양이온과 음이온으로 이온화한다.
(3)영역은 염기의 성질로 산이 가지지 않는 성질이다.
-(다) 염기 수용액에 BTB 용액을 넣으면 파란색을 띤다.

09 (가)는 아세트산이며 수용액 속에서 $CH_3COOH \rightarrow H^+ + CH_3COO^-$
로 이온화하므로 산이다.
(나) 에탄올(C_2H_5OH)은 이온화하지 않으므로 수용액에서 중성이다.
학생 (가): 의 수용액은 산성이다.
학생 (나): 에탄올은 살균 작용이 있으므로 손소독제의 원료로 이용될 수 있다.
바른 풀이 학생 (다): (가)는 C 원자 2개, H 원자 4개이고, (나)는 C 원자 2개, H 원자 6개이므로 $\dfrac{H \, 원자 \, 수}{C \, 원자 \, 수}$ 는 (나)가 (가)보다 크다.

10 묽은 염산은 달걀 껍데기(탄산 칼슘)와 반응하여 이산화 탄소 기체를 발생시킨다.
ㄱ. 석회수(수산화 칼슘)와 이산화 탄소가 반응하면 탄산 칼슘이 생성되어 용액이 뿌옇게 흐려진다.
$Ca(OH)_2$(수산화 칼슘) $+ CO_2$(이산화 탄소)
$\longrightarrow CaCO_3$(탄산 칼슘) $+ H_2O$(물)
ㄴ. 달걀 껍데기와 묽은 염산이 반응할 때 발생하는 기체는 이산화 탄소 기체이다.
ㄷ. 달걀 껍데기의 주성분은 탄산 칼슘($CaCO_3$)으로 탄산 칼슘의 성분 원소에는 C와 O가 포함되어 있다.

11 ① 식초는 4~6 %의 아세트산(CH_3COOH) 수용액으로 신맛이 난다.
② 탄산(H_2CO_3)은 이산화 탄소를 물에 녹인 산으로 탄산음료에 들어 있다.
③ 제산제에는 염기성 물질인 수산화 마그네슘($Mg(OH)_2$)이 들어 있다.
④ 베이킹 소다는 빵을 만들 때 부풀어 오르도록 만드는 가루로 주성분은 탄산수소 나트륨($NaHCO_3$)이며, 염기성 물질이므로 쓴맛이 난다.
바른 풀이 ⑤ 개미, 벌과 같은 곤충의 분비물에는 폼산($HCOOH$)이 들어 있어 곤충에 물리면 통증을 느낀다. 폼산($HCOOH$)은 산성 물질이다.

12 메틸 오렌지 용액을 떨어뜨릴 때 붉은색으로 변하는 용액의 액성은 산성이다. 식초에는 아세트산(CH_3COOH)이 들어 있고, 탄산음료에는 탄산(H_2CO_3)이 들어 있어 산성 물질이다.

13 (다)에서 ■는 음이온이므로 ○는 양이온이다. ○는 (나)에도 있으므로 ○는 NaOH, NaCl의 공통 양이온인 Na^+이다.
(나)에서 ○는 양이온이므로 △는 음이온이다. △는 (가)에도 있으므로 HCl, NaCl의 공통 음이온인 Cl^-이다.
따라서 (가)는 HCl, (나)는 NaCl, (다)는 NaOH이다.

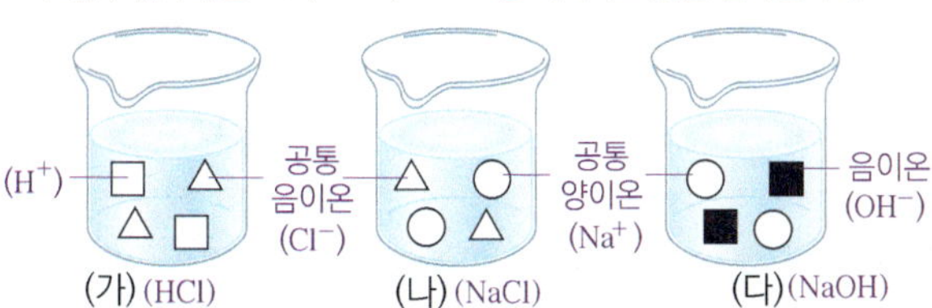

ㄱ. △는 Cl^-이다.

ㄴ. (가)는 HCl이므로 금속 아연(Zn)과 반응하여 수소 기체(H_2)를 발생시킨다.
바른 풀이 ㄷ. (나)는 NaCl, (다)는 NaOH이므로 혼합하였을 때 중화 반응이 일어나지 않아 물이 생성되지 않는다.

14 ㄱ. 비누의 주성분은 수산화 나트륨(NaOH)이므로 물에 녹아 OH^-을 내놓고 염기성을 띤다. 따라서 비누의 pH는 7보다 크다.
바른 풀이 ㄴ. 식초의 주성분은 아세트산(CH_3COOH)이므로 산성 물질이고, 탄산 칼슘과 반응하여 이산화 탄소를 발생시킨다.
ㄷ. 비누는 염기성 물질이고, 탄산음료는 산성 물질이다. 따라서 비누는 붉은색 리트머스 종이를 푸른색으로 변화시키고, 탄산음료는 푸른색 리트머스 종이를 붉은색으로 변화시킨다.

15 ① 중화 반응은 산과 염기가 반응하여 물과 염을 생성하는 반응이다.
② 중화 반응이 일어날 때 열이 발생하는데 이를 중화열이라고 한다.
③ 수소 이온과 수산화 이온이 모두 반응하여 중화 반응이 완결된 지점을 중화점이라고 한다.
④ 염은 중화 반응에서 물과 함께 생성되는 물질로, 산의 음이온과 염기의 양이온이 결합하여 생성된다.
바른 풀이 ④ 반응하는 산과 염기의 종류가 다르면 산의 음이온, 염기의 양이온이 다르기 때문에 생성되는 염의 종류도 다르다.

16 H^+과 OH^-은 1:1로 결합하여 H_2O을 생성하므로, 혼합 용액에는 2개의 H_2O이 생성되고, 1개의 OH^-이 남는다.
ㄱ. 혼합 용액에는 1개의 OH^-이 남아 있으므로 용액의 액성은 염기성이고, pH는 7보다 크다.
바른 풀이 ㄴ. 혼합 용액에는 3개의 K^+, 1개의 SO_4^{2-}, 1개의 OH^-이 남아 있으므로 이온의 종류는 3가지이다.
ㄷ. 혼합 후 생성된 물 분자 수는 2개이고, (나)에 들어 있는 K^+의 수는 3개이므로 같지 않다.

17 A는 계속적으로 증가하는 이온이므로 반응하지 않는 Cl^-, B는 이온 수가 일정하므로 Na^+, C는 감소하다가 (나)에서 0이 되므로 OH^-, D는 (나)에서부터 증가하므로 H^+이다.

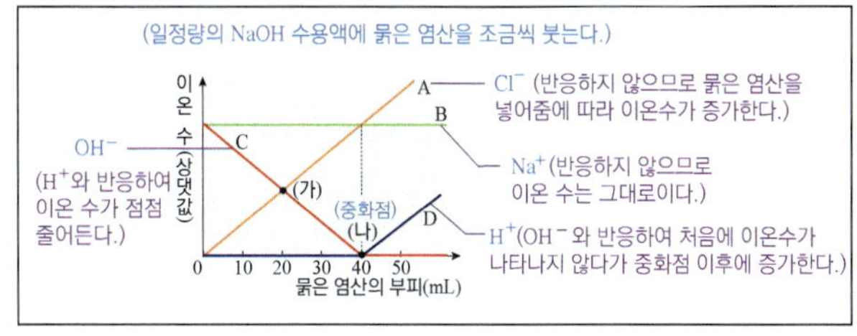

① A, B는 각각 Cl^-, Na^+로 반응에 참여하지 않는다.
② C는 OH^-, D는 H^+이므로 1:1의 개수비로 중화 반응하여 H_2O을 생성한다.
③ (가) 지점의 용액은 OH^-가 존재하므로 염기성이다.
④ 혼합 용액의 최고 온도는 중화점에서 가장 높다. H^+과 OH^-이 모두 반응하여 각각 이온 수가 0이 되어 중화 반응이 완결된 (나)가 중화점이므로 혼합 용액의 최고 온도는 (나)가 (가)보다 높다.
바른 풀이 ⑤ 일정량의 수산화 나트륨 수용액에 묽은 염산을 넣는 것이므로 Na^+의 수는 일정하게 유지된다.

18 ㄱ. (가)와 (나)에는 수산화 이온(OH^-)이 존재하므로 액성은 염기성이다.

ㄴ. (다)는 와 가해주는 묽은 염산의 가 반응하여 물()이 생성되므로 이온 모형은

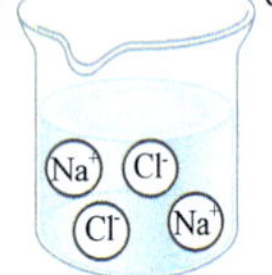

이다.

ㄷ. 알짜 이온 반응식은 $H^+ + OH^- \longrightarrow H_2O$이다.

19 ㄱ. 일정량의 묽은 염산에 수산화 나트륨 수용액을 조금씩 넣는 것이므로 (가)에 수소 이온(H^+)이 가장 많다. 수소 이온이 많을수록 산성이 강하고, pH가 작으므로 용액의 pH는 (가)가 가장 작다.

ㄴ. (나)와 (라)를 혼합하면 (나)에 있는 H^+과 (라)에 있는 H^+와 같은 수의 OH^-이 중화 반응하여 물이 생성되므로 용액의 액성은 중성이 된다. 이 용액에 BTB 용액을 떨어뜨리면 초록색을 띤다.

바른 풀이 ㄷ. (라)에는 OH^-이 들어 있으므로 염기성 용액이다. (라)에 또 다른 염기인 수산화 칼륨 수용액을 넣어도 중화 반응이 일어나지 않아 더 이상 물이 생성되지 않는다.

20 같은 농도의 묽은 염산과 수산화 나트륨 수용액이므로 같은 부피에는 같은 수의 이온이 들어 있다. 따라서 같은 부피로 혼합한 (다)가 중화점이고, 생성된 물의 양이 가장 많으며, 온도가 가장 높다.

ㄴ. 생성된 물의 양은 중화점인 (다)가 (나)보다 많다.

ㄷ. H^+은 (다)보다 혼합한 묽은 염산의 부피가 큰 (라)에 더 많이 존재한다.

바른 풀이 ㄱ. 용액의 최고 온도는 중화점인 (다)에서 가장 높다.

21 BTB 용액을 떨어뜨렸을 때 (가)는 파란색으로 변했으므로 염기성, (나)는 노란색으로 변했으므로 산성이다.

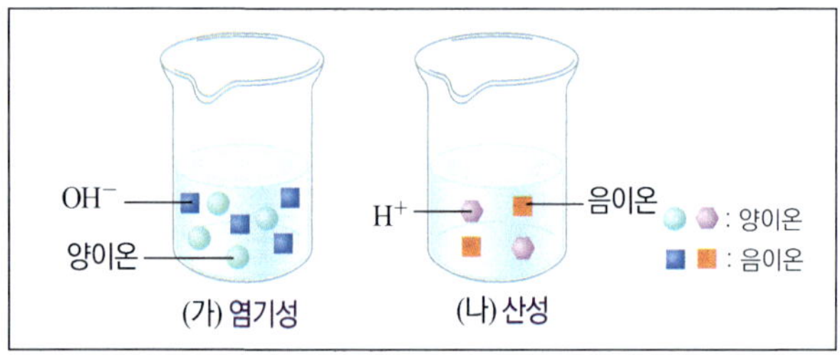

ㄴ. (나)에서 BTB 용액의 색을 변화시키는 것은 H^+( )이다.

바른 풀이 ㄱ. (가)에서   은 염기의 양이온이다.

ㄷ. (가)와 (나)를 혼합하면 H^+( ) 2개와 OH^-( ) 2개가 반응하여 물(H_2O)이 생성되고 (가)의 OH^-( ) 2개가 남아 염기성을 띠므로, 혼합한 용액에 페놀프탈레인 용액을 떨어뜨리면 붉은색으로 변한다.

22 묽은 염산(HCl)에 수산화 칼륨(KOH) 수용액을 조금씩 넣을 때 중화 반응이 일어나는데 H^+과 OH^-은 반응하여 H_2O이 되고 K^+과 Cl^-은 반응하지 않고 용액 속에 남아 있게 되는데, 이때 K^+의 이온 수는 점점 증가한다. 따라서 A~D에 해당하는 이온은 다음과 같다. 중화점은 H^+과 OH^-의 이온 수가 모두 0인 (나) 점이다.

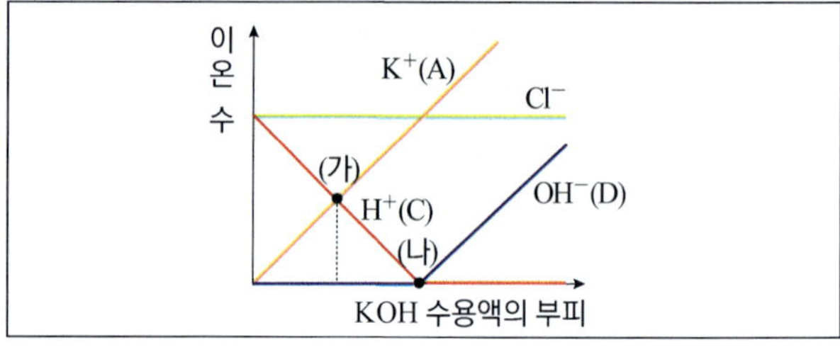

ㄱ. (가) 용액은 중화되기 전 상태이므로 H^+이 존재한다.

ㄴ. 중화점은 H^+과 OH^-이 모두 반응한 (나) 점으로 생성된 물의 양은 (나)가 (가)보다 많다.

ㄷ. (가) 용액에는 H^+이 들어 있으므로 산성 용액(pH<7)이고, (나) 용액은 중화 반응이 완결된 중성 용액(pH=7)이다. 따라서 pH는 (나)가 (가)보다 크다.

23 그림의 중화점 C에서 묽은 염산과 수산화 칼륨의 부피가 같으므로 산성 용액과 염기성 용액이 서로 1:1의 부피비로 반응한다. 페놀프탈레인 용액은 염기성에서만 붉은색을 띤다.

② 온도가 가장 높은 점인 C는 중화점으로 H^+와 OH^-가 모두 반응한 생태이다.

바른 풀이 ① A점과 B점은 묽은 염산보다 수산화 칼륨 수용액의 부피가 더 커서 OH^- 이온이 존재하므로 염기성 용액이다.

③ 염산과 수산화 칼륨은 1:1의 부피비로 반응한다. C점은 서로 15 ml씩 반응하며, D점은 10 ml씩 반응하므로 생성된 물의 양은 C가 더 많다.

④ E점는 묽은 염산의 부피가 더 크므로 산성이다. 여기에 염기성 용액인 수산화 나트륨 수용액을 넣어주면 중화 반응이 다시 일어나 온도가 더 높아진다.

⑤ D와 E는 모두 묽은 염산의 부피가 더 크므로 산성 용액이고, 페놀프탈레인 용액을 떨어뜨리면 색의 변화가 없다(무색).

24 그림에서 묽은 염산(HCl) 10 mL와 수산화 나트륨(NaOH) 수용액 5 mL를 혼합하였을 때 1개의 H^+이 남아 있다. 이때 묽은 염산 10 mL에는 H^+ 2개, Cl^- 2개가 들어 있고, 수산화 나트륨 수용액 5 mL에는 Na^+ 1개, OH^- 1개가 들어 있어서 두 수용액을 혼합하였을 때 H^+ 1개와 OH^- 1개가 중화 반응하여 물 분자 1개를 생성하고 혼합 용액에는 H^+ 1개만 남게 된 것이다.

ㄱ. 혼합 용액은 1개의 물 분자를 생성하였으므로 중화열이 발생되어 반응 전 묽은 염산의 온도보다 높다.

ㄴ. 혼합 용액은 H^+가 존재하는 산성 용액이므로 탄산 칼슘($CaCO_3$)을 넣어주면 이산화 탄소 기체가 발생한다.

ㄷ. 수산화 나트륨 수용액 5 mL를 더 넣어주면 모형에 남아있는 H^+ 1개와 OH^-이 반응하여 수용액은 중성이 된다.

25 그림에서 혼합 용액의 온도가 가장 높은 지점인 C점(중화점)에서 혼합된 염산과 수산화 나트륨의 부피가 40 ml로 같으므로 두 수용액의 농도는 같으며, 염산과 수산화 나트륨은 1:1의 부피비로 반응한다. 편의상 각 용액 10 ml에는 H^+, Cl^-, Na^+, OH^-가 2N개씩 들어있다고 하자. 각 용액 10 ml에는 H^+, Cl^-, Na^+, OH^-가 각각 2N개씩 들어있다고 가정하여 다음 표를 작성하였다. 물 분자 개수는 H^+과 OH^-이 반응하여 생성된 물 분자 수를 의미하며, 총 이온 수는 용액에 들어 있는 H^+, Cl^-, Na^+, OH^-의 수를 모두 합한 것이다.

구분	A	B	C	D
HCl (ml)	10	25	40	60
NaOH (ml)	70	55	40	20
H^+수	0	0	0	8N
Cl^-수	2N	5N	8N	12N
Na^+수	14N	11N	8N	4N
OH^-수	12N	6N	0	0
생성된 물 분자 수	2N	5N	8N	4N
총 이온 수	28N	22N	16N	24N

ㄴ. A에서는 H^+ 2N개와 OH^- 14N개가 반응하여 물 분자 2N개가 생성된다. D에서는 H^+ 12N개와 OH^- 4N개가 반응하여 물 분자 4N개가 생성된다. 생성된 물의 양은 D가 A의 2배이다.

바른 풀이 ㄱ. B에서는 H^+, Cl^- 각각 5N개와 Na^+, OH^- 각각 11N개가 반응한다. H^+ 5N개는 OH^- 5N개와 중화 반응하여 물 분자 5N개를 만든다. 따라서 OH^-는 6N개가 남고, Cl^-는 5N개이므로 OH^-이 Cl^-보다 많이 들어 있다.

ㄷ. A~D 중 혼합 용액 속에 들어 있는 이온의 수가 가장 적은 것은 C이다.

26 묽은 염산과 수산화 나트륨 수용액의 농도는 같으므로 서로 1 : 1의 부피비로 반응하여 물 분자를 생성한다. 그림에서 NaOH 수용액의 부피가 X보다 크면 생성된 물 분자 수는 더 이상 증가하지 않는다. 따라서 B점이 중화점이다.

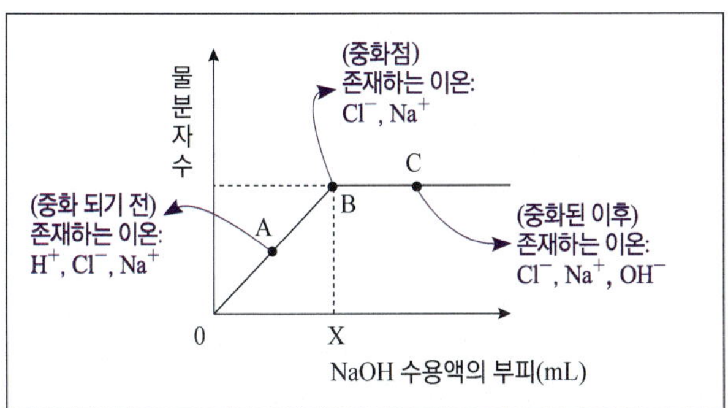

ㄱ. 묽은 염산 20 ml에 가하는 수산화 나트륨 수용액의 부피가 20 ml일 때 중화점에 B에 도달한다. 따라서 X=20 ml이다.

ㄴ. 중화점 B에서 용액의 온도가 가장 높으며 그 이후에는 가하는 NAOH 수용액에 의해 온도가 내려간다.

바른 풀이 ㄷ. A점에서는 H^+, Cl^-, Na^+가 존재하고 C점에서는 Cl^-, Na^+, OH^-가 존재하므로 존재하는 이온의 종류는 서로 다르다.

27 (가)에 존재하는 Na^+는 3개, Cl^-는 2개이므로, 혼합 전 OH^- 3개, H^+는 2개가 각각 존재했다. 혼합 전 HCl의 부피는 5 ml, NaOH 의 부피는 15 ml이므로, 두 용액의 부피를 15 ml로 같게 놓으면 HCl 15 ml에 Cl^-가 6개, NaOH 15 ml에 Na^+가 3개 존재하는 것이 되므로 농도비는 HCl : NaOH=2 : 1이다.

ㄴ. 혼합 용액의 부피는 (가)~(다) 모두 같으므로 생성되는 물 분자의 수가 많을수록 최고 온도가 높다.

(나)에서 HCl 10 ml에는 H^+ 4개, NaOH 10 ml에는 OH^- 2개가 존재하므로 두 용액을 혼합하면 H_2O 분자가 2개 형성된다.

(다)에서 HCl 15 ml에는 H^+ 6개, NaOH 5 ml에는 OH^- 1개가 존재하므로 두 용액을 혼합하면 H_2O 분자가 1개 생성된다. 따라서 혼합 용액의 최고 온도는 (나)가 (다)보다 높다.

ㄷ. (가)와 (다)를 혼합하면, HCl 20 ml, NaOH 20 ml로 서로 같은 부피를 혼합한 용액이 된다. HCl 20 ml에는 H^+ 8개, Cl^- 8개가 존재하고, NaOH 20 ml에는 Na^+ 4개, OH^- 4개가 존재하는데, 이 중 H^+ 4개와 OH^- 4개는 중화 반응하여 물 분자 4개가 생성된다. 따라서 H^+ 4개가 남고, Na^+는 4개이었으므로 혼합했을 때 H^+와 Na^+의 수는 같다.

바른 풀이 ㄱ. (나)에서 HCl 10 ml에는 H^+ 4개, NaOH 10 ml에는 OH^- 2개가 존재하므로 두 용액을 혼합하면 H^+가 남아 혼합 용액은 산성이 된다.

28 음이온의 모형만 나타내었으므로 ●은 OH^-이다. 묽은 염산을 10 mL 넣어 준 (가)에 음이온 ■이 생성되었으므로 ■은 Cl^-이다. 따라서 수산화 나트륨 수용액 20 mL에는 Na^+ 4개와 OH^- 4개가 들어 있고, 묽은 염산 10 mL에는 H^+ 2개와 Cl^- 2개가 들어 있다.

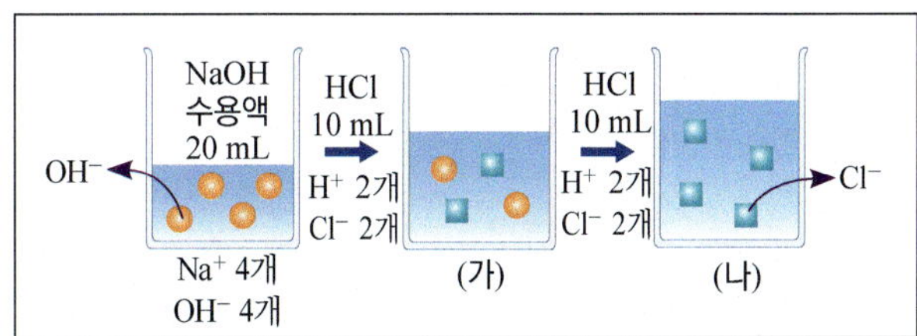

ㄱ. 수산화 나트륨 수용액에 묽은 염산을 넣었을 때 ■이 생성되었으므로 ■은 중화 반응에 참여하지 않는 음이온 Cl^-이다.

ㄴ. (가)는 OH^-이 남아 있으므로 중화 반응이 절반만 일어난 상태이고, (나)는 OH^-이 없으므로 중화 반응이 완결된 상태이다. 따라서 (나)가 (가)보다 중화열을 더 많이 발생하고, 온도가 높다.

ㄷ. 단위 부피당 전체 이온 수는 같은 부피에 들어 있는 전체 이온 수와 비례한다. 혼합 전 수산화 나트륨 수용액 20 mL의 전체 이온 수는 8개(Na^+ 4개, OH^- 4개)이고, 묽은 염산 10 mL의 전체 이온 수는 4개(H^+ 2개, Cl^- 2개)이다. 따라서 같은 부피일 때 수산화 나트륨 수용액과 묽은 염산에 들어 있는 전체 이온 수는 같다.

29 양이온 만을 모형으로 나타내었고, Na^+는 반응에 참여하지 않는다. (가)→(나)에서 NaOH의 부피가 2배 증가하였고, △가 1개→2개로 되었으므로 △는 Na^+이다. 나머지 ■는 H^+이다.

ㄴ. (가)의 혼합 용액에는 H^+인 ■가 2개 존재하므로 혼합 용액은 산성이다.

바른 풀이 ㄱ. ■는 H^+이다.

ㄷ. (가)에서는 혼합 전 Na^+(△) 1개, OH^- 1개와 H^+(■) 3개, Cl^- 3개가 존재하였고, 혼합 용액에서는 OH^- 1개와 H^+(■) 1개가 중화 반응하여 물 분자 1개를 생성하였고, H^+(■) 2개와 Na^+(△) 1개가 남았다.

(나)에서는 혼합 전 Na^+(△) 2개, OH^- 2개와 H^+(■) 2개, Cl^- 2개가 존재하였고, 혼합 용액에서는 OH^- 2개와 H^+(■) 2개가 중화 반응하여 물 분자 2개를 생성하였고, Na^+(△) 2개만 남았다.

따라서 생성된 물 분자의 수는 (나)에서가 (가)에서보다 크다.

30 ① 묽은 염산과 수산화 나트륨 수용액의 부피가 같을 때 중화점에 해당되므로 묽은 염산과 수산화 나트륨 수용액의 농도가 같다. 따라서 수산화 나트륨 수용액의 부피가 더 큰 A는 염기성 용액이다.

② B는 수산화 나트륨 수용액의 부피가 더 크므로 염기성 용액이

고, BTB 용액을 떨어뜨리면 파란색을 나타낸다.
④ D는 묽은 염산의 부피가 더 크므로 산성 용액이고, 금속 Mg을 넣으면 수소 기체가 발생한다.
⑤ Na⁺는 중화 반응에 참여하지 않으므로 Na⁺의 수는 수산화 나트륨 부피가 더 큰 C가 D보다 많다.

바른 풀이 ③ C는 온도가 가장 높으므로 중화점이다. 중화점에서는 H⁺과 OH⁻이 모두 반응하여 물 분자를 생성하므로 H⁺과 OH⁻은 없지만 산의 음이온 Cl⁻과 염기의 음이온 Na⁺이 용액 속에 존재하여 전자를 이동시키므로 C는 전류가 흐른다.

31 b점이 온도가 가장 높으므로 중화점이다. (나)는 중화점 b에서의 이온의 입자 모형이므로 H⁺나 OH⁻가 존재하지 않는다.
(나)에서 염기의 양이온이 4개, 산의 음이온이 2개 존재하므로 염기의 양이온은 전하량이 +1, 산의 음이온의 전하량은 −2이며, OH⁻ 4개와 H⁺ 4개가 중화 반응하여 물 분자가 4개 생성되었다.

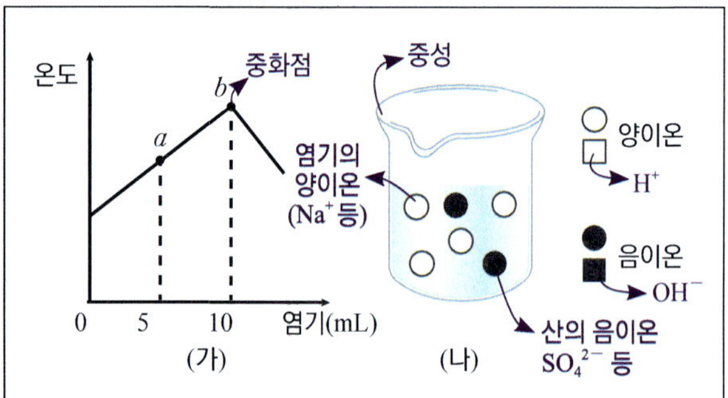

따라서 혼합 전 산 수용액 10 ml에는 H⁺ 4개가 존재하고, 염기 수용액 10 ml에는 OH⁻ 4개가 존재하여 두 수용액을 혼합하였을 때 중화 반응이 일어나 혼합액은 액성이 중성이 된다.
〈a점〉 산 수용액 10 ml와 염기 수용액 5 ml를 혼합하는 것이다.
산 수용액 10 ml에는 H⁺(□) 4개, 음이온(●) 2개가 존재한다.
염기 수용액 5 ml에는 OH⁻(■) 2개, 양이온(○) 2개가 존재한다.
두 수용액을 혼합하면 H⁺(□) 2개와 OH⁻(■)가 중화 반응하여 물 분자 2개를 생성하고, H⁺(□) 2개, 산의 음이온(●) 2개, 염기의 양이온(○) 2개가 남게 된다.

32 그림에서 (나)의 □는 (다)에 나타나지 않으므로 △에 의해서 중화 반응이 일어나고 있다. 따라서 □는 H⁺, △는 OH⁻이다.
☆은 숫자가 점점 늘어나므로 수산화 나트륨 수용액의 이온 중 반응하지 않는 Na⁺이다.
(가)에는 ● 3개가 있었으므로, □(H⁺)도 3개가 존재했다.

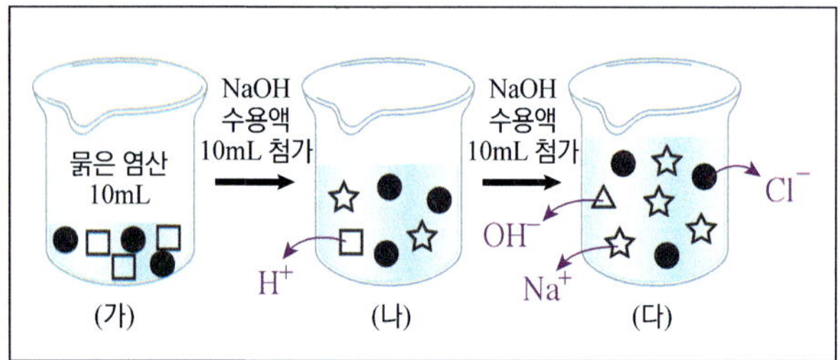

ㄴ. (나)는 H⁺가 존재하는 산성 물질이므로 금속 마그네슘과 반응하여 수소 기체(H₂)가 발생한다.
ㄷ. 그림 (가)와 (나)에서 묽은 염산 10 mL에는 □(H⁺)가 3개 존재한다. 첨가한 수산화 나트륨 10 ml에는 ☆(Na⁺)이 2개 존재하므로 △(OH⁻)도 동일하게 2개 존재한다. (나)에서 □(H⁺) 2개

와 △(OH⁻) 2개는 중화 반응하여 물이 되었고, □(H⁺) 1개만 남았다.
따라서 묽은 염산 200 ml에는 H⁺가 60개 존재하고, 수산화 나트륨 300 ml에는 OH⁻가 60개 존재하므로, 묽은 염산 200 ml와 수산화 나트륨 300 ml를 혼합하면 중화 반응이 일어나 액성은 중성이 된다.

바른 풀이 ㄱ. (나)와 (다)에서 ●의 개수는 변하지 않았으므로 ●은 묽은 염산의 H⁺과 Cl⁻ 중 수산화 나트륨과 반응하지 않는 Cl⁻(음이온)이다.

33 ① 생선회를 먹을 때 비릿한 냄새는 생선에 존재하는 염기성 물질 때문에 발생하는 것으로 산성인 레몬즙을 뿌려 중화시킨다.
③ 속이 쓰릴 때에는 위산이 과다 분비되거나 식도로 역류해 점막을 자극할 때이며 제산제는 이 위산을 중화시켜 통증을 완화시킨다.

바른 풀이 ② 오래된 자전거의 체인에 녹이 스는 것은 철로 된 체인이 공기 중의 산소와 산화 환원반응을 일으켜 철 산화물을 만들기 때문이다.
④ 철 가루가 든 손난로를 흔들면 철 가루가 산소와 산화 환원 반응을 하면서 열이 발생하여 따뜻해진다.
⑤ 반딧불이 몸속 루시페린이 산소와 반응하는 산화 환원 반응을 할 때 깜빡거리는 빛이 발생한다.

34 ㉠ 치약은 입안의 산성 물질을 중화시키기 위해 약염기성 물질로 만든다.
㉡ 생선 비린내는 생선에 발생하는 염기성 물질의 냄새이다.
㉢ 레몬즙은 구연산이 포함된 산성 물질이다.
㉣ 배기가스에 포함되어 있는 이산화 황(SO₂)은 물에 녹으면 산성 물질이 되므로 산성비의 원인이 된다.
㉤ 산화 칼슘(CaO)은 물에 녹아 수산화 칼슘(Ca(OH)₂)이 되며, 산성 물질을 중화하므로 염기성 물질이다.
㉠~㉤ 중 염기성 물질은 ㉠㉡㉤ 세 가지이며, 산성 물질은 ㉢㉣ 두 가지이다.
ㄴ. 약염기성 물질인 ㉠ 치약과 산성 물질인 ㉢ 레몬즙을 혼합하면 중화 반응이 일어난다.
ㄷ. ㉣ 이산화 황(SO₂)을 물에 녹이면 산성 용액이 되므로 BTB 용액을 떨어뜨리면 노란색으로 변한다.

바른 풀이 ㄱ. ㉠~㉤ 중 염기성 물질은 3가지이다.

01 ②   **02** ④   **03** ④   **04** ②

01 암모니아수는 암모니아(NH_3)가 물에 녹아 수산화 암모늄(NH_4OH)을 형성하며, 다음과 같이 이온화되어 염기성을 나타낸다.

$$NH_4OH \longrightarrow NH_4^+ + OH^-$$

식초의 주성분은 아세트산으로 다음과 같이 이온화하여 산성을 나타낸다.

$$CH_3COOH \longrightarrow H^+ + CH_3COO^-$$

NaOH 수용액은 염기성이며 다음과 같이 이온화한다.

$$NaOH \longrightarrow Na^+ + OH^-$$

석회수는 산화 칼슘(CaO)을 물에 녹여 만든 수산화 칼슘($Ca(OH)_2$) 용액이며 다음과 같이 이온화하여 염기성을 나타낸다.

$$Ca(OH)_2 \longrightarrow Ca^{2+} + 2OH^-$$

암모니아수, NaOH 수용액, 석회수 3가지는 염기성이며 식초는 산성이므로 기준 (가)는 염기성 물질인지를 묻는 것이어야 한다.
① BTB 용액을 떨어뜨렸을 때 파란색을 띠면 염기성이다.
③ 페놀프탈레인 용액을 떨어뜨렸을 때 붉은색을 띠면 염기성이다.
④ 메틸오렌지 용액을 떨어뜨렸을 때 노란색을 띠면 염기성이다.
⑤ 붉은색 리트머스 종이를 푸르게 변화시키면 염기성이다.
[바른 풀이] ② 산성 물질에 마그네슘 리본을 넣으면 수소 기체가 발생하는가는산성 물질임을 묻는 것이므로 기준 (가)로 적절치 않다.

02 NaOH 수용액 1 mL당 Na^+와 OH^-가 1개씩 들어있다고 가정하면 (가)에서 NaOH가 10 mL이므로 Na^+ 10개, OH^- 10개가 존재하며, HCl과 혼합했을 때 $\dfrac{OH^- \text{의 수}}{Na^+ \text{의 수}} = \dfrac{1}{2}$ 이므로 Na^+ 10개, OH^- 5개가 되는 것이고, 없어진 OH^- 5개는 HCl의 H^+ 5개와 중화 반응하여 물 분자 5개를 생성한 것이다. 이때 (가)의 HCl의 부피가 5 mL이므로 1 mL당 H^+ 1개와 Cl^- 1개씩 존재한다.
이 조건에서 혼합 전 수용액의 부피와 이온 수는 다음과 같다.

구분	혼합 전 수용액의 부피 (mL)와 이온 수(개)		혼합 용액 속 $\dfrac{\text{⊙ 의 수}}{\text{ⓛ 의 수}}$
	NaOH 수용액	HCl 수용액	
(가)	10 (Na^+10개, OH^-10개)	5 (H^+5개, Cl^-5개)	
(나)	10 (Na^+10개, OH^-10개)	15 (H^+15개, Cl^-15개)	$\dfrac{1}{2}$
(다)	10 (Na^+10개, OH^-10개)	30 (H^+30개, Cl^-30개)	x

혼합 용액에 존재하는 각 이온의 수와 생성된 물 분자의 수는 다음과 같다.

혼합 용액	Na^+	OH^-	H^+	Cl^-	생성된 물 분자 수
(가)	10	5	0	5	5
(나)	10	0	5	15	10
(다)	10	0	20	30	10

ㄱ. 혼합 용액 (나)에서 $\dfrac{\text{⊙ 의 수}}{\text{ⓛ 의 수}} = \dfrac{1}{2}$ 이므로 ⊙은 H^+, ⓛ은 Na^+이다

ㄷ. 생성된 물 분자 수는 혼합 용액 (나)에서가 (가)에서의 2배이다.
[바른 풀이] ㄴ. 혼합 용액 (다)에서 Na^+는 10개 H^+는 20개이므로 $x=2$이다.

03 수산화 나트륨 수용액의 양이온은 Na^+이고 묽은 염산의 양이온은 H^+이다. 그림에서 수산화 나트륨 수용액의 부피가 줄어드는 비율로 ○의 개수가 줄어들므로 ○는 Na^+이다. ▲는 묽은 염산의 양이온인 H^+이다.
(나)에서 묽은 염산의 부피가 $2a$일 때 혼합 전 H^+는 4개이었으나, 혼합 후 H^+ 1개는 OH^- 1개와 중화 반응하여 물 분자를 생성하였으므로 H^+(▲)는 3개가 남은 것이다.

혼합 용액		(가)	(나)
혼합 전 부피 (mL)	묽은 염산	a	$2a$
	수산화 나트륨 용액	$3b$	b
혼합 용액에 들어 있는 양이온 모형		한 종류의 양이온만 남았고, H^+는 모두 OH^-와 반응하였으므로 Na^+이다.	혼합 전 H^+는 4개였고, 혼합 후 H^+ 1개와 OH^- 1개가 반응하여 물 분자를 생성하였고, H^+는 3개 남았다.

묽은 염산의 혼합 전 부피가 $2a$일 때 H^+가 4개이므로, 부피가 $3a$라면 H^+는 6개이다. 수산화 나트륨 수용액의 OH^-도 6개가 되어야 혼합 시 중성 용액이 되는데, 수산화 나트륨의 부피가 $6b$인 경우 Na^+(○)가 6개가 되고, OH^-도 6개가 되어 중성 용액을 만들 수 있다.

04 혼합 모형 (가)와 (나)는 ■와 △ 이온 2가지가 공통이다. 따라서 HCl, NaOH, $Ba(OH)_2$ 중 2가지를 혼합했을 때 2가지 이온이 공통으로 나올 수 있는 조합을 찾아야 한다. 중화 반응이 일어나는 조합은 다음과 같다.
(가) $HCl + NaOH \longrightarrow Na^+ + Cl^- + (H_2O \text{ 1개})$
(나) $HCl + Ba(OH)_2 \longrightarrow Ba^{2+} + OH^- + Cl^- + (H_2O \text{ 1개})$
공통 이온은 OH^-와 Cl^-일 것이다. 따라서 (가)를 다음과 같이 바꿀 수 있다.
(가) $HCl + 2NaOH \longrightarrow 2Na^+ + Cl^- + OH^- + (H_2O \text{ 1개})$
따라서 ○$=Na^+$, ■$=Cl^-$(또는 OH^-), △$=OH^-$(또는 Cl^-), □$=Ba^{2+}$이며, A는 2NaOH, B는 HCl, C는 $Ba(OH)_2$ 가 된다.
ㄴ. ⓐ는 $2NaOH + Ba(OH)_2 \longrightarrow 2Na^+ + Ba^{2+} + 4OH^-$
→ 세 종류의 이온이 존재한다.
[바른 풀이] ㄱ. ○는 Na^+이다.
ㄷ. (가)와 (나)에서 생성된 H_2O 분자 수는 서로 같다.

03 물질 변화에서 에너지의 출입

01 (1) ○ (2) ○ (3) × (4) × (5) ○ (6) ○
02 (1) 발 (2) 발 (3) 발 (4) 발 (5) 흡 (6) 흡
03 (1) 흡 (2) 발 (3) 발 (4) 흡 (5) 발 (6) 흡 (7) 흡 (8) 흡
04 (1) × (2) ○ (3) ○ (4) ○ (5) × (6) × (7) × (8) ×

01 (1) 발열 반응에서는 주위로 에너지가 방출된다.
(2) 흡열 반응에서는 주위로부터 에너지가 흡수된다.
(5) 발열 반응이 일어나면 주위로 에너지가 방출되므로 주위의 온도가 높아진다.
(6) 흡열 반응이 일어나면 주위로부터 에너지를 흡수하므로 주위의 온도가 낮아진다.
[바른 풀이] (3) 발열 반응은 반응 과정에서 에너지가 방출되므로 반응물의 에너지가 생성물의 에너지보다 크다.
(4) 흡열 반응은 에너지를 흡수하므로 생성물의 에너지가 반응물의 에너지보다 크다.

02 (1) 중화 반응에서는 열이 방출되어 수용액의 온도가 올라간다.
(2) 화석 연료의 연소 반응은 발열 반응으로 주위의 온도가 올라간다.
(3) 철이 녹스는 산화 환원 반응은 발열 반응이다.
(4) 염화 칼슘($CaCl_2$)은 물에 용해될 때 열이 발생하므로 제설제로 이용된다.
(5) 광합성 과정에서 빛에너지를 흡수하여 포도당을 생성한다.
(6) 질산 암모늄(NH_4NO_3)이 물에 녹을 때는 흡열 반응이 일어나 용액의 온도가 내려간다.

03 (1) 피부에 알코올을 바를 때 알코올이 기화되면서 기화열을 흡수하여 피부가 시원해진다.
(2) 진한 황산을 물에 녹일 때 강한 발열 반응을 한다.
(3) 여름철 소나기가 내리기 전 공기 중의 수증기가 액화하여 구름 입자로 되면서 기화열을 방출하므로 날씨가 후덥지근해진다.
(4) 탄산수소 나트륨을 가열하면 열을 흡수하여 열분해되어 이산화 탄소가 발생한다.
(5) 묽은 염산과 수산화 나트륨 용액의 중화 반응에서는 중화열이 발생한다.
(6) 아이스크림을 포장할 때 드라이아이스를 넣으면 드라이아이스가 승화하면서 열을 흡수하여 아이스크림이 녹지 않는다.
(7) 물을 전기분해하는 과정에서 열이 흡수된다.
(8) 수산화 바륨($Ba(OH)_2$)와 염화 암모늄(NH_4Cl)의 반응 과정에서 열이 흡수된다.

04 (2) 산화 칼슘을 물에 녹이면 열이 방출되므로, 이 열로 불 없이 따뜻한 밥, 라면 등을 조리할 수 있다.
(3) 냉찜질 팩에서는 질산 암모늄이 물에 녹으면서 열을 흡수하여 주변이 시원해지는 현상을 이용한다.
(4) 자동차는 가스, 휘발유 등 화석 연료가 연소하면서 발생하는 열에너지를 이용한다.

[바른 풀이] (1) 과수원에서 개화 시기에 물을 뿌리면 물이 얼면서 열에너지를 방출하여 따뜻해지므로 냉해를 예방할 수 있다.
(5) 식물은 광합성 과정에서 열에너지를 흡수한다.
(6) 눈에 염화 칼슘을 뿌리면 열이 방출되어 눈이 녹는다.
(7) 음료수에 얼음을 넣으면 얼음이 녹으면서 열을 흡수하여 음료수를 시원하게 유지할 수 있다.
(8) 이글루(얼음집) 내부에서 물을 뿌리면 물이 얼면서 열을 방출하여 이글루 내부의 온도가 올라가 따뜻해진다.

01 ②	02 ④	03 ④	04 ④	05 ③	06 ⑤
07 ④	08 ①	09 ①	10 ③	11 ③	12 ③
13 ①	14 ①	15 ③	16 ④	17 ③	18 ⑤
19 ⑤

01 그림은 반응 과정에서 에너지가 방출되어 생성물의 에너지가 반응물의 에너지보다 작아진 것을 나타낸다.

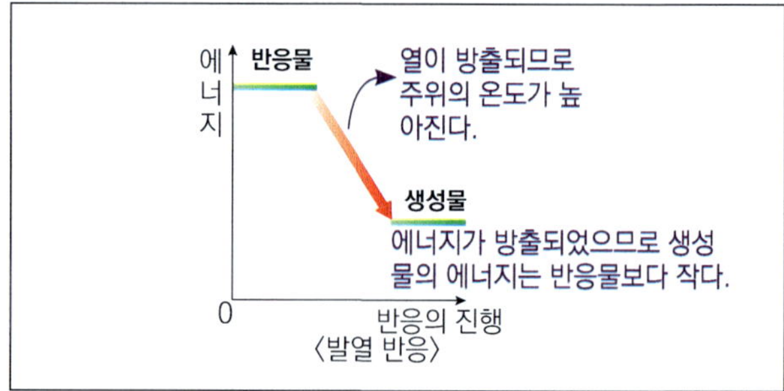

ㄴ. 발열 반응은 반응 과정에서 열이 방출되므로 주위의 온도는 높아진다.
[바른 풀이] ㄱ. 발열 반응이다.
ㄷ. 드라이아이스는 고체→기체로 승화하면서 에너지를 흡수하므로 흡열 반응의 예이다.

02 ① 물질의 상태 변화가 일어날 때는 물질이 가지는 에너지의 변화가 일어나는 것이므로 항상 에너지가 출입한다.
② 발열 반응은 주위로 에너지를 내놓는 반응이므로 주위의 온도가 올라간다.
③ 흡열 반응은 에너지를 흡수하는 반응이므로 반응물의 에너지보다 생성물의 에너지가 더 커진다.
⑤ 응고는 액체가 고체로 상태 변화하는 것이므로 에너지가 방출되며, 액화는 기체가 액체로 상태 변화하는 것이므로 에너지가 방출되며, 승화(기체→고체)에서도 에너지가 방출된다.
[바른 풀이] ④ 화학 변화 과정에서는 항상 에너지의 출입이 일어나는데, 열을 흡수하기도 하고 방출하기도 한다.

03 그래프는 반응 과정에서 에너지를 흡수하여 생성물의 에너지가 반응물의 에너지보다 더 커지는 흡열 반응을 나타낸다.

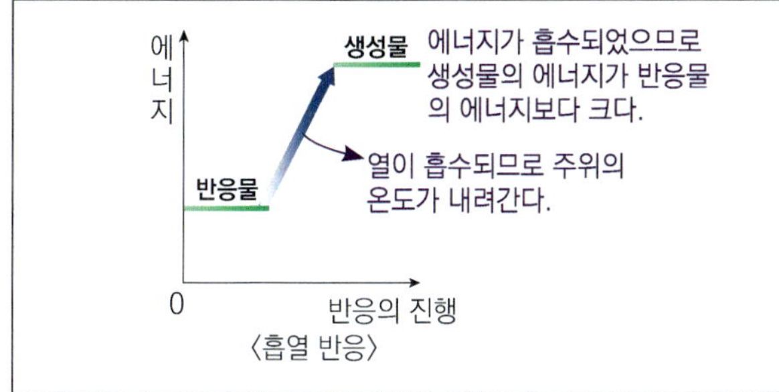

ㄴ. 흡열 반응이 일어나면 열을 흡수하므로 주변의 온도는 내려간다.

ㄷ. 냉찜질 팩에서는 질산 암모늄(NH_4NO_3)이 녹으면서 열을 흡수하여 주위가 시원해지는 흡열 반응의 원리를 이용한다.

[바른 풀이] ㄱ. 흡열 반응은 반응이 일어날 때 에너지를 흡수한다.

04 ㄱ. 석유, 석탄, 천연가스와 같은 화석 연료는 연소 시 열을 발생하는 발열 반응을 한다.

ㄷ. (다) 광합성은 에너지를 흡수하는 흡열 반응이다.

[바른 풀이] ㄴ. 철이 산화하여 녹이 스는 과정에서 열에너기 방출되며, 주위의 온도는 올라간다.

05 (가)의 염화 암모늄(NH_4Cl)과 수산화 바륨($Ba(OH)_2$)의 반응은 흡열 반응이므로 수용액의 반응 후 온도가 반응 전에 비해 낮아졌다.

(나)는 염화 칼슘($CaCl_2$)의 용해 반응으로 발열 반응이며 수용액의 온도가 높아진다.

(다)는 묽은 염산(HCl)과 수산화 나트륨(NaOH) 수용액의 반응으로 중화 반응이며 중화열이 발생하여 수용액의 온도가 높아진다.

ㄷ. (다) 비커 C에서는 발열 반응이 일어나 주위의 온도가 높아지므로 ?은 25보다 크다.

[바른 풀이] ㄱ. (가) 비커 A에서는 흡열 반응이 일어났다.

ㄴ. (나) 비커 B에서는 발열 반응이 일어나 주위에 열을 방출하여 주위의 온도가 높아진다.

06 (가) 손난로(핫팩)을 흔들면 손난로의 내부에서 철이 산화하면서 열이 방출되는 발열 반응이 일어나서 따뜻해진다.

(나) 냉찜질 팩을 주무르면 질산 암모늄(NH_4NO_3)이 물에 녹으면서 열을 흡수하여 주변이 시원해지는 흡열 반응이 일어난다.

ㄱ. (가) 손난로에서는 열이 방출되는 발열 반응이 일어난다.

ㄴ. (나) 냉찜질 팩에서는 흡열 반응이 일어난다.

ㄷ. 염화 칼슘($CaCl_2$)이 물에 용해되면서 발열 반응이 일어나므로 (가)와 염화 칼슘의 용해 반응의 에너지 출입은 같다.

07 A 주위의 온도가 높아지는 것은 발열 반응이고, 반응 과정에서 에너지가 방출된다. ㄴ. 물의 응고, ㄷ. 금속과 산의 반응, ㄹ. 진한 황산을 묽히는 반응이 이에 해당한다.

B 주위의 온도가 낮아지는 것은 흡열 반응이고, 반응 과정에서 에너지가 흡수된다. ㄱ. 얼음의 융해, ㅁ. 드라이아이스의 승화, ㅂ. 수산화 바륨과 염화암모늄의 반응이 이에 해당한다.

08 (가) 에탄올이 연소하는 것은 발열 반응으로 주위의 온도가 올라간다.

(나) 에탄올의 증발되는 것은 액체에서 기체로 상태가 변화하는 것으로 이 과정에서 에너지가 흡수된다. 흡열 반응이다.

ㄱ. (가)는 발열 반응이다.

[바른 풀이] ㄴ. (나)는 흡열 반응이므로 주위의 온도가 내려간다.

ㄷ. (가)는 에탄올의 연소 반응으로 생성물은 물과 이산화 탄소이고, (나)는 액체 에탄올이 기체 상태로 바뀌는 과정이다.

(에탄올(C_2H_5OH)의 연소 반응) $C_2H_5OH + 2O_2 \longrightarrow CO_2 + 2H_2O$

09 반응 전 온도에 비해 반응 후 온도가 내려가면 흡열 반응, 반응 후 온도가 올라가면 발열 반응을 한 것이다. 고체 A를 녹이는 열량계 (가)에서는 흡열 반응, 고체 B, C를 각각 녹이는 열량계 (나), (다)에서는 발열 반응이 일어났다.

ㄱ. 고체 A가 들어 있는 열량계 (가)에서는 반응 후 온도가 내려갔으므로 흡열 반응이 일어났다.

[바른 풀이] ㄴ. 소금이 물에 녹는 과정에서 주위의 열을 흡수하는 흡열 반응이 일어난다. 고체 B가 들어 있는 열량계 (나)에서는 발열 반응이 일어났다.

ㄷ. 냉찜질 팩은 주위의 열을 흡수하는 흡열 반응이 일어나 주위의 온도를 낮춘다. 따라서 가장 적절한 물질은 열량계 (가)의 고체 A이다.

10 (가)는 묽은 염산과 칼륨이 반응하여 강한 열이 발생하여 수용액의 온도가 높아지며, 수소 기체를 발생시킨다.

(나)는 묽은 염산과 수산화 나트륨 수용액이 중화 반응하여 중화열을 발생시키는 발열 반응을 하여 수용액의 온도가 높아진다.

ㄱ. (가)는 발열 반응을 한다.

ㄷ. (가)와 (나)는 모두 발열 반응을 하여 수용액의 온도가 높아진다.

[바른 풀이] ㄴ. (나)는 중화열을 발생시키는 발열 반응이다.

11 수산화 바륨($Ba(OH)_2$)과 염화 암모늄(NH_4Cl)이 반응할 때 열이 흡수되는 흡열 반응이 일어나 주위의 온도를 낮춘다. 나무판에 물이 뿌려져 있으므로 물을 응고시켜 얼음을 만들어 삼각 플라스크를 나무판에 붙게 한다.

ㄱ. 삼각플라스크 내부에서는 흡열 반응이 일어나 주위의 온도를 낮춘다.

ㄴ. 반응이 일어날 때 주위의 온도는 내려간다.

[바른 풀이] ㄷ. 흡열 반응에서는 반응 과정에서 에너지를 흡수하므로 생성물의 에너지는 반응물보다 크다.

12 (가) 에탄올의 연소 반응은 발열 반응이므로 주위의 온도를 올린다.

(나) 묽은 염산과 수산화 나트륨 수용액의 중화 반응은 발열 반응이므로 주위의 온도를 높인다.

(다)냉각 팩 속에서 질산 암모늄이 물에 용해되는 것은 흡열 반응으로 주위의 온도가 내려간다.

13 (가) 철이 산화하여 녹이 스는 과정은 발열 반응이다.

(나) 탄산수소 나트륨($NaHCO_3$)을 가열하면 열분해되어 이산화 탄소가 발생하는데 이 반응은 흡열 반응이다.

(다) 산화 칼슘(CaO)을 물에 녹이면 열이 발생하여 주위의 온도를 높인다.

ㄱ. (가)에서 에너지는 방출된다.

[바른 풀이] ㄴ. (나)는 흡열 반응으로 에너지가 흡수된다.

ㄷ. (나)는 흡열 반응, (다)는 발열 반응이므로 에너지의 출입 방향은 서로 다르다.

14 (가) 물을 전기 분해하는 과정은 전기 에너지가 소모되는 흡열 반응이다.

(나) 반딧불이는 빛에너지를 방출하므로 발광 반응으로 주위의 온도 변화는 거의 나타나지 않는다.

(다) 염화 칼슘이 물에 녹는 과정은 발열 반응으로 눈을 녹이는 제설 작용을 할 수 있다.

(라) 우리 몸에서 지방이 산화되는 것은 호흡 작용으로 열이 방출되는 발열 반응이다.

따라서 에너지가 흡수되는 흡열 반응은 (가)밖에 없다.

15 ㄱ. (가) 발열 용기의 산화 칼슘과 물이 반응할 때 발생하는 열로 음식을 데우므로 발열 반응이다.

ㄷ. 염화 칼슘이 물에 용해될 때 열을 방출하는 발열 반응이 일어난다. 따라서 (가)에서의 열의 출입과 같다.

[바른 풀이] (나) 냉찜질 팩을 주무르면 질산 암모늄과 물이 반응하여 열을 흡수하는 흡열 반응이 일어나 주위의 온도가 내려간다.

16 (가) 신선식품 주위에 드라이아이스를 놓으면 드라이아이스가 승화하면서 열을 흡수하는 흡열 반응이 일어나 온도가 내려가므로 신선식품이 잘 보존될 수 있다.

(나) 손난로를 흔들면 철이 산화되면서 열을 방출하여 따뜻해진다. 이것은 발열 반응이다.

(다) 광합성은 에너지를 흡수하는 동화 작용으로 흡열 반응이다.

(라) 탄산수소 나트륨에 열을 가하면 열분해가 일어나는데 이 반응은 흡열 반응이다. 이 과정에서 이산화 탄소가 발생하는데, 이 산화 탄소가 빵을 부풀게 한다.

ㄱ. (가) 드라이아이스의 승화, (다) 광합성은 흡열 반응을 이용한다.

ㄷ. (가)~(라) 중 흡열 반응을 이용한 예는 (가), (다), (라) 3가지이다.

[바른 풀이] ㄴ. (나) 철가루의 산화는 발열 반응이고, (라) 탄산수소 나트륨의 열분해는 흡열 반응이다.

17 ㉠ 메테인(CH_4)을 연소시키는 반응은 산화 환원 반응으로 열이 방출되는 발열 반응이다.

$$CH_4 + 2O_2 \longrightarrow CO_2 + 2H_2O + 에너지$$

㉡ 물이 끓어 수증기가 되는 상태 변화는 열이 흡수되는 흡열 반응이다.

ㄱ. ㉠은 메테인이 산소와 결합하여 이산화 탄소와 물이 생성된다.

ㄷ. ㉡은 열이 흡수되는 흡열 반응이다.

[바른 풀이] ㄴ. ㉡ 물이 기화되어 수증기가 되면서 흡열 반응이 일어나면 주위의 온도는 내려간다.

18 ① 식물은 광합성 과정에서 흡열 반응을 한다.

② 물이 수증기로 기화하는 과정은 흡열 반응이고, 수증기가 응결

하여 구름이 되는 과정은 발열 반응이다.

③ 생명체가 세포호흡을 할 때는 발열 반응이 일어난다.

④ 에어컨의 냉매가 기화할 때 흡열 반응이 일어나므로 주위가 시원해져서 냉방을 할 수 있다.

[바른 풀이] ⑤ 산화 칼슘(CaO)을 물에 용해시키면 발열 반응을 하여 열이 방출되므로 그 열로 계란을 삶을 수 있다.

19 (가) 바다의 물이 태양 에너지를 흡수하고 기화되어 수증기가 되고, 대기 중 수증기는 열에너지를 ㉠ 방출하며 눈이나 비로 내리게 된다.

(나) 식물의 광합성 과정에서는 태양 에너지를 ㉡ 흡수하는 흡열 반응이 일어나고, 호흡 과정에서는 발열 반응이 일어난다.

ㄱ. ㉠은 방출, ㉡은 흡수이다.

ㄴ. ㉠ 열에너지를 방출하는 과정에서 주위의 온도는 올라가고 날씨는 후덥지근해진다.

ㄷ. ㉡ 에너지를 흡수하는 흡열 반응이 일어나면 생성물의 에너지가 반응물보다 커진다.

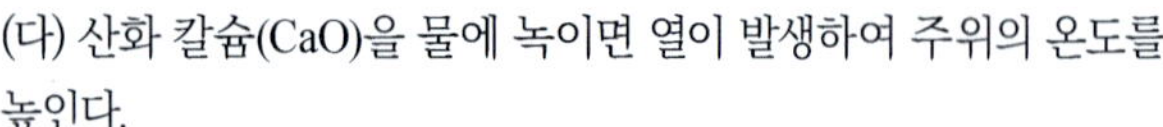

97 쪽

01 ③ **02** ① **03** ⑤ **04** ①

01 (가) 우리 몸 신체 내부의 호흡 활동인 세포호흡 과정에서 에너지가 방출되고 이 에너지는 생명활동에 사용된다.

(나) 식물의 광합성 과정에서는 빛에너지가 흡수되는 흡열 반응이 일어난다.

ㄱ. ㉠ 호흡 활동 과정은 에너지를 방출하는 과정이다.

ㄴ. ㉡ 광합성은 흡열 반응이므로 생성물의 에너지의 합이 반응물의 에너지의 합보다 크다.

[바른 풀이] ㄷ. ㉠ 호흡 활동은 발열 반응이며, 소금의 용해 반응은 흡열 반응이다.

02 산화 칼슘(CaO)는 물에 용해될 때 강한 발열 반응이 일어나므로 이 열을 이용하여 음식을 조리할 수 있다. 산화 칼슘은 물에 용해되어 수산화 칼슘이 되고, 이온화하여 염기성을 띤다.

$$CaO + H_2O \rightarrow Ca(OH)_2$$

산화 칼슘(CaO)은 석회석($CaCO_3$)을 고온으로 가열하여 제조한다.

$$CaCO_3 \rightarrow CaO + CO_2$$

ㄱ. ㉠ 산화 칼슘이 물에 용해될 때는 발열 반응이 일어나므로 주위의 온도가 올라간다.

[바른 풀이] ㄴ. ㉠ 산화 칼슘은 물에 용해되어 수산화 칼슘($Ca(OH)_2$)이 되므로 수용액은 염기성을 띤다.

ㄷ. ㉡ 석회석을 가열하여 산화 칼슘을 만드는 과정에서 열이 흡수되므로 흡열 반응이다.

03 질산 암모늄(NH_4NO_3)은 물에 녹을 때 열을 흡수하므로 주위의 온도를 낮춘다. 따라서 냉각 팩의 재료로 사용할 수 있다.

ㄱ. 질산 암모늄이 물에 녹을 때에는 열이 흡수된다.

ㄴ. 대기 중의 수증기가 응결하여 비커 표면에 물방울이 될 때에

는 열이 방출되는 상태 변화가 일어난다.

ㄷ. 질산 암모늄은 흡열 반응을 하여 주위의 온도를 낮추므로 냉찜질 팩을 제작할 때 그 재료로 사용할 수 있다.

04 (가) 소금을 물에 용해시키면 흡열 반응이 일어나 수용액의 온도가 내려간다.

(나) 아세트산(CH_3COOH)과 염기인 암모니아수(NH_4OH)를 반응시키면 중화 반응이 일어나 열이 발생하여 수용액의 온도가 높아진다.

ㄱ. (가) 소금을 용해시키는 반응은 흡열 반응이다.

바른 풀이 ㄴ. (나)의 중화 반응은 발열 반응이므로 생성물의 에너지 합이 반응물의 에너지 합보다 작아지게 된다.

ㄷ. (나)의 중화 반응에서는 수소가 발생하지 않고 수소 이온(H^+)과 수산화 이온(OH^-)이 반응하여 물이 생성된다.

$$H^+ + OH^- \longrightarrow H_2O$$

단원 요약
98 ~ 99쪽

01 산화와 환원
❶ 얻는 ❷ 잃는 ❸ 잃는 ❹ 얻는
❺ 광합성 ❻ 산화 ❼ 환원 ❽ 산화
❾ 환원 ❿ 제련

02 산, 염기와 중화 반응
❶ H^+ ❷ OH^- ❸ 수소(H_2)
❹ 이산화 탄소(CO_2) ❺ 단백질 ❻ 붉게
❼ 푸르게 ❽ 붉은색 ❾ 노란색 ❿ 초록색
⓫ 물(H_2O) ⓬ 1 : 1 ⓭ H^+
⓮ OH^- ⓯ Na^+ ⓰ Cl^- ⓱ 열
⓲ 파란색 ⓳ 제산제 ⓴ 산화 칼슘(석회)

03 물질 변화에서 에너지의 출입
❶ 상승 ❷ 하강 ❸ 사화 ❹ 산화 칼슘
❺ 기화 ❻ 냉각팩 ❼ 흡수 ❽ 방출
❾ 방출

단원 마무리
100 ~ 104 쪽

01 ⑤	02 ④	03 ③	04 ③	05 ⑤	06 ①
07 ②	08 ⑤	09 ⑤	10 ②	11 ⑤	12 ③
13 ④	14 ①	15 ③	16 ③	17 ①	18 ⑤
19 ③	20 ④	21 ①			

01 산화 환원 반응에서 산소를 얻거나 전자를 잃으면 산화, 산소를 잃거나 전자를 얻으면 환원이다.

(가) 메테인의 연소 반응이다.

$$CH_4 + 2O_2 \longrightarrow CO_2 + 2H_2O$$

(나) 광합성 반응이다.

$$6CO_2 + 6H_2O \xrightarrow{\text{빛에너지}} C_6H_{12}O_6 + 6O_2$$

(다) 구리와 은 이온의 반응이다.

$$Cu + 2Ag^+ \longrightarrow Cu^{2+} + 2Ag$$

학생 A: (가)에서 메테인(CH_4)은 산소를 얻어 산화되었다.

학생 B: (나) 반응은 산화 환원 반응이다.

학생 C: (다) 반응에서 은 이온은 전자를 얻어 환원되었다.

02 (가) 광합성: 이산화 탄소 + 물 ⟶ 포도당 + (산소)

(나) 화석 연료의 연소 반응: (나) 화석 연료 + (산소) ⟶ 물 + 이산화 탄소

(다) 철의 제련: (다) 산화 철 + 일산화 탄소 ⟶ 철 + 이산화 탄소

ㄴ. (가)~(다) 모두 산소의 이동으로 반응이 일어나는 산화 환원 반응이다.

ㄷ. ( ) 안에 공통으로 들어갈 물질은 산소이다.

바른 풀이 ㄱ. (가)는 광합성 반응이다. 호흡은 포도당이 산소가 반응하여 물과 이산화 탄소로 분해되는 반응이다.

03

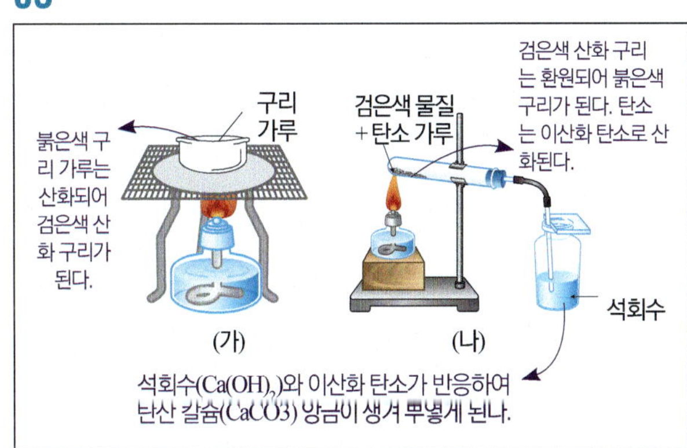

ㄱ. (가) 붉은색의 구리 가루를 공기 중에서 충분히 가열하면 산소와 결합하여 검은색의 산화 구리(CuO)가 된다.

ㄷ. (나)에서 검은색 물질(산화 구리(CuO))을 탄소 가루와 함께 가열하면 다음과 같은 반응이 일어난다.

$$2CuO + C \longrightarrow 2Cu + CO_2$$

따라서 생성되는 기체는 이산화 탄소(CO_2)이고, 석회수에 통과시키면 탄산 칼슘($CaCO_3$) 앙금이 생겨 뿌옇게 흐려진다.

바른 풀이 ㄴ. (나)에서 탄소 가루(C)는 산화되어 이산화 탄소(CO_2)가 된다.

04

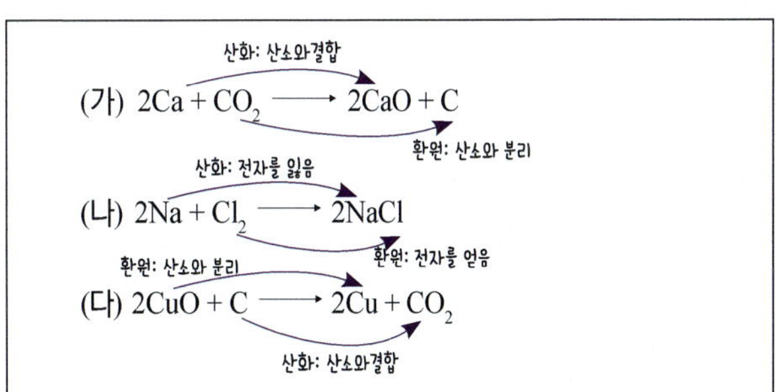

ㄱ. (가)에서 이산화 탄소가 산소를 잃고 탄소가 되었으므로 환원되었다.

ㄴ. 이온 결합 물질 $NaCl \rightarrow Na^+ + Cl^-$ 이므로 (나)에서 $Na \rightarrow Na^+$로 되어 전자를 잃고 산화되었다.

바른 풀이 ㄷ. (가)~(다)는 모두 산화 환원 반응으로 3가지이다.

05 수용액 속에서 다음과 같은 화학 반응이 일어나서 구리는 석출되고, 알루미늄은 녹아 알루미늄 이온이 되어 수용액에 녹아 들어간다.

$$2Al + 3Cu^{2+} + 3SO_4^{2-} \longrightarrow 2Al^{3+} + 3Cu + 3SO_4^{2-}$$

① 구리 이온 Cu^{2+}이 수용액 속에서 푸른색을 나타낸다. 구리 이온이 환원되어 석출되므로 수용액의 푸른색이 옅어진다.

② 알루미늄이 산화되어 이온이 되므로 수용액에서 알루미늄 이온(Al^{3+})의 수는 증가한다.

③ 수용액에서 황산 이온(SO_4^{2-})은 반응하지 않기 때문에 수가 일정하다.

④ 알루미늄은 전자를 잃고 산화된다.

바른 풀이 ⑤ 2개의 알루미늄($2Al$)이 산화되어 이온($2Al^{3+}$)이 될 때 3개의 구리 이온($3Cu^{2+}$)이 환원되어 석출($3Cu$)되므로 수용액의 전체 이온 수는 감소한다.

06 (가)는 코크스(C)가 산화되고, 수증기(H_2O)가 산소를 잃고 환원되면서 수소가 발생하는 것을 나타낸다.

$$H_2O + C \longrightarrow CO + H_2$$

(나)는 철이 산화되어 산화철(Ⅱ)가 되고 수증기(H_2O)가 산소를 잃고 수소가 발생하는 것을 나타낸다.

$$H_2O + Fe \longrightarrow Fe_2O_3 + H_2$$

ㄱ. (가)에서 코크스(C)는 산소와 결합하여 산화된다.

바른 풀이 ㄴ. (나)에서 철은 산소와 결합하므로 산화된다.

ㄷ. (가)와 (나)에서 수증기는 모두 환원된다.

07 일회용 손난로는 철가루로 이루어져 있어 흔들면 철가루가 산소와 결합하면서 열이 발생해 따뜻해지는 원리를 이용한 것이다. 산소 흡수제도 철가루로 되어 있어 철이 산소와 결합하여 산화되는 것을 이용하여 주로 포장 내부의 산소를 제거하여 식품의 산화, 곰팡이 발생, 변색 등을 막는 역할을 한다.

학생 Z: 손난로와 산소 흡수제의 철은 산소와 결합하여 질량이 증가한다.

바른 풀이 학생 X: 손난로의 철은 산화될 때 주위에 열을 방출한다.

학생 Y: 산소 흡수제는 철이 산소와 결합함으로써 식품이 산소와 결합하여 산화되는 것을 막는다.

08 (가)는 3개의 금속 A 이온에 금속 B를 첨가하였을 때 A 이온은 사라지고 B 이온 2개가 형성되는 것이다.

$$3A^{a+} + 2B \longrightarrow 2B^{b+} + 3A$$

같은 수의 전자가 $B \rightarrow A$로 이동해야 하므로, $a=2$라고 할 때 $b=3$이 되고, 이때 이동하는 전자는 6개이다.

(나)는 4개의 금속 C 이온에 금속 A를 첨가하였을 때 C 이온은 사라지고 A 이온 2개가 형성되는 것이다.

$$4C^{c+} + 2A \longrightarrow 2A^{a+} + 4C$$

이때 같은 수의 전자를 주고받아야 하므로 $a=2$일 때 $c=1$이다.

이때 이동하는 전자는 4개이다.

ㄱ. a를 2라고 할 때 b는 3이므로 a<b 이다.

ㄴ. 반응성은 (가)에서 B>A이고, (나)에서 A>C이므로 반응성의 순서는 B>A>C이다. 따라서 B는 C보다 반응성이 크므로 C^+수용액에서 전자를 잃고 이온화된다.

(가)에서 이동한 전자가 6개라고 할 때 (나)에서는 4개가 이동한 것이 되므로 이동한 전자수의 비는 (가) : (나)=3 : 2이다.

09 BTB 용액은 산성에서 노란색, 중성에서 초록색, 염기성에서 파란색을 띤다. 따라서 (가)는 염화 나트륨($NaCl$) 수용액, (나)는 수산화 나트륨($NaOH$) 수용액, (다)는 묽은 염산(HCl)이다. 묽은 염산은 마그네슘과 반응하여 수소 기체를 발생시킨다.

ㄴ. (가)는 염화 나트륨 수용액, (나)는 수산화 나트륨 수용액이므로 모두 Na^+이 들어 있다.

ㄷ. (나) 수산화 나트륨 수용액은 염기성, (다) 묽은 염산은 산성 용액이므로 (나)와 (다)를 혼합하면 중화 반응이 일어나 물과 염이 생성된다.

$$NaOH + HCl \longrightarrow H_2O + NaCl$$

바른 풀이 ㄱ. (가) 염화 나트륨($NaCl$) 수용액은 중성 용액이므로 마그네슘 조각을 넣어도 기체가 발생하지 않는다.

10 묽은 염산은 푸른색 리트머스 종이를 붉게 변화시킨다.

ㄴ. 묽은 염산이 푸른색 리트머스 종이를 붉게 변화시키는 것은 수소 이온(H^+) 때문이다. 수소 이온은 양전하를 띠므로 (-)극 쪽으로 이동하기 때문에 리트머스 종이의 색이 (−)극 쪽으로 붉게 변해간다.

바른 풀이 ㄱ. 푸른색 리트머스 종이를 붉게 변화시키는 것은 수소 이온(H^+)이다.

ㄷ. 묽은 염산은 산성 물질이고, 암모니아수(NH_4OH)는 염기성 물질이며 OH^-가 (+)극 쪽으로 이동하므로 붉은색 리트머스 종이로 실험했을 때 색의 이동 방향은 반대이다.

11 염산혼합 용액의 최고 온도가 가장 높은 (다)가 중화점에 해당된다. 이때 묽은 염산과 수산화 나트륨의 부피가 40 ml로 같으므로 묽은 염산과 수산화 나트륨은 1 : 1의 부피비로 반응한다.

$$HCl \rightarrow H^+ + Cl^-$$
$$NaOH \rightarrow Na^+ + OH^-$$

이때 H^+와 OH^-는 1 : 1의 부피비로 반응하여 물을 생성한다.

ㄱ. 수산화 이온(OH^-)의 수가 가장 많은 것은 수산화 나트륨 수용액의 부피가 가장 크고, 묽은 염산의 부피가 가장 작은 (가)이다.

ㄴ. 묽은 염산과 수산화 나트륨 수용액의 농도가 같으므로 부피가 같은 (다)가 중화점이고, 혼합 용액의 최고 온도가 가장 높다. 따라서 ㉠은 중화점인 (다)의 27 ℃보다 작다.

ㄷ. (라)는 묽은 염산의 부피가 더 크므로 산성 용액이다. 메틸 오렌지 용액은 산성에서 붉은색을 띠므로 (라)에 메틸 오렌지 용액을 떨어뜨리면 붉은색으로 변한다.

12 산 X의 부피는 일정하고 처음 산의 H^+의 수는 음이온 수의 2배이다. 산의 음이온은 중화 반응에 참여하지 않으므로 일정한 수를 유지한다.

(가)는 첨가한 NaOH 수용액의 부피에 따라 수가 증가하므로 반응에 참가하지 않은 Na^+이다.

(나)는 NaOH의 부피가 b일 때까지는 산과 중화 반응하여 나타나지 않다가 중화 반응이 끝나 산의 H⁺가 모두 소진되었을 때부터 증가하는 OH⁻이다. 따라서 중화점은 b이다.

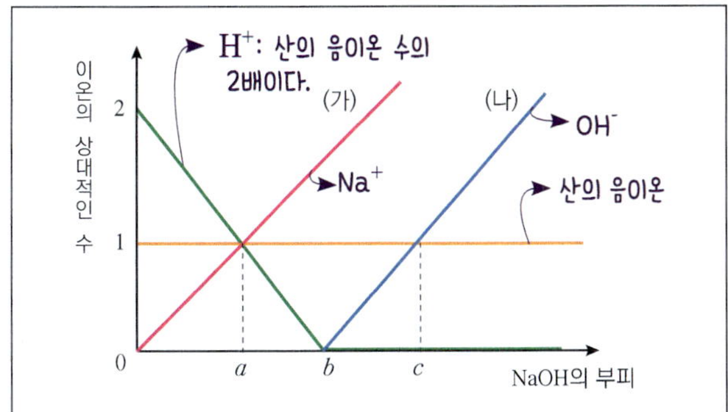

ㄷ. b가 중화점이므로 첨가한 NaOH의 부피가 b일 때 혼합 용액의 온도가 가장 높다.

[바른 풀이] ㄱ. 산 X는 H⁺의 수가 음이온의 수의 2배로 이온화되는 H_2SO_4(황산)등이 적합하다. HNO_3(질산)은 H⁺와 NO_3^-로 이온화하므로 양이온수가 음이온수와 같아서 이온 X로 적합하지 않다.

ㄴ. (가)는 Na⁺, (나)는 수산화 이온(OH⁻)이다.

13 (가)에 NaOH 5 ml를 추가했을 때 (나)에서 ■가 하나 줄고, (다)에서 또 하나가 줄어들었다. ■는 H⁺이며 NaOH 5 ml 마다 1개씩 추가되는 ■과 중화 반응을 하는 것이다. 따라서 ■는 OH⁻이다.

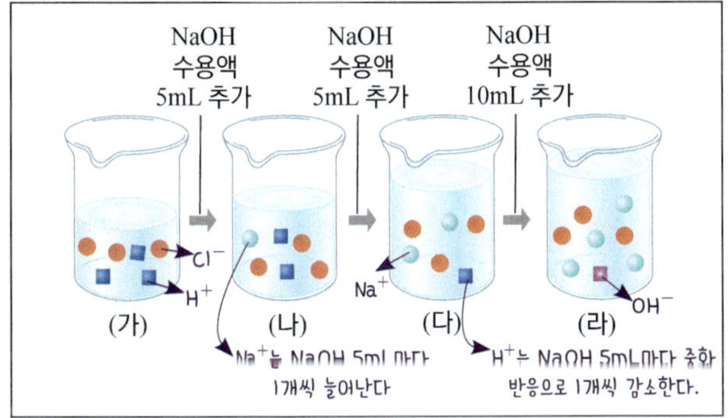

●는 처음부터 반응하지 않고 개수가 일정하게 유지되는 Cl⁻이며, ○는 NaOH 5 ml 추가할 때마다 반응하지 않고 1개씩 일정하게 늘어나는 Na⁺이다.

ㄴ. (나)와 (라)을 혼합하면 ■(H⁺) 1개와 ■(OH⁻) 1개가 중화 반응하여 물이 생성되고 ■(H⁺) 1개가 남으므로 산성 용액이 된다.

ㄷ. (가)→(나)에서 ■(H⁺) 1개와 ■(OH⁻) 1개가 중화 반응하여 물 1분자가 생성되며, (다)→(라)에서도 ■(H⁺) 1개와 ■(OH⁻) 1개가 중화 반응하여 물 1분자가 생성되므로 생성된 물 분자 수는 서로 같다.

[바른 풀이] ㄱ. ○는 NaOH 5 ml 추가할 때마다 반응에 참여하지 않고 1개씩 일정하게 늘어나는 Na⁺이다.

14 (가)~(다)에 들어 있는 양이온과 음이온을 모두 모형으로 나타내면 다음과 같다. 묽은 염산 10 ml마다 ■(H⁺)와 ●(Cl⁻)가 2개씩 늘어난다. (나)에서는 $2H^+ + 2OH^- \rightarrow 2H_2O$의 중화 반응이 일어났다.

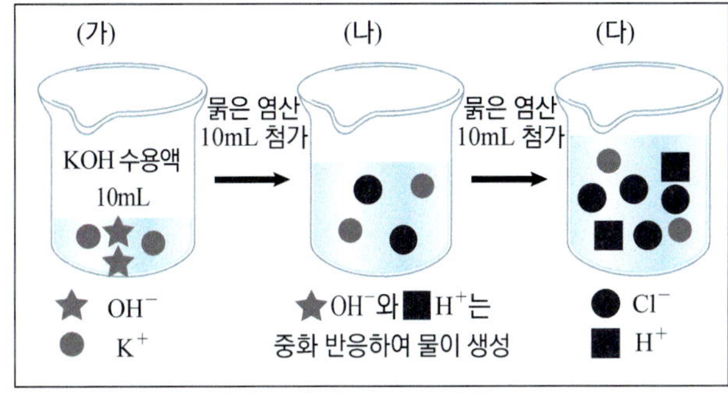

ㄱ. ■는 H⁺이다.

[바른 풀이] ㄴ. (나)는 ★(OH⁻)와 ■(H⁺)가 모두 중화 반응하였으므로 중성이다.

ㄷ. 수용액에 들어있는 전체 이온의 수는 4개로 (나)=(가)이다.

15 C_2H_5OH는 에탄올이며 이온화하지 않는다. 폼산(HCOOH), 수산화 암모늄(NH_4OH-암모니아수), 수산화 마그네슘($Mg(OH)_2$)은 다음과 같이 이온화한다.

$HCOOH \longrightarrow H^+ + HCOO^-$ ---(산)
$NH_4OH \longrightarrow NH_4^+ + OH^-$ ---(염기)
$Mg(OH)_2 \longrightarrow Mg^{2+} + 2OH^-$ ---(염기)

따라서 각 모형은 다음과 같이 짝지을 수 있다.

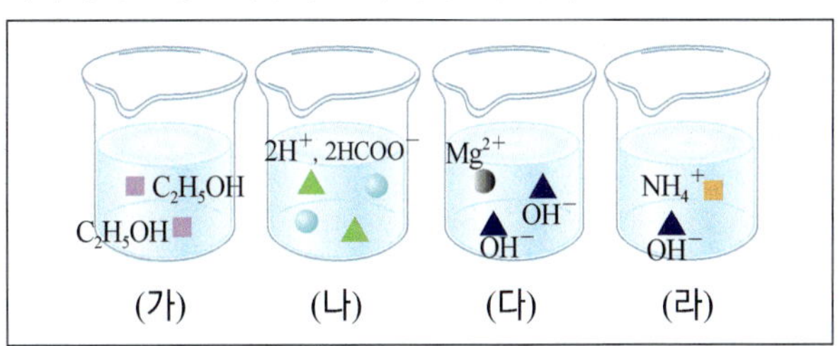

ㄱ. ●은 양이온인 Mg^{2+}이다.

ㄷ. (나)와 (다)를 혼합하면 $2H^+ + 2OH^- \rightarrow 2H_2O$의 중화 반응이 일어나 물이 생성되므로 중성이 된다.

[바른 풀이] ㄴ. (가)는 이온화되지 않아서 전하를 이동시키지 못하므로 전기전도성이 없다.

16 ㄴ. (다)는 수산화 칼슘을 물에 녹였을 때 생성되는 이온이다.

$Ca(OH)_2 \longrightarrow Ca^{2+} + 2OH^-$로 이온화되므로, 양이온과 음이온 수의 비는 1 : 2이다.

[바른 풀이] ㄱ. (가)와 (다)는 OH⁻이 존재하므로 염기이고, (나)는 H⁺가 존재하므로 산이다.

ㄷ. 달걀 껍데기는 탄산 칼슘 성분으로 산과 반응하여 이산화 탄소 기체를 발생시킨다. (다)는 염기성이다.

17 ㄱ. 수산화 마그네슘($Mg(OH)_2$)는 위산을 중화시키는 제산제로 쓰인다.

[바른 풀이] ㄴ. 마그네슘은 산에 녹아 수소 기체(H_2)를 발생시킨다.

ㄷ. 달걀 껍데기는 탄산 칼슘($Ca(CO_3)$) 성분으로 산과 반응하여 이산화 탄소 기체를 발생시킨다. 에탄올은 이온화하지 않으므로 산이나 염기가 아니다.

18 CH_4(천연가스)를 연소시키면 수증기와 이산화 탄소를 생성

하면서 열이 발생하여(발열 반응) 주위가 따뜻해진다.
$$CH_4 + 2O_2 \longrightarrow CO_2 + 2H_2O + 열에너지$$
물이 끓어서 기화되는 현상은 물이 열에너지를 흡수하여(흡열 반응) 기체로 되는 것이다.
ㄱ. ㉠ 천연가스를 연소시키는 반응은 발열 반응이다.
ㄴ. ㉡ 물이 기화될 때는 열을 흡수하므로 주위의 온도가 낮아진다.
ㄷ. 화석 연료를 비롯한 탄소 화합물은 연소되어 이산화 탄소와 물을 생성한다.

19 수산화 바륨과 염화 암모늄이 반응할 때는 흡열 반응이 일어난다. ㄱ. 흡열 반응이다.
ㄴ. 열을 흡수하므로 주위의 온도가 낮아진다.
(바른 풀이) ㄷ. 흡열 반응은 열을 흡수하는 반응이므로 생성물의 에너지의 합이 반응물의 에너지의 합보다 크다.

20 베이킹 소다의 주성분인 탄산수소 나트륨을 가열하면 열분해가 일어나 열을 흡수하여 이산화 탄소를 발생시킨다.
ㄴ. 탄산수소 나트륨이 분해될 때 열에너지를 흡수한다.
ㄷ. 물의 전기분해 과정에서도 에너지가 흡수된다. 탄산수소 나트륨의 열분해 과정에서도 에너지가 흡수되므로 열의 출입 방향은 두 경우 같다.
(바른 풀이) ㄱ. ㉠은 이산화 탄소(CO_2)이다.

21 ㄱ. 뷰테인의 연소는 발열 반응이다.
ㄴ. 산화 칼슘을 물에 용해시키면 강한 열이 발생하므로 산화 칼슘을 이용한 발열 용기로 음식을 조리할 수 있다.
ㄷ. 질산 암모늄을 용해시키면 열에너지를 흡수하므로 주위가 시원해진다. 질산 암모늄을 이용하여 냉찜질 팩을 만든다.
ㄹ. 에어컨의 냉매가 기화될 때 열에너지를 흡수하여 실내가 시원해진다.
열에너지 방출(발열 반응)은 ㄱ, ㄴ이 해당되고, 열에너지 흡수(흡열 반응)은 ㄷ, ㄹ이 해당된다.

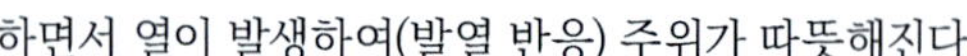

고난도 마무리

105 쪽

01 ③　　**02** ③　　**03** ④　　**04** ④

01 (가)에서 수용액 속에서 $A(NO_3)_2 \longrightarrow A^{2+} + 2NO_3^-$ 로 이온화 된다.
(나)에서 금속 A만 부식되었으므로 금속 A는 금속 C보다 반응성이 큰 것이다. $A \longrightarrow A^{2+}$, C는 변화없다.
(가)에서 밀도가 증가한 것으로 보아 반응이 일어났다. A가 반응성이 C보다 크므로 A^{2+}는 C와 반응하지 못하고, A^{2+}은 B와 반응하여 B 표면에서 A로 석출되고 B는 전자를 A^{2+}에게 뺏기고 산화하여 B^{2+}가 되어 용액에 녹아들어간다. 반응성은 B>A이다.
ㄱ. (가)에서 금속 B의 표면에서만 금속 A 석출된다.
ㄷ. 금속 C와 B를 도선으로 연결하면 C가 전자를 잃고 부식되기 전에 반응성이 C보다 큰 B가 먼저 전자를 잃고 부식되므로 C의

부식이 방지된다.
(바른 풀이) ㄴ. (나)에서 금속 A는 전자를 잃고 산화되었고 C는 변화없다.

02 (가)의 반응은 암모니아(NH_3)를 산화시켜 이산화 질소(NO_2)를 생성하는 반응으로 촉매가 필요하다.
$$NH_3(g) + 7O_2(g) \longrightarrow 4\boxed{NO_2}(g) + 6H_2O(g)$$
이때 NH_3는 산소를 얻어 NO_2가 되었으므로 산화되었다.
(나)의 반응은 다음과 같다.
$$3\boxed{NO_2} + H_2O \longrightarrow 2HNO_3 + NO$$
규이 과정에서 NO_2 일부는 HNO_3로 되면서 전자를 잃어 산화되고, 일부는 NO로 되면서 전자를 얻어 환원된다. 따라서 이 반응은 산화 환원 반응이다.
ㄱ. 기체 X는 NO_2이다.
ㄷ. (나)의 반응은 산화 환원 반응이다.
(바른 풀이) ㄴ. (가)의 반응에서 NH_3는 산화된다.

03 처음에 HCl 10 ml에 이온 X, Y는 단위 부피당 이온 수(이온 농도)가 4인 상태에 있는데, 이때의 이온 농도를 4라고 해 보자.

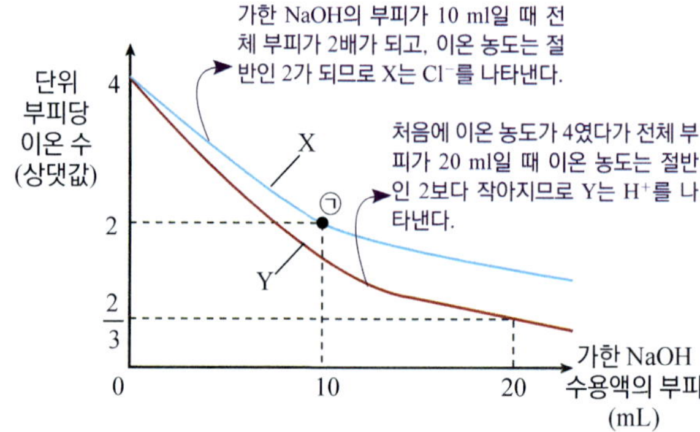

가한 NaOH 수용액이 10 ml라면 전체 부피가 2배인 20 ml가 되고, 반응하지 않는 Cl^-의 이온 농도는 2가 되므로 $X = Cl^-$이다. H^+는 OH^-와 중화 반응하여 이온 수가 줄어들므로 가한 NaOH 수용액이 10 ml일 때 이온 농도는 2보다 작아진다. 따라서 $Y = H^+$이다.
ㄱ. ㉠에서 HCl 10 ml에 NaOH 수용액 10 ml를 가했으므로 혼합 용액의 부피는 20 ml이다.
ㄷ. 처음에 H^+의 이온 농도는 4였다가 NaOH 수용액 20 ml를 가해 혼합 용액의 부피가 30 ml가 되고 이온 농도는 $\frac{2}{3}$가 되므로 이온수는 4에서 2로 줄어든 것이다. 이것은 가한 NaOH 수용액 20 ml에 OH^-가 2개가 있어서 H^+ 2개와 중화 반응을 일으켜 물이 생성되었기 때문이다. 따라서 HCl 10 ml의 H^+ 4개를 모두 중화시키기 위해서는 NaOH 수용액 40 ml가 필요하다. HCl 5 ml를 완전히 중화시키기 위해서는 NaOH 수용액 20 ml가 필요하다.
(바른 풀이) ㄴ. X는 Cl^-이다.

04 그(가)는 세포호흡 과정으로 이산화 탄소가 발생하는 화학 반응식이고, (나)는 철의 제련 과정에서 철이 환원되고, 이산화 탄소가 발생하는 화학 반응식, (다)는 메테인의 연소 과정에서 이산화 탄소가 발생하는 화학 반응식이다.
$$(가)\ C_6H_{12}O_6 + 6O_2 \longrightarrow 6(\ ㉠\ CO_2\ ) + 6H_2O$$

(나) $Fe_2O_3 + 3CO \longrightarrow 2Fe + 3(\, \bigcirc\, CO_2\,)$

(다) $CH_4 + 2O_2 \longrightarrow (\, \bigcirc\, CO_2\,) + 2H_2O$

ㄱ. $\bigcirc \sim \bigcirc$은 모두 이산화 탄소이다.

ㄷ. (가), (다)에서 환원되는 물질은 산소(O_2)로 같다. 각 반응에서 산소는 물이 되면서 전자를 얻어 환원된다.

바른 풀이 ㄴ. (가)의 세포호흡 반응은 발열 반응으로 주위의 온도가 높아지며, (나)의 철의 환원 반응은 흡열 반응으로 주위의 온도가 낮아진다. 철이 산화될 때 열이 발생한다.

01 ①	02 ⑤	03 ③	04 ③	05 ②	06 ③
07 ②	08 ⑤	09 ⑤	10 ①	11 ①	12 ⑤
13 ⑤	14 ②	15 ①	16 ①	17 ②	18 ⑤
19 ①					

01 (가)는 광합성, (나)는 세포호흡, (다)는 메테인 연소 과정의 화학 반응식이다.

ㄱ. (나)는 세포호흡 과정으로 포도당이 분해되어 ㉠ 이산화 탄소와 물을 생성한다. (다) 메테인은 연소하여 ㉠ 이산화 탄소와 물을 생성한다.

바른 풀이 ㄴ. (가) 광합성은 흡열 반응으로 주위의 온도가 낮아지는 반응이다.

ㄷ. (나)에서 포도당($C_6H_{12}O_6$)이 산화되어 이산화 탄소가 되면서 에너지를 방출하고, (다)에서 메테인(CH_4)이 산화되어 이산화 탄소가 되면서 에너지를 방출한다.

02 철의 제련 과정에서 화학 반응식은 다음과 같다.

$$Fe_2O_3 + 3CO \longrightarrow 2Fe + 3CO_2$$

ㄱ. A는 이산화 탄소이다.

ㄴ. (가)에서 산화 철(Ⅲ)(Fe_2O_3)은 산소를 잃고 환원된다.

ㄷ. (나)에서 철(Fe)은 산소를 얻어 산화 철(Ⅲ)(Fe_2O_3)이 된다.

$$2Fe + \frac{3}{2}O_2 \longrightarrow Fe_2O_3$$

03 금속 B 표면에 금속 A가 석출되므로 A^+은 전자를 얻어 환원되고, 금속 B는 전자를 잃어 산화된다. 수용액 속의 이온 수가 감소하므로 만약 A^+이 2개 석출된다면 금속 B 1개가 이온이 되어 수용액으로 녹아나와야 한다.

$$2A^+ + B \longrightarrow 2A + B^{2+}$$

ㄱ. 금속 B는 전자를 잃어 산화된다.

ㄷ. 이온 1개의 전하는 B가 A보다 크다.

바른 풀이 ㄴ. 이온의 전하는 B가 A보다 크므로 서로 반응하는 이온 수는 A가 B보다 많으며, 원자량이 A>B이므로 B판 표면에 석출되는 A의 질량이 녹아나가는 B의 질량보다 크므로 금속판의 질량은 증가한다.

04 ㄱ. (가)에서 Na은 산소를 얻어 Na_2O이 되므로 Na은 산화된다.

ㄷ. (가)는 산소의 이동에 의한 산화 환원 반응이고, (나)는 전자의 이동에 의한 산화 환원 반응이다.

바른 풀이 ㄴ. (나)에서 $2NaCl \longrightarrow 2Na^+ + 2Cl^-$인 이온 결합 상태이므로 Cl_2는 전자를 얻어 $2Cl^-$이 되었다.

05 ㄴ. 광합성 반응에서 이산화 탄소는 산소를 잃고 환원되고, 물은 산소를 얻어 산화된다. 광합성에서 산소가 이동하며 산화 환원 반응이다.

바른 풀이 ㄱ. 광합성 반응은 빛(에너지)을 흡수하여 포도당을 만드는 과정이다.

ㄷ. 광합성 과정에서 이산화 탄소는 포도당이 되면서 산소를 잃고 환원된다.

06 (가)의 반응에서 구리를 가열하면 산소와 결합하여 산화 구리 Ⅱ(CuO)가 된다.

$$2Cu + O_2 \longrightarrow 2CuO$$

(나)의 반응에서 검은색 산화 구리 Ⅱ(CuO)는 탄소와 반응하여 붉은색 구리로 환원되고 이산화 탄소가 발생한다.

$$2CuO + C \longrightarrow 2Cu + CO_2$$

ㄱ. (가)에서 생성된 검은색 가루는 산화 구리 Ⅱ(CuO)이며 5 g의 구리 가루에 산소가 결합하였으므로 질량이 5 g보다 크다.

ㄴ. 그림 B의 반응에서 탄소를 산소를 얻어 이산화 탄소가 되며 산화되었다.

바른 풀이 ㄷ. (나)에서 생성된 기체는 석회수($Ca(OH)_2$)와 반응하여 탄산 칼슘($CaCl_2$)을 생성시켜 석회수를 뿌옇게 흐리게 하므로 이산화 탄소이다.

07 (가) 수용액에서 YSO_4는 다음과 같이 이온화한다.

$$YSO_4 \longrightarrow Y^{2+} + SO_4^{2-}$$

이때 금속 X와 반응하여 금속 Y가 석출되었으므로 Y^{2+}는 금속 X와 다음과 같이 반응한다.

$$Y^{2+} + X \longrightarrow Y + X^{2+}$$
$$또는 Y^{2+} + 2X \longrightarrow Y + 2X^+$$

Y^{2+}는 전자를 얻고 환원되어 금속 Y가 되어 금속 X 표면에서 석출된다. 금속 X는 전자를 잃고 산화되어 X^+ 또는 X^{2+}가 되어 수용액에 녹아들어간다. 따라서 반응성은 X>Y이다.

(나) 수용액에서 ZNO_3는 다음과 같이 이온화한다.

$$ZNO_3 \longrightarrow Z^+ + NO_3^-$$

이때 금속 Y와 반응하여 금속 Z가 석출되었으므로 Z^+는 금속 Y와 다음과 같이 반응한다.

$$Z^+ + Y \longrightarrow Z + Y^+$$
$$또는 2Z^+ + Y \longrightarrow 2Z + Y^{2+}$$

Z^+는 전자를 얻어 환원되어 금속 Z 형태로 금속 Y 표면에서 석출되며 금속 Y는 전자를 잃고 산화되어 Y^+ 또는 Y^{2+} 형태로 수용액에 녹아들어간다. 따라서 반응성은 Y>Z이다.

ㄴ. (나)에서 전자는 Y에서 떨어져 나와 Z^+와 결합한다.

바른 풀이 ㄱ. (가)에서 X는 전자를 잃고 산화된다.

ㄷ. (나)에서 수용액에서 석출된 Z^+와 동일한 수이거나 적은 수의 Y^+ 또는 Y^{2+}가 수용액에 녹아들어가므로 양이온 수는 일정하거나 감소한다.

08 NaOH 수용액이 염기성을 나타내며, 페놀프탈레인 용액을

붉은 색으로 변하게 하는 것은 OH⁻이다. OH⁻는 (+)극 쪽으로 정전기적 인력을 받아 이동한다. OH⁻는 A에 있다가 (+)극 쪽으로 이동하며 거름종이의 가운데를 통과하는 것이다. 그러므로 A에는 수산화 나트륨 수용액, B에는 묽은 염산을 떨어뜨렸다.

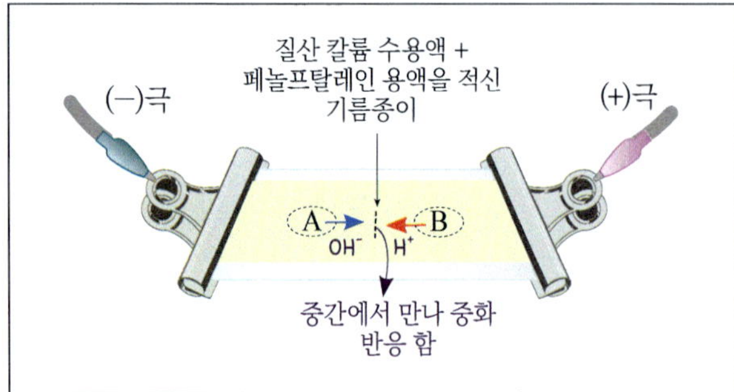

ㄱ. A에는 수산화 나트륨 수용액을 떨어뜨렸다.
ㄴ. B에 떨어뜨린 묽은 염산의 경우 수소 이온(H^+)이 (−)극 쪽으로 이동하기 때문에 가운데에서 수산화 이온(OH^-)과 만나 중화 반응이 일어나서 중성이 되므로, 붉은색이 가운데로 이동하다가 무색으로 변한다.
ㄷ. 붉은색을 띠게 하는 것은 수산화 이온(OH^-)이다.

09 (가) 황산(H_2SO_4) 수용액은 산성이고, (나) 암모니아수(NH_4OH)는 염기성이다.
〈산성 수용액의 성질〉 신맛이다. BTB 용액을 노란색으로, 메틸오렌지 용액 붉은색으로 변화시킨다. 금속과 반응하여 수소 기체를 발생시킨다. 수용액에서 양이온과 음이온으로 이온화된다.
〈염기성 수용액의 성질〉 쓴맛이다. 단백질을 녹이는 성질 때문에 만지면 미끈거린다. 수용액에서 양이온과 음이온으로 이온화된다.
Ⅰ 영역은 산성 수용액만 가지는 성질이므로 ⓒ, ⓔ, ⑩ 3개가 해당된다.
Ⅲ 영역은 염기성 수용액만 가지는 성질이므로 ㉠ 1개가 해당된다.
산과 염기의 공통적인 성질인 Ⅱ 영역에 포함되는 것은 ② 1개이다.

10 달걀 껍데기를 산성 용액(묽은 염산 등)에 넣으면 달걀 껍데기의 탄산 칼슘($CaCO_3$) 성분이 녹으며 이산화 탄소(CO_2) 기체가 발생한다. 마그네슘은 산과 반응하여 수소 기체(H_2)를 발생시킨다.
비눗물에 페놀프탈레인 용액을 떨어뜨렸을 때 붉은색으로 변하므로 비눗물은 염기성이다.
제산제는 위산을 중화시키는 약염기성 물질로 수산화 마그네슘($Mg(OH)_2$)를 주로 사용한다.
증류수는 중성 물질이다.
ㄱ. 묽은 염산, 비눗물, 제산제, 증류수 중 묽은 염산만 산이다.
[바른 풀이] ㄴ. 제산제는 염기이므로 ⓒ은 '붉은색으로 변함'이고 증류수는 중성 물질이므로 ⓒ은 '변화 없음'이다.
ㄷ. 마그네슘 리본은 묽은 염산과 반응하여 수소 기체(H_2)를 발생시킨다.

11 대표적인 산인 염산(HCl)과 마그네슘(Mg)의 화학 반응식은 다음과 같으며 수소 기체가 발생한다.
$$2HCl + Mg \longrightarrow MgCl_2 + H_2$$
산이 강할수록 H+가 많이 발생하는 것이며, 금속과 더 많이 반응

하고 수소 기체도 더 많이 발생한다.
ㄱ. 기체 발생량이 A 수용액보다 B 수용액이 더 많으므로 산의 세기는 A 수용액 < B 수용액이다.
[바른 풀이] ㄴ. 양은 다르지만 (가)와 (나)에서 모두 수소 기체(H_2)가 발생한다.
ㄷ. (가)와 (나)의 수용액에서 모두 양이온과 음이온이 발생하고 총 전하량의 합은 0으로 전기적으로 중성이 된다.

12 사이다는 탄산음료로 이산화 탄소가 물에 녹아 있는 음료이다. 이산화 탄소는 물에 녹아 탄산(H_2CO_3)이 되며, 다음과 같이 이온화하여 H^+을 내며 약산성을 나타낸다.
$$H_2CO_3 \longrightarrow 2H^+ + CO_3^{2-}$$
식초는 주성분이 아세트산(CH_3COOH)이며 다음과 같이 이온화하여 H^+를 내며 약산성을 나타낸다.
$$CH_3COOH \longrightarrow H^+ + CH_3COO^-$$
ㄱ. 식초는 아세트산 수용액이므로 산이다.
ㄴ. 사이다와 식초는 모두 산이어서 푸른 리트머스 종이를 붉게 변화시키므로 리트머스 종이로는 사이다와 식초를 구분할 수 없다.
ㄷ. 수산화 칼슘($Ca(OH)_2$) 수용액은 석회수라고 하며, 이산화 탄소와 반응하면 탄산 칼슘($CaCO_3$) 성분의 앙금이 발생하여 뿌옇게 흐려진다. 사이다의 이산화 탄소는 수산화 칼슘 수용액을 뿌옇게 변화시키지만 아세트산을 그렇지 못하므로 사이다와 식초를 구분할 수 있다.

13 용액의 온도가 가장 높은 (나)가 중화점이고 이때 H^+와 OH^-는 모두 중화 반응하여 물이 생성된다. 20 ml NaOH에 포함된 OH^-의 수를 2N이라고 한다면 20 ml HCl에 포함된 H^+의 수는 N이 된다. 중화점에서는 HCl 40 ml에 포함된 H^+ 2N개와 NaOH 20 ml에 포함된 OH^- 2N개가 반응하여 물 분자 2N개가 생성된다.

혼합 용액	수용액의 부피 (mL)		혼합 용액에 있는 이온의 종류	온도 변화	생성된 물 분자 수
	HCl	NaOH			
(가)	30	30	OH^-, Na^+, Cl^-	3	1.5N
(나)	40	20	Na^+, Cl^-	4	2N
(다)	50	10	H^+, Na^+, Cl^-	3	N

ㄱ. 용액의 온도가 가장 높은 (나)에서 완전히 중화되고, 이때 반응한 묽은 염산과 수산화 나트륨 수용액의 부피 비가 2 : 1이다.
(가)는 반응하지 않은 수산화 나트륨 수용액이 15 mL 남아 있으므로 염기성 용액이다.
ㄴ. (나)에서는 묽은 염산 40 mL와 수산화 나트륨 수용액 20 mL가 반응하여 물 분자 2N개를 생성하고, (다)에서는 묽은 염산 20 mL와 수산화 나트륨 수용액 10 mL가 반응하여 물 분자 N개를 생성한다. 따라서 생성된 물 분자 수는 (나)가 (다)의 2배이다.
ㄷ. (가)는 수산화 나트륨 수용액 15 mL가 반응하지 않고 남아있으므로 염기성 용액이고, (다)는 묽은 염산 30 mL가 반응하지 않고 남아 있으므로 산성 용액이다. 따라서 (가)와 (다)를 혼합하면 중화 반응하여 물이 생성된다.

14 일정량의 수산화 칼륨 수용액에 묽은 질산을 조금씩 넣어주면 물(H_2O)이 생성되는데, 물은 중화점에 도달하기까지 점점 증가하다가 중화점 이후에는 묽은 질산의 H^+과 반응할 수산화 칼륨의

OH^-가 더 이상 없으므로 묽은 질산을 계속 넣어주어도 더 이상 물이 생성되지 않는다. 따라서 X는 중화 반응에서 생성된 물(H_2O)을 나타낸 것이다.

15 (가)는 수산화 칼륨 수용액의 OH^-으로 첨가해 주는 묽은 염산의 H^+와 반응하여 물이 되면서 이온 수가 점차 줄고, 중화점인 B점 이후에는 이온 수가 0이 된다.
(나)는 묽은 염산을 넣는 순간부터 점차 증가하는데, 첨가해 주는 묽은 염산의 Cl^-이고 반응하지 않는다.
(다)는 이온 수가 변하지 않는데, 처음에 있던 K^+이며 반응하지 않는다.
(라)는 첨가해 주는 H^+로 처음에는 OH^-와 반응하여 물이 되어 이온 수가 0이지만, OH^-가 모두 사라진 중화점 B 이후에도 묽은 염산을 계속 첨가하므로 중화점 이후에는 이온 수가 증가하게 된다.
ㄱ. 중화점 B에서 생성된 물의 양이 A보다 많다.
[**바른 풀이**] ㄴ. (나)는 Cl^-, (다)는 K^+이다.
ㄷ. 중화점에서도 K^+, Cl^-는 존재하여 전하를 이동시키므로 전류가 흐른다.

16 ㄱ. (나)에서 H^+, OH^-가 존재하지 않으므로 중화되었다. 중화점에서 최고 온도가 가장 높으므로 $t_2>t_1$이다.
ㄴ. (가)에는 H^+가 존재하므로 산성이고, 마그네슘 조각과 반응하여 수소 기체(H_2)를 발생시킨다.
[**바른 풀이**] ㄷ. (다)에는 OH^-가 존재하므로 염기성이다.

17 (가) 기체 아이오딘(I_2)은 차가운 표면에서 고체로 승화하는데 이때는 열을 방출하는 발열 반응이다.
(나) 비커의 고체 아이오딘(I_2)를 가열하면 기체로 승화하는데 이때는 열에너지를 흡수하는 흡열 반응이 일어난다.
(다)메탄올이 연소하는 반응은 산소를 주고받는 반응으로 산화 환원 반응이다.
ㄷ. 메탄올이 연소하는 반응은 산화 환원 반응이다.
[**바른 풀이**] ㄱ. (가) 기체 아이오딘이 고체 아이오딘으로 승화하는 반응은 발열 반응이다.
ㄴ. 고체 아이오딘이 기체 아이오딘으로 승화하는 반응은 흡열 반응이다.

18 수소와 메테인의 연소 반응은 수소와 메테인이 각각 산소와 결합하는 반응이며 반응 과정에서 열을 방출한다.
ㄱ. 수소와 메테인의 연소 반응은 모두 발열 반응이다.
ㄴ. 수소와 메테인의 연소 반응은 수소와 메테인이 각각 산소와 결합하는 산화 환원 반응이다.
ㄷ. 철이 산소와 결합하여 산화철로 되면서 열이 방출되므로 철이 녹스는 반응과 같은 열의 출입이 일어난다.
[**바른 풀이**] ㄴ. 규산염 사면체가 공유하는 산소의 수는 (가) 단사슬 구조 2개, (나) 판상 구조 3개, (다) 망상 구조 4개이므로 (가)<(나)<(다)이다.

19 ㄱ. 식물의 광합성은 빛에너지를 흡수하므로 흡열 반응이다.
ㄴ. 눈 오는 날 제설제로 사용되는 염화 칼슘($CaCl_2$)은 물에 녹으면서 열이 방출되므로 눈을 녹일 수 있다.
ㄷ. 추운 날 과수원에서 물을 뿌리면 물이 얼면서 열을 방출하여 냉해를 방지할 수 있다.

ㄹ. 냉찜질 팩에는 질산 암모늄(NH_4NO_3)이 들어 있어 냉찜질 팩을 문지르면 질산 암모늄이 물에 녹으면서 열을 흡수하여 냉찜질 팩이 시원해진다.
따라서 에너지를 흡수하는 것은 ㄱ, ㄹ이다.

01 ③	02 ①	03 ⑤	04 ⑤	05 ①	06 ④
07 ⑤	08 ③	09 ③	10 ⑤	11 ①	12 ①
13 ⑤	14 ②	15 ⑤	16 ①	17 ①	18 ③
19 ②	20 ③	21 ②	22 ④	23 ⑤	24 ③
25 ⑤	26 ③	27 ②			

01 학생 A: 산화와 환원은 항상 동시에 일어난다. 반응물 한쪽이 산소를 얻거나 전자를 잃으면 다른쪽은 산소를 잃거나 전자를 얻게 되기 때문이다.
학생 B: 광합성 반응에서 이산화 탄소는 산소를 잃고 포도당인 되는 과정에서 환원된다.

$$6CO_2 + 6H_2O \xrightarrow{\text{빛에너지}} C_6H_{12}O_6 + 6O_2$$

(산화 / 환원)

[**바른 풀이**] 학생 C: 연소는 물질이 산소와 반응하여 산화되는 과정에서 빛과 열을 내는 화학 반응이다.

02 철의 제련 과정은 산화 철을 환원시켜 철을 생성하는 과정이다.
(가) $2C + O_2 \longrightarrow 2\ \boxed{CO}$ … 코크스(C) 산화 과정
(나) $Fe_2O_3 + a\ \boxed{CO} \longrightarrow bFe + 3CO_2$ … 일산화 탄소를 산화시켜 산화 철에서 산소를 제거하는 과정
→ 탄소(C) 3개가 유지되어야 하므로 $a=3$, 철(Fe)이 2개로 유지되어야 하므로 $b=2$이다.
ㄱ. X=CO이다.
[**바른 풀이**] ㄴ. a는 b보다 크다.
ㄷ. (나)에서 X(CO)는 산소와 결합하여 산화된다.

03 (가)와 (나)에서 화학 반응식은 다음과 같다.
(가) $2Na + Cl_2 \longrightarrow 2Na^+ + 2Cl^-$
(나) $Mg + Cl_2 \longrightarrow Mg^{2+} + 2Cl^-$
(가)와 (나)에서 Na와 Mg는 각각 전자를 잃어 산화되며, Cl_2는 전자를 얻어 환원된다.
ㄱ. (가)에서 Cl_2는 전자를 얻어 환원된다.
ㄴ. (나)에서 ㉠은 2개의 전자의 이동이므로 $2e^-$이다.
ㄷ. (가) Na^+와 (나) Mg^{2+}의 전하량 비는 (가) : (나)=1 : 2이다.

04 광합성은 빛에너지를 이용하여 이산화 탄소를 환원시켜 포도당을 생성하는 과정이다. 광합성 과정에서 이산화 탄소(CO_2)는 수소(H_2)와 결합한다.
ㄱ. 황세균은 황화 수소(H_2S)로부터 얻은 수소(H_2)를 이산화 탄소를 환원시키는데 사용하고, 남세균은 물로부터 얻은 수소(H_2)를 이산화 탄소를 환원시키는데 사용한다. 따라서 ㉠은 수소이다.

ㄴ. 황세균에 의한 광합성에서 CO_2는 환원되어 포도당이 된다.
ㄷ. 남세균은 광합성 결과로 산소(O_2)를 만들었기 때문에 남세균 출현 후 대기 중의 산소가 증가하였다.

05 (가)는 코크스(C)로 수증기(H_2O)의 반응이다.
$$H_2O + C \longrightarrow CO + H_2(수소)$$
이 과정에서 코크스(C)는 산소를 얻고 산화되어 일산화 탄소(CO)가 되고 수증기는 산소를 잃고 환원되어 수소(H_2)가 된다.
(나)는 철(Fe)과 수증기(H_2O)의 반응이다.

$$H_2O + Fe \longrightarrow Fe_2O_3(산화 철) + H_2(수소)$$
이 과정에서 철은 산소를 얻어 산화되고, 수증기는 산소를 잃고 환원되어 수소(H_2)가 된다.
ㄱ. (가)에서 코크스(C)는 산소를 얻고 산화된다.
[바른 풀이] ㄴ. (나)에서 철(Fe)은 산화되어 산화 철(Fe_2O_3)이 된다.
ㄷ. (가)와 (나)에서 모두 수증기(H_2O)는 산소를 잃고 환원된다.

06 드라이아이스는 기체 CO_2가 승화된 고체 물질이다. 마그네슘(Mg)은 반응성이 좋아 이산화 탄소, 산소, 물과 쉽게 반응한다. (나)에서 뚜껑을 덮어 공기 중의 산소와의 접촉을 차단한다.

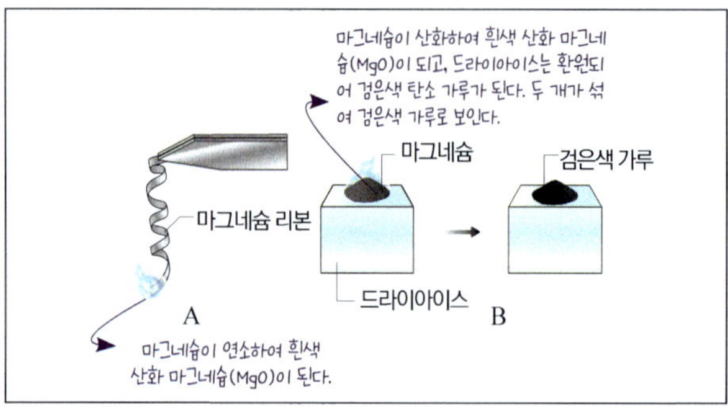

ㄱ. (가)에서 마그네슘은 산화된다.
$$2Mg + O_2 \longrightarrow 2MgO(산화 마그네슘; 흰색)$$
ㄷ. (나)의 반응식은 $2Mg + CO_2 \longrightarrow 2MgO + C(검은색)$
 바른 풀이 ㄴ. (나)에서 마그네슘은 드라이아이스(CO_2)와 반응하여 산소를 얻어 산화되며, 드라이아이스는 산소를 잃고 환원되어 검은색 가루인 탄소가 된다.

07 반응 전에는 수용액에서 황산 구리가 이온화되어 구리 이온(Cu^{2+})과 황산 이온(SO_4^{2-})이 존재하는데, Cu^{2+} 때문에 용액이 푸른색을 띤다.
$$CuSO_4 \longrightarrow Cu^{2+} + SO_4^{2-}$$
여기에 고체 아연(Zn) 조각을 넣으면 아연이 구리보다 반응성이 크므로 아연은 전자를 잃고 산화되고, 구리 이온은 전자를 얻고 환원되어 금속 구리로 석출되면서 수용액의 푸른색이 옅어진다.
$$Cu^{2+} + Zn \longrightarrow Cu + Zn^{2+}$$
ㄱ. 이 반응에서 아연(Zn)은 전자를 잃는다.
ㄴ. $CuSO_4$ 수용액이 푸른색을 띠는 이유는 Cu^{2+} 때문이다.
ㄷ. 반응이 일어나는 동안 SO_4^{2-} 서는 반응에 참여하지 않으므로 이온 수가 변하지 않는다.

08 질산 은(Ag)은 수용액에서 $Ag^+ + NO_3^-$ 로 이온화된다. 모형은 금속 양이온이므로 반응 전에 수용액의 ▲는 은 이온(Ag^+)이다.

구리는 은보다 반응성이 크다. 따라서 은 이온과 구리 조각의 반응은 다음과 같다.
$$2Ag^+ + Cu \longrightarrow 2Ag + Cu^{2+}$$
이 반응에서 구리(Cu)는 전자를 잃고 구리 이온(Cu^{2+})으로 산화되며, 은 이온(Ag^+)은 전자를 얻어 금속 은(Ag)으로 환원된다. 이때 은 이온과 구리 이온은 2 : 1의 개수비로 반응한다.
따라서 반응 후 Ag^+ 2개가 석출되고 Cu^{2+}(●) 1개와 Ag^+(▲)1개가 남았다.
ㄱ. ●는 Cu^{2+}이다.
ㄴ. 이 반응에서 전자는 구리 금속에서 은 이온으로 이동한다.
[바른 풀이] ㄷ. 이 반응에서 Ag^+(▲)는 전자를 얻어 환원된다.

09 (가), (나)에서 A 금속 막대의 질량이 변화하므로 산화 환원 반응이 일어나 금속 B, C가 각각 A 금속 막대 표면에 석출된다.
(가) 반응: $A + B^{2+} \longrightarrow A^{2+} + B$
(나) 반응: $A + C^{2+} \longrightarrow A^{2+} + C$
따라서 반응성은 A>B, A>C이다.

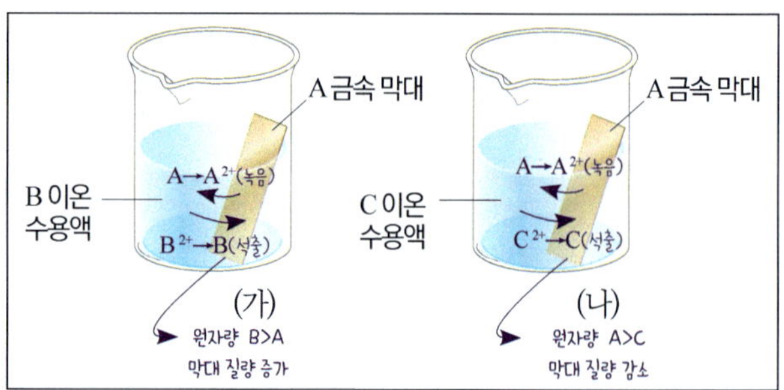

ㄱ. (가)에서 금속 막대 A의 질량이 증가하므로 B의 원자량이 A의 원자량보다 크다. (나)에서는 금속 막대 A의 질량이 감소하므로 C의 원자량이 A의 원자량보다 작다. 원자량은 B > A > C 이다.
ㄷ. A~C는 모두 수용액 속에서 +2가 이온이어서 1 : 1로 반응하므로 수용액 속 양이온 수는 반응 전후 변하지 않는다.
[바른 풀이] ㄴ. A는 B, C보다 반응성이 크나, B와 C의 반응성은 이 실험에서 서로 비교할 수 없다.

10 [실험 I]은 과산화 수소 분해 반응이다. 감자즙의 카탈레이스 효소가 반응을 빠르게 한다.
$$2H_2O_2 \longrightarrow 2H_2O + \boxed{O_2}$$
[실험 II]는 Na과 산소의 반응이다 Na은 산소와 빠르게 반응하여 표면에 산화물을 만든다.
$$4Na + \boxed{O_2} \longrightarrow 2Na_2O$$
ㄱ. A는 O_2이다.
ㄴ. [실험 I]에서 감자즙을 넣었더니 산소가 빠르게 발생하는 것으로 보아 반응을 촉진하는 효소로 작용하는 물질이 있다.
ㄷ. [실험 II]에서 Na은 산소를 얻어 산화된다.

11 수용액에서 BNO3는 다음과 같이 이온화한다.
$$BNO_3 \longrightarrow B^+ + NO_3^-$$
수용액에서 A와 B가 반응하여 금속 B가 석출되는 반응은 다음과 같다. $A^{2+} : B^+ = 1 : 2$의 개수 비로 반응한다.
$$A + 2B^+ \longrightarrow A^{2+} + 2B$$
전자는 A에서 B^+로 이동하며, A는 산화되어 A^{2+}상태로 수용액에 녹아들어가고, B^+는 전자를 얻어 환원(석출)된다.

ㄱ. 전자는 A에서 B^+로 이동한다.

[바른 풀이] ㄴ. A 1개가 수용액의 이온 A^{2+}가 될 때 B^+ 2개가 석출되므로 수용액 속 양이온 수는 감소한다.

ㄷ. A가 1개 녹아들어갈 때마다 B가 2개 석출된다. 감소한 A의 원자량은 207, 석출된 B 2개의 원자량은 216이므로

$\dfrac{\text{감소한 A의 질량}}{\text{석출된 B의 질량}} < 1$이다.

12 [비커 Ⅰ] $A^{2+} + B \longrightarrow A + B^{2+}$

A는 전자를 얻어 환원되고, B는 전자를 잃고 산화된다. 반응성은 B>A이다. 전자는 B에서 A^{2+}로 이동한다.

[비커 Ⅱ] $3B^{2+} + 2C \longrightarrow 3B + 2C^{3+}$

B는 전자를 얻어 환원되고, C는 전자를 잃고 산화된다. 반응성은 C>B이다. 전자는 C에서 B^{2+}로 이동한다.

ㄱ. Ⅰ에서 B는 산화된다.

[바른 풀이] ㄴ. Ⅱ에서 전자는 C에서 B^{2+}로 이동한다.

ㄷ. Ⅱ에서 B^{2+} 3개가 석출될 때 2개의 C^{3+}가 수용액에 녹아들어가므로 수용액의 양이온 수는 감소한다.

13 (가) 오래된 음식물이 썩을 때에는 곰팡이나 세균에 의해 당분, 단백질, 지방 등 다양한 성분이 함께 분해된다.

(나) 폭죽이 폭발하며 빛을 낼 때에는 금속과 산소와의 반응이 빠르게 일어난다.

(다) 반딧불이가 빛을 낼 때에는 루시페린이 산소와 빠르게 반응한다.

ㄱ. (가) 음식물이 썩을 때에 곰팡이나 세균에 의해 당분이 분해된다.

ㄴ. (나)와 (다)는 빠른 산화 환원 반응이다.

ㄷ. (나)와 (다)는 산소가 관여하는 산화 환원 반응이다.

14 (가)는 H^+이 존재하므로 산성 용액이고 (나)는 OH^-이 존재하므로 염기성 용액이다.

ㄴ. (나)는 염기성이므로 단백질을 녹이는 성질이 있다.

[바른 풀이] ㄱ. (가)는 산성 용액이므로 BTB 용액을 노랗게 변화시킨다.

ㄷ. (가)와 (나) 모두 전기 전도성이 있으나, 전기 전도도를 측정한다고 해도 서로 구별할 수는 없다.

15 B는 페놀프탈레인이 무색(산성과 중성)이고 아연 조각을 넣었을 때 반응하지 않으므로 소금 수용액(중성)이다. A와 C는 4가지 수용액 중에서 산성인 염산 수용액 또는 탄산 수용액 중의 하나이다. D는 페놀프탈레인 용액이 붉은색을 띠므로 염기성인 수산화 나트륨 수용액이다.

ㄱ. C는 산성 수용액이므로 (가)는 무색이다.

ㄴ. A는 산성 수용액이므로 (나)는 기체(수소) 발생이며, D는 염기성이어서 아연 조각과 반응하지 않으므로 (다)는 변화 없음이다.

ㄷ. C와 D는 각각 산성과 염기성이므로 혼합하면 중화 반응에 의해 온도가 높아진다.

16 ㄱ. 산성화된 토양에 콩을 심으면 토양을 중화하는 효과를 얻을 수 있다.

ㄴ. 위산에 의해 속이 쓰린 경우 염기성인 제산제를 복용하여 중화 시킨다.

ㄷ. 오래된 자전거의 체인은 철로 만들어졌으므로 산소와 결합하여 산화 환원 반응에 의해 녹(산화 철)이 슨다.

ㄹ. 깎아 놓은 사과의 표면은 산소와 결합하는 산화 환원 반응에 의해 갈색으로 변한다.

중화 반응과 관련된 사례는 ㄱ, ㄴ이다.

17 KOH, CH_3COOH는 다음과 같이 수용액에서 이온화한다.

$$KOH \longrightarrow K^+ + OH^-$$
$$CH_3COOH \longrightarrow H^+ + CH_3COO^-$$

C_2H_5OH는 에탄올이며 수용액에서 이온화하지 않으므로 산과 염기가 아니다.

따라서 (가)는 CH_3COOH이며, ㉠는 CH_3COO^- 이다.

ㄴ. (가) 수용액은 산성 수용액이므로 탄산 칼슘 성분의 달걀 껍데기를 넣으면 CO_2 기체가 발생한다.

[바른 풀이] ㄱ. 산성을 나타내는 것은 H^+이며, ㉠는 CH_3COO^-이다.

ㄷ. (나) C_2H_5OH 수용액은 이온화하지 않으므로 전기 전도성이 없다.

18 메틸 오렌지 용액이 붉은색을 나타내면 산성이고, 노란색을 나타내면 염기성이다. 따라서 (가)는 산성 용액, (나)는 염기성 용액이다.

ㄱ. ■는 산성 용액의 양이온을 나타내므로 H^+(수소 이온)이다.

ㄷ. (나) 용액은 염기성 용액이므로 BTB 용액을 떨어뜨리면 파란색을 나타낸다.

[바른 풀이] ㄴ. 염기성 용액인 (나) 용액은 금속과 반응하지 않는다.

19 ㄴ. 식초는 산성으로 H^+을 내고, 탄산 칼슘과 반응하면 이산화 탄소가 발생한다.

[바른 풀이] ㄱ. 비누의 주성분은 NaOH이고, 이온화하여 수산화이온(OH^-)를 내는 염기이므로 pH는 7보다 크다.

ㄷ. 산성 용액은 푸른색 리트머스 종이를 붉게 변화시키지만 비누의 주성분인 NaOH는 염기성 용액이므로 리트머스 종이를 푸른색으로 변화시킨다.

20 ㄱ. (가)는 H^+이고 (나)는 OH^-이다. 각각은 산과 염기의 공통적인 성질을 나타내는 이온이다.

ㄴ. (가) H^+이 있는 산과 금속이 반응할 때 H^+는 환원되어 수소 기체가 발생한다.

[바른 풀이] ㄷ. 산이 대리석(탄산 칼슘)과 반응하면 이산화 탄소가 발생한다. (나) OH^-는 대리석과 반응하지 않는다.

21 산은 수용액에서 H^+를 내놓는 물질이다. 시트르산의 이온화식에는 H^+가 포함되어야 하고 H^+ 3개를 내놓으므로 음이온은 -3의 전하량을 가져야 한다.

(시트르산) $C_6H_8O_7 \longrightarrow 3(㉠\ H^+) + (㉡\ C_6H_5O_7^{3-})$

22 처음 KOH 수용액 속에는 다음과 같이 K^+, OH^-가 존재한다.

$$KOH \longrightarrow K^+ + OH^-$$

여기에 묽은 염산($HCl \longrightarrow H^+ + Cl^-$)을 조금씩 가하면 H^+과 OH^-는 중화 반응하여 물 분자가 생성된다. OH^-는 묽은

염산의 H^+와 중화 반응하여 이온 수가 점차 줄어드는데, OH^-의 이온 수가 0일 때(HCl 10 ml)가 중화점이다.

ㄴ. KOH 수용액과 묽은 염산의 농도는 같다.

처음 KOH 수용액 10 ml의 K^+, OH^-의 이온 수를 각각 2N이라고 하자. 가한 묽은 염산의 부피가 0, 5 ml, 10 ml, 15 ml, 20 ml일 때 혼합 용액에 들어 있는 전체 이온 수와 단위 부피당 이온 수는 다음과 같다.

HCl(mL)	0	5	10	15	20
KOH(mL)	10	10	10	10	10
H^+	0	0	0	N	2N
OH^-	2N	N	0	0	0
Cl^-	0	N	2N	3N	4N
K^+	2N	2N	2N	2N	2N
전체 이온 수	4N	4N	4N	6N	8N
단위 부피당 이온 수	4N/10 =0.4N	4N/15 =0.27N	4N/20 =0.2N	6N/25 =0.24N	8N/30 =0.27N

전류의 세기는 단위 부피당 이온 수에 비례하므로 묽은 염산 10 ml를 가했을 때 전류의 세기가 가장 낮다.

ㄷ. (나)는 중화 반응에서 물을 생성하는 데 참여하는 OH^-의 그래프이다.

(바른 풀이) ㄱ. 처음의 K^+는 반응에 참여하지 않으므로 이온 수가 변하지 않는다. (가)는 이온 수가 변하지 않고 유지되는 K^+그래프이다.

23 묽은 염산과 수산화 나트륨 수용액을 서로 다른 부피로 혼합하였을 때 (가)에는 H^+이 존재하므로 산성, (나)는 반응에 참여하지 않는 Na^+, Cl^-만 존재하므로 중성, (다)는 OH^-이 존재하므로 염기성 용액이다.

ㄱ. 2개의 HCl과 1개의 NaOH이 반응한 수용액 (가)는 물 분자가 1개 생성된다. 2개의 HCl, 2개의 NaOH이 반응한 수용액 (나)는 물 분자가 2개 생성된다. 2개의 HCl, 3개의 NaOH이 반응한 수용액 (다)는 물 분자가 2개 생성된다. 따라서 생성된 물 분자 수가 가장 적은 용액은 (가)이다.

ㄴ. (가)와 (나)는 각각 산성, 중성 용액이므로 페놀프탈레인 용액을 떨어뜨려도 색 변화가 없다.

ㄷ. (다)는 염기성 용액이므로 pH는 7보다 크다.

24 Na^+는 반응에 참여하지 않으므로 이온 수가 변하지 않는 B이고, 첨가한 HCl의 부피에 따라 이온 수가 증가하는 A는 반응에 참여하지 않는 Cl^-이다. C는 중화 반응이 진행되면서 이온 수가 감소하는 OH^-이고, 중화 반응이 종결된 이후 이온 수가 증가하는 D는 첨가한 H^+이다.

ㄱ. A는 Cl^-, B는 Na^+이다.

ㄴ. NaOH 10 ml에 들어 있는 Na^+, OH^- 이온 수를 각각 2N이라고 할 때, 혼합 용액 (가), 중화점, (나)에 들어 있는 전체 이온의 수는 다음과 같다.

구분	(가)	중화점	(나)
HCl (ml)	10	20	25
NaOH (ml)	10	10	10
H^+수	0	0	0.5N
OH^-수	N	0	0
Cl^-수	N	2N	2.5N
Na^+수	2N	2N	2N
총 이온 수	4N	4N	5N
단위 부피당 이온 수	$\frac{4N}{20}$=0.2N	$\frac{4N}{30}$=0.13N	$\frac{5N}{35}$=0.14N

단위 부피(같은 부피)에 들어 있는 전체 이온 수는 (가)>(나)이다.

(바른 풀이) ㄷ. HCl 수용액 10 mL와 NaOH 수용액 10 mL에 들어 있는 전체 이온의 수의 비는 1 : 2로 서로 같지 않다

25 혼합 용액의 최고 온도가 가장 높은 C점이 중화점이다. 중화점에서 HCl 수용액 20 mL와 KOH 수용액 20 mL에가 혼합되므로 HCl 수용액과 KOH 수용액의 농도는 서로 같다.

ㄱ. 전류의 세기는 단위 부피당 이온 수에 비례한다. 각 용액 10 ml에 포함된 K^+, OH^-, H^+, Cl^-이온 수를 각각 2N이라고 할 때, A, B, C, D점에서 전체 이온 수와 단위 부피당 이온 수를 다음과 같이 구한다.

구분	A	B	C(중화점)	D
HCl (ml)	10	15	20	25
KOH (ml)	30	25	20	15
H^+수	0	0	0	2N
OH^-수	4N	2N	0	0
Cl^-수	2N	3N	4N	5N
K^+수	6N	5N	4N	3N
총 이온 수	12N	10N	8N	10N
단위 부피당 이온 수	$\frac{12N}{40}$=0.3N	$\frac{10N}{40}$=0.25N	$\frac{8N}{40}$=0.2N	$\frac{10N}{40}$=0.25N
생성된 물 분자 수	2N	3N	4N	3N

따라서 단위 부피당 이온 수가 가장 작은 C점(중화점)에서 전류의 세기가 가장 낮다.

ㄴ. 혼합 용액 A는 OH^-가 존재하는 염기성 용액이므로 BTB 용액을 떨어뜨리면 파란색이 된다.

ㄷ. H^+와 OH^-가 중화 반응하여 생성된 물 분자 수는 B와 D에서 서로 같다.

26 산화 칼슘(CaO; 석회)는 물과 반응하여 수산화 칼슘($Ca(OH)_2$)가 되어 염기성이 된다. 그 과정에서 열이 발생하여 이 열로 음식을 조리하기도 한다.

$$CaO + H_2O \longrightarrow Ca^{2+} + 2OH^- + 열에너지$$

ㄱ. 각 비커의 액성은 모두 염기성이다.

ㄴ. 산화 칼슘이 용해될 때는 열이 발생하므로 발열 반응이다.

(바른 풀이) ㄷ. 소금이 물에 용해되는 반응은 흡열 반응이므로 산화 칼슘과 물의 반응과 에너지 출입 방향이 다르다.

27 빵을 구울 때 빵이 부풀어 오르게 하기 위해서 밀가루 반죽에 탄산수소 나트륨을 섞는다. 탄산수소 나트륨을 가열하면 다음과 같이 분해된다.

$$2NaHCO_3 \longrightarrow Na_2CO_3 + H_2O + \boxed{\text{(가)}\ CO_2}$$

ㄴ. (가)는 이산화 탄소이다.

(바른 풀이) ㄱ. 탄산수소 나트륨은 분해될 때 열을 흡수한다.

ㄷ. 탄산수소 나트륨의 열분해 반응은 흡열 반응이고, 염화 칼슘이 물에 녹는 반응은 발열 반응이므로 열에너지의 출입 방향은 서로 다르다.

01 생물과 환경

개념체크 119 ~ 123 쪽

01 군집
02 ⑴ ㄱ, ㅇ ⑵ ㅅ, ㅊ, ㅋ, ㅍ ⑶ ㄷ, ㅁ, ㅈ ⑷ ㄴ, ㄹ, ㅂ, ㅌ
03 ⑴ (가) ⑵ (나) ⑶ (다) ⑷ (다)
04 ⑴ C ⑵ B ⑶ A
05 ⑴ × ⑵ ○ ⑶ × ⑷ ×
06 ㉠ 상호작용 ㉡ 보전
07 ⑴ B ⑵ A ⑶ A ⑷ B

01 개체는 하나의 독립된 생명체이며, 일정한 지역에 같이 사는 같은 종의 개체들의 무리를 개체군, 여러 개체군들의 무리를 군집이라고 한다.

02 ⑴ 생산자는 빛에너지를 이용하여 광합성을 함으로써 스스로 영양분을 생산하는 생물이다. 보리, 연꽃 등이 이에 해당한다.
⑵ 소비자는 생산자 또는 다른 동물을 섭취함으로써 영양분을 얻는 생물이다. 동물(사자, 참새, 뱀), 곤충(메뚜기) 등이 이에 해당한다.
⑶ 분해자는 생물의 사체나 배설물에 들어 있는 유기물을 분해함으로써 영양분을 얻는 생물이다. 곰팡이, 세균, 버섯 등이 이에 해당한다.
⑷ 비생물적 요인은 생물을 둘러싸고 있는 모든 환경 요인으로서 물, 공기, 빛, 토양 등이 있다.

03 (가)는 비생물요소가 생물요소에 영향을 주는 것이며, (나)는 생물 요소가 비생물요소에 영향을 주는 것이고, (다)는 생물요소끼리 서로 영향을 주고받는 것이다.
⑶ 풀(생물요소)과 토끼(생물요소)가 서로 영향을 주고받는다.
⑷ 외래종과 고유종은 서로 종이 다르므로 개체군 사이에 서로 영향을 주고받는 것으로 생물요소끼리 서로 영향을 주고받는 것이다.

04 ⑴ 바다의 깊이에 따라 도달하는 빛의 파장(C)이 다르기 때문에 해조류는 바다의 깊이에 따라 서식하는 종류(파장이 긴 적색광을 이용하는 녹조류, 중간 파장의 황색광을 이용하는 갈조류, 파장이 짧은 청색광을 이용하는 홍조류)가 다르다.
⑵ 일조 시간이 길어지거나 짧아지면 식물의 개화나 동물의 생식에 영향을 준다. 수선화는 낮의 길이가 긴 봄과 여름에 꽃을 피우는데, 이는 일조 시간(B)에 따른 생물의 적응 현상이다.
⑶ 한 개체의 식물에서도 빛을 받는 양이 다를 수 있으며(A), 강한 빛을 받은 잎은 울타리 조직이 잘 발달되어 있어 약한 빛을 받은 잎보다 두껍다.

05 ⑵ 북극여우는 몸집이 크고 몸의 말단부가 작으며, 털이 많

고 피하 지방층이 두꺼워 열이 방출되는 것을 막을 수 있다. 사막여우는 북극여우와 생김새가 다른데, 이는 북극과 사막의 온도와 관련이 있다.
[바른 풀이] ⑴ 꽃의 개화 시기는 빛이 비치는 시간인 일조 시간에 따라 달라지므로 붓꽃이 봄과 초여름에 피는 것은 빛과 관련이 있다.
⑶ 공기가 희박한 고산 지대에 사는 사람들은 평지에 사는 사람들보다 적혈구가 많아 산소를 효율적으로 공급받을 수 있다. (산소가 부족한 환경인 고산 지대에 적응하기 위해 적혈구의 수가 많다.) 따라서 고산 지대에 사는 사람들이 평지에 사는 사람들보다 적혈구가 많은 것은 공기와 관련이 있다.
⑷ 선인장의 잎이 가시로 변하고, 저수 조직이 발달한 것은 물이 부족한 사막과 같은 환경에 적응하기 위한 것이므로 물과 관련이 있다.

06 인간은 생태계의 구성원으로서 다양한 생물로부터 생물자원을 얻으며 환경과 상호작용을 하며 살아가므로, 인간이 생태계를 보전하는 것은 인간의 생존을 위해, 인간의 생활 환경을 쾌적하게 유지하기 위해 필요하다.

07 ⑴ 붓꽃은 장일식물, 나팔꽃은 단일식물로 일조 시간의 영향을 받아 각각 봄과 가을에 꽃이 핀다.
⑵ 생물요소인 식물의 증산작용에 의해 수분이 공급되어 비생물요소인 숲이 영향을 받아 다른 곳보다 시원하다.
⑶ 생물요소인 숲의 나무는 물을 많이 머금을 수 있어서 비생물요소인 하천의 수량에 영향을 준다.
⑷ 비생물요소인 가을의 기온이 생물요소인 은행나무에 영향을 주어 잎이 노랗게 변한다.

+ 강의 124 쪽

Q1 [답] 다른 종 개체 간의 상호 작용
피라미와 은어는 서로 다른 종이며, 피라미는 은어의 유무에 따라 먹이와 서식 공간을 바꾸므로 서로 다른 종 개체 간의 상호작용에 해당한다.

Q2 [답] 생물요소가 비생물요소에 영향을 주는 것
식물의 낙엽은 생물적 요인의 생산자이며, 토양은 비생물적 요인이다. 낙엽이 많이 쌓임으로써 토양의 성분이 변하는 것은 생물요소가 비생물요소에 영향을 주는 것이다.

스스로 실력높이기

01 ㉠ 생산자 ㉡ 소비자 ㉢ 분해자				**02** ③,⑤		**03** ⑤		
04 ③	**05** ②	**06** ④	**07** ①	**08** ③	**09** ⑤			
10 ①	**11** ②	**12** ②	**13** ①,④	**14** ①	**15** ④			
16 ①	**17** ⑤	**18** ②	**19** ①	**20** ③				

01 생태계의 생물요소는 영양분을 얻는 방법에 따라 광합성을 하는 생산자, 다른 생물을 잡아먹는 소비자, 생물의 사체와 배설물에 포함된 유기물을 분해하는 분해자로 구분한다.

02 ③ 생태계는 생물요소(생산자, 소비자, 분해자)과 비생물요소(빛, 물, 공기, 온도, 토양 등)로 구성된다.
⑤ 생태계는 생물요소인 생물과 비생물요소인 환경이 서로 영향을 주고받으며 이룬 하나의 커다란 시스템이다.
[바른 풀이] ①, ②, ④ 생태계는 일정한 지역에서 같은 종의 여러 개체들이 모여 개체군을 이루고, 서로 다른 여러 개체군들이 모여 군집을 이룬다. 그리고 여러 군집이 모여 하나의 생태계를 형성한다.

03 ㄱ. (가)는 하나의 생명체인 개체이다.
ㄴ. (나)는 동일한 종들로 이루어진 개체군이다.
ㄷ. (다)는 군집으로 같은 지역에 사는 다양한 개체군으로 이루어진다.

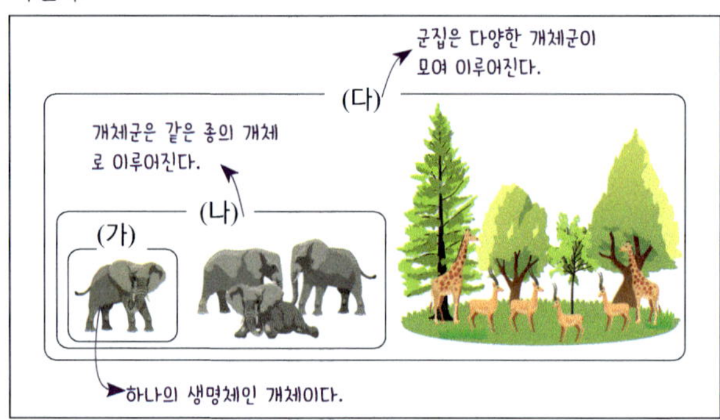

04 ㄱ. 생물에 의해 공기의 성분이 변하는 것이므로 생물요소가 비생물요소(공기)에 영향을 주는 A에 해당한다.
ㄷ. 산소가 부족한 고산 지대에 살기 위해서는 온몸에 산소의 공급을 원활해야 하므로 적혈구의 수가 증가한 것이다. 따라서 비생물요소(공기)가 생물요소에 영향을 주는 B에 해당한다.
[바른 풀이] ㄴ. 물이 부족한 사막의 환경에서 선인장이 적응한 것이므로 비생물요소가(물) 생물요소(선인장)에 영향을 주는 B에 해당한다.

05 생태계의 구성 요소는 생물요소(생산자, 소비자, 분해자)와 비생물요소(빛, 온도, 공기, 물, 토양 등)이다. 생물요소 중 벼, 민들레, 나무, 식물 플랑크톤은 생산자이고 개구리, 멸치, 메뚜기, 참새, 뱀, 소, 동물 플랑크톤은 소비자, 버섯, 곰팡이, 세균는 분해자이다. 그리고 빛, 물, 토양, 온도, 공기는 비생물요소이다.
[바른 풀이] ① 생산자, 소비자, 비생물적요소는 있지만, 분해자가 없다.
③ 소비자, 분해자, 비생물요소는 있지만, 생산자가 없다.
④ 생산자, 소비자, 분해자는 있지만, 비생물요소가 없다.

⑤ 생산자, 분해자, 비생물요소가 있지만, 소비자가 없다.

06 ㄴ. 분해자는 유기물을 분해하며, 분해한 물질은 비생물요소로 돌아가 생물이 다시 이용할 수 있으므로 생태계에서 물질을 순환시키는 역할을 한다.
ㄷ. 풀(생산자)이 무성해지면, 풀을 뜯어먹는 사슴(소비자)의 개체 수가 증가한다. 이는 생산자가 소비자에게 영향을 주는 ㉠에 해당하는 예이다.
[바른 풀이] ㄱ. ㉡은 생산자이며, 균류에 속하는 버섯은 분해자이다.

07 ㄱ. 생물요소는 생태계에서의 역할에 따라 생산자, 소비자, 분해자로 구분된다.
ㄷ. ㉠은 비생물요소가 생물요소에 영향을 주는 것이다.
[바른 풀이] ㄴ. 온도가 낮아지는 가을에 식물의 낙엽이 지고 단풍이 드는 것은 비생물요소(온도)가 생물요소(생물)에 영향을 주는 것이므로 ㉠에 해당한다.
ㄹ. 식물의 광합성으로 숲의 공기 성분이 달라지는 것은 생물요소인 식물이 비생물요소인 공기에 영향을 주는 것이므로 ㉡에 해당한다.

08 (가)는 생물요소인 지렁이가 비생물요소인 토양에 영향을 주는 것 (㉠)이다. (나)는 비생물요소인 공기중 산소가 생물요소인 사람의 적혈구 수에 영향을 주는 것()이다.
ㄱ. (가)는 ㉡의 예이다.
ㄷ. 추운 겨울에 개구리가 겨울잠을 자는 것은 비생물요소인 온도가 생물요소인 개구리에 영향을 미치는 것이므로 ㉡의 예이다.
[바른 풀이] ㄴ. (나)와 가장 관련이 깊은 비생물요소는 공기이다.

09 (가)는 비생물요소, (나)는 소비자, (다)는 생산자, (라)는 분해자이다.
ㄱ. 비생물요소에는 온도, 물, 공기, 빛(파장, 세기, 일조 시간), 토양 등이 있다.
ㄴ. (나) 소비자는 먹이 관계에 따라 초식 동물에 해당하는 1차 소비자, 육식 동물에 해당하는 2차, 3차 소비자 등으로 구분한다.
ㄷ. (다)는 생산자, (라)는 분해자이다.

10 학생 A: 생태계를 구성하는 생물요소(생물)는 역할에 따라 생산자, 소비자, 분해자로 구분된다.
[바른 풀이] 학생 B: 생태계는 생물요소와 비생물요소가 역동적으로 상호작용하는 커다란 시스템이다.
학생 C: 생태계는 인간의 개입이 없어도 스스로 유지된다.

11 식물이 광합성을 함으로써 공기 중 산소의 농도를 높이는 것은 생물요소(식물)가 비생물요소(공기)에 영향을 주는 것이다.
ㄷ. 생물요소(지의류)가 비생물요소(토양, 암석)에 영향을 주어서 암석의 풍화를 촉진시킨다.
[바른 풀이] ㄱ. 생물요소 중 생산자인 도토리가 생물요소 중 소비자인 다람쥐에 영향을 주는 것이다.
ㄴ. 건조한 환경은 물이 부족하므로 선인장은 물이 부족한 건조한 환경에 적응하기 위해 잎을 가시로 변화시킨 것이므로 비생물요소(물)가 생물요소(선인장)에 영향을 준 것이다.

12 (가)는 생산자로 빛에너지, 이산화 탄소, 물을 이용하여 광합성을 함으로써 생명 활동에 필요한 영양분(유기물)을 스스로 생산할 수 있는 생물이다. ㉠은 생물요소가 비생물요소에 영향을 주는 것이다.

ㄷ. 땅속에서 지렁이가 활동하여 토양의 통기성이 증가하는 것은 생물요소(지렁이)가 비생물요소(토양)에 영향을 주는 것으로 ㉠에 해당한다.

[바른 풀이] ㄱ. 버섯은 균류에 속하며 스스로 광합성을 하지 못하고 죽은 동식물, 낙엽, 나무, 배설물 등의 유기물을 분해하여 영양분을 얻는 분해자이며, (가)는 생산자이다.

ㄴ. 세균은 생명체로 생물요소에 해당한다.

13 ① 개체군은 일정한 지역에서 함께 사는 같은 종류의 생물종이 모여 형성된 무리이므로 개체군 A, B, C는 서로 다른 종으로 구성되어 있다.

④ 개체군 A~C는 모두 생물요소에 해당하며 생물요소의 생물체 간에 서로 영향을 주고 받는다.

[바른 풀이] ② 개체군은 동일한 생물종이 모여 형성된 것이며, 생물종에는 동물과 식물뿐만 아니라 세균과 같은 미생물, 곰팡이, 버섯과 같은 균류 등도 모두 포함한다.

③ 위도(온도, 빛, 강수량 등 비생물요소)에 따라 식물(생물요소)의 분포가 달라지므로 ㉠에 해당한다.

⑤ 지렁이가 낙엽 등을 분해하여 토양을 비옥하게 하므로 생물요소(지렁이)가 비생물요소(토양)에 영향을 미치는 ㉡에 해당한다.

14 빛을 많이 받은 잎일수록 엽록체가 존재하는 울타리 조직이 발달하여 두껍다.

ㄴ. 두께가 두꺼운 (가)는 울타리 조직이 (나)보다 발달하여 엽록체가 많으므로 광합성이 활발하게 일어난다.

[바른 풀이] ㄱ. (가)는 (나)보다 두께가 두꺼우므로 강한 빛을 받은 잎이다.

ㄷ. (가), (나) 모두 엽록체가 존재하는 울타리 조직이 존재한다. 하지만 강한 빛을 받는 (가)가 약한 빛을 받는 (나)보다 울타리 조직이 두껍게 발달되어 있다.

15 (A)는 사막여우, (B)는 온대 여우, (C)는 북극여우이다.

ㄱ, ㄴ. (A) → (B) → (C)로 갈수록 서식지의 위도가 높아지고 온도가 낮아지므로 체온을 유지하기 위해 열 방출을 최소화하도록 입, 코, 귀와 같은 몸의 말단부가 작아진다.

[바른 풀이] ㄷ. (A) → (B) → (C)로 갈수록 입, 코, 귀와 같은 몸의 말단부가 작아지는데, 이는 체외로 열이 방출되는 것을 줄여 체온을 유지하기 위한 것이다.

16 (가) 조류의 알이 단단한 껍데기로 싸여 있는 이유는 수분 증발을 막기 위함이다. → 비생물요소(물의 증발)가 생물요소(조류의 알)에 영향을 준 것이다.

(나) 동물의 번식 시기는 일조 시간에 따라 달라진다. 일조 시간이 긴 봄에는 종달새, 꾀꼬리 등 대부분의 새가 번식하며, 일조 시간이 짧아지는 가을에는 노루, 송어 등이 번식한다. → 비생물요소(일조 시간)가 생물요소(꾀꼬리, 노루)에 영향을 준 것이다.

(다) 고산 지대는 공기가 희박하므로 원활한 호흡을 위해 적혈구

가 많이 필요하다. → 비생물요소(공기)가 생물요소(사람)에 영향을 준 것이다.

17 A는 낮의 길이가 길고, 밤의 길이가 짧을 때 개화하는 장일식물이며, B는 밤의 길이가 길고, 낮의 길이가 짧을 때 개화하는 단일식물이다.

ㄱ. A는 햇빛이 실제로 지표면에 내리쬐는 시간인 일조 시간이 길 때 개화하므로 일조 시간에 영향을 받는다.

ㄷ. 일조 시간에 따른 성호르몬의 분비량이 달라지므로 조류, 포유류 등 동물의 번식 시기는 일조 시간의 영향을 받는다.

ㄹ. 붓꽃과 유채는 낮의 길이가 길고, 밤의 길이가 짧을 때 개화하는 장일식물이므로 A와 같은 조건일 때 꽃이 핀다.

[바른 풀이] ㄴ. B는 햇빛이 실제로 지표면에 내리쬐는 시간인 일조 시간이 짧고, 밤의 길이가 길 때 개화하므로 일조 시간에 영향을 받는다.

18 ㄷ. 개구리는 기온이 내려가는 겨울에 물질대사가 잘 일어나지 않으므로 땅속에서 겨울잠을 잔다.

[바른 풀이] ㄱ. 건생 식물은 선인장 등 건조한 지역에서 서식하는 식물로 물을 저장하는 저수 조직과 뿌리가 잘 발달해 있다.

ㄴ. 음지에서 잘 사는 음지식물의 잎은 양지에서 잘 사는 양지식물의 잎보다 얇고 넓어서 빛을 효율적으로 흡수할 수 있다.

19 ㄱ. 파충류의 몸 표면이 비닐로 덮여 있는 것은 물에서 육지로 나왔을 때 체내 수분(물)의 증발을 방지하기 위한 적응 현상이다.

[바른 풀이] ㄴ. 북극여우가 사막여우보다 몸집이 큰 것은 온도가 낮은 지역에서 열 손실을 줄여 체온을 유지하기 위한 적응 현상이다.

ㄷ. 바다의 깊이에 따라 투과하는 빛의 파장이 달라 서식하는 해조류의 종류가 다른 것이므로 해조류가 빛에 적응한 현상이다.

20 ㄱ. 저위도 갈라파고스 군도에서 고위도 남극 대륙으로 갈수록 온도가 낮아지며, 고위도 지역에 사는 펭귄은 저위도 지역에 사는 펭귄에 비해 크다. 이는 펭귄이 온도에 적응한 결과이다.

ㄴ. 훔볼트 펭귄보다 황제 펭귄의 단위 부피당 체표 면적이 크므로 체외로 열을 방출하기에 적합하다.

[바른 풀이] ㄷ. 온도가 낮은 고위도인 사우스조지아 섬에 사는 펭귄은 체외로 열이 방출되는 것을 막기 위해 저위도에 사는 갈라파고스 펭귄보다 몸집이 크다.

심화 실력높이기　　129 쪽

| 01 ⑤ | 02 ④ | 03 ④ | 04 ① |

01 생태계의 생물요소에는 영양분을 직접 만드는 생산자, 스스로 양분을 만들지 못하고 다른 생물을 섭취하여 영양분을 얻는 소비자, 다른 생물의 사체나 배설물에 포함된 유기물을 무기물로 분해하여 영양분을 얻는 분해자가 있다.

ㄱ. (가)는 생산자의 영양분을 얻는 방법으로 '광합성을 통해 스스로 만든다.'가 적절하다.

ㄴ. ㉠은 분해자로 세균, 곰팡이, 버섯, 이끼 등이 해당한다.

ㄷ. (나)에 해당하는 생물은 소비자로 영양 단계에 따라 1차, 2차, 3차 소비자로 구분한다.

02 생산자(A)가 만든 유기물이 소비자(B)와 분해자로 이동하며, 생물요소와 비생물요소는 서로 영향을 주고받는다.

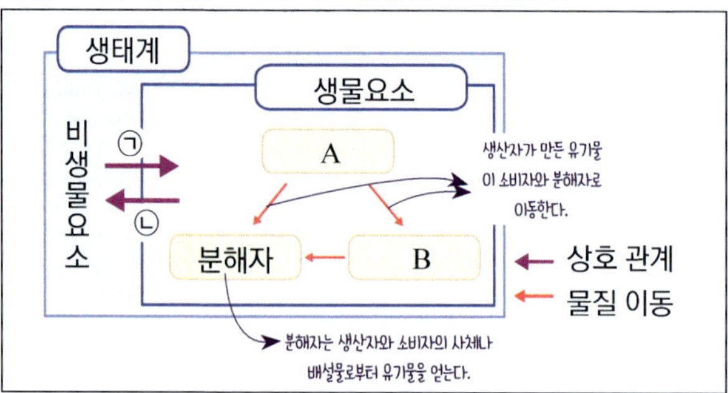

ㄴ. A 생산자를 구성하는 유기물의 일부가 B 소비자로 이동한다.

ㄷ. 숲(생물요소)이 우거질수록 지표면에 도달하는 빛(비생물요소)의 양이 적어지는 것은 생물요소가 비생물요소에 영향을 주는 ㉡의 예이다.

[바른 풀이] ㄱ. 버섯은 분해자이므로 A 생산자에 속하지 않는다.

03 (가)는 군집이며, 여러 종의 개체군으로 이루어져 있다. (다)는 생태계이며, 생물요소와 비생물요소를 모두 포함한다. 따라서 (나)는 개체군이다.

ㄱ. 개체군은 한 지역의 같은 종의 개체들 무리이고, 개체들끼리 상호작용한다.

ㄴ. 군집에서는 여러 종의 개체들이 상호작용한다. 이때 여러 종의 개체란 생물요소만을 뜻한다.

[바른 풀이] ㄷ. (다) 생태계에서 생물요소와 비생물요소는 서로 영향을 주고받는 것이고 긴밀하게 연결되어 있다. 생물요소와 비생물요소 중 어느 것의 역할이 더 큰지는 상황에 따라 달라진다.

04 조류는 광합성을 하는 생산자이며, 빛의 파장에 따라 다양한 조류가 분포한다. 빛은 파장이 짧을수록 수심 깊은 곳까지 도달할 수 있다. 적색광이 도달하는 깊이에 녹조류가 서식하는 것으로 보아 녹조류는 적색광을 주로 광합성에 이용하며, 갈조류는 황색광, 홍조류는 청색광을 주로 광합성에 이용한다.

ㄱ. 녹조류는 광합성에 주로 적색광을 이용한다.

[바른 풀이] ㄴ. 파장이 긴 빛일수록 깊은 수심까지 도달하지 못한다.

ㄷ. (가)는 비생물요소인 빛의 파장에 의해 생물요소가 영향을 받는 것을 나타낸 것으로 (나)의 ㉠에 해당한다.

02 생태계평형

01 (1) ○ (2) ○ (3) × (4) × (5) ○ (6) ○ (7) ×
02 3차 소비자(최종 소비자)　**03** ㉠ 증가　㉡ 감소
04 (1) × (2) × (3) ○ (4) × (5) ×
05 (1) ㄱ, ㄴ, ㄷ, ㅂ

01 (1) 먹이그물은 여러 개의 먹이사슬이 서로 얽혀 그물처럼 복잡하게 형성된다.

(2) 유기물에 저장된 에너지는 먹이사슬을 통해 하위 영양단계에서 상위 영양단계로 이동한다.

(5) 생태피라미드에서 생물의 개체수, 생체량, 에너지양은 상위 단계로 올라갈수록 감소한다.

(6) 군집은 개체군으로 구성되며 각 개체군 사이의 먹이 관계는 각 개체군의 개체수에 영향을 미친다.

[바른 풀이] (3) 유기물에 저장된 에너지는 각 영양 단계에서 세포 호흡을 통해 열에너지로 방출되며, 남은 것은 상위 영양 단계로 이동한다. 따라서 상위 영양 단계로 갈수록 에너지양은 감소한다.

(4) 토끼풀은 생산자이며, 토끼는 1차 소비자, 뱀은 2차 소비자이자 최종 소비자이다.

(7) 생물종이 다양하여 먹이 그물이 복잡할수록 생태계평형이 잘 유지된다.

02 이 먹이 사슬에서 풀은 생산자, 메뚜기는 1차 소비자, 개구리는 2차 소비자, 뱀은 3차 소비자이자 최종 소비자이다.

03 어떤 안정된 생태계에서 1차 소비자의 개체수가 일시적으로 증가하였을 때 다음 단계에서 먹이가 풍부해진 2차 소비자의 개체수는 증가하고, 생산자의 개체수는 감소한다.

04 (3) 인구의 도시 집중과 산업화에 따른 기후 변화로 생물의 서식지가 변하거나 파괴되어 생물종이 멸종되기도 한다.

[바른 풀이] (1) 가뭄, 홍수, 산불, 산사태, 화산 폭발 등 자연재해와 인간의 활동은 생태계평형을 파괴하는 요인이다.

(2) 무질서하게 세워진 도시의 건물은 공기 순환을 원활하지 못하게 하므로 오염 물질이 쌓이게 되고 기온이 높아져 열섬 현상이 나타나 주변 온도를 높인다.

(4) 생태 통로는 생물의 서식지의 단절을 막기 위해 설치하는 인공 구조물이다.

(5) 홍수, 가뭄, 산사태, 산불, 화산 폭발 등 자연재해로 인해 숲의 파괴, 토양의 유실이 발생하면 생물의 서식지가 사라지므로 생물 다양성이 낮아지고 생태계의 먹이그물에 변화가 일어나 생태계평형이 깨질 수 있다. 즉, 생태계평형을 유지하는 한계를 넘어서는 환경 변화를 일으킬 수 있다.

05 ㄹ. 옥상 공원 조성이나 ㅁ. 하천 복원 사업은 생태계평형을 유지하려는 노력에 해당한다.

✦ 강의

Q1 답 A: 생산자, B: 분해자

A는 태양의 빛에너지로 광합성을 하는 생산자이며, B는 낙엽, 사체, 배설물의 유기물을 무기물로 분해하는 분해자이다.

Q2 답 ㉠=149

분해자는 생산자, 1~3차 소비자로부터 받은 에너지를 모두 열에너지로 방출한다. ∴ ㉠=112+29+6+2=149

Q3 답 생산자(A): 1000, 1차 소비자: 138, 2차 소비자: 27, 3차 소비자: 6

특징: 상위 영양단계로 갈수록 에너지양은 줄어든다.
생산자(A)는 태양으로부터 1000(100,000−99,000)만큼의 에너지를 전달받았다.
1차 소비자는 생산자로부터 138(1000−750−112)만큼의 에너지를 전달받았다.
2차 소비자는 1차 소비자로부터 27(138−82−29)만큼의 에너지를 전달받았다.
3차 소비자는 2차 소비자로부터 6(27−15−6)만큼의 에너지를 전달받았다.
에너지양은 상위 영양단계로 올라갈수록 점점 줄어든다.

Q4 답

① 1차 소비자의 에너지효율: $\dfrac{138}{1000} \times 100 = 13.8$ (%)

② 2차 소비자의 에너지효율: $\dfrac{27}{138} \times 100 = 19.6$ (%)

③ 3차 소비자의 에너지효율: $\dfrac{6}{27} \times 100 = 22.2$ (%)

④ 상위 영양단계로 갈수록 에너지효율이 증가한다.

스스로 실력높이기

01 ①	02 ④	03 ②	04 ①	05 ④	06 ③
07 ④	08 ②	09 ②	10 ③	11 ①	12 ②
13 ③	14 ②				

01 (가)는 먹이그물, (나)는 먹이사슬이다.

ㄱ. (가)와 (나)에 생산자인 벼가 존재하고, 소비자인 나머지 생물이 존재한다.

바른 풀이 ㄴ. (나) 먹이사슬에서 개구리의 개체수가 감소하면 개구리는 메뚜기의 포식자이므로 메뚜기의 개체수는 일시적으로 증가한다.

ㄷ. 먹이 관계가 복잡할수록 안정된 생태계이므로 (가)가 (나)보다 더 안정된 생태계이다.

02 ㄴ. D는 생산자이고 C는 1차 소비자이므로 C는 D를 섭취하여 영양을 얻는다.

ㄷ. 각 영양단계의 생물은 호흡을 통하여 에너지를 방출하므로 상위 영양단계로 갈수록 에너지양은 감소한다.

바른 풀이 ㄱ. 에너지는 상위 영양단계에서 하위 영양단계로 이동할 수 없다.

03 ㄴ. (나)에서 뱀이 토끼나 들쥐를 먹는 경우에는 2차 소비자가 되며, 개구리를 먹는 경우에는 3차 소비자가 된다.

바른 풀이 ㄱ. (가)에서 뱀이 개구리를 잡아먹으므로 개구리의 에너지가 뱀에게로 전달되지만 개구리의 에너지 중 개구리의 생명 활동에 쓰이거나 배설물 등으로 배출되고 남은 에너지의 일부만이 뱀에게로 전달된다.

ㄷ. (나)에서 들쥐는 환경 변화에 의해 메뚜기가 사라지더라도 풀을 먹고 살 수 있지만, (가)에서 개구리는 메뚜기가 사라지면 먹이가 없어 죽게 된다. 따라서 (나)가 (가)보다 환경 변화에 대해 안정된 생태계이다. 생물의 다양성은 한 생태계에 서식하는 생물종의 다양함을 의미하므로 (나)가 (가)보다 생물다양성이 높다.

04 ㄱ. D는 생산자, C는 1차 소비자, B는 2차 소비자, A는 3차 소비자이다.

바른 풀이 ㄴ. D의 에너지 중에서 생명활동에 소비되고 남은 에너지는 1차 소비자(C)로 이동하므로 에너지가 모두 소비되지는 않는다.

ㄷ. C가 B보다 하위 영양단계이므로 C에서 B로 전달되는 에너지양이 B에서 A로 전달되는 에너지양보다 많다.

05 ㄱ, ㄷ, ㄹ. 개체수는 일정한 공간에 서식하는 생물의 개체수이며, 생체량은 일정한 공간에 서식하는 생물 전체의 무게이다. 안정적인 생태계에서 개체수, 생체량, 에너지양을 하위 영양단계부터 차례대로 쌓아올리면 피라미드 형태가 된다.

바른 풀이 ㅁ. 에너지효율은 생태계의 한 영양단계에 대한 다음 영양단계로 이동하는 에너지의 비율로서 일반적으로 에너지 효율은 상위 영양단계로 갈수록 높아진다.

ㄴ. 개체는 하나의 독립된 생명체이며, 개체의 무게는 보통 상위 영양단계로 갈수록 증가한다.

06 A, B는 각각 피식자가 없는 생산자이다. 먹이 관계가 단순한 (가)보다 먹이 관계가 복잡한 (나)의 생태계평형이 더 안정적으로 유지된다.

ㄱ. A와 B는 모두 생산자이다.

ㄴ. (가)에서 G는 D를 먹고살므로 D가 사라지면 G돈 사라진다.

바른 풀이 ㄷ. 생태계평형은 먹이 관계가 단순한 (가)보다 먹이 관계가 복잡한 (나)가 더 안정적으로 유지된다.

07 생물량, 개체수, 에너지양이 상위 영양단계로 갈수록 피라미드 형태로 줄어들 때 생태계가 안정적으로 유지된다.

08 학생 C. 생태계평형은 생물의 종류, 개체수가 일시적으로 변하더라고 회복되어 평형을 유지하는 안정된 생태계로서 이는 생물의 종류, 개체수, 에너지 흐름이 급격히 변하지 않는 상태를 의미한다.

바른 풀이 학생 A. 생물다양성은 생태계평형 유지와 관련이 있다. 생태계평형은 기본적으로 먹이 관계에 의해 유지되므로 생물

종이 다양하여 먹이 관계가 복잡하게 얽혀 있으면 생태계평형이
잘 유지된다.
학생 B. 생태계평형은 환경 변화에 의해 생물의 종류, 개체수가
일시적으로 변하더라도 회복되어 평형을 유지하는 안정된 생태계
이다.

09 주어진 생태계에서 풀은 생산자, 토끼는 1차 소비자, 매는 2
차 소비자이다.

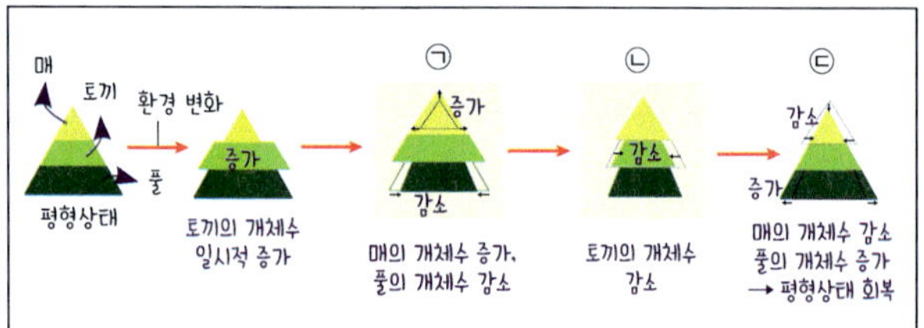

ㄴ. 토끼(1차 소비자)의 개체수 증가로 인해 ㉠에서 매(2차 소비자)
의 개체수가 증가하고 풀(생산자)의 개체수가 감소하므로 ㉡에서
먹이가 부족해진 토끼(1차 소비자)의 개체수는 감소한다. 따라서
토끼(1차 소비자)의 개체수는 ㉡보다 ㉠에서 더 많다.

[바른 풀이] ㄱ. ㉠에서는 1차 소비자인 토끼의 개체수가 증가하
였으므로 토끼의 먹이인 생산자인 풀의 개체수는 감소한다.
ㄷ. ㉢에서 생태계 평형의 회복되었다는 것은 새로운 평형상태에
도달하였다는 것이고, 원래의 개체수가 회복되었다는 것을 의미
하지는 않는다.

10 ㄱ. 이 생태계에서 '풀(생산자) → 들쥐(1차 소비자) → 올빼미
(2차 소비자)' 또는 '풀(생산자) → 메뚜기(1차 소비자) → 개구리(2
차 소비자) → 올빼미(3차 소비자)'로 먹이 관계가 이루어지므로 올
빼미는 2차 소비자이면서 3차 소비자이다.
ㄷ. 생태계에서는 하나의 생물종이 여러 생물종에게 잡아먹히고
또 하나의 생물종은 여러 생물종을 잡아먹기도 하므로 여러 개의
먹이 사슬이 얽혀 복잡한 먹이 그물을 나타낸다. 따라서 생물들은
여러 먹이사슬에 동시에 연결된다.

[바른 풀이] ㄴ. 토끼의 개체 수 증가하면 토끼를 잡아먹는 호랑
이와 뱀, 독수리의 개체수가 일시적으로 증가하고, 토끼의 먹이가
되는 풀의 개체수는 일시적으로 감소한다. 사슴은 토끼와 같은 먹
이사슬을 이루지 않는다. (토끼의 개체수 증가로 풀의 개체수가 감
소하므로 풀을 먹는 사슴의 개체수는 감소할 수 있다.)

11 ㄱ. 늑대의 사냥을 허용한 시점부터 늑대의 개체수가 감소함
에 따라 사슴의 개체수는 늘어나고 초원 생산량은 감소하였으므
로 이 생태계는 초원에 있는 풀은 사슴이 먹고, 사슴은 늑대가 먹
는 먹이 사슬(풀 → 사슴 → 늑대)을 이룬다는 것을 알 수 있다.

[바른 풀이] ㄴ. 1905년 이전, 사슴의 개체수가 늑대보다 적기 때
문에 사슴 개체군을 보호하고자 1905년에 사슴의 포식자인 늑대
의 사냥을 허용한 것이지만, 1930년 경 사슴의 개체수는 늑대의 사
냥을 허용하기 전보다 더 감소하였으므로 인위적으로 포식자를 제
거할 경우 생태계는 불안정해진다는 것을 알 수 있다.
ㄷ. 1920년대 이후 사슴의 개체수가 감소한 것은 1905년에 늑대의
사냥을 허용함에 따라 늑대의 개체수가 줄어들어 사슴의 개체수
가 급격하게 늘어남에 따라 사슴의 먹이인 초원의 생산량이 감소
하였기 때문이다.

12 학생 B: 환경 변화는 먹이 관계와 생태피라미드를 변화시
켜 생태계평형에 영향을 미치지만 안정한 생태계는 다시 생태계
평형을 회복한다.

[바른 풀이] 학생 A: 생태계평형은 기본적으로 먹이 관계에 의
해 유지되므로 생물종이 다양하며 개체수가 많고 먹이그물이 복
잡할수록 생태계평형이 잘 유지된다.
학생 C: 생태계의 평형을 깨뜨리는 환경 변화는 자연 현상 뿐만
아니라 인위적 원인에 의해서도 일어난다.

13 ㄱ. 멸종 위기에 처한 생물을 천연기념물로 지정하면 생물종
을 보호할 수 있어 생태계를 보전할 수 있다.
ㄴ. 산을 깎아 도로를 건설할 때 나뉘는 동물의 서식지를 연결하
기 위해 인공적으로 야생 동물의 이동 통로(생태 통로)를 설치하
면 동물들이 자유롭게 이동할 수 있기 때문에 서식지의 단편화를
막을 수 있다.

[바른 풀이] ㄷ. 해양 생물들의 서식지인 갯벌을 둑으로 막고 그
안의 물을 빼내어 육지로 만드는 간척 사업은 해양 생태계를 파괴
시키는 예이다.

14 ㄴ. 도로 건설로 인해 단절된 생물들의 서식지를 연결하기 위
해 인공적으로 만든 야생 동물의 이동 통로를 '생태 통로'라고 한
다. 생태 통로를 만드는 것은 서식지가 단절된 생물들의 서식지
를 다시 연결시켜주는 역할을 하므로 생태계의 보전을 위한 인간
의 활동이다.

[바른 풀이] ㄱ. 멸종 위기종을 복원하기 위해서는 천연기념물로
지정하여 보호하거나 종자은행을 설립하는 것이다.]
ㄷ. 생태 통로 설치는 생물의 다양성을 증가시키고, 생태계의 먹
이 관계를 복잡하게 만들어 생태계의 평형 유지 능력을 높이는 방
법 중 하나이다.

심화 실력높이기

139 쪽

01 ① 02 ④ 03 ⑤ 04 ①

01 ⓐ '뿌리혹박테리아(분해자)는 주로 아카시아(생산자)와 같은
식물의 뿌리에 살면서 식물과 공생한다.'는 생물요소 중 분해자와
생산자 사이의 상호작용에 대한 예시이다.

[바른 풀이] ㄴ. 검정말(생물요소)의 광합성에 의해 물(비생물요
소)속의 이산화 탄소 농도가 감소하는 것은 생물요소가 비생물요
소에 영향을 주는 것으로 ㉠ 비생물요소가 생물요소에 영향을 주
는 것이 아니다.
ㄷ. 사람(소비자)가 버섯(분해자)을 섭취해 영양분을 얻는 것은 ㉡
생산자가 분해자에 영향을 미치는 것이 아니다.

02 ㄱ. 멸치 해부 실험은 멸치의 위에 든 내용물을 통해 해양 생
물의 먹이 관계를 알아보기 위해 실시한다. 다음과 같은 순서로
실시한다. (다) 마른 멸치를 뜨거운 물에 넣어 불린 후 몸통을 해
부하여 위를 찾는다. → (가) 받침 유리에 멸치의 위를 올려놓고
내용물을 꺼낸 후 물을 한 방울 떨어뜨린다. → (나) 덮개 유리를

덮고 거름종이로 물기를 제거하여 현미경으로 표본을 관찰한다.

ㄷ. 식물성 플랑크톤(생산자)이 발견되었다면 해당 멸치는 생산자를 먹고사는 1차 소비자이다.

[바른 풀이] ㄴ. 멸치의 위에서 먹이를 관찰하면 멸치가 섭취한 멸치의 하위 영양단계의 생물을 알 수 있다.

03 광합성을 통해 태양 에너지를 화학 에너지로 전환하는 A는 생산자이며, B는 생산자로부터 에너지를 얻는 1차 소비자, C는 1차 소비자인 B로부터 에너지를 얻는 2차 소비자이다. D는 생산자, 1차 소비자, 2차 소비자의 사체나 배설물을 분해하여 에너지를 얻는 분해자이다.

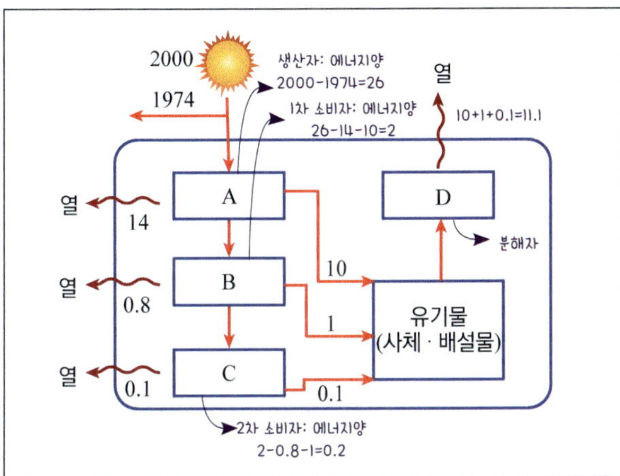

ㄱ. 에너지양은 생산자(26)-1차 소비자(2)-2차 소비자(0.2)로 갈수록 작아진다. 에너지양은 A>B>C이다.

ㄴ. 에너지효율(%)= $\dfrac{\text{현 영양단계의 에너지양}}{\text{전 영양단계의 에너지양}}$ ×100이며, 상위 영양단계로 갈수록 높아지므로 1차 소비자보다 2차 소비자가 에너지효율이 높다.

1차 소비자(B)의 에너지효율: $\dfrac{2}{26}$ ×100=약 7.7 %

2차 소비자(C)의 에너지효율: $\dfrac{0.2}{2}$ ×100=10 %

ㄷ. D(분해자)로 들어온 모든 에너지가 열로 방출된다. 따라서 D에서 방출되는 열의 양은 10+1+0.1=11.1이다.

04 A는 1차 소비자, B는 2차 소비자, C는 3차 소비자이다. 에너지효율은 상위 영양단계로 갈수록 높아지므로, Ⅲ은 Ⅱ보다 상위 영양단계이다. 따라서 Ⅱ는 A 또는 B이다.

Ⅱ가 A(1차 소비자)라고 가정할 때

Ⅱ의 에너지효율: $\dfrac{?}{1000}$ ×100=10 %이므로 Ⅱ의 에너지양(?)은 100이 된다.

영양단계	에너지양(상댓값)	에너지효율(%)
Ⅰ	3	?
Ⅱ	?(100)	10
Ⅲ	㉠	15
생산자	1000	?

이때 Ⅲ이 2차 소비자(B)라면

Ⅲ의 에너지효율: $\dfrac{㉠}{100}$ ×100=15 %이므로 ㉠은 15가 된다.

Ⅰ은 3차 소비자(C)이므로

Ⅰ의 에너지효율: $\dfrac{3}{15}$ ×100=20 %가 된다.

따라서 Ⅱ가 A(1차 소비자), Ⅲ이 B(2차 소비자), Ⅰ은 C(3차 소비자)가 된다.

영양단계	에너지양(상댓값)	에너지효율(%)
Ⅰ(C)	3	?(20)
Ⅱ(A)	?(100)	10
Ⅲ(B)	㉠(15)	15
생산자	1000	?

ㄱ. Ⅱ는 A(1차 소비자)이다.

[바른 풀이] ㄴ. ㉠은 15이다. ㄷ. C의 에너지효율은 20 %이다.

03 지구 환경 변화와 인간 생활

141 ~ 144 쪽

개념체크

01 (1) ○ (2) × (3) ○ (4) × **02** ①
03 (1) ○ (2) × (3) ○ **04** 온실효과
05 (1) ○ (2) × (3) ○ (4) ×
06 (1) ○ (2) ○ (3) × (4) ×
07 (1) 약해질 때 (2) 높아진다. (3) 높아진다. (4) 동쪽으로
08 (1) × (2) × (3) ○ (4) ○
09 ④ **10** ②

01 (1) 지구로 들어오는 태양 복사 에너지는 주로 가시광선 영역으로 지구의 대기를 잘 통과한다.

(3) 지구는 흡수하는 태양 복사 에너지량과 방출하는 지구 복사 에너지량이 같아 복사 평형을 이룬다.

[바른 풀이] (2) 지구에서 방출하는 지구 복사 에너지는 주로 적외선 영역으로 지구 대기의 온실기체에 잘 흡수된다.

(4) 지구의 평균 기온이 일정한 것은 지표면, 대기의 열수지가 평형 상태에 있기 때문이다. 따라서 지구의 열수지가 변동되면 지구의 평균 기온도 변한다.

02 이산화 탄소 등 온실기체에 의한 온실효과로 인해 지구 온난화가 일어난다.

① 해수면의 상승은 지구 온난화로 인해 나타나는 결과이다.

[바른 풀이] ②, ⑤ 식물은 이산화 탄소를 흡수하여 광합성을 하는데, 지나친 삼림 벌채가 일어나면 식물의 광합성이 감소하므로 대기 중 이산화 탄소의 양이 증가하여 온실효과가 심화된다.

③ 화석 연료를 연소하는 과정에서 이산화 탄소가 방출되어 온실효과가 심화된다.

④ 가축은 호흡을 할 때 이산화 탄소를 방출하고, 소화 활동에 의해 메테인을 배출한다.

03 (1) 지구 온난화의 원인은 화석 연료의 사용에 의한 온실가스 배출량 증가, 숲의 면적이 감소하여 이산화 탄소 흡수량 감소, 과잉 방목에 의한 토양 황폐화와 메탄 가스 방출 등이다.

(3) 대기 중 이산화 탄소 농도가 증가하면 바다로 녹아들어가는 이산화 탄소의 양이 증가하여 해양이 산성화된다.

[바른 풀이] (2) 지구 온난화의 영향으로 빙하가 녹거나 해수의 부

피가 증가해 해수면이 상승하고, 해안지대의 면적이 감소하는 등 지구의 면적 감소가 나타난다.

04 지표에서 방출되는 지구 복사 에너지를 대기 중의 온실기체가 흡수하였다가 그 일부를 다시 지표로 복사하는 온실효과에 의해 지구 평균 기온이 높게 유지된다.

05 (1) 지구로 들어오는 태양 복사 에너지 중 약 30 %는 대기와 지표에 의해서 반사된다.
(3) 지구 대기와 지표에서 각각 흡수하는 에너지량과 방출되는 에너지량은 같다.
[바른 풀이] (2) 지구 대기에서 방출된 지구 복사 에너지는 일부는 지표로 재복사되고, 일부는 우주 공간으로 빠져나간다.
(4) 지구로 들어오는 태양 복사 에너지의 일부는 대기에서 흡수되고, 일부는 지표에서 흡수된다.

06 (1) 위도에 따른 태양 복사 에너지의 불균형과 지구 자전에 의해 대기 대순환이 발생한다.
(2) 대기 대순환의 바람이 해수면 위에서 지속적으로 불기 때문에 표층 해수가 일정한 방향으로 흐르는 표층 해류가 발생한다.
[바른 풀이] (3) 적도~위도 30° 지역에서는 무역풍이 분다.
(4) 위도 60°~90° 지역에서는 극동풍이 분다.

07 (1) 엘리뇨는 무역풍이 약해질 때 발생한다.
(2) 엘리뇨가 발생하면 동태평양(페루) 지역의 표층 수온은 평상시보다 높아진다.
(3) 엘리뇨가 발생하면 서태평양(필리핀) 지역의 기압은 평상시보다 높아진다.
(4) 엘리뇨가 발생하면 적도 부근의 따뜻한 해수가 평년에 비해 동쪽으로 이동한다.

08 (3) 사막 지역은 증발량이 강수량보다 많은 건조한 지역이다.
(4) 지구 온난화가 심해지면 기온이 높아 증발이 빨라져 사막이 넓어진다.
[바른 풀이] (1) 사막 지역은 고압대가 형성되는 위도 30° 부근에 주로 분포한다.
(2) 사막 지역은 하강 기류가 발생하여 기압이 높다.

09 사막화의 원인은 다음과 같다.
자연적인 원인: 대기 대순환의 변화에 따른 지속적인 가뭄으로 강수량이 감소하고 증발량이 증가할 때
· 인위적인 원인: 과잉 방목, 과도한 경작, 무분별한 삼림 벌채 등
[바른 풀이] ④ 황사 발생 빈도 증가는 사막화에 의한 피해이다.

10 [바른 풀이] ② 일회용품은 자원 낭비를 수반하고, 생산 과정에서 온실가스 배출을 증가시킨다. 또한 사용 후 버려진 일회용품은 매립·소각 과정에서 환경 오염을 유발시킨다.

탐구문제 1 [답] 페트병 B에서는 발포 바이타민에 의해 이산화 탄소 기체가 발생하는데, 이 이산화 탄소 기체가 온실효과를 일으키기 때문이다.

탐구문제 2 [답] 발포 바이타민의 양이 많을수록 이산화 탄소가 더 많이 발생하는데, 이산화 탄소가 많이 발생할수록 온실효과가 증가하여 온도가 증가한다.
이것은 대기 중 이산화 탄소 농도가 증가하면 온실효과가 증대되어 지구 평균 온도가 상승한다는 것을 의미한다.

탐구문제 3 [답] 온실기체의 농도를 높게 변화시키면 지구 대기가 흡수하는 태양 복사에너지양과 지구 복사 에너지양이 증가하고, 그 결과로 지구 대기에서 지표면으로 방출하는 에너지양이 증가하게 되어 지표가 흡수/방출하는 에너지양도 증가하는 결과를 가져온다.

탐구문제 4 [답] 대기 중 온실기체의 농도를 높게 변화시키면 온실효과가 커져 지구 열수지 변동이 일어나고, 그 결과로 더 높은 온도에서 지구의 복사 평형이 일어나며, 지구 온난화가 심해진다.

스스로 실력높이기

01 ②	02 ③	03 ①	04 ③	05 ③	06 ②
07 ③	08 ④	09 ③	10 ⑤	11 ②	12 ③
13 ⑤	14 ④				

01 ① 온실기체로는 수증기, 이산화 탄소, 메테인, 산화 이질소, 오존 등이 있다.
③ 최근 들어 산업화의 영향으로 대기 중 배출량이 가장 큰 온실기체는 이산화 탄소이다.
④ 대기 중에서 온실기체의 농도가 증가하면 온실효과가 강화되어 지구 온난화가 나타난다.
⑤ 산업혁명 이후 온실기체의 배출량이 계속 증가하여 지구 평균 온도도 계속 상승하고 있다.
[바른 풀이] ② 온실기체는 가시광선 영역의 태양 복사 에너지는 잘 흡수하지 못하고, 적외선 영역의 지구 복사 에너지를 잘 흡수한다.

02 ㄱ. 대기와 해수의 순환에 의해 에너지 과잉 상태인 저위도 지역(ⓛ)에서 에너지 부족 상태인 고위도 지역(㉠)으로 에너지가 이동한다.
ㄷ. 위도별 에너지가 불균형하므로 대기와 해수의 순환이 일어나 불균형을 해소한다.
[바른 풀이] ㄴ. ㉠(고위도)은 에너지가 부족한 상태이며, ⓛ(저위도)은 에너지가 남는 상태이다.

03 ㄱ. 대기는 온실효과를 통해 지표면의 온도를 높인다. 대기가

있는 (나)가 (가)보다 지표면의 온도가 높다.

[바른 풀이] ㄴ. (나)에서 대기는 가시광선 영역의 태양 복사 에너지는 통과시키고 적외선 영역의 지구 복사 에너지를 흡수한다.
ㄷ. (나)에서 온실기체의 농도가 증가하면 우주로 방출하는 지구 복사 에너지는 감소하고, 대기에서 지표로 방출하는 복사 에너지가 증가하여 지표면의 온도가 상승한다.

04 지구에 입사되는 태양 복사 에너지량을 100이라고 할 때, 그 중 지구에 흡수되는 양은 70(지표 47＋대기 23)이다.

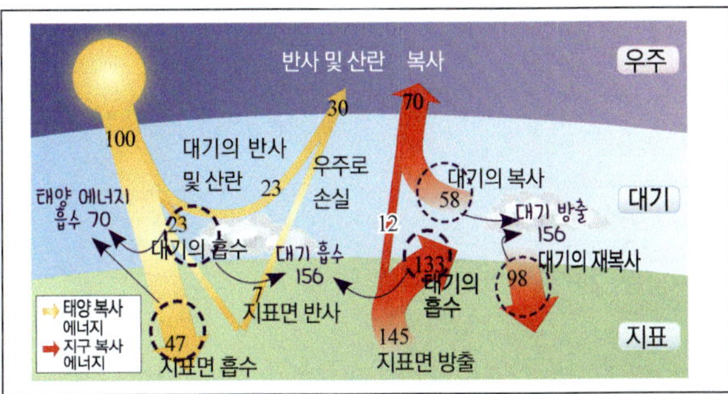

① 지구의 반사율은 30(대기의 반사 및 산란 23＋지표면 반사 7)이다.
② 지구로 향하는 태양 복사 에너지의 흡수량은 70(대기 23＋지표면 47)이고, 우주로 방출하는 지구 복사 에너지도 70이므로 지구의 복사 평형이 이루어진다.
④ 지표 전체의 흡수량 145(태양 에너지의 지표면 흡수 47＋대기의 재복사 에너지의 지표면 흡수 98)는 지표 전체의 방출량 145와 서로 같다.
⑤ 대기 중 온실기체의 농도가 증가하면 대기가 흡수하는 에너지의 양이 증가하고 대기에서 지표로 재복사하는 에너지의 양이 증가하여 지표면의 온도가 상승한다.

[바른 풀이] ③ 대기 전체의 흡수량은 156(태양 복사 에너지의 대기 흡수 23＋지표면 방출 에너지의 대기 흡수 133)으로 대기 전체의 방출량 156(대기에서 우주로 복사 에너지량 58＋대기에서 지표로 재복사 에너지량 98)과 서로 같다.

05 지구 온난화는 온실 기체의 양이 급증하면서 지구의 평균 기온이 상승하는 현상이다. 산업 혁명(1880년대) 이후 화석 연료의 사용량이 급격하게 늘어남에 따라 지구 온난화에 가장 큰 영향을 미치는 온실기체인 이산화 탄소의 대기 중 농도가 증가하였다. 1880년~1960년에는 대기 중 이산화 탄소 농도가 증가하였고, 지구 평균 기온 변화는 −0.4→−0.1(℃)가 된다. 지구 평균 기온은 하강하지만 하강폭이 줄어든다.
1960년대 이후~2010년에는 대기 중 이산화 탄소 농도 변화량이 증가하였고, 지구 평균 기온 변화 추세는 0→0.6(℃)이므로 지구 평균 기온이 2000년대 들어 상승하였다.

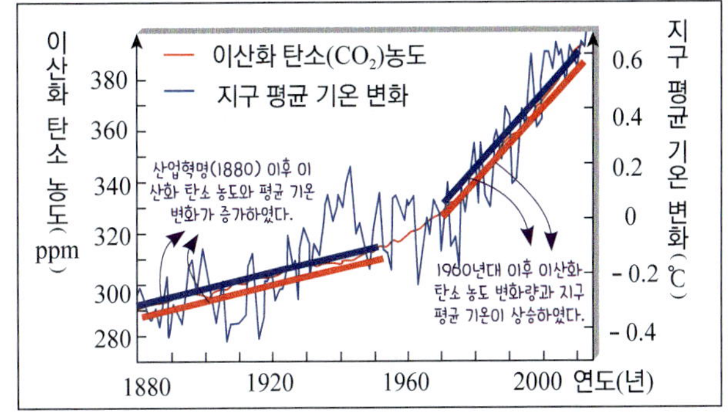

ㄱ. 지구 대기 중 이산화 탄소 농도가 증가함에 따라 지구 평균 기온 변화도 증가하는 추세를 나타내므로 이산화 탄소의 농도 변화는 지구 평균 기온 변화와 대체로 비례한다.
ㄷ. 지구 대기의 이산화 탄소 농도가 증가하면 지구 대기가 흡수하고 방출하는 열에너지가 증가하여 열수지의 변동이 나타나며 지구 평균 기온의 변화가 일어난다.
1880~2010년대에 지구 평균 기온이 변화하는데 이것은 대기의 열수지 변동으로 나타난 결과이다.

[바른 풀이] ㄴ. 1920년대에는 평균 기온 변화량이 약 −0.2였고, 2000년대에는 평균 기온 변화량이 약 ＋0.4이므로 평균 기온 변화량(증가율)은 1920년대보다 2000년대에 더 크다.

06 이산화 탄소 평균 농도는 상승 추세이고, 여름철 북극 얼음 면적은 줄어드는 추세이다. 이산화 탄소 평균 농도가 증가하면 온실 효과에 의해 지구 평균 기온이 상승한다.
학생 B: 이 기간 동안 평균 기온은 상승한다.

[바른 풀이] 학생 A: 이산화 탄소 평균 농도와 여름철 북극 얼음 면적은 대체로 반비례한다.
학생 C: 이 기간 동안 북극 얼음이 녹아 얼음 면적이 감소하고, 수량 증가로 해수면은 높아지고 육지 면적은 감소한다.

07 ㄱ, ㄴ. 지구로 들어오는 태양 복사 에너지량과 지구에서 방출하는 지구 복사 에너지량이 같아서 복사 평형이 일어나 지구 연평균 기온이 일정하게 유지된다.

[바른 풀이] ㄷ. 지구 대기가 없어도 복사 평형은 일어나며, 이 경우 대기에 의한 온실효과가 나타나지 않아 지구 연평균 기온이 매우 낮게 유지된다.

08 지구 온난화로 인해 지구의 평균 기온이 상승하면 빙하가 녹아 대륙 빙하의 면적이 감소(ⓒ)하여 지표면의 반사율이 감소(ⓔ)한다.

[바른 풀이] 화석 연료의 사용이 증가(ⓐ)하면 온실기체인 대기 중 이산화 탄소 농도가 증가한다.
지구 온난화가 일어나면 해수의 온도(ⓑ)는 상승한다.

09 저위도와 고위도의 에너지 불균형과 지구 자전의 영향으로 인해 아래와 같은 대기 대순환이 일어난다.

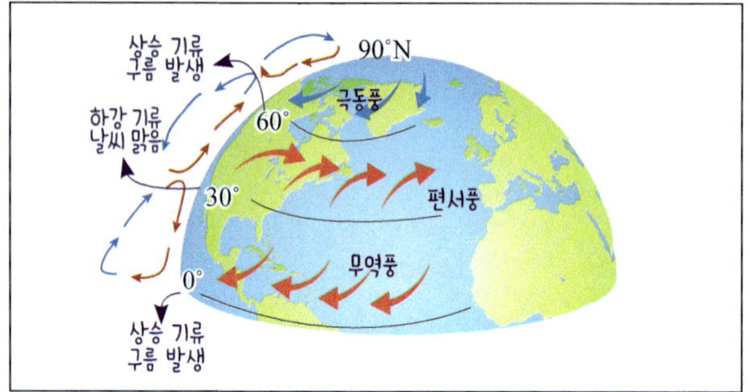

ㄱ. 위도 0°~30° 사이에서는 무역풍이 분다.

ㄷ. 대기 대순환은 저위도와 고위도의 에너지 불균형을 해소하는
데 기여한다.

[바른 풀이] ㄴ. 위도 30° 부근에서는 하강 기류가 나타나 고기
압이 되고 날씨가 맑아 비가 오지 않아 사막이 발달한다.

10 엘리뇨가 발생하면 무역풍이 약화되어 따뜻한 해수가 서쪽
(필리핀, 인도네시아 해역 방향)에서 동쪽으로 이동하게 되어, 태
평양 동쪽 해역(남아메리카 연안)에 홍수가 발생하고 서쪽 해역에
는 가뭄이 발생한다.

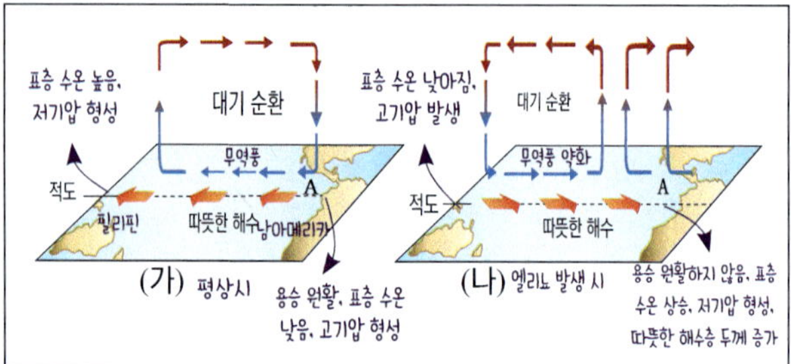

① (가)는 평상시의 모습이다.

② (가)에서는 동태평양의 심해수의 용승이 활발하다.

③ (가)는 남아메리카 연안에서 찬 심해수의 용승이 원활하여 표
층 수온이 낮은데 비해 (나)는 용승이 원활하지 못하여 표층 수온
이 상대적으로 높다.

④ 서태평양(인도네시아 연안)에서 홍수가 발생할 확률은 따뜻한
해수가 서쪽으로 이동하는 (가)일 때가 (나)보다 높다.

[바른 풀이] ⑤ 엘리뇨가 발생하면 서태평양 적도 부근의 따뜻한
해수가 동태평양(남아메리카 연안)으로 이동하므로 남아메리카 연
안의 따뜻한 해수층의 두께가 상대적으로 두꺼워진다.
따라서 남아메리카 연안(동태평양)의 따뜻한 해수층의 두께는 (가)
평상시보다 (나) 엘리뇨 발생 시 두꺼워진다.

11 동쪽 해역(남아메리카 연안)의 표층 수온이 (가)보다 (나)가
높게 분포한 것으로 보아 무역풍 약화에 의해 태평양 동쪽 해역에
서 찬 심해수의 용승이 활발하지 않은 (나)가 엘리뇨 시기 이다.

ㄷ. 동태평양 적도 부근에 홍수가 발생할 확률은 동태평양에 표면
에 따뜻한 해수가 존재하여 저기압이 발생할 가능성이 높은 (나)
가 (가)보다 크다.

[바른 풀이] ㄱ. (가)는 평상시를 나타낸 것이다.

ㄴ. (나)는 무역풍이 약화되어 발생하는 엘리뇨이다. 따라서 (나)일
때보다 (가)일 때 무역풍이 더 세게 분다.

12 무역풍(편동풍)이 약화되어 엘리뇨가 발생하면 동태평양 적
도 부근 해역(남아메리카 연안)에서의 찬 심해수의 용승이 활발하

지 않아 표층 수온이 상대적으로 높게 형성되어 동태평양 적도 부
근에서는 평상시보다 강수량이 증가한다.

ㄷ. 동태평양 적도 부근 해역은 평상시보다 강수량이 증가한다.

[바른 풀이] ㄱ. 엘리뇨가 발생하면 인도네시아 해역에서는 동풍
계열의 바람(무역풍)이 평상시보다 약해진다.

ㄴ. 그림에서 표시된 것처럼 우리나라에서는 평년보다 이상 고온
현상이 자주 나타난다.

13 A 해역은 동태평양 적도 부근 해역으로 해수면의 높이 편차
(관측값-평년값)이 130~180 mm로 관측값이 더 높다. 이것은 관
측한 시기에 엘리뇨가 발생하여 무역풍이 약해지면서 따뜻한 해
수가 서태평양 적도 해역에서 A 해역으로 이동해 A 해역에 쌓이
기 때문이다.

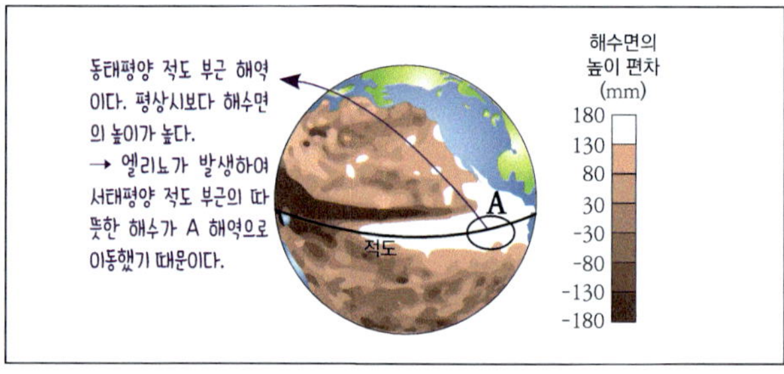

ㄱ. A 해역의 표층 해수가 따뜻하므로 해수의 증발이 평상시보다
활발하다.

ㄴ. A 해역에는 저기압이 발생하여 상승 기류가 발달하므로 폭우
가 올 가능성이 커진다.

ㄷ. 무역풍이 약화되어 엘리뇨가 발생하면 적도 부근 표층 해수가
서태평양 적도 부근에서 A 해역으로 이동하여 쌓이게 되고 찬 심
해수의 용승이 약화된다.

14 사막은 하강 기류가 발달하여 맑고 비가 오지 않는 위도 30°
지역에 주로 분포한다.

ㄴ. 대기 대순환의 변화는 사막화 현상의 중요한 원인이 될 수 있
다. 특히 강수 패턴과 증발량을 바꾸어 특정 지역을 더욱 건조하게
만들며, 토양과 식생을 약화시켜 사막화로 이어질 수 있다.

ㄷ. 사막은 대기 대순환에서 공기가 하강하는 위도 30° 지역에 잘
발달한다.

[바른 풀이] ㄱ. 사막은 위도 30° 지역에 주로 분포한다.

01 ②　　**02** ①　　**03** ③　　**04** ②

01 지구로 들어 오는 태양 복사 에너지를 100이라고 했을 때 그 중 지구의 대기와 지표가 흡수하는 에너지는 70이며, 이것과 같은 양이 지구 복사 에너지 형태로 우주 공간으로 방출된다.
ㄱ. 태양 복사 에너지 중 지구의 대기와 지표가 흡수하는 에너지량 (A+B)는 70이며, 이것과 같은 양 70이 지구 복사 에너지(D+F)형태로 우주 공간으로 방출된다. 따라서 A+B=D+F이다.
ㄴ. 지구 온난화가 진행되면 대기가 방출하여 지표가 흡수하는 에너지가 증가하고, 지표가 방출하는 에너지(E)도 증가한다.
[바른 풀이] ㄷ. 지표가 방출하는 에너지의 대부분은 대기로 흡수되며, 우주로 직접 방출되는 에너지는 극히 일부분이다. 따라서 C(대기 흡수)는 D(우주 방출)보다 크다.

02 무역풍이 약화되어 엘니뇨가 발생하면 서태평양 적도 해역에서 남아메리카 동태평양 적도 해역으로 따뜻한 표층 해수가 이동하여 동태평양 적도 해역의 기온이 상승하고, 저기압이 형성되어 폭우가 올 가능성이 높아진다.
무역풍이 강화되어 라니냐가 발생하면 동태평양 적도 해역(남아메리카 해역)에서 서태평양 적도 해역(인도네시아, 필리핀 해역)으로 따뜻한 표층 해수의 흐름이 강화되어 서태평양 적도 해역에는 홍수가, 동태평양 적도 해역에서는 가뭄이 발생한다.

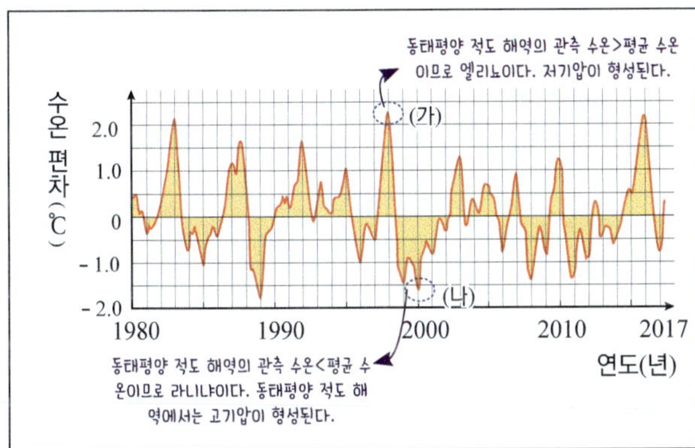

ㄴ. 동태평양 적도 해역(남아메리카 해역)의 표층 수온은 (가) 엘니뇨 발생 시 높다. 이때 해수 증발량이 많고, 저기압이 형성되어 강수량이 많다.
[바른 풀이] ㄱ. 동태평양 해수면의 온도가 평년보다 높은 (가)는 엘니뇨 시기이며, 평년보다 낮은 (나)는 라니냐 시기이다.
ㄷ. (가) 엘니뇨 시기에는 무역풍이 약해지므로 남적도 해류의 유속은 평상시보다 약하며, (나) 라니냐 시기에는 무역풍이 강화되므로 남적도 해류의 유속은 평상시보다 강하다. 따라서 태평양 남적도 해류의 유혹은 (나) 라니냐 시기가 (가) 엘니뇨 시기보다 강하다.

03 적도 지역과 위도 60° 지역에서 큰 값이 나타나는 A는 강수량이며, 위도 30° 지역에서 큰 값이 나타나는 B는 증발량이다. 대기 대순환에서 적도와 위도 60° 지역에서는 상승 기류가 나타나 저기압이 형성되어 강수량이 크게 나타나고, 위도 30° 지역에서는 하강 기류가 발생하여 고기압이 형성되고 날씨가 맑아 증발량

이 크게 나타난다.
ㄷ. (B−A)의 값이 클수록 증발량(B)이 크고 강수량(A)이 작은 것이므로 기후가 건조하여 사막이 발달할 수 있다.
[바른 풀이] ㄱ. A는 강수량, B는 증발량이다.
ㄴ. 위도 30° 부근에는 하강 기류가 형성되어 고압대가 발달한다.

04 A 해역은 동경 140° 지역으로 인도네시아 해역이며, 서태평양 적도 해역이다. B 해역은 서경 100° 지역으로 동태평양 적도 해역이다.
현재는 엘니뇨 시기로 동태평양 적도 해역(A)의 표층 수온이 평상시 보다 높은 상태이며, 평상시에 비해 동서 간의 온도 차가 줄어든다.

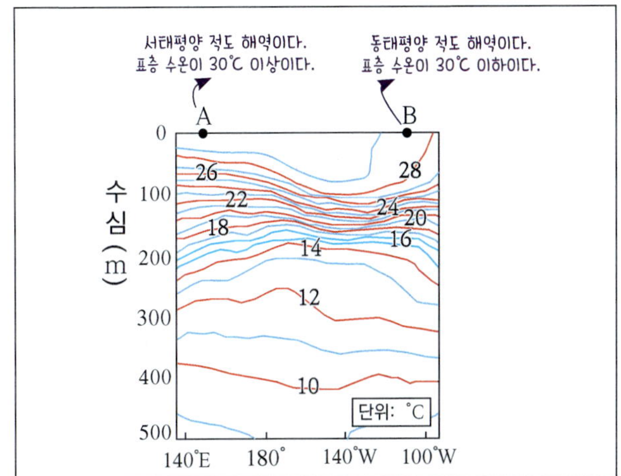

ㄱ. 평상시에는 무역풍의 영향으로 A(동태평양 적도 해역)에서 B(서태평양 적도 해역)으로 따뜻한 표층 해수가 흐르지만, 엘니뇨 시기에는 무역풍의 약화로 평상시와 반대 방향인 B(서태평양 적도 해역)에서 A(동태평양 적도 해역) 쪽으로 따뜻한 표층 해수가 흐르므로 A 해역(서태평양 적도 해역)의 해수면 높이는 평상시보다 낮아진다.
ㄴ. 엘니뇨 시에는 적도 지방의 따뜻한 표층 해수가 A→B(서쪽→동쪽)으로 흘러 평상시에 비해 A 해역과 B 해역의 표층 수온 차가 줄어든다.
[바른 풀이] ㄷ. 평상시에 비해 B 해역에서 찬 심해수의 용승이 원활하지 않기 때문에 B 해역의 200 m 깊이의 수온은 평상시에 비해 높아진다.

01 생물과 환경

❶ 군집　❷ 분해자　❸ 생물요소
❹ 빛의 세기　❺ 온도　❻ 저수　❼ 적혈구

02 생태계평형

❶ 먹이그물　❷ 영양단계　❸ 감소
❹ 생태피라미드　❺ 복잡
❻ 회복　❼ 생태 통로　❽ 천연기념물

03 지구 환경 변화와 인간 생활

❶ 복사 평형　❷ 온실효과　❸ 이산화 탄소
❹ 부피 팽창　❺ 상승　❻ 3　❼ 대칭
❽ 저위도　❾ 고위도　❿ 약화
⓫ 동태평양　⓬ 서태평양　⓭ 사막화

01 ④	02 ②	03 ⑤	04 ③	05 ⑤	06 ②
07 ①	08 ⑤	09 ③	10 ②	11 ③	12 ④
13 ②	14 ②	15 ⑤	16 ②	17 ④	18 ④
19 ③	20 ④	21 ①	22 ④	23 ⑤	24 ③

01 ① 개체는 하나의 독립된 생명체이므로 여우 한 마리는 개체에 해당한다.

②, ③, ⑤ 한 종의 여러 개체가 모여 개체군을 이루고, 서로 다른 종의 여러 개체군들이 모여 군집을 이루며 여러 군집들이 모여 생태계를 이룬다.

바른 풀이 ④ 생태계의 규모는 개체<개체군<군집<생태계이다.

02 (가) 군집을 이루는 각각의 개체군이 환경(비생물요소) 및 다른 개체군(생물요소)과 영향을 주고받으며 살아가는 체계를 생태계라고 한다.

(라) 생태계에서 탄소, 질소 등의 물질은 순환하지만 에너지는 태양→생산자→소비자→분해자로 한 방향으로만 전달되며 각 단계에서 호흡, 열 방출로 상당량이 손실된다. 따라서 생태계는 지속적으로 태양 에너지를 공급받아야 유지된다.

바른 풀이 (나) 생태계 내에서 여러 종의 생물 개체로 이루어진 집단은 군집이다.

(다) 생태계 내에서 일정한 지역에 같은 종의 개체가 무리 지어 사는 것을 개체군이라고 한다.

03 ㉠과 ㉡은 생물요소와 비생물요소 사이에 서로 영향을 주고받는 것을 나타낸 것이고, ㉢~㉤은 생물요소인 개체군들이 서로 영향을 주고 받는 것을 나타낸 것이다.

ㄴ. 지렁이(생물요소)가 토양(비생물요소)의 통기성을 높이는 것이므로 생물요소가 비생물요소에 영향을 주는 ㉠에 해당한다.

ㄷ. ㉢~㉤은 생물요소인 개체군들이 서로 영향을 주고 받는 것을 나타낸 것이다.

ㄹ. 위도에 따라 온도가 달라지므로 그 온도에 적응하는 생물의 분포도 달라진다. 그러므로 위도에 따른 비생물요소(온도)가 생물요소(식물)에 영향을 주는 것(㉡)에 해당한다.

바른 풀이 ㄱ. 개체군은 일정한 지역에서 같이 사는 같은 종 개체들의 무리이다.

04 (가)는 소비자, (나)는 분해자, (다)는 비생물요소, (라)는 생산자에 해당한다.

ㄷ. '공기((다) 비생물요소)를 많이 포함하는 토양의 표면에는 산소세균((나) 분해자)이 살기 적합하다.'는 (다) 비생물요소가 (나) 분해자에 영향을 준 것이다.

바른 풀이 ㄱ. (나)는 분해자이다.

ㄴ. '풀((라) 생산자)의 생산량이 감소하면 사슴((가) 소비자)의 개체수도 감소한다.'는 (라) 생산자가 (가) 소비자에 영향을 준 것이다.

05 ㄱ. A. 지렁이가 낙엽이나 썩은 뿌리 등을 분해하면 토양이 비옥해지므로 A는 생물요소(지렁이)가 비생물요소(토양)에 영향을 준 것이다. 이때의 환경요인은 토양이다.

ㄴ. B. 물이 부족한 건조한 지역의 건생 식물은 생존에 필요한 물을 확보하기 위해 저수 조직이 발달하는 쪽으로 적응하였으므로 B는 비생물요소(물)가 생물요소(식물)에 영향을 준 것이다. 이때의 환경요인은 물이다.

ㄷ. (가) 연꽃은 물속에 사는 수생 식물로서 관다발이나 뿌리가 잘 발달해 있지 않으며, 통기 조직이 발달하였다. 통기 조직은 공기가 부족한 물 속에서 광합성과 호흡에 필요한 기체를 공급하고 물에 뜨는 역할을 한다. 이와 같은 현상은 연꽃이 물에 적응하여 살기 위한 것이다.

(나) 선인장은 건조한 지역에 사는 건생 식물로서 수분 손실을 최소화하기 위해 잎을 가시로 변화시켜 수분 증발을 막는 쪽으로 적응하였다. 이때의 환경요인은 물이다.

따라서 (가)와 (나)의 환경요인은 B와 같은 물이다.

06 ㄷ. (나)는 강한 빛을 받아 울타리 조직이 발달한 두꺼운 잎이며, 그에 비해 (가)는 약한 빛을 받아 상대적으로 울타리 조직이 덜 발달한 얇은 잎이다. 따라서 (가)와 (나)의 잎의 두께 차이는 빛의 세기와 관련이 있다.

바른 풀이 ㄱ. 같은 식물체 내에서도 강한 빛을 받는 잎과 약한 빛을 받는 잎은 울타리 조직의 발달 차이가 나므로 빛의 세기에 식물의 잎이 적응한 결과이다.

ㄴ. 빛을 많이 받을수록 울타리 조직이 두꺼워지므로 (가)보다 (나)가 빛을 더 많이 받는 잎이다.

07 생물요소 사이에서 소비자는 생산자를 섭취하므로 유기물 이동은 생산자→소비자이고, 생산자의 사체를 분해자가 분해하므로 유기물 이동은 생산자→분해자이고, 소비자의 사체나 배설물을 분해자가 분해하므로 유기물 이동은 소비자→분해자이다. 따라서 (가)는 소비자, (나)는 생산자, (다)는 분해자이다.

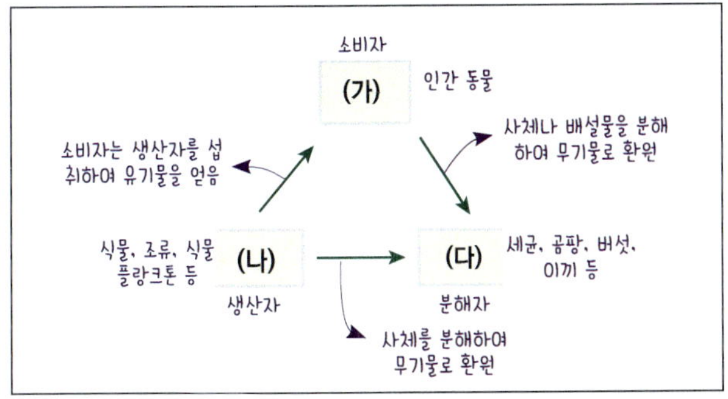

ㄱ. (가)는 소비자이다.

바른 풀이 ㄴ. 버섯은 분해자이므로 (다)에 해당한다.

ㄷ. 광합성을 통해 유기물을 생산하는 것은 (나) 생산자이다.

08 그림은 생물이 온도에 적응한 현상이다. 더운 지역에 사는 사막 여우는 체외로 열을 많이 방출해야 하므로 귀, 코, 입 등 몸의 말단 부위가 크게 발달하였다. 추운 지역에 사는 북극여우는 체외로 방출되는 열의 양을 줄이기 위해 몸집이 크고 피하 지방층이 두껍게 발달하였다.

ㄱ. 사막여우는 북극여우에 비해 체외로 열을 많이 방출한다.

ㄴ. 추운 지역일수록 체외로 방출되는 열의 양을 줄이기 위해 몸집이 커졌고, 더운 지역일수록 몸의 말단부를 크게 하여 열을 많이 방출한다.

ㄷ. 나비는 계절(기온)에 따라 몸의 크기, 형태, 색이 달라진다. 일반적으로 여름에 태어난 나비가 봄에 태어난 나비보다 더 크고 화려한 무늬를 지닌다.

09 이 생태계에서 식물성 플랑크톤은 생산자, 멸치는 1차 소비자, 고등어는 2차 소비자가 되어 먹이사슬을 형성한다.

ㄷ. 이 생태계에서 멸치의 개체수가 증가하여 생태계평형이 일시적으로 깨지더라도 먹이 관계를 통하여 다시 생태계가 회복된다.

바른 풀이 ㄱ. 식물성 플랑크톤은 생산자이다.

ㄴ. 포식자인 멸치의 개체수가 감소하면 피식자인 식물성 플랑크톤의 개체수는 증가한다.

10

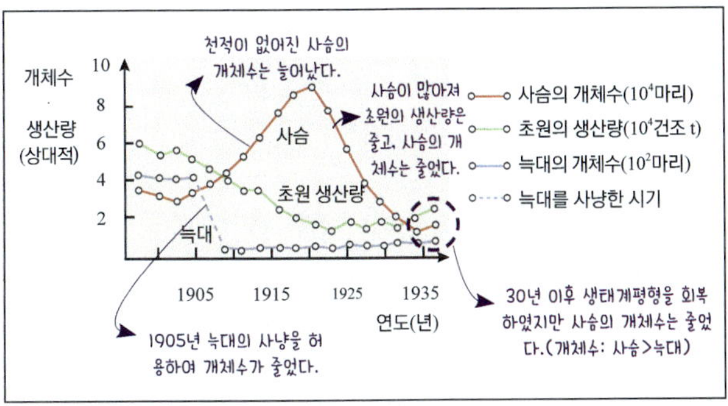

ㄷ. 1905년에 사슴의 개체 수를 보호하고자 사슴의 포식자인 늑대의 사냥을 허용한 것이지만, 인위적으로 포식자를 제거하는 인간의 개입은 생태계평형을 깨뜨릴 수 있음을 알 수 있다.

바른 풀이 ㄱ. 늑대의 사냥을 허용한 시점부터 늑대의 개체수가 감소함에 따라 사슴의 개체수는 늘어나고 초원 생산량은 감소하였으므로 이 생태계는 초원에 있는 풀은 사슴이 먹고, 사슴은 늑대가 먹는 먹이사슬(풀 → 사슴 → 늑대)을 이룬다. 따라서 풀은 생산자, 사슴은 1차 소비자, 늑대는 2차 소비자이다.

ㄴ. 1930년대 초반까지 초원 생산량의 감소는 1차 소비자인 사슴의 개체수 증가가 원인인데, 이는 늑대의 사냥을 허용함에 따라 사슴의 개체수가 증가하였기 때문이다.

11 ㄱ. 피라미의 개체수가 증가하면 피라미의 먹이인 소금쟁이와 물달팽이의 개체수는 감소한다. 그러므로 소금쟁이와 물달팽이의 먹이인 원생 생물의 개체수는 증가한다.

ㄴ. 광합성을 하는 식물 플랑크톤과 수생 식물은 생산자이며, 먹이 관계의 최종 소비자인 왜가리는 4차 소비자이다.

· 수생 식물(생산자) → 올챙이(1차 소비자) → 붕어(2차 소비자) → 가물치(3차 소비자) → 왜가리(4차 소비자)

· 식물 플랑크톤(생산자) → 원생 생물(1차 소비자) → 붕어(2차 소비자) → 가물치(3차 소비자) → 왜가리(4차 소비자)

· 식물 플랑크톤(생산자) → 원생 생물(1차 소비자) → 붕어(2차 소비자) → 메기(3차 소비자) → 왜가리(4차 소비자)

바른 풀이 ㄷ. 원생 생물의 생명 활동에 사용된 에너지를 제외한 에너지가 붕어, 소금쟁이, 물달팽이에게 전달되지만, 올챙이로부터 받은 에너지도 붕어와 소금쟁이에 포함되어 있으므로 (붕어 + 소금쟁이 + 물달팽이)의 에너지가 원생 생물보다 반드시 작다고 할 수는 없다.

12 건조 질량이 생산자<1차 소비자<2차 소비자라고 할지라도 생산자의 개체수가 가장 많고 상위 영양단계로 올라갈수록 개체수는 줄어들기 때문에 C는 생산자, B는 1차 소비자, A는 2차 소비자이다.

(가)의 단위는 g/m^2 이므로 (가)는 일정한 공간에 서식하는 생물 전체의 무게인 생체량피라미드이고, (나)의 단위는 $kcal/m^2 \cdot$일 이므로 각 영양단계가 가지는 에너지피라미드이다.

ㄴ. 생산자의 개체수가 가장 많으므로 가지는 에너지도 가장 많다. 따라서 C는 생산자이며 태양의 빛에너지를 이용해 유기물을 합성한다.

ㄷ. 하위 영양 단계로 갈수록 개체수가 많기 때문에 생체량은 하위 영양단계일수록 크고 생체량은 전체적으로 피라미드 형태로 나타난다.

바른 풀이 ㄱ. 에너지피라미드는 (나)이다.

13 에너지효율(%)= $\dfrac{\text{현 영양단계의 에너지양}}{\text{전 영양단계의 에너지양}} \times 100$ 이므로 전 영양단계에 비해 현 영양단계의 에너지양이 많을수록 에너지효율이 크다. 이것은 전 영양단계에서 많은 에너지를 섭취할수록 에너지 효율이 크다는 것을 나타낸다.

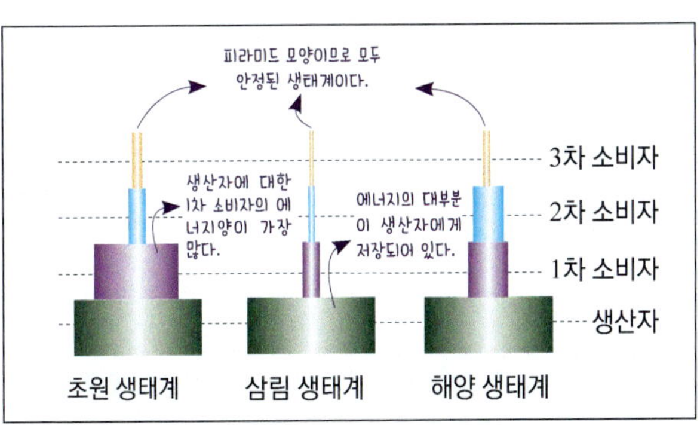

ㄱ. 생산자의 에너지양에 대한 1차 소비자의 에너지양의 비율은 초원 생태계에서 가장 크므로 1차 소비자의 에너지 효율은 초원 생

태계에서 가장 높다.

ㄷ. 삼림 생태계는 에너지의 대부분이 생산자에 저장되어 있고, 1차 소비자와 2차 소비자 그리고 3차 소비자의 에너지양은 상대적으로 매우 적다.

[바른 풀이] ㄴ. 삼림 생태계의 1, 2, 3차 소비자의 에너지양은 각각 초원과 해양 생태계의 1, 2, 3차 소비자보다 적지만, 생산자부터 3차 소비자까지 에너지양의 비율은 피라미드 모양을 나타내므로 안정적인 생태계에 해당한다. 불안정한 생태계는 상위 영양 단계가 하위 영양 단계보다 큰 경우이다.

ㄹ. 초원 생태계는 1차 소비자의 에너지양이 가장 많으므로 생산자로부터 가장 많은 에너지를 전달받았다.

14 환경 변화에 의해 일시적으로 생태계평형이 깨지더라도 안정된 생태계는 다시 평형을 회복한다.

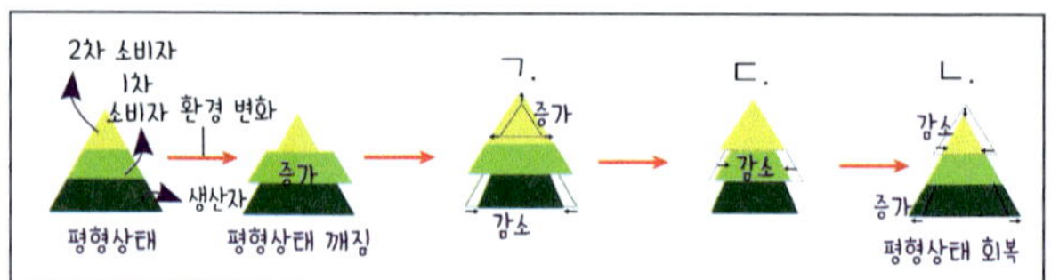

1차 소비자가 증가하면 1차 소비자가 섭취하는 생산자가 감소하고, 1차 소비자를 섭취하는 2차 소비자는 증가한다.(ㄱ) → 생산자의 감소로 1차 소비자의 먹이가 부족하여 1차 소비자가 감소한다.(ㄷ) → 1차 소비자의 감소로 1차 소비자를 섭취하는 2차 소비자가 감소하고, 생산자는 다시 증가하여 평형을 회복한다.(ㄴ)

15 A는 빛에너지를 직접 받아 에너지를 생산하므로 생산자, B, C는 소비자이다. D는 생산자와 소비자의 사체와 배설물을 분해하여 무기물을 생산하는 분해자이다.

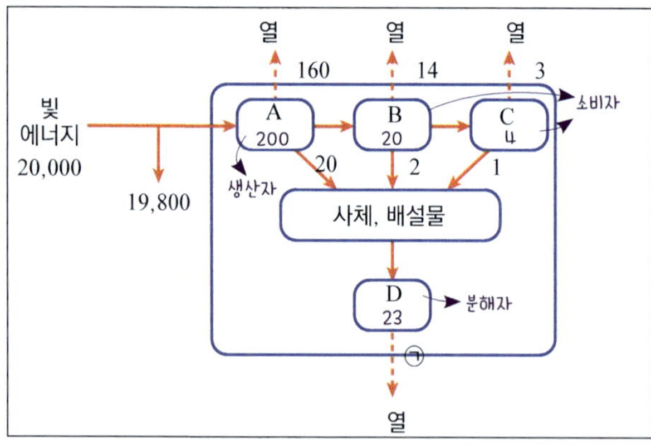

ㄱ. A는 생산자이다.

ㄴ. 에너지효율(%)$=\dfrac{\text{현 영양단계의 에너지양}}{\text{전 영양단계의 에너지양}}\times100$이다.

B의 에너지효율$=\dfrac{20}{200}\times100=10\,(\%)$

C의 에너지효율$=\dfrac{4}{20}\times100=20\,(\%)$

이므로 에너지효율은 B보다 C가 높다.

ㄷ. 분해자는 에너지를 열로만 배출하므로 ㉠은 23이다.

16 외래종이 토착 생태계에 적응할 경우 천적이나 질병이 없어 대량으로 번식할 수 있다. 황소개구리

ㄴ. 천적이 없는 토착 생태계에 적응하여 토착 생태계를 파괴하므로 생물다양성을 감소시키는 생물들이다.

[바른 풀이] ㄱ, ㄷ. 큰입배스, 블루길, 뉴트리아는 토착 생태계에 적응한 외래종이며, 토착 생태계에 천적이 없어 생태계의 먹이 관계를 파괴한다.

17 ① 삼림 또는 하천 등 생물의 서식지를 함부로 훼손하지 못하도록 제도적으로 엄격하게 규제하는 것은 생태계를 보전하는 방법 중 하나이다.

② 산을 깎아 도로를 건설할 때 서식지단편화를 최소화하기 위해 생태 통로를 설치하는 등 생태계보전이 필요하다.

③ 도심에 숲을 조성하여 열섬 현상을 줄이고, 생물의 서식지를 늘리는 생태계보전이 필요하다.

⑤ 생물의 서식지를 보전하기 위해서는 생태적 가치가 높은 곳을 국립 공원으로 지정하여 관리한다.

[바른 풀이] ④ 하천에 콘크리트 제방을 쌓고 물길을 직선화하여 인공 하천을 만드는 것은 생물의 서식지를 훼손하는 일이다. 자연 재료(나무, 풀, 흙, 돌 등)를 이용하여 자정 능력을 갖춘 자연형 하천을 만든다면 생물들의 서식지를 보호할 수 있다.

18 온실기체는 지구 대기 중에서 적외선 복사열을 흡수·방출하여 지구 표면 온도를 유지·상승시키는 역할을 하는 기체이다.

① 온실기체는 온실효과를 일으키는 기체를 말한다.

② 온실기체에는 수증기, 이산화 탄소, 메테인, 오존 등이 있다.

③ 온실기체에 의한 온실효과가 심화되어 지구 온난화가 일어난다.

⑤ 최근 들어 화석 연료의 사용량 증가에 의해 온실기체가 증가하는 추세에 있다.

[바른 풀이] ④ 온실기체는 가시광선 영역의 태양 복사 에너지는 잘 통과시키고 적외선 영역의 지구 복사 에너지는 잘 흡수한다.

19 화석 연료의 사용량이 증가하면 이산화 탄소 등의 온실기체의 양이 증가(A)해 지구 온난화 현상이 발생한다.

지구 온난화 현상으로 인해 대륙 빙하가 녹아 대륙 빙하의 면적이 감소(B)하고, 해수 온도가 상승으로 인한 부피 팽창을 하여 해수면이 상승(C)하여 육지의 면적이 감소한다. 대륙 빙하의 면적이 감소하면 지표면 반사율이 감소한다.

20 북반구의 대기 대순환과 남반구의 대기 대순환은 대칭을 이루므로 위도 30°N 지역과 30°S 지역은 모두 무역풍 지역과 편서풍 지역의 경계로 하강 기류가 발달해 고기압이 나타나서 날씨가 맑다.

지구의 저위도 지역은 태양 에너지가 과잉 상태이고 고위도 지역은 태양 에너지가 부족 상태이므로, 대기 대순환과 해수의 표층 순환으로 저위도에서 고위도로 에너지를 이동시킨다.

ㄱ. 위도 30°S 지역은 비가 오지 않아서 증발량이 강수량보다 많다.

ㄷ. 대기 대순환과 해수의 표층 순환에 의해 저위도의 에너지가 고위도로 이동하여 에너지의 불균형이 해소된다.

[바른 풀이] ㄴ. 해류 A가 흐르는 방향과 편서풍의 방향을 볼 때 해류 A는 편서풍에 의해 형성된다고 할 수 있다.

21 엘리뇨는 무역풍이 약화되어 적도의 따뜻한 표층 해수가 동→서로 흐르지 못하고, 서→동으로 흘러 동태평양 적도 해역

에는 폭우가, 서태평양 적도 해역에는 가뭄이 드는 현상이다. (가)는 평상시, (나)는 엘리뇨 발생 시의 대기 순환 모습이다.

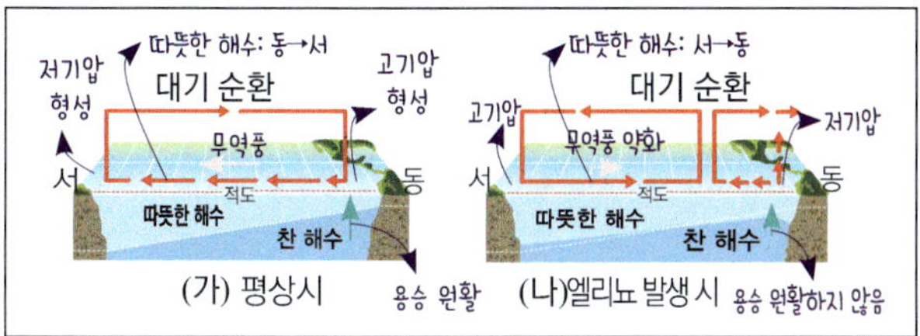

ㄱ. 엘리뇨 발생 시에는 무역풍이 약화되므로 무역풍은 (가)가 (나)보다 강하다.

바른 풀이 ㄴ. 평상시는 적도의 따뜻한 해수가 동→서로 흐르고 동태평양 지역에 찬 해수의 용승이 활발하므로 동태평양과 서태평양의 표층 수온 차이가 크지만, 엘리뇨 발생시에는 따뜻한 해수가 서→동으로 흐르고, 동태평양의 찬 해수의 용승도 활발하지 않으므로 동태평양과 서태평양의 표층 수온 차이가 크지 않다. 그러므로 동태평양과 서태평양의 표층 수온 차이는 (가) 평상시가 (나) 엘리뇨 발생 시보다 크다.

ㄷ. (가)는 평상시, (나)는 엘리뇨 발생 시이다.

22 이산화 탄소 농도 증가는 대기의 온실효과를 심화시켜 전 지구 연평균 온도의 상승을 가져올 수 있다.

ㄴ. 그래프 연평균 기온의 상승 기울기를 보면 1912년부터 2019년까지 연평균 기온의 평균 증가율은 우리나라가 전 지구보다 크다.

ㄷ. 그래프에서 전 지구 연평균 기온의 상승 추세와 이산화 탄소 농도의 상승 추세가 비슷하게 나타나고 있고, 이산화 탄소는 온실기체이므로 이산화 탄소 농도의 증가는 전 지구 연평균 기온의 상승에 영향을 줄 수 있다.

바른 풀이 ㄱ. 주어진 자료에서 우리나라의 평균 기온은 B 기간이 A 기간보다 높다.

23 온실 기체의 감축에 적극적으로 노력하지 않아(A) 화석 연료 사용이 증가한다면 2100년 경에는 지구의 지표 기온이 현재보다 약 6 ℃ 상승할 것으로 예측된다. 온실 기체의 감축에 적극적으로 노력해 성공한 경우(B)라면 지구의 지표면 기온은 현재보다 약 1.7 ℃ 상승에 그칠 것으로 예측된다.

ㄱ. A와 같이 지구 온난화가 지속되면 대기 중 수증기량이 증가하여 평균 강수량이 늘어난다. 따라서 전 지구 강수량 변화는 B보다 A가 커지게 된다.

ㄴ. 이산화 탄소 배출량은 A보다 B가 적다.

ㄷ. A와 같이 지구 온난화가 지속되면 지표면에서 증발이 활발해지므로 전 지구 평균 증발량은 A보다 B에서 적다.

24 페트병을 이용한 온실효과 실험에서 페트병 B에서 발포 바이타민이 발생시키는 이산화 탄소로 인해 페트병 내부의 온도가 더 많이 상승하므로 페트병 내부는 지구의 대기를 의미한다.

ㄱ. 이산화 탄소의 온실효과로 페트병 B의 온도가 더 높게 측정된다.

ㄴ. 전등의 열은 지구 대기에 공급되는 태양 복사 에너지를 의미한다.

바른 풀이 ㄷ. 이산화 탄소나 공기가 있는 페트병 내부가 지구 대기를 의미하지만 물은 단지 이산화 탄소를 공급하는 장치로 역할을 할 뿐이다.

01 ①　　**02** ③　　**03** ⑤　　**04** ④

01 생물요소에는 생산자인 토끼풀, 소비자인 뱀과 개구리, 분해자인 세균이 있다. 개체군은 같은 종의 무리를 뜻한다.

ㄱ. 소비자는 뱀과 개구리의 두 개체군으로 이루어져 있다.

ㄴ. 뱀은 기온이 낮아지면 대사 활동이 크게 떨어져 생존하기 힘들므로 겨울잠을 잔다. 이것은 온도(비생물요소)가 뱀(생물요소)에 영향을 주는 ⓒ에 해당한다.

바른 풀이 ㄷ. ⓒ은 생산자와 소비자의 상호작용이다. 뱀이 개구리를 잡아먹은 것은 소비자끼리의 상호작용이다.

ㄹ. 뱀(소비자)의 사체는 분해자에 의해 분해되어 물질 순환한다. 따라서 뱀의 사체가 분해되어 토끼풀의 생장에 도움을 주는 것은 토끼풀(생산자)과 세균(분해자) 사이의 상호작용인 ⓔ이라고 할 수 없다.

02 (가)는 평상시 태평양 적도 해역의 표층 수온을 나타낸 것으로 서쪽의 온도는 높고, 동쪽의 온도는 낮다. 이것은 무역풍에 의해 따뜻한 표층 해수가 동→서로 이동했기 때문이다.

(나)는 동쪽으로 갈수록 표층 수온의 편차(관측값−30년 평균값)이 커진다. 이것은 표층 수온의 관측값이 30년 평균값보다 커진다는 것이고, 동쪽으로 갈수록 표층 수온이 평상시보다 높게 형성된다는 것이다.

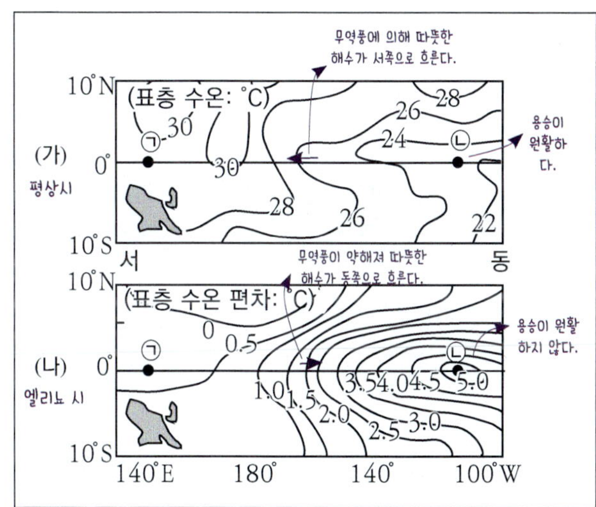

엘리뇨 시에는 무역풍의 약화로 따뜻한 표층 해수가 서→동으로 이동하며, 동태평양 적도 해역의 온도가 평상시보다 높게 나타나게 되므로 (나)는 엘리뇨 시기를 의미한다.

ㄱ. ⓐ 서태평양 적도 해역은 (가) 평상시에 표층 수온이 높아 저기압이 형성되고 (나) 엘리뇨 시에는 고기압이 형성되어 가뭄이 잦게 되므로 해수면 기압은 (가)보다 (나)에서 높게 나타난다.

ㄷ. (나) 엘리뇨 시 표층 수온의 (관측값−30년 평균값)이 ⓐ은 0, ⓑ은 5.0이다. 이것은 표층 수온의 관측값이 ⓐ 서태평양 적도 해역보다 ⓑ 동태평양 적도 해역이 높다는 것을 뜻한다.

바른 풀이 ㄴ. ⓑ 동태평양 적도 해역에서 찬 심해수의 용승은 (가) 평상시에 원활하며, (나) 엘리뇨 시에는 원활하지 않다. 따라서 ⓒ에서의 용승은 (나)보다 (가)에서 잘 일어난다.

03 A는 무역풍이 원활하게 불고 있는 평상시이고, B는 무역풍이 약화된 엘리뇨 시를 의미한다.
X는 동태평양 표층 수온이 높게 형성되고, 서태평양 강수량이 작은 지점으로 엘리뇨 시(B)를 의미한다. Y는 동태평양 표층 수온이 낮게 형성되고, 서태평양 강수량이 큰 지점으로 평상시(A)를 의미한다.

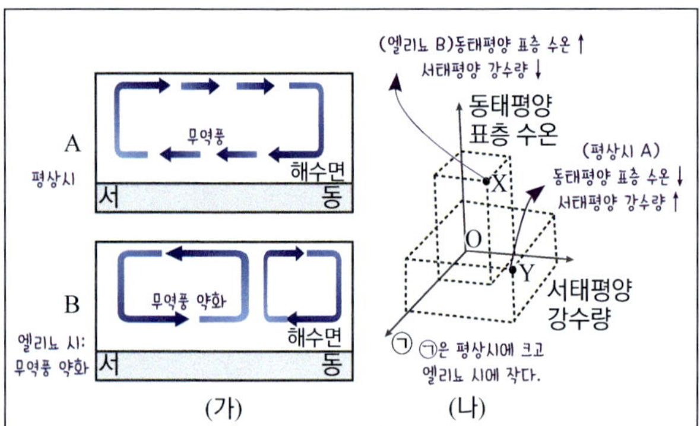

ㄱ. A는 평상시이다.
ㄴ. X는 B(엘리뇨 시)에 관측한 값이다.
ㄷ. 무역풍은 평상시(Y)가 엘리뇨 시(X)보다 강하고, ⓒ은 Y가 X보다 크게 나타났으므로 '무역풍의 평균 풍속'은 ⓒ에 해당한다.

04 생산자로부터 에너지를 얻는 C는 1차 소비자, 1차 소비자로부터 에너지를 얻는 B는 2차 소비자이다. 사체, 배설물로부터 에너지를 얻는 A는 분해자이다. 이 생태계에서 태양으로부터 받은 에너지 ⓒ은
각 영양단계에서 방출한 열에너지의 합과 같다.
ㄴ. ⓒ=450+70+12+253=785이다.
ㄷ. 생산자의 생체량이 가장 크고, 상위 영양단계일수록 생체량은 작아진다. 따라서 전달되는 에너지는 상위 영양단계로 갈수록 점점 작아지고 방출 에너지도 작아지므로, C(1차 소비자)보다 B(2차 소비자)의 방출 에너지가 작은 것은 생체량(생물량)과 관련 있다.
[바른 풀이] ㄱ. A는 분해자이다.

158 ~ 163 쪽

01 ②	02 ③	03 ②	04 ①	05 ①	06 ①
07 ③	08 ④	09 ①	10 ②	11 ④	12 ②
13 ④	14 ④	15 ②	16 ④	17 ④	18 ①
19 ①	20 ⑤	21 ②	22 ④	23 ④	24 ①
25 ②	26 ④				

01 ㄴ. 소비자는 다른 생물(생산자 또는 다른 소비자)을 섭취하여 영양분을 얻는 생물이다.
[바른 풀이] ㄱ. 버섯은 분해자이다.
ㄷ. 분해자는 다른 생물의 사체나 배설물에 포함된 유기물을 무기물로 분해하여 영양분을 얻는 생물이다.

02 (가) 건생식물은 토양 깊은 곳에서 물과 무기질을 흡수해야 하고, 식물을 지지해야 하므로 뿌리가 매우 잘 발달되어 있다.
(나) 수생식물은 물 위에 떠 있기 위해서 통기 조직이 발달하였고, 뿌리는 상대적으로 덜 발달되었다.
ㄱ. (가) 건생식물은 (나)수생식물보다 뿌리가 잘 발달하였다.
ㄴ. (나) 수생식물은 물이 풍부한 환경에서 서식한다.
[바른 풀이] ㄷ. (가)와 (나)는 생물이 물에 적응한 결과이다.

03 지렁이가 흙 속을 이동함으로써 토양의 통기성을 높이는 것은 생물요소(지렁이)가 비생물요소(토양)에 영향을 주는 것이다.
ㄴ. 생물요소(식물)의 증산작용으로 숲의 비생물요소(온도)에 영향을 주는 것이다.
ㄷ. 생물요소(생물)의 호흡과 광합성으로 비생물요소(공기)에 영향을 주는 것이다.
[바른 풀이] ㄱ. 비생물요소(강수량)가 생물요소(옥수수)의 생장에 영향을 주는 것이다.
ㄹ. 토양의 깊이에 따라 적응하여 살아가는 세균의 종류가 다르므로 비생물요소(토양)가 생물요소(호기성, 혐기성 세균)에 영향을 주는 것이다.

04 식물성 플랑크톤은 광합성을 하는 미세 생물로 영양단계에서는 생산자이다. 미역은 조류에 속하며, 바다 속에서 광합성을 하여 유기물을 합성하는 생산자이다.
ㄱ. 식물성 플랑크톤은 생산자이다.
[바른 풀이] ㄴ. 미역은 생물요소 중 생산자이다.
ㄷ. 멸치와 고등어는 서로 다른 종이므로 동일한 개체군에 속하지 않는다.

05 ㄱ. 일조 시간(비생물요소)이 식물(생물요소)의 개화에 영향을 주는 것은 ⓒ에 해당한다.
[바른 풀이] ㄴ. 세균, 곰팡이, 버섯, 이끼 등의 분해자는 생물요소에 속한다.
ㄷ. 개체군 A는 한 종의 생물로 구성되어 있다.

06 (가) 민들레는 육상에서 서식하는 육상 식물, (나) 선인장은 건조한 지역에서 서식하는 건생식물, (다) 연꽃은 물속에서 서식하는 수생식물이다.
ㄱ. 육상 식물(민들레)의 대부분은 뿌리, 줄기, 잎이 잘 발달되어 있으며, 수생 식물(연꽃)은 관다발이나 뿌리가 잘 발달해 있지 않다.
[바른 풀이] ㄴ. (나) 선인장은 건생식물이므로 물이 부족한 곳에서 서식하기 위해 물을 저장하는 저수조직이 발달하였다. 통기조직은 연꽃과 같이 물속에 서식하기 때문에 공기가 부족한 수생식물에서 공기의 이동 및 저장을 위해 발달한 것이다.
ㄷ. 알로에는 건생식물이므로 (나) 선인장과 서식 환경이 유사하다.

07 개체군은 동일한 종들의 무리이다. (가)에서 비생물요소(기온)가 생물요소(낙엽수)에 영향을 준다. 따라서 (가)는 ⓒ이며, (나)는 ⓒ이다.
ㄱ. 개체군 A는 동일한 종으로 구성된다.
ㄷ. (나)는 ⓒ이므로 생물요소가 비생물요소에 영향을 주는 것이다.
지렁이(생물요소)가 토양(비생물요소) 속에서 움직여 토양의 통기

성이 증가하는 것은 생물요소가 비생물요소에 영향을 주는 것이
므로 (나)의 예에 해당한다.
[바른 풀이] ㄴ. 가을이 되어 온도(비생물요소)가 떨어지면 낙엽
수(생물요소)는 단풍이 들고 잎을 떨어뜨린다. (가)는 비생물요소
가 생물요소에 영향을 주는 것이다. ㉠은 생물요소가 비생물요소
에 영향을 주는 것이다. 따라서 (가)는 ㉠이 아니다.

08 (가)는 비생물요소, (나)는 소비자, (다)는 생산자, (라)는 분
해자이다.
ㄴ. 질소 고정 세균이 토양이 비옥하게 하는 것은 (라) 분해자인 질소
고정 세균이 (가) 비생물요소인 토양에 영향을 주는 것이다.
ㄷ. 공기가 희박한 고산 지대에 사는 사람들이 평지에 사는 사람들
에 비해 혈액 속 적혈구의 수가 많은 것은 (가) 비생물요소인 공기
가 (나) 소비자인 사람에게 영향을 주는 것이다.
[바른 풀이] ㄱ. 온도가 낮아지는 가을에 식물의 잎이 단풍으로
물드는 것은 (가) 비생물요소인 온도가 (다) 생산자인 식물에 영향
을 주는 것이다.

09 (가) 곤충 몸 표면의 키틴질은 체내 수분의 증발을 방지한다.
(나) 봄, 초여름에 피는 유채화는 장일 식물이다. 국화는 가을에 꽃
이 피는 단일 식물이다. 일조 시간과 관련 있다.
(다) 고산 지대에는 공기 중 산소가 적기 때문에 고산 지대에 사는
사람의 혈액 속에는 적혈구가 많아져서 원활한 산소 공급을 한다.

10 ㄴ. 에너지는 (라) 생산자 → (다) 1차 소비자 → (가) 2차 소비
자 → (나) 3차 소비자 순으로 전달되므로, (다)에서 (가)로 에너지
가 전달된다.
[바른 풀이] ㄱ. 에너지양은 하위 영양 단계에서 상위 영양 단계로
갈수록 감소하므로 에너지양이 가장 많은 (라)는 생산자, (다)는 1
차 소비자, (가)는 2차 소비자, (나)는 3차 소비자이다.
ㄷ. (다) 1차 소비자의 개체 수가 일시적으로 증가하면, 1차 소비자
의 먹이가 되는 (라) 생산자의 개체수는 감소하고, 1차 소비자를 먹
고사는 (가) 2차 소비자의 개체수가 증가함에 따라 (나) 3차 소비자
의 개체수도 증가한다.

11 ㄴ. 3종류의 개체군(목본식물, 눈신토끼, 스라소니)의 먹이
사슬의 영양단계는 목본식물(생산자) → 눈신토끼(1차 소비자) →
스라소니(2차 소비자)이다. 그림의 생체량은 목본식물>눈신토끼>
스라소니이므로 먹이사슬의 상위 영양단계로 갈수록 개체군의 생
체량은 감소한다.
ㄷ. 스라소니가 사라지면 눈신토끼의 포식자가 없어 눈신토끼의 개
체수가 일시적으로 증가할 것이다.
[바른 풀이] ㄱ. 생산자인 목본식물이 광합성을 하여 유기물에 저
장한 에너지는 먹이사슬을 통해 상위 영양단계로 전달된다. 이때
하위 영양단계인 목본식물이 가지고 있던 에너지는 생명활동에 쓰
이거나 배설물 등으로 배출되고 남은 일부만이 상위 영양단계인 눈
신토끼에게로 전달된다.

12 ㄴ. 전갱이가 2차 소비자인 경우 먹이 관계: 식물 플랑크톤(생
산자) → 멸치(1차 소비자) → 전갱이(2차 소비자)
전갱이가 3차 소비자인 경우 먹이 관계: 식물 플랑크톤(생산자) →
동물 플랑크톤(1차 소비자) → 멸치(2차 소비자) → 전갱이(3차 소

비자) 그러므로 전갱이는 2차 소비자인 동시에 3차 소비자이다.
[바른 풀이] ㄱ. 이 생태계에서 참치는 돌고래의 먹이가 되므로
최상위 영양단계인 최종 소비자로 볼 수 없다.
ㄷ. 식물 플랑크톤은 양분을 스스로 만드는 생산자이며, 동물 플랑
크톤은 식물 플랑크톤을 섭취하여 살아가는 1차 소비자이다.

13 ㄴ. 지렁이가 사라지면 지렁이만을 먹이로 섭취하는 지네가 사
라지고, 지네만을 먹이로 섭취하는 두더지도 사라지게 된다.
ㄷ. 족제비와 독수리는 영양단계 2차, 3차, 4차, 5차 소비자에 모
두 해당한다.
· 1차 소비자: 나비, 송충이, 다람쥐, 토끼, 쥐, 지렁이
· 2차 소비자: 거미, 지네, 도마뱀, 뱀, 참새, 족제비, 독수리
· 3차 소비자: 참새, 두더지, 뱀, 족제비, 독수리
· 4차 소비자: 뱀, 족제비, 독수리
· 5차 소비자: 족제비, 독수리
[바른 풀이] ㄱ. 도마뱀은 나뭇잎(생산자) → 송충이(1차 소비자)
→ 도마뱀(2차 소비자)로 먹이 관계가 이루어질 경우 2차 소비자에
해당하며, 낙엽(생산자) → 지렁이(1차 소비자) → 지네(2차 소비자)
→ 도마뱀(3차 소비자)으로 먹이 관계가 이루어질 경우에는 3차 소
비자에 해당한다.

14 C의 에너지양에 대한 B의 에너지양의 백분율이 15 %이고, 조
건에서 2차 소비자의 에너지효율이 15 %이므로 2차 소비자는 B이
고, C는 1차 소비자이다.

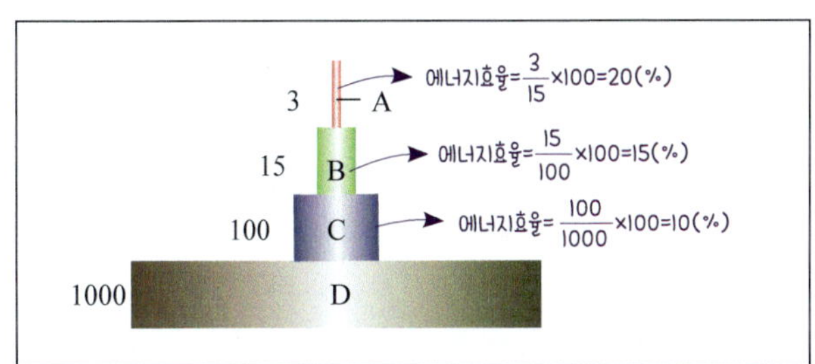

따라서 에너지양이 가장 많은 D는 생산자, C는 1차 소비자, B는
2차 소비자, A는 3차 소비자가 된다.
ㄷ. 상위 영양단계로 갈수록 에너지양은 감소한다.
[바른 풀이] ㄱ. C는 1차 소비자이다.
ㄴ. 에너지효율은 A가 C의 2배이다.

15 ㄴ. (나)에서 풀(생산자)→들쥐(1차 소비자)→매(2차 소비자)의
먹이 관계에서 매는 2차 소비자가 되고, 풀(생산자)→들쥐(1차 소비
자)→올빼미(2차 소비자)→매(3차 소비자)의 먹이 관계에서는 매는
3차 소비자이다. 따라서 매는 2차 소비자이면서 3차 소비자이다.
[바른 풀이] ㄱ. 생물다양성은 먹이 관계가 복잡하고 생물종 수가
많은 (나)가 (가)보다 높다.
ㄷ. (가)에서 메뚜기 개체군이 갖는 에너지는 소화, 호흡 등 생명활
동으로 소비되고, 일부가 개구리 개체군으로 전달된다.

16 〈증가〉㉠ 화석 연료를 사용하면 온실 기체인 이산화 탄소가
배출되므로 온실 효과가 증가한다.
㉡ 지구 온난화가 일어나면 해수의 온도는 상승한다.
㉢ 지구 온난화로 인해 지구의 평균 기온이 상승하면 빙하가 녹아

대륙 빙하의 면적이 감소하고 해수면의 높이는 증가한다. 또는 지구 온난화로 인해 해수의 온도가 상승하면 해수의 부피가 증가하여 해수면의 높이가 상승한다.

〈감소〉ⓒ 대륙 빙하의 면적이 감소하면 얼음이 녹으므로 지표면의 반사율이 감소한다.

ⓔ 지구 온난화로 지구의 평균 기온이 상승하면 해수의 온도가 상승하고 열팽창이 일어나 해수면의 높이가 높아지므로 육지의 면적은 감소한다.

17 ㄴ. 화산 활동 시 이산화 탄소, 수증기 등의 온실 기체가 분출된다.

ㄷ. 온실기체는 적외선을 잘 흡수하므로 주로 가시광선인 태양 복사 에너지는 거의 흡수하지 않고, 지구가 방출하는 지구 복사 에너지(주로 적외선)는 잘 흡수한다.

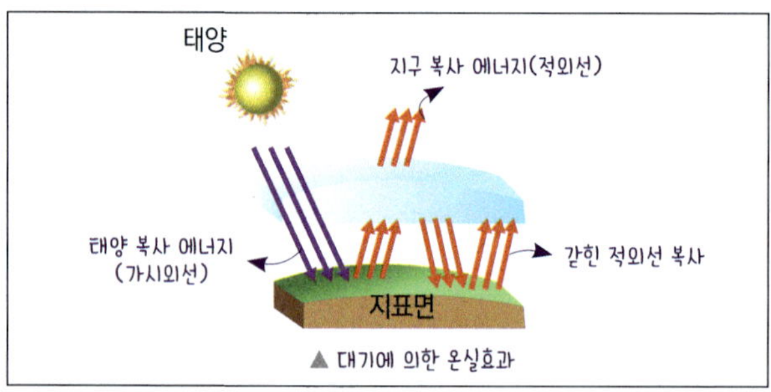

[**바른 풀이**] ㄱ. 수증기도 온실효과를 일으키는 온실기체이다.

18 ㄴ. 태평양에서 북반구와 남반구의 해류는 적도를 경계로 대칭을 이루며, 북반구에서는 시계 방향으로 남반구에서는 반시계 방향으로 흐른다.

[**바른 풀이**] ㄱ. 북적도 해류(A)는 무역풍의 영향으로, 북태평양 해류(C)는 편서풍의 영향으로 형성된다.

ㄷ. 쿠로시오 난류(B)는 저위도에서 고위도로 흐른다.

19 ㄱ. 지표 흡수=지표 방출이므로 B는 145단위이다.

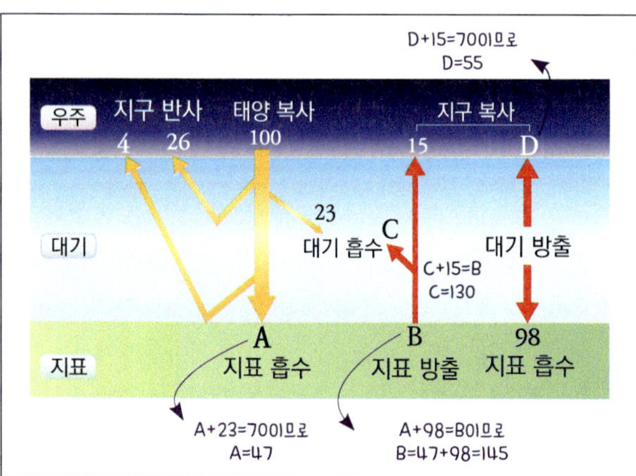

[**바른 풀이**] ㄴ. 지표와 대기가 흡수한 태양 복사 에너지는 70단위이고, 대기 흡수가 23단위이므로, A는 47단위이다. 지구로 들어온 태양 복사 에너지가 70단위이므로, 지구에서 방출되는 지구 복사 에너지도 70단위이다. D+15=70이므로 D=55(단위)이다. 따라서 D>A이다.

ㄷ. 대기 중 이산화 탄소 농도가 증가하더라도, 지구에 들어온 태양 복사 에너지가 70단위이고, 지표 방출 에너지가 15단위인 조건이라면 에너지 평형에 의해 D=55단위가 되어야 하므로 D는 변하지 않는다.

20 ㄴ. 사막은 고기압이 형성되는 위도 30° 지역에 주로 분포한다.

ㄷ. 적도~위도 30°의 지상에는 무역풍이, 위도 30°~60°지상에는 편서풍이 위도 60°~90° 지상에는 극동풍(편동풍)이 분다.

ㄹ. 대기 대순환은 저위도와 고위도 사이의 에너지 불균형 해소를 위한 순환과 지구 자전에 의해서 생긴다.

[**바른 풀이**] ㄱ. 적도 지방에는 상승 기류에 의한 저기압이 발생하여 구름이 많이 발생하고 비가 잦다.

21 평상시에는 태평양 적도 해역에 동태평양→서태평양으로 부는 무역풍에 의해 따뜻한 해수가 동태평양→서태평양으로 흘러 서태평양은 저기압이 형성되어 비가 잦고, 동태평양은 고기압에 의한 건조한 날씨가 형성된다.

엘리뇨 발생 시에는 무역풍이 약화되어 적도의 따뜻한 해수가 서태평양→동태평양으로 흘러 서태평양은 해수면 온도가 평년보다 낮아 고기압에 가뭄이 들고, 동태평양은 해수면 온도가 평년보다 높아져 저기압에 폭우가 내린다.

ㄴ. B 해역은 동태평양으로 엘리뇨 발생 시에 따뜻한 해수가 서쪽에서 밀려와서 표층 수온이 높아진다. (가) 평상시보다 (나)엘리뇨 발생 시에 B 해역의 표층 수온은 높아진다.

[**바른 풀이**] ㄱ. A 해역은 평상시에 따뜻한 해수가 동태평양에서 밀려오므로 표층 수온이 높고 저기압이 발생하여 비가 많이 오지만, 엘리뇨가 발생하면 표층 수온이 낮아져 가뭄이 발생한다. 따라서 A 해역의 강수량은 (나)보다 (가)일 때 많다.

ㄷ. 무역풍이 약해져 (나) 엘리뇨가 발생하는 것이므로 (나)보다 (가)일 때가 강하다.

22 태양 복사 에너지는 태양 고도가 높은 저위도 지방은 많은 양이 들어오고, 고위도 지방은 적은 양이 들어온다. 그에 비해 지구 복사 에너지는 전 방향 동일하게 나타나므로 저위도 지방은 에너지가 과잉되고, 고위도 지방은 에너지가 부족해진다.

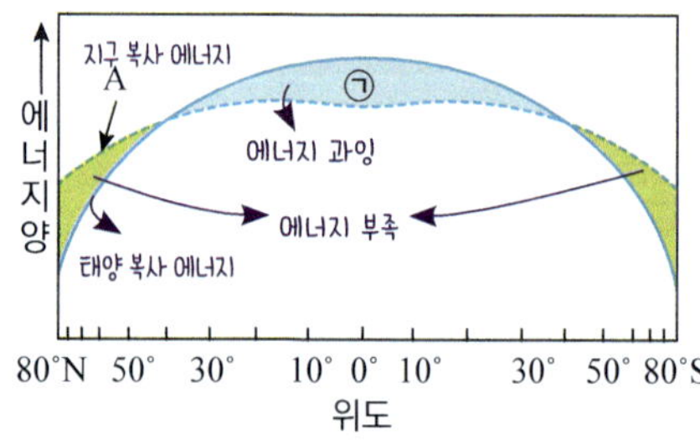

ㄴ. ㉠은 에너지 과잉량이다.

ㄷ. 대기와 해수의 순환에 의해 고위도와 저위도 사이의 에너지 불균형이 해소된다.

[**바른 풀이**] ㄱ. A는 지구 전 방향 고르게 나타나는 지구 복사 에너지이다.

23 사막은 주로 대기 대순환의 하강 기류가 나타나는 위도 30° 지역에 위치한다.

ㄴ. 과잉 경작이나 벌목은 사막화를 가속한다.

ㄷ. 중국과 몽골의 사막에서 발생하는 황사는 편서풍의 영향으로 우리나라에 영향을 미칠 수 있다. 중국과 몽골의 사막화로 인해 우리나라의 황사 발생 일수가 증가할 수 있다.

바른 풀이 ㄱ. 사막은 주로 대기 대순환의 하강 기류가 나타나는 위도 30°부근에 위치한다.

24

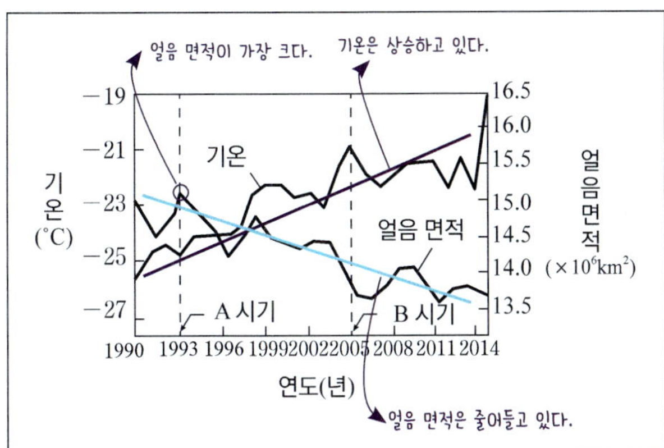

1990년부터 2015년까지 겨울철 북극 기온은 대체로 상승하였고, 북극해 얼음 면적은 감소하였다.

ㄱ. 그래프 추세선을 그리면 겨울철 북극 기온은 대체로 상승했다는 것을 알 수 있다.

바른 풀이 ㄴ. 북극해에 얼음이 많을수록 햇빛을 잘 반사하므로 반사율이 높다. A 시기는 북극해 얼음 면적이 최대일 때이므로 북극해 반사율이 최대일 때이다.

ㄷ. A 시기보다 B 시기에 북극해의 얼음이 많이 녹아 해수가 되었으므로 A 시기보다 B 시기에 해수면의 높이가 높아진다.

25

기온 편차＝(관측값−평균값)>0일 때 기온이 상승한 것으로 관측된다. (가)에서 기온 편차의 추세선을 그리면 다음과 같다.

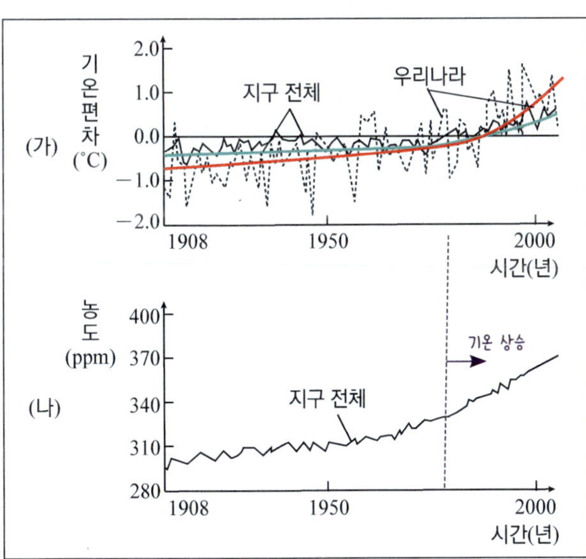

ㄴ. (나)에서 이산화 탄소 농도가 빨리 증가하는 시기와 (가)에서 기온 편차가 0보다 커지는 시기가 대략 일치하는 것으로 보아 이산화 탄소 농도 증가는 지구 전체의 기온 상승에 영향을 주었다고 할 수 있다.

바른 풀이 ㄱ. (가)에서 추세선을 보면 우리나라의 기온은 지구 전체의 기온보다 빨리 상승하고 있다.

ㄷ. 이 기간에는 지구 전체의 온도가 상승하였으므로 극지방의 빙하가 녹은 물이 해수와 합쳐져 평균 해수면은 상승했을 것이다.

---

26 엘리뇨는 무역풍이 평상시보다 약해질 때 나타나고, 라니냐는 무역풍이 평상시보다 강해질 때 나타난다.

수온 편차＝(관측 수온−평균 수온)>0이면 관측 수온이 평균 수온보다 높은 것이다. 동태평양 해수면의 온도가 평년보다 높은 (가)는 엘니뇨 시기이며, 동태평양 해수면의 온도가 평년보다 낮은 (나)는 라니냐 시기이다.

ㄴ. 적도 부근 동태평양 해역의 용승은 무역풍이 강하게 부는 (나) 라니냐 시기에 강해진다.

ㄷ. (나) 라니냐 시기의 동태평양에서는 찬 해수의 용승이 활발하여 수온이 평상 시보다 낮아지므로 하강 기류가 발생하여 강수량이 감소한다. 따라서 가뭄이 발생할 가능성이 높다.

바른 풀이 ㄱ. 무역풍이 평상 시보다 약해질 때 (가) 엘니뇨가 발생하고, 무역풍이 평상 시보다 강해질 때 (나) 라니냐가 발생한다. 따라서 무역풍은 (가)보다 (나) 시기에 강하다.

01 ②	02 ⑤	03 ②	04 ④	05 ⑤	06 ①
07 ②	08 ④	09 ⑤	10 ④	11 ③	12 ④
13 ②	14 ④	15 ④	16 ②	17 ③	18 ④
19 ③	20 ⑤	21 ③	22 ③	23 ④	24 ①
25 ③					

01 ㄷ. 지렁이(생물요소)가 토양 속을 운동하여 토양(비생물요소)의 통기성을 높이는 것은 생물요소가 비생물요소에 영향을 주는 예이다.

바른 풀이 ㄱ. 토끼는 풀(생산자)를 섭취하는 1차 소비자이다.

ㄴ. 토양 속 세균은 생산자와 소비자의 사체나 배설물에 포함된 유기물을 분해하여 영양분을 얻는 분해자이다.

02 ㄴ. 개체군은 일정한 지역에서 같이 사는 같은 종의 개체들의 무리이므로 개체군 A, B, C는 각각 같은 종의 개체로 구성되어 있다.

ㄷ. 지의류에 의해서 바위의 토양화가 촉진되었으므로 ㉠ 생물요소(지의류)가 비생물요소(토양)에 영향을 주는 것이다.

ㄹ. 강수량이 감소하면 물이 부족하여 옥수수가 잘 생장하지 못하는 것은 ㉡ 비생물요소(물)가 생물요소(옥수수)에 영향을 주는 것이다.

바른 풀이) ㄱ. 개체군은 일정한 지역에서 같이 사는 같은 종의 개체들의 무리이므로 개체들끼리 먹이와 배우자를 두고 서로 경쟁한다.

03 식물 A는 밤의 길이와 낮의 길이에 따라 개화 정도가 달라지므로 환경 요인 X는 일조 시간이다.
ㄷ. 일조 시간이 길어지는 봄에는 꾀꼬리가 번식하고 일조 시간이 짧아지는 가을에는 송어가 번식한다.
바른 풀이) ㄱ. 식물 A는 밤 시간이 길 때 모두 개화하므로 단일식물이다.
ㄴ. X는 일조 시간이다.

04 ㄴ. 저위도 갈라파고스 군도에서 고위도 남극 대륙으로 갈수록 온도가 낮아지며, 고위도 지역에 사는 몸집이 큰 펭귄은 저위도 지역에 사는 몸집이 작은 펭귄에 비해 부피에 대한 표면적의 비가 작으므로 체외로 열이 방출되는 것을 막을 수 있어 추위에 유리하다. 이와 같은 현상은 온도에 적응한 결과이다.
ㄷ. 온도가 낮아지면 초록색의 엽록소가 파괴되어 황색 또는 붉은색을 띠는 색소가 드러나 단풍이 들어 잎이 떨어지는 것이므로 낙엽수가 '온도'라는 환경 요인에 적응한 결과이다.
바른 풀이) ㄱ. 몸집이 커질수록 부피에 대한 표면적의 비가 작으므로 열 방출량이 작다.

05 ㄱ. 사막여우는 사막의 뜨거운 온도에 적응하여 체내의 열을 많이 방출해야 하므로 그렇지 않은 북극여우보다 말단 부위가 발달하였고, 몸집이 작다.
이것은 온도(비생물요소)가 사막여우(생물요소)에 영향을 주는 것이므로 ㉠에 해당한다.
ㄴ. 지렁이(생물요소)가 토양(비생물요소) 사이를 돌아다녀 토양의 통기성이 증가하는 것은 ㉡에 해당한다.
ㄷ. 건조한 사막에 서식하는 선인장의 잎은 가시 모양을 하여 물의 증발을 막는다. 물은 선인장의 잎이 가시 형태로 변한 것과 관련이 깊은 비생물요소이다.

06 ㄱ. 개체군은 같은 종으로 이루어진 무리이다. 개체군 A는 서로 같은 종으로 구성된다.
바른 풀이) ㄴ. 토양에 질소가 부족해서 파리지옥(식물; 생물요소)가 곤충(생물요소)를 잡아먹는 것은 생물 군집 내에 생물요소 간 상호작용이다.
ㄷ. 식물(생물요소)의 광합성으로 공기(비생물요소) 중 산소의 양이 증가하는 것은 생물요소가 비생물요소에 영향을 주는 것으로 ㉠에 해당한다.

07 ㄷ. 빛(비생물요소)의 파장에 따라 바다 깊이에 따라 해조류(생물요소)의 분포가 달라지는 것은 비생물요소가 생물요소에 영향을 주는 ㉢에 해당한다.
바른 풀이) ㄱ. 분해자는 생산자, 소비자와 함께 생물요소에 속한다.
ㄴ. 스라소니가 눈신토끼를 잡아먹을 때, 스라소니와 눈신토끼는 서로 다른 종이므로 개체군끼리의 상호작용이다. ㉠은 같은 종 사이의 상호작용이다.

08 ㄱ. 생물 군집에서 유기물은 생산자→소비자, 생산자→분해자로 이동하므로 (가)는 생산자 (나)는 분해자이다. 남세균은 광합성을 하여 유기물을 생산하는 생산자이므로 (가)에 해당한다.
ㄷ. ㉡ 강(비생물요소)의 유속이 빨라지면 남세균(생물요소)의 증식이 억제되므로, 비생물요소가 생물요소에 영향을 주는 ⓐ에 해당한다.
바른 풀이) ㄴ. ㉠ 강의 종다양성이 감소하면 먹이사슬이 단순해져서 작은 변화에도 종이 멸종하는 등 강의 생태계가 불안정해진다.

09 ㄱ. 사슴은 소비자이므로 A는 소비자, B는 분해자이다.
ㄴ. 생산자에서 소비자로 유기물이 이동할 때(㉠)에는 먹이사슬을 통해 하위 영양단계에서 상위 영양단계로 이동한다.
ㄷ. 생산자에서 분해자로 이동할 때(㉡)에는 사체의 형태로 이동하며 분해자는 유기물을 무기물로 분해한다.

10 ㄴ. 생산자인 (자)가 멸종되면 (자)만을 먹이로 섭취하는 (타)도 멸종된다. 따라서 1차 소비자이자 2차 소비자인 (아)는 (자)가 멸종되면 함께 멸종된다.
ㄷ. 생물 X가 도입된 후 (바)의 개체 수가 감소하였으므로 (바)의 먹이인 (사)의 개체 수는 일시적으로 증가한다.
바른 풀이) ㄱ. · 생산자: (다), (자)
· 1차 소비자: (나), (라), (바), (사), (아), (타)
· 2차 소비자: (가), (마), (바), (아), (카),
· 3차 소비자: (마), (차)

11 ㄱ. 1차 소비자의 생명활동에 사용되거나 배설물로 배출된 에너지는 2차 소비자로 이동하지 않고, 남은 에너지의 일부만이 2차 소비자로 이동한다.
ㄴ. 한 영양단계의 개체수가 감소하거나 증가하면 이와 관련된 다른 영양단계의 개체수도 변화되어 생태계는 다시 평형상태를 회복하게 된다.
바른 풀이) ㄷ. 3차 소비자는 2차 소비자를 잡아먹는 생물이지만 생태계에 따라 3차 소비자를 잡아먹는 4차 소비자가 존재하는 생태계에서는 최종 소비자에 해당하지 않는다. 따라서 같은 생태계라도 어떤 생물종으로 구성된 생태계이냐에 따라 영양단계가 바뀔 수 있다.

12 ㄴ. (다) 1차 소비자의 에너지양은 100이며, (나) 2차 소비자의 에너지양은 20이므로 (나) 2차 소비자의 에너지양은 (다) 1차 소비자의 에너지양의 20 %이다.
ㄷ. 에너지효율(%)$=\dfrac{현\ 영양\ 단계의\ 에너지양}{전\ 영양\ 단계의\ 에너지양}\times100$이다.
(다) 1차 소비자의 에너지효율은 10 %, (나) 2차 소비자의 에너지효율은 20 %, (가) 3차 소비자의 에너지효율은 50 %이므로 상위 영양 단계로 갈수록 에너지효율은 증가하였다.
바른 풀이) ㄱ. 생태 피라미드는 생물의 개체수, 생체량, 에너지양을 하위 영양단계부터 차례대로 쌓아올린 것이므로 (라)는 생산자, (다)는 1차 소비자, (나)는 2차 소비자, (가)는 3차 소비자이다.

13 ㄴ. 일시적으로 한 영양단계에 속한 생물의 개체수가 증가 또는 감소하여 생태계평형이 깨지더라도 먹이사슬에 의해 생태계평형이 회복될 수 있다.

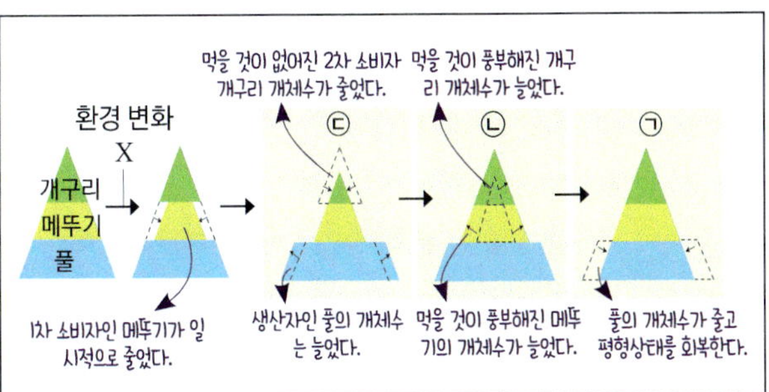

살충제 살포로 인해 메뚜기의 개체수가 일시적으로 감소할 경우 메뚜기를 먹이로 하는 개구리의 개체수가 감소하고, 메뚜기의 먹이인 풀의 개체수는 증가한다(ⓒ). 풀의 개체수가 증가함에 따라 상위 영양단계의 메뚜기, 개구리의 개체수도 증가하게 되고(ⓛ) 이로 인해 풀의 개체수는 감소하여 원래 상태의 생태피라미드로 회복된다(ㄱ).

[바른 풀이] ㄱ. 제초제를 뿌리면 생산자인 풀의 개체수가 감소하는 것이다. 1차 소비자인 메뚜기의 개체수가 일시적으로 크게 감소하였으므로 환경 변화 X는 살충제의 살포가 될 수 있다.

ㄷ. 생태계평형은 기본적으로 먹이 관계가 기초가 되어 유지된다.

14 ㄴ. (가) 먹이사슬에서 1차 소비자가 가지고 있는 에너지의 일부는세포호흡을 통해 열로 방출되어 생명활동에 사용되고 나머지는 2차 소비자에게로 전달된다.

ㄷ. (나)에서 풀→메뚜기→개구리→올빼미, 매의 먹이사슬이 성립하므로 개구리는 2차 소비자에 속한다.

[바른 풀이] ㄱ. (가)의 먹이사슬에서는 매는 개구리만 먹고살기 때문에 개구리가 사라지면 매가 사라진다. (나)의 먹이그물에서는 매는 개구리 외에 올빼미, 뱀, 토끼, 들쥐를 먹고살기 때문에 개구리가 사라져도 매는 사라지지 않는다.

15 에너지효율(%) = $\dfrac{\text{현 영양 단계의 에너지양}}{\text{전 영양 단계의 에너지양}} \times 100$이다.

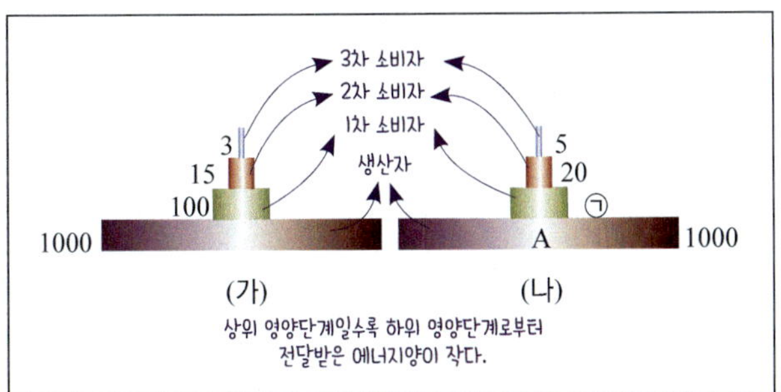

ㄴ. (나)에서 ㄱ은 1차 소비자이다. 이때 1차 소비자의 에너지효율은 10 %이므로

에너지효율(%) = $\dfrac{\text{ㄱ}}{1000} \times 100 = 10$ (%)   ∴ ㄱ의 에너지양: 100

ㄷ. (가)에서 각 영양단계의 에너지효율은 다음과 같다.

1차 소비자: $\dfrac{100}{1000} \times 100 = 10$ (%), 2차 소비자: $\dfrac{15}{100} \times 100 = 15$ (%)

3차 소비자: $\dfrac{3}{15} \times 100 = 20$ (%)

∴ (가)에서 에너지효율은 상위 영양단계로 갈수록 증가한다.

[바른 풀이] ㄱ. A는 에너지양이 가장 많은 생산자이다.

16 ㄴ. CO_2가 가장 대기 중으로 많이 방출되므로 대기 중 농도가 가장 높다. CFC는 대기에 극히 적은 양이 방출되므로 대기 중 농도가 가장 작다.

[바른 풀이] ㄱ. 온실기체는 주로 적외선 영역의 지구 복사 에너지를 흡수하여 지표로 재방출한다.

ㄷ. CO_2의 온실효과 기여도가 가장 큰 이유는 대기 중에 가장 많은 양이 분포하여 온실효과를 가장 많이 일으키기 때문이다.

17 ㄱ. 저위도에서 고위도로 에너지의 이동은 태양 복사 에너지양과 지구 복사 에너지양이 같아지는 A, B에서 가장 활발하게 일어난다.

ㄴ. 그래프에 나타나듯이 지구가 내보내는 지구 복사 에너지의 양은 저위도에서 고위도로 갈수록 적어진다.

[바른 풀이] ㄷ. 적도 지방은 지구로 입사하는 태양 복사 에너지의 양이 우주로 방출되는 지구 복사 에너지의 양보다 많은 에너지 과잉 상태이며, 극지방은 그 반대이다. 해수와 대기의 순환에 의해 에너지는 저위도에서 고위도로 이동하여 에너지 불균형이 해소된다.

18 저위도의 에너지를 고위도로 공급하기 위한 순환과 지구 자전의 영향으로 대기에는 그림과 같은 세 개의 연직 순환이 발생한다.

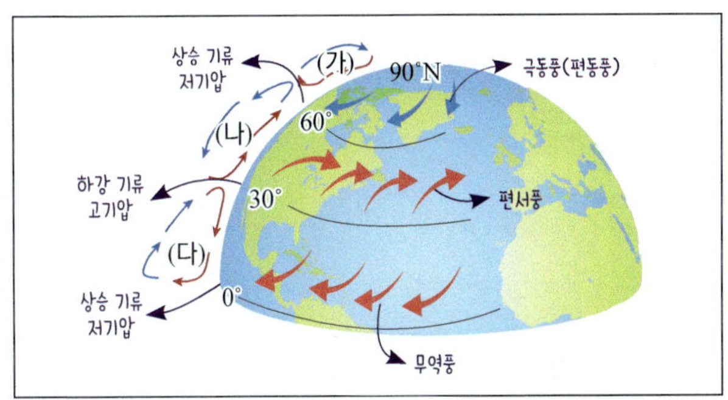

ㄴ. 엘리뇨 현상은 적도 지역의 무역풍의 약화로 인해 나타난다. 따라서 (다) 순환의 지표면에서 발생하는 바람(무역풍)이 엘리뇨 현상과 직접적으로 관련이 있다.

ㄷ. 위도 30° 부근 지역은 하강 기류가 발생하여 날씨가 맑고 비가 오지 않아 사막이 형성된다.

[바른 풀이] ㄱ. 대기의 대순환은 태양 복사 에너지의 위도별 불균형을 해소시키기 위해 나타난다. 하지만 지구가 자전하지 않는다면 (가)~(다) 순환은 나타나지 않는다.

19 ㄱ. (가) 엘니뇨는 무역풍이 약해질 때 발생하며, (나) 라니냐는 무역풍이 강해질 때 발생한다.

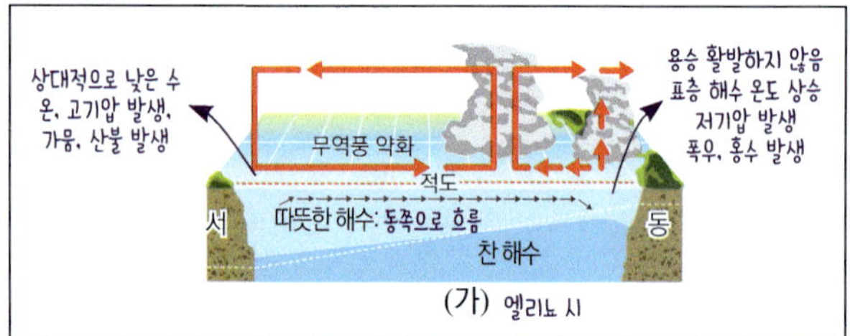

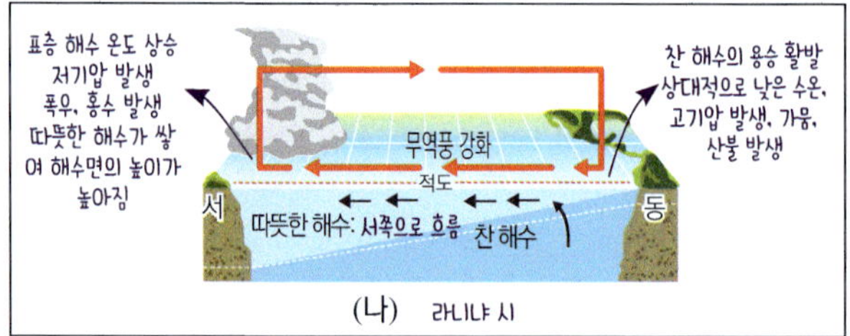

ㄷ. 라니냐가 발생하면 따뜻한 표층 해수가 서태평양 적도 해역으로 이동하여 쌓이므로 서태평양 해수면의 높이가 높아진다.

[바른 풀이] ㄴ. 무역풍이 약해져 엘리뇨가 발생하면 적도 지방의 따뜻한 표층 해수가 동태평양 쪽으로 이동하여 동태평양 적도 해역에는 저기압이 나타나 폭우, 홍수가 발생한다.

20 (가)에서 (나)로 변할 때 우리나라 전역에서 전반적으로 벚꽃의 개화 시기가 앞당겨졌음을 알 수 있다. 지구 온난화로 인해 우리나라의 여름철이 길어지고 겨울철이 짧아질 것으로 예상되며, 아열대 기후를 나타내는 지역이 점점 늘어날 것이다.

ㄱ. (가)에서는 A 지역의 벚꽃의 개화 시기가 3월 27일 이후이나, (나)에서는 3월 27일 이전이 되어 개화 시기가 빨라진다.

ㄴ. 지구 온난화로 인하여 우리나라의 평균 기온이 높아진다.

ㄷ. 지구 온난화로 인하여 북극해의 얼음이 바다로 흘러들어가거나 해수의 열팽창에 의해 우리나라 주변 해역에서 평균 해수면의 높이가 상승한다.

21 기온 편차(관측값−평균값)>0인 경우 기온이 상승하는 것이다.

ㄱ. 이 기간 동안 북반구의 기온은 대체적인 상승 추세를 보인다.

ㄷ. 그림은 온실기체에 의한 지구 온난화를 보여준다. 온실기체 중 가장 많은 양을 차지하는 것은 이산화 탄소이므로 이 기간 동안 대기 중 이산화 탄소의 양은 계속 증가한 것으로 보인다.

[바른 풀이] ㄴ. 북반구의 기온은 계속 상승하였으므로 북극의 빙하가 지속적으로 녹아 땅이 드러나므로 태양광선의 반사율이 감소하게 되었을 것이다.

22 평상시에는 태평양 적도 지역에서 무역풍이 불고, 따뜻한 표층 해수가 동태평양→서태평양 쪽으로 흐르므로, 서태평양의 해수면 높이가 높고, 동태평양은 낮아 해수면 높이 차가 발생한다. 이것은 (나)에 해당한다.

엘리뇨 발생 시에는 무역풍이 약해져 따뜻한 표층 해수가 서태평양→동태평양 쪽으로 약하게 흘러서 서태평양 적도 해역과 동태평양 적도 해역의 해수면 높이 차가 작아진다. 이것은 (가)에 해당한다.

ㄷ. (가) 엘리뇨 발생 시기의 해수면 높이 변동은 무역풍의 약화에 의한 것이다.

[바른 풀이] ㄱ. (가) 시기는 엘리뇨 발생 시기이다.

ㄴ. (나) 시기는 무역풍이 원활하게 부는 평상시이며, 동태평양 적도

해역에 고기압이 발생하므로 날씨가 맑다.

23 ㄱ. 지표면에 있어서 복사 평형이 유지되므로 지표면이 흡수한 에너지=지표면이 방출한 에너지이다.

47＋C＝29＋B이므로 B−C＝18이다.

ㄷ. 대기가 있을 때는 지표면이 방출한 에너지를 지구 대기가 흡수하였다가 지표면으로 재복사를 하므로 대기가 없을 때보다 B와 C가 커진다.

[바른 풀이] ㄴ. 대기 중 온실 기체가 증가하여 지구 온난화가 진행되면 B와 C가 증가하여 지표 온도가 올라간다.

대기 중 온실기체는 태양 복사 A(가시광선)를 흡수하지 않고, 지구 복사 (적외선)을 흡수한다.

24 (가)는 무역풍이 원활하여 적도의 따뜻한 해수가 서태평양(A)으로 이동하여 표층 수온이 높아지고, 동태평양(B)은 찬 해수의 용승이 활발하여 표층 해수의 온도가 낮게 나타나는 평상시의 표층 수온 분포이다.

(나)는 무역풍이 약화되어 적도의 따뜻한 해수가 동태평양 쪽으로 흘러 동태평양 적도 해역의 표층 수온이 높게 유지되는 엘리뇨 시의 표층 수온 분포이다.

ㄱ. (가) 시기는 평상시를 나타낸 것이다.

[바른 풀이] ㄴ. (나) 엘리뇨 시기는 동태평양 적도 해역의 표층 수온이 높아 저기압이 형성된다.

ㄷ. (가) 시기는 무역풍이 원활게 불어 표층 해수가 서태평양 쪽으로 이동하여 쌓이므로 서태평양의 해수면이 높아진다. 따라서 무역풍이 약한 (나) 시기보다 무역풍이 강한 (가) 시기에 서태평양 적도 해역의 해수면 높이가 높다.

25 ㄱ. 그래프는 이산화 탄소 농도가 증가하면 지구 평균 온도가 상승하고 있음을 보여준다.

ㄴ. 지구 평균 온도가 상승하면 해수의 부피 팽창과 북극해 빙하의 융해로 인해 해수면의 높이가 상승한다.

[바른 풀이] ㄷ. 북극의 빙하가 녹으면 땅이 드러나고, 땅의 반사율은 빙하의 반사율보다 못하므로 극지방의 반사율은 점점 감소하게 된다.

01 태양 에너지의 생성과 전환

개념체크 173 쪽

01 (1) ① 수소 핵융합 ② 수소 ③ 헬륨 ④ 질량
02 (1) ○ (2) × **03** (1) 화학 (2) 위치, 운동 (3) 열
04 (1) 태양광발전 (2) 풍력발전

01 수소 핵융합 반응: 4H ⎯⎯⎯→ He+에너지(질량결손 에너지)

02 (1) 태양 에너지는 운동 에너지, 위치 에너지, 화학 에너지, 전기 에너지의 근원이 되며, 생명체의 생명의 근원이 된다.
[바른 풀이] (2) 지구에 도달하는 태양 복사 에너지는 태양이 우주 공간으로 방출한 에너지의 극히 일부이다.

03 (1) 식물은 광합성을 통해 태양의 빛에너지를 화학 에너지인 유기 양분으로 바꿔서 식물체 내에 저장한다. 이 과정에서 태양 에너지 → 화학 에너지의 전환이 이루어진다.
(2) 지구에 도달한 태양 에너지는 열에너지 형태로 기권과 수권에 흡수되어 물을 증발시키고, 증발한 수증기는 상공에서 응결하여 구름(위치 에너지)이 되었다가 비와 눈의 형태로 지표로 이동한다(운동 에너지).
(3) 지구에 도달한 태양 에너지는 열에너지 형태로 기권과 수권에 흡수되어 다양한 기상 현상을 일으킨다.

04 (1) 태양광발전은 태양전지를 이용하여 태양의 빛에너지를 직접 전기 에너지로 전환한다.
(2) 풍력발전은 바람의 운동 에너지를 이용하여 발전기와 연결된 날개를 돌려서 전기 에너지를 생산하는 방식이다.

스스로 실력높이기 174 ~ 176 쪽

01 ④ **02** (1) A: 수소 원자핵, B: 헬륨 원자핵 (2) ㄴ, ㄱ
03 ③ **04** ③ **05** ④ **06** ③,⑤ **07** ④ **08** ①
09 ① **10** ④ **11** ⑤ **12** ⑤ **13** ⑤ **14** ④
15 ④

01 태양의 내부 구조는 다음과 같다.

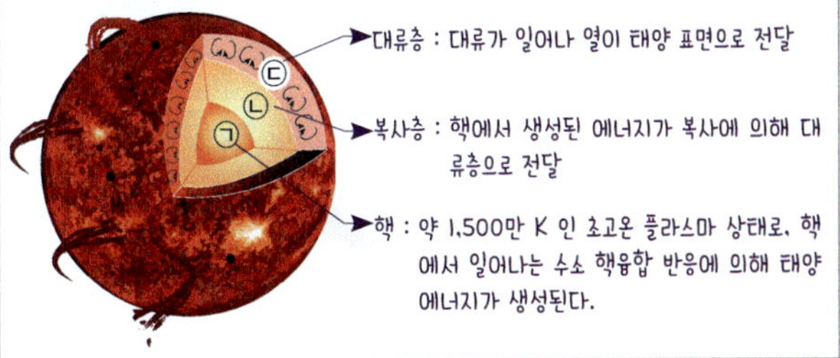

ㄱ. 태양 에너지는 태양의 ㉠ 핵에서 일어나는 수소 핵융합 반응에 의해 생성된다.
ㄷ. 태양의 중심부인 ㉠ 핵에서 일어나는 핵융합 반응 과정에서 일어난 질량결손에 해당하는 에너지가 태양 에너지이다.
[바른 풀이] ㄴ. ㉡ 복사층에서는 핵에서 생성된 에너지가 복사에 의해 대류층으로 전달된다.

02 태양의 핵에서는 수소 핵융합 반응이 일어나며 수소 원자핵(양성자) 4개가 융합하여 헬륨 원자핵이 생성된다. 이때 질량이 작아지는데 이 작아진 질량에 해당하는 만큼 태양 에너지가 발생한다.

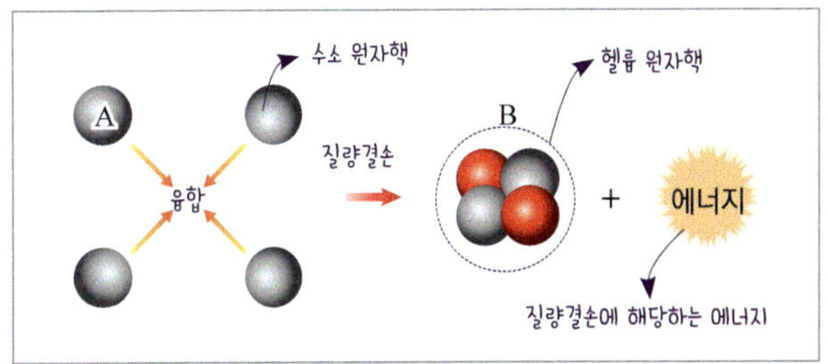

03 ㄱ. 태양 에너지는 대기와 해수의 순환을 일으켜 저위도에서 고위도로 에너지를 이동시킨다.
ㄷ. 지구의 적도에서 극지방으로 갈수록 단위 면적당 지표면이 받는 태양 에너지의 양이 감소하여 저위도 지방은 에너지가 과잉되고 고위도 지방은 에너지가 부족해진다.
[바른 풀이] ㄴ. 태양 에너지는 태양의 중심부인 핵에서 일어나는 핵융합 반응에 의해 발생한다.

04 ①, ② 태양의 중심부에서 4개의 수소 원자핵이 융합하여 헬륨 원자핵 1개가 생성되는 수소 핵융합 반응이 일어난다.
④ 수소 핵융합 반응에서 수소 원자핵 4개의 질량의 합은 헬륨 원자핵 1개의 질량보다 큰데, 이때 감소한 질량만큼 에너지로 방출된다.
⑤ 수소 핵융합 반응에 의해 발생하는 태양 에너지는 지구에 도달하여 에너지 전환과 대기와 해수의 순환을 일으킨다.
[바른 풀이] ③ 수소 핵융합 반응: 4^1H ⎯⎯⎯→ ^4He+에너지
이때 생성 물질인 ^4He의 질량수는 4이고, 반응 물질 ^1H 4개의 총 질량수도 4이므로 생성 물질과 반응 물질의 총 질량수는 서로 같다.

05 ㄱ. 질량과 에너지는 서로 변환될 수 있는 양이다.
ㄷ. 핵융합 반응 시 핵반응 전의 반응 물질의 총 질량보다 핵반응 후의 생성 물질의 총 질량이 더 작다. 이때 줄어든 질량에 해당하는 에너지가 방출된다. 줄어든 질량에 비례하여 발생한 에너지양이 커진다.
[바른 풀이] ㄴ. 핵반응에서는 반응 전 질량과 반응 후 질량이 달라지므로 질량은 보존되지 않는다.

06 ③ 태풍은 태양 에너지가 전환된 열에너지로 인해 따뜻해진 공기가 바다로부터 많은 양의 수증기(열에너지)를 공급받아 강한 바람(운동 에너지)과 비(위치 에너지)를 동반하며 이동하는 현상이다.
⑤ 식물은 광합성을 통해 태양의 빛에너지를 화학 에너지로 전환

시키고, 동물은 이들을 먹이로 생명활동을 유지한다. 이러한 동물과 식물의 유해(화학 에너지)가 땅 속에 묻혀 오랜 시간 동안 열과 압력을 받아 생성된 것이 화석 연료(화학 에너지)이다.

[바른 풀이] ① 밀물과 썰물은 달과 지구 사이의 인력에 의한 조력 에너지에 의해 발생하는 현상으로 태양 에너지와 관계없다.
②,④ 지진이나 화산 활동은 지구 내부 에너지에 의해 일어나는 현상으로 태양 에너지와 관계없다.

07 ㄴ. 식물은 광합성을 통해 태양 에너지를 유기물의 화학 에너지로 전환하여 식물체 내에 저장한다.
ㄷ. 태양 에너지는 지구에서 물과 탄소의 순환을 일으켜 에너지의 연속적인 순환이 일어나도록 한다.
[바른 풀이] ㄱ. 태양에서 수소 핵융합 반응에 의해 생성되어 우주로 방출된 태양 에너지 중 지구로 도달하는 에너지는 극히 일부분이다.

08 ② 태양 에너지는 바람의 운동 에너지로 전환되어 흐린 날 바람이 불게 한다.
③ 태양 에너지는 역학적 에너지로 전환되어 대기와 해수를 순환시킨다.
④ 태양 에너지는 열에너지로 전환되어 물을 증발시키고 위치 에너지로 전환되어 구름을 만든다.
⑤ 태양 에너지가 전환되어 생성된 유기물을 생물체가 호흡 과정에서 분해하여 각종 생체 에너지로 전환시킴으로 생물체가 성장할 수 있다.
[바른 풀이] ① 지진은 지구 내부 에너지에 의해 발생하는 현상으로 태양 에너지가 전환되면서 생기는 현상이 아니다.

09 ㄱ. (가) 광합성은 태양의 빛에너지를 유기물의 화학 에너지로 전환시키는 과정이다.
[바른 풀이] ㄴ. (나) 과정에서는 화석 연료의 화학 에너지가 열에너지로 전환된다.
ㄷ. (가) 광합성은 대기 중 이산화 탄소에 포함된 탄소가 환원 반응하여 식물체의 유기물에 포함된 탄소로 되는 과정이므로 탄소의 이동은 기권→생물권이다.
(나) 천연가스 연소는 화석 연료(지권)에 포함된 탄소가 대기 중의 이산화 탄소에 포함된 탄소로 되는 과정이므로 탄소의 이동은 지권→기권이다.
따라서 (가)와 (나)의 과정에서 탄소는 서로 반대 권역으로 이동하는 것이 아니다.

10 ㄱ. 태양 에너지가 지표면을 가열하여(열에너지) 기압 차를 발생시켜 공기를 이동시키고 바람(운동 에너지)을 불게 한다. 따라서 바람은 태양 에너지가 운동 에너지로 전환된 것이다.
ㄷ. 바람이 부는 현상과 광합성은 모두 태양 에너가 근원이 되어 일어난다.
[바른 풀이] ㄴ. (나) 광합성에서는 태양의 빛에너지가 식물체 유기물의 화학 에너지로 전환된다.

11 ㄱ. ㉠은 빛에너지로 광합성을 하거나 태양전지로부터 전기 에너지를 발생시킨다. ㉡은 열에너지로 물을 증발시키거나 바람을 불게 한다.

ㄴ. 광합성 과정에서 ㉠ 빛에너지가 ㉡ 화학 에너지로 전환된다.
ㄹ. 물을 이용한 발전 A는 수력 발전이다.
[바른 풀이] ㄷ. 화석 연료의 ㉢ 화학 에너지는 핵발전의 에너지원이 될 수 없다. 핵발전의 에너지원은 핵분열 에너지이다.

12 지구에서 물이 순환하는 동안 물이 가지는 에너지는 다양하게 전환된다.

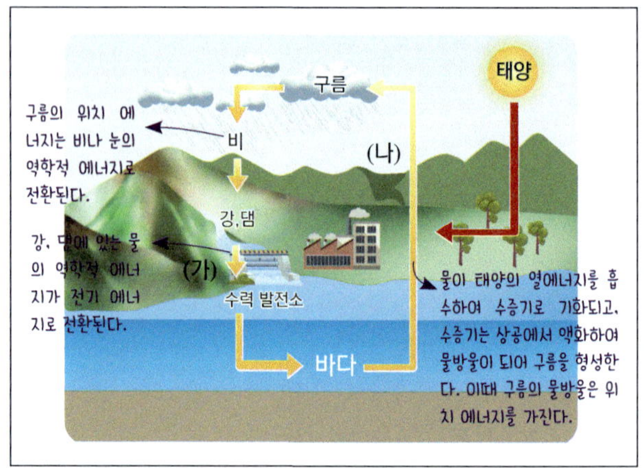

ㄱ. 물의 순환 과정에서 다양한 에너지의 순환이 일어난다. 근본 에너지는 태양 에너지이다.
ㄴ. (가) 강, 댐의 물의 역학적 에너지(위치 에너지+운동 에너지)가 수력 발전 과정에서 전기 에너지로 전환된다.
ㄷ. 바다에서 태양의 열에너지를 받아 물이 증발하여 구름 속 물입자나 얼음 입자의 위치 에너지로 전환된다.

13 (가) 화력발전은 화석 연료의 화학 에너지를 전기 에너지로 전환한다.
(나) 풍력발전은 바람의 운동 에너지로 터빈을 돌려 전기 에너지를 생산한다.
(다) 수력발전은 댐에 있는 물의 역학적 에너지를 전기 에너지로 전환한다.

14 그림은 탄소 순환을 나타낸 것으로 탄소 순환 과정에서 에너지 전환이 일어난다.

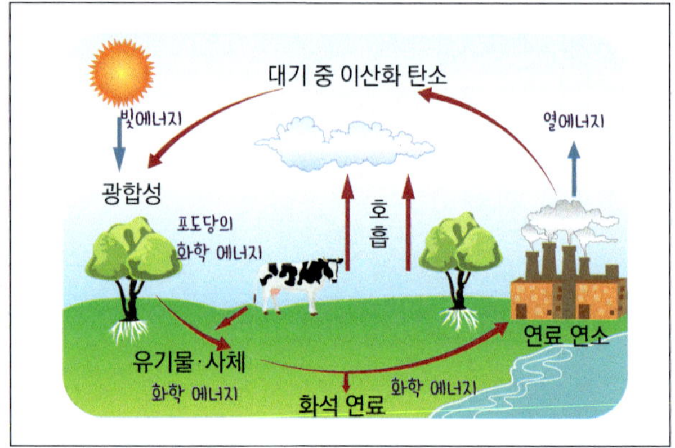

ㄴ. 식물의 광합성으로 포도당이 만들어지는 과정에서 태양의 빛에너지가 화학 에너지로 전환되며, 이때 탄소도 함께 저장된다.
ㄷ. 생명체의 호흡을 통해 배출된 이산화 탄소와 화석 연료의 연소로 배출된 이산화 탄소는 기권으로 이동한다.
[바른 풀이] ㄱ. 화석 연료는 태양 에너지의 작용으로 성장한 생

명체의 유해가 땅속에서 오랫동안 압력과 열을 받아 형성되는 것으로 태양 에너지가 화학 에너지로 저장된 것이다.

15 ㄱ. 해수가 기화되어 증발하는 과정에서 열에너지를 흡수한다.
ㄷ. 구름은 작은 물방울이 떠 있는 상태이므로 위치 에너지를 가진다. 구름 입자가 서로 붙어서 커져 빗방울이 되고, 빗방울이 떨어지면서 높이가 낮아지므로 위치 에너지가 감소한다.

[바른 풀이] ㄴ. 수증기(기체)가 응결(액화)하여 액체인 물방울이 되어 공중에 떠 있는 것이 구름(B)이다. 수증기가 응결할 때는 열에너지가 방출된다.

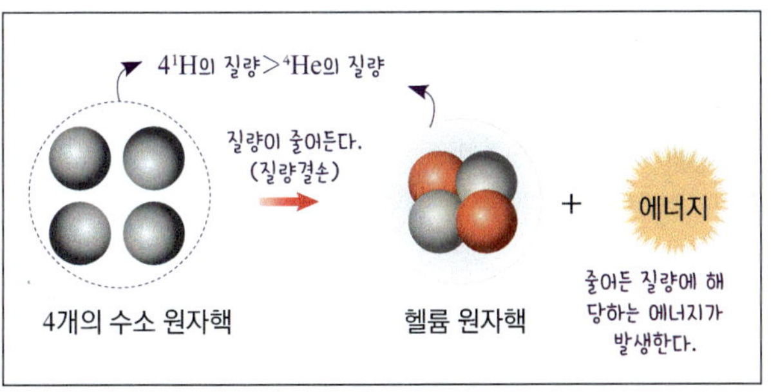

심화 실력높이기　　　177 쪽

01 ④　　**02** ②　　**03** ②　　**04** ③

01 태양의 핵융합 반응은 수소 원자핵 4개가 융합하여 헬륨 원자핵 1개가 되는 반응이다. 이때 반응물 전체의 질량이 생성물 전체의 질량보다 작다. 줄어든 만큼의 질량(질량결손)에 해당하는 에너지가 방출되며 이것이 핵융합 에너지이다.

ㄴ. 태양 에너지는 핵융합 반응에 의한 에너지로 질량결손에 의한 에너지이다.

ㄷ. 태양에서 핵융합 반응이 계속되면 질량결손이 발생하므로 시간이 지남에 따라 태양의 질량은 감소한다.

[바른 풀이] ㄱ. 태양의 핵융합 반응은 태양의 중심부인 핵에서 일어난다.

02 ㄷ. 수증기가 응결하여 물방울이 되어 떠 있는 것이 구름이다. 수증기는 물방울로 응결될 때 열에너지를 방출하며, 위치 에너지로 전환되어 높은 곳에 떠 있게 된다.

[바른 풀이] ㄱ. 광합성 과정에서는 태양 에너지가 포도당의 화학 에너지로 저장되는 것이다.
ㄴ. 생명체의 유해가 땅속에 묻혀 화석 연료가 될 때 생명체의 화학 에너지가 화석 연료의 화학 에너지로 되는 것이다. 에너지의 종류는 바뀌지 않는다.

03 헬륨 원자핵($^4_2$He)은 수소 원자핵($^1_1$H) 4개의 핵융합 반응에 의해서 생성되지만, 중수소 원자핵($^2_1$H) 2개가 핵융합 반응하여 생성될 수도 있다.

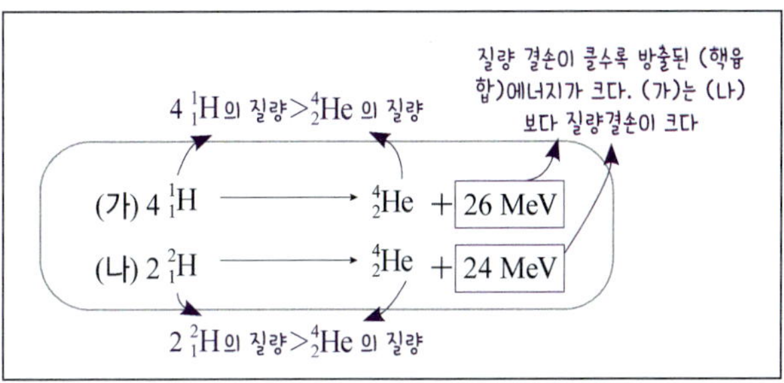

ㄷ. 질량결손은 에너지가 더 많이 방출된 (가)가 (나)보다 크다.

[바른 풀이] ㄱ. (가)에서 수소 원자핵 4개의 질량은 헬륨 원자핵 1개의 질량보다 크다.
ㄴ. (나)에서 중수소 원자핵 2개의 질량은 헬륨 원자핵 1개의 질량보다 크다.

04 그림은 태양 에너지를 전기 에너지로 전환하는 과정이다.

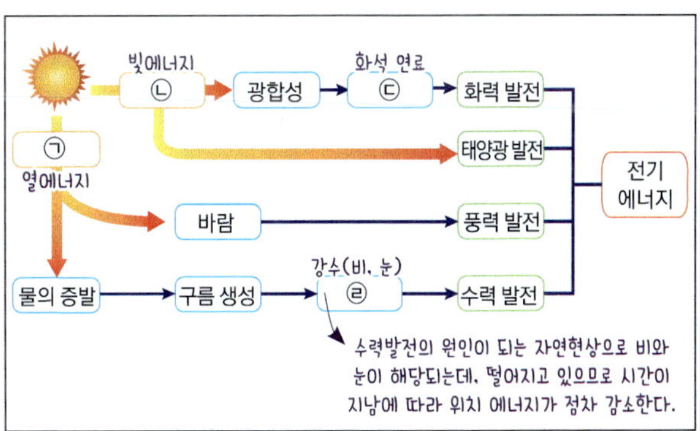

ㄱ. ⊙은 물의 증발이나 바람을 운동시키므로 태양의 열에너지이다.
ㄴ. ⓒ은 화력 발전 시 연료가 되는 화석 연료(석탄, 석유, 천연가스)인데 자동차의 연료로 쓰는 경우 화석 연료의 화학 에너지는 자동차의 운동 에너지와 열에너지, 진동 에너지 등으로 전환된다.

[바른 풀이] ㄷ. ⓔ은 수력발전의 원인이 되는 자연현상으로 비와 눈이 해당되는데, 떨어지고 있으므로 시간이 지남에 따라 위치 에너지가 점차 감소한다.

02 발전과 에너지원

01 (1) S극 (2) A   **02** (1) ○ (2) × (3) ○
03 ㉠ 전자기 유도 ㉡ 운동 ㉢ 전기
04 (1) ㅂ, ㄱ (2) ㅁ, ㄷ (3) ㄹ, ㄴ

01 (1) S 극이 ㉠에 가까워지면 자석의 S극을 밀어내도록 코일 위쪽 ㉠ 에 S극이 유도된다.

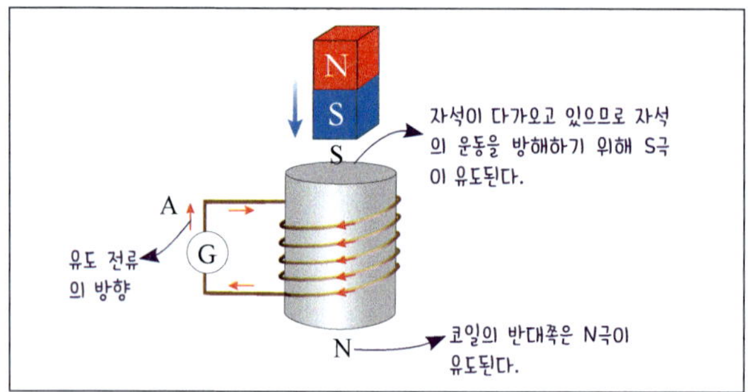

(2) N극이 유도된 코일의 아래쪽 방향으로 오른손 엄지 손가락을 향하였을 때 네 손가락이 감아쥐는 방향으로 유도 전류가 발생하며 그것은 A 방향이다(코일의 위쪽에서 보았을 때 시계 방향).

02 (1) 유도 전류는 코일을 통과하는 자기장의 변화를 방해하는 방향으로 흐른다.
(3) 자석을 빨리 움직일수록(또는 코일을 빨리 움직일수록), 자석의 세기가 셀수록, 코일의 감은 수가 많을수록 유도 전류의 세기가 크다.
[바른 풀이] (2) 코일에 막대자석의 N극이 가까워지면 막대자석과 가까운 코일 쪽엔 N극이 형성되고, S극이 가까워지면 S극이 형성되므로 유도 전류의 방향은 반대이다.

03 발전기란 ㉠ 전자기 유도를 이용하여 전기 에너지를 생산하는 장치로, 발전기에 연결된 터빈이 돌아갈 때 터빈의 ㉡ 운동 에너지가 ㉢ 전기 에너지로 전환된다.

04 (1) 화력발전: 화석 연료(화학 에너지)가 연소될 때 발생하는 (열에너지)를 이용하여 물을 끓이고, 이때 발생하는 고온·고압의 수증기로 발전기에 연결된 터빈을 돌려(운동 에너지) (전기 에너지)를 생산한다.
(2) 수력발전: 높은 곳의 물(위치 에너지)이 아래로 내려오면서 발전기에 연결된 터빈을 돌려(운동 에너지) (전기 에너지)를 생산한다.
(3) 핵발전: 핵분열 과정에서 발생하는 에너지(핵에너지)를 이용하여 물을 끓이고(열에너지), 이때 발생하는 고온·고압의 수증기로 발전기에 연결된 터빈을 돌려(운동 에너지) 전기 에너지를 생산한다.

탐구문제 1 [답] 유도 전류는 코일을 통과하는 자기장의 변화를 방해하는 방향으로 발생한다. 자석이 코일과 가까워지는 경우 다가오는 자석의 극을 밀어내도록 코일에 같은 극이 유도된다. 따라서 N극이 가까워지면 N극, S극이 가까워지면 S극이 유도되므로 유도 전류의 방향이 반대가 된다.
마찬가지로 자석을 코일을 향하여 운동시킬 때, 자석의 운동 방향이 반대가 되면 유도 전류의 방향도 반대가 된다.

탐구문제 2 [답] 자석을 빨리 움직일수록 자기장의 변화가 심하고, 유도 전류가 더 많이 발생하므로 검류계의 바늘이 더 많이 움직인다.

탐구문제 3 [답] 막대자석이 코일 내부에 정지해 있으면 코일 내부 자기장의 변화가 없으므로 유도 전류가 발생하지 않아 검류계의 바늘이 움직이지 않는다.

01 ④   **02** (1) ⓐ N극, ⓑ S극   (2) ⓐ S극, ⓑ N극
03 (1) ㄴ, ㄷ (2) ㄱ, ㄴ   **04** ⑤   **05** ③   **06** ③
07 ③   **08** ②   **09** ④   **10** ④   **11** ④   **12** ④
13 ⑤   **14** ④   **15** ⑤   **16** ④   **17** ⑤   **18** ④
19 ③   **20** ④   **21** ③

01 ㄱ, ㄷ. 코일 주위에서 자석을 움직이거나 자석 주위에서 코일을 움직이면 코일을 통과하는 자기장의 변화가 생기므로 코일에 유도 전류가 흐른다.
[바른 풀이] ㄴ. 코일 속에 자석을 넣고 가만히 있는 경우 코일을 통과하는 자기장의 변화가 없으므로 유도 전류가 흐르지 않는다.

02 코일에 전류가 흐르면 전자석이 되는데, 코일을 전류가 흐르는 방향으로 오른손으로 감싸 쥐었을 때 엄지 손가락이 가리키는 방향이 N극이 되고 반대쪽이 S 극이 된다. (아래 그림)

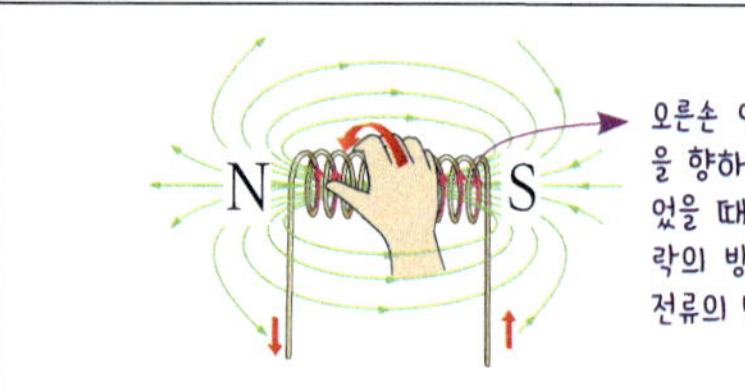

(1) ⓐ는 N극, ⓑ는 S극이다.
(2) ⓐ는 S극, ⓑ는 N극이다.

03 자석의 움직임에 따라 자석의 운동을 방해하는 방향으로 코일에 자극이 유도된다. 코일의 N극이 유도되는 방향으로 오른손 엄지 손가락을 향하고 네 손가락을 감아쥘 때, 네 손가락이 감긴 방향이 유도 전류의 방향이다. 따라서 각 코일에 유도되는 자기장의 방향과 유도 전류의 방향은 다음 그림과 같다.

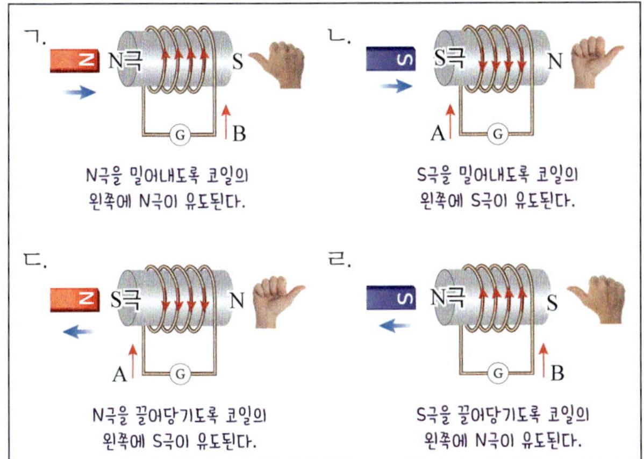

(1) A 방향으로 유도 전류가 흐르는 경우는 ㄴ, ㄷ 이다.
(2) 코일에 유도되는 자기장은 자석의 운동을 방해하므로 자석이 코일에 가까이 접근하면 밀어내는 척력이 작용한다. 따라서 코일과 자석 사이에 서로 밀어내는 자기력(척력)이 작용하는 경우는 ㄱ, ㄴ 이다.

04 자석의 N극이 코일에서 멀어지면, 코일 내부에서 아래 방향으로 지나가는 자기장이 감소하므로, 코일의 윗부분에 S극이 유도된다. 따라서 자석의 운동을 방해(자석을 아래 방향으로 잡아당김)하는 방향으로 코일에 유도 전류가 흐르게 된다.

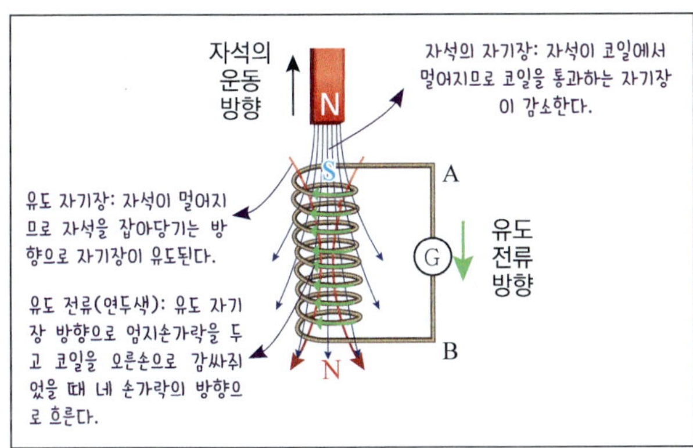

05 ㄱ. 유도 전류의 세기는 자석의 세기, 자석을 움직이는 빠르기에 비례한다. 따라서 자석을 빠르게 움직일수록 코일에 유도되는 전류의 세기가 더 세므로 검류계 바늘이 더 크게 움직인다.
ㄴ. 코일에 N극과 S극을 각각 가까이할 때 자기장의 방향의 변화가 반대이므로 유도 전류의 방향도 반대가 된다. 따라서 검류계 바늘이 움직이는 방향이 반대이므로 S극을 코일 속으로 가까이하면 검류계 바늘은 A쪽으로 움직인다.
바른 풀이 ㄷ. 유도 전류의 세기는 코일의 감은 수에 비례한다. 따라서 감은 수가 더 많은 코일을 사용하면 N극이 접근할 때 검류계 바늘이 B 쪽으로 더 크게 움직인다.

06 자석의 운동을 방해하도록 다가오는 쪽에 S극이 유도된다. 엄지손가락이 코일의 N극을 향하도록 코일을 감싸쥐는 방향이 유도 전류의 방향이다.

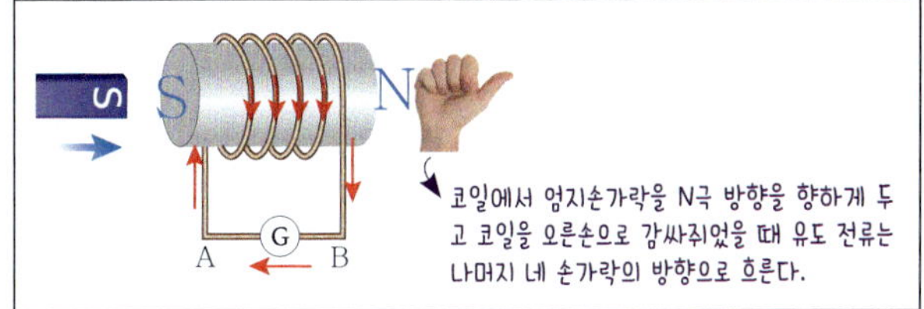

ㄱ. 코일과 자석 사이에는 척력이 작용하여 자석의 운동을 방해한다.
ㄴ. 자석이 코일에 점점 가까워지므로 코일을 통과하는 자석의 자기장 세기는 증가한다.
바른 풀이 ㄷ. 그림과 같이 유도 전류의 방향은 B→ G → A 방향이다.

07 ㄱ. N극이 아닌 S극을 가까이 하면 유도 전류의 방향이 반대로 되어 B와 같이 전류가 흐른다.
ㄴ. N극의 운동 방향을 반대로 하면 유도 전류의 방향이 반대가 되므로 B와 같이 전류가 흐른다.
바른 풀이 ㄷ. N극을 코일에서 멀리하면 유도 전류의 방향이 반대로 되므로, S극을 멀리하면 유도 전류의 방향이 N극을 가까이 할 때와 같아져 그림 A처럼 흐른다.

08 원형 도선을 코일의 일부로 생각하면 자석의 운동을 방해하는 방향으로 아래 그림처럼 자극이 유도되며 유도 전류가 흐른다.
(나) 자석을 극끼리 겹치면 자기장이 강한 자석이 되므로 더 강한 유도 전류가 발생한다.

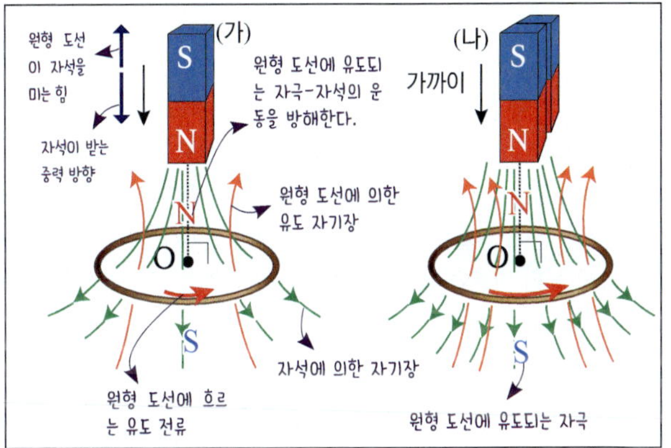

ㄴ. (가)와 (나) 모두 원형 도선이 막대자석에 자기력을 작용하여 연직 위 방향으로 밀어내고 있으며, 막대자석에 작용하는 중력의 방향은 연직 아래 방향이므로, 막대자석에 작용하는 자기력의 방향과 중력의 방향은 서로 반대이다.
바른 풀이 ㄱ. (가)와 (나) 모두 막대자석이 원형 도선에 가까이 갈수록 원형 도선을 통과하는 자기장의 세기는 증가한다.
ㄷ. (가)와 (나)에 있어 원형 도선에 발생하는 유도 전류의 방향은 서로 같고, 유도 전류의 세기는 (나)가 더 크다.

09 코일은 자석의 운동을 방해하는 자극이 유도되며, 유도 전류의 방향은 코일이 감긴 방향과 유도된 자극에 의해서 결정된다. 코일의 감은 수가 많을수록 유도 전류의 세기가 커진다.

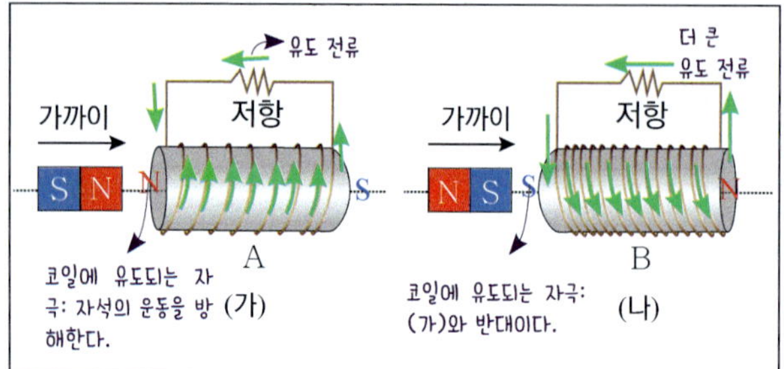

ㄴ. (가)와 (나)에서 코일에 유도되는 자극이 서로 반대이고, 코일이 감긴 방향이 서로 반대이므로 유도 전류의 방향은 서로 같다.

ㄷ. 코일의 감은 수가 B가 더 많으므로 저항에 흐르는 유도 전류의 세기는 (나)가 더 크다.

바른 풀이 ㄱ. (가)와 (나)에서 모두 자석의 운동을 방해하는 자기력이 작용하므로 자석이 받는 자기력의 방향은 모두 왼쪽으로 같다.

10 ㄱ. 자석 사이에서 코일을 회전시키면 코일의 단면을 통과하는 자기장의 세기가 변하므로 전자기 유도에 의해 유도 전류가 흘러 전구에 불이 켜진다.

ㄷ. 자석의 자기장은 일정하게 유지되지만 코일이 자석의 자기장 속에서 회전하면 코일의 단면을 통과하는 자기장의 세기가 시간에 따라 변하므로 코일에 유도 전류가 흐르게 된다.

바른 풀이 ㄴ. 발전기에서는 코일의 운동에 의해 유도 전류가 흐르므로 코일의 운동 에너지가 전기 에너지로 전환된다.

11 원형 자석이 회전함에 따라 자석의 N극 또는 S극이 코일에 가까이 가거나 멀어진다. 코일 가까이에서 N극이 운동할 때와 S극이 운동할 때 코일의 유도 전류는 서로 반대 방향으로 흐른다.

ㄱ. 자석을 1번 회전시킬 때마다 서로 반대 방향의 전류가 한 번씩 흐르게 되므로 검류계의 바늘이 0에서 (+)를 가리켰다 (-)를 가리켰다 하게 된다. 바늘이 양쪽으로 움직이는 것이다.

ㄴ. 자석을 더 빠르게 회전시키면 코일을 통과하는 자석의 자기장이 더 빨리 변화하므로 더 센 유도 전류가 발생하며 검류계 바늘이 더 큰 값을 가리키며 양쪽으로 움직이게 된다.

바른 풀이 ㄷ. 자석이 회전하므로 코일을 통과하는 자석의 자기장의 세기는 계속 변한다.

12 발전기는 상대적으로 운동하는 자석과 코일 사이의 전자기 유도 현상을 이용해 코일에 유도 전류를 발생시키는 장치이다.

ㄱ. 발전기는 상대적으로 운동하는 자석과 코일 사이의 전자기 유도 현상을 이용한다.

ㄷ. 자전거 발전기는 코일 내부에서 영구자석이 운동하는 것이므로 영구자석의 운동 에너지기 코일에 흐르는 전류의 전기 에너지로 전환된다.

바른 풀이 ㄴ. 영구자석의 극이 바뀔 때마다 코일에 발생하는 유도 전류의 방향이 반대로 되므로 전조등에 흐르는 전류의 방향은 회전자가 반 바퀴 돌 때마다 바뀐다.

13 화력, 수력, 원자력 발전의 공통점은 터빈을 돌려 전기를 생산한다는 것이다. 터빈을 돌리면 발전기의 코일 내부에서 영구자석이 회전하게 되고, 전자기 유도 현상으로 교류 전류를 생산하게 된다.

ㄱ. 모두 코일 사이에서 영구자석을 회전시켜 전자기 유도 현상으로 전류를 생산한다.

ㄴ. ㉠은 터빈을 돌려 발전하는 과정이므로 터빈의 운동 에너지가 전기 에너지로 전환된다.

ㄷ. 화력발전, 수력발전, 핵발전은 각각 화석 연료의 화학 에너지, 물의 위치 에너지, 핵에너지를 사용한다.

14 핵발전과 화력 발전은 발전기에 연결된 터빈을 회전시키는 에너지원에 따라 구분된다.

ㄴ. 화력 발전에서는 화석 연료의 화학 에너지 → 수증기의 열에너지 → 터빈의 운동 에너지 → 전기 에너지로 전환된다.

ㄷ. (가) 화력 발전과 (나) 핵발전은 모두 수증기로 터빈을 회전시켜 터빈과 연결된 발전기에서 전자기 유도에 의해 운동 에너지를 전기 에너지로 전환한다.

바른 풀이 ㄱ. 핵발전은 핵융합이 아닌 우라늄과 같은 핵연료의 핵분열 시 발생하는 열에너지로 증기를 발생시킨다.

15 ㄱ, ㄴ. 자전거 바퀴가 회전하면서 코일을 감은 철심이 바퀴의 축에 고정된 영구자석 주위를 회전하면, 코일을 통과하는 자기장에 변화가 생겨 유도 전류가 흐른다. 이 유도 전류에 의해 발광 다이오드에서 빛이 난다.

ㄷ. 바퀴의 회전이 빠를수록 유도 전류가 세져서 발광 바퀴의 불이 더 밝게 빛난다.

16 ㄱ, ㄷ. 수력발전은 물의 낙차를 이용하여 위치 에너지가 터빈의 운동 에너지(회전)로 전환되고, 터빈에 연결된 발전기에서의 전자기 유도 현상을 이용하여 전기 에너지를 생산한다.

바른 풀이 ㄴ. 고온·고압의 수증기로 터빈을 회전시키는 발전 방식은 화력발전과 핵발전이다.

17 ㄱ. 핵발전은 원자로에서 ㉠ 우라늄과 같은 핵연료의 핵에너지가 열에너지로 전환된다.

ㄴ. 화석 연료를 태우는 ㉡ 보일러(수증기 발생 장치)에서는 연료의 화학 에너지가 열에너지로 전환된다.

ㄷ. 수력발전에서는 수증기를 발생하는 과정을 거치지 않고 바로 물의 낙차를 이용하여 터빈을 회전시켜 전기 에너지를 얻는다.

18 유도 전류가 흐르게 하려면 유도 기전력(전압)이 형성되어야 한다.

ㄱ. ㉠ 휴대 전화 내부 코일에는 유도 기전력이 발생하여 유도 전류가 흐르게 된다.

ㄷ. 휴대 전화를 무선 충전하는 원리는 전자기 유도 현상이다.

바른 풀이 ㄴ. 무선 충전기의 자기장이 윗방향이고 자기장이 증가하고 있으면 휴대 전화 내부 코일에 유도되는 자기장은 무선 충전기의 자기장 증가를 방해하기 위해 아랫방향으로 발생한다. 자기장이 아랫방향일 때 휴대 전화 내부 코일에 흐르는 유도 전류의 방향을 구하기 위해 오른손 엄지손가락을 아랫방향으로 하고 코일을 감싸면 a 방향으로 전류가 흐름을 알 수 있다.

19 간이 발전기는 코일 내부에서 자석을 왕복운동시키면 자기장이 변화하여 코일에 유도 전류가 발생하여 발광 다이오드에 불

이 들어오도록 한 장치이다.

ㄱ. 세게 흔들면 자기장의 변화가 커지고 유도 전류가 커져서 LED 전구가 밝아진다.

ㄴ. 강한 자석을 사용하는 경우 자기장의 변화가 심해져서 더 큰 유도 전류를 얻을 수 있으므로 LED 전구가 밝아진다.

[바른 풀이] ㄷ. 코일을 많이 감을수록 유도 전류가 커지므로 LED 전구가 밝아진다.

20 자석을 고정된 금속 고리로 가까이 가져가면 금속 고리에는 자석의 운동을 방해하는 자기장이 유도된다.

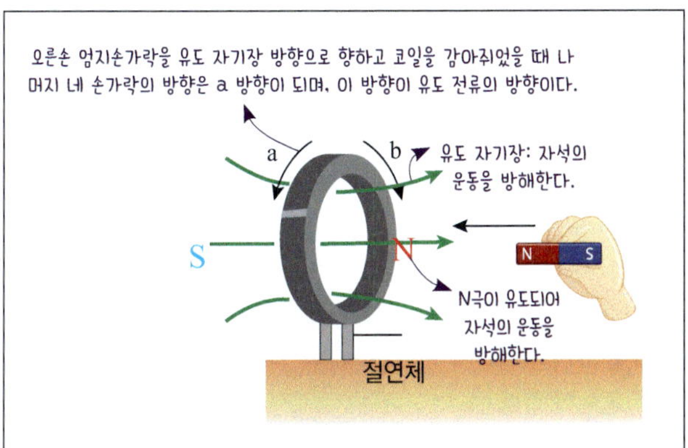

ㄱ. 금속 고리에 자석의 운동을 방해하는 자기장이 발생하므로 자석의 N극과 서로 미는 힘이 발생하기 위해서는 그림처럼 N극이 유도되고 유도 전류는 a 방향으로 흐른다.

ㄷ. 자석을 더 빨리 움직이면 금속 고리를 통과하는 자석에 의한 자기장의 변화가 커지므로 유도 전류의 세기는 증가한다.

[바른 풀이] ㄴ. 금속 고리와 자석 사이에는 서로 미는 힘이 발생하여 자석의 운동을 방해한다.

21 ㄷ. 물의 위치 에너지를 이용하는 수력발전 방식은 수증기를 이용해 터빈을 회전시키지 않는다.

[바른 풀이] ㄱ. ㉠은 물의 낙차, 보일러의 고압의 수증기, 원자로에서의 고압의 수증기를 이용해 발전기 내부의 코일을 회전시키는 터빈이다.

ㄴ. ㉡은 원자로이며, 핵에너지를 열에너지로 변환시켜 고압의 수증기를 얻는다.

심화 실력높이기 187 쪽

01 ① **02** ④ **03** ③ **04** ④

01 ㄱ. (가)에서는 유도 전류가 발생하여 금속 고리에 흐르지만, (나)에서는 끊어진 곳으로 전류가 흐를 수 없어서 유도 전류가 발생하지 않는다.

[바른 풀이] ㄴ. (가)에서는 자석의 운동을 방해하는 유도 자기장이 발생하므로 서로 잡아당기는 힘이 발생하고, (나)에는 유도 전류가 발생하지 않고 유도 자기장도 발생하지 않아 자석과 코일 사이에 작용하는 힘이 발생하지 않는다.

ㄷ. (가)에서 S극을 가까이 할 때 코일은 자석의 운동을 방해하므로 자석과 가까운 코일 쪽에는 S극이 유도되어 자석이 다가오는

것을 방해한다. 따라서 서로 미는 힘이 발생한다.

02 막대자석이 p점을 지날 때는 코일은 막대자석의 운동을 방해하므로 막대자석에 미는 힘을 작용하고, q점을 지날 때는 막대자석의 운동을 방해하기 위해 막대자석에 인력을 작용한다.

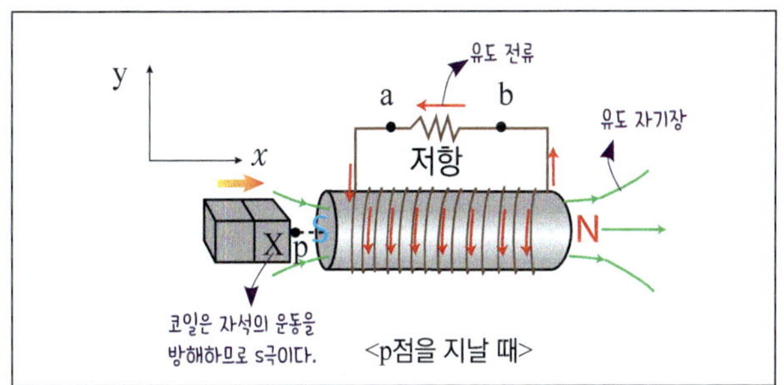

ㄱ. p점을 지날 때 위 그림과 같이 유도 전류의 방향이 b→저항→a 이므로 코일과 미는 힘이 작용하기 위해서 X는 S극이 된다.

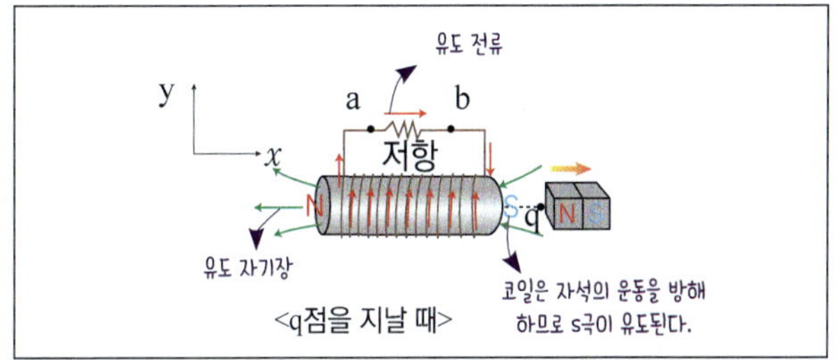

ㄷ. q점을 지날 때 코일과 자석은 서로 인력이 작용하므로 위 그림과 같이 a→저항→b 방향으로 유도 전류가 흐른다.

[바른 풀이] ㄴ. 점 p에서 유도 전류에 의한 자기장의 방향은 그림과 같이 $+x$ 방향이다.

03 자석 사이에서 코일을 회전시키면 유도 전류가 발생하여 코일에 연결된 전구에 불이 들어온다. 이때 생성된 유도 전류는 방향이 계속 바뀌는 교류 전류이다.

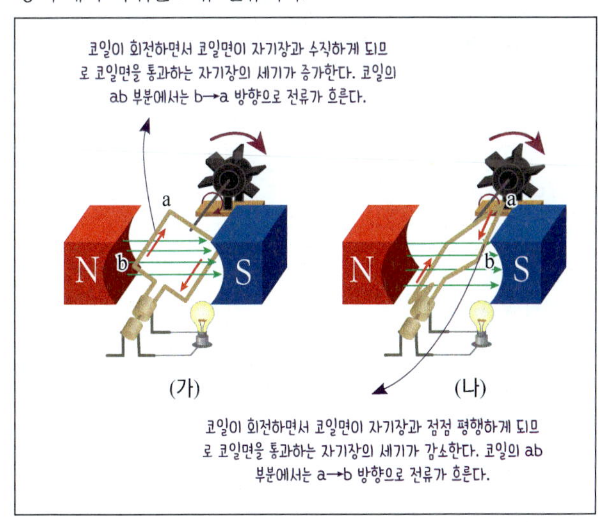

ㄱ. (가)에서는 코일이 점점 자기장과 수직이 되므로 코일면을 통과하는 자기장의 세기가 증가한다.

ㄷ. 코일에 발생하는 유도 전류는 코일면을 통과하는 자석의 자기장의 변화를 방해하는 방향으로 흐른다. 즉, 코일의 유도 전류는 코일의 회전을 방해하는 방향으로 발생한다. 따라서 외부에서 계속 코일을 회전시켜야 한다.

[바른 풀이] ㄴ. 코일의 ab 부분에 흐르는 유도 전류는 (가)에서

는 b→a, (나)에서는 a→b 로 흐르므로 방향이 서로 반대이다.

04 ㄱ. 핵발전소에서는 방사성 폐기물이 발생하는 단점이 있다.
ㄷ. 핵발전소에서는 핵에너지로 물을 끓여 고온·고압의 수증기를
얻고 이 수증기로 터빈을 돌려서 발전기에서 전류를 생산한다. 이
과정에서 터빈의 운동 에너지가 전기 에너지로 전환된다.
간이 발전기에서는 손잡이가 돌아가면 코일 내부에서 자석이 돌아
가서 전기 에너지가 생산되는데, 자석의 운동 에너지가 전기 에너지
로 전환되는 것이다.

[**바른 풀이**] ㄴ. (가) 핵발전소의 원자로에서는 핵분열 반응이 일어
나 에너지가 방출된다.

03 에너지효율과 신재생에너지

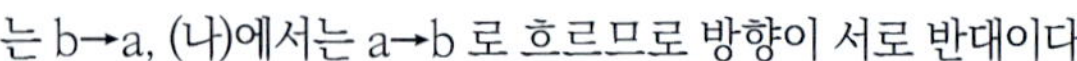

190 ~ 193 쪽

01 (1) ① ㄹ ② ㄴ ③ ㅁ (2) ① ㅂ ② ㄹ ③ ㄷ ④ ㄹ
02 (1) 150 (2) 40   **03** 열에너지
04 (1) × (2) × (2) ○   **05** (1) ○ (2) × (3) ○
06 (1) ○ (2) × (2) ○
07 (1) 파력발전 (2) 조력발전 (3) 태양열발전 (4) 바이
      오가스 발전 (5) 풍력발전
08 (1) 신에너지 (2) 재생에너지 (3) 화석 연료, 재생
09 (1) ㄱ, ㄴ, ㄹ (2) ㄷ, ㅁ   **10** (1) ○ (2) ○
11 (1) ○ (2) ○ (3) ×

01 (2) ① 폭포에서 물이 떨어질 때 높은 곳에 있는 물이 가진 위
치 에너지(ㅂ)가 운동 에너지로 전환된다.
② 식물은 태양의 빛에너지를 이용하여 포도당을 합성하고 산소를
대기 중에 방출한다. 이때 빛에너지가 화학 에너지(ㄹ)로 전환된다.
③ 전기 난로는 전기 에너지(ㄷ)가 빛에너지와 열에너지로 전환
된다.
④ 휴대 전화를 충전하는 과정에서 전기 에너지는 화학 에너지(ㄹ)
의 형태로 배터리에 저장된다.

02 (1) 열기관에서 에너지는 보존되므로 공급한 열($Q_1 = 250$ J)은
한 일($W = 100$ J)과 저열원으로 방출한 열(Q_2)의 합과 같다.
$$Q_1 = W + Q_2 \ \rightarrow\ 250 = 100 + Q_2, \ Q_2 = 150 \text{ (J)}$$
(2) 열효율(e) $= \dfrac{W}{Q_1} \times 100 = \dfrac{100}{250} \times 100 = 40(\%)$

03 에너지를 사용할수록 우리가 다시 사용할 수 없는 열에너지 형
태로 전환되는 양이 점점 많아지고 사용 가능한 에너지의 양은 감

소하므로 에너지를 효율적으로 사용해야 한다.

04 (3) 에너지효율이 100 %라는 것은 버려지는 에너지양이 0이라
는 것인데, 버려지는 에너지가 0인 경우는 열역학 법칙에 어긋난다.
[**바른 풀이**] (1) 휴대폰을 사용할 때에는 사용할 수 없는 형태의
열에너지가 발생한다.
(2) 에너지 효율이 클수록 공급한 에너지에 대해 유용하게 사용한
에너지의 양이 많은 것이므로 버려지는 열에너지양이 적다.

05 (1) 에너지 소비 효율이 1등급인 제품을 사용하면 5등급 제
품을 사용할 때보다 약 30 ~ 40% 의 에너지를 절감할 수 있다. 즉
1등급에 가까운 제품일수록 에너지 효율이 높아 에너지를 절약
할 수 있다.
(2) 에너지 보존 법칙에 의해 전체 에너지는 보존되지만 에너지가
다른 에너지로 전환될 때마다 우리가 이용할 수 있는 에너지의 양
은 점차 감소하기 때문에 에너지를 절약해야 한다.
(3) 우리가 사용하는 전기 에너지의 대부분을 화석 연료로부터 얻
는다. 이 과정에서 버려지는 열에너지가 많고, 여러 오염물질이 방
출되므로 전기 에너지를 효율적으로 사용하여 화석 연료의 사용
량을 줄여야 한다.

06 (1) 신재생에너지는 자원의 고갈 우려가 없고, 지속가능한 에
너지를 통칭한다.
(3) 지구 온난화를 일으키는 이산화 탄소를 배출하지 않아 지구 환
경 문제 해결에 도움이 된다.
[**바른 풀이**] (2) 신재생에너지는 자연 환경을 주로 이용하므로 전
력 공급이 화석 연료에 의한 전력 공급보다 안정적이지는 않다.

07 [답] (1) 파력발전 (2) 조력발전 (3) 태양열발전 (4) 바이오
가스 발전 (5) 풍력발전

08 (1) 신재생에너지는 신에너지와 재생에너지의 합성어이다.
(3) 신재생에너지는 기존의 화석 연료를 변환시켜 이산화 탄소를
적게 배출하는 상태에서 사용하거나 햇빛, 물, 지열, 풍력 등 재생
가능한 에너지를 변환시켜 이용하는 에너지이다.

09 발전기를 이용한 방식은 터빈을 회전시켜 전자기 유도 현상
에 의해서 발전을 하는 것이다. 태양광 발전은 태양전지를 이용하
여 태양광을 직접 전기 에너지로 변환하며, 연료전지는 산소와 수
소가 반응하여 물이 되는 과정에서 직접 전기 에너지를 생산한다.

10 (1), (2) 친환경에너지도시는 환경오염과 에너지 문제를 동시
에 해결하기 위해 지역에 맞게 신재생에너지를 활용해 전기를 생
산·판매할 수 있는 에너지 자립과 환경을 생각하는 도시를 말한다.

11 (1) 친환경에너지도시를 설계할 때 열교환기가 부착된 환풍구
를 지붕에 설치하는 것이 의무화되었으며, 건물 내 공기를 순환시
켜 적정 온도를 유지한다.
(2) 고효율 단열재와 채광이 잘되는 3중 유리창을 사용한다.
[**바른 풀이**] (3) 친환경에너지도시에서는 빗물은 저장하고, 오수
를 정화하여 활용한다.

01 ③	02 ⑤	03 ④	04 ④	05 ④	06 ③
07 ③	08 ②	09 ④	10 ①	11 ⑤	12 ④
13 ③	14 ②	15 ④			

01 (가) 반딧불이: 화학 에너지 → 빛에너지
(나) 광합성: 빛에너지 → 화학 에너지
(다) 음식물의 소화: 화학 에너지 → 운동, 열에너지
공통적으로 나타나는 에너지의 형태는 화학 에너지로, 화학 에너지는 화학 결합을 통해 물질에 저장된 에너지이다.

02 철수는 쇠구슬에 일을 했으며, 일과 열은 서로 변환될 수 있다.
ㄱ. 철수가 한 일이 쇠구슬과 스타이로폼 관과의 마찰에 사용되었고, 쇠구슬과 스타이로폼 관의 열에너지로 전환되었다.
ㄴ. 발생한 열이 바깥으로 바깥으로 빠져나가는 것을 막기 위해 (단열 효과) 스타이로폼 관을 사용한다.
ㄷ. 관을 뒤집었을 때 추가 낙하하면서 속력이 증가하는데, 추의 위치 에너지가 낙하 과정에서 운동 에너지로 전환되기 때문이다.

03 (가) 역학적 에너지는 공기 또는 면과의 마찰에 의해 열에너지로 전환된다.
(나) 태양열발전은 태양열 에너지를 전기 에너지로 전환시키는 과정이다.
(다) 빛에너지는 광합성을 통하여 생물 내부의 화학 에너지로 전환된다.

04 ① 헤어드라이어는 전기 에너지가 열에너지로 전환되어 머리를 말릴 수 있다.
② 노트북은 전기 에너지가 화면이나 스피커를 통해 빛에너지, 소리 에너지 등으로 전환된다.
③ 휴대 전화 내부에 있는 소형 전동기를 전기 에너지를 이용하여 진동시켜 운동을 일으킨다.
⑤ 화산은 지구 내부의 열에너지가 용암이나 화산재 등의 화산 분출물의 역학적 에너지로 전환된다.
[바른 풀이] ④ 가스레인지로 물을 끓이는 경우 LNG(천연가스)의 화학 에너지가 열에너지로 전환되어 물에 에너지를 전달한다.

05 ㄴ. 스마트 기기가 진동할 때에는 기기 내부의 소형 전동기를 전기 에너지를 이용하여 진동시킨다. 전기 에너지→운동 에너지
ㄷ. 스마트 기기의 화면이 밝게 빛나는 것은 전기 에너지가 스마트폰 화면에서 빛에너지로 전환되기 때문이다.
[바른 풀이] ㄱ. 콘센트에 전기를 꽂아 배터리를 충전시킬 때는 전기 에너지가 배터리의 화학 에너지로 저장되는 것이다.

06 공급된 전기 에너지 중 빛에너지(유용한 에너지)로 전환된 비율이 에너지효율에 해당한다.
$$에너지효율(\%)=\frac{유용하게\ 사용된\ 에너지}{공급한\ 에너지}\times100$$

(가)의 에너지효율$=\dfrac{3E}{4E_0}\times100=63\ (\%)\rightarrow\dfrac{E}{E_0}=0.84$

(나)의 에너지효율(㉠)$=\dfrac{2E}{3E_0}\times100=\dfrac{E}{E_0}\times\dfrac{2}{3}\times100$

$$=0.84\times\dfrac{2}{3}\times100=56\ (\%)$$

ㄱ. ㉠은 56이다.
ㄴ. LED 전구 (나)에 전구 (가)와 같은 에너지가 $4E_0$가 공급되었다면, 전구 (나)에 의해 전환된 빛에너지 x는 다음과 같다.

$$3E_0:2E=4E_0:x,\ x=\dfrac{8}{3}E,\ x<3E$$

같은 에너지를 공급하였을 때 전구 (가)에서 더 많은 빛에너지로 전환되므로 전구(가)나 전구 (나)보다 더 밝다.
[바른 풀이] ㄷ. 전구에 공급된 전기 에너지가 같을 때 빛에너지로 전환되는 비율이 클수록 에너지효율이 크다.

07 공급한 에너지양를 Q_1, 한 일의 양을 W라고 할 때 열기관의 열효율은 공급한 에너지에 대한 한 일의 비율이다.

$$열효율(e)=\dfrac{W}{Q_1}$$

ㄷ. 공급한 에너지양 Q_1이 같고, 한 일의 양 W가 A가 B보다 크므로 열효율은 A가 B보다 크다.
[바른 풀이] ㄱ. A가 한 일의 양 W와 A에 공급한 에너지양 Q_1은 같을 수 없다. 반드시 A가 방출한 열 Q_2가 존재한다.
ㄴ. 열기관에 공급한 에너지양을 Q_1, 방출한 에너지양을 Q_2라고 할 때 한 일의 양 $W=Q_1-Q_2$이다. 일의 양이 클수록 방출한 에너지는 작아진다. A와 B에 공급한 에너지양는 서로 같고, 한 일의 양 W은 A가 B보다 크다고 했으므로, 방출한 에너지양 Q_2는 B가 A보다 크다.

08 열기관에 공급한 에너지양을 Q_1, 방출한 에너지양을 Q_2라고 할 때 한 일의 양 $W=Q_1-Q_2$이다.

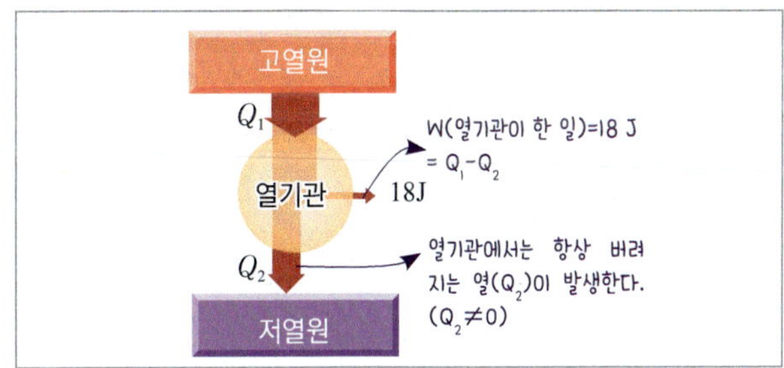

열효율 $e=\dfrac{W}{Q_1}$이므로, $Q_1=\dfrac{W}{e}=\dfrac{18}{0.2}=90\ (J)$

$Q_2=Q_1-W=90\ (J)-18\ (J)=72\ (J)$

09 $$에너지효율(\%)=\dfrac{유용하게\ 사용된\ 에너지}{공급한\ 에너지}\times100$$
내연기관 자동차에서 유용하게 사용된 에너지는 바퀴를 움직이는데 사용되는 에너지이다.
ㄱ. ㉠은 연료의 화학 에너지 100 %에서 냉각장치, 전자장치, 진동 등에 소모하는 에너지 8 %와 바퀴를 움직이는데 사용되는 에너지 23 %를 제외한 69 %이다.
ㄷ. 전체 공급받은 에너지(100%) 중에서 유용하게 사용된 에너지(바퀴를 움직이는데 사용되는 에너지)가 23 %이므로 자동차의 에

너지효율은 23 %이다.

바른 풀이 ㄴ. 바퀴를 움직이는데 사용되는 에너지를 E라고 하면,

$$\text{에너지효율(\%)}=\frac{\text{유용하게 사용된 에너지}}{\text{공급한 에너지}}\times100$$

$$\text{자동차의 에너지효율}=\frac{E}{8500}\times100=23\ (\%)$$

$E=8500\times0.23=1955(\text{kJ})$

10 액체 화석 연료 1 L를 태우면 총 36,000 kJ의 열에너지가 발생하므로, 액체 화석 연료를 1 L 사용한다고 할 때, 자동차의 엔진과 화력 발전소의 발전기에 공급된 열(Q_1)은 각각 36,000 kJ이다. 이때 방출한 열(Q_2)(: 버려진 열)이 각각 27,000 kJ, 18,000 kJ이므로, 각각의 열효율은 다음과 같다.

$$\text{열효율}(e)=\frac{W}{Q_1}=\frac{Q_1-Q_2}{Q_1}=1-\frac{Q_2}{Q_1}$$

$$e_{\text{자동차엔진}}=1-\frac{27,000}{36,000}=0.25,\quad e_{\text{발전기}}=1-\frac{18,000}{36,000}=0.5$$

11 신재생에너지는 기존에 사용하지 않았던 새로운 에너지와 고갈의 위험이 없고 계속해서 재생하여 사용할 수 있는 에너지를 합친 것이다.

① 신재생에너지는 이산화 탄소를 적게 배출하는 친환경적인 에너지이다.

②③ 신재생에너지는 자원 고갈의 위험이 없고 지속적인 발전이 가능한 에너지이다.

④ 신에너지는 석탄의 액화·가스화처럼 기존의 화석 연료를 변환하는 방식도 포함된다.

바른 풀이 ⑤ 신재생에너지는 기존 에너지원에 비해 초기 투자 비용이 많이 든다.

12 태양 에너지와 지열 에너지는 모두 재생에너지에 속한다.

ㄱ. 태양전지는 전기를 생산할 때 온실가스가 발생하지 않는다.

ㄴ. 태양 에너지와 지열 에너지는 모두 재생에너지로 자원 고갈의 위험이 없고 지속 가능한 에너지이다.

바른 풀이 ㄷ. 태양 에너지는 날씨의 영향을 크게 받지만 지열 에너지는 날씨의 영향을 받지 않는다.

13 연료전지는 수소와 산소가 화학 반응하여 물이 되는 과정에서 화학 에너지를 전기 에너지로 전환하며, 에너지효율이 뛰어나다. 태양전지는 빛에 의해 전자가 이동하는 원리를 이용하여 반도체에 빛을 쬐어 전기 에너지를 생산한다.

ㄱ. (가) 연료전지는 수소와 산소가 결합하여 물이 되는 과정에서 화학 에너지를 전기 에너지로 전환한다.

ㄷ. (가) 연료전지와 (나) 태양전지를 이용한 태양광발전은 모두 신재생에너지에 속한다.

바른 풀이 ㄴ. (나) 태양광발전은 태양전지에 빛을 쬐어 직접 전기 에너지를 생산한다.

14 (가) 태양열발전은 태양의 열에너지를 집열판으로 모아 물을 끓여 전기 에너지를 생산한다.

(나) 지열발전은 지구 내부의 열에너지에 의해 가열된 뜨거운 지하수나 수증기로 터빈을 돌려 전기 에너지를 생산한다.

ㄱ. (가) 태양열발전은 많은 양의 열에너지를 모아야 하므로 설치 면적이 넓어야 한다.

ㄹ. (가) 태양열발전과 (나) 지열발전은 자원고갈의 위험이 없고 계속해서 재생하여 사용할 수 있는 재생에너지를 이용한 발전 방식이다.

바른 풀이 ㄴ. (나) 지열발전은 화산 지역에만 설치가 가능하므로 우리나라에 적합한 발전 방식은 아니다.

ㄷ. (가) 태양열발전의 근원 에너지는 태양 에너지이나, (나) 지열발전의 근원 에너지는 지구 내부 에너지이다.

15 해설 낭비되는 에너지를 줄이고 필요한 에너지를 화석 연료 없이 친환경적으로 얻는 미래형 주택을 에너지제로하우스라고 한다.

ㄴ. 난방이나 온수를 사용하기 위해 태양열 집광기로 얻은 열을 사용한다.

ㄷ. 성능이 좋은 단열재와 이중, 삼중창, 환기 시스템을 사용하여 빠져나가는 열을 줄인다.

바른 풀이 ㄱ. 필요한 에너지는 태양광이나 지열과 같은 재생에너지를 통해 얻는다. 에너지제로하우스는 화석 연료의 사용을 줄이기 위해 만든 것이다.

심화 실력높이기

197 쪽

01 ④ **02** ⑤ **03** ⑤ **04** ②

01 방전된 배터리를 콘센트에 연결하면 전기 에너지가 배터리 내부의 화학 물질에 의한 화학 에너지로 저장되어 충전된다. 전기 에너지가 필요할 때 단자를 연결하여 전원으로 사용 가능하다. 에너지 전환 과정에서는 항상 열에너지가 방출된다. 열에너지가 방출되지 않을수록 에너지 전환 장치의 에너지효율이 증대된다. LED 램프는 전기를 통하면 빛을 방출하는 반도체를 이용한다.

ㄱ. ⓐ 충전은 전기 에너지를 화학 에너지로 전환시켜 저장한다.

ㄴ. ⓑ 배터리로 드론 날개 장치에 전기 에너지를 공급하는 과정에서 열에너지가 방출되며, 전기 에너지에 의해 날개를 회전(운동 에너지)시키는 과정에서도 열에너지가 방출된다. 따라서 ⓑ의 에너지 전환 과정에는 열에너지가 포함된다.

바른 풀이 ㄷ. ⓒ LED 램프에 전기를 연결하면 빛이 방출된다. 따라서 전기 에너지를 빛에너지로 전환한다.

02 연료전지는 수소를 산화시켜 전기 에너지를 생성하고 물을 배출한다.

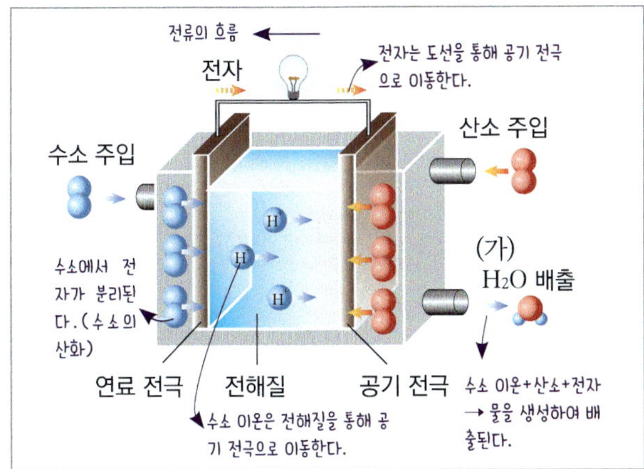

① (가)는 수소 이온, 전자, 산소가 결합하여 생성된 물이다.
② 연료 전극에서 공기 전극으로 전자가 이동하므로 연료 전극은 (−)극이다.
③ 수소는 전자를 잃어 산화되고, 산소는 전자를 얻어 환원된다.
④ 화학 반응식은 $2H_2+O_2 \rightarrow 2H_2O+$전기 에너지이다.
[바른 풀이] ⑤ 연료전지는 화력발전보다 에너지효율이 높다.

03 ㄱ. 각 전등에서 사용한 전기 에너지에서 열에너지의 비율은 다음과 같다.

백열등: $\dfrac{28.2}{30}\times100=94$ (%)   형광등: $\dfrac{19.4}{25}\times100=77.6$ (%)

LED: $\dfrac{6.3}{17}\times100=37.1$ (%)

따라서 열에너지로의 전환 비율은 백열등이 가장 크다.

ㄴ. LED 전등을 조명으로 사용할 때 유용하게 사용된 에너지는 빛에너지이다.

에너지효율(%)$=\dfrac{\text{유용하게 사용된 에너지}}{\text{공급한 에너지}}\times100$

LED 전등의 에너지효율$=\dfrac{10.2}{17}\times100=60$ (%)

ㄷ. 형광등에서 발생한 열에너지는 대기 중으로 흡수되어 대부분 사용하지 못하고 버려진다.

04 그림은 발전기에 화석 연료인 석유를 넣어 발전기를 가동시켜 전기 에너지를 생산하여 자동차를 충전시키는 과정이다. 발전기의 전기 생산 과정에서 열에너지가 발생하며, 조명장치에서 전기 에너지를 빛에너지로 전환하는 과정에서도 열에너지가 발생한다.
ㄴ. ㉠과 ㉡에는 모두 열에너지가 포함된다.
[바른 풀이] ㄱ. 조명장치는 발전기로부터 400 J의 전기 에너지를 공급받아 100 J의 빛에너지를 발생시킨다.

∴ 조명 장치의 에너지효율$=\dfrac{100}{400}=0.25$

ㄷ. 발전기는 1000 J의 화학 에너지 중 400 J의 전기 에너지만 생산하므로 ㉠$=1000-400=600$ (J)이고, 자동차의 조명장치는 공급된 400 J의 전기 에너지 중 100 J만 빛에너지를 발생시키므로 ㉡$=400-100=300$ (J)이다. 따라서 ㉠$+$㉡$=900$ J이다.

01 태양 에너지의 생성과 전환
❶ 핵　　❷ 수소 핵융합　　❸ 위치
❹ 화학　　❺ 화학 에너지

02 발전과 에너지원
❶ 전자기 유도　　❷ N　　❸ S
❹ 많이　　❺ 전자기 유도　　❻ 운동 에너지
❼ 전기 에너지　　❽ 열에너지　　❾ 열에너지
❿ 이산화 탄소(온실기체)

03 에너지효율과 신재생에너지
❶ 진동　　❷ 총량　　❸ 열에너지
❹ 신에너지　　❺ 재생에너지　　❻ 연료전지
❼ 태양열　　❽ 지열　　❾ 바이오
❿ 핵융합

01 ③	02 ④	03 ②	04 ①	05 ⑤	06 ④
07 ⑤	08 ②	09 ③	10 ③	11 ②	12 ③
13 ①	14 ④	15 ⑤	16 ②	17 ④	18 ④
19 ①	20 ④	21 ③	22 ④		

01 알탐, 무한: 태양의 중심부인 핵에서는 수소 원자핵이 융합하여 헬륨 원자핵이 생성되는 수소 핵융합 반응이 일어난다. 이 과정에서 생성된 헬륨 원자핵의 질량은 반응 전 수소 원자핵의 질량의 합보다 작다. 이와 같이 감소한 질량(질량결손)은 에너지로 전환되며, 이 에너지가 태양 에너지이다.
[바른 풀이] 상상 : 핵융합 과정에 의해 수소 원자핵의 양은 점점 감소한다.

02 음식물 속 화학 에너지는 빛에너지를 이용한 식물의 ㉠광합성에 의해 만들어진다. 태양 에너지는 태양 중심부인 핵에서 일어나는 수소 핵융합 반응에 의해 ㉡질량이 에너지로 전환된다. 따라서 태양 에너지는 광합성에 의해 음식물 속의 화학 에너지로 전환되며, 우리 몸은 호흡을 통해 음식물 속의 화학 에너지를 생명활동에 필요한 에너지로 전환한다.
ㄴ. '질량'은 ㉡으로 적절하다.
ㄷ. 태양 에너지는 우리 몸의 생명활동에 필요한 에너지의 근원이 된다.
[바른 풀이] ㄱ. ㉠은 '광합성'이 적절하다.

03 [해설] 지구에서 태양 에너지는 여러 가지 다른 형태의 에너지로 전환된다. ① 열에너지, 역학적 에너지로 전환되어 대기와 해수를 순환시키고, ③ 운동에너지로 전환되어 바람이 불게 하며, ④ 광합성을 통해 화학 에너지로 전환되어 생명체의 생명활동을 유지시키고, ⑤ 열에너지로 전환되어 강물이나 바닷물이 증발하

여 구름이 되게 한다.

[바른 풀이] ② 태양 에너지가 근원이 아닌 에너지로는 지구 내부 에너지, 핵에너지 등이 있다. 우라늄은 식물이나 동물의 유해가 땅 속에 묻힌 후 높은 열과 압력을 받아 만들어진 화석 연료가 아니다. 우라늄은 초신성 폭발 시 생성되어 지구의 지각에 포함되었다.

04 태양 에너지는 태양의 핵에서 일어나는 수소 핵융합 반응에 의해 발생한다.

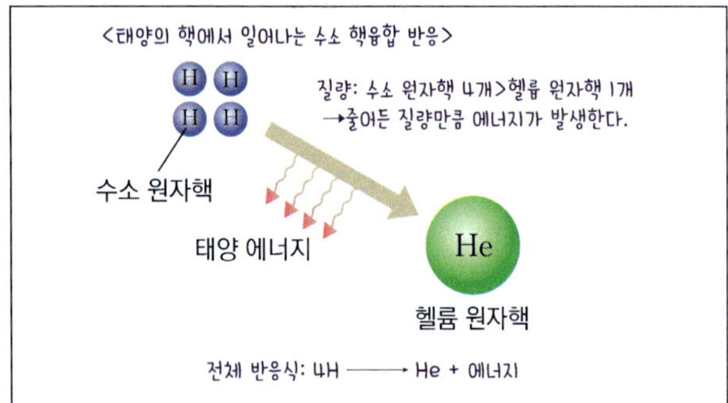

ㄱ. 태양 에너지는 지구에서 일어나는 대기와 해수의 순환 등 물질 순환과 에너지 순환의 원동력이 된다.

[바른 풀이] ㄴ. 태양의 핵에서는 수소 핵융합 반응이 일어난다.
ㄷ. 수소 원자핵 4개의 질량은 헬륨 원자핵 1개의 질량보다 크다. 핵반응 과정에서 줄어든 질량(질량결손)만큼 태양 에너지가 발생한다.

05 ㄱ. ㉠은 광합성, ㉡은 호흡 과정이다. 식물의 광합성으로 포도당이 만들어지는 과정에서 태양의 빛에너지가 화학 에너지로 전환되어 저장된다. 탄소 순환 과정에서 태양 에너지는 다양한 에너지로 전환되며 각 권역을 순환한다.

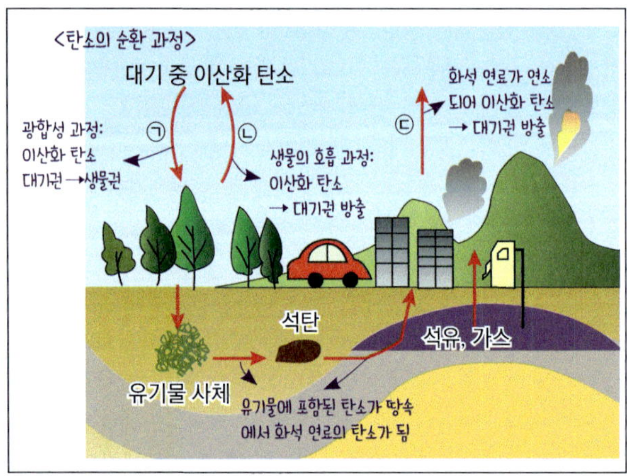

ㄴ. ㉢ 화석 연료가 연소할 때 발생하는 이산화 탄소가 지구 온난화를 가속화시켜 기후를 변화시키는 등 다양한 환경오염 문제를 일으킨다.
ㄷ. 태양 에너지는 탄소를 매개로 하는 순환 과정을 거쳐 다양한 에너지로 전환되며 순환한다.

06 물의 순환 과정에서 태양 에너지는 여러 가지 형태의 에너지로 전환되어 순환한다.

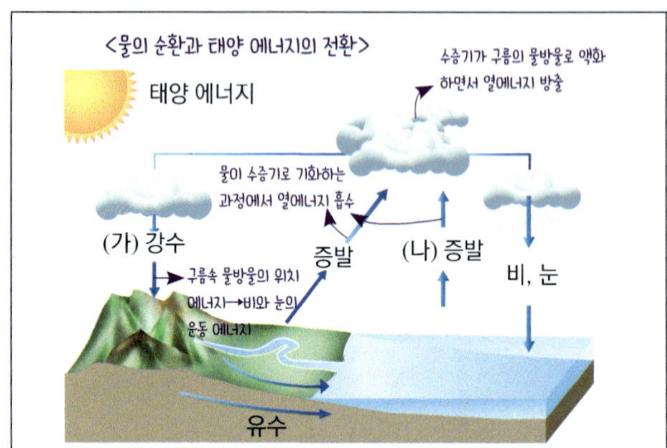

ㄱ. (가) 강수 과정에서 구름 속 작은 물방울이 서로 합쳐져서 떨어지게 되는데, 물방울의 위치 에너지가 운동 에너지로 전환된다.
ㄷ. 물의 순환은 태양 에너지가 일으키는 에너지 전환과 흐름의 과정을 포함한다.

[바른 풀이] ㄴ. (나) 물의 증발 과정은 물(액체)가 태양 에너지를 흡수하여 수증기(기체)가 되는 과정이다.

07 (가)는 태양의 핵에서 일어나는 수소 핵융합 반응이며, 가벼운 수소 원자핵 4개가 융합하여 헬륨 원자핵이 되는 반응이다. (나)는 핵분열 반응이며, 원자로에서 핵반응을 일으켜 핵에너지를 얻는 반응이다. 핵반응 시에는 반응 과정에서 질량이 감소하며, 감소한 질량만큼 에너지가 방출된다.
ㄱ. (가)는 핵융합 반응이다.
ㄴ. (나)는 원자로에서 핵에너지를 생산하는 반응이다. 핵발전 과정으로 핵발전소에서 일어난다.
ㄷ. (가)와 (나)의 반응은 모두 반응물의 총 질량이 생성물의 총질량보다 크다. 모두 반응 과정에서 질량이 감소하며, 감소한 질량만큼 에너지가 방출된다.

08 막대자석이 코일을 향해 운동할 때 코일에는 자석의 운동을 방해하는 방향으로 유도 전류에 의한 자기장이 발생한다.

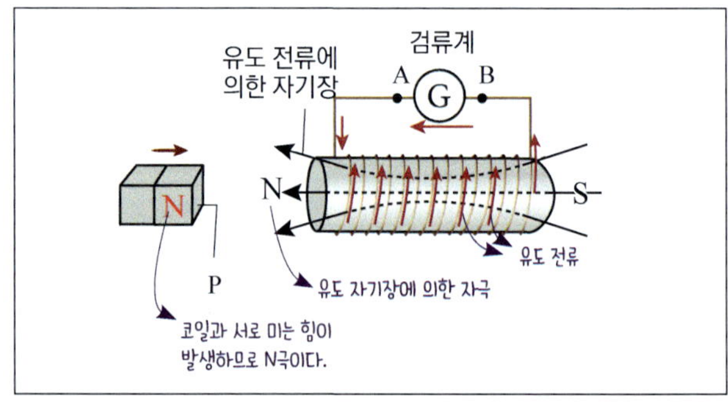

ㄴ. 유도 전류가 그림과 같은 자기장을 발생시키기 위해서 유도 전류의 방향은 B→G→A이다.

[바른 풀이] ㄱ. 자석과 코일은 서로 미는 힘이 작용하므로 p는 N극이다.
ㄷ. 자석과 코일 사이에는 척력(미는 힘)이 작용한다.

09 자석이 1회전 할 때마다 코일에 발생하는 유도 전류의 방향이 2번 바뀐다. 이때 발생하는 유도 전류의 최댓값은 자석을 빨리 돌릴수록, 코일의 감은 수가 많을수록 커진다.

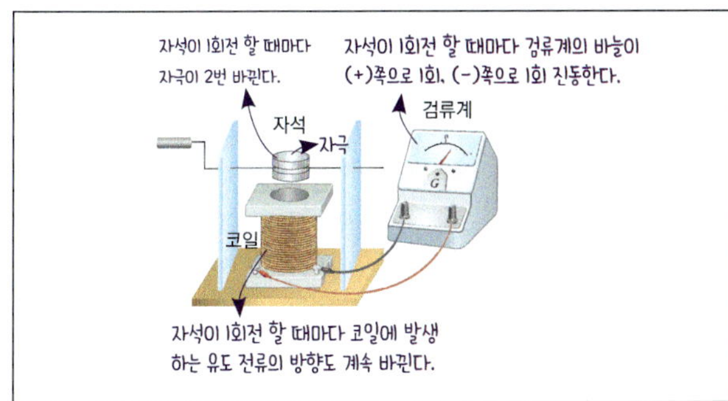

ㄱ. 전류의 최댓값이 (라)에서 커졌으므로, 자석을 빨리 돌리는 (다) 과정 이외에 코일의 감은 수를 증가시킨 것이다. 따라서 ㉠은 '코일의 감은 수만을 증가시킨'이 적절하다.

ㄷ. 전류의 최댓값은 자석을 빨리 돌릴수록 커지므로, ㉢은 '크다'가 적절하다.

[바른 풀이] ㄴ. (나)에서 검류계에 흐르는 전류의 방향은 계속 변한다. 따라서 ㉡은 '계속 변한다.'가 적절하다.

10 자석을 코일에 접근시키면 코일은 자석의 운동을 방해하므로 서로 미는 힘이 발생하도록 코일에 자극이 발생하여 유도 전류가 흐른다. 자석의 N극이 접근할 때와 S극이 접근할 때 검류계를 흐르는 유도 전류의 방향은 서로 반대이다.

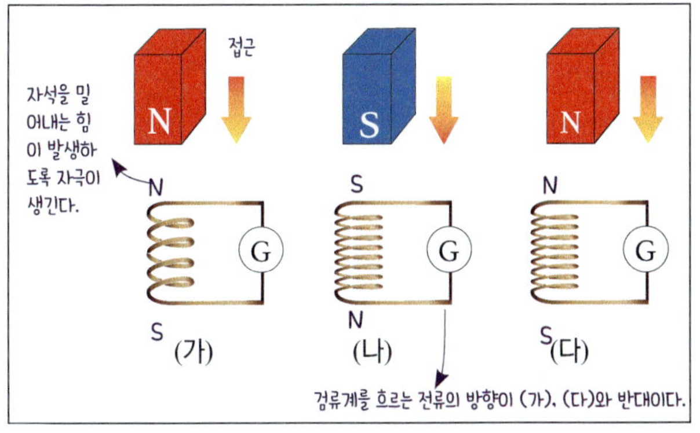

ㄷ. 검류계에 흐르는 전류의 방향은 (가)와 (나)에서 서로 반대이다.

[바른 풀이] ㄱ. 자석과 코일은 서로 미는 힘이 발생하므로 자석에 작용하는 자기력의 방향은 (가)~(다) 모두 같다.

ㄴ. 감은 수가 많을수록 유도 자기장이 세지므로 자석에 작용하는 자기력의 크기는 (가)<(나)=(다)이다.

11 자석이 고정된 수레가 접근하면 코일은 자석에 미는 힘이 작용하여 자석의 운동을 방해한다.

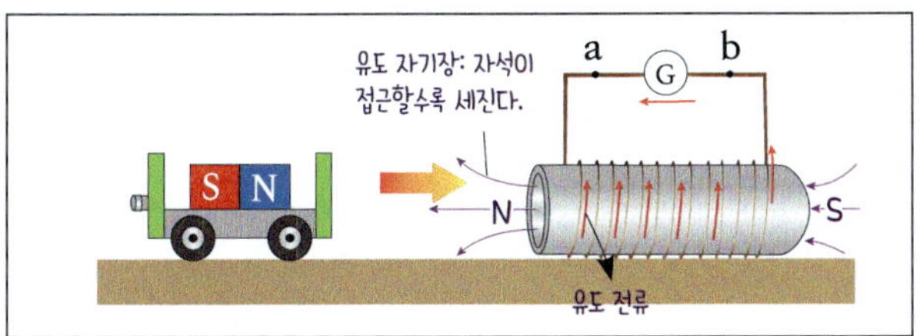

ㄴ. 코일을 통과하는 자석의 자기장의 세기가 점점 증가하므로, 코일에 발생하는 유도 자기장의 세기도 점점 증가한다.

[바른 풀이] ㄱ. 코일은 자석의 운동을 방해하므로 자석의 속력은 점점 느려진다.

ㄷ. 코일에 발생하는 유도 전류의 방향은 b→ⓖ→a이다.

12 그림은 발전기의 구조로 자석 사이에서 코일을 회전시키면

전자기 유도 현상에 의해 코일에 유도 전류가 발생한다. 코일이 180° 회전할 때마다 코일 도선이 바뀌므로 유도 전류의 방향이 바뀐다. 따라서 발생하는 전류는 교류 전류이다.

ㄱ. 전자기 유도 현상을 이용한 발전기의 구조이다.

ㄷ. 코일을 회전시켜야 전류가 발생하는데, 핵발전이나 화력발전에서는 고온, 고압의 수증기로, 수력발전은 물의 낙차로 코일을 회전시킨다.

[바른 풀이] ㄴ. 코일이 회전할 때마다 크기와 방향이 바뀌는 교류 전류가 코일에 흐른다.

13 손전등에서 자석이 코일에 접근하면 코일에는 자석의 운동을 방해하는 방향으로 자기장이 유도되며 유도 전류가 흐른다.

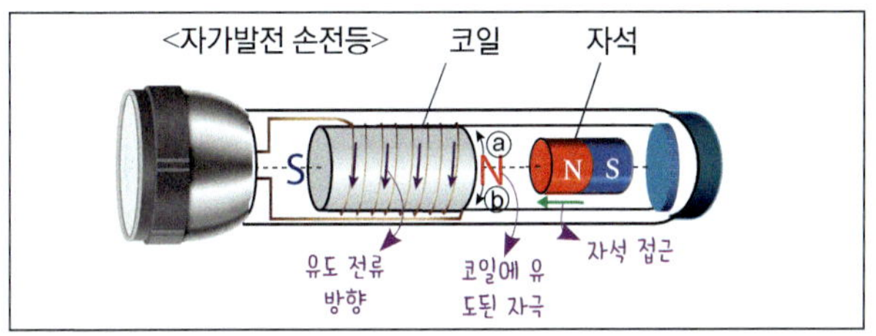

ㄱ. 자가발전 손전등은 자석과 코일 사이의 전자기 유도 현상을 이용한다.

[바른 풀이] ㄴ. (가)는 ⓑ이다.

ㄷ. 코일은 자석의 운동을 방해하는 방향으로 자석에 힘을 작용한다. 자석이 코일에 가까워지면 자석과 코일 사이에는 서로 미는 자기력이 작용한다.

14 ㄱ. 에너지는 한 형태에서 다른 형태로 전환될 뿐 새로 생기거나 없어지지 않는다.

ㄷ. 에너지 보존 법칙에 의해 에너지의 총량은 보존되지만 에너지 전환 과정에서 열이나 소리와 같은 다시 사용하기 어려운 형태의 에너지로 전환되므로 공급된 에너지를 모두 사용할 수 없다.

[바른 풀이] ㄴ. 에너지가 한 형태에서 다른 형태로 전환되는 과정에서 에너지의 총량은 변하지 않는다.

15 ⑤ ⑩ 열기관은 열에너지를 역학적 에너지로 전환하는 장치이다.

[바른 풀이] ① ㉠ (열에너지 → 화학 에너지): 열을 가해 물질의 화학적 결합을 변화시키는 것이다. 탄산 칼슘의 열분해 등의 화학 반응이 있다.

② ㉡ (빛에너지 → 화학 에너지): 광합성

③ ㉢ (빛에너지 → 전기 에너지): 태양전지

④ ㉣ (역학적 에너지 → 전기 에너지): 발전기

16 조력발전이나 파력발전은 자연 현상에 의해 지속적으로 발생하는 밀물과 썰물, 파도를 이용하기 때문에 고갈되지 않고 재생 가능한 에너지를 이용한다. 단, 조력발전은 조수간만의 차가 큰 바다, 파력발전은 파도가 많이 치는 바다에 설치해야 하는 등의 설치 장소의 제한이 있고 발전양이 불규칙한 단점이 있다. 우리나라 전력 생산 비율에서 신재생에너지의 비중은 약 10 % 내외이다. ② (가) 조력발전은 밀물과 썰물 시 들어오거나 나가는 물의 힘을 이용하여 터빈을 돌려 전자기 유도로 전기 에너지를 생산한다. 따라서 밀물·썰물의 고갈되지 않고 재생가능한 에너지를 이용한다.

[바른 풀이] ① (가) 조력발전은 설치 장소의 제한이 있다.
③ (나) 파력발전은 파도의 운동 에너지를 전기 에너지로 전환한다.
④ (나) 파력발전은 조력발전과 같이 발전량이 불규칙하다.
⑤ (가)와 (나)를 포함해서 우리나라 신재생에너지 생산 비율은 10 % 정도로 (가)와 (나)가 우리나라 전력에 차지하는 비율은 극히 일부분이다.

17 두 선풍기의 에너지효율은 일정한 값이고, 바람의 세기가 $I_1 \rightarrow I_2 \rightarrow I_3$가 될 때 소비전력은 점점 늘어났으므로 $I_1 \rightarrow I_2 \rightarrow I_3$ 순으로 바람의 세기는 증가한다. 같은 50 W일 때 A는 세기가 I_3이지만 B는 세기가 I_2이므로 같은 양의 에너지로 낼 수 있는 바람의 세기는 A가 B보다 더 크다. 따라서 A의 에너지효율이 B보다 크다. 1 W는 1초 동안 낼 수 있는 에너지(J)로 W 수가 클수록 1초 동안 더 많은 에너지를 낼 수 있다.
바람의 세기가 I_1, I_2, I_3일 때 각각 A의 소비 전력이 B의 소비 전력보다 작으므로 같은 바람의 세기를 내기 위해 필요한 에너지는 A가 B보다 적다.
ㄱ. 같은 양의 에너지로 낼 수 있는 바람의 세기는 A가 B보다 더 크다.
ㄴ. 같은 바람의 세기를 내기 위해 필요한 에너지는 B가 A보다 많다.
[바른 풀이] ㄷ. 같은 양의 에너지로 낼 수 있는 바람의 세기는 A가 B보다 크므로 에너지효율은 A가 B보다 크다.

18 청소 과정에서 소리 에너지나 열에너지는 버려지는 에너지이고, 유용한 에너지는 모터의 운동 에너지 9000 (J)이다.
청소기는 20000 J의 전기 에너지가 충전되어 있었으므로,
㉠+4500+9000=20000, ㉠=6500 (J)이다.

$$\text{에너지효율(%)} = \frac{\text{유용하게 사용된 에너지}}{\text{공급한 에너지}} \times 100$$

$$\text{무선청소기의 에너지효율} = \frac{9000}{20000} \times 100 = 45 \text{ (%)}$$

19 풍력발전은 기체(바람)의 에너지로 날개를 돌려 발전기에서 전자기 유도로 전기 에너지를 생산한다.
핵발전은 핵분열 시 발생한 열에너지로 물을 끓여 고온·고압의 수증기(기체의 흐름)로 터빈을 돌려 전자기 유도로 전기 에너지를 생산한다. 핵발전의 연료인 우라늄이 고갈될 우려가 있으며, 방사성 폐기물이 발생한다.
조력발전은 조수간만의 차를 이용하여 터빈을 돌리고 전자기 유도로 전기 에너지를 생산한다.
따라서 Ⅰ 기체의 흐름을 이용하여 발전하는 것은 핵발전(수증기)과 풍력발전(바람)이고, 에너지지원이 고갈되지 않는 재생에너지 발전은 풍력발전과 조력발전이다.

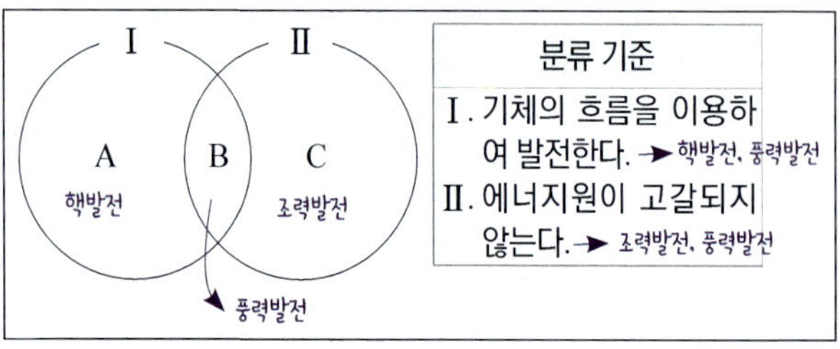

ㄱ. A(핵발전)은 발전 과정에서 방사성 폐기물이 발생한다.

[바른 풀이] ㄴ. B(풍력발전)은 발전량의 정확한 예측이 불가능하다.
ㄷ. C(조력발전)은 밀물과 썰물을 이용한다.

20 연료전지는 음(-)극에서 수소를 산화시켜 전자를 배출하고 이 전자가 전기를 생성한 후 양(+)극에서 전자와 수소 이온과 산소가 결합하여 물을 생성한다.
전체 화학 반응식: $2H_2 + O_2 \longrightarrow 2H_2O + $ 전기 에너지
따라서 연료전지는 화학 에너지를 전기 에너지로 전환하며, 연료전지를 이용하면 환경오염이 발생하지 않고, 에너지효율이 화석 연료를 사용할 때보다 높다.
ㄱ. ㉠ 연료전지는 화학 에너지를 전기 에너지로 전환한다.
ㄷ. ㉢은 화학 반응 이후 최종적으로 생성되는 물이다.
[바른 풀이] ㄴ. 연료전지의 에너지효율은 화석 연료보다 높으므로 ㉡은 '높고'가 적절하다.

21 ㄱ. (가) 파력발전은 파도가 풍부한 연안 지역에 설치하며, (나) 조력 발전은 조수간만의 차이가 큰 지역에 설치하는 등 설치 장소가 제한적이다.
ㄴ. (가) 파력발전은 파도의 운동 에너지를 이용하고, (나)는 밀물과 썰물에 의한 해수면의 높이 차(위치 에너지)를 이용하므로 (가)와 (나) 모두 역학적 에너지가 전기 에너지로 전환된다.
[바른 풀이] ㄷ. (가) 파력발전은 소규모로 건설할 수 있어 건설비가 적게 들 수 있다.
(나) 조력발전은 방조제를 쌓아야 하므로 대규모 개발이 필요하여 건설 비용이 많이 든다.

22 열회수 환기 장치는 실내의 따뜻한 공기가 밖으로 나갈 때 열을 회수하여 차가운 바깥 공기가 실내로 들어올 때 가열하여 따뜻하게 만드는 장치이다.

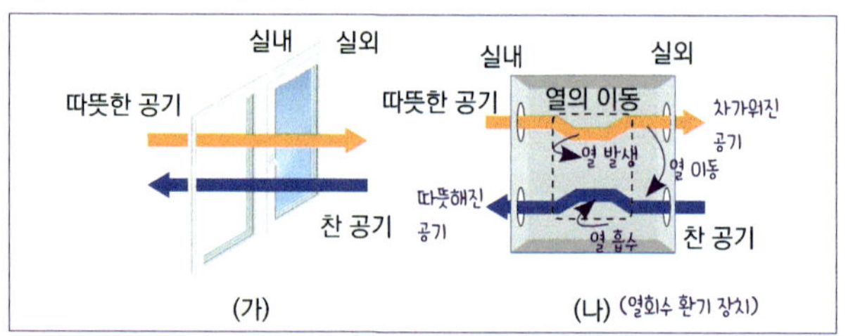

ㄱ. 열은 나가는 공기에서 들어오는 공기로 이동한다.
ㄷ. 열회수 환기 장치를 사용하면 따뜻해진 공기가 실내로 들어오므로, 찬 공기가 그대로 실내로 들어올 때보다 실내 공기를 가열하는 데 필요한 에너지가 ㉢'적다'
[바른 풀이] ㄴ. 열회수 환기 장치를 사용하면 창문으로 직접 환기할 때보다 ㉡'따뜻한 공기'가 실내로 들어온다.

01 LED 전구 B가 A보다 에너지효율이 크므로 같은 에너지를 공급했을 때 LED 전구 B가 A보다 유용한 에너지인 빛에너지가 더 많이 발생하는 것이므로 더 밝다.

$$\text{에너지효율(\%)} = \frac{\text{유용하게 사용된 에너지}}{\text{공급한 에너지}} \times 100$$

LED 전구 B가 A보다 공급한 에너지(Q_1) 중에서 버려진 에너지(Q_2)를 제외한 일(W)을 더 많이 하는 것이다.

$$\text{열효율(에너지효율)(\%)} = \frac{W}{Q_1} \times 100 = \frac{Q_1 - Q_2}{Q_1} \times 100$$

ㄱ. 같은 전지에 연결하면 A보다 B가 더 밝다.
ㄷ. 같은 전지에 연결하면 에너지효율이 작은 A가 에너지효율이 큰 B보다 버려지는 에너지가 많다.

[바른 풀이] ㄴ. 같은 전지에 연결하였을 때 에너지 효율이 큰 B가 A보다 더 많은 일을 하므로 더 밝은 것이다.

02 자석이 위로 상승할 때(아래 그림(나)) 원형 도선 A의 미는 힘에 의해 운동을 방해받으므로 원형 도선이 없을 때(아래 그림(가))보다 p점에서 속력이 느려지고 올라갔다 내려올 때(아래 그림(다)) 역시 자석의 운동이 방해받으므로 올라갈 때보다 p점에서의 속력이 더 느려진다.

p점에서 위로 올라갈 때는 그림 (나)와 같이 자석의 접근하는 운동이 방해받으므로 원형 도선 A에는 위에서 봤을 때 시계 방향의 유도 전류가 흐르고, p점에서 아래로 내려갈 때에는 그림 (다)와 같이 자석의 멀어지는 운동이 방해받으므로 위에서 봤을 때 A에는 반시계 방향의 유도 전류가 흐른다.

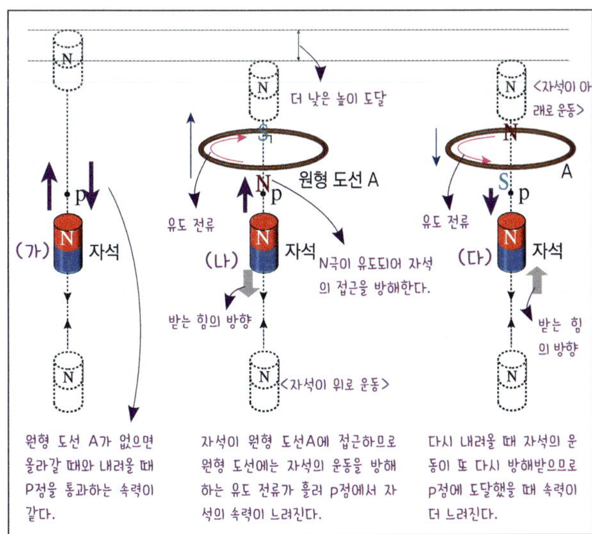

ㄱ. p점에서 올라갈 때가 내려올 때보다 속력이 더 크므로 A에 흐르는 유도 전류의 세기는 올라갈 때가 내려올 때보다 더 크다.

[바른 풀이] ㄴ. A에 흐르는 유도 전류의 방향은 자석이 p점에서 위로 운동할 때와 p점에서 아래로 운동할 때 서로 반대이다.
ㄷ. p점에서 자석이 위로 올라갈 때는 운동을 방해하기 위해 자석이 아래 방향으로 힘을 받으며, p점에서 아래로 내려갈 때에는 운동을 방해하기 위해 자석이 위 방향으로 힘을 받는다. 따라서 자석이 A로부터 받는 힘의 방향은 p에서 올라갈 때와 내려올 때가 서로 반대이다.

03 공급한 에너지(Q_1) 중에서 버려진 에너지(Q_2)를 제외한 일(W)의 비율이 열효율 또는 에너지 효율이다.

$$\text{열효율(에너지효율)(\%)} = \frac{W}{Q_1} \times 100 = \frac{Q_1 - Q_2}{Q_1} \times 100$$

내연기관 자동차 A의 열효율 $= \dfrac{0.19E}{E} \times 100 = 19\,\%$

전기 자동차 B의 열효율은 화력발전소에서 버려지는 에너지가 있으므로 $\dfrac{0.37E}{E} \times 100 = 37\,\%$ 보다 크다.

ㄱ. A의 엔진에서는 에너지 전환 시 버려지는 열이 발생한다.
ㄴ. 전기 자동차의 배터리를 충전할 때 전기 에너지가 전지의 화학 에너지로 전환되어 저장된다.
ㄷ. 석유의 에너지가 자동차의 운동 에너지로 전환되는 과정에서의 효율은 B(37 % 이상)가 A(19 %)보다 크다.

04 열기관은 자동차 엔진과 같이 열을 일(유용한 에너지)로 전환하는 장치이다. 열기관에 공급한 에너지(Q_1) 중에서 버려진 에너지(Q_2)를 제외한 일(W)의 비율이 열효율 또는 에너지 효율이다.

$$\text{열효율(에너지효율)} = \frac{W}{Q_1} = \frac{Q_1 - Q_2}{Q_1}$$

공급한 에너지(Q_1)은 버려진 에너지(Q_2)와 이때 일(W)을 합한 양이다.

$$Q_1 = Q_2 + W, \ Q_2 = 2W,$$
$$\therefore \ Q_1 = 2W + W = 3W$$

ㄷ. Q_1이 일정하게 $3W$이고, 일이 $2W$일 때의 열효율:

$$\frac{2W}{Q_1} = \frac{2W}{3W} = 0.67$$

이며, 외부에 한 일이 W일 때보다 크다.

[바른 풀이] ㄱ. $Q_1 = Q_2 + W$, $Q_2 = 2W$이므로, $Q_1 = 2W + W = 3W$

ㄴ. 열기관의 효율(열효율) $= \dfrac{W}{Q_1} = \dfrac{W}{3W} = 0.33$

01 ⑤	02 ⑤	03 ④	04 ④	05 ④	06 ③
07 ④	08 ③	09 ③	10 ①	11 ⑤	12 ③
13 ②	14 ④	15 ⑤	16 ②,③,④		17 ④
18 ②	19 ③	20 ④			

01 핵융합 반응은 태양의 핵에서 일어나는 반응으로 질량수 1인 수소 원자핵 4개가 융합하여 질량수 4인 헬륨 원자핵 1개가 되는 과정이다.

$$\text{수소 핵융합 반응: } 4^1H \longrightarrow {}^4He + \text{에너지}$$

이때 반응 전후에 질량수는 변하지 않으나 질량이 줄어 질량결손이 일어나고 이 질량이 에너지가 되어 방출된다.

학생 A: 핵융합 반응이 일어나면서 질량이 줄면서 에너지가 발생한다.(맞다.)

학생 B: 태양의 빛에너지는 광합성 과정에서 식물체의 화학 에너지로 전환되어 저장된다.(맞다.)

학생 C: 지구에 도달한 태양 에너지에 의해 대기와 해수의 순환이 발생한다.(맞다.)

02 태양의 중심부인 핵에서는 수소 원자핵 4개가 핵융합하여 헬륨 원자핵 1개가 되는 핵융합 반응이 일어나고 있다. 이때 수소 원자핵 4개의 질량의 합은 헬륨 원자핵 1개의 질량보다 크다. 따라서 헬륨 원자핵이 생성되는 과정에서 질량결손이 일어나며 줄어든 질량만큼 에너지가 발생한다.

ㄱ, ㄴ. 태양의 중심부에서는 수소 원자핵 4개가 융합하여 헬륨 원자핵 1개가 생성되는 핵융합 반응이 일어나며, 이 과정에서 커다란 에너지가 발생한다.

ㄷ. 수소 원자핵 4개의 질량의 합은 생성되는 헬륨 원자핵 1개의 질량보다 커서 핵융합 반응 과정에서 질량 결손이 발생하고, 결손된 질량이 에너지로 발생한다.

03 (가)식물의 광합성은 태양의 빛에너지가 식물체 내 포도당의 화학 에너지로 전환되어 자장되는 과정이다.

(나) 태양의 열에너지는 지표면을 가열하고, 공기를 상승시키고 공기를 이동시킨다. 공기의 이동이 바람이므로 태양 에너지가 바람의 운동 에너지로 전환되는 것이다.

ㄴ. (나)는 태양 에너지가 바람의 운동 에너지로 전환된다.

ㄷ. (가) 광합성, (나) 바람 모두 근원 에너지는 태양 에너지이다.

바른 풀이 (가) 광합성의 과정에서 태양 에너지가 식물의 화학 에너지로 저장된다.

04 물이 증발하는 것은 태양 에너지가 수증기의 열에너지로 전환되는 과정이다.

수증기가 높이 떠 있는 구름 속 물방울이 되는 것은 수증기의 열에너지가 구름 속 물방울이나 얼음 조각의 위치 에너지가 되는 과정이다.

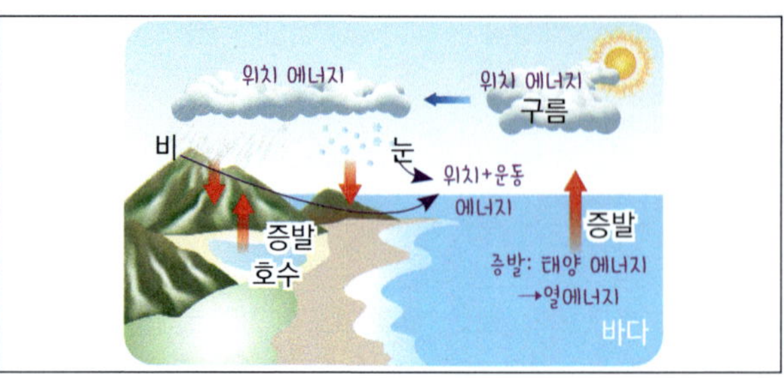

ㄴ. 물이 열에너지를 받아 증발하여 수증기가 되고, 수증기가 액화하거나 승화하여 구름의 물방울이나 얼음 조각이 되어 높이 떠서 구름이 되는데 이때 위치 에너지를 가지게 된다. 이 과정에서 열에너지가 위치 에너지로 전환된다.

ㄷ. 태양 에너지는 지구상에서 물의 순환을 일으키는 근원이다.

바른 풀이 ㄱ. 구름의 물방울이나 얼음 조각이 떨어지면서 비나 눈이 되는데, 이때 비나 눈은 떨어지는 속력에 의해 운동 에너지를 가지게 된다. 이 운동 에너지는 높이 떠 있을 때 가지고 있던 위치 에너지가 전환된 것이다. 이 과정에서 에너지 전환은 위치 에너지 → 운동 에너지이다.

05 근원 에너지가 태양 에너지인 발전 방식: ㄱ. 풍력발전, ㄴ. 태양광발전, ㄷ. 파력발전, 태양열발전 등

근원 에너지가 지구 내부 에너지인 발전 방식: 지열발전

근원 에너지가 조력 에너지인 발전 방식: 조력발전

근원 에너지가 핵에너지인 발전 방식: ㄹ. 원자력발전(핵발전)

06 코일에 자석을 가까이하거나 멀리할 때 자석의 운동을 방해하는 방향으로 유도 자기장이 형성되어 유도 전류가 흐른다.

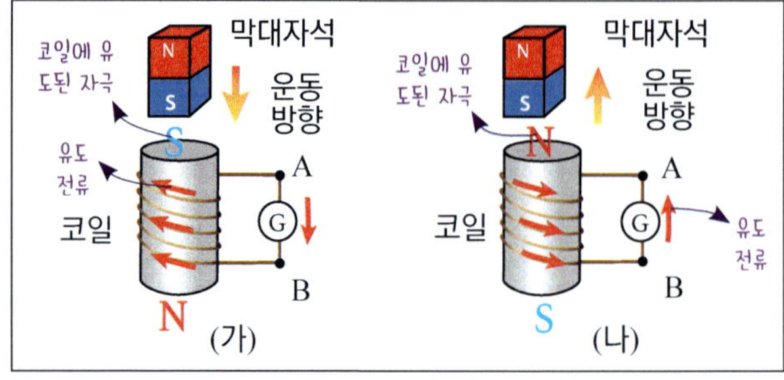

이때 유도 전류의 세기는 코일을 통과하는 자석 자기장의 시간적 변화율에 비례한다.

ㄴ. (나)에서 유도 전류의 방향은 B → ⑥ → A이다.

ㄷ. (가)와 (나)에서 검류계에 흐르는 전류의 방향이 반대이다.

바른 풀이 ㄱ. 자석의 운동을 방해하므로, (가)에서는 자석과 코일 사이에 척력(미는 힘)이 발생한다.

ㄹ. 유도 전류의 세기는 코일의 단면을 수직으로 지나는 자기장의 시간적 변화율에 비례한다.

07 ㄱ. 자석 사이에서 코일이 회전하면 코일의 단면을 통과하는 자기장의 세기가 변하므로 전자기 유도에 의해 유도 전류가 흐른다.

ㄹ. 코일이 빨리 회전할수록 코일의 단면을 통과하는 자기장의 변화가 크기 때문에 유도 전류가 크게 흐른다. 따라서 전구의 밝기가 밝아진다.

바른 풀이 ㄴ. 발전기에서는 운동 에너지가 전기 에너지로 전환되고, 전구에서 전기 에너지가 빛에너지로 전환된다.

ㄷ. 코일이 회전할 때 코일의 단면을 통과하는 자기장의 변화가 일정하지 않으므로 유도 전류의 세기가 일정하지 않다.

08 자석이 원형 코일의 중심축을 따라 이동할 때 코일의 단면을 통과하는 자석의 자기장이 변하므로 코일에는 유도 전류가 흐르며, 자석과 코일 사이에는 자석의 운동을 방해하는 자기력이 작용한다.

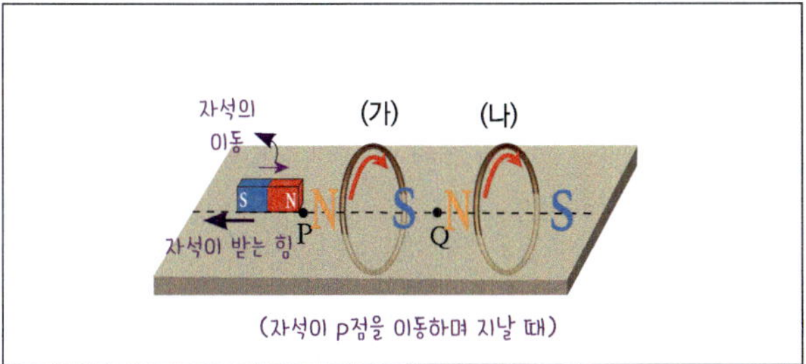

ㄱ. 자석이 P 점을 지날 때 코일에 유도된 N극과 자석의 N극 사이에는 서로 미는 힘이 작용하므로, 자석이 받는 힘은 왼쪽이며, (가)와 (나)로부터 받는 자기력의 방향은 서로 같다.

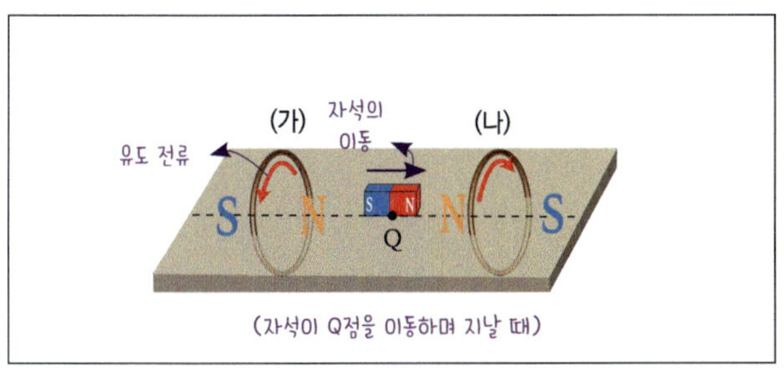

ㄴ. 자석이 Q 점을 지날 때 자석은 (나)를 향해 가고 있으므로 (가)와는 인력이, (나)와는 척력이 작용한다. 이때 (가)와 (나)에 발생하는 유도 전류의 방향은 반대이다.

[바른 풀이] ㄷ. 자석이 Q 점을 지날 때 (가)로부터 받는 인력은 자석의 왼쪽으로 작용하며, (나)로부터 받는 척력은 자석의 왼쪽으로 작용하므로 (가)와 (나)로부터 받은 힘의 방향은 서로 같다.

09 자석을 코일에서 멀어지게 운동시킬 때 코일은 자석의 운동을 방해하므로 코일의 왼쪽에는 S극이 유도된다. 코일의 왼쪽에 S극이 유도될 때 검류계의 바늘은 오른쪽으로 돌아갔다.

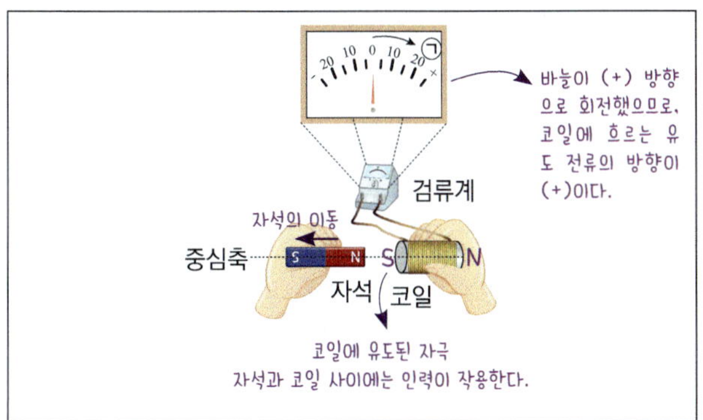

따라서 코일의 왼쪽에 S극이 유도되는 경우를 찾으면 된다.
ㄷ. 자석의 S극을 코일에 가까워지게 하면 자석의 운동을 방해하기 위해서 코일의 왼쪽에는 S극이 유도된다. 이 경우는 검류계의 바늘이 ㉠ 쪽으로 회전한다.

[바른 풀이] ㄱ. N극을 코일에 가까워지게 하면 코일의 왼쪽에는 N극이 유도되어 검류계의 바늘이 ㉠과 반대로 회전한다.
ㄴ. 코일을 자석의 N극에 가까워지게 할 때도 자석과 코일은 서로의 운동을 방해하므로, 자석의 N극을 코일에 가까워지게 할 때와 동일하게 코일의 왼쪽에는 N극이 유도되어 바늘이 ㉠과 반대로 회전한다.

10 폐달로 설치된 자석 속의 코일을 돌려 전자기 유도 현상으로 코일에 유도 전류를 발생시키고, 그 전류로 휴대전화를 충전하고 있다.
ㄱ. 발전기는 코일 속에 자석을 돌려 전자기 유도 현상을 일으켜 전류를 생산한다.

[바른 풀이] ㄴ. 발전기는 코일이 회전하는 운동 에너지를 전기 에너지로 전환한다.
ㄷ. 전기를 공급했을 때 스피커에서 소리가 나오므로 스피커는 전기 에너지를 소리 에너지로 전환한다.

11 화력발전: 화석 연료를 연소시켜 고온 고압의 수증기를 만들어 그 힘으로 터빈을 회전시키고 발전기에서 전자기 유도 현상으로 전류를 생산한다.
핵발전: 핵연료가 핵분열할 때 질량이 줄어들면서 발생하는 막대한 에너지로 고온·고압의 수증기를 만들어 그 힘으로 터빈을 회전시키고 발전기에서 전자기 유도 현상으로 전류를 생산한다.
ㄴ. 화력발전은 석탄, 석유, 천연가스 등 화석 연료를 사용한다.
ㄷ. 화력발전은 화학 에너지(화석 연료)→열에너지(수증기)→운동 에너지(터빈)→전기 에너지(전류 발생)로 에너지가 전환된다.
ㄹ. 화력발전과 핵발전 모두 전자기 유도 현상을 이용하여 전기 에너지를 생산한다.

[바른 풀이] ㄱ. 핵발전은 핵분열을 이용한다.

12 ㄷ. 바닥에서 튀는 공의 튀어오르는 높이가 점점 감소하는 이유는 감소한 만큼의 역학적 에너지가 열에너지나 소리 에너지 등으로 전환되었기 때문이다.

[바른 풀이] ㄱ. 공이 처음 떨어뜨린 높이만큼 다시 튀어오르지 못했으므로 역학적 에너지는 보존되지 않는다.
ㄴ. 공이 운동하는 동안 에너지 전환이 일어났고, 이러한 에너지를 모두 합하면 처음의 역학적 에너지와 같다. 즉 에너지의 총량은 일정하다.

13 (가) 전기 에너지를 연결했을 때 화면에서 빛이 나는 경우는 전기 에너지가 빛에너지로 전환된 것이다.
(나) 전열선에서 열이 발생되는 것은 전기 에너지가 열에너지로 전환되는 경우이다.
(다) 전동기에 의해 팬이 회전하는 것은 전기 에너지가 팬의 운동 에너지로 전환된 것이다.
따라서 전기 에너지가 운동 에너지로 전환되는 경우는 (다) 한 가지 경우이다.

14 에너지 효율 등급이 1등급에 가까울수록 열효율이 크며, 버려지는 쓸모없는 열에너지가 작다.

자동차의 기름이 연소(화학 에너지)되면 엔진에서 열이 발생하면서 일부는 없어지고 나머지는 바퀴를 돌리는 운동 에너지로 변환된다. 이 운동 에너지는 최종적으로 타이어와 도로와의 마찰 등으로 열에너지로 전환되어 대기 중에 포함된다.
ㄱ. 에너지 효율은 (가)가 (나)보다 크다.
ㄴ. (가) 자동차의 운동 에너지는 최종적으로 열에너지로 전환된다.
[바른 풀이] ㄷ. 공급한 에너지가 같을 때 열효율이 큰 (가)가 (나)보다 저열원으로 방출된 에너지가 적다.

15 열기관의 열효율(에너지효율)(%)$=\dfrac{W}{Q_1}\times100=\dfrac{Q_1-Q_2}{Q_1}\times100$

이때 열기관에 공급한 열(Q_1)은 일(W; 유용한 에너지)을 하고 나머지는 저열원(Q_2)으로 버려진다.

$$Q_1=W+Q_2 \rightarrow W=Q_1-Q_2$$

ㄱ. $Q_2=0$인 열기관은 흡수한 열에너지(Q_1)를 모두 일(W)로 전환하는 경우로, 이때는 열효율이 100%가 되며, 열효율이 100%인 열기관은 만들 수 없다.
ㄴ. 열기관에 공급한 열에너지(Q_1)는 열기관이 한 일(W)과 방출된 열에너지(Q_2)의 합과 같다 . 따라서 $W=Q_1-Q_2$이다.
ㄷ. 열기관의 열효율(에너지효율)(%)

$$=\dfrac{W}{Q_1}\times100=\dfrac{Q_1-Q_2}{Q_1}\times100=\left(1-\dfrac{Q_2}{Q_1}\right)\times100$$

∴ Q_2가 일정할 때, Q_1이 커질수록 열기관의 열효율은 커진다.

16 신재생에너지는 신에너지와 재생에너지의 합성어로 이산화탄소를 방출하는 등 환경오염이 없거나 매우 작고, 에너지원이 고갈되지 않으며, 재생 가능한 에너지를 통칭한다.
천연가스, 석탄, 석유 등의 화석 연료는 신재생에너지가 아니다.
신에너지: 수소 에너지, 연료전지, 석탄의 액화 및 가스화
재생에너지: 태양광, 태양열, 풍력, 수력, 해양, 지열, 바이오, 폐기물 에너지 등이 있다.
우라늄의 핵에너지는 자원이 한정되어 있으므로 재생에너지로 분류되지 않는다.

17 에너지 보존 법칙에 의해 연료에서 공급한 에너지의 총합(100%)=마찰열(46%)+기계 부품의 열(20%)+운동 에너지(㉠)+기타(10%)이다. 따라서 ㉠은 24 %이다.
ㄱ. 에너지 효율은 공급한 에너지 중에서 유용하게 사용된 에너지(일)의 비율이다. 자동차에서 유용하게 사용된 에너지는 자동차가 운동하는데 쓰이는 에너지 ㉠(24 %)이므로 이 자동차의 에너지효율은 24 %이다.
ㄷ. 연료의 화학 에너지는 최종적으로 열에너지로 전환되어 대개 중으로 흡수된다.
[바른 풀이] ㄴ. 연료가 가진 화학 에너지는 자동차의 운동 에너지, 열에너지로 전환되며, 소멸되지는 않는다.(에너지 보존 법칙)

18 (가)는 풍력발전의 발전기이며 날개의 회전에 의해 발전기 코일 내부의 자석을 회전시킨다.
(나)는 파력발전이며, 바람에 의해 파도가 칠 때 공기실의 공기의 출입을 이용하여 터빈을 돌려 발전기 내부의 코일 사이에서 자석을 회전시킨다.
ㄱ. (가) 풍력발전은 바람의 운동 에너지를 이용하여 전기 에너지를 생산하는 발전 방식, (나) 파력발전은 바람에 의한 파도의 운동 에너지를 이용하여 전기 에너지를 생산하는 발전 방식이다.
ㄴ. 풍력발전과 파력발전은 자원고갈 우려가 없는 재생에너지원를 이용한다.
[바른 풀이] ㄷ. 풍력발전은 바람에 의해 마모되므로 영구적이지 못하며, 파력발전도 파도에 직접 노출되므로 내구성이 약하다.

19 태양광발전은 태양전지에 직접 빛을 쬐어 전기 에너지를 발생시키는 발전 방식이다.
풍력발전은 바람에 의해 날개가 돌아가면 날개와 연결된 터빈을 돌리고, 발전기 코일 내부의 자석을 돌려 전자기 유도 현상으로 전기 에너지를 발생시키는 발전 방식이다.
ㄱ. 태양광발전은 태양 에너지, 풍력발전은 바람의 운동 에너지를 이용하므로 자연에서 얻을 수 있는 에너지를 이용한다.
ㄷ. 태양광발전이나 풍력발전은 발전 과정에서 대기오염 물질을 거의 배출하지 않는 재생에너지이다.
[바른 풀이] ㄴ. 태양광발전은 태양의 빛에너지가 직접 전기에너지로 전환된다.

20 열기관에 공급한 열(Q_1)은 일(W; 유용한 에너지)을 하고 나머지는 저열원(Q_2)으로 버려진다.

열기관의 열효율(에너지효율)$=\dfrac{W}{Q_1}=\dfrac{Q_1-Q_2}{Q_1}=1-\dfrac{Q_2}{Q_1}$

열기관 A의 열효율: $\dfrac{W}{Q_1}=\dfrac{5E_0}{20E_0}=0.25$

열기관 B의 열효율: $\dfrac{W}{Q_1}=1-\dfrac{Q_2}{Q_1}=1-\dfrac{㉠}{16E_0}$

열기관 A, B의 열효율은 서로 같다고 했으므로

$1-\dfrac{㉠}{16E_0}=0.25$, ㉠$=12E_0$

01 ⑤	02 ④	03 ②	04 ③	05 ①	06 ④
07 ④	08 ④	09 ①	10 ①	11 ②	12 ⑤
13 ③	14 ①	15 ④	16 ④	17 ③	18 ②
19 ③	20 ①	21 ④	22 ③	23 ④	24 ③
25 ③					

01 태양 에너지는 태양의 중심부(핵)에서 일어나는 수소 핵융합 반응에 의해 생성된다. 수소 핵융합 반응은 4개의 수소 원자핵이 융합하여 1개의 헬륨 원자핵이 되면서 질량결손에 의한 막대한 에너지를 생성하는 반응이다.

$$수소\ 핵융합\ 반응:\ 4^1H \longrightarrow {}^4He + 에너지$$

태양 에너지 중 열에너지는 여러 재생에너지 발전에 사용되며, 빛에너지는 태양전지에서 직접 전기 에너지로 전환된다.

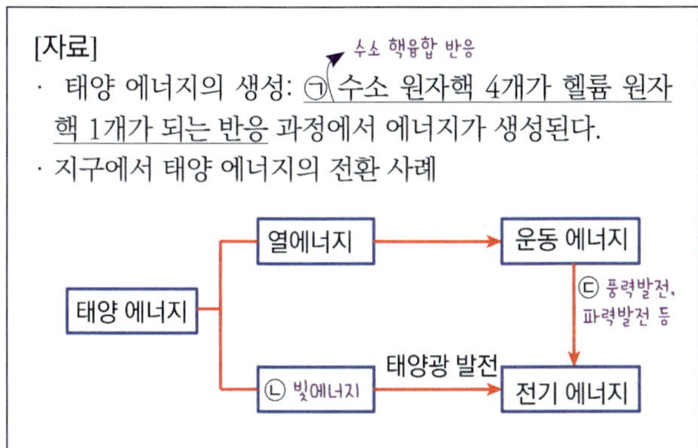

ㄱ. ㉠은 (수소) 핵융합 반응이다.

ㄴ. ㉡은 빛에너지이다.

ㄷ. 태양의 열에너지는 바람의 운동에너지로 전환되고, 바람을 이용하여 ㉢ 풍력발전을 할 수 있다.

02 태양 에너지는 전기 에너지를 생산하는 여러 형태의 에너지로 전환되어 순환한다. ㉠ 빛에너지, ㉡ 열에너지, ㉢ 화학 에너지, ㉣ 운동 에너지, ㉤ 위치 에너지, ㉥ 전기 에너지이다.

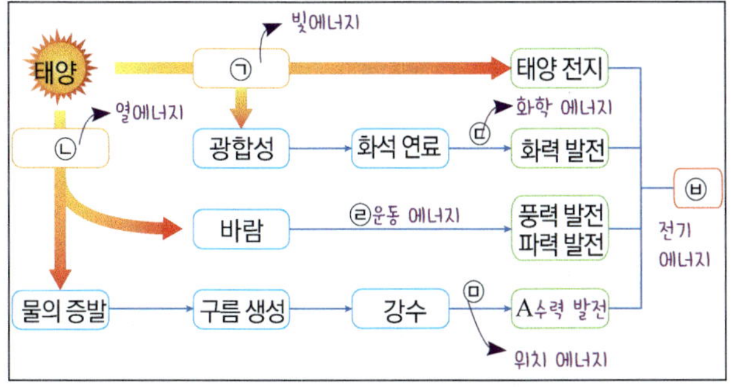

ㄴ. 태양의 ㉠ 빛에너지는 식물의 광합성을 통해 포도당 속 ㉢ 화학 에너지 형태로 저장된다.

ㄹ. 수력발전에서는 ㉤ 위치 에너지(댐의 물) → 운동 에너지(터빈) → ㉥ 전기 에너지의 전환 과정을 거친다.

〔 바른 풀이 〕 ㄱ. ㉠은 빛에너지, ㉡은 열에너지이다.

ㄷ. ㉢은 화학 에너지이며, 핵발전의 에너지원은 핵에너지이다.

03 태양의 중심부(핵)에서는 수소 핵융합 반응이 활발하게 일어나고 있는데, 수소 원자핵 4개가 융합하여 헬륨 원자핵 1개가 생성되는 반응이다. 이때 수소 원자핵 4개의 질량은 생성되는 헬륨 원자핵 1개의 질량보다 크며, 그 질량 차이만큼 에너지가 발생한다. 이것이 태양 에너지이다. 반응이 계속된다면 방출한 에너지만큼 태양의 질량은 줄어들 것이다.

ㄴ. 수소 원자핵 4개는 헬륨 원자핵 1개보다 질량이 크다.

〔 바른 풀이 〕 ㄱ. 태양의 수소 핵융합 반응은 태양의 중심부에서 일어난다.

ㄷ. 핵융합을 하는 동안 태양의 질량은 점차 감소한다.

04 태양 표면의 온도는 약 5800 K, 중심부의 온도는 약 1500만 K이며, 수소 핵융합 반응은 태양의 중심부(핵)에서 일어난다. 수소 핵융합 반응은 4개의 수소 원자핵이 융합하여 1개의 헬륨 원자핵이 되는 반응이며, 이 과정에서 질량이 감소하고, 그 감소한 질량만큼 에너지가 발생한다.

$$수소\ 핵융합\ 반응:\ 4^1H \longrightarrow {}^4He + 에너지$$

ㄷ. (수소) 핵융합 과정에서 감소한 질량이 에너지로 전환된다.

〔 바른 풀이 〕 ㄱ. 1500만 K에서 일어나는 반응이다.

ㄴ. 태양의 핵에서 일어나는 반응이다.

05 지구의 각 권 사이에서 탄소와 에너지의 순환이 일어난다.

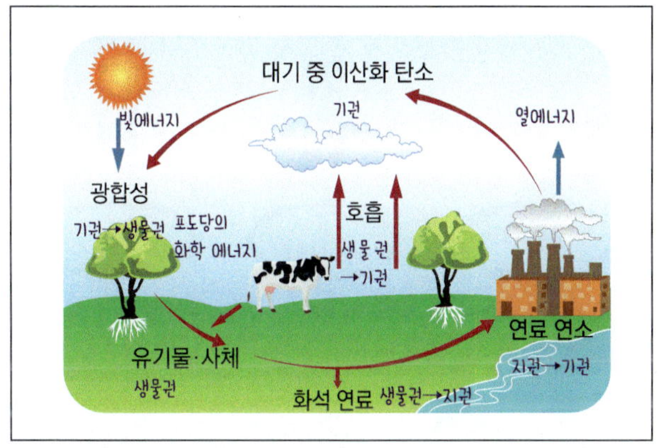

ㄴ. 식물의 광합성 과정에서 식물은 대기 중의 이산화 탄소와 빛에너지를 이용하여 포도당을 생성하므로, 탄소는 기권에서 생물권으로 이동한다.

〔 바른 풀이 〕 ㄱ. 생명체의 호흡과 화석 연료의 연소로 이산화 탄소가 방출되어 탄소는 기권으로 이동한다.

ㄷ. 화석 연료는 생물의 유기물이나 사체가 지층 속에서 퇴적되어 화석화 과정을 거쳐 형성된 것이다.

06 (가) 풍력 발전은 바람을 이용하여 터빈을 돌려 터빈과 연결된 발전기에서 운동 에너지를 전기 에너지로 전환한다.

(나) 태양광 발전은 태양 전지를 이용하여 태양의 빛에너지를 전기 에너지로 직접 전환한다.

풍력발전과 태양광발전은 발전 과정에서 이산화 탄소 등 환경오염 물질을 배출하지 않고, 지속가능한 재생에너지이다. 화석 연료를 이용한 화력발전에 비해 환경의 영향을 많이 받아 발전량이 안정적이지 않다. 풍력발전은 발전효율이 높은 편이지만 태양광 발전은 발전효율이 낮은 편이다.

ㄴ. 태양광발전과 풍력발전은 발전 과정에서 환경오염 물질을 거

의 배출하지 않는다.

ㄷ. 태양광발전에 이용되는 태양 빛은 날씨와 계절의 영향을 많이 받고, 풍력발전은 바람을 이용하기 때문에 발전량이 안정적이지 못하다.

[바른 풀이] ㄱ. 풍력 발전은 발전효율이 높은 편(20~40%)이나 태양광 발전(8~15%)은 다른 발전 방식에 비해 발전효율이 낮다.

07 자석의 N극을 코일 속에 넣으면 전자기 유도에 의해 코일에 유도 전류가 흐른다. 자석을 빨리 움직이면 검류계의 바늘이 더 빨리, 진폭이 더 크게 움직이며, 자석의 극을 반대로 하면, 검류계의 바늘이 반대로 움직인다.

자석을 같은 극끼리 겹치면 센 자석이 되는 것이므로 같은 운동에도 검류계 바늘의 움직임이 커진다.

ㄱ. ㉠ [과정 (나)]−과정 (가)의 결과와 검류계 바늘이 움직이는 방향은 같으나 움직이는 진폭이 커졌다.

ㄴ. ㉡ [과정 (다)]−자석의 극을 반대로 하는 것이므로, 검류계 바늘이 자석을 넣을 때는 왼쪽으로, 뺄 때는 오른쪽으로 움직인다.

[바른 풀이] ㄷ. ㉢ [과정 (라)]−자석 2개를 같은 극끼리 겹쳤으므로 센 자석이 되었다. 과정 (가)의 결과보다 검류계 바늘이 움직이는 진폭이 커진다.

08 자석이 운동하는 경우 원형 도선 내부를 통하는 자기장의 변화가 생기므로 원형 도선에 유도 전류가 발생한다.

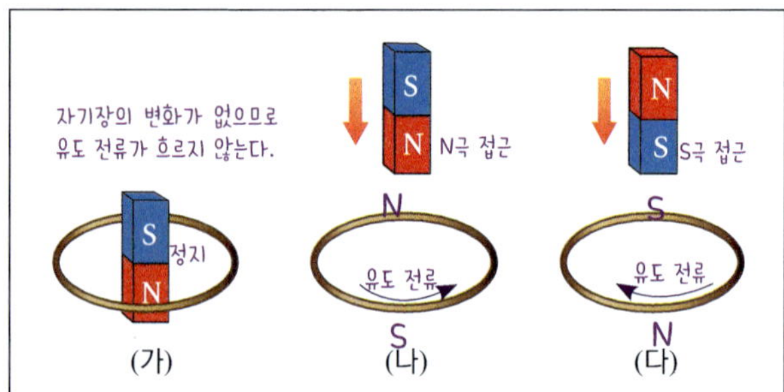

유도 전류가 흐른 경우는 (나), (다)이다.

09 원형 도선에 자석의 N극을 가까이 가져가면 원형 도선의 오른쪽에는 N극이 왼쪽에는 S극이 유도가 되어 원형 도선에 전류가 흐르게 되고 자석과는 척력이 작용하여 멀어진다. 유도 전류의 방향은 오른손 엄지 손가락을 자기장 방향으로 향하게 했을 때 네 손가락이 감아쥐는 방향이 되므로 자석 쪽에서 보았을 때 반시계 방향이다.

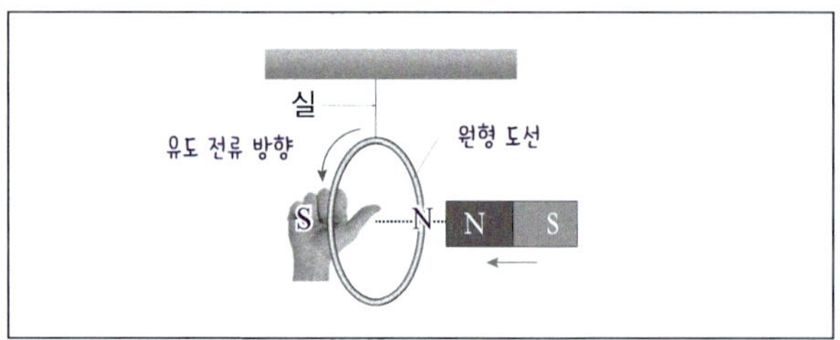

ㄱ. 원형 도선에는 유도 전류가 흐른다.

[바른 풀이] ㄴ. 자석과 원형 도선 사이에는 척력이 작용한다.
ㄷ. 유도 전류의 방향은 자석 쪽에서 보았을 때 반시계 방향이다.

10 핵발전은 우라늄과 같은 핵연료의 핵분열 과정에서 발생하는 열에너지를 이용하여 물을 끓이고, 이때 발생하는 고온·고압의 수증기로 발전기가 연결된 터빈을 돌려 전기 에너지를 생산한다.

화력발전은 ㉠ 석유나 석탄, 천연가스와 같은 화석 연료가 연소될 때 발생하는 열에너지를 이용하여 물을 끓이고, 이때 발생하는 고온·고압의 수증기로 발전기가 연결된 터빈을 돌려 전기 에너지를 생산한다.

수력발전은 ㉡ 높은 곳의 물이 아래로 내려오면서(물의 낙차) 발전기에 연결된 터빈을 돌려 전기를 생산한다.

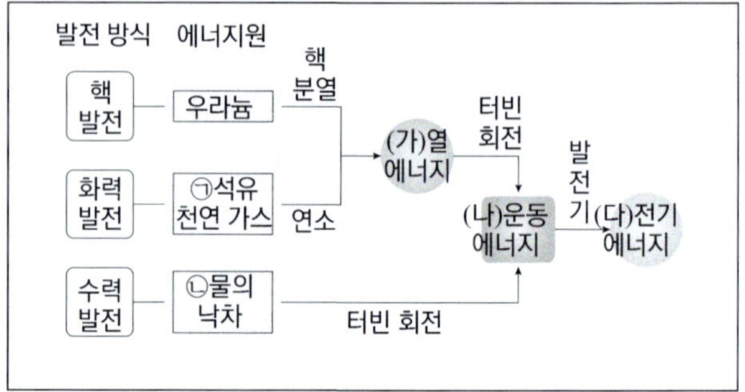

ㄱ. ㉠ 석유나 석탄, 천연가스, ㉡ 물의 낙차이다.

[바른 풀이] ㄴ. 세 가지 발전 방식은 터빈을 회전시키는 에너지원에 따라 구분하며, 세 가지 모두 발전기에서 일어나는 전자기 유도를 이용하여 전기 에너지를 생산한다.

ㄷ. 수력발전은 수증기를 이용하지 않는다.

11 각 발전 방식의 에너지 전환 과정은 다음과 같다.
· 핵발전 : 핵에너지 → 열에너지 → 운동 에너지 → 전기 에너지
· 화력발전 : 화학 에너지 → 열에너지 → 운동 에너지 → 전기 에너지
· 수력발전 : 위치 에너지 → 운동 에너지 → 전기 에너지

12 〈자석이 P 점을 지날 때〉
자석이 금속 고리에 접근하고 있으므로 금속 고리에는 자석의 운동을 방해하는 유도 자기장이 발생한다. ㉠ 유도 전류의 방향으로 보았을 때 금속 고리의 위 쪽에는 N극이 유도되었고, 자석의 아래 쪽은 N극이다. 자석과 금속 고리 사이에는 미는 힘이 작용한다.

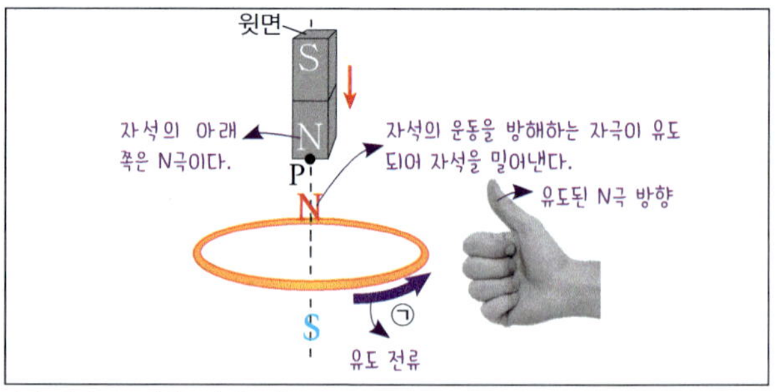

〈자석이 Q 점을 지날 때〉
자석은 금속 고리와 멀어지고 있다. 금속 고리 아래 쪽에는 N극이 유도된다. 자석과 금속 고리 사이에는 인력이 작용한다.

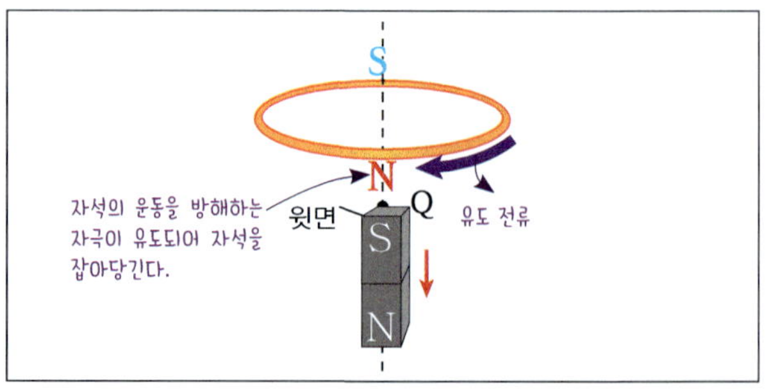

ㄴ. 막대자석이 P 점을 지날 때 막대자석과 금속 고리 사이에는 서로 미는 힘(척력)이 작용한다.

ㄷ. 막대자석이 Q 점을 지나는 순간 금속 고리에 유도되는 전류의 방향은 ⊙과 반대 방향이다.

바른 풀이 ㄱ. 막대자석의 아랫면이 N극이므로 윗면은 S극이다.

13 발전기는 자석 사이의 코일을 회전시켜서 유도 전류를 얻는 장치이다. 이때 코일을 회전시키는 방식에 따라 발전 종류가 달라진다. 물의 낙차에 의해 코일을 회전시키면 수력발전이며, 화력발전이나 핵발전, 태양열발전처럼 고온·고압의 수증기의 힘으로 코일을 회전시키기도 하고, 풍력발전처럼 바람의 힘으로 코일을 회전시키기도 한다.

코일을 회전시키면 코일의 회전을 방해하는 유도 자기장과 유도 전류가 발생한다.

① 발전기의 코일과 자석 사이에서 전자기 유도 현상이 일어난다.

② 자석 사이에서 코일을 회전시켜서 유도 전류를 생성시킨다.

④ 코일을 회전시키는 운동 에너지가 전자기 유도에 의해 전기 에너지로 전환된다.

⑤ 코일의 회전을 방해하는 방향으로 코일에 유도 전류가 흐른다.

바른 풀이 ③ 코일을 통과하는 자석의 자기장의 세기가 계속 변하므로 그에 따른 코일의 유도 자기장의 세기도 계속 변하며, 유도 전류의 세기도 계속 변하는 교류 전류가 생성된다.

14 카드 단말기에 의해 교통카드 내부를 통과하는 자기장이 (가) 증가한다.

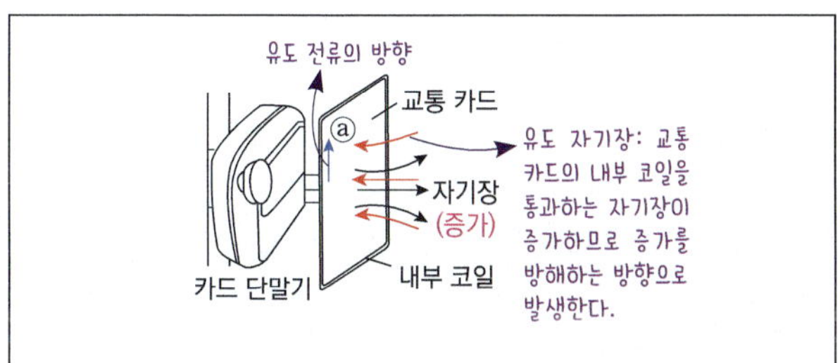

교통 카드의 내부 코일에서는 카드 단말기 증가를 방해하는 방향인 반대 방향으로 유도 자기장이 발생하고, 오른손 법칙에 따라 교통카드에 발생하는 유도 자기장의 방향으로 엄지손가락을 가리키게 했을 때 나머지 네 손가락의 방향인 (나) ⓐ 방향의 유도 전류가 흐른다.

15 코일에 자석이 접근하면 코일에는 자석을 밀어내는 힘이 발생하도록 자극이 형성된다. 그에 따라 유도 전류가 흐른다.

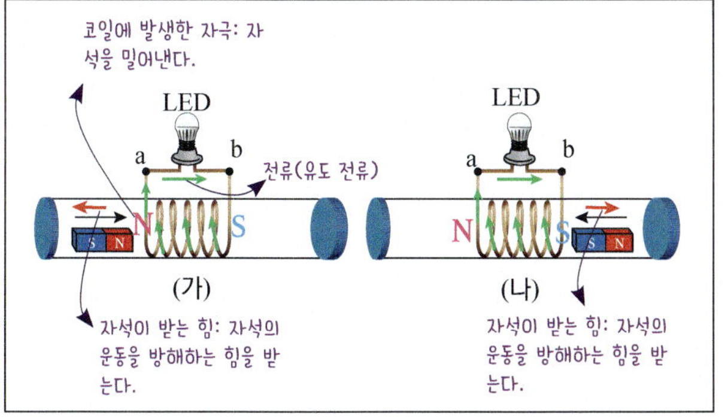

ㄴ. (가)에서 자석이 받는 자기력의 방향은 왼쪽이다. 자석은 코일로부터 밀어내는 힘을 받는다.

ㄷ. (나)에서 코일에 유도 전류가 발생하므로 LED에 불이 켜진다.

바른 풀이 ㄱ. (가)에서 전류의 방향은 a→LED→b이다.

16 태양전지는 반도체에 빛을 쬐면 전류가 흐르는 광전효과를 이용해 전기를 발생시킨다. 태양광발전은 태양전지를 이용해 직접 빛에너지를 전기 에너지로 전환시킨다.

전동기는 전류가 흐르는 도선이 자석 사이에서 전자기력을 받아 모터가 회전할 수 있는 장치이다.

학생 A: 태양전지에서 빛에너지가 전기 에너지로 전환된다.

학생 C: 전동기는 전류가 흐르는 도선이 자석으로부터 받는 힘으로 작동한다.

바른 풀이 학생 B: 태양전지는 전자기 유도 현상을 이용하지 않고, 빛을 쬐면 전류가 흐르는 반도체를 이용한다.

17 자석이 코일을 향해 다가올 때 가까운 극끼리 서로 같은 극으로 유도되어 코일은 자석의 운동을 방해하는 미는 힘(척력)을 자석에 작용한다. 코일이 멀어질 때 코일은 가까운 극끼리 서로 다른 극이 유도되어 자석의 운동을 방해하는 당기는 힘(인력)을 작용한다.

〈자석이 a 점을 통과할 때〉 x는 S극이다.

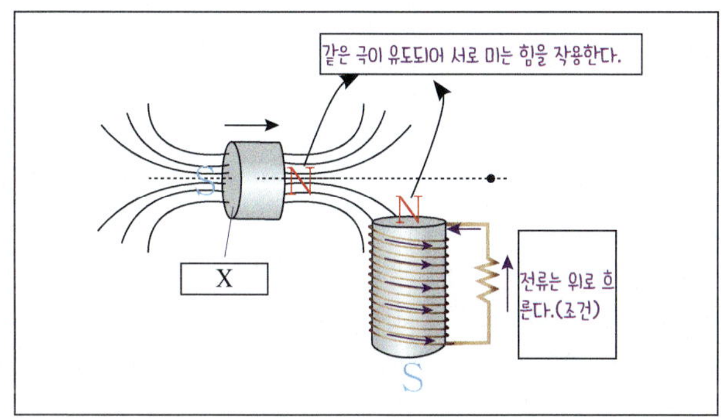

〈자석이 b 점을 통과할 때〉 x는 S극이므로 코일의 위 쪽에는 N극이 형성되어 서로 당기는 힘(인력)이 작용한다.

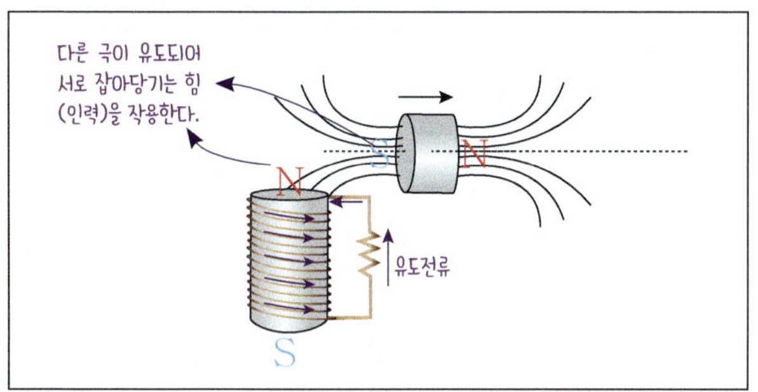

ㄱ. X는 S극이다.

ㄷ. 자석이 b를 지날 때 유도 전류의 방향은 b이다.

바른 풀이 ㄴ. 자석이 a를 지날 때 자석과 솔레노이드 사이에는 자석의 운동을 방해하는 척력(미는 힘)이 작용한다.

18 밀물과 썰물의 높이차를 이용해 터빈을 돌려 전자기 유도에

의해 전기를 생산하는 ㉠조력발전은 자원고갈의 우려가 없고 지속 가능한 재생에너지에 의한 발전이다. 우리나라에는 시화호에 건설되어 있다.

19 태양광발전은 빛에너지를 전기 에너지를 직접 바꾸는 태양전지를 이용한 발전이다. 태양광발전은 태양 빛에 따라 하루 종일 일정하지 않다.
ㄱ. (가) 태양전지에서 빛에너지가 전기 에너지로 전환된다.
ㄷ. 일사량이 많은 B에서 일사량이 적은 A보다 태양광발전 가능량이 더 많다.
[**바른 풀이**] ㄴ. (가) 태양광발전량은 하루 종일 일정하지 않다.

20 太휴대 전화의 배터리를 충전하면 전기 에너지가 휴대 전화 배터리의 화학 에너지로 전환된다. 휴대 전화를 사용할 때에는 배터리의 화학 에너지가 빛에너지, 소리 에너지, 진동 에너지 등으로 전환되어 사용된다. 휴대 전화의 진동은 작은 모터가 불균형한 무게추를 빠르게 회전시켜 생기는 힘을 휴대폰 전체에 전달하는 원리이다. 진동할 때에는 휴대폰 배터리의 전기 에너지가 운동 에너지로 전환된다.
ㄱ. 휴대폰 화면은 LED로 되어 있고, LED는 전기 에너지를 빛에너지로 만드는 반도체 소자이다.
[**바른 풀이**] ㄴ. 전원 플러그를 꽂으면 전기 에너지가 휴대 전화 배터리의 화학 에너지로 전환된다.
ㄷ. 휴대 전화가 진동하는 과정에서 전기 에너지가 진동하는 무게추의 운동 에너지로 전환된다.

21 ㄱ. 엔진과 전기 모터(전동기), 배터리를 함께 사용하는 하이브리드 자동차는 버려지는 열에너지의 양이 일반 자동차에 비해 적으므로 에너지효율이 높다.
ㄷ. 언덕을 오를 때와 같이 큰 구동력이 필요할 때에는 전기 모터가 엔진을 보조하여 연료를 절약한다. 이때 엔진에서는 연료의 화학 에너지가 전환된 열에너지가 역학적 에너지로 전환되고, 전기 모터에서는 배터리의 화학 에너지가 전환된 전기 에너지가 역학적 에너지로 전환된다.
[**바른 풀이**] ㄴ. 하이브리드 자동차는 감속할 때 운동 에너지를 전환하여 얻은 전기 에너지를 저장하여 큰 구동력이 필요할 때 사용한다. 열에너지를 전기 에너지로 전환하는 과정은 나타나지 않는다.

22 (가) 열효율 $e_{(가)} = \dfrac{W_A}{Q_{1(가)}} = \dfrac{300-180}{300} = 0.4$

(나) 열효율 $e_{(나)} = \dfrac{W_{(나)}}{Q_B} = \dfrac{80}{80+160} = $ 약 0.3

ㄱ. 열기관 (가): W(일)=공급받은 열에너지-방출한 열에너지
$$W_A = 300-180 = 120 \,(J)$$
열기관 (나): 공급받은 열에너지=방출한 열에너지+한 일
$$Q_B = 160+80 = 240 \,(J) \quad \therefore 2W_A = Q_B$$
ㄴ. 열기관 (가)에서 $Q_1 = 250$ J이고, 열효율은 0.4이다.
$$0.4 = 1 - \frac{\text{방출한 열에너지}}{\text{공급받은 열에너지}} = 1 - \frac{Q_2}{250} \;\rightarrow\; Q_2 = 150 \,(J)$$

$\therefore$ 방출하는 열(Q_2)은 160 (J)보다 적다.

[**바른 풀이**] ㄷ. 같은 양의 일을 할 때 열효율이 낮은 열기관이 소모하는 연료가 더 많으므로 열기관 (나)가 (가)보다 소비하는 연료가 많다.

23 에너지효율은 공급한 에너지에 대한 유용한 에너지의 비율이다. 조명기구인 경우 유용한 에너지는 빛에너지이고, 조명에 쓰이지 않는 열에너지를 방출한다.
ㄱ. 같은 양의 전기 에너지를 공급하면, 효율이 낮을수록 조명에 쓰이지 않는 열에너지를 더 많이 발생시키므로 (가)가 (나)보다 더 많은 열을 발생시킨다.
ㄷ. 같은 밝기일 때 같은 시간 동안 소비하는 전기 에너지는 효율이 낮을수록 더 많으므로 (가)가 (나)보다 더 많은 에너지를 소비한다.
[**바른 풀이**] ㄴ. 같은 양의 전기 에너지를 공급하면 효율이 높을수록 빛에너지가 더 많이 방출되어 더 밝으므로 (나)가 (가)보다 밝다.

24 열화상 카메라에는 사용 중인 휴대전화의 에너지 출입이 촬영된다. 휴대전화를 사용 중일 때 배터리의 화학 에너지가 전기 에너지로 전환되어 각종 기능이 수행되며, 일부는 열에너지로 빠져나간다.
ㄱ. 배터리에서는 화학 에너지가 전기 에너지로 전환된다.
ㄴ. 전기 에너지의 일부가 열에너지로 전환되어 빠져나간다.
[**바른 풀이**] ㄷ. 배터리의 화학 에너지 중 일부가 열에너지로 전환되어 빠져나가므로, 배터리의 감소한(사용한) 화학 에너지가 열에너지 총량보다 많다.

25 그림은 태양열을 이용해 물을 데워 더운물을 쓰고 난방을 하는 방법을 나타낸 것이다.
ㄱ. 태양열은 시간과 계절에 따라 그 양이 달라지므로 시간과 계절에 따른 제약이 있다.
ㄴ. 화석 연료를 사용하지 않으므로 이산화 탄소를 배출하지 않는 친환경적인 방법이다.
[**바른 풀이**] ㄷ. 태양열 집열기를 이용하고 있다. 태양전지는 햇빛으로부터 직접 전기 에너지를 얻는다.

Ⅲ 과학과 미래사회

1 과학과 미래사회

01 과학기술의 활용

01 (1) ○ (2) ○ (3) × (4) × **02** ㄱ, ㄷ
03 ㄷ **04** (1) 추적 (2) 빅데이터 (3) 추천

01 (1), (2) 바이러스, 세균, 곰팡이 등의 병원체에 감염되어 발생하는 질병을 감염병이라고 하고, 증상이 나타나는 사람에게서 검체를 채취한 후 검사를 통해 병원체의 존재를 확인한다.
[바른 풀이] (3) 신속항원검사는 검체에 바이러스를 구성하는 단백질이 있는지를 항원-항체 반응을 통해 확인한다.
(4) 유전자증폭검사는 검체에 들어있는 적은 양의 핵산을 증폭하여 감염 여부를 정밀하게 분석한다.

02 [바른 풀이] ㄴ. 감염병은 다른 사람에게 전파된다.

03 ㄷ. 빅데이터를 이용한 과도한 개인정보를 수집으로 인해 사생활 침해가 발생하지 않도록 유의해야 한다.
[바른 풀이] ㄱ. 유전자 빅데이터나 임상시험 빅데이터를 이용하여 질병을 예측하고 유전적 특성에 맞는 치료를 받는다.
ㄴ. 빅데이터를 이용한 의사결정이라도 데이터의 부족이나 품질이 낮을 경우 잘못된 의사결정을 할 수 있다.

04 (1) 과학기술을 활용한 위성 위치 확인 시스템(GPS), 와이파이(WiFi), 블루투스, 센서 등을 활용한 감염병추적시스템이 필요하다.
(2) 기존의 데이터 관리 및 처리도구로는 다루기 어려운 방대한 양의 데이터를 빅데이터라고 한다.
(3) 각종 영상의 시청자들의 빅데이터를 분석하여 영상추천알고리즘을 만들어 사용자에게 영상 선택의 최적화된 서비스를 개발할 수 있다.

01 ④ **02** ③ **03** ⑤ **04** ⑤ **05** ③ **06** ④

01 그림은 간편하게 신속항원검사를 하는 모습이다.
ㄱ. 신속항원검사는 채취한 검체에 바이러스를 구성하는 단백질이 있는지 항원-항체 반응으로 확인한다.

ㄷ. 신속항원검사는 항원-항체 반응을 이용하는데, 이것은 인체의 방어작용과 관련된 것이다.
[바른 풀이] ㄴ. 병원체의 핵산을 증폭시켜 검사하는 방법은 유전자증폭검사(PCR)이다.

02 ㄱ. 감염병진단은 채취한 검체에 병원체가 존재하는지를 확인하는 검사이다. 신속항원검사는 병원체의 단백질이, 유전자증폭검사는 병원체의 핵산이 존재하는지를 확인하여 병원체가 존재하는지를 확인한다.
ㄷ. 감염병의 특징을 파악하고 확산을 예측하기 위해 빅데이터기술과 인공지능기술을 활용하여 환자를 관리하고 감염병 추적을 한다.
[바른 풀이] ㄴ. 과거에는 대부분 역학조사관이 직접 조사하였으나, 최근에는 과학기술을 활용한 위성 위치 확인 시스템(GPS), 와이파이(WiFi), 블루투스, 센서 등을 활용하여 환자의 동선을 파악하고 감염병추적을 한다.

03 ㄱ. 식량부족문제를 해결하기 위해 과학기술을 활용하여 지속가능한 농업 기술을 개발한다.
ㄴ. 에너지부족문제를 해결하기 위해 과학기술을 활용하여 재생에너지 효율을 높이는 기술을 개발한다.
ㄷ. 지구온난화로 인한 기후변화문제를 해결하기 위해 과학기술을 활용하여 탄소저감기술을 개발한다.

04 스마트워치는 디지털시계의 형태를 가진 웨어러블기기로 다양한 기술적 기능을 제공한다. 시간 표시 외에 블루투스를 통해 스마트폰과 연동하여 전화 및 문자알림을 받을 수 있고, 건강추적, 운동 기록, 음악재생기능도 포함한다.
ㄱ. 블루투스를 통해 연동된 인터넷 기능을 통해 많은 장치가 정보를 검색한다.
ㄴ. 심박수, 걸음수 등을 실시간으로 측정 가능하다.
ㄷ. 스마트워치에 부착된 각종 센서를 통해 생활데이터를 측정한다.

05 ㄱ. 빅데이터는 기존의 데이터 수집, 저장, 분석역량을 넘어서는 방대하고 복잡한 데이터의 집합으로 인터넷에 연결된 컴퓨터 등 전자기기를 사용하여 수집할 수 있다.
ㄴ. 빅데이터를 효과적으로 처리하는 기술도 함께 발전하고 있으며, 빅데이터를 분석하여 가치있는 정보를 추출하고, 변화를 예측하는 방향으로 활용범위가 넓어지고 있다.
[바른 풀이] ㄷ. 빅데이터 수집과정에서 사생활침해 가능성이 있고, 충분히 검증되지 않은 데이터를 수집할 수 있다.

06 ㄱ. 매우 방대한 분량의 데이터를 빠르게 분석하므로 현상을 빠르게 이해하고 정확하게 예측하는데 유용하게 이용된다.
ㄷ. 빅데이터는 다양한 출처에서 수집되어 종합된 결과를 도출하므로 정부의 정책결정 과정이나 교육, 의료 등 우리 생활의 다양한 분야에서 합리적인 의사결정을 할 수 있도록 해준다.
[바른 풀이] ㄴ. 빅데이터는 다양한 출처에서 수집되므로 모든 데이터가 정확하거나 품질이 좋은 것이 아니다. 빅데이터의 분석 결과가 잘못될 가능성이 있다.

01 ⑤　　**02** ③　　**03** ④　　**04** ②

01 ㄱ. 환자수를 추정하기 위해서 수학적모델을 제시하고, 빅데이터와 인공지능기술을 활용했다.
ㄴ. 스마트기기에 내장된 위성 위치 확인 시스템(GPS), 와이파이(WiFi), 블루투스, 센서 등을 활용하여 감염원 및 감염병 환자의 규모를 파악하고 감염병 환자의 감염경로를 추적관리한다.
ㄷ. 위 자료를 이용하여 코로나19의 피해를 최소화하기 위한 정책에 있어서 의사결정에 도움을 주고, 각종 자원을 적절히 분배하는 데 활용한다.

02 ㄱ. (가)는 신속항원검사로 신속항원검사 키트를 사용하며 바이러스를 구성하는 단백질이 있는지를 항원-항체 반응으로 확인한다.
ㄴ. (나)는 유전자증폭검사로 검체인 바이러스에 포함된 매우 적은 양의 핵산을 복제하여 검사하므로 시간과 비용이 많이 들긴 하지만 정밀한 감염 여부 판단을 할 수 있다.
(바른 풀이) ㄷ. (가)는 신속항원검사이다.

03 ㄱ. 기상청에서는 다양한 관측망을 통해 기상 관련 빅데이터를 수집한다. 관악산 기상관측소도 관측망 중 하나이며, 수집된 자료는 기상청과 네트워크로 연결하여 기상 관련 빅데이터에 포함된다.
ㄴ. 다양한 관측자료를 포함한 빅데이터는 높은 품질로 기상예보를 더욱 정확하게 한다.
(바른 풀이) ㄷ. 관악산 기상관측소에서 수집된 자료는 즉시 네트워크로 연결하여 빅데이터의 품질 향상에 기여한다. 관측소 자체적으로 축적하여 보관할 필요는 없다.

04 ㄱ. 빅데이터를 활용하여 교사는 학생 각각의 학습 습관에 따른 맞춤교육이 가능하다. 중퇴위험이 있는 학생을 미리 파악하여 그들에게 알맞은 지원을 제공할 수 있다.
ㄴ. 빅데이터는 농업생산성향상과 비용절감에 큰 영향을 미친다. 센서와 드론을 활용해 작물과 토양 상태를 실시간으로 모니터링한 데이터 분석을 통해 작물의 성장패턴을 예측하고, 병해충 발생을 미리 감지하여 예방조치를 취할 수 있다.
(바른 풀이) ㄷ. 미디어와 엔터테인먼트 산업에서는 빅데이터를 이용하여 고객 감정 분석 등을 통하여 추천 엔진을 통한 사용자의 취향과 습관에 따른 컨텐츠를 추천할 수 있다. 건물과 공공 장소의 에너지 최적화와 비용 및 이산화 탄소 배출량 줄이기는 미디어 및 엔터테인먼트의 빅데이터 활용 범위가 아니다.

02 과학기술의 발전과 쟁점

개념체크　　　223 쪽

01 (1) ◯ (2) ◯ (3) ✕　　**02** (1) ✕ (2) ✕ (3) ◯
03 인공지능　　**04** ㄱ　　**05** ㄴ, ㄷ

01 (1), (2) 사물 인터넷(IoT: Internet of Things) 각종 센서, 통신 기능, 소프트웨어 등을 내장한 전자기기가 인터넷에 접속하여 사물끼리 또는 사물과 사람끼리 데이터를 실시간으로 주고받으며 작업을 수행하는 기술이다.
(바른 풀이) (3) 사용자가 원격으로 사물의 상태를 확인하고 제어할 수 있고, 사람이 일일이 개입하지 않아도 스스로 제어가 가능하다.

02 (3) 지능정보화시대에는 데이터와 지식이 근간이 되는 사물 인터넷, 빅데이터, 인공지능, 로봇, 가상현실 등의 과학기술이 3차 산업화시대의 자본이나 자원보다 더 중요해진다.
(바른 풀이) (1) 지능정보화시대에는 빅데이터를 사용하여 현상의 규칙성과 경향성을 분석하여 가치있는 정보를 얻어낸다.
(2) 지능정보화시대에는 사람에 의한 지적노동의 영역이 점차 좁아지며 빅데이터를 활용한 인공지능의 활용영역이 점차 넓어진다.

03 인공지능(AI)은 인간의 학습능력, 추론능력, 지각능력을 모방하는 컴퓨터시스템의 기능으로, 빅데이터를 학습하고 분석하는 기술을 바탕으로 구현된다.

04 ㄱ. 인공지능로봇기술의 발전은 현대 경제에 심대한 영향을 미치며, 생산성을 증가시키고 새로운 시장창출에 기여한다.
(바른 풀이) ㄴ. 사물인터넷기술로 사용자가 원격으로 사물의 상태를 제어할 수 있고, 사람이 일일이 개입하지 않아도 스스로 제어가 가능하므로 사람에게 편의와 시간적 여유를 제공한다.
ㄷ. 과학기술의 발전은 미래사회에서 해결해야 할 문제를 발생시킨다. 그 중 인공지능기술로 인해 인간역량개발이 방해받고, 일자리가 줄어든다.

05 ㄴ. 풍력발전은 청정에너지이나 조류계에 부정적인 영향을 줄 수 있고, 소음으로 인해 주거생활에 부정적인 영향을 준다는 것은 풍력발전에 대한 사회적 쟁점이다.
ㄷ. 태양광발전은 고효율의 청정에너지이나 설치지역의 경관이 훼손되고 환경오염의 문제가 발생한다. 또한 발전과정에서 환경의 영향을 많이 받아 안정적으로 전기를 생산하지 못한다는 사회적 쟁점이 있다.
(바른 풀이) ㄱ. 신재생에너지는 청정에너지로서 필요하지만 설치비용이 너무 높은 경우가 발생한다. 이것은 신재생에너지 사용의 불리한 점으로 사회적 쟁점에 속하지는 않는다.

01 ③   **02** ④   **03** ①   **04** ③   **05** ①   **06** ⑤

01 ㄱ. 인공지능로봇은 각종 센서로 주변 상황을 인식한다.
ㄴ. 인공지능로봇은 스스로 판단하여 작업을 수행한다.

바른 풀이   ㄷ. 산업로봇, 안내로봇 등 수행하는 작업목표에 따라 크기와 형태가 다른 로봇이 등장하며, 서로 다른 작업방식으로 작업을 수행한다.

02 ㄴ. 사물인터넷기술이 적용된 전자기기는 각종 센서, 통신기능, 필요한 소프트웨어가 내장되어 있다.
ㄷ. 인터넷에 연결된 스마트팜의 사물들은 온도, 습도, 토양 상태, 작물의 성장 등을 실시간으로 파악하여 데이터를 서로 주고 받으며 자동으로 물과 영양분을 공급한다.

바른 풀이   ㄱ. 사물인터넷기술이 적용된 전자기기는 사용자가 원격으로 사물의 상태를 확인하고 제어할 수 있고, 사람이 일일이 개입하지 않아도 스스로 제어가 가능하다.

03 ②,③ 과학기술의 발전 과정에서 기술격차에 따른 사회불평등 문제가 발생할 수 있으며, 개인정보 및 보안에 관한 문제가 발생할 수 있다.
④ 미래 과학기술의 발전으로 인한 환경오염과 폐기물 문제가 사회적 쟁점으로 떠오르고 있다.
⑤ 누리통신망, 게임 등으로 인한 디지털중독으로 인해 인간의 삶에 있어 필수적인 능력이 약해질 수 있다.

바른 풀이   ① 인공지능기술은 미래에는 활용범위가 점차 넓어지고, 성능향상이 점차 가속화 된다.

04 ㄱ. 과학기술을 사용할 때의 장점과 그 영향을 예견하여 과학기술을 올바르게 사용하기 위한 해결책을 제시하는 과정이 사회적 쟁점에 포함된다.
ㄴ. 과학기술의 발전은 긍정적인 면과 부정적인 면이 동시에 존재한다.

바른 풀이   ㄷ. 과학기술의 발전이 부정적인 경우는 쟁점화하여 최소화하도록 해야 한다.

05 ② B 우주개발을 반대하는 입장은 우주쓰레기의 문제를 근거로 들어 제시한다.
③ C 신재생에너지 사용을 반대하는 입장은 환경의 영향으로 불안정한 에너지 공급을 근거로 제시한다.
④ D 자율주행자동차 이용에 반대하는 입장은 사고가 났을 때 책임소재의 불명확성을 근거로 제시한다.
⑤ A~D는 과학기술의 발전과 함께 나타난 사회문화적 쟁점들이다.

바른 풀이   ① A 유전자변형농산물의 사용을 반대하는 입장은 생태계 환경에 나쁜 영향을 미칠 수 있다는 것과 인간의 건강에도 위험을 초래할 수 있다는 것이다.

06 ㄱ. 개인적 측면, 사회적 측면 등 다양한 관점을 고려한 해결책을 제시하는 태도가 필요하다.
ㄴ. 자신의 입장을 표명할 때에는 과학적 근거를 들어 논리적으로 설명하는 태도가 필요하다.
ㄷ. 과학기술이 긍정적인 방향으로 발전할 수 있도록 노력하는 태도가 필요하다.

01 ③   **02** ⑤   **03** ⑤   **04** ③   **05** ⑤

01 ㄱ. 인공지능과 로봇기술을 활용한 우주탐사로 달과 화성에서 적합한 방법으로 자원을 개발할 수 있게 되었다.
ㄴ. 인공지능과 가상현실 기능을 활용하면 학생들에게 혁신적인 교육서비스 제공이 가능하다.

바른 풀이   ㄷ. 로봇택시의 등장은 장소 이동에 있어 사고발생 위험을 낮추고 편의성을 증가시켰다.

02 ① 스마트팜에서는 인터넷에 연결된 사물들의 네트워킹으로 농작물에 자동으로 물과 영양분을 공급한다.
② 스마트홈에서는 집 안의 온도, 조명, 보안장치 등을 실시간으로 관리하고 제어한다.
③ 스마트도시는 공기의 질, 수질, 에너지 사용량 등을 실시간으로 관리한다.
④ 스마트공장에서는 생산기계를 실시간으로 관리하고, 재고물량을 바탕으로 제품을 생산하여 생산과정의 효율을 높인다.

바른 풀이   ⑤ 스마트헬스케어시스템에서는 환자의 생체데이터를 실시간으로 분석하여 이상 징후를 감지하고 의료진에게 즉각적인 경고를 보내므로 전문가의 즉각적인 처방이 중요하다.

03 ① 빅데이터를 활용한 교통흐름 분석을 통해 교통체증을 줄이는 편의를 제공한다.
② 스마트공장에서는 생산성을 높이고 비용을 절감한다.
③ 스마트의료서비스로 의료접근성이 확대된다.
④ 스마트도시에서는 에너지소비를 최적화하고 환경오염 물질을 제어하여 환경보호에 기여한다.

바른 풀이   ⑤ 인공지능에 의한 자동화가 확산되면 일부 전문적이고 창의적인 직업이 중요해지긴 하나, 인간역량개발이 방해받고, 일자리가 줄어드는 점은 긍정적인 영향이 아니다.

04 ㄱ. 질문의 목표가 정확하지 않으면 인공지능의 답변은 모호해진다. 원하는 답변을 얻기 위해 명확한 질문이 필요하다.
ㄴ. 일반적인 질문에 상세한 옵션을 추가하면 필요한 답변을 얻기에 용이하다.

바른 풀이   ㄷ. 인공지능(AI)의 답변이라 할지라도 정보의 품질이 낮거나 잘못된 정보가 포함될 수 있다. 답변을 수정하고 검토하여 문제해결에 활용한다.

05 유전체 분석 기술은 DNA를 증폭하고 서열을 알아내어 해당 유전체의 유전특징을 분석하는 기술이다.
ㄱ. 유전체 분석을 통해 본인에게 발생할 위험이 높은 질병을 예측하고 맞춤치료가 가능하다.

ㄴ. 유전체 분석 시에는 개인정보와 보안에 유의해야 한다.

ㄷ. 유전 보의 잘못된 사용은 사회적 불안을 초래할 수 있으며, 특정 집단에 대한 차별이나 편견이 나타날 수 있다.

단원 요약

226 쪽

01 과학기술의 활용
❶ 단백질　　　❷ 핵산　　　❸ 빅데이터
❹ 인공지능　　❺ 과학기술　❺ 센서

02 과학기술의 발전과 쟁점
❼ 지능정보화　❽ 사물인터넷　❾ 인공지능
❿ 사회적 쟁점

단원 마무리

227 ~ 228 쪽

| 01 ① | 02 ③ | 03 ③ | 04 ③ | 05 ① |
| 06 ⑤ | 07 ④ | 08 ① | 09 ③ | 10 ⑤ |

01 ㄱ. ㉠은 신속항원검사이고, ㉢은 유전자증폭검사이다.

바른 풀이 ㄴ. ㉡은 단백질, ㉣은 핵산이다. 신속항원감사는 검체의 바이러스의 단백질을 확인하며, 유전자증폭검사는 검체의 매우 적은 양의 핵산을 증폭하여 검사한다.

ㄷ. ㉠ 신속항원검사는 검체에 존재하는 바이러스의 단백질을 항원-항체 반응을 통하여 확인한다.

02 ㄱ. 감염경로, 감염자수를 빠르게 공개하여 감염병의 확산을 막는다.

ㄷ. 인공지능을 이용한 빅데이터로 감염자수와 분포에 대한 정보를 빠르게 수집하고 정리하여 시민에게 공개하여야 한다.

바른 풀이 ㄴ. 감염병은 빠르게 확산되므로 역학조사관의 조사 속도를 따르면 감염병의 확산에 효과적이지 않다.

03 현대 사회에서는 다양하고 많은 방대한 양의 데이터가 생성되고 실시간으로 빠르게 수집되어 저장되고 있다. 과학연구에서 다양한 빅데이터가 활용되고 있고, 인간 유전자 연구에서는 유전체 빅데이터 분석을 통해 연구 결과를 더 정확하게 생성할 수 있다.

04 ㄱ. 미래사회에서는 방사성 폐기물 문제, 신재생에너지 사용 문제, 기후변화 문제, 경제적 불평등 문제 등 다양한 문제가 나타날 것이 예측된다.

ㄴ. 미래사회는 지능화된 기계를 통한 자동화가 지적노동 영역까지 확장되어 일자리가 줄어드는 등 경제, 사회 전반에 혁신적인 변화가 발생할 것이다.

바른 풀이 ㄷ. 미래사회는 성별, 인종 지역 간의 불평등 문제가 발생하여 사회적 통합을 방해할 수 있다.

05 사회적 쟁점은 사회적으로 찬성과 반대의 의견이 있으며, 그 결정이 사회구성원에게 영향을 미치는 문제이다.

㉠ 멸종위기종 보호, ㉣ 습지보전, ㉪ 자연보호는 반대 의견이 존재하지 않는다.

㉡ 미세플라스틱 문제는 플라스틱 제품 사용에서 오는 문제이다. 플라스틱은 인간생활에 대단히 유용하나 발생하는 미세플라스틱은 인체에 부정적인 영향을 미친다.

㉢ 간척사업은 지역개발에 있어 인간 생활에 유용하지만 수질오염과 생태계파괴라는 부정적인 영향을 미친다.

㉤ 시험관아기는 여러 장점도 있지만 생명윤리에 대한 문제와 산모 건강 문제의 부정적인 의견도 존재한다.

06 ㄴ. 빅데이터를 인공지능으로 처리하여 다변화된 현대 사회의 여러 분야에서 정확한 예측모델을 제시하여 효율적으로 작동시킨다.

ㄷ. 개인정보를 무작위적으로 추출할 수 있으므로 보안과 사생활 침해의 논란이 있다.

바른 풀이 ㄱ. 빅데이터는 기존의 처리도구로는 관리하거나 분석할 수 없는 디지털 형태의 매우 크고 복잡한 데이터 세트를 말한다.

07 ㄱ. (가) 재난 재해 정보는 사람의 생활과 밀접하게 연관되어 있는 것이므로 검증된 데이터를 선별해서 분석한다.

ㄷ. (다) 외국어 번역은 각국 언어의 빅데이터를 인공지능기술로 분석하여 서로 연관짓는 과정이 필요하다.

바른 풀이 ㄴ. (나) 맞춤형 상품 추천을 빅데이터 분석으로 실시할 경우는 수집된 개인정보를 보호할 수 있도록 해야 한다.

08 ② 빅데이터를 활용하면 합리적인 의사결정으로 과학실험의 결론이 도출된다.

③ 방대한 양의 빅데이터 분석을 통해 기상현상 예측이 이전보다 정확해진다.

④ 빅데이터의 인공지능 분석을 통해 나의 유전적 특성에 맞는 맞춤형 치료를 받을 수 있다.

⑤ 유전체와 관련된 빅데이터를 분석하여 개인에게 발생 가능한 질병을 예측하고, 유전적 특성에 맞는 치료를 받을 수 있다.

바른 풀이 ① 빅데이터를 인공지능으로 분석하여 개발 중인 신약의 부작용을 조절한다.

09 ㄱ. 인공지능로봇은 각종 센서를 통해 주변 상황을 인식하고 자율적으로 움직인다.

ㄴ. 기계학습은 수많은 데이터를 기계에 입력해 학습시키는 인공지능학습방법의 하나이다. 기계학습을 통해 인공지능로봇의 작업능력을 점진적으로 향상시킬 수 있다.

바른 풀이 ㄷ. 모든 인공지능로봇이 음성인식기능과 자율주행기능이 필요한 것은 아니다.

10 ㄱ. (가) 동물실험에 있어서 신약개발 등에 필수적이라는 찬성 입장과 동물의 권리 존중이라는 반대 입장이 있다.

ㄴ. (나) 비만 문제에 있어서 전적으로 개인의 문제라는 입장과 패스트푸드 접근성이 높은 사회의 문제라는 상반된 입장이 존재한다.

ㄷ. (다) 화학물질 사용에 있어 의약품, 생활용품 등에 필수적이라는 찬성 입장과 일부 화학물질은 발암물질로 작용할 수 있다는 반대 입장이 있다.

01 ⑤	02 ④	03 ④

01 ㄱ. 감염병진단방법 중 ㉠ 비용이 저렴하고 빠른 결과를 얻을 수 있는 방법은 신속항원검사이며 검체의 바이러스를 구성하는 단백질을 항원-항체 반응을 통해 확인한다.

ㄴ. ㉡ 시간이 많이 걸리고 비용이 발생하지만 정확도가 높은 감염병 검사방법은 유전자증폭검사이다. 유전자증폭검사는 검체의 바이러스에 들어 있는 매우 적은 양의 핵산을 복제한 다음 증폭시켜 감염 여부를 확인한다.

ㄷ. ㉠ 신속항원검사의 경우 검체에 들어 있는 바이러스의 단백질 양이 적을 경우에는 병원체가 검출되지 않을 수도 있다.

02 ㄱ. ㉠ 보건의료 빅데이터 플랫폼을 구축하기 위해서는 정보기술(IT)과 통신 기술(CT)를 활용해서 각 기관의 연계와 정보의 수집이 이루어져야 한다.

ㄴ. ㉡ 100만 국가 바이오 빅데이터를 구축하여 활용하는 과정에서 개인정보 침해의 우려가 존재하므로 개인정보 보안에 유의하여야 한다.

[바른 풀이] ㄷ. 데이터중심병원은 병원 임상정보, 유전체 정보 등을 포함한 병원 데이터 플랫폼을 구축한 병원으로 데이터를 공유하여 활용하되, 병원 자체적으로 독립적으로 운영된다.

03 ㄱ. 의료용로봇은 자체적으로 판단하고 작동이 가능해야 하므로 인공지능을 이용한 빅데이터 기반이다.

ㄷ. 의료용로봇을 활용하는 단계에서 의료사고의 가능성이 존재하며, 사고가 실제로 일어날 경우 누구에게 책임을 묻는지에 대한 문제가 있다.

[바른 풀이] ㄴ. 인공지능기반 빅데이터를 이용하더라도 정보의 질이 낮거나 잘못된 정보로 인해 오작동을 일으키는 경우가 발생하므로 계속 보완해서 의료용로봇을 사용해야 한다.

1 지구 환경 변화와 생물다양성

01 지질 시대의 환경과 생물 232 쪽

01 [답] (1) 선캄브리아시대
(2) 단단한 뼈와 껍데기 등의 단단한 골격이 없고 몸의 자국만 화석으로 발견된다.
[해설] 이 화석은 선캄브리아대 말기에 바다에서 생성된 다세포 생물의 화석인 에디아카라동물군 화석이다.

채점 기준	배점
(1)이 맞음	40 %
(2) '뼈', '껍데기', '골격' 포함 타당한 서술	60 %

02 [답] 바다에서 남세균에 의해 광합성이 일어나면서 산소가 배출되기 시작하였고, 바다에서 대기로 산소가 방출되었으며 대기 중 산소 농도가 증가하면서 오존층을 형성하였다.
[해설] 오존층이 햇빛의 유해한 자외선을 막아 육상 생물이 출현할 수 있게 되었다.

채점 기준	배점
'남세균', '광합성', '산소 배출(방출)' 포함 타당한 서술	100 %
'남세균', '광합성', '산소 배출(방출)'을 모두 포함하지 않았으나 타당한 서술	70 %

03 [답] 새로운 환경에 적응하여 살아남은 생물들은 넓은 생태 공간을 채우며 다양한 종으로 진화함으로써 생물다양성이 증가하였다.

채점 기준	배점
'넓은 생태 공간(서식지)', '다양한 종', '진화'를 포함한 타당한 서술	100 %
'넓은 생태 공간(서식지)', '다양한 종', '진화'를 모두 포함하지 않았으나 타당한 서술	80 %

04 [답] 중생대에는 대규모 화산활동으로 인하여 대기 중으로 이산화 탄소(CO_2) 등의 온실가스가 대량으로 방출되었기 때문에 온실효과로 인하여 온난한 기후를 유지하였다.

채점 기준	배점
'이산화 탄소의 대기 방출', '온실 효과' 포함한 타당한 서술	100 %
'이산화 탄소의 대기 방출', '온실 효과'를 모두 포함하지 않았으나 타당한 서술	80 %

05 [답] ① 해양에서의 산소 농도 증가로 물질대사와 에너지 활용을 크게 증가시켜서 복잡한 생명체의 출현이 가능해졌다.
② 넓은 해안선에서 얕은 바다가 넓게 형성되면서 햇빛과 영양분이 풍부해져서 다양한 형태의 서식처가 제공되었다.

채점 기준	배점
①, ② 모두 타당하게 서술	100 %
①, ② 중 한 가지만 타당하게 서술	50 %

06 [답] (1) 표준 화석: a, c 시상 화석: b, d
(2) 이 지역은 고생대에 따뜻한 얕은 바다였다가 융기하여 육지가 되었고 습윤한 지역이었다가 중생대에 공룡이 서식하였다.

[해설] 지층이 역전되지 않은 경우 지층의 생성 순서는 D→C→B→A이다.

채점 기준	배점
(1)이 맞음	40 %
(2) 순서에 맞게 서술함	60 %

07 [답] (1) 소행성 충돌로 인하여 재와 먼지가 햇빛을 차단하여 급격하게 기온이 하강하였다.
(2) 공룡, 암모나이트

채점 기준	배점
(1) '소행성 충돌', '기온 하강' 포함 타당한 서술	60 %
(2) 답이 맞음	40 %

02 자연선택과 진화 233 쪽

08 [답] ① 돌연변이 ② 유성생식
특징: ① 기존에 없던 새로운 유전자에 의한 형질이 발생한다.
② 유성생식에 의해 자식 세대에서 다양한 유전자재조합이 일어나 집단 내 유전적 다양성이 증가한다.

채점 기준	배점
정답 1개당	20 %
타당한 특징을 서술한 경우 1개당	30 %

09 [답] (예시) 항생제를 지속적으로 사용하면 세균 집단 내에서 돌연변이가 발생하여 일부 세균은 항생제에 저항성을 가진다. 이러한 항생제내성 세균은 항생제 환경에서도 살아남을 수 있고, 반대로 내성이 없는 세균은 죽게 된다. 이 과정에서 살아남은 항생제내성 세균이 증식하면서 집단 내에서 점점 더 많은 비율을 차지하게 되는데, 이것이 바로 자연선택의 결과이다.

채점 기준	배점
'돌연변이', '자연선택'을 사용하여 타당하게 서술	100 %
'돌연변이', '자연선택' 중 하나만 사용하여 타당하게 서술	50 %

10 [답] (예시)유성생식 과정에서 생식세포는 경우의 수에 따라 다양하게 조합되고, 부모의 유전자가 다양한 조합으로 자손에게 전달된다. 따라서 무당벌레 개체군의 딱지날개 색과 무늬의 변이 역시 부모의 유전자가 다양하게 조합됨으로써 여러 가지 다른 형질을 가진 자손이 태어날 수 있었다.

채점 기준	배점
'유성생식'을 포함하여 타당한 서술	100 %
'유성생식'을 포함하지 않은 타당한 서술	50 %

11 [답] (1) 불리하다. 이유(안써도 됨): 낫모양적혈구 빈혈증은 적혈구의 형태가 비정상적인 모습이며, 산소 운반 능력이 떨

어지고 이로 인해 빈혈, 혈관 막힘, 통증, 장기 손상 등 다양한 건강 문제를 일으켜 생존과 번식에 불리하게 작용한다.
(2) (예시) 낫모양적혈구 유전자를 가진 사람은 그렇지 않은 사람에 비해서 말라리아에 걸렸을 때 더 많이 생존하므로 말라리아 발생 환경에서 낫모양적혈구 유전자를 가진 사람이 자연선택되어 살아남았기 때문이다.

채점 기준	배점
(1) '불리하다' 라고 답한 경우	40 %
(2) '자연선택'을 사용하여 타당하게 서술	60 %

12 답 (1) (예시) 용불용설은 생물이 살아있는 동안 획득한 형질(비유전적 변이)이 자손에게 유전된다는 주장이다. 그러나 현대유전학에 의해 비유전적 변이는 유전되지 않는다는 사실이 밝혀져 틀린 이론으로 판명되었다.
(2) (예시) 변이에 의해 목 길이가 다양한 기린이 존재했고, 생존경쟁 속에서 목이 긴 개체가 자연선택되었고, 목이 긴 개체가 집단에서 차지하는 비율이 점차 높아졌다. 이 과정이 오랜 기간 동안 이어져서 집단 전체의 목이 길어지게 되었다.

채점 기준	배점
(1) '비유전적 변이' 또는 '획득 형질' 또는 '환경에 의해 변한 형질'을 포함한 타당한 서술	50 %
(2) '변이', '생존경쟁', '자연선택'을 모두 포함한 타당한 서술	50 %
(2) '변이', '생존경쟁', '자연선택'을 모두 포함하지 않은 서술	30 %

13 답 (1) 돌연변이(의 출현)
(2) '환경에 적응하지 못함' 또는 '(자연)도태' 또는 또는 '생존경쟁에서 살아남지 못함'
(3) (예시) 도화지 색과 같은 색의 초콜릿의 개수는 늘어나고 도화지 색과 같지 않은 색의 초콜릿의 개수는 줄어든다. 이것은 환경 변화에 적응한 개체는 생존경쟁에서 살아남아 자연선택되고 집단 내 개체수 비율이 증가하게 되는 것을 의미한다.

채점 기준	배점
(1) 답이 맞음	25 %
(2) 답이 맞음	25 %
(3) 초콜릿의 개수 변화가 맞고, '생존경쟁', '자연선택'을 사용하여 타당하게 비교 서술	50 %

03 생물다양성   234 쪽

14 답 사람의 피부색은 멜라닌 색소의 양과 종류에 따른 유전적 변이와, 자외선 강도에 따른 환경 적응이 결합된 결과로 나타난 생물다양성 중 유전적 다양성의 대표적 사례이다.
해설 사람의 피부색은 멜라닌 색소의 양과 종류에 따라 결정된다. 강한 자외선 지역(적도 부근)에서는 멜라닌이 많이 형성되어 피부가 짙어졌고, 약한 자외선 지역(고위도)에서는 멜라닌이 적어 피부가 밝아졌다.

채점 기준	배점
'유전적 변이', '환경 적응', '유전적 다양성'을 모두 포함한 타당한 서술	100 %
'유전적 다양성'만을 포함한 타당한 서술	50 %

15 답 (1) 유전적 다양성
(2) (예시) 씨없는 바나나는 씨앗을 통한 유성생식을 하지 않으므로 변이가 거의 발생하지 않아 모든 개체가 유전적으로 동일하다. 따라서 다양한 환경 변화에 적응할 수 없으므로 생존에 불리한 상태에서 치명적인 병이 발생하면 멸종 위기에 처하게 된다.

채점 기준	배점
(1)이 맞음	40 %
(2) '변이', '환경 변화'를 모두 포함한 타당한 서술	60 %
(2) '변이', '환경 변화'를 모두 포함하지 않은 타당한 서술	40 %

16 답 (1) 종다양성
(2) 지역 (나)
(3) ① (나) 지역의 생물종 수가 (가) 지역의 생물종 수보다 많다.
해설 (가) 지역은 종 A, C, D가 서식하나 (나) 지역은 종 A, B, C, D가 서식한다.
② (나)지역의 생물종의 개체수가 (가) 지역보다 균등하다.
해설 (가) 지역은 개체 수가 종 A: 14, 종 B: 0, 종 C: 2, 종 D: 4이나 (나) 지역은 개체 수가 종 A: 5, 종 B: 5, 종 C: 5, 종 D: 5이므로 (나) 지역의 개체 수가 (가) 지역보다 균등하다.

채점 기준	배점
(1) 답이 맞음	20 %
(2) 답이 맞음	20 %
(3) ①, ②를 모두 답함	60 %
(3) ①, ② 중 한 개만 답함	30 %

17 답 ① 물이 들어오고 나가면서 수시로 환경이 변하는 등 다양한 생물의 서식환경을 제공한다.
② 강과 바다에서 유입되는 유기물과 영양염류가 갯벌에 쌓여 다양한 생물에 먹이를 공급한다.
③ 갯벌에서는 생물 간 상호작용이 원활하게 일어나 다양한 생물이 먹이그물을 이루며 살아갈 수 있다.

채점 기준	배점
①, ②, ③ 중 두 가지 이상을 타당하게 서술	100 %
①, ②, ③ 중 한 가지만을 타당하게 서술	50 %

18 답 (1) ㉠, ㉡: 유전적 다양성, 생태계다양성(바꿔도 됨)
(2) 집단 A는 딱지날개의 무늬가 다양하여 유전적 다양성이 높은 반면에 집단 B는 딱지날개의 무늬가 모두 같아 유전적 다양성이 낮다.

채점 기준	배점
(1) 답이 맞음	40 %
(2) '유전적 다양성' 포함 타당한 서술	60 %

19 답 서식지단편화가 일어나면 서식지의 전체 면적은 감소하지만 가장자리 면적은 증가하므로 중앙에 서식하는 생물의 피해가 더 커진다.

채점 기준	배점
서식지의 중앙과 가장자리의 면적 변화를 타당하게 서술	100 %

20 답 ① 서식지파괴: 삼림의 벌채, 습지의 매립 등 서식지가 직접적으로 파괴되어 면적이 줄어들면 생물종 수가 급격히 감소한다.
② 서식지단편화: 서식지가 분할되면 서식지의 전체 면적이 감소할 뿐만 아니라 생물종의 이동이 제한되어 고립되므로 생물다양성이 감소한다
③ 불법 포획과 남획: 야생 생물을 불법으로 포획하거나 남획하면 먹이 관계와 생물 사이의 상호작용이 영향을 받아 생물다양성이 감소한다.
④ 외래종 유입: 외래종이 새로운 환경에 적응하여 대량으로 번식하면 토종 생물의 서식지를 차지하여 생존을 위협하고 먹이 관계의 변화를 일으켜 생태계평형을 깨뜨린다.
⑤ 환경오염: 대기오염으로 인해 생성된 산성비는 토양, 하천, 호수 등을 산성화시키고, 강이나 바다에 유입된 화학물질과 중금속은 수중 생물에게 피해를 준다.

채점 기준	배점
①~⑤ 중 2개를 서술함	100 %

2 화학 변화

01 답 (1) $C_6H_{12}O_6 + 6O_2 \longrightarrow 6CO_2 + 6H_2O$
(2) CO_2, (예시) 이산화 탄소는 탄소 하나 당 2개의 산소와 결합하고 있으나 포도당은 탄소 하나 당 1개의 산소와 결합하므로 산소의 수가 감소(산소 원자 수가 12개에서 6개로 감소 또는 산소 원자 수가 6개 감소 또는 탄소 하나 당 산소 원자 수가 1개 감소)하였으므로 환원된 물질은 이산화 탄소이다.

채점 기준	배점
(1)이 맞음	30 %
(2)의 CO_2가 맞음	20 %
(2)의 CO_2가 광합성에서 환원된 이유를 해설과 같이 설명함	50 %

02 답 ① 철제 다리에 페인트를 칠하거나 기름을 칠하여 철이 산소와 결합하는 것을 막으면 다리의 부식을 방지할 수 있다.
② 철보다 반응성이 더 큰 금속(Mg, Zn 등)과 도선으로 연결하면 철보다 반응성이 더 큰 금속이 먼저 산화되므로 다리를 구성하는 철의 부식을 방지할 수 있다.
해설 철(Fe)이 산소 또는 물과 결합하여 산화 철 Ⅲ(Fe_2O_3)로 산화되는 것이 녹스는 것이다.

채점 기준	배점
①,② 중 1개를 타당하게 서술	100 %

03 답 ① 철(Fe) 표면에 은(Ag)이 석출되었으므로 철이 전자를 잃어 Fe^{2+}로 산화되고, 은 이온(Ag^+)이 전자를 얻어 은(Ag)

으로 환원되었음을 알 수 있다.
② $2Ag^+ + Fe \longrightarrow 2Ag + Fe^{2+}$의 반응이 진행되므로 2개의 은(2Ag)이 석출되면서 수용액 속에 1개의 Fe^{2+}이 생성된다. 따라서 수용액 속에 총 이온 수는 반응 전이 반응 후보다 많다.

채점 기준	배점
①을 타당하게 서술	50 %
②를 타당하게 서술	50 %

04 답 (1) 산화된 물질: Cu
산화 반응의 화학 반응식: $Cu \longrightarrow Cu^{2+} + 2e^-$
(2) $2CuO + C \longrightarrow 2Cu + CO_2$
해설 속불꽃에는 산소가 충분히 공급되지 못하여 탄소(C)가 존재한다.
(3) (예시) 구리는 붉은색이나 산소와 결합하여 산화 구리(CuO)가 되면서 색이 검은색으로 변한다.

채점 기준	배점
(1)이 맞음	30 %
(2) 3가지 중 1개를 씀	40 %
(3) 판이 검은색으로 변하는 이유를 타당하게 서술함	30 %

05 답 H_2O

채점 기준	배점
답이 맞을 때	100 %

06 답 (1) 이산화 탄소 (2) (가) 수소 이온(H^+) (나) 감소
해설 (1) 생명체의 호흡이나 화석 연료의 연소에 의해 생성되는 기체 X는 이산화 탄소이다.
(2) 이산화 탄소가 바닷물에 녹으면 탄산(H_2CO_3)이 생성되고 탄산은 수소 이온을 내놓으므로 수소 이온의 농도가 증가한다. 따라서 (가)는 수소 이온(H^+)이다. 바닷물 속에 수소 이온의 농도가 증가하면 산호나 조개류의 껍데기가 부식되어 개체수가 감소한다. 따라서 (나)는 '감소'이다.

채점 기준	배점
(1) 답이 맞음	40 %
(2) (가)가 맞음	30 %
(2) (나)가 맞음	30 %

07 답 (1) A: HCl, B: H_2SO_4
(2) (나)의 최고 온도가 더 높다. 왜냐하면 (가)와 (나)의 부피는 같은데, (가)보다 (나)에서 생성된 물의 양이 많아 중화열이 더 많이 발생했기 때문이다.
해설 (가) $HCl + 2NaOH \longrightarrow 2Na^+ + Cl^- + OH^- + H_2O$
(나) $H_2SO_4 + 2NaOH \longrightarrow 2Na^+ + SO_4^{2-} + 2H_2O$

채점 기준	배점
(1) A, B의 화학식이 모두 맞음	50 %
(2) 화학식 (가), (나)를 포함해 이유를 타당하게 서술	50 %
(2) 화학식을 포함하지 않았으나 이유를 타당하게 서술	40 %

08 답 ㉠ 붉은색 ㉡ 무색 ㉢ 노란색

채점 기준	배점
㉠,㉡,㉢이 모두 맞음	100 %

09 답 ㉠ 산성화된 토양에 석회 가루(산화 칼슘)를 뿌린다. ㉡ 산성화된 토양에 콩을 심는다.

해설 산성화된 토양에 염기성 물질인 석회 가루를 뿌리면 토양을 중화시킬 수 있다. 콩을 심으면 콩의 뿌리에 사는 뿌리혹박테리아가 염기성을 띤 질소 화합물을 합성하여 토양을 중화시킬 수 있다.

채점 기준	배점
㉠,㉡ 중 한 가지를 타당하게 서술	100 %

10 답 중화 반응이 일어날 때 반응한 수소 이온(H^+)과 수산화 이온(OH^-)의 수가 많을수록 발생하는 중화열이 크다. 중화열이 크게 발생할수록 용액의 온도가 높아진다. 따라서 온도가 가장 높은 C가 반응한 수소 이온(H^+)과 수산화 이온(OH^-)의 수가 가장 많아 중화 반응이 완결된 용액이다.

채점 기준	배점
답이 맞음	30 %
이유를 타당하게 서술	70 %

11 답 A : Cl^-, B : OH^- 이유: 일정량의 묽은 염산에 수산화 나트륨 수용액을 넣어 줄 때, 묽은 염산에 들어 있는 A(Cl^-)는 반응에 참여하지 않아 이온 수가 일정하게 유지된다.
B(OH^-)는 처음에는 묽은 염산의 H^+와 모두 반응하다가 일정 지점(중화점) 이후부터 더 이상 반응할 H^+이 없어, 이후에 넣는 수산화 나트륨 수용액 속 OH^- 만큼 이온 수가 증가한다.

채점 기준	배점
답이 맞음	50 %
A와 B의 이온 수가 그래프 처럼 되는 이유를 타당하게 서술	50 %

12 답 (1) 모두 파란색이다. C점이 온도가 가장 높아 중화점인데, 중화점에서 HCl과 NaOH는 같은 부피로 혼합되어 중화된다. A와 B점은 모두 NaOH의 부피가 더 크므로 두 혼합 용액 모두 염기성 용액이 되기 때문이다.
(2) 전류의 세기는 단위 부피당 이온 수에 비례한다. HCl과 NaOH 10 ml에 각 이온이 N개씩 들어 있다고 가정할 때 C, D점에서의 이온 수는 다음과 같다.

구분	C(중화점)	D
HCl(mL)	40	60
NaOH(mL)	40	20
H^+ 이온 수	0	4N
OH^- 이온 수	0	0
Cl^-이온 수	4N	6N
Na^+이온 수	4N	2N
전체 이온 수	8N	12N
단위 부피당 이온수	8N/80	12N/80

혼합 용액의 부피는 같지만 용액의 단위 부피당 이온 수는 C<D 이므로 전류의 세기는 C<D이다.

채점 기준	배점
(1) 답이 맞음	20 %
(1) 모두 파란색인 이유를 타당하게 서술	20 %
(2) 답이 맞음	20 %
(2) C, D 점에서의 각 이온 수를 구하고 비교하여 서술함	40 %

13 답 (1) $A(OH)_2 + 2HCl \longrightarrow A^{2+} + 2Cl^- + 2H_2O$
(A는 염기의 양이온)
(2) 염기 수용액 10 ml에 들어 있는 OH^- 수를 2N이라고 할 때 다음과 같이 총 이온 수를 구할 수 있다. (다)는 두 용액을 혼합했을 때 완전 중화된 상태이다.

구분	(가)	(나)	(다)	비고
HCl(mL)	20	0	20	
$A(OH)_2$(mL)	0	10	10	농도 2배
H^+ 수	2N	0	0	
OH^- 수	0	2N	0	
Cl^- 수	2N	0	2N	
A^{2+}수	0	N	N	
총 이온 수	4N	3N	3N	

따라서 총 이온 수는 (가)>(나)=(다)이다.

채점 기준	배점
(1)이 맞음	40 %
(2)를 표의 내용을 포함해서 타당하게 서술	60 %

14 답 (1) ① $2A^+ + 2e^- \longrightarrow 2A$ ……(환원)
② $B \longrightarrow B^{2+} + 2e^-$ ……(산화)
화학 반응에서 B가 A보다 이온화되기 쉬우므로 B의 반응성이 A보다 크다.
(2) $2A^+ + B + 2NO_3^- \longrightarrow 2A + B^{2+} + 2NO_3^-$
화학 반응에서 A^+ 2개가 B^{2+} 1개로 되었다. 따라서 반응이 진행될 때 양이온 수는 줄어든다.

채점 기준	배점
(1)이 맞음	50 %
(2) 화학식을 포함한 타당한 서술	50 %

15 답 (1) ⓐ=Cl^-, ⓑ=OH^-

해설 아래 표 (나)에서 $\dfrac{OH^-}{Cl^-} = \dfrac{1}{2}$이다.

(2) 각 수용액 10 ml에 들어 있는 각 이온 수를 2N이라고 할 때 조건에 맞추어 혼합 용액의 이온 수를 구해보면 다음과 같다.

구분	(가)	(나)	(다)
HCl(mL)	10	10	20
NaOH(mL)	5	15	30
H^+ 수	N	0	0
OH^- 수	0	N	2N
Cl^- 수	2N	2N	4N
Na^+ 수	N	3N	6N
전체 이온 수	4N	6N	12N

따라서 (다)에서 $x = \dfrac{OH^-}{Cl^-} = \dfrac{1}{2}$이다.

채점 기준	배점
(1)이 맞음	30 %
(2) 설명을 포함한 타당한 서술	70 %

16 답 (1) (가) 산성 (나) 중성 (다) 염기성
(2) (나), 이유: 중화열은 반응하는 수소 이온(H^+)과 수산화 이온(OH^-)이 많을수록 크다. 수소 이온과 수산화 이온이 가장 많이 반응하는 완전히 중화된 중화점 (나)에서 온도가 가장 높다.

해설 (1) 중화 반응이 일어날 때 수소 이온(H^+)과 수산화 이온(OH^-)이 중화 반응하여 물 분자가 생성된다. 묽은 염산에 수산화 나트륨 수용액을 조금씩 넣어주면 물 분자 수가 점점 증가하다가 중화점이 지나면 수산화 나트륨 수용액을 더 넣어주어도 더 이상 물 분자가 생성되지 않으므로 물 분자 수는 일정해진다. 따라서 (가)는 산성, (나)는 중성 (다)는 염기성이다.

채점 기준	배점
(1)이 맞음	30 %
(2)의 답이 맞음	30 %
(2)에서 이유를 타당하게 서술함	40 %

17 답 (가) OH^- (나) Cl^- (다) K^+ (라) H^+

해설 일정량의 수산화 칼륨(KOH) 수용액에 묽은 염산(HCl)을 넣었으므로 점점 감소하는 (가)는 중화 반응에 참여하는 OH^-이고, 계속 증가하는 (나)는 반응에 참여하지 않는 Cl^-이다. 묽은 염산을 넣어도 일정하게 유지되는 (다)는 반응에 참여하지 않는 K^+이고, 중화점 이후에 증가하는 (라)는 H^+이다.

채점 기준	배점
답이 모두 맞음	100 %

18 답 (다)-(나)-(가), 이유: 일정량의 수산화 나트륨 수용액에 묽은 질산을 조금씩 넣어주었으므로 수산화 이온(OH^-)이 들어 있는 (다)가 가장 처음이고, 중화점에 도달하여 수소 이온(H^+)과 수산화 이온(OH^-)이 없고 물 분자 수가 증가한 (나), 중화 반응이 완결된 후 수소 이온(H^+)이 들어 있는 (가) 순서이다. 중화점에 도달한 이후에는 묽은 질산을 넣어주어도 물 분자가 증가하지 않는다.

채점 기준	배점
답이 맞고 이유가 타당함	100 %

19 답 에탄올은 공유 결합 물질이며, 물에 녹아 이온화되지 않고 OH^-을 내놓지 않으므로 염기의 성질을 가지지 않는다.

채점 기준	배점
타당한 서술	100 %

20 답 치약, 암모니아수, 이유: 벌의 침에 쏘이면 산성 물질로 인해 통증이 생긴다. 이때 염기성 물질을 발라 중화시키면 통증이 줄어든다.

해설 레몬즙은 산성 물질, 소금물은 중성, 치약과 암모니아수는 염기성 물질이므로 치약이나 암모니아수로 중화시킬 수 있다.

채점 기준	배점
답이 맞음	100 %

21 답 (1) 발열 반응   (2) 화학 반응 과정에서 주위로 열이 방출되므로 주위의 온도는 올라간다.

채점 기준	배점
(1)이 맞음	50 %
(2) 주위의 온도가 올라간다는 것을 포함한 서술	50 %

22 답 ① 성에가 생기는 상태 변화 과정: 공기 중의 기체가 유리창의 얼음으로 승화(기체→고체)
② 기체에서 고체로 상태 변화하므로 열이 방출된다.

채점 기준	배점
①이 맞음	50 %
② '열의 방출된다.'를 포함한 서술	50 %

23 답 탄산수소 나트륨이 분해되면서 공기보다 무거운 이산화 탄소가 발생하므로 산소 공급을 차단하여 불이 쉽게 꺼진다.

채점 기준	배점
'이산화 탄소가 산소 공급을 차단한다' 포함한 서술	100 %

24 답 소금은 물에 용해되면서 열을 흡수하면서 주위의 온도가 내려간다. 얼음물만 있을 때보다 얼음물에 소금을 뿌리면 온도가 더 내려가게 되어 음료수를 더 시원하게 보관할 수 있다.

채점 기준	배점
'소금이 물에 용해될 때 열의 흡수(흡열 반응)'를 포함한 서술	100 %

25 답 석회(CaO; 산화 칼슘)은 물과 반응하여 수산화 칼슘이 되고, 이온화하여 OH^-를 내어 산성화된 토양의 H^+와 중화 반응한다.

$$CaO + H_2O \longrightarrow Ca(OH)_2$$
$$Ca(OH)_2 \longrightarrow Ca^{2+} + 2OH^-$$

채점 기준	배점
$Ca(OH)_2$가 생성되는 화학 반응식을 포함한 서술	100 %

1 생태계와 환경 변화

01 답 (1) (가)는 생물요소, (나)는 비생물요소로 구분하며, (가)와 (나)는 서로 영향을 주고받는다.
(2) 바다곰팡이
(3) 미역, 식물 플랑크톤

채점 기준	배점
(1) (가) 생물요소, (나) 비생물요소를 포함시킴	30 %
(2)가 맞음	30 %
(3)이 맞음	40 %

02 답 (1) 물
(2) 조직 속의 공기 때문에 물에 뜨게 하며, 공기가 부족한 물속에서 광합성과 호흡에 필요한 기체를 공급한다.

채점 기준	배점
(1)이 맞음	40 %
(2)에서 '물에 뜨게한다.' '기체 공급' 두 가지를 모두 서술	60 %
(2)에서 '물에 뜨게한다.' '기체 공급' 중 한 가지만 서술	40 %

03 답 (1) A: 생태계 B: 군집 C: 개체군
(2) 사례: ⓒ
(나)는 물(비생물요소)이 부족한 사막에서 생존하기 위해서 선인장(생물요소)은 잎을 가시모양으로 하여 물의 증발을 최소화한다. 이것은 비생물요소인 '물'이 생물요소인 '선인장'에 영향을 준 경우(ⓒ)이다.

채점 기준	배점
(1)이 맞음	40 %
(2) ⓒ이 맞고, 설명이 타당함	60 %

04 답 (1) 비생물요소: 빛, 생물요소: 식물(생산자)
(2) 비생물요소인 일조량이 생물요소인 식물에 영향을 미쳐 광합성량을 조절한다.

채점 기준	배점
(1)이 맞음	40 %
(2)에서 영향을 주고받는 관계가 타당함	60 %

05 답 (1) 비생물요소: 온도, 생물요소: 잠자리(소비자)
(2) 강한 햇빛의 열(비생물요소)로 인해 체온이 올라가면 물질대사가 떨어질 수 있으므로 체온을 유지하기 위해 잠자리(생물요소)는 강한 햇빛을 덜 받는 자세(오벨리스크 자세)를 취한다.
비생물요소인 햇빛의 열에 의한 온도가 생물요소인 잠자리에 영향을 준다.

채점 기준	배점
(1)이 맞음	40 %
(2)에서 영향을 주고받는 관계가 타당함	60 %

06 답 (1) A
(2) 근거: 영양단계를 거칠 때마다 각 영양단계에 속한 생물의 에너지는 생명활동을 통해 열에너지로 일부분 방출되므로 영양단계가 단순할수록 사람이 사용할 수 있는 에너지양이 많아져 더 많은 사람을 부양할 수 있다.
해설 생산자에서 1차 소비자로, 1차 소비자에서 2차 소비자로 이동할 때의 에너지는 각 영양단계에 속한 생물(생산자, 1차 소비자)이 생명활동을 통해 열에너지로 방출하고 남은 것이다. 그러므로 B보다 A에서 같은 양의 고구마로 더 많은 사람을 부양할 수 있다.

채점 기준	배점
(1)이 맞음	40 %
(2)에서 에너지양을 포함한 타당한 서술	60 %

07 답 (1) A: 2차 소비자, B: 1차 소비자, C: 3차 소비자
(2) B(1차 소비자)의 개체수가 일시적으로 감소하면 먹이사슬에 의해 1차 소비자를 먹고사는 A(2차 소비자)의 개체수가 일시적으로 감소한다.

채점 기준	배점
(1)이 맞음	50 %
(2)에서 먹이 관계 포함 타당한 서술	50 %

08 답 (1) 사슴을 보호하고자 늑대를 인위적으로 제거하기 위해 늑대 사냥을 허용한 결과 사슴의 개체수가 급증하였으나 1920년 경에는 개체수가 증가한 사슴의 먹이(초원)가 부족해져 결국 사슴의 개체수는 다시 크게 줄어들었다.
(2) 1905년 이전 에너지양: 초원>사슴>늑대(늑대의 개체수가 많지만 사슴보다는 작다. 상위 영양단계로 갈수록 에너지양이 감소한다.)
1935년 이후 에너지양: 초원>사슴>늑대(상위 영양단계로 갈수록 에너지양이 감소한다.)

채점 기준	배점
(1) '사슴의 먹이가 부족해졌다' 포함 서술	50 %
(2) 2개의 답이 모두 맞음	50 %

09 답 열섬현상, 해결 방법: 도시 중심부에 숲을 조성하거나 도시 건물의 옥상에 정원을 설치하여 가꾸면 열섬현상을 해결할 수 있다.

채점 기준	배점
'열섬 현상' 이 맞음	50 %
해결 방법이 타당함	50 %

10 답 (1) 생태통로
(2) · 생태통로는 생산자, 소비자, 분해자를 포함한 다양한 영양단계를 연결하여 에너지와 물질이 원활히 이동하도록 돕는다.
· 생태통로는 단순히 공간적 이동로가 아니라 먹이사슬과 에너지 흐름을 유지하는 중요한 연결 고리이다.

채점 기준	배점
(1) 답이 맞음	30 %
(2) '영양단계' 포함 타당한 서술	70 %

11 [답] ㉠ 유기물 ㉡ 먹이 관계 ㉢ 생태계평형

채점 기준	배점
답이 모두 맞음	100 %

12 [답] (1) Ⅰ시기에는 사슴의 개체수가 증가하여 식물 군집의 생체량이 감소한다.
(2) Ⅱ시기에는 식물 군집의 생체량이 감소하여 사슴의 개체수가 감소한다.

채점 기준	배점
(1)이 타당함	50 %
(2)가 타당함	50 %

13 [답] (1) 생체량은 상위 영양단계로 갈수록 작아진다.
A: 2차 소비자, B: 1차 소비자, C: 3차 소비자, D: 생산자
(2) B(1차 소비자)의 에너지효율

$=\dfrac{1차\ 소비자의\ 에너지양}{생산자의\ 에너지양}\times100=\dfrac{㉠}{4000}\times100=5\ (\%),\ \therefore ㉠=200$

C(3차 소비자)의 에너지효율(㉡)

$=\dfrac{3차\ 소비자의\ 에너지양}{2차\ 소비자의\ 에너지양}\times100=\dfrac{6}{30}\times100=20\ (\%),\ \therefore ㉡=20$

(3) 생산자→1차 소비자→2차 소비자→3차 소비자일 때 에너지효율(%)은 0.5→5→15→20으로 점점 늘어난다. 따라서 상위 영양단계로 갈수록 에너지효율은 점점 높아진다.

채점 기준	배점
(1)이 맞음	30 %
(2)두 개가 모두 맞음	50 %
(3) '에너지효율은 점점 늘어난다.'로 답함	20 %

14 [답] (1) ㉠ 감소 ㉡ 증가 ㉢ 감소 ㉣ 증가 ㉤ 감소
(2) A(3차 소비자)의 에너지효율은 30 %로 주어졌다.

A(3차 소비자)의 에너지효율 $=\dfrac{3차\ 소비자의\ 에너지양}{2차\ 소비자의\ 에너지양}\times100$

$=\dfrac{6}{ⓐ}\times100=30(\%),\ \therefore ⓐ=20$

B(2차 소비자)의 에너지효율 $=\dfrac{2차\ 소비자의\ 에너지양}{1차\ 소비자의\ 에너지양}\times100$

$=\dfrac{ⓐ}{200}\times100=\dfrac{20}{200}\times100=10(\%)$

[해설] (1)

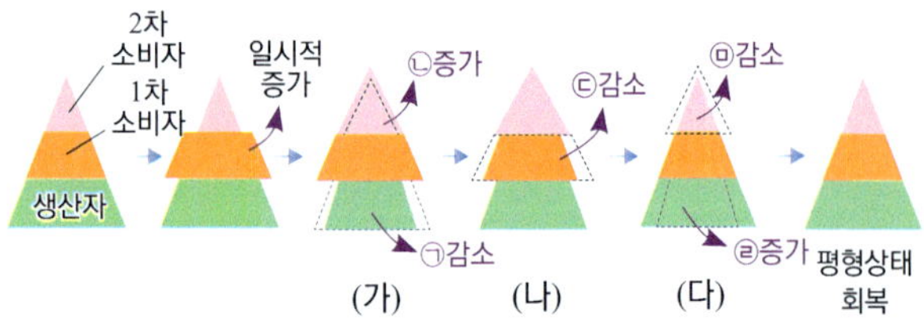

채점 기준	배점
(1)이 맞음	40 %
(2) 답이 맞음	30 %
(2) 풀이가 타당함	30 %

15 [답] 해수와 대기의 순환에 의해 저위도 지방의 남은 에너지가 고위도 지방으로 이동함으로써 에너지평형을 이루기 때문이다.
[해설] 지구 전체는 복사평형을 이루지만 지구는 구형이므로 위도별로 에너지평형은 이루어지지 않고 있다. 지구의 에너지 불균형은 해수와 대기의 순환에 의해 에너지가 많은 쪽(저위도 지방)에서 적은 쪽(고위도 지방)으로 이동함으로써 해소된다. 그로 인해 지구의 평균 온도는 거의 일정하게 유지되는 것이다.

채점 기준	배점
'대기와 해수의 순환' 포함 타당한 서술	100 %

16 [답] 화석 연료의 사용량이 증가하면 대기 중 이산화 탄소의 농도가 증가하고, 이로 인해 온실효과가 심화되어 지구의 평균 기온이 상승한다.
[해설] 지구 온난화는 대기 중 온실기체의 양이 증가하면서 지구의 평균 기온이 계속 상승하는 현상이다. 지구 온난화의 주요 원인은 산업혁명 이후 급증한 화석 연료의 사용이다.

채점 기준	배점
'이산화 탄소', '온실효과', '화석 연료', '평균 기온' 포함 타당한 서술	100 %

17 [답] (1) ① B ② 화산재와 같은 화산분출물이 대기를 덮어 태양 복사 에너지가 지표면에 도달하지 못하였고, 그 결과 지표의 온도가 하강하였다.
(2) ① 지구 내부 에너지 ② 직접시추는 매우 깊은 곳까지 할 수 없는데, 지진파를 이용하면 직접시추를 하지 않고도 지구 내부의 정보를 알 수 있다.
[해설] (1) 피나투보 분출 이후 1년 동안 평균 기온의 (관측값-평균값)<0 이므로 기온이 하강하였다.

채점 기준	배점
(1) ①이 맞음	20 %
(1) ② '태양 복사 에너지', '온도 하강' 포함 서술	30 %
(2) ①이 맞음	20 %
(2) ② 유용한 점 한 가지를 타당하게 서술	30 %

18 [답] (1) 북적도 해류, 남적도 해류
(2) 시계, 반시계, 적도, 대칭

채점 기준	배점
(1)이 맞음	50 %
(2)가 맞음	50 %

19 [답] (1) 엘니뇨
(2) 무역풍이 평상시보다 약하게 불기 때문이다.
[해설] 무역풍(+ 방향)이 평상시보다 약하게 불면 엘니뇨가 발생하고 평상시보다 강하게 불면 라니냐가 발생한다.
풍속 편차(관측값-30년 평균값)<0이면 관측값이 30년 평균값보다 작은 경우이므로 엘니뇨가 나타난다. 그림에서 A 시기는 풍속 편차<0이다.

채점 기준	배점
(1)이 맞음	40 %
(2) 서술이 타당함	60 %

2 에너지 전환과 활용

01 답 (1) ㉠, 핵
(2) 태양의 중심부인 핵에서 , 수소 원자핵 4개가 융합하여 헬륨 원자핵 1개가 되는 수소 핵융합 반응이 일어난다.

$$4H \longrightarrow He + \text{에너지}$$

이 과정에서 수소 원자핵 4개의 질량보다 생성된 헬륨 원자핵의 질량이 작다. 이 작아진 질량만큼 에너지가 방출되는데, 이것이 태양 에너지이다.

채점 기준	배점
(1)이 맞음	30 %
(2) 화학식 포함한 타당한 서술	70 %

02 답 ① 화력발전은 화석 연료(석탄, 석유, 천연가스)(화학 에너지)를 연소시켜 그 열로 물을 끓여 고온, 고압의 수증기(열에너지)를 만든 다음 이 수증기로 터빈을 돌려(운동 에너지) 발전기에서 전기를 생산(전기 에너지)한다.
② 에너지 전환 과정: 화학 에너지→열에너지→운동 에너지→전기 에너지

채점 기준	배점
①과 같이 에너지 전환을 서술함	100 %
②와 같이 답함	60 %

03 답 ① 태양 에너지가 바닷물을 증발시키고(열에너지) 증발된 수증기가 액화하면서 상승하고(위치 에너지) 상공에서 액화한 물방울이 모여서 구름이 된다.
② 에너지 전환 과정: 태양 에너지→열에너지→위치 에너지

채점 기준	배점
①과 같이 에너지 전환을 서술함	100 %
②와 같이 답함	60 %

04 답 동, 식물의 유해(유기물 속 탄소)가 땅속에 묻혀 오랜 시간 동안 열과 압력을 받아 분해되어 화석 연료(유기물 속 탄소)가 되고, 화석 연료를 채취하여 산업활동 과정에서 연소시키면 이산화 탄소가 방출되어 대기로 들어간다.

채점 기준	배점
'화석 연료', '이산화 탄소'를 포함한 타당한 서술	100 %
'화석 연료', '이산화 탄소' 중 1개를 포함한 타당한 서술	80 %

05 답 (1) 자석의 S극을 코일에 가까이 가져가면 자석의 운동을 방해하기 위해 코일에는 자석과 가까운 쪽에 극을 생성시키고, 반대편에는 N극을 생성시킨다. S극→N극 방향으로 오른손 엄지손가락을 가져가고 나머지 네 손가락으로 코일을 감싸면 아래 그림과

같이 유도 전류가 발생하며, B→ⓖ→A 로 유도 전류가 흐른다.

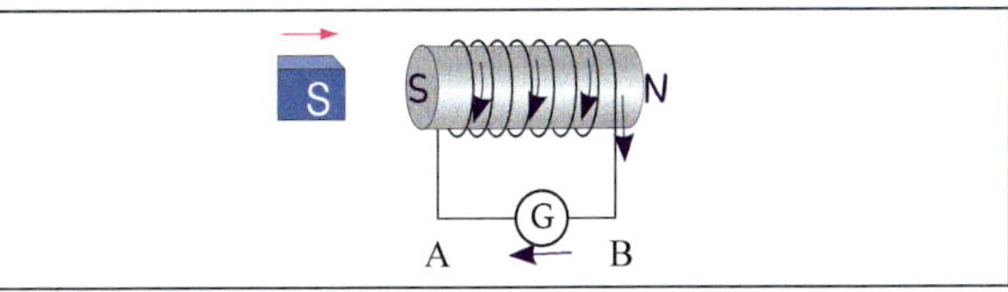

(2) 자석이 다가가면 코일은 자석의 운동을 방해하기 위해서 서로 미는 힘이 작용한다.

채점 기준	배점
(1) 설명을 그림을 포함시켜 타당하게 함	70 %
(1) 그림을 포함시키지 않고 서술함	50 %
(2) 답이 맞음	30 %

06 답 아래 그림처럼 코일이 ㉠ 방향으로 회전하면서 코일을 통과하는 자석의 자기장이 증가하므로 코일은 자석의 자기장의 증가를 방해하는 왼쪽 방향의 자기장(빨간색)을 발생시킨다.

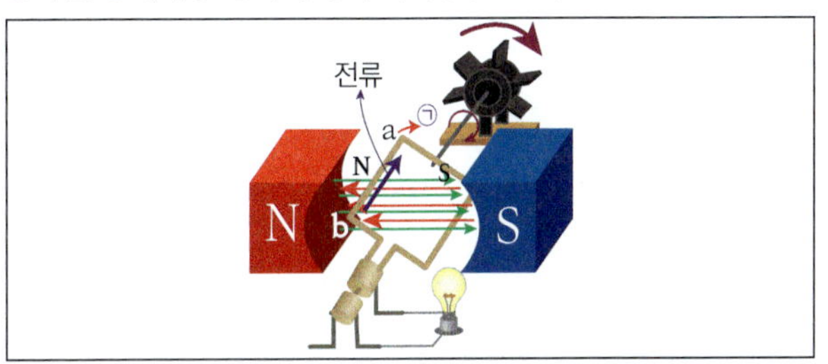

이에 따라 코일에 발생하는 유도 전류는 b→a 방향이다.

채점 기준	배점
'b→a 방향'을 포함하여 논리적으로 타당한 서술	100 %

07 답 ① 구리 막대는 자유 전자가 풍부하여 원형 고리자석과 상호작용하여 유도 전류를 발생시키지만 플라스틱 막대는 유도 전류를 발생시키지 못한다.
구리 막대는 자석의 운동을 방해하는 방향으로 유도 전류를 발생시키므로 플라스틱 막대에 비해서 원형 고리자석이 늦게 떨어진다.
② 플라스틱 막대가 먼저 떨어진다.

채점 기준	배점
①과 같은 형식으로 타당하게 서술	100 %
②와 같이 서술	50 %

08 답 ① 자석을 빨리 접근시킨다.
② 코일의 단위 길이당 감은 수를 증가시킨다.
③ 더 센 자석을 사용하거나, 동일한 자석을 같은 극끼리 겹쳐서 사용한다.

채점 기준	배점
답이 맞음	100 %

09 답 ① 터빈을 돌려 발전기에서 전자기 유도 현상을 이용하여 전기를 생산한다.

채점 기준	배점
답을 타당하게 서술함	100 %

10 답 손전등을 흔들면 고정된 코일과 움직임이 자유로운 자석의 상대적인 운동이 일어나고 코일은 자석의 운동을 방해하는

자기장을 발생시켜 전자기 유도에 의해 유도 전류가 흐르게 되고, 유도 전류가 손전등에 불이 들어오게 한다.

채점 기준	배점
논리적으로 타당한 서술	100 %

03 에너지효율과 신재생에너지 244~246 쪽

11 답 (1) (가) 화력발전 (나) 파력발전 (다)조력발전
(2) 지구와 달의 조력 에너지가 해수의 위치 에너지로 변환되어 해수면을 높이고, 해수면의 위치 에너지가 낮아지면서 터빈의 운동 에너지로 변환되며, 터빈을 돌리면 발전기에서 전자기 유도에 의해 전기 에너지가 발생한다.
에너지 전환 과정: 조력 에너지→위치 에너지→운동 에너지→전기 에너지

채점 기준	배점
(1)이 맞음	50 %
(2)의 에너지 전환 순서가 맞고 서술이 타당함	50 %

12 답 (1) (가) 역학적 에너지(운동 에너지) (나) 열에너지 (다) 화학 에너지 (라) 전기 에너지
(2) ㉠ 수력발전 ㉡ 태양열발전 ㉢ 화력발전

채점 기준	배점
(1) 답이 모두 맞음	40 %
(2) 답이 모두 맞음	60 %

13 답 (1) ㉠ 해양 에너지 ㉡ 바이오 에너지 ㉢ 지열 에너지
장점: 친환경적이다. 자원고갈의 우려가 없다. 지구 온난화로 인한 문제가 감소한다.
(2) ㉣ 조력 발전 ㉤ 파력 발전
공통점: 친환경적이다. 자원고갈의 우려가 없다. 설치 장소의 제약이 크다.

채점 기준	배점
(1)이 맞고, 장점을 2가지 이상 서술함	50 %
(2)가 맞고, 공통점을 2가지 이상 서술함	50 %

14 답 우리가 에너지를 사용하면 에너지는 다른 형태의 에너지로 전환된다. 그러나 에너지가 전환되는 과정에서 사용할 수 없는 형태의 열에너지가 발생하여 대기중으로 사라지게 된다.
따라서 에너지를 계속 사용하려면 에너지를 공급받아야 하는데, 에너지를 적게 생산하여 공급받기 위해서는 에너지 절약을 해야 한다.

채점 기준	배점
'에너지 전환', '사용할 수 없는 형태의 열에너지' 포함한 타당한 서술	100 %

15 답 (1) 열효율$=\dfrac{\text{외부에 한 일}(W)}{\text{공급한 에너지}}=\dfrac{W}{50}=0.25$

$\therefore W=12.5$ (kJ)

(2) 공급한 에너지 50 kJ 중에서 12.5 kJ의 일을 하고 나머지 Q는 저열원으로 방출되었다.

$$50 \text{ (kJ)}=Q+12.5 \text{ (kJ)}, \quad Q=37.5 \text{ (kJ)}$$

채점 기준	배점
(1) 식과 계산이 타당함	60 %
(2) 식과 계산이 타당함	40 %

16 답 (1) A: 전기 에너지, B: 화학 에너지
(2) ㉠ 전열기 ㉡ 텔레비전, LED ㉢ 연소, 세포호흡

채점 기준	배점
(1)이 맞음	40 %
(2)답이 맞음(여러 개 써도 같은 점수), ㉠,㉡,㉢ 하나당 20%	60 %

17 답 (1) 0.7 (2) 0.25 (3) 350 J (4) 250 J
해설 공급한 열 Q_1, 한 일 W, 저열원으로 빠져나간 열 Q_2
$$\text{열효율}=\dfrac{\text{외부에 한 일}(W)}{\text{공급한 에너지}(Q_1)}, \quad Q_1=Q_2+W$$

(1) $Q_1=Q_2+W=90+210=300$ (J), 열효율$=\dfrac{210}{300}=0.7$

(2) $400=300+W$, $W=100$ (J), 열효율$=\dfrac{100}{400}=0.25$

(3) $0.3=\dfrac{W}{500}$, $W=150$ (J), $500=Q_2+150$, $Q_2=350$ (J)

(4) $0.2=\dfrac{W}{Q_1}$, $W=0.2Q_1$

$Q_1=Q_2+0.2Q_1$, $Q_2=0.8Q_1$, $200=0.8Q_1$, $Q_1=250$ (J)

채점 기준	배점
(1)~(4) 1개당 25 %(단위 포함)	100 %

18 답 (1) $2H_2 + O_2 \longrightarrow 2H_2O$
(2) 연료전지의 장점: ① 이산화 탄소를 배출하지 않는다.
② 자원고갈의 우려가 없다.
③ (화석 연료 발전에 비해)에너지효율이 높다.
해설 연료전지의 음극에서는 수소가 산화되어 전자를 배출하고, 수소 이온은 전해질 속에서 양극으로 이동한다. 전자는 도선을 타고 흘러 전류를 흐르게 한다.
연료전지의 양극에서는 공기 중 산소와 수소 이온, 전자가 결합하여 물이 생성되어 밖으로 배출된다.

채점 기준	배점
(1) 화학식이 정확함	50 %
(2) 장점을 3가지 이상 서술함	50 %

19 답 ① 자원고갈의 우려가 없다.
② 지속가능한 발전을 할 수 있다.
③ (환경오염 물질인) 이산화 탄소를 배출하지 않는다.
④ 환경의 영향을 받아 발전량이 일정하지 않다.

채점 기준	배점
①~④ 중 2개 이상 서술함	100 %

20 답 열효율$=\dfrac{\text{외부에 한 일}(W)}{\text{공급한 에너지}(Q_1)}$
여기서 외부에 한 일은 유용한 일을 뜻한다. 자동차에 있어 유용한 일이란 주행하는 데 사용한 에너지를 뜻한다.
자동차 A의 열효율: $\dfrac{21}{100}=0.21$

자동차 B의 열효율: $\dfrac{39}{150}=0.26$

이므로, 같은 양의 연료를 주입하였을 때 자동차 B의 주행거리가 더 길다.

채점 기준	배점
답(: 자동차 B가 주행거리가 더 길다.)이 맞음	40 %
자동차 A와 B의 열효율을 정확하게 계산함	60 %

21 답 에너지효율$=\dfrac{\text{유용하게 쓴 에너지}}{\text{투입한 에너지}}$인데, 에너지효율이 1(100%)라는 것은 투입한 에너지를 모두 유용하게 사용한 것이다. 그러나 어떤 시스템이든 에너지를 변환할 때 마찰, 저항, 열 방출 등으로 일부 에너지가 손실된다. 이 손실은 다시 유용한 일로 전환될 수 없는 버려지는 에너지이다. 따라서 에너지효율은 1(100%)가 될 수 없다.

채점 기준	배점
에너지 효율에 대한 개념, 버려지는 에너지를 포함한 타당한 서술	100 %

MEMO

CEPHEID

세페이드

통합과학2

https://sangsangedu.ac

통합과학의
새로운 기준이되다

무한상상 교재 활용법

무한상상은 상상이 현실이 되는 차별화된 창의교육을 만들어갑니다.

	아이앤아이 시리즈					
	특목고, 영재교육원 대비서					
	아이앤아이 영재들의 수학여행	아이앤아이 꾸러미	아이앤아이 꾸러미 120제	아이앤아이 꾸러미 48제	아이앤아이 꾸러미 과학대회	창의력과학 아이앤아이 I&I
	수학 (단계별 영재교육)	수학, 과학	수학, 과학	수학, 과학	과학	과학
6세~초1	수, 연산, 도형, 측정, 규칙, 문제해결력, 워크북 (7권)					
초 1~3	수와 연산, 도형, 측정, 규칙, 자료와 가능성, 문제해결력, 워크북 (7권)					
초 3~5	수와 연산, 도형, 측정, 규칙, 자료와 가능성, 문제해결력 (6권)		수학, 과학 (2권)	수학, 과학 (2권)	과학토론 대회, 과학산출물 대회, 발명품 대회 등 대회 출전 노하우	
초 4~6	수와 연산, 도형, 측정, 규칙, 자료와 가능성, 문제해결력 (6권)					
초 6	수와 연산, 도형, 측정, 규칙, 자료와 가능성, 문제해결력 (6권)					
중등			수학, 과학 (2권)	수학, 과학 (2권)		물리학(상,하), 화학(상,하), 생명과학(상,하), 지구과학(상,하) (8권)
고등					과학토론 대회, 과학산출물 대회, 발명품 대회 등 대회 출전 노하우	